CHEMIE DER ENZYME
VON
HANS v. EULER

II. TEIL
SPEZIELLE CHEMIE DER ENZYME

3. ABSCHNITT
DIE KATALASEN UND DIE ENZYME DER OXYDATION UND REDUKTION

MÜNCHEN
VERLAG VON J. F. BERGMANN
1934

DIE KATALASEN UND DIE ENZYME DER OXYDATION UND REDUKTION

BEARBEITET VON

H. v. EULER · W. FRANKE
R. NILSSON UND K. ZEILE

MIT 134 ABBILDUNGEN

MÜNCHEN
VERLAG VON J. F. BERGMANN
1934

ISBN-13: 978-3-642-89005-5 e-ISBN-13: 978-3-642-90861-3
DOI: 10.1007/978-3-642-90861-3

ALLE RECHTE, INSBESONDERE DAS DER ÜBERSETZUNG
IN FREMDE SPRACHEN, VORBEHALTEN.
COPYRIGHT 1934 BY J. F. BERGMANN IN MÜNCHEN.

Vorwort.

Von dem „Speziellen Teil" meiner „Chemie der Enzyme" ist der vorhergehende 2. Abschnitt bereits vor 5 Jahren erschienen. Mit der Herausgabe des vorliegenden 3. Abschnittes habe ich bis jetzt gezögert, da meiner Auffassung nach die Voraussetzungen für eine einigermassen einheitliche Darstellung der Redoxasen und Dehydrasen trotz vielseitiger experimenteller Bearbeitung des Gebietes früher nicht gegeben waren.

Nun ist das Gebiet der oxydierenden und reduzierenden Enzyme zwar immer noch nicht endgültig geklärt, aber durch mehrere bedeutende Fortschritte der letzten Jahre sind doch allgemeine Gesichtspunkte gewonnen worden, die einer kritischen Zusammenfassung zugrunde gelegt werden können. Insbesondere gilt dies von dem lange umstrittenen Problem der Atmung: Wie jetzt wohl feststeht, wird der erste, anaerobe Teil des gesamten Atmungsvorganges durch die Oxydo-Reduktionsenzyme, die sog. Redoxasen bzw. Dehydrasen beherrscht, deren Darstellung im wesentlichen auf die Wielandsche Theorie der Dehydrierung aufgebaut werden kann; in der zweiten, oxydativen Atmungsphase tritt die besonders von O. Warburg betonte Rolle der Eisenporphyrine, des Hämochromogens, des Keilinschen Cytochroms u. a. hervor.

Wie an den Abschnitten 1 und 2 so sind auch an dem vorliegenden 3. Abschnitt verschiedene Mitglieder des Institutes wesentlich beteiligt.

Dr. Karl Zeile hat noch während seines hiesigen Aufenthaltes die Katalasen bearbeitet, deren Kenntnis durch seine Arbeiten so weitgehend gefördert worden ist. Laborator Ragnar Nilsson hat die enzymatische Oxydo-Reduktion der Kohlenhydrate (S. 447—489) dargestellt, welche durch seine Entdeckung des biologischen Vorkommens der Glycerinsäurephosphorsäure eine nicht unerhebliche Neugestaltung erfahren hat.

Den Hauptteil dieses Bandes bildet die Monographie über die Dehydrasen; bei der Bearbeitung dieses schwierigen Teiles der Enzymchemie konnte sich Dr. Wilhelm Franke auf viele eigene, in München und in Stockholm gewonnene Erfahrungen und Ergebnisse stützen.

Herr Assistent Dr. Erich Adler hat sich an der Abfassung des Kapitels über Flavinenzyme beteiligt und Fräulein Erika Klussmann hat bereitwilligst die Herstellung des Namen- und des Sachverzeichnisses übernommen.

Auch an dieser Stelle möchte ich der Königl. Schwedischen Akademie der Wissenschaften meinen ergebensten Dank für die Mittel aussprechen, durch welche eine Reihe von Experimentalarbeiten über Oxydo-Reduktionsenzyme, die in diesem Buche erwähnt sind, ausgeführt werden konnten.

Stockholm, im Februar 1934.   **Hans v. Euler.**

Inhaltsverzeichnis.

Seite

A. Die Katalasen. Bearbeitet von H. v. Euler und K. Zeile 1
   I. Einleitung 1
  II. Vorkommen (K. Zeile) 2
     1. Tierreich 2
        a) Verschiedene Klassen 3
        b) Verschiedene Organe 4
           Körperflüssigkeiten 6
        c) Vorkommen der Katalasen in Abhängigkeit von physiologischen Vorgängen 10
        d) Die Katalasen in Abhängigkeit von Störungen der Körperfunktion . 12
        e) Einfluss chemischer Agenzien 14
        f) Physikalische Einflüsse 16
     2. Pflanzenreich 17
 III. Darstellung (K. Zeile) 24
 IV. Kinetik (H. v. Euler) 30
     1. Allgemeines 30
        a) Mechanismus und Ordnung der Hydroperoxydspaltung 31
        b) Modelle der Katalase 32
     2. Zeitlicher Verlauf der H_2O_2-Spaltung durch Katalase 36
     3. Beziehungen der Reaktionsgeschwindigkeit zu Enzym- und Substratkonzentration 41
  V. Einflüsse auf das Enzym in vitro (K. Zeile) 44
     1. Physikalische Einflüsse 44
        a) Mechanische Einwirkungen 44
        b) Temperatur 45
        c) Die Temperaturabhängigkeit der Inaktivierungskoeffizienten 47
        d) Strahlung 51
     2. Aktivatoren und Paralysatoren, Enzymdestruktoren 52
 VI. Katalytische Wirkungen in lebenden Zellen (H. v. Euler) 65
     1. Katalase in Bakterien 65
     2. Katalase in Erythrocyten und Leukocyten 66
     3. Katalasegehalt und Katalasewirkung in Mikroorganismen 67
VII. Katalasebildung (H. v. Euler) 69
VIII. Methoden der Aktivitätsbestimmung (H. v. Euler) 72
     1. Die volumetrische Methode 72
     2. Die Methode der Permanganattitration 72
     3. Methode der Jodtitration 73
     4. Berechnung der Versuche. Wirksamkeit der Katalasepräparate 74

B. Die Enzyme der Oxydation und Reduktion 76
  a) Biologische und chemische Grundlagen (W. Franke) 76
   I. Definition und Funktion im Organismus 76
  II. Charakteristik und Einteilung 78

	Seite
III. Enzymwirkungen beim Abbau der Zellstoffe	83
1. Fettsäuren	84
2. Aminosäuren und Purine	91
a) Aminosäuren	91
b) Purine und Pyrimidine	96
3. Kohlehydrate	98
a) Die vorbereitenden Abbauphasen	98
b) Der oxydative Abbau	100
c) Glykolyse und Meyerhofsche Reaktion	102
d) Die Gärungen	104
e) Fermente und Co-Fermente	107
IV. Die Frage nach dem Angriffspunkt der Enzyme	108
V. Die Theorie der Wasserspaltung	115
1. Die Grundversuche M. Traubes	116
2. Die Anschauungen A. Bachs über die Oxydoreduktion	119
3. Die einheitliche Auffassung von F. Battelli und Stern	124
VI. Die Theorie der Dehydrierung	126
1. Die Grundversuche H. Wielands	126
2. Die Wasserstoffacceptoren	132
3. Der Mechanismus der Wasserstoffaktivierung	136
a) Die Vorstellungen Wielands	136
b) Neuere elektronentheoretische Vorstellungen	139
4. Zur Energetik der Dehydrierung	141
a) Wielands thermochemische Befunde	141
b) Bestimmung und Bedeutung der maximalen Arbeit	143
c) Energieverhältnisse bei biochemischen Dehydrierungen	147
d) Energiewechsel bei Atmung und Gärung	156
5. Die Anwendung der Dehydrierungstheorie auf die nichtbiologische Oxydation	158
a) Anorganische Verbindungen	159
b) Organische Verbindungen	161
c) Die Rolle des Hydroperoxyds und seiner Derivate	175
d) Die Eisen- (bzw. Schwermetall-) Katalyse in der Dehydrierungstheorie	182
6. Zur Frage der biologischen Dehydrierung	202
a) Entwicklung und Prüfung des Grundgedankens auf biologischem Gebiet	202
b) Die Einheit von Mutase, Redukase und Oxydase	204
c) Das Verhältnis von Donator- und Acceptorspezifität der Dehydrasen	210
d) Über den Spezifitätsgrad der Dehydrasen	215
e) Die Wirkung der Blausäure (und anderer Gifte) nach der Dehydrierungstheorie	225
f) Oxydasen, Peroxydasen und Katalasen	242
g) Der „Status nascendi" bei Dehydrierungs- und anderen enzymatischen Reaktionen	251
h) Zur Frage der generellen Ersetzbarkeit des Sauerstoffs bei Zellfunktionen	254
VII. Die Kettentheorie der enzymatischen Oxydation	256
1. Der Ausgangspunkt der Haber-Willstätterschen Radikalkettentheorie	256
2. Die Übertragung der Radikalkettentheorie auf organisch-enzymatische Prozesse	259

	Seite
a) Die Grundlagen	259
b) Beispiele der Anwendung	262
3. Zur Kritik der Radikalkettentheorie	267
4. Zur Theorie der Energieketten	270
VIII. Die Theorie der Sauerstoffaktivierung	272
1. Ältere Anschauungen	272
a) Die Bertrandsche Theorie der Oxydasewirkung	273
b) Die Theorie der Oxydasefunktion nach Bach und Chodat	276
2. Zur Kritik der älteren Anschauungen und deren weitere Entwicklung	277
3. Zu Charakteristik und Wirkungsmechanismus der „echten" Oxydasen und der Peroxydase	281
IX. Zur Sauerstoffübertragung durch Schwermetall, insbesondere Eisen (nach Warburg, Keilin u. a.)	284
1. Übersicht über die Entwicklung der Warburgschen Theorie	284
2. Der Ausgangspunkt der Warburgschen Theorie	288
a) Das Eisen in der Atmung des Seeigeleis	288
b) Oxydationskatalytische Wirkung des Eisens ausserhalb der Zelle	290
3. Schwermetallkatalyse als Ursache von Autoxydationserscheinungen	291
a) Sulfhydrylverbindungen	291
b) Zucker und -Derivate	297
c) Die Frage der reversiblen Blausäurehemmung (Jodsäure-Oxalsäure-Reaktion)	300
d) Sulfit	301
e) Aldehyde	302
f) Leukobasen	303
g) Hydrochinon, Dioxymaleinsäure, Dialursäure	304
h) Zusammenfassung	305
4. Oxydationen an Blutkohle als Modell der Zellatmung	306
a) Die Leistungen der Kohle	306
b) Die Wirkung der Narkotica	309
c) Die Wirkung der Blausäure	312
d) Zur Kohleaktivierung durch Eisen	314
5. Der Stand der Warburgschen Theorie 1925 und ihre Stellung zur Dehydrierungstheorie	318
6. Die Kohlenoxydhemmung der Zellatmung. Das „Atmungsferment"	325
a) Die grundlegenden Befunde an Hefe	325
b) Modellversuche zur lichtempfindlichen Kohlenoxydhemmung der Atmung	327
c) Das Atmungsferment in lebenden Zellen	332
d) Die Stellung des Atmungsferments in der Warburgschen Theorie (1928—31)	340
7. Die weitere Entwicklung der Warburgschen Theorie (1931—33)	343
8. Schwermetall bei anaeroben Prozessen, insbesondere Gärungen	345
a) Biologische Vorgänge	345
b) Biochemische Reaktionen	348
9. Zellhämine und Keilins Cytochrom	349
a) Geschichtliches	349
b) Allgemeines über Eisen-Porphyrin-Verbindungen	349
c) Freies Hämatin und Hämochromogen in Zellen	351
d) Cytochrom	351
e) Weitere katalytische Funktionen von Eisen-Porphyrinverbindungen	362

Seite

b) Zur Kenntnis einzelner Enzyme 365

   I. Oxydasen und Peroxydase (W. Franke) 365

      1. Monophenoloxydase oder Tyrosinase 365

         a) Allgemeines 365
         b) Vorkommen 366
         c) Darstellung und Bestimmung 368
         d) Wirkungen und Natur des Ferments 370
         e) Beeinflussung des Ferments 379
         f) Anhang: Zur Frage der Dopaoxydase 381

      2. Polyphenoloxydase bzw. Laccase 383

         a) Allgemeines 383
         b) Vorkommen 385
         c) Darstellung und Bestimmung 390
         d) Wirkungen und Natur des Ferments 391
         e) Beeinflussung des Ferments 397

      3. Indophenol- (bzw. Amin-) Oxydase 401

         a) Allgemeines 401
         b) Vorkommen 403
         c) Darstellung und Bestimmung 408
         d) Wirkungen und Natur des Ferments 410
         e) Beeinflussung des Ferments 419

      4. Peroxydase 423

         a) Allgemeines 423
         b) Vorkommen 425
         c) Darstellung, Eigenschaften und Bestimmung 429
         d) Wirkungen und Natur des Ferments 434
         e) Beeinflussung des Ferments 442

  II. Oxydo-Reduktionsvorgänge beim glykolytischen Kohlehydratabbau (R. Nilsson) 447

      1. Einleitung 447
      2. Über die Beteiligung des Co-Ferments bei der Oxydo-Reduktion und über die Art dieser Reaktion 449
      3. Über die Spezifität der Cozymasewirkung 474
      4. Über die Art der Arseniataktivierung 475
      5. Neuere Befunde über die Aktivatoren bei dem glykolytischen Kohlehydratabbau 476
      6. Die Verbreitung der Kohlehydratredoxase 480
      7. Die enzymatische Acetaldehyddismutation 482
      8. Über den Reaktionsmechanismus bei der Kohlehydratveratmung in molekularem Sauerstoff 486

  III. Hydrogenase und Hydro(gen)lyasen (W. Franke) 490

      1. Hydrogenase 490
      2. Hydro(gen)lyasen 491

  IV. Die Dehydrasen der unsubstituierten Fettsäuren (W. Franke) 495

      1. Formicodehydrase 495

         a) Vorkommen 495
         b) Darstellung und Eigenschaften des gelösten Enzyms 496
         c) Die intracellulare Bakteriendehydrase 496
         d) Die Formicodehydrase der Pflanzensamen 499
         e) Natur und Wirkungsmechanismus der Formicodehydrase 500

	Seite
2. Die Dehydrasen der Säuren $C_nH_{2n+1}CO_2H$	501
a) Essigsäure	501
b) Propionsäure	503
c) Buttersäure	504
d) Valeriansäure und Capronsäure (C_5, C_6)	505
e) Önanthyl-, Capryl-, Nonyl- und Caprinsäure (C_7—C_{10})	505
f) Die Nahrungsfettsäuren (C_{16}, C_{18}, C_{20})	505
g) Anhang: Kohlenwasserstoffe	508
3. Oxalodehydrase (und -„oxydase")	508
4. Succinodehydrase	511
a) Allgemeines	511
b) Vorkommen	512
c) Darstellung	513
d) Wirkungen und Natur des Ferments	515
e) Beeinflussung des Ferments	521
5. Anhang: Fumarase, Aspartase und verwandte Enzyme	529
a) Fumarase	529
b) Andere Hydratasen	533
c) Aspartase	533
V. Die Dehydrasen der Oxyfettsäuren (W. Franke)	535
1. Lacticodehydrase (evtl. Dehydrase der einbasischen α-Oxysäuren)	535
a) Allgemeines	535
b) Vorkommen	537
c) Darstellung und Bestimmung	537
d) Wirkungen und Natur des Ferments	538
e) Beeinflussung des Ferments	547
2. β-Oxybutyrodehydrase (evtl. Dehydrase der einbasischen β-Oxysäuren)	553
a) Allgemeines	553
b) Das Leberenzym	553
c) Das Muskelenzym	557
d) Das Pilz- und Bakterienenzym	559
3. Malicodehydrase (evtl. Dehydrase anderer zweibasischer Oxysäuren)	560
a) Allgemeines	560
b) Vorkommen	561
c) Wirkungen und Natur des Ferments	562
d) Beeinflussung des Ferments	566
4. Citricodehydrase	566
a) Allgemeines	566
b) Vorkommen	567
c) Darstellung und Eigenschaften	568
d) Wirkungen und Natur des Ferments	568
e) Beeinflussung des Ferments	572
VI. Die Alkoholdehydrasen (W. Franke)	573
1. Dehydrase der (niederwertigen) Alkohole	573
a) Allgemeines	573
b) Vorkommen	574
c) Darstellung und Bestimmung	576
d) Wirkungen und Natur des Ferments	576
e) Beeinflussung des Ferments	584
f) Anhang: Zur Dehydrierung der mehrwertigen Alkohole	585

		Seite
	2. Glycerophosphatdehydrase	586
	a) Allgemeines	586
	b) Vorkommen	586
	c) Eigenschaften und Wirkungen des Ferments	587
	d) Beeinflussung des Ferments	590
VII.	Die Dehydrasen der Aminosäuren und verwandte Enzyme (W. Franke)	592
	1. Aminosäuredehydrasen allgemeinerer Funktion (abzutrennen allenfalls Glutaminodehydrase)	592
	a) Allgemeines	592
	b) Vorkommen und Substrate	595
	c) Darstellung, Eigenschaften und Wirkungen	600
	2. Aminosäure- und aminangreifende Enzyme unsicherer Stellung im System	603
	a) Prolindehydrase	603
	b) Tyraminase	604
	c) Histaminase	607
	d) Anhang: Histidase	610
VIII.	Zur Dehydrierung der Ketosäuren (W. Franke)	611

c) **Besondere Oxydations- und Reduktionssysteme (H. v. Euler)** . . . 615

    I. Enzyme des oxydativen Purinstoffwechsels 615
        1. Xanthindehydrase (Xanthinoxydase) 615
        2. Uricase 620
        3. Allantoinase 626
   II. Glucoseoxydase 627
        1. Glucoseoxydase 627
        2. Glucosedehydrogenase (Harrison) 629
  III. Flavinenzyme 631
        1. Chemie der Flavinenzyme 632
        2. Reaktionsmechanismus der Flavinenzyme 636
        3. Vorkommen 637
        4. Darstellung 638
        5. Wirkungsbedingungen und Kinetik 640
  IV. Luciferase 640

Literaturnachträge 642
Berichtigungen 645
Namenverzeichnis 646
Sachverzeichnis 658

Die Katalasen und die Enzyme der Oxydation und Reduktion.

A. Die Katalasen.

Bearbeitet von

Hans von Euler und **Karl Zeile**.

I. Einleitung.

Die Katalase ist hinsichtlich ihrer Wirksamkeit gewissermassen ein Enzym besonderer Art. Indessen ist es in der letzten Zeit immer deutlicher geworden, dass die Katalase an den Oxydationen der lebenden Zellen wesentlich mitwirkt und somit einen Teil der Atmungsenzyme bildet.

Verschiedene Gründe, unter anderem der Umstand, dass die Katalase eingehender als die andern Atmungsenzyme studiert und näher bekannt geworden ist, rechtfertigen es, die Katalase als besondere Enzymgruppe vor den eigentlichen Oxydations- und Reduktions-Enzymen zu behandeln.

Die Beobachtung, dass pflanzliche und tierische Gewebe Hydroperoxyd zersetzen, geht auf Thenard zurück. Dann hat Schönbein eine Reihe vielbesprochener und in späterer Zeit bemerkenswerter Experimentalarbeiten über die katalytische Hydroperoxydzersetzung ausgeführt, welche sich allerdings mehr durch die Originalität der experimentellen Behandlung des Gebietes als durch die kritische Beurteilung der Tatsachen auszeichnen. In seinen Arbeiten hat er besonders darauf hingewiesen, wie allgemein die Fähigkeit der lebenden Zelle ist, Hydroperoxyd unter Sauerstoffentwicklung zu zersetzen, und er hat die schon von Faraday beachtete Beziehung zwischen biologischer Zersetzung und derjenigen durch anorganische Katalysatoren in den Vordergrund des Interesses gestellt.

Er bezeichnet es als eine „höchst bemerkenswerte Tatsache, dass alle die genannten fermentartig und katalytisch wirkenden Substanzen auch die Fähigkeit besitzen, nach Art des Platins das Wasserstoffsuperoxyd zu zerlegen, ein Zusammengehen verschiedener Wirksamkeiten, welches der Vermutung Raum geben muss, dass sie auf der gleichen Ursache beruhen".

Die Auffassung Schönbeins, dass die spaltende Wirkung lebender Gewebe eine allgemeine Fermentwirkung sei, hat sich bis zum Anfang dieses Jahrhunderts gehalten, bis Oscar Loew die grundlegende Entdeckung machte, dass diese Wirkung durch ein besonderes Enzym bewirkt wird.

Wie lange die Auffassung Schönbeins die Literatur beherrscht hat, geht z. B. aus Arbeiten Bredigs hervor, welcher noch ganz unter dem Eindruck der Schönbeinschen Anschauungen steht. So schreiben Bredig und Müller v. Berneck[1]: „Eine wesentliche und charakteristische Eigenschaft ist besonders der Bredigschen Platinflüssigkeit mit den organischen Fermenten gemeinsam, nämlich ihr kolloidaler Zustand."

Man findet in dieser Arbeit auch den Ausspruch Schönbeins zitiert, nach welchem die Platinkatalyse des Wasserstoffsuperoxyds als das Urbild aller Gärung anzusehen ist.

Substrat und Reaktionsgleichung. Nach der eben erwähnten Entdeckung Loews[2], dass das Hydroperoxyd das spezifische Substrat der Katalase ist, sind Alkyl-Peroxyde wiederholt aber immer mit negativem Ergebnis auf ihre Spaltbarkeit durch Katalase untersucht worden[3].

Die Reaktion verläuft bekanntlich nach folgender einfachen empirischen Gleichung (vgl. auch Abschnitt Kinetik):

$$2\,H_2O_2 = 2\,H_2O + O_2.$$

II. Vorkommen (K. Zeile).

I. Tierreich.

Die Katalase ist, wie kaum ein anderes Enzym, im ganzen Organreich ausserordentlich weit verbreitet. Von einigen Bakterienarten abgesehen, wurde ihre Wirkung bisher an jeder lebenden Zelle festgestellt. Das mag zunächst im grossen ganzen als Ergebnis der zahllosen Beobachtungen hingenommen werden, die sich über das Vorkommen der Katalase in der Literatur bisher angehäuft haben. In quantitativer Hinsicht jedoch sind zahlreiche der vorliegenden Befunde nur mit Vorbehalt zu nehmen; die älteren namentlich deswegen, weil sie die Regulierung der Wasserstoffionenkonzentration noch nicht berücksichtigen, ganz allgemein ist aber zu bedenken, dass nicht jede Bestimmung der Enzymaktivität nach einer der gebräuchlichen Methoden ein Mass für die Enzymkonzentration oder enzymatische Wirksamkeit in vivo ergeben muss, denn die Möglichkeiten zu Änderungen der katalatischen Aktivität bei der Überführung des Enzyms in einen messbaren Zustand sind vielleicht zahlreicher als man anzunehmen geneigt ist. In diesem Zusammenhang sei auf die Feststellungen[4] hingewiesen, nach denen die Art der Aufbereitung bei der Bestimmung der Gerstenkatalase von wesentlicher Bedeutung ist. Auch wurde schon früher gelegentlich die mechanische Verteilung bei

---

[1] Bredig u. Müller v. Berneck, Zs physik. Chem. 31, 258; 1899.
[2] O. Loew, U. S. Dept. Agric. Rept. Nr. 68; 1901.
[3] A. Bach, R. Chodat, Chem. Ber. 36, 1756; 1903.
[4] Euler u. K. Myrbäck, H. 186, 212; 1930. — Charmandarjan, Biochem. Zs 204, 389; 1928 u. 207, 462; 1929.

der Bestimmung von Katalase in Mehlen als ausschlaggebend erkannt[1]. Das rasche Absinken des Katalasewertes im Blut beim Verdünnen ist ein weiteres Beispiel für mögliche Fehlerquellen, andererseits können Zellgifte in geringer Menge die katalatische Aktivität lebender Zellen gelegentlich erheblich steigern, wie z. B. Toluol bei Hefe (vgl. S. 57).

Solche Vorbehalte vorangeschickt, lassen sich aber doch grössenordnungsmässige Abstufungen im Organreich feststellen. Allerdings wird der Vergleich verschiedener Resultate häufig erschwert oder unmöglich gemacht durch das Fehlen eines durchgängigen Masssystemes; so ist es nicht möglich, die Anzahl der aus einer willkürlich konzentrierten H_2O_2-Lösung durch das Enzym freigesetzten Kubikzentimeter Sauerstoff mit einer Reaktionskonstante zu vergleichen. Nun bediente man sich früher und besonders bei Bestimmungs-Methoden der Praxis (z. B. Milchwirtschaft, Brauerei) solcher Angaben, die nicht auf die Kinetik des Prozesses Rücksicht nehmen. Für vergleichende Gegenüberstellungen in Tabellenform ist man aus solchen Gründen in der Regel auf die Wiedergabe der von einem Autor mit derselben Methodik erhaltenen, zusammengefassten Resultate angewiesen. Eine solche vergleichende Tabelle, die hier zur Orientierung vorangestellt sei, stammt von Lesser.

Tabelle 1.

Organismus	Katalasezahl in		Sauerstoffverbrauch pro kg Tier und Stunde
	Leber + Blut	dem ganzen Organismus	
Meerschweinchen .	39 430	—	—
Katze	31 587	—	1,7
Kaninchen	23 460	—	0,99
Hund	18 660	—	1,0
Ringelnatter . . .	18 460	—	—
Frosch	16 573	—	0,1
Taube	15 233	—	—
Hahn	11 654	—	1,0
Schildkröte	10 442	—	0,06
Regenwurm . . .	—	7356	0,1
Maikäfer	—	3400	0,96
Distoma hepat. . .	—	985	—
Ascaris lumbric. .	—	151	—
Presshefe	—	532	—
Grüne Blätter . .	—	444	—
Grünmalz	—	79	—
Kartoffelkeime . .	—	68	—

Die Katalasezahl gibt an, wieviel mg H_2O_2 1 g Trockensubstanz zu zersetzen vermag.

a) Verschiedene Klassen.

Vertebraten. Über die Katalase bei verschiedenen Wirbeltieren geben Daten von Battelli[2] Auskunft, von denen einige in Tabelle 2 wiedergegeben sind (s. S. 4).

---

[1] O. Rammstedt, Zs f. öff. Chem. 16, 231; 1910.
[2] Battelli u. Haliff, Soc. Biol. 57, 264; 1905. — Battelli u. Stern, C. R. 138, 923; Soc. Biol. 58, 21; 1905.

Fische enthalten nur Spuren von Katalase[1]; bei Schlangen ist das Blut sehr katalasereich, Vögel enthalten wenig im Blut, reichlich in Leber und Niere. Näheres über die Verteilung in den einzelnen Organen, namentlich der Säuger, siehe unten.

Tabelle 2.

Organismus	Leber	Blut	Muskel	Gehirn
Leuciscus	2540	55	6	29
Natter	460	1390	59	19
Taube	1480	14	—	—
Meerschweinchen	5800	490	34	20
Kaninchen	370	460	16	10
Pferd	5600	390	90	—
Mensch	700	920	55	25

Anzahl ccm O_2 durch 1 g Gewebe in 10 Min.

Evertebraten. Das häufige Vorkommen der Katalase bei Wirbellosen[2] wurde namentlich von Zieger[3] eingehender studiert, nachdem schon von Kobert[4] qualitative Angaben vorlagen. Zieger hat reiches Zahlenmaterial gesammelt; die Werte auch innerhalb derselben Tierreihe zeigen grosse Schwankungen, die wohl kaum allein durch die mangelnde Pufferung erklärbar sein dürften. Von theoretischem Interesse hinsichtlich der Beziehungen zwischen Katalase und Atmung sind die Befunde von Zieger (l. c.) und Lesser[5], die bei obligaten Anaerobiern (Ascaris) geringe, aber deutliche Katalasewirkung ergaben.

b) Verschiedene Organe.

Unter den Organen der Säugetiere ist durchweg die Leber durch einen auffallend hohen Katalasegehalt ausgezeichnet. Sehr reich ist Pferdeleber; aus diesem Organ lassen sich Enzympräparate besonders vorteilhaft gewinnen. Das Kaninchen macht insofern eine Ausnahme, als bei ihm die Leber weniger Katalase führt als Blut und Niere[6].

Im allgemeinen findet sich auch in der Niere der Säuger reichlich Katalase mit abnehmender Reihenfolge in den einzelnen Abschnitten: Rinde, Mark, Pyramiden[7].

Relativ wenig Katalase ist in Gehirn, Lunge und Muskel vorhanden. Da letzterer der Sitz bedeutender Energieumsätze ist, fällt hier die geringe Tätigkeit der Katalase besonders auf, wenn man ihr eine Rolle bei Atmungsprozessen zuschreibt. Es besteht auch kein Unterschied im Katalasegehalt zwischen normalem und atrophischem Kaninchenmuskel[8], und auch beim

---

[1] Jolles, Münch. med. Woch. 51, 2083; 1904.
[2] W. Ostwald, Biochem. Zs 6, 409; 1907.
[3] Zieger, Biochem. Zs 69, 39; 1915.
[4] Kobert, Pflüg. Arch. 99, 13; 1909.
[5] Lesser, Zs f. Biol. 48, 1; 1906 u. 49, 575; 1907.
[6] Battelli u. Haliff, Soc. Biol. 57, 264; 1905. — Battelli u. Stern, C. R. 138, 923; Soc. Biol. 58, 21; 1905.
[7] S. Morgulis u. V. E. Levine, Jl Biol. Chem. 41, 42; 1920. Vgl. auch Battelli, l. c.
[8] Günther u. Morgulis, Am. Jl Physiol. 59, 475; 1922.

Herzmuskel[1] wurden keine Beziehungen zwischen Tätigkeit und Katalasegehalt aufgefunden, obwohl Burge[2] solche unter anderem aus seiner Feststellung herleiten will, dass der Herzmuskel kleiner Tiere katalasereicher als der von grossen Tieren ist.

Die Katalase des Digestionstractus wurde von Dzierzgowsky untersucht[3].

Im Darmtractus hat Alvarez[4] die Katalasetätigkeit untersucht und lokal abhängig von der Intensität der Stoffwechsel- bzw. Muskeltätigkeit gefunden. Über Störungen der Magen- und Darmfunktion siehe Norgaard[5].

Das Fettgewebe ist relativ reich an Katalase; namentlich fanden schon Gekrösefett von Schwein und Rind und Speck präparativ Verwendung zur Katalasegewinnung[6]. Auch das Fettgewebe der Insekten führt nach Zieger (l. c.) reichlich Katalase.

Die Hoden des Hundes fand Justschenko[7] arm an Katalase. Über Katalase der Geschlechtszellen Wirbelloser siehe Ostwald (l. c.), der Spermaextrakte stets reicher als Eiextrakte fand.

Tabelle 3.

Gewebe	Tier	Q_{Kat}
Erythrocyten	Mensch	12 000
,, ...	Ratte	6 800
,, ...	Kaninchen	6 700
Leukocyten	,,	3 700
Erythrocyten	Maus	3 000
Leber	,,	1 700
Erythrocyten	Huhn	1 000
Knochenmarkszellen .	Ratte	1 000
Schilddrüse	,,	570
Pankreas	Kaninchen	550
Nierenmark	Maus	520
Nierenrinde	,,	500
Lunge	Ratte	470
Milz	Maus	410
Epithelkörperchen . .	Kaninchen	270
Hypophyse	Ratte	250
Speicheldrüse	,,	200
Nebenniere	,,	200
Ovarium	,,	180
Hoden	Maus	180
Jensensarkom	Ratte	140
Lymphdrüse	,,	130
Herzmuskel	,,	130
Thymus	,,	120
Vormagenepithel . . .	,,	110
Roussarkom	Huhn	110
Grosshirn (grau) . . .	Kaninchen	75
Blutplättchen	Ratte	74
Bauchmuskel	Maus	70
Netzhaut	Ratte	55
,, ...	Kaninchen	50
,, ...	Huhn	50
Grosshirn (weiss) . .	Kaninchen	50

Haut[8], sowie Glaskörper und Linse[9] des Auges führen geringe Mengen Katalase.

Vor kurzem haben Fuijta und Kodama[10] eine vergleichende Untersuchung über den Katalasegehalt verschiedener Zellen durchgeführt, deren

---

[1] R. J. Seymour, Am. Jl Physiol. 51, 525; 1920.
[2] Burge u. Neill, Am. Jl Physiol. 42, 373; 1916.
[3] Dzierzgowsky, Arch. di Sci. biol. Petersb. 14, 147; 1909.
[4] Alvarez u. Starkweather, Am. Jl Physiol. 46, 186; 47, 60/67; 1918.
[5] Norgaard, Jl Biol. Chem. 38, 501; 1919.
[6] Euler, Hofm. Beitr. 7, 1; 1906.
[7] Justschenko, Arch. Sci. Biol. Petersb. 16, 51; 1911.
[8] Melczer, Dermatol. Zs 49, 251; 1927.
[9] Liebermann, Pflüg. Arch. 104, 203; 1904.
[10] Fuijta u. Kodama, Biochem. Zs 232, 20; 1931.

Ergebnis, soweit es die Organe verschiedener Tiere betrifft, in Tabelle 3 (s. S. 5, nach dem Original) wiedergegeben ist. Als Mass wurde von den Autoren der „Katalasequotient" benützt, der durch folgenden Ausdruck definiert ist:

$$Q_{Kat} = \frac{\text{Die in 30 Minuten entstandene } O_2\text{-Menge (cmm) bei } 38^\circ C}{\text{Trockengewicht (mg)}}.$$

Auffallend ist der hohe Gehalt der Erythrocyten, der z. B. bei der Maus noch den der Leber übertrifft. Dabei ist aber zu berücksichtigen, dass sich die Angabe auf Trockengewicht der Erythrocyten bezieht und nicht, wie häufig bei älteren vergleichenden Zusammenstellungen, auf die Menge des Gesamtblutes.

Will man die Organe nach ihrem Katalasereichtum ordnen, so wird man jedenfalls, von den Erythrocyten abgesehen, Leber und Niere an den Anfang, Muskel und Gehirn an das Ende der Reihe stellen.

Körperflüssigkeiten.

Blut. Die hydroperoxydspaltende Kraft des Blutes ist schon lange bekannt. Der Sitz der katalatischen Aktivität ist fast ausschliesslich in den Erythrocyten zu suchen, indes ist aber nicht das Hämoglobin für die katalatische Aktivität verantwortlich zu machen, eine Ansicht, die häufig in älteren Arbeiten vertreten ist. Schmidt[1] stellte fest, dass die Katalase am Stroma haftet, ein Befund, der wiederholt Bestätigung fand[2]. Kultjugin[3] behauptet, dass umkrystallisierte Präparate von Hämoglobin keine katalatische Wirksamkeit besitzen. Das ist insoweit richtig, als es sich um Grössenordnungen handelt, wie sie bei der Wirksamkeit der Blutkatalase in Betracht kommen; aber Haurowitz[4] konnte jüngst zeigen, dass reinstem Hämoglobin geringe katalatische Fähigkeit eignet, etwa in dem Ausmasse wie seiner Farbstoffkomponente, dem Hämin.

Angaben über den Katalasegehalt des Blutes sind früher durch die „Katalasezahl" bzw. den Katalaseindex gemacht worden. Vgl. hierzu den Abschnitt: Methodik und Messeinheit.

Mit Katalaseindex wird der Quotient bezeichnet:

$$\frac{\text{Katalasezahl}}{\text{Millionenzahl roter Blutkörper}}.$$

Die Katalasezahl ist nun keineswegs rationell definiert. Jolles[5] versteht darunter die Anzahl Gramm H_2O_2, die durch 1 ccm Blut in 2 Stunden bei Zimmertemperatur zersetzt werden. Ob die H_2O_2-Titration nach dieser Zeit mit HJ oder mit Kaliumpermanganat ausgeführt wird, ist wohl ohne Einfluss auf die Grösse der Katalasezahl. Später hat aber Bach[6] eine Mikromethode

---

[1] Schmidt, Pflüg. Arch. 6, 431 (519); 1872.
[2] Ville u. Moitissier, Soc. Biol. 55, 1126; 1903. — Senter, Zs physik. Chem. 44, 257; 51, 673; 1905. — Gessard, C. R. 148, 1467; 1909.
[3] Kultjugin, Biochem. Zs 167, 238; 1926.
[4] Haurowitz, H. 198, 9; 1931.
[5] Jolles, Münch. med. Woch. 51, 2083; 1904; Virch. Arch. 180, 42; 1905.
[6] Bach u. Zubkowa, Biochem. Zs 125, 283; 1921.

angegeben für die Bestimmung der Katalasezahl in einem Tropfen Blut; die Reaktionsdauer beträgt jedoch nach dieser Methode nur $^1/_2$ Stunde. Damit dürften sich zum grossen Teil die widersprechenden Angaben in der Literatur über Blutkatalasezahlen erklären lassen. Jolles und Thienen fanden z. B. Katalasezahlen für das menschliche Blut von 23 bzw. 27,5; Bach jedoch im Mittel etwa 16. Wenn Alexejew[1] mit Bachs Methode Werte bei 26 (Männer), bzw. 23,4 (Frauen) fand, so mag das an den klimatischen Verhältnissen, in denen die Versuchspersonen lebten (Perm, Höhenlage), liegen. Naturgemäss ändert sich der Katalaseindex in Abhängigkeit von der Katalasezahl mit der Bestimmungsmethode. Übrigens ist die Bachsche Methode durch Golzow u. Jankowsky[2] kritisiert und variiert worden (grössere H_2O_2-Mengen und Alkoholzusatz); diese Autoren finden gelegentlich höhere Katalasezahlen. Dortselbst auch Literatur.

Sowohl Katalasezahl als Katalaseindex unterliegen grossen Schwankungen. Bach[3] fand Schwankungen in der Katalasezahl des menschlichen Blutes zwischen 14 und 18, auch beim gleichen Individuum um $\pm 9\%$; bei Kaninchen $^{+33}_{-10}\%$, bei Katzen $^{+18}_{-10}\%$ um den Mittelwert. Nach Gagarina übersteigen beim Menschen individuelle Schwankungen nicht 20%[4]. Bischoff[5] gibt Katalasezahlen (Mensch) mit dem Mittelwert etwa 16 an. Unter Zugrundelegung von durchschnittlich 5 Millionen Erythrocyten im ccm Blut und einer Katalasezahl von 16 errechnet sich der Katalaseindex zu etwa 3,2.

Der Katalaseindex schwankt nach Thienen[6] zwischen 5,4 und 6,8, nach Korallus[7] zwischen 4,1 und 4,5; doch liegt diesen Werten die nach Jolles Methode mit längerer Reaktionsdauer erhaltene Katalasezahl zugrunde. Frauen sollen nach Segall und Händel[8] einen etwas höheren Katalaseindex als Männer haben, Alexejew (l. c.) fand allerdings das Gegenteil. Im Blut vom Neugeborenen[9] und Embryo[10] ist der Index erhöht. Bei Katzen[11] liegt nach Krüger der Index sehr niedrig, etwa bei 1,7; Rinderblut[12] weist einen Index von etwa 8,5 auf (Methode Jolles).

Auffallend ist die Katalasearmut des Vogelblutes. Die Katalasezahl des Taubenblutes[13] beträgt nach Bernstein im Durchschnitt nur 0,094 (menschliches Blut: 16). Übrigens sind die Schwankungen in diesem Fall abnorm hohe; bei einem Tier betragen sie bis 50%, bei verschiedenen Individuen bis 100%. Interessant ist die Feststellung[14], dass einige Vogelarten (Enten und Gänse) überhaupt keine Katalase im Blut führen sollen.

---

[1] Alexejew, Bull. Inst. Recherches biol. Perm (russ.) 6, 463; 1929. C. 1929 II, 2056.
[2] Golzow u. Jankowsky, Biochem. Zs 185, 63; 1927.
[3] Iwanitzky-Wassilenko u. Bach, Biochem. Zs 148, 469; 1924.
[4] Gagarina, Jl exp. Biol. i. Med. (russ.) 12, No. 33; 1929. C. 1930 I, 2752.
[5] Bischoff, Arch. f. Kinderheilk. 82, 189; 1927.
[6] van Thienen, Diss. Göttingen 1917; Zbl. f. Biochem. 20, 595.
[7] Korallus, Dtsch. Arch. klin. Med. 139, 252; 1922.
[8] Segall u. Händel, Dtsch. Arch. klin. Med. 138, 243; 1922.
[9] Nissen, Zs klin. Med. 92, 1; 1921.
[10] Lockemann u. Thies, Biochem. Zs 25, 120; 1910. — Anselmino u. Hoffmann, Arch. Gynäkol. 143, 505; 1931.
[11] Krüger, Biochem. Zs 202, 18; 1928.
[12] Radeff, Berl. tierärztl. Woch. 42, 781. C. 1927 II, 277.
[13] Bernstein, Biochem. Zs; 179, 313; 1926.
[14] Tschrnomtzkaia, Russk. Physiol. 4, 135; 1922. Berl. Physiol. 16, 373.

Im Gegensatz zu den Vögeln führen die Schlangen, wie schon erwähnt, grosse Mengen Katalase im Blut, und zwar beträchtlich mehr als in der Leber.

Nach H. Kurokawa[1] besteht im Verhalten von Amphibien-, Vogel- und Säugetierblut gegenüber H_2O_2 kein grundlegender Unterschied. Über den Katalasegehalt des Blutes verschiedener Wirbeltiere, vgl. auch Krüger und Schuhknecht, Zs f. vgl. Physiol. 8, 635; 1928.

Leukocyten. Obwohl die katalatische Kraft der weissen Blutkörperchen schon lange[2] bekannt ist, liegen erst aus jüngster Zeit systematische Arbeiten darüber vor. Tschernorutzki[3] macht auf ihren relativ hohen Katalasegehalt aufmerksam.

Neuerdings hat Iglauer[4] den Katalasegehalt der auf besondere Weise aus Blut präparierten (s. d. Original) Leukocyten gemessen. Er findet den Katalasegehalt eines Leukocyten etwa dreimal so hoch wie den eines Erythrocyten; Katalaseindex (30 Minuten Bestimmungsdauer, 17°) zwischen 6 und 11, in der Regel zwischen 7 und 9.

Iglauer und Weber[5] haben weiterhin die Katalase der Thrombocyten studiert und weitgehende Analogien mit der Leukocytenkatalase gefunden. Der Katalasegehalt eines Thrombocyten ist rund hundertmal kleiner als der eines Leukocyten.

Stern[6] bestimmte die Katalase in Plasmolysaten und Extrakten von Leukocyten verschiedener Herkunft und Form und fand die Aktivität von derselben Grössenordnung wie diejenige gleichbehandelter Erythrocyten. Serum und Plasma enthalten nach Kurokawa[7] keine Katalase, wenn die Formelemente unzerstört entfernt worden sind.

Aseptischer Eiter behält seine katalatische Fähigkeit lange Zeit unverändert bei[8].

Milch. Die katalatische Wirksamkeit der Milch dürfte grossenteils auf ihren Gehalt an Leukocyten zurückzuführen sein, wobei die Anwesenheit von katalaseführenden Bakterien zu berücksichtigen ist. So ist der Katalasewert von Kolostrum, frisch- und altmelker Milch, ferner in der Milch euterkranker Tiere[9] gegenüber normaler Milch erhöht. Im leukocytenreichen Schöpfrahm findet sich mehr Katalase als im Zentrifugenrahm[10]. Der erhöhte

---

[1] H. Kurokawa, Tohoku Jl exper. Med. 14, 520; 1930. C. 1930 I, 3797.
[2] Bergengrün, Diss. Dorpat. 1884.
[3] Tschernorutzki, H. 75, 216; 1911.
[4] Iglauer, Biochem. Zs 223, 470; 1930.
[5] Iglauer u. Weber, Biochem. Zs 234, 489; 1931.
[6] K. G. Stern, H. 204, 259; 1932.
[7] Kurokawa, Tohoku Jl exper. Med. 14; 1930.
[8] Césari u. Bridré, C. R. Soc. Biol. 100, 14; C. 1929 I, 1370.
[9] Spindler, Biochem. Zs 30, 384; 1911.
[10] E. Hekma, C. 1926 I, 525.

Katalasegehalt des Rahmes gegenüber der Magermilch ist nach Kooper[1] rein physikalisch durch das Zentrifugieren zu erklären.

Nach Roeder[2] entspricht der Normalgehalt der Milch an Katalase, bestimmt nach Henkel (15 ccm Milch, 5 ccm 1%iges H_2O_2, 22°), 3—4 ccm Sauerstoff.

Näheres über Milchkatalase siehe Faitelowitz[3], Reiss[4], Roeder (l. c.), Kuntze[5], Chraszcz[6], Ried[7], Staffe[8].

Über Katalase der Frauenmilch siehe v. d. Velden[9]; es liessen sich keine Beziehungen zu physiologischen Vorgängen feststellen.

Zellfreie Sekrete und Flüssigkeiten. In zellfreien Sekreten und Flüssigkeiten (Lymphe, Darmsaft, Galle, Speichel, Harn, Serum und, wie oben erwähnt, im Blutplasma) ist im allgemeinen keine Katalase vorhanden, oder doch nur Spuren, die auf nicht völlig entfernbare Zellreste zurückzuführen sind. Ausnahmen von dieser Regel machen vor allem das Krötengift, an dem Battelli[10] katalatische Aktivität konstatierte und zellfreie zentrifugierte Hämolymphe gewisser Wirbelloser[11]. Rywosch, von dem diese Feststellung stammt, macht in diesem Fall für die katalatische Aktivität Chromogene verantwortlich.

Sein Schluss ist folgender: Hämolymphe von Dytiskus, die an der Luft verfärbt wird, ist katalatisch aktiv (vgl. auch Zieger l. c.); Hydrophylushämolymphe, die nicht aktiv ist, verfärbt sich nicht, obwohl Tyrosinase zugegen ist. Diesem letzteren System fehlt also nach den herrschenden Vorstellungen das Chromogen. Indes ist aus dem übereinstimmenden Chromogen- und Katalasemangel nicht ohne weiteres ein Schluss auf die Natur der Katalase möglich.

Im normalen Harn kommt Katalase nicht vor. Bei Pyelitis[12], Nephritis[13], Lymphosarkom, Hodgkinscher Krankheit und einigen anderen pathologischen[14] Erscheinungen wurde Katalasewirkung festgestellt, kaum jedoch im Falle von Krebs.

Der Katalasegehalt des normalen menschlichen Fäces[15] ist gering, in pathologischen Fällen aber oft erheblich gesteigert. Blut und Eiter im Stuhl erhöhen naturgemäss den Katalasegehalt.

---

[1] Kooper, Milchw. Zbl. 7, 264; 1911. Zbl. f. Biochem. 12, 1147.
[2] Roeder, Milchw. Forsch. 2, 113; 1925.
[3] Faitelowitz, Milchw. Zbl. 6, 299; 1910. Biochem. Zbl. 10, 958; 1910.
[4] Reiss, Zs klin. Med. 56, 1; 1905.
[5] Kuntze, Zbl. Bakt. (2), 30, 1; 1911.
[6] Chraszcz, Biochem. Zs 180, 247/263; 1927.
[7] Ried, Milchw. Forsch. 11, 590; 1931.
[8] Staffe, Biochem. Zs 243, 380: 1932.
[9] v. d. Velden, Biochem. Zs 3, 403; 1907.
[10] Battelli u. Stern, Asher-Spiro 10, 531; 1910.
[11] Rywosch, Fermentforsch. 8, 48; 1925.
[12] Norgaard, Zs Kinderheilk. 13, 244; 1915. Jl biol. Chem. 38, 501; 1919.
[13] Primavera, Riforma med. 12, 46; 1906.
[14] Kahn, Zbl. f. Biochem. 18, 89; 1915.
[15] Norgaard, l. c. Zs klin. Med. 89, 143; 1920. — Brinchmann, Jb. Kinderheilk. 103, 315; 1923.

c) Das Vorkommen der Katalase in Abhängigkeit von physiologischen Vorgängen.

Wenn im folgenden die Tätigkeit der Katalase in Beziehung gesetzt wird zu physiologischen Vorgängen, oder wie weiter unten zu pathologischen Erscheinungen und endlich zu chemischen und physikalischen Einflüssen auf den Organismus, so ist darin jeweils nicht mehr zu erblicken als die Registrierung von aufgefundenen Tatsachen. Einen Einblick in den Mechanismus der Abhängigkeit der Katalasefunktion von diesen Faktoren besitzen wir heute nicht, noch weniger als wir über die Aufgabe der Katalase im Organismus uns wirklich gesicherte Vorstellungen machen können. Dazu kommt noch, dass sich die Befunde verschiedener Autoren oft widersprechen, ohne dass mit Sicherheit für oder gegen zu entscheiden wäre. Bisweilen mögen die Ausschläge innerhalb individueller Schwankungen liegen, oder auf unkontrollierbare Nebenumstände beim Versuch zurückzuführen sein. Indes scheint die Kenntnis dieser Tatsachen nicht weniger wichtig, wenn auch ihre Deutung noch unklar ist. Schlüsse können hier nur aus umfangreichem Material gezogen werden.

Entwicklung. Nach den Beobachtungen Ziegers[1] sind die unreifen Eier von Schildkröten, Askaris, Echinodermen gegenüber den reifen Eiern ausserordentlich aktiv. Bei der Entwicklung von Insekten- und Schneckeneiern ist eine wesentliche Änderung indes nicht zu beobachten, Lyon[2] gibt dies auch für Echinodermen an; desgleichen Amberg[3] (Seeigel) und Bialaszewicz[4] für das Froschei. Sammartino[5] konstatierte an den Eiern der Lachsforelle ein Maximum mit der Resorption des Dottersackes.

Im Moment des Schlüpfens fand Zieger bei Insekten und Schnecken eine rasche Steigerung des Katalasegehaltes; junge Tiere sind katalasereicher als geschlechtsreife. Über die Änderungen des Katalasegehaltes während der Metamorphose des Kartoffelkäfers, siehe Fink[6]. Bei der Befruchtung konnte Zieger keine Aktivierung feststellen, jedoch konstatierte Lyon eine solche bei den Eiern von Toxopneustes und Arbacia. Letzteres Verhalten zeigen in ausgesprochenem Masse auch die dotterreichen Hühnereier, bei denen nach Winternitz[7] die Katalase im Keimzentrum sitzt. Pennington[8] fand eine Woche nach der Befruchtung den Katalasegehalt auf das 10fache gesteigert.

---

[1] Zieger, Biochem. Zs 69, 39; 1915.
[2] Lyon, Am. Jl Physiol. 25, 199; 1909.
[3] Amberg u. Winternitz, Jl Biol. Chem. 10, 295; 1911.
[4] Bialaszewicz, Ber. Physiol. 12, 339; 192.
[5] Sammartino, Riv. di Biol. 6, 467; 1924.
[6] Fink, Jl Agric. Res. 41, 691; 1930.
[7] Winternitz, Jl exper. Med. 12, 12; 1910. Biochem. Zbl. 10, 354.
[8] Pennington, Bur. of Chem. U. S. Dept. of Agric. Zirkular 104; 1912. Zbl. Biochem. 15, 1520.

Hier geht also mit fortschreitender Entwicklung eine Steigerung des Katalasegehaltes parallel, die im ausgewachsenen Tier ihr Ende findet.

Bei den Säugetieren liegen die Verhältnisse ähnlich. Während des Embryonallebens ist der Katalasegehalt der Organe im allgemeinen noch gering[1] im Verhältnis zum ausgewachsenen Tier, innerhalb weniger Tage nach der Geburt wird aber der normale Wert erreicht. Auch die Verteilung der Katalase auf die Organe ist bisweilen abweichend von den Verhältnissen wie sie beim ausgewachsenen Individuum vorliegen. Zwar ist beim Schweineembryo[2] schon in sehr frühen Stadien die Leber das reichste Organ, jedoch ist dies beim neugeborenen Meerschweinchen nicht der Fall, was Battelli und Stern[3] mit der latenten Funktion des Organs erklären. Die Leber des neugeborenen Kaninchens[4] hat mehr Katalase als die des ausgewachsenen, Niere und Lunge führen weniger, Gehirn und Muskel etwa gleichviel.

Auf den höheren Katalasegehalt des embryonalen Blutes wurde S. 7 schon hingewiesen.

Stoffwechsel, Arbeit. In bezug auf den Einfluss der Ernährung auf die Katalasetätigkeit lassen die Befunde keine einheitliche Linie erkennen. Battelli und Stern finden an Wasserratten keinen Einfluss des Hungerns auf die Katalase der Organe, dagegen stellt Moraczewski[5] im Hungerzustande Verminderung, bei Kohlehydratzufuhr Vermehrung der Blutkatalase fest. Auch beobachtete Hawk[6], dass im Gewebe des hungernden Hundes die Katalase abnimmt. In ähnlicher Richtung bewegen sich zahlreiche Resultate Burges, nach denen Hunger die Katalase vermindert, jede Art von Nahrungszufuhr aber vermehrt. Nach Bodine[7] ist auch bei Insekten die Katalase im Hungerzustand herabgesetzt, dasselbe beobachtete Lesser[8] beim Regenwurm.

Dagegen findet Burge[9] bei der hungernden Maus und beim hungernden Kartoffelkäfer den Katalasegehalt vermehrt; Krüger[10] fand bei Katzen während gleichzeitigen Durstens und Hungerns die Katalasezahl zunehmend mit der Erythrocytenzahl bei gleichbleibendem Index.

Für die Zeit des Winterschlafes ist jedoch beim Kartoffelkäfer die Katalasetätigkeit beträchtlich reduziert, was Zieger (l. c.) auch an Echinodermen und Schnecken konstatierte, nicht aber beim Igel. Wenn auch zwischen

---

[1] Battelli u. Stern, l. c.
[2] Mendel u. Leavenworth, Am. Jl Physiol. 21, 85; 1908.
[3] Battelli u. Stern, Asher-Spiro 10, 531; 1910. Arch. di Fis. 2, 471; 1905.
[4] Winternitz, l. c.
[5] Moraczewski, Biochem. Zs 141, 471; 1923. Jl Phys. Path. 21, 665; 1923.
[6] Hawk, Jl Am. Chem. Soc. 33, 425; 1911.
[7] Bodine, Jl exp. Zool. 34, 143.
[8] Lesser, Zs f. Biol. 47, 1; 1906.
[9] Burge, Ber. ges. Phys. 9, 290; 1922.
[10] Krüger, Biochem. Zs 202, 21; 1928.

Nahrungsaufnahme und Katalasegehalt keine eindeutigen Beziehungen bestehen, so ist nach Zieger eine gewisse Parallelität zwischen Glykogengehalt und Katalase nicht zu verkennen.

Weitere Literatur über die Beziehungen der Katalase zu Stoffwechsel und Verdauung siehe unter [1].

Mehrdeutige Ergebnisse zeitigten weiterhin die Untersuchungen, die sich mit den Zusammenhängen zwischen Katalasetätigkeit und Arbeit beschäftigen. Nach Burge, der sich bemüht, zwischen allen oxydativen Vorgängen und der Katalasefunktion einfache Beziehungen zu konstatieren, besteht eine solche in Abhängigkeit von der Muskeltätigkeit. So findet er bei durch Hunger verursachter Atrophie Verminderung[2] der Muskelkatalase, während die Katalase des weiterarbeitenden Herzmuskels keine Abnahme erkennen lässt. An Katzen[3] beobachtete er nach Muskelarbeit Steigerung der Leberkatalase; gymnastische Übungen sollen den Katalasegehalt steigern[4]. Auch Delhougne[5] findet eine starke Steigerung des Katalaseindex bei Arbeit.

Dem stehen aber die entgegengesetzten Befunde von Günther und Morgulis[6] gegenüber, nach denen in atrophischer und normaler Muskulatur der Katalasegehalt derselbe ist. Weiterhin fand Wladimirow[7] nach grossen sportlichen Leistungen keine Änderung des Katalaseindex. Rabbeno[8] fand am Froschmuskel keinen Zusammenhang zwischen Atmung und Katalase, ebenso wenig Stehle bei der Messung des Gaswechsels an Katzen[9]. Lesser findet zwar im allgemeinen mit dem Sauerstoffbedürfnis der Tiere den Katalasegehalt wachsend, jedoch fallen die Verhältnisse bei den Vögeln aus der Reihe, ebenso hat z. B. der Regenwurm beträchtlich mehr Katalase als der Maikäfer, obwohl letzterer 10mal mehr O_2 aufnimmt. Vgl. Tabelle 1.

d) Die Katalase in Abhängigkeit von Störungen der Körperfunktionen.

Der Einfluss endokriner Störungen auf die Katalasetätigkeit war Gegenstand einiger Untersuchungen von Winternitz und Bach. Winternitz[10] fand die Exstirpation der Froschleber, sowie Entfernung grosser Teile der Leber und Nieren ohne erheblichen Einfluss auf die Katalase der übrigen Organe und des Blutes. Exstirpation von Milz, Ovarien und Hoden

---

[1] Schocher, Fermentf. 9, 375; 1928. — Iwanow, Zs exp. Med. 55, 107, 1927. — Ivaniskij, C. C. 1927 I, 1180. — Bernstein, Biochem. Zs 179, 313; 1926.
[2] Burge, Am. Jl Physiol. 59, 290; 1922.
[3] Burge, Am. Jl Physiol. 44, 75; 1917.
[4] Burge, Am. Jl Physiol. 63, 431; 1923.
[5] Delhougne, Dtsch. Arch. klin. Med. 165, 213; 1929.
[6] Günther u. Morgulis, Am. Jl Physiol. 59, 475; 1922.
[7] Wladimirow, Biochem. Zs 192, 83; 1928.
[8] Rabbeno, Ber. ges. Physiol. 31, 713; 33, 202.
[9] Stehle, Jl Biol. Chem. 39, 403; 42, 269; 1920.
[10] Winternitz, Jl exp. Med. 12, 15; 1910. Biochem. Zblt. 10, 1999.

bewirkt vorübergehenden Abfall, Entfernung der Schilddrüse führt nach Justschenko[1] und Winternitz (l. c.) zur Verminderung der Katalase im ganzen Körper. Per os eingeführtes Thyreoidin hebt diese Wirkung auf. Bach[2] fand jedoch an Ziegen keinen Einfluss der Thyreoidektomie. Pankreatektomie vermindert nach Burge[3] die Blutkatalase.

In Carcinomlebern ist die Katalase erheblich vermindert[4]; nach Brahn[5] wird der Katalasegehalt der Leber auch durch Magen-, Darm-, Pankreas- und Gallenblasencarcinom vermindert. Impftumoren[6] wirken nach intraperitonaler Injektion vermindernd auf Blut- und Leberkatalase.

Bei Krebskachexien leidet auch der Katalasegehalt anderer Organe[7].

Lewis und Cossman[8] fanden den Katalasegehalt eines lange Zeit überimpften Hühnertumors in verschiedenen Geweben im Vergleich zu normalem Gewebe erniedrigt. Der Katalasegehalt eines Walker- und eines Adenosarkoms bei weissen Ratten war höher als der bei Tumor.

Bei Kachexien beobachtete Segall[9] ganz allgemein Verminderung der Katalase, Magat[10] fand wenig Blutkatalase bei erschöpfenden Zuständen (Vitaminmangel, Tuberkulose, Tumoren, Diabetes). Bei Fieber tritt nach längerer Zeit eine Abnahme ein[11].

Bei Anämien ist die gesamte katalatische Wirkung des Blutes wohl vermindert infolge des geringen Gehaltes an Blutkörperchen. Jedoch ist der Katalaseindex namentlich bei leichten Anämien kaum geändert, nach vielen Angaben bei perniziöser Anämie jedoch deutlich erhöht[12]. Nach Nissen[13] sind für diese Erhöhung die katalasereichen Jugendformen der Erythrocyten verantwortlich. Blut von Neugeborenen, ebenso Blut bei Phenylhydrazinanämie verhält sich analog. Eine Zunahme des Katalaseindex beobachtete auch Bernstein[14] bei experimenteller Anämie.

Die Befunde über die Erhöhung des Katalaseindex bei perniziöser Anämie sind jedoch nicht unbestritten, namentlich in Anbetracht der erheblichen

---

[1] Justschenko, H. 75, 141; 1911.
[2] Bach u. Cheraskowa, Biochem. Zs 148, 474; 1924.
[3] Burge, Am. Jl Physiol. 45, 786; 1917.
[4] Blumenthal u. Brahn, Zs Krebsforsch. 8, 436; 1910.
[5] Brahn, Sitzungsber. Preuss. Akad. 1910, 680; 1916, 478.
[6] Rosenthal, Dtsch. med. Woch. 1912, 2270.
[7] Colwell, Arch. Middlesex Hosp. 19, 64; 1910.
[8] Lewis u. Cossmann, Am. Jl Physiol. 87, 584; 1929.
[9] Segall u. Händel, Dtsch. Arch. klin. Med. 138, 243; 1922.
[10] Magat, Zs exp. Med. 42, 95; 1924.
[11] Moraczewski, Biochem. Zs 141, 471; 1923.
[12] Thienen, Dtsch. Arch. klin. Med. 131, 113; 1920. — Strauss u. Rammelt, Biochem. Zs 122, 137; 1921. — Bach u. Levinger, Zs klin. Med. 95, 88. — Neumann, Dtsch. Arch. klin. Med. 137, 324; 1931. — Tögel u. Ceranke, Wien. Arch. inn. Med. 9, 301; 1924. — Emerich Bach u. Ernst Bach, Biochem. Zs 236, 174; 1931.
[13] Nissen, Zs klin. Med. 92, 1; 1921.
[14] Bernstein, Biochem. Zs 179, 304; 1926.

individuellen Schwankungen[1]. Bei Pseudoanämien soll nach Brahn[2] bei normalem Blutbild Katalase vermehrt sein.

Im tuberkulösen Gewebe stellten Jolles[3] und später Opie und Barker[4] Verminderung der Katalase fest.

Im syphilitischen Gewebe ist nach Winternitz und Meloy[5] sehr wenig Katalase vorhanden.

Bei verschiedenen anderen pathologischen Erscheinungen (Typhus, Pneumonie, Nephritis, Urämie) wurde Verminderung der Blutkatalase beobachtet, bei Peritonitis Erhöhung[6].

Über Katalase in Harn und Fäces bei pathologischen Zuständen wurde schon oben berichtet (S. 9).

Avitaminose mit Polyneuritis im Gefolge hat nach Dutscher und Collatz[7] Verminderung der Katalase im Gewebe (Leber, Niere, Pankreas, Herz, Brustmuskel, Lunge) bis auf 44% im Mittel zur Folge. St. und A. Draganesco[8] fanden bei B-Avitaminose die Leberkatalase geschwächt. Normark[9] konstatierte bei Skorbut keine nennenswerten Änderungen, nach Gazanjak[10] erhöht Mangel an C-Vitamin den Katalasegehalt meist geringfügig.

Literatur über pathologische Erscheinungen und Katalasegehalt bei Sammartino[11].

Über Katalase bei Nerven- und Geisteskrankheiten siehe Justschenko[12] und Brailowsky[13]. Letzterer bringt die grösseren Schwankungen bei Geisteskranken mit der grösseren Affektivität in Zusammenhang. Bei Epileptikern schwanken die Katalasewerte nach Sachs und Zander[14] in der Regel nach unten. Burge gibt von Katzen[15] im Affekt gesteigerte Katalasetätigkeit an, die Steigerung ist auch zu erreichen durch Splanchnicusreizung.

e) Einfluss chemischer Agenzien.

Zahlreiche Arbeiten Burges befassen sich mit der Einwirkung chemischer Agenzien auf die Katalasetätigkeit in vivo. Nach diesem Autor wirken — im

---

[1] Korallus, Dtsch. Arch. klin. Med. 139, 252; 1922. — Krumbhaar u. Musser, Jl Am. med. Assoc. 75, 104; 1920.

[2] Brahn, Biochem. Zs 79, 202; 1917.

[3] Jolles, Münch. med. Woch. 51, 2083; 1904.

[4] Opie u. Barker, Jl exp. Med. 10, 645; 1908.

[5] Winternitz u. Meloy, Jl exp. Med. 10, 759; 1908.

[6] Winternitz, J. exp. Med. 11, 200; 1909. Bull. John Hopkins Hosp. 22, 104; 1911.

[7] Dutscher u. Collatz, Jl Biol. Chem. 36, 63; 1918.

[8] St. u. A. Draganesco, C. r. Soc. Biol. 92, 1470; Bukarest.

[9] Normark, Biochem. Zs 152, 420; 1924.

[10] Gazanjak, Ber. ges. Physiol. 37, 570.

[11] Sammartino, Biochem. Zs 126, 179; 1921.

[12] Justschenko, Zs Neurol. Psych. 8, 152; 1912.

[13] Brailowsky, Zs ges. Neur. 98, 743; 1925.

[14] Sachs u. Zander, Biochem. Zs 183, 426; 1927.

[15] Burge, Am. Jl Physiol. 44, 75; 1917.

Einklang mit seiner Theorie — Reizmittel (Coffein, Theobromin) und Pyretika fördernd, Narkotica ($CHCl_3$, N_2O) und Antipyretika hemmend auf die Katalaseproduktion der Leber[1]. Weiterhin wirken Acetonkörper[2], Schilddrüsenzufuhr[3], Saccharin, Alkohol[4], Alkali per os[5] steigernd, Säuren vermindernd, ebenso anaphylaktischer Shock[6]. An diesen Befunden wurde aber scharfe Kritik geübt, namentlich von Becht[7], der mit Recht auf die Schwierigkeiten bei der Festlegung von Normalwerten hinweist und der überdies die Wirkung von Saccharin, Narkotica und Thyroidea nicht reproduzieren konnte. Auch Reimann[8] fand keine Wirkung der Narkotica, Stehle[9] konnte den Einfluss von Aminosäuren, Saccharin und Ketonkörpern nicht im angegebenen Mass reproduzieren. Vgl. auch Winternitz[10].

Bei chronischer Phosphorvergiftung enthält die verfettete Leber weniger Katalase[11], Blut und Niere enthalten in diesem Fall mehr als normal. Jodkali[12] vermehrt den Katalasegehalt des Blutes, AsH_3, Chloral und Phosphor in toxischen Dosen vermindern stark um bis 63 % bzw. 23 % und 12 %[13]; Arsenik kann aber bei schlecht ernährten Tieren steigernd wirken. Nach Gagarina[14] ist bei chronischer Arsenvergiftung Steigerung des Katalasegehaltes in der Leber und im Muskel zu erkennen, bei Alkoholvergiftung fand er die Katalase in Leber und Blut vermindert, in Blut und Muskel gesteigert; Morphiumvergiftung ruft Vermehrung der Katalase in allen Organen hervor bei starker Verminderung der Blutkatalase. HCN-Vergiftung ist ohne Einfluss[15], ebenso nach Pinus[16] CO-Vergiftung. Giwjorra[17] aber findet bei Leuchtgasinhalation ausgesprochene Hemmung.

Nach letzterem Forscher sind Eingriffe, die eine akute Gleichgewichtsstörung im Blut hervorrufen (Injektion von NaCl-Lösung, Traubenzuckerlösung, O_2-Inhalation), von unregelmässigen Schwankungen des Katalase-

---

[1] Am. Jl Physiol. 44, 290; 45, 57; 1917. Jl Biol. Chem. 41, 307; 1920. Jl of Pharm. 12, 243; 1918; 14, 121; 1919.

[2] W. E. Burge, Jl Biol. Chem. 37, 343; 1919.

[3] Am. Jl Physiol. 43, 433; 1917; 50, 165; 1919.

[4] Am. Jl Physiol. 45, 57; 1917.

[5] Am. Jl Physiol. 52, 364; 1920.

[6] Am. Jl Physiol. 45, 286; 1917.

[7] Becht, Am. Jl Physiol. 48, 171; 1919. Jl of Pharm. 16, 155; 1920.

[8] Reimann, Am. Jl Physiol. 50, 54; 1919.

[9] Stehle, Jl Biol. Chem. 39, 403; 42, 269; 1920.

[10] Winternitz, Jl exp. Med. 12, 1; 1910.

[11] Burge, Am. Jl Physiol. 43, 545; 1917. — Batelli, Arch. di Fisiol. 2, 471; 1905.

[12] Strauss, Bull. John Hopkins Hosp. 23, 51; 1912.

[13] Dunker u. Jodlbauer, Biochem. Zs 33, 253; 1911.

[14] Gagarina, C. r. Soc. Biol. 97, 481. Jl exp. Biol. i Med. (russ.) 1928, 59; C. 1929 II, 895.

[15] Dunker u. Jodlbauer, Biochem. Zs 33, 253; 1911.

[16] Pinus, Jl exp. Biol. i Med. (russ.) 12, No. 33; 1929; C. 1930 I, 2765.

[17] Giwjorra, Zs klin. Med. 114, 799; 1930.

gehaltes begleitet. Sammartino[1], sowie Sawostianoff[2] fanden keine deutliche Veränderung des Katalasegehaltes bei Alkalisierung des Blutes durch Bicarbonat bzw. bei Injektion von NaCl-Lösungen.

Über den Einfluss einiger Pharmaca (Adrenalin, Pilocarpin) siehe Pinkussen und Seligsohn[3], Einflüsse einiger chemischer und physikalischer Faktoren siehe Jarowoj[4].

Injektion von Katalase in die Blutbahn hat nach anfänglicher Anhäufung in Muskeln und Nieren die allmähliche Zerstörung des überschüssigen Enzyms zur Folge[5].

f) Physikalische Einflüsse.

Temperatur, Klima. Künstliche Temperaturerhöhung scheint nach den Befunden von Moraczewski[6], die mit denen von Viale[7] übereinstimmen, die Katalase des Warmblüterblutes zu vermindern. In diesem Sinne sprechen auch die Ergebnisse Burges[8], der bei künstlicher Temperaturverminderung bei Warmblütern den Blutkatalasegehalt erhöht, bei Kaltblütern vermindert fand. (Kaninchen führen im Sommer weniger Katalase als im Winter[9].) Alexejew[10] fand ebenfalls die Katalase beim Menschen bei höherer umgebender Temperatur vermindert, bei niedriger Temperatur erhöht.

Winternitz[11] fand dagegen die Temperatur ohne Einfluss auf die Warmblüterkatalase, ebenso Morgulis Temperaturänderungen zwischen 4 und 30° beim Frosch[12]. Auch Stehle konnte Burges Befunde bezüglich der Temperaturabhängigkeit[13] nicht bestätigen.

Das Klima der Höhenlage wirkt nach Alexejew[14] fördernd auf die Katalasetätigkeit ein. Die Gewöhnung an das Höhenklima äussert sich rascher im erhöhten Katalasegehalt als in der Zunahme der Erythrocyten, so dass vorübergehend eine Erhöhung des Index auftritt. Ähnliche Einflüsse hat Radeff[15] an Ratten gefunden, die er in luftverdünnte Räume brachte; die Zunahme der Katalase- und Erythrocytenzahl erfolgte hier gleichmässig, bei wenig geändertem Index.

---

[1] Sammartino, Arch. Farm. sperim. 52, 149; 1931.
[2] Sawostianoff, Biochem. Zs 241, 409; 1931.
[3] Pinkussen u. Seligsohn, Biochem. Zs 168, 464; 1926.
[4] Jarowoj, Jl exp. Biol. i Med. (russ.) 13, 72; 1929. C. 1930 II, 1865.
[5] Belkina, Jl exp. Biol. i Med. (russ.) 20, 329; 1927.
[6] Moraczewski, Jl de Phys. Path. 21, 665; 1923.
[7] Viale, Atti acc. Lincei 33 I, 319; 1924.
[8] Burge, Am. Jl Physiol. 56, 408; 1921.
[9] Burge, Ber. ges. Physiol. 16, 522; 1923.
[10] Alexejew, Biochem. Zs 216, 301; 1929.
[11] Winternitz, Jl exp. Med. 12, 1; 1910. Biochem. Zbt. 10, 353.
[12] Morgulis, Am. Jl Physiol. 57, 125; 1921.
[13] Stehle, Jl Biol. Chem. 39, 403; 42, 269; 1920.
[14] Alexejew, Biochem. Zs 173, 433; 192, 41; 1926/28.
[15] Radeff, Biochem. Zs 220, 445; 1930.

Alexejew[1] beschreibt weiter die Einwirkung einiger physiko-therapeutischer Prozeduren auf den Katalasegehalt des Blutes.

Rigoni[2] will jahreszeitliche Schwankungen im Blutkatalasegehalt gefunden haben mit Maxima im Frühling und Herbst.

Strahlung. Ostwald[3] fand bei Raupen, die dem Licht ausgesetzt waren, weniger Katalase als bei solchen, die im Dunkeln gehalten wurden. Pincussen[4] stellte denselben vermindernden Effekt von Strahlung an Kaninchen fest; die Tiere zeigten nach der Bestrahlung mit natürlichem Licht und mit der Quarzlampe eine Abnahme des Katalasegehaltes im Blut und in der Leber[5]. In einem Versuch beim Menschen war das Ergebnis analog. Nach 6 Minuten langer Bestrahlung auf Brust und Rücken (Abstand der Lampe: 1 m) sank die Reaktionskonstante des Blutes von 0,1301 auf 0,1111. Der Effekt an Kaninchen konnte durch Zugabe von Erythrosin noch gesteigert werden. Auch gleichzeitige Jodkaligaben erhöhten die Katalaseabnahme während der Bestrahlung; ob aber diese Effekte als Sensibilisatorwirkungen aufzufassen sind, bzw. mit einer photochemischen Abspaltung von Jod, das seinerseits katalasezerstörend wirkt, erklärt werden können, erscheint fraglich.

Überhaupt dürfte es sich bei solchen Ergebnissen mehr um sekundäre Wirkungen von Reizen handeln, die von der Oberfläche ausgehen; die Strahlung kann ja nicht unmittelbar durch grössere Körperschichten zum Enzym gelangen. Vielleicht liesse sich auf diese Weise auch eine Erklärung für das den oben erwähnten Befunden widersprechende Ergebnis Castagnas[6] finden, der den Katalasegehalt des Blutes von im Dunkeln gehaltenen Mäusen beträchtlich (2—10mal) niedriger fand als von im Hellen gehaltenen Tieren.

2. Pflanzenreich.

Bakterien. Das Studium des Katalasevorkommens bei Bakterien hat vor allem deswegen Interesse, weil sich hier aus methodischen Gründen der Vergleich mit oxydativen Vorgängen besonders einfach gestaltet und am ehesten einen Einblick in die Abhängigkeit der Katalasefunktion von diesen Vorgängen gestattet. Indes sind auch hier die Beziehungen keineswegs einfache: im allgemeinen findet man zwar bei anaeroben Bakterien keine oder wenig Katalase, im Gegensatz zu den Aerobiern, bei denen das Enzym reichlicher vorkommt (z. B. bei Essigsäurebakterien[7]), doch gilt diese Regel nicht durchgehend.

---

[1] Alexejew, Biochem. Zs 231, 460; 1931.
[2] Rigoni, Arch. fisiol. 28, 482; 1930. Chem. Abstr. 1931, 2744.
[3] Wo. Ostwald, Biochem. Zs 10, 1; 1908.
[4] Pincussen, Biochem. Zs 168, 474; 1926; vgl. auch: Koldajew u. Altschuller, H. 186, 223; 1930.
[5] Pincussen u. Tanino, Biochem. Zs 234, 478; 1931.
[6] Castagna, Ber. ges. Physiol. 36, 647; 1926.
[7] Wieland u. Bertho, Lieb. Ann. 467, 95; 1928.

Von Löwenstein[1] und Orla-Jensen[2] stammen die ersten Beobachtungen über das Fehlen von Katalase bei obligaten Anaerobiern (nachgewiesen an Filtraten von Tetanusbacillen bzw. Buttersäuregärern). D. und M. Rywosch[3] prüften die Keime selbst und fanden auch hier bei den Anaerobiern (Tetanus, Botulinus) nur minimale H_2O_2-Zersetzung. Vibrionen, B. typhi, paratyphi, Pfeiffersche Kapselbacillen zeigten wenig, Orange-Sarzine viel Katalase.

Jorns[4] fand unter zahlreichen Bakterien und Strahlenpilzarten bei B. mallei, alkaligenes, indigoferum und geniculates keine Katalase, bei Bac. tuberc., typhi, paratyphi nur sehr spärliche Mengen.

Weiterhin stimmen die Befunde von Callow[5], MacLeod[6] und Kluyver[7] darin überein, dass bei obligaten Anaerobiern die hydroperoxydspaltende Fähigkeit fehlt.

Auch bei den echten Milchsäurebildnern fehlt nach Orla-Jensen (l. c.) Virtanen[8] und Bertho[9] Katalase, desgleichen bei den Erregern der Propionsäuregärung (Orla-Jensen, l. c.).

Bei fakultativen Anaerobiern fand Rywosch[10] wenig oder keine Katalase; deutlich mehr jedoch bei aerober Züchtung; dasselbe fanden Stapp[11] und Kirchner[12].

Indessen wurden einerseits auch bei aerob lebenden Streptokokken[5], aeroben Milchsäurebildnern[13] und einem von Visser t'Hoft[14] neu isolierten (aeroben) Essigbildner, Acetobacter peroxydans, Katalase vermisst, andererseits hat Hagan[15] bei dem anaerob lebenden Actinomyces necrophorus, einem Propionsäuregärer, Katalasebildung festgestellt, wie auch Virtanen bei streng anaeroben Propionsäuregärern, die auf Plattenkulturen überhaupt nicht wachsen, Katalase fand[16]. Weiter fand Virtanen[17] bei Bac. lactis amari und Prodigiosus bei anaerober Züchtung mehr Katalase als bei aerober, bei Coli kaum Unterschiede nach den verschiedenen Züchtungsarten.

---

[1] Löwenstein, Wien. klin. Woch. 1903, 1393.
[2] Orla-Jensen, Zbt. f. Bakt. (2) 18, 211; 1907.
[3] Rywosch, D. u. M., Zbt. f. Bakt. 44, 295; 1907.
[4] Jorns, Arch. f. Hyg. 67, 134; 1908.
[5] Callow, Jl of Path. Bact. 26, 320; 1923.
[6] MacLeod, Jl of Path. Bact. 26, 326; 1923.
[7] Kluyver, H. 138, 100; 1924.
[8] Virtanen, H. 134, 300; 1924.
[9] Bertho, Lieb. Ann. 494, 159; 1931.
[10] Rywosch, Fermentforsch. 8, 48; 1925.
[11] Stapp, Zbl. f. Bakt. 92, 161; 1924.
[12] Kirchner, Zs f. Immunitätforsch. 52, 108; 1927.
[13] Beyerinck, Naturw. Rundschau 8, 671; 1893.
[14] Visser t'Hoft, Diss. Delft 1925.
[15] Hagan, Am. Rept. N. J. State Vet. Coll. 1923, 24, 115. Siehe Sherman, Jl of Bact. 11, 417; 1926. Ber. ges. Physiol. 38, 601.
[16] Virtanen, Biochem. Zs 197, 220; 1928.
[17] Virtanen, Biochem. Zs 161, 9; 1925.

Aus all dem geht hervor, dass die Beziehungen zwischen Atmungstätigkeit und Katalase keineswegs einfache sein können.

Als Mass für die Bakterienkatalase betrachtet Virtanen[1] in Anlehnung an die von Euler und Josephson[2] vorgeschlagene Definition die Grösse

$$\text{Kat.}_v = \frac{k}{\text{Zellenzahl}}.$$

Falls bei Bakterien der ganze Katalasegehalt in Hydroperoxydemulsion wirksam wird (was z. B. bei Hefe nicht der Fall ist) ist der Ausdruck geeignet, das katalatische Vermögen einer Bakterienart zu charakterisieren. Vgl. den Abschnitt: Katalase in lebenden Zellen und Geweben.

Virtanen hat bei Bakterien die Einwirkung von Protoplasmagiften, Erwärmung, Trocknen, die bei Hefe eine erhebliche Aktivitätssteigerung zur Folge haben, nicht beobachtet.

Tabelle 4.

	Glucosefrei	In Glucosebouillon
	gezüchtet	
Micr. Freudenreichii .	0,49	0,22
Bac. lactis amari. . .	0,19	0,27
B. prodigiosum . . .	0,13	0,18
B. Zopfii	0,62	0,11
B. aerogenes	0,04—0,01	—
B. coli	0,04—0,004	—

Die nebenstehenden aus Virtanens[3] Tabellen entnommenen Zahlen bedeuten $\text{Kat}_v \cdot 10^9$. Zur Bestimmung kamen 2—5 ccm Kultur in 20 ccm H_2O_2. Zusammenfassend ist hier auch die Tabelle von Fujita und Kodama[4] wiedergegeben; die Werte beziehen sich nach der S. 5 u. 6 gegebenen Definition auf Milligramm Trockengewicht.

Tabelle 5.

Art	Q_{Kat}	Art	Q_{Kat}
B. pyocyaneus	15 000	Enterokokken *	110
Gonokokken.	9 200	B. paratyphosus A	110
Keuchhustenbacillen	9 000	Streptococcus pyogenes α	90
Diphtheriebacillen	9 000	B. anthracis	58
Staphylococcus pyogenes citreus .	6 000	Vibrio cholerae	46
Staphylococcus pyogenes albus . .	5 200	Saccharomyces, Saké.	45
Proteus vulgaris	2 800	B. tuberculosis	16
Staphylococcus pyogenes aureus .	2 700	Milchsäurestreptokokken	0
B. coli communis	2 100	B. dysenteriae, Shiga	0
B. paratyphosus B	1 900	Diplococcus pneumoniae I*, II*,	
B. dysenteriae III	1 700	III*	0
B. typhosus.	770	B. tetani **	0
Meningococcus intracellularis . . .	710	B. Welchi **	0
B. dysenteriae I	600	Bact. hystolyticus **	0
Streptococcus pyogenes	370	Rauschbrandbacillen **	0
B. influencae Pfeiffer	210		

* Fakultativ anaerobe Bakterien. ** Obligat anaerobe Bakterien.

[1] Virtanen, Biochem. Zs 197, 220; 1928.
[2] Euler u. Josephson, Chem. Ber. 59, 770; 1926.
[3] Virtanen, Biochem. Zs 161, 9; 1925.
[4] Fujita u. Kodama, Biochem. Zs 232, 30; 1931.

Einige weitere Angaben über Bakterienkatalase finden sich bei Jacoby[1], Fouassier[2], Ohtsubo[3], Itano[4]. Itano und Arakawa[5] stellten starke Katalasewirkung in thermophilen Cellulosevergärern fest und zwar bei einer Temperatur von 65°.

Schliesslich sei auf eine Untersuchung von P. E. Simola[6] hingewiesen, auf die wir später zurückkommen.

Nach Fernàndez und Garmendia[7] ist die Katalasewirkung bei Coli abhängig von den Ernährungsbedingungen, sowohl von der Art des zugesetzten Zuckers als von verwendeten Aminosäuren. Lävulose soll starken Anstieg des Katalasegehaltes erzeugen in Kombination mit Alanin, Asparagin, Glykokoll, Tyrosin und Ammoniumlactat; Leucin mit Galaktose und Dulcit, Glutaminsäure und Saccharose. Virtanen dagegen fand die Katalasebildung unabhängig von der C- und N-Quelle.

Fernàndez[8] erklärt die Eigenschaft verschiedener medizinischer Mineralwässer H_2O_2 zu zerlegen durch ihren Gehalt an Bakterien.

Niedere und höhere Pilze. In der frischen lebenden Hefe ist die Katalasewirkung, verglichen mit tierischer Organkatalase, relativ gering. Junge Hefezellen wirken kräftiger als alte[9], Trockenoberhefe mehr als Unterhefe[10]. Durch Vorbehandlung mit synthetischer Nährlösung (Rohrzucker, Asparagin, Kaliumphosphat, Mg-Sulfat) kann die katalatische Aktivität erheblich gesteigert werden[11]. Die an normaler Hefe angestellten Messungen dürften aber kaum ein Mass für die wirklich vorhandene Enzymmenge geben, denn durch Einwirkung von Protoplasmagiften[12], Erwärmen und Trocknen kann eine erhebliche Aktivitätssteigerung erzielt werden. (Auf diese Verhältnisse wird unten näher eingegangen.) Eine untersuchte Oberhefe SB II zeigte etwa die katalatische Kraft eines Erythrocyten[13].

Die Hefekatalase lässt sich aus der lebenden Zelle nicht extrahieren, auch nicht nach Plasmolyse; in Press- und Macerationssäfte geht sie nicht in nennenswerter Menge über. Dagegen lässt sie sich teilweise aus Trocken-

---

[1] Jacoby, Biochem. Zs 88, 35; 1918.
[2] Fouassier, C. R. 170, 145; 1920.
[3] Ohtsubo, Kitasato Arch. of Exp. Med. 6, 61; 1923. — Ber. ges. Physiol. 25, 247.
[4] Itano, Ber. Ohara 4, 265; 1929.
[5] Itano u. Arakawa, Bull. agricult.-chem. Soc. Japan 4, 24; 1928. C. 1929 II, 895.
[6] Simola, Ann. Acad. Scient. Fenn. Ser. A. 34, Nr. 1; 1931.
[7] Fernàndez u. Garmendia, Zs Hyg. u. Infektionskrankh. 108, 329; 1928. — Anales Soc. espanola Fis. Quim. 21, 166. C. 1923 III, 1416. — Anales Soc. espanola Fis. Quim. 24, 495; 1926. C. 1927 I, 301.
[8] Fernàndez, Anales Soc. Espanola Fis. Quim. 27, 45; 1929. C. 1929 I, 2194.
[9] Neumann-Wender, Biochem. Zbt. 3, 340; 1904.
[10] Euler u. Fink, H. 169, 10; 1927.
[11] Euler u. Blix, H. 105, 113, 1919.
[12] Euler u. Laurin, H. 106, 312; 1919.
[13] Euler u. Borgenstam, Biochem. Zs 102, 124; 1920.

hefe extrahieren[1], doch sind auch solche Extrakte relativ schwach aktiv (etwa 200mal weniger als Pferdeleberextrakt).

Bach und Chodat[2] fanden Katalase in Asp. niger, Dox[3] in Penicillium und Aspergillus, Neidig[4] in Asp. orycae. Einige Schimmelpilze führen nach Pringsheim[5] keine Katalase. Weitere Angaben bei Schnell[6], Fouassier (l. c.).

Bei höheren Pilzen kommt Katalase reichlich vor, z. B. Boletus scaber[7]. In neueren Versuchen liessen sich Extrakte bereiten, die etwa $1/30$ der Aktivität eines Pferdeleberextraktes aufwiesen[8]. Über Katalase in Champignons siehe Iwanow[9].

Auch in sämtlichen untersuchten Algen fand sich Katalase[10].

Phanerogamen. Bei den Phanerogamen ist Katalase überall gefunden worden. Loew[11] isolierte sie erstmals aus Tabaksblättern. Literatur siehe bei van Laer[12], Liebermann[13], Rosenberg[14], Čapek[15].

Falk[16] und Tadokoro[17] untersuchten die Katalase in verschiedenen Gemüsearten; letzterer fand am meisten in Ingwer und Zwiebeln. In Citrusarten wurde Katalase von Ajou[18] gemessen; er fand in abnehmender Reihenfolge Citrone, Mandarine, süsse, bittere Orange. Über Katalase in Zuckerrohr- und Rohsäften siehe Neeb[19]. Hervorgehoben sei noch der relativ hohe Katalasegehalt in Kürbiskeimlingen (Zeile, l. c.).

Nach Gračanin[20] ist bei jungen Pflanzen die Katalase hauptsächlich in Wurzeln und Stengeln zu finden, bei ausgewachsenen findet sie sich vor allem in Wurzeln und Blättern. Lopriore[21] weist auf die Anhäufung des Enzyms in den Sexualorganen der Pflanze hin.

---

[1] Issajew, H. 42, 102; 44, 546; 1905.

[2] Bach u. Chodat, Chem. Ber. 36, 1756; 1903.

[3] Dox, Jl Am. Chem. Soc. 32, 1357; 1910.

[4] Neidig, Jl Am. Chem. Soc. 36, 417; 1914. Vgl. Sumi (in Sporen von Asp. orycae), Biochem. Zs 195, 161; 1928.

[5] Pringsheim, H. 62, 386; 1909.

[6] Schnell, Zbl. f. Bakt. (2) 35, 23; 1912.

[7] Euler, Ark. f. Kemi 1, 337 u. 365; 1904.

[8] Zeile, H. 195, 29; 1930.

[9] Iwanow, Fermentforsch. 11, 433; 1930.

[10] Atkins, Proc. Dubl. Soc. 14, 199; 1914. — Hampton u. Baas-Becking, Jl of gen. Phys. 2, 635 — Sjöberg, Fermentforsch. 4, 97; 1921.

[11] Loew, Zs f. Biol. 43, 256; Chem. Ber. 35, 2487; 1902.

[12] van Laer, Zbl. f. Bakt. (2) 17, 546; 1906.

[13] Liebermann, Pflüg. Arch. 104, 201; 1904.

[14] Rosenberg, Ber. bot. Ges. 28, 280; 1910.

[15] Čapek, Biochemie der Pflanze, 2. Aufl., Bd. 3, S. 156.

[16] Falk, Jl Biol. Chem. 38, 229; 1919.

[17] Tadokoro, Jl of Tohoku Coll. Agric. 5, 57; 1913.

[18] Ajou, C. 1927 I, 458.

[19] Neeb, Proefstation voor de Java-Suikerind. mededeel. 1930, 8; C. 1930 II, 3425.

[20] Gračanin, Biochem. Zs 168, 429; 1926.

[21] Lopriore, Ber. bot. Ges. 46, 413; 1928.

In der Zuckerrübe fand Staněk[1] die Katalase zunehmend gegen den Kopf und die Oberfläche, Freedericksz[2] fand in der Kartoffel den Sitz hauptsächlich unter der Haut. Biéchy[3], der die Katalase verschiedener Kartoffeln untersuchte, fand eine Abhängigkeit von den Elektrolyten des Zellsaftes. In der Tomate verfolgte Haber die Katalasereaktion während des Reifungsvorganges[4] und stellte ein Maximum zwischen dem grünen und reifen Zustand fest.

Samenkatalase. Eine rege Bearbeitung hat das Verhalten der Katalase in den Samen namentlich der Getreidearten erfahren und zwar hinsichtlich der Einflüsse verschiedener Entwicklungsstadien, wie Reife, Ruhe, Keimung und der dabei stattfindenden Stoffwechselvorgänge.

Nach Gračanin[5] ist der Hauptsitz der Katalase im Samen der Dikotylen im Embryo und den Kotyledonen zu suchen.

Bach, Oparin und Wähner[6] fanden den Katalasegehalt im reifenden Weizensamen unregelmässigen und sprunghaften Änderungen unterworfen. Sie bringen diese Eigentümlichkeit mit den oft ebenso unregelmässig verlaufenden Anhäufungen von Reservestoffen in Zusammenhang. Iwanow und Lischkewitsch[7] haben aber anscheinend doch mit zunehmender Reife bei Gerste eine regelmässig fallende Tendenz der Katalasewerte gefunden, die zur Beurteilung des Reifezustandes verwendbar ist. Sie erklären infolgedessen den höheren Katalasegehalt von Gersten, die in rauheren Zonen gewachsen sind, mit ihrem unvollkommenen Reifungszustand[8]. Lüers, Fink und Riedel[9] beziehen den Katalasegehalt auf das 1000-Korngewicht (nicht auf das Absolutgewicht) und kommen so zu verhältnismässig regelmässigen Katalasekurven, die mit zunehmender Reife eine konsequente Steigerung der Katalase erkennen lassen; beim Übergang in den Ruhezustand tritt deutliches Absinken ein. Während des Lagerns findet keine weitere Änderung des Katalasegehaltes statt.

Über Zahlenwerte der Katalase im ruhenden Samen siehe Crocker[10], Jones[11], Shull[12], Hope[13], Choate[14], K. und S. Myrbäck[15]; ein erkennbarer

---

[1] Staněk, Zs Zuckerind. Böhmen 31, 207; 1907.
[2] Freedericksz, Trav. de l'Inst. bot. Genève (8), 6.
[3] Biéchy, Fermentforsch. 8, 135; 1924.
[4] Haber, Jowa State College Jl Science 3, 29; C. 1929 II, 437.
[5] Gračanin, Biochem. Zs 168, 429; 1926.
[6] Bach, Oparin u. Wähner, Biochem. Zs 180, 363; 1927.
[7] Lischkewitsch, Ws. f. Brauerei 46, 183; 1929.
[8] Lischkewitsch u. Prizemina, Biochem. Zs 212, 280; 1929. — Ws. f. Brauerei 46, 216; 1929.
[9] Lüers, Fink u. Riedel, Ws. f. Brauerei 47, 393, 405; 1930.
[10] Crocker, Jl of Agric. Research 15, 137; 1918.
[11] Jones, Bot. Gazette 69, 127; 1920.
[12] Shull, Bot. Gazette 75, 215; 1923. Ber. ges. Physiol. 21, 214; 1923.
[13] Hope, Bot. Gazette 72, 1; 1922.
[14] Choate, Bot. Gazette 71, 409; 1921.
[15] K. u. S. Myrbäck, Zs d. schwed. Brauervereins, H. 6—8; 1931.

Zusammenhang zwischen CO_2-Abgabe und Katalasetätigkeit besteht offensichtlich nicht.

Auch besteht nach Gračanin[1] keine Möglichkeit den Katalasegehalt des ruhenden Samens mit seiner Vitalität, bzw. seiner Keimfähigkeit in Beziehung zu setzen. Wohl ist bei erloschener Katalasetätigkeit auch die Keimfähigkeit erloschen, aber bei vernichteter Keimfähigkeit vermag Katalase unter Umständen noch wirksam zu sein. A. Niethammer[2] beobachtete eine gewisse Parallelität zwischen Katalasegehalt und Vitalität, namentlich an Kulturpflanzen. Bei Untersuchung von Braugerste verschiedener Sorten und Erntejahre aber unter sehr gleichartigen äusseren Verhältnissen gebaut fanden K. und S. Myrbäck[3] zwischen Katalasegehalt und bei der Mälzung zutagetretender Vitalität mit wenigen Ausnahmen eine bemerkenswerte Parallellität. R. Newton und Brown[4] wollen eine direkte Beziehung zwischen Katalasegehalt und Winterhärte am Presssaft von Weizenpflänzchen verschiedener Varietäten aufgefunden haben. Nach Schmidt[5] sollen sich aus dem Katalasegehalt von Fichten- und Kiefernsamen Rückschlüsse auf die Herkunft des Samens ermöglichen lassen.

Einige Regelmässigkeiten, die zwar noch nicht näher erklärbar sind, die aber Beachtung verdienen, haben sich im Verhalten der Samenkatalase während der Keimung ergeben. Die Angaben von Bach[6], Oparin[7] und Gračanin[8] und Rhine stimmen darin überein, dass die Katalasekurven während der Keimperiode ein ausgeprägtes Maximum erreichen, das gewöhnlich zwischen dem 3. und 6. Keimungstag liegt. Häufig wurde eine anfängliche Depression (1. Tag) in der Kurve beobachtet (Rhine[9], Gračanin, l. c.). Während des Weichens der Gerste in der Brauerei tritt im allgemeinen eine wesentliche Abnahme des Katalasegehaltes ein (K. und S. Myrbäck l. c.). Der Katalasegehalt des Grünmalzes (etwa 7 Tage auf der Tenne) ist 20—50 mal so gross wie der der Gerste. In älteren Arbeiten werden im allgemeinen viel kleinere Werte für die Zunahme der Katalase während der Keimung angegeben, was indessen damit zusammenhängt, dass die im allgemeinen angewandten Methoden bei trockener Gerste einigermassen richtige, bei stark wasserhaltigem Grünmalz aber viel zu niedrige Werte geben. Der rasche Abfall des Katalasegehaltes nach erreichtem Maximum ist aber nach den von Euler und Myrbäck[10] untersuchten Fällen nur ein scheinbarer, der sich daraus ergibt,

---

[1] Gračanin, Biochem. Zs 180, 205; 1927.
[2] Niethammer, Zs Pflanzenernähr. Düngg. Abt. A, 21, 69; 1931. C. 1931 II, 3498.
[3] K. u. S. Myrbäck, Zs d. schwed. Brauervereins. Heft 6—8; 1931.
[4] Newton u. Brown, Canadian Jl Res. 5, 333. C. 1932 I, 538.
[5] Schmidt, Forstarchiv 1930, Nr. 15. C. 1930 II, 3425.
[6] Bach u. Oparin, Biochem. Zs 134, 183; 1923.
[7] Oparin, Biochem. Zs 134, 190; 1923.
[8] Gračanin, Biochem. Zs 168, 429; 1926.
[9] Rhine, Bot. Gazette 78, 46; 1924.
[10] Euler u. Myrbäck, H. 186, 212; 1929.

dass bei gleichbleibender Katalasemenge das Absolutgewicht zunimmt; bezieht man den Katalasegehalt auf den einzelnen Keimling, so bleibt sein Katalasegehalt nach erreichtem Maximum längere Zeit ziemlich konstant. Von diesem Gesichtspunkt aus betrachtet, würden die Deutungen Deleanos[1], der das Absinken des Katalasegehaltes mit einer Verminderung des Fettgehaltes in Zusammenhang bringt, hinfällig werden.

Aerobe Keimung fördert die Katalasetätigkeit. So bildet Reis, der im Vergleich zu anderen Getreidearten nur wenig Katalase enthält, bei aerober Keimung beträchtliche Mengen Katalase[2], während bei anaerober Keimung keine Neubildung eintritt.

Über Katalase im Samen von Strophantus Kombé, siehe Mattei[3]; in Jutesamen, siehe Sen[4].

Die Katalasebestimmung in Mehlen wird gelegentlich vorgenommen um den Kleiegehalt zu charakterisieren, denn Kleie zeichnet sich (vor Stärke) durch hohen Katalasegehalt aus[5]. Doch spielen hier sicher auch andere Faktoren eine wesentliche Rolle, die den Wert solcher Katalasebestimmungen stark einschränken. Nach Rammstedt[6] ist die mechanische Katalyse nicht zu vernachlässigen, ausserdem ist die Mahlfeinheit wesentlich[7]. Übrigens erhielt Bailey[8] an verschiedenen Weizenmehlsorten ganz verschiedene Werte, die sich annähernd proportional dem Aschegehalt der verschiedenen Mehle verhielten.

Beim dauernden Lagern[9] von Malz bzw. Malzmehl, verliert das Material allmählich die katalatischen Eigenschaften, und zwar das Mehl rascher. Die Verminderung erfolgt sprunghaft, manchmal mit Anstieg und neuerlichem Abfall; im Dunkeln erfolgt das Abklingen langsamer.

Über Temperaturabhängigkeit der Katalase in Pflanzen siehe Burge[10], nach dessen Befund die Katalase in Pinus Strobus und Spirogyra mit der durchschnittlichen Monatstemperatur steigt und fällt.

III. Darstellung (K. Zeile).

Es ist begreiflich, dass bei dem vielseitigen Vorkommen der Katalase auch die Versuche zur präparativen Enzymgewinnung sich von jeher verschiedener Ausgangsmaterialien bedienten. Nicht alle diese Ausgangsstoffe gewährleisten jedoch die Isolierung des Enzyms in erstrebenswertem Reinheits-

---

[1] Deleano, Zbl. f. Bakt. (2) 24, 130; 1909.
[2] Morinaga, Bot. Gazette 79, 73; 1925.
[3] Mattei, Ar. Int. Pharmacodynamie Thérapie 35, 113; 1928. C. 1930 I, 985.
[4] Sen, Jl Indian Chem. Soc. 7, 83; 1930. C. 1930 I, 3317.
[5] Wender, Öst. Chem. Ztg. 7, 143; 1904.
[6] Rammstedt, Zs öff. Chem. 16, 231; 1910.
[7] Jones, Bot. Gazette 69, 127; 1920.
[8] Bailey, Jl Biol. Chem. 32, 539; 1917.
[9] Charmandarjan, Biochem. Zs 207, 472; 1929.
[10] Burge, Am. Jl Physiol. 72, 225; 1925.

grad, oder mit genügender Stabilität. Trotzdem seien auch diese Versuche hier berücksichtigt, weil aus theoretischem Interesse bisweilen die Variierung des Ausgangsmaterials wünschenswert erscheint.

Pflanzliches Material. An pflanzlichen Ausgangsstoffen sind Bakterien zu nennen, an deren Katalase Jacoby[1] Reinigungsversuche durchführte. Im wesentlichen besteht seine Methode darin, dass zuerst die Katalase der auf einfachen Nährböden gezüchteten Bakterien mit Ammonium- oder Magnesiumsulfat oder Schwefelsäure gefällt und der Niederschlag mit KCN zerlegt wird.

Es ist ausserordentlich merkwürdig, dass in diesen Fällen Cyankali, sonst als eines der stärksten Katalasegifte bekannt, sogar präparative Anwendung finden soll. Das würde besagen, dass die Natur der bakteriellen Katalasereaktion von der anderer pflanzlicher und tierischer Präparate verschieden ist.

Auch einfache Methylalkoholfällung wurde von Jacoby angewandt. Nach Hagihara[2] enthalten nach diesem Verfahren gewonnenen Präparate nur noch wenige Prozente des Ausgangsmaterials an Stickstoff und Asche bei gleicher Katalasewirkung.

Issajew (l. c.), später Waentig und Steche[3] gewannen aus Hefe Katalasepräparate durch Fällen eines wässerigen Auszugs mit Alkohol.

Gelegentlich wurden die relativ katalasereichen höheren Pilze zur Enzymgewinnung herangezogen. Im Stockholmer Institut kam Boletus scaber[4] zur Verwendung, aus dem sich wässrige Extrakte (gleiche Gewichtsteile Pilzmaterial und Wasser) mit etwa $1/30$ der Aktivität eines Leberextraktes gewinnen liessen. Bei der Ausfällung mit Alkohol und weiterer Reinigung waren aber stets erhebliche Aktivitätsverminderungen zu beobachten, auch nahm die Wirksamkeit der Extrakte in wenigen Tagen rasch ab. Waenting und Steche (l. c.), fanden ebenfalls die Isolierung aus Pilzmaterial schwierig oder unmöglich.

Bach[5] beschreibt die Gewinnung aus niederen Pilzen durch Extraktion mit schwachem Alkali und nachfolgender Alkoholfällung.

Aus Mehl erhielt Merl und Daimer[6] Katalase wie folgt: 200 g Weizenkleie, mit 200 g Kieselgur vermischt, werden mit 1 Liter Phosphatlösung (3,5 g sec. Natrium- und 1,5 g prim. Kaliumphosphat) angeteigt. Nach 24 Stunden wird scharf abgepresst; weitere Reinigung durch Alkoholfällung.

Bei der Gewinnung von Katalase aus Grünmalz ist nach K. und S. Myrbäck sehr wesentlich, dass die Extraktion und schon die Zerkleinerung des feuchten Materials in Anwesenheit von passendem Puffer (pH = 7,3) vorgenommen wird. Sonst treten bei Verletzung der Zellen Aciditätsverschiebungen ein. Diese können so grosse Enzymzerstörungen bedingen, dass beispielsweise beim

---

[1] Jacoby, I—III, Biochem. Zs 89, 350; 92, 129; 95, 123; 1918/19.
[2] Hagihara, Biochem. Zs 140, 171; 1923.
[3] Waentig u. Steche, H. 76, 177; 1912.
[4] Euler, Hofm. Beitr. 7, 1; 1906. — Zeile, H. 195, 39; 1930.
[5] Bach, Chem. Ber. 36, 1756; 1903.
[6] Merl u. Daimer, Zs Unt. Nahr. 42, 273; 1921.

Mahlen von Grünmalz in der Fleischmaschine in wenigen Minuten 50—90% des Enzymes verloren gehen können[1].

Wie S. 21 erwähnt, geben Kürbiskeimlinge in einem bestimmten Stadium der Keimung eine beachtenswert starke Katalasereaktion. Wenn auch die daraus erhaltene Katalase, wie es gewöhnlich bei pflanzlicher Katalase der Fall ist, keine grosse Stabilität zeigt, so mag doch erwähnt werden, dass es möglich ist, nahezu die gesamte katalatische Aktivität im wässrigen Extrakt zu gewinnen, und diesen unter Erhaltung der Gesamtaktivität und ohne wesentliche Verdünnung völlig zu klären. Solche Extrakte dürften die höchste, bisher an Pflanzenextrakten beobachtete Enzymkonzentration besitzen.

Die geschälten Kürbiskotyledonen (4.—5. Keimtag) werden mit der doppelten Gewichtsmenge einer 5%igen sec. Natriumphosphatlösung unter Zusatz von etwas Seesand während einer Stunde extrahiert. Die Masse wird zentrifugiert, wobei sich drei Schichten absondern: die untere, gröbere Organfragmente enthaltend, die mittlere milchig trüb mit der Hauptmenge der Katalase, und eine obere sahneartige Schicht. Die Mittelschicht wird herausgehebert, mit 15% ihres Volumens Alkohol versetzt und mit Chloroform durchgeschüttelt. Nach dem Zentrifugieren hat sich ein fester Bodensatz von Eiweiss abgesetzt; die Gesamtaktivität ist in der schwach trüben Lösung enthalten. Mit Tricalciumphosphat-Aufschlämmung und Tierkohle gelingt es, die Lösung restlos zu klären. Sie ist schwach gelbstichig und zeigt in entsprechender Schichtdicke (etwa 80 cm) das auf S. 29 angegebene Absorptionsspektrum, überlagert vom Spektrum der Cytochromkomponente c, welch letzteres jedoch durch eine Spur Ferricyankali zum Verschwinden gebracht wird. Die Aktivitäten solcher Lösungen entsprechen einem k von etwa 250.

Tierisches Material. Von tierischem Ausgangsmaterial zur Katalasegewinnung ist Fettgewebe zu nennen, namentlich Schweinefett. Euler (l. c.) und Bach[2], verwenden Rinder- und Schweinsnierenfett nach dem Durchkneten mit lauwarmem Wasser. Waentig und Steche (1911) benützen Extrakte aus Rana temporaria, auch aus Raupen und Puppen.

Sehr häufig wurden aus Blut Katalasepräparate dargestellt. Senter[3] gibt z. B. folgende Beschreibung: aus lackfarben gemachtem Blut werden durch Zugabe gleicher Menge Alkohol Hämoglobin und Katalase ausgefällt. Nach dem Zentrifugieren und Auswaschen mit Alkohol wird getrocknet und aus dem Trockenpräparat die Katalase in 2—3 Tagen mit Wasser extrahiert. Ausbeute 30—40% des Gesamtkatalasegehaltes; die Katalase ist hämoglobinfrei. Vgl. auch Ewald[4].

---

[1] K. u. S. Myrbäck l. c. und Wochenschr. f. Brauerei. Nr. 4; 1932.
[2] Bach, Chem. Ber. 38, 1878; 1905.
[3] Senter, Zs f. physik. Chem. 44, 257; 1903. — 51, 673; 1905.
[4] Ewald, Pflüg. Arch. 116, 334; 1906.

Wolff und Stöcklin[1] lassen erst das Hämoglobin auskrystallisieren und zwar durch Stehenlassen mit Alkohol bei —10°.

Madinaveitia[2] spaltet das Hämoglobin in schwach saurer ätherischer Emulsion und entfernt das gebildete Hämatin durch Ausäthern. Tsuchihashi[3] bringt das Hämoglobin in Chloroform-Wasser-Emulsion mit Eiweiss zum Ausflocken, die weitere Reinigung bewerkstelligt er durch Adsorption an Tricalciumphosphat und Elution mit Na_2HPO_4.

Die wirksamsten Präparate liefert zweifellos Säugetierleber und zwar dürfte Pferdeleber was die Vorteile in der Gewinnung und die Güte der Präparate anbelangt, allen anderen Leberarten überlegen sein. Das bisher reinste Katalasepräparat wurde aus Pferdeleber gewonnen. Im Vergleich zu z. B. Ochsenleber geht von vornherein nur wenig Ballasteiweiss in den Extrakt, weiterhin ist die Pferdeleberkatalase nicht gegen Schütteln und Filtrieren empfindlich wie von Wieland an der Ochsenleberkatalase festgestellt wurde[4]; sie zeigt eine in jeder Hinsicht befriedigende Stabilität bei der Verarbeitung.

Die von Battelli und Stern[5] gegebene Reinigungsvorschrift der Alkoholfällung und Extraktion mit Wasser ist überholt durch die fraktionierte Eiweissfällung mit dem halben Volumen Alkohol nach Waentig und Steche[6], die von Hennichs[7] angewandt wurde. Dabei werden beträchtliche Mengen inaktiver Stoffe entfernt. Während nun Hennichs die Katalase durch Erhöhung der Alkoholkonzentration in zweiter Stufe ausfällte und nach dem Abtrennen wieder löste, verwenden Euler und Josephson[8] die durch Alkoholfällung vorgereinigte Lösung direkt zu den Absorptionen unter Vermeidung der beim Ausfällen eintretenden Aktivitätsverluste.

Als weitere Reinigungsverfahren haben die Willstätterschen Absorptions- und Elutionsmethoden Anwendung gefunden.

Von Tsuchihashi (l. c.) wurde Tricalciumphosphat als Absorptionsmittel, sekundäres Phosphat als Elutionsmittel angewandt. Diese Methode hat neuerdings wieder Beachtung gefunden, da Tricalciumphosphat in Lösungen, wie sie nach der unten zu besprechenden Chloroformfällung resultieren, sehr selektiv absorbierend wirkt[9].

Hennichs[10] hat die Absorptionseigenschaften des Kaolins und Aluminium-

---

[1] Wolff u. Stöcklin, C. R. 152, 729; 1911.
[2] Madinaveitia, Diss. Zürich, 1912.
[3] Tsuchihashi, Biochem. Zs 140, 63; 1923.
[4] Wieland, Lieb. Ann. 445, 181; 1925.
[5] Battelli u. Stern, Soc. Biol. 57, 375; 1905.
[6] Waentig u. Steche, H. 76, 180; 1911.
[7] Hennichs, Biochem. Zs 145, 286; 1924. — Chem. Ber. 59, 218; 1926. — Biochem. Zs 171, 314; 1926.
[8] Euler u. Josephson, Lieb. Ann. 452, 158; 1927.
[9] K. Zeile, H. 195, 39; 1931.
[10] Hennichs, Biochem. Zs 145, 294; 1924.

hydroxyds der Katalase gegenüber (nach Willstätter und Racke[1]) einer näheren Untersuchung unterzogen und bei Kaolin (3fache Menge des Trockengewichtes) bei pH 5 ein ziemlich deutliches Optimum der Absorptionswirkung festgestellt (Abb. 1). Für Al(OH)$_3$ ($^1/_3$ der Gewichtsmenge der Trockensubstanz) fand er das Optimum sehr breit zwischen pH 5 und 7 (Abb. 2).

Zur Elution verwandte Hennichs wie Tsuchihashi Na$_2$HPO$_4$. Bei pH 8 fand er die Elution aus Kaolin praktisch vollkommen. Euler und Josephson verwendeten auch 0,02 n NH$_3$ zur Elution, um Verunreinigungen durch Asche zu vermeiden. Es zeigte sich jedoch, dass die Elution mit Ammoniak nicht immer gelingt, ohne dass sich aus dem Arbeitsgang Anhaltspunkte für die Ursache dieser Unregelmässigkeiten ergeben hätten.

Während Aluminiumhydroxyd die Katalase relativ schwer an sekundäres Phosphat abgibt, lassen sich durch Elution von Tricalciumphosphat-Adsorbaten

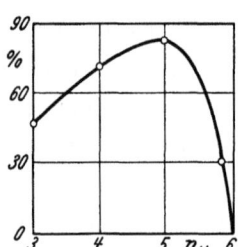
Abb. 1. Adsorption an Kaolin.
(Nach Hennichs.)

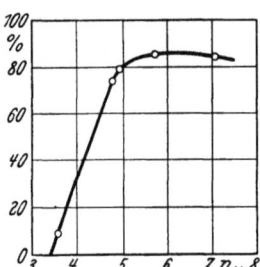
Abb. 2. Adsorption an Tonerde.
(Nach Hennichs.)

mit sekundärem Phosphat direkt sehr konzentrierte Enzymlösungen gewinnen, was gelegentlich Vorteile bietet.

Um die Katalaseelutionen für erneute Adsorptionen vorzubereiten, ist es notwendig, das Elutionsmittel durch Dialyse zu entfernen. Zur Verwendung kamen hiefür in der Regel Kollodiummembranen. Hennichs beobachtete jedoch dabei starke Aktivitätsverluste, die sich als Absorptionen an die Membran aufklären liessen (Zeile, l. c.). Euler und Josephson dialysierten bei niedriger Temperatur und hatten häufig keinen Aktivitätsverlust zu verzeichnen. Indes sind die Verhältnisse stets wechselnd. Gute Dienste leisteten aber neuerdings Pergamentbeutel, die die Katalase nicht adsorbieren (Zeile, l. c.).

Die Reinigung durch Adsorption und Dialyse setzt zweckmässig an den durch Alkoholfällung vorgereinigten Präparaten ein. Handelt es sich darum, auf möglichst einfache Weise ein Katalasepräparat mit befriedigendem Reinheitsgrad (etwa 30000) darzustellen, so empfiehlt sich folgendes Verfahren[2]:

Die möglichst frische, feingemahlene Pferdeleber wird mit ihrer Gewichtsmenge Wasser vermengt, nach einstündigem Stehen wird zentrifugiert, worauf

---

[1] Willstätter u. Racke, Lieb. Ann. 425, 1; 1921.
[2] Zeile u. Hellström, H. 192, 171; 1930.

der Rückstand abermals einer — etwas länger dauernden — Extraktion mit derselben Wassermenge unterworfen wird. Die beiden wässrigen Extrakte, die braun und opak sind, werden parallel weiterverarbeitet: Man fällt unter Kühlung mit dem halben Volumen Alkohol, stellt über Nacht an einen kühlen Ort und zentrifugiert vom ausgeschiedenen Eiweiss ab. Hierauf wird nochmals dieselbe Menge Alkohol zugegeben, so dass die Lösung 50 Vol.-% Alkohol enthält, und mit $1/3$ des nunmehrigen Volumens Chloroform wird kurz und kräftig durchgeschüttelt. Beim Zentrifugieren setzt sich ein kompakter, vom ausgefällten Hämoglobin rotbraun gefärbter Eiweisskuchen ab. Die überstehende, meist trübe Flüssigkeit wird mit etwas Tierkohle versetzt und abgenutscht. Die klare wässrige Lösung enthält die gesamte Aktivität, sie ist bräunlich gefärbt und gibt folgendes Absorptionsspektrum:

I. 650 mμ ... $\underbrace{646-620}_{629}$ ... 610   II. $\underbrace{550-530}_{540}$ ... 520 ...   III. $\underbrace{510-490}_{500}$

End.-Abs. etwa 463.

Mit der Chloroformfällung wird, abgesehen von der Ausfällung von Eiweissballast, die Entfernung des Hämoglobins erreicht. Zweckmässig folgt jetzt eine Adsorption an Tricalciumphosphat. Die Elution wird am besten mit 0,5%iger sekundärer Phosphatlösung portionsweise vorgenommen.

Die Elutionen, vereinigt oder getrennt, werden in einem Pergamentbeutel im Eisschrank während einiger Tage dialysiert; sie zeigen bei mässigen Aktivitätsverlusten ein Kat. f. von 28—30000.

Die Darstellung des bisher reinsten Katalasepräparates mit Kat. f. 43000 (Euler und Josephson, l. c.) ging aus von einem zweiten Leberextrakt. Nach der Fällung mit dem halben Volumen Alkohol erfolgte Adsorption an $Al(OH)_3$, Elution mit 0,02-n NH_3 und Dialyse durch Kolloidummembran. Das Dialysat wurde an Kaolin adsorbiert, die Elution mit Ammoniak ergab nach Dialyse ein Kat. f. von 43000.

Reinigungsversuche über diesen Reinheitsgrad hinaus haben bisher nicht Erfolg gehabt. Ob damit tatsächlich ein endgültiger Grenzwert erreicht ist, oder ob nur eine mit zunehmender Reinigung wachsende Labilität des Enzyms bisher weitere Reinigungserfolge verhindert hat, lässt sich heute noch nicht mit Sicherheit entscheiden.

Trockenpräparate. Obwohl reine Pferdeleberkatalase in Lösung monatelang bei niedriger Temperatur haltbar ist, mag bisweilen, wenn es nicht so sehr auf möglichst hohe Reinheit als auf Haltbarkeit ankommt, die Verwendung von Trockenpräparaten erwünscht sein. Battelli und Stern[1] beschreiben die Gewinnung eines solchen wie folgt:

Leberextrakt (1 Teil Leber, 1 Teil Wasser) wird mit Alkohol gefällt; der Niederschlag wird mit 3 Teilen Wasser ausgezogen, worauf abermalige Fällung

---

[1] Battelli u. Stern, Soc. Biol. 57, 375; 1905.

mit Alkohol erfolgt. 1 g dieser Substanz zersetzt in 10 Minuten 3—4 kg H_2O_2; nach 20 Jahren zeigte ein solches Präparat noch seine volle Wirksamkeit.

Das oben erwähnte Präparat von Euler und Josephson mit Kat. f. 43 000 wurde nach dem Abdunsten im Vakuum, das ohne Aktivitätsverlust möglich war, als Trockenpräparat aufbewahrt, hatte aber im Laufe von 2 Jahren seine Aktivität praktisch völlig verloren.

IV. Kinetik (H. v. Euler).
1. Allgemeines.

Vergleicht man die Umsetzung eines Substrates unter dem Einfluss einerseits eines enzymatischen, andererseits eines nichtenzymatischen Katalysators, so findet man mehr oder weniger starke Unterschiede. Diese Unterschiede liegen in erster Linie darin, dass der enzymatische und der nichtenzymatische Katalysator oft sehr verschiedene Affinität zum Substrat besitzen; im allgemeinen Teil dieses Werkes ist dies am Beispiel der Rohrzuckerspaltung eingehend dargetan worden.

Die z. B. bei Säuren- und Basenkatalysen vielfach bestätigten einfachen Folgerungen des Massenwirkungsgesetzes gelten unter der Voraussetzung, dass der Katalysator in verdünnter Lösung praktisch vollständig als freie Molekülart anwesend ist, dass also höchstens ein sehr kleiner Teil des Katalysators vom Substrat oder von den Reaktionsprodukten gebunden wird. Diese Bedingung ist nun, wie zuerst Michaelis[1] gezeigt hat, bei enzymatischen Katalysen oft nicht erfüllt; das Enzym besitzt eine erhebliche Affinität zum Substrat und dadurch ist ein beträchtlicher Teil des Enzyms nicht mehr als solcher vorhanden, sondern an das Substrat gebunden.

Aus diesem Umstand lässt sich herleiten, dass die einfachen Formeln der chemischen Dynamik bei Enzymreaktionen nur in engeren Grenzen gelten können als bei nichtenzymatischen Katalysen.

Betrachten wir also die Hydroperoxydspaltung zunächst als eine monomolekulare Reaktion, so würde ihr Verlauf nach dem Gesetz von Wilhelmi durch die Gleichung ausgedrückt werden:

$$k = 1/t \cdot \log \frac{a}{a-x}.$$

Der mit den Grundsätzen der theoretischen Enzymchemie Vertraute wird also nicht mehr fragen, gilt diese Gleichung für die Spaltung des Hydroperoxyds oder gilt sie nicht — niemand wird heutzutage ernstlich in Abrede stellen wollen, dass das Massenwirkungsgesetz auch auf enzymatische Systeme anwendbar ist —, sondern man wird die Grenzen feststellen, innerhalb welcher sich die katalatische Hydroperoxydspaltung der obigen Formel anschliesst, und welches die Bedingungen dafür sind.

---

[1] Michaelis u. Menten, Biochem. Z. 49, 333; 1913.

Zunächst eine Bemerkung über

a) Mechanismus und Ordnung der Hydroperoxydspaltung.

Die Gleichung
$$2\,H_2O_2 = 2\,H_2O + O_2$$
scheint einen bimolekularen Verlauf der Reaktion zu fordern. Andererseits hat man den Verlauf der Hydroperoxydspaltung fast immer nach der Formel für monomolekulare Reaktionen berechnet und hat — wenigstens in sehr verdünnten Lösungen — einen befriedigenden Anschluss an diese Formel gefunden; erst in mittleren Konzentrationen (von 0,02 normal ab) werden die Abweichungen gross und zwar wegen Enzymzerstörung (vgl. S. 46 u. f.) Aus der Tatsache, dass in verdünnten Lösungen der Reaktionskoeffizient erster Ordnung, k, annähernd konstant gefunden wird, dürfte der Schluss gezogen werden können, dass die Abspaltung eines Sauerstoffatoms aus dem Hydroperoxyd nach der Gleichung $H_2O_2 = H_2O + O$ derjenige Teilvorgang des Zerfalls ist, welcher die Reaktionszeit bestimmt, während die Bildung des Sauerstoffmoleküls aus zwei Sauerstoffatomen den zeitlichen Verlauf des Gesamtprozesses nicht beeinflusst.

Wieland[1], welcher der Hydroperoxydspaltung eine eingehende Untersuchung gewidmet hat, sprach sich 1921 über den Mechanismus des Vorgangs folgendermassen aus: „Da mit aller Sicherheit der Sauerstoff nicht atomar, sondern molekular entbunden wird, so kann die Gleichung der monomolekularen Reaktion $H_2O_2 \rightarrow H_2O + O$ keine Gültigkeit haben. Es muss vielmehr der Ausdruck $2\,H_2O_2 \rightarrow 2\,H_2O + O_2$ gelten, in dem der Sauerstoff molekular, in nicht aktiver Form auftritt."

Wieland stellt sich die Hydroperoxydspaltung als ein Analogon vor der von ihm studierten Spaltung des Hydrazobenzols in Azobenzol und Anilin, somit als eine Oxydoreduktion. „Man kann als wahrscheinlich annehmen, dass die gemessene Reaktionsgeschwindigkeit auch hier der ersten Phase der Dehydrierung des ersten Moleküls angehört, während die hydrierende Spaltung des zweiten Moleküls mit unmessbar grosser Geschwindigkeit verläuft:

1. $HO \cdot OH \rightarrow O:O + 2\,H$
2. $HO \cdot OH + 2\,H \rightarrow 2\,H_2O$.

Haber und Willstätter[2] sehen die Katalase als eine für Hydroperoxyd spezifische Dehydrogenase an, und führen die Radikale O_2H und OH als Glieder der Reaktionsketten ein.

Als Ausgangsreaktion wird angenommen:
$$\text{Katalase} + H_2O_2 = \text{Desoxykatalase} + O_2H;$$
die Hauptreaktion wäre:
$$O_2H + H_2O_2 = O_2 + H_2O + OH,$$
$$OH + H_2O_2 = H_2O + O_2H.$$

---

[1] Wieland, Chem. Ber. 54, 2353; 1921.
[2] Haber u. Willstätter, Chem. Ber. 64, 2844; 1931.

Gegen die Haber-Willstättersche Auffassung der Enzymreaktionen sind Einwände von Haldane[1], Kenner[2] u. a. gemacht worden, deren Diskussion hier zu weit führen würde. Es bleibt abzuwarten, ob sich experimentell prüfbare Folgerungen der neuen Darstellungsform finden lassen, welche mit den bisher angenommenen Grundlagen der Enzymkinetik nicht im Einklang sind, ob die Theorie sich quantitativ entwickeln lässt und ob diese Entwicklung eine Vereinfachung der früheren theoretischen Darstellung bedeutet.

Die Auffassungen über den katalatischen Reaktionsmechanismus von Wieland einerseits und von Haber-Willstätter andererseits hat kürzlich auch K. G. Stern[3] besprochen, der dabei (l. c. S. 183) ebenfalls einen Kettenmechanismus im Sinne von Bodenstein-Christiansen annimmt.

Wie Verfasser im 1. Band dieses Werkes näher ausgeführt hat, legt er der Kinetik der Enzymreaktionen die reaktionsvermittelnden Moleküle zugrunde, die durch Verbindung von Enzym und Substrat entstehen. Demgemäss haben wir[4] versucht, die Affinität der Katalase zu ihrem Substrat quantitativ zu ermitteln, und diese Affinität wurde durch eine Gleichgewichtskonstante (K_M) dargestellt. Für diese Konstante

$$K_M = \frac{[\text{Enzym-Substrat}]}{[\text{Freies Enzym}] \times [\text{Substrat}]}$$

wurde von Euler und Josephson der Wert 40 ermittelt.

b) „Modelle" der Katalase.

„Katalasenmodelle" sind besonders in den ersten Entwicklungsperioden der Enzymkinetik stark in den Vordergrund des Interesses gestellt worden, in erster Linie wohl deshalb, weil sich die Erkenntnis noch nicht Bahn gebrochen hatte, dass es sich bei der Wirkung der enzymatischen Katalysatoren um Vorgänge handelt, welche, genau wie andere chemische Prozesse, vom Standpunkt der Konstitutionslehre aus untersucht werden müssen; vielmehr hat man enzymatische Wirkungen nicht selten einem besonderen „Zustand der Materie" des Katalysators zugeschrieben. Die tatsächlichen Fortschritte, welche die Betrachtung dieser „Modelle" der Katalase brachten, haben denn auch den Erwartungen nicht entsprochen, und wir können deshalb den Bericht über dieselben kurz fassen.

Nachdem Bredig[5] eine sehr interessante Methode gefunden hatte, durch elektrische Zerstäubung kolloide Platinlösungen herzustellen, fand er, dass seine Platinsole die Eigenschaft besitzen, aus Hydroperoxyd Sauerstoff zu entwickeln. Da man damals noch auf dem Standpunkt Schönbeins stand, und diese Hydroperoxydzersetzung als eine allgemeine Enzymreaktion

---

[1] Haldane, Nature 128, 175; 1931. — Siehe auch Proc. Roy. Soc. B, 108, 559; 1931.
[2] Kenner, Chem. Ber. 65, 705; 1932.
[3] Stern, H. 209, 176; 1932.
[4] Euler u. Josephson, Liebigs Ann. 455, 1; 1927.
[5] Bredig, Zs ang. Chemie, 1898; 953. — Zs f. Elektrochem. 4, 514.

betrachtete, so wurde diese Platinsolwirkung als Modell einer allgemeinen Enzymaktivität eingehend studiert. Bredig und Müller von Berneck[1] fanden hinsichtlich der Kinetik folgendes:

Bei konstanter Menge und konstantem Zustande des katalysierenden Platins erwies sich die H_2O_2-Zersetzung in neutraler und saurer Lösung nach ihrer quantitativ bestimmten Geschwindigkeitsgleichung als eine monomolekulare Reaktion.

Die Katalyse nimmt mit der Konzentration des Platins schnell zu, und zwar nicht proportional derselben. Bei Verdünnung mit reinem Wasser erhielt man für die Geschwindigkeit eine einfache Exponentialfunktion der Platinkonzentration.

„Ganz besonders auffallend" — schreibt Bredig — „ist die Analogie der Platinflüssigkeit zu den Fermenten und dem Blute bezüglich ihrer Eigenschaft durch geringe Spuren gewisser Gifte inaktiviert zu werden: 10^{-6} Mol. HCN im Liter wirkt bereits merklich verzögernd, nicht viel weniger H_2S und sehr stark auch Quecksilberchlorid."

Der erste Umstand, welcher damals nicht genügend beobachtet wurde, ist die sehr geringe Wirkung des kolloiden Platins im Verhältnis zu Katalasepräparaten. Gereinigte Leberkatalase ist mehr als 1000mal aktiver als Platinsol. Man hat damals den kolloiden Zustand als massgebend für die Wirkung des Soles betrachtet. Hätte man versucht, sich über die Konzentration der katalytisch wirksamen Molekülart eine Vorstellung zu bilden, so hätte man zeitiger erkannt, dass dem Katalysator zugesetzte Hemmungsstoffe, die als „Gifte" bezeichnet wurden, in ähnlichen Konzentrationen wie dieser vorhanden sind, und hätte wohl auch den Umstand, dass diese Stoffe Reduktionsmittel sind, oder Metallkomplexe bilden, in erster Linie zur Deutung der Befunde herangezogen.

Ausser Platin wurden noch andere Schwermetallsole als katalytisch aktiv gefunden, so z. B. das Gold von Bredig und Reinders[2].

Die nicht enzymatische Spaltung von H_2O_2 ist von der Acidität der Lösung in hohem Grade abhängig, wie durch Versuche von G. Phragmén[3] gezeigt wurde.

Dass Eisen und Mangan in alkalischer Lösung die Zersetzung des H_2O_2 stark zu beschleunigen vermögen, hat bereits 1889 Tammann erwähnt, und auch Bredig und Müller von Berneck gaben einige Versuche an über die Wirkung von Mn, Co, Cu und Pb. Ammoniak- und Pyridinkomplexe von Ag und Cu sind später in diesem Institut untersucht worden[4], und erwiesen sich

---

[1] Bredig u. Müller von Berneck, Zs physik. Chem. 31, 258; 1899.
[2] Bredig u. Reinders, Zs f. physik. Chem. 37, 323; 1901.
[3] Phragmén, Medd. Vet. Akad. Nobelinst. 5, Nr. 22; 1919.
[4] Euler u. Jansson, Sitz.-Ber. Akad. d. Wiss. Wien. II B 138, Suppl. 1929, 1014.

aktiv in Konzentrationen bis 10^{-5}. Als reaktionsvermittelnde Molekülart wurde $AgOH \times H_2O_2$ angenommen.

Über die Frage, welche Molekülart in Platinsolen die wirksame ist, sind mehrere Ansichten geäussert worden. Haber[1] und Verfasser[2] versuchten die katalytische Wirkung der Platinsole auf die Bildung von Platin-Sauerstoffverbindungen zurückzuführen. Die Annahme, dass die katalytische Aktivität des Platinsols durch einen gewissen Sauerstoffgehalt bedingt ist, wurde auch später oft diskutiert, ohne dass bindende Beweise dafür gefunden wurden. Dies gilt auch von einer in diesem Institut von Thorén[3] ausgeführten Röntgenuntersuchung, welche keine Anzeichen von Pt-Oxyden im Koagulat des Sols ergab.

Die neueren Untersuchungen von Pennycuik[4] liefern zwar keinen Beweis, wohl aber eine Stütze für die Annahme von Pt-Sauerstoffverbindungen in Pt-Solen.

Es ist bisher nicht gelungen, die Platin-Elektrosole erheblich wirksamer darzustellen als nach dem ursprünglichen Verfahren Bredigs. Eine Hochfrequenzzerstäubung nach Kraemer und Svedberg[5] führte zu Präparaten, welche höchstens doppelt so stark waren als die Bredigs.

Unter späteren Arbeiten ist eine Studie von MacInnes[6] zu erwähnen, besonders aber eine Untersuchung von Rocasolano[7]; dieser fand, dass die Reaktionskonstanten mit fortschreitender Zersetzung abnimmt.

Wesentliche Fortschritte wurden erzielt, als katalaseähnliche Wirkungen an Stoffen studiert wurden, welche dem Enzym chemisch nahestehen.

Man verdankt zunächst Kuhn und Brann[8] den Nachweis, dass Hämin katalatische Eigenschaften besitzt. Den Reaktionskoeffizienten der Häminkatalyse fanden sie mit der Zeit fallend.

Bei Konstanz des Produktes Häminmenge·Zeit war der Umsatz am grössten bei kleinster Versuchsdauer. Wurde das Produkt H_2O_2-Menge·Zeit konstant gehalten, so wurde ebenfalls bei kürzester Reaktionszeit der grösste Umsatz erzielt.

Bald darauf wiesen Euler, Nilsson und Runehjelm[9] nach, dass auch Deuterohämin und Mesohämin katalatisch wirksam sind.

---

[1] Haber u. Grönberg, Zs anorg. Chem. 18, 40; 1898.
[2] Euler, Öfvers. Sv. Vet. Akad. Förh. 1900, 267.
[3] Thorén, Akademische Abhandlung, Univ. Stockholm; 1930.
[4] Pennycuik, Jl Chem. Soc. 2600; 1927. — 2108; 1928. — Pennycuik u. Best, Jl Chem. Soc. 551; 1928.
[5] Kraemer u. Svedberg, Jl Amer. Chem. Soc. 46, 1981; 1924.
[6] MacInnes, Jl Amer. Chem. Soc. 36, 878; 1914.
[7] de Gregorio Rocasolano, C. r. 170, 1502; 1920. — 173, 234; 1921.
[8] Kuhn u. Brann, Chem Ber. 59, 2370; 1926.
[9] Euler, Nilsson u. Runehjelm, Sv. Kem. Tidskr. 41, 85; 1929.

Etwa gleichzeitig zeigten die präparativen Arbeiten von Euler und Josephson[1], dass hoch gereinigte Präparate, welche die Aktivität Kat. f = 40 000 ergeben hatten, immer noch messbare Fe-Mengen enthielten, nämlich per Gramm Enzympräparat etwa 3×10^{-8}.

Wie sich bald darauf durch die Versuche von Zeile und Hellström[2] ergeben hat, ist die Katalase eine Eisen-Porphyrinverbindung, welche mit einem Proteinrest noch nicht näher bekannter Art verknüpft ist.

Wie die Katalase so ist auch das Hämin gegen Hydroperoxyd schon in mässiger Konzentration empfindlich, und zwar anscheinend in noch höherem

0,0052 n H_2O_2		0,055 n H_2O_2	
Minuten	$k \cdot 10^4$	Minuten	$k \cdot 10^4$
0	—	0	—
10	18,9	10	10,0
20	16,6	20	7,7
50	17,2	50	5,2
95	16,8	95	3,3
140	14,8	140	2,5
190	13,6	190	2,1
240	11,7	240	1,9
380	10,5	380	1,9

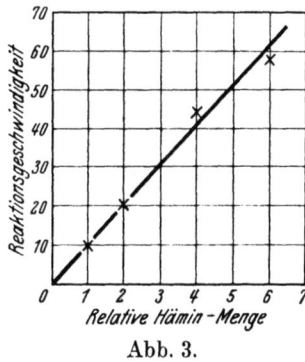

Abb. 3.

Grad als das Enzym. Die Häminzerstörung wächst natürlich stark mit der H_2O_2-Konzentration. Dies geht aus den beiden obenstehenden Tabellen von Euler und Josephson[1] hervor.

Was den Einfluss der Häminkonzentration betrifft, so fanden wir bei kurzer Versuchsdauer eine recht genaue Proportionalität mit der Reaktionsgeschwindigkeit, wie Abb. 3 zeigt, in welcher auf der Ordinate die Werte für $k \cdot 10^4$ angegeben sind.

Andere Eisenporphyrine hat Zeile[3] untersucht. Da Meso- und Deuteroporphyrin, deren Hämine sich durch starke anfängliche Aktivität auszeichnen, sich von dem Protoporphyrin durch eine grössere Basicität unterscheiden, schien es möglich, durch

Minuten	pH = 6		pH = 7	
	ccm $KMnO_4$	$k \cdot 10^4$	ccm $KMnO_4$	$k \cdot 10^4$
0	4,98		4,98	
3	4,95	38,4	4,82	77,8
6	4,92	9,0	4,76	18,3
10	—	5,14	4,72	9,5
20	4,84		4,68	3,7
40	4,76	3,7	4,65	2,9
60	4,70	2,8		

Anwendung eines Hämins, dessen zugrunde liegendes Porphyrin noch stärker basisch ist, einen besonderen katalatischen Effekt zu erzielen. Hämatohämin wurde aus Hämatoporphyrinchlorhydrat und Ferrum reductum dargestellt.

[1] Euler u. Josephson, Lieb. Ann. 456, 111; 1927.
[2] Zeile u. Hellström, H. 192, 171; 1930. — Zeile, H. 195, 39; 1931.
[3] Zeile, H. 189, 127; 1930.

Die kinetischen Versuche bei pH = 6 und pH = 7 sind in vorstehender Tabelle zusammengestellt.

„Offenbar ist die Hinfälligkeit des Hämatohämins gegen H_2O_2 eine sehr grosse, was sich in verhältnismässig geringen Gesamtumsätzen und in raschem Ausbleichen der Lösungen ausdrückt."

Das natürliche Hämin nimmt insofern eine Ausnahmestellung ein, als ihm allein eine verhältnismässig konstante Aktivität zukommt, bei auffallender Beständigkeit gegen Wasserstoffsuperoxyd.

Hämin unterscheidet sich in ihrer katalatischen Wirksamkeit wesentlich von anderen Eisenverbindungen, und wir[1] haben versucht, dies darauf zurückzuführen, dass intermediär gebildete höhere Oxydationsstufen des Hämins immer wieder auf den wirksamen Oxydationsgrad zurückfallen, nämlich auf die Ferrostufe, die auch von Wieland und Franke[2] als wirksam angesehen wird.

Hierzu bemerkt Haurowitz[3], dass nach seinen eigenen Untersuchungen sowie nach denen von Hans Fischer, Treibs und Zeile[4] das Eisen in Porphyrine nur als Ferroeisen eintreten kann, dass aber die Hämine Ferrieisen enthalten. Fischer, Treibs und Zeile haben die labile Ferroporphyrinverbindung, Häm, in Krystallen isoliert. Andererseits möchte Verfasser darauf hinweisen, dass nichts gegen die Annahme spricht, dass ein Redoxgleichgewicht besteht zwischen Hämin und seinem katalatisch aktiven Anteil.

Man verdankt Haurowitz[5] den definitiven Nachweis, dass auch Oxyhämoglobin vom Pferd deutliche katalatische Wirkungen besitzt, allerdings sehr viel kleinere als Blutkatalase und etwa von derselben Grössenordnung, wie Protohämin. Dieser Nachweis erscheint bemerkenswert, weil daraus die Spezifität des Proteinrestes der Katalase deutlich hervorgeht. Verfasser hält die Annahme für naheliegend, dass dieser Proteinrest des Enzyms an der Peroxydspaltung im Sinne der Zweiaffinitätstheorie beteiligt ist, indem er die Affinität zwischen dem Porphyrineisen und dem Hydroperoxyd beeinflusst.

2. Zeitlicher Verlauf der H_2O_2-Spaltung durch Katalase.

Die bequeme Methodik und das leicht zu beschaffende Substrat haben veranlasst, dass die Versuche über die Spaltung der Katalase nach Tausenden gezählt werden können. Sie alle anzuführen, ist im Rahmen dieses Buches nicht möglich, und es wäre auch kaum nützlich, da sich verhältnismässig wenige Fortschritte aus diesen kinetischen Versuchen entwickelt haben. Bezüglich der älteren Arbeiten mögen einige historische Notizen genügen.

---

[1] Euler, H. Nilsson u. Runehjelm, Sv. Vet. Akad. Arkiv. f. Kemi, 10 B Nr 7; 1929.
[2] Wieland u. Franke, Lieb. Ann. 457, 1; 1927.
[3] Haurowitz, H. 169, 94; 1927.
[4] Fischer, Treibs u. Zeile, H. 195, 2; 1931.
[5] Haurowitz, H. 198, 9; 1931.

Pflanzliche Katalasen. Issajew[1] untersuchte mit wässrigen Hefeauszügen die Spaltung von $1/90$ mol. Hydroperoxyd bei 25°, und fand für den monomolekularen Reaktionskoeffizienten auffallend konstante Werte.

Bei einer Katalase aus dem Pilz Boletus scaber fand Verfasser[2] angenäherte Konstanz des Koeffizienten k nur bei Hydroperoxydkonzentrationen von 0,01 mol. ab, und zwar bei 0°.

Minuten	%-Spaltung	$k \cdot 10^4$
0	—	—
6	13,8	107
12	27,5	116
19	37,5	107
55	68,8	100

Tierische Katalasen. Senter[3] hat eine verdienstvolle Untersuchung über Blutkatalase angestellt und seine Versuchszahlen (Methodik: $KMnO_4$-Titration) nach dem damaligen Stand der Kinetik ausgewertet.

Konzentration der Hydroperoxydlösung, 0,01 mol. Temp. 0°.

Minuten	5	10	20	30	50
$0,4343 \, k \cdot 10^4$.	190	192	190	193	194

Dagegen betonen Waentig und Steche[4], dass „der Reaktionsverlauf der fermentativen Hydroperoxydspaltung mit aus Blut gewonnenen Fermentlösungen sich im allgemeinen nicht dem Schema der Reaktionen erster Ordnung anpasst" (Titrationsmethode). Die Autoren betonen den Einfluss des Sauerstoffs auf die Katalasewirkung, besonders die Hemmung durch Übersättigung.

Schliesslich sei unter den älteren Arbeitern auf diesem Gebiet noch Faitelowitz[5] erwähnt, der mit Milchkatalase schon bei kleinen Hydroperoxydkonzentrationen und grossen Enzymmengen bei 25° erhebliche Abweichungen vom Reaktionsgesetz erster Ordnung fand.

Minuten	a—x	$k \cdot 10^4$	Minuten	a—x	$k \cdot 10^4$
0	68,6	—	30	56,2	29
10	63,5	33	40	53,9	26
15	61,4	32	50	53,4	21
20	59,4	31	60	49,8	23
25	57,8	30	—	—	—

Unter den älteren Experimentatoren seien noch genannt: Kastle und Loevenhart[6], A. Bach[7], Evans[8], Santesson[9], Wo. Ostwald[10] sowie Lockemann, Thies und Wichern[11]. In diesen

---

[1] Issajew, H. 42, 102; 1904. — 44, 546; 1905.
[2] Euler, Hofm. Beitr. 7, 1; 1905.
[3] Senter, Zs physik. Chem. 44, 157; 1903. — 51, 673; 1905.
[4] Waentig u. Steche, H. 72, 226; 1911. — Siehe auch 76, 177; 1912.
[5] Faitelowitz, Diss. Heidelberg; 1904.
[6] Kastle u. Loevenhart, Amer. Chem. Jl 29, 397; 1903.
[7] A. Bach, Chem. Ber. 38, 1878; 1905. — 39, 1670; 1906.
[8] Evans, Biochem. Jl 2, 133; 1907.
[9] Santesson, Arch. exp. Path. u. Pharm. Suppl. 1908, 469.
[10] Wo. Ostwald, Biochem. Zs 10, 1; 1908.
[11] Lockemann, Thies u. Wichern, H. 58, 390; 1909.

älteren Arbeiten hat der Zustand der Lösung den Verlauf der Reaktion in unkontrollierbarer Weise bestimmt.

Eine neue Epoche trat auch in der Kinetik der Katalase ein, als S. P. L. Sörensen[1] durch gründliche Experimente den ausserordentlich grossen Einfluss zeigte, welchen die Acididät auf Enzymreaktionen ausübt. Sörensen selbst hat für Katalase die Aktivitäts-pH-Kurve gemessen, und damit die älteren, aber viel weniger scharfen Beobachtungen von J. Jacobsen[2] über die Abhängigkeit der Reaktionsgeschwindigkeit von der Acidität der Lösungen zu einer wertvollen Grundlage für die neuere Kinetik ausgestaltet. Die Versuche von Sörensen an Leberkatalase, welche zu einem Optimum bei pH = 6,8 geführt haben (Titrationsmethode), findet man in der grundlegenden Arbeit dieses Forschers (l. c.), auf welche hier verwiesen sei.

Bald darauf hat Michaelis mit Pechstein[3] die Kinetik der Katalase ebenfalls unter genauer Berücksichtigung der Acidität untersucht; seine Versuchszahlen hat er zur Stütze seiner Theorie verwendet, nach welcher die Katalase als ein Ampholyt mit einer Säuredissoziationskonstante von $K_a = 2{,}88 \cdot 10^{-5}$ und einem isoelektrischen Punkt von $4{,}31 \cdot 10^{-6} [H^\cdot]$ zu betrachten ist. Danach kommt die enzymatische Aktivität der Katalase in gleicher Weise ihren Anionen und ihren unelektrischen Teilchen zu[4].

Sehr wertvoll waren die Befunde von Michaelis und Pechstein über den starken Einfluss, welchen die Neutralsalze auf die Wirkung der Katalase ausüben. Diese Wirkung ist ihrerseits abhängig von der Acidität der Lösung. „Das hemmende Agens der Neutralsalze sind ihre Anionen, und zwar in der Reihenfolge SO_4, Cl, Acet. NO_3."

Ein grosses experimentelles Material über die Kinetik der Katalase hat auch S. Morgulis[5] beigebracht. An Leberkatalase, deren Reinigungsgrad nicht näher definiert ist und wohl auch nicht besonders hoch war, fand Morgulis, dass der Verlauf der Spaltung des Hydroperoxyds durch Katalase je nach der relativen Menge dieser beiden Substanzen in der Reaktionslösung variiert. Sind solche Mengen von Substrat und Katalase vorhanden, dass eine optimale Spaltung des Hydroperoxyds statthat (70%), so schliessen sich die Zahlen der Formel für eine bimolekulare Reaktion an,

$$k = \frac{1}{at} \cdot \frac{a}{a-x}.$$

Der erwähnten Arbeit sind die folgenden Zahlen entnommen, welche für pH = 7 und für einen Spaltungsgrad von 79% gelten.

---

[1] S. P. L. Sörensen, Biochem. Zs 21, 201 und zwar 284; 1909.
[2] Jacobsen, H. 16, 340; 1892.
[3] Michaelis u. Pechstein, Biochem. Zs 53, 320; 1913.
[4] An der Aciditätsfunktion der katalatischen Vorgänge ist, wie Verfasser frühzeitig betont hat, die Fähigkeit des Hydroperoxyds zur Salzbildung beteiligt, entsprechend der von Bredig gemessenen sauren Dissoziationskonstante K_a dieses Stoffes.
[5] S. Morgulis, Jl Biol. Chem. 47, 341; 1921.

Ist dagegen im Verhältnis zur benutzten Hydroperoxydmenge die Katalasemenge im Überschuss, so kann der Exponent n der Formel $dx/dt = k\,(a-x)^n$ kontinuierlich alle Werte zwischen 2 und 1 annehmen, so dass der Verlauf der Reaktion schliesslich monomolekular wird.

Minuten	ccm entwickelter Sauerstoff		$k \cdot 10^4$
	beobachtet	berechnet	
5	65,1	65,8	7,0
10	95,3	95,3	7,1
15	114,3	112,4	7,5
20	125,2	122,8	7,5
25	130,9	130,4	7,2
29	133,9	135,9	6,9
34	136,1	140,2	6,3

Nach Morgulis[1] gilt
die monomolekulare Formel, wenn der Spaltungsgrad des Hydroperoxyds 95—100% ist,
die Formel für eine 1,5 molekulare Reaktion beim Spaltungsgrad 89—94% und
die Formel für bimolekulare Reaktionen beim Spaltungsgrad 65—85%.
Eine eingehendere Wiedergabe der Belegzahlen für solche Beziehungen dürfte kaum notwendig sein.

Eine bemerkenswerte Untersuchung über die Kinetik der Katalase verdankt man Rona und Damboviceanu[2]. Aus derselben geht ebenfalls hervor, „dass bei konstanter Hydroperoxydkonzentration die Grösse der Spaltung von der absoluten Menge der Katalase abhängig ist. Je nach dem gegenseitigen Mengeverhältnis Ferment-H_2O_2 ist der Gang der Reaktion verschieden: monomolekular bei Spaltung des grössten Teils des H_2O_2, bimolekular bei Spaltung zwischen etwa 60—80%."

Der Spaltungsverlauf ist, abgesehen von der Acidität, noch von vielen Faktoren abhängig, z. B. Herkunft und Reinheitsgrad des Enzyms, so dass es sich nur schwer entscheiden lässt, in welchen Konzentrationsbereichen die eine oder andere Reaktionsformel genau gilt. Die Katalasewirkung kann übrigens bei Verwendung von 0,01 n-Hydroperoxydlösung bei 0° immer ermittelt werden.

Aus den zahlreichen Arbeiten, welche Acidität, Salzgehalt usw. berücksichtigt haben, geht hervor, dass sich eine Konstante erster Ordnung berechnen lässt, wenn man bei 0° mit Hydroperoxydkonzentrationen arbeitet, welche 0,01 mol. nicht übersteigen.

Unter solchen neuen Arbeiten, welche einen Beleg für diesen einfachen Verlauf der Katalasewirkung beibringen, sei nur diejenige von K. und S. Myrbäck erwähnt, welcher wir die folgenden Zahlen (s. Tabelle S. 40) entnehmen.

Maximowitsch und Awtonomowa[3] erkannten die katalatische Spaltung des Hydroperoxyds ebenfalls als eine Reaktion erster Ordnung.

Die Abweichungen vom einfachen monomolekularen Reaktionsverlauf, besonders der starke Abfall der Reaktionskoeffizienten erster Ordnung bei höheren Substratkonzentrationen rühren zweifellos im wesentlichen davon

---

[1] Morgulis, Ergebn. d. Physiol. 23, 308; 1924.
[2] Rona u. Damboviceanu, Biochem. Zs 134, 20; 1922.
[3] Maximowitsch u. Awtonomowa, H. 174, 233; 1928.

her, dass der Katalysator vom Substrat angegriffen und inaktiviert wird. Diese Einsicht ist schon vor längerer Zeit gewonnen worden und allgemein durchgedrungen; 1920 hat Yamasaki[1] die Katalasewirkung rechnerisch unter der Annahme behandelt, dass die Spaltung des Hydroperoxyds und die Inaktivierung der Katalase gleichzeitig verlaufende Vorgänge sind, deren Geschwindigkeitskonstanten k und k' in einem konstanten Verhältnis zueinander stehen.

Tabelle nach K. und S. Myrbäck, Sv. Bryggareför. Månadsbl. 1931.

Malz	H_2O_2	Minuten	ccm $KMnO_4$	$k \cdot 10^3$
Grünmalz...	0,0075	0	8,4	—
		3	6,6	35
		7,5	4,7	34
		18	2,3	32
	0,015	0	15,0	—
		3,3	11,5	35
		8,5	7,7	34
		18	3,9	33
Trockenmalz .	0,0045	0	5,0	—
		4	4,0	24
		9	3,0	25
		13	2,5	23
	0,009	0	9,2	—
		6	6,5	25
		9	5,5	25
		13	4,6	23
	0,016	0	17,9	—
		4	14,5	23
		8	11,2	26
		12	9,2	24
	0,032	0	34,4	—
		4	27,4	25
		8	22,4	23
		12	18,8	22

Er bezeichnet die Konzentration des Hydroperoxyds mit C, diejenige der Katalase mit E, und setzt

$$\frac{-dE/dt}{-dC/dt} = \frac{k}{k'},$$

was besagen würde, dass die Katalase mit einer Geschwindigkeit inaktiviert wird, welche zur Spaltungsgeschwindigkeit des Hydroperoxyds in einem konstanten Verhältnis steht.

Diese These von Yamasaki, der sich offenbar auch Morgulis (Ergebnisse, 1924) anschliesst, ist 1927 von Nosaka[2] aufgenommen worden, und zwar hat er die Formel von Yamasaki an Blutkatalase (mit der Permanganattitration) geprüft. Die dabei verwendeten Hydroperoxydkonzentrationen waren 0,009—0,036 n.

Nosaka kommt zum Resultat, dass „die chemische Kinetik der Katalase sich im allgemeinen bei verschiedenen Versuchstemperaturen nicht der Gleichung erster Ordnung, sondern ziemlich genau der Gleichung von Yamasaki anpasst", er findet bei variabler Enzymmenge keine strenge Proportionalität zwischen Katalasekonzentration und k. Diese nimmt nach Nosaka schneller

---

[1] Yamasaki, Tohoku Imp. Univ. Science Rep. 9, 13; 1920.
[2] Nosaka, Jl of Biochemistry, Japan, 8, 275; 1927.

zu als der Enzymmenge entsprechen würde; er stellt diese Verhältnisse durch die Gleichung dar:

$$\frac{k_1}{k_2} = \left(\frac{E_1}{E_2}\right)^{m\,=\,1{,}07}.$$

Serum beeinflusst die Hydroperoxydspaltung nicht, hemmt aber die Zerstörung der Katalase.

In manchen Fällen mögen nach Nosakas Befund die Voraussetzungen von Yamasaki und seine oft zitierte theoretische Entwicklung zutreffen. Der Verfasser dieses Kapitels hat sich aber nicht davon überzeugen können, dass die Formeln Yamasakis eine allgemeinere Gültigkeit besitzen; vielmehr werden in der Regel die Geschwindigkeit der H_2O_2-Spaltung (k_1) und die Geschwindigkeit der Katalase-Inaktivierung (k_2) von physikalischen und chemischen Einflüssen ganz verschieden verändert. Verschiedene Katalasen verhalten sich in dieser Hinsicht ungleich; hierzu sei auch auf eine Untersuchung von Rotini[1] verwiesen.

Freilich könnten die Hydroperoxydspaltung und die Katalase-Inaktivierung gekoppelt sein, etwa dadurch, dass die Katalase durch eine Reaktionskomponente bzw. ein Zwischenprodukt der Peroxydspaltung reduziert wird. Reaktionskoppelungen ähnlicher Art sind ja schon öfters in Betracht gezogen worden, in neuester Zeit von Haber und Willstätter (vgl. S. 31).

3. Beziehungen der Reaktionsgeschwindigkeit zu Enzym- und Substrat-Konzentration.

An der Pilzkatalase aus Boletus scaber hat Verfasser eine angenäherte Proportionalität zwischen Reaktionskonstante k und Enzymkonzentration [E] gefunden, das Verhältnis k : E nimmt ein wenig mit steigender Enzymkonzentration zu, wie aus folgenden Zahlen hervorgeht:

Relative Katalasemenge, [E]	3	4	5
Reaktionskonstante $k \cdot 10^4$	107	147	193
$k \cdot 10^4 : [E]$	36	37	39

Mit Blutkatalase hatte sich eine ähnliche Proportionalität bereits bei den Versuchen von Senter (l. c.) gezeigt.

Auch bei Versuchen von Hennichs[2] aus dem Stockholmer Institut sieht man die Proportionalität zwischen Reaktionskonstante und Katalasekonzentration bei 0° erfüllt, und zwar sogar in einer Hydroperoxydlösung, welche 0,01 n etwas übersteigt (0,01162 n).

Enzymmenge E	$k \cdot 10^4 = \dfrac{10^4}{t} \log \dfrac{a}{a-x}$	$10^4 k/[E]$
1	27	27
2	52	26
4	108	27
8	221	28
12	372	31
16	442	28
20	586	29

---

[1] Rotini, Giornale di Chim. Ind. ed Applic. 14, 456; 1932.
[2] Hennichs, Biochem. Zs 145, 286; 1923.

Schliesslich fand Myrbäck bei Arbeiten mit Malzkatalase Proportionalität zwischen Reaktionskonstante und Enzymkonzentration unter gewissen Bedingungen annähernd erfüllt.

In anderen Fällen zeigte sich eine Zunahme des Quotienten k : [E], so z. B. bei Versuchen von Michaelis und Pechstein, Morgulis sowie Rona und Damboviceanu. Letztere Forscher[1] geben folgende Versuche an (Versuch 9):

Von einer Enzymlösung werden 100, 50, 25 und 12,5 ccm genommen, dann je 50 ccm 1 prom. H_2O_2-Lösung, 10 ccm Acetatgemisch (pH = 6,09) zugefügt. Jede Probe mit destilliertem

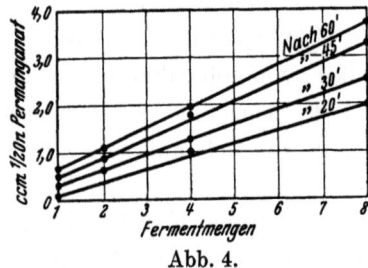

Abb. 4.

Nach Minuten	ccm Enzymlösung			
	100	50	25	12,5
20	2,0	1,0	0,55	0,15
30	2,55	1,3	0,65	0,35
45	3,25	1,8	0,95	0,50
60	3,65	1,9	1,15	0,60

Wasser auf 100 ccm aufgefüllt. Die Zahlen bedeuten zersetztes H_2O_2 in Kubikzentimeter n/20 $KMnO_4$.

In diesem Versuch verhielten sich die Zeiten für die gleiche gespaltene Hydroperoxydmenge (s. Abb. 4) wie 1 : 2,5 : 5,5 : 12,5, wenn sich die Enzymmengen verhielten wie 1 : 0,5 : 0,25 : 0,125. Daraus ergibt sich also das Produkt Reaktionszeit × Enzymmenge = 1, 1,25, 1,37, 1,56.

Der Versuch zeigt aber ferner, dass — entsprechend den Angaben Morgulis — für dieselben Zeiten die zersetzte H_2O_2-Menge eine lineare Funktion der Enzymmenge ist. Graphisch sind diese Verhältnisse in Abb. 4 wiedergegeben.

Reaktionsgeschwindigkeit und Hydroperoxydkonzentration.

Wie bereits oben erwähnt wurde, zerstören grössere Hydroperoxydmengen die Katalase und die unter solchen Umständen ermittelten Reaktionskoeffizienten können also nicht ohne weiteres zur Beurteilung über die Beziehung zwischen Reaktionskonstante und Substratkonzentration verwendet werden.

Betrachtet man die Wirkung der Katalase als einfache Spaltungskatalyse, so muss dem Massenwirkungsgesetz zufolge k von der H_2O_2-Konzentration unabhängig sein. Dies ist im allgemeinen bei enzymatischen Katalysen nicht der Fall.

Affinität zwischen Katalase und Hydroperoxyd. Wie S. 32 erwähnt, legen wir der Kinetik der Katalase wie derjenigen der übrigen Enzyme ausser dem Massenwirkungsgesetz das Prinzip zugrunde, dass der zeitliche Verlauf der Substratspaltung in erster Linie durch die Konzentration des reaktions-

---

[1] Rona u. Damboviceanu, Biochem. Zs 134, 20; 1922.

vermittelnden Moleküls Enzym-Substrat bestimmt wird. Nachdem die Reinigung der Katalase zuerst durch die Arbeiten von Hennichs (l. c.) und dann besonders von Euler und Josephson genügend fortgeschritten war, wurde die Affinitätskonstante zwischen Katalase und Hydroperoxyd gemessen. Die beiden folgenden Abb. 5 und 6, welche den Verlauf der Aktivitäts-[S]-Kurve zeigen, sind der Arbeit von Euler und Josephson[1] entnommen (l. c., S. 13).

Bei den Berechnungen mussten, um den Einfluss der Enzymzerstörung möglichst auszuschalten, die auf die Zeit 0 extrapolierten Reaktionsgeschwindigkeiten benutzt werden. Es

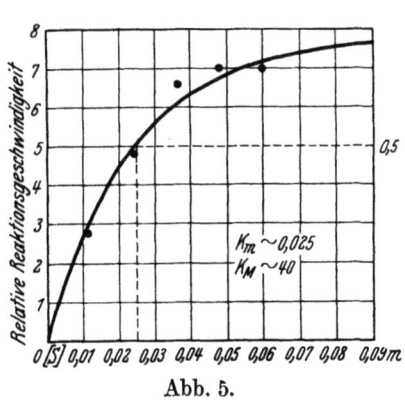

Abb. 5.

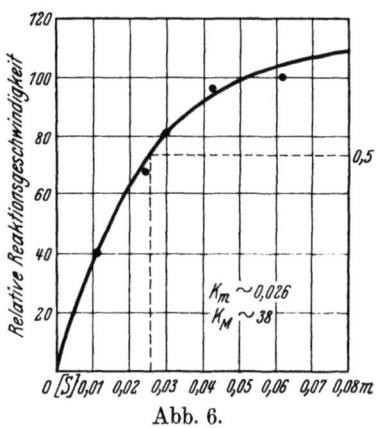

Abb. 6.

wurden dann die aus den Versuchsdaten graphisch konstruierten Aktivitäts-[S]-Kurven verwertet. Aus dem Verlauf der Kurven wurde durch Probieren die theoretische Maximalgeschwindigkeit (bei dissoziationsfreier Bindung zwischen Enzym und Substrat) ausgewählt, welcher sich die ideale Aktivitäts-[S]-Kurve asymptotisch nähern sollte, wenn die durch die Hemmung und Zerstörung des Enzyms bei den höheren Substratkonzentrationen bedingten Abweichungen der experimentellen Kurve von der theoretischen Kurve nicht vorhanden wäre. Der Schnittpunkt der Kurve mit der Ordinate 0,5 ist dann als Mass der Dissoziationskonstante $K_m = 1/K_M$ zu betrachten.

Indem die Aktivitäts-[S]-Kurve als Dissoziationsrestkurve aufgefasst wurde, haben wir aus 3 verschiedenen Versuchsreihen mit 2 Enzympräparaten die Affinitätskonstante der Katalase-Hydroperoxydverbindung zu $K_M =$ etwa 40 berechnet.

Ein weiterer Fortschritt ergab sich aus dem Resultat, dass die Affinität des Hydroperoxyds zum Hämin von der gleichen Grössenordnung ist wie die zu der Katalase.

Durch orientierende Versuche wurde zunächst das Konzentrationsgebiet festgestellt, in welchem die Reaktionsgeschwindigkeit der Hydroperoxydspaltung mit der Substratkonzentration variiert. Die folgende Tabelle gibt eine definitive Versuchsserie mit wechselnden Substratkonzentrationen und einer Häminkonzentration von 0,87 mg in 100 ccm. Es sind nur die aus einer Messungsreihe extrapolierten Werte der Anfangsgeschwindigkeit angegeben.

---

[1] Euler u. Josephson, Lieb. Ann. 456, 111; 1927.

Aus diesen Werten ist die Aktivitäts-[S]-Kurve konstruiert, welche wir in Abb. 7 finden. Aus der Kurve lässt sich die Substratkonzentration entnehmen, bei welcher die Hämin-Hydroperoxydverbindung zur Hälfte dissoziiert ist; wir finden sie zu 0,0072 Mol. H_2O_2. Somit beträgt die Dissoziationskonstante K_m der Hämin-Hydroperoxydverbindung 0,0072; die Affinitätskonstante K_M hat den inversen Wert $1/K_m = 140$. Entgegen der Erwartung findet man also die Affinität des Hydroperoxyds zu Hämin etwa 3,5mal grösser als zur Katalase.

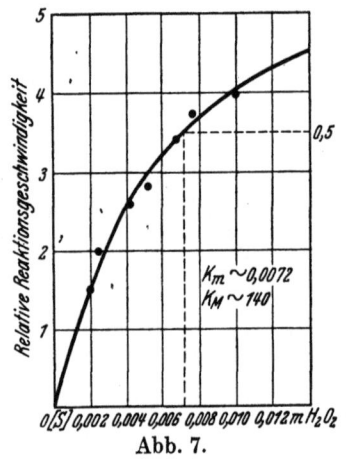
Abb. 7.

H_2O_2-Konzentration [S] · 10^3	k · 10^4 extrap. auf t=0°	Relative Anfangsgeschwindigkeit k · [S] 2 · 10^5
2,0	38	1,5
2,6	39	2,0
4,1	32	2,6
5,2	27	2,8
6,7	25	3,4
7,8	24	3,7
10,3	20	4,0

Diesem Ergebnis wurde schliesslich noch ein vertiefter Inhalt gegeben, als durch Zeile und Hellström[1] gezeigt werden konnte, wie nahe die Katalase, ihrer chemischen Natur als Eisenporphyrin nach, dem Hämin steht.

Dadurch werden die über Katalasewirkung bekannt gewordenen Tatsachen mit den Erfahrungen über die Eisenkatalase bei Oxydationsprozessen verknüpft. Besonders wäre hier daran zu erinnern, dass nach Wieland und Franke[2] Fe^{II} durch Komplexbildung mit dem Substrat vor der Oxydation zu Fe^{III} eine Zeitlang geschützt bleibt, so dass es das wohl ebenfalls eingelagerte Hydroperoxyd zur Oxydation des Substrates aktiviert".

V. Einflüsse auf das Enzym in vitro (K. Zeile).

1. Physikalische Einflüsse.

a) Mechanische Einwirkungen.

Von Wieland[3] werden Inaktivierungen des Enzyms, die durch Schütteln verursacht sind, beschrieben; Durchleiten von indifferenten Gasen ist von demselben Effekt begleitet. Auch Evakuierung ruft Inaktivierung hervor, desgleichen Druckerhöhung. Diese letztere Inaktivierung wurde aber reversibel gefunden; man wird sie mit Wieland als eine Blockierung der Enzym-

---

[1] Siehe auch Euler, Zeile und Hellström, Sv. Kem. Tidskr. 42, 74; 1930.
[2] Wieland u. Franke, Lieb. Ann. 464, 101; 1928. — Siehe hierzu auch A. Bach (Chem. Ber. 65, 1788; 1931), Bildung eines sehr labilen, aktiven Peroxyds, etwa R · FeOOH.
[3] Wieland, Lieb. Ann. 445, 181; 1925.

oberfläche mit Gasmolekülen deuten, während die vorgenannten Inaktivierungserscheinungen ihre Ursache in Dispersitätsänderungen haben müssen. Der ganze Komplex von Erscheinungen wurde von Wieland an Ochsenleberkatalase beobachtet; an Pferdeleberkatalase haben sich keine Anhaltspunkte für ein ähnliches Verhalten ergeben[1]. Kataselösungen aus Pferdeleber können ohne Aktivitätsverlust im Vakuum eingeengt werden.

b) Temperatur.

Allgemeines. Der Einfluss der Temperatur auf den Ablauf der katalatischen Reaktion ist, wie im allgemeinen Teil dieses Werkes ausführlich behandelt, die Resultante aus einer reversiblen Aktivitätssteigerung mit steigender Temperatur nach Art der allgemein bekannten Steigerung der Reaktionsgeschwindigkeit bei Temperaturerhöhung, und einer irreversiblen Schädigung des katalatischen Vermögens, verursacht durch thermische Enzymzerstörung.

Als Mass für die erstgenannte Reaktionsbeschleunigung bei Temperaturzunahme dient der sog. Temperaturkoeffizient: $\frac{k_{t+10}}{k_t}$, der angibt, wievielmal die Reaktionsgeschwindigkeit in einem im allgemeinen noch näher zu bezeichnenden Temperaturintervall von 10° zunimmt; oder die Arrheniussche Konstante, die auf folgende Weise mit den Reaktionskonstanten k_1 und k_2 bei den Temperaturen T_1 und T_2 verknüpft ist:

$$k_2 = k_1 \cdot e^{\frac{Q(T_2-T_1)}{R \cdot T_1 \cdot T_2}}.$$

Obwohl die Temperaturabhängigkeit der enzymatischen Reaktionen im allgemeinen nicht über grössere Temperaturbereiche der Arrheniusschen Formel folgt (vgl. I. Teil, S. 278), sind die Zahlenangaben für Katalase häufig auf diese Formel bezogen. Da gewöhnlich nur Temperaturbereiche zwischen 0° und 20° zur Messung herangezogen wurden, sind die erhaltenen Werte aber doch unter sich vergleichbar. Die Beschränkung auf einen niedrigen Temperaturbereich, wo die Thermoinaktivierung des Enzyms noch vernachlässigt werden kann, ist zugleich eine notwendige Voraussetzung für die Bestimmung des Temperaturkoeffizienten.

Senter[2] fand für die Blutkatalase zwischen 0° und 10° eine Arrhenius-Konstante von 6200 (Temperaturkoeffizient 1,5), Nordefeldt im Stockholmer Laboratorium in Übereinstimmung damit 6100 ± 100 (Temperaturkoeffizient 1,4) für Fettkatalase[3]. Für Malzkatalase wurde von Matsujama[4] zwischen 0° und 5° eine Konstante von 5535, bis 20° jedoch nur zu etwa 2600 gefunden. Dieses Beispiel zeigt deutlich das Abweichen von der Arrhenius-

---

[1] Euler u. Josephson, Lieb. Ann. 452, 173; 1927.
[2] Senter, Zs physik. Chem. 44, 257; 1903.
[3] Nordefeldt, Biochem. Zs 109, 236; 1920.
[4] Matsujama, Biochem. Zs 213, 123; 1929.

Formel. Zwar findet Soehngen[1] für die Temperaturabhängigkeit der Hefekatalase konstante Q-Werte bis 50°, allein, man kennt die oft beträchtliche Aktivitätssteigerung der Hefekatalase beim Erhitzen, die je nach der Rasse verschieden ausgeprägt sein kann, so dass in diesem Fall mit einer zufälligen Übereinstimmung mit der Formel zu rechnen ist.

Merl[2] findet an Mehlkatalase zwischen 0 und 30° den Temperaturkoeffizienten für 10° zu 1,5, was einer Arrhenius-Konstante von 6200 entspricht.

Yamasaki[3] bestimmte den Temperaturkoeffizienten der Blutkatalase zu 1,28; in Übereinstimmung damit den pflanzlicher Katalasen zu 1,21. Zwischen 0° und 20° ist nach Nosaka[4] der Temperaturkoeffizient für Blutkatalase 1,49, für Leukocytenkatalase (0—18°) nach Stern[5] 1,3.

Beim Vergleich der Temperaturkoeffizienten mit dem anderer Reaktionen (siehe Tabelle 2, I. Teil, S. 277) fällt ohne weiteres der geringe Temperaturkoeffizient der katalatischen Reaktion auf, was hier nochmals besonders hervorgehoben sei.

Der zeitliche Verlauf der Inaktivierung eines Enzyms bei gegebener Temperatur wird unter der Voraussetzung der Gültigkeit einer monomolekularen Reaktion wiedergegeben durch die Formel:

$$k_c = \frac{1}{t} \cdot \ln \frac{E}{E-y},$$

worin E die Anfangskonzentration des Enzyms, y die Konzentration nach der Zeit t bedeutet. (Vgl. I. Teil, S. 246.)

Hennichs[6] fand die Inaktivierung dieser Formel folgend, unter Annahme zweier Katalasemodifikationen mit Werten für k_c von 0,0534 und 0,0020, doch haben sich für die Annahme zweier Modifikationen keine weiteren sicheren Anhaltspunkte ergeben. Auch Morgulis[7] findet die Zerstörung zwischen 55° und 60° als monomolekulare Reaktion.

Senter (l. c.) findet für die Inaktivierung der Blutkatalase erhebliche Abweichungen von der Formel der monomolekularen Reaktion; nach seinen Messungen nimmt k_c stark ab (vgl. I. Teil, S. 249). Auch Matsujama (l. c.) findet für Malzkatalase ähnliche Abweichungen des Wertes k_c. Als Beleg ist ein Beispiel aus seiner Tabelle 6 angeführt.

Nach Soehngen (l. c.) folgt auch die Inaktivierung der Hefekatalase nicht einer monomolekularen Reaktion.

---

[1] Soehngen, Tidschr. v. vergel. geneesk. 10, 151; 1924.
[2] Merl, Zs Unt. Nahr. 42, 273; 1921.
[3] Yamasaki, Sci. Rep. of Tohoku Univ. 9, 13; 1921. Ber. ges. Phys. 10, 118.
[4] K. Nosaka, Jl of Biochem. 8, 301; 1928.
[5] K. G. Stern, H. 204, 259; 1932.
[6] Hennichs, Biochem. Zs 171, 314; 1926.
[7] Morgulis, Beber u. Rabkin, Jl Biol. Chem. 68, 535; 1926.

c) **Die Temperaturabhängigkeit des Inaktivierungskoeffizienten k_c,**
also die Steigerung der Zerstörungsgeschwindigkeit des Enzyms mit steigender Temperatur wurde von Nakamura[1] an Hefekatalase im Stockholmer Institut studiert. Für den Fall, dass auch hier die Arrheniussche Formel gelte, ist die Konstante Q für 50° zu 45000 zu setzen. Würde aber nach dieser Formel die Zerstörungsgeschwindigkeit bei 17° errechnet werden, so wäre eine etwa 200000 mal

Tabelle 6.

Min.	k_c 40°	Min.	k_c 42°
30	4,6	35	7,1
60	3,7	60	5,7
90	3,2	100	4,7

grössere Stabilität bei Zimmertemperatur zu erwarten als sie tatsächlich beobachtet wird. Es müssen demnach bei Zimmertemperatur noch andere als thermische Wirkungen an der Katalasezerstörung beteiligt sein und es liegt nahe, enzymatische Vorgänge dafür verantwortlich zu machen. Darauf wird unten noch zurückzukommen sein.

Matsujama hat für Malzkatalase k_c-Werte bei verschiedenen Temperaturen erhalten, die in der folgenden Tabelle aufgeführt sind.

Die Tötungstemperatur, definiert als diejenige Temperatur, bei welcher das Enzym in wässriger Lösung ohne Beisein von Substrat bei optimalem pH nach 60 Minuten die Hälfte seiner Aktivität verliert, wurde von Matsujama bei etwa 40° gefunden.

Grundsätzlich verschieden von den eben erwähnten Angaben über den Ablauf der Enzymzerstörung sind die Befunde von Yamasaki[2] zu werten, der die Enzymzerstörung bei steigender Temperatur in Gegenwart von H_2O_2 verfolgt. Die vorgenannten Untersuchungen dagegen befassen sich alle mit der Inaktivierung des Enzyms durch reine Temperaturwirkung bei Abwesenheit von Substrat.

Tabelle 7.

Temperatur	$k_c \cdot 10^3$	rel $\cdot k_c$
30°	0,6	2
35°	1,6	5,3
40°	4,5	15,0
45°	11,0	36,6
50°	16,3	54,3
55°	22,2	74,0
60°	30,0	100,0

Erhitzungsdauer 60 Minuten. Einstündige Erhitzung auf 60° bewirkt eine Inaktivierung von 100%.

Er drückt die Spaltung des H_2O_2 aus durch $\frac{-dC}{dt} = KEC$ und die Zerstörung des Enzyms durch $\frac{-dE}{dt} = K'EC$, wo C die Konzentration des H_2O_2, E die des Enzyms bedeutet; K ist die Reaktionskonstante der H_2O_2-Zersetzung und K' die der Enzymzerstörung. Der Temperaturkoeffizient der H_2O_2-Zersetzung wurde, wie auf S. 46 angegeben zu 1,21 bzw. 1,28 gefunden, der der Enzymzerstörung bei verschiedenen Pflanzenkatalasen zu 1,40 und 1,85. Nach Nosaka (l. c.) ist der Temperaturkoeffizient der Zerstörung von Blutkatalase in Gegenwart von H_2O_2 2,22.

---

[1] Nakamura, H. 139, 140; 1924.
[2] Yamasaki, Ber. ges. Phys. 10, 118; Sci. Rep. Tohoku Imp. Univ. 9, 13, 59; 1921.

Ausser den bisher besprochenen Ergebnissen, in denen der Versuch zu erblicken ist, Temperatureinflüsse auf die Katalasewirkung zahlenmässig zu erfassen, finden sich zahlreiche mehr qualitativ gehaltene Angaben über diesen Gegenstand, von denen einige hier erwähnt seien.

Battelli und Stern[1] fanden die Blutkatalase der verschiedenen Tiere gegen Erhitzen auf 63° verschieden empfindlich. Menschen- und Affenblut, während einer halben Stunde auf diese Temperatur erhitzt, enthielt noch Katalase, während zahlreiche andere Blutarten sich völlig inaktiv zeigten.

Tsuchihashi[2] fand an einem gereinigten Präparat von Blutkatalase eine Schädigung von etwa 20% bei 30° in 45 Minuten. Walling und Stoland[3] fanden zwischen —2° und 44° die O_2-Entwicklung durch Blut von Hund, Katze, Kaninchen, bisweilen auch vom Menschen umgekehrt proportional der Temperatur. Okey[4] fand eine sehr hohe Empfindlichkeit der im Gesamtblut erwärmten Katalase.

Nach Liebermann[5] wird Malzkatalase schon bei 30° stark geschwächt, Mehlkatalase hat nach Merl[6] ihr Wirkungsoptimum bei 40°. Virtanen[7] fand Bakterienkatalase schon gegen 20° empfindlich, Waentig und Steche[8] konstatierten an Pilzkatalase bei 30° überhaupt keine Wirkung mehr. Einige weitere Angaben, siehe Oppenheimer, Die Fermente und ihre Wirkungen, Bd. II, S. 1837.

Aus der Überlagerung der Temperaturkoeffizienten der enzymatischen Reaktion und der Enzymzerstörung ergibt sich ein scheinbares Temperaturoptimum bei 2°,[9] während das wahre Optimum für Blutkatalase bei 40° liegt[10].

Trockenpräparate sind gegen Temperatureinwirkungen ziemlich resistent, nach Erhitzen auf 140° fand Merl (l. c.) noch geringe Wirkung.

Der Einfluss der Acidität auf die Thermostabilität ist wie bei den Enzymen ganz allgemein auch bei der Katalase von wesentlicher Bedeutung. So fand Matsujama (l. c.) bei pH 7,2, also wenig gegen das bei pH 7,4 liegende Wirkungsoptimum verschoben, ein ausgeprägtes Stabilitätsmaximum der Malzkatalase (s. Tab. 8).

Tabelle 8.

pH	6,7	7,0	7,4	7,9	8,2
$k \cdot 10^3$	5,0	5,9	5,8	4,7	3,0

Erhitzung: 60 Minuten auf 40°, k = Reaktionskonstante der erhitzten Lösung.

---

[1] Battelli u. Stern, Asher-Spiro 10, 531; 1910.
[2] Tsuchihashi, Biochem. Zs 140, 63; 1923.
[3] Walling u. Stoland, Am. Jl Phys. 66, 503; 1923.
[4] Okey, Am. Jl Phys. 62, 417; 1922.
[5] Liebermann, Pflüg. Arch. 104, 176; 1904.
[6] Merl, Zs Unt. Nahr. 42, 273; 1921.
[7] Virtanen, Biochem. Zs 161, 16; 1925.
[8] Waentig u. Steche, H. 76, 177; 1911.
[9] Morgulis, Jl Biol. Chem. 72, 91; 1926.
[10] Nosaka, Jl of Biochem. 8, 301; 1928.

Nach Morgulis[1] nimmt von pH 8 nach der sauren Seite hin die Stabilität ab. Bei 65° erfolgt unabhängig vom pH augenblicklich Inaktivierung.

Auffallend ist, dass die Stabilität der Katalase durch Verdünnung bisweilen erheblich vermindert wird. Hennichs (l. c.) hat dieses Verhalten mit nachfolgender Tabelle illustriert. Eine Enzymlösung wurde bei optimalem pH 60 Minuten auf 60° in verschieden verdünnter Lösung erhitzt:

Ähnliche Verhältnisse fand Matsujama (l. c.) bei Malzkatalase. Bei Verdünnung auf das 4fache wird nach seinen Angaben der Inaktivierungskoeffizient etwa verdoppelt.

Auch findet man besonders in verdünnten Blutlösungen eine rasche Abnahme der Aktivität[2].

Tabelle 9.

Verdünnung	Restaktivität in %
1 : 2	68,7
1 : 10	46,5
1 : 25	24,3

Diese Erscheinung der Stabilitätsverminderung beim Verdünnen, die übrigens auch beim Ptyalin beobachtet wurde, findet ihre nächstliegende Erklärung in der Annahme, dass bei der Verdünnung die Konzentration eines Schutzstoffes vermindert wird, wie dies bereits im I. Teil, S. 529 diskutiert ist.

Hitzeaktivierung. Die auffallende Erscheinung, dass die katalatische Wirkung von Hefezellen durch Erhitzen erheblich gesteigert werden kann und ihre Diskussion ist bereits im Allgemeinen Teil ausführlich behandelt worden, so dass hier der Hinweis genügen möge. In anderem Zusammenhang, nämlich bei der Besprechung der aktivierenden Wirkung von Protoplasmagiften wird nochmals darauf zurückzukommen sein.

Hier seien noch einige ältere Angaben notiert, die auf diese Erscheinung keinen Bezug nehmen, vielleicht weil die benützten Heferassen sich anders verhalten — an Sacch. Thermantitonum[3] konnte keine Hitzeaktivierung festgestellt werden —, oder weil nicht die optimalen Bedingungen eingehalten waren. Jorns[4] fand zwischen 0° und 50° keine Änderung der Aktivität, bei 60° Schwächung, bei 68—72° Zerstörung; Issajew[5] konstatierte noch Wirkung bei 90°, Optimum 40°.

Auch an Blutkörperchen wurde von Euler und Borgenstam[6] eine Hitzeaktivierung beobachtet, doch trat hier der Effekt nicht so stark wie bisweilen bei Hefe hervor. Beim Erhitzen einer Pferdeblutkörperchenemulsion auf 57° während 30 Minuten wurde eine Steigerung auf 170% erzielt.

---

[1] Morgulis, Jl Biol. Chem. 77, 115; 1928.
[2] Steppuhn u. Timofejewa, Biochem. Zs 146, 108; 1924. — Kultjugin, Biochem. Zs 167, 241; 1926; 211, 131; 1929.
[3] Euler u. Laurin, H. 106, 312; 1919.
[4] Jorns, Arch. f. Hyg. 67, 134; 1908.
[5] Issajew, H. 42, 102; 1905.
[6] Euler u. Borgenstam, Biochem. Zs 102, 124; 1920.

Nosaka[1], der ebenfalls beim Erwärmen auf 45° eine Aktivitätserhöhung feststellte, führt den Effekt auf Hämolyse zurück.

Kryolabilität. Dieses Erscheinungsgebiet, das z. B. von Thunberg zum Zweck der Charakterisierung von Dehydrasen eingehend studiert wurde, hat in der Katalaseforschung nur wenig Beachtung gefunden. Eine Notiz findet sich bei Walling und Stoland[2], derzufolge Temperaturen von —10° bis —14° in 20 Minuten um 30—50% verringern.

Schutzkörper. Die stabilisierende Wirkung, die Substanzen verschiedener Natur gegenüber Temperatureinflüssen auf Enzyme auszuüben vermögen, wurde bereits im I. Teil, S. 259 f. diskutiert. Dass, wie bei anderen Enzymen, eine Schutzwirkung durch Substrat oder Reaktionsprodukte bei Katalase nicht beobachtet werden kann, liegt an der chemischen Natur des Wasserstoffsuperoxydes, das durch seine oxydierende Wirkung stets eine mehr oder minder schädigende Wirkung auf das Enzym ausübt. Dagegen bietet auch die Katalase Beispiele für die allgemein beobachtete schützende Wirkung kolloider Substanzen.

Hennichs (l. c.) konnte die Schutzwirkung von hitzeinaktivierten Katalaselösungen auf intaktes Enzym beobachten. Der Schutzsaft wurde aus autolysiertem Schweinsleberextrakt bereitet. Derselbe wurde durch Erhitzen auf 90° inaktiviert und nach Abtrennung von Koagulat zu Katalaselösung zugesetzt, welche eine Stunde auf 60° erhitzt wurde. Nach dieser Zeit waren noch 86% der katalatischen Aktivität vorhanden, während in einem Parallelversuch ohne Zusatz nur noch 46% der Aktivität gefunden wurden.

Nakamura (l. c.) verwendete zu seinen Stabilitätsmessungen Zusätze aus bei 70° inaktiviertem Hefematerial.

Gelatine, Stärke und Dextrine verzögern nach Kultjugin[3] die Aktivitätsverminderung der Blutkatalase beim Stehen; Blutseren, Blutalbumin und Hühnereiweiss heben die hemmende Wirkung von Nitraten und Chloriden weitgehend auf.

Als schützende Substanzen sind weiterhin durch Takayama[4] kolloidale Schwermetalle bekannt geworden. Geprüft wurden diese Substanzen an dem Einfluss auf die Selbstzersetzung der ungereinigten Blutkatalase. Da diese Zersetzung vermutlich eine mindestens teilweise enzymatische ist, so kann die Wirkung dieser Schutzkörper ausser in der Erhöhung der Stabilität der Blutkatalase auch indirekt in der Hemmung der zerstörenden enzymatischen Prozesse zu erblicken sein. Takayama fand, dass Hg- und Cu-Kolloide die anfängliche Selbstzersetzung der Blutkatalase beschleunigen, nach 2 Stunden aber verzögern. Die Hydrosole von Ni, Ag, Cd, Co, Pb, Zn, Fe, Bi, Au, Sn

---

[1] K. Nosaka, Jl of Biochem. 8, 331; 1928.
[2] Walling u. Stoland, Am. Jl Phys. 66, 503; 1923.
[3] Kultjugin, Biochem. Zs 211, 131; 1929.
[4] Takayama, Acta scholae med. Univ. Kioto 8, 425; 1926. Ber. ges. Phys. 40, 830; 1927.

(dargestellt durch Funkenentladung unter Wasser) üben in verdünntem Zustand ebenfalls eine schützende Wirkung aus.

Derselbe Autor fand ferner bei Alkohol, Methyl- und Propylalkohol, ebenso bei Äther, Formaldehyd, Acetaldehyd und Aceton einen stabilisierenden Einfluss. Eine schützende, bzw. aktivitätssteigernde Wirkung des Alkohols ist auch von Battelli und L. Stern beobachtet worden, die ihm eine der Antikatalase entgegenarbeitende Reduktionswirkung zuschreiben.

d) Strahlung.

Auf S. 17 wurde über Einwirkung von Strahlungen auf die Katalase in vivo berichtet, wobei diese Wirkungen mindestens teilweise sekundären physiologischen Vorgängen zugeschrieben werden mussten. Handelt es sich aber um frei präpariertes Enzym in durchsichtiger Lösung, so fallen die komplizierenden Verhältnisse, wie sie im lebenden Organismus vorliegen, weg und man kann eine Vorstellung vom unmittelbaren Einfluss einer Strahlung auf das Enzym gewinnen. Immerhin können Lösungszustand, Begleitstoffe, Salze usw. das Verhalten gegenüber Strahlungen dominierend beeinflussen.

Durchweg wurden durch Lichtstrahlen Schädigungen des Enzyms beobachtet, so von Ostwald[1], Lockemann und Mitarbeitern[2], Zeller und Jodlbauer[3], Waentig und Steche[4]. Nach Zeller und Jodlbauer wirken Wellenlängen des sichtbaren Spektrums kräftig nur bei Gegenwart von Sauerstoff, unabhängig davon jedoch ultraviolette Strahlen. Waentig und Steche, die die Lichtwirkung besonders stark bei alkalischer Reaktion fanden, konnten diese Befunde bestätigen; sie erklären die Lichtwirkung durch eine Änderung des kolloidalen Zustandes (während der Bestrahlungen traten Fällungen auf). Agulhon[5] fand Zerstörung der Katalase ohne Sauerstoff, stärker jedoch bei dessen Anwesenheit. Nach Battelli und Stern[6] spielt die Anwesenheit von Sauerstoff keine Rolle, sie fanden Sensibilisierung durch Farbstoffe.

Nach Pincussen[7] ist die Wirkung von ultravioletten Strahlen um so intensiver, je verdünnter die Katalaselösung ist; sie ist am stärksten beim optimalen pH der Enzymwirkung. Salzzusatz vermindert relativ die Strahlenwirkung durch Verminderung der Dispersität.

Die Befunde hinsichtlich des pH-Einflusses auf die Strahlenwirkung werden aber neuerdings von Morgulis bestritten[8]. Nach ihm ist die Katalase aus Rinderniere bei pH 6,0 und 11,0 am beständigsten gegen Bestrahlung.

---

[1] Ostwald, Biochem. Zs 6, 409; 1907.
[2] Lockemann u. Mitarbeiter, H. 58, 390; 1909.
[3] Zeller u. Jodlbauer, Biochem. Zs 8, 84; 1908.
[4] Waentig u. Steche, H. 76, 177; 1911.
[5] Agulhon, Ann. Inst. Past. 26, 38; 1912.
[6] Battelli u. Stern, Soc. Biol. 68, 1040; 1910.
[7] Pincussen, Biochem. Zs 168, 457; 1926.
[8] Morgulis, Jl Biol. Chem. 86, 75; 1930. — Biochem. Zs 221, 29; 1930.

pH 6 liegt aber nahe dem Aktivitätsoptimum der Katalase, so dass demnach keine Übereinstimmung von Inaktivierungs- und Aktivitätsoptimum besteht.

Röntgenstrahlen haben nach Lockemann (l. c.) keinen Einfluss auf Blutkatalase, ein solcher wurde auch bei Hefekatalase nicht gefunden[1]. Schwarz und Friederich[2] und Maubert[3] fanden aber eine Schädigung der Leberkatalase, dasselbe auch Wels[4], der die Katalasen verschiedener Herkunft gegen Röntgenstrahlen verschieden stabil fand. Katalase aus Mandeln, Blut, Milz, Nieren, Muskeln verhielt sich refraktär; empfindlich war gereinigte Hämase (nach Senter), jedoch nicht nach Toluolzusatz. Alles spricht dafür, dass der jeweilige Lösungszustand des Fermentes, sowie seine Begleitstoffe massgebend für das Verhalten gegenüber der Röntgenstrahlung sind.

Nach Maubert[5] ist Radium imstande, in Dosen von 1—10 Mikrogramm pro 200 ccm, Katalase zu aktivieren. β- und γ-Strahlen wirken hemmend, Emanation und Thorium X aktivierend[6].

2. Aktivatoren und Paralysatoren, Enzymdestruktoren.

Mit der Wirkungsweise eines Enzymaktivators oder Hemmungskörpers ist man gewohnt, eine reversible Einwirkung sich vorzustellen, die mit Entfernung der betreffenden Substanz aus dem Reaktionsmilieu wieder aufgehoben wird. Ein Enzymdestruktor dagegen verändert die Struktur des Enzymmoleküls und äussert seine Wirkung in einer irreversiblen Schädigung der enzymatischen Aktivität. Eine Beurteilung der jeweils vorliegenden Verhältnisse nach diesen Gesichtspunkten ist jedoch häufig nicht möglich; so auch im Falle der Katalase und zwar weil die experimentelle Prüfung auf Reversibilität in der Regel nicht einfach ist und selten unternommen wurde. Da weiterhin durch Substanzen, die zwar chemisch wenig agressiv wirken, wie z. B. Neutralsalze, doch der physikalische Zustand des Enzyms weitgehend irreversibel verändert werden kann, ist es auch nicht möglich von der Natur eines hemmenden Agens auf die Art der Hemmung, nämlich ob sie eine reversible oder irreversible ist, zu schliessen. Indes sind auch Beispiele bekannt, wie die Blausäure- und H_2S-Hemmung, wo es sich offensichtlich um ausgesprochen reversible Vorgänge handelt. Bei der Sichtung des Tatsachenmaterials wird im folgenden aus Zweckmässigkeitsgründen die Einteilung der Aktivatoren und Hemmungskörper nach Körperklassen vorzuziehen sein.

Streng genommen wäre auch hier der katalytische Effekt der H- und OH-Ionen auf die Katalasereaktion zu berücksichtigen. Da aber schon an

---

[1] Euler u. Laurin, H. 106, 312; 1919.
[2] Schwarz u. Friederich, Chem. Ber. 55, 1040; 1922.
[3] Maubert, C. R. 178, 889; 1924.
[4] Wels, Pflüg. Arch. 201, 459; 1923.
[5] Maubert, C. R. 180, 1205; 1925.
[6] Maubert, C. R. 176, 1502; 1923.

anderer Stelle darüber gehandelt ist (S. 48), wird hier nur die destruktive Wirkung von Säuren und Basen ausserhalb des physiologischen pH-Bereichs besprochen werden.

Metalloide und Metalle. Die schädigende Wirkung des Sauerstoffes ist eine öfter in der Literatur wiederkehrende Angabe. Namentlich die Befunde von Battelli und L. Stern[1] machen die Wirkung von Strahlungen von seiner Gegenwart abhängig. Siehe auch Yamasaki[2]. Takayama[3] fand eine beträchtliche Schwächung der Katalasewirkung durch geringe Sauerstoffmengen, während in sauerstofffreien Parallelversuchen nach 48 Stunden die Wirkung noch unvermindert war. N_2 und H_2 üben keinen Einfluss auf Katalase aus. Vgl. aber Wieland, S. 31.

Jod hemmt stark (Senter[4]), ebenso Phosphor (Santesson[5]). Hier ist in erster Linie an oxydierende, bzw. reduzierende zerstörende Einwirkungen auf das Enzym zu denken.

Nach Favre[6] hemmt kolloidales Silber (Kollargol) ausgesprochen bis auf etwa 70%. Im Widerspruch dazu stehen die Befunde von Takayama (l. c.), der gerade an Metallsolen eine schützende Wirkung konstatierte. Schütteln mit Schwermetallpulver soll die Katalase (Eieralbumin) aktivieren, Blei und Antimon hemmen[7].

Säuren und Basen. Allgemein gültige Angaben über den Säure- oder Alkaligrad, bei dem die irreversible Enzymzerstörung einsetzt, oder über den Ablauf dieser Inaktivierung lassen sich mit dem vorliegenden experimentellen Material nicht machen. Rona[8] stellte zwischen pH 10,27 und 11 Zerstörung fest. Nach Stern[9] erlöscht die Aktivität rasch bei pH 5. Neidig fand bei der Katalase der Takadiastase Zerstörung proportional der Berührungszeit mit Basen[10]. Andere Angaben sind mehr qualitativ gehalten[11], doch dürfte sich aus ihnen entnehmen lassen, dass pflanzliche Katalase besonders empfindlich ist. Ein Beispiel hierfür bietet auch die Tatsache, dass die Katalase aus Gerstenkeimlingen beim Extrahieren des Materials ohne Puffer beträchtliche Schwächung erleiden kann[12].

---

[1] Battelli u. Stern, Soc. Biol. 68, 1040; 1910.
[2] Yamasaki, Ber. ges. Phys. 10, 118; 1922.
[3] Takayama, Acta Scholae Med. Univ. Imp. Kioto 8, 459; 1926. Ber. ges. Phys. 40, 830; 1927.
[4] Senter, Zs f. physik. Chem. 51, 673; 1905.
[5] Santesson, Skand. Arch. Physiol. 44, 262; 1923.
[6] Favre, Biochem. Zs 33, 32; 1911.
[7] S. Rebello-Alves u. Benedicenti, Arch. di Farm. 24, 150; 1927.
[8] Rona, Biochem. Zs 134, 20; 1922.
[9] K. G. Stern, H. 211, 207; 1932.
[10] Neidig, Jl Amer. Chem. Soc. 36, 417; 1914.
[11] Staněk, Zs f. Zuckerind. Böhmen 31, 207; 1907. — Issajew, l. c. — H. v. Euler u. A. v. Euler, Ark. f. Kem. 1, 365; 1904.
[12] Euler, K. u. S. Myrbäck, H. 186, 212; 1930.

Unter den Säuren wirkt besonders stark schädigend Salpetersäure (Senter, s. unten, Faitelowitz[1]).

Stark schädigend wirken ferner Hydrazin und Hydroxylamin (Loew[2]), vielleicht infolge ihres Reduktionsvermögens, und ihrer Fähigkeiten sich mit Häminderivaten, zu denen die aktive Gruppe der Katalase zu rechnen ist, zu vereinigen.

Wasserstoffsuperoxyd. Die Einwirkungen des Wasserstoffsuperoxyds auf die Katalase, soweit sie den Ablauf des enzymatischen Prozesses unter normalen Verhältnissen durch Enzymzerstörung beeinflussen, sind im Kapitel „Kinetik" behandelt; hier findet die reversible kompetitive Hemmung durch höherkonzentriertes ($>$ Ca 0,4 n) H_2O_2 Erwähnung, die neuerdings von Stern[3] studiert wurde. Nach seinen Vorstellungen ist für die erfolgreiche Katalyse die doppelseitige symmetrische Anlagerung des H_2O_2-Moleküls an das Enzym Voraussetzung; bei erhöhter H_2O_2-Konzentration ist die Wahrscheinlichkeit zur allein erfolgreichen doppelseitigen Anlagerung verringert infolge einer „Aufrichtung" der H_2O_2-Moleküle, die nur mit einer OH-Gruppe Platz auf der Enzymoberfläche finden.

Ähnlich wird auch der Hemmungseffekt durch monosubstituiertes Peroxyd erklärt, das, zwar selbst nicht spaltbar, durch Bindung mit einer OH-Gruppe an die Enzymoberfläche die H_2O_2-Moleküle davon verdrängt.

Salze. Zahlreiche Arbeiten haben sich mit dem Einfluss von Salzen auf die katalatische Reaktion befasst. Die Ergebnisse stimmen darin überein, dass alle Salze entweder sich indifferent verhalten oder hemmend wirken; eine ausgesprochene Aktivierung ist nirgends mit Sicherheit erkannt worden. Bei der Wirkung der Alkalisalze ist der Einfluss des Anions dominierend, während schon bei den Erdalkalisalzen, noch mehr bei den Schwermetallsalzen das Kation ausschlaggebend ist.

Kaum hemmend, bisweilen sogar angeblich stimulierend wirken Sulfate, wie übereinstimmend von Santesson[4], Favre[5] und Michaelis[6] gefunden wurde. Auch das Bicarbonation wirkt günstig, insofern, als es nach Rona[7] die hemmende Wirkung des Chlorions aufheben kann.

Phosphate verhalten sich im allgemeinen indifferent; gelegentlich beobachtete schwach fördernde oder hemmende Einflüsse dürften innerhalb der Versuchsfehlergrenzen liegen oder auf pH-Verschiebungen zurückzuführen sein.

---

[1] Faitelowitz, Diss. Heidelberg, 1904.
[2] Loew, Zs f. Biol. 43, 256; Chem. Ber. 35, 2487; 1902.
[3] K. G. Stern, H. 209, 176; 1932.
[4] Santesson, Skand. Arch. Physiol. 23, 99; 1910. 32, 405; 33, 97; 39, 132, 236; 1920. 42, 129; 44, 262; 1923.
[5] Favre, Biochem. Zs 33, 22; 1911.
[6] Michaelis u. Pechstein, Biochem. Zs 53, 320; 1913.
[7] Rona, Biochem. Zs 134, 20; 1922.

K_2HPO_4, Na_2HPO_4, $NaHCO_3$ wirken nach Charmandarjan und Tiutjunnikowa[1] aktivierend und zwar auf 200, 175 bzw. 135%. Dieses Ergebnis wurde erhalten an Gerstenmalzkatalase, die jeweils mit der betreffenden Salzlösung und zur Festlegung des Normalwertes mit destilliertem Wasser extrahiert wurde. Es erhebt sich die Frage, ob die mit Salzlösungen oder mit destilliertem Wasser erhaltenen Extrakte als normal aktiv zu bezeichnen sind. Keineswegs besteht die Gewähr, dass in den wässrigen Extrakten die gesamte katalatische Aktivität wiedergefunden wird; die Annahme liegt näher, dass hier das Enzym in geschwächtem Zustand vorliegt, während in den Salzlösungsextrakten das Enzym mehr oder weniger vollständig konserviert ist, ohne dass den Salzen eine „aktivierende" Wirkung zukommen müsste. Für die teilweise Enzymzerstörung bei der rein wässrigen Extraktion kommt zwar nach Charmandarjans Versuchen keine pH-Verschiebung als Ursache in Frage, indes ist z. B. mit Dispersitätsänderungen infolge der osmotischen Verhältnisse durchaus zu rechnen. Die Tatsache selbst, dass rein wässrige Malzextrakte schwächer aktiv sind, als gepufferte, wurde, wie schon S. 26 (Myrbäck) erwähnt, auch im Stockholmer Institut festgestellt.

Chloride hemmen schwach und zwar NaCl stärker als KCl, während KBr stärker als NaBr wirkt. Die Wirkung der Bromide ist im übrigen von der Grösse der Chloridwirkung; auch Fluoride hemmen nur schwach.

Stärker hemmend wirken Acetate, Nitrate (Yamasaki [l. c.], Loew [l. c.]) und Lactate[2]; stark Nitrite, besonders auch Chlorate[3] und Perchlorate, ferner Rhodanide, Rhodanate[3], Chromate (Yamasaki [l. c.]).

Arsenverbindungen scheinen im allgemeinen keinen wesentlichen Einfluss auszuüben (Jakobson[4], Senter [l. c.], Rona[5]). An Froschmuskelkatalase beobachtete aber Santesson (l. c.) Hemmung durch Arsenit und Arsenat. Nach Jakobson hemmen Antimonate.

Nach Michaelis (l. c.) gilt für die Hemmungswirkung der Anionen folgende steigende Reihe: SO_4, $< Cl$, $< CH_3COO$, $< NO_3$; Santesson ordnet die Wirkung gleichsinnig, nur etwas ausführlicher wie folgt: SO_4, PO_4, F, B_4O_7, CO_3, Br, J, Cl, NO_3, ClO_3. Im wesentlichen wurden auch neuerdings durch Stern (l. c.) diese Befunde bestätigt.

Spiro[6] fand an Blutkatalase, Smirnow[7] bei Weizensamen Verhältnisse, die sich in diese Reihenfolge einordnen.

Nach Rona[8] tritt aber die Anionenhemmung deutlich nur im sauren Gebiet in Erscheinung, bei Blut- und Leberkatalase bei pH 3—5; sie verschwindet fast völlig im schwach alkalischen Gebiet.

Charmandarjan und Tiutjunnikowa[9] finden teilweise völlig abweichende Verhältnisse, wenn die Salze in ausserordentlich geringen Konzentrationen angewandt werden. NH_4Cl und NaCl wirken je nach der angewandten Konzentration teils hemmend, teils aktivierend, bei

---

[1] Charmandarjan u. Tiutjunnikowa, Biochem. Zs 222, 272; 1930.
[2] Merl, Zs Unt. Nahr. 42, 273; 1921.
[3] Senter, Zs f. physik. Chem. 51, 673; 1905.
[4] Jacobson, H. 16, 340; 1892.
[5] Rona, Biochem. Zs 134, 20; 1922.
[6] Spiro, Biochem. Zs 93, 391; 1919.
[7] Smirnow, Biochem. Zs 149, 63; 1924.
[8] Rona, Biochem. Zs 160, 272; 1925.
[9] Charmandarjan u. Tiutjunnikowa, Biochem. Zs 221, 273; 1930. 222, 272; 222, 284; 1930.

grossen Verdünnungen fanden die Autoren zahlreiche Anionen stimulierend, auch Rhodanid und Cyanid sollen aktivierend wirken. Die beobachteten Effekte sind zum grossen Teil abhängig von der Art der Extraktion des Enzyms aus dem Malzmehl. Es scheint nicht immer sicher ob sie ausserhalb der Versuchsfehlergrenzen liegen. Bei der Extraktion von Malzmehl mit sehr verdünnten Salzlösungen — es kamen bis zu etwa 10^{-7} molare Lösungen zur Anwendung — ist ausserdem mit einer wesentlichen Verschiebung des Salzgehaltes zu rechnen (extrahierte mineralische Stoffe aus dem Malzmehl, Verunreinigungen des gewöhnlichen destillierten Wassers, Adsorptionen) die keine Berücksichtigung fanden und naturgemäss die gefundenen Werte einschränken müssen.

In einer eingehenden Arbeit hat Bleyer[1] die Wirkung von Kationen auf die Katalasereaktion untersucht. Er fand die meisten Metallsalze hemmend; die schwächste Inaktivierung zeigten die Chloride der Alkalimetalle, innerhalb der übrigen Gruppen waren starke spezifische Giftwirkungen zu erkennen, besonders bei Hg, Pb, Bi. Bei 0,1 Millimol Salzzusatz bewegen sich die Hemmungen zwischen 70 und 80%. Relativ stimulierend, d. h. bei dem natürlichen sauren pH (im Bereich von etwa 2—5) der betreffenden Salzlösung, wo an sich die katalatische Aktivität vermindert ist, wirken $BeSO_4$, $AlCl_3$ und $FeCl_3$. In der für die Katalasewirkung optimalen pH-Zone tritt diese Erscheinung nicht hervor. Bei der graphischen Darstellung der Salzwirkung ergaben sich Kurven, welche in ihrer Form an Dissoziationskurven erinnern. Über den Einfluss der Salze auf die Kinetik, siehe Michaelis S. 38.

Yamasaki fand für die hemmende Wirkung der Schwermetallsalze (Sulfate) folgende Reihe: $HgCl_2 > Ag > Fe > Cu > Cr > Hg(CN)_2 > KCl > Co > Mn$. Charmandarjan (l. c.) ordnet einige andere Kationen in der Folge (m/100 Lösung): $Na < NH_4 < Mg < Ca < Mn < Zn$. Cu-Salze wirken nach Händel und Segall[2] stark hemmend. Die Wirkung von metallischem Cu ist auf sein Lösungsvermögen in Wasser zurückzuführen; Stehenlassen von Wasser in verkupferten Reaktionsgefässen reicht aus, um die darin ausgeführte Katalasereaktion erheblich zu schwächen.

Auf die stark hemmende Wirkung von Hg-Salzen machte schon Senter (l. c.) aufmerksam.

Organische Verbindungen. Da bei der Katalasedarstellung häufig Alkohol zur Verwendung kommt, interessiert seine Einwirkung auf das Enzym. Man wird unterscheiden müssen zwischen den Fällen, wo der Alkohol eine Ausfällung des Enzyms bewirkt, und solchen, wo das nicht der Fall ist.

Eine Hemmung ist wohl nie beobachtet worden, solange der Alkohol keine Ausfällung des Enzyms verursachte, dagegen bei Leber- und Blutkatalase oft eine deutliche Aktivierung[3] und Reaktivierung[4]. Wie schon von Euler und Josephson[5] diskutiert, findet diese Erscheinung ihre

---

[1] Bleyer, Biochem. Zs 161, 91; 1925.
[2] Händel u. Segall, Zs f. Hyg. 97, 1; 1922.
[3] Hennichs, Biochem. Zs 171, 314; 1924.
[4] Battelli u. Stern, siehe Antikatalase; Golzow, Biochem. Zs 185, 63; 1927.
[5] Euler u. Josephson, Lieb. Ann. 452, 158; 1927.

einfachste Erklärung in einer durch den Alkohol verursachten Entfernung von Hemmungskörpern, nach Battelli in der Unschädlichmachung der Antikatalase.

Alkoholfällung hat häufig schädigenden Einfluss auf die Enzymaktivität. Sicher ist das aber nicht auf eine spezifische Wirkung des Alkohols, sondern auf die physikalische Zustandsänderung des Enzyms, wie sie bei jeder Fällung auftritt, zurückzuführen. Von Hennichs (l. c.) und später von Euler und Josephson (l. c.) wurden erhebliche Aktivitätsverluste an alkoholgefälltem Enzym beobachtet. Mehlkatalase[1] und besonders auch Pilzkatalase[2] sind gegen Alkoholfällung empfindlich. Indes verwendet Jakoby[3] Methylalkoholfällung bei der Darstellung der Bakterienkatalase. Nach Battelli schädigt Alkoholfällung die Kaltblütlerkatalase mehr als die der Warmblütler.

Äther, Chloroform, Toluol sind im allgemeinen auf isolierte Katalase ohne Einfluss; an Leberkatalase fand Hennichs Aktivierung durch Toluol (l. c.).

Auffallend ist aber das Verhalten der Katalase in Hefezellen gegenüber Protoplasmagiften, wie Chloroform, Toluol, Thymol, Aceton[4]. Geringer Zusatz dieser Substanzen zu wässriger Hefesuspension vermag, ähnlich der Hitzeaktivierung, die katalatische Aktivität der Hefezellen beträchtlich zu steigern. Mit Blix wurde nach Toluolzusatz zu Hefesuspension eine Steigerung der katalatischen Aktivität auf das rund 3fache beobachtet, Chloroform erhöhte in diesen Versuchen auf das rund 7fache; die Wirkung von Thymol zeigte sich schwächer (etwa $1^1/_2$fache Aktivität) aber deutlich. Diese Versuche waren mit Brennereihefe SB II ausgeführt. An Sacch. Thermantitonum wurde mit Laurin nach Chloroformzusatz ebenfalls eine Steigerung auf über 300% beobachtet. In einer späteren Arbeit von Euler und Hellström[5] wurde bei Chloroformzusatz eine Steigerung auf das 60fache, mit Aceton auf das 30fache gefunden. Die Aktivitätszunahmen zeigten sich abhängig von der zugesetzten Menge an Protoplasmagift und von der Behandlungsart.

Was die Deutung der durch Protoplasmagifte und weiterhin der durch Erwärmen und Trocknen hervorgerufenen Beschleunigung der H_2O_2-Zersetzung anbelangt, so ist wohl wie von Euler und Blix (H. 105, S. 106) diskutiert, die Ursache weniger in einer Änderung der Permeabilitätsverhältnisse zu erblicken, oder gar in einem Austritt des Enzyms, als vielmehr in einer Steigerung seiner Wirkungsweise, sei es durch seine Freilegung oder Bildung aus einem Proenzymzustand, sei es, dass Aktivatoren gebildet oder Hemmungskörper vernichtet werden.

---

[1] Merl, Zs Unt. Nahr. 42, 273; 1921.
[2] Zeile, H. 195, 39; 1931.
[3] Jakoby, Biochem. Zs 95, 124; 1919.
[4] Euler u. Blix, H. 105, 83; 1919. — Euler u. Laurin, H. 106, 312; 1919.
[5] Euler u. Hellström, H. 190, 189; 1930.

Da fernerhin bei den auf verschiedene Weise hervorgerufenen Aktivitätssteigerungen jeweils die nämliche Veränderung des Cytochromspektrums sichtbar ist, liegt es nahe, die Aktivierungen mit einer Veränderung des Cytochroms in einen ursächlichen Zusammenhang zu bringen, ausgehend von der Vorstellung, dass das veränderte Cytochrom selbst die katalatische Wirkung der Hefe bedinge. Die Möglichkeiten wären folgende: aus dem Cytochrom, das selbst schwach katalatisch aktiv ist, werden durch die angewandten Verfahren gewisse Eiweissreste abgespalten, wodurch das neue Produkt erhöhte Aktivität gewinnt, oder das zuletzt erwähnte Produkt könnte sich in geringer Menge in der Zelle (aus dem inaktiven Cytochrom entstanden) fertiggebildet vorfinden und durch die jeweilige Behandlung würde seine Menge vermehrt.

Nimmt man aber auch für die Hefekatalase dieselbe Bauart der aktiven Hämingruppe an wie sie sich bei der Leber- und Keimlingskatalase durch das spezifische Spektrum zu erkennen gibt, — bei der Hefekatalase gelang die Sichtbarmachung infolge der ungünstigen Konzentrationsverhältnisse bis jetzt noch nicht — dann ist in der Änderung des Cytochromspektrums beim Aktivierungsvorgang eine zufällige Begleiterscheinung zu erblicken; zur Erklärung der Aktivierung wird man auf die oben erwähnten Annahmen zurückgreifen müssen.

Ein ähnlicher Effekt des Chloroforms wurde von Euler und Borgenstam[1] auch an Pferdeerythrocyten wahrgenommen, indes ist der Effekt weit schwächer, ausserdem mit Hämolyse verknüpft, so dass hier vielleicht eine mit der Hefekatalaseaktivierung nicht wesensgleiche Erscheinung vorliegt. Vgl. auch die Angaben Okeys, nach denen mit Chloroform eine 10%ige Aktivitätssteigerung an Blutkatalase beobachtet wurde[2].

Virtanen[3] fand bei Bakterien keinen aktivitätssteigernden Einfluss von Protoplasmagiften. Sjöberg[4] stellte bei Algen eine Herabminderung der Aktivität durch indifferente Narkotica fest.

Stoffe wie stark oberflächenaktive Fette, Ölsäure, Triolein, Lecithin, können auf Katalaselösungen bisweilen aktivierend wirken, wenigstens bemerkte Eichholtz[5] an Erythrocytenkatalase in gealtertem Serum diese Eigenschaft. Na-Oleat wirkt auf die Katalase in gewaschenen Erythrocyten günstig ein. Die oben genannten Stoffe vermögen auch die Schädigung durch Röntgenstrahlen teilweise wieder zu beseitigen bzw. zu verhindern, nicht aber die durch Schwermetallsalze und HCN hervorgerufenen.

Kohlehydrate (Rohrzucker, Stärke), üben nach Yamasaki[6] eine fördernde Wirkung aus, auch Glykokoll, während Alanin hemmen soll.

---

[1] Euler u. Borgenstam, Biochem. Zs 102, 124; 1920.
[2] Okey, Am. Jl Phys. 62, 417; 1922.
[3] Virtanen, Biochem. Zs 161, 9; 1925.
[4] Sjöberg, Fermentforsch. 4, 97; 1920.
[5] Eichholtz, Biochem. Zs 151, 187; 1924.
[6] Yamasaki, Ber. ges. Phys. 10, 118; 1922.

Tsuchihashi[1] fand jedoch beide Aminosäuren hemmend. Kultjugin (s. unten) fand keine Wirkung der Kohlehydrate.

E. Hammarsten[2] hat den Einfluss einiger physiologisch wichtiger Substanzen studiert: er fand Kreatinin fördernd; Kreatin, Cholinchlorid hemmend; keine Wirkung zeigten Harnstoff, Coffein und Theobromin. Nach Rona[3] sind auch Chinin und Vucin ohne Einfluss.

Acetaldehyd hemmt ausgesprochen[4], ebenso Senföl[5] und Phenylhydrazin (Yamasaki [l. c.]).

Methylenblau[6] hemmt im Maximum bei pH 4,71 (bei pH etwa 7 übt es keinen Einfluss mehr aus); Dinitrophenol hat eine scharf hemmende Wirkung im sauren, weniger im alkalischen Gebiet; Chinon und Trinitrophenol wirken ähnlich. Salze in geringen Konzentrationen heben diese Wirkungen auf.

Von älteren Arbeiten seien noch die Befunde Senters (l. c.) erwähnt, der bei Anilin schwache, bei Resorzin und Hydrochinon starke Giftwirkung feststellte. Brown und Neilson[7] fanden alle Narkotica hemmend, die Wirkung von Alkaloiden verschieden. Nach Hoffmann[8] fördern Amide und Peptone. Dasselbe fand auch Kultjugin[9] an Blutalbumin und Eiweiss (Gelatine ist ohne Wirkung). Sofern die Versuche, wie dies in früheren Arbeiten geschah, in ungepufferten Lösungen ausgeführt wurden, ist nicht feststellbar, inwieweit solche schwach aktivierende Wirkungen auf pH-Regulierung zurückzuführen sind. Über fördernde Wirkung von Gewebsextrakten und Organbrei, siehe Takeda[10] und Bournett[11].

Von K. G. Stern (l. c. S. 201) wurde die Hemmungswirkung verschiedener organischer Substanzen, darunter Narkotica, vergleichend untersucht (siehe Tab. 10, S. 60).

Am Beispiel des Methylharnstoffs wurde gezeigt, dass die Hemmung auf einer Blockierung der Enzymoberfläche beruht, von der der Hemmungskörper durch erhöhte Substratkonzentration verdrängbar ist. Eine einfache Beziehung zwischen Hemmungseffekt und Viscositätserhöhung (durch Ovalbumin und Glycerin) besteht nicht.

---

[1] Tsuchihashi, Biochem. Zs 140, 63; 1923.
[2] Hammarsten, E., Skand. Arch. Physiol. 29, 46; 1913.
[3] Rona, Biochem. Zs 134, 20; 1922.
[4] Sachs u. Zander, Biochem. Zs 183, 426; 1927.
[5] Biéchy, Fermentforsch. 8, 135; 1924.
[6] Alexejew u. Russinowa, Bull. Inst. Recherches biol. Perm. 6, 425; 1929. C. 1929 II, 2055.
[7] Brown u. Neilson, Am. Jl Phys. 13, 427; 1905.
[8] Hoffmann, Woch. f. Brauerei 22, 441; 1905.
[9] Kultjugin, Biochem. Zs 211, 131; 1929.
[10] Takeda, Am. Jl Phys. 50, 520; 1920.
[11] Bournett, Am. Jl Phys. 46, 63; 56, 160; 1918/21.

Tab. 10. **Hemmung der Katalase durch einige organische Substanzen, ausgedrückt in der zur halbmaximalen Hemmung erforderlichen Konzentration.**

Hemmungskörper	$C_{50\%}$	
Methylalkohol	2,13	mol.
Äthylalkohol	6,3	,,
Glycerin	5,88	,,
Rohrzucker	etwa 0,87	,,
Formaldehyd	etwa 0,018	,,
Acetaldehyd	etwa 0,03	,,
Paraldehyd	> 10	,,
Aceton	etwa 3	,,
Harnstoff	etwa 3,7	,,
Methylharnstoff	0,064	,,
Phenylharnstoff	0,14	,,
Phenylsulfoharnstoff	etwa 0,0002	,,
Äthylurethan	etwa 3,4	,,
Tribromäthylalkohol (Avertin)	5,10	,,

Cyanderivate. Einen Fragenkomplex besonderer Natur bilden die Hemmungserscheinungen, die durch Blausäure und ihre Derivate hervorgerufen werden. Nicht nur, dass der Effekt zu den stärksten Giftwirkungen auf das Enzym gerechnet werden muss, die Erscheinungen verdienen vor allem deswegen ein besonderes Interesse, weil bekanntlich die Atmungsvorgänge in ihrer Gesamtheit eine der Katalase durchaus ähnliche Blausäureempfindlichkeit aufweisen. Die Auffassung der Katalase als ein bei den Atmungsvorgängen eng beteiligtes Enzym erhält gerade durch diese Tatsache eine wesentliche Stütze. Aus diesen Gründen ist es begreiflich, dass die Frage der HCN-Hemmung der Katalase eine eingehendere Bearbeitung erfahren hat als die übrigen Hemmungserscheinungen und in der Tat lassen sich unsere Vorstellungen in dieser Hinsicht schon verhältnismässig genau präzisieren.

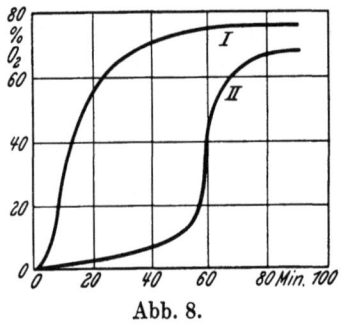

Abb. 8.

Vor allem ist von der HCN-Hemmung sicher bekannt, dass sie ein grundsätzlich reversibler Vorgang ist. Schon von Schönbein stammt eine solche Feststellung; genauer untersucht wurden die Verhältnisse von Rona[1], der eine Zerstörung des Cyankalis fand, mit der die Regenerierung der Enzymaktivität parallel geht. Siehe z. B. Abb. 8.

Diese Verhältnisse wurden auch in eigenen Versuchen bestätigt[2]; für Hemmungsmessungen ergibt sich daraus die Folgerung, dass nur solche KCN-Konzentrationsgebiete brauchbar sind, in denen die Zerstörung des Giftes innerhalb der Messzeiten nicht in Betracht kommt.

Mit der Einbeziehung der Katalasefunktion in den Ablauf der Atmungsvorgänge stellte sich von selbst die Frage nach dem Mechanismus ihrer Blausäurehemmbarkeit, deren Beantwortung von verschiedenen Gesichts-

---

[1] Rona, Biochem. Zs 160, 272; 1925.
[2] Zeile u. Hellström, H. 192, 171; 1930.

punkten aus versucht wurde im Einklang mit den beiden Theorien von Wieland und Warburg.

Wieland[1] nahm einen reinen Adsorptionsvorgang zwischen HCN und der Enzymoberfläche an, ähnlich wie auch indifferente Gase nach seinen Feststellungen adsorbiert werden.

Im Sinne Warburgs ist die HCN-Hemmung ganz allgemein in einer Blockierung katalytisch wirksamen Eisens zu suchen. Obwohl gelegentlich Angaben über Fe-freie Katalase auftauchten, fand Hennichs[2] deutliche Mengen Fe in seinen reinen Präparaten, jedoch keine Abhängigkeit zwischen HCN-Wirkung und Fe-Gehalt. Aus diesem Grunde glaubte er die Warburgsche Vorstellung ablehnen zu müssen.

Mit Recht machte Warburg[3] gegen Hennichs geltend, dass die spezifische Bindungsart, die dem Eisen erst die katalytische Eigenschaft verleiht, in Betracht zu ziehen sei, dass also von dem analytisch festgestellten Gesamteisengehalt ausgehend, dem nicht die wesentliche Bedeutung zukomme, keine Schlüsse gezogen werden können.

Mit der Aufklärung dieser spezifischen Bindung als Porphyrinkomplexbindung[4] zeigte sich nun, dass die Blausäurehemmung tatsächlich in der Bildung einer Verbindung zwischen einem Atom Katalaseeisen und einem Mol HCN besteht. Bei Zusatz von 1 Mol HCN auf 1 Atom Katalaseeisen schlägt das ursprüngliche Katalasespektrum um in das der HCN-Verbindung mit den Absorptionen:

I. $\underbrace{598\text{—}580}_{589}$ II. $\underbrace{566\text{—}547}_{557}$

Die Verbindung ist dissoziabel und zwar folgt die Dissoziation dem Massenwirkungsgesetz in seiner einfachsten Form. In der Formel:

$$K_h = \frac{\alpha \cdot [HCN]}{(1-\alpha)}$$

bedeutet K_h die Dissoziationskonstante der Enzym-HCN-Verbindung, α ihren Dissoziationsgrad, [HCN] die molare Blausäurekonzentration. Der Dissoziationsgrad ist bestimmt durch den Quotienten der Reaktionskonstanten in den Versuchen ohne und mit Blausäurezusatz. Die Dissoziationskonstante lässt sich aus reaktionskinetischen Daten recht genau ermitteln, sie betrug an einem Katalasepräparat aus Pferdeleber $8{,}6 \cdot 10^{-7}$, an einem aus Kürbiskeimlingen $2{,}87 \cdot 10^{-7}$. Die optische Verfolgung der Dissoziation, die allerdings eine grössere Fehlerbreite beansprucht, ergab Übereinstimmung mit diesen Werten. Damit findet die von Wieland angeführte Feststellung (l. c.), dass

---

[1] Wieland, Lieb. Ann. 445, 193; 1925.
[2] Hennichs, Biochem. Zs 145, 286; 1923.
[3] Warburg, Chem. Ber. 59, 739; 1926.
[4] Zeile u. Hellström, H. 192, 171; 1930.

die Blausäurehemmung mit zunehmender Verdünnung abnimmt, ihre mathematische Begründung, Angaben über Hemmungswirkungen bestimmter Blausäurekonzentrationen ohne Berücksichtigung der Enzymkonzentration verlieren ihre Allgemeingültigkeit. Die Daten über Blausäurehemmbarkeit aus anderen Arbeiten[1] folgen ebenfalls der Dissoziationsformel.

Über die Wirkung organischer CN-Derivate bestehen noch einige Unklarheiten. Wieland fand durch Methylisocyanid eine Hemmung, die der Grössenordnung der HCN-Hemmung gleichkommt, während Toda[2] an Äthylisocyanid keine Hemmung konstatieren konnte. Es ist nicht wahrscheinlich, dass ein grundsätzlicher Unterschied in den Wirkungen des Methyl- und Äthylesters vorliegt, oder, dass die verschiedene Versuchsmethodik — Wieland prüfte isoliertes Enzym, Toda Gewebeschnitte — die Verschiedenheit der Ergebnisse verursacht, vielmehr dürfte die Feststellung Todas, dass nicht speziell gereinigter Cyanester erhebliche Mengen Blausäure enthalten kann, den von Wieland gefundenen Hemmungseffekt erklären.

Wenn nun durch Eisen katalysierte Oxydationsvorgänge, wie die Oxydation von Cystein, Fructose in Phosphat, Leucin an Tierkohle durch Blausäureester gehemmt werden, die Katalasereaktion aber nicht, so schliesst das natürlich nicht für die letztere die Beteiligung von katalysierendem Eisen aus. Sicher ist ja das oxydativ wirkende Eisen in einer ganz anders gearteten Bindung vorhanden als das katalatisch wirkende.

Sulfhydrylverbindungen. Die Hemmung durch Sulfhydrylkörper ist der HCN-Hemmung analog. H_2S erzeugt in Katalaselösungen ein Komplexspektrum mit den Absorptionen: I. 640; II. 580 mit Nachschatten bis 540, das beim Vertreiben des H_2S wieder verschwindet. Die Hemmung ist nach Stern (l. c.) von derselben Grössenordnung wie die der Blausäure. Ein Vergleich verschiedener SH-Verbindungen bezüglich ihrer Hemmungswirkung ist in Tabelle 11 aufgeführt.

α-α'-Dipyridyl als ausgesprochener Fe-Komplexbildner hemmt Leukocytenkatalase nicht, CO hemmt schwach und unspezifisch; auch nach Wieland (l. c.) geht die CO-Hemmung nicht über eine unspezifische Gashemmung hinaus.

Tabelle 11. Vergleich der Konzentrationen an Blausäure und verschiedenen Sulfhydrylkörpern, die die katalatische Reaktion halbmaximal hemmen ($C_{50\%}$).

Hemmungskörper	$C_{50\%}$
Blausäure	$6{,}3 \cdot 10^{-6}$ mol.
Natriumsulfid	$8 \cdot 10^{-6}$ „
Natriumhydrosulfid	$3{,}2 \cdot 10^{-5}$ „
l-Cysteinchlorhydrat	$3{,}2 \cdot 10^{-3}$ „
SH-Glutathion	$5 \cdot 10^{-3}$ „

Enzymeinwirkungen auf Katalase. Es haben sich mannigfache Anhaltspunkte dafür ergeben, dass die Aktivitätsverminderung, die gewöhnlich beim Stehen von Katalasepräparaten beobachtet wird, nicht allein auf die

---

[1] Euler u. Josephson, Lieb. Ann. 455, 7; 1927. — Wieland, Lieb. Ann. 445, 193; 1925.
[2] Shigeru Toda, Biochem. Zs 172, 17; 1926.

thermische Zerstörung des Enzyms zurückzuführen ist, sondern, sogar in der Hauptsache auf die Tätigkeit begleitender Enzyme. Während z. B. gereinigte Pferdeleberkatalase, bei niedriger Temperatur aufbewahrt, monatelang ohne nennenswerte Schädigung haltbar ist, fallen Rohextrakte verhältnismässig rasch der Zerstörung anheim.

Das Absinken der Aktivität der Blutkatalase, das mit steigender Temperatur beschleunigt wird, erklären Bach und Zubkowa[1] als auf einer Einwirkung von Proteasen beruhend; sie gründen sogar auf die Ermittlung der Zerstörungsgeschwindigkeit eine Bestimmungmethode des Proteasengehaltes. Nun hat zwar Steppuhn[2] mit gewichtigen Gründen nachgewiesen, dass in den betreffenden Fällen nicht Proteasen für die Zerstörung in Frage kommen können, es ist aber vor allem an oxydierend wirkende Systeme zu denken.

An dieser Stelle sei auch auf Nakamuras[3] Arbeit hingewiesen, der für die Hefekatalase bei Zimmertemperatur infolge enzymatischer Zerstörung eine 200000mal geringere Stabilität fand, als sie sich aus der reinen Thermoinaktivierung errechnen liesse.

Um Aufklärung über die Eiweissnatur der Katalase zu bekommen wurden auch gelegentlich mehr oder weniger definierte Enzympräparate zur Einwirkung auf Katalase gebracht. Nach Waentig[4] ist Katalase resistent gegen Pepsin, wird aber zerstört durch Pankreastryptase, Erepsin und Krebsmagensaft; nach van Laer[5] auch durch Papain. Im Gegensatz zu pflanzlicher und Blutkatalase ist Bakterien-[6] und Leukocytenkatalase[7] gegen autolytische Fermente sehr resistent.

Einen Hemmungskörper, der auf Grund seiner Bezeichnung offenbar als spezifisch auf die Katalase eingestellt betrachtet wird, erblicken Battelli und Stern in der Antikatalase[8]. Es handelt sich dabei um einen Stoff der oxydativ die Zerstörung der Katalase herbeiführt. Notwendig für die Wirksamkeit der Antikatalase ist Sauerstoff oder ein anderer Wasserstoffakzeptor, wie z. B. Methylenblau. Die Wirkung der Antikatalase entfaltet sich nur in einem begrenzten pH-Bereich im schwach sauren Gebiet. Unterhalb 10° ist die zerstörende Wirkung gering, sie steigt mit der Temperatur. Ferrosulfat in Gemeinschaft mit Sauerstoff soll eine der Antikatalase analoge Wirkung besitzen. Durch Alkohol und Aldehyde, sowie andere im Körper oxydierbare Substanzen wird die Reaktion der Antikatalase verhindert.

---

[1] Bach u. Zubkowa, Biochem. Zs 125, 283; 1922.
[2] Steppuhn, Biochem. Zs 146, 108; 1924.
[3] Nakamura, H. 139, 140; 1924.
[4] Waentig, Fermentforsch. 1, 165; 1916.
[5] van Laer, Zbt. f. Bakt. (2) 34, 481; 1912.
[6] Vincent, Soc. Biol. 88, 590; 1923.
[7] Linossier, Soc. Biol. 79, 1145; 1916.
[8] Battelli u. Stern, Jl de Phys. Path. 7, 919, 957; 1905. — Soc. Biol. 68, 811; 1910. — Internat. Physiol. Kongress, Sthlm. 1926.

Aus den Aktivitätsunterschieden einer unbehandelten Katalaselösung und solchen, die mit und ohne Alkoholzusatz eine bestimmte Zeit bei bestimmter, etwas höherer Temperatur verweilten, suchen Battelli und Stern ein Mass für die Menge der vorhandenen Antikatalase zu gewinnen.

Eine weitgehende Reinigung der Antikatalase ist bis jetzt noch nicht gelungen, jedoch eine Trennung von Katalase und der weiter unten zu besprechenden Philokatalase. Als Ausgangsmaterial eignet sich besonders Milzextrakt, in welchem Katalase bei schwach essigsaurer Reaktion durch 2tägiges Luftdurchleiten zerstört wird. Bei saurer Reaktion (0,2% HCl) aufbewahrt, behält der eingeengte Extrakt mehrere Wochen seine Wirksamkeit. Antikatalase ist manchmal kochbeständig, sie wird durch Alkohol, Aceton und Ammonsulfat gefällt, sie dialysiert nicht.

Eine Reaktivierung der durch Antikatalase gehemmten Katalasewirkung ist durch Reduktionsvorgänge möglich, wenigstens erblicken die Autoren in der reaktivierenden Wirkung des Alkohols einen solchen Vorgang.

Dieselbe Wirkung schreiben die Autoren einem hauptsächlich im Muskelgewebe auftretenden Körper zu, der sog. Philokatalase. Diese ist auf die Katalasewirkung direkt ohne Einfluss und vermag nur die durch Antikatalase hervorgerufenen Schädigungen aufzuheben. Philokatalase bleibt mehrere Stunden nach dem Tode intakt, sie ist nicht kochbeständig und gegen Mineralsäuren sehr empfindlich, weniger gegen organische Säuren. In neutraler Lösung bei niedriger Temperatur ist sie einige Zeit haltbar. Sie wird durch Alkohol und Aceton gefällt. Ihre Wirkung ist stark von der Temperatur abhängig, bei 0^0 ist sie minimal.

Die Philokatalase soll ihrerseits noch einen kochbeständigen Aktivator besitzen, der hauptsächlich in Leber und Pankreas vorkommt. Dieser Aktivator wirke nur in Gegenwart von Philokatalase auf das System Katalase-Antikatalase[1].

Kritik an der Annahme einer spezifischen Antikatalase wurde schon bald von de Waele und Vandevelde[2] geübt, die die Existenz eines Antifermentes verneinen. An dem Vorhandensein einer oder mehrerer hemmender Substanzen, die — in erster Linie durch Alkohol — entfernt werden können unter Regenerierung der ursprünglichen Katalaseaktivität, ist wohl nicht zu zweifeln; ob man aber diesem hemmenden Prinzip eine spezifische Wirkung auf die Katalase zuschreiben muss, ist heute noch nicht klargestellt. Noch weniger dürfte die Existenz einer spezifischen „Philokatalase" gesichert sein.

---

[1] Aktivierung durch Cystin usw. (Balls u. Hale, Jl Amer. Chem. Soc. 54, 2133; 1932) beruhen auf Bindung von Schwermetall-Spuren (Euler u. Günther).

[2] de Waele u. Vandevelde, Biochem. Zs 9, 255; 1908.

VI. Katalytische Wirkungen in lebenden Zellen (H. v. Euler).

Zum Studium der biologischen Rolle der Katalase in lebenden Zellen bilden einzellige Organismen ein besonders geeignetes Material. Viele Untersuchungen über die Hydroperoxydspaltung durch lebende Bakterien und Hefen haben in verschiedener Hinsicht interessante Resultate geliefert und andererseits hat die Katalasewirkung der roten Blutkörperchen vielfach die Aufmerksamkeit der medizinischen und biologischen Forscher erregt.

1. Katalase in Bakterien.

Zwei Enzyme konkurrieren um das Wasserstoffsuperoxyd, das in Zellen in irgendeiner Weise entsteht, nämlich die Peroxydase und die Katalase; derjenige Anteil des Hydroperoxyds, welcher nicht zur peroxydatischen Oxydation verwendet wird, fällt der Spaltung durch Katalase anheim. Es konnte deswegen von vornherein vermutet werden, dass der Katalasegehalt der Bakterien mit ihrer Atmungstätigkeit, ihrem Sauerstoffverbrauch, verknüpft ist. Eine Einsicht in die Art dieses Zusammenhanges würde einen wesentlichen Fortschritt nicht nur in der Biochemie der Katalase, sondern auch in der Lehre von den Atmungsvorgängen bedeuten.

Wenn, wie Wieland angenommen hat, Hydroperoxyd unter der Einwirkung von molekularem Sauerstoff entsteht, so würden anaerobe Bakterien für Katalase keine Verwendung haben, und man würde erwarten, dass dieselben arm an Katalase sind, im Gegensatz zu ausgesprochenen aeroben Mikroorganismen. Ein solcher Zusammenhang schien auch zu bestehen. Beijerinck[1] fand Milchsäurebakterien, welche keine Katalase enthalten, Kluyver[2] stellte die Regel auf, dass solche Mikroorganismen, welche freien Sauerstoff benötigen, Katalase enthalten, während Mikroorganismen, „welche sich ausschliesslich fermentativ ernähren", katalasefrei sind, und er konnte sich dabei auch auf frühere Ergebnisse von Orla Jensen[3], Lesser und Jorns stützen.

Beobachtungen von Rywosch[4] sowie von Stapp[5] zeigten, dass der Katalasegehalt der fakultativ anaeroben Bakterien sehr erheblich ist, wenn die Bakterien unter aeroben Bedingungen gezüchtet werden. Andererseits fand Kirchner[6] bei Züchtung in Sauerstoff eine Erhöhung der Katalasewirkung. Nach Virtanen macht der O_2-Zugang zur Nährlösung bei Coli wenig aus. Nach Schlunk[7] sind katalasearme Bakterien gegen Hydroperoxyd empfindlicher als katalasereiche.

---

[1] Beijerinck, Naturwiss. Rdsch. 1893, 671.
[2] Kluyver, Zs f. physiol. Chem. 138, 100; 1924.
[3] Orla Jensen, Zbt. f. Bakteriol. 18, 211; 1907.
[4] D. u. M. Rywosch, Zbt. f. Bakteriol. I, 44, 295; 1907.
[5] Stapp, Zbt. f. Bakteriol. I, 92; 1924.
[6] Kirchner, Zs f. Immunitätsf. 52, 108; 1927.
[7] Schlunk, Zbt. f. Bakteriol. 92, 116; 1924.

Dass es sich aber hier keineswegs um allgemeine Beziehungen handelt, ist durch bemerkenswerte Arbeiten von Virtanen[1] mit Karström und Winter[2], sowie von Simola[3] gezeigt worden. Nach den Ergebnissen der finnischen Forscher sind die stark aeroben Bakterien wie Essigbakterien (Acetobacter suboxydans), Bakterien der Fluorescensgruppe (B. fluorescens liquefaciens, B. pyocyaneum usw.) sehr arm an Katalase. Simola fand bei streng aeroben Cellulosebakterien (Cellobacillus myxogenes und Cellobacillus mucosus) sehr geringe Katalasewirkung. Bei den anaeroben Propionsäurebakterien fand Virtanen die Katalasewirkung enorm gross.

Fujita und Kodama[4] geben auf Grund eines ziemlich grossen experimentellen Materials an, dass anaerobe Bakterien keine Katalase enthalten, betonen aber, dass es auch aerobe Bakterien ohne Katalase gibt, sowie fakultativ anaerobe Bakterien mit einer mässigen Katalasemenge. Sherman[5] konstatiert, dass ein anaerobes Propionsäurebakterium Katalase bildet.

In diesem Zusammenhang ist es bemerkenswert, dass nach Bertho und Glück[6] in gewissen milchsäurebildenden Bakterien, welche keine Katalase enthalten, kein Hydroperoxyd bei der Atmung entsteht.

Virtanen und Pulkki haben neuerdings (Arch. f. Mikrobiol. 4; 1932) bei Bac. Mycoides den Katalasegehalt der vegetativen Zellen gemessen, die Sporen aber katalasefrei gefunden.

Gewebe	Katalasegehalt	Atmungsintensität
Leber	100	84
Niere	93	95
Muskel	1,4	100
Hirn	1,1	78
Milz	5	12
Lunge	8,3	13

Auch für Gewebe höherer Tiere lässt sich übrigens keine Beziehung zu der Intensität der Oxydationsvorgänge nachweisen. Als Beleg entnehmen wir einer Arbeit von Lina Stern[7] obenstehende Tabelle über Organe des Hundes.

„Wie wir aus dieser Tabelle ersehen, ist der Katalasegehalt in den Muskeln und dem Hirn des Hundes sehr gering, trotzdem diese Gewebe einen sehr intensiven respiratorischen Gaswechsel, d. h. eine grosse Oxydationsenergie besitzen. So beträgt z. B. der Katalasegehalt der Leber ungefähr das 70fache des Katalasegehaltes der Muskeln, während die Oxydationsenergie dieser beiden Gewebe die gleiche ist."

Katalase findet sich oft, nicht immer in fettreichen Organismen[8].

2. Katalase in Erythrocyten und Leukocyten.

Die zahlreichen Arbeiten über die katalatische Aktivität des Blutes sind besonders in der Hoffnung angestellt worden, diese Grösse zur Diagnose verwenden zu können. Diese Erwartung hat sich allerdings nicht bestätigt, wie

---

[1] Virtanen u. Karström, Biochem. Zs 161; 9, 1925. — Virtanen u. Winter, 197, 210; 1928.
[2] Virtanen u. Winter, Acta Chem. Fenn. 6, 14; 1931.
[3] Simola, Diss. Helsinki 1931.
[4] Fujita u. Kodama, Biochem. Zs 232, 20; 1931.
[5] Sherman, Jl of Bacter. 11, 417; 1926.
[6] Bertho u. Glück, Naturwiss. 19, 88; 1931.
[7] Lina Stern, Biochem. Zs 182, 146; 1927. Siehe auch Oppenheimer, Die Fermente.
[8] Euler, Hofm. Beiträge 7, 1; 1905.

zahlreiche Untersuchungen von A. Bach[1], Bischoff[2] u. a. gezeigt haben. Die Schwankungen haben sich nämlich gross und uncharakteristisch erwiesen. Sogar bei Blutkrankheiten, wie perniziöser Anämie, wurden sowohl Steigerungen des Katalasegehaltes (Magat[3], Tögel, Berg[4]) als Verminderungen beobachtet.

Die Hauptmenge der Blutkatalase findet sich in den Erythrocyten. Der Katalasegehalt der roten Blutkörperchen ist auffallend hoch, besonders bei Menschen. Dieses geht schon daraus hervor, dass die Katalasewirkung der menschlichen Erythrocyten auf die Gewichtseinheit Trockensubstanz berechnet, etwa 10mal höher ist als die der Lunge. Diese Katalasemengen in den Erythrocyten scheinen biologisch um so schwerer verständlich, als die Atmung in diesen Zellen gering ist. An der katalatischen Wirkung der Erythrocyten sind übrigens auch Hämoglobin (Haurowitz) und andere Häminkomplexe (vgl. Stern, H. 215) beteiligt. Über katalatische Wirkung von Ferrosalzen siehe Lieb. Ann. 502, 17; 1932.

Verf. möchte indessen betonen, dass die auf Ewald zurückgehende Vermutung, nach welcher Katalase die Sauerstoffabgabe des Hämoglobins beschleunigt, keineswegs von der Hand zu weisen ist, wenn auch die Verhältnisse komplizierter liegen als Ewald annahm; dieser Einfluss der Katalase auf den Sauerstoffwechsel des Hämoglobins soll im Institut des Verf. eingehend untersucht werden.

Ausserordentlich gross sind die Verschiedenheiten der Katalasewirkung der Erythrocyten bei verschiedenen Tieren. Fujita (l. c.) fand die folgenden relativen Katalaseaktivitäten verschiedener Erythrocyten:

Mensch	12 000	Maus	3000
Ratte	6 800	Huhn	1000
Kaninchen	6 700		

Iglauer[5] gibt an, dass die menschlichen Leukocyten viel katalasereicher sind als die Erythrocyten, was aber mit Befunden von Fujita nicht übereinstimmt. Nach neueren Versuchen von K. G. Stern[6] ist die Aktivität von Plasmolysaten und Extrakten aus Leukocytentrockenpräparaten von der gleichen Grössenordnung wie diejenige gleichartig behandelter Erythrocyten. Bei Menschen findet Stern für das Plasmolysat aus Erythrocyten Kat f = 102,1, für Mischleukocyten 68,7. (Bez. Kat f siehe S. 85.)

3. Katalasegehalt und Katalasewirkung in Mikroorganismen.

Aus unbeschädigten lebenden Zellen geht die Katalase im allgemeinen nicht in das wässrige Medium über. Trotzdem sind lebende Zellen oft katalytisch sehr aktiv, wie z. B. die Hefezellen und die Erythrocyten.

---

[1] Bach u. Iwanitzkij-Wassilenko, Biochem. Zs 148, 469; 1924.
[2] Bischoff, Arch. Kinderheilk. 82, 189; 1927.
[3] Magat, Zs exper. Med. 42, 95; 1924.
[4] W. Berg, Kongr. inn. Med. 41, 216; 1929.
[5] Iglauer, Biochem. Zs 223, 470; 1930.
[6] K. G. Stern, Zs f. physiol. Chemie 204, 259; 1932.

Man könnte versucht sein, aus der Katalasewirkung einer Hefesuspension von bekannter Zellenzahl den relativen Katalasegehalt der Zellen (bezogen auf eine katalasehaltige Standardsubstanz) zu berechnen, etwa so, wie es von Euler und Svanberg[1] für Hydrolasen, besonders Saccharase, der Hefe geschehen ist, nämlich durch den Quotienten k/Zellenzahl.

Für Katalase ist dies aber nicht angängig. Durch Euler und Blix[2] ist gezeigt worden, dass die Katalasewirkung frischer Hefe um 300—400% gesteigert werden kann, wenn man der Hefesuspension Toluol oder Chloroform zusetzt, und später fanden Euler und Hellström[3] noch weit grössere Effekte, nämlich Steigerungen durch Chloroform auf das 60fache des ursprünglichen Wertes.

Diese Effekte sind noch nicht aufgeklärt, aber jedenfalls zeigen sie, dass die Katalasewirkung von Zellen durch Faktoren beeinflusst wird, welche wir noch nicht beherrschen. Wir können also von der Katalasewirkung noch nicht auf den Katalasegehalt schliessen.

Als Beispiel für diese Einwirkung mag folgender Versuch aus der Arbeit von Euler und Blix angegeben werden:

	Minuten	20	30	40	50	60	Mittel
Reaktions-	Mit Toluol . . .	86	89	89	87	85	87
konst. k	Ohne Toluol . .	29	29	27		28	28

Steigerungen der Katalasewirksamkeit, und zwar bis auf das 10fache, wurden in der gleichen Arbeit von Euler und Blix auch dadurch erzielt, dass die Hefe kurze Zeit auf Temperaturen zwischen 58—60° erhitzt wurde[4]. Auch bei Erythrocyten trat eine ähnliche Steigerung durch Erwärmen ein[5].

Es kann sich bei diesen Effekten kaum um eine Denaturation des Proteinteiles[6] der löslichen Katalase handeln, denn Katalasenextrakte zeigen die erwähnte Erhöhung der Wirksamkeit nicht.

Katalasen treten nach unserer Annahme in zwei Formen auf, einer löslichen, bzw. extrahierbaren, und einer unlöslichen, fest an die Zelle gebundenen[7].

---

[1] Euler u. Svanberg, Zs f. physiol. Chemie 106, 210; 1919.
[2] Euler u. Blix, Zs f. physiol. Chemie 105, 83; 1919.
[3] Euler u. Hellström, Zs f. physiol. Chemie 190, 189; 1930.
[4] Bemerkenswert ist eine von G. Günther gefundene Tatsache, dass Hefe, deren Katalasewirkung einmal durch Erhitzen gesteigert worden ist, nach weiterem Zuwachs eine solche Aktivierung nicht mehr erfährt.
[5] Euler u. Borgenstam, Biochem. Zs 102, 124; 1920.
[6] In anderem Zusammenhang hat Verf. wiederholt hervorgehoben, dass die Proteinbestandteile der Enzyme sich wohl von bekannten, bzw. schon näher charakterisierten Proteinen unterscheiden können. Diese Proteinbestandteile dürften oft die Spezifität der Enzyme bedingen.
[7] Nach Hally (Zs klin. Med. 120, 230; 1930) ist die Blutkatalase nicht so sehr an das Stroma, sondern an übrige Bestandteile der Zellen gebunden. Zatti und Miraglia vermuten, dass die Katalasebildung im reticuloendothelialen Teil der Erythrocyten erfolgt (Rif. med. 42, 987; 1926).

Die Aktivierung der Katalase durch Narkotica hat Verf.[1] so gedeutet, dass Hemmungsstoffe, welche die unlösliche Katalase in der Zelle begleiten, durch Chloroform usw. ausser Wirksamkeit gesetzt werden.

Als aktive Gruppe der Katalase fungiert, wie durch die Untersuchungen von Zeile[2] und Hellström[3] nachgewiesen wurde, ein Eisenporphyrin von Hämincharakter. Die viel höhere Aktivität der Katalase gegenüber dem Hämin dürfte darauf beruhen, dass der Proteinteil des Enzymes das Substrat Hydroperoxyd festhält. Dies unterscheidet die Enzym-Aktivierung von der Alkali-Aktivierung des H_2O_2.

VII. Katalasebildung (H. v. Euler).

Eine der noch ganz wenig bearbeiteten, aber biologisch wohl wichtigsten Probleme der Enzymforschung betrifft die Enzymbildung[4]. In einigen Fällen, besonders bei der Saccharase und der Amylase, ist es möglich gewesen, die Bildung des Enzyms bzw. die Veränderung der betreffenden enzymatischen Wirksamkeit quantitativ zu verfolgen, und die Abhängigkeit der Enzymbildung von anderen Zellbestandteilen und von äusseren Bedingungen des Zellenwachstums zu studieren.

Auch bezüglich der Katalase liegen solche Studien vor; sie werden erschwert dadurch, dass es vielfach noch nicht möglich ist, die Katalasemenge, und zwar auch nicht die relative — in der lebenden Zelle bzw. im lebenden Gewebe zu erfassen, da, wie oben erwähnt wurde, die Katalase in der Zelle von Hemmungskörpern begleitet ist, so dass Enzymmenge und Enzymwirksamkeit bei weitem nicht parallel gehen.

Die Katalase wird, ebensowenig wie ein anderes Enzym, als freies Molekül in der Zelle synthetisiert, sondern als Teil eines hochmolekularen Substrates, welchem man bis auf weiteres wohl Eiweissnatur zuschreiben darf. Verf. hält die Annahme für gerechtfertigt, dass die Katalasebildung in der lebenden Zelle an verschiedenem Grundmaterial erfolgt, und zwar einerseits in Cytoplasma, Plastiden und Kern und andererseits Zellsaft, und dass diese beiden Gruppen von Katalasen hinsichtlich Löslichkeit usw. ständige Verschiedenheiten aufweisen. Wie Zeile[5] hervorhebt, haben sich Molekulargewichte an Katalasen bis jetzt noch nicht einwandfrei feststellen lassen. Zwischen einem „Schutzstoff" und dem Häminrest besteht ein Dissociationsgleichgewicht.

Da, wie oben erwähnt, der aktive Teil der Katalase ein Eisenporphyrin ist, so würde die Synthese dieses Teiles der Katalase sich im wesentlichen auf eine Porphyrinsynthese zurückführen lassen.

---

[1] Euler, Chemie d. Enzyme, I. Teil. München: J. F. Bergmann 1925. Siehe auch das Übersichtsreferat von H. Ruska, Erg. d. Physiol. 34, 253; 1932.

[2] Zeile, Zs f. physiol. Chemie 195, 39; 1930.

[3] Zeile u. Hellström, Zs f. physiol. Chemie 192, 171; 1930. — Euler, Zeile u. Hellström, Sv. Kem. Tidskr. 42, 74; 1930.

[4] Vgl. hierzu Bd. 1 (Allgemeiner Teil), 3. Aufl. 1925, 10. Kapitel, S. 396.

[5] Zeile, Biochem. Zs 258, 347; 1933.

Katalasebildung in Samen. Katalase entsteht, wie seit längerer Zeit bekannt ist, in Samen bei der Keimung. Auch über den näheren Verlauf in den ersten Keimungstagen liegen Untersuchungen vor, z. B. von Rhine[1], welcher angibt, dass der Katalasegehalt am ersten Keimungstag ein Minimum durchläuft, obwohl die Atmung gleichzeitig zunimmt. Gracanim[2], welcher das von Rhine gefundene Minimum der Katalasebildung in einigen Fällen bestätigt, kommt, wie auch Morinaga[3], zur Auffassung, dass im grossen ganzen Parallelität zwischen Atmung und Katalasebildung bei der Keimung besteht.

In einer Untersuchungsreihe, welche angestellt wurde, um Anhaltspunkte über die Entwicklungsreihe des Chlorophylls und über die Chlorophyllbildung in chlorophylldefekten Gerstenmutanten zu gewinnen, fanden Verf. und Harald Nilsson, dass in den chlorophyllfreien Mutanten der Katalasegehalt der Gerstenlaubblätter durchweg bis auf ein Drittel des normalen Wertes herabgesetzt war. Das Ergebnis von H. Nilsson[4] hat sich in allen folgenden Untersuchungen[5] durchaus bestätigt.

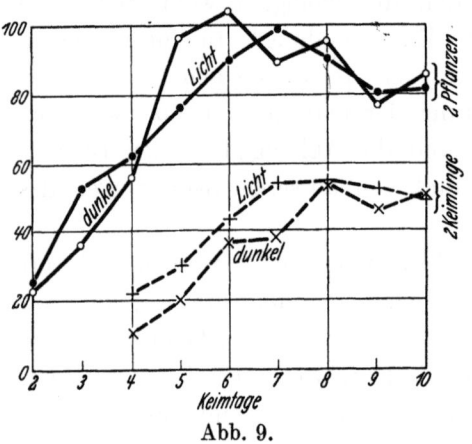

Abb. 9.

In den chlorophyllfreien Mutanten vom Albinatypus tritt also regelmässig die starke Verminderung des Katalasegehaltes auf einen bestimmten Wert ein. Bei solchen chlorophylldefekten Gersten, wie z. B. denjenigen vom Xanthatypus, ist der Katalasegehalt der Laubblätter normal, obwohl der Chlorophyllgehalt vermindert ist. Anlässlich der Besprechung dieser Verhältnisse hat Verf.[6] die Vermutung geäussert, dass nur die in den Chloroplasten gebildete Katalase bei Chlorophylldefekt vermindert wird, bzw. ausfällt, und zwar deswegen, weil die Chloroplasten selbst in weissen Mutanten degeneriert sind (Euler und Bengt Bergman, Ber. d. d. bot. Ges. 1933).

In den chlorophyllnormalen Gerstenmutanten von Albinatypus und in normaler Gerste nimmt die Katalasemenge des Laubblattes mit zunehmender Entwicklungsdauer, also mit der Zahl der Keimtage bis zu einem gewissen Punkt zu, und fällt dann langsam wieder ab, und zwar unabhängig davon, ob die Keimung im Dunklen oder im Licht erfolgt ist (s. Abb. 9).

[1] Rhine, Bot. Gaz. 78, 46; 1924.
[2] Gracanim, Biochem. Zs 168, 424; 1926.
[3] Morinaga, Bot. Gaz. 79, 73; 1925.
[4] Euler u. Nilsson, K. Svenska Vet. Akad. Arkiv f. Kemi, 10 B nr 6, 1929.
[5] Euler, Hereditas 13, 61; 1929. — Euler, Davidsson u. Runehjelm, Zs f. physiol. Chemie 190, 247; 1930. — Euler, Forssberg, Runehjelm u. Hellström, Zs f. ind. Abst.- und Vererb.-Lehre 59, 131; 1931. — Euler, Hertzsch, Forssberg u. Hellström, ebenda 60, 1; 1931. — Euler u. Moritz, K. Svenska Vet. Akad. Arkiv f. Kemi, 10 A nr 11; 1930.
[6] Euler, Burström u. Hellström, Hereditas 18, 225; 1933.

In der gleichen Untersuchung von Euler, K. Myrbäck und S. Myrbäck[1] wurde auch folgender Versuch angestellt:

5 Keimlinge (Länge etwa 10 cm) wurden horizontal in 4 etwa gleiche Teile geteilt, in welchen die Katalase bestimmt wurde. Die Teile sind von der Spitze her numeriert.

$$\begin{array}{lcccc} \text{Teil} & 1 & 2 & 3 & 4 \\ k \cdot 10^3 = & 70 & 29 & 18 & 24 \end{array}$$

Über die Verteilung der Katalase in verschiedenen Abschnitten der jungen Gerstenpflanze gibt folgende Tabelle Auskunft, in welcher die Katalasewirksamkeit durch die mit den betreffenden Organen erhaltenen Reaktionskonstanten angegeben ist. Wie ersichtlich, nimmt der totale Katalasegehalt der Pflanze anfangs sehr stark zu, bleibt dann aber eine Zeitlang recht konstant; in der gleichen Weise verhalten sich die Laubblätter mit den Coleoptilen.

Man hat öfters versucht, die Keimfähigkeit oder Keimreife von Getreidekörnern durch den Katalasegehalt zu beurteilen. Dies scheint aber nur unter gewissen Umständen möglich zu sein; jedenfalls liegen in dieser Hinsicht sehr widersprechende Angaben vor.

Keim-tag	Untersuchte Teile	$k \cdot 10^3$ Lichtpflanzen	$k \cdot 10^3$ Dunkelpflanzen
2.	2 ganze Pflanzen ...	26	14
3.	2 ,, ,, ...	54	36
4.	2 Laubblätter	22	12
	2 ganze Pflanzen ...	62	56
5.	2 Laubblätter	30	20
	2 Wurzelsysteme...	—	7
	2 ganze Pflanzen ...	77	97
6.	2 Laubblätter	43	37
	2 ganze Pflanzen ...	90	103
7.	2 Laubblätter	55	38
	2 Wurzelsysteme ..	6	2
	2 ganze Pflanzen ...	99	89
8.	2 Laubblätter	55	55
	2 ganze Pflanzen ...	90	95
9.	2 Laubblätter	52	46
	2 ganze Pflanzen ...	81	78
10.	2 Laubblätter	50	51
	2 ganze Pflanzen ...	82	84

Leggatt[2] glaubt bei Weizen eine solche Beziehung zwischen Katalasegehalt und Keimfähigkeit gefunden zu haben, wie auch früher Němec und Duchoň[3], Oparin und Pospelowa[4] vermutet haben, die aber nach Niethammer[5] keineswegs immer zutrifft.

Die Bildung der Katalase ist wie diejenige anderer Enzyme als eine Kettenreaktion aufzufassen.

Verf. hat versucht, über die Verteilung der Katalase in Schnitten aus frischem, unfixierten Pflanzenmaterial Aufschlüsse zu gewinnen, besonders hinsichtlich der Plasmaorgane. Bis jetzt haben sich aber die technischen Schwierigkeiten noch nicht überwinden lassen; nur hat es den Anschein, dass an den Chloroplasten und evtl. im Zellkern die katalatische Wirkung am stärksten ist.

---

[1] Euler, K. u. S. Myrbäck, Zs f. physiol. Chemie 186, 212; 1930.
[2] Leggatt, Sci. agricult. 10, 73; 1929.
[3] Němec u. Duchoň, C. r. Acad. Sci. Paris 174, 632; 1922.
[4] Oparin u. Pospelowa, Biochem. Zs 189, 18; 1927.
[5] Niethammer, Pflanzenernährung 21, 69; 1931.

VIII. Methoden der Aktivitätsbestimmung (H. v. Euler).

Es sind im wesentlichen drei Methoden, welche bei den vielen Untersuchungen über Katalase zur Anwendung gekommen sind: eine volumetrische und zwei titrimetrische.

1. Die volumetrische Methode.

Bei dieser Methode wird das aus einer gegebenen Reaktionsmischung von Katalaselösung + Hydroperoxyd + Puffer usw. per Zeiteinheit entwickelte Sauerstoffvolumen bei bestimmtem Druck, gewöhnlich Atmosphärendruck, gemessen. Die zahlreichen hierzu vorgeschlagenen Apparate (v. Liebermann, Batelli und Stern, Walton[1], Santesson, Weichardt und Apitsch[2], Burge Magath[3], Morgulis u. a.) unterschieden sich nur durch Einzelheiten der Konstruktion voneinander.

Die Methode ist öfters kritisiert worden, zuerst wohl von Senter; Michaelis und Pechstein, welche die volumetrische Methode ebenfalls für wenig geeignet halten, schreiben (l. c. S. 325): „Man hat es durchaus nicht in der Hand, ob und wieweit der entwickelte Sauerstoff entweicht. Es kann vorkommen, dass in zwei vollkommen parallelen Versuchen in dem einen sich reichliche Sauerstoffblasen entwickeln und in dem anderen ohne Umschütteln nicht eine einzige. Trotzdem gibt die Permanganatmethode hier in beiden Proben gleiche Resultate."

Der Kritik von Michaelis schliesst sich Verf. dieses Kapitels insofern an, als die volumetrische Methode an Genauigkeit der titrimetrischen sicher nachsteht. Sie ist vielleicht zu manchen vergleichenden klinischen biologischen Serienbestimmungen hinreichend, sicher nicht zu kinetischen Messungen, besonders nicht, wenn durch Anwendung hochgereinigten Enzymmateriales die Reaktionsverhältnisse im übrigen gut definiert sind. Sind die zu untersuchenden Lösungen so trüb oder so stark gefärbt, dass der Farbenumschlag bei der Permanganattitration verwischt wird, oder enthalten sie Stoffe, welche durch Permanganat angegriffen werden, so ist die Wahl der volumetrischen Messmethode gerechtfertigt, z. B. auch für die Bestimmung der Blutkatalase[4].

2. Die Methode der Permanganattitration.

Die Titration des unverbrauchten Hydroperoxydes durch Kaliumpermanganat in schwefelsaurer Lösung ist zweifellos ein sicheres und genaues Verfahren zur Verfolgung der katalytischen Hydroperoxydspaltung. Auch Bredig hat ihm bei seinen Versuchen mit Platinsolen vor der volumetrischen Methode den Vorzug gegeben. Nunmehr ist die Methode in allen Einzelheiten geprüft

---

[1] Walton, Zs physik. Chem. 47, 188; 1904.
[2] Weichardt u. Apitsch, Biochem. Zs 90, 337; 1918.
[3] Magath, Jl Biol. Chem. 33, 396; 1918.
[4] Eine Versuchsanordnung dazu hat kürzlich Jusatz angegeben (Klin. Wschr. 11, 1188: 1932).

und sehr oft verwendet worden [Bach und Chodat, Senter, Euler, Michaelis und Pechstein, Jolles, Yamasaki, Rona und Damboviceanu, Nosaka, Hennichs, Josephson, Zeile, K. und S. Myrbäck, Virtanen und Karström (Bio. Zs 161), Kirchner und Nagell (Bio. Zs 174), Kurt G. Stern u. a.].

Bei der Hydroperoxydtitration entsprechen bekanntlich 2 Mol. Permanganat 5 Mol. Hydroperoxyd; zufolge der Gleichung
$$2\ KMnO_4 + 5\ H_2O_2 + 4\ H_2SO_4 = 2\ KHSO_4 + 2\ MnSO_4 + 8\ H_2O + 5\ O_2.$$
Man titriert geeignet mit 0,01—0,005 n. Permanganatlösung, gestellt gegen Natriumoxalat.

Als Beispiel einer geeigneten Ausführungsform für die Messung einer katalatischen Reaktion sei folgendes im Stockholmer Institut (Hennichs u. a.) angewandtes Verfahren angeführt:

35 ccm einer etwa 0,01 n. Hydroperoxydlösung + 10 ccm 0,03 mol. Phosphatpufferlösung (pH = 6,8) + (5 — n) ccm Wasser + n ccm Enzymlösung. Die Enzymlösung, etwa 2—3 ccm, und das übrige Reaktionsgemisch werden einzeln auf 0° vorgekühlt und während der Reaktion in schwach salzhaltigem Eiswasser bei 0° gehalten.

Die von Zeit zu Zeit, etwa jede zehnte Minute, der Mischung entnommene Probe wird in verdünnter Schwefelsäure einpipetiert, wodurch die Enzymwirkung zu genau fixierter Zeit aufhört.

Man berechnet aus der zu verschiedenen Zeiten verbrauchten Anzahl Kubikzentimeter $KMnO_4$ und dem experimentell festzustellenden Titrationsendwert die Werte a—x für die verschiedenen Versuchszeiten und benützt diese Werte zur Berechnung eines Reaktionskoeffizienten 1. Ordnung

$$k = 1/t \ln \frac{a}{a-x}.$$

Der Mittelwert der so erhaltenen Reaktionskoeffizienten ist ein Mass für die Reaktionsgeschwindigkeit bzw. unter Normalbedingungen für den relativen Katalasegehalt.

3. Methode der Jodtitration.

Das 1904 von Jolles angewandte Prinzip der Hydroperoxydtitration ist neuerdings von Kurt G. Stern[1] wieder aufgenommen und modifiziert worden.

35 ccm 0,02 n-H_2O_2 (bereitet durch Verdünnen etwa von 0,5 ccm Perhydrol Merck, rein, für analytische Zwecke, mit Aq. dest. auf 500 ccm) + 10 ccm m/15-Phosphatpuffer (1 : 1) (pH 6,98) + 0,1—5 ccm Enzymlösung, Aq. dest. ad 50 ccm. Die einzelnen Lösungen, sowie die Spaltansätze werden in Eis gekühlt. Sogleich nach Enzymzugabe, sodann nach 5, 10, 15, 20 und 25 Min. wurden je 5 ccm entnommen und in Kölbchen pipettiert, die 10 ccm einer 1%igen Jodkaliumlösung, sowie 3 ccm einer 33%igen Schwefelsäure enthalten, wodurch die Enzymwirkung augenblicklich unterbrochen wird. Zur Beschleunigung der Freisetzung des elementaren Jods, die der jeweils vorhandenen H_2O_2-Menge streng proportional ist, werden zu jedem Kölbchen 3 Tropfen einer Molybdänsäurelösung gegeben, durch Erwärmen von etwas fester Molybdänsäure mit Aq. dest. und Abfiltrieren vom Ungelösten bereitet. Nach Beendigung des Versuches wird die Menge des freien Jods mittels Titration mit 0,02 n-Thiosulfatlösung unter

---
[1] Kurt G. Stern, H. 204, 259; 1932.

Zufügen einiger Tropfen Stärkelösung als Indicator bestimmt. Im Gegensatz zu der Permanganatmethode ist hierbei auch in Gegenwart erheblicher Mengen organischer Substanz stets ein scharfer Umschlagspunkt vorhanden. Die Thiosulfatlösung wird aus einer genauen, 3 ccm enthaltenden Mikrobürette zugegeben, deren Teilung die direkte Ablesung der $^1/_{100}$ ccm gestattet. Bei jedem neuen Untersuchungsobjekt muss man sich davon überzeugen, dass die Enzymlösung selbst aus dem KJ-H_2SO_4-Gemisch kein Jod in Freiheit setzt.

Das Verfahren von K. G. Stern (l. c.) ist neuerdings zur Katalasebestimmung in landwirtschaftlichen Produkten von Balls und Hale[1] verwendet worden. Nach ihrer Vorschrift werden 2 g des zu untersuchenden Materials mit scharfem Sand und mit 18 ccm einer vorher von Luft befreiten Mischung gleicher Teile 95%igen Glycerins und eines 0,2 m. PO_4-Puffers (pH = 7,0—7,2) fein verrieben. Die Emulsion wird zentrifugiert; von der überstehenden luftfreien Flüssigkeit wird eine geeignete Menge 5 Min. mit 0,1 ihres Volumens an gekochtem Lebersaft stehen gelassen. Die Bestimmung wird dann so ausgeführt, dass 1—5 ccm der zu untersuchenden Enzymlösung mittels Pipette in einen auf 0° gekühlten Messzylinder mit Glasstopfen gebracht wird, der 1 ccm 0,2 n. Hydroperoxydlösung, 4—6 ccm Phosphatpuffer und eine frisch bereitete Lösung von 1 g Glucose in so viel Wasser enthält, dass das Gesamtvolumen nach Zusatz der Enzymlösung 50 ccm beträgt. Dann wird im Sinne der Sternschen Methode weiter gearbeitet.

Dieses Verfahren soll bei der Untersuchung von Korn gewisse Vorteile bieten, da Kornextrakt besonders reich an Substanzen sein soll, die bei Anwendung anderer Methoden leicht Störungen verursachen.

Bei allen Katalasebestimmungen ist die Gegenwart von Katalasegiften (Anti-Katalasen) und Schutzstoffen zu berücksichtigen. Unter ersteren sind besonders die Amine und Hydrazine sowie HCN, welche auf Carbonyle wirken, bemerkenswert. Wie in einer (noch unveröffentlichten) Untersuchung aus diesem Institut gezeigt wird, dürften diese Stoffe an den prosthetischen Teil (Porphyrinrest) der Katalase stöchiometrisch gebunden sein. Über einen kolloiden Schutzstoff siehe Zeile (l. c. 1933).

4. Berechnung der Versuche. Wirksamkeit der Katalasepräparate.

Sofern man mit geeignet verdünnten Hydroperoxydlösungen bei 0° gearbeitet hat, lassen sich die mit einer der erwähnten Methoden erhaltenen Versuchszahlen zur Berechnung einer Reaktionskonstante 1. Ordnung nach der Formel

$$k = \frac{1}{t} \ln \frac{a}{a-x}$$

verwenden, und man erhält wenigstens für das erste Drittel oder das erste Viertel der Reaktion recht angenähert konstante Werte von k (vgl. S. 37 u. ff.). Der Mittelwert der so erhaltenen Reaktionskoeffizienten ist ein Mass für

---

[1] Balls u. Hale, Jl Assoc. Agricult. Chemists 15, 483; 1932.

die Reaktionsgeschwindigkeit und bei Einhaltung von Normalbedingungen (Acidität usw.) für den relativen Katalasegehalt[1].

Gilt es, die **Wirksamkeit** eines Katalasepräparates bzw. dessen **Reinheitsgrad** festzustellen, so geschieht dies geeignet durch Berechnung des Ausdruckes

$$\text{Kat } f = \frac{\text{Reaktionskonstante } k}{\text{g Enzympräparat}}.$$

Eine Modifikation der angegebenen Berechnungsweise für Katalase hat Fujita[2] angewandt. Er bezeichnet als **Katalasequotient** den Wert:

$$Q_{Kat} = \frac{\text{Die in 30 Min. entstandene } O_2\text{-Menge (cmm) bei } 38^0 \text{ C}}{\text{Trockengewicht (mg)}}.$$

Dass man für praktische Zwecke eine „Katalasezahl" bzw. einen „Katalaseindex" eingeführt hat, ist bereits S. 6 u. 7 erwähnt worden.

Aktivitätsbestimmung in lebenden Zellen. Der Quotient aus katalatischer Reaktionskonstante und Zellenzahl gibt, wie schon S. 67 u. 68 betont wurde, kein Mass für die in den Zellen vorhandene Katalasemenge, sondern nur für die Wirksamkeit des totalen katalatischen Systemes Katalase, Hemmungsstoffe (Antikatalasen) und Aktivatoren[3] in den Zellen. Zu berücksichtigen ist hierbei, dass allem Anschein nach die Katalase kein einheitliches Enzym[4] ist, sondern in wenigstens zweien ihren Eigenschaften nach verschiedenen, Formen auftritt.

---

[1] Hierbei ist natürlich auch die Anwesenheit von Aktivitoren und Hemmungskörpern in Betracht zu ziehen. Über die in Organen vorhandenen Antikatalasen und Philokatalasen s. Batelli und Lina Stern, Ergebn. d. Physiol. 10, 531; 1910.

[2] Fujita u. Kodama, Biochem. Zs 232, 20; 1931.

[3] Die von Balls und Hale gefundene Aktivierung der Katalase durch Cystin (Jl Am. Chem. Soc. 54, 2133; 1932) dürfte auf der Bindung der vergiftenden Schwermetalle beruhen.

[4] Zur Kinetik der Katalase als Kettenreaktion siehe auch Derek Richter, Nature, 1932, I, 870.

B. Die Enzyme der Oxydation und Reduktion.

a) Biologische und chemische Grundlagen (W. Franke).

I. Definition und Funktion im Organismus.

Von den beiden grossen Fermentgruppen, die sich als Grundlage einer natürlichen Einteilung nach der Wirksamkeit darbieten, ist die eine, die der hydrolytischen Enzyme, in vorausgehenden Abschnitten eingehend behandelt worden. Trotz der Mannigfaltigkeit der Substrate und der dementsprechenden Vielzahl der enzymatischen Katalysatoren ist das Prinzip der Wirksamkeit in dieser Gruppe doch von einer erstaunlichen Einfachheit und Einheitlichkeit; in einfachen Modellversuchen mit Säuren und Basen lässt es sich, wenn auch in unspezifischer Weise, nachahmen. Aus kompliziert gebauten Molekülen entstehen einfachere Bruchstücke, indem der Wasserstoff des Wassers sich an das eine, die Hydroxylgruppe an das andere Spaltstück anlagert. Das Prinzip des Vorgangs ist das gleiche, ob es sich nun um die Lösung amidartiger Bindungen wie in den Polypeptiden, ätherartiger wie in den Kohlehydraten und Glucosiden oder um Esterspaltung wie bei den Fetten handelt. Die Bedeutung dieser Prozesse für den Organismus liegt in der erhöhten Resorbierbarkeit, Löslichkeit und Umwandlungsfähigkeit der Spaltstücke, nicht oder untergeordnet im Energiegewinn, der bei diesen hydrolytischen Spaltungen relativ unerheblich ist.

Dieser grossen Enzymgruppe von einheitlichem Habitus steht eine andere, nicht minder umfangreiche gegenüber, deren Wirkungsmechanismus sich nicht so einfach umschreiben lässt. Im Effekt bewirkt sie einen weiteren und schliesslich endgültigen Abbau der hydrolytisch veränderten Produkte, wobei aber diesmal nicht nur C-O- und C-N-Bindungen (wie bei der Wirkung der hydrolytischen Enzyme), sondern im wesentlichen C-C-Bindungen gelöst werden. Das bedeutet aber die Zerstörung des fundamentalen Kohlenstoffgerüsts der organischen Substanz. C. Neuberg und C. Oppenheimer[1] haben für diesen Vorgang die Bezeichnung Desmolyse (von δεσμός Band und λύειν lösen) und für die Gesamtheit der beteiligten Enzyme die Benennung Desmolasen (analog den Hydrolasen) vorgeschlagen. Die sowohl zahlenmässig als auch energetisch bedeutsamste Untergruppe in diesem Fermentkomplex ist nun diejenige, die sich — wenn man zunächst einmal nur an aerobe Prozesse denkt — mit der unter Sauerstoffaufnahme verlaufenden Verbrennung der Zellstoffe befasst. Man mag sie dementsprechend als

---

[1] C. Neuberg u. Oppenheimer, Biochem. Zs 166, 450; 1925.

Oxydations- oder (weniger gut) Atmungs-Fermente bezeichnen. Es ist nun eine der wichtigsten biochemischen Erkenntnisse der letzten Jahrzehnte, dass auch die anaeroben Lebensäusserungen, wie die Gärungen der Hefen und Bakterien, die Glykolyse in der tierischen Zelle, als Analoga der Oxybiose zu betrachten sind, von dieser selbst nur dadurch unterschieden, dass nicht der freie Sauerstoff, sondern der im Substrat gebundene die lebenswichtigen Oxydationsprozesse bewirkt. Da bei diesen Vorgängen neben Oxydationsprodukten also stets auch reduzierte Stufen (z. B. C_2H_5OH neben CO_2) auftreten müssen — analog dem bei der Atmung gebildeten Sauerstoff-Reduktionsprodukt H_2O — wird man im allgemeinsten Sinne diese im Prinzip nur eine Wasserstoffverschiebung bewirkenden Enzyme als Oxydoreduktions-Enzyme — auch Oxydoredukasen oder Redoxasen genannt — ansprechen. Einige, zweifellos zum System der Desmolyse gehörige Enzyme, wie etwa die nichtoxydativ CO_2 abspaltende Carboxylase, fallen allerdings nicht unter diesen Sammelbegriff. Allein ihr Wirken ist so eng mit dem oxydoreduktiven Abbau verknüpft, Natur und Stelle ihres Angriffs im System so wohldefiniert, dass ihre Erwähnung und logische Einreihung am gegebenen Orte unschwer erfolgen kann.

Die erheblichen Leistungen dieser enzymatischen Katalysatoren ersieht man daraus, dass die hauptsächlichen Brennstoffe der Zelle wie Zucker, Aminosäuren und Fettsäuren bei gewöhnlicher Temperatur und für sich allein gegenüber molekularem Sauerstoff praktisch vollkommen beständig sind. Nur unter Bedingungen, die von denen des organischen Lebens sehr stark abweichen, lässt sich diese Reaktionsträgheit mindern. So durch beträchtliche Temperatursteigerung oder stark alkalisches Milieu, in dem sowohl Autoxydationen wie auch Oxydoreduktionen (z. B. von Aldehyden, Zuckern usw.) bei gewöhnlicher Temperatur vor sich gehen. Dabei erfolgt der Abbau der organischen Substanz im Organismus ausserordentlich weitgehend; Kohlenstoff und Wasserstoff erscheinen im aeroben Stoffwechsel wesentlich in Form ihrer letzten Oxydationsprodukte CO_2 und H_2O. Stickstoff verlässt den höheren Organismus allerdings unoxydiert auf der Stufe des Ammoniaks (als Harnstoff oder Harnsäure), doch besitzen einige Bakterienarten auch die Fähigkeit zur oxydativen Umwandlung des Ammoniaks, teils zu elementarem Stickstoff, teils zu Nitrit und Nitrat.

Die Vorgänge der Desmolyse sind die eigentlich energieliefernden Prozesse in der Zelle. Als Ganzes gesehen ist die Oxydation der Nahrungsstoffe zwar ein irreversibler Vorgang, der im wesentlichen Wärme liefert. Aber in den Ablauf dieser irreversiblen Prozesse sind gelegentlich reversible Phasen eingeschaltet, die unbeschränkt umwandelbare Energie liefern. Sie ermöglichen dem Organismus mechanische und osmotische Arbeitsleistung, die chemische Synthese komplizierter Verbindungen und Körperelemente, gelegentlich auch Äusserungen von elektrischer oder strahlender Energie usw.

Sehr anschaulich vergleicht L. Michaelis[1] den Ablauf der Oxydationsprozesse in der lebenden Substanz mit einem langen, grösstenteils aus Heizdrähten bestehenden elektrischen Stromkreis, in den an manchen Stellen Motoren eingeschaltet sind, die zwar nur einen Teil der gesamten Elektrizität, diesen aber mit hohem Nutzeffekt in frei verfügbare Arbeit umsetzen. Der Vergleich lässt sich sogar — nach einer Vorstellung A. V. Hills — noch weiter führen. Der Muskel besitzt bekanntlich die Fähigkeit, in der Erholungsphase bei Gegenwart von Sauerstoff hochwertiges Brennmaterial zu speichern, dessen Zerfall in der darauffolgenden anaeroben Phase zur Quelle mechanischer Arbeitsleistung wird. In unserem Bild vom Stromkreis würde dies zwischengeschalteten Akkumulatoren entsprechen, aus denen sich, in gewissem Ausmass unabhängig vom Strom der Zentralstation — dem vom Sauerstoff ständig unterhaltenen Verbrennungsprozess — zu geeignetem Zeitpunkt hochwertige Energie entnehmen lässt.

Im Gegensatz zu den erheblichen Energiemengen, die beim oxybiontischen Abbau der organischen Nahrungsstoffe, der Veratmung, frei werden, stellt die Energieausbeute beim anoxybiontischen Abbau derselben Stoffe, der Vergärung, durchwegs nur einen kleinen Bruchteil — günstigstenfalls 10%, meist jedoch beträchtlich weniger — vom Verbrennungswerte dar (vgl. hierzu Tabelle 15, Kap. VI, 4). Durch Erhöhung der Quantität an umgesetztem Material vermag jedoch der anaerob lebende Organismus die geringere Ergiebigkeit des energieliefernden Lebensprozesses zu kompensieren.

II. Charakteristik und Einteilung.

Isolierung und Studium der Oxydoreduktionsfermente ist sehr erschwert durch die grosse Labilität, wie sie in diesem Ausmass im allgemeinen bei den hydrolytischen Enzymen nicht beobachtet wird. Nur in einer beschränkten Anzahl von Fällen ist es bisher gelungen, aus pflanzlichem oder tierischem Gewebe zellfreie, wirksame Enzymextrakte von allerdings recht unterschiedlicher Wirksamkeit herzustellen und nur in ganz wenigen Fällen, wie an der Peroxydase und am Schardinger-Enzym, hat man mit Erfolg die bei den hydrolytischen Enzymen gebräuchlichen Anreicherungsmethoden wie Dialyse, fraktionierte Fällung, Adsorption und Elution zur Anwendung bringen können. Häufig aber sind die Schwierigkeiten der Enzymabtrennung aus dem Zellgefüge und die Unbeständigkeit etwa erhaltener Extrakte so gross, dass man sich beim Studium von Enzymwirkungen auf die Verwendung zweckmässig zerkleinerten Gewebes in Form von Schnitten oder Breien beschränken muss. Eine prinzipielle Scheidung der Enzyme in „Oxydone" und „Oxydasen" (nach Battelli und Stern[2]), von denen die ersteren fest an der Zellstruktur haften und mit ihr zugrunde gehen sollen, während die letzteren strukturunabhängig und wasserlöslich sind, hat sich in solcher Strenge doch nicht aufrechterhalten lassen, nachdem es mit der fortschreitenden Verbesserung der Isolierungsmethoden wiederholt gelungen ist, solche für typisch gehaltene „Oxydone" schliesslich doch von der Zellstruktur zu trennen. Das gilt in noch höherem Masse für die ältere, zuerst durch Buchners

---

[1] L. Michaelis, Oxydations-Reduktions-Potentiale, Berlin 1929.
[2] F. Battelli u. Stern, Soc. Biol. 74, 212; 1913.

Darstellung der Zymase aus lebender Hefe erschütterte Auffassung von einem Wesensunterschied zwischen „Fermenten" und „Enzymen", von denen die ersteren in ihrer Wirksamkeit an die Struktur der lebenden Zelle gebunden sein sollten. Obwohl man also derartige prinzipielle Unterscheidungen heute kaum mehr als berechtigt ansehen kann, sind bei dem heutigen Stand unserer Kenntnisse Wirkungsbedingungen und -zustand der Enzyme selbst innerhalb einer bestimmten Substratgruppe doch oftmals denkbar verschieden. So ist bei den gesättigten Fettsäuren eigentlich nur der Angriff der Bernsteinsäure als reine Enzymreaktion bekannt, andere niedere und mittlere Glieder wie Essigsäure, Buttersäure, Capronsäure reagieren wenigstens noch bei Gegenwart von Muskel- bzw. anderen Gewebepräparaten, z. B. von Leber oder Niere. Die weiteren Glieder, etwa bis C_{10}, werden nur mehr in künstlich durchbluteter, überlebender Leber oxydativ angegriffen, die höheren und darunter die eigentlichen Nahrungs- und Reservefettsäuren (C_{16}, C_{18}) sind auch unter diesen Bedingungen praktisch resistent, hier gibt allenfalls noch der Stoffwechselversuch am kompletten Organismus gewisse Andeutungen über den Abbauweg. Trotzdem darf man wohl auf Grund von Analogien und einer gewissen Einheitlichkeit des Angriffsplans schliessen, dass in allen diesen Fällen ähnliche, wenn auch unterschiedlich stark an die Zellkolloide verankerte Enzyme am Werke sind. Ob daneben bei der Oxydation gewisser Substratgruppen, z. B. der Aminosäuren, nicht auch aktive, etwa durch ihren Eisengehalt direkt mit dem Sauerstoff in Verbindung tretende Strukturen eine wichtige Rolle spielen, ist noch umstritten, aber an sich keineswegs unmöglich.

Eine andere, damit im Zusammenhang stehende Frage ist, ob die auf Grund der Ergebnisse an überlebendem Gewebe und Gewebsextrakten anzunehmende Vielzahl von Enzymen sich als solche auch im lebenden Organismus vorfindet oder ob es sich bei diesen verschiedenen Fermenten nur um Umwandlungs- und Zerfallsprodukte einer im Leben einheitlichen Substanz mit universeller Wirkung handelt. Diese letztere Anschauung ist tatsächlich bis in die neueste Zeit namentlich von O. Warburg[1] verfochten worden. Dagegen spricht aber doch eine Fülle von Tatsachen, die allerdings auf dieser Stufe der Ausführungen noch nicht näher erörtert werden können[2].

Zu diesen gehört, dass die lebende Zelle keineswegs alles Brennmaterial, das man ihr darbietet, nun auch tatsächlich verbrennt. Selbst derartige, im Reagensglas so ausserordentlich leicht oxydierbare Substanzen wie elementarer Phosphor oder Arsenik oder, von organischen Stoffen, Ameisensäure und Oxalsäure werden in den meisten Fällen vom Organismus entweder nicht oder nur mit Schwierigkeit umgesetzt. Hierher gehört ferner, dass der dem Tier frisch entnommene Muskel zunächst Bernsteinsäure über Oxalessigsäure bis zu Brenztraubensäure bzw. Acetaldehyd abbaut, sich nach einigen Stunden aber auf die erste Stufe, die Oxydation der Bernsteinsäure zu Fumarsäure, beschränkt. Weiterhin ist es in diesem Sinne beachtenswert, dass das in der frischen Milch, also einem unveränderten Sekret des lebenden Organismus

---

[1] O. Warburg, Biochem. Zs 201, 486; 1928. — 214, 1; 1929.
[2] Vgl. z. B. H. Wieland, Angew. Chemie 44, 579; 1931. — Helv. 15, 521; 1932.

vorkommende Schardinger-Enzym lediglich Hypoxanthin zu Harnsäure und Aldehyde zu Säuren oxydiert, andere organische Substanzen aber unangegriffen lässt. Und selbst von diesen beiden Wirkungen lässt sich — teilweise schon ohne äusseren Eingriff ins Enzymsystem — zeigen, dass sie zwei voneinander unabhängigen Fermenten zukommen.

All dies und noch vieles andere weist darauf hin, dass der Organismus, ebensowenig wie er zur vorbereitenden Spaltung der Nahrungsstoffe sich nur eines einzigen hydrolytischen Enzyms bedient, auch den endgültigen Abbau der Spaltstücke nicht mit Hilfe nur eines „Atmungsferments", sondern einer Fülle spezifisch eingestellter Abbauenzyme bewerkstelligt.

Im folgenden soll eine kurze provisorische Übersicht über die Hauptgruppen und wichtigsten Einzelenzyme des nicht- bzw. nachhydrolytischen biologischen Abbaus gegeben werden. Es handelt sich hier nur um solche Fermente, die tatsächlich von der Struktur der Zelle getrennt und in wässrige Lösung gebracht werden können. Gemeinsam ist ihnen, trotz des im einzelnen so verschiedenen Reinheitsgrads, eine mehr oder weniger weitgehende Spezifität der Wirkung, auf Grund deren später — teilweise auch schon hier — eine Einteilung in Untergruppen bzw. Enzymindividuen erfolgen soll. Von irgendwelchen Theorien hinsichtlich Angriffspunkt und Wirkungsmechanismus soll hier nach Möglichkeit noch abgesehen werden. Ausdrücke wie Dehydrierung sollen demnach stets nur das Faktum einer Wasserstoffentziehung, nicht aber den Mechanismus (etwa im Sinne einer Wasserstoff-„Aktivierung") bezeichnen.

Oxydasen und Dehydrasen. Die Gruppe der Oxydasen in engerer Bedeutung ist dadurch gekennzeichnet, dass sie die Reaktion von elementarem Sauerstoff und nur von diesem mit gewissen Stoffen, meist phenolischen Charakters, aber auch einigen anderen, wie Harnsäure, Glucose usw. katalysieren. Je nach dem typischen Substrat spricht man von Phenoloxydase, Glucoseoxydase usw.; einige Enzyme haben besondere, von ihrem jeweiligen Substrat abgeleitete Bezeichnungen, wie Tyrosinase und Urikase.

Im Zusammenhang mit dieser Fermentgruppe sind wohl auch die das Leuchten einiger niederer Seetiere, Käfer und Bakterien bedingenden Luciferasen zu nennen.

Eine grössere Zahl von Oxydationsfermenten hat nun die Fähigkeit, nicht nur mit freiem Sauerstoff, sondern auch mit anderen Oxydationsmitteln, wie Nitraten und Nitroverbindungen, Chinonen und chinoiden Farbstoffen reagieren zu können. Dazu gehören die Enzyme, welche die Oxydation einfacher und substituierter Carbonsäuren, wie der Bernsteinsäure und der Oxysäuren, sowie von Alkoholen usw. besorgen. In neuerer Zeit sind dann wiederholt Fälle bekannt geworden, dass ähnliche Enzyme zwar mit verschiedenen Oxydationsmitteln, nicht aber mit molekularem Sauerstoff gegenüber derartigen Substraten wirksam sind, was zu Zweifeln an der Einheitlichkeit der sowohl mit Sauerstoff als auch anderen Oxydantien reagierenden Fermente geführt hat. Auf diese Frage wird später noch ausführlich einzugehen sein.

Viel wichtiger ist an dieser Stelle ein anderer Befund, der bei der Untersuchung der Oxydationsprodukte derartiger Enzymreaktionen gemacht wurde. Es zeigte sich nämlich ganz allgemein, dass das Ausmass der enzymatischen Oxydationen qualitativ recht begrenzt ist. So entsteht (bei Gegenwart der entsprechenden Enzyme) aus Bernsteinsäure Fumarsäure (I), aus Milchsäure Brenztraubensäure (II), aus Alkohol Aldehyd (III).

$$HO_2C \cdot CH_2 \cdot CH_2 \cdot CO_2H \xrightarrow{-2H} HO_2C \cdot CH = CH \cdot CO_2H \qquad (I)$$

$$CH_3 \cdot CHOH \cdot CO_2H \xrightarrow{-2H} CH_3 \cdot CO \cdot CO_2H \qquad (II)$$

$$CH_3 \cdot CH_2OH \xrightarrow{-2H} CH_3 \cdot C\!\!\begin{array}{c}\diagup H \\ \diagdown O\end{array} \qquad (III)$$

Es unterscheidet sich also das Oxydationsprodukt vom Ausgangsmaterial durch einen Mindergehalt von zwei Wasserstoffatomen. Entsprechend dem Effekt der Enzymwirkung, der sich demnach in einer Wegnahme von Wasserstoff, einer „Dehydrierung" des Substrats dokumentiert, bezeichnet man diese zweite Gruppe von Oxydationsfermenten als Dehydrasen (nach Thunberg auch Dehydrogenasen) im engeren Sinne. Man spricht also von einer Bernsteinsäure- oder Succinodehydrase (allgemein Acidodehydrasen), von Alkoholdehydrasen usw.

Häufig — in Gegenwart gereinigter, einheitlicher Enzyme und bei Abwesenheit nicht enzymatischer Sekundärreaktionen — ist auch bei den eigentlichen Oxydasen das Reaktionsausmass ähnlich beschränkt, wie beispielsweise der enzymatische Übergang von Hydrochinon in Chinon zeigt:

Fasst man daher den Begriff Dehydrasen weiter und rein formal, so ist eine Grenze gegenüber den Oxydasen kaum zu ziehen, letztere erscheinen vielmehr als eine — auch hinsichtlich des Oxydationsmittels spezifisch eingestellte — Untergruppe der ersteren. Selbst Vorgänge, bei denen tatsächlich ein Sauerstoffatom aufgenommen wird, wie beim Übergang von Aldehyd in Säure (I), von Xanthin in Harnsäure (II) usw.

können, wie man sieht, formal als Dehydrierungen eines Hydrats betrachtet werden. Die Eigenschaften der Aldehyd- bzw. Xanthindehydrase weisen mit aller Deutlichkeit darauf hin, dass die obige Formulierung den tatsächlichen Verhältnissen der enzymatischen Reaktion gerecht wird.

Schon aus praktischen Gründen der Übersichtlichkeit und Systematik des grossen Gesamtgebiets hat die Zweiteilung in die nur mit O_2 reagierenden **Oxydasen** und die nur oder auch mit anderen Oxydantien wirksamen **Dehydrasen** nach wie vor ihre Berechtigung und soll daher auch hier und später als formales Einteilungsprinzip beibehalten werden.

Peroxydasen. Sie nehmen eine gewisse Sonder- und Zwischenstellung innerhalb der beiden obengenannten Gruppen ein. Einerseits sind sie ziemlich spezifisch auf Polyphenole (wie die reinen Oxydasen) als Substrat eingestellt, andrerseits reagieren sie aber nicht mit elementarem Sauerstoff, sondern nur mit Hydroperoxyd und, wenn auch wesentlich langsamer, mit dessen halbseitigen Substitutionsprodukten.

Oxydoredukasen (Redoxasen) im strengeren Sinne sind Fermente, welche auf Kosten der Elemente des Wassers (2 H + O) Oxydation einer Systemkomponente und gleichzeitige Reduktion einer zweiten katalysieren. Urbild dieser Vorgänge ist die **Dismutation** oder **Cannizzaro-Reaktion** der Aldehyde, die sich in allgemeinster Form folgendermassen ausdrücken lässt:

$$\begin{matrix} R_1 \cdot CHO \\ R_2 \cdot CHO \end{matrix} + \begin{matrix} H_2 \\ O \end{matrix} \to \begin{matrix} R_1 CH_2 OH \\ R_2 COOH \end{matrix}.$$

Der Anschluss an die Gruppe der Dehydrasen lässt sich formal dadurch gewinnen, dass man das reagierende Wassermolekül als Konstitutionswasser auffasst, die Cannizzaro-Reaktion also demgemäss als Oxydation bzw. Dehydrierung von Aldehydhydrat durch Aldehyd formuliert:

$$R \cdot CH\!\!\begin{matrix}\diagup OH \\ \diagdown OH\end{matrix} + \begin{matrix}H \diagdown \\ O \diagup\end{matrix}\!\!C \cdot R \to R \cdot C\!\!\begin{matrix}\diagup O \\ \diagdown OH\end{matrix} + \begin{matrix}HO\diagdown \\ H_2 \diagup\end{matrix}\!\!C \cdot R.$$

Einen Spezialfall der Oxydoreduktion stellt die intramolekulare Dismutation des Ketonaldehyds **Methylglyoxal** dar, die bisweilen einem spezifisch wirkenden Ferment, **Ketonaldehyd-Mutase** (nach Neuberg) oder **Glyoxalase** (nach Dakin) zugeschrieben wird:

$$\begin{matrix} CH_3 \\ CO \\ CHO \end{matrix} + \begin{matrix} H_2 \\ O \end{matrix} \to \begin{matrix} CH_3 \\ CH(OH) \\ COOH \end{matrix} \cdot$$

Die Oxydoredukasen sind die typischen Katalysatoren des anoxybiontischen Stoffwechsels, der Gärung und der Glykolyse. Charakteristisch ist für sie, dass sie zur Entfaltung ihrer vollen Wirkung häufig eines besonderen **Aktivators**, eines **Coferments** bedürfen, das allgemein durch einen thermostabilen, organischen Stoff von im Vergleich zum Enzym niedrigem Molekulargewicht repräsentiert wird.

In das Getriebe der biologischen Oxydoreduktionsprozesse greifen nun, wie schon früher erwähnt, an geeigneten Stellen gewisse Enzyme ein, die sich durch die Besonderheit teils ihres Substrats, teils ihres Wirkungsmechanismus von den eigentlichen Oxydoreduktionsenzymen unterscheiden. Da die Kenntnis ihrer Funktionen zum Verständnis des enzymatischen Abbaus der Zellstoffe sowohl wie der theoretischen Grundlagen der biologischen Oxydation überhaupt vonnöten ist, sollen sie hier kurz erwähnt werden.

Die **Katalase** mit dem Substrat H_2O_2 zeigt insofern noch eine gewisse Beziehung zu den Oxydoredukasen, als man die von ihr ausgelöste Reaktion $2 H_2O_2 = 2 H_2O + O_2$ als eine Disproportionierung des H_2O_2 auffassen kann:

$$\begin{matrix} O\,H \\ \| \\ O\,H \end{matrix} + \begin{matrix} OH \\ \| \\ OH \end{matrix} \rightarrow \begin{matrix} O \\ \| \\ O \end{matrix} + \begin{matrix} HOH \\ HOH \end{matrix}.$$

Die α- und β-**Carboxylasen** spalten aus Ketocarbonsäuren CO_2 ab:

$$CH_3 \cdot CO \cdot CO_2H \rightarrow CH_3 \cdot CHO + CO_2$$

$$\begin{matrix} CO_2H \\ CO \\ CH_2 \\ CO_2H \end{matrix} \rightarrow \begin{matrix} CO_2H \\ CO \\ CH_3 \end{matrix} + CO_2.$$

Sie liefern in thermisch neutraler Reaktion die gesamte CO_2-Menge des Gärungsstoffwechsels und wohl den weitaus grössten Teil des bei der Atmung auftretenden CO_2. Auch die Carboxylase bedarf eines Coferments.

Im Zusammenhang mit der carboxylatischen Spaltung der Brenztraubensäure wurde ein kernsynthetischer Vorgang beobachtet, der zur Verkettung zweier Aldehydmoleküle nach dem Schema der Acyloinsynthese führt:

$$R_1 \cdot CHO + HOC \cdot R_2 \rightarrow R_1 \cdot CHOH \cdot CO \cdot R_2.$$

Der Effekt wurde von C. Neuberg, der ihn zuerst beobachtete, einem besonderen Enzym, der **Carboligase,** zugeschrieben. Neuere Untersuchungen haben dessen Existenz jedoch wieder zweifelhaft gemacht; möglicherweise handelt es sich um eine freiwillige Reaktion von bei der Brenztraubensäurespaltung im aktivierten Zustande auftretenden Aldehydmolekülen.

Die **Hydratasen** äussern ihre Wirkung in der Anlagerung von Wasser an die Doppelbindung ungesättigter Verbindungen, wie Fumarsäure, Crotonsäure u. a.:

$$HO_2C \cdot CH : CH \cdot CO_2H + H_2O \rightarrow HO_2C \cdot CH_2 \cdot CH(OH) \cdot CO_2H.$$

Die **Amidasen** besorgen die analoge Reaktion der Ammoniakanlagerung, z. B. im Fall der Fumarsäure (Aspartase):

$$HO_2C \cdot CH : CH \cdot CO_2H + NH_3 \rightarrow HO_2C \cdot CH_2 \cdot CH(NH_2) \cdot CO_2H.$$

III. Enzymwirkungen beim Abbau der Zellstoffe.

Aus der vorangegangenen Einteilung der Abbauenzyme auf Grund ihrer Wirkungen dürfte jedenfalls schon soviel klar geworden sein, dass der Angriff des Sauerstoffs auf die Brennstoffe der Zelle nicht so brutaler Natur ist, wie man sich dies früher auf Grund mangelnder Kenntnis von Zwischenstufen des Abbaus allgemein vorstellte. Wohl sind CO_2 und H_2O die Endprodukte sowohl der biologischen Oxydation wie der gewöhnlichen Verbrennung organischer Substanz, aber ihre Bildung erfolgt nicht gleichzeitig, unter vollständiger Zerstörung des Kohlenstoffgerüsts. Man hat sich den Vorgang vielmehr so vorzustellen, dass lange Zeit überhaupt nur Wasserstoffatome oxydativ aus der Substanz entfernt werden — unter zeitweiliger Anlagerung von H_2O-Molekülen —, dass der organische Körper hierdurch immer C- und O-reicher wird, bis schliesslich bei Auftreten geeigneter Konfigurationen in einem im Prinzip nichtoxydativen Prozess die C-Kette gespalten und CO_2 abgestossen wird.

Im folgenden soll die Frage behandelt werden, inwieweit sich einerseits die in vitro beobachteten Enzymreaktionen auf den Abbau der gebräuchlichen Nahrungsstoffe in vivo anwenden lassen, inwieweit sich andrerseits nur im lebenden Organismus aufgefundene Umsetzungen als vermutlich enzymatische Wirkungen von bekanntem Typus deuten lassen.

1. Fettsäuren.

Der Abbau der höheren, gesättigten **Fettsäuren** ist ein Vorgang, der sich bisher ausserhalb des Organismus unter physiologischen Bedingungen noch nicht mit voller Sicherheit hat reproduzieren lassen.

Nach neuesten Untersuchungen von Quagliariello[1] sollen sich in der Galle und den Zellen des Fettgewebes, nach Tangl und Berend[2] im Pankreas (und angeblich auch in der Leber) wahre Dehydrasen der gesättigten höheren Fettsäuren vorfinden, die — nach den beiden letztgenannten Autoren — bis zu vierfach ungesättigte Säuren (vom Typus der Arachidonsäure) liefern. Man wird weitere Ergebnisse und Bestätigungen der in Gang befindlichen Untersuchungen abwarten müssen, ehe sich ein definitives Urteil bilden lässt.

Wir wissen aber seit den bahnbrechenden, wiederholt bestätigten Untersuchungen Knoops[3], der, um die Abbauprodukte der Fettsäuren von denen der Zucker- und Aminosäuren unterscheiden zu können, phenylsubstituierte aliphatische Fettsäuren an Hunde verfütterte und die im Harn auftretenden Phenylderivate analysierte, dass der oxydative Angriff der Fettsäuren im tierischen Organismus hauptsächlich in β-Stellung zum Carboxyl erfolgt. Er fand, dass die Fettsäuren mit geradzahliger Kohlenstoffseitenkette, wie z. B. Phenylbuttersäure, zu Phenylessigsäure abgebaut und (nach Koppelung mit Glykokoll) als Phenacetursäure ausgeschieden werden, während diejenigen mit ungerader Seitenkette, wie Phenylpropionsäure zu Benzoesäure oxydiert und (gepaart mit Glykokoll) als Hippursäure zur Ausscheidung gelangen:

---

[1] G. Quagliariello, Atti R. Accad. naz., Rend. [6] 16, 387, 552; 1932. — Arch. ital. biol. 88, 166 1933. — Arch. scienz. biol. 18, 292; 1933.

[2] H. Tangl u. Berend, Biochem. Zs 220, 234; 1930. — 232, 181; 1931. — N. Berend, Biochem. Zs 260, 490; 1933.

[3] F. Knoop, Hofm. Beitr. 6, 150; 1904.

$$\bigcirc\!\!-\!CH_2\cdot CH_2\cdot CO_2H \longrightarrow \bigcirc\!\!-\!CO_2H$$

$$\bigcirc\!\!-\!CH_2\cdot CH_2\cdot CH_2\cdot CO_2H \longrightarrow \bigcirc\!\!-\!CH_2\cdot CO_2H$$

G. Embden[1] konnte ferner zeigen, dass bei künstlicher Durchblutung der Leber aus aliphatischen, nichtphenylsubstituierten Fettsäuren mit paariger C-Zahl, nicht aus solchen mit unpaariger, Acetessigsäure bzw. Aceton entsteht. Die Ergebnisse werden ergänzt durch Befunde von Baer und Blum[2] am Diabetiker, wonach Säuren mit geradzahliger Kohlenstoffkette in β-Oxybuttersäure übergehen, nicht dagegen z. B. Valeriansäure. Es ist in diesem Zusammenhang von Interesse, dass Dakin[3] auch im Modellversuch mit Ammoniumbutyrat und H_2O_2 bei Körpertemperatur die Bildung von Produkten der β-Oxydation, wie Acetessigsäure und Aceton nachweisen konnte. Bei den höheren normalen Fettsäuren (C_6—C_8, C_{14}, C_{16}, C_{18})[4] sowie bei Ölsäure[5] tritt bei etwas gesteigerter Temperatur mit H_2O_2 neben der β- auch eine γ-Oxydation in Erscheinung, die zur Bildung zunächst von Ketosäuren und weiterhin, unter Kettenaufspaltung, von Bernsteinsäure führt. K. Spiro[6] nimmt auch im Organismus eine direkte Bildung von Bernsteinsäure aus höheren Fettsäuren an, indem zunächst durch Dehydrierung eine Doppelbindung zwischen γ- und δ-C-Atom auftreten soll, die dann hydratisiert (und aufgespalten) wird, einePrimärreaktion, für die man im wohlbekannten enzymatischen Abbau der Bernsteinsäure selbst, auf den weiter unten einzugehen ist, eine Analogie hätte. Dass das tierische Gewebe die Fähigkeit besitzt, aus gesättigten Fettsäuren ungesättigte entstehen zu lassen, ist mehrfach erwiesen[7]. So fanden Sasaki[8] und E. Friedmann[9], dass verfütterte Furfurpropionsäure teilweise in Furfuracrylsäure übergeht und Dakin[10] wies nach Verabreichung von Phenylpropionsäure folgende Stoffe (zum Teil mit Glykokoll gepaart) im Harn von Hunden und Katzen nach: Zimtsäure, Phenyl-β-oxypropionsäure, Benzoylessigsäure, Acetophenon und Benzoesäure. Ein Abbaumechanismus folgender Form ist hier doch ziemlich klar und zum Teil auch schon von Dakin vermutet worden:

---

[1] G. Embden u. Kalberlah, Hofm. Beitr. 8, 121; 1906.
[2] J. Baer u. Blum, Arch. exp. Path. 55, 94; 1906.
[3] H. D. Dakin, Jl biol. Chem. 4, 77; 1908.
[4] W. Clutterbuck u. Raper, Biochem. Jl 19, 385; 1925.
[5] J. Smedley-Maclean u. Pearce, Biochem. Jl 25, 1252; 1931.
[6] K. Spiro, Biochem. Zs 127, 299; 1922.
[7] Vgl. besonders die neuen Befunde von Tangl und Berend, l. c.
[8] T. Sasaki, Biochem. Zs 25, 272; 1910.
[9] E. Friedmann, Biochem. Zs 35, 40; 1911.
[10] H. D. Dakin, Jl biol. Chem. 6, 203; 1909.

$$\text{C}_6\text{H}_5\text{-CH}_2\cdot\text{CH}_2\cdot\text{CO}_2\text{H} \xrightarrow{-2\text{H}} \text{C}_6\text{H}_5\text{-CH:CH}\cdot\text{CO}_2\text{H} \xrightarrow{+\text{H}_2\text{O}} \text{C}_6\text{H}_5\text{-CH(OH)}\cdot\text{CH}_2\cdot\text{CO}_2\text{H}$$

$$\xrightarrow{-2\text{H}} \text{C}_6\text{H}_5\text{-CO}\cdot\text{CH}_2\cdot\text{CO}_2\text{H} \xrightarrow{-\text{CO}_2} \text{C}_6\text{H}_5\text{-CO}\cdot\text{CH}_3$$

$$\searrow \text{C}_6\text{H}_5\text{-CO}_2\text{H}$$

Was die Erreichung der letzten Abbaustufe anbetrifft, so hält Dakin hier beide Wege, den der direkten Spaltung von Benzoylessigsäure wie auch den der kombinierten Decarboxylierung und Oxydation für gleich wahrscheinlich und wohl auch in Wirklichkeit nebeneinander verlaufend.

Ob im Organismus auch eine α-Oxydation der Fettsäuren stattfindet, ist eine noch nicht entschiedene Streitfrage. Sie ist wiederholt behauptet worden, so von Blum und Woringer[1], die eine sonst nicht übliche Ausscheidung von Milchsäure im Hundeharn nach Verfütterung von Propion- und Valeriansäure beobachteten, sowie von A. Hahn und W. Haarmann[2], welche die in Muskelbrei mit Methylenblau gebildete Menge Brenztraubensäure bei Zusatz von Propionsäure erhöht fanden. F. Knoop[3] wendet sich aber in beiden Fällen gegen eine Auslegung der Befunde im Sinne einer α-Oxydation; im ersten Falle fand er bei Nachprüfung der Versuche keine Erhöhung des Milchsäuregehalts im Blute und schliesst daraus, dass die im Harn auftretende Milchsäure ihren Ursprung nicht den eingegebenen Fettsäuren direkt, sondern einem von ihnen auf den Organismus ausgeübten Reiz zu vermehrter Milchsäurebildung verdankt; im zweiten Falle hält er die Differenzen in der Brenztraubensäuremenge bei Gegenwart und Abwesenheit von Propionsäure für zu klein, als dass man sie eindeutig gerade auf den Propionsäurezusatz zurückführen könnte. Wenngleich diese Gegenargumente kaum voll überzeugend wirken, dürfte doch die α-Oxydation gegenüber der β-Oxydation beim Fettsäureabbau von untergeordneter Bedeutung sein.

Von Verkade und Mitarbeitern[4] ist kürzlich im Stoffwechselversuch am Menschen eine ω-Oxydation nachgewiesen worden, indem nach Verfütterung von Undecylsäure die entsprechende zweibasische Säure (Undekandisäure) in beträchtlicher Menge im Harn auftritt.

Dass C_4-Körper beim Abbau der höheren Fettsäuren eine wichtige Rolle spielen, geht ausser aus den früher erwähnten Modellversuchen auch aus dem verbreiteten Vorkommen von Bernsteinsäure im Muskel (auch im Harn), von β-Oxybuttersäure und Acetessigsäure im Diabetikerharn hervor. Der weitere Abbau der Acetessigsäure im normalen Organismus dürfte sehr

---

[1] J. Blum u. Woringer, Soc. Chim. Biol. 2, 8; 1920.
[2] A. Hahn u. Haarmann, Zs Biol. 90, 231; 1930. — 92, 364; 1932.
[3] F. Knoop, H. 209, 277; 1932.
[4] P. E. Verkade u. Mitarb., H. 215, 225; 1933.

wahrscheinlich im Sinne einer Spaltung in zwei Moleküle Essigsäure verlaufen[1]. Über das weitere Schicksal der Essigsäure, die ja auch als Spaltstück der gewöhnlichen β-Oxydation zu erwarten ist, ist viel diskutiert worden, was bei der Ergebnislosigkeit der älteren Versuche, Zwischenstufen ihres Abbaus zu erfassen, ja begreiflich war. Die bisweilen angenommene, glatte Verbrennung zu CO_2 und H_2O ist bei der bekannten Resistenz der Essigsäure gegenüber rein chemisch-oxydativem Angriff wenig wahrscheinlich. Dem an sich denkbaren Abbau über Glykolsäure und Glyoxylsäure zu Oxalsäure steht die Schwierigkeit gegenüber, dass Oxalsäure im Organismus vermutlich nur recht schwer angreifbar ist und dass daher die im Harn ausgeschiedenen Mengen unmöglich die Abbauprodukte der gesamten Fettsäuren darstellen können. Zudem fand Dakin[2] an Hunden, dass reichliche Zufuhr von Essigsäure keine erhöhte Oxalatausscheidung bewirkt. In neuerer Zeit ist dann durch T. Thunberg[3] die Vermutung ausgesprochen worden, dass Essigsäure, die sogar bei Gegenwart wasserextrahierter Muskulatur noch oxydiert wird, durch eine intermolekulare Dehydrierung über Bernsteinsäure abgebaut werde:

$$\begin{array}{c} HO_2C-CH_2H \\ + \\ HO_2C-CH_2H \end{array} \xrightarrow{-2H} \begin{array}{c} HO_2C-CH_2 \\ | \\ HO_2C-CH_2 \end{array}$$

Aber trotz eifriger Bemühungen wollte es lange Zeit nicht gelingen, die tatsächliche Entstehung von Bernsteinsäure aus Essigsäure unter biologischen Bedingungen nachzuweisen. Erst nach beinahe einem Jahrzehnt glückte es Butkewitsch und Fedoroff[4], bei der Einwirkung der Pilzdecken von Mucor stolonifer auf Essigsäure Bernsteinsäure (neben kleineren Mengen Fumarsäure) in einer Ausbeute von 15—30% der verbrauchten Essigsäure zu isolieren. Vor kurzem haben dann Wieland und Sonderhoff[5] die gleiche Reaktion auch bei der Hefe eindeutig nachgewiesen, indem sie 6—8% der eingesetzten Essigsäure als Bernsteinsäure zu erfassen vermochten.

Interessant ist in diesem Zusammenhang auch die unlängst von Kühnau[6] gemachte Beobachtung, dass Acetessigsäure, α-Methylacetessigsäure und β-Oxy-n-Valeriansäure durch Leberextrakte unter Bildung von Dicarbonsäuren abgebaut werden, wobei sich im Fall der beiden letztgenannten Säuren Methylbernsteinsäure in Form charakteristischer Derivate aus den Ansätzen isolieren liess.

Aus den bisherigen Ausführungen geht wohl hervor, dass wir uns vom physiologischen Abbau der höheren, eigentlichen „Nahrungsfettsäuren" im wesentlichen nur auf Grund von Modellversuchen und Analogiefolgerungen

---

[1] L. Pincussen, Hdbch. Biochem. 2, 538; 1925. — Vgl. ferner J. Kühnau, Arch. scienz. biol. 18, 215; 1933.
[2] H. D. Dakin, Jl. biol. Chem. 3, 57; 1907.
[3] T. Thunberg, Skand. Arch. 40, 1; 1920.
[4] Wl. S. Butkewitsch u. Fedoroff, Biochem. Zs 207, 302; 1929.
[5] H. Wieland u. Sonderhoff, A. 499, 213; 1932.
[6] J. Kühnau, Arch. scienz. biol. 18, 215; 1933.

aus dem bekannten enzymatischen Abbau der niederen Fettsäuren eine gewisse Vorstellung machen können. Über das Schicksal der mittleren Fettsäuren, etwa von C_5—C_{10}, sind wir auf der Basis von Fütterungs- und Durchblutungsversuchen am überlebenden Organ zwar besser orientiert, aber der Nachweis des Abbaus als einer Folge von Enzymreaktionen ist bei der bisherigen Unmöglichkeit, die Wirkungen getrennt von der Struktur der lebenden Zelle zu beobachten, trotz aller Wahrscheinlichkeitsgründe noch nicht eindeutig geglückt (vgl. jedoch die neuesten Befunde von Quagliariello, Tangl und Berend, l. c.). Erst von C_4 ab haben wir mit dem genau untersuchten, rein enzymatischen Abbau der Bernsteinsäure sicheren Boden unter den Füssen. Von da an sind dann aber auch alle Stufen des weiteren Abbaus (mit einer kleinen Einschränkung hinsichtlich des Schritts Essigsäure-Bernsteinsäure, der isoliert bisher erst in Gegenwart lebender Zellen beobachtet ist) als auch in vitro ausführbare Enzymreaktionen sichergestellt[1].

Bernsteinsäure wird vom Enzym Succinodehydrase zu Fumarsäure dehydriert:

$$\begin{array}{c} CH_2\cdot CO_2H \\ | \\ CH_2\cdot CO_2H \end{array} \xrightarrow{-2H} \begin{array}{c} CH\cdot CO_2H \\ \| \\ CH\cdot CO_2H \end{array}.$$

Letztere wird von der Fumarase zu l-Äpfelsäure hydratisiert:

$$\begin{array}{c} CH\cdot CO_2H \\ \| \\ CH\cdot CO_2H \end{array} \xrightarrow{+H_2O} \begin{array}{c} CHOH\cdot CO_2H \\ | \\ CH_2\cdot CO_2H \end{array}.$$

Äpfelsäure wird von der Malico-Dehydrase zu Oxalessigsäure dehydriert:

$$\begin{array}{c} CHOH\cdot CO_2H \\ | \\ CH_2\cdot CO_2H \end{array} \xrightarrow{-2H} \begin{array}{c} CO\cdot CO_2H \\ | \\ CH_2\cdot CO_2H \end{array}.$$

An der Oxalessigsäure vermag α- und β-Carboxylase gleichzeitig anzugreifen (bezüglich eines zweiten Wegs bei nur halbseitiger Decarboxylierung vgl. S. 102):

$$\begin{array}{c} CO\cdot CO_2H \\ | \\ CH_2\cdot CO_2H \end{array} \xrightarrow{-2CO_2} \begin{array}{c} CHO \\ | \\ CH_3 \end{array}.$$

Acetaldehyd wird, vermutlich über das Hydrat, in Essigsäure umgewandelt:

$$CH_3\cdot CH{\Large\langle}{}^{OH}_{OH} \xrightarrow{-2H} CH_3COOH.$$

Essigsäure wird zu Bernsteinsäure dehydriert:

$$\begin{array}{c} CH_3\cdot CO_2H \\ \\ CH_3\cdot CO_2H \end{array} \xrightarrow{-2H} \begin{array}{c} CH_2\cdot CO_2H \\ | \\ CH_2\cdot CO_2H \end{array}.$$

---

[1] Vgl. z. B. A. Hahn u. Mitarbeiter, Zs Biol. 87, 107; 1928. — 88, 587; 1929. — 89, 159; 1929.

Damit ist die Ausgangsstufe wieder erreicht und der Abbaucyklus kann von neuem ablaufen, wobei jedesmal 2 C-Atome als CO_2 und eine entsprechende Anzahl von H-Atomen als H_2O aus dem System ausscheiden.

Natürlich stellt das vorstehend gegebene Abbauschema wohl nur einen Ausschnitt aus einer Fülle gleichartiger, von verschiedenen Ausgangsstoffen abgeleiteter Reaktionsfolgen dar, die zuletzt in wenige Hauptwege einmünden. Aber keiner dieser Abbaumechanismen ist experimentell so vollständig belegt wie die Oxydation der Bernsteinsäure; häufig fehlt der getrennte Nachweis der einen oder anderen Phase in dem an sich klaren Bild des Abbaus. Das gilt z. B. von dem naheliegenden Abbaumechanismus Buttersäure-Acetessigsäure bzw. Essigsäure

$$CH_3 \cdot CH_2 \cdot CH_2 \cdot CO_2H \xrightarrow{-2H} CH_3 \cdot CH:CH \cdot CO_2H \xrightarrow{+H_2O}$$

$$CH_3 \cdot CH(OH) \cdot CH_2 \cdot CO_2H \xrightarrow{-2H} CH_3 \cdot CO \cdot CH_2 \cdot CO_2H,$$

von dem bisher nur die letzte Phase, die Dehydrierung der β-Oxybuttersäure, als reine Enzymreaktion nachgewiesen ist[1], die zweite sich in Gegenwart von Leberbrei realisieren lässt[2] und die erste sich möglicherweise bei Gegenwart von Muskelgewebe abspielt, da Thunberg[3] fand, dass unter dieser Bedingung Buttersäure von Methylenblau kräftig dehydriert wird, ohne allerdings Angaben über die Art der Reaktionsprodukte zu machen.

Dass die Ergebnisse der Fütterungsversuche, z. B. der Dakinschen mit Phenylpropionsäure, das vorstehend aufgezeigte, allgemeine Schema des enzymatischen Fettsäureabbaus kräftig unterstützen, soll hier nochmals betont werden. Es spricht zum mindesten nichts dagegen, dass der Abbau der eigentlichen Nahrungsfettsäuren nach dem gleichen Schema, z. B. der Stearinsäure über Ölsäure usw. erfolgt.

Für die Oxydation der ungesättigten Fettsäuren vom Typus der Ölsäure ($C_{17}H_{33} \cdot CO_2H$), Linolsäure ($C_{17}H_{31} \cdot CO_2H$) und Linolensäure ($C_{17}H_{29} \cdot CO_2H$), frei, als Ester oder in Phosphatidbindung, besteht noch eine andere Möglichkeit katalytischer Beeinflussung, von der man allerdings nicht weiss, in welchem Ausmass der Organismus von ihr Gebrauch macht. Es handelt sich um die zuerst von M. E. Robinson[4] beobachtete katalytische Wirkung von Eisen-Porphyrinverbindungen wie Hämoglobin, Hämin usw. auf die Autoxydation der ungesättigten Verbindungen. Da der Effekt sehr stark ist und derartige Verbindungen ja nicht nur im Blutfarbstoff selbst, sondern auch in den verwandten Gewebe- und Muskelpigmenten überall im Körper verbreitet sind, scheint die physiologische Bedeutung der bisher nur

---

[1] A. J. Wakeman u. Dakin, Jl biol. Chem. 6, 373; 1909. — J. Kühnau, Biochem. Zs 200, 29; 1928.

[2] E. Friedmann u. Maase, Biochem. Zs 55, 450; 1913.

[3] T. Thunberg, Skand. Arch. 40, 1; 1920.

[4] M. E. Robinson, Biochem. Jl 18, 255; 1924.

im Modellversuch beobachteten Erscheinung sehr wahrscheinlich, aber eben wegen der Ubiquität der Katalysatoren schwer in ihrem Ausmass feststellbar. Ob es sich hier ferner um eigentlich „enzymatische" Wirkungen handelt, ist ebenfalls schwer zu entscheiden. Substratspezifität der Katalysatoren liegt ja zweifellos vor, allein das Kriterium der Thermolabilität ist nicht recht anwendbar, da Robinson u. a. Hämoglobin und Hämin, bezogen auf gleiche Eisenmenge, nahezu gleich wirksam fand. Möglicherweise stellen die in vitro beobachteten Erscheinungen nur Reste der Wirkung eines Enzyms dar, in dem, ähnlich wie dies in letzter Zeit für die Katalase[1] und Peroxydase[2] nachgewiesen wurde, eine Eisen-Porphyrinverbindung die „aktive Gruppe" bildet.

Auch über den Mechanismus dieser Reaktionen ist noch nichts Sicheres bekannt. R. Kuhn und K. Meyer[3] stellen fest, dass die Oxydation der ungesättigten Fettsäuren bei Hämingegenwart merkwürdig tiefgreifend ist und dass dabei beträchtliche Mengen CO_2 gebildet werden. Zweifellos besteht die Primärreaktion, ähnlich wie bei der unkatalysierten Autoxydation der ungesättigten Fettsäuren[4], in der Anlagerung von Sauerstoff an die Doppelbindung

$$\begin{array}{c} | \\ HC \\ \| \\ HC \\ | \end{array} + \begin{array}{c} O \\ \| \\ O \end{array} \rightarrow \begin{array}{c} | \\ HC-O \\ | \quad | \\ HC-O \\ | \end{array},$$

der bei weiterem Angriff des Sauerstoffs Aufspaltung der C-Kette an der Stelle der früheren Doppelbindung unter Bildung von Carbonyl-, Carboxylgruppen usw. folgen dürfte.

Es sei noch erwähnt, dass die Autoxydation der ungesättigten Fettsäuren der katalytischen Beeinflussung auch durch andere physiologisch wichtige Körperklassen zugänglich ist. So haben O. Meyerhof[5] und F. G. Hopkins[6] den oxydationsbeschleunigenden Effekt von Sulfhydrylverbindungen wie Cystein und Glutathion, W. Franke[7] von Aminosäuren (besonders Prolin und den Hexonbasen), Zuckerspaltprodukten (besonders Methylglyoxal), von Sterinen und Carotinoiden beschrieben.

Der Abbau der Glycerinkomponente der Fette mündet bereits in der ersten Phase — Glycerinaldehyd und Dioxyaceton, den Isomeren des Methylglyoxal-Hydrats — in den allgemeinen Reaktionsweg der Kohlehydrate ein, so dass hier nur auf den später folgenden Abschnitt hierüber verwiesen zu werden braucht.

---

[1] K. Zeile u. H. Hellström, H. 192, 171; 1930. — 195, 39; 1931.
[2] R. Kuhn, Hand u. Florkin, H. 201, 255; 1931.
[3] R. Kuhn u. Meyer, H. 185, 173; 1929.
[4] S. Coffey, Chem. Soc. 119, 1152, 1408; 1921.
[5] O. Meyerhof, Pflüg. Arch. 199, 531; 1923.
[6] F. G. Hopkins, Biochem. Jl 19, 787; 1925.
[7] W. Franke, A. 498, 129; 1932. — H. 212, 234; 1932.

2. Aminosäuren und Purine.

a) Aminosäuren.

Wie bei den Fettsäuren so ist es auch bei den Aminosäuren die erste Phase des Abbaus, über die wir, sowohl was den rein chemischen Mechanismus als auch die Frage der Enzymwirkung anbetrifft, noch nicht ganz befriedigend unterrichtet sind. Sicher ist auf jeden Fall, dass fast der gesamte Stickstoff der Eiweissbruchstücke in einem sehr frühen Stadium des Abbaus entfernt wird und dass die verbleibenden stickstofffreien Ketten dann nach den für die Verbrennung der Fettsäuren geltenden Regeln weiter oxydiert werden.

Prinzipiell bestehen zwei Wege zur Abspaltung des Stickstoffs aus dem Aminosäuremolekül, derjenige der hydrolytischen und der der oxydativen Desaminierung. Der Organismus scheint sich beider zu bedienen, wenn auch in sehr verschiedenem Masse. Eine nichtoxydative, nichtenzymatische Spaltung einfacher Aminosäuren in schwach saurer Lösung bei Körpertemperatur haben Dakin und Dudley[1] beschrieben, bei der über die Stufe von Ketoaldehyden Oxysäuren entstehen können:

$$R \cdot CH(NH_2) \cdot COOH \xrightarrow{-NH_3} R \cdot CO \cdot CHO \xrightarrow{+H_2O} R \cdot CH(OH)COOH.$$

Seit langem ist es ferner bekannt[2], dass bei Verfütterung von Alanin (an Kaninchen) Milchsäure im Harn auftritt. Allerdings ist die Möglichkeit, dass die Milchsäure nicht primär, sondern durch sekundäre Reduktion von Brenztraubensäure entstanden ist, bei diesen Stoffwechselversuchen nicht auszuschliessen. Bei Fäulnisvorgängen können nach Versuchen C. Neubergs[3] Aminosäuren unter sekundärer Reduktion sogar in die gesättigten Fettsäuren übergehen. Stärker beweisend für die Möglichkeit einer hydrolytischen Desaminierung sind die Befunde Kotakes[4], wonach bei Einführung von l- und d,l-Tyrosin in den Kaninchenorganismus nur die l-Form imstande war, Oxyphenylmilchsäure hervorzubringen, obwohl beide Formen dabei die Ausscheidung nahezu derselben Menge Oxyphenylbrenztraubensäure herbeiführten. Im allgemeinen aber dürfte die rein hydrolytische NH_3-Abspaltung beim physiologischen Aminosäureabbau nur eine untergeordnete Rolle spielen. Nach den von O. Neubauer hauptsächlich an aromatischen Aminosäuren gemachten Befunden hält man heute die oxydative Desaminierung unter Bildung einer Ketosäure für den wesentlichen Weg des Aminosäureabbaus im Organismus:

$$R \cdot CH(NH_2) \cdot CO_2H \xrightarrow[+O]{-NH_3} R \cdot CO \cdot CO_2H.$$

---

[1] H. D. Dakin u. Dudley, Jl biol. Chem. 15, 127; 1913.
[2] C. Neuberg u. Langstein, Arch. Anat. Phys. 1903, Suppl. 514.
[3] C. Neuberg, Biochem. Zs 7, 178; 1908. — 18, 435; 1909.
[4] Y. Kotake, H. 122, 241; 1922.

So fanden Neubauer und Fromherz[1], dass im Gärungsversuch aus Phenylaminoessigsäure in erheblicher Menge Phenylglyoxylsäure entsteht und Flatow[2] wies nach Verfütterung von m-Tyrosin m-Oxyphenylbrenztraubensäure im Harn nach:

$$\text{C}_6\text{H}_5\text{-CH(NH}_2)\text{CO}_2\text{H} \xrightarrow[+O]{-NH_3} \text{C}_6\text{H}_5\text{-CO·CO}_2\text{H}$$

$$\text{HO-C}_6\text{H}_4\text{-CH}_2\text{·CH(NH}_2)\text{CO}_2\text{H} \xrightarrow[+O]{-NH_3} \text{HO-C}_6\text{H}_4\text{-CH}_2\text{·CO·CO}_2\text{H}$$

Häufig ist der Nachweis des Reaktionsverlaufs mehr indirekter Natur, indem Ketosäuren und Aminosäuren die gleichen Endprodukte liefern. So gehen nach Friedmann und Maase[3] sowohl verfüttertes p-Chlorphenylalanin, wie auch p-Chlorphenylbrenztraubensäure als p-Chlorphenylessigsäure in Harn über, nicht hingegen die Oxysäure, p-Chlorphenylmilchsäure. Die p-Oxyphenylbrenztraubensäure erweist sich sowohl im Injektionsversuch am lebenden Tier[4] als auch im Durchblutungsexperiment an überlebender Leber[5] viel leichter oxydierbar (ähnlich wie Tyrosin) als die p-Oxyphenylmilchsäure.

Es ist bemerkenswert, dass auch der umgekehrte Weg, die reduktive Synthese von Aminosäuren aus Ketosäuren $+ NH_3$, sowohl im Fütterungsversuch (Benzylbrenztraubensäure-Benzylalanin[6]) als im Durchblutungsexperiment (Brenztraubensäure-Alanin[7]) verifiziert worden ist. Im letzteren Falle war bei Verwendung von Milchsäure an Stelle von Brenztraubensäure die Alaninausbeute deutlich geringer. Da Ketosäuren sowohl beim Abbau der Fettsäuren als auch der Kohlehydrate als Intermediärprodukte auftreten, ist damit für beide Klassen ein Übergangsweg zur Gruppe der Aminosäuren aufgezeigt.

Beim Abbau kann die primär entstandene α-Ketocarbonsäure unter der Einwirkung von Carboxylase gespalten werden, wodurch der nächst niedere Aldehyd entsteht. Da Aldehyde nach dem früher (S. 88) Gesagten auf enzymatischem Wege leicht in die entsprechenden Säuren übergeführt werden, ist damit der Anschluss an die Fettsäuren und deren weiteres Abbauschema gegeben.

---

[1] O. Neubauer u. Fromherz, H. 70, 326; 1911.
[2] L. Flatow, H. 64, 367; 1910.
[3] E. Friedmann u. Maase, Biochem. Zs 27, 97; 1910.
[4] Y. Kotake, H. 69, 409; 1910.
[5] O. Neubauer u. Gross, H. 67, 219; 1910.
[6] F. Knoop, H. 67, 489; 1910. — Vgl. auch die entsprechenden Modellversuche bei F. Knoop u. Oesterlin, H. 170, 186; 1927.
[7] G. Embden u. Schmitz, Biochem. Zs 29, 423; 1910.

Im Modellversuch lässt sich beim primären oxydativen Angriff der Aminosäuren der Sauerstoff durch andere Oxydationsmittel, wie Chinon, Alloxan, Isatin[1] usw. ersetzen. Auf Grund der beobachteten Hydrierungsprodukte dieser Oxydantien und der Oxydationsprodukte der Aminosäure, die die gleichen sind wie bei der Reaktion mit Sauerstoff, ist man wohl berechtigt, die Primärreaktion als eine Dehydrierung der Aminosäure an der Aminogruppe aufzufassen, der im Sinne Neubauers eine Hydrolyse folgt. Danach liesse sich also der Gesamtverlauf folgendermassen formulieren:

$$\underset{NH_2}{R \cdot CH \cdot CO_2H} \xrightarrow{-2H} \underset{NH}{R \cdot C \cdot CO_2H} \xrightarrow[-NH_3]{+H_2O} \underset{O}{R \cdot C \cdot CO_2H} \xrightarrow{-CO_2} R \cdot CHO \left[\xrightarrow[-2H]{+H_2O} R \cdot CO_2H \right].$$

Wieland[2] stellt einen anderen, allerdings bisher nur am Modell geprüften Verlauf zur Diskussion, der sich vom oben skizzierten durch vertauschte Reihenfolge von Hydrolyse und Decarboxylierung unterscheidet:

$$\underset{NH_2}{R \cdot CH \cdot CO_2H} \xrightarrow{-2H} \underset{NH}{R \cdot C \cdot CO_2H} \xrightarrow{-CO_2} \underset{NH}{R \cdot CH} \xrightarrow[-NH_3]{+H_2O} \underset{O}{R \cdot CH}.$$

Wielands Argumente sind im wesentlichen folgende: 1. Aminosäuren werden ohne Katalysator durch Chinon zum Aldehyd dehydriert, α-Ketosäuren werden davon nicht angegriffen. 2. An aktiver Kohle liefern Aminosäuren mit Sauerstoff ebenfalls Aldehyd, während Ketosäuren unter den gleichen Bedingungen zwar zur nächstniederen Säure + CO_2 oxydiert, nicht aber unter Stickstoff bloss decarboxyliert werden können[3]. 3. Iminocarbonsäuren geben ausserordentlich leicht und ohne Katalysator CO_2 ab.

Inwieweit dieser Abbauweg im Organismus beschritten wird, ist noch nicht entschieden und naturgemäss auch schwer zu entscheiden. Gegen seine Akzeptierung als einzigen Abbaumechanismus spricht die Schwierigkeit, nach ihm das doch tatsächlich beobachtete Entstehen von Oxy- und Ketocarbonsäuren aus Aminosäuren erklären zu können, um so mehr, als auch Wieland eine rein hydrolytische Ablösung des Ammoniaks für wenig wahrscheinlich hält.

Sieht man von der Unsicherheit hinsichtlich des Mechanismus der ersten Reaktionsphasen ab, so sind wir vom Abbauweg einer ganzen Anzahl von Aminosäuren bis zur Einmündung in den Reaktionsweg der Fettsäuren relativ gut unterrichtet. So hat schon F. Ehrlich[4] den Abbau der Glutaminsäure zu Bernsteinsäure bei der Vergärung durch Hefe im wesentlichen richtig gedeutet und C. Neuberg und Ringer[5] haben dann seine einzelnen Phasen getrennt und Schritt für Schritt experimentell belegt. Dabei zeigten

---

[1] A. Strecker, A. 123, 363; 1862. — W. Traube, B. 44, 3145; 1911.
[2] H. Wieland u. Bergel, A. 439, 196; 1924.
[3] H. Wieland u. Wingler, A. 436, 232; 1924.
[4] F. Ehrlich, Biochem. Zs 18, 391; 1909.
[5] C. Neuberg u. Ringer, Biochem. Zs 71, 226, 237; 1915. — 91, 131; 1918.

sie, dass nur die erste Phase, die der Desaminierung, an die lebende Zelle gebunden ist, die folgenden aber auch mit zellfreien Extrakten realisiert werden können:

$$\begin{array}{c}CH(NH_2)\cdot CO_2H\\CH_2\\CH_2\cdot CO_2H\end{array} \xrightarrow[+H_2O-NH_3]{-2H} \begin{array}{c}CO\cdot CO_2H\\CH_2\\CH_2\cdot CO_2\end{array} \xrightarrow{-CO_2}$$

Glutaminsäure   α-Ketoglutarsäure

$$\begin{array}{c}CH_2\cdot CHO\\|\\CH_2\cdot CO_2H\end{array} \xrightarrow[-2H]{+H_2O} \begin{array}{c}CH_2\cdot CO_2H\\|\\CH_2\cdot CO_2H\end{array}$$

Bernsteinsäure-Halbaldehyd   Bernsteinsäure

Ein analoger Weg führt vom **Leucin** zu (iso)-**Valeraldehyd** und **-Valeriansäure**. Lebende Hefe vermag aber unter gewissen Umständen auch die Aldehydstufe zum Alkohol zu reduzieren. Bekanntlich war es F. Ehrlich[1], der zuerst die Bildung der „Fuselöle" auf diese alkoholische Gärung der Aminosäuren zurückführte.

$$\begin{array}{c}CH_3\\ \diagdown\\ CH\cdot CH_2\cdot CH(NH_2)CO_2H\\ \diagup\\CH_3\end{array} \xrightarrow[+H_2O-NH_3]{-2H} \begin{array}{c}CH_3\\\diagdown\\CH\cdot CH_2\cdot CO\cdot CO_2H\\\diagup\\CH_3\end{array}$$

Leucin

$$\xrightarrow{-CO_2} \begin{array}{c}CH_3\\\diagdown\\CH\cdot CH_2\cdot CHO\\\diagup\\CH_3\end{array} \begin{array}{c}\xrightarrow{+2H} \begin{array}{c}CH_3\\\diagdown\\CH\cdot CH_2\cdot CH_2(OH)\\\diagup\\CH_3\end{array}\text{ Isoamylalkohol}\\ \\ \xrightarrow[-2H]{+H_2O} \begin{array}{c}CH_3\\\diagdown\\CH\cdot CH_2\cdot CO_2H\\\diagup\\CH_3\end{array}\text{ Isovaleriansäure}\end{array}$$

Ein anderer wichtiger Abbauprozess der Aminosäuren besteht formal in einfacher Decarboxylierung zum entsprechenden Amin. Er spielt sicherlich auch im normalen Organismus eine wesentliche Rolle, so bei der unter gleichzeitiger Oxydation der SH-Gruppe erfolgenden Umwandlung von **Cystein** in **Taurin**

$$HO_2C\cdot CH(NH_2)\cdot CH_2(SH) \xrightarrow[-CO_2]{+3O} CH_2(NH_2)\cdot CH_2(SO_3H),$$

der Bildung von **Histamin** aus **Histidin**

$$\begin{array}{c}\overset{\displaystyle\frown}{NHN}\\ -CH_2\cdot CH(NH_2)\cdot CO_2H\end{array} \xrightarrow{-CO_2} \begin{array}{c}\overset{\displaystyle\frown}{NHN}\\ -CH_2\cdot CH_2(NH_2)\end{array}$$

und in ähnlichen Fällen. Im übrigen aber ist dieser Vorgang hauptsächlich bei Fäulnisprozessen und unter pathologischen Verhältnissen im höheren Organismus nachgewiesen worden.

So treten beispielsweise im faulenden Fleisch und im Harn bei Cystinurie **Putresein** und **Cadaverin** auf, die durch Decarboxylierung von **Ornithin** und **Lysin** entstanden sind:

---

[1] F. Ehrlich. Biochem. Zs 2, 52; 1906.

$$\begin{array}{c}CH_2\cdot CH_2\cdot CH_2\cdot CH\cdot CO_2H \\ | \quad\quad\quad\quad\quad\quad\quad | \\ NH_2 \quad\quad\quad\quad\quad NH_2\end{array} \xrightarrow{-CO_2} \begin{array}{c}CH_2\cdot CH_2\cdot CH_2\cdot CH_2 \\ | \quad\quad\quad\quad\quad\quad\quad | \\ NH_2 \quad\quad\quad\quad\quad NH_2\end{array}$$

$$\begin{array}{c}CH_2\cdot CH_2\cdot CH_2\cdot CH_2\cdot CH\cdot CO_2H \\ | \quad\quad\quad\quad\quad\quad\quad\quad\quad\quad | \\ NH_2 \quad\quad\quad\quad\quad\quad\quad NH_2\end{array} \xrightarrow{-CO_2} \begin{array}{c}CH_2\cdot CH_2\cdot CH_2\cdot CH_2\cdot CH_2 \\ | \quad\quad\quad\quad\quad\quad\quad\quad\quad\quad | \\ NH_2 \quad\quad\quad\quad\quad\quad\quad NH_2\end{array}$$

Da nach dem oben Gesagten freiwillige CO_2-Abspaltung in vitro bisher nur bei Iminocarbonsäuren und, unter enzymatischem Einfluss, bei Ketocarbonsäuren beobachtet worden ist, dürfte möglicherweise auch bei der Aminbildung die erste Phase in einer Dehydrierungsreaktion an der Aminogruppe bestehen, die nach der Decarboxylierung wieder rückgängig gemacht wird.

Was die Frage nach den beim eigentlichen Desaminierungsakt wirksamen Fermenten anbetrifft, so waren unsere Kenntnisse hier bis vor kurzem noch recht gering. Da kein zellfreier Organextrakt auch nur die einfachsten Aminosäuren angriff, wusste man auch nicht, ob es spezifisch eingestellte Aminosäure-Oxydasen bzw. Dehydrasen überhaupt gäbe. Selbst wasserextrahierte Muskulatur, die in den Versuchen Thunbergs[1] die Dehydrierung zahlreicher einfacher und substituierter Fettsäuren durch Methylenblau bewirkte, erwies sich gegenüber Aminosäuren mit ganz wenigen Ausnahmen — nur Glutaminsäure[1] zeigte ein kräftiges, Asparaginsäure, Alanin und Valin[2] ein wenig ausgesprochenes Reduktionsvermögen gegenüber dem Farbstoff — wirkungslos, wobei es nach Wieland[3] für den Fall der Glutaminsäure nicht einmal sicher ist, ob nicht die Kohlenstoffkette dehydriert wird, ähnlich wie auch G. Ahlgren[4] für die Reaktion der Asparaginsäure den Weg über hydrolytisch entstandene Äpfelsäure für wahrscheinlicher hält als die primäre Dehydrierung der Aminogruppe. Nach O. Meyerhof[5] kommt eine oxydative Desaminierung einiger Aminosäuren, wie Alanin und Asparagin an Lebergewebe, nach neueren Untersuchungen von Glover[6] in noch ausgeprägterem Masse an Nierengewebe vor. Erst vor ganz kurzem ist es dann Krebs[7] gelungen, aus Niere ein wasserlösliches, wenn auch sehr unbeständiges Enzympräparat zu gewinnen, das Aminosäuren eindeutig zu den entsprechenden Ketosäuren oxydiert, womit die enzymatische Natur dieses Prozesses im Organismus erstmalig einwandfrei erwiesen ist.

Lange Zeit im Gegensatz zu der Dürftigkeit der an biologischem Material gewonnenen Resultate stand die Leichtigkeit, mit der Aminosäuren im Modellversuch, etwa an (eisenhaltiger) Tierkohle oder Palladium durch Sauerstoff, oder durch chinoide und andere Stoffe mit reaktionsfähiger CO-Gruppe, teilweise ohne besonderen Katalysator, oxydativ verändert werden[8]. Bei unserer immerhin noch recht beschränkten Kenntnis vom

---

[1] T. Thunberg, Skand. Arch. 40, 1; 1920.
[2] G. Ahlgren, Act. med. scand. 57, 508; 1923.
[3] H. Wieland u. Bergel, A. 439, 196; 1924.
[4] G. Ahlgren, Soc. Biol. 90, 1187; 1924.
[5] O. Meyerhof, Lohmann u. Maier, Biochem. Zs 157, 459; 1925.
[6] E. C. Glover, Soc. Biol. 107, 1603; 1931.
[7] H. A. Krebs, Klin. Ws. 11, 1744; 1932.
[8] O. Warburg u. Negelein, Biochem. Zs 113, 257; 1920. — H. Wieland u. Bergel, l. c.

enzymatischem Aminosäureabbau ist die Möglichkeit nicht von der Hand zu weisen, dass auch in der Zelle ähnliche Systeme eine Rolle spielen. So gibt Ph. Ellinger[1] an, dass in nicht mehr atmenden Zelltrümmersuspensionen, die durch Kältezerstörung von Vogelerythrocyten sowie nachfolgende Auswaschung des Zellsubstrats (und sicher auch der Dehydrasen) gewonnen sind, gerade Aminosäuren in ähnlichem Ausmass wie an Tierkohle abgebaut werden. Dass sich ferner bei Gegenwart von kleinen Mengen phenolischer Stoffe, teilweise solcher zellvertrauter Natur, wie Chlorogensäure, Adrenalin usw., durch Sauerstoff ein weitgehender katalytischer Abbau von Aminosäuren — besonders kräftig in Gegenwart einer Phenoloxydase — erzielen lässt, ist ebenfalls des öfteren beschrieben und auch als möglicher physiologischer Reaktionsmodus interpretiert worden[2].

Es sei noch erwähnt, dass für einige aromatische Aminosäuren vom Typus des Tyrosins (p-Oxyphenylalanin) ein anderer, rein enzymatischer Oxydationsweg besteht, der zur Bildung dunkelgefärbter Pigmente, der Melanine, führt. Das Enzym greift aber nicht an der Aminogruppe, sondern am Phenolrest unter Chinonbildung an und steht daher den Phenoloxydasen nahe. Der Prozess spielt möglicherweise bei der Pigmentbildung im Organismus eine gewisse Rolle, nicht als energieliefernder Abbauprozess.

b) Purine und Pyrimidine.

Eine zweite wichtige Gruppe stickstoffhaltiger Zellstoffe ist die der Purin- und Pyrimidinbasen, die primär mit Kohlehydrat und Phosphorsäure zu Nucleinsäuren verbunden, in sekundärer Bindung an eine Eiweisskomponente als Nucleoproteide einen wesentlichen Bestandteil der Zellen, namentlich der Kerne, darstellen. Über den enzymatisch-oxydativen Abbau der Purine, weniger der Pyrimidine, ist man relativ recht gut unterrichtet. Die Abspaltung des NH_3 aus Adenin und Guanin erfolgt hydrolytisch unter dem Einfluss von spezifisch wirkenden, leicht von der Zellstruktur trennbaren Purinamidasen, wobei die Wirkung zum Teil schon im Nucleosidstadium, also vor Abspaltung der Zuckerkomponente einsetzt.

$$\text{Adenin} \xrightarrow[-NH_3]{+H_2O} \text{Hypoxanthin}$$

$$\text{Guanin} \xrightarrow[-NH_3]{+H_2O} \text{Xanthin}$$

---

[1] Ph. Ellinger, H. 119, 11; 1922. — 123, 246, 264; 1922.

[2] M. E. Robinson u. McCance, Biochem. Jl 19, 251; 1925. — A. Oparin, Biochem. Zs 182, 155; 1927. — E. Edlbacher u. Krauss, H. 178, 239; 1928. — G. Blix, Skand. Arch. 56, 131; 1929.

Hypoxanthin und Xanthin werden durch die Xanthindehydrase mit Sauerstoff oder anderen Oxydantien in Harnsäure übergeführt:

$$\begin{array}{c}N=C(OH)\\ |\quad\quad |\\ CH\quad C-NH\\ \|\quad\quad\|\quad\quad>CH\\ N-C-N\end{array}\xrightarrow[-2H]{+H_2O}\begin{array}{c}N=C(OH)\\ |\quad\quad |\\ C(OH)\quad C-NH\\ \|\quad\quad\|\quad\quad>CH\\ N-C-N\end{array}\xrightarrow[-2H]{+H_2O}\begin{array}{c}N=C(OH)\\ |\quad\quad |\\ C(OH)\quad C-NH\\ \|\quad\quad\|\quad\quad>COH\\ N\quad\quad C\quad N\end{array}$$

Die Harnsäure wird zum Teil im Urin ausgeschieden, zum Teil weiter abgebaut. Bei zahlreichen Tieren, offenbar jedoch nicht beim Menschen und den Anthropoiden, findet sich ein Enzym, Urikase, das Harnsäure in Allantoin überführt, welch letzteres in diesen Fällen reichlich im Harn auftritt.

$$\begin{array}{c}NH-CO\\ |\quad\quad |\\ CO\quad C-NH\\ |\quad\quad\|\quad\quad>CO\\ NH-C-NH\end{array}\xrightarrow[-CO_2]{+O}\begin{array}{c}NH-CH\cdot NH\cdot CO\cdot NH_2\\ |\\ CO\\ |\\ NH-CO\end{array}$$

Während beim Säugetier Allantoin ein Endprodukt des fermentativen Harnsäureabbaus darstellen dürfte, hat man bei Kaltblütern und in Pflanzensamen ein weiteres Ferment, Allantoinase, entdeckt, das auch den letzten Heterozyklus, allerdings rein hydrolytisch spaltet.

$$\begin{array}{c}NH-CH\cdot NH\cdot CO\cdot NH_2\\ |\\ CO\\ |\\ NH-CO\end{array}\xrightarrow{+H_2O}\begin{array}{c}NH_2\cdot CO\cdot NH\cdot CH\cdot NH\cdot CO\cdot NH_2\\ |\\ COOH\\ \text{Allantoinsäure}\end{array}$$

Das letzte Glied der Abbaufolge, die so naheliegende Hydrolyse zu 2 Molekülen Harnstoff und Glyoxylsäure, welch letztere ja im Organismus leicht in Oxalsäure, ein normales Harnausscheidungsprodukt übergeht, ist als Fermentreaktion noch nicht beobachtet worden. Manche Befunde, wie z. B. der Harnsäureschwund in Durchströmungsversuchen an menschlicher Leber, wobei jedoch kein Allantoin gefunden wurde[1], sowie die rasche Abnahme der Harnsäure im Blut des lebenden Organismus[2] sprechen jedoch dafür, dass es ausser dem angegebenen vielleicht noch einen anderen Abbaumechanismus für Harnsäure gibt, der möglicherweise nicht über Allantoin führt[3].

Der Abbau der Pyrimidinbasen verläuft nach neueren Stoffwechselversuchen am Hund wahrscheinlich nach folgendem Schema (für den Fall des Cytosins)[4]:

---

[1] A. Schittenhelm u. R. Harpuder, Hdbch. Biochem. 8, 589; 1925.
[2] O. Folin, Berglund u. Derick, Jl biol. Chem. 60, 361; 1924.
[3] Vgl. jedoch F. Chrometzka, Zs exp. Med. 86, 483; 1933.
[4] L. R. Cerecedo, Jl biol. Chem. 93, 269; 1931.

$$\underset{\text{Cytosin}}{\left|\begin{array}{c}\text{N}=\!\!=\text{C}\cdot\text{NH}_2\\ \text{CO}\quad\text{CH}\\ \text{NH}-\text{CH}\end{array}\right|} \xrightarrow[-\text{NH}_3]{+\text{H}_2\text{O}} \underset{\text{Uracil}}{\left|\begin{array}{c}\text{NH}-\text{CO}\\ \text{CO}\quad\text{CH}\\ \text{NH}-\text{CH}\end{array}\right|} \xrightarrow{+\text{O}} \underset{\substack{\text{Isobarbitur-}\\\text{säure}}}{\left|\begin{array}{c}\text{NH}-\text{CO}\\ \text{CO}\quad\text{COH}\\ \text{NH}-\text{CH}\end{array}\right|} \xrightarrow{+\text{O}} \underset{\substack{\text{Isodialur-}\\\text{säure}}}{\left|\begin{array}{c}\text{NH}-\text{CO}\\ \text{CO}\quad\text{CO}\\ \text{NH}-\text{CHOH}\end{array}\right|}$$

$$\xrightarrow[-\text{CO}_2]{+2\,\text{O}} \underset{\text{Oxalursäure}}{\left|\begin{array}{c}\text{NH}_2\\ \text{CO}\\ \text{NH}\cdot\text{CO}\cdot\text{CO}_2\text{H}\end{array}\right|} \xrightarrow{+\text{H}_2\text{O}} \underset{\text{Harnstoff}}{\left|\begin{array}{c}\text{NH}_2\\ \text{CO}\\ \text{NH}_2\end{array}\right|} + \underset{\text{Oxalsäure}}{\text{HO}_2\text{C}\cdot\text{CO}_2\text{H}}$$

Nur die erste Phase scheint als Enzymreaktion in vitro (mit Hefeextrakt) bisher realisiert zu sein[1].

3. Kohlehydrate.

Die Gruppe der **Zucker** ist diejenige, über deren Abbaureaktionen wir heute — allerdings nur soweit sie die anaeroben Vorgänge der Gärung und der Glykolyse betreffen — durch die umfassenden Untersuchungen Neubergs, v. Eulers, Meyerhofs u. a. relativ am besten unter den Zellstoffen orientiert sind. Ein Teil der beim anoxybiontischen Abbau auftretenden Zwischenstufen ist nun zweifellos auch beim aeroben Umsatz anzunehmen, die Schwierigkeit liegt nur in der Entscheidung der Frage, in welcher Phase des Abbaues das Spiel der Oxydoreduktionen durch das Eingreifen des Sauerstoffs unterbrochen wird.

Einige enzymatische Oxydations-, nicht eigentlich Abbaureaktionen können wir hier absondern; es sind das solche, die ohne Veränderung des Kohlenstoffgerüsts sich auf den oxydativen Angriff einer endständigen Gruppe beschränken. Es sind in letzter Zeit zwei anscheinend verschiedene Enzyme aus Bakterien bzw. Säugetierleber dargestellt worden[2], deren Wirkung offenbar nur in einer oxydativen Umwandlung von Glucose in d-Gluconsäure besteht:

$$\text{CH}_2(\text{OH})\cdot[\text{CHOH}]_4\cdot\text{C}\!\!\begin{array}{c}\diagup\text{O}\\ \diagdown\text{H}\end{array} \xrightarrow{+\text{O}} \text{CH}_2\text{OH}\cdot[\text{CHOH}]_4\cdot\text{C}\!\!\begin{array}{c}\diagup\text{O}\\ \diagdown\text{OH}\end{array}.$$

Hierher gehört wohl auch die Entstehung von Glucuronsäure, $\text{HOC}\cdot[\text{CHOH}]_4\cdot\text{COOH}$, die ja durch ihre Kupplungsfähigkeit im Organismus eine sehr wichtige Rolle als entgiftendes Agens zu spielen vermag und die sich nach mannigfachen Angaben auch in Pflanzen vorfindet. Als eigentliche Fermentreaktion ist ihre Bildung zwar noch nicht nachgewiesen, wohl aber als Modellreaktion bei der Einwirkung von H_2O_2 auf Glucose[3].

a) Die vorbereitenden Abbauphasen.

Bei allen wirklichen Abbauprozessen am Zuckermolekül verläuft die Reaktion stets über besonders reaktionsfähige, (nach Neuberg) alloiomorphe Formen desselben, wahrscheinlich die — für Glucose, Fructose und Mannose ja identische — Enolform, die ihrerseits wieder durch Gleichgewichtsreaktionen mit labileren Formen, z. B. vom Furanosetyp, verknüpft sein dürfte. Bei der Spaltung der Polysaccharide (durch eine der verschiedenen Carbo-

---

[1] A. Hahn u. Lintzel, Zs Biol. 79, 179 (1923).
[2] D. Müller, Biochem. Zs 199, 136; 1928. — D. C. Harrison, Biochem. Jl 25, 1016; 1931.
[3] A. Jolles, Biochem. Zs 34, 242; 1911.

hydrasen) entstehen diese am-Formen primär, aus den gewöhnlichen freien Hexosen unter dem Einfluss eines Ferments vom Typus der Isomerasen, der Meyerhofschen Hexokinase. Die nächste, vorbereitende Abbauphase besteht in der durch ein Enzym vom Phosphatase-Typ (nach v. Euler Phosphatese) beschleunigten Veresterung der reaktionsfähigen Formen mit anorganischem Phosphat, wobei also wohl primär der 6-Phosphorsäureester der Enolform

$$H_2O_3P-O-H_2C-\underset{OH}{\overset{H}{C}}-\underset{OH}{\overset{H}{C}}-\underset{H}{\overset{OH}{C}}-\underset{OH}{\overset{}{C}}-\underset{OH}{\overset{}{C}}=CH$$

entsteht, für den Übergangsmöglichkeiten sowohl in Glucose- als auch Fructose-6-phosphat bestehen[1].

Diese Monophosphate der am-Formen von Hexosen sind nun — nach der Auffassung der v. Eulerschen Schule, der hier im wesentlichen gefolgt werden soll — als die eigentlichen Substrate des oxydoreduktiven Angriffs zu betrachten. Unter dem Einfluss von Mutase + Cozymase erfolgt eine Art innerer Dismutation des Hexosemoleküls, die zur Sprengung der C-Kette und zur Bildung zweier im Entstehungszustand sehr reaktionsfähiger C_3-Körper führt. Das nachstehende Schema fasst die bisherigen Phasen des Kohlehydratabbaus nochmals zusammen; auch der mutmassliche weitere Reaktionsverlauf ist teilweise angedeutet (s. später):

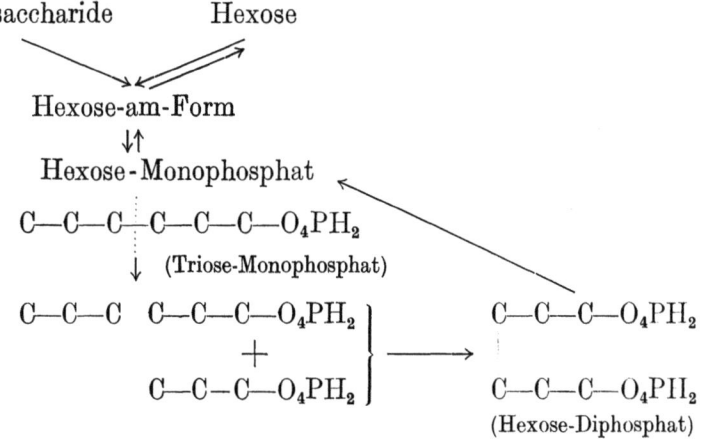

Die Frage nach der Natur der C_3-Körper $C_3H_6O_3$ (bzw. deren Phosphorsäure-Ester) ist bekanntlich noch nicht eindeutig gelöst und könnte wohl auch — je nach der umsetzenden Zellart — verschiedene Antworten bedingen. Jedoch lässt sich Milchsäure mit Sicherheit als Primärprodukt ausschliessen. Nach dem Vorgange C. Neubergs neigt man heute zu der Auffassung, dass ein Hydrat des Methylglyoxals, $CH_3 \cdot CO \cdot CHO$, das wichtigste primäre Abbauprodukt des Hexosemoleküls darstellt. Daneben spielt wohl auch — mit dem Methylglyoxal vielleicht durch Gleichgewichtsreaktion verbunden — der Glycerinaldehyd eine Rolle, worauf der Befund Nilssons[2] hindeutet,

---

[1] Vgl. z. B. R. Nilsson, Biochem. Zs 258, 198; 1933.
[2] R. Nilsson, Ark. Kemi 10 A, Nr. 7; 1930.

wonach Hexosemonophosphat bei Gegenwart von (fluoridbehandelter) Hefe mit Acetaldehyd einen Stoff von der Zusammensetzung der **Monophosphoglycerinsäure** liefert, unter gleichzeitiger Reduktion des Aldehyds zu Alkohol. Nach v. Euler und Nilsson[1] entstehen Methylglyoxal und Monophosphoglycerinaldehyd bei der primären Spaltung des Hexosephosphats in äquivalenten Mengen, worauf unter gewöhnlichen anaeroben Bedingungen zwei Moleküle des Aldehydphosphats sich nach dem Schema der **Acyloinsynthese** (vgl. später S. 106f.) zu einem Molekül **Hexosediphosphat** (Harden-Young-Ester), dem häufig beobachteten intermediären Stabilisierungsprodukt des Hexoseabbaus, kondensieren:

$$H_2PO_4 \cdot CH_2 \cdot CHOH \cdot CHO + OHC \cdot HOHC \cdot H_2C \cdot O_4PH_2 \longrightarrow$$

$$H_2PO_4 \cdot CH_2 \cdot \underset{\underset{O}{\underbrace{}}}{\overset{OH}{C}} \cdot \overset{OH}{CH} \cdot \overset{H}{COH} \cdot \overset{H}{C} \cdot CH_2 \cdot O_4PH_2$$

Das Diphosphat vermag nach Massgabe der (im Vergleich zur Vergärung der Hexosen selbst) stets relativ langsam erfolgenden Entphosphorylierung zu Monophosphat (evt. am-Hexose) erneut ins Reaktionsschema (S. 99) einzutreten. Nach Meyerhof[2], Embden u. a. kommt jedoch auch eine direkte Vergärung des Hexosediphosphats in Betracht.

Nach letzten Untersuchungen von Embden[3] u. Mitarbeitern entstehen bei dessen primärer Spaltung im Muskel möglicherweise je ein Molekül Dioxyaceton- und Glycerinaldehyd-Phosphorsäure.

Das **Methylglyoxal** erfährt unter anaeroben Bedingungen entweder, wie gewöhnlich im tierischen Organismus, unter der Einwirkung der **Ketonaldehyd-Mutase** Neubergs, eine innere Dismutation zu Milchsäure oder aber es geht durch Disproportionierung oder Dehydrierung in **Brenztraubensäure** über, an der normalerweise, zum wenigsten bei den Gärungen, die **Carboxylase** einsetzt. Je nachdem, ob die Reaktionskette hiemit zu Ende ist oder noch weitere Dismutationen entweder zwischen zwei gleichen oder zwei verschiedenen Aldehydmolekülen erfolgen, erhält man — neben CO_2 — Glycerin und Acetaldehyd, Glycerin, Alkohol und Essigsäure oder bloss Alkohol als Endprodukte (bzw. 2., 3. und 1. Vergärungsform Neubergs). Nebenreaktionen, wie auch gewisse Pilz- und Bakteriengärungen vermögen jedoch eine Fülle verschiedenartiger Körper zu liefern, worauf bei Gelegenheit noch später zurückzukommen sein wird.

b) Der oxydative Abbau.

Die Annahme ist naheliegend, dass beim **oxydativen** Angriff des Hexosemoleküls — unter der Voraussetzung, dass komplettes Zymase- und Oxydationssystem zur Verfügung stehen — der Sauerstoff unmittelbar im Anschluss

---

[1] H. v. Euler u. Nilsson, Skand. Arch. 59, 201; 1930.
[2] O. Meyerhof, Biochem. Zs. 183, 176; 1927.
[3] G. Embden, Deuticke u. Kraft, Klin. Ws 12, 213; 1933.

an die primäre Spaltung der C_6-Kette eingreift. Dass ihm daneben jederzeit die Möglichkeit zukommt, auch in verschiedenen späteren, dem anaeroben Abbauschema zugehörigen Phasen zu wirken, braucht wohl kaum besonders erwähnt zu werden. Liegt einmal das vollständige destruierende System in der Zelle vor, so wird es häufig von äusseren Umständen, z. B. dem jeweiligen Verhältnis von Brennmaterial- und Sauerstoffversorgung abhängen, ob Oxydoreduktion oder eigentliche Oxydation stattfindet.

Im übrigen oxydieren sich bereits im Modellversuch (T = 37°; m/1-Phosphat von pH 8; 0,04 mol-Hexose) Fructose und Hexosemonophosphate (Robison- und Neuberg-Ester) recht kräftig, Hexosediphosphat ungleich langsamer in Gegenwart von Luftsauerstoff[1]. Der Gedanke, dass auch — ohne primäre Spaltung — eine direkte Dehydrierung des Hexosemoleküls statthaben kann, hat viel Wahrscheinlichkeit für sich, entbehrt jedoch bei dem bisherigen Fehlen präparativer Arbeiten noch der exakten experimentellen Belege. In diese Richtung weisen insbesondere neuere Versuche von Lundsgaard[2] an Hefe und Kaltblütern, bei denen er eine Trennung von Spaltungs- und Oxydationsstoffwechsel erreichte auf Grund der Tatsache, dass Monojodessigsäure den ersteren aufzuheben vermag, ohne letzteren nennenswert zu beeinflussen. Ähnliche Befunde stammen von Trautwein[3] und Mitarbeitern, die zwischen pH 8 und 12 Atmung der Hefe bei bereits erloschener Gärung fanden und eine Veratmung von Maltose bei fehlender Vergärung durch (maltasefreie) Hefen feststellten.

Beschränken wir uns vorläufig auf die bei der Oxydation der primären Spaltstücke des Hexosemoleküls entstehenden Produkte, so ist jedenfalls die schon zitierte — neuerdings durch Embden (l. c.) am Muskel bestätigte — Angabe Nilssons über das Auftreten von Monophosphoglycerinsäure bei der Hefegärung von Bedeutung. Glycerinsäure geht nun schon auf rein chemischem Wege durch gelinde wasserentziehende Mittel in Brenztraubensäure über[4]

$$CH_2OH \cdot CHOH \cdot CO_2H \xrightarrow{-H_2O} CH_2{:}COH \cdot CO_2H \rightleftarrows CH_3 \cdot CO \cdot CO_2H.$$

Die enzymatisch sehr leicht (unter Phosphorsäure-Abspaltung) erfolgende Umwandlung von Monophosphoglycerinsäure in Brenztraubensäure ist neuerdings sowohl für Hefe[5] als auch Muskulatur[6] einwandfrei nachgewiesen worden.

Zur Brenztraubensäure würde aber auch die direkte Dehydrierung des Methylglyoxal-Hydrats führen:

$$CH_3 CO \cdot CH(OH)_2 \xrightarrow{-2H} CH_3 \cdot CO \cdot CO_2H.$$

Decarboxylierung lässt Acetaldehyd entstehen, womit der Anschluss an den terminalen Abbauzyklus der Fett- und Aminosäuren (Acetaldehyd-Essigsäure-Bernsteinsäure-Fumarsäure-Äpfelsäure-Oxalessigsäure-Acetaldehyd)

---

[1] O. Meyerhof u. Lohmann, Biochem. Zs 185, 113; 1927.
[2] E. Lundsgaard, Biochem. Zs 220, 1, 8; 1930.
[3] K. Trautwein u. Mitarb., Biochem. Zs 236, 35; 240, 423; 1931.
[4] E. Erlenmeyer, B. 14, 320; 1881.
[5] C. Neuberg u. Kobel, Biochem. Zs 260, 241; 1933.
[6] G. Embden, Deuticke u. Kraft, l. c.

erreicht ist. In diesem Abbauschema der Hexosen sind also heute praktisch alle Teilphasen als reine Enzymreaktionen nachgewiesen.

Möglicherweise besteht für den Abbau der Brenztraubensäure noch ein zweiter Weg, auf den zuerst Toennissen und Brinkmann[1] hingewiesen haben. Bei der Durchströmung von Warmblütermuskulatur mit Blut unter Zusatz von Brenztraubensäure lässt sich nämlich Bernsteinsäure (neben Ameisensäure) als Reaktionsprodukt nachweisen, nicht dagegen Essigsäure, welch letztere unter den Bedingungen des Durchblutungsversuchs auch keine Bernsteinsäure lieferte. Danach ist es wahrscheinlich, dass die dehydrierende Verknüpfung zweier Säuremoleküle schon auf der Stufe der Brenztraubensäure, und zwar zu $\alpha\alpha$-Diketoadipinsäure erfolgt ist:

$$\begin{array}{c} CH_3 \cdot CO \cdot CO_2H \\ + \\ CH_3 \cdot CO \cdot CO_2H \end{array} \xrightarrow{-2H} \begin{array}{c} CH_2 \cdot CO \cdot CO_2H \\ | \\ CH_2 \cdot CO \cdot CO_2H \end{array}.$$

Ob allerdings der von Toennissen und Brinkmann angenommene weitere Abbau dieser Verbindung durch Hydrolyse zu Bernsteinsäure und Ameisensäure (welch letztere dann zu CO_2 und H_2O oxydiert werden kann) den normalen Hauptweg der Reaktion darstellt, ist bei der im allgemeinen nur mässigen Angreifbarkeit der Ameisensäure im höheren Organismus doch recht fraglich; die Möglichkeit einer direkten kombinierten Decarboxylierung und Dehydrierung der Di-Ketosäure dürfte in allgemeinerer Form für den tierischen Organismus wohl nicht von der Hand zu weisen sein. Die Entscheidung hängt mit der noch nicht geklärten Frage nach der — von verschiedener Seite bestrittenen — Bedeutung der Carboxylase für den Umsatz der tierischen, besonders der Muskelzelle zusammen.

c) Glykolyse und Meyerhofsche Reaktion.

Es soll noch kurz auf die kombiniert anaerob-aeroben Abbauvorgänge an Kohlehydrat, wie sie im Muskel und vielen anderen tierischen Zellen vorkommen, eingegangen werden. In einer anaeroben (beim Muskel der Arbeits-) Phase erfolgt Milchsäurebildung aus Glykogen (Glykolyse). Es war bisher üblich, diese Milchsäure als ein Stabilisierungsprodukt des (etwa nach dem Schema S. 99) primär entstandenen Methylglyoxal-Hydrats aufzufassen, gebildet durch dessen enzymatische intramolekulare Disproportionierung:

$$CH_3 \cdot CO \cdot CH(OH)_2 \longrightarrow CH_3 \cdot CHOH \cdot CO_2H.$$

Vgl. jedoch die neue Auffassung von Embden, Deuticke und Kraft (l. c.), wonach die Milchsäure aus Hexosediphosphat über Monophosphoglycerinaldehyd-Monophosphoglycerinsäure-Brenztraubensäure entsteht. Auch der unlängst von Lohmann[2] erhobene Befund, dass die Wirksamkeit der Ketonaldehyd-Mutase bei der Umwandlung synthetischen Methylglyoxals an die Anwesenheit von Glutathion geknüpft ist, während die enzymatische Milchsäurebildung aus Glykogen durch Muskulatur auch ohne Glutathion erfolgt, hat bereits Zweifel an der Schlüsselstellung des Methylglyoxals bei der Glykolyse erstehen lassen.

In der aeroben (beim Muskel der Erholungs-) Phase tritt jener merkwürdige Vorgang ein, den man gewöhnlich als Meyerhofsche Reaktion bezeichnet[3]. Milchsäure verschwindet, aber die aufgenommene Sauerstoffmenge entspricht nur etwa $1/3$—$1/6$ der zur vollständigen Oxydation der verschwundenen Milchsäure benötigten. Auf Grund der Bestimmung des Respira-

---

[1] E. Toennissen u. Brinkmann, H. 187, 137; 1930. — E. Toennissen, Klin. Ws 9, 211; 1930.

[2] K. Lohmann, Biochem. Zs 254, 332; 1932.

[3] O. Meyerhof, Erg. Physiol. 22, 328; 1923.

tionsquotienten $\frac{CO_2}{O_2} = 1$, der Milchsäure und der Kohlehydrate ergibt sich als naheliegendster Schluss der, dass $^1/_3$—$^1/_6$ der Milchsäure vollständig verbrannt und der Rest zu Glykogen resynthetisiert worden ist. Eine Entscheidung über die Frage, ob nun tatsächlich Milchsäure oder das entsprechende Äquivalent an Kohlehydrat oxydiert wird, lässt sich nach den vorliegenden Bilanzdaten natürlich nicht treffen. Aber auf Grund einer gewissen Unzweckmässigkeit, die darin liegen würde, dass der Organismus den oxydativen Abbau nicht in einem Zuge, sondern über ein intermediäres Stabilisierungsprodukt durchführt, neigt man heute ziemlich allgemein zu der Auffassung, dass praktisch die gesamte Milchsäure durch Resynthese verschwindet und an ihrer Stelle eben $^1/_3$—$^1/_6$ Äquivalent Kohlehydrat, vielleicht auf dem im vorstehenden näher beschriebenen Wege, jedenfalls nicht über Milchsäure, vollständig oxydiert wird. Für einen Meyerhof-Quotienten $\left(\frac{\text{total verschwundene Milchsäure}}{\text{oxydierte Milchsäure-Äquivalente}}\right)$ von 4 liesse sich der Gesamtvorgang also durch folgende beide Gleichungen ausdrücken:

Anaerobe Phase:
$$5/n\,[C_6H_{10}O_5]_n + 5\,H_2O \rightarrow 5\,C_6H_{12}O_6 \rightarrow 8\,C_3H_6O_3 + C_6H_{12}O_6.$$

Aerobe Phase:
$$8\,C_3H_6O_3 + C_6H_{12}O_6 + 6\,O_2 \rightarrow 4/n\,[C_6H_{10}O_5]_n + 6\,CO_2 + 10\,H_2O.$$

Energetisch liegen die Verhältnisse offensichtlich derart, dass die Energie, die bei der vollständigen Verbrennung eines Zuckermoleküls gewonnen werden kann, zur Resynthese von Glykogen aus Milchsäure verwendet wird. Die Meyerhof-Reaktion stellt also einen gekoppelten Prozess dar, jedoch liegt, wie das Schwanken des Meyerhof-Quotienten zeigt, nicht das bekannte Bild der chemischen Reaktionskopplung vor, bei der stets eine stöchiometrische Gleichung mit bestimmten Indices erfüllt sein muss, sondern eine allgemeinere Form, die man bei der noch mangelnden Kenntnis ihres feineren Mechanismus zunächst einmal als energetische Reaktionskopplung bezeichnen mag. Im übrigen scheint nach Untersuchungen Meyerhofs[1] und Mitarbeitern an der Leber auch die Oxydation anderer Brennstoffe als Kohlehydrate, z. B. von Aminosäuren den zur Resynthese notwendigen Energiebetrag zur Verfügung stellen zu können.

Da über den Chemismus der Meyerhof-Reaktion experimentell noch nichts Sicheres bekannt ist, mag hier zum wenigsten auf die Vorstellung v. Eulers[2] hingewiesen werden, wonach beim oxydativen Zerfall von Zucker-, wahrscheinlich auch Aminosäure- und Fettsäuremolekülen eine so energiereiche und reaktionsfähige C_3-Kette hinterbleibt, dass diese mit einem Molekül Milchsäure — evtl. nach dessen vorheriger intramolekularer Umwandlung — in Reaktion treten und ein Hexoseradikal bilden kann, dessen Energieinhalt zur Glykogensynthese ausreicht. An sich ist die Erscheinung besonderer Reaktionsfähigkeit im „status nascendi", wo den Molekülen noch die Anregungs- bzw. Reaktionsenergie innewohnt, auf dem Gebiet der reinen Chemie ja lange bekannt gewesen. In letzter Zeit mehren sich die Fälle, die eine erhöhte Beachtung

---

[1] O. Meyerhof, Lohmann u. Meier, Biochem. Zs 157, 459; 1925.
[2] H. v. Euler u. Myrbäck, Svensk kem. Tidskr. 57, 173; 1925.

dieses Phänomens auch auf dem Gebiete der Enzymreaktionen notwendig machen. Ausser der Meyerhof-Reaktion seien hier nur die Acyloinsynthese bei der Brenztraubensäurespaltung, die Citronensäuresynthese (wahrscheinlich aus Essigsäure + Oxalessigsäure im „status nascendi") bei der Gärung, das unerwartet rasche Weiterreagieren von Zwischenstufen wie Acetaldehyd bei der Essiggärung, Bernsteinsäure bei der Hefegärung als Beispiele angeführt. Weiteres s. Kap. VI, 6 g.

Zur enzymatischen Seite des Problems ist noch zu sagen, dass zwar die Entstehung der Milchsäure aus Zucker ein rein enzymatischer Vorgang ist, dass aber das Phänomen der Resynthese bisher in zellfreien Extrakten noch nicht beobachtet werden konnte.

d) Die Gärungen.

Während der Kohlehydratabbau zu Milchsäure, die Glykolyse, für die tierische Zelle bei Anaerobiose typisch ist, wählt der pflanzliche Organismus unter der gleichen Bedingung im allgemeinen einen anderen Weg, als Gärung im engeren Sinne bezeichnet, der normalerweise zu Alkohol und CO_2 als Hauptprodukten führt, in anderen Fällen aber auch Aldehyd, Essigsäure und Glycerin sowie eine Fülle von Nebenprodukten entstehen lässt. Die Bakterien und gewisse Pilze nehmen eine Mittelstellung ein, indem sie sowohl Milchsäure als auch Alkohol und Essigsäure, sowie, je nach ihrer Art, eine ganze Anzahl verschiedener und charakteristischer Abbauprodukte liefern können.

Die normale alkoholische Gärung, die 1. Vergärungsform Neubergs,

$$C_6H_{12}O_6 \rightarrow 2\,C_2H_5OH + 2\,CO_2$$

lässt sich bekanntlich auf eine Dismutation des nach dem Schema S. 99 gebildeten Methylglyoxals, gefolgt von einer Decarboxylierung des Oxydationsprodukts Brenztraubensäure und einer weiteren „gemischten" Dismutation des Decarboxylierungsprodukts Acetaldehyd mit Methylglyoxal zurückführen:

$$\left.\begin{array}{l} CH_2{:}COH\cdot CHO \\ \text{Methylglyoxal (Enol)} \\ + \\ CH_3\cdot CO\cdot CH{\diagup}^{OH}_{OH} \\ \text{Methylglyoxal (Hydrat)} \end{array}\right\} \longrightarrow \begin{array}{l} CH_2{:}COH\cdot CH_2OH \\ \text{Brenztraubenalkohol} \\ + \\ CH_3\cdot CO\cdot CO_2H \\ \text{Brenztraubensäure} \\ \downarrow \end{array} \left[\longrightarrow CH_2OH\cdot CHOH\cdot CH_2OH\right] \text{ Glycerin}$$

$$\longrightarrow CH_3\cdot CO\cdot CH{\diagup}^{OH}_{OH} + CH_3\cdot CHO \quad\quad\quad\quad\quad\quad\quad\quad\quad CO_2$$
$$\text{Acetaldehyd}$$

$$\downarrow \quad\quad\quad\quad\quad\quad\quad\quad\quad\quad\quad\quad\quad\quad\quad\longrightarrow CH_3\cdot CH_2OH$$
$$CH_3\cdot CO\cdot CO_2H \quad\quad\quad\quad\quad\quad\quad\quad\quad\quad\quad\quad\quad\text{Alkohol}$$
$$\text{usw.}$$

Das Schema erklärt die Bildung praktisch äquivalenter Mengen Alkohol und CO_2 und das stets beobachtete Auftreten von Glycerin in kleinen Mengen

($2^1/_2$—6% des Zuckers). Letzteres kann zu einem stöchiometrischen Reaktionsprodukt werden, wenn man durch Zugabe von Sulfit (auch Dimedon und anderen Stoffen) den Acetaldehyd bindet und so seine Disproportionierung verhindert (2. Vergärungsform Neubergs):

$$\begin{array}{c}CH_2:COH\cdot CHO\\+\\CH_3\cdot CO\cdot CH{<}^{OH}_{OH}\end{array} \longrightarrow \begin{array}{c}CH_2:COH\cdot CH_2OH\\+\\CH_3\cdot CO\cdot CO_2H\end{array} \longrightarrow \begin{array}{c}\mathbf{CH_2OH\cdot CHOH\cdot CH_2OH}\\\text{Glycerin}\end{array}$$

$$\swarrow \qquad \searrow$$

$$\mathbf{CH_3\cdot CHO} \qquad\qquad CO_2$$
$$\text{Acetaldehyd}$$

Schliesslich kann bei schwach alkalischer Reaktion die Eigendismutation des Acetaldehyds über die gemischte Disproportionierung mit Methylglyoxal das Übergewicht bekommen, so dass dann auf je 2 Moleküle Glycerin und CO_2 je 1 Molekül Alkohol und Essigsäure entstehen (3. Vergärungsform Neubergs):

$$\begin{array}{c}CH_2:COH\cdot CHO\\+\\CH_3\cdot CO\cdot CH{<}^{OH}_{OH}\end{array} \longrightarrow \begin{array}{c}CH_2:COH\cdot CH_2OH\\+\\CH_3\cdot CO\cdot CO_2H\\\downarrow\\CH_3\cdot CHO\end{array} \longrightarrow \begin{array}{c}\mathbf{CH_2OH\cdot CHOH\cdot CH_2OH}\\\text{Glycerin}\\\\CO_2\end{array}$$

$$\swarrow \qquad \searrow$$

$$\begin{array}{cc}\mathbf{^1/_2\,CH_3CO_2H} & \mathbf{^1/_2\,CH_3\cdot CH_2OH}\\\text{Essigsäure} & \text{Alkohol}\end{array}$$

Als 4. Vergärungsform bezeichnet Neuberg[1] die an gewissen Bakterien beobachtete Butylgärung, die zu Buttersäure bzw. Butylalkohol führt:

$$C_6H_{12}O_6 \rightarrow C_3H_7\cdot CO_2H + 2\,CO_2 + 2\,H_2;$$
$$C_6H_{12}O_6 \rightarrow C_3H_7\cdot CH_2OH + 2\,CO_2 + H_2O.$$

Als Zwischenprodukt ist in beiden Fällen das Aldol der Brenztrauben-

säure anzusehen, $\begin{array}{c}CH_3\cdot C(OH)\cdot CO_2H\\|\\CH_2\cdot CO\cdot CO_2H\end{array}$, aus dem durch zweimalige Decarb-

oxylierung und eine Art Saccharin-Umlagerung

$$-CHOH-CH_2-CHO \longrightarrow -CH_2-CH_2-CO_2H$$

Buttersäure oder durch Decarboxylierung und Reduktion Butylalkohol entstehen. Eine ähnliche, wenn auch nicht intramolekulare Reduktion einer Alkoholgruppe unter Bildung der freien Fettsäure erfolgt auch bei der bakteriellen Propionsäuregärung, wo auf der Durchgangsstufe der Milchsäure

---

[1] C. Neuberg u. Arinstein, Biochem. Zs **117**, **269**; 1921.

intermolekulare Oxydoreduktion zu Propionsäure und Brenztraubensäure bzw. Essigsäure und CO_2 eintritt:

$$3\,CH_3 \cdot CHOH \cdot CO_2H \rightarrow 2\,CH_3 \cdot CH_2 \cdot CO_2H + CH_3 \cdot CO_2H + CO_2 + H_2O.$$

Was aber gerade die Buttersäuregärung in physiologischer Hinsicht so interessant macht, ist die Tatsache, dass sie — neben dem vielleicht einer Verallgemeinerung an den zweibasischen Säuren fähigen Reaktionsschema Essigsäure-Bernsteinsäure — eine der wenigen, hinsichtlich des Mechanismus klar erkannten enzymatischen Übergangsreaktionen von den Zuckern zu den Fettsäuren darstellt.

Neuberg und Arinstein[1] haben übrigens bei der Buttersäuregärung auch die auf C_4 folgenden einfachen Fettsäuren mit paariger C-Zahl (bis C_{10}) isoliert.

Es mag in diesem Zusammenhang noch auf einen weiteren Fall biologischer Synthese hingewiesen werden, der wahrscheinlich ebenfalls nach dem Schema der Aldolkondensation verläuft. Sowohl Schimmelpilze[2] als auch Hefen[3] vermögen Essigsäure in recht erheblichem Ausmass (15%) in Citronensäure umzuwandeln. Die Annahme von Wieland und Sonderhoff[3], dass enzymatisch aktivierte Oxalessigsäure, die ja in der Abbaureihe der Bernsteinsäure steht, sich mit Essigsäure aldolartig zu verknüpfen vermag,

$$\begin{array}{c} HO_2C\text{—}CO \\ | \\ HO_2C\text{—}CH_2 \end{array} + H_3C\text{—}CO_2H \longrightarrow \begin{array}{c} HO_2C\text{—}C(OH)\text{—}CH_2\text{—}CO_2H \\ | \\ HO_2C\text{—}CH_2 \end{array},$$

erscheint durchaus plausibel. Es ist äusserst wahrscheinlich, dass auch die Citronensäuregärung des Zuckers, wie sie bei gewissen Schimmel- und Schleimpilzen vorkommt, von einem derartig weitgehenden primären Abbau der Hexose zu C_2-Körpern eingeleitet wird.

Über eine bei physiologischen Aciditäten vor sich gehende Katalyse von Aldolkondensationen durch Aminosäuren haben Fischer und Marschall[4] Angaben gemacht.

Neben der Aldolkondensation spielt noch ein anderer, bei Gärungsprozessen beobachteter synthetischer Vorgang eine wichtige Rolle; er dokumentiert sich bei Zugabe von Benzaldehyd oder Acetaldehyd zu Gärgemischen und führt zur Bildung optisch aktiver Acyloine:

$$C_6H_5\text{-CHO} + HOC \cdot CH_3 \rightarrow C_6H_5\text{-CHOH} \cdot CO \cdot CH_3$$

$$CH_3 \cdot CHO + HOC \cdot CH_3 \rightarrow CH_3 \cdot CHOH \cdot CO \cdot CH_3.$$

---

[1] C. Neuberg u. Arinstein, l. c.
[2] T. Chrząszcz u. Tiukow, Biochem. Zs 229, 343; 1930. — K. Bernhauer u. Siebenäuger, Biochem. Zs 240, 232; 1931.
[3] H. Wieland u. Sonderhoff, A. 499, 213; 1932.
[4] F. G. Fischer u. Marschall, B. 64, 2825; 1931.

Die Acyloinsynthese gelingt mit zellfreien Säften, jedoch nur mit nascierendem Acetaldehyd, demgemäss auch mit Brenztraubensäure + Carboxylase. Wie schon früher erwähnt (S. 83), ist die von Neuberg angenommene Existenz eines eigenen Ferments mit kernsynthetischer Funktion, der Carboligase[1], durch neuere Beobachtungen besonders an Modellen[2] wieder fraglich geworden. Auch hier liegt möglicherweise, ähnlich wie bei der Meyerhof-Reaktion, eine spontane Reaktion angeregter Moleküle vor. Ungeklärt bleibt allerdings hierbei die Tatsache, dass frische Hefe optisch aktives Acetoin liefert, während bei Verwendung von zellfreien Säften und in den Modellversuchen, bei denen der Zerfall der Ketosäure z. B. durch Bestrahlung oder Aminosäurekatalyse erreicht wurde, inaktive Produkte entstanden.

Die Acyloin-Reaktion, angreifend auch an anderen Aldehyden, wie z. B. Methylglyoxal, Glycerinaldehyd dürfte bei der Rückbildung von Hexosediphosphat aus dismutiertem Monophosphat (S. 99 f.) sowie möglicherweise auch bei der Meyerhof-Reaktion eine wichtige Rolle spielen.

e) Fermente und Co-Fermente.

Es erscheint an dieser Stelle vielleicht zweckmässig, die am Kohlehydratabbau beteiligten Enzyme — namentlich im Hinblick auf den Anteil der eigentlichen Oxydoreduktionsenzyme — kurz zusammenzufassen. Wir haben es danach mit wenigstens folgenden Fermenten zu tun:

Hexokinase (Meyerhofs Aktivator), welche die gewöhnlichen stabilen Hexosen beschleunigt in die mit ihnen im Gleichgewicht stehenden reaktionsfähigen am-Formen überführt. (Geht man von Polysacchariden aus, so tritt an Stelle der Hexokinase die entsprechende Carbohydrase.)

Phosphatese-Phosphatase, welche aus den reaktionsfähigen Formen und anorganischem Phosphat Hexosemonophosphorsäuren (z. B. Robisons Ester) bildet und in einer späteren Phase Hexosediphosphat (Harden-Young-Ester), (vielleicht auch C_3-Monophosphate) hydrolysiert.

Die Mutase bewirkt im Anschluss an die Phosphorylierung die primäre Disproportionierung des Hexosemoleküls, die von dessen Zerfall in zwei C_3-Körper begleitet ist. Enzyme von verwandtem Typus — Oxyredukasen oder Redoxasen, im Sinne Wielands wasserstoffverschiebende Dehydrasen — besorgen hierauf anaerob die übrigen Cannizzaro-Reaktionen oder aerob, in Verbindung mit einem Oxydationssystem, wie Cytochrom + Oxydase, die Dehydrierung der Aldehyde zu den entsprechenden Säuren auf Kosten des Sauerstoffs. In den späteren Phasen des Abbaus — von der Essigsäure ab — spielen dann verschiedene, mehr oder weniger spezifisch eingestellte Acidodehydrasen (vgl. S. 88 f.) eine wichtige Rolle.

---
[1] C. Neuberg u. J. Hirsch, Biochem. Zs 115, 282; 1921.
[2] W. Dirscherl, H. 201, 47, 78; 1931.

Die Bildung von CO_2 erfolgt stets auf der Stufe von α- und β-Ketocarbonsäuren (Brenztraubensäure, Oxalessigsäure) in einem Prozess nichtoxydoreduktiver Art unter dem Einfluss der Carboxylase. Mit ihrer Wirkung möglicherweise verknüpft ist die der Carboligase, die an der Acyloinsynthese, namentlich aber auch an der Synthese des Hexosediphosphats beteiligt sein könnte. Die Existenz eines ähnlichen Ferments, das die Aldolkondensation, etwa bei der Butylgärung, katalysiert, ist nicht erwiesen, aber durchaus möglich.

Die eigentlichen Gärungsenzyme lassen sich, wie die Methoden E. Buchners und v. Lebedews zur Herstellung von Press- und Macerationssäften zeigen, zum Teil von der Zellstruktur trennen. Dagegen ist das Oxydationssystem meist erheblich stärker strukturgebunden.

Charakteristisch für den enzymatischen Abbau der Kohlehydrate ist die notwendige Beteiligung organischer Aktivatoren von relativ niederem Molukulargewicht, der sog. Co-Fermente. Sie sind in Tier- und Pflanzenzellen weit verbreitet und greifen offenbar in die oxydoreduktiven Phasen des Zucker-, (nach neuesten Untersuchungen vielleicht auch des Oxysäuren- (Milch-, Äpfelsäure-[1]) Abbaus) ein. Cozymase, aus Hefe in nahezu reinem Zustande dargestellt, erwies sich nach Analyse und Reaktionen als eine Adenosinphosphorsäure (Adenylsäure), in der also auf ein Molekül Adenin je ein Molekül einer Pentose und ein Molekül Phosphorsäure treffen:

$$C_5N_5H_4 - C_5H_8O_3 - PO_4H_2.$$

Hingegen erwies sich das aus Muskel isolierte Co-Ferment der Milchsäurebildung als eine Adenosin-tri (bzw. pyro)-phosphorsäure.

Über die Beziehungen zwischen den beiden Körpern und eventuelle Übergangsreaktionen in der Zelle ist noch nichts Sicheres bekannt, ebensowenig wie über ihren Wirkungsmechanismus[2].

Es sei noch erwähnt, dass nach neuesten Befunden auch die Carboxylase eines ähnlichen Co-Ferments zur Entfaltung maximaler Wirkung bedarf[3]. Ferner spielt noch ein anorganischer Aktivator, das Magnesium[4], eine bedeutsame Rolle beim enzymatischen Kohlehydratabbau, wahrscheinlich dadurch, dass es in irgendeiner Weise in den Phosphorylierungsvorgang eingreift.

IV. Die Frage nach dem Angriffspunkt der Enzyme.

Die vorausgehenden Abschnitte über die biologischen Abbaureaktionen der organischen Substanz haben jedenfalls eine, oder besser zwei Tatsachen in aller Deutlichkeit vor uns erstehen lassen: Der energieliefernde Angriff der Zellstoffe erfolgt aerob nicht in Form einer radikalen Destruktion des

---

[1] C. G. Holmberg, K. fysiogr. sällskap. Lund. förhandl. 2, 70, 87; 1932.
[2] K. Lohmann, Biochem. Zs 241, 67; 1932.
[3] E. Auhagen, H. 204, 149—209, 20; 1932.
[4] K. Lohmann, Biochem. Zs 237, 470; 1931.

organischen Moleküls unter gleichzeitiger Beladung von C- und H-Atomen mit Sauerstoff, wie man dies früher, etwa für die Veratmung des Zuckers, formelmässig ausdrückte:

$$\begin{array}{c}CH_2OH\\CHOH\\CHOH\\CHOH\\CHOH\\CHO\end{array} + \begin{array}{c}O_2\\O_2\\O_2\\O_2\\O_2\\O_2\end{array} \longrightarrow \begin{array}{c}CO_2\\CO_2\\CO_2\\CO_2\\CO_2\\CO_2\end{array} + \begin{array}{c}H_2O\\H_2O\\H_2O\\H_2O\\H_2O\\H_2O\end{array}$$

er erfolgt aber auch anaerob nicht in Form einer tiefgreifenden Umlagerung mit darauffolgendem Zerfall der kompletten C-Kette, wie dies etwa noch A. v. Baeyer[1] — wenn auch schon unter Annahme einiger Zwischenstufen — für die Vergärung des Zuckers formulierte[1]:

$$\begin{array}{c}CH_2OH\\CHOH\\CHOH\\CHOH\\CHOH\\CH(OH)_2\end{array} \longrightarrow \begin{array}{c}CH_3\\CHOH\\C(OH)_2\\C(OH)_2\\C(OH)_2\\CH_3\end{array} \longrightarrow \begin{array}{c}CH_3\\CHOH\\CO\\CO\\CHOH\\CH_3\end{array} \longrightarrow \begin{array}{c}CH_3\\CH_2\\CO\\CO\\CH_2\\CH_3\end{array} \longrightarrow \begin{array}{c}CH_3\\CH_2OH\\CO_2\\CO_2\\CH_2OH\\CH_3\end{array}$$

Der Angriff der Zellstoffe geschieht vielmehr stufenweise unter dem Einfluss spezifisch wirkender Enzyme, wobei der Umsatz der Einzelphase qualitativ im allgemeinen recht begrenzt ist und sich meist auf die Wegnahme bzw. den Platzwechsel zweier H-Atome oder die Einführung eines O-Atoms beschränkt. Dabei erweist es sich, dass Wasserstoff das eigentliche Brennmaterial der Zelle darstellt[2], während die Bildung von CO_2 in nichtoxydativer Phase durch Spaltung von Keto- (und vielleicht Imino-) Carbonsäuren erfolgt.

Die folgenden Abschnitte sollen sich eingehender mit dem Wirkungsmechanismus der Oxydoreduktionsenzyme, oder exakter ausgedrückt, dem Angriffspunkt ihrer Wirkung befassen. Denken wir zunächst nur an die einfacheren anaeroben Prozesse, die Gärungen im biologischen Sinne, so könnten nach dem früher mitgeteilten Tatsachenmaterial zwei prinzipiell verschiedene Möglichkeiten des enzymatischen Angriffs in Frage kommen: 1. Das Ferment greift an den eigentlichen Gärungssubstraten, dem Zucker, den intermediär gebildeten Aldehyden usw. an, erhöht deren Reaktionsfähigkeit, „aktiviert" sie in irgendwelcher Weise. 2. Das Ferment tritt in engere Beziehung zum H_2O-Molekül, greift irgendwie in den durch die Bruchstücke vermittelten Oxydoreduktionsvorgang ein. In der Tat sind beide

---
[1] A. v. Baeyer, B. 3, 63; 1870.
[2] T. Thunberg, Skand. Arch. 40, 1; 1920.

Auffassungen im Verlauf der ausgedehnten Diskussion, die besonders während der letzten 20—30 Jahre über das Wesen der biologischen Oxydoreduktion geführt worden ist, von verschiedenen Seiten vertreten worden.

Bach[1] nahm an, dass im Wasser oxydierende und reduzierende Teilphasen, das Hydroperoxydhydrat $H_2O{<}{}^{OH}_{OH}$ und das Oxyperhydrid $H_2O{<}{}^{H}_{H}$ auftreten, die untereinander und mit dem Rest des Wassers im Gleichgewicht stehen; „Peroxydasen" und „Perhydridasen" aktivieren diese Teilphasen und veranlassen so Oxydations- bzw. Reduktionswirkungen am Substrat. In ähnlicher Weise betrachten Battelli und Stern[2] die Fermente als eine Art „Mikroelektroden", welche die Ionen des Wassers entladen und als H und OH an die Substrate fixieren sollen.

Gegen beide Formulierungen der Möglichkeit 2 sprechen Bedenken, so die hypothetische Natur der Bachschen Intermediärphasen, die theoretischen Schwierigkeiten bei der Erklärung des Entladungsvorgangs durch die neutralen, organischen Fermente, die mangelhafte Begründung der Spezifität der Enzyme u. a. m. Die Mehrzahl der heutigen Forscher neigt daher zu der ersteren Auffassung, die das Enzym primär am organischen Molekül des Substrates selbst angreifen lässt. Im besonderen hat H. Wieland[3] diese Vorstellungen in einer Fülle von Arbeiten näher präzisiert. Da, wie wir früher gesehen haben, der Effekt der Oxydoreduktionsprozesse in einer Verschiebung von H-Atomen von Molekül zu Molekül oder innerhalb eines Moleküls besteht, liegt es nahe, das Wesen des enzymatischen Angriffs in einer Lockerung eben dieser H-Atome zu erblicken. Dabei kann es sich um „körpereigenen" Wasserstoff, wie bei Alkohol, Bernsteinsäure usw., handeln, oder auch um Hydratwasserstoff, wie bei Aldehyden, Xanthin usw., womit eine Brücke zu den Vorstellungen der Wasseraktivierung geschlagen ist.

Während die Theorie der Substrat-, im besonderen der Wasserstoffaktivierung bei anaeroben Prozessen relativ gut fundiert ist und eigentlich nirgends zu ernsteren Widersprüchen geführt hat, lässt sich das gleiche nicht so uneingeschränkt von ihrer Anwendung auf aerobe Vorgänge, die eigentliche biologische Verbrennung, sagen. Es liegt in der Natur der geschichtlichen Entwicklung mit der lange aufrechterhaltenen, scharfen Trennung zwischen Atmungs- und Gärungsprozessen, dass man bei den ersteren früher das Hauptgewicht stets auf die Aktivierung des molekularen Sauerstoffs legte.

So nahm Schönbein[4] um die Mitte des vorigen Jahrhunderts an, dass oxydable Körper im Blute eine Polarisation des Sauerstoffs zu Ozon und „Antozon", von denen letzteres sich mit Wasser zu H_2O_2 verbindet, bewirken sollten. Ein in den Blutkörperchen enthaltenes Oxydationsferment wirke gleichzeitig als Ozonüberträger und Katalysator der H_2O_2-Spaltung. Ihm

---

[1] A. Bach, B. 42, 4463; 1909. — Biochem. Zs 31, 443; 1911.
[2] F. Battelli u. Stern, Soc. Biol. 83, 1544; 1920. — Arch. intern. physiol. 18, 403; 1921.
[3] H. Wieland, Erg. Physiol. 20, 477; 1922. — Über den Verlauf der Oxydationsvorgänge, Stuttgart 1933.
[4] C. F. Schönbein, Referat über seine Arbeiten bei E. Schaer, Zs Biol. 37, 320; 1899.

gegenüber stellte F. Hoppe-Seyler[1] die Theorie auf, dass der bei Reduktionsprozessen in der Zelle auftretende nascierende Wasserstoff eine Sprengung des O_2-Moleküls unter Bildung von Wasser und atomarem Sauerstoff verursache. M. Traube[2] hat bald darauf das, was Hoppe-Seyler für aktiven Sauerstoff hielt, als Hydroperoxyd erkannt, entstanden nach der Gleichung $2H + O_2 = H_2O_2$.

Die ältere Peroxydtheorie ist dann später von Engler[3] und, im besonderen für die biologische Oxydation, von Bach[4] ausgebaut worden. Danach nimmt ein leicht autoxydabler Körper (A) molekularen Sauerstoff unter Bildung eines Peroxyds auf, worauf dieses letztere die Hälfte seines Sauerstoffs im aktivierten Zustande an andere schwerer oxydierbare Körper (B), etwa von der Natur der gewöhnlichen Zellbrennstoffe, abgibt:

$$A + O_2 \to AO_2,$$
$$AO_2 + B \to AO + BO.$$

Es ist klar, dass das Engler-Bachsche Schema in dieser seiner ursprünglichen und experimentell durch Modellversuche belegten Form eine dauernde O_2-Übertragung in der Zelle nicht zu erklären vermag; A ist nicht Katalysator, sondern wird als stöchiometrischer Reaktionsteilnehmer verbraucht. Die naheliegende und von Bach in der Folge auch zur Erklärung der biologischen Oxydation herangezogene Reaktionsfolge

$$A + O_2 \to AO_2,$$
$$AO_2 + 2B \to A + 2BO,$$

war zwar für organische autoxydable Stoffe noch nicht beobachtet worden, wohl aber mochte sie der katalytischen, sauerstoffaktivierenden Wirkung gewisser Edelmetalle, wie Platin und von Metallsalzen, wie z. B. des Mangans und des Cers, die schon damals bekannt war[5], zugrunde liegen. Ein Wahrscheinlichkeitsbeweis dafür, dass nun auch im Organismus sich ähnliche Vorgänge abspielten, war bei der körperfremden Natur oder dem im Körper nur spurenweisen Auftreten der meisten katalytisch wirksamen Metalle nicht zu erbringen. Wohl war es bekannt, dass das einzige im Organismus in grösserer Menge vorkommende Schwermetall, das Eisen des Blutfarbstoffs, mit dem Sauerstoff in lockere Verbindung tritt. Aber die Funktion des Hämoglobins besteht nur im Transport des Sauerstoffs, der in den Geweben im molekularen, nichtaktivierten Zustande wieder abgegeben wird. Andrerseits war um die Jahrhundertwende von Manchot[6] zwar eine induzierte Reaktion der Ferrosalze nach dem Schema von Engler und Bach mit wahrscheinlicher intermediärer

---

[1] F. Hoppe-Seyler, B. 16, 117, 1917; 1883.

[2] M. Traube, Ges. Abhdlg. Berlin 1899.

[3] C. Engler u. Weissberg, Kritische Studien über den Vorgang des Autoxydation, Braunschweig 1904.

[4] A. Bach, Oxydationsprozesse in der lebenden Substanz, Hdbch. Biochem., Erg.-Bd., 133; 1913.

[5] G. Bertrand, C. R. 124, 1032, 1355; 1897. — A. Job, C. R. 134, 1052; 1902. — 136, 45; 1903.

[6] W. Manchot, Anorg. Chem. 27, 420; 1901. — A. 325, 93, 105; 1902.

Bildung eines Peroxyds FeO_2 nachgewiesen worden, aber für eine **katalytische Betätigung** des Eisens war nach wie vor weder in vitro noch in vivo ein sicherer Anhaltspunkt gegeben. Der Nachweis einer derartigen Wirkung gelang für zellvertraute Stoffe im Reagensglas zuerst Thunberg[1] und bald darauf Warburg[2], indem sie die Beschleunigung der Autoxydation wässriger Lecithin- bzw. Linolensäuresuspensionen durch zugegebene Eisensalze feststellten. In der Folgezeit wurden dann, namentlich durch Warburg[3] und seine Schule, zahlreiche weitere Beispiele derartiger Eisen- (untergeordnet auch Kupfer- und Mangan-) Katalysen an Zuckern, Aminosäuren, Thioverbindungen u. a. aufgezeigt. Von ihm stammt auch der Nachweis der ausserordentlich starken Hemmung derartiger Eisen- und anderer Schwermetallkatalysen durch das typische, metallkomplexbildende Zellgift **Blausäure** (auch CO, NO und H_2S), der von ihm zu einem wichtigen Kriterium der Frage, ob bei einer beobachteten Autoxydation Schwermetallspuren im Spiele sind oder nicht, ausgearbeitet wurde. Keilin[4] war der erste, der in Muskeln und anderen tierischen Geweben, in Pflanzen, Hefen und aeroben Bakterien tatsächlich einen häminähnlichen, jedoch vom Blutfarbstoff verschiedenen, respiratorischen Farbstoff, das **Cytochrom**, entdeckte und nachwies, dass dieser zusammen mit der längst bekannten **Indophenoloxydase** ein vollständiges System der Sauerstoffaktivierung darstellt. Einen gewissen vorläufigen Abschluss gewann diese Richtung biochemischer Forschung durch die grosszügigen Untersuchungen Warburgs[5] über das sauerstoffübertragende Ferment der Atmung, das sich mit der Keilinschen Cytochrom- bzw. Indophenoloxydase identisch erwies und dessen häminartiges Absorptionsspektrum er trotz der minimalen Konzentration des Fermenteisens — $4 \cdot 10^{-7}$ g pro 1 g Zelltrockensubstanz — auf Grund der im Licht erfolgenden Spaltung seiner (inaktiven) CO-Verbindung festlegte. Nach Warburg vermittelt dieses Atmungsferment — eventuell unter Zwischenschaltung der drei Komponenten des Cytochroms — die gesamte Oxydation der Zellsubstrate, es ist in seiner Formulierung eine „Eiweiss-Zucker-Fett-Oxydase"[6]. Das, was man gemeinhin als Oxydationsfermente bezeichnet, etwa Xanthin- oder Succinooxydase, sind nach seiner Auffassung[7] Niederschläge aus Zellextrakten, die weder wie das Atmungsferment wirken noch wie das Atmungsferment beeinflusst werden, es sind allenfalls „denaturierte Reste des Atmungsferments".

Dieser extremen Auffassung ist aber von verschiedenen Seiten, und wohl mit Recht, widersprochen worden. Ganz abgesehen davon, dass die Wirkung

---

[1] T. Thunberg, Skand. Arch. 24, 90; 1910.
[2] O. Warburg, H. 92, 231; 1914.
[3] O. Warburg, Über die katalytischen Wirkungen der lebendigen Substanz, Berlin 1928.
[4] D. Keilin, Proc. Roy. Soc. (B) 98, 312; 1925. — (B) 100, 129; 1926. — (B) 104, 206; 1929.
[5] O. Warburg, Angew. Chem. 45, 1; 1932 (Nobelvortrag).
[6] O. Warburg, Biochem. Zs 231, 493; 1931.
[7] O. Warburg, Biochem. Zs 201, 486; 1928.

verschiedener Enzyme auch in Prozessen mit Beteiligung des Sauerstoffs durch HCN, CO usw. nicht oder kaum beeinflusst wird, sind namentlich in letzter Zeit mehrere Fälle bekannt geworden, in denen auch die Atmung lebender niederer Organismen (Alge Chlorella, Protozoe Paramaecium, Milchsäurebakterien u. a.) sich gegen HCN unempfindlich erwies. Ferner haben Dixon und Elliott[1] an Säugetiergeweben festgestellt, dass HCN, auch in optimaler Konzentration, 10—60%, im Mittel 40% der ursprünglichen Sauerstoffaufnahme unbeeinflusst lässt, während ähnliche HCN-Konzentrationen die Atmung der Hefe, an der Warburg hauptsächlich seine Studien über das Atmungsferment gemacht hatte, vollständig unterbanden.

Gegen die Dixonschen Befunde erhebt Warburg[2] allerdings den Einwand, dass die tierischen Zellen in dem verwendeten Phosphatpuffer geschädigt würden, wodurch, wie des öfteren und ähnlich wie in Zellsäften, die Hemmung durch Komplexbildner unvollständiger werde. (Näheres vgl. Kap. VI, 6 e.)

Aber selbst wenn man eine fermentative O_2-Aktivierung für gegeben betrachtet, erstehen prinzipielle Zweifel an der Einheitlichkeit des Atmungsferments. Es hat sich nämlich u. a. gezeigt[3], dass bei Veratmung von Milchsäure und Bernsteinsäure durch Colibacillen das auf Grund der Hemmung durch CO berechnete Affinitätsverhältnis des Atmungsferments zu O_2 und CO beim Wechsel des Substrats um mehr als das Dreifache variiert, wobei sich beide CO-Fermentverbindungen zudem kaum lichtempfindlich erwiesen. Wie man sich aber eine substratspezifische Sauerstoffaktivierung durch die verschiedenen Atmungsfermente vorstellen soll, ist vorläufig recht unklar. Hier erscheint es doch naheliegender und logischer, auf die substratspezifische Wasserstoffaktivierung, auch bei der Reaktion mit molekularem Sauerstoff, zurückzugreifen. Namentlich Wieland, aber auch Thunberg u. a., haben seit langem den Standpunkt vertreten, dass sich mit dem Eintreten des Sauerstoffs in eine bisher anaerob geführte Reaktionsfolge prinzipiell gar nichts ändere; der Sauerstoff kann genau so gut wie zelleigene oder zellfremde Oxydantien als „Acceptor" des aktivierten Wasserstoffs dienen, mit diesem primär H_2O_2 bildend, welch letzteres tatsächlich in mehreren Fällen — bei Abwesenheit von Katalase — als solches nachgewiesen werden konnte. Beide Forscher haben auch gegen die Unmotiviertheit der Warburgschen Auffassung von Wesen und Bedeutung isolierter, spezifisch wirkender Oxydationsfermente Stellung genommen[4,5] und es als Voraussetzung aller Fermentforschung betont, dass die in vitro beobachteten Erscheinungen im Grunde das Abbild in der Zelle sich abspielender Vorgänge sind — ein Grundsatz, an dem ja bisher auf dem Gebiet der hydrolytischen Enzyme auch noch niemand gezweifelt

---

[1] M. Dixon u. Elliott, Biochem. Jl 23, 812; 1929.
[2] O. Warburg, Biochem. Zs 231, 493; 1931.
[3] R. P. Cook, Haldane u. Mapson, Naturwiss. 18, 848; 1930. — Biochem. Jl 25, 534; 1931.
[4] T. Thunberg, Hdbch. Biochem., Erg.-Bd. 245; 1930.
[5] H. Wieland, (Pedler lecture), Chem. Soc. 1931, 1055.

hat. Ob sich allerdings die Dehydrierungstheorie in ihrer extremen Form, die eine Sauerstoffaktivierung in der Zelle überhaupt bestreitet, das Zelleisen am Substrat als Wasserstoffaktivator angreifen lässt und die Blausäurehemmung auf eine durch die bevorzugte Adsorption der Blausäure bedingte Verdrängung des Sauerstoffs von der wirksamen Enzymoberfläche zurückführt[1], auf die Dauer wird halten lassen, erscheint doch sehr fraglich. Es existieren immerhin eine Menge von Beobachtungen, die sich zum mindesten viel ungezwungener erklären lassen, wenn man die Möglichkeit einer O_2-Aktivierung zugibt. Wenn beispielsweise Cytochrom bisher nur in (obligat oder fakultativ) aerob lebenden Organismen gefunden worden ist, wenn ferner die Cytochromkonzentration in der an Luft intensiv atmenden Bäckerhefe sehr gross, in der kaum atmenden Bierhefe sehr klein ist[2], wenn schliesslich bei einer grossen Anzahl von Bakterien und Schimmelpilzen Parallelismus zwischen Cytochromgehalt und Atmungsintensität festgestellt wurde[3], so dürfte gegen den Schluss, dass Cytochrom ein Katalysator der reinen Sauerstoffatmung ist, kaum etwas einzuwenden sein. Keilin[4] selbst leugnet keineswegs die Wasserstoffaktivierung, im Gegenteil ist es nach seiner Auffassung gerade der durch Dehydrasen aktivierte Wasserstoff, der über das Cytochrom mit dem durch die Cytochromoxydase aktivierten Sauerstoff reagiert. Er gibt sogar zu, dass neben diesem Hauptweg der biologischen Oxydation noch andere Möglichkeiten in Betracht kommen können, so die direkte Reaktion des aktivierten Wasserstoffs mit dem molekularen Sauerstoff oder die Reaktion über ein schwermetallfreies reversibles (z. B. chinoides) Oxydoreduktionssystem. Dixon[5] hat ähnliche Gedankengänge in systematisch noch strafferer Form ausgeführt, indem er die Dehydrasen in zwei Gruppen, aerobe und anaerobe, einteilt, je nach ihrer Fähigkeit, die Aktivierung des Wasserstoffs bis zur freiwilligen Reaktion mit molekularem, oder aber nur mit aktiviertem Sauerstoff treiben zu können. Die Auffassungen von Keilin und Dixon wie auch zahlreiche ähnliche Formulierungen, z. B. von C. Oppenheimer, v. Szent-Györgyi u. a. sind typisch für den heutigen Stand des Problems der biologischen Oxydation. Weder die Theorie der Wasserstoffaktivierung noch die der Sauerstoffaktivierung reichen, jede für sich, dazu aus, das Gesamtbild der physiologischen Verbrennungsprozesse zu erklären. Der Theorie der Wasserstoffaktivierung bleibt, als der universelleren von beiden, das weite Gebiet der anaeroben Prozesse unumschränkt vorbehalten, in dem der aeroben Vorgänge bildet sie zum wenigsten die Grundlage der Reaktionen. In vielen Fällen reicht die Wasserstoffaktivierung zur Auslösung der Reaktion mit

---

[1] H. Wieland, l. c.

[2] D. Keilin, Proc. Roy. Soc. (B) 98, 312; 1925.

[3] H. Yaoi u. H. Tamiya, Proc. imp. Acad. Tokyo 4, 436; 1928. — H. Tamiya, Acta phytochim. 4, 215; 1928.

[4] D. Keilin, Proc. Roy. Soc. (B) 104, 206; 1928.

[5] M. Dixon, Biol. Rev. 4, 352; 1929.

molekularem Sauerstoff aus, in anderen nicht. Im ersteren Falle ist Sauerstoffaktivierung notwendig, im zweiten prinzipiell nicht. Es ist natürlich denkbar, dass die Zelle, die einmal das relativ unspezifischer wirkende System der Sauerstoffaktivierung besitzt, es auch in dieser zweiten Kategorie von Fällen zur Anwendung bringt, mit dem Resultat weiterer Erhöhung der Reaktionsgeschwindigkeit. Primär verwendet sie es offenbar zur Oxydation von Substraten mit an sich schon hinreichend locker sitzendem Wasserstoff (z. B. phenolischer Natur), der keiner weiteren enzymatischen Aktivierung bedarf. Dass Versuche an der intakten lebenden Zelle, wie die Warburgschen am Atmungsferment, über die Art und Weise, wie das zum Abbau bestimmte Material in der Zelle nun tatsächlich umgesetzt wird, keine entscheidende Auskunft geben können, ist bei der komplexen Natur nicht nur der Brennstoffe selbst, sondern auch der Angriffsmechanismen, nicht weiter verwunderlich. Das Ziel der Fermentforschung auch auf dem Gebiete der biologischen Oxydation liegt nach wie vor — und ähnlich wie für die biologische Hydrolyse, wo man ihm schon erheblich nähergekommen ist —, in der Isolierung einzelner Fermentindividuen der Substrataktivierung unter möglichst weitgehender Abtrennung der ihnen anhaftenden Reste des Oxydationssystems. Manches spricht dafür, dass die ersten Phasen dieses beschwerlichen Verfahrens in ganz wenigen Fällen, z. B. bei der Xanthindehydrase, bereits annähernd realisiert sind[1]. Das andere Ziel besteht in der Festlegung und Isolierung der schwermetallhaltigen Oxydationssysteme selbst. Auch hier muss man sagen, dass, zum mindesten was den ersten Punkt betrifft, durch die Untersuchungen an Cytochrom und Atmungsferment, auch die verwandten Untersuchungen über die aktiven Gruppen von Katalase[2] und Peroxydase[3], ein verheissungsvoller Anfang gemacht ist. Erst wenn es geglückt ist, Wasserstoff- und Sauerstoffaktivierungssystem der Zelle voneinander zu trennen und man dann die Möglichkeit besitzt, sie in vitro unter definierten experimentellen Bedingungen wieder zu koppeln, wird man dahin kommen, den Anteil beider am Gesamtkomplex der biologischen Oxydation einwandfrei und quantitativ bestimmen zu können.

V. Die Theorie der Wasserspaltung.

Obwohl man, nach den Ausführungen des letzten Kapitels, heute bei der Deutung biologischer Oxydationsphänomene im wesentlichen mit zwei fundamentalen Mechanismen, dem der Wasserstoff- und dem der Sauerstoffaktivierung, auskommt, soll hier doch auch kurz auf den früher angedeuteten dritten Erklärungsversuch, der mit der Aktivierung bzw. Spaltung des Wassers rechnet, eingegangen werden. Einerseits, weil die von M. Traube geschaffenen

---

[1] H. Wieland u. Mitarbeiter, A. 477, 32; — 483, 217; 1930. — 492, 156; 1932.
[2] K. Zeile u. Hellström, H. 192, 171; 1930. — 195, 39; 1931.
[3] R. Kuhn, Hand u. Florkin, H. 201, 255; 1931.

rein chemischen Grundlagen dieser Theorie im wesentlichen unerschüttert sind und, wie sich später noch zeigen wird, auch in der Argumentation der Dehydrierungstheorie eine fundamentale Rolle spielen; andrerseits, weil die Theorie in ihrer Anwendung auf biologische Fälle auch heute noch vertreten wird, von Bach für das engere Bereich der eigentlichen Oxydoreduktionen, von Battelli und Stern für das Gesamtgebiet der biologischen Oxydation, und weil die Theorie in dieser letzteren universelleren Form lange Strecken mit der Wielandschen Dehydrierungstheorie parallel geht, teilweise sich sogar derselben Beweisführung wie diese bedient.

Ein charakteristischer Zug in der Entwicklung aller Theorien der vitalen Verbrennung, namentlich in früheren Stadien, ist das Zurückgreifen auf einfache Modellreaktionen. Die Wirkungsäusserungen biologischen Materials, der lebenden Zelle sowohl wie vieler Fermente, sind häufig so komplexer Natur, hinsichtlich Konstanz und Reproduzierbarkeit so wechselnd, dass es namentlich anfangs, bei noch fehlender Erfahrung und mangelnder Beherrschung der Methodik, oft unmöglich ist, die Beobachtungen einwandfrei zu interpretieren. Darum greift man auf dieser Stufe, in der Überzeugung, dass dem Mechanismus ein allgemeiner gültiges Prinzip zugrunde liegt, oft auf übersichtliche Reaktionen mit nichtbiologischem, anorganischem oder organischem Material zurück, bei denen das Eintreten der Umsetzung, Art und Menge der Reaktionsprodukte relativ leichter festgestellt werden kann. Die Ergebnisse am Modell richten das Augenmerk auf analoge Erscheinungen am biologischen System, es ergeben sich spezielle, eng umgrenzte Fragestellungen, auf die sich nunmehr, nach den Erfahrungen an der Modellreaktion, unter Umständen eine Antwort finden lässt. Der stete Vergleich der an Ferment und Modell gewonnenen Resultate ermöglicht häufig erst eine in bestimmter Richtung gehende Beweisführung und gibt gleichzeitig einer Theorie biologischer Reaktionen die sichere Grundlage rein chemischer Erfahrung.

1. Die Grundversuche M. Traubes.

Als M. Traube, von physiologischen Studien über die Respiration herkommend, sich den Modellreaktionen zuwandte, wählte er als Anfang den denkbar einfachsten Fall: die Oxydation eines Grundstoffs, das Rosten eines Metalls. Die Autoxydation der unedlen Metalle hatte man sich bis dahin nach dem Vorgange Schönbeins stets als eine direkte Anlagerung von Sauerstoff, wahrscheinlicherweise über ein intermediäres Peroxyd verlaufend, vorgestellt, etwa nach der Formel:

$$Zn + O_2 \rightarrow ZnO_2; \quad ZnO_2 \rightarrow ZnO + O;$$

der nebenbei entstehende aktive Sauerstoff sollte bei Gegenwart von Wasser dieses zu H_2O_2 oxydieren:

$$O + H_2O \rightarrow H_2O_2,$$

welch letzteres von Schönbein in der Tat bei zahlreichen Autoxydationsvorgängen schon beobachtet worden war.

Traube[1] wies demgegenüber nach, dass 1. unedle Metalle, wie Zink, Cadmium, Blei in absolut trockener Atmosphäre, aber auch in Gegenwart nichtwässriger Flüssigkeiten, wie Alkohol usw. nicht im geringsten oxydiert werden; 2. bei der Autoxydation in Gegenwart von Wasser die Hydroxyde,

---

[1] M. Traube, B. 15, 659, 2421, 2434; 1882. — 16, 123, 1201; 1883. — 18, 1877, 1890; 1885. — Ges. Abhdlg. Berlin 1899.

nicht die Oxyde der Metalle entstehen; 3. zugegebene oxydable Stoffe, wie Indigoschwefelsäure nicht oxydiert werden, obwohl nach dem unter geeigneten Bedingungen im erwarteten stöchiometrischen Verhältnis nachgewiesenen H_2O_2 doch reichlich aktiver Sauerstoff intermediär gebildet werden müsste. Im Gegenteil traten bei Gegenwart reduzierbarer Körper, wie Salpeter, sogar beim Schütteln mit Luft, Reduktionsprodukte in Form von Nitrit und Ammoniak auf. Auf Grund dieser und verschiedener anderer Beobachtungen kommt Traube zu dem Schluss, dass die frühere Auffassung vom intermediären Auftreten aktivierten Sauerstoffs nicht richtig sein kann. Nach seiner Anschauung handelt es sich bei diesen Autoxydationen um gekoppelte Prozesse, die dadurch zustande kommen, dass das für sich allein zur messbaren Wasserzersetzung nicht befähigte Metall durch die Affinität des (im Wasser gebundenen) Wasserstoffs zum elementaren Sauerstoff die Fähigkeit zur Wasserspaltung gewinnt:

$$Zn + \begin{matrix} HO{:}H \\ HO{:}H \end{matrix} + \begin{matrix} O \\ \| \\ O \end{matrix} \rightarrow Zn\!\!\begin{matrix} {\diagup}OH \\ {\diagdown}OH \end{matrix} + \begin{matrix} OH \\ | \\ OH \end{matrix}.$$

Wir wissen heute, nach Aufstellung der Spannungsreihe, dass die Traubesche Auffassung in der Hinsicht nicht ganz richtig ist, als die **thermodynamischen Voraussetzungen der Wasserzersetzung durch Zink auch ohne Reaktionskopplung gegeben sind, der Beteiligung des Sauerstoffs also lediglich kinetische Bedeutung zukommt.** Aber der Grundgedanke der Traubeschen Formulierung, dass der molekulare Sauerstoff nur als „Acceptor" des auf irgendeine Weise gelockerten, pränascenten Wasserstoffs fungiert unter Bildung von H_2O_2, ist als solcher in die Wielandsche Theorie übergegangen; tritt irgendwo gelockerter, „aktivierter" oder atomarer Wasserstoff auf, so ist als erstes Reaktionsprodukt mit molekularem Sauerstoff H_2O_2 zu erwarten und umgekehrt ist das tatsächlich beobachtete Auftreten von H_2O_2 ein wichtiges Argument bei der Deutung einer Reaktion als Dehydrierungsvorgang.

Im Bereich der anorganischen Chemie wurde H_2O_2 nach und nach bei der Autoxydation praktisch aller darauf untersuchten Schwermetalle (auch der Edelmetalle, z. B. in Cyanidlösung, sowie zuletzt des Eisens[1]) aufgefunden, daneben in einer ganzen Anzahl von Fällen bei der Autoxydation niederer Oxydationsstufen von Metallen wechselnder Wertigkeit (z. B. Cu^I, Ti^{III}, Sn^{II}, Co^{II} in Cyanid). Während der Nachweis des H_2O_2 bisweilen in der auf Grund der Reaktionsgleichung theoretisch zu erwartenden Menge gelingt, lassen sich in anderen, scheinbar ganz analog gearteten Fällen oft nur Spuren, bisweilen trotz aller Bemühungen überhaupt kein Hydroperoxyd nachweisen. Traube hat auch schon den Grund des Misserfolgs in diesen Fällen aufgezeigt; ebenso wie der Sauerstoff können auch andere Oxydationsmittel, wie eben H_2O_2, aber auch Nitrat usw. als Acceptoren des gelockerten Wasserstoffs aus Wasser fungieren:

$$Zn + \begin{matrix} HO\,H \\ HO\,H \end{matrix} + \begin{matrix} OH \\ | \\ OH \end{matrix} \rightarrow Zn\!\!\begin{matrix} {\diagup}OH \\ {\diagdown}OH \end{matrix} + \begin{matrix} HOH \\ HOH \end{matrix};$$

$$Zn + \begin{matrix} HO{:}H \\ HO{:}H \end{matrix} + O\cdot O_2NK \rightarrow Zn\!\!\begin{matrix} {\diagup}OH \\ {\diagdown}OH \end{matrix} + \begin{matrix} H \\ H \end{matrix}\!\!{\diagdown}O + O_2NK.$$

---
[1] H. Wieland u. Franke, A. 469, 257; 1929.

Im Falle der Autoxydation mit Luftsauerstoff hängt es vom Verhältnis der Reaktionsgeschwindigkeiten von O_2 und H_2O_2 ab, ob und in welchem Ausmass der Nachweis von H_2O_2 gelingt. So hat sich gezeigt, dass bei der Oxydation von Cu^I-Salz, wo H_2O_2 in theoretischer Menge gefunden worden ist, das Verhältnis der Reaktionsgeschwindigkeiten von O_2 und H_2O_2 (natürlich bezogen auf gleiche Konzentration) von der Grössenordnung 10 ist, während es bei der Autoxydation von Fe^{II}-Salz, wo bisher kein H_2O_2 nachgewiesen werden konnte, bestenfalls von der Grössenordnung $1/1000$ ist[1].

Auch unabhängig von der Gegenwart eines sich autoxydierenden Metalls hat Traube die Bildung von H_2O_2 aus aktivem Wasserstoff und molekularem Sauerstoff beobachtet; so beim Schütteln von wasserstoffbeladenem Palladium mit Luft und Wasser, bei der Wasserelektrolyse zwischen Metallelektroden an der Kathode, indem Reaktion des entladenen atomaren Wasserstoffs mit gelöstem Sauerstoff erfolgt, ein Prozess, der durch Zuleiten von Sauerstoff unter hohem Druck (z. B. 100 Atm.) nahezu quantitativ gestaltet werden kann[2]. Es ist in diesem Zusammenhang noch zu erwähnen, dass nach neueren Untersuchungen von Bonhoeffer[3] und Taylor[4] auch der durch Glimmentladung (nach Wood) oder angeregte Quecksilberatome (nach Cario und Franck) erzeugte atomare Wasserstoff bei der Reaktion mit molekularem Sauerstoff primär H_2O_2 liefert.

In verschiedenen polemischen und experimentellen Arbeiten wendet sich Traube auch gegen die Anschauung Hoppe-Seylers[5], wonach nascierender Wasserstoff das Sauerstoffmolekül unter Wasserbildung und Entstehung atomaren, aktiven Sauerstoffs sprengen soll:

$$\begin{matrix} H \\ H \end{matrix} + O = O \rightarrow \begin{matrix} H \\ H \end{matrix} \!\!>\!\! O + O\ [+ O_2 \rightarrow O_3].$$

Er weist nach, dass nascierender Wasserstoff im eigentlichen Sinne des Wortes niemals zu sekundären Oxydationswirkungen Veranlassung gibt und dass andrerseits der aktivierte Wasserstoff im Palladium, den Hoppe-Seyler irrtümlicherweise mit nascierendem verwechselt hatte, bei Gegenwart von Sauerstoff diesen nicht aktiviert (unter Bildung von O bzw. O_3), sondern lediglich zu H_2O_2 reduziert, dessen starke Oxydationswirkungen bei Gegenwart von Palladium Hoppe-Seyler das Vorhandensein aktiven Sauerstoffs vorgetäuscht hatten.

Trotz zahlreicher Züge, welche der Traubeschen und der späteren Wielandschen Theorie gemeinsam sind, ist hier doch auf einen prinzipiellen Unterschied hinzuweisen. Während für Wieland die Abspaltung des Wasserstoffs im Vordergrund des Interesses steht, ist für Traube das Primäre stets die Spaltung des Wassers; so formuliert er beispielsweise die beim Schütteln von Palladiumwasserstoff mit Wasser und Luft eintretende Reaktion

$$\begin{matrix} Pd_2H \\ Pd_2H \end{matrix} + \begin{matrix} OH\,H \\ OH\,H \end{matrix} + \begin{matrix} O \\ \| \\ O \end{matrix} \rightarrow 4\,Pd + \begin{matrix} HOH \\ HOH \end{matrix} + \begin{matrix} H-O \\ | \\ H-O \end{matrix},$$

nicht einfach:

---

[1] H. Wieland u. Franke, A. 473, 289; 1929.
[2] F. Fischer u. Priess, B. 46, 698; 1913.
[3] K. F. Bonhoeffer u. Mitarbeiter, Physik. Chem. 119, 385, 474; 1926.
[4] H. S. Taylor, Am. Soc. 48, 2840; 1926.
[5] F. Hoppe-Seyler, H. 7, 126; 1881. — B. 16, 117, 1917; 1883.

$$\begin{array}{c} Pd_2H \\ Pd_2H \end{array} + \begin{array}{c} O \\ \parallel \\ O \end{array} \rightarrow 4\,Pd + \begin{array}{c} HO \\ | \\ HO \end{array},$$

eine Auffassung, für die er im Ausbleiben der H_2O_2-Bildung beim Schütteln mit wasserfreiem Äther eine Stütze sieht. Möglicherweise spielen jedoch andere Faktoren (wie geringe Löslichkeit und Reaktionsgeschwindigkeit der Komponenten usw.) hierbei eine entscheidende Rolle.

2. Die Anschauungen A. Bachs über Oxydoreduktion.

Traube hat den von ihm aufgefundenen Mechanismus der indirekten Autoxydation, wenngleich in recht allgemeiner Form und ohne Angabe quantitativer Versuchsdaten, auch auf die Vorgänge der vitalen Verbrennung übertragen. In ausführlicher Weise, obgleich unter Beschränkung auf reine, sauerstofflos verlaufende Oxydoreduktionsprozesse ist dies dann durch A. Bach[1] geschehen.

Da der Name Bachs in verschiedenem Zusammenhang genannt wird, so sei, um Missverständnisse zu vermeiden, nochmals darauf hingewiesen, dass Bach für aerobe und anaerobe Vorgänge einen prinzipiell verschiedenen Mechanismus annimmt: für die ersteren peroxydartige Bindung des Sauerstoffs und direkte Übertragung desselben auf das Substrat (Engler-Bachsche Theorie), für die letzteren Spaltung des Wassers unter Oxydoreduktionswirkung der Teilphasen (Traube-Bachsche Theorie).

Nach Bach hängt es ganz von der Natur eines Stoffes ab, ob er leichter durch den Sauerstoff der Luft oder des Wassers zu oxydieren ist. Man kann nicht allgemein, ohne Rücksicht auf den Oxydationstyp, von der leichteren oder schwereren Oxydierbarkeit eines Stoffes sprechen; gelber Phosphor reagiert ausserordentlich leicht mit molekularem Sauerstoff, gegen Wasser ist er ganz reaktionsträge; umgekehrt tritt beim Hypophosphit in Gegenwart gewisser metallischer Katalysatoren die auffallende Reaktion mit dem gebundenen Sauerstoff des Wassers stärker in Erscheinung als diejenige mit Luftsauerstoff.

Diese Hypophosphitoxydation auf Kosten des Wassers bei Gegenwart einzelner Metalle wie Kupfer und Palladium betrachtet Bach[2] als eine wichtige Stütze für die Theorie der Wasserzerlegung. Sie lässt sich folgendermassen formulieren:

$$H_3PO_2 + \begin{array}{c} OH\;H \\ OH\;H \end{array} \rightarrow H_3PO_3 + H_2O + H_2.$$

In der späteren Ausgestaltung der Bachschen Theorie bildet das Auftreten oxydierender und reduzierender Intermediärphasen des Wassers,

$$\begin{array}{c} H \\ H \end{array}\!\!>\!O\!<\!\!\begin{array}{c} OH' \\ OH' \end{array} \text{Hydroperoxydhydrat und } \begin{array}{c} H' \\ H' \end{array}\!\!>\!O\!<\!\!\begin{array}{c} H \\ H \end{array} \text{Oxyperhydrid,}$$

die miteinander und dem Rest des Wassers im Gleichgewicht stehen, eine wichtige Rolle[3].

---

[1] Vgl. z. B. A. Bach, Hdbch. Biochem., Erg.-Bd. 133; 1913.
[2] A. Bach, B. 42, 4463; 1909.
[3] A. Bach, Biochem. Zs 31, 443; 1911.

Die letztere Verbindung ist übrigens von J. J. Thomson[1] mittels der Kanalstrahlenmethode aufgefunden worden. Da nach diesem Forscher das Auftreten dreiatomigen Wasserstoffs in den Kanalstrahlen an die Anwesenheit von Sauerstoffspuren geknüpft ist, hält Bach[2] die folgende Reaktion für wahrscheinlich:

$$3\ OH_4 \to 3\ H_2O + 2\ H_3.$$

An diesem Sauerstoffperhydrid greifen nach Bach offenbar auch die metallischen Katalysatoren der Hypophosphitkatalyse an, unter intermediärer Bildung von Hydriden, von denen unter anderem eines von der Zusammensetzung $PdOH_3$[3] bekannt ist. Ihr rascher Zerfall stört das Gleichgewicht der Teilphasen und die Reaktion läuft darum praktisch unter H_2-Entwicklung zu Ende.

Eine weitere Modellreaktion soll ferner der Übergang von Formaldehyd in Ameisensäure unter der Einwirkung von H_2O und H_2O_2 sein, der von Bach und Generosow[4] folgendermassen gedeutet wird:

$$H_2O\!:\!O\ +\ \begin{matrix}H\,|\,HCO\\ H\,|\,HCO\end{matrix}\ +\ \begin{matrix}OH\,|\,H\\ OH\,|\,H\end{matrix}\ \to\ 2\ H_2O + 2\ HCOOH + H_2.$$

Für diesen Fall hat Wieland[5] aber einwandfrei nachgewiesen, dass der Reaktionsverlauf ein anderer ist. Es entsteht nämlich primär durch einfache Addition von Formaldehyd an H_2O_2 Dioxymethylperoxyd

$$\begin{matrix}OH\\ |\\ OH\end{matrix}\ +\ \begin{matrix}CHOH\\ CHOH\end{matrix}\ \to\ \begin{matrix}O\!-\!C(OH)H_2\\ |\\ O\!-\!C(OH)H_2\end{matrix},$$

das sowohl in wässriger als auch in nichtwässriger Lösung und im absolut trockenen Zustand spontan in Ameisensäure und — was besonders bemerkenswert ist — völlig inaktiven d. h. molekularen Wasserstoff zerfällt:

$$\underset{H\quad\ \ H}{H(HO)C\cdot O\,|\,O\cdot C(OH)H}\ \to\ 2\ H(HO)C\!:\!O + H_2.$$

Wieland[6] zieht übrigens auch für die Oxydation der unterphosphorigen Säure bei Gegenwart von Palladium eine andere Deutung vor. Er nimmt, in Analogie zum Verhalten der Ameisensäure, wo der gleiche Katalysator zweifellos die einfache Reaktion

$$O\!:\!C\!\!\begin{matrix}\diagup O\,|\,H\\ \diagdown H\end{matrix}\ \to\ O\!:\!C\!:\!O + 2\ H$$

beschleunigt, auch im Falle der unterphosphorigen Säure Dehydrierung an,

$$O=P\!\!\begin{matrix}\diagup O\,|\,H\\ -\!H\\ \diagdown H\end{matrix}\xrightarrow{-2\,H} O=P\!\!\begin{matrix}\diagup O\\ \diagdown H\end{matrix}\xrightarrow{+H_2O} O=P\!\!\begin{matrix}\diagup OH\\ -\!OH\\ \diagdown H\end{matrix}$$

möglicherweise Dehydrierung eines Hydrats:

$$\begin{matrix}H\,O\\ \diagdown\\ \quad\ P\!\!\begin{matrix}\diagup OH\\ -\!OH\end{matrix}\\ \diagup\\ H\end{matrix}\xrightarrow{-2\,H} O=P\!\!\begin{matrix}\diagup OH\\ -\!OH\\ \diagdown H\end{matrix}.$$

---

[1] J. J. Thomson, Proc. Roy. Soc. (A) 101, 290; 1922. — (A) 89, 1; 1903.
[2] A. Bach, B. 58, 1388; 1925.
[3] C. Paal u. Gerum, B. 41, 805; 1908.
[4] A. Bach u. Generosow, B. 55, 3560; 1922.
[5] H. Wieland u. Wingler, A. 431, 301; 1923.
[6] H. Wieland u. Wingler, A. 434, 185; 1923.

Ebensowenig wie die Phosphit- und Hypophosphitreaktion stellen auch die von Bach[1] zitierte Streckersche Reaktion sowie die analogen Umsetzungen von Aminosäuren mit Isatin und Chinon (vgl. S. 93), die er folgendermassen schreibt

$$R \cdot CH(NH_2) \cdot CO_2H + 3\,OHH + \underset{O}{\underset{\|}{\overset{O}{\overset{\|}{\bigcirc}}}} \rightarrow R \cdot CH(OH)_2 + CO(OH)_2 + NH_3 + \underset{OH}{\underset{}{\overset{OH}{\overset{}{\bigcirc}}}}$$

einen vollgültigen Beweis für die Richtigkeit seiner Auffassung dar. Die Wielandsche Formulierung[2] der Reaktion als einer primären Dehydrierung der Amino- zur Iminosäure mit darauf folgender hydrolytischer Abspaltung des Ammoniaks und Decarboxylierung ist zwar experimentell nicht direkt bewiesen, aber doch wahrscheinlich gemacht und von der Plattform seiner viel umfassenderen Auffassung der Einheit von Oxydation und Oxydoreduktion zweifellos vorzuziehen.

In neuester Zeit hat Bach[3] dann noch die im Sonnenlicht sich abspielende Reaktion zwischen Chinon und Alkohol (auch zwischen Chinon und anderen oxydierbaren Stoffen, wie Pyrogallol und p-Phenylendiamin in Alkohol und Äther) als eine Bestätigung seiner Theorie herangezogen; er formuliert sie folgendermassen:

$$\underset{O}{\underset{\|}{\overset{O}{\overset{\|}{\bigcirc}}}} + \begin{matrix}H\,\vdots\,OH\\ H\,\vdots\,OH\end{matrix} + HOH_2C \cdot CH_3 \rightarrow \underset{OH}{\underset{}{\overset{OH}{\overset{}{\bigcirc}}}} + H_2O + (HO)_2HC \cdot CH_3.$$

Nach der Wielandschen Auffassung der Reaktion als einer direkten Dehydrierung wäre im Gegensatz zur Bachschen eine Beteiligung des Wassers nicht notwendig. Hier liegt also tatsächlich ein Fall vor, in dem sich — auf Grund des Eintretens oder Nichteintretens der Reaktion in wasserfreiem Medium — zugunsten der einen oder anderen Auffassung mit einiger Sicherheit entscheiden liesse.

Allein die Bachsche Argumentation ist kaum stichhaltig, quantitative Bestimmung der Reaktionsprodukte ist nicht erfolgt; er stellt lediglich fest, dass die absolut wasserfreien Alkohollösungen ihre rein gelbe Farbe beibehalten, während mit steigendem Wasserzusatz unter sonst gleichen Bedingungen zunehmende Braunfärbung der Lösungen erfolgt. Diese Braunfärbung geht aber, wie die Verfasser selbst andeuten, auf die Bildung huminartiger Substanzen aus dem Chinon, also von Nebenprodukten, zurück. Damit ist lediglich erwiesen, dass das gegen Bestrahlung ja so empfindliche Chinon in wässrig-alkoholischer Lösung leichter verändert wird als in absolut-alkoholischer, über einen verschiedenartigen Verlauf der Hauptreaktion, bei der doch farblose Endprodukte entstehen, ist damit nichts Entscheidendes ausgesagt. In erhöhtem Masse gilt dies natürlich für die Mischungen von Chinon und Pyrogallol bzw. p-Phenylendiamin in verschiedenen organischen Lösungsmitteln.

---

[1] A. Bach, Biochem. Zs 58, 205; 1913.
[2] H. Wieland u. Bergel, A. 439, 196; 1924.
[3] A. Bach u. Nikolajew, B. 64, 2769; 1931.

Hinsichtlich der Frage, inwieweit sich bei Oxydoreduktionen von biologischem Interesse das Ferment durch nichtenzymatische Modellkatalysatoren ersetzen lässt, sind unsere Erfahrungen noch recht bescheiden. Jedenfalls scheint es, dass das Eisen, von dem eine solche Fülle von Modellkatalysen mit Beteiligung des Sauerstoffs bekannt ist, bei der Oxydoreduktion keine oder zum mindesten keine spezifisch hervortretende Rolle spielt (vgl. Kap. VI, 5 d).

K. Ando[1] hat zwar beschrieben, dass Fe^{II}-Salz die Methylenblaureduktion durch zahlreiche physiologisch wichtige Stoffe aus den verschiedensten Körperklassen beschleunigt bzw. auslöst, allein er hat der durch die Komplexbildung des Fe mit diesen Stoffen verursachten Erniedrigung des $Fe^{\cdots}/Fe^{\cdot\cdot}$-Potentials und damit erhöhten Reduktionskraft des Fe^{II}-Salzes gegenüber Methylenblau nicht genügend Beachtung geschenkt.

Ein lange bekannter, sicherer und charakteristischer Fall einer Oxydoreduktions-Modellkatalyse ist dagegen die Reduktion von Methylenblau durch Formaldehyd, auch Ameisensäure (Schardinger-Reaktion) unter dem Einfluss von kolloiden Platinmetallen[2]. Die Funktion dieser metallischen Katalysatoren setzt Bach[3] nun in Zusammenhang mit seiner Theorie der oxydierenden und reduzierenden Teilphasen des Wassers. Der labile Komplex $H_2O(OH')_2$ verbindet sich mit Platin zu Platinperoxydhydrat $HO \cdot Pt \cdot O \cdot OH$, die reduzierende Komponente $H_2O(H')_2$ in analoger Weise etwa zu $Pt:(OH_3)_2$ Platinoxyperhydrid. Die beiden aktiven Platinverbindungen zerfallen dann, indem sie aktiven Sauerstoff bzw. Wasserstoff an den Aldehyd bzw. das Methylenblau abgeben. Die Störung des Gleichgewichts veranlasst weitere Dissoziation des Wassers in die Teilphasen, wodurch der katalytische Verlauf der Reaktion erklärt ist.

Die Eigenschaft der Platinmetalle, sich sowohl mit Wasserstoff als mit Sauerstoff zu verbinden, bedingt, dass sie sowohl den Reduktions- als den Oxydationsprozess in der Schardinger-Reaktion gleichzeitig beschleunigen; es sind nach Bach Ambokatalysatoren. Dagegen wirken die im Organismus tätigen Katalysatoren spezifisch. In der Tat genügt ja auch schon die Aktivierung einer Teilphase, um durch dauernde Gleichgewichtsstörung den Vorgang zu Ende laufen zu lassen. Danach werden die auf der intermediären Bildung von labilen Sauerstoffverbindungen — Peroxyden — beruhenden Oxydationsprozesse durch Peroxydase beschleunigt, die auf der Wasserspaltung und intermediären Bildung von labilen Wasserstoffverbindungen — Perhydriden — beruhenden Reduktionsprozesse durch die Perhydridase, das Schardinger-Enzym, katalysiert.

Selbst wenn ein absoluter Gegenbeweis gegen die Bachsche Auffassung der Oxydoreduktion nicht zu erbringen wäre, ist doch mindestens festzustellen, dass die Einführung der hypothetischen Kombinationen des Wassers mit seinen Ionen eine unnötige Kompliziertheit und Schwerfälligkeit der ganzen

---

[1] K. Ando, Jl Biochem. 9, 188, 201; 1928.
[2] G. Bredig u. Sommer, Physik. Chem. 70, 34; 1910.
[3] A. Bach, Biochem. Zs 31, 443; 1911. — 33, 282; 1911. — 38, 154; 1912.

Theorie bedingt. An sich leistet die Traubesche Originalfassung mit der einfachen Zerlegung des Wassers in H und OH das gleiche in übersichtlicherer Weise. Hat die Annahme intermediärer Peroxydbildung bei der enzymatischen O_2-Übertragung in Anbetracht des nachgewiesenen Eisengehalts der Zelle noch eine gewisse Berechtigung, so erscheint die Perhydridbildung im Zellmilieu — deren Bedeutung bei der Oxydoreduktion Bach offenbar deshalb so einseitig betont, weil er sonst mit seiner eigenen Oxydationstheorie (vgl. Kap. VIII, 1 b) in Konflikt kommt — vom fermentchemischen Standpunkt doch mehr als zweifelhaft.

Neuere Untersuchungen von Wieland haben es aber äusserst wahrscheinlich gemacht, dass die Bachsche Theorie mit der prinzipiellen Scheidung der Mechanismen für Oxydation und Oxydoreduktion den Tatsachen nicht gerecht wird. Er hat nämlich in verschiedenen Fällen eindeutig nachgewiesen, dass Oxydoreduktion und Reaktion mit dem Luftsauerstoff durch ein und dasselbe Enzym vermittelt werden.

Dies ist z. B. der Fall mit der Xanthindehydrase der Milch, die in praktisch blausäureunempfindlicher Reaktion Hypoxanthin und Xanthin sowohl mit Sauerstoff als auch mit Chinon und chinoiden Farbstoffen, wie Methylenblau, zu Harnsäure oxydiert. Die Angabe von Bach und Michlin[1], dass auch bei Gegenwart von Sauerstoff Harnsäure durch reine Dismutation der Purinbasen gebildet werde, ist durch die exakten Untersuchungen Wielands und Rosenfelds[2] einwandfrei widerlegt worden. Ebenso hat Wieland (mit Macrae[3]) gezeigt, dass das Schardinger-Enzym sowohl die Dismutation als auch die Dehydrierung von Aldehyden durch Methylenblau und Sauerstoff besorgt. Schwache Blausäureempfindlichkeit ist allen drei Reaktionen in ungefähr gleichem Masse zu eigen. Der Befund von Bach und Nikolajew[4], dass hochgereinigtes Milchenzym bei Gegenwart von Salicylaldehyd in Wasserstoff mehr Salicylsäure liefert als in Sauerstoff — im strikten Gegensatz zu den Beobachtungen an Enzymrohpräparaten und an Milch selbst[5] — ist im Wielandschen[2] Laboratorium bestätigt worden. Es ist aber auch gezeigt worden, dass das bei der Sauerstoffreaktion entstehende H_2O_2

$$\underset{OH}{\bigcirc}\text{-CHO} + H_2O + O_2 \rightarrow \underset{OH}{\bigcirc}\text{-CO}_2H + H_2O_2$$

das Enzym rasch zerstört und damit sowohl dieser selbst als auch der Dismutierung ein Ziel setzt. Dass diese Erscheinungen nur bei Verwendung hochgereinigten Enzyms auftreten, liegt daran, dass bei den Reinigungsprozessen ein grosser Teil von Schutzstoffen, namentlich die Katalase, mit der Caseinfällung entfernt wird[6].

Auch die Ansicht von Bach u. Michlin[7], dass Methylenblaureduktion und Sauerstoffaufnahme durch ausgewaschenen Muskel bei Gegenwart von Bernsteinsäure zwei grundsätzlich verschiedene Prozesse sind, ist durch die Wielandsche Schule widerlegt worden. F. G. Fischer[8] zeigte, dass in beiden Fällen die Reaktion nur bis zur Fumarsäure (bzw. durch nachfolgende

---

[1] A. Bach u. Michlin, B. 60, 82; 1927.
[2] H. Wieland u. Rosenfeld, A. 477, 32; 1929.
[3] H. Wieland u. Macrae, A. 483, 217; 1930.
[4] A. Bach u. Nikolajew, Biochem. Zs 169, 105; 1926.
[5] H. Wieland, B. 46, 3327; 1913.
[6] H. Wieland u. Macrae, A. 483, 217; 1930.
[7] A. Bach u. Michlin, B. 60, 817; 1927.
[8] F. G. Fischer, B. 60, 2257; 1927.

Hydratisierung zur Äpfelsäure) geht und dass der relativ geringere Umsatz in den Methylenblauversuchen auf eine Blockierung der Muskelfaser durch das fast unlösliche Leukomethylenblau zurückgeht. Die starke Empfindlichkeit der Sauerstoffreaktion gegen Blausäure im Gegensatz zur Unempfindlichkeit der Methylenblaureduktion bleibt zwar als Tatsache bestehen, aber sie spricht nach G. Fischer nicht gegen die Annahme einer für beide Reaktionen identischen, HCN-unempfindlichen (nach Wieland wasserstoffaktivierenden) Succinodehydrase; höchstens ist für die Sauerstoffreaktion noch ein weiteres HCN-empfindliches Enzym anzunehmen. Wieland und Frage[1] halten auf Grund der Beobachtung, dass auch Chinon die Sauerstoffreaktion in fast demselben Ausmass wie Blausäure hemmt, nicht einmal diese Schlussfolgerung für bindend und sehen in der Blockierung der wirksamen Enzymoberfläche durch diese Stoffe und der daraus resultierenden adsorptiven Verdrängung des Sauerstoffs die Ursache der Hemmung.

Die vorstehend mitgeteilten Tatsachen sowie zahlreiche andere, die hier im einzelnen nicht erwähnt werden können, zeigen wohl deutlich, dass die dualistische Theorie der Oxydationsvorgänge in der Formulierung Bachs sich in der von ihm in Anspruch genommenen allgemeingültigen Form nicht länger halten lässt. Da sie aber häufig zitiert und namentlich von Bach bis in die neueste Zeit hinein vertreten wird — wenn auch mit kleinen Zugeständnissen an Wieland hinsichtlich intermediärer Wasseranlagerung und einer Umdeutung der Perhydridbildung im Sinne der Wielandschen Wasserstoffaktivierung[2] —, so schien eine informatorische Behandlung ihrer Argumente hier am Platze.

3. Die einheitliche Auffassung von F. Battelli und L. Stern.

Den Schwierigkeiten und Widersprüchen der Bachschen Formulierung entgehen auf elegante Weise Battelli und Stern[3], die ebenfalls die Wasserspaltung im Sinne Traubes als Prinzip der Fermentwirkung betrachten. Im Gegensatz zu Bach halten sie aber die Gültigkeit dieses Prinzips nicht nur für die Oxydoreduktion, sondern auch für die Oxydation mit Sauerstoff aufrecht. Durch diese konsequente Verlegung des Fermentangriffs in das Wassermolekül gelangen Battelli und Stern zu einer bestechend einheitlichen Auffassung des gesamten Gebiets fermentativer Wirkungen und eben diese Einheitlichkeit scheint der Hauptanlass ihrer Formulierung zu sein. Sie teilen die Gesamtheit der Enzyme nämlich ein in 1. Hydrolasen, welche die beiden Ionen H˙ und OH′ des Wassers auf ein und dasselbe Substratmolekül unter dessen gleichzeitiger Spaltung übertragen; 2. Hydratasen, welche den gleichen Vorgang ohne Spaltung des Substratmoleküls bewirken, und 3. Oxydoredukasen, welche H˙ und OH′ auf zwei Moleküle gleicher oder verschiedener Art übertragen, damit Reduktion der einen und Oxydation der anderen Komponente bewirkend. Während OH stets an das eigentliche oxydable Substratmolekül geht, vermag H mit einem beliebigen, thermodynamisch möglichen „Wasserstoffacceptor" zu reagieren, z. B.:

---
[1] H. Wieland u. Frage, A. 477, 1; 1929.
[2] A. Bach u. Michlin, B. 60, 82; 1927. — A. Bach u. Nikolajew, B. 64, 2769; 1931.
[3] F. Battelli u. Stern, Soc. Biol. 83, 1544; 1920. — Arch. internat. physiol. 18, 403; 1921. — L. Stern, Biochem. Zs 182, 139; 1927.

$$\text{CH}_3 \cdot \text{CHO} + \begin{matrix} \text{OH} \vdots \text{H} \\ \text{OH} \vdots \text{H} \end{matrix} + \begin{matrix} \nearrow \text{O}_2 & \longrightarrow & \text{H}_2\text{O}_2 \\ \nearrow \text{O} \cdot \text{O}_2\text{NK} & \longrightarrow & \text{O}_2\text{NK} + \text{H}_2\text{O} \\ \langle \text{Chinon} \rangle & \longrightarrow & \langle \text{Hydrochinon} \rangle \\ \searrow \text{OHC} \cdot \text{CH}_3 & \longrightarrow & \text{HOH}_2\text{C} \cdot \text{CH}_3 \end{matrix} + \text{CH}_3 \cdot \text{C}(\text{OH})_3 \xrightarrow{-\text{H}_2\text{O}} \text{CH}_3 \cdot \text{COOH}$$

Zur letzten Gruppe von Enzymen gehört auch die Katalase, deren Wirkung Battelli und Stern folgendermassen veranschaulichen:

$$\begin{matrix} \text{O—H} \\ \text{O—H} \end{matrix} + \begin{matrix} \text{H} \vdots \text{OH} \\ \text{H} \vdots \text{OH} \end{matrix} + \begin{matrix} \text{H} \vdots \text{O} \\ \text{H} \vdots \text{O} \end{matrix} \rightarrow 4\,\text{H}_2\text{O} + \begin{matrix} \text{O} \\ \| \\ \text{O} \end{matrix}.$$

Auf eine Schwierigkeit jeder Theorie der Wasserspaltung in Ionen — obwohl diese Schwierigkeit in der Bachschen Formulierung durch die Cachierung dieser Ionen nicht so zum Ausdruck kommt — ist hier noch hinzuweisen: das ist die Tatsache, dass die Anlagerung der Ionen H˙ und OH′ an einen Stoff ja noch nicht dessen Reduktion bzw. Oxydation bedeutet; diese kommen vielmehr erst durch Aufnahme bzw. Abgabe eines Elektrons, d. h. durch Ausbildung eines elektrischen Stroms zwischen zu oxydierender und zu reduzierender Komponente eines Systems zustande. Battelli und Stern führen nun aus, dass es gerade die Fermente seien, welche die Ionen entladen und als H und OH an die Substrate fixieren sollen, sie könnten also eine Art Mikroelektroden darstellen. Das Ganze ist natürlich vorläufig nur Spekulation, ebenso wie die bisweilen geäusserte Vermutung[1], dass in der Zelle eine elektrolytische Zersetzung des Wassers durch Capillarströme des Protoplasmas erfolgen könnte. Die bisher bekannten und gemessenen Potentialdifferenzen der Zelle (von der Grössenordnung $^1/_{10}$ Volts) sind zu klein, als dass ihnen in dieser Richtung eine Bedeutung zukommen könnte.

Als Stütze ihrer Theorie haben Battelli und Stern eigentlich nur angegeben, dass bei der oxydationskatalytischen Wirkung von Geweben, wie Leber, Niere und Muskel gegenüber zellvertrauten Stoffen der Sauerstoff durch chinoide Farbstoffe (Thionin) ersetzt werden kann und dass ein Parallelismus in der Intensität beider Reaktionen besteht. Es ist klar, dass dieser Nachweis von Wieland mit demselben Recht als Argument für seine Dehydrierungstheorie gedeutet werden kann. In der Tat ist eine Entscheidung zwischen den beiden Theorien auf experimenteller Basis schwer möglich; Fermentreaktionen lassen sich ihrer Natur nach nur in wässrigen Lösungen untersuchen und an eindeutigen Modellreaktionen der Oxydoreduktion hat man eigentlich nur die Platinmetallkatalysen (Reduktion von Chinon und Methylenblau

---

[1] A. Nathansohn, Naturwiss. 7, 909; 1919. — Dageg. F. Fichter, Elektrochem. 27, 487; 1921.

durch Ameisensäure, Aldehyde[1] und Alkohole[2], Disproportionierung des Formaldehyds[3]), die ebenfalls in den allermeisten Fällen in wässrigen Lösungen studiert wurden. Einige Versuche Wielands mit den gewöhnlichen „reinen" Alkoholen, wobei sich am Palladiumkontakt deutlich Aldehyd bildete, sprechen nicht eigentlich für die notwendige Beteiligung des Wassers an der Reaktion. Aber ohne eine besondere, sorgfältige Trocknung der Reagentien bleibt natürlich der mögliche Einwand einer katalytischen Wirkung stets wieder regenerierter Wasserspuren.

Dass der in dieser Richtung liegende Versuch von Bach (S. 121) mit Chinon und absolutem Alkohol im Sonnenlicht auf Grund der mangelhaften Methodik nicht entscheidend ist, ist schon früher erwähnt worden. Ebenso ist die notwendige Gegenwart von Wasser, beim sauerstofflosen Übergang von Aldehyd in Säure keine Stütze für die Theorie der Wasserzerlegung, da die Reaktion im Sinne Wielands mindestens ebensogut als Dehydrierung eines Aldehydhydrats interpretiert werden kann.

Im übrigen richten sich alle Einwände, die sich gegen die Dehydrierungstheorie hinsichtlich der Nichtberücksichtigung einer eventuellen Sauerstoffaktivierung erheben lassen, im selben Masse auch gegen die Auffassung von Battelli und Stern. Was sich gegen ihre Theorie noch im besonderen sagen lässt, ist, dass sie die ausgeprägte Substratspezifität der meisten Enzyme im Gegensatz zur bisweilen fehlenden oder im Durchschnitt wenigstens schwächer entwickelten Wasserstoffacceptorspezifität nicht erklärt. Nach der Theorie der primären Wasserzerlegung sollte man objektiv entweder keine oder aber — entsprechend der Gleichwertigkeit von H und OH — eine annähernd gleich stark entwickelte Substrat- und Acceptorspezifität erwarten. Die Eigenschaft der Wielandschen Dehydrierungstheorie, durch Lokalisierung des Fermentangriffs im Substratmolekül den tatsächlich herrschenden Spezifitätsverhältnissen gerecht zu werden, verleiht ihr ein grosses Übergewicht über die sonst ähnliche Theorie der primären Wasserspaltung nach Battelli und Stern, die — an sich logischer und konsequenter als die Bachsche — in ihrer speziellen Ausformung doch im wesentlichen nur auf formalen, nicht experimentellen Grundlagen ruht.

VI. Die Theorie der Dehydrierung.
1. Die Grundversuche H. Wielands.

Im Jahre 1912 sprach H. Wieland[4] zum ersten Male den Gedanken aus, dass die überwiegende Zahl freiwilliger Oxydationsvorgänge in vivo sowohl wie in vitro nicht auf eine Aktivierung des Sauerstoffs, sondern des Wasserstoffs in der sich autoxydierenden Substanz zurückgehe. Dieser Gedanke bedeutete damals eine erhebliche Umwälzung auf dem Gebiet der herrschenden

---

[1] G. Bredig u. Sommer, Physik. Chem. 70, 34; 1910.
[2] H. Wieland, B. 45, 484; 1912.
[3] E. u. F. Müller, Elektrochem. 31, 41; 1924.
[4] H. Wieland, B. 45, 484, 679, 2606; 1912.

Anschauungen über den Mechanismus der Oxydationsvorgänge. Wohl war ihm durch die vor mehr als einem Vierteljahrhundert ausgesprochenen Ansichten M. Traubes an sich der Boden geebnet, aber eben diese Anschauungen Traubes waren damals in dem umfangreichen System der kombinierten Traube-Engler-Bachschen Oxydationstheorie[1] aufgegangen, in der ihnen, obwohl von ihrem Urheber in grösster Allgemeinheit ausgesprochen, nur ein recht begrenzter Raum zukam. Was man von Traube übernommen hatte, war der Gedanke, dass bei der Autoxydation primär nicht eine unter Sprengung des Moleküls erfolgende „Aktivierung" des Sauerstoffs, sondern zunächst eine Reaktion des Gesamtmoleküls unter „Aufrichtung" der Doppelbindung stattfindet. Das Hauptinteresse war damals aber nicht mehr Prozessen in wässriger Phase vom Typus der durch Traube untersuchten, sondern den auch bei Abwesenheit von Wasser verlaufenden Autoxydationen organischer Stoffe von der Art des Terpentinöls, der Aldehyde, Phosphine usw., die vor allem durch Engler[2] und seine Schule studiert wurden, gewidmet.

In zahlreichen Fällen war es möglich, die Anlagerung des Sauerstoffmoleküls unter Peroxydbildung als Primärreaktion nachzuweisen, häufig gefolgt von der hälftigen Verteilung des Peroxydsauerstoffs auf ein autoxydables Molekül gleicher oder verschiedener Art, nach dem Schema:

$$A + O_2 \rightarrow AO_2;$$
$$AO_2 \xrightarrow[+B]{+A} \begin{array}{l} 2\,AO; \\ AO + BO. \end{array}$$

Als dann Manchot[3] um 1900 den gleichen Mechanismus auch für die Autoxydation der niederen Wertigkeitsstufen verschiedener Metalle (Fe^{II}, Cr^{II}, Ti^{III}) wahrscheinlich machte, zog man diese „Sauerstoffaktivierung durch Peroxydbildung" mehr und mehr auch zur Erklärung der Autoxydationserscheinungen in wässriger Phase heran und betrachtete demgemäss das doch häufig auftretende H_2O_2 als sekundär durch Einwirkung von Wasser auf primäre Peroxyde gebildet.

Das Geltungsbereich der Traubeschen Theorie wurde so mehr und mehr auf die von ihm selbst untersuchten Beispiele der Metall- und Metallwasserstoffautoxydation in Wasser sowie ganz offenkundige Fälle locker sitzenden Wasserstoffs (wie in den Farbstoffleukoverbindungen, Hydrazokörpern, Phenolen usw.) eingeschränkt, während für die Mehrzahl der bekannten Autoxydationsreaktionen dem Erklärungsversuch von Engler-Bach als dem allgemeiner anwendbaren der Vorzug gegeben wurde. Der gleiche Dualismus bestand auch auf dem Fermentgebiet, wo für die damals noch kleine Gruppe der Oxydoreduktionsenzyme (Schardinger-Enzym, Aldehydrase) die Wasserzerlegung, für die eigentlichen Oxydationsfermente die Sauerstoffaktivierung zur Erklärung der Wirkung herangezogen wurde, letztere von Bach

---

[1] A. Bach, Hdbch. Biochem., Erg.-Bd., 133; 1913.

[2] C. Engler u. Weissberg, Kritische Studien über den Vorgang der Autoxydation. Braunschweig 1904.

[3] W. Manchot u. Mitarb., Anorg. Chem. 27, 397, 420; B. 34, 2479; 1901. — A. 325, 93, 105, 125; 1902. — B. 39, 320, 488; 1906.

und Chodat[1] begrifflich noch dahin präzisiert, dass sie durch zwei Komponenten der Oxydasen, eine den Sauerstoff unter Peroxydbildung aufnehmende (Oxygenase) und eine den Peroxydsauerstoff auf das Substrat übertragende (Peroxydase) vermittelt werde.

Wieland kam nicht von der Enzymchemie, sondern von der präparativ-organischen Chemie her. Die im organischen Laboratorium viel angewandte katalytische Hydrierung nach Paal[2], bei der mit Hilfe von kolloidalem Palladium Wasserstoff an Doppelbindungen verschiedener Art bei gewöhnlicher Temperatur angelagert wird, bringt ihn auf die Frage, ob es sich hier womöglich nicht um einen reversiblen Prozess handelt, bei dem das Gleichgewicht nur durch die Besonderheit der präparativen Methodik — grosser Wasserstoffüberschuss — zum Endziel der praktisch vollständigen Hydrierung verschoben ist[3].

Beobachtungen, die auf das Vorliegen derartiger Verhältnisse hindeuteten, lagen — zum wenigsten für höhere Temperaturen — bereits vor. So hatte kurz vorher Zelinsky[4] gezeigt, dass Benzol bei etwa $100°$ in Gegenwart von Palladium rasch und praktisch vollständig zu Cyclohexan hydriert wird, während letzteres beim Überleiten über Palladium von $200-300°$ weitgehend zu Benzol dehydriert wird.

Wenn also — so schliesst Wieland — z. B. Chinon durch die äquimolekulare Wasserstoffmenge bei Gegenwart von Palladium nicht völlig in Hydrochinon überginge, so müsste Hydrochinon durch den gleichen Katalysator in dasselbe Gleichgewicht gebracht werden können, d. h. Hydrochinon müsste am wasserstofffreien Palladium zum Teil in Chinon und Wasserstoff zerfallen. Ganz allgemein sollte man, je nach dem Potential des fixierten Wasserstoffs, diesen in grösserem oder kleinerem Umfang mit Hilfe fein verteilten Platinmetalls aus seinen Verbindungen herausholen können.

Wielands Befund, dass sich in der Tat beim Schütteln von Hydrochinonlösung mit schwach wasserstoffhaltigem Palladiumschwarz — hergestellt durch Reduktion von Palladiumchlorürlösung mit Ameisensäure — die Bildung kleiner Mengen von schwerlöslichem Chinhydron bzw. von Chinon in Lösung nachweisen liesse, ist neuerdings durch Gillespie und Liu[5] angezweifelt und auf einen geringen Oxydgehalt des verwendeten Palladiums zurückgeführt worden. Eine neuerliche Nachprüfung der ursprünglichen Befunde im Wielandschen Institut ergab dann ebenfalls, dass sich diese nicht aufrechterhalten lassen[6]. Der Grund dieser Unstimmigkeit wurde jedoch nicht in der Beschaffenheit des Palladiums, das sich nach der Wielandschen Methode einwandfrei darstellen lässt, gefunden; vielmehr war in der ursprünglichen Versuchsanordnung auf den vollkommenen Ausschluss von Luftsauerstoff nicht genügend Rücksicht genommen, wodurch sich die Entstehung des Chinons erklärt. Wieland hatte seinerzeit aber auch die Zunahme des Wasserstoffs im Palladium bei der Reaktion bestimmt. Bei der erneuten Nachprüfung zeigte sich jedoch, dass diese nur scheinbar gewesen war, insofern als Spuren des zum Auswaschen benutzten Acetons ausserordentlich stark vom Palladium zurück-

---

[1] A. Bach u. Chodat, B. 36, 606; 1903.
[2] C. Paal u. Amberger B. 38, 1406; 1905.
[3] H. Wieland B. 45, 484; 1912.
[4] N. Zelinsky B. 44, 3121; 1911.
[5] L. J. Gillespie u. Liu, Am. Soc. 53, 3969; 1931.
[6] A. Bertho, Erg. Enzymforsch. 2, 210; 1933.

gehalten werden und beim Erhitzen des Metalls einen Wasserstoffgehalt infolge thermischer Zersetzung vortäuschen.

Dieses Ergebnis ist heute bei genauer Kenntnis der thermodynamischen Verhältnisse, die ja für die Dehydrierung des Hydrochinons ausserordentlich ungünstig liegen, nicht weiter überraschend. (Nach Biilmann[1] ist nämlich der Gleichgewichtsdruck des Wasserstoffs über der Chinhydronelektrode von der Grössenordnung 10^{-24} Atm. und dieser Wert erhöht sich auch für reinstes Hydrochinon bestenfalls um einige wenige Grössenordnungen; vgl. auch Abschnitt 4 und Tabelle 14, S. 149 f.). Diese Werte sind allerdings insofern nicht ganz ausschlaggebend, als für das Ausmass der Dehydrierung auch die (unbekannte) maximale Nutzarbeit der Palladiumwasserstoffbildung eine Rolle spielt, da das Palladium ja nicht nur Katalysator, sondern zugleich Reaktionsteilnehmer ist. Gillespie und Hall[2] haben die Reaktionswärme für die Bildung von 2 (Pd_2H) zu rund 8,7 kcal bestimmt. Da jedoch die Dehydrierungswärme von Hydrochinon 42,8 kcal beträgt, so ist auf jeden Fall klar, dass eine messbare Chinonbildung bei der Einwirkung von Palladium auf Hydrochinon unmöglich ist.

Inwieweit durch diese neueren Befunde hinsichtlich der Hydrochinondehydrierung auch die übrigen Versuche Wielands am Palladiummodell betroffen werden, ist ohne Nachprüfung von Fall zu Fall natürlich schwer zu sagen. Nach Tabelle 14, erfolgt ja offenbar nur die Dehydrierung von Ameisensäure, Oxalsäure und höchstwahrscheinlich Aldehyd- und Ketonhydraten acceptorfrei vollständig bzw. in erheblichem Ausmass. Nach Tabelle 13, S. 147 dürfte ferner die Dehydrierung aromatischer Dihydrokörper, wie sie von Wieland zum Teil untersucht wurden, nur geringen Energieaufwand erfordern, so dass die Hydrierungsenergie des Palladiums wahrscheinlich ausreicht, deutliche Dehydrierungsumsätze an diesen Substanzen hervorzurufen. Möglicherweise gehört auch noch die Überführung der aliphatischen CHOH-Gruppe in CO — wenn auch in sehr kleinem Umfang — hierher. Nach Tabelle 14 liegt die (negative) Wärmetönung der Reaktionen dieses Typus in der Nähe von 15—20 kcal, die (positive) der Palladiumwasserstoffbildung ist etwa 9 kcal. Nach späteren Ausführungen über die Energetik der Dehydrierungsreaktionen (S. 146) ergibt sich, dass — bei äquivalenten Ausgangsmengen an Donator und Acceptor — zur Erzielung eines Dehydrierungsumsatzes von 1% bzw. 1%₀ die Differenz der freien Energien von Donator- und Acceptorsystem (bezogen auf „Normalzustände") nicht mehr als 5,5 bzw. 8,2 kcal (zugunsten des Donatorsystems) betragen darf. Nimmt man — was nach späteren Befunden erlaubt scheint — in allererster Näherung Parallelität zwischen Wärmetönung und maximaler Arbeit an, so dürfte nach den oben angegebenen Zahlenwerten die messbare Dehydrierung der primären Alkoholgruppe durch Palladium im Bereich der Möglichkeit liegen.

So gut wie ausgeschlossen ist dagegen die behauptete Dehydrierung aller Stoffe vom Charakter aromatischer Amine und Phenole (vgl. Tabelle 14 A).

Sieht man von der widerlegten Hydrochinondehydrierung ab, so hat Wieland in seiner ersten Arbeit zur Dehydrierungstheorie die Wasserstoff-

$$\text{Naphthalin-}H_2 \xrightarrow{-2H} \text{Naphthalin} \tag{I}$$

$$\text{Anthracen-}H_2 \xrightarrow{-2H} \text{Anthracen} \tag{II}$$

$$\text{C}_6\text{H}_5\text{-CH}_2\text{OH} \xrightarrow{-2H} \text{C}_6\text{H}_5\text{-CHO} \tag{III}$$

---

[1] E. Biilmann, Ann. chim. [9] 15, 109; 1921.
[2] L. J. Gillespie u. Hall, Am. Soc. 48, 1207; 1926.

abspaltung aus Dihydronaphthalin (I), Dihydroanthracen (II) und Alkoholen, besonders Benzylalkohol (III) mit Palladium als „katalysierendem Wasserstoffacceptor" zum mindesten sehr wahrscheinlich gemacht.

Sicherer und energetisch eindeutig sind die Fälle, in denen der durch das Palladium gelockerte Wasserstoff einen andern Teil des Substrats als Acceptor wählt, so dass also das Bild der Disproportionierung auftritt. So hat Wieland bei der Dehydrierung von Dihydronaphthalin unter gewissen Bedingungen, bei der von Hydrazobenzol stets die entsprechenden Hydrierungsprodukte, nämlich Tetrahydronaphthalin bzw. Anilin beobachtet, entsprechend einem teilweisen (im zweiten Falle wahrscheinlich ziemlich ausschliesslichen) Umsatz nach den Beziehungen:

$$\left.\begin{array}{l}C_{10}H_{10} \xrightarrow{-2H} C_{10}H_8 \\ C_{10}H_{10} \xrightarrow{+2H} C_{10}H_{12}\end{array}\right\}$$

$$\left.\begin{array}{l}C_6H_5 \cdot NH \cdot NH \cdot C_6H_5 \xrightarrow{-2H} C_6H_5 \cdot N:N \cdot C_6H_5 \\ C_6H_5 \cdot NH \cdot NH \cdot C_6H_5 \xrightarrow{+2H} 2\,C_6H_5 \cdot NH_2\end{array}\right\}$$

Ähnlich hatte schon im Jahre zuvor Zelinsky[1] eine Disproportionierung des Tetrahydroterephthalsäureesters in Hexahydroterephthalsäure- und Terephthalsäureester bei Gegenwart von Palladium beobachtet.

Von weittragender theoretischer Bedeutung war es, als Wieland bald darauf die Beobachtung machte[2], dass auch feuchter Aldehyd bei Ausschluss von Luft durch Palladium dehydriert wird, unter Bildung der entsprechenden Säure. Der Schluss, dass dabei der Aldehyd in seiner Hydratform reagiere, ist sehr naheliegend und von Wieland auch noch auf andere Weise in seiner Richtigkeit bekräftigt worden.

$$CH_3 \cdot C{\overset{H}{\underset{O}{<}}} \xrightarrow{+H_2O} CH_3 \cdot CH{\overset{OH}{\underset{OH}{<}}} \xrightarrow{-2H} CH_3 \cdot C{\overset{O}{\underset{OH}{<}}}.$$

Er zeigte nämlich, dass Chloralhydrat in Benzollösung mit Silberoxyd sehr rasch unter Säurebildung reagiert, während Chloral selbst, der echte Aldehyd, unter den gleichen Bedingungen unverändert bleibt.

$$CCl_3 \cdot CH{\overset{OH}{\underset{OH}{<}}} + OAg_2 \rightarrow CCl_3 \cdot C{\overset{O}{\underset{OH}{<}}} + H_2O + Ag.$$

Die bisher beschriebenen Vorgänge am Palladiumkontakt stellen natürlich noch keine katalytische Dehydrierung im eigentlichen Sinne des Wortes dar, das Metall ist nicht eigentlich Katalysator, sondern reagierende Masse. Die Reaktionen lassen sich aber zu katalytischen gestalten, wenn man dem Palladium die Bürde des aufgenommenen Wasserstoffes durch Zugabe eines Oxydationsmittels dauernd abnimmt und damit das Gleichgewicht

---

[1] N. Zelinsky u. Glinka, B. 44, 2305; 1911.
[2] H. Wieland, B. 45, 2606; 1912.

zwischen Wasserstoff-„Donator" und „-Acceptor" in der primären Reaktionsfolge

$$-\underset{H}{R}-\underset{H}{R}- + Pd \rightleftharpoons -\underset{H\diagdown \diagup H}{R}-R- \rightleftharpoons -R=R- + PdH_2$$
$$Pd$$

dauernd stört und im Sinne obiger Gleichung nach der rechten Seite verschiebt. Um in dieser sekundären Reaktion

$$PdH_2 + A \rightarrow Pd + H_2A \quad (A = Wasserstoffacceptor)$$

die Ausbildung neuer Gleichgewichte in störendem Umfang zu vermeiden, wird man für A zweckmässig einen Stoff von kräftigem Oxydationsvermögen (und dementsprechend hoher Hydrierungsenergie) wählen. Am naheliegendsten ist es natürlich, Sauerstoff (oder auch Peroxyde) als „Depolarisatoren" des Palladiums anzuwenden. Aber bei allen Vorgängen, bei denen man etwas über den Reaktionsmechanismus erfahren will, ist diese Wahl des Wasserstoffacceptors nicht zweckmässig. Der Einwurf, dass bei Gegenwart von Palladium der Sauerstoff bzw. das Peroxyd, aktiviert über ein Metallperoxyd, auf das Substrat einwirke, ist sehr naheliegend und namentlich in den Fällen, in denen die sauerstofflose Dehydrierung durch Palladium nur spurenweise oder überhaupt nicht nachzuweisen ist, nicht leicht überzeugend zu entkräften. Eindeutig ist hingegen der Charakter einer am Palladium sich abspielenden Reaktion als einer katalytischen Dehydrierung (im Gegensatz zur Oxydation im engeren Sinne, bei der wortgemäss das Hauptgewicht auf die besondere Wirkung des Oxydans, gewöhnlich Sauerstoff, gelegt wird) festgestellt, wenn sie statt mit Sauerstoff oder den diesem häufig gleichzustellenden Peroxyden auch mit anderen Wasserstoffacceptoren, am besten sauerstofffreien, bei denen eine „Aktivierung" durch das Platinmetall rein chemisch nicht gut vorstellbar ist, durchgeführt werden kann. Führt dann tatsächlich die Reaktion mit diesen verschiedenen Wasserstoffacceptoren zu den gleichen Produkten wie diejenige mit Sauerstoff, so ist auch für dessen Fall die primäre Dehydrierung, nicht eine Umschaltung des Mechanismus auf Sauerstoffaktivierung, äusserst wahrscheinlich. Bereits in der ersten seiner oben zitierten Arbeiten hat Wieland von diesem nachmals so wichtig gewordenen Kriterium für die Wesensart eines Oxydationsvorgangs Gebrauch gemacht, indem er die katalytische Dehydrierung von Alkohol durch Palladium sowohl mit Sauerstoff als auch mit Chinon als Acceptor durchführte und damit den Charakter der Davy-Döbereinerschen Reaktion, die fast 100 Jahre lang als das typische Beispiel einer Sauerstoffaktivierung durch das Platinmetall gegolten hatte, als einer Verbrennung katalytisch aktivierten Wasserstoffs erkannte.

Es ist sehr bemerkenswert, dass in der neueren Ausformung der Dehydrierungstheorie [1] die primäre Aktivierung der Wasserstoffatome nicht unmittelbar von deren paarweisem Übergang

---

[1] H. Wieland, Angew. Chem. 44, 579; 1931.

an das Acceptormolekül gefolgt sein muss. Das Auftreten eines Additionsprodukts, im Falle der Reaktion zwischen Alkohol und O_2 nach der Gleichung

$$CH_3 \cdot \underset{H}{\overset{H}{C}} \cdot OH + O=O \rightarrow CH_3 \cdot \overset{H}{C} \underset{O \cdot OH}{\cdot OH}$$

entstanden, liegt danach noch im Rahmen der Theorie und scheint auch mit neueren experimentellen Befunden hinsichtlich der Reaktionsweise ähnlicher, isolierter Peroxyde im Einklang zu stehen[1]. Der Zerfall der Zwischenverbindung könnte nach zwei Richtungen gehen, nämlich einmal zur Bildung von Aldehyd und H_2O_2, dann aber auch zu Essigsäure und H_2O führen.

$$CH_3 \cdot \overset{H}{C}\underset{O-OH}{-OH} \nearrow\searrow \begin{matrix} CH_3 \cdot CHO + H_2O_2 & (1) \\ CH_3 \cdot COOH + H_2O & (2) \end{matrix}$$

2. Die Wasserstoffacceptoren.

Es sollen bereits hier die wichtigsten, sowohl bei Modell- als auch enzymatischen Dehydrierungskatalysen angewandten Wasserstoffacceptoren kurz angeführt werden.

1. **Molekularer Sauerstoff**, der eigentliche und endgültige Acceptor bei allen aeroben Vorgängen. Das Primärprodukt seiner Reaktion ist Hydroperoxyd

$$D{<}^H_H + \overset{O}{\underset{O}{\|}} \longrightarrow D + \overset{HO}{\underset{HO}{|}} \quad \left(D{<}^H_H = \text{Wasserstoffdonator}\right),$$

das nach Wieland nur auf dem hier angegebenen Wege entsteht. Umgekehrt ist das Auftreten von H_2O_2 bei einer unter Sauerstoffaufnahme verlaufenden Reaktion nach Wieland ein sicheres Kennzeichen dafür, dass ihr der Mechanismus der Dehydrierung, nicht der Sauerstoffaktivierung zugrunde liegt. Häufig ist allerdings H_2O_2, trotz aller Wahrscheinlichkeit seines primären Entstehens, nicht zu fassen (vgl. hierzu S. 117 und 175f.). Dies rührt zum Teil daher, dass es von fein verteilten Metallen sowie Metallsalzen unter Umständen rasch zerstört wird

$$2 H_2O_2 \longrightarrow O_2 + 2 H_2O,$$

eine Wirkung, die im Organismus von den weitverbreiteten **Katalasen** ausgeübt wird.

Ein Analogon der Sauerstoffhydrierung sieht Wieland[2] im energieliefernden Lebensprozess der stickstoffassimilierenden Bodenbakterien, bei dem, möglicherweise über die Primärstufe des Hydrazins (das dem Hydroperoxyd analoge „Hydropernitrid"), Ammoniak als Produkt der Zellstoffdehydrierung gebildet wird.

2. **Hydroperoxyd und andere Peroxyde.** Eine andere Möglichkeit, die den Nachweis primär gebildeten H_2O_2 erschweren oder unmöglich machen kann, liegt darin, dass es selbst — und bisweilen sogar erheblich rascher als Sauerstoff — durch Acceptorwirkung gegenüber gelockertem Wasserstoff umgesetzt werden kann:

---

[1] A. Rieche B. 64, 2328; 1931. — Vgl. auch N. Milas, Am. Soc. 53, 223; 1931.
[2] H. Wieland B. 55, 3639; 1922.

$$D\genfrac{}{}{0pt}{}{H}{H} + \genfrac{}{}{0pt}{}{OH}{OH} \longrightarrow D + \genfrac{}{}{0pt}{}{HOH}{HOH}$$

In Modellen wird auch diese Reaktion häufig durch Metall- (z. B. Eisen- und Kupfer-) Verbindungen katalytisch beschleunigt, im Organismus besorgen dies die sog. Peroxydasen.

Wie Hydroperoxyd vermögen häufig seine halb- und doppelseitigen Substitutionsprodukte, Mono- und Di-Alkyl- bzw. Acylperoxyde zu reagieren, wobei die disubstituierten Körper Alkohole bzw. Säuren, die Monokörper daneben noch Wasser als Produkte liefern:

$$\left.\begin{array}{l} D\genfrac{}{}{0pt}{}{H}{H} + \genfrac{}{}{0pt}{}{OR}{OH} = D + \genfrac{}{}{0pt}{}{HOR}{HOH} \\ D\genfrac{}{}{0pt}{}{H}{H} + \genfrac{}{}{0pt}{}{OR}{OR} = D + \genfrac{}{}{0pt}{}{HOR}{HOR} \end{array}\right\} \begin{array}{l} R = \text{Alkyl} \\ \text{oder Acyl} \end{array}$$

3. **Disulfide vom Typus der Dithiodiglykolsäure** $\begin{array}{l} S-CH_2 \cdot COOH \\ | \\ S-CH_2 \cdot COOH \end{array}$

und des Cystins $\begin{array}{l} S \cdot CH_2 \cdot CH(NH_2) \cdot COOH \\ | \\ S \cdot CH_2 \cdot CH(NH_2) \cdot COOH \end{array}$ sind namentlich physiologisch

bedeutsame Wasserstoffacceptoren, die ganz analog den Peroxyden reagieren:

$$D\genfrac{}{}{0pt}{}{H}{H} + \genfrac{}{}{0pt}{}{S \cdot R}{S \cdot R} \longrightarrow D + \genfrac{}{}{0pt}{}{HSR}{HSR}.$$

Es soll hier nur darauf hingewiesen werden, dass ein Tripeptid aus Cystin, Glutaminsäure und Glykokoll, das Glutathion einen primären Zellbestandteil darzustellen scheint und dass die SH-Verbindungen durch Luftsauerstoff sehr leicht in die S-S-Verbindung übergeführt werden können.

4. **Chinoide Verbindungen** aller Art, der Benzo-, Naphtho-, Anthrachinon- und anderer Reihen sind die häufigst angewandten Wasserstoffacceptoren sowohl bei Modell- als biochemischen Reaktionen. Ihr grosser Vorteil liegt darin, dass sie zusammen mit der entsprechenden Hydroverbindung zumeist gut reversibel arbeitende Redoxsysteme von weitem Potentialbereich — das sich in den günstigsten Fällen am meisten unter den gebräuchlichen streng reversiblen Systemen dem des Sauerstoffs nähert — darstellen und dass sich ihr Eintritt in eine Reaktion auf Grund ihrer häufig grossen Farbintensität leicht qualitativ und quantitativ feststellen lässt. Hierher gehören o- und p-Chinone (I und II), Chinondiimine (III), Indophenole (IV) und chinoide Farbstoffe der verschiedensten Gruppen, von denen diejenigen der Thiazinreihe, Thionin und namentlich dessen Tetramethylderivat, das Methylenblau (V), eine ungemein ausgedehnte Verwendung gefunden haben.

$$\text{(I)} \quad \begin{array}{c}\bigcirc\!=\!\text{O} \\ \text{O}\end{array} \underset{\longleftarrow}{\overset{\pm 2\,\text{H}}{\longrightarrow}} \begin{array}{c}\bigcirc\!\!-\!\text{OH} \\ \text{OH}\end{array}$$

$$\text{(II)} \quad \text{O}\!=\!\bigcirc\!=\!\text{O} \underset{\longleftarrow}{\overset{\pm 2\,\text{H}}{\longrightarrow}} \text{HO}\!-\!\bigcirc\!-\!\text{OH}$$

$$\text{(III)} \quad \begin{array}{c}\text{NH} \\ \bigcirc \\ \text{NH}\end{array} \underset{\longleftarrow}{\overset{\pm 2\,\text{H}}{\longrightarrow}} \begin{array}{c}\text{NH}_2 \\ \bigcirc \\ \text{NH}_2\end{array}$$

$$\text{(IV)} \quad \text{O}\!=\!\bigcirc\!=\!\text{N}\!-\!\bigcirc\!-\!\text{OH} \underset{\longleftarrow}{\overset{\pm 2\,\text{H}}{\longrightarrow}} \text{HO}\!-\!\bigcirc\!-\!\text{NH}\!-\!\bigcirc\!-\!\text{OH}$$

$$\text{(V)} \quad (\text{CH}_3)_2\text{N}\!-\!\underset{\underset{\text{Cl}}{|}}{\bigcirc\!\!\overset{\text{N}}{\underset{\text{S}}{\bigcirc}}\!\!\bigcirc}\!-\!\text{N}(\text{CH}_3)_2 \underset{\longleftarrow}{\overset{\pm 2\,\text{H}}{\longrightarrow}} (\text{CH}_3)_2\text{N}\!-\!\bigcirc\!\overset{\text{NH}}{\underset{\text{S}}{\bigcirc}}\!\bigcirc\!-\!\text{N}(\text{CH}_3)_2 + \text{HCl}$$

Methylenblau ist an sich eine starke Base, von der gewöhnlich das neutral reagierende Chlorid bei Fermentversuchen angewendet wird; die durch Reduktion entstehende farblose, sehr schwer lösliche Leukoverbindung ist eine schwache Base, deren Chlorid weitgehend hydrolytisch gespalten ist. Das sauerstofffreie, einer „Aktivierung" unzugängliche Methylenblau ist der anaerobe Wasserstoffacceptor „par excellence".

Chinoide, reversibel reduzierbare und durch O_2 wieder oxydierbare Systeme, namentlich von o-Struktur spielen bei der Pflanzenatmung sicher eine wichtige Rolle (Palladins Chromogene, Atmungspigmente), möglicherweise auch im tierischen Organismus (Adrenalin?).

5. **Heterocyclische CO-Verbindungen** stehen hinsichtlich der — häufig auch elektromotorisch dokumentierten — Reversibilität ihrer Wirkung der Chinongruppe nahe. Hierher gehören unter anderem Farbstoffe von der Gruppe des Indigos (I), ferner Isatin (II) und Alloxan (III), von denen die beiden letzteren besonders durch ihre Acceptoreigenschaft gegenüber den sonst schwer angreifbaren Aminosäuren ausgezeichnet sind (Streckersche Reaktion).

$$\text{(I)} \quad \begin{array}{c}\bigcirc\!\!-\!\text{CO} \quad \text{OC}\!-\!\bigcirc \\ \,\,\,\text{C}\!=\!\text{C} \\ \text{NH} \qquad \text{NH}\end{array} \underset{\longleftarrow}{\overset{\pm 2\,\text{H}}{\longrightarrow}} \begin{array}{c}\bigcirc\!\!-\!\text{C}\!\cdot\!\text{OH} \quad \text{HO}\!\cdot\!\text{C}\!-\!\bigcirc \\ \,\,\,\text{C}\!-\!\!-\!\!-\!\text{C} \\ \text{NH} \qquad\qquad \text{NH}\end{array}$$

$$\text{(II)} \quad \begin{array}{c}\bigcirc\!\!-\!\text{CO} \\ \quad\,\,\text{CO} \\ \text{NH}\end{array} \underset{\longleftarrow}{\overset{\pm 2\,\text{H}}{\longrightarrow}} \begin{array}{c}\bigcirc\!\!-\!\text{CH}\!\cdot\!\text{OH} \\ \quad\,\,\text{CO} \\ \text{NH}\end{array}$$

$$\text{(III)} \quad \begin{array}{c}\text{HN}\!-\!\text{CO} \\ |\quad\quad| \\ \text{OC}\quad\text{CO} \\ |\quad\quad| \\ \text{HN}\!-\!\text{CO}\end{array} \underset{\longleftarrow}{\overset{\pm 2\,\text{H}}{\longrightarrow}} \begin{array}{c}\text{HN}\!-\!\text{CO} \\ |\quad\quad| \\ \text{OC}\quad\text{CH}\!\cdot\!\text{OH} \\ |\quad\quad| \\ \text{HN}\!-\!\text{CO}\end{array}$$

6. **Aliphatische CO-Verbindungen.** Hier sind es namentlich die Aldehyde, die bei Gärungsvorgängen eine überragend wichtige Funktion als H-Acceptoren ausüben.

$$D\!\!<\!\!{}^H_H + {}^H_O\!\!>\!\!C\cdot R \to D + HOH_2C\cdot R.$$

Auch die Ketogruppe, z. B. in der Brenztraubensäure, vermag unter Umständen als Acceptor zu fungieren:

$$R\cdot CO\cdot CO_2H \xrightarrow{+2H} R\cdot CH(OH)\cdot CO_2H.$$

Die aliphatische CO-Gruppe stellt, wie sich schon früher im Kapitel über den Abbau der Zellstoffe gezeigt hatte, den wichtigsten natürlichen, d. h. zelleigenen Acceptor zum mindesten des Kohlehydratabbaues dar (vgl. S. 104 f.). Was Aldehyden und Ketonen aber eine so besonders zentrale Stellung im Abbauschema verschafft, ist die Tatsache, dass ihre **Acceptorfunktion** im geeigneten Fall über das Hydrat—$CH\!\!<\!\!{}^{OH}_{OH}$ in eine **Donatorfunktion** übergehen kann. Eben wegen dieser Unbestimmtheit der Acceptorfunktion und des relativ niederen und zudem irreversiblen Oxydationspotentials spielt die aliphatische CO-Gruppe als Modell- und „künstlicher" Acceptor bei biochemischen Reaktionen nur eine untergeordnete Rolle.

7. **Nitrate und Nitroverbindungen.** Die Reduktion von Salpeter durch pflanzliches und tierisches Gewebe ist eine lange bekannte und viel studierte Reaktion

$$D\!\!<\!\!{}^H_H + O\!=\!N\!\!<\!\!{}^{OK}_O \to D + H_2O + N\!\!<\!\!{}^{OK}_O,$$

deren Verlauf sich infolge der äusserst empfindlichen Farbreaktionen des Nitrits (auf Grund der Überführung in Azofarbstoffe) leicht verfolgen lässt. In der eigentlichen Fermentforschung wurde Nitrat wohl zuerst von A. Bach[1] beim Studium des Schardinger-Enzyms ausgiebig benutzt, nachdem bereits 30 Jahre vorher M. Traube es als „Ersatz" des molekularen Sauerstoffs bei Modellreaktionen verwendet hatte (S. 117).

Von Lipschitz[2] wurden dann später aromatische Nitroverbindungen als Indikatoren der Gewebsatmung in die biochemische Praxis eingeführt. Der Vorteil der Methode gegenüber der Verwendung von Nitrat besteht in der Möglichkeit einer direkten colorimetrischen Erkennung der stark gelb gefärbten Reduktionsprodukte. Besonders geeignet erwies sich o-Dinitrobenzol, das wesentlich in o-Nitrophenylhydroxylamin (untergeordnet Nitranilin und Nitroazoxybenzol) übergeht. Daneben kamen bisweilen auch einige

---

[1] A. Bach, Biochem. Zs 33, 282; 1912.
[2] W. Lipschitz u. Mitarb., H. 109, 189; 1920.— Pflüg. Arch. 191, 1, 33; 1921. — 205, 354; 1924 usw. — Zusammenfassung in Oppenheimers „Fermente", 3, 1135; 1929.

andere Verbindungen wie **Nitroanthrachinon**, **Pikrinsäure** usw. zur Anwendung.

$$\underset{}{\bigcirc}\!\!\begin{array}{c}NO_2\\NO_2\end{array} \quad \xrightarrow[-H_2O]{+4H} \quad \underset{}{\bigcirc}\!\!\begin{array}{c}NO_2\\NH\cdot OH\end{array} \quad \left[\xrightarrow[-H_2O]{+2H} \quad \underset{}{\bigcirc}\!\!\begin{array}{c}NO_2\\NH_2\end{array}\right]$$

Da eine exakte quantitative Auswertung der Farbänderung in den nicht reversibel arbeitenden, für Zellen stark giftigen Nitrosystemen wegen der Unbestimmtheit der Reduktionsprodukte im allgemeinen nicht möglich ist, bietet die Methode gegenüber der Anwendung reversibler (chinoider oder indigoider) Farbstoffsysteme zum mindesten keinen Vorteil und kommt demgemäss in neuester Zeit nur mehr gelegentlich zur Anwendung.

3. Der Mechanismus der Wasserstoffaktivierung.

a) Die Vorstellungen Wielands.

Die Besprechung der grundlegenden Versuche Wielands hatte schon gezeigt, dass in seiner Theorie — zum mindesten in deren ursprünglicher, rein chemischer Ausformung — die Rolle des Oxydationsmittels als des eigentlichen „primum agens", die es in allen früheren Anschauungen über den Mechanismus der Oxydationsvorgänge — mit Ausnahme der Traubeschen — stets innegehabt hatte, zu der recht passiven eines blossen Empfängers für aktivierten Wasserstoff herabgemindert ist. Dass andererseits die zweite Reaktionsphase, die Hydrierung des Oxydans, für den katalytischen Verlauf der Dehydrierung bestimmend ist, ist ebenfalls schon angedeutet worden und soll weiter unten noch ausführlicher belegt werden. Das in den meisten Fällen und gerade bei physiologisch wichtigen, unter gewöhnlichen Bedingungen recht beständigen Substraten beobachtete baldige Stagnieren der Dehydrierung am Platinmetallkontakt macht es ja schon deutlich, dass die bei Zusatz eines Wasserstoffacceptors eintretende Katalyse auf eine energetische Reaktionskopplung zurückgeht, indem der Energiegewinn der Acceptorhydrierung die Energieausgabe der primären Dehydrierung zum mindesten decken muss.

Gleich wichtig wie diese für den Reaktionsablauf selbstverständlichen, rein thermodynamischen Voraussetzungen ist natürlich die Frage nach dem Mechanismus der reaktionsauslösenden Wirkung des Metallkatalysators.

Was zunächst die Funktion des Palladiums als eines Hydrierungskatalysators anbetrifft, so ist es wohl klar, dass diese auf die Adsorptionsfähigkeit gegenüber elementarem Wasserstoff zurückgeht. Wieland[1] geht davon aus, „dass bei jeder Adsorption, welche die Geschwindigkeit einer Reaktion steigert, neben physikalischen auch chemische Kräfte im Spiele sind".

Er stellt sich vor, dass bei der Vereinigung des Adsorbenden mit dem Adsorbens Nebenvalenzen betätigt werden, deren Absättigung eine Veränderung der Bindungsverhältnisse im Molekül mit sich bringt. Der chemische Einschlag bei der Adsorption von Wasserstoff an Platin oder Palladium ist

---

[1] H. Wieland, Erg. Physiol. **20**, 515; 1922.

ja deutlich, insofern als diese ja bekanntlich mit einer starken Wärmeentwicklung verknüpft ist. Dies ist der Ausdruck der Nebenvalenzabsättigung des Wasserstoffmoleküls unter Bildung einer Adsorptionsverbindung $\text{Pd}\ldots\begin{pmatrix}\text{H}\\|\\\text{H}\end{pmatrix}$, in der die Bindung zwischen den beiden Wasserstoffatomen gelockert, im Sinne Wielands eine „Aktivierung" des Wasserstoffes eingetreten ist.

Nach neueren Untersuchungen [1] ist der von Palladium (und Platin) aufgenommene Wasserstoff ganz überwiegend molabsorbiert (im Innern des Metalls), dagegen an der Oberfläche atomadsorbiert. Mit dem Dispersitätsgrad nimmt die Festigkeit jeder der beiden Bindungen zu, so dass alle Übergänge zwischen Addition und Verbindungsbildung denkbar sind.

Jedenfalls reagiert nun die komplexe Adsorptionsverbindung mit dem ebenfalls adsorbierten Wasserstoffacceptor, wobei der aktivierte Wasserstoff, unter Lösung der Nebenvalenzbindung, seine thermodynamisch bedingte Funktion erfüllt. Adsorptive Verdrängung des Hydrierungsprodukts durch neuen Wasserstoff gibt die Möglichkeit fortwährend wiederholten Ablaufs der Oberflächenreaktion, gibt das Bild der katalytischen Hydrierung.

Eine analoge Erklärung liefert Wieland für die dehydrierende Katalyse, bei der das zu dehydrierende Substrat gleichfalls unter Beteiligung chemischer Kräfte adsorbiert wird. So wird z. B. Alkohol von Palladium unter beträchtlicher Erwärmung etwa unter Bildung einer Adsorptionsverbindung $\text{Pd}\ldots\begin{pmatrix}\text{H}\diagdown\\\text{HO}\diagup\end{pmatrix}\text{CH}\cdot\text{CH}_3$ aufgenommen, aus der er durch Auswaschen mit Wasser oder Evakuieren nur sehr langsam wieder entfernt werden kann [2]. Durch den Eintritt in den Metallkomplex hat das Molekül an seiner inneren Bindungsenergie eingebüsst, was sich in einer partiellen Lösung bestimmter paariger Wasserstoffatome dokumentiert. Sie sind „aktiviert" und können, wenn die Bildungsenergie des Palladiumwasserstoffkomplexes grösser ist als ihre Haftenergie im Substratmolekül, durch das Palladium abgetrennt werden. Unter Umständen kann, bei besonders locker im Molekül sitzendem Wasserstoff, z. B. bei Ameisensäure, dieser in Gasform frei werden, da bei hoher Wasserstoffkonzentration auch die Dissoziation des Pd-Wasserstoffkomplexes in Erscheinung treten wird.

$$\text{Pd}\ldots\begin{pmatrix}\text{H}\\|\\\text{H}\end{pmatrix}\rightleftarrows\text{Pd}+\text{H}_2.$$

Gegenüber Wasserstoffacceptoren verhält sich die Palladium-Hydrokörperverbindung ganz analog wie die Palladium-H_2-Verbindung. Der aktivierte Wasserstoff wird prinzipiell jede Hydrierung bewirken können, bei der die Reaktionsenergie grösser ist als seine Haftenergie. Auch hier wird durch

---

[1] G. Tammann, Anorg. Chem. 188, 396; 1930. — E. Müller u. Schwabe, Physik. Chem. 154, 143; 1931.

[2] H. Wieland B. 45, 484; 1912.

stete Verdrängung des Reaktionsprodukts durch neue Mengen der ursprünglichen Hydroverbindung die reaktionsvermittelnde Metalloberfläche zu dauernd katalytischer Funktion befähigt.

Aus der Analogie beobachteter Wirkungen schliesst Wieland auch bei andersartiger Natur des Katalysators auf die Gleichartigkeit des zugrunde liegenden Mechanismus. Wenn beispielsweise Oxalsäure und Aminosäuren an Tierkohle durch Sauerstoff zu Kohlensäure bzw. unter NH_3-Abspaltung zu Aldehyd und CO_2 dehydriert werden[1]

$$\begin{array}{c}COOH\\|\\COOH\end{array} \xrightarrow{-2H} \begin{array}{c}CO_2\\ \\CO_2\end{array}$$

$$\underset{\underset{CO_2H}{\overset{H}{N}}}{\overset{R}{\underset{|}{C}}}\!\!\!\!\!\!\!\!\!\!\!\!\overset{H}{} \xrightarrow{-2H} \underset{CO_2H}{\overset{R}{\underset{|}{C}}=NH} \xrightarrow{+H_2O} \overset{R}{\underset{H}{C}}\!\!\!\!\!\!\!\!\!\!\overset{O}{} + NH_3 + CO_2,$$

so geht dies nach Wieland eben darauf zurück, dass durch den Katalysator die (bezeichneten) H-Atome reaktionsfähig und damit ablösbar durch molekularen Sauerstoff oder einen anderen geeigneten Wasserstoffacceptor geworden sind[2].

O. Warburg hat bekanntlich auf die fundamentale Bedeutung des Eisengehalts der Tierkohle für deren katalytische Wirksamkeit hingewiesen. Die Tatsache als solche wird von Wieland keineswegs bestritten, wohl aber die Berechtigung der Warburgschen Ausdeutung im Sinne einer Sauerstoffaktivierung durch das Eisen. Die Wielandsche Interpretation geht vielmehr darauf hinaus, dass auch das Eisen zu den wasserstoffaktivierenden Dehydrierungskatalysatoren gehört[3].

Die für die Modelle entwickelten Anschauungen überträgt Wieland auf den Wirkungsmechanismus der Enzyme. Mit Recht weist er darauf hin, dass ihre spezifische Einstellung auf das Substrat eine starke Betonung der rein chemischen Beziehungen zwischen Enzym und Substrat, von deren Natur wir allerdings noch nichts wissen, fordert. Es erscheint wahrscheinlich, dass auch hier durch die Bildung eines auf Grund feiner chemischer Abstimmung geschaffenen Enzymsubstratkomplexes die Bindungsverhältnisse im Substratmolekül derart modifiziert werden, dass bestimmte Gruppen beschleunigter Umsetzung zugänglich werden, ähnlich der Aktivierung, wie sie sich in geeigneten Fällen auch durch andere Mittel, z. B. kurzwellige Strahlung erzielen lässt.

In der neueren Entwicklung der Dehydrierungstheorie spielt der Gedanke, dass eine ähnliche, wenn auch weniger ausgeprägte Abstimmung auch zwischen Enzym und Wasserstoffacceptor besteht, eine zunehmend wichtige Rolle. Ein ternärer Komplex Donator-Enzym-Acceptor steht danach im Mittelpunkt des enzymatischen Geschehens. (Näheres siehe Abschnitt 6 c.)

---

[1] O. Warburg u. Mitarb., Pflüg. Arch. 155, 547; 1914. — Biochem. Zs 113, 257; 1920.
[2] Belege für eine H_2-aktivierende Wirkung der Kohle bei erhöhter Temperatur siehe bei R. Burstein u. Mitarb., Am. Soc. 55, 3052; 1933.
[3] Vgl. z. B. H. Wieland, Angew. Chem. 44, 579; 1931.

Für die in den letzten Jahren, insbesondere von Warburg, Keilin u. a. in vielen Fällen nachgewiesene oder wahrscheinlich gemachte Beteiligung des Eisens an enzymatischen Prozessen gilt nach Wieland das gleiche, was oben über seine Beteiligung an Modellreaktionen ausgeführt wurde. Seine Anerkennung als aktive Komponente von Oxydationsenzymen verpflichtet noch nicht zur Anerkennung einer sauerstoffaktivierenden Funktion. Wieland vertritt vielmehr die, allerdings im wesentlichen nur durch Modellversuche an Eisen- (und anderen Schwermetall-) Salzen gestützte Vorstellung, dass das zweiwertige Metall mit dem Substrat der Oxydation zu einem labilen Komplex zusammentrete, in dem die bei der Dehydrierung erfassten Wasserstoffatome reaktionsfähig geworden sind. An Stelle der Sauerstoffaktivierung tritt auch hier in der Wielandschen Theorie die primäre Lockerung des Wasserstoffes[1]; ob zu Recht oder Unrecht, soll später noch eingehender geprüft werden (Abschnitt 5, d und 6, e u. f).

b) Neuere elektronentheoretische Vorstellungen.

Der Begriff der „Lockerung" oder „Aktivierung" des Substratwasserstoffes, von Wieland stets in allgemeinster Form auf die Betätigung von Nebenvalenzkräften zwischen Katalysator und Substrat zurückgeführt, vermag vielleicht eine gewisse Präzisierung auf Grund der Elektronentheorie zu erfahren, die ja in neuerer Zeit wiederholt zur Erklärung von feineren Unterschieden im Bau und Verhalten auch komplizierterer organischer Moleküle mit Erfolg herangezogen worden ist. Namentlich E. Müller hat, zunächst für das Beispiel des Ameisensäurezerfalls am Palladiumkontakt, Ansichten entwickelt, die sich durch grosse Anschaulichkeit auszeichnen und die einer Verallgemeinerung nicht nur auf dem Gebiet der Dehydrierungsvorgänge, sondern ganz allgemein der organischen Reaktionen fähig erscheinen[2].

E. Müller — der übrigens im Gegensatz zu Lewis, Langmuir u. a. der unpaarigen Elektronenbindung in seinen theoretischen Vorstellungen einen breiten Raum zuerkennt — formuliert den Zerfall der Ameisensäure in H_2 und CO_2 folgendermassen (wobei an Stelle seiner Darstellung des Elektrons durch einen Strich die heute allgemein gebräuchliche durch einen Punkt benutzt wird):

$$\begin{matrix} \overset{\delta}{H:C::O:} \\ \beta\ddot{}\gamma\ddot{} \\ H:\underset{\alpha}{\ddot{O}}\,: \\ A \end{matrix} \rightleftarrows \begin{matrix} \overset{\delta}{H\cdot C::O:} \\ \beta\cdot\,\cdots\gamma\,\ddot{} \\ H\cdot\underset{\alpha}{\ddot{O}}\,: \\ B \end{matrix} \longrightarrow \begin{matrix} H \quad C::O: \\ \ddot{}+\ddot{} \\ H \quad \ddot{O}: \\ C \end{matrix}$$

Danach stellt die gewöhnliche Ameisensäure ein Tautomerengemisch von A und B dar, in dem das Gleichgewicht jedoch weitgehend zugunsten von A verschoben ist. Sowohl bei A als auch B ist die Bedingung der Elektronenabsättigung erfüllt; aber in B sind die Wasserstoffkerne nur durch je ein Elektron mit dem Kohlenstoff- und dem Sauerstoffatom verbunden, in A durch je zwei. Die Wasserstoffkerne erscheinen daher in B einerseits im ursprünglichen Molekülverband bereits gelockert, andererseits zur Molekülbildung miteinander vorbereitet, wie

---

[1] H. Wieland, Angew. Chem. 44, 579; 1931.
[2] E. Müller u. Mitarb., Elektrochem. 30, 493; 1924. — 31, 46, 143; 1925. — 33, 561; 1927 usw.

schliesslich auch die C-O-Bindung γ durch eine Dreielektronenbindung bereits verstärkt erscheint. An diesem, durch seine unpaarigen Elektronenbindungen gegenüber A bereits labilisierten Molekül B greift nun der metallische Katalysator, in das Kraftlinienfeld des Moleküls eindringend, an. Man kann sich vorstellen, dass eines der einfach bindenden Elektronen (α oder δ) in B, aus seiner Bahn in der Richtung des Metallatoms abgelenkt, nach β überspringt und — damit die Oktettkonfiguration an den übrigen Atomen gewahrt bleibt — automatisch den Übergang des anderen unpaarigen Elektrons (bei δ oder α) nach γ mit sich führt. Es bildet sich der Zustand C aus, in dem wiederum Elektronensättigung der beiden Teilmoleküle besteht. Bei Gegenwart eines Wasserstoffacceptors, z. B. O_2, besteht natürlich die Möglichkeit, dass die unter dem Einfluss des Platinmetallatoms abgelenkten unpaarigen H-Elektronen zu dessen Molekül in Beziehung treten:

$$:\!\overset{..}{\underset{..}{O}}\!:\ + \ \begin{matrix}H\cdot C::O:\\ H\cdot O:\end{matrix} \longrightarrow \ :\overset{..}{\underset{..}{O}}:H\ +\ \begin{matrix}C::O:\\ O:\end{matrix}$$

Nachstehend soll noch am Beispiel der Bernsteinsäure (I) und des Äthylalkohols (II) die allgemeine Anwendbarkeit des Müllerschen Schemas zur Formulierung von Dehydrierungsreaktionen gezeigt werden (A Acceptormolekül).

$$\begin{matrix}\ddot{O}:\\ H:\ddot{O}:C\\ H:C:H\\ H:C:H\\ H:\ddot{O}:C\\ \ddot{O}:\end{matrix} \rightleftarrows \begin{matrix}\ddot{O}:\\ H:\ddot{O}:C\\ H:C\cdot H\\ H:C\cdot H\\ H:\ddot{O}:C\\ \ddot{O}:\end{matrix} \xrightarrow{+A} \begin{matrix}\ddot{O}:\\ H:\ddot{O}:C\\ H:C\\ H:C\\ H:\ddot{O}:C\\ \ddot{O}:\end{matrix} + \begin{matrix}H\cdot\\ H\cdot\end{matrix}A \qquad (I)$$

$$\begin{matrix}H\ H\\ H:C:C:\ddot{O}:\\ H\ H\ H\end{matrix} \rightleftarrows \begin{matrix}H\ H\\ H:\dot{C}:\dot{C}:\ddot{O}:\\ H\ H\cdot H\end{matrix} \xrightarrow{+A} \begin{matrix}H\ H\\ H:C:C::\ddot{O}:\\ H\end{matrix} + \begin{matrix}H\cdot\\ H\cdot\end{matrix}A \qquad (II)$$

Es sei noch beiläufig erwähnt, dass das früher skizzierte Bild des Ameisensäurezerfalls eigentlich die Erscheinung kombinierter Dehydrierung und Decarboxylierung darstellt. Was die nichtdehydrierende Decarboxylierung von α-Ketosäuren anbetrifft, deren erhebliche Beschleunigung durch Platinmetalle von Müller[1] für die Brenztraubensäure (bei 100°) nachgewiesen worden ist, so lässt sich diese in ähnlicher Weise über die Zwischenphase einelektroniger C-C- bzw. C-H-Bindung formulieren:

$$\begin{matrix}\ddot{O}:\\ H:\ddot{O}:C\\ C::\ddot{O}:\\ H:C:H\\ H\end{matrix} \rightleftarrows \begin{matrix}\ddot{O}:\\ H\cdot\ddot{O}:C\\ \ \ \ \ \ \ \diagdown C::\ddot{O}:\\ H:C:H\\ H\end{matrix} \longrightarrow \begin{matrix}\ddot{O}:\\ \ddot{O}::C\\ H:C::\ddot{O}:\\ H:C:H\\ H\end{matrix}$$

E. Müller[2] hat übrigens für die Autoxydation gelösten Äthylalkohols und gelöster Ameisensäure in Gegenwart feinverteilter Platinmetalle mit Hilfe direkter Potentialmessung am arbeitenden Katalysator, die stets — auch bei O_2-Gegenwart — einen erheblich unter dem Potential der Wasserstoff-Sauer-

---

[1] E. und F. Müller, Elektrochem. 31, 45; 1925.
[2] E. Müller, Elektrochem. 34, 170; 1928. — E. Müller u. Schwabe, Kolloid. Zs 52, 163; 1930.

stoffgleichheit liegenden Wert ergab, eine weitere wichtige Stütze für die Wielandsche Auffassung, dass der metallische Katalysator stets am Wasserstoff und nicht am Sauerstoff angreife, erbracht.

Nachstehend sind die Bedingungen und Ergebnisse einiger derartiger Versuche mit Alkohol wiedergegeben. In der Abb. beziehen sich linke Ordinate und ausgezogene Kurven auf Potentialmessungen, rechte Ordinate und gestrichelte Kurven auf Messungen der Reaktionsgeschwindigkeit. Der jähe Abfall der Kurven entspricht der mit Neutralisation der Lösungen verbundenen quantitativen Essigsäurebildung.

4. Zur Energetik von Hydrierung und Dehydrierung.

a) Wielands thermochemische Befunde.

Was die energetischen Verhältnisse bei den von Wieland studierten Reaktionen anbetrifft, so liegt es in der Natur der Sache, dass ihr Studium im allgemeinen keine Aufschlüsse über den eigentlichen Reaktionsmechanismus gibt. Was man misst, sind Wärmetönungen, bestenfalls Änderungen der freien Energie. Nach dem Prinzip der energetischen Reaktionskopplung steht dem Verfahren, diese Bilanzdaten in aktive und passive Posten aufzuteilen, nichts im Wege, aber daraus folgt eben nur die Möglichkeit, nicht das

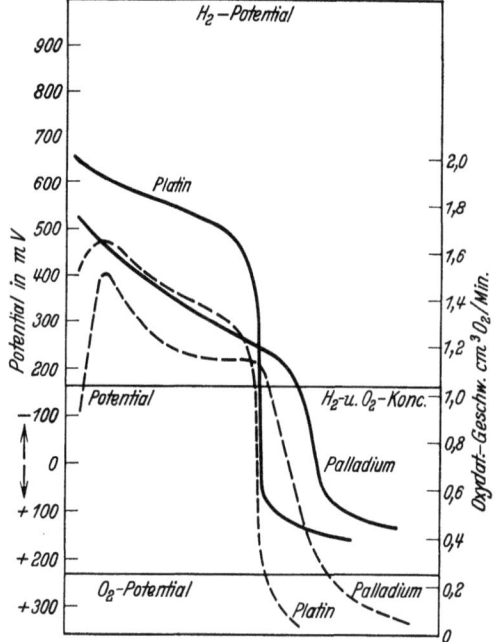

Abb. 10. Katalysatorpotential und Reaktionsgeschwindigkeit bei der Dehydrierung von Alkohol durch O_2. (Nach Müller u. Schwabe.)
Katalysator: 0,2 g Pt- bzw. Pd-Pulver. Indicatorelektrode: platiniertes bzw. palladiniertes Pt-Blech. 0,2 m-Alkohol. 0,2 m-NaOH; T 20°. —— Potential. - - - - Rk.-Geschwindigkeit.
Abszisse = 0—175 Min.
Potential der Wasserstoff-Sauerstoff-Gleichheit: — 170 mV.

tatsächliche Vorliegen eines derartigen Mechanismus im gegebenen Falle. Immerhin ist es eine grundlegende Voraussetzung jeder Reaktionstheorie, dass sie mit thermodynamischen Gesetzen in Einklang steht und in diesem Sinne sind wohl auch die Ausführungen Wielands zur „Thermochemie der Hydrierungs- und Dehydrierungsvorgänge"[1] zu deuten.

Von besonderer Wichtigkeit wird die thermodynamische Betrachtungsweise dann, wenn es sich um Reaktionen handelt, deren Eintreten zwar aus allgemein biologischen Gründen als wahrscheinlich anzusehen ist, deren exakter und getrennter Nachweis aber auf Grund gewisser Schwierigkeiten, meist chemischer Natur, noch nicht geglückt ist. So hat Wieland bereits vor 10 Jahren gezeigt, dass die von Thunberg angenommene biologische Dehydrierung von Essigsäure zu Bernsteinsäure thermodynamisch durchaus möglich und nach den thermochemischen Daten sogar recht begünstigt ist.

---

[1] H. Wieland, Erg. Physiol. 20, 514; 1922.

Wieland standen seinerzeit zur Aufstellung energetischer Beziehungen nur die aus den Differenzen von Bildungs- oder Verbrennungswärmen ermittelten Wärmetönungen verschiedener Hydrierungs- und Dehydrierungsreaktionen zur Verfügung. Es weist wiederholt darauf hin, dass diese Daten darum nur bedingt von Wert sind, eben unter der Voraussetzung eines gewissen Parallelismus in den Änderungen der gesamten und der ja für Eintreten oder Nichteintreten sowie für das Ausmass des ersteren allein massgebenden freien Energie. Grundgedanke der Wielandschen Überlegungen ist, dass Dehydrierung und Hydrierung gekoppelte Reaktionsvorgänge sind und dass daher, da ja jede freiwillig eintretende Reaktion einen Abfall von Energie verlangt, die positive Hydrierungsenergie (des Wasserstoffacceptors) der negativen Dehydrierungsenergie (des Donators) zum mindesten gleich sein muss. Wieland gibt in der bezeichneten Arbeit eine tabellarische Zusammenstellung verschiedener, biologisch wichtiger Hydrierungs-Dehydrierungssysteme, geordnet auf Grund der Hydrierungswärmen. Sie ist nachstehend wiedergegeben und bedarf wohl keiner besonderen Erklärung.

Tabelle 12. Wärmetönungen einiger Hydrierungs-Dehydrierungsreaktionen nach Wieland.

Wasserstoffacceptor	Hydrierungswärme (U) in kcal	Hydrierungsprodukt	Dehydrierungswärme durch O_2 (68 — U)
Kaliumpersulfat	+ 100	primäres Kaliumsulfat	— 32 (2 Mol)
Hydroperoxyd	+ 92	Wasser	— 24 (2 Mol)
Sauerstoff	+ 45	Hydroperoxyd	+ 23
Chinon	+ 42	Hydrochinon	+ 26
Ölsäure	+ 38	Stearinsäure	+ 30
Äthylen	+ 37	Äthan	+ 31
Fumarsäure	+ 31	Bernsteinsäure	+ 37
Salicylaldehyd	+ 30	Saligenin	+ 38
Acetaldehyd	+ 21	Äthylalkohol	+ 47
Stickstoff	+ 22	Ammoniak	+ 91,5 (1 Mol)
Bernsteinsäure	+ 6	Essigsäure	+ 62 (2 Mol)

Wie ersichtlich, besteht ein prinzipieller Unterschied zwischen „oxydierenden" und „reduzierenden" Systemen nicht, entscheidend für die Funktion eines Systems im einen oder anderen Sinne ist die Hydrierungswärme, relativ zu der eines anderen Systems. So kann Hydrochinon durch Sauerstoff dehydriert werden, aber das Dehydrierungsprodukt Chinon ist seinerseits wieder imstande, z. B. Alkohol zu Aldehyd zu dehydrieren. Die Stoffe, die man gewöhnlich als starke, typische Oxydationsmittel bezeichnet, also etwa Sauerstoff und die Peroxyde, sind im Sinne Wielands Wasserstoffacceptoren mit besonders hoher Hydrierungswärme, die ihnen eine universelle Betätigung gegenüber allen biologischen Substraten ermöglicht.

b) Bestimmung und Bedeutung der maximalen Arbeit.

Heute kennen wir nun, vor allem dank den Arbeiten amerikanischer Forscher, neben den Bildungswärmen auch die freien Bildungsenergien einer ganzen Anzahl von Stoffen und dazu, auf Grund elektrochemischer und anderer Gleichgewichtsdaten, die Übergangsenergien zahlreicher Oxydoreduktionssysteme. Auf die beiden hauptsächlichsten Methoden zur Erlangung von Daten über die wahren Affinitätsverhältnisse soll hier mit wenigen Worten eingegangen werden.

Die erste, die auf den besonders von G. N. Lewis[1] gegebenen thermodynamischen Grundlagen weiterbauend, in neuester Zeit vor allem in den Arbeiten von Parks, Huffman, Kelley[2] u. a. zur Anwendung gekommen ist, bedient sich der fundamentalen Beziehung

$$\Delta A = \Delta U - T \Delta S, \quad (I)$$

worin ΔA die gesuchte maximale Bildungsarbeit einer Verbindung aus den Elementen, ΔU die entsprechende Bildungswärme — Differenz der Verbrennungswärmen von Verbindung und den sie bildenden Elementen — und ΔS die Differenz der Entropien von Verbindung und Elementen bei bestimmter (absoluter) Temperatur T (meist 298°) bedeutet.

Der Kern der Methode liegt also in der Bestimmung von S, das sich für eine bestimmte Substanz bei bestimmter Temperatur T zu

$$S_T = \int_0^T \frac{dQ}{T} = \int_0^T \frac{c_p}{T} \, dT \quad (II)$$

berechnet, also die Kenntnis des Temperaturverlaufes der spezifischen Wärmen bei konstantem Druck bis zu tiefsten Temperaturen notwendig macht. Im übrigen zeigen die bisher bekannten Entropiedaten Gesetzmässigkeiten, welche die Schätzung unbekannter Entropien zulassen; so lässt sich bei einfacheren Verbindungen — ähnlich wie dies etwa für die Verbrennungswärmen oder Molekularrefraktionen schon lange bekannt ist — die Entropie einer Verbindung additiv aus einzelnen Konstanten (z. B. für H —, — C —, — O —, O = usw.) näherungsweise ermitteln, ein Verfahren, das bei der heute noch recht beschränkten Anzahl exakter Entropiedaten bisweilen von erheblichem Wert ist, wie später noch an ein paar Beispielen klar werden wird.

Das zweite, noch häufiger angewandte Verfahren zur Ermittlung freier Energieänderungen, das vor allem von Biilmann, Michaelis, Conant und besonders M. Clark ausgearbeitet worden ist, besteht in der Messung des Potentials, das reversibel arbeitende Oxydoreduktionssysteme einer unangreifbaren Edelmetallelektrode erteilen[3]. Ist nämlich ΔE_0 das Normalpotential eines Redoxsystems (bei pH 0), d. h. der Potentialunterschied gegenüber der Normalwasserstoffelektrode bei einem Konzentrations- (exakter Aktivitäts-)

---

[1] Vgl. z. B. G. N. Lewis u. Randall, Thermodynamics. New York 1923.
[2] G. S. Parks, H. M. Huffman, K. K. Kelley, Zahlreiche Arbeiten in Am. Soc. 47/48; 1925/26. — 51—55; 1929—33.
[3] Vgl. z. B. L. Michaelis, Oxydations-Reduktionspotentiale. Berlin 1933.

verhältnis 1:1 von oxydierter und reduzierter Stufe, so gilt bekanntlich für die maximale Arbeit der Übergangsreaktion die einfache Beziehung:

$$\Delta A_0 = n \cdot F \cdot \Delta E_0, \qquad (III)$$

worin n den „Wertigkeitsunterschied" zwischen oxydierter und reduzierter Systemkomponente in Wasserstoffeinheiten, F das elektrochemische Äquivalent (Faraday) bedeutet. Für die Umrechnung von Volt in kcal ergibt sich so:

$$\Delta A_0 = n \cdot 23{,}06 \cdot \Delta E_0. \qquad (III\,a)$$

Für beliebige Konzentrationen (Aktivitäten) an oxydierter und reduzierter Komponente berechnet sich für ein bestimmtes pH

$$\Delta E_0 = \Delta E - \frac{RT}{nF} \ln \frac{[Ox]}{[Red]} \qquad (IV)$$

z. B. für 25°

$$\Delta E_0^{25°} = \Delta E^{25°} - \frac{0{,}059}{n} \log_{10} \frac{[Ox]}{[Red]}, \qquad (IV\,a)$$

worin ΔE die tatsächlich abgelesene elektromotorische Kraft, bezogen auf eine Wasserstoffelektrode von gleichem pH bedeutet. Da nicht für alle, wenn auch die meisten, organischen Redoxsysteme die Potentialänderung in Abhängigkeit von der Acidität gleich ist wie für die Wasserstoff- (oder Sauerstoff-) Elektrode — für die bekanntlich $\frac{dE}{dpH} = -0{,}059$ Volt (bei 25°) ist —, so pflegt man der Einheitlichkeit halber und für Umrechnungen in ΔA_0 das Potential ΔE_0 stets für Lösungen von pH 0 anzugeben.

Die elektrometrische Bestimmung von Übergangsarbeiten ist auf dem Gebiete der organischen Chemie besonders an chinoiden Systemen aller Art zur Anwendung gelangt. Aber auch andere Stoffgruppen, z. B. von indigoidem Typus, ferner Systeme wie Isatin-Dioxindol, Alloxan-Dialursäure, Nitrosobenzol-Phenylhydroxylamin, einzelne Azo-Hydrazosysteme, Methämoglobin-Hämoglobin und zahlreiche andere haben sich in den letzten Jahren hinsichtlich der Affinitätsverhältnisse auf potentiometrischem Wege näher festlegen lassen. Weiteres hierüber im späteren Kapitel über „reversible Oxydoreduktionssysteme".

Eine vom biologischen Standpunkt aus sehr verheissungsvolle Erweiterung ihres Anwendungsgebiets hat die elektrometrische Methode durch die Beobachtung Thunbergs [1] erfahren, dass auch an sich elektromotorisch inaktive Systeme, wie z. B. Bernsteinsäure-Fumarsäure, bei Gegenwart von Ferment und Spuren eines reversibel arbeitenden „Redoxindicators" von geeignetem Normalpotential — im vorliegenden Falle etwa Methylenblau — elektromotorisch aktiv und damit sozusagen zur Mitteilung ihres Potentialwertes gezwungen werden können. Auch die Anwendung einer Reihe von Redoxindicatoren für verschiedene Potentialbereiche, die Beobachtung der Reduktion oder Nichtreduktion der einzelnen Farbstoffe sowie, im ersteren Falle, des Ausmasses der Hydrierung scheint bei der Charakterisierung enzymatischer Oxydoreduktionen eine zunehmend wichtige Rolle zu spielen [2]. So haben auf diese Weise vor kurzem R. Wurmser und Mitarbeiter [3] das Potential des Systems Milchsäure-Brenztraubensäure bei Gegenwart von Milchsäuredehydrase bestimmt, nachdem schon vorher Rapkine [4] das gleiche mit dem System Acetaldehyd-Schardingerenzym versucht hatte, infolge des Mangels hinreichend negativer Redoxindicatoren jedoch nicht zu quantitativen Aussagen, sondern nur zu einem oberen Grenzwert des $\frac{\text{Säure}}{\text{Aldehyd}}$-Potentials gelangt war. Die hier noch bestehende

---

[1] T. Thunberg, Skand. Arch. 46, 339; 1925. — J. Lehmann, Skand. Arch. 58, 173; 1930. Vgl. ferner: H. Borsook u. Schott, Jl biol. Chem. 92, 535; 1931.

[2] T. Thunberg, in Oppenheimers „Fermente" 3, 1118; 1929.

[3] R. Wurmser u. Mitarb., C. R. 194, 2139; 1932. — 195, 81; 1932. — Vgl. auch: G. Barron u. Hastings, Jl biol. Chem. 100, XI; 1933. — J. P. Baumberger u. Mitarb., Jl gen. Physiol. 16, 961; 1933.

[4] L. Rapkine, Jl chim. phys. 27, 202; 1930.

Lücke in der allgemeinen Anwendbarkeit der Indicatorenmethode zur exakten Potentialbestimmung dürfte aber durch die Auffindung weiterer im Gebiet der Wasserstoffüberspannung wirksamer Redoxindicatoren, wozu von Michaelis[1] kürzlich der Anfang gemacht wurde, bald ausgefüllt werden.

Zum besseren Verständnis der in den folgenden Tabellen mitgeteilten Zahlenwerte ist es vielleicht von Interesse, auf die exakte Bedeutung und Definition der dort wie allgemein in der heutigen Literatur gegebenen Daten für maximale Arbeiten kurz hinzuweisen. Diese Werte beziehen sich stets auf „Normalzustände", d. h. die Aktivitäten 1 der an der Reaktion beteiligten Stoffe (ähnlich wie ja auch für das „Normalpotential" das Aktivitätsverhältnis 1 festgesetzt wurde). Die Daten gelten also durchwegs (bei 25°) für den Druck einer Atmosphäre und die bei diesen Bedingungen stabilen Aggregatzustände bzw. bei Lösungen für die Konzentration von 1 Mol/1000 g Lösungsmittel (ΔA_0). Bei beliebigen anderen Aktivitätsbedingungen ändert sich natürlich die maximale Arbeit, so dass also beispielsweise für eine nach der Gleichung

$$uU + vV + \ldots = yY + zZ + \ldots$$

verlaufende Reaktion gilt:

$$\Delta A = \Delta A_0 + RT \ln \frac{[Y]^y \cdot [Z]^z}{[U]^u \cdot [V]^v}, \quad (V)$$

worin die Klammerwerte Aktivitäten darstellen. Für den Gleichgewichtszustand wird $\Delta A = 0$, woraus folgt

$$\Delta A_0 = -RT \ln K = -2{,}303\, RT \log K = -1{,}365 \log K \text{ (für 25°)}. \quad (VI)$$

Man hat also die Möglichkeit, aus der maximalen Nutzarbeit, bezogen auf den Normalzustand, die Gleichgewichtskonstante der Reaktion zu berechnen.

Ein Beispiel soll dies für den Fall einer Dehydrierungsreaktion illustrieren[2]. Die freie Hydrierungsenergie des Äthylens beträgt 22,6 kcal. ($= \Delta A_0$). Daraus folgt für die Gleichgewichtskonstante K

$$K = \frac{[C_2H_6]}{[C_2H_4][H_2]} = 10^{\frac{22{,}6}{1{,}365}} = 10^{16{,}6},$$

d. h. also, gäbe es einen idealen (d. h. das Gleichgewicht nicht verschiebenden) Katalysator des Äthan-Äthylengleichgewichts, so würde reines Äthan nur zu einem Bruchteil von $10^{-8{,}3}$ dehydriert werden. Gibt man nun einen Wasserstoffacceptor hinzu, dessen Hydrierungsenergie gleich oder nur wenig verschieden von der Dehydrierungsenergie des Äthans ist, etwa von der Art des Methylenblaus ($\Delta A_0 = 24{,}5$ kcal), so bilden sich deutliche Gleichgewichte aus, ähnlich wie dies für den enzymatischen Katalysator Succinodehydrase bei der Ausbildung der energetisch dem Äthylen ziemlich gleichwertigen Doppelbindung der Fumarsäure (aus Bernsteinsäure) von J. H. Quastel[3] und T. Thunberg[4] festgestellt worden ist. (Der Fall des Methylenblaus ist natürlich hier nur ein fingiertes Zahlenbeispiel da sich — abgesehen von der Heterogenität des Gesamtsystems — Lösungen von der Aktivität 1 aus Löslichkeitsgründen nicht herstellen lassen.)

Es gilt also:

$$\frac{[C_2H_6]}{[C_2H_4][H_2]} = 10^{16{,}6}; \quad \frac{[\text{Leukomethylenblau}]}{[\text{Methylenblau}][H_2]} = 10^{17{,}95}; \quad \frac{[C_2H_6][MBl]}{[C_2H_4][L \cdot MBl]} = 10^{-1{,}35}.$$

---

[1] L. Michaelis u. Mitarb., Biochem. Zs 250, 565; 1932. — Jl gen. Physiol. 16, 859; 1933.
[2] W. Franke, Biochem. Zs 258, 280; 1933.
[3] J. H. Quastel u. Wetham, Biochem. Jl 18, 519; 1924.
[4] T. Thunberg, Skand. Arch. 46, 339; 1925.

Geht man nun von gleichen Aktivitäten an Äthan und „Methylenblau" aus, so zeigt die Durchrechnung, dass 0,732, also rund $^3/_4$ des eingesetzten Äthans dehydriert werden können. Wählt man Sauerstoff als Acceptor mit

$$K = \frac{H_2O}{[H_2][O_2]^{0,5}} = 10^{\frac{56,6}{1,365}} = 10^{41,4},$$

so wird die Dehydrierung des Äthans praktisch vollständig, nur ein Bruchteil von $10^{-16,4}$ ist vom Äthan unverändert im Gleichgewicht vorhanden.

Es entspricht den gebräuchlichen Bedingungen biologischer und anderer Dehydrierungsreaktionen, dass man im allgemeinen vom „reinen" Wasserstoffdonator und vom „reinen" Acceptor ausgeht. Die vorstehenden Ausführungen lassen erkennen, dass in gewissem Ausmass eine Reaktion auch stattfindet, wenn die auf den Normalzustand bezogene Hydrierungsenergie des Acceptorsystems kleiner ist als die analoge Dehydrierungsenergie des Donatorsystems, wobei der Umfang der Reaktion sich im Sinne der obigen Gleichungen aus dem Quotienten beider Gleichgewichtskonstanten errechnen lässt.

Sind „normale" Hydrierungs- und Dehydrierungsenergie zweier Systeme einander mit umgekehrtem Vorzeichen gleich, so bedeutet dies, dass die Reaktion zu rund 50% abläuft, wenn man von gleichen Donator- und Acceptoraktivitäten ausgeht.

Umgekehrt lässt sich auch die Energiedifferenz zwischen Acceptor- und Donatorsystem (bezogen auf Normalzustände) ermitteln, die einem eben messbaren bzw. einem praktisch vollständigen Dehydrierungsumsatz entspricht. Sie berechnet sich für 1- bzw. 99%ige Dehydrierung zu 5,5, für 0,1- bzw. 99,9%ige zu 8,2 kcal/Mol.

In der nachstehenden Tabelle sind die maximalen Arbeiten ($-\Delta A_0$) sowie die Wärmetönungen ($-\Delta U$) einer Anzahl von Dehydrierungsreaktionen einander gegenübergestellt, um die Berechtigung der Annahme eines Parallelismus beider Grössen nachzuprüfen. Die Dehydrierungsenergien sind Arbeiten von Parks, Huffman und Mitarbeitern[1] entnommen und sind als Differenzen freier Bildungsenergien bestimmt, ähnlich wie ΔU als Differenz der Bildungs- (bzw. Verbrennungs-) Wärmen von Ausgangs- und Endprodukten.

Im allgemeinen sind jedoch ihre Daten, die mit dem älteren und zu kleinen Entropiewert für Wasserstoff (14,8) für $\frac{H_2}{2}$ erhalten worden sind, auf den neueren Wert (15,6) umgerechnet worden, was meist einer Erniedrigung ihrer Zahlen um einige Prozent gleichkommt.

Wie man erkennt, erfolgt im wesentlichen gleichsinnige Änderung von gesamter und freier Energie, so dass also die Wielandschen Berechnungen auf Grundlage der Wärmetönungen zur ersten Orientierung über die energetischen Verhältnisse bei der Dehydrierung ihren Wert beibehalten. Nur bei Äthan-Äthylen und Toluol-Dibenzyl ist der Parallelismus von ΔA und ΔU durchbrochen. Meistens ist ΔA beträchtlich kleiner als ΔU, was im Sinne der mit Gleichung I (S. 143) identischen Beziehung

$$\Delta A = \Delta U - T\frac{dA}{dT} \tag{Ia}$$

---

[1] Zum grossen Teil G. S Parks u. Huffman, Am. Soc. 52, 4381; 1930.

auf einen positiven Temperaturkoeffizienten der maximalen Arbeit hinweist. Ausnahmen stellen die beiden „bimolekularen" Dehydrierungen von Benzol und Toluol dar. Obwohl die Erscheinung hier nicht erklärt werden kann, ist sie insofern von Interesse, als sie auch später bei der biologisch wichtigen Dehydrierung von Essigsäure zu Bernsteinsäure wiederkehrt (S. 153).

Tabelle 13. **Freie Dehydrierungsenergien und -wärmen einiger organischer Verbindungen (in kcal/Mol.).**

Reaktion			$-\Delta A_0$	$-\Delta U$
1. Dibenzoyläthan	$\xrightarrow{-H_2}$	Dibenzoyläthylen	23,2	32,9
2. Äthan	$\xrightarrow{-H_2}$	Äthylen	22,6	42,8
3. 2-Methylbutan	$\xrightarrow{-H_2}$	Trimethyläthylen	16,3	25,8
4. Dibenzyl	$\xrightarrow{-H_2}$	Stilben	13,9	21,5
5. Toluol (2 Mol)	$\xrightarrow{-H_2}$	Dibenzyl	10,6	8,5
6. Cyclohexan	$\xrightarrow{-H_2}$	Cyclohexen	10,3	21,3
7. 2,2,4-Trimethylpentan	$\xrightarrow{-H_2}$	Di-isobutylen	7,9	16,9
8. Cyclohexan	$\xrightarrow{-3H_2}$	Benzol	$3 \times 7,5$	$3 \times 16,1$
9. Methylcyclohexan	$\xrightarrow{-3H_2}$	Toluol	$3 \times 7,5$	$3 \times 16,2$
10. Benzol (2 Mol)	$\xrightarrow{-H_2}$	Diphenyl	0,8	$-2,4$

Auf mancherlei, vom rein chemischen Standpunkt recht interessante Einzelheiten der Tabelle soll an dieser Stelle, da es sich ja durchwegs um nichtbiologische Reaktionen handelt, nicht weiter eingegangen werden. Es sei hier nur auf die in den energetischen Verhältnissen klar zum Ausdruck kommende, dem Organiker geläufige Tatsache hingewiesen, dass Paraffine schwerer dehydrierbar sind als Cycloparaffine und dass umgekehrt der Benzolkern viel schwieriger zu hydrieren ist als die Äthylendoppelbindung. Dabei zeigt die bei der vollständigen Hydrierung des Benzols zu gewinnende Energie von 22,5 kcal/Mol im Vergleich zu der fast die Hälfte davon ausmachenden Hydrierungsenergie des Cyclohexens, dass die Einführung der ersten Wasserstoffatome in den Benzolkern energetisch weit weniger ergiebig ist als die Hydrierung der Hydrobenzole — ebenfalls im Einklang mit den präparativen Erfahrungen der organischen Chemie.

c) Energieverhältnisse bei biochemischen Dehydrierungen.

Tabelle 14, die einer im vorangehenden schon zitierten Arbeit von Franke entnommen ist, bringt eine Zusammenstellung energetischer und thermischer Daten für eine Reihe Dehydrierungs- bzw. Hydrierungsreaktionen von biologischem Interesse. Gruppe A umfasst einige der bei enzymatischen und Modellreaktionen gebräuchlichsten Acceptorsysteme neben einigen anderen, diesen chemisch und energetisch nahestehenden Oxydoreduktionssystemen. Gruppe B bringt eine Anzahl Beispiele für die Dehydrierung verschiedener dem Organismus mehr oder weniger vertrauter Stoffe, soweit sich bei unserer heutigen Kenntnis einigermassen sichere energetische Daten dafür erhalten liessen. Der Einheitlichkeit halber und um Vorzeichenwechsel der ΔA_0- und ΔU-Werte zu vermeiden, sind alle Reaktionen als Dehydrierungen — mit negativem Vorzeichen für ΔA_0 bzw. ΔU — aufgezeichnet, auch die der Gruppe

A, wo also der eigentliche Acceptor als Reaktionsprodukt in der Dehydrierungsgleichung erscheint. Ausser ΔA_0 und ΔU enthält die Tabelle auch noch eine Rubrik ΔE_0, die das Normalpotential (für pH 0) des Oxydoreduktionsvorgangs als das häufig primär Bestimmte angibt. Werte von ΔA_0, die durch Umrechnung aus ΔE_0 (nach Gleichung III, S. 144) erhalten worden sind, sind durch Kursivdruck gekennzeichnet. Eingeklammerte ΔE_0-Werte (z. B. im Gebiet der Sauerstoffüberspannung) sind unsicher, eingeklammerte ΔA_0-Werte bedeuten, dass die freie Bildungsenergie einer Reaktionskomponente nicht bekannt und darum geschätzt worden ist.

Was die angewandte Schätzungsmethode betrifft, so ist die Entropie der betreffenden Verbindung im allgemeinen additiv erhalten worden, wobei nach Kelley[1] für H — $+ 10{,}6$, für
$$-\overset{|}{\underset{|}{C}}- -13{,}6\text{, für }-O- +2{,}0\text{, für }O= +21{,}2$$
gesetzt wurde und für jede sekundäre OH-Gruppe 3 Einheiten vom Gesamtwert in Abzug gebracht wurden. Für die Entropien der Elemente bei 25° sind 1,3 für C, 24,5 für O und der alte H-Wert 14,8 verwendet worden, letzteres, da offenbar auch Kelleys Konstanten auf dieser Grundlage erhalten worden sind. Der hieraus nach Gleichung I (S. 143) errechnete Wert für die maximale Bildungsarbeit einer Verbindung wurde, so weit als möglich, nach anderen Methoden kontrolliert. Eine Möglichkeit hierzu gründet sich auf die im Prinzip schon länger bekannte Tatsache[2], dass die maximale Nutzarbeit bei der Verbrennung einfacherer organischer Verbindungen nur wenig verschieden ist von der Verbrennungswärme und dass die Abweichungen für Verbindungen ähnlicher C-Zahl und analogen Baues von annähernd gleicher Grösse sind. Auch der Vergleich mit experimentell bestimmten Energiedaten analoger Übergangsreaktionen vermag einem nur geschätzten Wert einen höheren Grad von Sicherheit zu verleihen. Um einen Anhaltspunkt für die vermutliche Zuverlässigkeit der Methoden zu geben, sei der Fall des Acetaldehyds erwähnt, für dessen Bildungsenergie sich nach der Entropieschätzung 31,5, aus der Verbrennungswärme (mit 97% des Wertes) 31,0, aus den experimentellen Daten für die freie Bildungsenergie des Äthylalkohols (41,7) und für die Übergangsarbeit Isopropylalkohol—Aceton (11,0) ein Wert von 30,7 kcal/Mol ergibt; demnach dürfte der im folgenden benützte Wert 31 von der Wahrheit kaum allzu weit entfernt sein. Der Wert für Acetaldehydhydrat (87,6 kcal) ist durch Addition der Werte für Acetaldehyd und H_2O erhalten worden, ähnlich wie man in Unkenntnis der Gleichgewichtskonstante der Hydratisierung etwa die Bildungsenergien für NH_4OH oder H_2CO_3 festlegt. Weitere durch Schätzung erhaltene Werte sind die für Formaldehyd (20,5), Milchsäure (126) und Brenztraubensäure (115 kcal).

Im übrigen sind alle mitgeteilten Energiedaten, soweit sie nicht — wie die elektrometrischen — in Lösung, sondern aus der Differenz von Bildungsenergien erhalten worden sind, nur in erster Annäherung richtig, da sie sich zumeist auf festen, flüssigen oder gasförmigen Aggregatzustand beziehen, während die biologischen Reaktionen ja allgemein in verdünnten wässrigen und zudem meist annähernd neutralen Lösungen stattfinden. Streng genommen müssten also noch Lösungs- und Ionisationsarbeiten in Rechnung gestellt werden, welche sich ja beide aus Gleichgewichtsdaten (Löslichkeit, Dampfdruck, Dissoziation) unschwer nach Gleichung VI, S. 145 errechnen lassen. In der folgenden Zusammenstellung, bei der es wesentlich nur auf eine vorläufige Orientierung und den Vergleich der älteren thermochemischen mit den neueren

---

[1] Zitiert nach P. W. Wilson u. Peterson, Chem. Rev. 8, 427; 1931.
[2] Vgl. z. B. J. Báron u. Pólány, Biochem. Zs 53, 1; 1913. Ferner R. Höber, Physik. Chem. d. Zelle u. Gewebe, S. 881 f. Leipzig 1926.

energetischen Daten abgesehen ist, wurde im allgemeinen auf diese Korrektion der Werte verzichtet, um so mehr, als in den meisten der mitgeteilten Fälle, wo Ausgangs- und Endprodukte von gleicher Natur (also entweder neutrale Körper oder z. B. Säuren) sind, diese Korrektionen nach der gleichen Richtung liegen und sich darum zum guten Teil herausheben dürften.

So beträgt, um nur ein Beispiel anzuführen, die freie Energieänderung für den Übergang fester Bernsteinsäure in feste Fumarsäure 21,9 kcal, während die Übergangsenergie der doppelt geladenen Anionen 20,7 kcal ausmacht.

Nur bei der Dehydrierung der Aminosäuren ist, da energetisch von Bedeutung (vgl. S. 151) auf den ionisierten Zustand der Reaktionsprodukte NH_3 und CO_2 Rücksicht genommen.

Die Werte für die Dehydrierungsenergien ($-\Delta A_0$) sind zum grössten Teil nach den Angaben Landolt-Börnsteins (Erg.-Bd. II, 2; 1931) berechnet, bisweilen (z. B. bei Bernsteinsäure, Fumarsäure, den Aminosäuren) sind die Daten neuerer Originalarbeiten zugrunde gelegt. Letzteres gilt auch für den überwiegenden Teil der ΔE_0-Werte. (Vgl. S. 143, Fussnoten.)

Der Vollständigkeit halber und um den Anschluss an die ursprüngliche Tabelle Wielands (S. 142) zu gewinnen, sind auch einige Dehydrierungsreaktionen biologischen Interesses, von denen nur die Wärmetönungen bekannt sind und eine Schätzung der maximalen Arbeit zu unsicher würde, (neuberechnet) in die Tabelle aufgenommen worden. Anhangsweise und im Anschluss an dehydrierende Decarboxylierungsreaktionen folgen noch einige „reine", zum Teil nichtbiologische Decarboxylierungsvorgänge (vgl. hierzu später Absatz d, S. 156).

Besondere Anmerkungen und Erklärungen zu den einzelnen Zahlenwerten der Tabelle folgen im unmittelbaren Anschluss an diese.

Tabelle 14. **Maximale Arbeit, Redoxpotential und Wärmetönung biologisch interessanter Dehydrierungsreaktionen.**

Reaktion	$-\Delta A_0$	$-\Delta E_0$	$-\Delta U$
A.			
1. $O_2 + H_2O \xrightarrow{-H_2} O_3$	89,0	(1,9)	102,4
2. $2 H_2O \xrightarrow{-H_2} H_2O_2$	85,0	(1,8)	91,7
3. $H_2O \xrightarrow{-H_2} {}^1\!/_2 O_2$	56,6	1,23	68,3
4. $NO_2^- + H_2O \xrightarrow{-H_2} NO_3^-$	38,6	—	49,9
5. (Isatin: CHOH/CO-NH $\xrightarrow{-H_2}$ CO/CO-NH)	39,5	(0,792)	—
6. $H_2O_2 \xrightarrow{-H_2} O_2$	31,5	(0,7)	44,9
7. $C_6H_5-NH_2 \xrightarrow{-H_2} C_6H_5-NH$	35,2	(0,763)	—

Tabelle 14 (Fortsetzung).

Reaktion	$-\Delta A_0$	$-\Delta E_0$	$-\Delta U$
8. Aminophenol $\xrightarrow{-H_2}$ Chinonimin (OH/NH₂ → O/NH)	32,8	(0,713)	—
9. Hydrochinon $\xrightarrow{-H_2}$ Chinon (OH/OH → O/O)	32,2	0,700	42,8
10. Methylenweiß $\xrightarrow{-H_2}$ Methylenblau	24,5	0,532	—
11. Dialursäure $\xrightarrow{-H_2}$ Alloxan	16,9	0,367	21,0

B.

Reaktion	$-\Delta A_0$	$-\Delta E_0$	$-\Delta U$
12. Alanin $+ 2 H_2O \xrightarrow{-H_2} CH_3 \cdot CHO + NH_4^{\cdot} + HCO_3'$	(12,0)	—	20,6
13. Asparaginsäure $+ 2 H_2O \xrightarrow{-H_2} CH_3 \cdot CO \cdot CO_2H + NH_4^{\cdot} + HCO_3'$	(12,7)	—	24,6
14. Bernsteinsäure $\xrightarrow{-H_2}$ Fumarsäure	$\begin{cases} 21,9 \\ 20,7 \end{cases}$	— 0,450	— 31,3
15. Stearinsäure (fl.) $\xrightarrow{-H_2}$ Ölsäure	—	—	32,8
16. Essigsäure (2 Mol.) $\xrightarrow{-H_2}$ Bernsteinsäure	10,4	—	9,0
17. Äthylalkohol $\xrightarrow{-H_2}$ Acetaldehyd	(10,7)	—	19,5
18. Isopropylalkohol $\xrightarrow{-H_2}$ Aceton	11,0	—	21,7
19. Milchsäure $\xrightarrow{-H_2}$ Brenztraubensäure	$\begin{cases} (11,0) \\ 11,9 \end{cases}$	— 0,250	— 20,8
20. Saligenin $\xrightarrow{-H_2}$ Salicylaldehyd	—	—	18,9
21. Sorbit $\xrightarrow{-H_2}$ Glucose	7,0	—	15,0
22. Xanthin $\xrightarrow{-H_2}$ Harnsäure	—	—	13,9
23. Formaldehyd(hydrat) $\xrightarrow{-H_2}$ Ameisensäure	(− 7,2)	—	− 2,8
24. Acetaldehyd(hydrat) $\xrightarrow{-H_2}$ Essigsäure	(− 6,7)	(≤ 0)	− 3,3
25. Salicylaldehyd(hydrat) $\xrightarrow{-H_2}$ Salicylsäure	—	—	− 5,0
26. Ameisensäure $\xrightarrow{-H_2} CO_2$	− 9,5	—	5,4
27. Oxalsäure $\xrightarrow{-H_2} 2\ CO_2$	− 22,5	—	8,2
28. Brenztraubensäure $+ H_2O \xrightarrow{-H_2} CH_3CO_2H + CO_2$	(− 15,0)	—	− 8,6
29. Brenztraubensäure $\longrightarrow CH_3CHO + CO_2$	(− 10,0)	—	− 0,3
[30. Bernsteinsäure $\longrightarrow CH_3 \cdot CH_2 \cdot CO_2H + CO_2$	− 9,3	—	10,5]
[31. Essigsäure $\longrightarrow CH_4 + CO_2$	− 10,7	—	4,8]

Anmerkungen zu Tabelle 14:

Ad 5, 7, 8. Die von L. F. Fieser (Am. Soc. 52, 5204; 1930) nur für wässerig-alkoholische Pufferlösungen bestimmten Werte des Normalpotentials dieser drei Systeme 0,813, 0,783, 0,733 V sind schätzungsweise für wässrige Lösungen von pH 0 umgerechnet unter Benutzung der Tatsache, dass o-Chinon/Brenzkatechin in den beiden Lösungsmitteln die Normalpotentiale 0,810 bzw. 0,790 V aufweist (L. F. Fieser u. Peters, Am. Soc. 53, 793; 1931).

Ad 10. Potentialwert von M. Clark, Cohen und Gibbs (Publ. Health Rep. 40, 1131; 1925). Der Meyerhofsche Wert für die Wärmetönung der Reaktion, 25,7 kcal (Pflüg. Arch. 149, 250; 1912) ist nach Clark unbrauchbar, da Meyerhof Aggregatzustand der Komponenten und pH, sowie demgemäss Lösungs- und Ionisierungswärmen nicht berücksichtigt hat. Nach Clarks eigenen Versuchen (l. c.) liesse sich für ΔU bei pH 0 ein Wert in der Nähe von 40 kcal extrapolieren (nach Gleichung I a, S. 146 mit ΔE für ΔA), doch ist der Temperaturkoeffizient besonders für diese Aciditätsbedingungen nicht hinreichend genau bekannt.

Ad 11. Werte nach E. Biilmann u. Berg (B. 63, 2188; 1930).

Ad 12 und 13. Aus der Arbeit von Wieland und Bergel über die Dehydrierung der Aminosäuren (A. 439, 196; 1924) sind für die (negativen) Dehydrierungswärmen von Glykokoll, Alanin und Asparginsäure Werte zu errechnen, die zwischen 51 und 52 kcal liegen. Diese Werte gelten jedoch für gasförmiges NH_3 (bzw. CO_2). Wie der Vergleich mit den in der Tabelle mitgeteilten, nur etwa halb so grossen Werten für die gelösten und ionisierten Reaktionsprodukte — zu denen man unter physiologischen Bedingungen wohl stets gelangen dürfte — zeigt, spielen hier Lösungs- und Neutralisationswärmen in der thermochemischen Bilanz der Gesamtreaktion eine sehr wichtige Rolle. Auch die Änderung der freien Energie wird durch die Form des Auftretens der Reaktionsprodukte beeinflusst, indem die Dehydrierungsarbeit bei der Bildung gasförmigen NH_3 und CO_2 rund 4,5 kcal höher liegt als bei Entstehung der entsprechenden Ionen.

Es wurde versucht, auch die Energie- und Wärmeumsetzungen bei der Aminosäurehydrolyse zu den entsprechenden Oxysäuren abzuschätzen. Mit dem nach der früheren Schätzungsmethode erhaltenen Wert für die Bildungsarbeit der Milchsäure (126 kcal) und dem experimentell bestimmten (H. Borsook u. Schott, Jl biol. Chem. 92, 559; 1931) für die Äpfelsäure (211 kcal, geschätzt 213) und für NH_4-Ion (18,9 kcal) ergaben sich die maximalen Nutzarbeiten ($+ \Delta A_0$) von $-0,5$ bzw. $-0,2$ kcal, während die entsprechenden Wärmetönungen ($+ \Delta U$) bei der Hydrolyse von Alanin und Asparaginsäure $-6,4$ bzw. $-4,7$ kcal ausmachen. Die Hydrolyse der Aminosäuren scheint also sowohl hinsichtlich der Änderungen der freien als auch der Gesamtenergie ziemlich neutral zu sein.

Ad 14. Potentialwert, durch Extrapolation der von J. Lehmann (Skand. Arch. 58, 173; 1930) zwischen pH 5,25 und 8,07 erhaltenen Daten (bei Gegenwart von Succinodehydrase und kleinen Mengen Methylenblau) auf pH 0 resultierend. In Anbetracht der Unsicherheit des auf so grosse pH-Differenzen extrapolierten Normalpotentials erscheint die gute Übereinstimmung der beiden durch Entropie- und E.M.K.-Messungen erhaltenen ΔA_0-Werte recht beachtlich.

Ad 19. R. Wurmsers Potentialwert (0,200 V für pH 7,4; C. R. 194, 2139; 195, 81; 1932), bei Gegenwart von Lacticodehydrase mit Redoxindikatoren bestimmt, wurde auf pH 0 extrapoliert nach der Beziehung $E_{pH\,0} = E_{pH\,x} + 0,06\,pH\,x$ (vgl. den neuesten Wert von G. Barron u. Hastings [Jl biol. Chem. 100, XI [1933]: $E_0 = 0,246$ V); auch hier auffallend gute Übereinstimmung zwischen thermisch und elektrometrisch bestimmtem ΔA_0-Wert.

Ad 24. Der angedeutete Maximalwert des Redoxpotentials geht auf den Befund Rapkines (Jl chim. phys. 27, 202; 1930) zurück, dass Acetaldehyd bei Gegenwart von Schardinger-Enzym auch den negativsten unter den bekannten Redoxindikatoren (Neutralrot), dessen Normalpotential dem der H_2-Elektrode von gleichem pH auf 0,12 V nahekommt, noch vollständig entfärbt.

Ad 26. ΔA_0-Wert gilt, wie üblich, für flüssige Ameisensäure und gasförmiges CO_2; für wässrige Lösungen beider berechnet sich nach den Daten Landolt-Börnsteins 4,3 (statt 9,5) für ΔA_0.

Ad 27. Der merkwürdig hohe, positive Wert für die Dehydrierungsenergie der Oxalsäure geht auf den auffallend niederen Wert von 166 kcal für die Bildungsarbeit der Oxalsäure zurück. (Nach Kelleys Formel würde sich 170, nach der Verbrennungswärme jedoch 185 kcal berechnen.)

Ad [30]. Bildungsenergie der Propionsäure als Mittel der Bildungsenergien von Essigsäure (94,3) und n-Buttersäure (93,1) geschätzt.

Tabelle 14 ist in mehrfacher Hinsicht aufschlussreich. Zunächst zeigt sie, dass praktisch alle bei biologischen Untersuchungen und Modellreaktionen gebräuchlichen Wasserstoffacceptoren der Gruppe A die Dehydrierung der unter B zusammengestellten Substrate energetisch bestreiten können — allenfalls mit Ausnahme des Alloxans, das ja bisher auch nur bei der Dehydrierung der Aminosäuren zur Anwendung gekommen ist. Dagegen ist die Acceptormethode für den Fall, dass sowohl Donator als Acceptor von ähnlicher (z. B. chinoider) Struktur sind, erheblichen Beschränkungen unterworfen. Dass man mit Methylenblau nicht Hydrochinon, p-Phenylendiamin oder p-Aminophenol in irgendwie erheblicherem Ausmass dehydrieren kann, ist aus den Zahlen für ΔA_0 und ΔE_0 klar ersichtlich. v. Szent-Györgyis[1] auf das Versagen dieses sonst so allgemein verwendbaren Wasserstoffacceptors gegründete Folgerung, dass diese Stoffe im tierischen Gewebe nur durch aktivierten Sauerstoff angegriffen würden, ist mit dieser Argumentation allein natürlich nicht zwingend. Das häufig beobachtete Auftreten von H_2O_2 bei der Autoxydation von Phenolen, Farbstoffleukoverbindungen usw. zeigt übrigens, dass der „aromatische" Wasserstoff, obwohl seine Ablösung erheblich grösseren Energieaufwand als die des „aliphatischen" erfordert, erheblich labiler im Molekül sitzt als der letztere.

Bemerkenswert ist ferner, dass die erste Stufe der Sauerstoffhydrierung (zu H_2O_2) im Gegensatz zur zweiten (zu H_2O) energetisch nur recht mässig ergiebig ist und in dieser Hinsicht der Reduktion der Chinone und Chinonimine an die Seite zu stellen ist. Ein grosser Teil der gewöhnlich dem „aktivierten" Sauerstoff zugeschriebenen Wirkungen beruht in Wirklichkeit auf einer Mobilisierung der Acceptoreigenschaften des H_2O_2 und der damit folgenden 3—4fachen Erhöhung des ursprünglich und primär zur Verfügung stehenden Potentialgefälles.

Dass molekularer Sauerstoff trotz der Gleichheit der Normalpotentiale (bzw. normalen Nutzarbeiten) O_2/H_2O_2 und Chinon/Hydrochinon schon im schwach sauren Gebiet das Hydrochinon katalysatorfrei unter deutlicher Bildung von H_2O_2 dehydriert, wie auch andere Systeme von noch höherem Normalpotential angreift, geht im wesentlichen auf die Konzentrationsverhältnisse zurück (vgl. S. 146). Ausserdem wirken in solchen Fällen Neben- und Folgereaktionen, wie z. B. das langsamere Weiterreagieren des H_2O_2 mit dem Substrat, der irreversible Übergang des Chinons in huminartige Oxydations- und Kondensationsprodukte usw., im Sinne einer Vergrösserung der Potentialdifferenz zwischen Acceptor- und Donatorsystem und dementsprechend einer Erhöhung des Gesamtumsatzes gegenüber dem für die reine Hauptreaktion thermodynamisch zu erwartenden.

Eine allgemeine Beziehung zwischen der thermodynamischen Grösse des Redoxpotentials und der kinetisch-statistischen der Reaktionsgeschwindigkeit ist bisher noch nicht aufgefunden worden, was ja auch prinzipiell kaum zu erwarten ist. Jedoch ist in letzter Zeit wiederholt bei Autoxydationssystemen analogen Baus eine weitgehende Parallelität beider Grössen beobachtet worden[2].

---

[1] A. v. Szent-Györgyi, Biochem. Zs 150, 194; 1924. — 157, 50, 67; 1925.

[2] W. Franke, A. 480, 1; 1930. — 486, 242; 1931. — L. Michaelis u. Smythe, Jl biol. Chem. 94, 329; 1931. — G. Barron, Jl biol. Chem. 97, 287; 1932.

Für eine Anzahl von Farbstoffsystemen definierten Redoxpotentials hat Barron (l. c.) kürzlich sogar exakte Proportionalität zwischen dem Log der Reaktionszeit und dem Redoxpotential festgestellt.

Wie man erkennt, besteht auch in Tabelle 14 (zum mindesten für die reinen Dehydrierungen) ein ziemlich durchgehender Parallelismus zwischen den Änderungen der freien und der Gesamtenergie. Eine der beachtlicheren Ausnahmen ist die Dehydrierung der Essigsäure zu Bernsteinsäure, die hinsichtlich der Nutzarbeit zwar nicht so stark begünstigt ist, wie dies Wieland hinsichtlich der thermischen Verhältnisse festgestellt hat, die aber immerhin nur die halbe Energie der Bernsteinsäuredehydrierung erfordert. Merkwürdig ist, dass ΔA_0- und ΔU-Werte fast die gleichen sind wie für die Dehydrierung von Toluol zu Dibenzyl (vgl. Tabelle 13) und dass, wie schon früher erwähnt, letzterer Wert auch dort aus der Reihe herausfällt. Die günstigen thermodynamischen Verhältnisse bimolekularer Dehydrierungen sind von Interesse hinsichtlich der allgemeineren Möglichkeit von Fettsäuresynthesen nach dem Schema der Bernsteinsäurebildung, die ja in der Tat schon von Thunberg[1] in den Kreis der Betrachtung gezogen worden ist.

Interessant sind auch die näheren Umstände bei der Aminosäuredehydrierung. Hier ist es ja seit langem bekannt, dass der Sauerstoff bei etwas erhöhter Temperatur durch andere Acceptoren, wie Alloxan (Streckersche Reaktion), Chinon, Isatin[2] ersetzt werden kann. Wieland und Bergel[3] zeigten, dass bei Gegenwart von Palladiummohr die Reaktion mit Alloxan und Chinon (auch Dinitrobenzol) schon bei gewöhnlicher Temperatur messbar wird.

Dagegen ist die in der gleichen Arbeit angegebene dehydrierende Wirkung von Dithiodiglykolsäure an Kohle sehr unwahrscheinlich und bedarf der Nachprüfung, um so mehr, als keine quantitative Übereinstimmung zwischen der (stets zu hoch gefundenen) CO_2- und NH_3-Bildung und der Acceptorhydrierung bestand. Für die Thiosysteme sind leider keine thermischen Daten zugänglich und die häufig untersuchten Potentiale sind nicht reversibel und daher nicht in der sonst üblichen Weise thermodynamisch auswertbar. Es ist aber eindeutig gezeigt worden[4], dass die SH-Verbindungen vom Typus des Cysteins und der Thioglykolsäure alle Clarkschen Redoxindikatoren, auch die Indigosulfonate vollständig reduzieren. Das elektronegativste Indigofarbstoffsystem ist nun das Monosulfonat, mit einem Normalpotential bei pH 0 von rund 0,250 V; für 99,9 %ige Reduktion würde dieser Wert um $3 \times 0,030 = 0,090$ kleiner werden (= 0,160 V). Leider gelingt es nicht, das Bereich des SH-SS-Potentials auch von der andern Seite, der vollständigen Reduktion des Cysteins durch reversible Systeme, hier einzuschliessen, da die einzigen geprüften Reduktionsmittel (Sn^{II}, Cr^{II}) einem (wohl unnötig) tiefen Potential (in der Nähe von — 0,400 V) entsprechen[5]. Hält man sich daher an den oben aus der Reduktion der Farbstoffe erschlossenen Maximalwert für das fiktive Redoxpotential des SH-SS-Systems (+ 0,160 V), so würde sich für die Übergangsenergie Cystin-Cystein maximal ein Wert von 7,35 kcal berechnen[6]. Diese Hydrierungsenergie reicht aber auch im günstigsten Fall nicht zu

---

[1] T. Thunberg, Skand. Arch. 40, 1; 1920.

[2] A. Strecker, A. 123, 363; 1863. — W. Traube, B. 44, 3145; 1911.

[3] H. Wieland u. Bergel, A. 439, 196; 1924.

[4] M. Dixon u. Tunnicliffe, Biochem. Jl 21, 844; 1927. — Vgl. hierzu ferner die neuesten Befunde von D. E. Green, Biochem. Jl 27, 678; 1933.

[5] P. W. Preisler, Jl biol. Chem. 87, 767; 1930.

[6] Nach J. C. Ghosh u. Mitarb. (Jl Indian Chem. Soc. 9, 43; 1932) wäre der reversible Wert nur etwa halb so gross.

einer sicher messbaren Dehydrierung der beiden Aminosäuren (Nr. 12 und 13, Tabelle 14) aus. Da auch die in der gleichen Arbeit behauptete, thermodynamisch gleich unmögliche Dehydrierung von Bernsteinsäure durch Dithiodiglykolsäure (an Lebergewebe) in späteren Versuchen nicht reproduziert werden konnte[1], liegt wohl sicher in beiden Fällen ein prinzipieller methodischer Versuchsfehler Bergels vor.

Merkwürdigerweise hat nun Methylenblau, der Wasserstoffacceptor „par excellence", gegenüber der Dehydrierung der Aminosäuren sowohl in den Modellversuchen Wielands mit Palladium und Kohle als auch in den Versuchen Thunbergs[2] mit Muskelgewebe als Dehydrierungskatalysator so gut wie vollständig versagt. Auf Grund des alten Werts von Meyerhof für die Hydrierungswärme des Methylenblaus (25,7 kcal) und der Wielandschen für die Dehydrierung der Aminosäuren zu Ketosäure und gasförmigem NH_3 und CO_2 (51 bis 52 kcal) schien der Fall einer thermodynamischen Insuffizienz des Acceptors hier durchaus möglich, was von Wieland auch in Erwägung gezogen wurde. Tabelle 14 schaltet jedoch diese Möglichkeit mit Sicherheit aus, die maximale Arbeit der Methylenblauhydrierung ist zur Dehydrierung der Aminosäuren mehr als ausreichend. Man darf aber nie vergessen, dass ausreichendes thermodynamisches Potential zwar die Voraussetzung dafür ist, dass eine Reaktion eintreten kann, nicht aber, dass sie eintreten muss. Ein besonders typisches Beispiel dafür ist die überraschende Beobachtung von Harries und Langheld[3], dass Ozon mit seinem gewaltigen Oxydationspotential aliphatische Aminosäuren nicht, aromatische nur vom Kern aus angreift. Bei der Dehydrierung der Aminosäuren scheinen also rein chemische Momente eine wichtigere Rolle zu spielen als bei den analogen Reaktionen der anderen Gruppen zellvertrauter Stoffe, was ja bei der besonderen Art des Angriffspunktes der Dehydrierung im Falle der Aminosäuren an sich nicht wunderzunehmen braucht.

Die Erfahrung mit Methylenblau legt die Vermutung nahe, dass der CO-Gruppe der wirksamen Katalysatoren eine besondere chemische Funktion zukommt, sei es nun, dass diese in der Bildung substituierter Iminosäuren (wie etwa bei Isatin und Alloxan) oder anderer Substitutionsprodukte (z. B. von der Art der bekannten 1,4-Aminoderivate des Chinons) resultiert. Dass „Nebenreaktionen" bei der sauerstofflosen Dehydrierung der Aminosäuren einen breiten Raum einnehmen, erkennt man schon an den intensiven dabei auftretenden Färbungen sowie dem häufig beobachteten starken Zurückbleiben der NH_3-Bildung. Auf diese Fragen des Reaktionsmechanismus wird im nächsten Kapitel noch ausführlicher einzugehen sein (S. 172 f.).

Dass die von Wieland[4] auf Grund seiner Wärmetönungsdaten (S. 151) gemachte Feststellung, wonach „die erste Phase des Aminosäureabbaues energetisch offenbar den wenigst ergiebigen Prozess unter den gleichartigen Reaktionen der drei Gruppen Kohlehydrate, Fette und Eiweisskörper darstellt", zum mindesten für physiologische Bedingungen nicht gelten dürfte, geht aus den Energie- und Wärmedaten der Tabelle 14 eindeutig hervor. Es ist vielmehr

---

[1] H. Wieland u. Bertho, A. 467, 154; 1928.
[2] T. Thunberg, Skand. Arch. 40, 1; 1920.
[3] C. Harries u. Langheld, H. 51, 373; 1907 (vgl. jedoch die Notiz von F. Bergel, Angew. Chem. 46, 363; 1933).
[4] H. Wieland u. Bergel, l. c.

der erste Angriff der gesättigten Fettsäuren, die Ausbildung der aliphatischen Äthylendoppelbindung (vgl. mit Tabelle 12, Nr. 1 und 2), die den grössten Energieaufwand erfordert, fast doppelt so gross wie derjenige für die Dehydrierung der höheren Aminosäuren oder auch die für den Zuckerabbau charakteristische Umwandlung der $\overset{|}{\underset{|}{C}}HOH$- in die $\overset{|}{\underset{|}{C}}O$-Gruppe. Die geringen Unterschiede in den Energiewerten für Vorgänge bestimmten Typs $\left(\begin{matrix} \overset{|}{C}H_2 \\ \underset{|}{C}H_2 \end{matrix} \longrightarrow \begin{matrix} \overset{|}{C}H \\ \underset{|}{C}H \end{matrix} \right.$, $CHOH \longrightarrow CO$, $CH{<}^{OH}_{OH} \longrightarrow C{<}^{O}_{OH}$ usw. $\Big)$ ist übrigens bemerkenswert.

Ein weiteres beachtliches Faktum der Tabelle ist, dass die acceptorfreie Dehydrierung von Aldehydhydraten nicht nur mit positiver Wärmetönung, sondern sogar unter Abnahme der freien Energie erfolgt. Die altbekannte, aber nicht eigentlich selbstverständliche Tatsache, dass die Carboxylgruppe keinerlei Acceptoreigenschaften zeigt, findet hierin ihre thermodynamische Begründung.

Dass wässriger Acetaldehyd am Palladiumkontakt auch ohne Gegenwart eines besonderen Acceptors weitgehend unter Bildung von Essigsäure und Wasserstoff in äquivalenten Mengen zerlegt wird, hatte Wieland[1] bereits in einer seiner ersten Dehydrierungsarbeiten gezeigt. Aber das Palladium ist unter diesen Bedingungen kein idealer Katalysator, sondern ein Reaktionsteilnehmer, dessen Beladung mit Wasserstoff weder thermisch noch energetisch neutral ist (vgl. S. 129). Der Energiewert (+ 6,7 kcal) der Aldehyddehydrierung würde übrigens, wenn er hinreichend exakt wäre, nach früheren Ausführungen (S. 146) einer ziemlich vollständigen Reaktion entsprechen. Da jedoch mit der Bildungsenergie für Eisessig und einem nur geschätzten Wert für Aldehydhydrat gerechnet wurde, lassen sich quantitative Aussagen nicht machen.

Dass Ameisensäure- und Oxalsäurelösungen — im Einklang mit den energetischen Verhältnissen — in Gegenwart von Palladiummohr vollständig in H_2 und CO_2 zerfallen, ist schon vor 20 Jahren von Zelinsky[2] bzw. Wieland[3] angegeben worden. Wieland[4] hat später auch nachgewiesen, dass Brenztraubensäure am Palladiumkontakt (unter Stickstoff) teilweise dem analogen Zerfall in Essigsäure $+ CO_2$ unterliegt.

Es ist interessant, dass in diesem letzteren Fall einer „decarboxylierenden Dehydrierung" (des Brenztraubensäurehydrats) der Hauptanteil der gewonnenen Energie offenbar auf den „reinen" Decarboxylierungsvorgang zurückgeht. Dass die anhangsweise angeführte, thermisch so gut wie neutrale Spaltung der Brenztraubensäure[5] in Aldehyd $+ CO_2$ unter recht beachtlicher Abnahme der freien Energie — sie entspricht nahe dem Aufwand für die Dehydrierung alkoholischer OH-Gruppen — verlaufen dürfte, ist überraschend, nach dem Vergleich mit den sogar endothermen Decarboxylierungen der beiden anderen

---

[1] H. Wieland, B. 45, 2606; 1912.
[2] N. Zelinsky, B. 44, 2309; 1911.
[3] H. Wieland, B. 46, 3333; 1913.
[4] H. Wieland, A. 436, 229; 1924.
[5] Vgl. auch C. Neuberg, Biochem. Zs 152, 203; 1924.

Säuren (mit bekannten Bildungsenergien der Reaktionsteilnehmer), wobei ganz ähnliche ΔA_0-Werte erhalten werden, aber so gut wie sicher.

d) Energiewechsel bei Atmung und Gärung.

Im Zusammenhang mit den vorstehenden Ausführungen soll noch kurz auf die energetischen Verhältnisse von Atmungs- und Gärungsprozessen eingegangen werden.

Es ist schon früher (S. 148) darauf hingewiesen worden, dass die bei der vollständigen Verbrennung der organischen Substanz maximal gewinnbare Energie in den meisten Fällen recht genau (bis auf wenige Prozent) mit der Wärmetönung des Vorgangs übereinstimmt. Dies ist insofern auffallend, als ja nach den Daten der Tabelle 14 bei den früheren Dehydrierungsstufen des Abbaus der Zellstoffe selbst in Gegenwart von Sauerstoff die Abnahme der freien Energie meist beträchtlich kleiner ist als die der Gesamtenergie. Die Erklärung für die schliesslich doch erfolgende Kompensation liegt in der energetischen Ergiebigkeit der terminalen Phasen, der CO_2-Bildung, die ja, wie oben mitgeteilt, schon nicht oxydativ einen beträchtlichen Überschuss der freien gegenüber der Gesamtenergie ergibt.

Dass bei den anaeroben Abbauvorgängen der organischen Substanz die Verhältnisse anders liegen dürften als bei der Verbrennung, war schon auf Grund der Tatsache zu vermuten, dass einzelne Gärungen (z. B. die sauerstofffreie, unter H_2-Entwicklung vor sich gehende Aceton- bzw. Essigsäuregärung) endotherm verlaufen. Um einen Überblick über die im allgemeinen herrschenden Verhältnisse zu geben, folgt eine Tabelle, in der für Veratmung und verschiedene Vergärungsformen des Zuckers ΔA_0 und ΔU einander gegenübergestellt sind, nebst dem wohl keiner weiteren Erklärung bedürfenden Quotienten $\dfrac{\Delta A_0 - \Delta U}{\text{Mol } CO_2}$; der Lösungszustand der Reaktionsteilnehmer ist auch in dieser Tabelle (nach W. Franke, l. c.) unberücksichtigt geblieben.

Tabelle 15. **Die energetischen Verhältnisse bei Veratmung und Vergärung von Zucker.**

Reaktion	ΔA_0	ΔU	$\dfrac{\Delta A_0 - \Delta U}{CO_2}$
Veratmung: $C_6H_{12}O_6 + 6\,O_2 \to 6\,CO_2 + 6\,H_2O$	685,8	674,0	—
Glykolyse: $C_6H_{12}O_6 \to 2\,CH_3 \cdot CHOH \cdot CO_2H$	36,0	24,0	—
1. Vergärungsform: $C_6H_{12}O_6 \to 2\,CH_3 \cdot CH_2OH + 2\,CO_2$	55,3	20,6	17,4
2. ,, $C_6H_{12}O_6 \to CH_3 \cdot CHO + CO_2 + CH_2OH \cdot CHOH \cdot CH_2OH$	22,8	—2,0	24,8
3. ,, $C_6H_{12}O_6 \xrightarrow{+\,1/2\,H_2O} 1/2\,CH_3 \cdot CH_2OH + 1/2\,CH_3 \cdot CO_2H + CO_2 + CH_2OH \cdot CHOH \cdot CH_2OH$	30,8	9,1	21,7
4. ,, $\begin{cases} C_6H_{12}O_6 \to C_4H_9 \cdot OH + 2\,CO_2 + H_2O \\ C_6H_{12}O_6 \to C_3H_7 \cdot CO_2H + 2\,CO_2 + 2\,H_2 \end{cases}$	69,4 65,1	33,8 12,4	17,8 26,3

Man erkennt zunächst, dass bei der Vergärung des Zuckers auch im günstigsten Falle (Butylgärung) nur etwa 10%, meist aber erheblich weniger, der bei der totalen Verbrennung geleisteten Nutzarbeit erhalten werden. Aber diese Nutzarbeit der Gärungen ist durchweg beträchtlich höher als die entsprechende Wärmetönung. Es liegt nahe, diese Differenz zur thermisch, nicht energetisch neutralen Decarboxylierungsreaktion in Beziehung zu setzen. In der Tat schwankt der Quotient $\dfrac{\Delta A_0 - \Delta U}{CO_2}$ nicht allzu stark (etwa $\pm 20\%$)

um einen Mittelwert in der Nähe von 22. Aber schon die Tatsache, dass dieser Wert mehr als doppelt so hoch ist wie der für Decarboxylierungsreaktionen früher (S. 150) berechnete, sowie dass auch bei der Glykolyse eine, wenn auch kleinere Differenz (12,0) zwischen ΔA_0 und ΔU vorhanden ist, zeigt, dass neben der Decarboxylierung noch ein anderer Faktor für diese Eigenheit des Gärungsenergiewechsels verantwortlich zu machen ist. Zwei Möglichkeiten kommen dabei in Betracht: die primäre Spaltung des Hexosemoleküls in C_3-Körper und die ein- oder mehrfache Disproportionierung der Spaltprodukte. Es ist in diesem Zusammenhang von erheblichem Interesse, dass Neuberg und Hofmann[1] kürzlich die Verbrennungswärme des wasserfreien Methylglyoxals (zu 345,7 kcal) sowie dessen Lösungs- und Hydratationswärme (zu +10,3 kcal) bestimmt haben. Auf Grund dieser Daten ist dann weiterhin sowohl für Glykolyse als auch alkoholische Gärung der Anteil der beiden Teilreaktionen an der Gesamtwärmetönung — deren Wert für die beiden anaeroben Vorgänge in der Nähe von 28 kcal liegt — berechnet worden.

Die Zahlenwerte finden sich in der folgenden Tabelle unter der Rubrik ΔU und gelten für gasförmiges CO_2 und gelöste Glucose, Milchsäure und Äthylalkohol, was auch den Unterschied von mehreren Calorien gegenüber den Zahlen der Tabelle 15 erklärt. Unter ΔA_0 finden sich die entsprechenden Änderungen der freien Energie zusammengestellt, die sich, wie immer, da nur geschätzt (vgl. S. 148), auf Normalzustände beziehen. Auf Grund des Neubergschen Verbrennungswertes ergab sich für die freie Bildungsenergie des Methylglyoxals mit Kelleys empirischen Konstanten 54 kcal (Kontrollwert aus der Verbrennungswärme allein — mit 98% ihres Werts — 56 kcal). Mit dem hieraus in üblicher Weise (wahrscheinlich zu niedrig) geschätzten Wert für Methylglyoxalhydrat (54 + 56,6 = 110,6 kcal) und den früher gegebenen für Acetaldehyd, Milchsäure und Brenztraubensäure (S. 148) wurden die ΔA_0-Daten der Tabelle berechnet. In den letzten beiden Doppelspalten ist unter $100 \cdot \frac{\Delta A_0}{\Delta A_{0\,ges.}}$ bzw. $100 \cdot \frac{\Delta U}{\Delta U_{ges.}}$ noch der prozentische Anteil der einzelnen Teilreaktionen am gesamten Energie- bzw. Wärmeumsatz von Glykolyse (a) und alkoholischer Gärung (b) verzeichnet.

Tabelle 16. Maximale Arbeiten und Wärmetönungen bei Glykolyse (a) und alkoholischer Gärung (b). (Nach W. Franke.)

Reaktion	ΔA_0	ΔU	$100 \cdot \frac{\Delta A_0}{\Delta A_{0\,ges.}}$		$100 \cdot \frac{\Delta U}{\Delta U_{ges.}}$	
			a	b	a	b
1. Glucose → 2 Methylglyoxalhydrat	5,1	4,9	14	9	18	17
2. 2 Methylglyoxalhydrat → 2 Milchsäure	30,8	22,6	86	—	82	—
3. 2 Methylglyoxalhydrat + 2 Acetaldehyd → 2 Brenztraubensäure + 2 Alkohol	30,2	23,2	—	55	—	83
4. 2 Brenztraubensäure → 2 Acetaldehyd + 2 CO_2	20,0	0	—	36	—	—
a) Glucose → 2 Milchsäure	35,9	27,5	100	—	100	—
b) Glucose → 2 Alkohol + 2 CO_2	55,3	28,1	—	100	—	100

---

[1] C. Neuberg u. Hofmann, Biochem. Zs 252, 440; 1932.

Es ist zunächst beachtlich, dass die primäre Spaltung des Zuckermoleküls energetisch und thermisch wenig ergiebig ist. Der Hauptgewinn an freier Energie und Wärme wird vielmehr erst in den darauffolgenden Dismutationsprozessen erzielt, wobei es auffällt, dass der für die Glykolyse und der für die alkoholische Gärung typische Vorgang in den Zahlenwerten praktisch übereinstimmen. Bei beiden ist ferner die maximale Nutzarbeit erheblich grösser als die Wärmetönung, womit die Herkunft des früher noch unerklärt gebliebenen Differenzanteils klargestellt ist. Was jedoch noch im besonderen die alkoholische (und wohl alle anderen unter CO_2-Entwicklung verlaufenden) Gärungen vor der Glykolyse voraushaben, ist der Gewinn an freier Energie, den diese Prozesse aus der thermisch neutralen Decarboxylierungsreaktion ziehen und den man im Falle der alkoholischen Gärung zu rund einem Drittel des Gesamtumsatzes an freier Energie veranschlagen kann. Die Folgerung, die Neuberg und Hofmann aus ihren thermischen Daten ziehen, wonach die primäre Spaltung des Zuckermoleküls „praktisch energielos vonstatten gehe, genau wie ein anderer bekannter desmolytischer Teilprozess, die carboxylatische Reaktion", trifft also zum mindesten hinsichtlich der letzteren Aussage nicht in so allgemeiner Form zu, was erneut auf die Notwendigkeit hinweist, rein thermochemische Daten nur mit Vorbehalt als Mass der wahren Energie- und Affinitätsverhältnisse auch biologischer Reaktionen zu verwerten.

Die im vorstehenden aufgezeigte Eigenart anaerober Prozesse, nutzbare Arbeit nicht nur im Ausmass der Wärmetönung, sondern zum Teil sogar auf Kosten von aussen aufgenommener Wärme leisten zu können, spielt womöglich eine wichtige Rolle im Energiehaushalt des lebenden Organismus, so z. B. in der Arbeitsphase des Muskels und ganz allgemein bei den ja auf einen im Prinzip wenig ergiebigen energieliefernden Lebensprozess angewiesenen Anaerobiern. Sie mag zum Teil auch für die bevorzugte Entwicklung der (glykolysierenden) Krebszelle verantwortlich sein.

Gleich wichtig ist natürlich die Frage, ob der Organismus nun auch tatsächlich Vorrichtungen besitzt, welche den Abbau der organischen Substanz auf reversiblem Wege auszuführen gestatten, was ja die Voraussetzung für die Erzielung maximaler Arbeitsausbeute ist. Wie schon früher erwähnt (S. 77 f.), ist dies nur in beschränktem Ausmass der Fall. Aber es ist, bei gleicher Effektivität der freie Energie liefernden Anordnung, zweifellos ein Vorzug der anaeroben vor den aeroben Prozessen, dass bei ihnen prinzipiell ein grösserer Bruchteil der umgesetzten Gesamtenergie zur freien Verfügung steht. Dass in einzelnen Fällen, z. B. bei der mit der Arbeitsleistung verbundenen anaeroben Milchsäurebildung im Muskel, dem Organismus recht wirksame, mit gutem Nutzeffekt arbeitende Umwandlungsmechanismen zu Gebote stehen, ist unter anderem durch die bekannten Arbeiten von Hill und Meyerhof[1] erwiesen worden.

5. Die Anwendung der Dehydrierungstheorie auf die nichtbiologische Oxydation.

Ehe wir zur Übertragung der grundlegenden Gedankengänge der Dehydrierungstheorie auf die Probleme der biologischen Oxydation übergehen, sollen zur Darlegung ihres weiten Geltungsbereiches, aber auch zur Erkenntnis ihrer Grenzen, noch eine Anzahl meist von Wieland selbst untersuchter

---

[1] Vgl. z. B. O. Meyerhof, Die chemischen Vorgänge im Muskel. Berlin 1930.

Fälle rein chemischer Reaktionen angeführt werden; Die Untersuchungen schliessen sich im wesentlichen chronologisch an die in Abschnitt 1 mitgeteilten Grundversuche Wielands an.

a) Anorganische Verbindungen.

Was die Oxydationsvorgänge in eigentlichster Bedeutung, die typischen Verbrennungen[1] anbetrifft, so hat schon M. Traube[2] gezeigt, dass man durch „Abschrecken" der Knallgasflamme an Eis Hydroperoxyd in Spuren als Reaktionsprodukt nachweisen kann. Etwas grössere Mengen, wenn auch immer nur einige Prozente der theoretisch für den Umsatz $H_2 + O_2 = H_2O_2$ zu erwartenden Menge erhielt er beim Schütteln von Knallgas mit Palladium und Wasser, der „langsamen Verbrennung" des explosiblen Gasgemisches. Von K. Tanaka[3] stammt die Feststellung, dass man durch Zugabe minimaler Mengen Blausäure $\left(\frac{n}{500}\right)$, welche die Metallkatalyse der Hauptreaktion nur um etwa 5%, die ebenfalls vom Palladium ausgeübte H_2O_2-Spaltung jedoch nahezu vollkommen hemmt, mehr als 60% der theoretischen Hydroperoxydmenge erfassen kann, so dass also kein Zweifel mehr an der Richtigkeit der auf Traube zurückgehenden Formulierung der Knallgasreaktion

$$H_2 + O_2 \to H_2O_2;$$
$$H_2 + H_2O_2 \to 2\,H_2O, \text{ bzw. } H_2O_2 \to H_2O + \tfrac{1}{2}\,O_2$$

bestehen kann.

Es ist in diesem Zusammenhang beachtlich, dass Bates und Salley[4] vor kurzem zeigen konnten, dass durch angeregte Quecksilberatome erzeugte Wasserstoffatome bei der Reaktion mit molekularem Sauerstoff bis zu 90% der theoretisch primär zu erwartenden H_2O_2-Menge liefern. Sie schlagen einen Kettenmechanismus folgender Form als Erklärung vor:

$$H + O_2 \to HO_2;$$
$$HO_2 + H_2 \to H_2O_2 + H \text{ usw.}$$

Kettenabbruch resultiert beim Zusammenstoss zweier H- bzw. HO_2-Radikale. Wie man sieht, entspricht das vorgeschlagene Schema einer Aufteilung des Traubeschen in zwei Phasen.

Nach den amerikanischen Autoren ist durch die nachgewiesene, fast quantitative H_2O_2-Ausbeute das Haber-Bonhoeffersche[5] Schema der Knallgasreaktion

$$H + O_2 \to HO_2;$$
$$HO_2 + H_2 \to H_2O + OH;$$
$$OH + OH \to H_2O_2,$$

desgleichen die Formulierung von Frankenburger und Klinkhart[6],

$$H + O_2 \to HO_2;$$
$$HO_2 + H_2O \to H_2O_2 + OH;$$
$$OH + OH \to H_2O_2,$$

---

[1] Vgl. Zusammenfassung von H. v. Wartenberg u. Sieg, B. 53, 2192; 1920.
[2] M. Traube, B. 18, 1894; 1885.
[3] K. Tanaka, Biochem. Zs 157, 425; 1925.
[4] J. R. Bates u. Salley, Am. Soc. 55, 110; 1933. — J. R. Bates, Proc. Nat. Ac. 19, 81; 1933.
[5] K. F. Bonhoeffer u. Haber, Physik. Chem. (A) 137, 263; 1928.
[6] W. Frankenburger u. Klinkhart, Trans. Farad. Soc. 27, 431; 1931.

widerlegt, letztere deshalb, weil Anwesenheit von Wasserdampf in den reagierenden Gasen die H_2O_2-Ausbeute nicht beeinflusst.

Bezüglich der Verbrennung des Kohlenoxyds ist die Beobachtung H. B. Dixons[1], dass auch bei hohen Temperaturen die Anwesenheit von Wasserdampfspuren unerlässlich ist, von grundlegender Bedeutung. Auf Dixons Befund und seinem eigenen, dass auch die CO-Flamme H_2O_2 liefert, baute M. Traube[2] folgende Vorstellung vom Mechanismus der CO-Verbrennung auf:

$$CO + \begin{matrix}OH:H\\OH:H\end{matrix} + O_2 \rightarrow CO(OH)_2 + H_2O_2;$$
$$H_2O_2 + CO \rightarrow CO(OH)_2.$$

Wieland[3] wies dagegen nach, dass sowohl in der CO-Flamme als auch bei der sauerstofflosen „Verbrennung" des CO am Palladium Ameisensäure in Spuren nachweisbar ist. Er formuliert demgemäss den Vorgang als die Folge einer — bei gewöhnlicher Temperatur durch das Palladium katalysierten — Hydratisierung des CO und einer sich anschliessenden Dehydrierung im Sinne der Gleichungen

$$CO + H_2O \rightarrow CO_2H_2;$$

$$CO_2H_2 \begin{array}{c}\xrightarrow{+O_2} CO_2 + H_2O_2.\\ \xrightarrow{+\frac{O_2}{2}} CO_2 + H_2O.\end{array}$$

W. Traube und Lange[4] haben gegen diese Auffassung den experimentell belegten Einwand erhoben, dass unter Bedingungen, unter denen Formiat durch Palladiumschwarz nicht in messbarem Betrag zersetzt wird (nämlich in wässrig-alkoholischer Lauge) gleichwohl keine Bildung von Ameisensäure in der Lösung nachzuweisen ist, das CO vielmehr am Palladiumkontakt glatt in CO_2 bzw. Carbonat übergehe. Wieland[5] hält diesen Einwand nur für den Fall homogener Reaktionslösungen für stichhaltig. Für den vorliegenden Fall einer heterogenen Katalyse, bei der sich nach Wielands Ansicht nur am Kontakt Ameisensäure intermediär bildet, ist die Möglichkeit nicht widerlegt, dass die Ameisensäure an der aktiven Oberfläche im Status nascens mit so grosser Geschwindigkeit in CO_2 und H_2 zerfallen kann, dass auf dem viel langsameren Weg der Diffusion keine nachweisbaren Mengen davon in die Lösung selbst gelangen können. Als absolut beweisend und die Traubesche Auffassung ausschliessend, wird man allerdings die Wielandsche Argumentation im vorliegenden Falle nicht ansehen können[6].

In vollkommen analoger Weise formuliert Wieland[7] die dem bekannten Schwefelsäurekontaktprozess zugrunde liegende Reaktion, die bisher stets im Sinne einer Einwirkung des am Platinkontakt aktivierten Sauerstoffs auf SO_2 gedeutet worden war. Da jedoch auch hier die vollkommen trockenen

---

[1] H. B. Dixon, Chem. News 46, 151; 1882.
[2] M. Traube, B. 16, 123; 1883. — 18, 1890; 1885.
[3] H. Wieland, B. 45, 679; 1912.
[4] W. Traube u. Lange, B. 58, 2773; 1925.
[5] H. Wieland u. Fischer, B. 59, 1180; 1926.
[6] Vgl. die Erwiderung v. W. Traube u. Lange, B. 59, 2860; 1926.
[7] H. Wieland, B. 45, 685; 1912.

Gase reaktionsunfähig sind und feuchtes SO_2 schon ohne Sauerstoff am Palladiummohr SO_3 liefert, hält Wieland den Nachweis der Reaktion als einer Dehydrierung (im Gegensatz zur Oxydation) für erbracht:

$$SO_2 + H_2O \rightarrow SO_3H_2;$$
$$SO_3H_2 + \frac{O_2}{2} \rightarrow SO_3 + H_2O.$$

Auf die zahlreichen Fälle direkter Wasserstoffentwicklung aus wässrigen Lösungen starker Reduktionsmittel, die von Wieland stets im Sinne Traubes durch Wasserzerlegung erklärt worden waren, für die Wieland aber gleichfalls den Mechanismus der Dehydrierung in Anspruch nimmt, soll hier nicht weiter eingegangen werden. Zur Stütze seiner Ansicht kann Wieland anführen, dass auch diese Reaktionen durch feinverteilte Platinmetalle beschleunigt werden und dass in manchen Fällen [z. B. bei Hexacyanokobalto-Salzen] in der Reaktion mit Sauerstoff H_2O_2 entsteht. Er stellt sich vor, dass eingelagertes Konstitutions- bzw. Hydratwasser dem dehydrierenden Angriff unterliegt und formuliert demgemäss etwa die Reaktion von Chromohydroxyd — auch Ferrohydroxyd regiert bei Gegenwart von Palladium[1], nach neuesten Untersuchungen[2] schon ohne dieses in Gegenwart von Ferroion, in gleicher Art — folgendermassen[3]:

$$Cr{<}^{OH}_{OH} \xrightarrow{-H} Cr{<}^{OH}_{O}.$$

In ähnlicher Weise und in Analogie mit den gleichartigen Reaktionen von Ameisensäure und Oxalsäure lässt sich auch die katalytische Abspaltung von Wasserstoff aus gelöstem Hypophosphit deuten[4]:

$$O=C{<}^{OH}_{H} \xrightarrow{-2H} O=C=O;$$

$$O=P{<}^{OH}_{H}{}_{H} \xrightarrow{-2H} O=P{<}^{O}_{H} \left[\xrightarrow{+H_2O} O=P{<}^{OH}_{OH}{}_{H} \right],$$

wovon im Zusammenhang mit der Bachschen Theorie schon die Rede war (S. 120). Dort ist auch schon erwähnt worden, dass Wieland den nur bei Gegenwart von Wasser erfolgenden Übergang von Phosphit in Orthophosphat, der sich mit Palladium als Katalysator beliebig durch Sauerstoff, Chinon oder Methylenblau bewerkstelligen lässt, als Dehydrierung eines Hydrats formuliert:

$$O=P{<}^{OH}_{OH}{}_{H} \xrightarrow{+H_2O} {}^{HO}_{HO}{>}P{<}^{OH}_{OH}{}_{H} \xrightarrow{-2H} {}^{HO}_{HO}{>}P{<}^{OH}_{O}.$$

b) Organische Verbindungen.

α) Aromatische und heterocyclische Stoffe.
Der Schlüsselversuch zu Wielands Theorie war bekanntlich die Dehydrierung des Hydrochinons gewesen.

---

[1] W. Traube u. Lange, B. 58, 2776; 1925.
[2] G. Schikorr, Anorg. Chem. 212, 33; 1933.
[3] H. Wieland u. Fischer, B. 59, 1180; 1926.
[4] H. Wieland u. Wingler, A. 434, 198; 1923.

Da sich diese jedoch neuerdings als irrtümlich und auf den nicht hinreichenden Ausschluss von Luftsauerstoff zurückgehend erwiesen hat (S. 128f.), wird man auch die etwas später (1913)[1] behauptete sauerstofflose Dehydrierung von **Phenol, m-Kresol, Guajakol, Pyrogallol**, ferner **Anilin** nur mit allergrösstem Vorbehalt aufnehmen, um so mehr als nach Potentialmessungen **Fiesers**[2] die thermodynamischen Voraussetzungen für eine Dehydrierung dieser Verbindungen im allgemeinen noch erheblich ungünstiger zu sein scheinen als die der Hydrochinon-Dehydrierung. Es braucht wohl kaum besonders erwähnt zu werden, dass durch diese Einschränkungen hinsichtlich einer bestimmten Stoffklasse und einer bestimmten Versuchsausführung (der acceptorfreien) die **Wielan**dsche Theorie in ihren Grundlagen und wesentlichen Folgerungen so gut wie nicht berührt wird.

Interessant und frei von den oben angeführten Einwänden sind gewisse Versuche **Wielands**[3] über die Reaktionsweise des **Indigos**, dessen Entfärbung unter dem Einfluss von Platinschwarz und Sauerstoff seit Schönbeins Zeiten als das typische Beispiel einer **Oxydationskatalyse** gegolten hatte, bei der aktiver Sauerstoff eine Sprengung des Indigomoleküls unter Bildung von zwei Molekülen **Isatin** bewirke:

Wieland zeigte nun, dass man in wasserfreiem Pyridin mit Mangandioxyd, Bleidioxyd oder auch Palladiumschwarz und Sauerstoff den braunen **Dehydroindigo** als erstes Produkt der Indigooxydation erhält, deren einleitende Phase somit als **Dehydrierungsreaktion** erkannt ist.

Bei Gegenwart von Wasser wird dieser Dehydroindigo nach den Untersuchungen von **Kalb**[4] leicht zu Isatin und Indigo disproportioniert.

worauf an letzterem sich der Reaktionszyklus erneut abspielen kann. Da in wässriger Lösung die Hydrolyse des Dehydroindigos rascher erfolgt als die

---

[1] H. Wieland, B. 46, 3327; 1913.
[2] L. F. Fieser, Am. Soc. 52, 5204; 1930.
[3] H. Wieland, B. 54, 2353; 1921.
[4] L. Kalb, B. 42, 3642; 1909. — B. 44, 1455; 1911.

Dehydrierung, wird bei der katalytischen Indigoentfärbung das Zwischenstadium gewöhnlich nicht wahrgenommen.

β) Aldehyde. Ein wichtiges und im Laufe seiner Entwicklung oft nicht ganz widerspruchsfreies Kapitel stellt das Verhalten der Aldehyde dar, das von Wieland wiederholt in den Kreis der Untersuchung gezogen worden ist. Bereits in einer der ersten Arbeiten[1] (vgl. S. 130) hatte er gezeigt, dass Aldehyde — jedoch nur bei Gegenwart von Wasser — allein oder in Anwesenheit eines „nichtaktivierbaren" Wasserstoffacceptors wie Chinon und Methylenblau (oder auch Silberoxyd) dehydriert werden können. Auf der anderen Seite hat man die altbekannte und häufig untersuchte Tatsache, dass auch vollkommen trockene Aldehyde autoxydabel sind, wofür A. v. Baeyer und Villiger[2] am Beispiel des Benzaldehyds den exakten Reaktionsverlauf im Sinne der folgenden Gleichungen klargestellt haben:

$$R \cdot CHO \xrightarrow{+O_2} R \cdot CH \begin{matrix} O \\ O \end{matrix} O \longrightarrow R \cdot C \begin{matrix} O \cdot OH \\ O \end{matrix} \quad (I)$$

$$R \cdot C \begin{matrix} O \cdot OH \\ O \end{matrix} + \begin{matrix} O \\ H \end{matrix} C \cdot R \longrightarrow 2 R \cdot C \begin{matrix} OH \\ O \end{matrix} \quad (II)$$

Beim Acetaldehyd macht die Autoxydation unter Ausschluß von Wasser jedoch bereits auf der Stufe der Acetopersäure Halt[3], während sie bei Gegenwart von Wasser bekanntlich bis zur Essigsäure weitergeht. Die Autoxydation der trockenen Aldehyde wird nun ebenfalls durch Palladiummohr ganz erheblich beschleunigt (desgleichen durch Tierkohle). Da Chinon, Methylenblau, Silberoxyd usw. unter diesen Bedingungen wirkungslos sind, kann Wieland (l. c.) nicht umhin, für die Autoxydation der trockenen Aldehyde einen prinzipiell anders gearteten, nichtdehydrierenden Wirkungsmechanismus des Platinmetalls anzunehmen.

Nach seiner Ansicht hat man es mit einer durch die Adsorption auf dem feinverteilten Katalysator bedingten, stark erhöhten Konzentration des Sauerstoffes zu tun, neben der sicher auch die Oberflächenwirkung des porösen Materials gegenüber dem Aldehyd eine Rolle spielt. Eine Stütze dieser Annahme einer mehr unspezifisch-physikalischen, nicht eigentlich Sauerstoff „aktivierenden" Wirkung des Palladiums sieht Wieland in dem gleichartigen Verhalten der Tierkohle, ein Argument, das allerdings dadurch etwas an Wert verliert, dass O. Warburg[4] bald darauf die fundamentale Bedeutung des Eisengehaltes der Tierkohle für deren oxydationskatalytische Wirksamkeit (z. B. gegenüber Aminosäuren) darlegte.

In neuester Zeit geht Wielands[5] Interpretation der katalytischen Aldehydautoxydation, zum mindesten was die vollkommen gleichartige Wirkung von

---

[1] H. Wieland, B. 45, 2606; 1912.
[2] A. v. Baeyer u. Villiger, B. 33, 1581; 1900.
[3] H. Wieland, B. 54, 2353; 1921.
[4] O. Warburg u. Mitarb., Biochem. Zs 119, 134; 1921. — 145, 461; 1924.
[5] H. Wieland u. Richter, A. 486, 226; 1931. — 495, 284; 1932.

Metallsalzen anbetrifft, dahin, dass die Aktivierung der C=O-Doppelbindung — ähnlich wie sie bei der Friedel-Craftsschen Reaktion durch Anlagerung von $AlCl_3$ oder $ZnCl_2$ hervorgebracht wird — das wesentliche Moment im Reaktionsmechanismus darstellt.

Dass auch in wässriger Lösung die Reaktion zwischen Aldehyden und Sauerstoff im wesentlichen nicht als Dehydrierung, sondern als wahre, über die Persäure gehende Autoxydation verläuft, hat Wieland wiederholt und eindeutig nachgewiesen.

Schüttelt man wässrige Lösungen von Benzaldehyd, Acetaldehyd oder Propionaldehyd (evtl. bei Gegenwart kleiner Eisensalzmengen), so ist mit Hilfe der Jodidreaktion leicht die nach kurzer Zeit entstandene Persäure festzustellen[1]. Es ist ferner bemerkenswert, dass sowohl die unkatalysierte als auch die durch Palladiummetall beschleunigte Autoxydation der trockenen Aldehyde durch kleine Wassermengen, besonders in der aliphatischen Reihe, recht erheblich verzögert wird (Abb. 11).

Dies kommt nach Wieland daher, dass der erhebliche Anteil an aliphatischem Aldehyd, der Hydratisierung erlitten hat, auf den notorisch langsam verlaufenden Dehydrierungsprozess beschränkt und an der raschen Autoxydation nicht beteiligt ist. Dem Benzaldehyd, der sich in weit geringerem Masse hydratisiert, erwächst durch Wasser keine derartig erhebliche Beeinträchtigung in der Autoxydationsgeschwindigkeit[2].

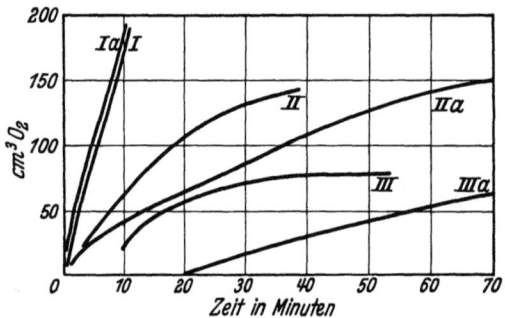

Abb. 11. Autoxydation von Aldehyden (feucht und trocken). (Nach Wieland.)
I Benzaldehyd, trocken, mit Pd
Ia   „   , feucht, „ Pd.
II Benzaldehyd, trocken, ohne Pd
IIa   „   , feucht, „ Pd.
III Acetaldehyd, trocken, mit Pd
IIIa   „   feucht, „ Pd.

Ist demnach der Charakter der Primärreaktion als einer wahren Autoxydation in allen Fällen festgelegt, so ergeben sich für die Folgereaktion der Persäure mit dem Aldehyd je nach der Art des Aldehyds (und auch der Persäure) recht erhebliche Unterschiede. Während die Autoxydation des Benzaldehyds im trockenen oder feuchten Zustand nach dem oben gegebenen Schema von v. Baeyer und Villiger zur Benzoesäure als Endprodukt führt, ist Acetopersäure gegenüber Acetaldehyd im trockenen Zustande praktisch ohne Wirkung, reagiert jedoch ziemlich rasch mit diesem bei Gegenwart von Wasser unter schliesslich quantitativer Bildung von Essigsäure. Hier dürfte zweifellos eine Dehydrierungsreaktion vorliegen, wobei die Persäure dem Aldehydhydrat als Wasserstoffacceptor dient:

$$R \cdot C \underset{O}{\overset{O \cdot OH}{\diagdown}} + \underset{OH}{\overset{H}{H O - C - R}} \longrightarrow R \cdot C \underset{O}{\overset{OH}{\diagdown}} + H_2O + \underset{HO}{\overset{O}{\diagdown}} C \cdot R \quad (III)$$

---

[1] H. Wieland u. Richter, A. 486, l. c.
[2] H. Wieland, B. 45, l. c.

Einen weiteren Beleg für die Richtigkeit dieser Auffassung hat man darin, dass auch Persulfat die gleiche Funktion gegenüber dem wässrigen Aldehyd auszuüben vermag.

$$\begin{array}{c} KO_3S \cdot O \\ | \\ KO_3S \cdot O \end{array} + \begin{array}{c} H \\ \diagdown \\ HO \diagup \end{array} C \cdot R \longrightarrow 2 KO_3S \cdot OH + O = C \cdot R$$
$$\qquad\qquad\qquad\quad | \qquad\qquad\qquad\qquad\qquad\qquad |$$
$$\qquad\qquad\qquad\quad OH \qquad\qquad\qquad\qquad\qquad\quad OH$$

Im übrigen können Reaktionsweise II und III der Persäure nebeneinander im selben System auftreten. So reagiert die reaktionsfähigere aromatische Benzopersäure langsam auch mit trockenem Acetaldehyd; doch zeigt das erhebliche Ansteigen der Reaktionsgeschwindigkeit bei Wasserzusatz (Abb. 12), dass die Dehydrierungsreaktion (III) ganz bedeutend rascher verläuft als die wohl unter primärer Bildung eines Additionsproduktes $C_6H_5 \cdot C\begin{array}{c}\diagup O - O \diagdown \\ \diagdown O \quad HO \diagup\end{array} CH \cdot CH_3$ vor sich gehende direkte Reaktion II[1].

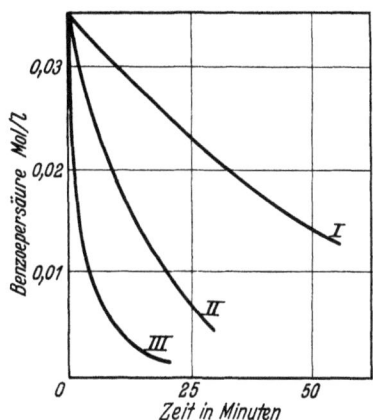

Abb. 12. Reaktion zwischen Benzopersäure und Acetaldehyd. (Nach Wieland u. Richter.) I 100% $CH_3 \cdot CHO$. II 90% $CH_3 \cdot CHO$. III 50% $CH_3 \cdot CHO$. T = 10°.

Das Verhalten der Aldehyde ist hier deshalb etwas ausführlicher besprochen worden, weil es in aller Deutlichkeit zeigt, dass die Dehydrierungstheorie keineswegs in allgemeinster Form nun zur Erklärung aller Oxydationsvorgänge herangezogen werden kann. Selbst in Fällen, in denen die Dehydrierung möglich ist, wird bei Gegenwart von Sauerstoff doch unter Umständen der rascher zum Ziel führende Weg über Peroxyd (und Persäure) eingeschlagen.

Sehr grosse Unterschiede in der Reaktionsgeschwindigkeit von Chinon und Methylenblau einerseits und Sauerstoff andererseits zwingen stets, auch beim Fehlen sonstiger Widersprüche, zu ganz besonderer Vorsicht bei Verallgemeinerungen hinsichtlich des Reaktionsmechanismus. Reaktionskinetische Untersuchungen spielen daher in den späteren Arbeiten der Wielandschen Schule eine wichtige Rolle.

Es ist bemerkenswert, dass die prinzipielle Klarstellung dieser Verhältnisse von Wieland selbst stammt; damit werden eine ganze Anzahl der von verschiedenen Seiten, u. a. von Bach[2], vorgebrachten Einwände hinfällig, die Wieland die Auffassung imputieren, als ob er alle Oxydationsvorgänge, an denen molekularer Sauerstoff beteiligt ist, für Dehydrierungen halte. Vielmehr steht er bezüglich der Autoxydation ungesättigter Systeme, namentlich, wenn sie bei Wasserausschluss vor sich geht, durchaus auf dem Boden der Engler-Bachschen Peroxydtheorie. Zu diesen Fällen zählen ausser der Aldehydautoxydation die Peroxydbildung an der $C=C$-Bindung, z. B. in Olefinen und Terpenen, der Übergang von tertiären Phosphinen und Arsinen, von Radikalen, wie z. B. Triphenylmethyl in die entsprechenden Sauerstoffverbindungen.

---

[1] H. Wieland u. Richter, A. 495, l. c.
[2] A. Bach, B. 46, 3864; 1913. — Vgl. hierzu Wielands Erwiderung B. 47, 2109; 1914.

Die Wielandschen Ergebnisse an der nichtenzymatischen Aldehydautoxydation sind aber noch in anderer Beziehung von grosser Bedeutung, insofern als sie zur Vorsicht mahnen bei der Übertragung von an Oxydationsmodellen gewonnenen Resultaten auf die Verhältnisse der biologischen Oxydation; denn gerade für den enzymatischen Abbau der Aldehyde (vgl. später Abschn. 6b) hat Wieland mit einer an Sicherheit grenzenden Wahrscheinlichkeit nachgewiesen, dass er auf dem Wege der Dehydrierung erfolgt.

γ) **Oxy- und Ketosäuren.** Diese Verbindungen waren als Substrate des Zellstoffwechsels ebenfalls von erheblichem Interesse und erwiesen sich auch am Palladium- (und teilweise Kohle-)kontakt als reaktionsfähige Wasserstoffdonatoren (bezüglich der energetischen Voraussetzungen für acceptorfreie Dehydrierung vgl. S. 129).

So geht Milchsäure[1] mit Palladium bei 40° bereits ohne Sauerstoff in geringer, bei Gegenwart von Sauerstoff in grosser Menge in Brenztraubensäure über, bei gleichzeitiger Entstehung kleinerer, einander entsprechender Quantitäten Essigsäure und CO_2. Der primäre Dehydrierungsprozess steht hier ausser Zweifel:

$$\begin{array}{c} CH_3 \\ | \\ C{<}^{H}_{OH} \\ | \\ CO_2H \end{array} \xrightarrow{-2H} \begin{array}{c} CH_3 \\ | \\ C=O \\ | \\ CO_2H \end{array}$$

Gluconsäure[1] wird ebenso wie Glucose, sowohl mit als auch (in kleinem Umfang) bereits ohne Acceptor, durch Palladium (unter gleichzeitigem Auftreten von CO_2) abgebaut. Da Gluconsäure noch rascher reagiert als Glucose, spielt die Oxydation der Aldehydgruppe bei dieser Art des Zuckerabbaues offenbar nur eine untergeordnete Rolle. Wieland nimmt an, dass die Dehydrierung, ähnlich dem Abbau der Milchsäure, über die jeweils entstehende Oxycarbonsäure zur α-Ketosäure und weiterhin unter CO_2-Abspaltung zur nächstniederen Oxysäure führt, an der sich der Abbauzyklus wiederholt.

Brenztraubensäure[2] wird bei 40° (unter Stickstoff) durch Palladium oder Kohle nur spurenweise zu Aldehyd und CO_2 gespalten.

Unter den gleichen Bedingungen zerfällt Oxalessigsäure (als Beispiel einer β-Ketosäure) ausserordentlich rasch in Brenztraubensäure und CO_2:

$$\begin{array}{c} CH_2 \cdot CO_2H \\ | \\ CO \cdot CO_2H \end{array} \xrightarrow{-CO_2} \begin{array}{c} CH_3 \\ | \\ CO \cdot CO_2H \end{array}.$$

Dagegen tritt unter den obigen Verhältnissen die thermodynamisch ja nicht unerheblich mehr begünstigte „dehydrierende" Spaltung in Essigsäure und CO_2 in gut messbarem Umfang ein (vgl. S. 155). Da der Umsatz durch Zugabe von Chinon oder Methylenblau erheblich erhöht wird, hält Wieland die Dehydrierung des Ketosäurehydrats für möglich:

---

[1] H. Wieland, B. 46, 3327; 1913.
[2] H. Wieland u. Wingler, A. 436, 229; 1924.

$$\begin{array}{c} \text{OH} \\ | \\ \text{R} - \text{C} - \text{OH} \\ | \\ \text{C} - \text{OH} \\ \| \\ \text{O} \end{array} \xrightarrow{-2\,\text{H}} \begin{array}{c} \text{OH} \\ | \\ \text{R} - \text{C} = \text{O} \\ + \\ \text{C} = \text{O} \\ \| \\ \text{O} \end{array},$$

wenn auch den Weg der primären, nicht dehydrierenden Spaltung nebst folgendem Übergang des Aldehyds in die Säure nicht für ausgeschlossen. Für solch typische Ketosäurehydrate, wie Mesoxalsäure und Dioxyweinsäure, mag der oben aufgezeichnete Weg womöglich der gebräuchliche sein, auch bei Gegenwart von Sauerstoff. Für die Brenztraubensäure, die bei 40° und in Gegenwart von Palladium mit Sauerstoff ungleich rascher reagiert als mit den chinoiden Agentien, hält Wieland den direkten Angriff der Carbonylgruppe durch den molekularen Sauerstoff — ähnlich wie bei der Aldehydautoxydation — für den wahrscheinlichsten Reaktionsweg.

Ob dabei aus einem primären Peroxyd unter CO_2-Abspaltung intermediär die Persäure (welche dann mit einem zweiten Ketosäuremolekül weiterreagiert), entsteht

$$R \cdot \underset{\underset{O}{\|}}{C} \cdot CO_2H \xrightarrow{+O_2} R \cdot \underset{O \diamondsuit O}{C} \cdot CO_2H \xrightarrow{-CO_2} R \cdot \underset{\underset{O}{\|}}{C} \cdot O \cdot OH$$

oder ob der Mechanismus ein anderer ist, lässt Wieland bis auf weiteres unentschieden.

Das gleiche gilt für die teilweise enolisierte Phenylbrenztraubensäure, bei der zudem primäre Peroxydbildung an der Enoldoppelbindung die Entstehung der Nebenprodukte Benzaldehyd und Oxalsäure bedingt:

$$\bigcirc\!\!-CH:C(OH)\cdot CO_2H \xrightarrow{+O_2} \bigcirc\!\!-\underset{O\!-\!O}{CH-C(OH)}\cdot CO_2H \longrightarrow \bigcirc\!\!-CHO + HO_2C-CO_2H.$$

Äpfelsäure[1] liefert, mit Palladium und Sauerstoff geschüttelt, als Endprodukte Essigsäure und CO_2, zweifellos auf dem Wege über die primäre Dehydrierung zu Oxalessigsäure, deren ausserordentlich leicht erfolgende Decarboxylierung zu Brenztraubensäure oben schon erwähnt worden ist.

$$\begin{array}{c} HO_2C\cdot C\!\!\diagup\!\!\overset{H}{\underset{OH}{}} \\ | \\ HO_2C\cdot CH_2 \end{array} \xrightarrow{-2\,H} \begin{array}{c} HO_2C\cdot CO \\ | \\ HO_2C\cdot CH_2 \end{array} \xrightarrow{-CO_2} \begin{array}{c} HO_2C\cdot CO \\ | \\ CH_3 \end{array} \xrightarrow{+\frac{O_2}{2}} \begin{array}{c} CO_2 \\ + \\ HOC=O \\ | \\ CH_3 \end{array}.$$

Auch die zuerst von Freundlich[2] beobachtete, von Warburg[3] näher untersuchte Oxydation der Oxalsäure an Blutkohle

$$\begin{array}{c} COOH \\ | \\ COOH \end{array} + \frac{O_2}{2} \longrightarrow 2\,CO_2 + H_2O$$

wird von Wieland[4] den Dehydrierungsreaktionen beigezählt.

---
[1] H. Wieland u. Wingler, l. c.
[2] H. Freundlich, Capillarchemie, S. 163. Leipzig 1909.
[3] O. Warburg, Pflüg. Arch. 155, 547; 1914.
[4] H. Wieland, Erg. Physiol. 20, 517; 1922.

δ) Aminosäuren. Den gleichen Mechanismus nimmt Wieland auch für den Abbau der Aminosäuren an Tierkohle an, der zuerst von Warburg und Negelein[1] zum Gegenstand der Untersuchung gemacht worden war. Es hatte sich dabei ergeben, dass zahlreiche Aminosäuren unter Bildung von NH_3 und CO_2 — die schwefelhaltigen wie Cystein und Cystin unter gleichzeitiger Entstehung von H_2SO_4 — an Kohle oxydiert werden, wobei der „Respirationsquotient" $\frac{CO_2}{O_2}$ manchmal dem für totale Verbrennung berechneten nahekam. Wieland und Bergel[2] zeigten demgegenüber, dass bei dieser Reaktion NH_3 und CO_2 im Verhältnis 1:1 auftreten — mit Ausnahme der Asparaginsäure, wo das Verhältnis 1:2 war — und dass ausserdem in allen Fällen der um ein C-Atom ärmere Aldehyd — bei der Asparaginsäure Acetaldehyd — sowie in kleinerem Umfang auch die zugehörige Säure in einer zusammengerechnet dem NH_3 in erster Näherung äquivalenten Menge gebildet werden. Von einer vollständigen Verbrennung der Aminosäure, etwa für das Leucin nach der Gleichung

$$\begin{matrix} CH_3 \\ \end{matrix}\!\!\!\!\!\!\!\!\!\!\!>CH \cdot CH_2 \cdot CH(NH_2) \cdot CO_2H + 7{,}5\,O_2 \longrightarrow 6\,CO_2 + NH_3 + 5\,H_2O$$

(mit $\frac{CO_2}{O_2} = 0{,}8$) erfolgend, kann also nicht die Rede sein, vielmehr gelten im wesentlichen die beiden einfachen Gleichungen:

$$\underset{NH_2}{R \cdot CH \cdot CO_2H} \xrightarrow{\frac{O_2}{2}} \underset{O}{R \cdot CH} + CO_2 + NH_3, \quad \text{(I)}$$

$$\underset{NH_2}{R \cdot CH \cdot CO_2H} \xrightarrow{O_2} \underset{O}{R \cdot COH} + CO_2 + NH_3. \quad \text{(II)}$$

Der von Warburg und Negelein bestimmte Quotient CO_2/O_2 stellt einen Mischwert verschiedener Oxydationsstufen (teilweise über II hinausgehend) dar, der unter Umständen den Eindruck vollständiger Verbrennung vortäuschen kann. Damit im Einklang stehen die aus dem Rahmen fallenden, relativ viel zu hohen NH_3-Werte in den Versuchen Warburgs.

Besonderen Wert legt Wieland auf die Tatsache, dass der Aminosäureabbau an Tierkohle vorzugsweise zu Aldehyd (nach Gleichung I), nicht zur Säure führt, während nach dem früher Gesagten α-Oxysäuren unter den gleichen Bedingungen primär zu α-Ketosäuren, diese letzteren zu CO_2 und der nächst niederen Säure oxydiert werden. Da ferner aktive Kohle dem decarboxylatischen Zerfall der α-Ketosäuren in Aldehyd und CO_2 nicht als Katalysator zu dienen vermag, nimmt Wieland an, dass die Abspaltung des CO_2, wenigstens zum Teil, schon vor der Desaminierung stattfindet, im Sinne der Übergangsfolge:

---

[1] O. Warburg u. Negelein, Biochem. Zs 113, 257; 1921.
[2] H. Wieland u. Bergel, A. 439, 196; 1924.

$$R \cdot \underset{\underset{NH_2}{|}}{CH} \cdot CO_2H \xrightarrow{-2H} R \cdot \underset{\underset{NH}{\|}}{C} \cdot CO_2H \xrightarrow{-CO_2} R \cdot \underset{\underset{NH}{\|}}{CH} \xrightarrow{+H_2O} R \cdot \underset{\underset{O}{\|}}{CH} + NH_3.$$

Gestützt wird diese Auffassung durch die Beobachtung, dass α-Iminocarbonsäuren — nach Böttinger[1] durch Einwirkung von alkoholischem NH_3 auf α-Ketosäure dargestellt — schon ohne Katalysator ausserordentlich leicht CO_2 abspalten und dabei Aldehyd bilden.

Die Möglichkeit, dass auch beim biologischen Abbau der Aminosäuren, den man bisher meist — auf Grund der Arbeiten von Neubauer, Knoop und Dakin (vgl. Kap. III, 2, S. 93) — folgendermassen skizziert hatte

$$R \cdot \underset{\underset{NH_2}{|}}{CH} \cdot CO_2H \xrightarrow{-2H} R \cdot \underset{\underset{NH}{\|}}{CH} \cdot CO_2H \xrightarrow{+H_2O} R \cdot \underset{\underset{O}{\|}}{C} \cdot CO_2H + NH_3$$

$$[R \cdot CH(OH) \cdot CO_2H] \qquad R \cdot \underset{\underset{O}{\|}}{CH} + CO_2,$$

das Aldimin als Zwischenprodukt auftritt, wird von Wieland vorläufig zur Diskussion gestellt. Auf die Schwierigkeiten, die sich bei ausschliesslicher Annahme dieses Mechanismus hinsichtlich gewisser Befunde im Stoffwechselversuch ergeben würden, ist schon früher (S. 93) hingewiesen worden. Auch ist es beachtlich, dass der umgekehrte Weg von der Ketosäure zur Aminosäure, der der hydrierenden Amidierung, nach Versuchen von Knoop und Oesterlin[2] leicht gangbar ist. So gelingt die Darstellung von Phenylglycin, Phenylalanin, Phenylaminobuttersäure usw. aus der entsprechenden Ketosäure + NH_3 bei Gegenwart der verschiedensten Reduktionsmittel, wie Palladium und Wasserstoff, Ferrosulfat, Cystein in recht guter Ausbeute. (Analoge physiologische Versuche vgl. S. 92, neue enzymatische Befunde S. 222.)

Eine andere Interpretationsmöglichkeit des Gesamtvorgangs der Aminosäureoxydation wäre die Annahme primärer hydrolytischer Abspaltung des NH_3 nebst darauffolgender Dehydrierung der Oxysäure. Gegen die Aminosäurehydrolyse — wie sie von E. Baur[3] für höhere Temperatur (100°) im Kohleversuch wahrscheinlich gemacht worden ist — als Primärreaktion der Warburgschen und Wielandschen Modellversuche, die bei 20—40° ausgeführt sind, sprechen aber ausser allgemein chemischen Erfahrungen über die feste Haftung des basischen Stickstoffes am Kohlenstoff auch kinetische Bedenken hinsichtlich ausreichender Reaktionsgeschwindigkeit. Rein energetisch scheint sich jedoch die Aminosäurehydrolyse nicht wesentlich von anderen hydrolytischen Prozessen zu unterscheiden (vgl. S. 151 ad 12 und 13).

Für die Auffassung der Dehydrierungstheorie, dass die erste Phase des Aminosäureabbaues in einer Wegnahme zweier Wasserstoffatome besteht,

---

[1] C. Böttinger, A. 208, 135; 1881.
[2] F. Knoop u. Oesterlin, H. 170, 186; 1927.
[3] E. Baur u. Mitarb., Helv. 5, 825; 1922. — Physik. Chem., Bodenstein-Bd. 1931, 162. — Biochem. Zs 262, 300; 1933. — K. Wunderly, Helv. 16, 80, 515; 1933.

spricht im besonderen der Befund Negeleins[1], dass tertiäre Aminosäuren $\mathrm{R_1{>}C(NH_2)\cdot CO_2H}\atop\mathrm{R_2}$ (wie tertiäre α-Aminobuttersäure und α-Aminocapronsäure) durch Sauerstoff an Kohle kaum merkbar oxydiert werden.

Vor kurzem sind jedoch gewisse Befunde (von Bergel und Bolz[2]) bezüglich der Oxydation N-substituierter Aminosäuren bekanntgeworden, die sich nicht mit der Annahme einer ausschliesslich dehydrierenden Funktion der Tierkohle vereinbaren lassen. Es ergab sich nämlich beispielsweise, dass N-Methylalanin rund dreimal, N-Diäthylalanin sogar zehnmal rascher abgebaut wird als unsubstituiertes Alanin. Qualitativ ähnlich waren die Verhältnisse bei Leucin und seinen Alkylsubstitutionsprodukten. Auch hier erhält man als Oxydationsprodukte neben dem Aldehyd CO_2 und das entsprechende Amin annähernd im Verhältnis 1 : 1.

Bergel und Bolz ziehen vier Reaktionswege zur Erklärung in Betracht:

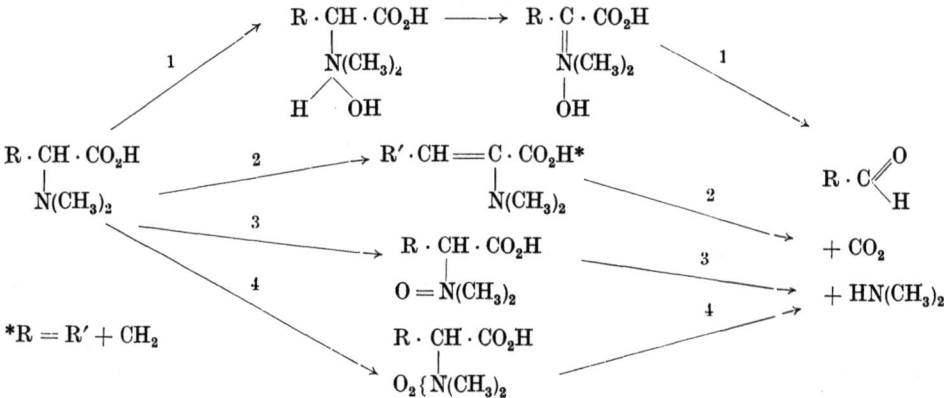

1 erscheint unwahrscheinlich, da die Oxydation der Chlorhydrate der betreffenden Aminosäuren 5mal langsamer vorlief; gegen 2[3] spricht die leichte Oxydabilität von N-Dimethylglykokoll. Gegen beide Möglichkeiten der Dehydrierung spricht ferner noch die Unersetzbarkeit des Sauerstoffs durch Chinon, Alloxan und Isatin, siehe nächste Seite.

3 ist wenig wahrscheinlich wegen der geringen Angreifbarkeit des auf andere Weise dargestellten vermuteten Zwischenprodukts. So bleibt nach Bergel und Bolz als wahrscheinlichster Reaktionsweg 4, dem sie durch die nachgewiesene Peroxydreaktion (gegen HJ) im Laufe des Versuchs eine gewisse Stütze geben. In diesem Zusammenhang scheint es ferner beachtlich, dass die N-Dialkylaminosäuren zum Unterschied von den natürlichen primären Aminosäuren durch Hämin katalytisch autoxydiert werden können. Ferner werden tertiäre Amine an Tierkohle in analoger Weise abgebaut, z. B. Trimethylamin

$$\mathrm{N{<}^{CH_3}_{CH_3}_{CH_3}} \xrightarrow{+O} \mathrm{N{<}^{H}_{CH_3}_{CH_3}} + CH_2O.$$

Bergel stellt eine dehydrierende Wirkung von Tierkohle keineswegs in Abrede; es kommt auf das Substrat an, ob sie einmal als Dehydrase (im Fall der zellvertrauten Aminosäuren) oder als häminartiger Schwermetallkatalysator (im Fall der tertiären Aminosäuren und Amine) wirkt.

Es ist in diesem Zusammenhang interessant, dass nach Warburg und Brefeld[4] auch die — im Gegensatz zur Blutkohle eisenfreie — Zuckerkohle die Aminosäureoxydation kata-

---

[1] E. Negelein, Biochem. Zs 142, 493; 1923.
[2] F. Bergel u. Bolz, H. 215, 25; 1933.
[3] Vgl. auch M. Bergmann u. Mitarb., H. 187, 187; 1930. — 205, 65; 1932.
[4] O. Warburg u. Brefeld, Biochem. Zs. 145, 461; 1924; ferner O. Fürth u. Kaunitz M. 53, 127; 1929.

lytisch beschleunigt; ihre Wirksamkeit ist zwar geringer als die der Blutkohle, jedoch von derselben Grössenordnung. Im Gegensatz zur Oxydation an Blutkohle tritt bei dieser Reaktion H_2O_2 auf, so dass am Dehydrierungsmechanismus für diesen Fall nicht zu zweifeln ist. Objektiv betrachtet scheint es, als ob man auch an der Tierkohle neben den wohl sauerstoffaktivierenden eisenhaltigen Bezirken schwermetallfreie von offensichtlich wasserstoffaktivierender Funktion hätte. Alles Nähere zu dieser Frage siehe später Kap. IX, 4.

Die eindeutige Festlegung des oxydativen Aminosäureangriffs als einer Dehydrierungsreaktion erfordert im Sinne Wielands Substituierbarkeit des molekularen Sauerstoffes durch andere Wasserstoffacceptoren. Interessant, obwohl für sich allein in dieser Beziehung kaum beweisend — da ähnliche Aktivierungsmöglichkeiten wie für Sauerstoff nicht auszuschliessen sind — ist die schon bei gewöhnlicher Temperatur erfolgende Reaktion zwischen Aminosäuren und Hydroperoxyd in Gegenwart von Ferrosalzspuren (Fentonsche Reaktion), die — von Dakin[1] und Neuberg[2] eingehend studiert — die gleichen Oxydationsprodukte wie die Reaktion mit Sauerstoff, nämlich im wesentlichen Aldehyd, CO_2 und NH_3 liefert.

Da a-Ketosäuren durch H_2O_2 sehr leicht in CO_2 und die nächst niedere Carbonsäure zerlegt werden[3], spricht auch dieser Befund zugunsten der von Wieland angenommenen Iminosäuredecarboxylierung. Für die Theorie des Reaktionsmechanismus von Belang ist der Befund Negeleins[4], dass bei p_H 9 und Körpertemperatur die Reaktion zwischen H_2O_2 und Aminosäuren bereits ohne Katalysator mit einer der Reaktionsgeschwindigkeit des Sauerstoffs am Kohlemodell vergleichbaren Geschwindigkeit verläuft. Auf die im gleichen Zusammenhang interessante Reaktionsträgheit des Ozons gegenüber aliphatischen Aminosäuren ist schon früher hingewiesen worden (S. 154).

Seit langem bekannt sind die bei erhöhter Temperatur katalysatorfrei ablaufenden Umsetzungen zwischen Aminosäuren und organischen Carbonylverbindungen: die Streckersche[5] Reaktion mit Alloxan, die von W. Traube[6] studierten analogen Reaktionen mit Chinon und Isatin, zu denen in letzter Zeit noch die von Neuberg und Kobel[7] zuerst beobachtete, schon bei gewöhnlicher Temperatur in messbarem Umfang sich abspielende Umsetzung zwischen Methylglyoxal und Aminosäuren hinzugekommen ist.

Wieland und Bergel[8] wiesen nach, dass die Reaktionen mit Alloxan und Chinon (wie auch Dinitrobenzol) durch Palladium oder Kohle beträchtlich beschleunigt werden, so dass sie schon bei gewöhnlicher Temperatur deutlich in Erscheinung treten; bei Chinon ist dies in messbarem Ausmass sogar schon ohne Katalysator der Fall.

---

[1] H. D. Dakin, Jl. biol. Chem. 1, 171, 271; 1906. — 4, 63; 1908.
[2] C. Neuberg, Biochem. Zs 20, 531; 1909.
[3] H. Wieland u. Lövenskiold, A. 436, 261; 1924.
[4] E. Negelein, l. c.
[5] A. Strecker, A. 123, 363; 1863.
[6] W. Traube, B. 44, 3145; 1911.
[7] C. Neuberg u. Kobel, Biochem. 185, 477; 188, 197; 1927. Vgl. auch F. Sakuma, Jl. Biochem. 12, 273; 1930.
[8] H. Wieland u. Bergel, l. c.

Dagegen bedarf, wie schon früher (S. 153) ausführlicher dargelegt, die experimentell nicht einwandfrei belegte Angabe einer (termodynamisch wohl unmöglichen) Reduktion von Dithiodiglykolsäure der Revision.

Erstaunlich war es, dass **Methylenblau** als Wasserstoffacceptor bei der Aminosäuredehydrierung so gut wie vollständig versagte[1].

Hingegen ist vor kurzem die einwandfreie Dehydrierung von 9-Fluorylamin zum entsprechenden Imin durch Methylenblau (auch andere Acceptoren wie Indigo, Azobenzol, Dibiphenylenäthylen usw.) in flüssigem Ammoniak beschrieben worden[2].

Das Verhalten des Methylenblaus in den Modellversuchen Wielands mit Palladium und Kohle erinnert an die analogen Erfahrungen Thunbergs[3] mit dem sonst so dehydrasenreichen Muskelgewebe. Wieland vermag keine befriedigende Erklärung der Erscheinung zu geben. Besondere Ungunst der Adsorptionsverhältnisse wie auch chemische Bindung des Farbstoffes durch die Aminosäure sind als Ursachen gleich wenig wahrscheinlich. Eine evtl. thermodynamische Unzulänglichkeit des Methylenblaus kommt nach Tab. 14, S. 150 ebenfalls nicht in Betracht. Es ist schon früher bei Feststellung dieser Tatsache darauf hingewiesen worden, dass ausreichendes Redoxpotential des Acceptorsystems zwar die Voraussetzung, nicht aber die Gewähr für das Eintreten der Dehydrierung bildet. Rein chemische Faktoren vermögen ebenfalls eine wichtige Rolle zu spielen. An die Möglichkeit einer zur Bildung reaktionsfähiger Additionsverbindungen führenden direkten Reaktion zwischen NH_2- und CO-Gruppe ist ebenfalls schon erinnert worden. Einen weiteren Hinweis hierauf findet man in der mit allen CO-haltigen Acceptoren auftretenden mehr oder weniger intensiven Färbung der Reaktionslösung sowie in dem bei Chinon und Methylglyoxal beobachteten starken Zurückbleiben der NH_3- gegenüber der CO_2-Bildung, ganz zu schweigen von dem komplizierten, zu Murexid führenden Reaktionsverlauf beim Alloxan.

Nur ein Hinweis auf eine mögliche Reaktionsweise der CO-Gruppe und eine evtl. bestehende Verwandtschaft zweier Erscheinungen mag hier noch angebracht werden. Langenbeck[4] hat gezeigt, dass **Amino-Oxindol** ein ungemein wirksamer Katalysator der α-Ketosäurespaltung ist, wobei die substituierte Iminosäure, z. B. im Falle der Brenztraubensäure die Verbindung , die reaktionsvermittelnde Molekülgattung darstellt, die durch H_2O in

---

[1] H. Wieland u. Bergel, l. c.
[2] L. A. Pinck u. Hilbert, Am. Soc. 54, 710; 1932.
[3] T. Thunberg, Skand. Arch. 40, 1; 1920.
[4] W. Langenbeck, Angew. Chem. 45, 97; 1932; — Erg. Enzymforsch. 2, 314 (1933). — Ferner mit Mitarb., A. 499, 201; 1932.

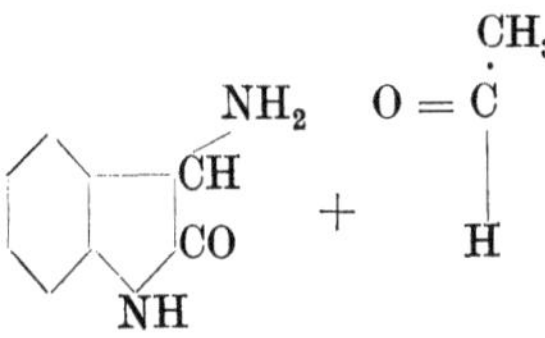

Die Anwendung der Dehydrierungstheorie auf die nichtbiologische Oxydation. 173

[Strukturformel: Isatin + Alanin] + CO₂ zerfällt. Die Reaktion von Isatin und Alanin könnte nun

primär zur Verbindung [Strukturformel] führen, die sich von der oben gegebenen Zwischenverbindung eigentlich nur durch die Lage der Doppelbindung unterscheidet. Durch einen „intramolekularen" Dehydrierungs- bzw. Hydrierungsprozess

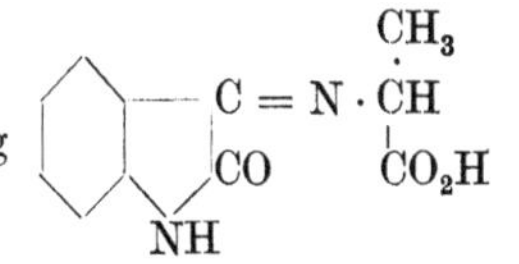

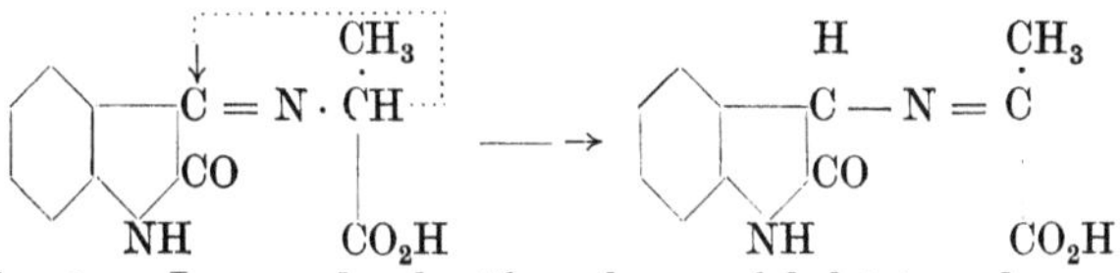

[Strukturformel] ⟶ [Strukturformel]

kann sie in die Iminosäure Langenbecks übergehen, welch letztere dann, ganz im Sinne der Wielandschen Anschauung von der primären Decarboxylierung der Iminosäure, durch Hydrolyse des Imins zu Aldehyd und Aminooxindol führt.

Eine analoge Reaktion der Aminosäure mit Alloxan könnte entsprechend Uramil liefern, das mit unverändertem Alloxan in Purpursäure (bzw. deren NH_4-Salz Murexid) übergeht[1]:

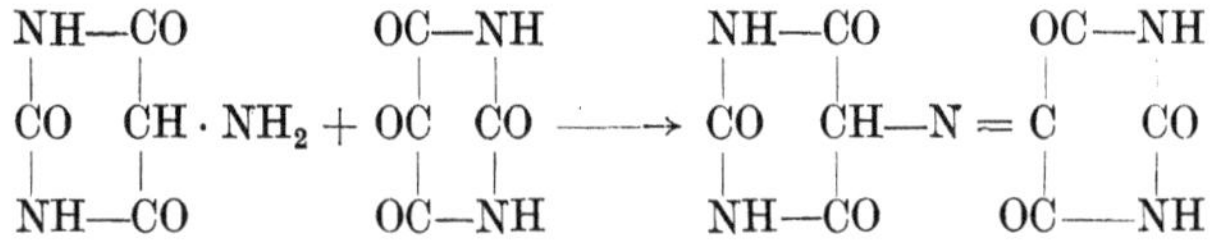

[Strukturformel: Uramil + Alloxan ⟶ Purpursäure]

Eine andere Reaktionsmöglichkeit, auf die auch Wieland hinweist, besteht noch bei der Wechselwirkung zwischen Chinon und Aminosäuren. E. Fischer[2] hat die ausserordentlich leicht erfolgende Bildung tiefrot gefärbter Ester des 1,4-Diglycino-Chinons in kalter alkoholischer Lösung unter gleichzeitiger Reduktion eines Teils Chinon nachgewiesen. Wieland skizziert, für den Fall des Alanins, folgenden Reaktionsverlauf, dem nach seiner Ansicht allerdings nur die Bedeutung eines Nebenvorgangs zukommt:

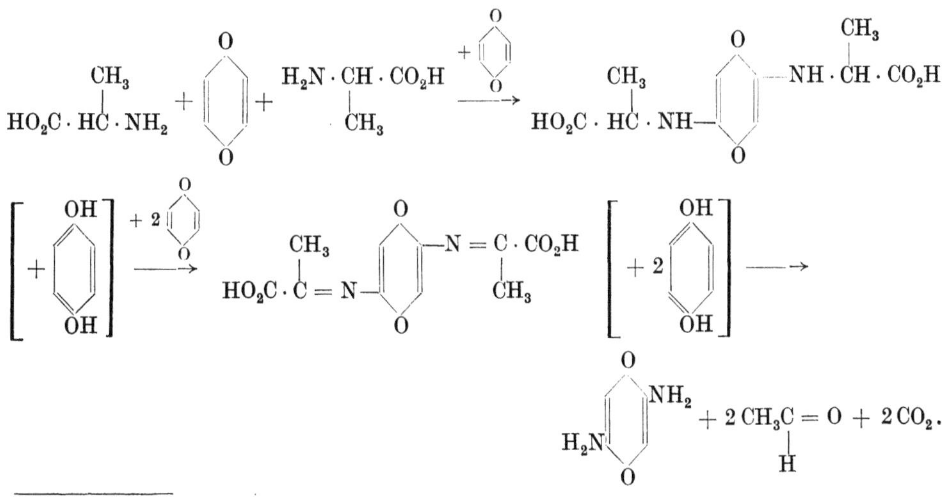

[Reaktionsschema mit Strukturformeln] $+ 2 CH_3C = O + 2 CO_2$.

---

[1] Vgl. auch O. Piloty u. Finkh, A. 333, 22; 1904. — W. H. Hurtley u. Wootton, Chem. Soc. 99, 288; 1911.
[2] E. Fischer u. Schrader, B. 43, 525; 1910.

Ob die einfache, zu äquivalenten Mengen NH_3 und CO_2 führende Dehydrierung der Aminosäuren, die ja nach der Bildung von NH_3 (bzw. Murexid) zu schliessen stets ebenfalls statthat, nun parallel mit den oben geschilderten Vorgängen — wenn auch mit kleinerer Geschwindigkeit — abläuft, oder aber ob sie — worauf die fast völlige Unwirksamkeit von Methylenblau hindeuten könnte — mit diesen Vorgängen irgendwie energetisch oder chemisch **gekoppelt** ist, kann hier nicht entschieden werden; jedoch ist es denkbar, dass die primären Kondensationsprodukte von Acceptor und Aminosäure nicht nur intramolekular, sondern auch nach aussen hin weiterhin Acceptoreigenschaften betätigen könnten.

Von Langenbeck[1] stammt die Angabe, dass im System Aminosäure-Isatin bei 70—100° nicht nur Sauerstoffverbrauch, sondern auch Methylenblauentfärbung erfolgt.

Bei ähnlichen — langsam auch schon physiologischen — Temperaturen wird Methylenblau auch von der Kombination Aminosäure-Aldehyd in neutralem Phosphat entfärbt[2]. Die Oxydation bezieht sich jedoch wohl auf den Aldehyd, wahrscheinlich in Form von Kondensationsprodukten (vgl. S. 106) bzw. einer Schiffschen Base.

Die Tatsache, dass die Reduktionsprodukte der gegenüber Aminosäuren als Acceptoren verwendbaren CO-Verbindungen häufig leicht autoxydabel sind, ermöglicht eine **katalytische Dehydrierung der Aminosäuren durch Sauerstoff** bei Gegenwart kleiner Mengen derartiger, reversibel arbeitender Oxydationskatalysatoren. Wieland hat hierfür den Begriff der „**gestuften Dehydrierung**" eingeführt[3]. Derartige „Atmungspigmente" oder -„Chromogene" spielten namentlich in der Palladinschen Theorie der Pflanzenatmung[4] seit langem eine wichtige Rolle, die sich in neuerer Zeit auch experimentell gut hat stützen lassen.

So hat Oparin[5] gezeigt, dass eine im Pflanzenreich weitverbreitete Verbindung, die Chlorogensäure

$$\left(3{,}4\text{-Dioxycinnamoyl-Chinasäure, } HO-\underset{HO}{\underset{|}{\bigcirc}}-CH=CH-\underset{\underset{O}{\|}}{C}-O-C_6H_7\underset{CO_2H}{\overset{(OH)_3}{\diagup}}\right)$$

ein typisches Atmungschromogen darstellt, indem sie durch Sauerstoff leicht dehydriert wird und in ein grünes Pigment übergeht, das sich u. a. gegenüber Aminosäuren als energischer Wasserstoffacceptor betätigt. Die leicht und bei entsprechendem pH katalysatorfrei erfolgende Reoxydation der Oxyverbindung durch Sauerstoff sichert katalytischen Verlauf des Aminosäureabbaus.

In letzter Zeit ist wiederholt die Anschauung geäussert worden, dass ähnliche Mechanismen auch im **tierischen** Organismus von Wichtigkeit sein könnten, um so mehr als Aminosäuren dehydrierende **Enzyme** bis in die letzten Jahre so gut wie unbekannt waren und auch jetzt erst in der Niere

---

[1] W. Langenbeck, B. 60, 930; 1927. — 61, 942; 1928.

[2] H. Haehn u. Pülz, Chem. Zell. Gew. 12, 65; 1925. — F. Lieben u. Getreuer, Biochem. Zs 252, 420; 1932.

[3] H. Wieland, Erg. Physiol. 20, 509; 1922.

[4] Zusammenfassung in S. Kostytschew, Pflanzenatmung. Berlin 1924.

[5] A. Oparin, Biochem. Zs 124, 90; 1921. — 182, 155; 1927.

(und allenfalls der Leber) in grösserem Umfang vorkommend nachgewiesen sind[1].

Nachdem Happold und Raper[2] zuerst auf die überlegene Wirksamkeit von o-Diphenolen (gegenüber m- und p-Verbindungen) aufmerksam gemacht hatte, hat man besonders dem Adrenalin in seiner Rolle als Oxydationskatalysator des Aminosäureabbaus vielfach erhöhte Beachtung geschenkt[3]. In der Tat scheint Adrenalin insbesondere auf der sauren Seite des pH-Optimums die übrigen — auch dreiwertigen — Oxybenzole an katalytischem Vermögen zu übertreffen, so dass auch im Gebiete physiologischer Wasserstoffionenkonzentrationen die Aminosäureoxydation mit gut messbarer Geschwindigkeit verläuft.

Hierher mag ferner ein kürzlich in einem Meereswurm (Halla parthenopea) aufgefundenes rotes Pigment Hallachrom gehören, dessen Funktion als reversibler Redoxkatalysator eindeutig erwiesen wurde[4]:

$$O=\underset{NH}{\underset{|}{\bigcirc}}\!\!\!\!\begin{array}{c}CH_2\\CH\cdot CO_2H\end{array}\quad\underset{\longleftarrow}{\overset{\pm\,2\,H}{\longrightarrow}}\quad HO\underset{NH}{\underset{|}{\bigcirc}}\!\!\!\!\begin{array}{c}CH_2\\CH\cdot CO_2H\end{array}.$$

Ähnlich wie die Phenol-Chinon-Systeme vermag auch Dialursäure-Alloxan die aerobe Dehydrierung der Aminosäuren zu katalysieren[5]. Analoge Versuche mit Isatin stammen von Langenbeck (l. c.).

c) Die Rolle des Hydroperoxyds und seiner Derivate.

α) Entstehung und Nachweis. Auf die zentrale Stellung des Hydroperoxyds in den unter Beteiligung von molekularem Sauerstoff verlaufenden Oxydationsprozessen ist im vorangehenden wiederholt, unter anderem bei der Besprechung der Traubeschen Theorie (S. 116f.) sowie der grundlegenden Gedanken und Experimente Wielands hingewiesen worden. Ersetzbarkeit des Sauerstoffs durch andere Acceptoren und, im Falle der Sauerstoffreaktion, Auftreten von Hydroperoxyd sind die beiden Kriterien, die zum vollkommen einwandfreien Nachweis einer Oxydation als einer Dehydrierungsreaktion im Sinne Wielands notwendig sind. In Zweifelsfällen ist das letztere Argument, da es eine direkte Aussage über den Verlauf der doch vorzugsweise interessierenden Sauerstoffreaktion macht, erheblich wertvoller als das erstere. Wir haben ja am Beispiel der Aldehydoxydation (S. 163f.) gesehen, dass trotz der Substituierbarkeit des Sauerstoffs durch Chinon und Methylenblau bei der Sauerstoffreaktion doch gegebenenfalls weitgehende Umschaltung auf einen von der Wasserstoffaktivierung prinzipiell verschiedenen Mechanismus — sei es nun Aktivierung der C=O-Bindung oder Sauerstoffaktivierung — erfolgt. Andererseits wird man im Falle der schon katalysatorfrei unter H_2O_2-Bildung verlaufenden Polyphenolautoxydation

---

[1] H. A. Krebs, Klin. Ws. 11, 1744; 1932. — H. 217, 191 (1933).

[2] F. C. Happold u. Raper, Biochem. Jl 19, 92; 1925.

[3] S. Edlbacher u. Krauss, H. 178, 239; 1928. — G. Blix, Skand. Arch. 56, 131; 1929. — B. Kisch u. Mitarb., Biochem. Zs 242, 1; 1931; zahlreiche weitere Arbeiten ebendort 244; 247; 249; 250; 252; 254; 1932. — 257; 259; 263; 1933.

[4] F. P. Mazza u. Stolfi, Arch. scienze biol. 16, 185; 1931. — E. A. H. Friedheim, Biochem. Zs 259, 257; 1933.

[5] E. S. Hill, Jl biol. Chem. 95, 197; 1932.

trotz des (ja thermodynamisch bedingten) Versagens der sonst gebräuchlichen Wasserstoffacceptoren kaum am Vorliegen einer echten Dehydrierungsreaktion zweifeln.

Eine weitere Frage ist es, ob nun H_2O_2 ausschließlich auf dem hier angegebenen Wege primärer Sauerstoffhydrierung entsteht. Nach Wieland ist dies der Fall; er weist die Auffassung der Peroxydtheorie, wonach auch die Primärprodukte der echten Autoxydation, die Moloxyde der Englerschen Definition durch Wasser zu sekundärer Hydroperoxydabspaltung veranlasst werden könnten, als irrtümlich zurück, ohne allerdings ins einzelne gehende Belege für seine Ansicht zu bringen[1]. Diese dürfte im vorliegenden Falle sicherlich der Kritik offen stehen. (In allerneuester Zeit drückt sich auch Wieland selbst in dieser Frage vorsichtiger aus[2].) Das z. B. bei der Autoxydation von Terpentinöl, ungesättigten Fettsäuren und anderen Stoffen in Gegenwart von Wasser häufig beobachtete H_2O_2 dürfte sicherlich nicht primär (durch weitere Dehydrierung an der Doppelbindung) entstanden sein, sondern wahrscheinlich ein Produkt sekundärer Peroxydspaltung (am Ort der früheren Doppelbindung) darstellen. (In der letztzitierten Arbeit zieht Wieland die dehydrierende Autoxydation der sekundären, durch Umlagerung entstandenen Oxydationsprodukte als Erklärung vor.) Auch ist — und dies gibt Wieland (l. c.) neuerdings als Einschränkung seiner früheren Auffassung zu — das Entstehen von H_2O_2 bei der Hydrolyse von Persäuren ja lange bekannt. Immerhin dürfte für die erdrückende Mehrzahl der unter H_2O_2-Bildung erfolgenden Autoxydationen, namentlich soweit es sich um die in homogener wässriger Lösung stattfindende Reaktion an sich gesättigter Körper handelt, die Wielandsche Interpretation richtig sein.

Es war auch schon die Rede von den besonderen Schwierigkeiten des H_2O_2-Nachweises. Zwei Reaktionen sind es, die ihn erschweren, bisweilen unmöglich machen. Die eine ist die Spaltung des Hydroperoxyds in Sauerstoff und Wasser, die durch feinverteilte Edelmetalle, Schwermetallsalze, Katalase spezifisch, durch Stoffe mit grosser Oberflächenentwicklung wie Kohle, Kieselgur u. a. unspezifisch katalysiert wird. Die andere ist die aus der Acceptoreigenschaft des Hydroperoxyds resultierende Hydrierung zu Wasser, die ebenfalls durch Metalle und Metallverbindungen, sowie durch Peroxydasen spezifisch beschleunigt wird.

Tanaka[3] hat als einen Beweis gegen die allgemeine Anwendbarkeit der Dehydrierungstheorie auf palladiumkatalysierte Oxydationsreaktionen angeführt, dass — im Gegensatz zur Knallgasreaktion, bei der er selbst bis zu 60% der theoretisch zu erwartenden H_2O_2-Menge nachweisen konnte — bei der Alkoholoxydation ein Auftreten von H_2O_2 nicht einmal in Spuren zu erkennen war. Wieland und Fischer[4] haben demgegenüber gezeigt, dass es auf das Geschwindigkeitsverhältnis der zur Bildung und zum Verschwinden des H_2O_2 führenden Reaktionen ankommt, ob der Nachweis des Peroxyds gelingt oder nicht. Im Falle der Knallgasreaktion ist er möglich, da das Geschwindigkeitsverhältnis dort infolge der grösseren Konzentration der Palladium-Wasserstoffverbindung und der geringeren H_2O_2-spaltenden Wirkung des wasserstoffbeladenen Metalls ungleich grösser ist als bei der Alkohol-O_2-Reaktion, wo eine künstlich zugefügte H_2O_2-Menge, die das Vielfache der maximal bei dem Dehydrierungsvorgang zu erwartenden betrug, innerhalb der Reaktionszeit verschwand, im wesentlichen wohl durch katalytische Zersetzung. Dass daneben auch die peroxydatische Funktion des Palladiums eine Rolle spielt, soll weiter unten noch näher ausgeführt und belegt werden.

Bisweilen, wenn auch nicht am Palladiummodell, gelingt der Nachweis primärer H_2O_2-Entstehung bei Dehydrierungen durch Anwendung eines Kunstgriffs. So haben Wieland und

---

[1] H. Wieland, Erg. Physiol. 20, 506; 1922.
[2] H. Wieland, Über den Verlauf der Oxydationsvorgänge. Stuttgart 1933.
[3] K. Tanaka, Biochem. Zs 157, 425; 1925.
[4] H. Wieland u. Fischer, B. 59, 1180; 1926.

Rosenfeld[1] ein Abfangverfahren beschrieben, das sich auf die Bildung schwerlöslichen, rotbraunen Cer^{IV}-Peroxyds aus Cer^{III}-Hydroxyd + H_2O_2 gründet und das besonders bei Enzymreaktionen ausgezeichnete Dienste geleistet hat. Ferner gelang Macrae[2] die quantitative Erfassung des bei der Autoxydation von Leukomethylenblau auftretenden H_2O_2 nach dieser Methode. Bei der Autoxydation von Cystein und Glutathion hat Sylva Thurlow[3] die Entstehung von H_2O_2 auf indirektem Wege bis zu einem gewissen Grade wahrscheinlich gemacht. Sie fand nämlich, dass in einem SH-System bei Gegenwart von Peroxydase und Nitrit letzteres zu Nitrat oxydiert wird, genau wie bei einem Versuch unter Zusatz von etwas H_2O_2 (ohne SH-Verbindung). Schliesslich gibt sich das Auftreten von H_2O_2 unter Umständen bei Potentiometrie durch Potentialerhöhung kund[4].

β) Spaltung und Hydrierung. Was die katalytische Spaltung des H_2O_2 anbetrifft, so hat Wieland[5] diesen Vorgang mit bestechender Konsequenz seinem System der Dehydrierung eingeordnet. Da der Sauerstoff bei H_2O_2-Zersetzung offenbar — worauf das Ausbleiben der starken oxydativen Leistungen des aktiven Sauerstoffs bei dieser Reaktion hindeutet —, nicht atomar sondern molekular entbunden wird, so kann nach Wieland — trotz des Dafürsprechens der Reaktionskinetik — die Gleichung des monomolekularen Vorgangs $H_2O_2 \to H_2O + O$ keine Gültigkeit haben. Es muss vielmehr — wie dies schon früher von M. Traube, Loevenhart und Kastle u. a. angenommen — der Ausdruck

$$2\,H_2O_2 \to 2\,H_2O + O_2$$

gelten, in dem der Sauerstoff molekular, in nichtaktiver Form auftritt (vgl. die Ausführungen im Teil A dieses Buches).

Ein vollkommenes Analogon des H_2O_2-Zerfalls sieht Wieland in der zu Anilin und Azobenzol führenden, durch Palladium gleichfalls katalysierbaren Zersetzung des Hydrazobenzols, für die er die Gültigkeit der Beziehung

$$2\,C_6H_5 \cdot NH \cdot NH \cdot C_6H_5 \to 2\,C_6H_5NH_2 + C_6H_5 \cdot N : N \cdot C_6H_5$$

scharf bewiesen hat[6] — im scheinbaren Widerspruch zu dem auch hier geltenden Zeitgesetz erster Ordnung[7]. Wahrscheinlich handelt es sich um zwei gekoppelte Reaktionen, 1. die Dissoziation von Hydrazobenzol in Azobenzol und (aktiven) Wasserstoff und 2. die hydrierende Spaltung des zweiten Moleküls Hydrazobenzol in zwei Moleküle Anilin, wobei die Geschwindigkeit der monomolekularen Reaktion 1 die gemessene ist, während 2 unmessbar rasch verläuft.

Die Verhältnisse beim Hydrazobenzol lassen sich nun formal ohne weiteres auf die Zersetzung des H_2O_2 übertragen:

1. $HO \cdot OH \to O:O + 2\,H$;
2. $HO \cdot OH + 2\,H \to 2\,H_2O$.

Auch hier dürfte Reaktion 1 als die langsamere von beiden für den monomolekularen Verlauf der Gesamtreaktion massgebend sein.

---

[1] H. Wieland u. Rosenfeld, A. 477, 32; 1929.
[2] T. F. Macrae, B. 64, 133; 1931.
[3] S. Thurlow, Biochem. Jl 19, 175; 1925.
[4] K. Kodama, Biochem. Jl 20, 1095; 1926.
[5] H. Wieland, B. 54, 2353; 1921.
[6] H. Wieland, B. 48, 1098; 1915.
[7] J. Stieglitz u. Curme, B. 46, 911; 1913.

Von diesem Standpunkt aus betrachtet, gehören also die Beschleuniger der H_2O_2-Zersetzung zu den **dehydrierenden** Katalysatoren. Die Besonderheit des Vorgangs liegt nur darin, dass Donator und Acceptor hier der gleiche Stoff ist, dass die Dehydrierung **intermolekular** verläuft.

Eine Stütze dieser Auffassung ist darin zu erblicken, dass der nach 1. aktivierte Wasserstoff sich auch auf andere Acceptoren als H_2O_2 (die demgemäss mit dem letzteren in Konkurrenz treten) ablenken lässt. Dies bedeutet mit anderen Worten, dass zerfallendes H_2O_2 gegenüber derartigen Stoffen **reduzierend** wird.

So schlägt beispielsweise der braungelbe Farbton einer Dehydroindigolösung (I) in Pyridin bei Zusatz von Palladium und H_2O_2 in Blau um; die wässrige Lösung des nitrosodisulfonsauren Natriums [Frémysches Salz (II)] wird durch H_2O_2 viel rascher entfärbt, wenn man in der Lösung durch Zugabe von wenig Palladiumschwarz gleichzeitig die Selbstzersetzung des H_2O_2 beschleunigt:

$$2\,(NaO_3S)_2 N:O + \begin{matrix}HO\\|\\HO\end{matrix} \longrightarrow 2\,(NaO_3S)_2\,N\cdot OH + O_2. \qquad (II)$$

Ganz ähnlich verhalten sich Dibenzoylperoxyd (III) und die Salze der Überschwefelsäure (IV), auf deren Hydrierung sich unter geeigneten Umständen bei Gegenwart von Palladium oder Tierkohle mehr als ein Drittel des eingesetzten H_2O_2 ablenken lässt:

$$KO_3S\cdot O\cdot O\cdot SO_3K + HO\cdot OH \rightarrow 2\,KO_3SOH + O_2. \qquad (IV)$$

Dass die zuletzt erwähnten Substitutionsprodukte des Hydroperoxyds natürlich nicht nur dem H_2O_2 gegenüber, sondern — entsprechend ihrer hohen Hydrierungsenergie — ganz allgemein gegenüber organischen Donatorsubstanzen als ausgezeichnete Acceptoren fungieren können, ist eigentlich selbstverständlich.

So war früher schon davon die Rede, dass Acetaldehydhydrat sich mit Aceto- bzw. Benzopersäure in Form einer ausgesprochenen Dehydrierungsreaktion umsetzt (S. 164f.). Während aber für die Monosubstitutionsprodukte des H_2O_2 immer noch die Reaktionsmöglichkeit der direkten Anlagerung und Sauerstoffabgabe besteht (wie z. B. bei der Oxydation von Anilin zu Nitrosobenzol unter der Einwirkung von Caroscher Säure) fällt diese Möglichkeit weg bei Verwendung der Disubstitutionsprodukte. Auch das Auftreten intermediärer Metallperoxydstufen bei Gegenwart metallischer Katalysatoren ist dementsprechend bei ihnen kaum mehr zu befürchten.

So haben verschiedene Di-Alkyl- und Acylperoxyde wie Diäthylperoxyd, Dibenzoyl- und Disuccinylperoxyd, Überschwefelsäure usw. Wieland bei seinen Untersuchungen, sowohl mit Palladium als mit Tierkohle als Katalysator, gute Dienste geleistet als kräftige Acceptoren gegenüber einer

Vielzahl von Stoffen, wie Alkoholen und Aldehydhydraten, Ameisen- und Oxalsäure, Aminosäuren, Hydrochinon, Hydrazobenzol u. a. m.[1].

Es ist von erheblichem Interesse für den Mechanismus der H_2O_2-Katalyse unter dem Einfluss von Eisen- und anderen Schwermetallsalzen, dass auch Diäthylperoxyd durch Fe^{II}-Salz in ähnlicher Weise disproportioniert wird, wie dies Wieland für die H_2O_2-Zersetzung angenommen hat. Es entstehen nämlich dabei äquimolare Mengen Äthylalkohol und Acetaldehyd, was Wieland und Chrometzka[2] in Analogie mit der H_2O_2-Katalyse als intermolekulare Dehydrierung auffassen:

$$\begin{array}{c} H \longrightarrow \downarrow \\ CH_3 \cdot CHO \quad O \cdot CH_2 \cdot CH_3 \\ | \quad + \quad | \\ CH_3 \cdot CHO \quad O \cdot CH_2 \cdot CH_3 \\ H \longrightarrow \uparrow \end{array} \longrightarrow 2\,CH_3 \cdot CH:O + 2\,HO \cdot CH_2 \cdot CH_3.$$

Eine analoge Dehydrierung, die indessen nicht mit einer Hydrierung, sondern der Abspaltung elementaren Wasserstoffes verbunden war, hatten wir schon früher (S. 120) in dem durch OH′ beschleunigten Zerfall von Dioxymethylperoxyd vor uns:

$$\begin{array}{c} H \\ H \cdot (OH)C \cdot O \\ | \\ H \cdot (OH)C \cdot O \\ H \end{array} \longrightarrow \begin{array}{c} H(HO)C:O \\ H(HO)C:O \end{array} + H_2.$$

Wieland ist der Ansicht, dass der chemische Mechanismus der Metallsalzwirkung in beiden Fällen, dem Hydroperoxyd wie dem Diäthylperoxyd gegenüber, der gleiche, zum mindesten ein ähnlicher ist, obwohl Diäthylperoxyd nur durch zweiwertiges Eisen, Hydroperoxyd durch beide Wertigkeitsstufen katalytisch zersetzt wird. Er vertritt die Anschauung, dass auch dem H_2O_2 gegenüber im Prinzip nur Fe^{II} katalytisch — und zwar nach dem früher Gesagten als Dehydrierungskatalysator — wirksam ist und dass die katalytische Wirksamkeit von Fe^{III} darauf beruht, dass durch die Reaktion $2\,Fe^{\cdots} + H_2O_2 \to 2\,Fe^{\cdot\cdot} + O_2 + 2\,H^{\cdot}$, die in geringem Ausmass stets neben der Hauptreaktion $2\,Fe^{\cdot\cdot} + H_2O_2 + 2\,H^{\cdot} \to 2\,Fe^{\cdots} + 2\,H_2O$ einhergeht, immer eine, wenn auch geringe, $Fe^{\cdots}$-Konzentration aufrechterhalten bleibt. Nach Wielands Ansicht beschreiben also die beiden genannten Gleichungen keineswegs den Gesamtverlauf der H_2O_2-Katalyse durch Eisensalz — wie dies häufig, unter anderem von v. Bertalan[3] angenommen worden ist —, quantitativ ausschlaggebend ist vielmehr die nichtstöchiometrische, katalytische Aktivierung von Hydroperoxyd durch die minimalen, im dynamischen Gleichgewicht vorhandenen $Fe^{\cdots}$-Mengen.

Wielands Auffassung der Eisensalzwirkung als einer dehydrierenden ist nicht unwidersprochen geblieben. Namentlich Manchot[4], der mit Wieland darin übereinstimmt, dass er

---

[1] H. Wieland, B. 54, 2367; 1921. — H. Wieland u. Fischer, l. c.
[2] H. Wieland u. Chrometzka, B. 63, 1028; 1930.
[3] J. v. Bertalan, Physik. Chem. 95, 328; 1920.
[4] W. Manchot u. Wilhelms, B. 34, 2479; 1901. — W. Manchot u. Lehmann, A. 460, 179; 1928. — W. Manchot u. Pflaum, Anorg. Chem. 211, 1; 1933.

nur dem Fe^{II} katalytische Wirkung zuerkennt, hat mit aller Entschiedenheit seine frühere Anschauung, dass die H$_2$O$_2$-Katalyse durch Eisensalz über ein äusserst labiles Primäroxyd (von der Zusammensetzung Fe$_2$O$_5$) verlaufe, zur Geltung gebracht und auch gewisse neue, rein chemische wie potentiometrische Argumente hierfür geliefert[1]. Andererseits haben Bohnson und Robertson[2] gezeigt, dass das Spektrum eisensalzhaltiger H$_2$O$_2$-Lösungen weitgehend mit demjenigen von Ferratlösungen (Me$_2^r$FeO$_4$) übereinstimmt und schliessen daher auf eine der bekannten Reaktion zwischen KMnO$_4$ und H$_2$O$_2$ analoge Umsetzung zwischen Ferrat und Hydroperoxyd. Wie man sieht, herrscht in der Frage nach dem Mechanismus der homogenen H$_2$O$_2$-Katalyse durch Eisen- (übrigens auch andere Schwermetall-) Salze noch keineswegs Klarheit. Nicht einmal die Art der reaktionsvermittelnden Molekülgattung ist mit Sicherheit bekannt, ganz zu schweigen von quantitativen Beziehungen zwischen deren Konzentration und der Reaktionsgeschwindigkeit. Unter diesen Umständen ist der Wielandsche Erklärungsversuch, der einen neuartigen und an anderen Systemen und Katalysatoren erprobten Gedanken enthält, immerhin nicht von der Hand zu weisen.

γ) **Zusammenfassung der Reaktionsweisen und Beispiele.** Es seien nochmals kurz die verschiedenen Reaktionsmöglichkeiten des Hydroperoxyds (sowie seiner Substitutionsprodukte) zusammengefasst.

1. H$_2$O$_2$ vermag unter Abgabe seines Wasserstoffs und gleichzeitiger Entwicklung molekularen Sauerstoffs **hydrierend** zu wirken. Beispiele sind der Selbstzerfall und der „abgelenkte" Zerfall bei Gegenwert gewisser Acceptoren.

2. H$_2$O$_2$ vermag Wasserstoff aufzunehmen unter Wasserbildung, wobei es also **dehydrierend** wirkt. Die meisten Oxydationswirkungen des H$_2$O$_2$ sind Beispiele dieser spaltenden Hydrierung des Peroxydmoleküls.

3. H$_2$O$_2$ vermag unter Umständen Sauerstoff abzugeben (nach primärer Anlagerung) und demgemäss **oxydierend** zu wirken. Hierher gehört die Umwandlung tertiärer Amine in Aminoxyde

$$R_3N \xrightarrow{+H_2O_2} R_3N\!\!\begin{array}{c}\diagup H \\ \diagdown O\cdot OH\end{array} \xrightarrow{-H_2O} R_3N:O,$$

ferner die Oxydation der Thioäther zu Sulfoxyden, von Azoverbindungen zu Azoxyverbindungen, die Bildung der Arsinsäuren aus der Stufe des dreiwertigen Arsens u. a. m.

Für die halbseitigen Substitutionsprodukte des H$_2$O$_2$ entfällt Reaktionstypus 1., für die doppelseitigen 1. und 3. [Die oben besprochene Reaktion des Diäthylperoxyds (nach 1.) stellt einen Ausnahmefall dar.]

Häufig und gerade beim Angriff physiologisch wichtiger Substanzen durch H$_2$O$_2$ wird eine Kombination der Reaktionsweisen 2. und 3. beobachtet[3].

So wird bei der Einwirkung von H$_2$O$_2$ auf Essigsäure (und ziemlich allgemein auf gesättigte Fettsäuren) die eine OH-Gruppe hydriert, während die andere ins organische Molekül eintritt:

---

[1] Vgl. auch A. K. Goard u. Rideal, Proc. Roy. Soc. (A) 105, 148; 1924.
[2] V. L. Bohnson u. Robertson, Am. Soc. 45, 2493; 1923.
[3] H. Wieland u. Lövenskiold, A. 436, 241; 1924.

$$\begin{array}{c} \text{HOOC}\cdot\text{CH}_2 \\ | \\ \text{H} \end{array} + \begin{array}{c} \text{OH} \\ | \\ \text{OH} \end{array} \longrightarrow \begin{array}{c} \text{HOOC}\cdot\text{CH}_2\text{OH} \\ + \\ \text{HOH} \end{array} \qquad (I)$$

Von der Glykolsäure aus teilt sich der Weg. Reine Dehydrierung vermag sowohl zu CO_2 und Formaldehyd wie zu Glyoxylsäure zu führen.

$$\text{HOOC}\cdot\text{CH}_2\text{OH} \begin{array}{c} \xrightarrow{+H_2O_2} CO_2 + CH_2:O + 2H_2O \qquad (IIa) \\ \xrightarrow{+H_2O_2} HOOC\cdot CHO + 2H_2O \qquad (IIb) \end{array}$$

Für Formaldehyd besteht dann der schon früher erwähnte (S. 120) Reaktionsweg über Dioxymethylperoxyd, das in Ameisensäure und freien Wasserstoff zerfällt, welch letzterer tatsächlich bei der Einwirkung von H_2O_2 auf Glykolsäure nachgewiesen wurde.

$$2\,CH_2:O \xrightarrow{+H_2O_2} CH_2(OH)O\cdot O(OH)H_2C \to 2\,H_2CO_2 + H_2. \qquad (IIIa)$$

Glyoxylsäure wird nach dem von Holleman[1] untersuchten Vorbild der Brenztraubensäure durch H_2O_2 zu CO_2 und Ameisensäure oxydiert, wobei ein primäres Peroxyd, das dann CO_2 und H_2O abspaltet, als Zwischenprodukt immerhin wahrscheinlich ist.

$$\text{HOOC}\cdot\text{CHO} \xrightarrow{+H_2O_2} \begin{array}{c} H \\ | \\ HOOC\cdot C(OH) \\ | \\ O-OH \end{array} \to CO_2 + HCOOH + H_2O. \qquad (IIIb)$$

Allgemein hat man bei der Einwirkung von H_2O_2 auf α-Oxysäuren die beiden oben angedeuteten (wenn auch für diesen Sonderfall des ersten Gliedes der Reihe etwas modifizierten) Reaktionswege:

1. $R\cdot CHOH\cdot CO_2H \to R\cdot CO\cdot CO_2H \to R\cdot CO_2H + CO_2$;
2. $R\cdot CHOH\cdot CO_2H \to R\cdot CHO + CO_2$.

Reaktionsweg 2 geht sicher nicht über die α-Ketosäure. Wieland hält den Zerfall einer intermediär gebildeten Persäure $R\cdot CHOH\cdot C(O)OH \to R\cdot CHOH\cdot C(O)O\cdot OH \to R\cdot CHO + CO_2 + H_2O$ oder direkte Dehydrierung des undissoziierten Säuremoleküls

$$\begin{array}{c} R\cdot CH\text{—}C:O \\ | \qquad | \\ OH \quad OH \end{array} \longrightarrow \begin{array}{c} R\cdot CH \\ \ddots \\ O \end{array} + CO_2$$

für gleich gut möglich[2].

Als ein weiteres illustrierendes Beispiel für die Reaktionsweise des H_2O_2 sei noch der Abbau der Bernsteinsäure[3] angeführt, der nicht über Fumarsäure, sondern über Äpfelsäure — Malonaldehydsäure (nicht Oxalessigsäure) zu Acetaldehyd führt:

$$\begin{array}{c} CH_2\cdot CO_2H \\ | \\ CH_2\cdot CO_2H \end{array} \longrightarrow \begin{array}{c} CH(OH)\cdot CO_2H \\ | \\ CH_2\cdot CO_2H \end{array} \longrightarrow \begin{array}{c} CHO \\ | \\ CH_2\cdot CO_2H \end{array} \longrightarrow \begin{array}{c} CHO \\ | \\ CH_3 \end{array}.$$

Fumarsäure, die im vorliegenden Abbauschema fehlt, wird über ein CO_2- und H_2O-abspaltendes Peroxyd zu Malonaldehydsäure und weiterhin Acetaldehyd abgebaut

$$\begin{array}{c} CH\cdot CO_2H \\ \| \\ CH\cdot CO_2H \end{array} \longrightarrow \begin{array}{c} CH(O\cdot OH)\cdot CO_2H \\ | \\ CH_2\cdot CO_2H \end{array} \longrightarrow \begin{array}{c} CHO \\ | \\ CH_2\cdot CO_2H \end{array} \longrightarrow \begin{array}{c} CHO \\ | \\ CH_3 \end{array}.$$

Für α, β-ungesättigte Carbonsäuren vom Typus der Crotonsäure[4] besteht neben dem analogen Weg der Peroxydanlagerung in β-Stellung, der weiterhin über Acetessigsäure zu

---

[1] A. F. Holleman, Rec. trav. chim. 23, 169; 1904.
[2] H. Wieland, Über den Verlauf der Oxydationsvorgänge. Stuttgart 1933.
[3] H. Wieland u. Lövenskiold, l. c. — Vgl. auch C. Neuberg, Biochem. Zs 67, 71, 77; 1914.
[4] H. Wieland u. Lövenskiold, A. 445, 198; 1925.

Aceton + CO_2 führt, noch eine andere Reaktionsmöglichkeit, die symmetrische Addition der beiden OH-Gruppen des H_2O_2 an die Doppelbindung. Die weitere Reaktion geht, wahrscheinlich über Milchsäure, zu Acetaldehyd und CO_2.

$$\begin{array}{c} CH \cdot CH_3 \\ \parallel \\ CH \cdot CO_2H \end{array} \longrightarrow \begin{array}{c} CH(OH) \cdot CH_3 \\ | \\ CH(OH) \cdot CO_2H \end{array} \longrightarrow \begin{array}{c} CH(OH) \cdot CH_3 \\ | \\ CO \cdot CO_2H \end{array} \longrightarrow \begin{array}{c} CH(OH) \cdot CH_3 \\ | \\ CO_2H \end{array} \longrightarrow \begin{array}{c} OHC \cdot CH_3 \end{array}.$$

Wie man an diesen wenigen Beispielen erkennt, kommt die Doppelnatur des Hydroperoxyds als eines dehydrierenden und oxydierenden Agens in einem fortwährenden Wechsel beider Reaktionsweisen zum Ausdruck. Soweit untersucht, lassen sich die Reaktionen durch Fe^{II} oder auch Platinmetalle katalytisch beeinflussen. Wenn man berücksichtigt, dass die aufgezeichneten Reaktionen meist bei erhöhter Temperatur und hohen Konzentrationen ausgeführt sind, ist es nicht sehr auffallend, dass der Abbau zellvertrauter Stoffe durch H_2O_2 oftmals in anderer Weise vor sich geht als der früher (Kap. III) skizzierte biologisch-enzymatische Angriff. Auf die Frage nach dem Reaktionsmechanismus des Eisens, bei derartigen Vorgängen, namentlich im Hinblick auf seine von Wieland behauptete Funktion als Dehydrierungskatalysator, wird im folgenden Absatz noch näher einzugehen sein.

d) Die Eisen- (bzw. Schwermetall-) Katalyse in der Dehydrierungstheorie.

α) Der Stand des Problems vor Wieland. Obwohl die Schwermetall-, insbesondere die Eisenkatalyse erst später im Zusammenhang mit der Warburgschen Theorie (Kap. IX) ausführlicher behandelt werden wird, sollen hier doch schon einige Resultate, im wesentlichen Wielandscher Untersuchungen, vorausgenommen werden, die auf die quantitativen Verhältnisse derartiger Umsetzungen neues Licht werfen und deren Interpretation im Sinne der Dehydrierungstheorie zum mindesten einen originellen, als Arbeitshypothese durchaus berechtigten Erklärungsversuch für den Mechanismus dieser biologisch interessanten Modellreaktionen darstellt.

Dass Hydroperoxyd bei Gegenwart von Ferrosalz auf die verschiedensten Stoffe, mit denen es allein nicht oder nur äusserst langsam reagiert, oxydierend wirkt (z. B. auf Kaliumjodid, Guajaktinktur usw.), war schon Schönbein bekannt. In der Folgezeit sind dann eine Fülle derartiger Reaktionen, teilweise auch mit Sauerstoff und an zellvertrauten Substanzen sich abspielend, aufgefunden worden. Ganz überwiegend handelte es sich dabei jedoch nicht um eigentlich katalytische, sondern um induzierte Reaktionen. Der metallische Katalysator wird verbraucht, d. h. oxydiert und damit ist die Reaktion zu Ende.

Der quantitative Ablauf derartiger, sauerstoff- bzw. peroxydaktivierender Prozesse ist zum erstenmal von Manchot[1] klargelegt worden (1901). Er

---

[1] W. Manchot, Anorg. Chem. 27, 420. — W. Manchot u. Herzog, Anorg. Chem. 27, 397; 1901.

zeigte, dass bei der Autoxydation von Ferrohydroxyd gleichzeitig anwesendes Arsenit zu Arsenat oxydiert wird und zwar wird pro Mol Fe(OH)$_2$ beim Übergang in Fe(OH)$_3$ günstigstenfalls ein Äquivalent Sauerstoff gegenüber dem Arsenit aktiviert. Nach Manchot ist damit die intermediäre Bildung eines Eisenperoxyds von der Zusammensetzung FeO$_2$ (bzw. Fe$_2$O$_4$) bewiesen. Die Autoxydation des zweiwertigen Eisens in Abwesenheit eines besonderen Sauerstoffacceptors würde analog im Sinne der beiden Gleichungen

$$2\,\mathrm{FeO} + \mathrm{O}_2 \longrightarrow 2\,\mathrm{Fe}\!\!\begin{array}{c}\diagup\mathrm{O}\\|\\ \diagdown\mathrm{O}\end{array}; \qquad (\mathrm{I})$$

$$2\,\mathrm{Fe}\!\!\begin{array}{c}\diagup\mathrm{O}\\|\\ \diagdown\mathrm{O}\end{array} + 2\,\mathrm{FeO} \longrightarrow 2\,\mathrm{Fe}_2\mathrm{O}_3 \qquad (\mathrm{II})$$

verlaufen.

In Anwesenheit einer leicht oxydierbaren Substanz (Arsenit, Oxalat, Tartrat, Citrat) tritt mit dieser Reaktionsfolge eine andere in Konkurrenz, die sich bei genügender Konzentration des Sauerstoffacceptors, beispielsweise für den Fall des Arsenits in folgendem Gleichungspaar quantitativ wiedergeben lässt:

$$2\,\mathrm{FeO} + \mathrm{O}_2 \longrightarrow 2\,\mathrm{Fe}\!\!\begin{array}{c}\diagup\mathrm{O}\\|\\ \diagdown\mathrm{O}\end{array}. \qquad (\mathrm{I})$$

$$2\,\mathrm{Fe}\!\!\begin{array}{c}\diagup\mathrm{O}\\|\\ \diagdown\mathrm{O}\end{array} + \mathrm{Na}_3\mathrm{AsO}_3 \longrightarrow \mathrm{Fe}_2\mathrm{O}_3 + \mathrm{Na}_3\mathrm{AsO}_4. \qquad (\mathrm{IIa})$$

In ähnlicher Weise ist von Manchot und Wilhelms [1] für die Reaktion zwischen zweiwertigem Eisen und H$_2$O$_2$ bei Gegenwart von Jodid als Sauerstoffacceptor die Existenz eines Primäroxyds von der Zusammensetzung Fe$_2$O$_5$ wahrscheinlich gemacht worden. Goard und Rideal [2] sowie Manchot und Lehmann [3] haben später durch potentiometrische Untersuchung des acceptorfreien Systems Fe^{II}—H$_2$O$_2$ weitere Stützen für das intermediäre Auftreten eines derartigen Peroxyds beigebracht. Ein Peroxyd gleicher Zusammensetzung soll auch bei der Einwirkung von Chromsäure und Übermangansäure auf Fe^{II}, ein weiteres Peroxyd, von der wahrscheinlichen Zusammensetzung FeO$_3$, bei der Reaktion zwischen Fe^{II} und unterchloriger Säure entstehen [4]. Neuere Untersuchungen von Hale [5] haben die Manchotschen Befunde im wesentlichen bestätigt. Seine Behauptung, dass auch aus Fe^{II} und H$_2$O$_2$ das Peroxyd FeO$_3$ gebildet werde, ist jedoch von Manchot und Pflaum [6] unlängst widerlegt worden.

Quantitativ dieselben Verhältnisse wie bei der Autoxydation des zweiwertigen Eisens sind übrigens auch bei der Reaktion von zweiwertigem Chrom und Sauerstoff gefunden worden [7].

---

[1] W. Manchot u. Wilhelms, B. 34, 2479; 1901.
[2] A. K. Goard u. Rideal, Proc. Roy. Soc. (A) 105, 148; 1924.
[3] W. Manchot u. Lehmann, A. 460, 179; 1928.
[4] W. Manchot, A. 325, 105; 1902.
[5] D. R. Hale, Jl phys. Chem. 33, 1633; 1929.
[6] W. Manchot u. Pflaum, Anorg. Chem. 211, 1; 1933.
[7] W. Manchot u. Wilhelms, A. 325, 125; 1902.

In keinem der beiden Fälle gelingt es, H_2O_2 als intermediäres Reaktionsprodukt nachzuweisen. Bedenkt man jedoch, dass nach neueren Untersuchungen[1] das Verhältnis der Reaktionsgeschwindigkeiten von H_2O_2 und O_2 mit Fe^{II} bei pH 7, 5 und 4 zum mindesten resp. 600, 2000 und 3000 ist, so scheint kein wesentlicher Hinderungsgrund dagegen zu sprechen, die Autoxydation der beiden zweiwertigen Metallstufen entweder im Sinne Traubes

$$Me^{II}\!\!<\!\!^{OH}_{OH} + {}^{OH}_{OH} {}^{H}_{H} {}^{O}_{\|} \longrightarrow 2\,Me^{III}\!\!<\!\!^{OH}_{OH} + {}^{HO}_{HO}|,$$
$$Me^{II}\!\!<\!\!^{OH}_{OH}$$

oder Wielands

$$Me^{II}\!\!<\!\!^{OH}_{OH} + {}^{O}_{\|} \longrightarrow 2\,Me^{III}\!\!<\!\!^{OH}_{O} + {}^{HO}_{HO}|,$$
$$Me^{II}\!\!<\!\!^{OH}_{OH}$$

nebst anschliessender rascher Folgereaktion

$$Me^{II}\!\!<\!\!^{OH}_{OH} + {}^{OH}_{OH} \longrightarrow 2\,Me^{III}\!\!<\!\!^{OH}_{OH} + 2\,H_2O,$$
$$Me^{II}\!\!<\!\!^{OH}_{OH}$$

zu formulieren.

Zugunsten der Wielandschen Formulierung spricht noch im besonderen die gegenüber der Reaktion in wässrigem Medium erheblich gesteigerte Autoxydationsgeschwindigkeit des zweiwertigen Eisens in nichtwässrigen Lösungsmitteln wie z. B. Alkohol und Pyridin[2].

In anderen Fällen, wie bei der Autoxydation von Ti^{III} und Cu^{I} ist der Nachweis von H_2O_2 in zu erwartender Menge geglückt[3,4]. Für die Autoxydation von Ti^{III} zeigte Manchot zudem, dass bei Gegenwart von Arsenit an Stelle des H_2O_2 das entsprechende Äquivalent Arsenat auftritt und in orientierenden Versuchen über die Autoxydation von Cu^I bei Gegenwart organischer Säuren konnte Wieland[5] zwar kein H_2O_2, wohl aber weitgehende Oxydation der organischen Substanz, z. B. von Oxalsäure, nachweisen. Das alles spricht dafür, dass auch bei der Reaktion zwischen Sauerstoff und Fe^{II} bzw. Cr^{II} keine prinzipielle Umschaltung des üblichen Reaktionsmechanismus auf eine primäre Peroxydbildung am Metall selbst erfolgt.

Auch der bisher noch fehlende Nachweis für das Auftreten von H_2O_2 beim Rosten des metallischen Eisens ist übrigens neuerdings erbracht worden[6] (vgl. S. 117).

---

[1] H. Wieland u. Franke, A. 473, 289; 1929.
[2] H. Wieland u. Franke, A. 464, 111; 1928.
[3] W. Manchot u. Richter, B. 39, 320, 488; 1906.
[4] H. Wieland u. Franke, A. 473, 289; 1929.
[5] H. Wieland, A. 434, 185; 1923.
[6] H. Wieland u. Franke, A. 469, 257; 1929.

Dass bei der Reaktion niederer Oxydationsstufen von Metallen mit „wahren" Oxydationsmitteln wie Chromat, Permanganat, auch H_2O_2, prinzipiell andere Verhältnisse vorliegen mögen wie bei der Sauerstoffreaktion, ist möglich, nach den merkwürdigen Aktivierungsverhältnissen, die eine Formulierung der Reaktionen analog der vorstehend gegebenen nicht zulassen, sogar sehr wahrscheinlich. Es ist beachtlich, dass nach Manchots Messungen sowohl Fe^{II} als auch Ti^{III} bei der Oxydation nur ein Äquivalent Sauerstoff, jedoch zwei Äquivalente der anderen Oxydationsmittel gegenüber einem gleichzeitig anwesenden Acceptor (Arsenit, Weinsäure, Jodid) aktivieren. Auch Wieland gibt übrigens die Möglichkeit der Bildung intermediärer Metallperoxydstufen bei Gegenwart von H_2O_2 wiederholt zu[1]. Schliesslich ist darauf hinzuweisen, dass das Auftreten derartiger höherer Oxydationsstufen bei Kupfer und Eisen zum Teil auch spektrometrisch wahrscheinlich gemacht werden konnte[2].

Manchots Untersuchungen hatten die quantitativen Verhältnisse bei der lange bekannten induzierenden Wirkung der Eisensalze aufgezeigt. Indes dauerte es eine Reihe von Jahren, ehe die ersten sicheren Fälle einer, vom physiologischen Standpunkt gesehen, ungleich interessanteren katalytischen Wirkung von Eisensalzen auf dem Zellstoffwechsel nahestehende Substanzen bekannt wurden. Von Mathews und Walker[3] stammen die ersten quantitativen Angaben über die oxydationskatalytische Funktion von Fe- (auch Cu- und anderen Schwermetall-)salzen gegenüber Cystein und die richtige Deutung des Reaktionsmechanismus bei dieser Katalyse, Untersuchungen, die von Thunberg[4] auch auf andere Thioverbindungen (Thioglykolsäure, Thiomilchsäure etc.) ausgedehnt wurden. J. Wolff[5] zeigte, dass Spuren von Eisensalzen, auch Ferrocyaniden, die Autoxydation von Phenolen, wie Hydrochinon, Brenzkatechin, Guajakol u. a. in Phosphat- und Citratpuffer sehr stark beschleunigten. Thunberg[6] stellte die oxydationskatalytische Wirkung von Ferrichlorid auf wässrige Lecithinsuspensionen fest; der Befund wurde ergänzt durch Beobachtungen O. Warburgs[7], wonach die Lecithinoxydation höchstwahrscheinlich an der Linolensäurekomponente des Phosphatids einsetzt. Warburg fand gleichzeitig auch, dass organische Säuren, wie Weinsäure und Dioxymaleinsäure, sowie Aldehyde, wie Önanthol, in Gegenwart minimaler Mengen Ferrosulfat recht weitgehend oxydiert werden, wobei die Sauerstoffaufnahme das Mehrfache bis Vielfache

---

[1] H. Wieland, A. 434, l. c. — H. Wieland u. Franke, A. 457, 68; 1927.
[2] V. L. Bohnson u. Robertson, Am. Soc. 45, 2493; 1923. — A. C. Robertson, Am. Soc. 47, 1299; 1925.
[3] A. P. Mathews u. Walker, Jl biol. Chem. 6, 289, 299; 1909.
[4] T. Thunberg, Skand. Arch. 30, 285; 1913.
[5] J. Wolff, Zbl. Biochem. 10, 741; 1910 (Autoreferat).
[6] T. Thunberg, Skand. Arch. 24, 90, 94; 1910.
[7] O. Warburg, H. 92, 242; 1914.

des Eisenäquivalents betrug. In der Folgezeit kamen zahlreiche weitere Beobachtungen insbesondere an Zuckern und Zuckerzerfallsprodukten[1] hinzu.

Eine neue Erkenntnis, und zwar von erheblichster Tragweite war es, als Warburg und Sakuma[2] zeigen konnten (1923), dass die freiwillige, zusatzfreie Autoxydation gewöhnlicher „reiner" Cysteinpräparate sich durch minutiöse Reinigungsoperationen auf einen minimalen Bruchteil $\left(\frac{1}{100} - \frac{1}{250}\right)$ des ursprünglichen Werts reduzieren liess. Das gleiche lässt sich durch Zusatz minimaler Mengen typischer Schwermetallkomplexbildner (wie Cyanid und Pyrophosphat) zum ungereinigten Präparat erreichen. Der Beweis, dass Schwermetallspuren für die Autoxydation des „reinen" Cysteins verantwortlich zu machen sind, war damit erbracht; er wurde durch weitere Untersuchungen noch dahin präzisiert, dass es sich ganz überwiegend um Eisenspuren (untergeordnet Kupfer und Mangan) handelt. Zahlreiche weitere Beispiele für das Vorliegen einer Schwermetallkatalyse bei der Autoxydation scheinbar reiner Stoffe wurden in den folgenden Jahren beigebracht; ausser verschiedenen anderen Sulfhydrylverbindungen (Thioglykolsäure, Glutathion) sind hier besonders eine ganze Anzahl von Triosen und Hexosen zu erwähnen[3]. Auch die katalytische Wirkung der Blutkohle bei der Oxydation von Oxalsäure und Aminosäuren wurde von Warburg auf deren Gehalt an in bestimmter Weise an Stickstoff gebundenem Eisen zurückgeführt[4]. Die reaktionshemmende bzw. -unterbindende Wirkung von Schwermetallgiften, insbesondere Blausäure, diente bei allen diesen Untersuchungen als das wichtigste Kriterium für die Schwermetallbedingtheit des fraglichen Oxydationsprozesses (alles weitere hierüber siehe Kap. IX, Abschn. 3 u. 4).

Dass man bei der Anwendung dieses Kriteriums trotz allem vorsichtig sein muss, zeigt das Beispiel der Jodsäure-Oxalsäurereaktion. Wässrige Jodsäure-Oxalsäurelösungen reagieren schon bei Zimmertemperatur nach der Gleichung

$$2\ HJO_3 + 5\ H_2C_2O_4 \rightarrow J_2 + 10\ CO_2 + 6\ H_2O.$$

Millon[5] fand, dass das ausgeschiedene Jod die Reaktion beschleunigt und dass minimale Mengen von HCN sie antikatalytisch hemmen. Toda[6] zeigte im Warburgschen Laboratorium, dass man durch sorgfältigste Reinigung der Reagenzien den Umsatz auf $1/10$ des ursprünglichen herabsetzen kann. Zusatz kleinster Ferrosalzmengen (von der Grössenordnung 10^{-5} mg Fe/cm³) wirken bereits beschleunigend, 1000mal grössere stellen den ursprünglichen Umsatz wieder her. An sich scheinen also alle Indizien für das Vorliegen einer wahren Schwermetallkatalyse in der mit gewöhnlichen „reinen" Reagenzien ausgeführten Reaktion vorzuliegen. Dies ist jedoch, wie aus verschiedenen Arbeiten sowohl des Wielandschen wie des Warburgschen Instituts

---

[1] Vgl. z. B. H. A. Spoehr u. Mitarb., Am. Soc. 46, 1494; 1924. — 48, 236; 1928.

[2] O. Warburg u. Sakuma, Pflüg. Arch. 200, 203; 1923. — S. Sakuma, Biochem. Zs 142, 68; 1923.

[3] Vgl. z. B. F. Wind, Biochem. Zs 159, 58; 1925. — H. A. Krebs, Biochem. Zs 180, 377; 1927.

[4] O. Warburg u. Brefeld, Biochem. Zs 145, 461; 1924.

[5] E. Millon, Ann. chim. phys. [3] 13, 29; 1845.

[6] S. Toda, Biochem. Zs 171, 231; 1926.

hervorging, keineswegs der wahre Sachverhalt [1]. Ferroeisen — Ferrieisen ist wirkungslos — wirkt lediglich dadurch, dass es Jodsäure zu elementarem Jod, dem eigentlichen Katalysator der Reaktion, reduziert. Die Blausäure bindet das zu Anfang nur in Spuren vorhandene Jod, so dass die Autokatalyse nicht in Gang kommen kann; molekulares Silber und Silbernitrat wirken in gleicher Weise wie HCN hemmend. Der Erfolg der Todaschen Reinigungsversuche liegt wohl im wesentlichen in der Entfernung von Jodspuren aus der Jodsäure, daneben auch von Eisenspuren aus der Oxalsäure begründet.

Die Frage nach dem Mechanismus der im vorstehenden aufgezählten Eisenkatalysen war jedoch nach wie vor noch recht wenig geklärt. Warburg drückte sich hierüber stets in allgemeinster Form aus: der molekulare Sauerstoff reagiert mit Fe^{II}, wobei eine höhere Oxydationsstufe entsteht; indem diese mit der organischen Substanz als Substrat reagiert, wird Fe^{II} zurückgebildet und der Kreislauf kann von neuem beginnen. Ein derartiges einfaches Wechselspiel zweier Oxydationsstufen schien in gewissen Fällen ohne weiteres zur Erklärung des Reaktionsmechanismus ausreichend, so bei der Oxydation von Polyphenolen und Thioverbindungen, die ja beide Fe^{III} zu reduzieren vermögen. In anderen Fällen, z. B. der von Warburg studierten Oxydation von Linolensäure und Weinsäure, schien dieser einfache Oxydo-Reduktionsmechanismus keine befriedigende Erklärung für die beobachteten Erscheinungen abzugeben. Fe^{III} reagiert mit diesen Substanzen entweder nur sehr langsam oder überhaupt nicht und ist dementsprechend als Oxydationskatalysator wenig oder gar nicht wirksam. Andererseits geht die Sauerstoffaufnahme mit Fe^{II} ums Vielfache über die für ein Manchotsches Primäroxyd berechnete hinaus. Hier lag zweifellos ein Widerspruch vor. Entweder es erfolgte, etwa auf Kosten reaktionsfähiger organischer Primärprodukte der Oxydation eine weitgehende Regenerierung der Fe^{II}-Stufe oder aber es existierte neben dem Mechanismus der Metallperoxyd- bzw. H_2O_2-Bildung noch ein weiterer, bisher unbekannter, jedenfalls effektiverer Mechanismus der Sauerstoffaktivierung; vielleicht griffen auch beide Möglichkeiten ineinander. Der Klärung dieser Fragen hat Wieland eine ganze Anzahl von Arbeiten gewidmet, über die hier kurz berichtet werden soll [2].

β) **Die experimentellen Ergebnisse der Wielandschen Arbeiten.** 1. Wenn man — nicht wie Manchot, der bei seinen Acceptorversuchen stets mit mehr oder weniger kräftig alkalischen Lösungen arbeitete — eine schwach saure Lösung einer einfachen organischen Säure, etwa Ameisensäure oder Glykolsäure, mit einer Spur Ferrosalz und einer der organischen Säure ungefähr äquivalenten Menge H_2O_2 versetzt, so beobachtet man eine merkwürdige Erscheinung, die von Wieland und Franke als „primärer Oxydationsstoss" oder kurz „Primärstoss" bezeichnet worden ist: innerhalb weniger Sekunden verschwindet eine H_2O_2-Menge, die weit über der für das Peroxyd

---

[1] H. Wieland u. Fischer, B. 59, 1171; 1926. — F. G. Fischer u. Wagner, B. 59, 2384; 1926. — O. Warburg, Biochem. Zs 174, 497; 1926.

[2] H. Wieland u. Franke, A. 457, 1; 1927. — 464, 101; 1928. — 469, 257; 473, 289; 475, 1, 19; 1929.

Fe_2O_5 berechneten liegt und das Mehrfache bis Vielfache derselben betragen kann, je nach Substrat und Konzentrationsverhältnissen. Ein kleiner Teil dieses H_2O_2 ist katalytisch durch das Fe^{II}-Salz zersetzt, der ganz überwiegende jedoch zur Oxydation der Säure verbraucht worden. So beträgt bei $m/5$-Konzentration an Substrat der Säureumsatz im Fall des Formiats ca 8, im Falle des Glykolats ca 20 Eisenäquivalente.

Mit diesem „Primärstoss" ist die Reaktion im wesentlichen zu Ende; was weiter noch folgt, ist eine langsame katalytische Zersetzung von H_2O_2 unter dem Einfluss des gebildeten Fe^{III}-Salzes. Sie ist auch das einzige zu beobachtende Faktum, wenn von vornherein Fe^{III}-Salz an Stelle von Fe^{II} verwendet wird (Abb. 13).

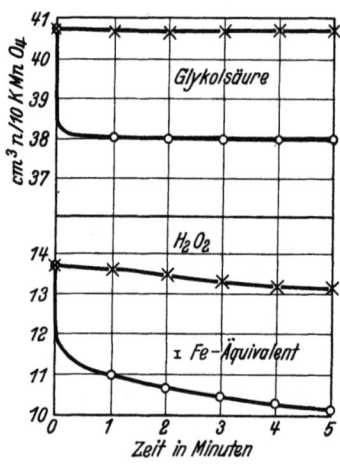

Abb. 13. Abnahme von Glykolsäure und H_2O_2 bei deren Reaktion in Gegenwart von Fe^{II}- und Fe^{III}-Salz. (Nach Wieland u. Franke.) × Fe^{III}-Versuch. ○ Fe^{II}-Versuch. $\frac{m}{3}$-Glykolsäure. $\frac{m}{3}$-H_2O_2. $\frac{m}{150}$-Eisensalz. T 30°.

Variation der Reaktionsbedingungen ergibt, dass der Effekt am grössten im schwach sauren Gebiet (ca pH 4) ist und dass er im allgemeinen stärker nach der alkalischen als nach der sauren Seite abfällt. So beträgt er im Falle der Glykolsäure sowohl bei pH 0 als bei pH 6 nur mehr etwa $1/3$ des Optimalwertes. Ferner nimmt das Ausmass des Oxydationsstosses annähernd proportional der Fe^{II}-Konzentration und etwas weniger stark als die Substratkonzentration zu. Besonders bemerkenswert ist die Unabhängigkeit des Primäreffektes von der H_2O_2-Konzentration; Variation der letzteren um das Zehnfache lässt ihn praktisch unverändert. Bei kleinen H_2O_2-Konzentrationen lässt sich zudem nach Ablauf der Primärreaktion Fe^{II} neben H_2O_2 nachweisen.

Der hier beschriebene Primäreffekt des Fe^{II} bei gleichzeitiger Unwirksamkeit von Fe^{III} ist ausser bei Ameisensäure bei den verschiedensten aliphatischen und aromatischen Monoxycarbonsäuren, bei β- und γ-Ketosäuren (Acetessigsäure, Lävulinsäure) bei Aminosäuren (Glykokoll, Alanin, Histidin, Tyrosin), bei ungesättigten Fettsäuren (Linolensäure) sowie auch bei anorganischen Substanzen von der Art der arsenigen, phosphorigen und unterphosphorigen Säure beobachtet worden. In günstigen Fällen wurden H_2O_2-Aktivierungen bis zum 50fachen Betrag des Eisenäquivalents gemessen.

2. Bei gewissen Substraten hört die Wirkung des Fe^{II} nach dem ersten Oxydationsstoss nicht auf, sondern geht in eine, wenn auch langsamere, katalytische Reaktionsform über. Diesen Reaktionstyp beobachtet man unter anderem bei Weinsäure, Salicylsäure, den Aminosäuren, Linolensäure usw.

Es scheint hier deutlich, dass im Primärstoss entstandene Oxydationsprodukte eine partielle Reduktion von Fe^{III} bewirken und so eine kontinuierliche Wiederholung der Grundreaktion im kleineren Massstabe bedingen. Im Falle der Weinsäure (Abb. 14) beispielsweise geht dieser Reaktionsverlauf im wesentlichen auf die intermediäre Entstehung von Dioxymaleinsäure ($HO_2C \cdot COH:COH \cdot CO_2H$) zurück.

Fenton[1] war durch Anwendung eines sehr grossen Weinsäureüberschusses, der die entstandene Dioxymaleinsäure vor dem Zugriff des H_2O_2 einigermassen schützt, bereits zu einer brauchbaren Methode für die präparative Darstellung der Dioxymaleinsäure gelangt.

Diesem Reaktionstypus gehört auch die von Küchlin und Böeseken[2] studierte Umsetzung von Zuckern mit H_2O_2 in Fe^{II}-Gegenwart an. Hier erwiesen sich die im Primärstoss entstandenen Osone zur Reduktion von Fe^{III} befähigt.

3. Bei der raschen Reaktion zwischen Dioxymaleinsäure und Fe^{III} — die primär zu Dioxyweinsäure führt — war zu erwarten, dass die Einwirkung von H_2O_2 auf diese Säure in Gegenwart von Fe^{II}- wie Fe^{III}-Salz in gleicher Weise erfolgt. In der Tat erwiesen sich Fe^{II} und Fe^{III} hier gleich effektiv; dasselbe war der Fall bei den analogen Reaktionen mit p-Phenylendiamin, mehrwertigen Phenolen und Di- und Triphenolcarbonsäuren.

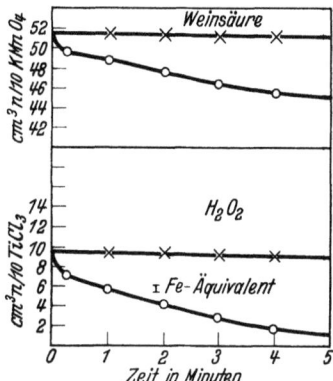

Abb. 14. Abnahme von Weinsäure und H_2O_2 bei der Reaktion mit Fe^{II}- und Fe^{III}-Salz. (Nach Wieland u. Franke.) × Fe^{III}-Versuch. ○ Fe^{II}-Versuch. $\frac{m}{20}$-Weinsäure. $\frac{m}{20}$-H_2O_2. $\frac{m}{20}$-H_2SO_4. $\frac{m}{200}$-Eisensalz. T 0^0.

3a. Gleichheit von Fe^{II} und Fe^{III}-Wirkung wurde auch bei der (an sich ja schon katalysatorfrei verlaufenden) Oxydation von α-Ketosäuren durch H_2O_2 beobachtet, obwohl Fe^{III} unter den gewählten Bedingungen kaum messbar vom Substrat reduziert wird. Ein Primäreffekt ist kaum festzustellen, die Oxydationswirkung ist offenbar fast ausschliesslich auf die Aktivierung des H_2O_2 durch Fe^{III}-Salz zurückzuführen (Abb. 15).

Die obigen drei Reaktionstypen kehren im wesentlichen auch bei den analogen Oxydationsvorgängen mit elementarem Sauerstoff wieder. Abhängigkeit des Umsatzes von Eisen- und Substratkonzentration sowie vom pH ist im grossen ganzen ähnlich der bei der H_2O_2-Reaktion beobachteten; jedoch ist der „Induktionsfaktor". d. h. das Verhältnis der oxydierten Acceptor- zu den oxydierten Ferroäquivalenten stets erheblich kleiner als dort und erreicht bzw. überschreitet bei Reaktionen vom Typus 1 selten den Wert 1. Ausnahmen bilden vor allem die anorganischen

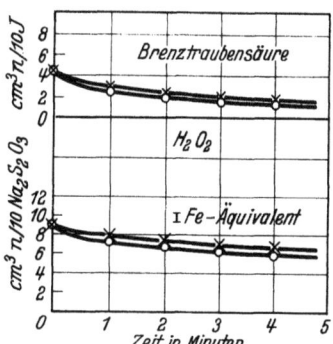

Abb. 15. Reaktion zwischen Brenztraubensäure und H_2O_2 mit Fe^{II}- und Fe^{III}-Salz. (Nach Wieland u. Franke.) × Fe^{III}-Versuch. ○ Fe^{II}-Versuch. $\frac{m}{25}$-Brenztraubensäure. $\frac{n}{30}$-NaOH. $\frac{m}{10}$-H_2O_2. $\frac{m}{100}$-Eisensalz. T 0^0.

---

[1] H. J. H. Fenton, Chem. Soc. 65, 899; 1894. — 67, 774; 1895. — 69, 546; 1896. — 81, 426; 1902. — 87, 804; 1905.

[2] A. Th. Küchlin u. Böeseken, Rec. trav. chim. 47, 1011; 1928. — A. Th. Küchlin, Biochem. Zs 261, 411; 1933.

Substrate Arsenit, Phosphit und Hypophosphit; namentlich bei den beiden letzteren gelangt man zu weit über dem Metallperoxydbereich liegenden Induktionsfaktoren, wovon die folgende Abbildung 16 für den Fall des Hypophosphits eine Anschauung gibt.

Die geringere Anfangsgeschwindigkeit in den konzentrierteren Ansätzen geht auf die stark verminderte Sauerstofflöslichkeit in diesen (dickflüssigen) Lösungen zurück. Hierher gehört wohl auch die allgemein gemachte Beobachtung, dass Versuche in Luft zwar mit kleinerer Geschwindigkeit verlaufen, aber zu höherer Endabsorption führen als solche in reinem Sauerstoff.

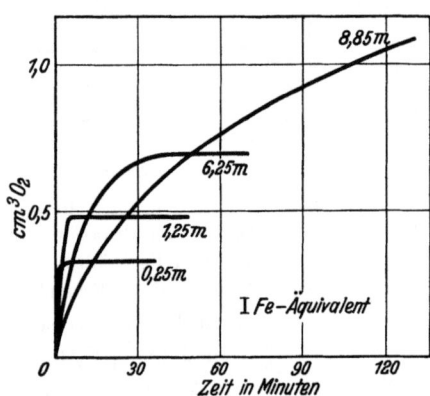

Abb. 16. O_2-Aufnahme von Hypophosphit bei verschiedener Substratkonzentration. (Nach Wieland u. Franke.)
$\frac{m}{2}$-Phosphatpuffer pH 4,7. $\frac{m}{2000}$-FeSO$_4$.
T 10°.

Die Befunde Warburgs hinsichtlich der „quasikatalytischen" Wirkung von Fe^{II} gegenüber Weinsäure konnten bestätigt werden. Unter geeigneten Konzentrations- und Aciditätsverhältnissen wurden Aktivierungsbeträge bis zum 7fachen des Eisenäquivalents beobachtet. Natürlich ist auch hier die Fe^{II}-regenerierende Wirkung der primär gebildeten Dioxymaleinsäure das Ausschlaggebende. Daneben kommt aber noch eine spezifisch aktivierende Wirkung des Fe^{II}-Dioxymaleinsäurekomplexes, die gegenüber den verschiedenartigsten Substraten beobachtet wurde, in Betracht.

Auch andere Komplexbildner, zumeist enolisierungsfähige Ketocarbonsäuren, ferner Thioverbindungen, vermögen in kleinsten Mengen derartige Funktionen auszuüben. Am interessantesten ist wohl der Fall des Hypophosphits, dessen induzierte Oxydation unter dem Einfluss von Fe^{II} durch Zusatz minimaler Quantitäten solcher Aktivatoren in eine ungemein kräftige Katalyse übergeht. Auch die Autoxydation der ungesättigten Fettsäuren, bei der übrigens ebenfalls Primäreffekt und überlegene Wirkung von Fe^{II} (gegenüber Fe^{III}) zum Ausdruck kommen, ist derartiger katalytischer Beeinflussung durch komplexbildende Säuren zugänglich (Abb. 17 und 18).

Überhaupt spielt die Komplexbildung in ihren verschiedensten Auswirkungen auf dem Gesamtgebiet der Schwermetallkatalyse eine überragende Rolle. Auch in einfachen Autoxydationssystemen vom Typus 3 (S. 189), in denen wie bei den Polyphenolen, Thioverbindungen, Dioxymaleinsäure reversibler Übergang zwischen Fe^{II} und Fe^{III} die ersichtliche Grundlage der Katalyse ist, verändert beispielsweise Zusatz von Puffersubstanzen bzw. deren Variation die Reaktionsgeschwindigkeit bei konstantem pH ums Vielfache.

Es ist gezeigt worden, dass dies im wesentlichen auf die mehr oder weniger starke Herabsetzung des Fe^{III}/Fe^{II}-Potentials durch Komplexbildung und die daraus resultierende Änderung der im Gleichgewicht mit dem Substrat vorhandenen Fe^{II}-Konzentration zurückgeht [1]. Aber auch bei praktisch gleicher Fe^{II}-Konzentration beeinflussen Unterschiede im

---

[1] W. Franke, A. 480, 1; 1930. — A. 486, 242. 1931.

Redoxpotential des autoxydablen Systems an sich die Autoxydationsgeschwindigkeit ganz erheblich in dem Sinne, dass sie um so grösser wird, je niedriger das Potential des Systems ist.

Den Einfluss der Komplexbildung erkennt man unter anderem auch daran, dass z. B. Fructose und α-Ketocarbonsäuren von Fe^{III} praktisch nicht angegriffen werden. Fügt man aber Phosphat[1] oder Pyrophosphat[2] in geeigneter Menge (im ersteren Beispiel) oder Hypophosphit[3] (im letzteren Fall) hinzu, so erfolgt kräftige katalytische Oxydation der organischen Substanz nach Reaktionstypus 3. Dass bei dieser Reaktionsform das jeweils rückgebildete Fe^{II} nicht

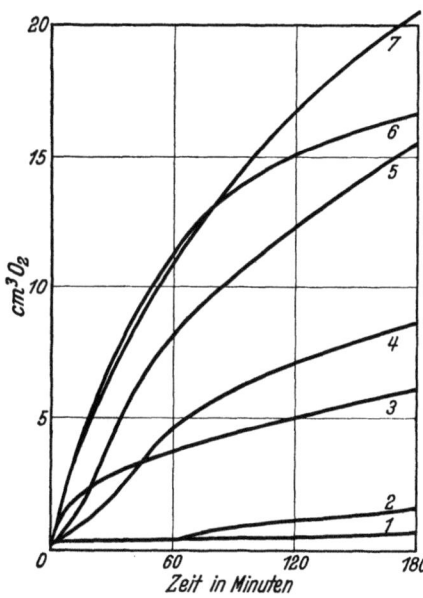
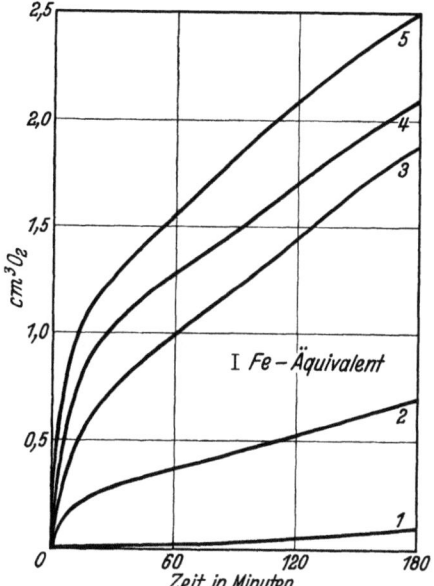

Abb. 17. Autoxydation von Hypophosphit bei Gegenwart von Fe^{II} und Zusätzen organischer Säuren.
(Nach Wieland u. Franke.)
$\frac{m}{2}$-Acetatpuffer pH 4,8. $\frac{m}{4}$-NaH_2PO_2.
$\frac{m}{2000}$-$FeSO_4$ (O_2-Äquivalent 0,056 cm³).
T 10⁰.
$\frac{m}{550}$-Zusätze an: 1. —. 2. Thioglykolsäure. 3. Dioxymaleinsäure. 4. Oxalessigsäure. 5. Acetessigsäure. 6. Benzoylessigsäure. 7. Acetondicarbonsäure.

Abb. 18. Autoxydation von Linolensäure bei Gegenwart von Fe^{III}- bzw. Fe^{II}-Salz und mit Zusätzen organischer Säuren.
(Nach Wieland u. Franke.)
$\frac{m}{2}$-Acetatpuffer pH 4,6. $\frac{m}{300}$-Linolensäure-(Suspension in H_2O). $\frac{m}{2000}$-Fe-Salz (in 1 Fe^{III}, in 2 Fe^{II}). T 20⁰. $\frac{m}{600}$-Zusätze an: 1. und 2. —. 3. Dioxyweinsäure. 4. Dioxymaleinsäure. 5. Thioglykolsäure.

einfach reoxydiert wird, sondern während der Reoxydationsphase in der früher geschilderten Art auch das Substrat in die Reaktion mit Sauerstoff hereinzieht, ist äusserst wahrscheinlich, wenn auch natürlich schwer exakt zu beweisen.

γ) **Der Mechanismus der Eisenkatalyse nach Wieland.** Was den Mechanismus der sauerstoff- bzw. hydroperoxydaktivierenden Wirkung des Fe^{II} anbetrifft, so ist es zunächst einmal klar, dass die Peroxydtheorie in der ursprünglichen Manchotschen Ausformung keine befriedigende Erklärung

---

[1] O. Warburg u. Yabusoe, Biochem. Zs 146, 380; 1924.
[2] H. A. Spoehr, Am. Soc. 46, 1494; 1924.
[3] H. Wieland u. Franke, A. 464, 102; 1928. — 475, 19; 1929.

hierfür geben kann. Eine Anpassung an die neuen Befunde ist nur unter Aufgabe ihrer bisherigen Grundlagen möglich.

Entweder müsste sie die Bildung von Peroxyden so hoher Ordnung zugeben, dass den Induktionsfaktoren der Versuche von Wieland und Franke Genüge geleistet wird. Das ist aber auch bei dehnbarster Formulierung des Valenzbegriffes so gut wie ausgeschlossen, besonders wenn man noch an die komplexe Einkleidung des Fe^{II} denkt, bei der Nebenvalenzkräfte desselben weitgehend innerhalb der komplexbildenden Moleküle zur Absättigung gelangt sein dürften und Annahme und Formulierung eines intermediären Peroxyds daher auf besonders grosse Schwierigkeiten stösst. Oder aber sie muss die neue Annahme machen, dass die Reaktion eines Fe^{II}-Peroxyds mit dem Substrat nicht zwangsläufig mit der Bildung der Fe^{III}-Stufe endet, sondern dass das Peroxyd seinen gesamten Sauerstoff unter Rückbildung der Fe^{II}-Stufe abgeben kann. Diese Annahme ist möglich, aber sie verstösst gegen die von Manchot selbst gelieferten experimentellen Grundlagen der Peroxydtheorie. Trotzdem wird sie von Manchot, St. Goldschmidt u. a. als die einzige Möglichkeit, den Peroxydbegriff zu halten, in neuester Zeit vertreten (vgl. später S. 198f.).

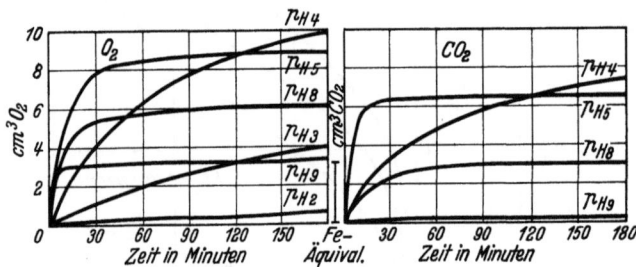

Abb. 19. pH-Abhängigkeit der Weinsäureautoxydation mit Fe^{II}. (Nach Wieland u. Franke.)
$\frac{m}{4}$-Weinsäure-Natriumtartrat. $\frac{m}{40}$-FeSO$_4$. T 25°.

Wieland bestreitet an sich nicht, dass der Übergang des Eisenions, besonders durch H_2O_2, in eine höhere (peroxyd- oder ferratartige) Stufe bei den Aktivierungserscheinungen durch Eisensalz eine Rolle spielt. Aber hierdurch kommen seiner Ansicht nach nur mässige katalytische Wirkungen zustande, wie sie beispielsweise an dem System Fe^{II} oder Fe^{III}-H_2O_2-Brenztraubensäure oder häufig bei den sich an den Primärstoss anschliessenden langsamen Folgereaktionen beobachtet werden.

Für den ganz überwiegenden Anteil der Aktivierungsphänomene, namentlich für den primären Oxydationsstoss selbst bringt Wieland eine andere und neuartige Erklärung in Vorschlag. Seine erste Annahme geht dahin, dass das Fe^{II} durch Komplexbildung mit dem Substrat vor der Oxydation zu Fe^{III} eine Zeit lang geschützt bleibt. Im Schutze dieses Komplexes könnte es nun den wohl ebenfalls eingelagerten Sauerstoff bzw. das H_2O_2 zur Oxydation des Substrates aktivieren. Wieland zieht aber noch eine andere, seiner Ansicht nach sogar wahrscheinlichere Erklärung in Betracht, die sich aus dem Umstande ergibt, dass gerade diejenigen Substrate, die dehydriert werden können, die nachhaltige Aktivierung des zweiwertigen Eisens in Erscheinung treten lassen. Man könnte daran denken, dass in dem Fe^{II}-Komplex die nachmals von der Oxydation betroffenen Wasserstoffatome aktiviert und so dem Oxydationsmittel dargeboten werden, wodurch das Eisen länger geschützt bliebe. Geringe Konzentration des oxydierenden Agens würde in diesem Sinne natürlich gleichfalls günstig auf das Ausmass der Aktivierung einwirken, wodurch die früher mitgeteilten merkwürdigen Befunde über den Einfluss der O_2- bzw. H_2O_2-Konzentration ihre Erklärung fänden (S. 188 u. 190).

Auch die von Erfahrungen auf enzymatischem Gebiet abweichende Lage des pH-Optimums lässt sich vom Standpunkte der Komplextheorie verstehen (Abb. 19).

Das Ausmass der Komplexbildung steigt natürlich mit zunehmender Annäherung an den Neutralpunkt. Andererseits steigert sich auch die Geschwindigkeit des Übergangs von Fe^{II} in Fe^{III} mit zunehmendem pH ganz erheblich. Man kann sich vorstellen, dass bei der Kürze dieser Übergangsperiode bei höherem pH die mit der Fe^{II}-Oxydation konkurrierende Oxydation des aktivierten Substrats ins Hintertreffen gelangt. Bei echten Katalysen vom Typus 3 mag noch ein weiterer Faktor die Kompromissnatur des optimalen pH hervortreten lassen: Mit steigendem pH **sinkt das Redoxpotential eines komplexen Fe^{III}/Fe^{II}-Systems fast durchwegs sehr erheblich und meist stärker als das Potential der Sauerstoff- bzw. Wasserstoffelektrode**[1] (Abb. 20).

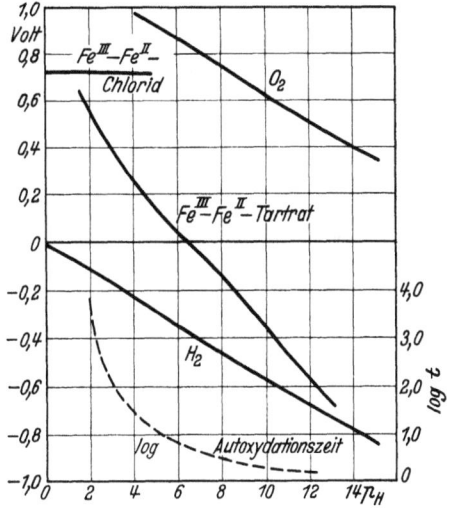

Abb. 20. Redoxpotential und Autoxydationszeit von Fe^{III}/Fe^{II}-Tartrat bei verschiedenem pH. (Nach Franke.)

$\frac{m}{60}$-$Fe(NO_3)_3$. $\frac{m}{60}$-$Fe(NO_3)_2$. $\frac{m}{4}$-Tartrat. T 20°.

Dies bedeutet aber, dass die oxydierende Kraft des Sauerstoffes (oder eines anderen Oxydans) gegenüber dem komplexen Fe^{II}-Salz mit steigendem pH zunimmt, dass jedoch gleichzeitig die oxydierende Kraft des Fe^{III}-Salzes gegenüber dem reduzierenden Substrat abnimmt. Da nach früheren Ausführungen (S. 152) bei Systemen von analogem Reaktionsmechanismus ein weitgehender Parallelismus zwischen Abnahme der freien Energie und Reaktionsgeschwindigkeit besteht, ist auch hier als Resultante zweier einander entgegenarbeitender Faktoren ein Optimum der Katalysegeschwindigkeit bei mittleren Aciditäten zu erwarten — im Einklang mit den Versuchsergebnissen von Wieland und Franke.

Was die in Frage kommenden Fe^{II}-Komplexe anbetrifft, so sind hinsichtlich deren Zusammensetzung und Dissoziation von Franke[2] quantitative Messungen ausgeführt worden. Danach dürfte es sich im wesentlichen um Komplexe der Zusammensetzung $Na_2FeA_4^I$ bzw. $Na_2FeA_2^{II}$ (A^I einwertiges, A^{II} zweiwertiges Säureanion) handeln. Diese Komplexe sind im allgemeinen nicht besonders fest; doch ist es andererseits bemerkenswert, dass die einfachen Ferrosalze organischer Säuren auffallend schwach dissoziiert sind.

---

[1] W. Franke, A. 486, 242; 1931. — L. Michaelis u. Friedheim, Jl biol. Chem. 91, 343; 1931.

[2] W. Franke, A. 491, 30; 1931.

So sind die Ferrosalze der Malonsäure, Äpfelsäure und Weinsäure bei einer Konzentration, wo $FeCl_2$ zu 90% gespalten ist, nur zu etwa 30% elektrolytisch dissoziiert, das Oxalat und das Citrat noch erheblich weniger. Diese Dissoziation wird zudem schon durch geringe Konzentrationen des Säureanions weiterhin stark reduziert.

Es ist durchaus wahrscheinlich, dass man den Komplexbegriff bei diesen Autoxydationsversuchen weiter fassen und auch auf die organischen Schwermetallsalze ausdehnen muss, in denen die Bindung zwischen Metall und Säurerest ja nicht mehr als eine rein heteropolare, sondern als Übergangsform von der salzartigen zur homöopolaren aufzufassen ist, für deren Entstehung Nebenvalenzbetätigung des Schwermetallatoms bzw. leichte Deformierbarkeit des organischen Anions verantwortlich zu machen sind.

Von diesem Gesichtspunkt aus gewinnt auch der Begriff der „Wasserstoffaktivierung" im Fe^{II}-Komplex einen anschaulicheren Inhalt. Im Falle der Oxysäuren richtet sich die Nebenvalenzbetätigung des Eisenatoms zweifellos auf den Sauerstoff der Oxygruppe, indem dessen Elektronenbahnen mehr oder weniger stark in der Richtung des Eisenatoms abgelenkt werden. Dadurch wird das Sauerstoffatom jedoch stärker elektropositiv, es zieht das Elektron des Wasserstoffs stärker an sich heran, die Möglichkeit, dass der Wasserstoff als Proton aus dem Molekül austreten kann, ist erhöht, er ist „aktiviert". In verstärktem Masse tritt diese Folge von Wirkungen natürlich ein, wenn das Eisen im organischen Fe^{II}-Salz oder -Komplex ein Elektron abgibt, dreiwertig wird. Dazu ist es nach Vorstellungen von Smythe[1] im undissoziierten Salz oder Komplex um so leichter imstande, als es, ähnlich wie im undissoziierten $Fe(OH)_2$, nicht die starke elektrostatische Wirkung der beiden positiven Ladungen des Fe^{II}-Ions zu überwinden braucht. Smythe formuliert beispielsweise die Verhältnisse für den Fall des Fe^{II}-Tartrats folgendermassen:

[Formelschema 1–5: Fe-Tartrat-Komplexe mit Übergängen $\xrightarrow{-e}$, $\xrightarrow{-2H^+}$, $\xrightarrow{-2e}$, $\rightarrow$]

Ohne sich mit Einzelheiten der Formulierung — z. B. der wohl entbehrlichen und nicht eben wahrscheinlichen peroxydischen Zwischenstufe 4 — einverstanden zu erklären, muss man doch zugeben, dass diese das Phänomen der Wasserstoffaktivierung im Komplex in recht plausibler Weise zum Ausdruck bringt. Es ist noch darauf hinzuweisen, dass Verbindung 2 nicht das gewöhnliche Fe^{III}-Tartrat, wie es aus Fe^{III}-Salz und Weinsäure entsteht, darstellt, sondern eine nicht abgesättigte, reaktionsfähige Zwischenform. Am Dioxymaleinsäurekomplex 5 kann sich der Zyklus erneut abspielen. Es ist allerdings zu bedenken, dass sich die hohen Aktivierungsbeträge, etwa beim Hypophosphit, allein nach diesem ja stöchiometrischen Schema nicht erklären lassen. Man müsste vielmehr annehmen, dass in diesem Fall die Substrataktivierung durch Fe^{II} (etwa in einem Fe^{II}-Orthohypophosphit) ohne dessen gleichzeitigen Übergang in die Fe^{III}-Form ausreicht, um die Reaktion des (hier ja von vornherein besonders) gelockerten Wasserstoffs mit dem Acceptor zu bewirken.

Es ist von Interesse, dass auch A. Bach[2] sich in neuester Zeit in wesentlichen Stücken der Wielandschen Auffassung der Eisenkatalyse angeschlossen hat.

---

[1] C. V. Smythe, Jl biol. Chem. 90, 251; 1931.
[2] A. Bach, B. 65, 1788; 1932.

Er geht von der Beobachtung Wielands und Frankes aus, dass Hydrochinon (bzw. Pyrogallol) mit $Fe^{II} + O_2$ nicht Chinhydron (bzw. Purpurogallin), sondern dunkelgefärbte, huminartige Oxydationsprodukte liefert. Das gleiche Produkt wird erhalten bei der Einwirkung von $Fe^{II} + H_2O_2$ auf Chinon, während $Fe^{II} + O_2$ praktisch nicht auf Chinon einwirken. Die Befunde sprechen also stark für die intermediäre Entstehung von H_2O_2 bei der katalytischen Autoxydation des Hydrochinons (bzw. anderer mehrwertiger Phenole), obwohl der experimentelle Nachweis des H_2O_2 bisher nur bei der zusatzfreien Autoxydation des Hydrochinons (bis herab zu pH 4) geglückt ist. Bach hat dann gezeigt, dass die Alkyläther von Hydrochinon, Brenzkatechin und Pyrogallol gleichfalls nicht von $Fe^{II} + O_2$ angegriffen werden, wohl dagegen von $Fe^{II} + H_2O_2$ unter Bildung der gleichen dunklen Produkte wie sie bei der Autoxydation der freien Phenole auftreten. Entstünde nun tatsächlich in beiden Fällen — mit O_2 sowohl wie mit H_2O_2 — und unabhängig vom Bindungszustand des Fe^{II} ein Fe^{II}-Peroxyd, so ist nicht recht einzusehen, warum das bei Gegenwart von Sauerstoff gebildete Peroxyd nicht ebenso wie das mit H_2O_2 entstandene auch die Phenoläther angreifen sollte.

Die Lösung des Problems ist nach Bach nicht in der Richtung der Autoxydation des Eisens, sondern ist in der Autoxydation der Substrate zu suchen. Liegen die für die primäre Bildung von H_2O_2 erforderlichen Bedingungen nicht vor (wie bei den Phenoläthern und Chinonen), so bleibt die Eisenkatalyse des Autoxydationsprozesses aus. Man dürfte daher zu der Annahme berechtigt sein, dass die Eisenkatalyse hauptsächlich in der Beschleunigung der Wirkung des primär entstehenden H_2O_2 besteht. (Vgl. S. 152.) Auf Grund welchen Mechanismus diese Beschleunigung erfolgt — ob (nach Wieland) in einen Eisenkomplex eingelagertes H_2O_2 zur Oxydation des Substrats aktiviert wird oder ob direkt ein sehr labiles und aktives Peroxyd (etwa R · FeOOH nach Bach) entsteht, ist mehr eine Angelegenheit von sekundärer Bedeutung und wird auch von Bach als solche betrachtet.

Die Frage nach dem Reaktionsmechanismus der besonders interessanten, kombinierten Autoxydationssysteme, in denen Substanzen, die an sich der Oxydation zugänglich sind (wie Keto- und Thiosäuren), in kleinen Mengen als Oxydationskatalysatoren (z. B. gegenüber Hypophosphit, ungesättigten Fettsäuren, Weinsäure u. a.) wirken, hält Wieland noch nicht für diskussionsreif. Doch scheint es ihm auch hier, dass eine dehydrierende Wirkung der zwischen Fe^{II} und Fe^{III} hin- und herpendelnden hochaktiven Eisenkomplexe dieser Verbindungen die Beobachtungen besser verstehen lasse, als die Annahme eines primär gebildeten Eisenperoxyds (vgl. auch den Erklärungsversuch der Kettentheorie, S. 200f.).

Dass die Autoxydationsvorgänge an den mehrfach ungesättigten Fettsäuren den Erklärungsversuch, den die Dehydrierungstheorie sonst bietet, bis auf weiteres ablehnen, gibt Wieland selbst zu. Hier dürfte der primäre Prozess doch zweifellos in einer direkten Anlagerung von Sauerstoff an die Doppelbindung bestehen.

Dass das Schwermetall bereits in dieser Phase wirkt, scheint indes mehr als fraglich, wenn man bedenkt, dass nicht autoxydable, stark komplexe Ferro- und schwer reduzierbare Ferriverbindungen (Tri-$\alpha\alpha'$-dipyridyl-ferrosalze, Hämoglobin, Hämin usw.) der Wirkung nach einfachen Fe^{II}-Salzen um Grössenordnungen überlegen sind [1]. Da gerade die effektivsten metallischen Katalysatoren der Fettsäureoxydation durch starke peroxydatische Wirksamkeit (gegenüber H_2O_2) ausgezeichnet sind, ist wohl die Vermutung nicht von der Hand zu weisen, dass deren Funktion in einer „intramolekularen Peroxydasewirkung" gegenüber den primär

---

[1] M. E. Robinson, Biochem. Jl 18, 255; 1924. — W. Franke, A. 498; 129; 1932.

gebildeten Fettsäureperoxyden besteht, etwa im Sinne der folgenden Reaktion, deren Analogie mit der gewöhnlichen H_2O_2-Reaktion aus der Gegenüberstellung klar hervorgeht:

$$\begin{array}{c} O-CH \\ | \\ O-CH \end{array} \longrightarrow \begin{array}{c} HO-C \\ \| \\ HO-C \end{array} \longrightarrow \begin{array}{c} HOHC \\ | \\ OC \end{array}$$

$$\begin{array}{c} O-H \\ | \\ O-H \end{array} + \begin{array}{c} H \\ H \end{array}\!\!>\!\!R \longrightarrow \begin{array}{c} HOH \\ HOH \end{array} + R.$$

Da schon die zusatzfreie Fettsäureoxydation durch ihre Reaktionsprodukte stark autokatalysiert wird, gilt dieser rückwirkende Effekt natürlich auch für die Metallkatalyse. Auf einen allgemeineren Erklärungsversuch auf Grundlage der Kettentheorie soll später noch kurz eingegangen werden (S. 201f.).

Untersuchungen der letzten Jahre haben überhaupt des öfteren Ergebnisse gezeitigt, die sehr gegen eine allgemeine Anwendbarkeit des Wielandschen Grundgedankens auf die Metallkatalyse sprechen. So sind beispielsweise auch Aldehyde, und zwar nicht nur in wässriger Lösung, sondern schon im unverdünnten Zustand der katalytischen Beeinflussung durch Schwermetallsalze zugänglich[1]. In wässrigen Lösungen wird mit Fe^{II} ein ganz erheblicher Primäreffekt beobachtet, entsprechend Induktionsfaktoren bis zu 20. Bei aliphatischen Aldehyden ist die Reaktion damit zu Ende, bei Benzaldehyd schliesst sich eine durch sein Reduktionsvermögen gegenüber Fe^{III} bedingte langsamere Katalyse an. Aber auch in wässriger Lösung wird stets die entsprechende Persäure als Zwischenstufe beobachtet. Typische Aldehydhydrate, wie Chloralhydrat und Phenylglyoxalhydrat verhalten sich dementsprechend indifferent hinsichtlich der Eisenkatalyse. Desgleichen lässt sich im System Aldehyd-Fe^{II} der Sauerstoff nicht durch Chinon oder Methylenblau ersetzen. Es ist demnach ganz offenbar, dass die Wirkung des Eisens gegenüber Aldehyden in mehrfacher Beziehung von anderer Art ist als die der Platinmetalle und die der Enzyme. Will man am Dehydrierungsschema konsequent festhalten, so bleibt nur die Annahme, dass in einem lockeren Komplex von Aldehyd und Fe^{II} das Wasserstoffatom an der Carbonylgruppe aktiviert wird

$$R-\underset{\underset{O}{\|}}{C}H + O=O \longrightarrow R-\underset{\underset{O}{\|}}{C}-O-OH,$$

ein Mechanismus, der aber von Wieland selbst als wenig wahrscheinlich bezeichnet wird. Für wahrscheinlicher hält er es, dass im Falle der Aldehyde die Carbonylgruppe durch das Eisen reaktionsfähig gemacht wird. Es liegt nahe — besonders natürlich für die wasserfreie Autoxydation —, in der bekannten Friedel-Craftsschen Reaktion, bei der ja wohl ebenfalls eine

---

[1] R. Kuhn u. Meyer, Naturwiss. 16, 1028; 1928. — E. Raymond, Jl. chim. phys. 28, 317, 421, 480; 1931. — H. Wieland u. Richter, A. 486, 226; 1931. — A. 495, 284; 1932.

durch Anlagerung von $ZnCl_2$ oder $AlCl_3$ bewirkte Aktivierung der CO-Doppelbindung vorliegt, ein Analogon zu sehen.

In welch vielseitiger Weise das Eisen katalytische Wirkungen zu äussern vermag, geht schliesslich noch aus den Beobachtungen von Wieland [1] und Franke [2] hervor, dass auch die Decarboxylierung der Dioxymaleinsäure $CO_2H \cdot COH : COH \cdot CO_2H$ bzw. $CO_2H \cdot CHOH \cdot CO \cdot CO_2H \rightarrow CH_2OH \cdot CHO + 2 CO_2$ sowie die analoge Reaktion anderer β-Ketocarbonsäuren durch Eisen- (auch andere Schwermetall-) Salze beträchtlich beschleunigt wird. Will man den Angriffspunkt des Katalysators auch hier lokalisieren, so scheint eine Aktivierung des Carboxylwasserstoffs im Sinne der früher für Brenztraubensäure gegebenen Formulierung Müllers (S. 140) noch als das wahrscheinlichste.

Was das bei Platinmetall- und enzymatischen Katalysen so ungemein häufig angewandte **Kriterium der Dehydrierung**, die Ersetzbarkeit des Sauerstoffs durch andere Wasserstoffacceptoren, besonders Chinon und Methylenblau, anbetrifft, so liegen für die Eisen- und allgemeiner **Schwermetallkatalyse** nur wenige und darum nicht generell beweisende Erfahrungen vor. Wohl lässt sich bei Autoxydationen in Gegenwart von Wasser, so beim Rosten des Eisens, beim Übergang von $Fe(OH)_2$ in $Fe(OH)_3$ sowie der analogen Reaktion von Fe^{II}-Komplexen der Sauerstoff von den verschiedensten anderen Acceptoren vertreten; aber Aktivierungserscheinungen pflegen dabei nur in untergeordnetem Mass oder überhaupt nicht aufzutreten, selbst in prinzipiell so aussichtsreichen Fällen wie dem System Hypophosphit $+ Fe^{II}$.

K. Ando [3] hat zwar beschrieben, dass sich bei der Schardinger-Reaktion das Enzym durch Fe^{II}-Salz ersetzen lasse, im Gegensatz zu den Angaben von Wieland und Richter (l. c.). Auch eine erhebliche Anzahl organischer Säuren und Kohlehydrate sollen bei Fe^{II}-Gegenwart als Wasserstoffdonatoren gegenüber Methylenblau wirken. Andos experimentelle Belege sind aber kaum hierfür beweisend. In allen seinen Versuchen ist das Fe^{II} im doppelten Überschuss gegenüber Methylenblau vorhanden, zudem in Phosphatpuffer von pH 7,8, wo das Fe^{II} möglicherweise zum Teil ausgefällt ist. Die Funktion der organischen Zusätze — dem Methylenblau konzentrationsmässig meist ums 100fache überlegen — dürfte im wesentlichen in der Bildung löslicher Eisenkomplexe von tiefem Redoxpotential und — nach früheren Ausführungen damit ursächlich zusammenhängend — erhöhter Reduktionsbereitschaft und -Geschwindigkeit gegenüber dem Methylenblau bestehen.

Wertvoller sind neueste Befunde Wielands [4] mit Diäthylperoxyd als Wasserstoffacceptor. Die an sich gegen dieses Agens vollkommen indifferenten Aminosäuren lassen sich nach Zugabe kleiner Fe^{II}-Mengen in Form eines „Oxydationsstosses" nach dem üblichen Abbauschema (S. 168) oxydieren. Auch gegenüber Ameisensäure, Oxysäuren, Polyphenolen und -aminen lässt sich Diäthylperoxyd in Gegenwart von Fe^{II} als Acceptor verwenden. Da die primäre Bildung eines Metallperoxyds wegen der Unfähigkeit des Diäthylperoxyds, Sauerstoff aus seinem Molekül abzugeben, wenig wahrscheinlich ist, dürfte die Wielandsche Interpretation des Reaktionsverlaufes hier ihre Berechtigung haben.

Günstigere, weil allgemeiner gültige Resultate als bei **induzierten Reaktionen** ergab die Acceptormethode bei echten katalytischen Wirkungen des Eisens. Toda [5] zeigte zuerst für den Fall der Cysteinoxydation durch

---

[1] H. Wieland u. Franke, A. 464, 102; 1928.
[2] W. Franke u. Brathuhn, A. 487, 1; 1931.
[3] K. Ando, Jl Biochem. 9, 188, 201; 1928.
[4] H. Wieland, Über den Verlauf der Oxydationsvorgänge, 84; 1933.
[5] S. Toda, Biochem. Zs 172, 34; 1926.

Methylenblau, dass diese ebenso wie die Sauerstoffreaktion durch Eisensalz sehr stark beschleunigt wird und Harrison[1] erweiterte diese Befunde an Thioglykolsäure und Glutathion sowie durch den Nachweis der gleichartigen Wirkung des Kupfers. Wieland[2] stellte analoge Verhältnisse für die Dehydrierung des Schwefelwasserstoffs fest. Ähnliches ergab sich ferner für die Eisenkatalyse der Dioxymaleinsäure (unveröffentlichte Versuche von Wieland und Franke). Auch die Methylenblauentfärbung durch Fructose in Phosphatlösung ist schwermetallempfindlich[3].

Durch diese und ähnliche Befunde bei Katalysen wird zwar eine **sauerstoffaktivierende** Wirkung des Schwermetalls etwas in Frage gesetzt, eine (substrat-)**wasserstoffaktivierende** jedoch keineswegs bewiesen. Denn das Metall spielt hier zweifellos im wesentlichen die Rolle eines **Wasserstoffüberträgers** und seine Wirkung gründet sich darauf, dass die primäre Oxydation der niederen Metallstufe sowohl als die Reduktion der höheren durch das Substrat rascher erfolgen als die direkte Reaktion zwischen Methylenblau und Substrat. Möglich ist es natürlich, dass das komplex gebundene Metall ausserdem auch noch substrataktivierend wirkt.

δ) Zur Kritik der Auffassungen von Dehydrierungs-, Peroxyd- und Kettentheorie. Wie man sieht, hat sich die Wielandsche Arbeitshypothese, die im komplex gebundenen Eisen einen **Dehydrierungskatalysator** sieht, nur zum Teil experimentell verifizieren lassen. Auf einem weiteren, man kann wohl sagen, dem grössten Teilgebiet der Schwermetallkatalyse, wird sie den Erscheinungen ohne grössere Widersprüche gerecht. Gegen ihre generelle Anwendbarkeit sprechen vor allem die Befunde an Aldehyden und ungesättigten Fettsäuren sowie das Versagen von Methylenblau und Chinon in der allgemeinen Funktion als Wasserstoffacceptoren.

Andererseits vermag auch die modernisierte Peroxydtheorie[4], nach der ein Fe^{II}-Peroxyd unter Umständen seinen gesamten Peroxydsauerstoff unter Regenerierung der Fe^{II}-Stufe an einen kräftigen Sauerstoffacceptor abgeben kann, die überwiegende Zahl der Beobachtungen formal befriedigend zu erklären. Aber diese erweiterte Theorie enthält eine prinzipiell neue Annahme und es besteht kein Übergang zwischen den neuen Befunden Wielands und den klassischen Versuchen Manchots über die Reaktionsweise der Fe^{II}-Peroxyde. Die merkwürdige Lage des pH-Optimums, der unerwartete Einfluss der Konzentration des Oxydans in den Wielandschen Versuchen, gewisse früher erwähnte Beobachtungen über die Autoxydation der Polyphenole (S. 195), die Nichtautoxydabilität gewisser Fettsäurekatalysatoren — dies sind einige

---

[1] D. C. Harrison, Biochem. Jl 21, 335; 1927.
[2] H. Wieland, l. c.
[3] G. Blix, Skand. Arch. 50, 8; 1927.
[4] W. Manchot u. Lehmann, A. 460, 179; 1928. — W. Manchot u. Schmid, B. 65, 98; 1932. — St. Goldschmidt u. Mitarb., B. 61, 223; 1928. — A. 502, 1; 1933.

der Schwierigkeiten, mit denen die Peroxydtheorie zu rechnen hat, ganz abgesehen davon, dass für die überragende Wichtigkeit der komplexen Bindung des Eisens in ihrem Schema eigentlich kein rechter Platz vorhanden ist.

Dass aber die Metallkomplexbildung die Bindungsverhältnisse im Substratmolekül verändert, ist in den Untersuchungen Wielands und seiner Schule immer wieder und in aller Eindeutigkeit zum Ausdruck gekommen, am überzeugendsten vielleicht, weil unabhängig von der Gegenwart einer weiteren Molekülart, bei der nicht oxydativen Decarboxylierung der β-Ketocarbonsäuren (vgl. S. 197).

Es ist bei dem heutigen Stand unserer Kenntnisse vielleicht verfrüht, die aktivierende Wirkung des Eisens im Komplexmolekül allzu stark präzisieren zu wollen. Den gewöhnlichen Primärvorgang dürfte wohl die Nebenvalenzbetätigung des Eisenatoms gegenüber dem Sauerstoffatom im Substrat, das Herüberziehen gewisser Elektronenbahnen des letzteren Atoms, darstellen. Welche weiteren Änderungen der Bindungsverhältnisse im Substratmolekül dadurch zustande kommen — ob eine induzierte Lockerung des Hydroxylwasserstoffs wie im Falle der Oxysäuren oder die Polarisierung eines C-Atoms (evtl. mit induzierter Lockerung des daran sitzenden H-Atoms) wie bei den Aldehyden — ist eine Frage von sekundärer Bedeutung.

Mit dieser Auffassung steht auch die Reaktionsträgheit der enzymatisch so leicht angreifbaren gesättigten Fettsäuren (Bernsteinsäure, Essigsäure usw., untergeordnet auch der Aminosäuren) im Modellversuch mit Fe^{II} und Sauerstoff im Einklang. Dass bei den ungesättigten Fettsäuren das Metall wahrscheinlich in prinzipiell andersartiger Weise wirkt, ist schon früher angedeutet worden (vgl. S. 195 f. u. 201 f.).

Jedenfalls scheint die ältere und weniger exklusive Formulierung Wielands, wonach „Fe^{II} durch Komplexbildung mit dem (dabei irgendwie aktivierten) Substrat vor der Oxydation zu Fe^{III} eine Zeitlang geschützt bleibt, so dass es das wohl ebenfalls eingelagerte Hydroperoxyd (bzw. den Sauerstoff) zur Oxydation des Substrats aktivieren kann", die experimentellen Befunde wohl am treffendsten und widerspruchsfreiesten wiederzugeben. Dass die „Aktivierung" des Oxydationsmittels dabei nicht zwangsläufig über ein Manchotsches Peroxyd gehen muss, sondern auf die gleichen Ursachen zurückgehen könnte wie sie in der Nebenvalenzbetätigung des Eisens gegenüber gebundenem (Carbonyl- und Oxy-) Sauerstoff zum Ausdruck kommt, soll hier nur erwähnt werden. Dass andererseits dem grossen und sauerstofffreien Molekül des Methylenblaus nicht die gleichen Einlagerungs- und Aktivierungsmöglichkeiten zukommen wie dem Sauerstoff und dem Hydroperoxyd (auch dem Diäthylperoxyd), ist eigentlich nicht weiter überraschend und könnte wohl zum guten Teil das bei der Eisenkatalyse beobachtete „Versagen" desselben im Sinne der strengen Dehydrierungstheorie erklären. Es mag noch angedeutet werden, dass hier möglicherweise Beziehungen bestehen zu dem gleichartigen Verhalten dieses Wasserstoffacceptors bei der Aminosäuredehydrierung an Palladium und Tierkohle (S. 172).

In neuester Zeit ist des öfteren versucht worden, die Erscheinung der nicht stöchiometrischen Sauerstoffaktivierung durch Schwermetall auf Grundlage der Kettentheorie zu erklären. Da auf letztere späterhin noch in anderem Zusammenhang etwas genauer einzugehen sein wird (Kap. VII), sei hier nur auf einige Arbeiten, die zu den besprochenen Untersuchungen Wielands in gewisser Beziehung stehen, hingewiesen.

Nach der Theorie der Energieketten, die im wesentlichen auf Christiansen[1] zurückgeht, hat man sich also etwa vorzustellen, dass die Energie, die bei der Oxydation des Ferroeisens frei wird, auf Moleküle der Reaktionsteilnehmer übertragen wird. Diese Moleküle werden dadurch aktiviert und vermögen ihrerseits mit dem Oxydationsmittel zu reagieren. Ist das Fe^{II} komplex eingekleidet, so wird die primäre Energieübertragung wohl innerhalb des Komplexes selbst erfolgen. Wird auch bei der induzierten Reaktion des Acceptors genügend Energie frei, so können weitere Moleküle aktiviert werden und der Prozess kann im Sinne einer „Kettenreaktion" ohne Beteiligung von Eisen weiterlaufen. Erfolglose Zusammenstösse eines aktivierten mit einem nichtaktivierten oder Zusammenstösse zweier aktivierten Moleküle miteinander führen zum Abbruch der Reaktionskette, desgleichen Zusammenstoss eines aktivierten Moleküls mit einem Molekül gewisser „negativer Katalysatoren". Als solche Stoffe von typisch kettenabbrechender Wirkung haben sich nun bei Autoxydationsreaktionen verschiedener Art (z. B. von Aldehyden, ungesättigten Fettsäuren, Sulfit usw.) insbesondere gewisse Alkohole und Phenole, ferner Anthracen, Diphenylamin, Jod u. a. m. erwiesen. Richter[2] zeigte im Wielandschen Institut, dass die gleichen Inhibitoren in minimalen Konzentrationen auch die durch Fe^{II} induzierte Oxydation von Hypophosphit (wie auch Sulfit) weitgehend hemmen, unter Umständen praktisch unterdrücken können (Abb. 21).

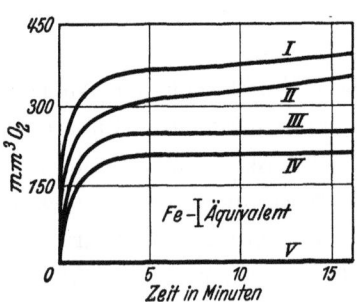

Abb. 21. Die induzierte Oxydation von Hypophosphit ohne und mit Inhibitoren. (Nach Richter.)
$\frac{m}{1}$-NaH_2PO_2. $\frac{n}{20}$-H_2SO_4. $\frac{m}{1000}$-$FeSO_4$. T 25°. Zusätze: I. — II. $\frac{m}{1000}$-Hydrochinon. III. $\frac{m}{2000}$-Diphenylamin. IV. $\frac{m}{20\,000}$-Jod. V. $\frac{m}{2000}$-Jod.

Am Beispiel der induzierten Sulfitautoxydation hat Richter ferner Kettenlänge und Induktionsfaktor der teilweise gehemmten Reaktion zahlenmässig verglichen. Da die Induktionsfaktoren (zwischen 20 und 120 liegend) sich als nicht unbedeutend kleiner als die Kettenlängen (zwischen 50 und 225 liegend) ergaben, muss man annehmen, dass nicht jedes sich autoxydierende Fe^{II}-Atom imstande ist, eine Kette anzufangen.

---

[1] J. A. Christiansen, Jl phys. Chem. 28, 145; 1924. — J. A. Christiansen u. Kramers, Physik. Chem. 104, 451; 1923.
[2] D. Richter, B. 64, 1240; 1931.

Eine erhebliche Stütze für eine kettenmässige Auffassung des Autoxydationsvorganges im Falle des Sulfits bildet der Befund Bäckströms [1], dass der Sauerstoffverbrauch einer derartigen Lösung auch ohne Hinzufügung eines metallischen Katalysators in dem Augenblick erheblich ansteigt, wo man durch Zugabe von Hydroperoxyd oder Persulfat einen Teil des in der Lösung vorhandenen Sulfits oxydiert.

Ähnliche Vorstellungen hat Oberhauser [2] für den Fall der Oxalsäureaktivierung, die er zuerst bei der bekannten Reaktion mit Permanganat beobachtete, entwickelt. Kleine Mengen von Oxydationsmitteln, wie $KMnO_4$, Mn^{III}-Salz, Co^{III}-Salz, besonders deutlich Fe^{II}-Salz $+ H_2O_2$ bewirken eine nichtstöchiometrische Aktivierung der Oxalsäure, die sich in der energischen Reduktion von Mercuri-, Silber- und Platinsalzen, bei geeigneter Wahl des induzierenden Agens auch im Auftreten von H_2O_2 bei der Reaktion mit Sauerstoff äussert [3].

Im Sinne Wielands hätte man hier also einen idealen Fall von Wasserstoffaktivierung, zudem mit ausserordentlich hohem Induktionsfaktor, denn 1 Atom Fe^{II} vermag unter Umständen weit mehr als 100 Moleküle Oxalsäure zu aktivieren. Besonders beachtlich ist aber auch hier die Beobachtung, dass auch metallfreie Oxydationsmittel, insbesondere Persäuren und Nitrit eine gleichartige Aktivierung hervorrufen können, desgleichen kurz dauernde anodische Oxydation der Oxalsäure. Ferner wurden durch Ultraviolettbestrahlung von Oxalsäurelösungen bei Gegenwart von Fe^{III}- oder Hg^{II}-Salz je nach den Bedingungen 10—100 Moleküle der reduzierten Metallstufen pro eingestrahltes Energiequant gebildet [4].

Der Parallelismus zwischen der als Kettenreaktion erkannten Bestrahlungsaktivierung und der rein chemischen Aktivierung ist vollkommen; die Reaktionsenergie des ersten Oxydationsstosses leistet dasselbe wie die Strahlungsenergie. Der aktivierte Zustand wird von Oberhauser im Sinne der Lewisschen Theorie durch das Auftreten zweier erregter Elektronenpaare zwischen Sauerstoff- und Wasserstoffatomen des Oxalsäuremoleküls charakterisiert —, im Sinne der früher (S. 139) diskutierten Müllerschen Auffassung würde es sich um einelektronige Bindungen zwischen diesen Atomen handeln.

In die gleiche Richtung der Kettenreaktion weisende Beobachtungen wurden kürzlich auch bei der Autoxydation der ungesättigten Fettsäuren (Ölsäure und Leinölsäure) gemacht [5]. Kleine Mengen leicht oxydabler Substanzen der verschiedensten Körperklassen, wie Thioverbindungen, Zuckerspaltprodukte, Sterine und Carotinoide erwiesen sich als teilweise ausserordentlich kräftige Katalysatoren der Fettsäureoxydation, Diphenylamin, die verschiedenen Phenole (besonders ausgeprägt Adrenalin), Jod usw. als Inhibitoren. Ein Sauerstoffübertragungs-Mechanismus kommt im ersteren Falle nicht in Frage, da beispielsweise Disulfide sich als nahezu wirkungslos

---

[1] H. L. J. Bäckström, Medd. K. Vetenskapsak. Nobelinst. 6, Nr. 15 u. 16; 1927.

[2] F. Oberhauser u. Hensinger, B. 61, 521; 1928. — F. Oberhauser u. Schormüller, A. 470, 111; 1929.

[3] Vgl. auch H. F. Launer, Am. Soc. 55, 865; 1933. — G. H. Cartledge u. Djang, Amer. Soc. 55, 3214; 1933.

[4] Vgl. G. Kornfeld, Elektrochem. 34, 598; 1928.

[5] W. Franke, A. 498, 129; 1932. — H. 212, 234; 1932.

erwiesen. Ferner scheint diese Thiokatalyse gegen Schwermetall (in vergleichbarer Menge) **unempfindlich** zu sein. Ein Kettenmechanismus, wobei die unter der Oxydation des Katalysatormoleküls freiwerdende Energie Fettsäuremoleküle anregt, so dass sie selbst zur Reaktion mit Sauerstoff befähigt werden, dürfte auch in diesem Falle den Befunden am besten gerecht werden.

Da die Autoxydation reiner Fettsäuren ausgesprochen autokatalytisch verläuft, gehören offenbar auch die hierbei primär gebildeten Peroxyde zu den positiven Katalysatoren, wahrscheinlich dadurch, dass der bei ihrer oxydativen Aufsprengung freiwerdende, besonders erhebliche Energiebetrag kettenauslösend wirkt. Die Vermutung, dass die katalytisch wirksamen Metallverbindungen, insbesondere die selbst nicht autoxydablen, in dieser Phase ,,innerer Peroxydation'' eingreifen dürften, ist früher schon ausgesprochen worden (S. 195f.). Dass die Autoxydation der ungesättigten Fettsäuren sich dem Dehydrierungsschema **nicht** einordnet, hat schon Wieland zugegeben; die Kettentheorie scheint hier eine ungezwungene Erklärung zu bieten.

Was das Verhältnis zwischen der Kettentheorie und der **Wielandschen** Auffassung im allgemeinen anbetrifft, so lässt sich darüber zum jetzigen Zeitpunkt noch nichts Definitives aussagen. Gerade für das Hauptgebiet der **Wielandschen** Versuche, das der dehydrierbaren Substrate von biologischem Interesse, liegen bis heute noch keine Untersuchungen vor, die zu einer Klärung oder Entscheidung in der Frage nach dem Mechanismus beitragen würden. Dass auch auf dem Gebiet der anorganischen Chemie keineswegs **alle** Autoxydationen nun als Kettenreaktionen aufzufassen sind, scheint ziemlich sicher. Sowohl die Reaktion des Sulfits als des Arsenits mit Sauerstoff wird durch Kupfer beschleunigt; allein im Falle des Arsenits scheint der Verlauf **kettenfrei** zu sein, während der **kettenmässige** Ablauf der Kupfer-Sulfitautoxydation deren interessantestes Merkmal ist[1]. Nach Haber[2] ist auch der im stark alkalischen Gebiet mit grosser Geschwindigkeit ablaufende Autoxydationsvorgang des Sulfits mit Kobalt- oder Nickelhydroxyd als Kontaktsubstanz keine Kettenreaktion.

Gewisse Erscheinungen, wie der Einfluss der Acidität, der Konzentration von Oxydans und Katalysator in den Wielandschen Versuchen zur Eisenkatalyse, lassen sich von seinem Standpunkt aus vielleicht zwangloser erklären als von dem der Kettentheorie, wie überhaupt die Erscheinungen der Komplexbildung in der Wielandschen Theorie besser zu ihrem Recht kommen. Dagegen lässt die Kettentheorie z. B. das Versagen des Methylenblaus als Sauerstoffersatz als durch die geringe Energieausbeute bei dessen Reduktion durch Fe^{II} bedingt und durchaus erklärlich erscheinen (vgl. dagegen das Verhalten von Diäthylperoxyd, S. 197).

Es ist übrigens nicht ausgeschlossen, dass sich später einmal, z. B. bei erweiterter Fassung des Komplexbegriffs, eine Synthese beider Anschauungen wird erzielen lassen.

6. Zur Frage der biologischen Dehydrierung.

a) Entwicklung und Prüfung des Grundgedankens auf biologischem Gebiet.

Ähnlich wie die Wielandsche Dehydrierungstheorie auf rein **chemischem** Gebiete in der Traubeschen Auffassung von der ,,indirekten

---

[1] P. Goldfinger u. von Schweinitz, Physik. Chem. (B.) 19, 227; 1932.
[2] F. Haber, Naturw. 19, 450; 1931.

Autoxydation" einen Vorläufer besitzt, sind auch im Bereich der biologischen Oxydation lange vor Wieland wiederholt Anschauungen geäussert worden, die den Kern seiner Theorie bereits vorgebildet enthalten.

So hat Schmiedeberg[1] schon 30 Jahre vor Wieland darauf aufmerksam gemacht, dass eine Sauerstoffaktivierung in den Geweben deshalb unwahrscheinlich sei, weil der sonst so leicht oxydierbare Phosphor nicht verbrannt werde, während beispielsweise Benzylalkohol oder Salicylaldehyd mit Leichtigkeit zu den entsprechenden Säuren oxydiert werden. Nach seiner Ansicht kann „die Erklärung für diese eigentümliche Erscheinung nur darin gesucht werden, dass das Gewebe bei der Vermittlung der Oxydation nicht auf den Sauerstoff, sondern auf die oxydierbaren Substanzen einwirkt, indem es sie jenem zugänglicher macht". Er spricht von Kräften, deren Aufgabe darin besteht „dass sie den Wasserstoff in den Verbindungen lockern, ihn gleichsam mobil machen und zwingen, sich entweder mit dem Sauerstoff des Blutes oder eines anderen Paarlings zu verbinden".

Zu ähnlichen Anschauungen gelangte W. Pfeffer[2] für den Fall der Pflanzenatmung. Da er in der intakten, lebenden Pflanzenzelle keine der bekannten Reaktionen des aktiven Sauerstoffs entdecken kann, kommt er zum Schluss, dass der Sauerstoff dort nur in der gewöhnlichen, molekularen Form vorkommt und „dass erst durch Einbeziehung des zu veratmenden Körpers in den Stoffumsatz die geeigneten Verbindungen oder Bedingungen geschaffen werden, welche den oxydierenden Eingriff des passiven Sauerstoffs herbeiführen".

Auch das Bemühen, dem ungemein verbreiteten Vorkommen von Katalasen im Organismus einen biologischen Sinn unterzulegen, hat die Gedanken mancher Forscher in dieselbe Richtung gelenkt. So hat schon Loew[3], von dem die Benennung der durch ihn zuerst als spezifisches Enzym erkannten Katalase stammt, die Möglichkeit des Auftretens von Hydroperoxyd bei der Atmung, die als „induzierte Autoxydation" bezeichnet wird, für gegeben gehalten (1901), und zwar dadurch, dass Substanzen mit beweglichen Wasserstoffatomen diese in analoger Weise auf den molekularen Sauerstoff übertrügen, wie dies z. B. für Phenylhydroxylamin und Antrahydrochinon bekannt sei. Als starkes Protoplasmagift verfalle dann das in der Zelle gebildete H_2O_2 sofort der Zersetzung durch die vorhandene Katalase.

Jedenfalls bleibt es das unbestreitbare Verdienst Wielands, das rein chemische Rüstzeug zur experimentellen Verifizierung dieser stets mehr oder weniger hypothetischen Anschauungen geliefert zu haben. Schon ein Jahr nach der erstmaligen Formulierung und Erprobung seiner Theorie am Palladiummodell hat Wieland (1913) die Übertragung seiner Gedankengänge auf die Reaktionen biologischen Materials vorgenommen: Die Essigsäuregärung liess sich sowohl mit lebenden Kulturen als auch mit Acetonbakterienpräparaten sauerstofflos gestalten[4]. Chinon oder Methylenblau vermochten den Sauerstoff als Wasserstoffacceptor zu ersetzen, und zwar entstand bei dieser Form der Alkoholvergärung die der gebildeten Essigsäure äquivalente Menge Hydrochinon oder Leukomethylenblau. Auch Traubenzucker wird unter analogen Bedingungen, teilweise bis zu CO_2, sauerstofflos dehydriert.

Vier Systeme waren es vor allem, an denen Wieland in den folgenden zwei Jahrzehnten seine Theorie hinsichtlich der Frage der biologischen Oxydation geprüft und ausgebaut hat. Ausser den dehydrierenden Enzymen der

---

[1] O. Schmiedeberg, Arch. Path. Pharm. 14, 288; 1881.
[2] W. Pfeffer, B. deutsch. bot. Ges. 7, 82; 1889.
[3] O. Loew, U. S. A. Dep. Agricult. Report Nr. 68; 1901.
[4] H. Wieland, B. 46, 3327; 1913.

Essigbakterien waren dies die Dehydrasen des Muskelgewebes, das Schardinger-Enzym bzw. die Xanthindehydrase der Milch und schliesslich gewisse Phenoloxydasen und -peroxydasen pflanzlichen Ursprungs.

Während sich in den beiden ersten Fällen eine Trennung der enzymatischen Wirkung von der Zellstruktur nicht beziehungsweise nur unter erheblicher Schwächung und Labilisierung der Fermentwirkung erzielen lässt, ist diese in den beiden letzten Beispielen viel leichter und mit dem Resultat relativ stabiler Enzympräparate durchzuführen. Namentlich das Schardinger-Enzym ist einer weitgehenden Reinigung nach den gebräuchlichen Methoden der Enzymchemie zugänglich. Da es sich zudem in seinem Verhalten am vollkommensten und reibungslosesten dem Dehydrierungsschema einpasst, soll hier mit der Besprechung der bei seinem Studium erhaltenen Detailresultate der Anfang gemacht werden.

b) Die Einheit von Mutase, Redukase und Oxydase.

α) **Die Dehydrierung der Aldehyde.** Schardinger[1] hatte bekanntlich zuerst die Wahrnehmung gemacht, dass Methylenblau in roher Kuhmilch bei gelinder Wärme durch Aldehyde entfärbt wird, eine Reaktion, die ohne Milch ausserordentlich langsam erfolgt. Da die Milch durch Aufkochen ihre reduktionsbeschleunigende Wirkung verliert, lag hier ganz zweifellos eine Fermentwirkung vor. Bach[2] zeigte, dass die „Redukase" oder „Perhydridase" (S. 122 f.) der Milch auch gegenüber Nitrat wirksam ist, Wieland[3] wies das gleiche für Nitrobenzol und Chinon nach. Das gleichartige Verhalten des Aldehyds im Modellversuch mit Palladium (S. 163) und im enzymatischen Versuch lässt den Wirkungsmodus des Ferments im Sinne des früher Gesagten eindeutig als einen dehydrierenden — angreifend an einem Aldehydhydrat — erscheinen:

$$R\cdot C\!\!\begin{array}{l}{\diagup H}\\{-OH}\\{\diagdown OH}\end{array} \xrightarrow{-2H} R\cdot C\!\!\begin{array}{l}{=O}\\{\diagdown OH}\end{array}.$$

Aber auch bei Abwesenheit eines besonderen Acceptors wird Aldehyd von roher Milch umgesetzt, ähnlich wie dies bei der nur im kräftig alkalischen Milieu eintretenden Cannizzaro-Reaktion geschieht: 2 Moleküle Aldehyd werden zu je 1 Molekül Alkohol und Säure disproportioniert. Für Wieland ist dies nur ein Sonderfall der Aldehyddehydrierung; hier nimmt der Aldehyd selbst als Acceptor den Wasserstoff seines Hydrats auf:

$$R\cdot C\!\!\begin{array}{l}{\diagup H}\\{-OH}\\{\diagdown OH}\end{array} + O\!=\!C\!\!\begin{array}{l}{H}\\{\cdot R}\end{array} \longrightarrow R\cdot C\!\!\begin{array}{l}{=O}\\{\diagdown OH}\end{array} + \begin{array}{l}{H\diagdown}\\{H\!\!\to}\\{HO\diagup}\end{array}\!C\cdot R.$$

---

[1] F. Schardinger, Zs Unters. Nahr.- u. Genussmittel 5, 22; 1902. — Chem.-Ztg. 28, 1113; 1903.

[2] A. Bach, Biochem. Zs 31, 443; 1911.

[3] H. Wieland, B. 47, 2085; 1914. — H. Wieland u. Mitchell, A. 492, 156; 1932.

Dagegen hält Wieland[1] die rein chemische Cannizzaro-Reaktion (mit starkem Alkali) nicht für einen einfachen Dehydrierungsprozess. Es dürfte vielmehr als erstes Reaktionsprodukt infolge verschobener Aldolkondensation der Ester gebildet werden, der dann in zweiter Phase hydrolytisch gespalten wird:

$$R \cdot CHO + OHC \cdot R \longrightarrow R \cdot \overset{O}{\underset{\|}{C}}-O-H_2C \cdot R \xrightarrow{+H_2O}$$

$$\longrightarrow R \cdot \overset{O}{\underset{\|}{C}}-OH + HOH_2C \cdot R.$$

Die Vermutung, dass Aldehyddismutation und Methylenblau- bzw. Nitratreduktion Wirkungsäusserungen eines und desselben Ferments, einer „Redukase" oder „Perhydridase" darstellten, war zwar schon von Bach[2] ausgesprochen, jedoch experimentell nicht überzeugend belegt worden. Dieser Identitätsnachweis gelang erst Wieland in eindeutiger Weise, indem er zeigte, dass durch die ausserordentlich grosse Geschwindigkeit, mit der das Methylenblau den durch das Ferment aktivierten Wasserstoff wegnimmt, die Mutasereaktion völlig in den Hintergrund gedrängt wird. Dieses Ergebnis wäre nicht verständlich, wenn hier tatsächlich zwei verschiedenartige Fermente am Werke wären; denn in diesem Fall müsste neben der Methylenblauentfärbung, bei der aus dem Aldehyd die entsprechende Säure entsteht, die Disproportionierung des Aldehyds vor sich gehen, d. h. man müsste gleichzeitig annähernd die im acceptorfreien Versuch unter Stickstoff gefundene Menge Alkohol erhalten.

Ein prinzipiell ähnliches Bild bietet sich bei der Einwirkung von Milch auf Aldehyd in Gegenwart von Luft oder Sauerstoff. Auch hier hat man die Konkurrenz zweier Reaktionen, der „Oxydase"- und der „Mutase"-Reaktion. Allerdings ist der Geschwindigkeitsunterschied zwischen Sauerstoffreaktion und Dismutation nicht so gross wie zwischen Methylenblaureduktion und Dismutation. Zudem wird das Enzym durch Sauerstoff ganz erheblich geschädigt. Jedoch ergibt sich mit aller Deutlichkeit, dass bei Gegenwart von Luft und namentlich von Sauerstoff die Bildung von Säure sehr beträchtlich zunimmt, während gleichzeitig weit weniger Alkohol — dessen Nichtangreifbarkeit durch Sauerstoff und Milchenzym eindeutig erwiesen wurde — gebildet wird. Die Mutasewirkung des Ferments hat also durch den Zutritt des Luftsauerstoffs eine deutliche Einschränkung erfahren (Abb. 22).

Einen weiteren Beweis für die Einheitlichkeit des in drei verschiedenen Wirkungsformen sich äussernden Milchenzyms hat Wieland durch die quantitative Untersuchung der Fermentschädigung erbracht. Das Schardinger-Enzym ist recht empfindlich und wird sowohl durch Aldehyd als auch

---

[1] H. Wieland, B. 47, 2089 (Fussnote); 1914; vgl. auch F. F. Nord, Biochem. Zs 106, 275; 1920. — H. Meerwein u. Schmidt, A. 444, 221; 1925.

[2] A. Bach, l. c.

Methylenblau und besonders Sauerstoff stark geschädigt und schliesslich zerstört, was unter anderem in den sich rasch abflachenden Umsatzkurven der Abb. 22 ja deutlich zum Ausdruck kommt. Wieland zeigte, dass eine vollkommene Übereinstimmung bei der progressiven Inaktivierung des Ferments gegenüber

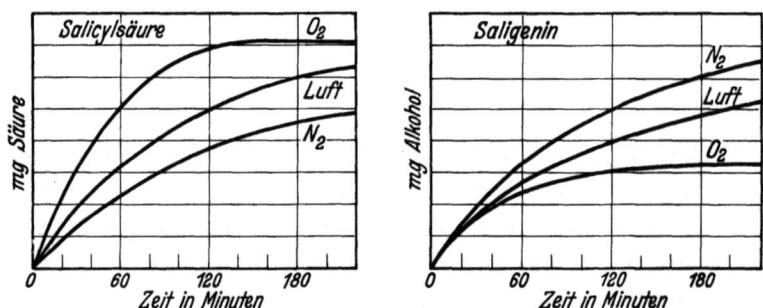

Abb. 22. Einwirkung von Milch auf Salicylaldehyd. (Nach Wieland.)
0,2 g Salicylaldehyd in 200 ccm Milch bei 60° C.

allen drei studierten Funktionen besteht. Das Sinken des Entfärbungsvermögens nimmt den gleichen Weg wie die Abnahme der Aktivität in der Mutase- und Oxydasefunktion. Beim Vorliegen verschiedener Fermentindividuen im Schardinger-Enzym wäre eine derartig gleichheitliche Änderung der beobachteten Fermentwirkungen sicherlich nicht zu erwarten.

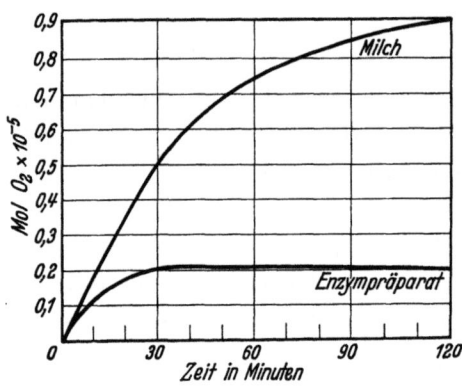

Abb. 23. Aerobe Dehydrierung von Salicylaldehyd. (Nach Wieland und Rosenfeld.) $\frac{m}{250}$-Salicylaldehyd. 3 SaE (Salicylaldehyd-Einheiten) Enzym. pH 8,0; T 37°.

Von Interesse war schliesslich noch die Abhängigkeit des Umsatzes von der Substratkonzentration. Erhöhung der Aldehydkonzentration steigert nämlich den Umsatz unter Stickstoff erheblich, unter Sauerstoff viel weniger. Es zeigt sich, dass diese Steigerung der Säureausbeute nur auf die gesteigerte Konzentration des Aldehyds in seiner Funktion als Wasserstoffacceptor, nicht auf die schon bei kleinen Substratkonzentrationen rasch und vollständig verlaufende Bindung des Aldehydhydrats an das Ferment zurückzuführen ist. Die im Vergleich zu Oxydation und Dismutation sich ungleich rascher abspielende Methylenblaureaktion wird jedoch innerhalb gewisser Grenzen durch die Aldehydkonzentration beeinflusst.

Die hier besprochenen Erscheinungen wurden bei Verwendung von roher Milch oder von Enzym-Rohpräparaten, wie sie z. B. durch Acetonfällung von Buttermilch erhalten werden, beobachtet. Bei noch weiter getriebener Reinigung des Enzyms ändert sich jedoch dessen Verhalten in sehr bemerkenswerter Weise, indem nunmehr unter Sauerstoff erheblich weniger Säure gebildet wird als unter Stickstoff[1] (Abb. 23).

---

[1] A. Bach u. Nikolajew, Biochem. Zs 169, 105; 1926.

Bach und Nikolajew führten den Unterschied in der Reaktionsweise zwischen Milch und gereinigtem Ferment auf einen unbekannten, bei der Reinigung entfernten Begleitstoff der Milch — vielleicht von lipoider Natur — zurück, der, ähnlich dem Methylenblau die Fähigkeit habe, als Wasserstoffacceptor zu fungieren und als Hydroverbindung durch Sauerstoff sofort wieder reoxydiert zu werden. Wieland und Rosenfeld[1] zeigten jedoch, dass derartige, gegenüber Sauerstoff unwirksam gewordene Fermentlösungen auch nicht mehr mit Methylenblau zu reagieren vermögen. Sie erkannten als Ursache der Fermentschädigung bei der Reaktion mit Sauerstoff das Auftreten von Hydroperoxyd. Die im Vergleich zur rohen Milch erhöhte Labilität des isolierten Enzympräparats führten sie auf die mit dem Reinigungsprozess verbundene Verarmung des reagierenden Systems an Schutzstoffen, etwa von der Art des Caseins, besonders aber an Katalase zurück.

In der Tat gelingt es durch Hinzufügung von Katalase zum gereinigten Präparat oder durch Abfangen des gebildeten Hydroperoxyds mit Cer-Reagens (S. 176f.), die Lebensdauer des Ferments und damit den oxydativen Aldehydumsatz ganz beträchtlich zu erhöhen (Abb. 24).

Dass diese Beobachtungen auf die biologische Bedeutung der Katalase als eines Schutzferments neues Licht werfen und früher schon geäusserte Anschauungen ihres hypothetischen Charakters zum Teil entkleiden, soll hier nur kurz angedeutet werden (vgl. Abschnitt f, γ).

Wieland und Macrae[2] war es möglich, bei Anwendung einer verbesserten analytischen Methode, mit Hilfe von Cer-Reagens bis zu 90% der auf Grund der Gleichung

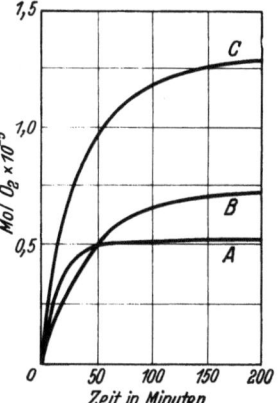

Abb. 24. Aerobe Dehydrierung von Salicylaldehyd $\left(\frac{m}{250}\cdot\right)$ durch gereinigtes Enzym (5 SaE.). (Nach Wieland und Macrae.)
A ohne weiteren Zusatz.
B mit Katalase. C mit Cer-Reagens. pH 8; T 37°.

$$R \cdot CHO \xrightarrow{+H_2O} R \cdot C \overset{H}{\underset{OH}{\overset{|}{-}}} OH + O = O \longrightarrow R \cdot C \overset{=O}{\underset{OH}{}} + HO-OH$$

geforderten Hydroperoxydmenge zu erfassen, sowohl bei aliphatischen (Acetaldehyd, Formaldehyd) als auch bei aromatischen Aldehyden (Benzaldehyd, Salicylaldehyd, Anisaldehyd). Damit steht der von der Dehydrierungstheorie geforderte Verlauf dieser Reaktionen nunmehr einwandfrei fest.

Auffallend ist die Tatsache, dass das bei aerober Dehydrierung gebildete H_2O_2 das (ungeschützte) Enzym ungleich (auf gleichen Inaktivierungsgrad bezogen etwa 15mal) stärker schädigt als von Anfang an zugefügtes. Die plausibelste Erklärung hierfür ist, dass das auf der aktiven Enzymoberfläche entstehende H_2O_2 eine stärkere Wirksamkeit besitzt als die hinzugefügte Verbindung. Für die Bedeutung des „status nascendi" bei Enzymreaktionen werden wir später (Abschnitt g) noch weitere Beispiele kennen lernen. Möglicherweise könnte auch ein primäres Additionsprodukt des Substrats an den Sauerstoff (von Persäurecharakter) die besonders starke Schädigung des arbeitenden Enzyms erklären.

---

[1] H. Wieland u. Rosenfeld, A. 477, 32; 1929.
[2] H. Wieland u. Macrae, A. 483, 217; 1930.

Die Blausäureempfindlichkeit des Schardinger-Enzyms ist gering, wobei man allerdings bedenken muss, dass hier nicht die Wirkung der freien Blausäure, sondern die der Cyanhydrine zur Messung gelangt. Irgendein Hervortreten der Sauerstoffreaktion im Sinne stärkerer Hemmbarkeit wird jedenfalls nicht beobachtet, die hemmende Wirkung der Blausäure auf die aerobe Dehydrierung von Acetaldehyd, auf seine Dismutation und seine Dehydrierung mit Methylenblau ist vielmehr von ungefähr gleicher Grösse.

Auch für die aldehydumsetzenden Enzyme anderer Herkunft (z. B. in Kartoffeln[1] und anderen Pflanzen, Essigbakterien[2], Hefen[3] und Säugetierleber[4]) ist Ersetzbarkeit des Sauerstoffs durch andere Acceptoren von der Art des Chinons, Methylenblaus und Nitrats festgestellt worden. Als ein Spezialfall dieser Reaktionsform — nämlich mit identischem Donator und Acceptor — erscheint stets die Dismutation. Hinsichtlich der Verteilung des Enzyms auf die Funktionen der Disproportionierung und der Dehydrierung (etwa in Gegenwart von Sauerstoff) bestehen je nach Organismus bzw. Herkunft des Enzymmaterials grosse Unterschiede.

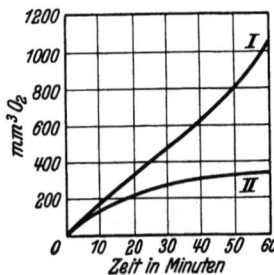

Abb. 25. Aldehydoxydation durch Hefe bei zwei verschiedenen Substratkonzentrationen. (Nach Wieland und Claren.) I $\frac{m}{120}$ - Acetaldehyd. II $\frac{m}{6}$ - Acetaldehyd. pH 6,8; T 30°.

So gibt unter sonst gleichen Bedingungen die auf Anaerobiose eingestellte Hefezelle dem Dismutierungsvorgang den Vorzug, was besonders deutlich aus der nebenstehenden Abb. 25 hervorgeht, wo sich Steigerung der Aldehydkonzentration aufs 20fache in stark reduzierter Sauerstoffaufnahme ausdrückt, obwohl nach der Analyse der Reaktionsprodukte in beiden Fällen der Aldehydumsatz nahezu derselbe ist.

Dagegen zieht die auf Aerobiose abgestimmte Zelle der Essigbakterien bei Gegenwart von Sauerstoff die Dehydrierung des Aldehyds bei weitem vor, ohne allerdings — nach Befunden von Bertho, Neuberg u. a. — die Cannizzaro-Reaktion ganz abzulehnen.

Das Schardinger-Enzym der Milch scheint, soweit sekundäre Störungen durch Enzymschädigung hier ein Urteil zulassen, dem Typus der Hefedehydrase näherzustehen als dem des Bakterienferments.

Gegen die Identität von Aldehydmutase und -dehydrase sind neuerdings von Bertho[5] am Material der Essigbakterien Bedenken erhoben worden, vor allem auf Grund der Beobachtung, dass in einem Fall bei gealterten lebenden Bakterien die Mutasewirkung vollkommen fehlte, bei erhalten gebliebener Dehydrasewirkung, während andererseits Acetonpräparate noch zu rund ein Zehntel des Betrags lebendfrischer Bakterien Aldehyd zu dismutieren vermögen bei mangelnder Fähigkeit zur Aldehyddehydrierung durch Sauerstoff. Während sich für die letztere Beobachtung allenfalls — wenn auch kaum auf dem Boden der strengen Dehydrierungstheorie — eine befriedigende Erklärung geben liesse (vgl. Abschn. e, α u. δ), ist der erstgenannte Befund schwer zu deuten. Es mag immerhin auf spätere Beobachtungen über die im Vergleich zur Substratspezifität oft nicht minder stark entwickelte Acceptorspezifität mancher Enzyme unter gewissen

---

[1] F. Bernheim, Biochem. Jl 22, 344; 1928.
[2] H. Wieland u. Bertho, A. 467, 95; 1928.
[3] H. Wieland u. Claren, A. 492, 183; 1932.
[4] H. Wieland u. Frage, H. 186, 195; 1930.
[5] A. Bertho, A. 474, 1; 1929. — Vgl. auch E. Simon, Biochem. Zs 224, 253; 1930.

Bedingungen hingewiesen sein (Abschn. c und d). Dieser Hinweis gilt auch gegenüber gewissen neueren Befunden von Michlin und Severin[1] an aldehydumsetzenden Enzymen pflanzlichen Ursprungs (Kartoffel, Erbse), bei denen Aldehyddismutation und Nitratreduktion scheinbar getrennte Wege gehen.

Einschneidender ist die Frage nach der Identität von „Oxydase" und „Dehydrase" bei den oben angeführten aldehydumsetzenden Fermenten, da die Sauerstoffreaktion in einigen Fällen erheblich durch Blausäure gehemmt wird, während die Reaktion mit anderen Acceptoren davon nicht oder weit weniger betroffen erscheint. Darauf ist später (in Abschnitt e) noch zurückzukommen.

β) Die Dehydrierung der Oxypurine. Von Hopkins und seinen Mitarbeitern[2] stammt die biologisch sehr wichtige Entdeckung, dass dem Enzymsystem der Milch ausser den Aldehyden noch eine andere Körpergruppe als Substrat der aeroben oder anaeroben Dehydrierung dienen kann, nämlich die Oxypurine, an erster Stelle Hypoxanthin und Xanthin. Auch hier muss man, ähnlich wie für die Aldehyde, Dehydrierung eines Hydrats annehmen (z. B. für den Fall des Xanthins):

$$
\begin{array}{c}
\mathrm{N{=}COH} \\
| \quad | \\
\mathrm{HOC} \quad \mathrm{C{-}NH} \\
\| \quad \| \quad {>}\mathrm{CH} \\
\mathrm{N{-}C{-}N}
\end{array}
\xrightarrow{+\mathrm{H_2O}}
\begin{array}{c}
\mathrm{N{=}COH} \\
| \quad | \\
\mathrm{HOC} \quad \mathrm{C{-}NH} \\
\| \quad \| \quad \mathrm{C}\underset{\mathrm{OH}}{\overset{\mathrm{H}}{}}\\
\mathrm{N{-}C{-}NH}
\end{array}
\xrightarrow{-2\mathrm{H}}
\begin{array}{c}
\mathrm{N{=}COH} \\
| \quad | \\
\mathrm{HOC} \quad \mathrm{C{-}NH} \\
\| \quad \| \quad {\diagdown}\mathrm{COH}\\
\mathrm{N{-}C{-}N}
\end{array}
$$

Hopkins hat bereits darauf hingewiesen, dass diese Oxydation von Hypoxanthin (6-Oxypurin) und Xanthin (2,6-Dioxypurin) zu Harnsäure eine Reaktion ist, die mit den gewöhnlichen kräftigen Oxydantien des organischen Chemikers praktisch kaum durchführbar ist. Dies deutet schon darauf hin, dass der enzymatische Angriff sicher nicht an so schwachen „Oxydantien", wie es z. B. das Methylenblau ist (im Sinne einer Aktivierung derselben), einsetzt, sondern dass vielmehr eine ganz spezifische Labilisierung der nachmals veränderten Gruppen des Substratmoleküls erfolgt.

Die Dehydrierung der Oxypurine entspricht in allen wesentlichen Einzelheiten derjenigen der Aldehyde.

Eine von Bach und Michlin[3] behauptete Dismutation von Xanthin und Hypoxanthin hat jedoch in sehr exakten Versuchen von Wieland und Rosenfeld (l. c.) nicht bestätigt werden können.

Auch bei der Xanthindehydrase findet man die starke Schädigung durch Sauerstoff bzw. Hydroperoxyd wieder, welch letzteres sich mit Hilfe des Cer-Reagens wiederum so gut wie quantitativ erfassen lässt. Die enzymatische Dehydrierung der Oxypurine, sei es durch Sauerstoff oder andere Acceptoren, wird zudem durch Cyanid $\left(\text{bis } \frac{m}{200}-\right)$ praktisch nicht beeinflusst[4].

---

[1] D. Michlin u. Severin, Biochem. Zs 237, 339; 1931.
[2] F. G. Hopkins, Morgan und Stewart, Proc. Roy. Soc. (B) 94, 109; 1922.
[3] A. Bach u. Michlin, B. 60, 82; 1927.
[4] M. Dixon, Biochem. Jl 21, 840; 1927.

Ob es sich bei Aldehyd- und Xanthindehydrase um ein und dasselbe Enzym handelt oder nicht, war lange Zeit eine offene Frage. In der Tat verhalten sich die beiden Wirkungsäusserungen bei verschiedenen Reinigungsoperationen am Enzymsystem, wie Fällungen und Adsorptionen, ausserordentlich ähnlich. Durch bestimmte adsorptive Fällungen (z. B. mit Calciumoxalat und Calciumcarbonat) ist es jedoch Wieland und Mitarbeitern schliesslich gelungen, eine weitgehende Trennung der beiden Enzymwirkungen voneinander zu erzielen und damit die Nichtidentität der beiden Fermente zu erweisen (vgl. auch S. 220).

c) Das Verhältnis von Donator- und Acceptorspezifität der Dehydrasen.

α) Das Enzymsystem der Milch.
Was uns hier am Fall der Doppelnatur des Milchenzyms besonders interessiert, sind gewisse Beobachtungen Wielands, die zu spezielleren Auffassungen der Begriffe Substrat- und Acceptorspezifität geführt haben.

Der älteren Form der Dehydrierungstheorie, wie sie im wesentlichen an Modellen entwickelt wurde, liegt ja mehr oder weniger implizit die Vorstellung zugrunde, dass die zur Aktivierung führende Bindung zwischen Enzym und Substrat die Voraussetzung für das Eintreten der Dehydrierungsreaktion darstellt, während die Frage, welcher Acceptor nun den aktivierten Wasserstoff aufnimmt, von recht sekundärer Bedeutung erscheint. Mit anderen Worten sollte der scharfen spezifischen Einstellung von Enzym und Substrat, die sich in der grossen Mannigfaltigkeit der aufgefundenen Reaktionssysteme ausdrückt, eine weit weniger entwickelte oder überhaupt fehlende Acceptorspezifität gegenüberstehen[1]. Die wenigen Ausnahmen, wie z. B. das Versagen des Methylenblaus bei der Aminosäuredehydrierung, schienen, ganz abgesehen davon, dass die thermodynamischen Verhältnisse oft nicht hinreichend klar waren, mehr eine Bestätigung der Regel darzustellen.

In neuester Zeit setzt sich nun mehr und mehr die Auffassung durch, dass auch die Eignung des Wasserstoffacceptors von Fall zu Fall verschieden ist. Den Hauptanstoss zu dieser Betrachtungsweise haben neben den Untersuchungen Wielands und Berthos am Enzymsystem der Essigbakterien, von denen weiter unten noch die Rede sein wird, vor allem gewisse Befunde Wielands und Mitchells[2] gegeben, welche bei gemeinsamer Dehydrierung von Xanthin und Aldehyd durch des Fermentsystem der Milch erhalten worden sind.

Lässt man bei Gegenwart von Milchenzym Methylenblau mit den beiden Substraten Xanthin und Acetaldehyd gleichzeitig reagieren, so ist eigentlich zu erwarten, dass beim Vorliegen zweier Enzyme sich deren Wirkung addiert mit dem Erfolg einer kleineren Entfärbungszeit des Farbstoffs, als sie in Anwesenheit nur eines Substrats beobachtet wird. Diese Erwartung erfüllt sich jedoch nicht, auch wenn man mit den für das Enzym optimalen Konzentrationen der beiden Substrate arbeitet.

Analyse der Reaktionsprodukte ergibt, dass für die Methylenblaureduktion so gut wie ausschliesslich das Xanthin verantwortlich ist; erst nach dessen vollständigem Verbrauch tritt der Aldehyd in Reaktion, obwohl in getrennter Lösung dessen Dehydrierung rascher erfolgt als die des Oxypurins. Man gewinnt den Eindruck, dass die Aldehyddehydrase von Xanthin

---

[1] Zum Übergang dieser Auffassung in die Lit. vgl. z. B. C. Oppenheimer, Lehrbuch der Enzyme, S. 487, 493, 501, Leipzig 1927.

[2] H. Wieland u. Mitchell, A. 492, 156; 1932.

solange unspezifisch blockiert wird, bis dieses durch sein eigenes Enzym so gut wie vollständig zu Harnsäure umgesetzt worden ist.

Vollständig anders wird das Bild der Reaktion, wenn man an Stelle des Methylenblaus unter sonst gleichen Bedingungen Chinon als Acceptor verwendet. Hier wird, wie aus Abb. 26 hervorgeht, im kombinierten System die Reaktionsgeschwindigkeit der Einzelansätze ganz beträchtlich überholt, was eine weitere Bestätigung für die früher auf andere Weise festgestellte Zweiheit des Milchenzymsystems darstellt.

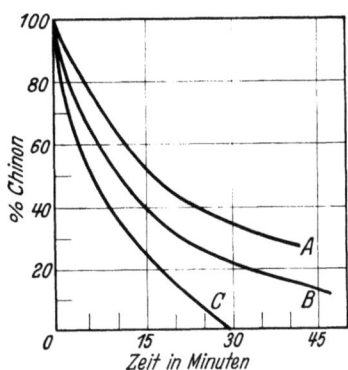

Abb. 26. (Nach Wieland und Mitchell.) Chinonabnahme bei der Reaktion von Milchenzym mit A $\frac{m}{500}$-Xanthin, B $\frac{m}{25}$-Acetaldehyd (optimale Konzz.), C $\frac{m}{500}$-Xanthin $+\frac{m}{25}$-Acetaldehyd. pH 6,8; T 37°.

Die analytische Verfolgung der Reaktion zeigt, dass der Aldehyd auch in der gemeinsamen Lösung mit Xanthin seine überlegene Reaktionsgeschwindigkeit, die er im einfachen System mit Chinon besitzt, beibehält. Es werden nämlich dabei rund 80% Aldehyd und nur 20% Xanthin umgesetzt (Abb. 27).

Man sieht also deutlich, dass die Umsatzgeschwindigkeit eines Substrats nicht allein durch seine Affinität zum Enzym bestimmt ist, sondern dass auch die Art des Wasseracceptors von entscheidendem Einfluss ist. Nach dieser neueren Auffassung Wielands ist auch die Rolle des Acceptors eine ganz spezifische, seine Affinität zum Enzym gibt in viel höherem Masse, als man früher annahm, dem Verlauf einer Dehydrierungsreaktion die Richtung. In diesem Sinne kann man nach Wieland sogar von einer „Aktivierung" des molekularen Sauerstoffs an einer Enzymoberfläche sprechen. Die Adsorptionsverhältnisse aller Reaktionsteilnehmer spielen eine entscheidende, experimentell allerdings schwer festzulegende Rolle. Auf Grund der beobachteten „Umstimmungen" der Affinität eines Substrats durch den offenbar auch komplex ans Enzym gebundenen Acceptor

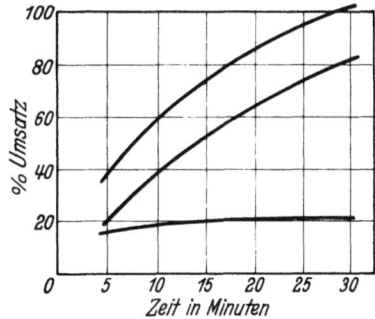

Abb. 27. Die Kurve C (Abb. 26) entsprechenden Umsatzkurven von Chinon (oberste), Acetaldehyd (mittlere) und Xanthin (unterste Kurve) in Prozenten (bezogen auf Chinon). (Nach Wieland u. Mitchell.)

$\frac{n}{250}$-Chinon. $\frac{m}{20}$-Acetaldehyd.
$\frac{m}{500}$-Xanthin. pH 6,8; T 37°.

muss man schliessen, dass eine ternäre Additionsverbindung (Wasserstoffacceptor-Enzym-Substrat) im Mittelpunkt des Reaktionsgeschehens steht, wobei spezifische Bildungs- und Zerfallsgeschwindigkeiten das Gesamtbild charakterisieren.

β) **Die Bakterien-Dehydrasen.** An der Dehydrase des Essigbildners Bacterium pasteurianum sind von Bertho[1] quantitative Untersuchungen angestellt worden, die das Verhältnis von Donator- und Acceptorspezifität weiterhin beleuchten.

Zunächst zeigte sich beim Vergleich der Acceptorwirkung von Sauerstoff, Chinon und Methylenblau gegenüber verschiedenen Donatoren, dass das relative Umsatzverhältnis der Acceptoren (von jeweils bestimmter Konzentration) gegenüber einem Donator in optimaler Konzentration mit dem entsprechenden Umsatzverhältnis derselben Acceptoren gegenüber einem anderen Donator von optimaler Konzentration zahlenmässig durchaus nicht übereinstimmt.

Das geht aus der nachfolgenden Tabelle 17 hervor, in der die Umsätze an Sauerstoff, Chinon und Methylenblau für verschiedene Substrate bei gleicher Versuchszeit einander gegenübergestellt sind, wobei die Werte für Acetaldehyd willkürlich gleich 100 gesetzt sind.

Tabelle 17.

Acceptor	Acetaldehyd	Äthyl-alkohol	Propyl-alkohol	i-Butyl-alkohol	i-Amyl-alkohol
Sauerstoff	100	69	78	35	26
Chinon	100	46	49	15	—
Methylenblau	100	58	47	9	9

Wie man sieht, fallen bei den mit abnehmender Affinität gebundenen höheren Alkoholen Chinon-, und namentlich Methylenblauumsätze ungleich stärker als der Sauerstoffverbrauch. Die Ergebnisse der Acceptor- insbesondere der Methylenblaumethodik sind also auf enzymatischem Gebiet, was die quantitativen Verhältnisse anbetrifft, stets nur mit grösstem Vorbehalt als Analoga der Sauerstoffreaktion zu betrachten[2].

Noch auffallender sind die Verhältnisse bei den kürzlich von Wieland und Sevag[3] untersuchten Buttersäurebakterien. Bezeichnet man willkürlich die Umsätze an Propylalkohol mit 100, so resultieren für die einzelnen Substrate folgende Dehydrierungsgeschwindigkeiten:

Tabelle 18.

Acceptor	Propyl-alkohol	i-Propyl-alkohol	Butyl-alkohol	i-Butyl-alkohol	Äthyl-alkohol	d-Glucose
Sauerstoff	100	81	103	52	120	176
Chinon	100	240	48	112	—	—
Methylenblau	100	2000	200	5000	125	200

Parallelismus in den Umsatzgeschwindigkeiten der drei Acceptoren beim Wechsel des Substrates ist nicht einmal in allererster Näherung vorhanden; beachtlich ist besonders die

---

[1] A. Bertho, A. 474, 1; 1929. — Erg. Enzymforsch. 1, 231; 1932.
[2] Vgl. ähnliche Befunde am gleichen Material von A. Reid, Biochem. Zs 242, 159; 1931.
[3] H. Wieland u. Sevag, A. 501, 151; 1933.

ungemein starke Bevorzugung der Isoverbindungen durch Methylenblau. Die ganze Erscheinung geht ersichtlich auch hier auf Unterschiede wesentlich in der Zerfallsgeschwindigkeit am ternären System Acceptor-Enzym-Substrat zurück.

Am Material der Essigbakterien hat Bertho die Affinitätsverhältnisse der ternären Komplexe Acetaldehyd- bzw. Isopropylalkohol-Dehydrase-Chinon quantitativ untersucht.

Bei optimaler Donatorkonzentration, d. h. also bei vollständiger Belegung der Donatoraffinitätsstelle des Enzyms, lässt sich die Affinität des Donator-Enzymkomplexes DE zum Acceptor A in Form der Dissoziationskonstante $K_1 = \dfrac{[DE][A]}{[DEA]}$ erhalten, bei optimaler Acceptorkonzentration die Affinität des Acceptor-Enzymkomplexes EA zum Donator D als $K_2 = \dfrac{[EA][D]}{[DEA]}$ ermitteln. Nach dem bekannten Verfahren von Michaelis und Menten[1] wird K_1 bzw. K_2 als diejenige Acceptor- bzw. Donatorkonzentration gewonnen, bei der die halbe maximale

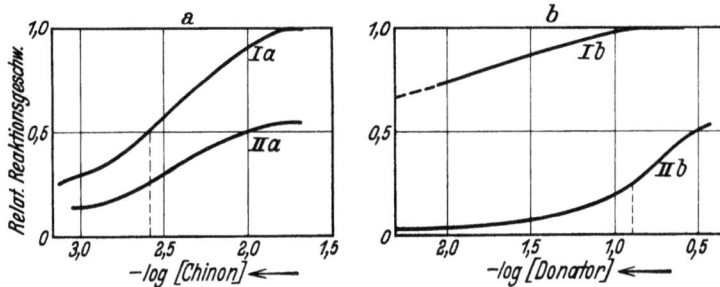

Abb. 28. Affinitätsverhältnisse der Essigbakterien-Dehydrase. (Nach Bertho.)
a) Bei wechselnder Chinonkonzentration. b) Bei wechselnder Donatorkonzentration.
I Acetaldehyd. II Isopropylalkohol.

Reaktionsgeschwindigkeit beobachtet wird. In der nachstehenden Tabelle 19 und in Abb. 28 sind die Resultate der Untersuchung zusammengestellt.

Tabelle 19.

System	Kurve (Abb. 28)	K_1	K_2	Affinität $f = \dfrac{1}{K}$
Acetaldehyd-Dehydrase-Chinon . . .	I a	0,0025		400
	I b		0,001	1000
Isopropylalkohol-Dehydrase-Chinon .	II a	0,0025		400
	II b		0,125	8

Man erkennt zunächst aus der Abbildung, dass der Komplex Aldehyd-Dehydrase-Chinon rund doppelt so rasch zerfällt wie der Komplex Isopropylalkohol-Dehydrase-Chinon. Tabelle 19 zeigt, dass die Affinität zum Chinon in beiden Systemen gleich stark entwickelt ist. Die Affinität zum Donator, die im Falle des Aldehydkomplexes mehr als doppelt so stark ausgeprägt ist als die zum Acceptor, ist jedoch im Isopropylalkoholkomplex um rund zwei Grössenordnungen kleiner als im Aldehydsystem. In dieser geringen Affinität kommt nach Bertho zum Ausdruck, dass die Dehydrase — es handelt

---

[1] L. Michaelis u. Menten, Biochem. Zs 49, 333; 1913.

sich nach dem Ausbleiben eines Summationseffekts in der gemeinsamen Lösung beider Donatoren ersichtlich nur um ein Ferment — Isopropylalkohol nicht zum normalen Substrat hat.

Es ist in diesem Zusammenhang auch bemerkenswert, dass der Essigbakterien-Dehydrase zwar eine grössere Anzahl aliphatischer Alkohole und Aldehyde (etwa bis C_5), nicht aber aromatische von der Art des Benzyl- und Salicylalkohols (bzw. -aldehyds) als Substrat dienen können. Die Bedeutung der Acceptorspezifität beleuchtet im besonderen noch die Tatsache, dass Diäthylperoxyd und Kaliumpersulfat dem Essigferment gegenüber ohne Acceptorwirkung sind, ungeachtet ihrer hohen Hydrierungsenergie, und ohne dass gleichzeitig Schädigung des Essigferments hinsichtlich der O_2-Aufnahme erfolgen würde.

γ) **Die „Additionsverbindungstheorie" der Enzymwirkung von Woolf.** Ähnliche Gedanken wie von Wieland und seiner Schule sind in letzter Zeit auch von Woolf[1] ausgesprochen worden, und zwar in allgemeinster Form nicht allein hinsichtlich der Wirkung von Dehydrasen, sondern in Bezug auf die enzymatischen Effekte überhaupt.

Woolf geht von den bei enzymatischen Reaktionen bisweilen beobachteten Gleichgewichten aus; ein Beispiel aus der Klasse der Dehydrasen hat man an der Succinodehydrase, welche die Reaktion zwischen Bernsteinsäure und Methylenblau nicht zu Ende, sondern nur bis zu einem allerdings stark nach der Seite Fumarsäure-Leukomethylenblau liegenden Gleichgewichtszustand führt. Geht man von den beiden letzteren Stoffen im reinen Zustand aus, so erhält man Bernsteinsäure und Methylenblau als Reaktionsprodukte, obwohl diese „Leukomethylenblaudehydrase" sicherlich nicht von der Succinodehydrase verschieden ist.

Gleichgewichtsreaktionen führen aber von der Fumarsäure nicht nur zur Bernsteinsäure sondern auch zur Äpfelsäure und zur Asparaginsäure. Dass die primäre Phase dieser enzymatischen Reaktionen unmöglich bloss im Zusammentreten von Fumarsäure und Enzym zu einem binären Komplex unter Aktivierung des Fumaratmoleküls bestehen kann, erkennt man daran, dass Succinodehydrase, Fumarase und Aspartase streng spezifisch wirkende Enzyme sind, die sich in ihren Funktionen nicht vertreten können. Nur die Annahme, dass auch das Leukomethylenblau- bzw. das Wasser- oder Ammoniakmolekül mit dem gleichen Recht wie die Fumarsäure in die entsprechenden ternären Enzymkomplexe eingeht, kann die beobachteten Gleichgewichte wie auch die Spezifität der Enzymwirkungen erklären.

Woolf, der auf dem Boden der vor allem in den angelsächsischen Ländern vertretenen „Elektronenübertragungstheorie" der Oxydationsprozesse (auch biologischer Natur) steht[2], legt dem elektrischen Ladungszustand des Enzyms grosses Gewicht bei. Um bei der Aktivierung des Substrats gelockerte Protonen aufnehmen zu können, muss das Enzym selbst eine ionisierte Säure sein, was mit der bei fast allen Oxydationsenzymen beobachteten Aktivitätssteigerung bei Annäherung an den Neutralpunkt (mit steigendem pH) im Einklang steht.

Stellen DH_2 und D reduzierte und oxydierte Form eines Donators (Beispiel: Bernsteinsäure-Fumarsäure) dar, AH_2 und A die entsprechenden Formen eines Acceptors (z. B. Methylenblau-Leukomethylenblau), EH_2 das Enzym als undissoziierte Säure und E^{--} als Anion, so können die Phasen eines (reversiblen) Dehydrierungsprozesses folgendermassen formuliert werden:

$$[E^{--}] + DH_2 + A \rightleftharpoons [E^{--}]^{DH_2}_A \rightleftharpoons [EH_2]^{D^{--}}_A \rightleftharpoons [EH_2]^{D}_{A^{--}} \rightleftharpoons [E^{--}]^{D}_{AH_2} \rightleftharpoons$$
$$[E^{--}] + D + AH_2.$$

---

[1] B. Woolf, Biochem. Jl 25, 342; 1931. — Vgl. auch P. J. G. Mann, Biochem. Jl 25, 918; 1931.

[2] Vgl. z. B.: W. M. Clark, Chem. Rev. 2, 127; 1925. — M. Dixon, Biol. Rev. 4, 352; 1929.

d) Über den Spezifitätsgrad der Dehydrasen.

Die Frage nach der Substratspezifität der Oxydationsenzyme hat naturgemäss im Hinblick auf die ungeheure Mannigfaltigkeit der von der Zelle verarbeiteten Brennstoffe schon bald nach Aufstellung der Dehydrierungstheorie das Interesse der biochemischen Forschung auf sich gelenkt. Die wichtigsten Erkenntnisse auf diesem schwer zugänglichen Gebiete verdankt man neben Wieland insbesondere der Thunbergschen Schule in Lund und dem Cambridger Laboratorium mit Hopkins, Dixon, Quastel u. a.

α) Die Begriffsentwicklung an der Succinodehydrase. Sieht man vom Schardinger-Enzym der Milch, dessen Bedeutung im Stoffwechsel des Organismus bestritten ist, ab, so ist wohl zuerst in der „Succinooxydase" ein mit zweifellos biologisch wichtiger Funktion ausgestattetes Enzymindividuum aus der Klasse der dehydrierenden Fermente erkannt worden. Da Einbeck[1] als erstes Produkt der enzymatischen Reaktion Fumarsäure nachgewiesen hatte — während Bernsteinsäure in vitro selbst so kräftigen Agentien wie heisser Salpetersäure widersteht — und es Thunberg[2] (1916) gelungen war, den Sauerstoff bei diesem Vorgang durch Methylenblau zu ersetzen, war die Vorstellung, dass der enzymatische Angriff in einer Aktivierung just der beiden nachmals abgespaltenen Wasserstoffatome der Bernsteinsäure bestehe, nahezu zwingend. Nachdem Thunberg zuerst diesen Schluss gezogen hatte, erhob sich als nächste Frage die nach der Spezifität der beobachteten enzymatischen Wirkung. Diese ersten Versuche waren durchwegs nicht mit Enzymlösungen, sondern mit ausgewaschener Muskulatur als Enzymträger ausgeführt und Thunberg[3] konnte bald darauf zeigen, dass mehr als 50 andere, dem Zellstoffwechsel nahestehende Stoffe (gesättigte Carbonsäuren, Oxy-, Keto- und einige Aminosäuren) mit diesem Muskelpräparat gleichfalls die Reduktion von Methylenblau zu bewirken vermochten.

Thunberg fand nun bei Versuchen zu einer Differenzierung der einzelnen Wirkungen, dass beim Waschen der Muskulatur oder beim Zerstören der Struktur die einzelnen Effekte in bestimmter Reihe verschwinden, etwa in der Weise, dass sukzessive das Entfärbungsvermögen von Buttersäure und Ameisensäure, dann von Citronensäure und Weinsäure, schliesslich von Milchsäure und Oxyglutarsäure und zu allerletzt von Bernsteinsäure und Ketoglutarsäure gegenüber Methylenblau verlorengeht.

Auch Unterschiede in der „Kryolabilität" haben sich als ein wichtiges Kriterium bei Festlegung distinkter Enzymwirkungen erwiesen. 5 Minuten lange Behandlung des Muskelbreies bei Temperaturen von —70 bis —80° vernichtet den enzymatischen Aktivierungseffekt gegenüber allen Substanzen mit Ausnahme von Bernsteinsäure und Oxyglutarsäure.

Ähnliche Unterschiede zeigen sich beim Erwärmen der Muskulatur. 20 Minuten lange Einwirkung von 45° bringt die Donatorwirkung aller Stoffe mit Ausnahme von dreien, Bernsteinsäure, Oxyglutarsäure und Glutaminsäure zum Erlöschen, bei 50° verschwindet

---
[1] H. Einbeck, H. 90, 301; 1914. — Biochem. Zs 95, 296; 1919.
[2] T. Thunberg, Zbt. Physiol. 31, 91; 1916. — Skand. Arch. 35, 163; 1917.
[3] T. Thunberg, Skand. Arch. 40, 1; 1920.

unter gleichen Bedingungen das Entfärbungsvermögen von Glutaminsäure, bei 55° das der Bernsteinsäure, bei 60° das der Oxyglutarsäure.

Nimmt man noch die Beobachtung Thunbergs [1], dass die Succinodehydrase in den sonst so dehydrasenreichen Pflanzensamen fehlt, und den gleichartigen Befund Ahlgrens [2] am Dehydrasensystem der Augenlinse hinzu, so dürfte an der Tatsache, dass man es bei der Succinodehydrase mit einem ganz spezifisch wirkenden Enzymindividuum zu tun hat, nicht mehr zu zweifeln sein.

Es gelang schliesslich nach mancherlei vergeblichen Versuchen, die Bernsteinsäuredehydrase aus gründlich ausgewaschener Muskulatur mit schwach alkalischen Agentien, wie verdünnter Soda- oder besser Dinatriumphosphatlösung zu extrahieren[3]. Wird das vorherige Auswaschen teilweise bei 50° vorgenommen, so wird die Fumarase, die andernfalls in den Phosphatextrakt übergeht, entfernt[4].

Spätere Untersuchungen zeigten, dass die so erhaltenen Enzymlösungen ausser auf Bernsteinsäure noch auf Glycerinphosphorsäure und Hexosediphosphorsäure aktivierende Wirkung haben. Aber trotz sehr ähnlicher Thermolabilität der Effekte ist man nach Alwall[5] auch in diesem Falle nicht zur Annahme eines einzigen Enzyms mit — zudem recht auffallend — verschiedenen Funktionen berechtigt.

So variiert die Intensität der Wirkungen gegenüber Succinat und Glycerophosphat in Extrakten aus verschiedenen Organen ganz erheblich; die Dehydrase der Bernsteinsäure ist kräftiger in Muskelextrakten, während die der Glycerinphosphorsäure in Extrakten des Nervensystems wirksamer ist. Zudem zeigt Glycerinphosphorsäure mit dem Gewebe der Augenlinse Donatorwirkung, während Bernsteinsäure unter den gleichen Bedingungen nicht dehydriert wird[6]. Ferner ist es möglich, aus Samen Fermentlösungen herzustellen, welche ein starkes Aktivierungsvermögen gegenüber Hexosediphosphat und ein deutliches gegenüber Glycerophosphat, aber keines gegenüber Succinat besitzen[7]. Zudem bedarf nach den Untersuchungen der v. Eulerschen[8] Schule der Hexosediphosphatabbau der Cozymase, während die Succinatdehydrierung auch ohne diesen Zusatz in gleicher Weise möglich ist.

Ist es nun tatsächlich so, dass jeder der zahlreichen, im Organismus abgebauten Brennstoffe seine eigene, spezifische Dehydrase besitzt? Thunberg schien anfangs, nach den ersten Erfahrungen an der Succinodehydrase, dieser Auffassung zuzuneigen. Dagegen sprechen aber doch, namentlich im Hinblick auf die ungeheure Zahl von Substraten, recht gewichtige Bedenken.

Quastel[9] hat gezeigt, dass „ruhende", d. h. nicht wachsende (proliferierende) Kolonien von Bacterium coli, die sich in vieler Beziehung gleichartig wie Enzympräparate oder andere

---

[1] T. Thunberg, Rev. Biol. 5, 318; 1930.
[2] G. Ahlgren, Skand. Arch. 44, 196; 1923.
[3] E. Ohlsson, Skand. Arch. 41, 77; 1920.
[4] J. Lehmann, Skand. Arch. 58, 45; 1929.
[5] N. Alwall, Skand. Arch. 55, 100; 1929.
[6] N. Alwall, Skand. Arch. 58, 65; 1929.
[7] T. Thunberg, Rev. Biol. 5, 336; 1930.
[8] H. v. Euler, Nilsson u. Runehjelm, H. 169, 123; 1927. — H. v. Euler u. Nilsson, H. 194, 260; 1931.
[9] J. H. Quastel u. Mitarb.: Biochem. Jl 18, 519; 1924. — 19, 304, 520, 645; 1925. — 20, 166, 545; 1926. — 21, 148, 1224; 1927. — 22, 689; 1928. — 23, 115; 1929. — Erg. Enzymforsch. 1, 209; 1932.

einfache katalytische Systeme verhalten, mehr als 50 verschiedene Stoffe als Donatoren gegenüber Methylenblau verwerten können. Darunter befindet sich eine ganze Anzahl, mit denen die Bakterienzelle unter normalen Bedingungen vermutlich selten oder nie in Berührung kommt. Dass der winzige Organismus des Bakteriums auch für diese Stoffe spezifische Enzyme zur Verfügung halten sollte, hält Quastel mit Recht für ausserordentlich unwahrscheinlich.

Quastel weist der Oberflächenstruktur einen überragend wichtigen Anteil an den dehydrierenden Funktionen der Bakterienzelle zu. Nach ihm gehen die Dehydrierungsphänomene auf Polarisation der Substratmoleküle in elektrischen Feldern, welche besondere Gebiete, die sog. „aktiven Zentren" der cellularen und intracellularen Oberflächen charakterisieren, zurück. Diese „aktiven Zentren" mögen einer „prosthetischen" Gruppe der Enzyme entsprechen. Ist die Polarisierung hinreichend ausgiebig, so vermag das beeinflusste Molekül zu einem Wasserstoffdonator (unter Umständen auch zu einem Wasserstoffacceptor, vgl. System Bernsteinsäure-Fumarsäure) zu werden.

Interessant ist die Beobachtung, dass die destruktive Wirkung gewisser Faktoren (z. B. von Narkotica und Giften) gegenüber der Zellstruktur stark selektiv ist. So verliert Bacterium coli unter dem Einfluss von Toluol, Äther, Chloroform usw. das Dehydrierungsvermögen gegenüber gewissen Substanzen, ohne dass gleichzeitig dasjenige gegenüber anderen Stoffen wesentlich verringert wird. Es verschwindet beispielsweise die aktivierende Wirkung auf Zucker, Essigsäure, Gluconsäure, Glutaminsäure, während die Donatorfunktion von Ameisensäure, Milchsäure und Bernsteinsäure erhalten bleibt. Diese schrittweise Abnahme des Dehydrierungsvermögens scheint nach Quastel darauf hinzudeuten, dass der Spezifitätsbereich der Dehydrasen bei normaler, ungeschädigter Zellstruktur erheblich weiter ist als etwa im toluolgeschädigten Organismus.

Thunberg[1] gibt zu, dass die Dehydrierungsaktivität der Bakterien, deren ganzer Organismus kaum viel mehr als eine Oberflächenmembran zum Schutze des Zellinnern darstellt, zum grossen Teil ein Strukturphänomen ist, aber er bestreitet, dass die Funktion der Oberfläche in den viel grösseren Zellen höher entwickelter Organismen eine ähnlich wichtige Rolle spielt. Hierher gehört, dass ja auch ein Absonderungsprodukt des Säugetierorganismus, die Milch, zwei eindeutig dehydrierende Systeme, die Xanthin- und die Aldehyddehydrase, enthält, ferner dass Extrakte aus Pflanzenteilen gleichfalls dehydrierende Wirkung auf eine ganze Anzahl von Substanzen ausüben. Die Vorstellungen Quastels über die Strukturbedingtheit von Enzymwirkung und Spezifität derselben dürften — an Bakterien entwickelt und erprobt — für das Studium der Fermentwirkungen an Strukturen des höheren Organismus und besonders natürlich in Lösung, nur beschränkte Bedeutung haben.

Relativ bald ist dann Thunberg und mit ihm die Mehrzahl anderer Forscher zu der Anschauung gelangt, dass die Spezifität der Dehydrasen nicht absolut, sondern mehr oder weniger relativ ist, dass allermeist keine „Individual"-, sondern eine „Gruppen"spezifität, die sich auf verschiedene Glieder ähnlicher Konstitution bezieht, vorliegt. Gerade im Falle der Succinodehydrase aber ist diese Gruppenspezifität sehr schwach ausgeprägt und eben die Befunde an diesem anfangs zumeist studierten Objekt mögen das Schwanken Thunbergs zwischen den Begriffen der bedingten und der unbedingten Substratspezifität der Dehydrasen verursacht haben. Ausser Bernsteinsäure zeigt lediglich noch Methylbernsteinsäure (Brenzweinsäure) mit Succinodehydrase ein vergleichsweise ziemlich schwaches Donatorvermögen gegenüber Methylenblau, die Dialkylbernsteinsäuren sind wirkungslos[2]. Wohl aber erweist die Succinodehydrase anderen, der Bernsteinsäure konstitutiv

---

[1] T. Thunberg, Rev. Biol. 5, 331; 1930.
[2] T. Thunberg, Skand. Arch. 40, 1; 1920. — Biochem. Zs 258, 48; 1933.

nahestehenden Verbindungen gegenüber eine charakteristische Eigenschaft, die Thunberg[1] als „Fixierungsspezifität" bezeichnet. Malonsäure wirkt ausserordentlich stark, Oxalsäure etwas weniger, Glutarsäure und Adipinsäure nur schwach hemmend auf die Entfärbung von Methylenblau durch Bernsteinsäure. Hier handelt es sich zweifellos um eine partielle Verdrängung des Donators von der Enzymoberfläche durch Substanzen, welche zwar an dieser fixiert, nicht aber aktiviert werden. Dieses Verhalten, das bei zahlreichen anderen Fermenten beobachtet wurde, widerlegt eine Auffassung Woolfs[2], wonach Bindung eines Substrats an ein Enzym und Aktivierung des ersteren identische Phasen wären.

Die von Thunberg[3] zur Deutung der — übrigens auch gegenüber zahlreichen anderen Dehydrasen tierischen und pflanzlichen Ursprungs beobachteten — Hemmungswirkung von Oxalsäure noch angeführte Möglichkeit, dass ausser der reinen „Gift"wirkung auch eine Konkurrenz der Oxalsäure mit dem Methylenblau in der Acceptorfunktion vorliegen könnte, ist auf Grund der geringen Hydrierungsenergie der Oxalsäure (3,5 kcal. für den Übergang in Ameisensäure gegenüber 24,5 für die Hydrierung des Methylenblaus, nach Tab. 14, S. 150) mit Sicherheit auszuschliessen.

β) Der Spezifitätsbegriff bei anderen Dehydrasen. Es ist sicherlich von Interesse, den wechselnden Inhalt des Begriffs „Gruppenspezifität" an einer Anzahl von Fällen, in denen eine relativ weitgehende Reinigung des von der Struktur der Zelle abgetrennten Enzyms gelungen ist, kennenzulernen.

Die Aldehyddehydrase[4] aus Kartoffel reagiert ausschliesslich mit Aldehyden, und zwar sowohl mit aliphatischen als mit aromatischen, ohne dass sich — nach der allerdings nur orientierenden Untersuchung — gewisse gesetzmässige Unterschiede in der Reaktionsgeschwindigkeit beider Gruppen zeigen würden. Alkohole, Ketone, Zucker, Carbonsäuren, Oxypurine und verschiedene andere Stoffklassen zeigen im vorliegenden Falle keine Donatoreigenschaften. Als Acceptoren vermögen Methylenblau, die Clarkschen Redoxindicatoren (S. 144), Chinon, Dinitrobenzol und Nitrate zu dienen, möglicherweise auch Sauerstoff, doch scheint das Enzym durch Aldehyd + Sauerstoff, auch in Gegenwart von Katalase, rasch zerstört zu werden.

Auch die Aldehyddehydrase der Milch, deren Verschiedenheit von der Xanthindehydrase nach den früher (S. 210f.) besprochenen Untersuchungen Wielands wohl erwiesen ist, beschränkt sich auf den ausschliesslichen Umsatz von Aldehyden, wobei hinsichtlich ihrer Donatoreigenschaft die aromatischen Glieder den aliphatischen allerdings um rund eine Grössenordnung überlegen sein dürften[5]. Sämtliche oben bei der Kartoffeldehydrase erwähnten Acceptoren haben sich auch bei der Milchdehydrase als wirksam erwiesen.

---

[1] T. Thunberg, Skand. Arch. 40, 1; 1920. — Biochem. Zs 258, 48; 1933.
[2] B. Woolf, Biochem. Jl 25, 342; 1931.
[3] T. Thunberg, Skand. Arch. 40, 1; 1920.
[4] F. Bernheim, Biochem. Jl 22, 344; 1928.
[5] H. Wieland u. Rosenfeld, A. 477, 32; 1929.

Die **Xanthindehydrase** der Milch, deren Trennung von der Aldehyddehydrase bisher allerdings noch nicht quantitativ geglückt ist, vermag alle voranstehend genannten Acceptoren — nach Dixon[1] ausserdem noch H_2O_2, $KMnO_4$, Jod, Pikrinsäure, Alloxan, Guajakblau und andere Farbstoffe —, sowie die nachstehend angeführten Donatoren zu verwenden[2]:

$$\begin{array}{cccc}
\overset{1}{N}H-\overset{6}{C}O & NH-CO & NH-CO & NH-CO \\
| \quad | & | \quad | & | \quad | & | \quad | \\
H\overset{2}{C} \quad {}^5C-\overset{7}{N}H & OC \quad C-NH & HC \quad C-NH & SC \quad C-NH \\
\| \quad \| \quad \underset{9}{\overset{8}{>}}CH & | \quad \| \quad >CH & \| \quad \| \quad >CO & | \quad \| \quad >CH \\
N^3-{}^4C-N & NH-C-N & N--C-NH & NH-C-N \\
\text{Hypoxanthin} & \text{Xanthin} & \text{6,8-Dioxypurin} & \text{Thioxanthin}
\end{array}$$

Die relativen Reaktionsgeschwindigkeiten der vier Purinkörper mit Methylenblau (bei etwa 0,1%iger Purinkonzentration) verhalten sich wie 2 : 1 : 0,9 : 0,64, wobei zu berücksichtigen ist, dass Hypoxanthin im Vergleich zu den anderen Stoffen ja doppeltes Reduktionsvermögen besitzt. Eine minimale Reduktionswirkung (0,02) von Adenin (6-Aminopurin) geht wahrscheinlich auf Verunreinigung mit Oxypurin oder die Gegenwart von Adenase (S. 96) zurück.

Bei der Xanthindehydrase ist auch die hemmende Wirkung von Substanzen, welche zwar am Enzym adsorbiert, nicht aber aktiviert werden, besonders eingehend untersucht worden.

Als kräftige **Inhibitoren** erwiesen sich: Harnsäure, 1-Methylxanthin, 3-Methylxanthin, Guanin (2-Amino-6-Oxypurin), 1-Methylguanin, 7-Methylguanin, 1,7-Dimethylguanin; als mässig starke: 8-Methylxanthin und 9-Methylxanthin, während 1,3-Dimethylxanthin, 3,8-Dimethylxanthin, Theobromin (3,7-Dimethylxanthin), Coffein (1,3,7-Trimethylxanthin) sowie verschiedene andere entweder nur den Pyrimidin- oder den Imidazolring enthaltende Substanzen sich so gut wie wirkungslos zeigten. Den einfachsten Amino- und Methylsubstitutionsprodukten der Oxypurine kommen also im allgemeinen auch die stärksten Hemmungswirkungen zu, während Häufung der Methylgruppen den Effekt herabsetzt. Das Vorliegen des kompletten Purinkerns ist offenbar Voraussetzung effektiver Adsorption, eine mässige Hemmungswirkung des Alloxans geht wahrscheinlich auf die Acceptorfunktion desselben in Konkurrenz mit der des Methylenblaus zurück.

Die **Lacticodehydrase**[3] aus Hefe arbeitet mit Methylenblau, nicht jedoch mit Sauerstoff, Hydroperoxyd (selbst nicht in Gegenwart von Peroxydase) oder Nitrat als Acceptor. Sie dehydriert nur Milchsäure und — wenn auch erheblich langsamer — α-Oxybuttersäure. Brenztraubensäure, Oxalsäure und Glycerinsäure hemmen. Die Milchsäuredehydrase aus Bacterium coli hat offenbar dieselben Eigenschaften wie diejenige aus Hefe[4].

Die **Citricodehydrase**[3] aus Leber oxydiert ausschliesslich Citronensäure, wobei Methylenblau und Dinitrobenzol, nicht dagegen Sauerstoff und Nitrate als Acceptoren dienen können. Keine der biologisch wichtigeren

---

[1] M. Dixon, Biochem. Jl 20, 703; 1926.
[2] H. J. Coombs, Biochem. Jl 21, 1259; 1927.
[3] F. Bernheim, Biochem. Jl 22, 1178; 1928.
[4] M. Stephenson, Biochem. Jl 22, 605; 1928. — Vgl. auch J. Banga, Szent-Györgyi u. Vargha, H. 210, 228; 1932.

Carbonsäuren, wie Bernsteinsäure, Weinsäure oder Milchsäure wirkt hemmend, lediglich Aconitsäure, das Dehydratationsprodukt der Citronensäure, zeigt einen derartigen Effekt.

Die im vorangehenden angeführten Befunde, die sich auf, wenigstens annähernd, gereinigte Enzympräparate von reproduzierbarer Funktion beziehen, haben wohl in aller Deutlichkeit erkennen lassen, wie stark der Inhalt des Begriffs „Spezifität" — vor allem Substrat-, daneben aber auch Acceptorspezifität — von Fall zu Fall wechselt. Von der Citrico- und der Succinodehydrase über die Lactico- (bzw. α-Oxysäuren-) Dehydrase und die Xanthindehydrase bis zu den Aldehyddehydrasen hat man alle Übergänge von einer — wenigstens so weit unsere jetzigen Kenntnisse reichen — absoluten (Individual-) Spezifität bis zu einer unter Umständen recht weitläufigen Gruppenspezifität. Vergleicht man daneben etwa die Lacticodehydrase mit der Xanthin- oder Aldehyddehydrase, so sieht man, dass analoge Verhältnisse auch hinsichtlich der Acceptorspezifität herrschen. Die in der früheren Entwicklung der Dehydrierungstheorie hie und da auftauchende Idealvorstellung von einer absoluten Donatorspezifität der dehydrierenden Enzyme bei fehlender Acceptorspezifität hat den eingehenderen Untersuchungen namentlich des letzten Jahrzehnts nicht standhalten können (vgl. S. 210).

Ungleich häufiger als die Fälle geglückter Abtrennung einheitlicher Enzymwirkungen sind natürlich die, wo man erst zur Darstellung von Enzympräparaten mit einer mehr oder weniger begrenzten Anzahl von Wirkungen gelangt ist, die man aber doch auf Grund gewisser Indizien als verschiedenen Enzymen zukommend betrachten muss. Das Enzymsystem der Milch mit seiner Doppelwirkung auf Aldehyde und Oxypurine, die Rohsuccinodehydrase Thunbergs, die ausserdem noch Glycerinphosphorsäure und Hexosediphosphat aktiviert, sind einige typische Beispiele, deren Zahl sich fast beliebig vermehren liesse.

Die Methoden, die der heutigen Fermentforschung zur Verfügung stehen, um auch in solchen Fällen den Nachweis für das Vorliegen zweier (oder mehrerer) verschiedener Enzymindividuen führen zu können, sind im wesentlichen folgende[1]:

1. Durch fraktionierte Extraktion, Fällung, Adsorption und Elution (evt. bei verschiedenem pH) lässt sich zum wenigsten eine Verschiebung im Verhältnis der beiden Einzelwirkungen erzielen.

Bisweilen tritt eine derartige Differenzierung sogar freiwillig ein, so bei der Milch, wo im Verlauf einiger Tage beim blossen Stehen eine Aktivitätssteigerung der Xanthindehydrase auf das Dreifache bei unveränderter Aldehyrasewirkung beobachtet wird. Änderung der Adsorptionsverhältnisse infolge Vergrösserung der Milchfettkügelchen scheint die Ursache der merkwürdigen Erscheinung zu sein[2].

---

[1] Vgl. z. B.: J. B. S. Haldane, Enzymes, London 1930.
[2] H. Wieland u. Macrae, A. 483, 217; 1930.

2. Unterschiede in der Thermo- oder Kryolabilität, in der Empfindlichkeit gegen Narkotica und Gifte, gegen pH-Änderungen, Bestrahlung und verschiedene andere chemische und physikalische Einflüsse lassen ebenfalls auf die Existenz verschiedener Enzymindividuen schliessen.

3. Bei der Einwirkung zweier verschiedener Enzyme auf Substrate aus der Klasse der Nichtelektrolyte erhält man — bei Einhaltung optimaler Konzentrationsbedingungen — im allgemeinen verschiedene pH-Aktivitätskurven.

4. Bestimmt man in einem Ansatz die Reaktionsgeschwindigkeit mit dem Donator I in optimaler Konzentration, in einem zweiten Ansatz dieselbe mit dem Donator II gleichfalls in optimaler Konzentration, so muss in einem dritten Ansatz mit beiden Donatoren zusammen (in optimaler Konzentration) ein Additionseffekt, zum mindesten eine beträchtlich höhere Reaktionsgeschwindigkeit als im rascher verlaufenden der beiden Teilansätze, beobachtet werden, für den Fall, dass zwei verschiedene Enzyme vorliegen (vgl. Abb. 26, S. 211). Dieses am häufigsten angewandte Kriterium ist gleichwohl, wie am Fall des Schardinger-Enzyms (S. 210) gezeigt, bisweilen gewissen Einschränkungen unterworfen.

5. Das zahlenmässige Intensitätsverhältnis zweier Enzymwirkungen schwankt im allgemeinen beim Vorliegen nichtidentischer Fermente, wenn man möglichst verschiedene Ausgangsmaterialien zur Enzymdarstellung verwendet. Bisweilen gelingt es im Verlaufe derartiger Untersuchungen tatsächlich, die eine Wirkung nichtassoziiert mit der zweiten zu beobachten, wofür im Enzympaar Succinodehydrase-Glycerophosphatdehydrase früher (S. 216) ebenfalls schon ein Beispiel angeführt worden ist.

6. Während identische Enzyme häufig das gleiche Coferment bzw. den gleichen Aktivator zur Entfaltung maximaler Wirksamkeit benötigen, braucht diese Bedingung bei verschiedenen Enzymen natürlich nicht erfüllt zu sein. Entweder hat das eine Enzym überhaupt keinen Aktivator nötig oder die beiden Fermente bedienen sich verschiedener Aktivatoren.

Die Anwendbarkeit dieses Kriteriums schien bis in die letzten Jahre auf die kohlehydratabbauenden Enzyme beschränkt zu sein (vgl. den Fall Succinodehydrase-Hexosediphosphatdehydrase S. 216); in der allerneuesten Zeit mehren sich jedoch die Angaben, dass auch bei der Dehydrierung von Oxysäuren Coenzyme eine wichtige Rolle spielen (vgl. S. 108, ferner[1]).

Mit Hilfe der oben angeführten kritischen Prüfungsmethoden — es ist selbstverständlich, dass im gegebenen Falle keineswegs alle Bedingungen zugleich erfüllt sein brauchen bzw. können — ist man heute so weit gekommen, dass man eine ganze Anzahl enzymatischer Wirkungen distinkten, spezifischen Fermenten zuordnen kann. Ausser den schon früher erwähnten Dehydrasen der Bernsteinsäure, Milchsäure (bzw. α-Oxybuttersäure), Citronensäure,

---

[1] J. Banga u. Szent-Györgyi, H. 217, 39; 1933. — J. Banga, Laki u. Szent-Györgyi, H. 217, 43; 1933. — B. Anderson, H. 217, 186; 1933.

der Oxypurine und Aldehyde sind noch für folgende Substrate spezifisch eingestellte, dehydrierende Enzyme mit ziemlicher Sicherheit bekannt: Oxalsäure, Äpfelsäure, β-Oxybuttersäure, α-Oxyglutarsäure, Glycerinphosphorsäure, Hexosediphosphorsäure, Glucose ($\to$ Gluconsäure).

Die Oxydation der Oxalsäure (mit Pflanzensamenextrakten), die auch in praktisch neutraler Lösung vor sich geht, formuliert Thunberg[1] als Dehydrierung einer Orthooxalsäure:

$$\begin{array}{c} \text{C}\!\!<\!\!\genfrac{}{}{0pt}{}{\text{OK}}{\genfrac{}{}{0pt}{}{\text{OH}}{\text{OH}}} \\ | \\ \text{C}\!\!<\!\!\genfrac{}{}{0pt}{}{\genfrac{}{}{0pt}{}{\text{OH}}{\text{OH}}}{\text{OK}} \end{array} \xrightarrow{-2\,\text{H}} 2\,\text{C}\!\!<\!\!\genfrac{}{}{0pt}{}{\genfrac{}{}{0pt}{}{\text{OK}}{\text{OH}}}{\text{O}}$$

In ähnlicher Weise lässt sich auch die Dehydrierung der Citronensäure, die jedenfalls nur unter gleichzeitiger CO_2-Abspaltung möglich ist, formal durchführen:

$$\begin{array}{c} \text{KO}_2\text{C}\cdot\text{CH}_2 \\ | \\ \text{C(OH)}\!\!-\!\!\text{C}\!\!<\!\!\genfrac{}{}{0pt}{}{\genfrac{}{}{0pt}{}{\text{OK}}{\text{OH}}}{\text{OH}} \\ | \\ \text{KO}_2\text{C}\cdot\text{CH}_2 \end{array} \xrightarrow{-2\,\text{H}} \begin{array}{c} \text{KO}_2\text{C}\cdot\text{CH}_2 \\ | \\ \text{CO} \\ | \\ \text{KO}_2\text{C}\cdot\text{CH}_2 \end{array} + \text{KHCO}_3$$

Ob es dagegen eigentliche, d. h. an der NH_2-Gruppe angreifende Aminosäuredehydrasen gibt, war bis in die allerletzte Zeit hinein mehr als fraglich, ist aber heute ebenfalls so gut wie sicher.

Glutaminsäure erwies sich zwar nach Versuchen Thunbergs, Quastels u. a. sowohl gegenüber Muskelgewebe als auch Pflanzensamen und gewissen Bakterien als ein guter Donator. Das Donatorvermögen einiger anderer Aminosäuren, wie Alanin und Asparaginsäure — Ahlgren[2] nimmt im letzteren Falle zudem primäre Hydrolyse zu Äpfelsäure an —, war so wenig ausgesprochen, dass die Sonderstellung der Glutaminsäure eigentlich mehr gegen als für die Existenz echter Aminosäuredehydrasen sprach. Auch Wieland[3] hält eine Dehydrierung am C-Gerüst im Fall der Glutaminsäure für durchaus möglich. Allerdings muss man bedenken, dass diese Versuche stets nur mit Methylenblau als Acceptor ausgeführt worden sind. Gleichartige Erfahrungen mit diesem Acceptor in Modellversuchen (S. 172) zusammen mit neueren Befunden über die Acceptorspezifität der Enzyme (Abschn. c) lassen jedenfalls eine Wiederholung dieser Experimente mit anderen Acceptoren sehr wünschenswert erscheinen.

Vor kurzem hat nun Krebs[4] gezeigt, dass Nierengewebe wie auch Phosphatextrakte (pH 7,4) aus Niere die verschiedensten Aminosäuren oxydativ umzusetzen vermögen. Bei Gegenwart von HCN oder As_2O_3 $\left(\frac{m}{500}-\right)$, welche den Abbau von Ketosäuren stark, den der Aminosäuren interessanterweise aber kaum hemmen, lässt sich die nach der Gleichung

$$\text{R}\cdot\text{CH}(\text{NH}_2)\cdot\text{CO}_2\text{H} \xrightarrow[-2\,\text{H}]{+\text{H}_2\text{O}} \text{R}\cdot\text{CO}\cdot\text{CO}_2\text{H} + \text{NH}_3$$

gebildete Ketocarbonsäure quantitativ erfassen. Obwohl Versuche mit anderen Acceptoren als Sauerstoff nicht ausgeführt worden sind, deutet doch

---

[1] T. Thunberg, Skand. Arch. 54, 6; 1928.
[2] G. Ahlgren, Soc. Biol. 90, 1187; 1924.
[3] H. Wieland u. Bergel, A. 439, 196; 1924.
[4] H. A. Krebs, Klin. Ws. 11, 1744; 1932. — H. 217, 191; 218, 157; 1933.

die Unempfindlichkeit der Reaktion gegen HCN auf einen echten Dehydrierungsvorgang hin. Am kräftigsten werden Alanin, Phenylalanin, Asparaginsäure, Glutaminsäure und Ornithin abgebaut, eine Sonderstellung der Glutaminsäure tritt jedoch nicht hervor. Die bisherigen Ergebnisse scheinen auch hier auf Gruppenspezifität hinzuweisen.

Ähnlich wie die Frage nach dem Spezifitätsgrad der Aminosäuredehydrasen bedarf auch diejenige nach der Spezifität der neuerdings offenbar aufgefundenen Dehydrasen der höheren Fettsäuren weiterer experimenteller Untersuchung (Literatur S. 84).

Nach Befunden an Bakterien (z. B. Bacterium coli), die Ameisensäure als einen ungemein kräftigen, Bernsteinsäure und Milchsäure weit überlegenen Wasserstoffdonator verwenden können[1], dürfte die Existenz einer Formicodehydrase, die allerdings bisher noch nicht von der Bakterienzelle getrennt werden konnte, sehr wahrscheinlich sein.

Sehr interessant ist ferner eine Beobachtung von Stephenson und Stickland[2], wonach eine ganze Anzahl von Bakterien molekularen Wasserstoff gegenüber den verschiedensten Acceptoren, wie Sauerstoff, Methylenblau, Nitrat, Fumarat, die bekannten Schwefelbakterien auch gegen Sulfat, Sulfit und Thiosulfat zu aktivieren vermögen. Das gleiche Enzym soll auch an der mit Bakterien beobachteten Entwicklung von freiem Wasserstoff aus Ameisensäure beteiligt sein, soll also die reversible Reaktion

$$H_2 \rightleftharpoons 2H$$

katalysieren. Mit diesen „Hydrogenasen" wäre das letzte noch ausstehende und lange gesuchte biologische Analogon zur bekannten wasserstoffaktivierenden Wirkung der Platinmetalle gefunden.

γ) **Zur stereochemischen Spezifität der Dehydrasen.** Zuletzt sei noch mit wenigen Worten auf die stereochemische Spezifität der dehydrierenden Enzyme hingewiesen. Dass auch eine derartige Spezifität bestehen muss, hat man schon relativ früh vermutet, vor allem auf Grund der Tatsache, dass die Hefeenzyme nur die d-Formen der Glucose, Fructose, Mannose (und allenfalls Galaktose) angreifen. Thunberg[3] hat dann ähnliche Erfahrungen an seinen Froschmuskelpräparaten gemacht. Es zeigte sich nämlich, dass sowohl durch Methylenblau als Dinitrobenzol Linksweinsäure und Mesoweinsäure sehr kräftig, Rechtsweinsäure kaum dehydriert wird.

Ob man es bei der Dehydrierung der Weinsäure mit einem spezifisch eingestellten Enzym zu tun hat oder ob sie noch ins Wirkungsbereich der Äpfelsäuredehydrase fällt, ist wohl noch nicht entschieden.

Diese Beobachtung war insofern überraschend, als nach Stoffwechselversuchen am Hund d- und l-Form gleich rasch umgesetzt werden[4], und von Pilzen wie Penicillium glaucum bekanntlich sogar die d-Weinsäure ausschliesslich verzehrt wird; andererseits stimmt sie gut mit anderen Erfahrungen über die Konfiguration der biologisch bedeutsamen Substanzen überein,

---

[1] Vgl. J. H. Quastel, Erg. Enzymforsch. 1, 209; 1932.
[2] M. Stephenson u. Stickland, Biochem. Jl 25, 205, 215; 1931.
[3] T. Thunberg, Skand. Arch. 40, 1; 1920. — Arch. néerland. physiol. 7, 240; 1922.
[4] C. Neuberg u. Saneyoshi, Biochem. Zs 36, 32; 1911.

die genetisch meist der Reihe der l-Weinsäure angehören, z. B. die Aminosäuren, Äpfelsäure, Milchsäure usw. Lehmann[1] hat dann gezeigt, dass hier von Tiergattung zu Tiergattung beträchtliche Unterschiede bestehen.

Muskulatur von Maus und Aal lässt d-Weinsäure vollständig unverändert, solche von Krebs, Frosch und Mensch dehydriert sie 4—10mal langsamer als die l-Form, während Goldbutt, Kaninchen und Rind beide ungefähr gleich stark angreifen. Die beiden Enzymwirkungen scheinen ein etwas verschiedenes pH-Optimum zu besitzen, desgleichen erscheint das dehydrierende Enzym der l-Weinsäure als das empfindlichere gegenüber extrem hohen und niedrigen Temperaturen.

Auch für die Malicodehydrase aus Pflanzensamen hat Thunberg[2] vor kurzem ähnlich starke Unterschiede in der Angreifbarkeit von l- und d-Form des Substrats nachgewiesen. Während l-Äpfelsäure ein ausgeprägter Wasserstoffdonator ist, ist die Donatorfunktion der d-Form unsicher, zum mindesten nur schwach entwickelt. Auch von Muskelpräparaten wird nach Ahlgren[3] die l-Form erheblich leichter angegriffen als die d-Form.

Für den Abbau der β-Oxybuttersäure fand Kühnau[4], dass Enzymlösungen aus Rindsleber die rechtsdrehende Form 3—5mal rascher zum Verschwinden bringen als die linksdrehende, was mit gewissen Stoffwechselbefunden von Dakin[5] und Marriot[6] über den bevorzugten Abbau der Rechtsform im Säugetierkörper im Einklang steht.

Bei der Dehydrierung der Aminosäuren durch Schnitte und Extrakte von Rattenniere (S. 222) machte Krebs[7] die unerwartete Beobachtung, dass die natürlichen Formen, wie z. B. d-Alanin, l-Leucin, l-Asparaginsäure, erheblich langsamer angegriffen werden als die nicht natürlichen Formen. In der menschlichen Niere findet man dagegen nur unwesentliche, jedoch in gleicher Richtung liegende Unterschiede. Es ist auch hier auf ältere Befunde (von Embden[8]) zu verweisen, wonach künstlich durchblutete Leber aus dem nicht natürlichen d-Leucin schneller Aceton bildet als aus dem natürlichen l-Leucin.

Zusammenfassend kann man demnach wohl sagen, dass eine optische Selektivität der dehydrierenden Fermente ausser Zweifel steht, obwohl zwischen Ferment- und Stoffwechselversuch öfters keine einfache Beziehungen zu erkennen sind.

In diesem Zusammenhang verdient noch auf eine andere Form der stereochemischen Spezifität hingewiesen zu werden, nämlich die, welche sich in der optischen Aktivität oder besonderen Konfiguration des Reaktionsproduktes äussert. Es ist ja an sich nicht selbstverständlich, dass beispielsweise die enzymatische Dehydrierung der Bernsteinsäure ausschliesslich die trans-Form des Dehydroprodukts, die Fumarsäure, liefert und es ist nicht minder bemerkenswert,

---

[1] J. Lehmann, Skand. Arch. 42, 266; 1922.
[2] T. Thunberg, Biochem. Zs 258, 48; 1933.
[3] G. Ahlgren, Act. med. scand. 57, 508; 1923.
[4] J. Kühnau, Biochem. Zs 200, 29, 61; 1928.
[5] H. D. Dakin, Jl biol. Chem. 8, 97; 1910.
[6] Mc K. W. Marriot, Jl biol. Chem. 18, 241; 1914.
[7] H. A. Krebs, Klin. Ws. 11, 1744; 1932.
[8] G. Embden, Hofm. Beitr. 11, 348; 1908.

dass die Hydratisierung der letzteren unter dem Einfluss der Fumarase l-Äpfelsäure ergibt, also gerade die enzymatisch leichter dehydrierbare Form. Bedenkt man allerdings, dass die angeführten Reaktionen unter Umständen reversibel verlaufen können, so hat man für den Fall der rückläufigen Reaktion einfache stereochemische Substratspezifität. Die Spezifität hinsichtlich des Reaktionsprodukts erscheint also als einfache Folge der Reversibilität der betreffenden Reaktionssysteme.

Ein weiteres hierhergehöriges Beispiel hat man an der Ketonaldehydmutase, welche Glyoxal und seine Substitutionsprodukte in die entsprechenden Glykolsäuren überführt, wobei — abgesehen vom Grundfall — Körper mit einem asymmetrischen Kohlenstoffatom gebildet werden. Dakin und Dudley[1] zeigten, dass bei Einwirkung des (tierischen) Enzyms aus Benzyl- und Isobutylglyoxal fast oder überhaupt ausschliesslich d-Phenylmilchsäure bzw. d-Leucinsäure gebildet werden, während aus Phenyl- und Methylglyoxal ein Überschuss der linksdrehenden Säuren (Mandel- bzw. Milchsäure) neben merklichen Mengen der d-Formen entstehen. Die stereochemische Spezifität hinsichtlich des Dismutationsproduktes ist also nahezu oder tatsächlich absolut in den beiden ersten Fällen, relativ in den beiden anderen.

Neuere Untersuchungen haben die überragende Bedeutung von Herkunft und Zustandsform des Enzyms für die optische Richtung des Reaktionsverlaufs dargetan[2]. So entsteht aus Phenylglyoxal unter dem Einfluss der aus Essigbakterien gewonnenen Ketonaldehydmutase in praktisch quantitativer Ausbeute linksdrehende Mandelsäure, während bei Verwendung des entsprechenden Enzyms aus Milchsäurebakterien sich Mandelsäure (in gleichfalls 100%-iger Ausbeute) mit einer nicht ganz so hohen, aber immerhin 84%igen, diesmal nach rechts weisenden Drehkraft isolieren liess. Aus Methylglyoxal und (Unter-) Hefe lässt sich je nach der Verwendung lebender Zellen oder Macerationssäften entweder reine d(-)Milchsäure oder reine racemische Milchsäure gewinnen.

Auch beim intermolekularen Dismutationsprozess sind, selbst bei Verwendung ganz nahe verwandter Organismen (z. B. aus der Klasse der Essigbakterien), ähnliche Verschiedenheiten im Reaktionsablauf beobachtet worden. So gibt d,l-Valeraldehyd mit B. ascendens lävogyren, mit B. pasteurianum rechtsdrehenden und mit B. xylinum inaktiven Amylalkohol.

e) Die Wirkung der Blausäure (und anderer Gifte) nach der Dehydrierungstheorie.

α) Beobachtungen über hemmbare und nichthemmbare Oxydationsvorgänge.

Die schon in kleinsten Konzentrationen ungemein ausgeprägte atmungshemmende Wirkung der Blausäure ist um die Mitte des vorigen Jahrhunderts von Claude Bernard[3] entdeckt und näher beschrieben worden. Später beobachtete man, dass anaerobe Lebensäusserungen, etwa von der Art der Hefegärung, durch dieses Gift nicht oder zum mindesten nur in unvergleichlich geringerem Ausmass beeinflusst werden[4]. Besonders interessant war die Feststellung, dass diese unterschiedliche Beeinflussbarkeit von Aerobiose und Anaerobiose auch an einem und demselben Organismus wahrzunehmen ist: gut atmende Hefesorten, wie Bäckerhefe, werden durch HCN-Konzentrationen von 10^{-4} bis 10^{-3} Mol/l in ihrer Atmung praktisch vollständig, in ihrem Gärvermögen so gut wie nicht gehemmt[5].

---

[1] H. D. Dakin u. Dudley, Jl biol. Chem. 14, 155, 423; 1913. — 15, 463; 1913. — 16, 505; 1914.

[2] C. Neuberg u. Kobel, Naturwiss. 16, 392; 1928.

[3] Cl. Bernard, Leçons sur les effets des substances toxiques et médicamenteuses, Paris 1857.

[4] E. u. H. Buchner u. Hahn, Die Zymasegärung, München 1903.

[5] O. Warburg, Biochem. Zs 165, 196; 1925. — E. Negelein, Biochem. Zs 165, 203; 1925.

Ähnliche Beobachtungen sind auf dem Gesamtgebiet der Enzymchemie — sei es nun, dass es sich um Untersuchungen am Gesamtorganismus niederer Lebewesen, am isolierten Gewebe oder an Fermentlösungen handelte — immer wieder gemacht worden. Einer starken HCN-Empfindlichkeit der Sauerstoffreaktion steht Unempfindlichkeit oder geringe Beeinflussbarkeit der Reaktion mit anderen Acceptoren, wie Methylenblau und Chinon, gegenüber.

Nachdem O. Warburg in zahlreichen Untersuchungen (von 1921 ab) die fundamental wichtige Funktion des Eisens sowohl bei nichtenzymatischen wie enzymatischen Oxydationsprozessen nachgewiesen hatte, lag eine plausible Erklärung der HCN-Hemmung zur Hand: das Eisen wird an seiner sauerstoffaktivierenden Funktion durch die komplexbildende Blausäure verhindert.

Freilich konnte es sich bei diesen unwirksamen Komplexen — wenigstens in biologischen Fällen — nicht um die bekannten stabilen Fe^{II}- und Fe^{III}-Cyanide handeln, da die HCN-Hemmung enzymatischer Reaktionen meist weitgehend reversibel ist. Da andererseits um dieselbe Zeit erheblich lockerere, teilweise reversible Blausäureverbindungen — z. B. von Hämoglobin bzw. Methämoglobin, Hämatin usw. — bekannt bzw. näher studiert wurden[1], waren Einwände in dieser Richtung nicht stichhaltig. Dass die HCN-Hemmung von Oxydationen eine spezifisch-chemische und nicht nur eine unspezifische Oberflächenwirkung, wie sie von zahlreichen Narkotica, z. B. Alkoholen, Urethanen, Harnstoffderivaten usw. ausgeübt wird, darstellt, schien nach Warburgs Messungen an eisenhaltiger Tierkohle, die in mancher Hinsicht ein geeignetes Modell der atmenden Zelloberfläche darstellen dürfte, sehr wahrscheinlich: Blausäure wirkt um mehrere Grössenordnungen stärker, als ihrer Adsorptionskonstante entspricht[2].

Die ungezwungene Erklärung, welche die Anhänger der Sauerstoffaktivierungstheorie für die HCN-Hemmung zu geben vermögen, hat kein rechtes Gegenstück im System der Dehydrierungstheorie. Die Forderung nach der Einheit von Oxydase, Redukase und Mutase (Abschn. b, S. 204 f.) lässt eigentlich keinen Platz für eine derartig verschiedene Beeinflussung der ersten gegenüber den beiden anderen Funktionen, wie sie eben mit Blausäure tatsächlich beobachtet wird.

Für die Bernsteinsäuredehydrierung durch Muskelbrei hat K. C. Sen[3] festgestellt, dass echte Narkotica (Äthyl- und Phenylurethan, Diäthyl- und Phenylharnstoff, Vanillin) Sauerstoff- und Methylenblaureduktion im gleichen Ausmass hemmen. Blausäure und Nitrile dagegen hemmten spezifisch die Reaktion mit Sauerstoff.

Es ist ein merkwürdiger Zufall, dass das erste von Wieland eingehend studierte Fermentsystem, das Schardinger-Enzym (bzw. die Xanthindehydrase) der Milch, zu den relativ wenigen Beispielen gehört, in denen Blausäure nur unbedeutende und zudem aerob wie anaerob annähernd gleiche Wirkung ausübt. In neuerer Zeit sind — bemerkenswerterweise zum Teil durch Warburg — einige weitere Fälle derartiger giftunempfindlicher

---

[1] Z. B.: F. Haurowitz, H. 138, 68; 1924. — 151, 130; 1925. — 169, 235; 1927. — R. Zeyneck, Med. Klinik 21, 1201; 1925.

[2] O. Warburg, Biochem. Zs 119, 134; 1921.

[3] K. C. Sen, Biochem. Jl 25, 849; 1931.

Reaktionen bekanntgeworden. Lebedew-Saft aus Bäckerhefe veratmet Zucker, qualitativ genau wie die lebende Zelle. Während aber die Atmung der intakten Zelle durch Blausäure (wie auch CO und H_2S) stark gehemmt wird, erfährt der Sauerstoffumsatz des Macerationssaftes durch diese Gifte keine Beeinflussung[1]. Ferner haben Warburg und Christian[2] ein wasserlösliches Ferment-Cofermentsystem aus Hefe- bzw. Blutzellen beschrieben, das molekularen Sauerstoff auf Hexosemonophat überträgt, aber weder durch HCN noch durch CO gehemmt wird. Schliesslich kennt man eine ganze Anzahl niederer Organismen, deren Atmung gegen den deletären Einfluss der Blausäure gefeit zu sein scheint oder von der Anwesenheit dieses Giftes zum mindesten nur sehr wenig berührt wird (Bakterien wie Sarcina[3] und besonders die Milchsäurebakterien[4], Alge Chlorella[5], Protozoen wie Colpidium[6] und Paramaecium[7]). Aber diese Fälle stellen eben doch im wesentlichen Ausnahmen dar; schon die weitaus überwiegende Mehrzahl der einzelligen Lebewesen ist hinsichtlich ihrer Atmung blausäureempfindlich und diese Empfindlichkeit steigert sich im allgemeinen mit aufsteigender phylogenetischer Ordnung der Organismen. Nach Untersuchungen vor allem von Warburg und Keilin finden sich in allen aerob lebenden Organismen häminartige, respiratorische Farbstoffe (Atmungsferment, Cytochrom) vor, während sie in gewissen anaeroben Bakterien fehlen. Bertho und Glück[4] haben an den zur letzteren Gruppe gehörenden Milchsäurebakterien nachgewiesen, dass deren Umstellung auf Aerobiose zu einer blausäureunempfindlichen Atmung führt, die als erstes Reduktionsprodukt des Sauerstoffs in so gut wie quantitativer Ausbeute Hydroperoxyd entstehen lässt.

Wie man sieht, kommt also auch der einfachen Erklärung der HCN-Hemmung, wie sie die Sauerstoffaktivierungstheorie zu bieten hat, keine allgemeine Gültigkeit zu. Am auffallendsten gelangt dies in den Beobachtungen an Hefe zum Ausdruck: Die Atmung der lebenden Hefe wird durch HCN stark gehemmt, die des Macerationssaftes nicht beeinflusst. Hierher gehört auch die Beobachtung von Dixon und Elliott[8], dass die Atmung von Leber, Niere und Milz in Phosphatpuffer — in dem nach Warburg und Alt[9] die Zellen geschädigt werden — nicht vollständig (sondern wechselnd

---

[1] O. Warburg, Biochem. Zs 231, 493; 1931.

[2] O. Warburg u. Christian, Biochem. Zs 238, 131; 1931. — 242, 206; 1931. — 254, 438; 1932. — Naturwiss. 20, 980; 1932.

[3] R. W. Gerard, Biol. Bull. 60, 227; 1931.

[4] O. Meyerhof u. Finkle, Chem. Zelle Gew. 12, 157; 1925. — A. Bertho u. Glück, A. 494, 159; 1932.

[5] E. Negelein, Biochem. Zs 165, 203; 1925.

[6] R. A. Peters, Jl Physiol., Proc. 68, 2; 1929.

[7] E. J. Lund, Am. Jl Physiol. 45, 365; 1918.

[8] M. Dixon u. Elliott, Biochem. Jl 23, 812; 1929. Vgl. das neuere umfassendere Material von B. Kisch, Biochem. Zs 263, 75; 1933.

[9] O. Warburg, Biochem. Zs 231, 493; 1931. — H. L. Alt, Biochem. Zs 221, 498; 1930.

zwischen 40 und 90%) gehemmt wird, während bei fehlender Zellschädigung z. B. in Bicarbonatpuffer nach den beiden letztgenannten Autoren die Atmungshemmung bis auf wenige Prozente komplett wird. (S. auch Kap. IX, 6d.)

Man hat also den Eindruck, dass es zwei verschiedene Arten von Atmung gibt: eine blausäureempfindliche, die für die intakte Zelle — mit Ausnahme einiger niederer Organismen (s. oben) — die typische ist; und eine blausäureunempfindliche, der ersteren grössenmässig im allgemeinen stark unterlegen, die wir — ausser in den oben zitierten Fällen — beim Studium der geschädigten Zelle, gewisser Zellextrakte und Enzympräparate beobachten. Um eine Vorstellung vom Wesen dieser letzteren Atmungsform zu gewinnen, mag hier ein derartiges synthetisches Atmungssystem angeführt werden. Die Reduktion von Methylenblau durch Milchsäure in Gegenwart von Lacticodehydrase ist so gut wie HCN-unempfindlich[1], desgleichen die Autoxydation von Leukomethylenblau[2]. Lässt man also Sauerstoff in Gegenwart einer kleinen Menge des Farbstoffs mit dem Lactat reagieren, so resultiert eine durch HCN nicht beeinflussbare Veratmung der Milchsäure. In der Tat ist es nun Warburg und Christian[3] vor kurzem gelungen, aus Lebedew-Saft von Hefe einen gelben Farbstoff von grüner Fluorescenz zu gewinnen, der gegenüber enzymatisch aktivierter Hexosemonophosphorsäure dieselbe Rolle als reversibler Oxydationskatalysator spielen kann wie das Methylenblau im oben angeführten Beispiel (vgl. Kap. IX, 7 und Abb. 52). Der gleiche oder ähnliche Farbstoffe scheinen nach neuesten Untersuchungen auch in höheren Pflanzen, in Milch und Eiklar, sowie in Leber, Herz, Niere und anderen Organen höherer Organismen vorzukommen[4].

Nach Warburg[5] gibt es zwei Reaktionswege des Sauerstoffs (s. auch Kap. IX, 6d und 7):

$$O_2 \rightarrow \overbrace{\underset{(Fe^{II})}{\text{Phäohämin}} \rightarrow \underset{Fe^{III}}{\text{Phäohämin}}}^{\text{1. Oxydationsferment}} \rightarrow \overbrace{\text{Leukofarbstoff} \rightarrow \text{Farbstoff}}^{\text{2. Oxydationsferment}} \rightarrow \text{reduzierendes System (Substrat aktiviert)} \quad (I)$$

$$O_2 \longrightarrow \text{Leukofarbstoff} \rightarrow \text{Farbstoff} \rightarrow \text{reduzierendes System (Substrat aktiviert)} \quad (II)$$

Reaktionsweg I ist der gewöhnliche in der aeroben Zelle. Der Sauerstoff reagiert über das Phäohämin des „Atmungsferments" mit der Leukoform des

---

[1] M. Stephenson, Biochem. Jl 22, 605; 1928.
[2] H. Wieland u. Bertho, A. 467, 95; 1928.
[3] O. Warburg u. Christian, Biochem. Zs 254, 438; 1932. — 257, 492; 1932. — 258, 496; 1933.
[4] J. Banga u. v. Szent-Györgyi, Biochem. Zs 246, 203; 1932. — H. 210, 228; 1932. — Ph. Ellinger u. Koschara, B. 66, 315, 808; 1933. — R. Kuhn, György u. Wagner-Jauregg, B. 66, 317, 576, 1034; 1933.
[5] O. Warburg u. Christian, Biochem. Zs 254, 438; 1932.

(schwermetallfreien) Farbstoffs, welch letzterer in der oxydierten Form mit dem (aktivierten) Substrat, z. B. Hexosephosphat, in Reaktion tritt. Inaktiviert man das Phäohämin durch Blausäure, CO oder andere Gifte, so tritt an Stelle von I die Reaktionsweise II, wobei die Geschwindigkeit des Umsatzes im allgemeinen sinken wird. Das gleiche tritt ein, wenn man z. B. Macerationssaft aus Bäckerhefe darstellt, wobei Phäohämin im Rückstand bleibt, während der reversible Farbstoff nebst dem reduzierenden System sich in der Lösung befindet; man erhält eine, im Vergleich zur ursprünglichen Zellatmung kleine, aber dafür durch HCN und CO nicht hemmbare Atmung.

Wenn hingegen die Konzentration des reduzierenden Systems sehr klein ist, mag die Reaktion des letzteren mit dem Farbstoff als langsamste Teilreaktion geschwindigkeitsbestimmend wirken, und die Geschwindigkeiten der Oxydation auf beiden Wegen I und II werden dann gleich sein. Warburg versucht so zu erklären, warum die kleine Atmung der zuckerfreien Alge Chlorella durch HCN nicht gehemmt wird, während die vergleichsweise grosse Atmung der zuckerhaltigen Chlorella eine Hemmung erfährt [1].

Warburg weist noch darauf hin, dass die Reaktion zwischen Phäohämin und Farbstoff-Ferment nicht der einzige Vorgang zu sein braucht, in dem das Fe^{III} des primären Oxydationsferments reduziert wird. Es mag in der Zelle viele reduzierende reversible oder irreversible Systeme geben, die mit dem höherwertigen Eisen des Phäohämins reagieren. Insbesondere wird man hier an das Keilinsche Cytochrom als ein Vermittlungsglied zwischen primärem Oxydationsferment und aktiviertem Brennstoff zu denken haben [2] (s. Kap. IX, 9).

Die Dehydrierungstheorie in ihrer strengen Form leugnet bekanntlich eine spezifische Aktivierung des Sauerstoffs über Eisen. Um die hemmende Wirkung von Blausäure und anderen Giften auf enzymatische Reaktionen mit Sauerstoff erklären zu können, bleiben ihr zwei Möglichkeiten: die Blausäure greift am Sauerstoff direkt an oder sie wirkt irgendwie auf die Funktion der Dehydrasen ein, indem sie diese gerade bei der Sauerstoff-Reaktion spezifisch blockiert. Beide Möglichkeiten sind in der Tat im Laufe der Entwicklung zur Erklärung der HCN-Hemmung herangezogen worden: die erstere noch vor der umfassenden experimentellen Fundierung der Warburgschen Theorie von T. Thunberg, die letztere von H. Wieland.

β) **Der Erklärungsversuch Thunbergs.** Thunberg[3] nahm an, dass auch eine gewisse Aktivierung des Sauerstoffs für die Reaktion mit dem enzymatisch aktivierten Substratwasserstoff notwendig wäre. Nun muss ja nach der kinetischen Gastheorie Sauerstoffgas in einem bestimmten, wenn auch sehr geringen Mass „aktive", d. h. mit weit über dem Durchschnitt liegender kinetischer oder Schwingungs-Energie ausgestattete Moleküle enthalten. Dieser „spontan aktivierte" Anteil des Sauerstoffs ist es, der nach Thunberg als Acceptor des aktivierten Substratwasserstoffs zu fungieren vermag. Die

---

[1] R. Emerson, Jl gen. Physiol. 10, 469; 1927.

[2] Vgl. z. B. O. Warburg u. Kubowitz, Biochem. Zs 227, 198; 1930. — A. Reid, Erg. Enzymforsch. 1, 325; 1932.

[3] T. Thunberg, Skand. Arch. 35, 163; 1917. — Rev. Biol. 5, 337; 1930.

Wirkung der Blausäure deutet er so, dass sie durch eine Reaktion diesen Teil in gleichem Masse inaktiviert, wie er gebildet wird.

In der Thunbergschen Hypothese finden sich bereits gewisse Anklänge an die Deutung, welche nachmals die „Inhibitor"wirkung in der Theorie der Kettenreaktionen erfuhr. Aber es ist vom rein chemischen Standpunkt eben ganz unverständlich, warum gerade der Blausäure diese enorme desaktivierende Funktion gegenüber Sauerstoff zukommen sollte. Geht man der moderneren Formulierung von einer „kettenabbrechenden" Funktion der Blausäure weiter nach, so ist zu bemerken, dass die bei den verschiedensten autoxydativen Kettenreaktionen (Na_2SO_3, Benzaldehyd, ungesättigte Fettsäuren) als am stärksten wirksam erkannten Inhibitoren, die Polyphenole, bei enzymatischen Dehydrierungen mit Sauerstoff nicht oder kaum verzögernd wirken, wenn man sie in Konzentrationen anwendet, in denen HCN schon sehr starke Hemmungswirkung äussert [1]. Andererseits sind typisch kettenmässig ablaufende Autoxydationsreaktionen (wie z. B. der ungesättigten Fettsäuren) bei starker Hemmbarkeit durch Polyphenole gegenüber Blausäure vollkommen unempfindlich [2].

Für die Hypothese einer direkten Reaktion zwischen Sauerstoff und Cyanid lässt sich also sowohl in ihrer ursprünglichen wie in ihrer modernisierten Formulierung kaum ein beweiskräftiges Argument anführen. Auch die implizite Einführung der Sauerstoffaktivierung vermag nicht zu verhindern, dass die HCN-Wirkung nach wie vor rein chemisch in der Luft hängt.

γ) **Der Erklärungsversuch Wielands.** Wielands Stellung zur Frage der HCN-Hemmung war im Laufe der Entwicklung seiner Theorie gewissen Wandlungen unterworfen. Unverändert geblieben ist seine Grundeinstellung, wonach es nicht einzusehen ist, dass der Sauerstoff — trotz seines überlegenen Oxydationspotentials — noch einer besonderen spezifischen Aktivierung durch Schwermetall bedürfe, während die thermodynamisch weit schwächeren Acceptoren Chinon und Methylenblau ohne eine solche zu wirken imstande sein sollten.

Wielands[3] ursprüngliche Auffassung von der Hemmungswirkung der Blausäure auf die Zellatmung gründete sich im wesentlichen auf zwei Tatsachen: die geringe oder fehlende Hemmbarkeit sauerstoffloser Dehydrierungen und die starke HCN-Empfindlichkeit der Katalase. Die Wirkung der Blausäure auf den Atmungsvorgang ist nach Wieland eine indirekte, sie hemmt nicht die Dehydrase, sondern die Katalase, wodurch es zu einer Anhäufung des primären Dehydrierungsprodukts von Sauerstoff, des Hydroperoxyds, kommt, das bekanntlich ein Zellgift ist.

Dieser Erklärungsversuch enthält implizit die Annahme, dass die gewöhnlichen Dehydrasen Hydroperoxyd nicht als Acceptor verwerten können. Diese Frage hat etwas später durch die Ergebnisse am Fermentsystem der Milch eine neue Beleuchtung erfahren, insofern, als dort die enzymzerstörende Wirkung des primär entstandenen H_2O_2 in aller Deutlichkeit nachgewiesen werden konnte. (Vgl. Abschn. b, α und β.) Fügt man jedoch der Reaktionslösung von Anfang an eine geringe Menge Katalase zu, so schreitet die Reaktion, wie zuerst von

---

[1] Z. B.: H. Wieland u. Frage, A. 477, 1; 1929.
[2] W. Franke, Unveröffentlichter Versuch.
[3] H. Wieland, B. 55, 3639; 1922. — Erg. Physiol. 20, 477; 1922. — Hdbch. Biochem. 2, 252; 1923.

Dixon[1] mit Xanthin als Substrat und später von Wieland[2] und Mitarbeitern auch für die Aldehyde gezeigt worden ist, ohne Störung in linearem Gang weiter (Abb. 29). Die Rolle der Katalase als Schutzferment scheint hiermit für einen bestimmten Fall im Rahmen der Dehydrierungstheorie experimentell erwiesen.

Gegen die Anwendung des Wielandschen Grundgedankens auf das Zellgeschehen hat sich jedoch vor allem Warburg[3] in sehr scharfer Weise ausgesprochen. Er hebt hervor, dass die Wirkung der Blausäure fast momentan in dem durch die HCN-Konzentration gegebenen Masse einsetzt, dass sie mit der Zeit nicht zunimmt und bei physiologischen Temperaturen reversibel ist. Nach Wielands Auffassung müsste die Hemmung bei konstanter HCN-Konzentration entsprechend der allmählichen Anhäufung des H_2O_2 mit der Zeit zunehmen und irreversibel sein. Noch nie ist ferner der Austritt von H_2O_2 aus einer HCN-vergifteten lebenden Zelle nachgewiesen worden, obwohl lebende Zellen für H_2O_2 permeabel sind (vgl. Kap. IX, 5).

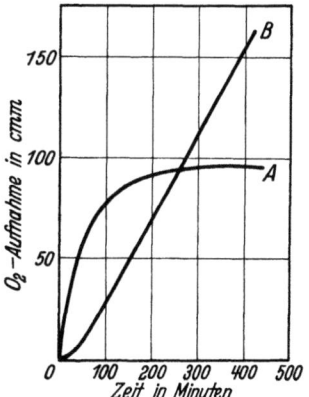

Abb. 29. Dehydrierung von Hypoxanthin durch Sauerstoff ohne (A) und mit Katalase (B). (Nach Dixon.) $\frac{400}{m}$-Hypoxanthin. pH 7,6; T 40°.

Wieland hat dann später selbst den Anspruch auf eine allgemeine Gültigkeit seiner Theorie der HCN-Hemmung zurückgezogen. Er zeigte, dass im Fall der Essigbakterien bei der Reaktion mit Sauerstoff Dehydrase und Katalase in ungefähr gleichem Ausmass gehemmt werden[4], während sich bei der Bernsteinsäuredehrierung durch Muskelgewebe die Katalase weit unempfindlicher gegen HCN erwies als die Dehydrase[5].

Es ist in diesem Zusammenhang an die Befunde von Zeile und Hellström[6] zu erinnern, die eine Eisen-Porphyrinverbindung als aktive Gruppe der Katalase erkannten und auf spektrometrischem Wege zeigen konnten, dass die Blausäure an eben dieser Gruppe angreift.

Die neuere Erklärung, die Wieland für die Hemmungswirkung der Blausäure zu geben versucht, führt diese Wirkung auf die starke Affinität des Giftes zur wirksamen Enzymoberfläche und eine dadurch bedingte selektive Verdrängung des Sauerstoffes zurück. Diese Auffassung ist zuerst am Beispiel der Essigbakteriendehydrase entwickelt und später am Dehydrasesystem des Muskelgewebes vertieft worden.

Der Alkohol- und Aldehydumsatz durch Essigbakterien zeigt das typische Normalbild der Zellatmung: starke Empfindlichkeit der Sauerstoff-

---

[1] M. Dixon, Biochem. Jl 19, 506; 1925.
[2] H. Wieland u. Rosenfeld, A. 477, 32; 1929. — H. Wieland u. Macrae, A. 483, 217; 1930.
[3] O. Warburg, Biochem. Zs 136, 266; 1923. — 142, 518; 1923.
[4] H. Wieland u. Bertho, A. 467, 95; 1928.
[5] H. Wieland u. Lawson, A. 485, 193; 1931.
[6] K. Zeile u. Hellström, H. 192, 171; 1930. — K. Zeile, H. 195, 39; 1931.

reaktion gegen Blausäure bei weitgehender Unempfindlichkeit der Chinon- und Methylenblaureduktion[1]. Schon $\frac{m}{500}$-HCN reduziert die Geschwindigkeit der Sauerstoffoxydation des Alkohols auf $1/4$—$1/5$, während erst $\frac{m}{100}$-Konzentration dieses Giftes die Chinon- und Methylenblaureaktion merkbar beeinflusst.

In späteren Reaktionsphasen kommt eine gewisse Erholung der Bakterien von der Giftwirkung, erkenntlich an der Krümmung der Reaktionskurve (Abb. 30), auf; sie mag dadurch zustande kommen, dass der allmählich auftretende Aldehyd sich mit der Blausäure zu dem nur schwach giftigen Aldehydcyanhydrin vereinigt. Der so gut wie parallele Verlauf der Umsatzkurven 1 und 1a lässt die fast völlige Unabhängigkeit der Reaktionsgeschwindigkeit von der Sauerstoffkonzentration erkennen, die von Bertho[2] im Sinne einer ausserordentlich hohen Affinität des zellverwandten Acceptors Sauerstoff zur Dehydrase gedeutet wird.

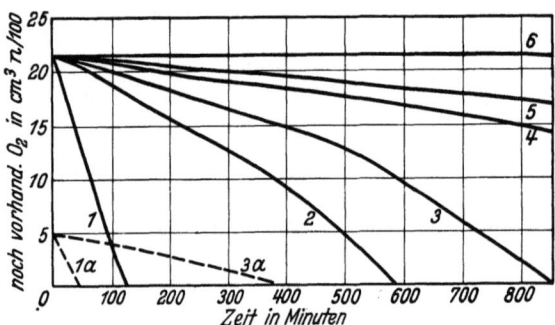

Abb. 30. Kinetik der „Sauerstoffgärung" durch Essigbakterien (B. orleanense). (Nach Wieland u. Bertho.) 0,86 m-Äthylalkohol. 0,02 m-Acetatpuffer pH 5,6. T 28,7°. 1—6 in O_2, 1a und 3a in Luft.
1 ohne HCN, 2 mit $\frac{m}{5000}$-HCN, 3 mit $\frac{m}{2500}$-HCN, 4 mit $\frac{m}{1000}$-HCN, 5 mit $\frac{m}{750}$-HCN, 6 mit $\frac{m}{500}$-HCN.

Vergleicht man die Reaktionsgeschwindigkeit für die drei Acceptoren Methylenblau, Chinon und Sauerstoff unter den für Methylenblau günstigsten (niederen) Konzentrationsbedingungen, so ergibt sich ein Umsatzverhältnis von 1 : 12 : 30. Die stark unterlegene Geschwindigkeit der Methylenblaureduktion geht nach Bertho darauf zurück, dass der Farbstoff an der unwirksamen Zelloberfläche der lebenden Bakterien im Sinne der Freundlichschen Adsorptionsisotherme adsorbiert und von dort nur ausserordentlich langsam in das enzymhaltige Zellinnere abgegeben wird, während Chinon und Sauerstoff bei ihrem weit kleineren Molekulargewicht ohne Schwierigkeit zum Enzymort gelangen können.

Ausschlaggebend für den Wielandschen Erklärungsversuch ist nun das Verhalten der Bakterien, wenn man ihnen zwei Acceptoren gleichzeitig darbietet. Bringt man sie also beispielsweise mit Chinon in einer Sauerstoffatmosphäre zusammen, so zeigt sich, dass die Hydrierung des Chinons um ein Merkbares langsamer verläuft als in einer Stickstoffatmosphäre. Man hat den Eindruck, als ob die beiden Acceptoren miteinander um die Enzymoberfläche konkurrieren unter sehr starker Bevorzugung des Chinons. Eine Bestätigung dieser Auffassung findet man bei manometrischer Messung der Sauerstoffabsorption in Gegenwart von Chinon. Es zeigt sich da, dass innerhalb der

---

[1] H. Wieland u. Bertho, A. 467, 95; 1928.
[2] A. Bertho, A. 474, 1; 1929. — Erg. Enzymforsch. 1, 231; 1932.

ersten halben Stunde die „Chinongärung" wenigstens 12mal stärker ist als die „Sauerstoffgärung". Mit zunehmendem Chinonverbrauch steigt jedoch die Sauerstoffaufnahme langsam an und erreicht schliesslich nach vollständiger Hydrierung des Chinons praktisch die gleiche Geschwindigkeit wie in chinonfreien Ansätzen.

Daraus geht hervor, dass das Chinon auf die Bakterienzelle keine irreversibel schädigende (z. B. gerbende) Wirkung ausgeübt hat. Ausserdem wird klar, dass die Dehydrierung von Alkohol, sowohl durch Sauerstoff als durch Chinon, von ein und demselben Ferment bewirkt wird, da ein Summationseffekt bei gleichzeitiger Anwendung beider Acceptoren nicht beobachtet wurde.

Wieland und Bertho setzen nun die Hemmung der Sauerstoffgärung sowohl durch Blausäure als durch Chinon in grundsätzliche Beziehung zueinander. „Beiden Stoffen gemeinsam ist die grosse Affinität zur wirksamen Enzymoberfläche, die für den konkurrierenden Sauerstoff Reaktionshemmung bedeutet." Der Unterschied in den beiden Hemmungsreaktionen besteht offenbar nur darin, dass das Chinon infolge seiner Acceptoreigenschaften an der enzymatischen Reaktion teilnehmen kann, während der Blausäure dies verwehrt ist. In analoger Weise erklärt sich die viel geringere Hemmbarkeit der Chinongärung im Vergleich zur Sauerstoffgärung dadurch, dass Chinon infolge seiner stärkeren Adsorbierbarkeit die Konkurrenz der Blausäure um die wirksame Enzymoberfläche erfolgreicher ausschlagen kann als der weit schwächer adsorbierte Sauerstoff.

Prinzipiell andersartige Verhältnisse als die eben geschilderten beobachtet man, wenn Methylenblau und Sauerstoff gleichzeitig als Acceptoren vorliegen. Es zeigte sich nämlich, dass die Sauerstoffaufnahme durch die Gegenwart des Farbstoffes, selbst wenn dessen Konzentration erheblich über die des Sauerstoffes in Luft $\left(\text{z. B. bis } \frac{m}{1000}\text{-}\right)$ gesteigert wurde, keine wesentliche Änderung erfuhr. Die Erklärung ergibt sich nach Wieland und Bertho aus dem unterschiedlichen Diffusionsvermögen von Chinon und Methylenblau. Die Reaktion des Sauerstoffes wird durch Methylenblau nur in dem kleinen Umfang gehemmt, der sich in dem beschränkten Reaktionsgebiet des Farbstoffes ausdrückt. Der weitaus grössere Teil — sicherlich mehr als 90% — der wirksamen Oberfläche, der sich im Innern der Zelle vorfindet, kann vom Methylenblau nicht erfasst werden. Eine Hemmung der Sauerstoffreaktion an den beiden Acceptoren zugänglichen Orten wird zudem durch den bei der Reoxydation des Farbstoffes verbrauchten Sauerstoff weitgehend kompensiert. Für diese Auffassung im wesentlichen getrennter Reaktionsorte für Sauerstoff und Methylenblau spricht auch der Effekt der Blausäure: bei $\frac{m}{500}$ - HCN - Zusatz, wo sich die (methylenblaufreie) Sauerstoffgärung auf rund 1% reduziert, wird in gleichzeitiger Anwesenheit von Methylenblau auch nur etwa 4—9% des ungehemmten Sauerstoffumsatzes — je nach Konzentration des Methylenblaus $\left(\frac{m}{8000}\text{ - bis }\frac{m}{1000}\text{-}\right)$ — erzielt. Der Blausäure sind eben —

ähnlich wie dem Chinon und anders als dem Methylenblau — alle wirksamen Enzymoberflächen ohne Behinderung zugänglich.

Nach Tamiya, Hida und Tanaka [1] hemmt Kohlenoxyd die Sauerstoffgärung stark, die Chinongärung nicht, die Methylenblaugärung deutlich. Erstere Reaktion ist lichtempfindlich, indem — wie Warburg dies auch für sein Atmungsferment festgestellt hat — die Hemmung bei Belichtung teilweise aufgehoben werden kann, die letztere Reaktion lichtunempfindlich, was von Bertho [2] als Stütze der Theorie von der adsorptiven Verdrängung angesehen wird.

(Jedoch konnten die Angaben der japanischen Autoren über die CO-Hemmung der Methylenblaureduktion durch den Warburg-Schüler Reid [3] nicht bestätigt werden.)

Durch Toluol wird nach den gleichen Autoren nur die Sauerstoffreaktion erheblich herabgedrückt, die Chinonreduktion wenig beeinflusst, die Methylenblauhydrierung sogar etwas beschleunigt.

Nach Ansicht von Tamiya und Mitarbeitern wirken Blausäure und Kohlenoxyd auf das Cytochrom, indem sie seine Oxygenierbarkeit herabsetzen, das Toluol, indem es die einzelnen Cytochromkomponenten nacheinander — und zwar zuerst die b-Komponente — denaturiert. (Siehe Kap. IX, 9 d, bes. β u. ε.)

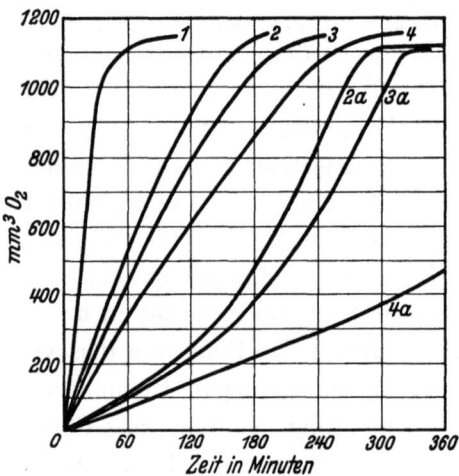

Abb. 31. Einfluss von HCN auf die Dehydrierung von Bernsteinsäure mit und ohne Methylenblauzusatz. (Nach Wieland u. Frage.)
$\frac{m}{50}$ - Succinat, gepuffert auf pH 7,4; T 37°.
1 ohne HCN; 2, 2a $\frac{n}{1000}$-HCN;
3, 3a $\frac{n}{500}$-HCN; 4, 4a $\frac{n}{200}$-HCN.
2, 3, 4 ausserdem $\frac{n}{1250}$-Methylenblau enthaltend.

Bei der Dehydrierung von Bernsteinsäure durch ausgewaschene Muskulatur kehrt ein Teil der oben beschriebenen Erscheinungen wieder[4]. Auch hier ist nur die Sauerstoffreaktion durch HCN-Empfindlichkeit ausgezeichnet. Überraschenderweise erwies sich jedoch Chinon hier als Acceptor vollkommen ungeeignet. Ja es hemmt sogar die Sauerstoffreaktion in einem Umfang, der der Grösse nach mit dem der Blausäurehemmung durchaus zu vergleichen ist. Ähnlich wie bei der aeroben Essigsäuregärung vermag sich jedoch auch hier der Dehydrierungsprozess nach einer Periode maximaler Hemmung von der Wirkung der Blausäure zum Teil zu befreien (vgl. Abb. 31), während die Chinonhemmung im Gegensatz hierzu sich im Laufe der Reaktion ganz beträchtlich verstärkt.

Diese allmähliche Erhöhung des Hemmungseffektes beim Chinon kommt möglicherweise daher, dass es zu Anfang mehr oder weniger wahllos und ohne eigentliche chemische Bindung vom Gewebe aufgenommen wird und sich erst nach und nach auf die aktiven Enzymoberflächen

---

[1] H. Tamiya, Hida u. Tanaka, Acta phytochim. 5, 119; 1930. — H. Tamiya u. Tanaka, Acta phytochim. 5, 167; 1930.
[2] A. Bertho, Erg. Enzymforsch. 1, 231; 1932.
[3] A. Reid, Biochem. Zs 242, 159; 1931.
[4] H. Wieland u. Frage, A. 477, 1; 1930.

verteilt. Von diesen vermag es sich aber im Gegensatz zur Blausäure und wohl im Zusammenhang mit seiner irreversiblen Gerbwirkung auf das Gewebe nicht mehr abzulösen.

Methylenblau erweist sich bei der Bernsteinsäuredehydrierung durch (Pferdeherz)-Muskel als erheblich wirksamerer Acceptor wie bei der Essigsäuregärung, indem es — bezogen auf gleiche Konzentrationen — mit rund der halben Geschwindigkeit des Sauerstoffes seine Acceptorfunktion auszuüben vermag. Kombiniert man wiederum Sauerstoff und Methylenblau, so resultiert — unabhängig von der Konzentration des letzteren — innerhalb der Fehlergrenzen die gleiche Reaktionsgeschwindigkeit gegenüber Sauerstoff wie im farbstofffreien Ansatz.

Dass der Reaktionsmechanismus auch hier nicht in einer einfachen Reoxydation primär gebildeten Leukofarbstoffes bestehen kann, erkennt man nach der oben gemachten Angabe über die relativen Geschwindigkeiten von Sauerstoff- und Methylenblauhydrierung schon daraus, dass der Sauerstoffumsatz im kombinierten Ansatz — auch bei hoher Reoxydationsgeschwindigkeit der Leukoverbindung — eigentlich nur die Hälfte des tatsächlich beobachteten betragen dürfte. Weiterhin spricht gegen diesen Mechanismus das Verhalten von Blausäure im Ansatz mit beiden Acceptoren. Die Reaktion erweist sich nämlich nicht als HCN-unempfindlich (Abb. 31), sie lässt sich vielmehr in einen von der Konzentration des Farbstoffes abhängigen, HCN-unempfindlichen und einen durch HCN hemmbaren Anteil zerlegen. Ersterer steht grössenmässig mit der Annahme primärer Farbstoffreduktion durch das Substrat nebst darauffolgender, relativ rascher Reoxydation der Leukoverbindung im Einklang.

Die HCN-Empfindlichkeit aerober Oxydationen in Gegenwart von Methylenblau (und anderen reversiblen, metallfreien O_2-Übertragern) scheint jedoch nicht genereller Natur zu sein. v. Szent-Györgyi[1] hat für den Fall der Bernsteinsäuredehydrierung durch Meerschweinchenmuskulatur unter (von den der Wielandschen Versuche) etwas abweichenden Konzentrationsbedingungen HCN-Unempfindlichkeit der methylenblauaktivierten Sauerstoffreaktion festgestellt; ähnliche Verhältnisse hat Stephenson[2] bei der Milchsäureoxydation durch Bakteriendehydrase gefunden. Auch die atmungssteigernde Wirkung von Farbstoffen (wie Methylenblau, Pyocyanin u. a.) auf Seeigeleier, Seesterneier und Bakterien wird durch HCN nicht gehemmt[3].

Wahrscheinlich spielt hier die Konzentration des Farbstoffs eine wichtige Rolle. O. Warburg und Christian[4] haben eine einleuchtende Erklärung für die in Abhängigkeit von den Konzentrationsverhältnissen bald grössere, bald kleinere Giftempfindlichkeit derartiger Methylenblaukatalysen gegeben auf Grund der Annahme, dass auch das Methylenblau — namentlich bei kleinster Konzentration — zum Teil über das Zelleisen reagiere (s. auch Kap. IX, 8b).

Die Erklärung der oben erwähnten Erscheinungen ist nach Wieland auch hier ähnlich, wie sie im Fall der Essigbakterien entwickelt wurde. Dem Sauerstoff stehen auch bei Gegenwart von Methylenblau noch Teile der wirksamen Oberfläche zur Verfügung, zu denen der Farbstoff auf Grund seines geringeren

---

[1] A. v. Szent-Györgyi, Biochem. Zs 150, 195; 1924.
[2] M. Stephenson, Biochem. Jl 22, 605; 1928.
[3] E. S. G. Barron u. Hamburger, Jl biol. Chem. 96, 299; 1932.
[4] O. Warburg u. Christian, Biochem. Zs 242, 206; 1931.

Diffusionsvermögens nicht vorzudringen vermag. Die Blausäure verwehrt dem Sauerstoff den Zutritt zu diesen Bezirken und dementsprechend reduziert sich der Umsatz in den HCN-haltigen Ansätzen auf die für die jeweilige Reoxydation des Leukofarbstoffes notwendige Sauerstoffmenge. Dass im unvergifteten Ansatz die Reaktionsgeschwindigkeit mit oder ohne Zusatz von Methylenblau praktisch gleich gefunden wird, würde bedeuten, dass bei gleicher Zugänglichkeit der aktiven Enzymoberfläche beide Acceptoren mit gleicher Geschwindigkeit reagieren würden.

Einen weiteren Beweis für die verschiedene Ausnützbarkeit der Enzymoberflächen durch Sauerstoff und Methylenblau sieht Wieland[1] in Beobachtungen an Hefe. Danach verhalten sich die Geschwindigkeiten der Alkoholdehydrierung durch lebende, an zelleigenen Brennstoffen verarmte Hefe in Anwesenheit von Methylenblau bzw. Sauerstoff wie 1 : 17, also ähnlich wie im Fall der Essigbakterien. In Trockenhefe steigt dieses Verhältnis — bei zwar stark (auf $1/4$—$1/5$) reduzierter enzymatischer Wirksamkeit (gemessen am Sauerstoffverbrauch) — auf 1 : 2,5, nach Wieland und Claren[1] dadurch bedingt, dass durch den Trocknungsprozess, der mit einer Sprengung der Zellen verbunden ist, neue Oberflächen freigelegt und damit dem Farbstoff zugänglich werden.

δ) **Zur Kritik der Wielandschen Auffassung.** Die neuere Wielandsche Interpretation der HCN-Hemmung stellt zum mindesten einen sehr interessanten und für die Dehydrierungstheorie in ihrer reinen Form sehr notwendigen Versuch dar, sich mit der Theorie der Sauerstoffaktivierung auch auf dem Teilgebiet, auf dem deren eigentliche Stärke liegt, auseinanderzusetzen. Eine umfassendere Nachprüfung der Tragfähigkeit des Gedankens an weiteren HCN-empfindlichen biologischen Systemen erscheint sehr wünschenswert.

Auf der anderen Seite ist doch festzustellen, dass eine direkte Widerlegung der gegnerischen Auffassung von der Schwermetallkomplexbildung durch HCN, CO usw. nicht erfolgt ist. Die nächste Frage ist ja immer wieder die, warum gerade HCN, CO, H_2S usw., also einfachste Stoffe von niederem Molekulargewicht, eine derartig starke Affinität zur Enzymoberfläche zeigen. Der Wielandschen Feststellung, dass die Frage „ob die wirksame Oberfläche Eisen enthalte oder nicht, nicht in den Bereich der Diskussion falle und auch, wie schon mehrfach hervorgehoben, für den Wert oder Unwert der Dehydrierungstheorie keine Bedeutung besitze", kann man wohl nicht vorbehaltlos zustimmen. Enthält die Enzymoberfläche Eisen, dann ist es doch recht wahrscheinlich, dass die genannten Stoffe, ihrer chemischen Natur nach, auch an diesem Eisen angreifen, während man sich einen analogen Angriff durch Chinon oder Methylenblau rein chemisch schwer vorstellen kann. (Näheres siehe später Kap. IX, 5.)

So lange man die Adsorption der Blausäure wie auch anderer Hemmungsstoffe am Enzym bzw. deren Reaktion mit dem Enzym nicht direkt bestimmen kann — spektroskopische Methoden haben im Sinne letzterer Auffassung an häminhaltigen Fermenten (wie „Atmungsferment", Katalase, auch Cytochrom) bereits zu verheissungsvollen Teilerfolgen geführt — ist es natürlich schwer, bestimmte Aussagen zu machen. Vermutungen lassen sich eigentlich nur auf

---

[1] H. Wieland u. Claren, A. 492, 183; 1932.

Grund der Warburgschen[1] Messungen über die Hemmungswirkung von Narkotica und Blausäure auf die Atmung roter Vogelblutzellen einerseits und die Oxydation von Oxalsäure und Aminosäuren an Blutkohle andererseits äussern. Es zeigt sich da ein ausgesprochener Parallelismus in der hemmenden Wirkung homologer Reihen capillaraktiver Stoffe auf beide Systeme, die oftmals sogar der Grössenordnung nach in beiden Fällen übereinstimmt. Messungen der Adsorptionsverhältnisse an Kohle ergaben dann, dass die Oxydationshemmung im Masse der Oberflächenverdrängung des Substrats (Oxalsäure, Aminosäure) durch das Narkoticum erfolgt. Führt man die gleichen Bestimmungen für die Blausäure durch, so zeigt sich, dass diese in geringerem Ausmass als die schwächsten Narkotica (z. B. Aceton) an der Kohleoberfläche adsorbiert wird. Die Oxydationshemmung durch Blausäure aber ist rund 10 000mal grösser, als dieser Adsorption entspricht. Da die Hemmung der Zellatmung durch Blausäure ähnlich intensiv ist wie die der Oxydationsprozesse am Kohlemodell, so ist der Schluss sehr naheliegend, dass in beiden Fällen die Wirkung der Blausäure nicht wie die der anderen Narkotica auf unspezifische Oberflächenverdrängung, sondern auf eine spezifische Besetzung aktiver Zentren der katalytisch wirkenden (Kohle- oder Enzym-) Oberfläche zurückgeht. Dass diese aktiven Zentren im Fall der Blutkohle wesentlich stickstoffgebundenes Eisen darstellen, hat Warburg dann in weiteren Untersuchungen äusserst wahrscheinlich gemacht[2].

Vollkommen eindeutig liegen die Verhältnisse trotz dieser Befunde nicht. Toda[3] hat gezeigt, dass Schwermetallkatalysen in vitro (Aminosäuren an Häminkohle, Fruktose in Phosphat, Cystein) auch durch den gleichfalls Metallkomplexe bildenden Äthylester der HCN ($C_2H_5N:C$) ähnlich wie durch diese selbst (wenn auch schwächer) gehemmt werden. Überraschenderweise erwies sich jedoch Äthylcarbylamin gegenüber der Atmung der Hefe (wie auch der CO_2-Assimilation von Chlorella und der Katalasewirkung von Leber) vollkommen wirkungslos[4]. Dagegen zeigen die wohl kaum zur Metallkomplexbildung befähigten Nitrile (Milchsäurenitril, Valeronitril usw.) gegenüber enzymatischen Dehydrierungen mit Sauerstoff (Bernsteinsäure[5], Milchsäure[6]) bisweilen starke, an die der HCN öfters heranreichende, Hemmungswirkungen. Eine spezifische Wirkung der NC-Bindung als solcher ist in gewissen Fällen nicht von der Hand zu weisen.

Neuere Befunde von Bertho und Glück[7] an Milchsäurebakterien sprechen gleichfalls gegen die Stichhaltigkeit der Wielandschen Erklärung im Falle der Essigbakterien. Ein Teil der Milchsäurebildner (z. B. B. acidophilus und B. acidificans longissimus) folgen nach diesen Autoren in idealer Weise den Forderungen der Dehydrierungstheorie. Sie sind katalasefrei und das nach der Gleichung

$$C_6H_{12}O_6 + 6\,H_2O + 12\,O_2 \rightarrow 6\,CO_2 + 12\,H_2O_2$$

gebildete Hydroperoxyd lässt sich — im Gegensatz zu den Verhältnissen bei den katalasehaltigen Essigbakterien, wo der Nachweis nie auch nur in Spuren geglückt ist — quantitativ erfassen. Der Sauerstoff kann ohne wesentliche Änderung in den kinetischen Verhältnissen durch Chinon oder Methylenblau ersetzt werden (Umsatzverhältnis 1 : 4 : 2,5). Alle drei Prozesse sind gegen HCN und CO unempfindlich.

---

[1] O. Warburg, Pflüg. Arch. 155, 547; 1914. — Biochem. Zs 119, 134; 1921.

[2] O. Warburg, Biochem. Zs 136, 266; 1923. — O. Warburg u. Brefeld, Biochem. Zs 145, 461; 1924.

[3] S. Toda, Biochem. Zs 172, 17; 1926.

[4] O. Warburg, Biochem. Zs 172, 432; 1926.

[5] H. Wieland u. Frage, l. c. — K. C. Sen, Biochem. Jl 25, 849; 1931.

[6] E. S. G. Barron u. Hastings, Jl biol. Chem. 100, 155; 1933.

[7] A. Bertho u. Glück, A. 494, 159; 1932.

Bei Gegenwart von Methylenblau + Sauerstoff erhöht sich die Sauerstoffaufnahme aufs Mehrfache des methylenblaufreien Ansatzes. Methylenblau wirkt also, zum mindesten teilweise, als Sauerstoffüberträger, was nach den obigen Zahlenwerten für die relativen Reaktionsgeschwindigkeiten ja durchaus möglich erscheint. Bei gleichzeitiger Anwesenheit von Chinon + Sauerstoff beobachtet man dieselben Erscheinungen wie bei den Essigbakterien. Im Anfang wirkt ausschliesslich das Chinon als Wasserstoffacceptor; in dem Masse, wie es dabei verbraucht wird, tritt die Sauerstoffreaktion mehr und mehr in den Vordergrund, um schliesslich den üblichen Normalwert des chinonfreien Ansatzes zu erreichen.

Sowohl im Falle der Sauerstoff- wie der Chinonreaktion war keine Abhängigkeit der Reaktionsgeschwindigkeit von der Acceptorkonzentration festzustellen, was sich im Sinne hoher Acceptoraffinität zum Enzym deuten lässt. Bei den Essigbakterien erwies sich nur die Sauerstoffreaktion als konzentrationsunabhängig, während die Konzentrationsabhängigkeit der Chinonreaktion Bertho[1] die quantitative Festlegung der Affinitätsverhältnisse ermöglichte (S. 213). Demnach wäre also die Affinität der Essigbakteriendehydrase zum Sauerstoff erheblich grösser als die zum Chinon. Es ist unter diesen Umständen schwer zu verstehen, dass bei Gegenwart beider Acceptoren die Sauerstoffreaktion trotzdem fast vollständig zurückgedrängt wird. Man gewinnt den Eindruck, dass der Angriffsmechanismus des Sauerstoffs nicht der gleiche ist wie der des Chinons[2].

Zwischen Essigsäurebakterien und den von Bertho untersuchten Milchsäurebildnern besteht ein entscheidender Unterschied: Die ersteren enthalten (ausser Katalase) auch Cytochrom und Cytochrom- (bzw. Indophenol-) oxydase, die letzteren keines von beiden. Gibt man zu, dass das Hämineisen enthaltende Cytochromsystem der Sauerstoffaktivierung dient, dann lassen sich die Differenzen im Verhalten von Milch- und Essigsäurebakterien, namentlich im Hinblick auf die Vergiftbarkeit, zwanglos deuten und eigentlich voraussehen. Es ist von Wielands Standpunkt schwer zu erklären, warum in beiden Fällen Chinon den Sauerstoff von der Enzymoberfläche verdrängt, nicht aber in dem einen Falle die Blausäure das gleiche tut. Es ist, mit anderen Worten, ein grosser Nachteil des Wielandschen Erklärungsversuches, dass er nicht gestattet, auf Grund leicht zugänglicher Daten (An- oder Abwesenheit von Cytochrom und Oxydase) Angaben über voraussichtliche Hemmbarkeit oder Nichthemmbarkeit eines biologischen Oxydationssystems zu machen. Dass HCN, CO und andere Gifte den Typus des Cytochromspektrums in charakteristischer Weise beeinflussen, hat Keilin[3] wiederholt gezeigt und Warburg[4] hat bekanntlich aus der CO-Empfindlichkeit des „Atmungsferments" den Hämincharakter der wirksamen Gruppe spektrophotometrisch erschlossen. Die von Wieland auf Grund der Beobachtungen an einfachen Eisensalzmodellen bisweilen geäusserte Auffassung, wonach auch das Zelleisen möglicherweise

---

[1] A. Bertho, A. 474, 1; 1929. — Erg. Enzymforsch. 1, 231; 1932.
[2] Vgl. hierzu auch: H. Tamiya u. K. Tanaka, Act. phytochim. 5, 167; 1930.
[3] D. Keilin, Soc. Biol. 97, (Réun. plenière) 39; 1927. — Proc. Roy. Soc. (B) 104, 206; 1928.
[4] Z. B.: O. Warburg, Elektrochem. 35, 549; 1929.

als Dehydrierungskatalysator wirke, erscheint experimentell, zum mindesten für den Fall von häminartig gebundenem Eisen, wenig gestützt. Der häufig beobachtete Parallelismus in der aeroben Oxydationsleistung und dem Cytochromgehalt niederer Organismen, von dem früher (Kap. IV, S. 114) schon einige Beispiele angeführt worden sind, spricht nicht eben zugunsten der Wielandschen Interpretation (Näheres Kap. IX, 9 d).

Ferner ist in diesem Zusammenhang darauf hinzuweisen, dass in den letzten Jahren eine ganze Anzahl von Dehydrasen bekanntgeworden sind, die, von der Zellstruktur getrennt, zwar mit verschiedenen Acceptoren, wie Methylenblau, Chinon usw., nicht aber mit molekularem Sauerstoff zu reagieren vermögen. Hierher gehören z. B. die Lacticodehydrase aus Hefe und Bakterien, die Glucose-, Hexosediphosphat- und Citrico-Dehydrase aus Leber. Gebunden an die Zellstruktur eines so einfachen Organismus wie B. coli vermag die Milchsäuredehydrase hingegen sowohl Sauerstoff als andere Acceptoren zu verwerten[1].

Kürzlich ist es Barron und Hastings[2] gelungen, die sauerstoffübertragende Wirkung dieser strukturgebundenen Oxydationskomponente durch Zusatz von Nicotin-Hämin zum System Dehydrase-Lactat nachzuahmen.

Ferner hat Harrison[3] für den Fall der Glucosedehydrase gezeigt, dass deren Kombination mit Cytochrom c (aus Hefe) und Indophenoloxydase (aus Herzmuskel) ein zur kräftigen Sauerstoffübertragung auf Glucose befähigtes Oxydationssystem ergibt (s. Kap. IX, 9 d ε).

So betrug die O_2-Aufnahme (0,13 m-Glucose, pH 7,4, T 37°) nach 170 Minuten bei Gegenwart von

Dehydrase + Glucose	19 cmm
Dehydrase + Glucose + Oxydase	0 ,,
Dehydrase + Glucose + Cytochrom	7 ,,
Dehydrase + Glucose + Cytochrom + Oxydase	101 ,,
Glucose + Cytochrom + Oxydase	18 ,,

Dabei sind die sauerstofflosen Dehydrierungen im Gegensatz zu den O_2-Reaktionen weitgehend HCN-unempfindlich. Von der Succinodehydrase ist es ferner schon länger bekannt, dass je nach Ausgangsmaterial und Herstellungsweise des Enzympräparates das Verhältnis der Reaktionsfähigkeiten desselben gegen Sauerstoff und Methylenblau grossen Schwankungen unterworfen ist[4]. Durchwegs erweist sich das Reaktionsvermögen gegen Sauerstoff als leichter zu beeinflussen und labiler als das gegenüber Methylenblau.

So haben H. v. Euler und Mitarbeiter[5] festgestellt, dass zwölfstündige Dialyse von Leberextrakt die Reaktionsgeschwindigkeit im System Succinat-Methylenblau auf das Doppelte erhöht, während gleichzeitig der Umsatz im System Succinat-Sauerstoff auf ein Drittel reduziert wurde.

---

[1] M. Stephenson, Biochem. Jl 22, 605; 1928.
[2] E. S. G. Barron u. Hastings, Jl biol. Chem. 100, 155; 1933.
[3] D. C. Harrison, Biochem. Jl 25, 1016; 1931.
[4] T. Thunberg, Biol. Rev. 5, 339; 1930.
[5] H. v. Euler, Myrbäck u. Nilsson, Erg. Physiol. 26, 531; 1928.

L. Stern[1] hat gegenüber Methylenblau + Succinat kräftig wirksame Phosphatextrakte aus Muskel erhalten, welche gegenüber Sauerstoff + Succinat vollkommen unwirksam waren. Ebenso geben A. Hahn u. Haarmann[2] an, dass Toluolzusatz zu ihren Präparaten von Rindermuskulatur eine vollständige Hemmung der Dehydrasewirkung gegenüber Sauerstoff, nicht aber gegenüber Methylenblau (in Gegenwart von Succinat) bewirkte.

Im Zusammenhang mit der anerkannten Tatsache, dass die Dehydrasen, solange sie an die Substanz der Zelle gebunden sind, offenbar das Vermögen zur Verwertung atmosphärischen Sauerstoffs haben, scheinen die oben mitgeteilten Befunde darauf hinzudeuten, dass sich in Zellen und Geweben eine unlösliche oder nur mit Schwierigkeit als Emulsion oder Suspension herauslösbare Komponente vorfindet, die für die Reaktion zwischen aktiviertem Wasserstoff und dem Sauerstoff verantwortlich zu machen ist. Dass dieser Faktor mit dem ubiquitären Keilinschen Cytochromsystem (nebst vorgeschalteter Oxydase) zu identifizieren ist, ist mehr als wahrscheinlich[3]. Allmähliche Ausflockung oder Denaturierung der noch vorhandenen Reste dieses Oxydationssystems z. B. durch Dialyse oder mit Toluol, bringt die Sauerstoffreaktion zum Erlöschen.

Nach dieser sich in den letzten Jahren mehr und mehr durchsetzenden Auffassung wären also die „reinen", HCN-unempfindlichen Dehydrasen — zum mindesten die bisher eingehender studierten Acidodehydrasen (neben Glucose- und Hexosediphosphat-Dehydrase) — unfähig, molekularen Sauerstoff als Acceptor zu verwenden. Während dies im Sinne früherer Anschauungen Wielands schwer zu verstehen war, scheinen neuere Beobachtungen über eine mehr oder weniger ausgeprägte Acceptorspezifität der Dehydrasen (Abschnitt 6 c u. d β) geeignet, eine derartige Vorstellung unserem Verständnis auch vom Standpunkte der Dehydrierungstheorie, allerdings nicht in ihrer strengsten Form, näherzubringen. Man mag sich immerhin vorstellen, dass das — im Vergleich zu den anderen Acceptoren — kleine und darum wenig adsorbierbare und bei der Einfachheit seiner Bindungsverhältnisse wenig deformierbare Sauerstoffmolekül an vielen Enzymoberflächen nicht recht fixiert werden kann. Durch die Bildung höherwertiger, leicht reduzierbarer Eisenkomplexe wird sozusagen eine mittelbare Fixierung des Sauerstoffes in reaktionsfähiger Form bewerkstelligt.

Wie schon des öfteren erwähnt, gelingt es auch durch Zugabe kleiner Mengen reversibel oxydier- und reduzierbarer Farbstoffe die Dehydrasen (selbst in Gegenwart von HCN) zur Reaktion mit Sauerstoff zu bewegen. Die (sich auch elektrometrisch kundgebende) Reversibilität dieser Farbstoffsysteme verbindet sie mit den schwermetallhaltigen O_2-Übertragungsmechanismen (vom Hämintypus) in der Zelle. Im Gegensatz hierzu ist der reaktionsträge molekulare Sauerstoff nicht oder nur schwer zur Mitteilung seines Potentials an indifferenten Elektroden zu veranlassen. Auch von diesem Gesichtspunkte aus ist die Sonderstellung des molekularen Sauerstoffs unter den Oxydantien bei Zellreaktionen zu verstehen.

---

[1] L. Stern, Soc. Biol. 98, 1288; 1928.
[2] A. Hahn u. Haarmann, Zs Biol. 89, 164; 1929.
[3] Vgl. z. B.: D. Keilin, Erg. Enzymforsch. 2, 239; 1933.

Wie man nach diesen Beobachtungen der letzten Jahre das weitgereinigte, auch mit Sauerstoff reagierende und dabei kaum HCN-empfindliche Schardinger-Enzym, an dem eben Wieland seine Theorie von der Identität von Oxydase und Dehydrase hauptsächlich entwickelt hat, betrachten soll, ist eine andere Frage. Es ist oben schon festgestellt worden, dass die Unfähigkeit, im reinen Zustand Sauerstoff als Acceptor verwenden zu können, bisher eigentlich erst bei den Acidodehydrasen (und gewissen Zuckerdehydrasen) wahrscheinlich gemacht worden ist. Bei anderen Substratgruppen mögen prinzipiell andere Verhältnisse herrschen.

Bei den Aldehyden kommt vielleicht noch hinzu, dass deren Dehydrierung (über das Hydrat) thermodynamisch ganz besonders begünstigt ist und (nach Tabelle 14 u. S. 155) weitgehend schon ohne besonderen Acceptor freiwillig erfolgen sollte.

Einen weiteren hierhergehörigen Fall stellt möglicherweise die bisher allerdings erst mit Sauerstoff durchgeführte, jedoch offenbar HCN-unempfindliche Dehydrierung von Aminosäuren (mit Nierenextrakten nach Krebs) dar (vgl. S. 222).

Vor kurzem ist eine gleichfalls HCN-unempfindliche Oxydation von Prolin und Oxyprolin sowohl durch O_2 als durch Methylenblau in Gegenwart von Leberbrei beschrieben worden[1].

Namentlich Warburg[2] vertritt in neuester Zeit den Standpunkt, dass auch bei scheinbar direkten Reaktionen zwischen molekularem Sauerstoff und aktiviertem Substrat ein zelleigener, schwermetallfreier und darum HCN- und CO-unempfindlicher Farbstoffkatalysator (das „gelbe Oxydationsferment") die Sauerstoffübertragung besorgt. Es ist ihm unlängst gelungen, dieses gelbe Oxydationsferment auch in den von Bertho und Glück untersuchten Milchsäurebacillen nachzuweisen bzw. daraus zu isolieren, sowie auch seine wechselnde Oxydation und Reduktion in der atmenden Zelle auf optischem Wege darzutun[3]. Nach seiner Ansicht entsteht das H_2O_2 bei der Veratmung von Zucker durch die Bakterien nicht durch eine direkte Reaktion zwischen Sauerstoff und verbrennendem Substrat, sondern bei der Reoxydation der Leukoform des gelben Ferments (ähnlich dem Prozess, wie er bei der Methylenblau-Autoxydation nachgewiesen ist[4]).

Bei dieser Lage der Dinge wäre es natürlich von erheblichem Interesse, auf die Anwesenheit eines derartigen Farbstoff-Ferments auch in den Versuchen mit Schardinger-Enzym, Aminosäure-Dehydrasen und evtl. anderen mit O_2 reagierenden, dehydrierenden Fermenten zu prüfen, um so mehr, als diese oder ähnliche Farbstoffe in tierischen Geweben (auch in Milch) offenbar weit verbreitet sind (vgl. S. 228).

Der Einteilungsversuch Dixons[5], der aerobe und anaerobe (nach Thunberg[6] besser oxytrope und anoxytrope) Dehydrasen unterscheidet,

---

[1] F. u. M. L. C. Bernheim, Jl biol. Chem. 96, 325; 1932.
[2] O. Warburg u. Christian, Biochem. Zs 254, 438; 1932.
[3] O. Warburg u. Christian, Biochem. Zs 260, 499; 1933.
[4] A. Reid, Biochem. Zs 228, 487; 1930.
[5] M. Dixon, Biol. Rev. 4, 352; 1929.
[6] T. Thunberg, Hdbch. Biochem., Erg.-Bd., 245; 1930.

von denen die ersteren auch mit Sauerstoff, die letzteren nur mit anderen Acceptoren zu reagieren vermögen, sagt nichts über das Wesen dieses Unterschiedes aus, entspricht aber vorläufig noch unserer Kenntnis der Verhältnisse am besten. In welcher Richtung eine Lösung der hier vorliegenden Probleme möglich und wohl in allernächster Zeit zu erwarten ist, lässt sich indes schon vermuten. Jedenfalls scheint sich die Wielandsche Grundvorstellung von der unmittelbaren Reaktion des aktivierten Substratwasserstoffs mit dem molekularen Sauerstoff in allgemeiner Form für biologische Verhältnisse nicht mehr halten zu lassen. Die Formulierung Dixons sowie ähnliche Vorstellungen anderer Forscher (Fleisch, v. Szent-Györgyi, Oppenheimer, Keilin), die, für den Substratanteil auf dem Boden der Dehydrierungstheorie stehend, sich doch nicht der Existenz sauerstoffaktivierender Mechanismen in der Zelle verschliessen, sollen in einem abschliessenden Kapitel — nach Behandlung der „reinen" Sauerstoffaktivierungstheorie — berührt werden.

f) Oxydasen, Peroxydasen und Katalasen.

α) Die Oxydasen. Die Berechtigung, den Dehydrierungsmechanismus zur Erklärung der Wirkung von sog. „echten" Oxydasen heranzuziehen, war — zum wenigsten als Arbeitshypothese — a priori nicht von der Hand zu weisen. Abgesehen von dem Verhalten verschiedener Phenole am Palladiumkontakt, das für deren Dehydrierbarkeit zu sprechen schien[1] (vgl. jedoch S. 129 u. 162), war auch Art und Ausmass der enzymatischen Reaktion häufig derart, dass diese, zum mindesten dem Effekt nach, als Dehydrierung bezeichnet werden konnte. So liefert Hydrochinon bei der enzymatischen Oxydation fast ausschliesslich Chinon bzw. Chinhydron und auch in solchen Fällen, in denen die Reaktion weitergeht, wie bei Brenzkatechin, Pyrogallol, Dioxyphenylalanin, lässt sich, soweit dies der experimentellen Untersuchung zugänglich, als Primärreaktion stets die einfache Dehydrierung zum o-Chinon, gefolgt von sekundären und häufig nichtoxydativen Reaktionen, nachweisen.

Der Tatsache, dass von allen Acceptoren nur Sauerstoff bei diesen Enzymen funktionsfähig war, brauchte man aus thermodynamischen Gründen keine entscheidende Bedeutung zuzumessen. Die hauptsächlichsten Substrate dieser Oxydasen, die Phenole und aromatischen Amine, erfordern einen so erheblichen Energieaufwand bei der Dehydrierung (vgl. Tabelle 14, S. 149 f.), dass das Versagen der gebräuchlichsten Acceptoren Chinon und Methylenblau nicht überraschend wirkt. Dass auch andere Acceptoren, bei denen sehr wahrscheinlich keine thermodynamische Insuffizienz vorlag, wie Nitrat und Nitroverbindungen, vor allem aber Hydroperoxyd und andere Peroxyde, sich als unbrauchbar erwiesen[2], sieht man heute, nach den neueren Erfahrungen

---

[1] H. Wieland, B. 46, 3327; 1913.
[2] H. Wieland u. Fischer, B. 59, 1180; 1926.

über die bisweilen recht ausgeprägte Acceptorspezifität von dehydrierenden Enzymen (vgl. Abschn. 6 c und d) ebenfalls mit anderen Augen an.

Die Auffassung von der Dehydrasennatur der Oxydasen schien zudem eine Zeitlang erheblich gestützt durch gewisse Befunde, die Wieland und Fischer[1] an einem aus Pilzpresssaft hergestellten Präparat machten.

Dieses Präparat bewirkte in HCN-unempfindlicher Reaktion die Dehydrierung von Hydrochinon (auch anderen Phenolen) durch Sauerstoff unter quantitativer Bildung von Hydroperoxyd:

$$\text{C}_6\text{H}_4(\text{OH})_2 + \text{O}_2 \longrightarrow \text{C}_6\text{H}_4\text{O}_2 + \text{H}_2\text{O}_2.$$

Aber dieses Präparat war kein Ferment im heute üblichen Sinne. Es erwies sich als thermostabil, sein wirksamer Bestandteil konnte durch Fischblase dialysiert werden.

Es lag also ein ähnlicher Fall vor wie bei der Luzernen-Laccase Bertrands[2] (so genannt nach ihrer Einwirkung auf die o-Diphenole im Milchsaft des Lackbaums), deren wirksames Prinzip von v. Euler und Bolin[3] als ein manganhaltiges Gemisch der Calciumsalze ein-, zwei- und dreibasischer Oxysäuren erkannt wurde.

In der Tat liess sich auch die Wirkung der „Oxydase" von Wieland und Fischer durch ein Gemisch von Manganacetat und Calciumglykolat in allen Stücken nachahmen.

Bei späteren Versuchen zur Herstellung eines ähnlichen Pilzsaftpräparates wurde jedoch statt des oxydatisch wirksamen Salzgemisches ein echtes Oxydasesystem, das zuerst von Bach und Sbarsky[4] in Pilzen aufgefunden worden war, isoliert[5].

Dieses Enzympräparat zeigte gerade entgegengesetzte Eigenschaften. Es war thermolabil, nicht dialysierbar und stark HCN-empfindlich. Obwohl es gelungen war, es durch weitere Reinigungsprozesse vollständig von Katalase und Peroxydase zu befreien, wurde bei der Autoxydation von Hydrochinon und Brenzkatechin auch nicht eine Spur von Hydroperoxyd entdeckt.

Ähnliche Beobachtungen wurden auch mit den Phenolasen aus Kartoffeln und Früchten gemacht. Hier zeigt sich teilweise starke Empfindlichkeit gegen Sauerstoff, die jedoch sicher von anderer Art ist wie die bei den Milchenzymen beobachtete (S. 204 f. u. 230 f.). Schon Einwirkung des Sauerstoffes bei Abwesenheit von Substrat bewirkt starke Aktivitätsminderung.

Die von anderen Forschern beim Studium der Phenoloxydasen erhaltenen Ergebnisse stimmen in allen wesentlichen Zügen mit den Wielandschen Befunden überein.

---

[1] H. Wieland u. Fischer, l. c.
[2] G. Bertrand, C. R. 124, 1032, 1355; 1897.
[3] H. v. Euler u. Bolin, H. 57, 80; 1908. — 61, 1, 72; 1909.
[4] A. Bach u. Sbarsky, Biochem. Zs 34 474; 1911.
[5] H. Wieland u. Sutter, B. 61, 1060; 1928. — 63, 66; 1930.

Bei der Autoxydation von Polyphenolen (Hydrochinon, Brenzkatechin usw.) in wässriger Lösung ist das Auftreten von Hydroperoxyd wiederholt beobachtet worden[1]. Onslow und Robinson wollen auch bei der enzymatischen Oxydation von Brenzkatechin Spuren von H_2O_2 (mit der Titanreaktion) entdeckt haben.

Die Frage nach der **Spezifität der Oxydasen** ist bei der bekannten Labilität vieler pflanzlichen Präparate und der erheblichen Strukturgebundenheit der tierischen Fermente noch keineswegs eindeutig entschieden. Doch scheinen zum mindesten drei Wirkungen als verschiedenen Enzymen zugehörig erkannt zu sein. Darnach hat man

1. die **Indophenoloxydase**, welche primär aromatische Diamine dehydriert und unter anderem mit dem bekannten „Nadi"-Reagens (α-Naphthol + Dimethyl-p-phenylendiamin) Indophenolblau liefert. Sie ist in letzter Zeit dadurch zu grösster Bedeutung gelangt, dass sie sich mit Keilins Cytochromoxydase (wie auch mit Warburgs „Atmungsferment") identisch erwies[2].

2. die **Polyphenoloxydase**, welche auf o- und p-Di- und Triphenole dehydrierend wirkt. Von der Indophenoloxydase unterscheidet sie sich auch durch die weit grössere Empfindlichkeit gegen CO-Vergiftung sowie durch die Lichtunempfindlichkeit dieser Reaktion[2].

3. die **Monophenoloxydase** bzw. **Tyrosinase**, welche primär in einwertige Phenole (auch Tyrosin) eine orthoständige OH-Gruppe einführt und dann die weitere Bildung des o-Chinons vermittelt.

Allen Oxydasen gemeinsam ist die starke Hemmbarkeit durch **Blausäure**.

Im Anschluss an die Phenoloxydasen wäre noch die ebenfalls HCN-empfindliche, nur mit Sauerstoff Harnsäure in Allantoin überführende **Uricase** (und möglicherweise gewisse **Luciferasen**) anzuführen.

Die Stellung einiger weiterer gewöhnlich als Oxydasen bezeichneter Fermente ist noch unsicher. Einerseits reagieren sie nur mit Sauerstoff, nicht mit Methylenblau, andererseits ist ihre Wirkung nicht oder kaum HCN-empfindlich.

Hierher gehört die **Glucoseoxydase**[3] (aus Aspergillus niger und Penicillium glaucum), die Glucose in Gluconsäure überführt, und die **Tyraminoxydase**[4] (aus Leber), welche Tyramin in der Seitenkette zu noch nicht näher untersuchten Produkten (u. a. p-Oxyphenylessigsäure) oxydiert. Die geringe HCN-Empfindlichkeit der Fermente stellt sie vielleicht mit dem Aminosäuren abbauenden Enzymsystem[5] aus Niere (S. 222) in eine Klasse, die jedenfalls den Dehydrasen weit näher steht als den eigentlichen Oxydasen.

Was die Frage nach dem **Wirkungsmechanismus** der eigentlichen Oxydasen betrifft, so ist es bei dem heutigen Stand unserer Kenntnisse nicht möglich, darauf eine in jeder Hinsicht befriedigende Antwort zu geben. Auch Wieland hat nach seinen letzten Befunden (gemeinsam mit Sutter) diese Frage offengelassen. Dass sich die Phenoloxydasen dem Dehydrierungsschema

---

[1] Z. B.: M. W. Onslow u. Robinson, Biochem. Jl 20, 1138; 1926. — H. Wieland u. Franke, A. 464, 101; 1928.

[2] D. Keilin, Proc. Roy. Soc. (B.) 104, 206; 1928. — Erg. Enzymforsch. 2, 239; 1933.

[3] D. Müller, Biochem. Zs 199, 136; 1928. — 213, 211; 1929.

[4] M. L. C. Hare-Bernheim, Biochem. Jl 22, 968; 1928. — Jl biol. Chem. 93, 299; 1931.

[5] H. A. Krebs, Klin. Ws. 11, 1744; 1932. — H. 217, 191; 1933.

nicht oder nur mit erheblichem Zwang einfügen lassen, scheint sicher. Da ihre Funktion meist als eine sauerstoffaktivierende angesehen wird, soll darauf noch in dem entsprechenden späteren Kapitel (VIII, 3) eingegangen werden. Hier mag nur darauf hingewiesen werden, dass auch mit der Annahme einer Sauerstoffaktivierung durch komplex (im allgemeinen häminartig) gebundenes Eisen keineswegs alles erklärt ist. Dass der von der Indophenoloxydase aktivierte Sauerstoff ausschliesslich den Wasserstoff von Diaminen, nicht aber den sicherlich gleich lockeren von Polyphenolen angreift, ist schwer verständlich. Mit anderen Worten, die Substratspezifität dieser Enzyme deutet darauf hin, dass in dieser Fermentgruppe das Substrat ebensowenig als blosser Sauerstoffacceptor dient wie in der Klasse der „reinen" Dehydrasen das Oxydationsmittel als blosser Wasserstoffacceptor fungiert (vgl. Abschn. 6, c). Die doppelte Spezifität der Oxydationsenzyme und damit die zentrale Stellung eines Donator-Acceptor-Enzymkomplexes, die in der neueren Entwicklung der Dehydrierungstheorie so bedeutenden Raum einnimmt, lässt auch die Oxydasen nicht mehr als eine vollständig abgesonderte Enzymgruppe erscheinen. Ob das Phenol oder das Amin in diesem ternären Komplex ebenfalls aktiviert ist oder ob es nur — wofür wir früher (Abschn. 6, d) verschiedene Beispiele kennengelernt haben — an der Enzymoberfläche fixiert ist, soll hier unentschieden bleiben. Da der Wasserstoff in aromatischen Aminen und Phenolen an sich sehr locker sitzt — vergleiche die Entstehung von H_2O_2 bei der katalysatorfreien Autoxydation —, dürfte eine besondere Aktivierung kaum notwendig sein.

β) **Die Peroxydasen.** Das Beispiel der Peroxydasen war das erste und lange Zeit das einzige, das im System der Dehydrierungstheorie auf die Bedeutung der Acceptorspezifität aufmerksam machte. Ihr Verhalten wurde schon vor rund einem Jahrzehnt von Wieland[1] dahin charakterisiert, dass es sich um dehydrierende Fermente handle, „spezifisch eingestellt auf Phenole als Substrat und auf Hydroperoxyd als Acceptor". Diese Formulierung hat man oft als eine schwache Stelle im Lehrgebäude der Dehydrierungstheorie betrachtet, auf Grund der lange verbreiteten, aber heute als irrtümlich erkannten Auffassung, dass die Einstellung der Enzyme nur donatorspezifisch sei, die Eignung oder Nichteignung der Acceptoren aber ausschliesslich von thermodynamischen Momenten diktiert werde[2].

Neuere Untersuchungen an diesen vor allem im pflanzlichen Organismus sehr verbreiteten Enzymen, deren Reinigung nach den Adsorptionsmethoden Willstätters sehr weit getrieben werden kann, haben ergeben, dass auch die Acceptorspezifität der Peroxydasen nicht absolut ist. Sie reagieren — wenn auch erheblich langsamer als mit H_2O_2 — mit den Monosubstitutionsprodukten des Hydroperoxyds (Äthylhydroperoxyd, Acetopersäure), während

---

[1] H. Wieland, Erg. Physiol. 20, 506; 1922. — Hdbch. Biochem. 2, 268; 1923.
[2] Vgl. z. B.: C. Oppenheimer, Die Fermente, S. 1290, 1307, 1326; 1926.

Disubstitutionsprodukte teils wirkungslos sind (wie Diäthylperoxyd), teils (wie Dioxymethylperoxyd und Disuccinylperoxyd) sogar die Acceptorwirkung von H_2O_2 stark hemmend beeinflussen[1].

Die Auswahl an Substraten ist jedoch innerhalb des Gebietes aromatischer Oxy- und Aminoverbindungen ausserordentlich gross; unter anderem gehören hierher phenolische Substanzen aller Art, Diamine (wie o- und p-Phenylendiamin, Benzidin), Farbstoffleukobasen (wie Leukomalachitgrün, Phenolphthalin) usw. Tierische und pflanzliche Peroxydase (aus Milch bzw. Meerrettich) unterscheiden sich nach Elliott[2] dadurch, dass erstere ausserdem noch Jodid, Nitrit und Tryptophan als Substrate verwenden kann, während letztere sich auf den Umsatz von Jodid beschränkt.

Was den Wirkungsmechanismus der Peroxydasen anbetrifft, so wiederholen sich hier dieselben Fragen wie bei den Oxydasen, mit denen die Peroxydasen schon durch die Art der Substrate nahe verwandt erscheinen. Ihrer Auffassung als stark acceptorspezifischer Dehydrasen im Sinne Wielands stehen jedenfalls erhebliche Bedenken entgegen: neben der auffallend schwach entwickelten Donatorspezifität vor allem die enorme Empfindlichkeit gegen HCN und H_2S.

Diese beiden Gifte reduzierten bereits in einer Konzentration von $\frac{m}{200\,000}$ die Aktivität einer Meerrettichperoxydase auf die Hälfte bzw. ein Sechstel. Auch Hydrazin und Hydroxylamin zeigten in etwa 100fach höherer Konzentration ähnliche Wirkungen wie HCN. Nach Wieland[3] könnte man in der Beobachtung, dass die hemmenden Reagenzien solche mit prinzipieller Fähigkeit zur Reaktion mit Aldehyden sind, die Auffassung G. Wokers[4], wonach die aktive Gruppe der Peroxydasen — nach der erweiterten Formulierung übrigens auch der Oxydasen, Redukasen auch Katalasen — eine Aldehydgruppe sei, die durch H_2O_2 aktiviert werde, angedeutet finden. Wieland hält die Aufstellung dieser Hypothese, die vor nicht allzu langer Zeit wieder durch Gallagher[5] aufgenommen und vertreten worden war, zwar für verfrüht, glaubt aber andererseits, dass seine eigenen Feststellungen an der Peroxydase mehr gegen als für die Auffassung der Peroxydasewirkung als einer Schwermetallkatalyse sprechen.

Vor kurzem haben nun R. Kuhn und Mitarbeiter[6] durch spektrometrische Untersuchung hochgereinigter Peroxydaselösungen äusserst wahrscheinlich gemacht, dass die aktive Gruppe der Peroxydase — ähnlich wie die der Katalase — durch eine Häminkomponente dargestellt wird. Es ergab sich Parallelität zwischen peroxydatischer Wirksamkeit und Hämineisengehalt, welch letzterer nur etwa $1/7$ des an sich schon minimalen Eisengehalts reinster Peroxydasepräparate ausmacht. Die Wirksamkeit des Hämineisens in der Peroxydase ist von gleicher Grössenordnung wie die des Hämineisens der Katalase und des Atmungsfermenteisens (wenn man der Berechnung die

---

[1] H. Wieland u. Sutter, B. 63, 67; 1930.
[2] K. A. C. Elliott, Biochem. Jl 26, 10, 1281; 1932.
[3] H. Wieland u. Sutter, B. 61, 1060; 1928.
[4] G. Woker, Zs allg. Physiol. 16, 341; 1914. — B. 47, 1024; 1914.
[5] P. H. Gallagher, Biochem. Jl 17, 515; 1923. — 18, 29, 39; 1924.
[6] R. Kuhn, Hand u. Florkin, H. 201, 255; 1931.

Geschwindigkeit der Sauerstoffanlagerung zugrunde legt). Der verschwindende Eisengehalt (0,064%) hochwirksamer Peroxydasepräparate, dem Willstätter[1] kein Gewicht mehr beigelegt hatte, hat sich also nach diesen neuesten Untersuchungen als von fundamentaler Bedeutung für die Funktion der Peroxydase erwiesen. Die schon lange bekannten, kräftigen und zudem thermostabilen peroxydatischen Wirkungen von Blutfarbstoffderivaten lassen sich nunmehr unter weiterem Gesichtspunkt als wahre Enzymmodelle auffassen.

Mit dem Nachweis der funktionellen Bedeutung des Eisens für die Peroxydase erscheint natürlich auch ihre Giftempfindlichkeit in anderem Lichte, als dies Wieland gesehen. Eine Abänderung der Wielandschen Formulierung in dem Sinne, dass die Peroxydasen (dem Effekt nach) dehydrierende Enzyme sind, spezifisch eingestellt wesentlich auf aromatische Amine und Phenole als Donator und (am Hämineisen) aktiviertes H_2O_2 als Acceptor, dürfte dem gegenwärtigen Stand unserer Kenntnisse am besten gerecht werden.

Was die biologische Bedeutung der Peroxydasen, die bisher im wesentlichen aus Pflanzen isoliert wurden, anbetrifft — im tierischen Organismus mögen Cytochrom und andere Häminderivate die Funktion der thermolabilen Peroxydasen zum grösseren Teil übernehmen, obwohl neuerdings aus Milch eine thermolabile „echte" Peroxydase dargestellt worden ist[2] —, so scheint ihr verbreitetes Vorkommen zusammen mit Katalasen doch wieder darauf hinzuweisen, dass der Organismus auf primäre Entstehung von Hydroperoxyd vorbereitet und gegen sie gerüstet ist. Das Enzymsystem der Milch mit der gegen H_2O_2 so empfindlichen Aldehyd- bzw. Xanthindehydrase (S. 204 f. u. 209 f.) als primär wirkendem, der Katalase und Peroxydase als sekundär schützenden Fermenten wäre ein durchsichtiges Beispiel derartiger Reaktionskopplung.

Harrison und Thurlow[3] haben zudem gezeigt, dass während der aeroben Dehydrierung von Hypoxanthin durch Xanthindehydrase bei gleichzeitiger Gegenwart von Peroxydase, eine in der Milch vorhandene Substanz (möglicherweise von fettartigem Charakter) in den Gang der Oxydation hineingezogen wird. Dagegen dürfte der namentlich von Bach vertretenen Anschauung, dass organische Peroxyde als die Primärprodukte einer „Oxygenasewirkung" durch die Peroxydase eine Aktivierung erfahren, durch die neueren Befunde von Wieland und Sutter über die recht strenge Acceptorspezifität der Peroxydase der Boden entzogen sein. Das was Bach mit Peroxyden gemeint hatte, dürften zudem allermeist Chinone gewesen sein. (Vgl. Kap. VIII, 1 u. 2.)

Dass Peroxydasen sowohl wie Oxydasen im wesentlichen auf reversibel oxydierbare und reduzierbare aromatische Systeme als Substrat eingestellt sind, mag noch seine besondere Bedeutung im Hinblick auf die Erscheinung, die Wieland[4] als „gestufte Dehydrierung" bezeichnet, haben. Im Stoffwechsel der Pflanze werden häufig phenolische Substanzen angetroffen, die sich allermeist vom Brenzkatechin ableiten (z. B. die Chlorogensäure

---

[1] R. Willstätter, B. 59, 1871; 1926.
[2] S. Thurlow, Biochem. Jl 19, 175; 1925.
[3] D. C. Harrison u. Thurlow, Biochem. Jl 20, 217; 1926.
[4] H. Wieland, Erg. Physiol. 20, 509; 1922.

Oparins[1]; vgl. S. 174); möglicherweise spielen Adrenalin und 3·4-Dioxyphenylalanin (Dopa) im höheren tierischen Organismus eine ähnliche Rolle. Die Chinonform dieser Körper mag dem durch Dehydrasen aktivierten Wasserstoff der gewöhnlichen Zellsubstrate als Acceptor dienen, worauf die Oxyverbindungen enzymatisch durch Sauerstoff oder Hydroperoxyd wieder zu den entsprechenden Chinonen dehydriert werden. Auf diesem Umweg kommt den Dehydrasen das Oxydationsvermögen des Sauerstoffes, den sie ja zum Teil nicht direkt als Acceptor verwerten können (vgl. Abschn. 6, S. 219 u. 239), dennoch zugute; in anderen Fällen, wie bei Fermenten vom Typus des Schardinger-Enzyms, mag der gleiche Mechanismus das Ferment vor der schädlichen direkten Reaktion mit Sauerstoff schützen.

γ) **Die Katalasen.** Von der Stellung der Katalase als eines Schutzferments der Dehydrasen, die ihr im System der Wielandschen Theorie zukommt, war im vorausgehenden schon des öfteren die Rede (vgl. u. a. Abschn. 6, S. 207 u. 230), so dass wir uns hier ganz kurz fassen können.

Wieland fasst die Hydroperoxydspaltung bekanntlich als einen intramolekularen Dehydrierungsprozess zwischen zwei Molekülen H_2O_2 auf (vgl. Abschn. 5 c). Die Katalase erscheint als Dehydrase, spezifisch eingestellt auf H_2O_2 sowohl als Donator wie als Acceptor. Die starke HCN-Empfindlichkeit stellt sie aber zweifellos in eine Gruppe mit Oxydasen und Peroxydasen und in Gegensatz zu den echten Dehydrasen. Zudem wird nach den öfters zitierten Untersuchungen von Zeile und Hellström[2] ihre aktive Gruppe von einer Eisen-Porphyrinverbindung dargestellt, an der einwandfrei auch der reaktionshemmende Angriff der Blausäure erfolgend nachgewiesen ist. Der bisher noch nicht eindeutig geglückte Nachweis der Funktion des Hämineisens als eines Dehydrierungskatalysators (nach Wieland) lässt bis auf weiteres die Aktivierung des H_2O_2 ähnlich wie bei den Peroxydasen (also in der Linie der Sauerstoffaktivierung) als den experimentellen Befunden am besten gerecht werdend erscheinen.

Dass die Katalase mit der Sauerstoffatmung zu tun hat, steht ausser allem Zweifel. Sie fehlt in obligat anaeroben Bakterien (wie B. tetani, B. Welchii, B. histolyticus, Rauschbrandbacillen) und einigen fakultativen Anaerobiern, vor allem aus der Klasse der Milchsäurebildner. Dass Pneumokokken und Streptokokken bei Gegenwart von Sauerstoff im Nährsubstrat Hydroperoxyd bilden, ist schon länger bekannt[3], die quantitative Bestimmung des bei katalasefreier Atmung gebildeten H_2O_2 in einer Menge, die den Forderungen der Wielandschen Theorie entspricht, ist aber erst vor

---

[1] A. Oparin, Biochem. Zs 124, 90; 1921. — 182, 155; 1927.
[2] K. Zeile u. Hellström, H. 192, 171; 1930. — 195, 39; 1931.
[3] J. W. MacLeod u. Gordon, Jl Path. Bact. 25, 139; 1922. — 26, 127, 326, 332; 1923. — 28, 155; 1925. — Biochem. Jl 16, 499; 1922. — 18, 937; 1924. — O. T. Avery u. Morgan, Jl exp. Med. 39, 275, 289; 1924. — O. T. Avery u. Neill, Jl exp. Med. 39, 347, 357, 543; 1924.

kurzem für den Fall gewisser Milchsäurebakterien erfolgt[1]. Die Empfindlichkeit der einzelnen Bakterienarten gegen H_2O_2 ist jedoch recht unterschiedlich; während z. B. gewisse Pneumokokkenkulturen dadurch erheblich geschädigt und nach einiger Zeit steril werden[2], vermögen die Milchsäurebildner stundenlang mit konstanter Geschwindigkeit Sauerstoff auf Glucose unter H_2O_2-Bildung zu übertragen. (Weitere Angaben Teil A dieses Buches, bes. S. 17 f. u. 65 f.)

Dass bei der Umstellung eines gewöhnlich anaerob lebenden katalasehaltigen Bakterienorganismus auf Oxybiose ein Ansteigen des Katalasegehaltes erfolgt, während umgekehrt Umstellung auf Anoxybiose oder Sauerstoffmangel ihn vermindert, ist eine öfters beobachtete Tatsache. Diesen Beobachtungen stehen jedoch vereinzelt andere gegenüber, in denen kein derartiger Einfluss oder sogar ein entgegengesetzter Effekt festgestellt wurde (vgl. S. 18 u. 66). Wenn demnach der Erklärungsversuch, den die Dehydrierungstheorie für die Bedeutung der Katalasen zu geben hat, selbst bei den einfachsten Lebewesen nicht vollständig befriedigt, so ist doch zu bedenken, dass alle anderen, nicht auf dieser Basis ruhenden Deutungsversuche noch weit stärker hypothetischen Charakter zeigen.

Bei den höheren, pflanzlichen oder tierischen Organismen liegen die Verhältnisse dadurch noch weit unsicherer, als es nie gelungen ist — auch unter an sich günstigsten Bedingungen, z. B. durch rasche Abkühlung auf die Temperatur der flüssigen Luft —, den Austritt von H_2O_2 aus einer höher organisierten Zelle zu beobachten[3]. Zudem wird der doch eigentlich nach Wieland zu erwartende Parallelismus zwischen Atmungsintensität und Katalasegehalt, der schon bei den Bakterien nicht immer erfüllt ist, bei höheren Organismen oft in regellosester Weise durchbrochen.

So ist, um nur ein Beispiel unter vielen zu nennen, der Katalasegehalt der ja kaum atmenden Säugetiererythrocyten — insbesondere beim Menschen — unverständlich hoch; andererseits sind die stark atmenden Vogelerythrocyten zum Teil fast katalasefrei. Ewald[4] hat zuerst den Gedanken ausgesprochen, dass die Katalase die Sauerstoffabgabe aus Oxyhämoglobin beschleunige. Darnach hätte sie im Erythrocyten nichts mit der Atmung zu tun, sondern sie wäre von Bedeutung für Transport und ökonomische Verteilung des Sauerstoffs. Dieser Deutungsversuch, der auch in neuerer Zeit des öfteren wieder aufgenommen worden ist und auch eine gewisse experimentelle Stütze erfahren hat[5], verdient immerhin als Ergänzung zur Wielandschen Theorie der Katalasewirkung im Auge behalten zu werden.

Für die pflanzliche Katalase greift neuerdings wieder Stoll[6] auf einen zuerst von Usher und Priestley[7] geäusserten, experimentell allerdings nur mangelhaft belegten Gedanken zurück, wonach ihr eine wichtige Funktion beim Assimilationsprozess zukommen würde. Darnach solle an Chlorophyll gebundenes Wasser unter Verbrauch transformierter Lichtenergie in H und OH,

---

[1] A. Bertho u. Glück, A. 494, 159; 1932; dortselbst weitere Literatur.
[2] L. F. Hewitt, Biochem. Jl 24, 512, 1551; 1930. — 25, 169; 1931.
[3] H. Wieland u. Hausmann, A. 445, 181; 1925.
[4] W. Ewald, Pflüg. Arch. 116, 334; 1906.
[5] Literatur bei H. Ruska, Erg. Physiol. 34, 253; 1932.
[6] A. Stoll, Naturw. 20, 955; 1932.
[7] F. L. Usher u. Priestley, Proc. Roy. Soc. (B.) 77, 369; 78, 318; 1906. — 84, 101; 1911.

welch letzteres sekundär H_2O_2 liefert, zerfallen. Die Blattkatalase beseitigt dann (in temperatur- und HCN-abhängiger Reaktion) das Zellgift Hydroperoxyd.

Unter den isolierten Enzympräparaten hat bisher erst das Schardingerenzym bzw. die Xanthindehydrase die Forderung der Dehydrierungstheorie im Sinne quantitativer Hydroperoxydbildung erfüllt. Durch sekundäre Oxydationswirkungen (bei Gegenwart von Peroxydase) scheint es ferner bei der Tyraminoxydase[1] nachgewiesen zu sein. Bei der gleichfalls HCN-unempfindlichen Glucoseoxydase und der sich ähnlich verhaltenden „Aminosäure-Oxydodesaminase" von Krebs wäre seine Entstehung ebenso zu erwarten. Möglicherweise gelingt der Nachweis durch Abtrennung oder HCN-Inaktivierung gleichzeitig vorhandener Katalase.

Bemerkenswert ist der Befund Thurlows[2] an der Xanthindehydrase, wonach sekundäre Oxydationen durch primär entstandenes Hydroperoxyd bei gleichzeitiger Anwesenheit von Peroxydase neben Katalase, keineswegs verhindert werden. Auch bei grössten Katalasekonzentrationen wird die Peroxydasereaktion relativ wenig reduziert. Die regulierende, nur Überschüsse an H_2O_2 beseitigende Funktion der Katalase könnte hierin zum Ausdruck kommen.

Bei HCN-empfindlichen (also wohl Schwermetall enthaltenden) Enzymsystemen ist die Entstehung von H_2O_2 bisher nie mit Sicherheit beobachtet worden, auch nicht in dem von Wieland und Sutter studierten Fall einer katalase- und peroxydasefreien Phenoloxydase. Man muss wohl annehmen, dass es in solchen Fällen auch nicht intermediär entsteht.

Auffallend ist die Beobachtung von Bertho und Glück[3], dass eine Reihe von Milchsäurebildnern (B. cucumeris fermentati, Streptobacterium casei), obwohl katalasefrei, im Atmungsprozess kein H_2O_2 bilden, während sie sich in allen sonstigen Einzelheiten (HCN-Unempfindlichkeit der Atmung, Chinonreduktion usw.) den Hydroperoxydbildnern durchaus analog verhalten. Ähnlich gelang es auch Tanaka[4] nicht, durch HCN-Vergiftung der Katalase in der hinsichtlich ihrer Atmung HCN-unempfindlichen Alge Chlorella H_2O_2-Bildung nachzuweisen. Man wird vielleicht daran zu denken haben, dass die Dehydrase in diesen Fällen auch H_2O_2 als Acceptor verwenden könnte oder dass — zum wenigsten im letzteren Falle — die Zellen ein rudimentäres, wenig HCN-empfindliches peroxydatisches System (vom Typus einfacher Hämine) enthalten.

Es mag noch darauf hingewiesen werden, dass Untersuchungen über das Verhältnis von HCN-unempfindlichem Anteil der Atmung und Katalasegehalt vielleicht zu übersichtlicheren Ergebnissen führen dürften als der Vergleich von Gesamtatmung und Katalasemenge. In diese Richtung gehen bereits gewisse Beobachtungen von Lina Stern[5], die trotz mancher Begriffsverwirrungen einen gesunden Kern enthalten. An den verschiedensten Säugetiergeweben stellte sie fest, dass zwar keine Parallelität zwischen „Hauptatmung", wohl aber zwischen „akzessorischer Atmung" und Katalasegehalt von Geweben besteht.

---

[1] M. L. C. Hare, Biochem. Jl 22, 968; 1928.
[2] S. Thurlow, Biochem. Jl 19, 175; 1925.
[3] A. Bertho u. Glück, A. 494, 159; 1932.
[4] K. Tanaka, Biochem. Zs 157, 425; 1925.
[5] L. Stern, Biochem. Zs 182, 139; 1927.

Diese „Hauptatmung" geht auf die sog. „Oxydone" (Succinoxydon, p-Phenylendiaminoxydon usw.), die durch die ausschliessliche Reaktion mit Sauerstoff, starke Giftempfindlichkeit und ausgesprochene Strukturgebundenheit charakterisiert sind, zurück, während die „Nebenatmung" die Wirkung wasserlöslicher, relativ unempfindlicher und mit verschiedenen Oxydantien reagierender „Oxydasen" darstellt. Nun ist bei nicht sehr verschiedener Gesamtatmungsintensität der Katalasegehalt z. B. des Muskels nur ein kleiner Bruchteil (ein bis einige Prozent) des der Leber zukommenden. Dem entspricht nach Stern, dass man im Muskel hauptsächlich „Oxydon" - bei verschwindender „Oxydase"-Wirkung hat, während die Leber der Hauptsitz der „Oxydase" - bei nebenbei auch kräftiger „Oxydon"-Wirkung ist.

Im Sinne früherer Ausführungen (Abschn. 6, e und f α) ist man wohl berechtigt, in der „Oxydonwirkung" den strukturgebundenen Faktor der Sauerstoffaktivierung, das eisenhaltige Oxydationssystem zu sehen, während Sterns „Oxydasen" zum wesentlichen Teil von den rein dehydrierenden Systemen der Zelle ausgemacht werden. Von diesem Standpunkt aus gesehen mag das Studium der Katalaseverteilung in den Geweben, kombiniert mit Untersuchungen über die Giftempfindlichkeit der Atmung, wichtige Aufschlüsse über den Anteil oxydierender und dehydrierender Komponenten am Gesamtumsatz der Gewebe zu geben imstande sein.

g) Der „Status nascendi" bei Dehydrierungs- und anderen enzymatischen Reaktionen.

In Kapitel III ist bereits ausgeführt worden, dass wir über den mutmasslichen Abbauweg einer ganzen Anzahl von Zellstoffen heute schon recht gut orientiert sind. Als eines der am besten belegten Beispiele erwies sich der Abbau der Bernsteinsäure über Fumarsäure, Äpfelsäure, Oxalessigsäure zu Brenztraubensäure und weiter über Acetaldehyd zu Essigsäure, der Schritt für Schritt als rein enzymatische Reaktionsfolge klargelegt worden ist. Man gewinnt den Eindruck, dass die Dehydrasen der Zelle funktionell zusammengehörige Ketten bilden: das Reaktionsprodukt der einen Enzymwirkung wird zum Substrat einer folgenden. Nichtdehydrierende Enzyme (vom Typus der Hydratasen, Carboxylasen usw.) greifen häufig zwischen zwei Dehydrierungsphasen ein.

Die Frage, ob ein ins dehydrierende System der Zelle eingebrachter Stoff die gleiche Reaktionsfähigkeit zeigt wie derselbe Stoff, wenn er auf der Enzymoberfläche entsteht, ist für die Enzymchemie von grösster Wichtigkeit. Die Methode zur Erkennung bestimmter Abbauwege ist ja häufig die, dass man bestimmte, vermutete Zwischenprodukte dem Enzymsystem zufügt und beobachtet, ob und mit welcher Geschwindigkeit sie abgebaut werden. Namentlich in der Theorie des enzymatischen Kohlehydratabbaues hat dieses Verfahren eine grosse Rolle gespielt. So schliesst man beispielsweise aus der fehlenden oder geringen Vergärbarkeit der Milchsäure bzw. des freien Glycerinaldehyds und Dioxyacetons, dass diese Stoffe nicht bzw. kaum die primären Spaltprodukte der Hexosen sein können. Aber auch das Methylglyoxal, für dessen Schlüsselstellung im Kohlehydratabbau eine Menge teils chemischer, teils biologischer Gründe sprechen[1], ist, wenn man es von aussen ins Gärungssystem einführt, nicht abbaufähig. Dies ist ein grosser Schönheitsfehler des Neubergschen Gärungsschemas und man hat sich bis auf weiteres meist mit der Annahme beholfen, dass eine der zahlreichen möglichen, tautomeren oder Hydratformen des Methylglyoxals, die wir noch nicht kennen, die reaktionsfähige Form dieses Körpers darstellt.

Neuere Befunde von Wieland lassen es als fraglich erscheinen, ob eine derartige speziellere Annahme über die Natur des reaktionsfähigen Zwischenkörpers notwendig ist. Nach seiner Ansicht muss man dem „Anregungszustand" der an Enzymreaktionen beteiligten Moleküle weit mehr Beachtung schenken als dies bisher der Fall gewesen ist. Im Reaktionsverlauf sind die Moleküle erfüllt von der Anregungsenergie, die sie hat entstehen lassen und demzufolge anderen kinetischen Gesetzen unterworfen als das stationäre Material. Die Methode der klassischen Chemie, durch das Studium des Verhaltens mutmasslicher Zwischenprodukte den Verlauf einer Stufenreaktion aufzuklären, hat durch neuere Untersuchungen nicht nur auf ihrem ursprünglichen Anwendungsgebiet, sondern auch auf dem der biologisch-enzymatischen Reaktionen erhebliche Werteinbusse erlitten.

Die erste in die angeführte Richtung gehende Beobachtung wurde beim Studium der Essiggärung gemacht[2]. Es hatte sich gezeigt, dass der Sauerstoffumsatz in gleichen Zeiten bei Alkohol und Aldehyd, jeder für sich allein als Substrat angewandt, der Grösse nach ungefähr gleich ist. Geht man von reinem Alkohol als Substrat aus, so sollte man, wenigstens in der ersten Zeit, bei noch kleinem prozentischem Gesamtumsatz, eine ziemlich quantitative Anhäufung des gebildeten Aldehyds erwarten. Lässt man die Reaktion bis zu einem Alkohol/Aldehydverhältnis wie 40 : 1 ablaufen, so sollten nur etwa $2^{1}/_{2}\%$ des Aldehyds an der Reaktion teilnehmen, während tatsächlich die 5fache Menge im Bakterienversuch als beteiligt festgestellt wurde. Wieland und Bertho waren zunächst geneigt, aus diesem Mangel an Übereinstimmung auf eine Verschiedenheit von Alkohol- und Aldehyddehydrase zu schliessen. Da aber verschiedene andere Beobachtungen, vor allem das Ausbleiben eines Summationseffekts bei gleichzeitiger Anwesenheit beider Donatoren, eindeutig gegen eine solche Annahme sprachen, zogen Wieland und Bertho die andere Erklärung vor, wonach der an der wirksamen Oberfläche des einheitlichen Enzyms gebildete Aldehyd, erfüllt von der Anregungs- bzw. Reaktionsenergie, an der Stelle seiner Entstehung grössere Aussicht zur weiteren Reaktion mit Sauerstoff hätte als noch nicht adsorbierter Alkohol (bzw. von aussen eingebrachter Aldehyd in gleich geringer Konzentration).

---

[1] Vgl. z. B.: C. Neuberg, Hdbch. Biochem. 2, 442; 1924.
[2] H. Wieland u. Bertho, A. 467, 95; 1928.

Kürzlich haben Wieland und Wille[1] die analoge aerobe Dehydrierung von Alkohol durch Hefe untersucht, die jedoch über Essigsäure hinausgeht. Obwohl sich die Oxydationsgeschwindigkeiten von Alkohol, Aldehyd und Essigsäure (bei vergleichbaren Konzentrationsbedingungen) wie $1 : 2/3 : 1$ verhalten[2], werden doch von Anfang des Versuches an bereits erhebliche Mengen CO_2 gebildet. So zeigte sich bei 10%igem Umsatz des eingesetzten Alkohols (nach 1 Stunde), dass etwa die Hälfte des verschwundenen Alkohols zu Essigsäure, der Rest so gut wie vollständig zu H_2O und CO_2 oxydiert worden war.

Ähnliche Verhältnisse wurden bei den lange Zeit erfolglosen Versuchen, die Thunbergsche Hypothese vom biologischen Übergang der Essigsäure in Bernsteinsäure zu realisieren, beobachtet. Versucht man diesen Prozess mit (an oxydierbaren Zellinhaltstoffen weitgehend verarmter) Hefe durchzuführen und unterbricht den Vorgang zu einem Zeitpunkt, wo noch ein Teil (5—50%) des Acetats nicht angegriffen vorliegt, so findet man weitaus den grössten Teil des in Reaktion getretenen Materials bis zu den Endprodukten ($CO_2 + H_2O$) abgebaut; nur in einer Menge von 4—7% der umgesetzten Essigsäure lässt sich Bernsteinsäure isolieren[3].

Verfolgt man den Abbau von Essigsäure und Bernsteinsäure kinetisch, so zeigt sich, dass bei entsprechenden Konzentrationen der beiden Substrate Essigsäure rund dreimal rascher oxydiert wird als Bernsteinsäure (Abb. 32).

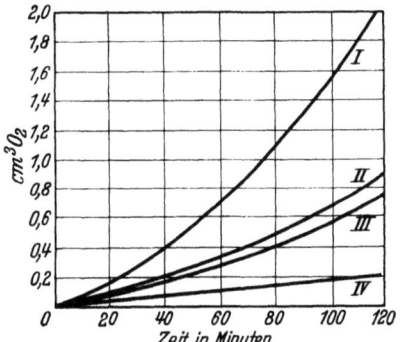

Abb. 32. Oxydation von Acetat (I), Succinat (II) und Fumarat (III) durch Hefe. IV Eigenatmung. (Nach Wieland u. Sonderhoff.) Acetat $\frac{m}{16}$ -, Succinat und Fumarat $\frac{m}{32}$ -. T 30°.

Die der Bernsteinsäure im Abbauschema folgenden Säuren wie Fumarsäure und Äpfelsäure konnten im Hefeversuch nicht mit Sicherheit nachgewiesen werden, scheinen jedoch als solche teilweise noch langsamer umgesetzt zu werden als Bernsteinsäure.

Auch hier führt Wieland die Tatsache, dass nur etwa $1/20$, nicht aber $2/3$ des eingesetzten Materials, wie sich dies nach dem zahlenmässigen Vergleich der Reaktionsgeschwindigkeiten erwarten liesse, als Bernsteinsäure wiedergefunden wird, auf den aktivierten Zustand der am Enzym gebildeten Succinatmoleküle zurück. Dass überhaupt Bernsteinsäure (und im Falle der Alkoholoxydation Aldehyd) fassbar ist, wird man damit zu erklären haben, dass, wie allgemein bei katalytischen Reaktionen, die angeregten Moleküle zum Teil inaktiviert werden.

Eine besondere Bedeutung mag diesem Anregungszustand auch bei der Synthese von Zellstoffen zukommen. Wieland und Sonderhoff haben gezeigt, dass in ungefähr der doppelten Menge (10%) wie Bernsteinsäure auch

---

[1] H. Wieland u. Wille, A. 503, 70; 1933.
[2] H. Wieland u. Claren, A. 492, 183; 1932.
[3] H. Wieland, Helv. 15, 521; 1932. — H. Wieland u. Sonderhoff, A. 499, 213; 1932. — 503, 61; 1933.

Citronensäure bei der Acetatveratmung durch Hefe gebildet wird. Obwohl sich sichere Angaben über den Bildungsmechanismus nicht machen lassen, halten sie es doch — und im Einklang mit einer schon vorher von Virtanen[1] geäusserten Hypothese — für sehr gut möglich, dass enzymatisch aktivierte Oxalessigsäure, die ja in der Abbaureihe ebenfalls vorkommt, sich mit Essigsäure aldolartig kondensiert:

$$\begin{array}{c}HO_2C-CO\\|\\HO_2C-CH_2\end{array} + \begin{array}{c}H_3C-CO_2H\end{array} \longrightarrow \begin{array}{c}HO_2C-C(OH)-CH_2-CO_2H\\|\\HO_2C-CH_2\end{array}.$$

Für diese Formulierung spricht vielleicht auch die Feststellung, dass mit Bernsteinsäure als Ausgangsmaterial keine Citronensäurebildung durch Hefe nachgewiesen werden konnte.

Hierher gehört sicherlich auch die **Acyloinsynthese** bei der Zugabe von Aldehyden zu gärenden Zucker- bzw. Brenztraubensäurelösungen. Es handelt sich um eine Reaktion des durch die Carboxylase aus Pyruvat abgespaltenen Acetaldehyds in statu nascendi:

$$CH_3 \cdot CHO + HOC \cdot R \rightarrow CH_3 \cdot CHOH \cdot CO \cdot R.$$

Es gelingt nicht, aus den stabilen Aldehyden mittels Hefe oder Hefesaft Acyloine zu erzeugen. Wohl aber gelingt es auch bei nichtenzymatischer Spaltung von Brenztraubensäure, z. B. durch Bestrahlung, Aminokatalyse nach Langenbeck[2] usw., Acetoinbildung zu erreichen. Dirscherl[3] lehnt auf Grund dieser Befunde die Neubergsche Annahme von der Existenz eines besonderen Enzyms Carboligase ab (vgl. S. 83 u. 106 f.).

In ähnlicher Weise hat v. Euler[4] für den Mechanismus der Meyerhof-Reaktion angenommen, dass der oxydative Zerfall eines Zuckermoleküls primär eine so energiegeladene C_3-Kette liefere, dass diese mit einem Milchsäuremolekül unter Bildung eines Hexoseradikals reagieren kann, welch letzteres seinerseits wieder die Energie zur Glykogensynthese in sich trage.

Es mag noch darauf hingewiesen werden, dass hier Beziehungen bestehen zu der im nächsten Kapitel besprochenen Kettentheorie der Dehydrierungsreaktionen, in der durch die Annahme von Radikalen der reagierenden Zellstoffmoleküle dem Anregungszustand derselben ein formal treffender Ausdruck geschaffen ist.

h) Zur Frage der generellen Ersetzbarkeit des Sauerstoffs bei Zellfunktionen.

Es hätte natürlich die Krönung der Dehydrierungstheorie bedeutet, wenn sich der Sauerstoff nicht nur in den rein chemischen Funktionen der Zelle, sondern auch in ihren allgemeineren Lebensäusserungen, z. B. mechanischen,

---

[1] A. J. Virtanen u. Pulkki, Ann. Ac. Scient. Fenn. 33, 3; 1930.
[2] Z. B.: W. Langenbeck, Erg. Enzymforsch. 2, 314; 1933.
[3] W. Dirscherl, H. 201, 47, 78; 1931.
[4] H. v. Euler u. Myrbäck, Svensk kem. Tidskr. 57, 173; 1925.

durch andere Acceptoren hätte ersetzen lassen. Ein schon 1915 von Wieland und Böhm[1] angestellter Versuch, das isolierte Froschherz anaerob durch Methylenblau in Tätigkeit zu erhalten, misslang jedoch. Das gleiche Ergebnis hatte eine Wiederholung des Experiments durch Winterstein[2], der auch die Unersetzbarkeit des Sauerstoffs beim Gaswechsel des Zentralnervensystems (vom Frosch) wie auch bei der Reflexerregbarkeit des strychninvergifteten Frosches dartat. Als „Sauerstoffersatz" kam teils Dinitrobenzol, teils Methylenblau zur Anwendung.

In überraschendem Gegensatz zu diesen negativen Resultaten stand die Beobachtung von Lipschitz und Hertwig[3], dass durch Sauerstoffmangel bewegungslos gewordene Froschspermatozoen durch die dehydrierende Wirkung des Dinitrobenzols ihre Beweglichkeit wiedergewinnen könnten. Eine Nachprüfung der Versuche durch Winterstein ergab jedoch, dass es sich hier um eine spezifische Reizwirkung des Nitrokörpers handelte, die vermutlich mit der Hydrierbarkeit desselben in keinem Zusammenhang steht.

Er zeigte nämlich, dass auch Spermien, die nicht durch Mangel, sondern durch Überschuss an Sauerstoff gelähmt waren, durch Dinitrobenzol wieder belebt wurden, unter Bedingungen also, unter denen eine Reduktion des Nitrokörpers (nach Lipschitzs eigenen Versuchen) gar nicht in Betracht kommt.

Es erscheint berechtigt, wenn sowohl Winterstein (l. c.) als auch Wieland[4] diesen negativen Ergebnissen keine grössere Bedeutung hinsichtlich der Beurteilung von Wert oder Unwert der Dehydrierungstheorie beilegen. In der lebenden, atmenden Zelle entsteht aus dem Sauerstoff sein indifferentes Hydrierungsprodukt Wasser, während die Reduktion des Dinitrobenzols das schwere Zellgift Nitrophenylhydroxylamin, die des Methylenblaus die so leicht adsorbierbare und wirksame Oberflächen blockierende Leukoverbindung des Farbstoffes liefert. Dass diese zellfremden Agentien den feinen Mechanismus der Zelle schädigen und den so ungemein komplizierten Prozess der Umwandlung chemischer in mechanische (und andere) Energie stören können, ist wenig verwunderlich. Schliesslich mögen gerade hier die energetischen Verhältnisse eine entscheidende Rolle spielen. Die durch die Hydrierung des Sauerstoffes gewonnenen Energiemengen übertreffen die der anderen Acceptoren ja weitaus und mögen daher schon aus diesem Grunde für alle mit Energieproduktion und -umwandlung verbundenen Zelleistungen unentbehrlich sein.

Wenn wir einem Gedankengang Wielands[5] folgen, dann haben wir auf der niedersten Stufe der Entwicklung das Leben ohne Sauerstoff — unter dem Begriff der Gärungen zusammengefasst —, das seinen Energiebedarf aus

---

[1] H. Wieland, Erg. Physiol. 20, 505; 1922.
[2] H. Winterstein, Pflüg. Arch. 198, 504; 1923.
[3] W. Lipschitz u. Hertwig, Pflüg. Arch. 191, 51; 1921.
[4] H. Wieland, Hdbch. Biochem. 2, 265; 1923.
[5] H. Wieland, Angew. Chem. 44, 579; 1931.

hydrolytischen und wasserstoffverschiebenden, höchstwahrscheinlich auch carboxylatischen (S. 155) Prozessen deckt. Der erhöhte Energiebedarf der höheren, morphologisch und physiologisch stärker differenzierten Organismen führt den molekularen Sauerstoff als ergiebigsten aller in der Natur zugänglichen energiespendenden Wasserstoffacceptoren in den Stoffwechsel der Lebewesen ein. In diesem Bezirk behält er — unbeschadet der Dehydrierungstheorie, die ja nur Aussagen über den Chemismus, nicht die Kopplung zwischen Energie- und Stoffwechsel bei den oxydativen Lebensprozessen machen will — seine alte Machtstellung bei. Es gilt, wie Wieland einmal selbst sagt: „Die Dehydrierungstheorie bedeutet keine Revolution, sondern bloss eine Verfassungsänderung."

VII. Die Kettentheorie der enzymatischen Oxydation.
1. Der Ausgangspunkt der Haber-Willstätterschen Radikalkettentheorie.

In den vorangehenden Kapiteln ist bereits des öfteren — am ausführlichsten bei Behandlung der Schwermetallkatalyse (Kap. VI, 5 d, δ) — von der kettenmässigen Auffassung der Oxydationsreaktionen die Rede gewesen, einer Auffassung, die an sich noch ziemlich neu und experimentell erst in kleinem Umfange geprüft, doch in den letzten Jahren auf den verschiedensten Teilgebieten der Katalyse zunehmende Beachtung gefunden hat.

An dieser Stelle kann auf die Kettentheorie nur insoweit eingegangen werden, als sich aus ihr neue Gesichtspunkte für die Betrachtung enzymatischer Reaktionen ergeben haben. Da die erstmalige und systematische Übertragung ihrer Gedankengänge auf dieses Gebiet im wesentlichen auf Haber und Willstätter[1] (1931) zurückgeht, sollen deren Anschauungen der folgenden Darstellung an erster Stelle zugrunde gelegt werden.

Die Behandlung ihrer Theorie im unmittelbaren Anschluss an die Dehydrierungstheorie rechtfertigt sich insofern, als auch sie das Wesen der enzymatischen Oxydation in einer Dehydrierung des Substratmoleküls erblicken. Sie stimmen sogar mit Wieland in der extremen Forderung, wonach das Eisen als Dehydrierungskatalysator fungiert, überein. Formal gesehen liegt der Unterschied beider Auffassungen im wesentlichen darin, dass die Haber-Willstättersche Theorie an Stelle der paarigen Wasserstoffabspaltung in Wielands Theorie eine unpaarige Dehydrierung als Primärprozess setzt, die den kettenmässigen Ablauf der (natürlich zu den gleichen Endprodukten führenden) Totalreaktion bedingt.

Der Ausgangspunkt dieser Form der Kettentheorie war der von J. Franck und Haber[2] eingehend studierte Fall der Autoxydation von Alkalisulfiten

---

[1] F. Haber u. Willstätter, B. 64, 2844; 1931.
[2] J. Franck und Haber, Sitz.-Ber. Preuss. Akad. Wiss. 1931, 250.

in Gegenwart von Kupferion als Katalysator. Die Tatsache, dass die Metalle in ihren Verbindungen so häufig Änderungen um eine einzelne Valenzstufe erfahren, hat nach Haber von jeher auf eine Lücke in unseren bisherigen Anschauungen vom Reaktionsmechanismus katalytisch wirksamer Metallverbindungen hingewiesen.

Denn bei Voraussetzung paarigen Reaktionsverlaufs war eine Reaktion dritter Ordnung als Primärvorgang zu erwarten, eine Beziehung, die im allgemeinen weder näher verfolgt noch gar bewiesen worden wäre. (Vgl. hierzu die Befunde von Haber und Sachsse[1] über den bimolekularen Verlauf der Primärreaktion zwischen dampfförmigem Natrium und Sauerstoff.)

Der Primärvorgang bei der Reaktion zwischen zweiwertigem Kupfer und Sulfit ist nach Franck und Haber

$$Cu^{\cdot\cdot} + SO_3'' + H_2O \rightarrow Cu^{\cdot} + SO_3H^* + OH', \qquad (I)$$

wobei also aus dem Sulfit als erstes Produkt die Verbindung SO_3H — wie alle angeregten Atome und Radikale im folgenden stets mit einem Stern (*) bezeichnet — auftritt. Sie steht (entsprechend der monovalenten Oxydationswirkung des $Cu^{\cdot\cdot}$) zwischen schwefliger und Schwefelsäure und vermag sich demgemäss mit Wasser zu disproportionieren. Es können aber auch — bei Abwesenheit von Sauerstoff — zwei derartige Monothionsäure-Radikale vermöge ihrer Valenzlücke am Schwefel sich zu Dithionsäure

$$2\ HSO_3^* \rightarrow H_2S_2O_6 \qquad (Ia)$$

dimerisieren, welch letztere in der Tat schon von Baubigny[2] bei der sauerstofflosen Reaktion zwischen $CuSO_4$ und Sulfit in guter Ausbeute erhalten worden war.

Derartige Fälle, dass ein Radikal durch Dimerisierung sich stabilisiert, sind auch in der organischen Chemie im Prinzip schon lange bekannt gewesen; es mag an die Pinakonbildung bei der Reduktion von Aceton mit nascierendem Wasserstoff — über ein Radikal $\genfrac{}{}{0pt}{}{CH_3}{CH_3}{>}COH^*$ gehend — und an die Ausbildung der Azokonfiguration $-N=N-$ bei der Reduktion aromatischer Nitro-, Nitroso- und Hydroxylaminderivate erinnert sein.

Lange Zeit hat man nicht an die Möglichkeiten gedacht, die sich ergeben, wenn zwei derartige Radikale sich nicht momentan dimerisieren, sondern wenn sie — durch den Primärprozess in so kleiner Menge gebildet, dass sie in der Lösung um viele Grössenordnungen häufiger Gelegenheit haben, anderen, und zwar paarigen Stoffen zu begegnen — sich nun tatsächlich mit derartigen „gesättigten" Molekülen umsetzen, was wegen der geringen Aktivierungswärme von Radikalreaktionen leicht der Fall sein wird. Bei der Diskussion dieser Möglichkeit kommen Franck und Haber zu dem Resultat, dass im Falle der Autoxydation von Sulfit bei Gegenwart von Kupfer das in Gleichung I gebildete Radikal SO_3H^* sich wahrscheinlich in folgender Weise weiter umsetzt:

$$SO_3H^* + O_2 + H_2O + SO_3'' \rightarrow 2\ SO_4'' + OH^* + 2\ H^{\cdot} \qquad (II)$$

$$OH^* + SO_3'' + H^{\cdot} \rightarrow OH' + SO_3H^* \qquad (III)$$

---

[1] F. Haber u. Sachsse, Physik. Chem., Bodenstein-Bd., 831; 1931.
[2] H. Baubigny, Ann. chim. phys. [8] 20, 12; 1910. — [9] 1, 201; 1914.

Man sieht, dass nach diesem Schema, nach einmaliger primärer Bildung des Monothionsäure-Radikals, der weitere Verlauf der Reaktionskette von der Anwesenheit des Schwermetalls **unabhängig** geworden ist, indem die Radikale sich wechselseitig immer wieder neu erzeugen. Andrerseits geht das in Gleichung I gebildete $Cu^{\cdot}$ durch Autoxydation wieder in $Cu^{\cdot\cdot}$ über und vermag so neue Radikalketten in Funktion zu bringen. Abbruch der Ketten erfolgt durch die (relativ seltenen) Zusammenstösse zwischen zwei Radikalen gleicher oder verschiedener Art, die entweder zu Dithionsäure (nach Gleichung I a) oder zu H_2O_2 oder H_2SO_4 (nach Gleichungen I b und I c)

$$HO^* + OH^* \to H_2O_2 \qquad (Ib)$$

$$SO_3H^* + OH^* \to SO_4H_2 \qquad (Ic)$$

führen. Dabei ist zu bedenken, dass nach Befunden von Bäckström[1] auch H_2O_2 (und Persulfat) in ähnlicher Weise kettenauslösend auf Sulfit wirkt wie etwa $Cu^{\cdot\cdot}$.

Haber ist keineswegs der Ansicht, dass der kettenmässige Ablauf einer Autoxydation (wie des Sulfits) ein notwendiger Teil des Autoxydationsvorgangs überhaupt ist. So ist beispielsweise die im stark alkalischen Medium vor sich gehende Nickel- und Kobaltkatalyse des Sulfits keine Kettenreaktion[2], ebensowenig wie die Kupferkatalyse der Arsenitautoxydation dies zu sein scheint[3].

Haber[4] geht auch kurz auf die von Wieland[5] studierten Autoxydationsfälle ein, in denen bei Gegenwart von Fe^{II} und Sauerstoff (oder Hydroperoxyd) ein starker primärer „Reaktionsstoss" beobachtet worden war (Kap. VI, 5 d β).

Nach seiner Ansicht ist der Grund der Erscheinung darin zu suchen, dass Fe^{II}, z. B. in Gegenwart von Sauerstoff und Sulfit, sich in folgender Weise umsetzt:

$$Fe^{\cdot\cdot} + O_2 + SO_3'' + H_2O \to Fe^{\cdot\cdot\cdot} + SO_4'' + OH^* + OH'.$$

Das wesentliche an dieser primären Reaktion ist die Erzeugung des Radikals OH^*, dessen kettenmässige weitere Reaktion nach Gleichung III und II (S. 257) den erheblichen Autoxydationsstoss schafft, darin möglicherweise noch unterstützt von Hydroperoxyd, das statt oder aus OH^* entsteht.

Vor kurzem haben Haber und Weiss[6] auch für die katalatische Wirkung des Ferroions in neutraler Lösung, die nach Manchot[7] auf die intermediäre Bildung eines Peroxyds Fe_2O_5 zurückgeht, einen Kettenmechanismus in Vorschlag gebracht, vor allem auf Grund der Tatsache, dass bei hoher Vermischungsgeschwindigkeit von Fe^{II} und H_2O_2 unter den Konzentrationsbedingungen der Manchotschen Versuche viel (z. B. 10mal) höhere Aktivierungsbeträge als

---

[1] H. J. L. Bäckström, Medd. K. Vetenskapsak. Nobelinst. 6, Nr. 15 u. 16; 1927.
[2] F. Haber, Naturwiss. 19, 450; 1931.
[3] P. Goldfinger u. von Schweinitz, Physik. Chem. (B) 19, 219; 1932.
[4] F. Haber, l. c.
[5] H. Wieland u. Franke, A. 457, 1; 1927. — 464, 101; 1928.
[6] F. Haber u. Weiss, Naturwiss. 20, 948; 1932.
[7] W. Manchot u. Mitarb., B. 34, 2479; 1901. — A. 460, 179; 1928. — Anorg. Chem. 211, 1; 1933.

die von Manchot angegebenen erzielt wurden. Danach handelt es sich um eine Primär-, zwei Folge- und eine Endreaktion im Sinne der folgenden Gleichungen:

$$Fe^{II} + H_2O_2 \rightarrow Fe^{III}(OH) + OH^* \quad (I)$$
$$OH^* + H_2O_2 \rightarrow H_2O - O_2H^* \quad (II)$$
$$O_2H^* + H_2O_2 \rightarrow O_2 + H_2O + OH^* \quad (III)$$
$$Fe^{II} + OH^* \rightarrow Fe^{III}(OH) \quad (IV)$$

Es sei hier auch auf neueste Beobachtungen über einen katalatischen „Primärstoss" während der Komplexbildung zwischen Fe^{II} und aa'-Dipyridyl hingewiesen, der von Kuhn und Wassermann[1] auf die kettenauslösende Wirkung radikalartiger, koordinativ ungesättigter Zwischenverbindungen der beiden Komplexkomponenten zurückgeführt wird.

2. Die Übertragung der Radikalkettentheorie auf organisch-enzymatische Prozesse.

a) Die Grundlagen.

Der Kernpunkt in der Haber-Willstätterschen[2] Betrachtungsweise der enzymatischen Oxydation und Oxydoreduktion ist ihre Auffassung der Fermente als besonders wirksamer Ferriformen, die sie durch die Arbeiten von Warburg, Zeile und Hellström, sowie Kuhn, Hand und Florkin über die aktiven, häminartigen Gruppen von Atmungsferment, Katalase und Peroxydase gestützt sehen (siehe S. 112 f. u. 242 f.). Das Wesen des primären enzymatischen Angriffs besteht darin, dass das Substrat monovalent oxydiert, das Enzym — entsprechend dem Übergang von Fe^{III} in Fe^{II} — monovalent reduziert wird. Das primäre Dehydrierungsprodukt des Substrats ist demnach von Radikalnatur, es enthält eine Valenzlücke, die sich vorzugsweise am Kohlenstoff, unter Umständen auch am Sauerstoff ausbildet[3]. Der weitere Ablauf der Reaktionskette ist dann vom Enzym unabhängig und analog dem, wie er früher beim Sulfit geschildert worden ist. Es bildet also das Radikal I in nächster Phase ein Radikal II, der seinerseits wieder I erstehen lässt, bis Begegnungen zweier Radikale oder auch Zusammenstösse zwischen einem Radikal und einem sog. „Inhibitormolekül" zum Kettenabbruch führen.

Diese „Inhibitoren", deren Wirkung bei Autoxydations- und Polymerisationsprozessen bereits vor Aufstellung der Kettentheorie vor allem von Moureu, Dufraisse und Mitarbeitern[4] studiert worden war, spielen möglicherweise auch im Komplex der biologischen Oxydation eine wichtige Rolle. Hinsichtlich der aeroben Oxydation der Pflanzenzellen hat Moureu darauf hingewiesen, dass die dort vorkommenden Polyphenole, insbesondere Tannin, die zu den kräftigsten „Antioxygenen" im Modellversuch gehören, möglicherweise als Regulatoren fungieren. Auch im tierischen Organismus scheinen derartige Mechanismen nicht ausgeschlossen, worauf u. a. G. Blix[5] aufmerksam gemacht hat. In der Tat hat sich unlängst Adrenalin als der praktisch wirksamste Inhibitor der Autoxydation von ungesättigten Fettsäuren erwiesen[6].

---

[1] R. Kuhn u. Wassermann, A. 503, 203; 1933.
[2] F. Haber u. Willstätter, B. 64, 2844; 1931.
[3] Vgl. hierzu die entgegengesetzte Auffassung J. Kenners, B. 65, 705; 1932.
[4] Zum Beispiel Ch. Moureu u. Dufraisse, Jl Soc. Chem. Ind. 47, 819; 1928. — Rec. trav. chim. 48, 826; 1929.
[5] G. Blix, Skand. Arch. 56, 131; 1929.
[6] W. Franke, A. 498, 129; 1932.

Nimmt man die früher erwähnte Tatsache hinzu (S. 174), dass es bei der Aminosäureoxydation als positiver Katalysator zu wirken vermag, so scheinen durchaus die Voraussetzungen gegeben, dass es die Oxydationsprozesse in der tierischen Zelle in bestimmte Richtung lenken kann.

Über das rein Chemische in der Funktionsweise der Inhibitoren weiss man noch sehr wenig. Bäckström[1] hat gezeigt, dass bei der Hemmung der Sulfitautoxydation durch Alkohole letztere zu den entsprechenden Aldehyden und Ketonen oxydiert werden, ähnlich wie bei der Inhibierung der Benzaldehydoxydation durch Anthracen dessen Übergang in Anthranol und schliesslich Antrachinon nachgewiesen wurde. Der Kettenabbruch scheint also durch die Oxydation des Inhibitors erkauft zu werden. Interessant ist die kürzlich gemachte Beobachtung[2], dass die hemmende Wirkung einer ganzen Anzahl von Substanzen aus den verschiedensten Stoffklassen — am wirksamsten erweisen sich Alkohole, Amine und Phenole — parallel geht bei der Autoxydation von Sulfit und Benzaldehyd sowie der Polymerisation von Vinylacetat. Daraus geht die Bedeutung aktiver Moleküle für das Zustandekommen beider Reaktionen deutlich hervor neben der Wahrscheinlichkeit, dass auch bei der Polymerisation die intermediäre Bildung kleiner Peroxydmengen eine wichtige Rolle spielt.

In Abwesenheit von Störungen sind die ausgelösten Reaktionsketten sehr lang — als Mittelwert verschiedener besser untersuchter Systeme mag man eine Gliederzahl von 10^5 annehmen — ihr Abbruch erfolgt erst spät, weil die Radikalkonzentration sehr niedrig, schätzungsweise 10^{-8}—10^{-9} molar, ist. Die Restitution des Enzyms — im folgenden mit [Fe$\cdots$] bezeichnet, womit natürlich nur der Wertigkeitszustand des Eisens gemeint ist — aus dem Monodesoxy-Enzym [Fe$\cdot\cdot$] kann auf verschiedene Weise, am einfachsten durch direkte Oxydationswirkung des Sauerstoffs, erfolgen. Daneben mag Reoxydation unter gleichzeitiger Beteiligung des Substrats (X) — also eine Kombination von induzierter und kettenauslösender Reaktion — in Betracht kommen:

$$[\text{Fe}\cdot\cdot] + \text{HOH} + \text{O}_2 + \text{X} \rightarrow [\text{Fe}\cdots] + \text{OH}' + \text{OH}^* + \text{XO}.$$

Erfolgt die Reoxydation nach diesem Schema nicht mit Sauerstoff, sondern mit einem anderen Oxydans, z. B. von chinoider Struktur, so resultiert an Stelle des OH-Radikals ein Radikal, das hinsichtlich seines Oxydationswertes auf der Stufe des Chinhydrons steht, sich von ihm jedoch durch das nur halb so grosse Molekulargewicht unterscheidet:

$$[\text{Fe}\cdot\cdot] + \text{HOH} + \underset{\text{O}}{\overset{\text{O}}{\bigcirc}} + \text{X} \longrightarrow [\text{Fe}\cdots] + \text{OH}' + \underset{\text{OH}}{\overset{\text{O}^*}{\bigcirc}} + \text{XO}.$$

Hier bestehen nun gewisse Berührungspunkte mit früheren Befunden von Willstätter[3], Weitz[4] u. a., die gezeigt hatten, dass die merichinoiden Stufen nicht einfach als Molekularverbindungen von Chinoiden und Benzoiden, sondern als echte, nicht dissoziierende Zwischenglieder aufzufassen sind. Nachdem Weitz die Radikalnatur der merichinoiden Salze erkannt hatte, haben dann in neuester Zeit Michaelis[5], Elema[6], Friedheim[7] usw. auf potentiometrischem Wege wichtige stützende Befunde dieser Auffassung beigebracht, interessanterweise

---

[1] H. L. J. Bäckström u. Beatty: Jl phys. Chem. 35, 2530; 1931. — H. N. Alyea u. Bäckström, Am. Soc. 51, 90; 1929.

[2] K. Jeu u. Alyea, Am. Soc. 55, 575; 1933.

[3] R. Willstätter u. Piccard, B. 41, 1458, 3245; 1908. — 42, 1902, 4332; 1909.

[4] E. Weitz u. Mitarb., B. 59, 432; 1926. — Elektrochem. 34, 558; 1928.

[5] L. Michaelis u. Mitarb., Jl biol. Chem. 91, 355, 369; 92, 212; 96, 703; 1931. — Biochem. Zs 255, 66; 1932.

[6] B. Elema u. Sanders, Rec. trav. chim. 50, 796, 807; 1931.

[7] E. A. H. Friedheim, Biochem. 259, 257; 1933.

hauptsächlich an biologisch bedeutsamen, respiratorischen Farbstoffsystemen, wie dem Pflanzenpigment Hermidin, dem Bakterienfarbstoff Pyocyanin und dem Polychätenpigment Hallachrom. Es zeigte sich nämlich, dass beispielsweise bei elektrometrischer Titration der Leukoverbindung von Pyocyanin (a-Oxy-10-methylphenazin) mit Chinon im kräftig sauren Gebiet an Stelle der gewöhnlichen S-förmigen Potentialkurve (I in Abb. 24) eine doppelt gebrochene Kurve (II) resultiert, die darauf hindeutet, dass die Abgabe der beiden Wasserstoffatome in zwei deutlich getrennten Phasen, z. B. nach

erfolgt. Die Existenz einer einwertig oxydierten bzw. dehydrierten Stufe wird bestätigt durch den doppelten Farbumschlag bei der Titration in saurer Lösung (farblos → grün → rot), während in alkalischer Lösung bei normaler Potentialkurve (I) auch nur einfacher Farbumschlag (farblos → blau) beobachtet wird.

Haber und Willstätter versuchen auch die energetischen Verhältnisse der von ihnen angenommenen kettenauslösenden Primärreaktion

$$R_IH + [Fe^{...}] = R_I^* + [Fe^{..}] + H^{.} \quad (a)$$

abzuschätzen. Leider fehlt es gerade an den wesentlichsten Daten, so dass der Wert der Berechnungen recht problematisch ist. Was den einen Teilprozess

$$R_IH \rightarrow R_I^* + H^{.} \quad (b)$$

anbetrifft, so ist uns in dieser Richtung nur die mittlere Festigkeit der dabei zu lösenden C-H-Bindung, die in erster Annäherung einem Aufwand von 90 kcal entspricht, bekannt.

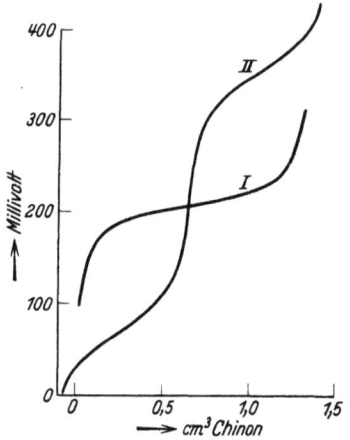

Abb. 33. Potentialkurventypen bei ein (I)- und zwei (II) stufiger Oxydation eines reduzierten Farbstoffs von der Art des Pyocyanins.

Dieser Wert liegt erheblich über der Hydrierungsenergie des molekularen Sauerstoffs (zu H_2O) und kommt derjenigen des H_2O_2 gleich (vgl. Tabelle 14, S. 149).

Über den anderen Teilvorgang, die Reduktion des Fermenteisens

$$[Fe^{...}] \rightarrow [Fe^{..}] \quad (c)$$

und den damit verbundenen Energiegewinn sind wir naturgemäss noch schlechter orientiert.

Würde es sich um Eisen-Ionen handeln, so würde die maximale Arbeit des Übergangs rund 17 kcal — entsprechend einem Potential von 0,75 Volt — betragen. Soweit die bisherigen Potentialmessungen[1] an Hämin, Hämoglobin (bzw. Methämoglobin) und Cytochrom ein Urteil erlauben, liegen die Potentiale für häminartig gebundenes Eisen und dementsprechend die maximalen Nutzarbeiten der Reduktion in diesen Fällen — auch bei Berücksichtigung des pH-Einflusses auf das Potential — durchwegs noch niedriger.

---

[1] Vgl. z. B. J. B. Conant u. Mitarb., Jl biol. Chem. 79, 89; 1928. — 86, 733; 1930. — 98, 57; 1932. — T. B. Coolidge, Jl biol. Chem. 98, 755; 1932. — H. Schüler, Biochem. Zs 255, 474; 1932.

So viel erscheint jedenfalls sicher, dass bei Einheitskonzentrationen aller fünf in der Ausgangsgleichung (a) vorkommenden Stoffe die Reaktion auf Grund der energetischen Verhältnisse nicht von links nach rechts, sondern im entgegengesetzten Sinne verlaufen würde.

Der Verlauf in dem von der Haberschen Theorie geforderten Sinne muss also durch die besonderen Konzentrationsverhältnisse erzwungen werden, entsprechend einem positiven A_a in der Gleichung der maximalen Arbeit trotz negativen Werts für die Differenz der „Standardenergien" ($A_b - A_c$) der beiden Teilreaktionen:

$$A_a = (A_b - A_c) - 0{,}058 \log \frac{(R_I) \cdot ([Fe^{..}]) \cdot (H^{.})}{(R_I H) \cdot ([Fe^{...}])} \tag{d}$$

Wichtig ist nun die Frage, ob sich die kinetischen Verhältnisse der Enzymreaktionen mit diesen (an sich wenig günstigen) energetischen Bedingungen der Primärreaktion in Einklang bringen lassen.

Massgebend für die Reaktionsgeschwindigkeit ist die Beziehung

$$\frac{-d(R_I H)}{dt} = n \cdot w \cdot 3{,}6 \cdot 10^{13} \, ([Fe^{...}]) \, (R_I H), \tag{e}$$

in der links die pro Stunde und Liter umgesetzten Mole Substrat (unter der Bedingung stationärer Konzentrationen der rechts verzeichneten Reaktionsteilnehmer) stehen; n bedeutet die Gliederzahl der Ketten, w die „Erfolgswahrscheinlichkeit", worauf weiter unten noch zurückzukommen ist. Da die stationäre Verteilung des Enzyms zwischen Fe^{III} und Fe^{II}-Form nicht bekannt ist, wird die nicht unwahrscheinliche vereinfachende Annahme gemacht, dass näherungsweise die Gesamtmenge des Enzyms in der Fe^{III}-Form vorliegt. Für die Substratkonzentration wird als gebräuchlicher experimenteller Wert 10^{-1} molar, für die Enzymkonzentration 10^{-9} eingesetzt. Was den in der Gleichung auftretenden Zahlenwert $3{,}6 \cdot 10^{13}$ anbetrifft, so stellt er die Stosszahl dar, die ein Enzymmolekül innerhalb einer Stunde im Liter mit den Substratmolekülen ausführt (bei Konzentrationseinheit des Substrats). Für n schätzt sich — bei verschwindender Aktivierungswärme — ein mutmasslicher Wert von der Grössenordnung 10^5. Setzt man nun noch für die linke Seite der Gleichung den Erfahrungswert 1, so resultiert für die einzige noch unbestimmte Grösse w der Wert $3 \cdot 10^{-9}$, womit unter Annahme fehlender Aktivierungswärme zugleich auch $A_b - A_c$ festgelegt ist, da zwischen den beiden Grössen die Beziehung

$$-\ln w = \frac{(A_b - A_c) \cdot 23065}{RT} \tag{f}$$

gilt. Die Differenz der „Standardenergien" errechnet sich so zu 0,6 Volt (bzw. 13,8 kcal); mindestens so gross muss dann auch das logarithmische Glied in Gleichung d sein, eine Voraussetzung, die erfüllt ist, wenn ausser den sonstigen früher gemachten Annahmen $(R_I) \cdot (H^{.}) < 10^{-11}$ ist. Da die optimalen Wasserstoffionenkonzentrationen der Enzymreaktionen meist zwischen 10^{-7} und 10^{-5} liegen und Radikalkonzentrationen nicht leicht 10^{-8} übersteigen, bestehen von dieser Seite keine Schwierigkeiten.

(Bedenklicher erscheint, dass die „erlaubte" Differenz $A_b - A_c$ von 0,6 Volt bzw. rund 14 kcal gegenüber den früher für die beiden Komponenten [A_b ca 90, A_c höchstens 17 kcal] geschätzten Werten als unzureichend klein erscheint. Selbst wenn der Wert von 90 kcal einen Wärmetönungs- und keinen freien Energiewert darstellt, spricht die auffallende Grösse der geschätzten Differenz $A_b - A_c$ doch recht gewichtig dagegen, dass die Reaktion a in irgendwie erheblicherem Ausmasse stattfinden kann.)

b) Beispiele der Anwendung.

Unabhängig von den energetischen Überlegungen Habers und Willstätters, die — zum mindesten für organisch-enzymatische Fälle — keine sonderliche Stütze ihrer Theorie darstellen, sollen im folgenden verschiedene Anwendungen derselben demonstriert werden.

α) Dehydrierung durch Sauerstoff und andere Acceptoren. Als Beispiele seien die aerobe Dehydrierung von Äthylalkohol sowie die anaerobe Dehydrierung von Acetaldehyd angeführt.

Äthylalkohol. Primärreaktion: $CH_3 \cdot CH_2 \cdot OH + \text{Enzym} \rightarrow CH_3 \cdot CH(OH)^* + \text{Monodesoxyenzym}$.

1. Folgereaktion:

$$\underbrace{CH_3 \cdot CH(OH)^*}_{\text{1. Radikal}} + CH_3 \cdot CH_2 \cdot OH + O_2 \rightarrow 2\, CH_3 \cdot CHO + H_2O + \underbrace{OH^*}_{\text{2. Radikal}}$$

2. Folgereaktion:

$$\underbrace{OH^*}_{\text{2. Radikal}} + CH_3 \cdot CH_2 \cdot OH \rightarrow H_2O + \underbrace{CH_3 \cdot CH(OH)^*}_{\text{1. Radikal}}$$

Die Dreierstossreaktion 1 lässt sich evtl. noch in zwei Teilphasen zergliedern; vgl. u. a. S. 132:

Phase a)
$$CH_3 \cdot CH(OH)^* + O_2 \longrightarrow CH_3C{<}^{O \cdot O^*}_{H(OH)}.$$

Phase b)
$$CH_3 \cdot C{<}^{O \cdot O^*}_{H(OH)} + CH_3 \cdot CH_2 \cdot OH \longrightarrow 2\,CH_3 \cdot CHO + H_2O + OH^*.$$

Es ist eine Frage der Lebensdauer, ob die Peroxydradikale wirklich auftreten oder ob sie im selben Stoss, in dem sie gebildet werden, wieder verschwinden. Für das Auftreten solcher peroxydischer Radikale sieht Haber in der nachgewiesenen Bildung des Radikals NaO_2 aus Natriumdampf und Sauerstoff eine Stütze. Auch die Befunde bei der Autoxydation der Aldehyde (Peroxyd- und Persäurebildung) weisen in die gleiche Richtung.

In obiger Reaktionsfolge sehen Haber und Willstätter den Modus für die aerobe Wirksamkeit der Oxydasen. Charakteristisch dafür ist nicht die Primärreaktion, sondern die Folgereaktion 1, in der Sauerstoff verbraucht und das Radikal OH^* gebildet wird.

Acetaldehyd. Primärreaktion: $CH_3 \cdot CHO + \text{Enzym} \rightarrow CH_3 \cdot CO^* - \text{Monodesoxyenzym}$.

1. Folgereaktion (mit Chinon):

$$\underbrace{CH_3 \cdot CO^*}_{\text{1. Radikal}} + \underset{O}{\overset{O}{\bigcirc}} + H_2O \longrightarrow CH_3 \cdot CO_2H + \underbrace{\underset{OH}{\overset{O^*}{\bigcirc}}}_{\text{2. Radikal}}$$

2. Folgereaktion:

$$\underbrace{\underset{OH}{\overset{O^*}{\bigcirc}}}_{\text{2. Radikal}} + CH_3 \cdot CHO \longrightarrow \underset{OH}{\overset{OH}{\bigcirc}} + \underbrace{CH_3 \cdot CO^*}_{\text{1. Radikal}}$$

Die Rückbildung der Dehydrase aus dem Desoxyenzym erfolgt hier natürlich durch das Chinon (vgl. S. 260).

β) Dismutationen. Während das Auftreten des OH-Radikals für die aeroben Oxydationen, die Bildung eines Merichinoids für die Dehydrierung mit Chinonen, die Entstehung ähnlicher Monohydroradikale für die Reaktion anderer Oxydantien charakteristisch ist, liegt für disproportionierende Reaktionen der Fall so, dass zwei verschiedene Radikale derselben (Umwandlung erleidenden) Grundsubstanz abwechselnd gebildet und verbraucht werden. Auch in der Haber-Willstätterschen Formulierung erscheint die Dismutation nur als ein Spezialfall der Dehydrierung, wie am nachstehenden Beispiel der Acetaldehyd-Disproportionierung klar werden wird.

Primärreaktion:
$$CH_3 \cdot CHO + Enzym \rightarrow CH_3 \cdot CO^* + Monodesoxyenzym.$$

1. Folgereaktion:
$$\underbrace{CH_3 \cdot CO^*}_{\text{1. Radikal}} + H_2O + CH_3 \cdot CHO \rightarrow CH_3 \cdot CO_2H + \underbrace{CH_3 \cdot CH(OH)^*}_{\text{2. Radikal}}$$

2. Folgereaktion:
$$\underbrace{CH_3 \cdot CH(OH)^*}_{\text{2. Radikal}} + CH_3 \cdot CHO \rightarrow CH_3 \cdot CH_2 \cdot OH + \underbrace{CH_3 \cdot CO^*}_{\text{1. Radikal}}$$

Bertho[1] weist darauf hin, dass die oft bei der Aldehyddismutation zu beobachtende Acetoinbildung sich leicht durch den Zusammentritt der entsprechenden beiden Radikale (im Fall des Acetaldehyds $CH_3 \cdot CO^*$ und $CH_3 \cdot CHOH^*$) erklären lässt.

Die innere Dismutation von Ketonaldehyden in Oxysäuren geht auf den gleichen Mechanismus zurück.

Primärreaktion (für Methylglyoxal):
$$CH_3 \cdot CO \cdot CHO + Enzym \rightarrow CH_3 \cdot CO \cdot CO^* + Monodesoxyenzym.$$

1. Folgereaktion:
$$\underbrace{CH_3 \cdot CO \cdot CO^*}_{\text{1. Radikal}} + H_2O \rightarrow \underbrace{CH_3 \cdot C(OH) \cdot (COOH)^*}_{\text{2. Radikal}}$$

2. Folgereaktion:
$$\underbrace{CH_3 \cdot C(OH) \cdot (COOH)^*}_{\text{2. Radikal}} + CH_3 \cdot CO \cdot CHO \rightarrow CH_3CH(OH)COOH + \underbrace{CH_3 \cdot CO \cdot CO^*}_{\text{1. Radikal}}$$

Die obigen Radikale wie auch ähnliche andere (z. B. von Triosen) könnten beim Zuckerabbau als primäre Spaltprodukte wie auch als Vermittler synthetischer Prozesse eine Rolle spielen (vgl. S. 103 u. 254).

Auch für die nichtenzymatische, mit starkem Alkali hervorgerufene Cannizzaro-Reaktion bringen Haber und Willstätter ihren Erklärungsversuch zur Anwendung. Ähnlich wie bei der Autoxydation der Aldehyde[2] sollen auch bei der Disproportionierung Metallspuren eine wichtige reaktionsauslösende Funktion besitzen, eine ganz reine Kalilauge dementsprechend unwirksam sein[3].

γ) **Reaktionen des Hydroperoxyds.** Gewisse Schwierigkeiten ergeben sich für Haber und Willstätter bei dem Versuch auch die Wirkung von Peroxydase und Katalase ihrem Schema einzupassen. Diese Schwierigkeiten erstehen von seiten des in beide Reaktionstypen eingehenden OH-Radikals

---

[1] A. Bertho, Ergebn. Enzymforsch. 2, 204; 1933.
[2] R. Kuhn u. Meyer, Naturwiss. 16, 1028; 1928. — E. Raymond, Jl chim. phys. 28, 317, 421, 480; 1931.
[3] F. Haber, Naturwiss. 20, 468; 1931.

und zeigen deutlich eine dieser Form der Kettentheorie anhaftende Schwäche auf: ist einmal die spezifische Primärreaktion abgelaufen, dann führen die Radikale ein eigenmächtiges, Spezifitätsforderungen nicht mehr recht zugängliches Dasein. Einschränkende Bedingungen hinsichtlich der Reaktionsweise der Radikale aber laufen dem innersten Wesen der Radikalkettentheorie zuwider.

Willstätter gibt in der gemeinsamen Arbeit mit Haber seine frühere Auffassung[1] der Peroxydasen als H_2O_2-aktivierender Enzyme auf. In Übereinstimmung mit Wieland hält er sie nunmehr für in Kombination mit H_2O_2 funktionierende, für gewisse Substrate geeignete **Dehydrasen**.

Die konsequente Übertragung des bisherigen Reaktionsschemas auf den Fall der Peroxydasen würde zu nachstehendem Reaktionsbild führen.

Primärreaktion (für Pyrogallol):

$$\text{C}_6\text{H}_3(\text{OH})_3 + \text{Enzym} \longrightarrow \text{C}_6\text{H}_3(\text{O}^*)(\text{OH})_2 + \text{Monodesoxyenzym.}$$

1. Folgereaktion:

$$\underbrace{\text{C}_6\text{H}_3(\text{O}^*)(\text{OH})_2}_{\text{1. Radikal}} + H_2O_2 \longrightarrow \text{C}_6\text{H}_3(\text{O})_2(\text{OH}) + H_2O + \underbrace{\text{OH}^*}_{\text{2. Radikal}}$$

2. Folgereaktion:

$$\underbrace{\text{OH}^*}_{\text{2. Radikal}} + \text{C}_6\text{H}_3(\text{OH})_3 \longrightarrow H_2O + \underbrace{\text{C}_6\text{H}_3(\text{O}^*)(\text{OH})_2}_{\text{1. Radikal}}$$

Das Oxy-o-chinon geht dann nach früheren Untersuchungen von Willstätter und Heiss[2] in Purpurogallin über.

In dieser seiner ursprünglichen Form halten jedoch Haber und Willstätter das Schema für nicht befriedigend. Wie ein Blick auf das weiter unten gegebene Reaktionsbild der H_2O_2-Spaltung durch Katalase ergibt, ist dort diese Reaktion in engstem Zusammenhang mit dem Radikal OH* — das auch im obigen Peroxydaseschema vorkommt — gerückt. Es ist jedoch seit langem bekannt, dass die Peroxydase nicht imstande ist, aus H_2O_2 Sauerstoffgas zu entwickeln. Haber und Willstätter versuchen diesem Widerspruch dadurch zu begegnen, dass sie statt des in zwei Folgereaktionen getrennten Reaktionsverlaufs einen einheitlichen Vorgang annehmen.

Folgereaktion 1+2:

$$\text{C}_6\text{H}_3(\text{OH})_3 + \text{C}_6\text{H}_3(\text{O}^*)(\text{OH})_2 + H_2O_2 \longrightarrow \text{C}_6\text{H}_3(\text{O}^*)(\text{OH})_2 + \text{C}_6\text{H}_3(\text{O})_2(\text{OH}) + 2H_2O.$$

Damit wird zum Ausdruck gebracht, dass das in der Primärreaktion entstandene erste Radikal im Dreierstoss mit H_2O_2 und Substrat umgesetzt wird. Die Ausdrucksweise ist identisch

---

[1] R. Willstätter, B. **59**, 1871 (1926).
[2] R. Willstätter u. Heiss, A. **433**, 17 (1923).

mit der anderen, dass das Hydroxylradikal im selben Stoss verbraucht wird, in dem es gebildet wird. Es wird ihm also nicht die Lebensdauer beigelegt, die ihm ermöglichte, sich mit dem H_2O_2 unter Entwicklung von elementarem Sauerstoff umzusetzen.

Die Bedeutung dieser Einschränkung wird klar beim Vergleich der Peroxydase- mit der nachfolgenden Katalase-Wirkung. Die Katalase, die mit Wieland als eine für das Substrat spezifische Dehydrase angesehen wird, fügt sich dem gewohnten Zweiradikalschema.

Primärreaktion:
$$H_2O_2 + \text{Enzym} \rightarrow HO_2{}^* + \text{Monodesoxyenzym}.$$

1. Folgereaktion:
$$\underbrace{HO_2{}^*}_{\text{1. Radikal}} + H_2O_2 \rightarrow O_2 + H_2O + \underbrace{OH^*}_{\text{2. Radikal}}$$

2. Folgereaktion:
$$\underbrace{OH^*}_{\text{2. Radikal}} + H_2O_2 \rightarrow H_2O + \underbrace{HO_2{}^*}_{\text{1. Radikal}}$$

Die energetischen Verhältnisse der Primärreaktion sind hier insofern etwas günstiger als bei der Lösung von C-H-Bindungen, als die Bildungswärme von H_2O_2 aus $O_2 + H$ rund 147 kcal beträgt, von denen in erster Näherung etwa die Hälfte zur Ablösung eines H-Atoms aus dem H_2O_2-Molekül aufgewendet werden muss. (Nach neueren Daten wären zu diesem Schritt dann nur 67 Kcal erforderlich[1], doch liefert die Halbierung wahrscheinlich einen zu günstigen Wert[2].)

Da die Reaktion $H_2O_2 \rightarrow 2\,OH$ geringeren Energieaufwand (etwa 49 Kcal) erfordert, wie auch aus gewissen chemischen Gründen, wird von Stern[1] die symmetrische Spaltung des H_2O_2-Moleküls als Primärreaktion der Katalasewirkung vorgezogen; im übrigen schliesst er sich dem Haber-Willstätterschen Schema (unter Vertauschung der Reaktionsfolge) an.

Auch die nichtenzymatische H_2O_2-Zersetzung z. B. durch das (Fe^{III}-Silicat enthaltende) Glas, durch die (ja sogar molekularen Wasserstoff teilweise in Atome spaltenden) Platinmetalle und ähnliche Katalysen lassen sich auf der Basis der Radikalkettentheorie erklären.

Haber und Willstätter schliessen ihre Ausführungen mit dem Hinweis, dass nicht nur Dehydrierungen, sondern auch katalytische Hydrierungen auf der neugeschaffenen Basis eine plausible Erklärung hinsichtlich des Mechanismus finden können, veranschaulicht in dem Schema

$$H^* + C_nH_{2n} \rightarrow C_nH_{2n+1}{}^* \qquad (I)$$
$$C_nH_{2n+1}{}^* + H_2 \rightarrow C_nH_{2n+2} + H^* \text{ usw.} \qquad (II)$$

Natürlich lassen sich auch zusammengesetztere Reduktionsvorgänge wie Enthydroxylierungen von ungesättigten Alkoholen (Geraniol→2,6-Dimethyloktan, Phytol→Phytan) und Phenolen in entsprechender Weise formulieren. Vor kurzem hat Willstätter die Erscheinungen bei der Photoreduktion von CO_2 durch Chlorophyll nach dem gleichen Schema interpretiert[3].

Es mag noch erwähnt werden, dass das Haber-Willstättersche Reaktionsschema seit seiner Aufstellung auch von anderer Seite wiederholt zur Deutung spezieller Oxydationsphänomene herangezogen worden ist. So hat u. a. Kauffmann[4] die bei der Hypochloritbleicherei gemachten Befunde mit Hilfe von Radikalketten interpretiert, Ziegler[5] die Erscheinungen bei der Autoxydation von Triarylmethyl auf gleicher Grundlage gedeutet, Willstädt[6] den

---

[1] K. G. Stern, H. 209, 176; 1932.
[2] P. Goldfinger u. v. Schweinitz, Physik. Chem. (B) 22, 241; 1933.
[3] R. Willstätter, Naturwiss. 21, 252; 1933.
[4] H. Kauffmann, B. 65, 179; 1932.
[5] H. Ziegler u. Orth, B. 65, 628; 1932.
[6] H. Willstädt, Reuter u. Zirm, A. 500, 61; 1932.

Reaktionsmechanismus bei peroxydatischer Umwandlung von Benzidin in Purpurobenzidin in derselben Weise klarzumachen versucht.

3. Zur Kritik der Radikalkettentheorie.

Es ist klar, dass die Kettentheorie nach Franck, Haber und Willstätter, am Fall der Sulfitautoxydation aufgestellt und dort auch in Einzelheiten ausgearbeitet und wahrscheinlich gemacht, für das weite Gebiet der organisch-enzymatischen Prozesse bisher bestenfalls den Wert einer Arbeitshypothese besitzt. Irgendwelche Beweise zugunsten der Theorie im Bereiche des biologischen Geschehens sind bis jetzt noch nicht erbracht worden, sind wohl auch in Anbetracht der kurzen Zeit, die seit ihrer Aufstellung vergangen ist, und der schweren Zugänglichkeit des Problems gar nicht zu erwarten gewesen. Wohl aber wird von dem eleganten Erklärungsversuch der Kettentheorie bei der Deutung einzelner spezieller Tatsachen auf enzymatischem Gebiete in steigendem Masse, wenn auch im allgemeinen rein formal, Gebrauch gemacht.

Zunächst ist nochmals darauf hinzuweisen, dass die Haber-Willstättersche Theorie nur eine besondere Ausformung der Dehydrierungstheorie darstellt. Alle Einwände, die sich gegen die letztere in ihrer strengen, von Wieland vertretenen Form erheben lassen, gelten auch für diese Form der Kettentheorie. Das so ungemein charakteristische, unterschiedliche Verhalten aerober und anaerober Prozesse gegenüber Blausäure und anderen Giften findet im Kettenmechanismus keinerlei Begründung. Wohl halten Haber und Willstätter — gestützt auf die Befunde an Atmungsferment, Katalase und Peroxydase — einen Fe^{III}-Gehalt aller Oxydationsfermente für essentiell. Aber damit wird die Blausäurehemmung und ihre deutliche Verknüpfung mit dem Reaktionstyp nicht hinreichend berücksichtigt; insbesondere erscheint ein Eisengehalt der nichtblausäureempfindlichen, eigentlichen Dehydrasen und Mutasen bis jetzt äusserst problematisch (siehe Kap. IX, 8 a).

Auch die in den letzten Jahren bisweilen aufgestellte Behauptung von einem Kupfergehalt gewisser Oxydoreduktionsfermente (glykolytisches Ferment[1], Formicodehydrase[2]) ist experimentell nur mangelhaft gestützt.

Sicherlich im Zusammenhang mit der eben behandelten Frage steht die nach dem Auftreten oder Nichtauftreten von Hydroperoxyd bei einer aeroben Dehydrierung.

Bei der Dehydrierung von Aldehyden und Oxypurinen, beim aeroben Kohlehydratabbau durch Milchsäurebakterien und in verschiedenen anderen Fällen ist primäre, teilweise sogar quantitative Bildung von Hydroperoxyd nachgewiesen worden (Kap. VI, S. 248f.). Das auf S. 263 gegebene Reaktionsschema kann also in diesen Fällen keine Gültigkeit haben, vielmehr müsste man sich, etwa für die Dehydrierung des Aldehyds, in Analogie zu der S. 263 skizzierten Chinonreaktion, etwa folgenden Reaktionsverlauf denken:

---

[1] G. Hecht u. Eichholtz, Biochem. Zs 206, 282; 1929. — E. Krah, Biochem. Zs 219, 432; 1930.

[2] R. P. Cook, Haldane u. Mapson, Biochem. Jl 25, 534; 1931.

Primärreaktion:
$$CH_3 \cdot CHO + \text{Enzym} \rightarrow CH_3 \cdot CO^* + \text{Monodesoxyenzym}$$

1. Folgereaktion:
$$\underbrace{CH_3 \cdot CO^*}_{\text{1. Radikal}} + O_2 + H_2O \rightarrow CH_3 \cdot CO_2H + \underbrace{HO_2^*}_{\text{2. Radikal}}$$

2. Folgereaktion:
$$\underbrace{HO_2^*}_{\text{2. Radikal}} + CH_3 \cdot CHO \rightarrow H_2O_2 + \underbrace{CH_3 \cdot CO^*}_{\text{1. Radikal}}$$

Während eine nicht quantitative H_2O_2-Bildung sich nach Haber und Willstätters Schema durch eine Konkurrenz der Reaktionen von $CH_3 \cdot CO^*$ mit $O_2 + H_2O$ einerseits, und $O_2 + CH_3 \cdot CHO$ andrerseits verstehen liesse, ist eine quantitative H_2O_2-Erzeugung (wie im Fall der Milchsäurebakterien) ebenso wie das quantitative Fehlen von H_2O_2 (wie z. B. im Fall der katalase- und peroxydasefreien Wielandschen Phenoloxydasepräparate) schwer erklärlich.

Es gilt hier der gleiche Einwand, der früher schon gegen die Dehydrierungstheorie erhoben worden war (S. 238), dass sie nämlich zwischen HCN-Empfindlichkeit bzw. -Unempfindlichkeit und Nichtauftreten bzw. Auftreten von Hydroperoxyd keine direkten Beziehungen voraussehen lasse, in verstärktem Masse.

Dass die energetischen Verhältnisse der von Haber und Willstätter angenommenen Primärreaktionen ausserordentlich ungünstige sein dürften, ist schon früher (S. 261 f. u. 266) erwähnt worden und dürfte einen der ernsthaftesten Einwände gegen ihre Theorie darstellen.

Erhebliche Zweifel an der Anwendbarkeit der Haber-Willstätterschen Gedankengänge speziell auf enzymatische Vorgänge sind dann insbesondere von Haldane[1] vorgebracht worden.

Nach seiner Ansicht lässt die Kettentheorie die in vielen Fällen beobachtete Proportionalität zwischen Enzymkonzentration und Reaktionsgeschwindigkeit unverständlich erscheinen.

Wenn die Ketten mit dem Zusammenstoss zweier Radikale enden, dann sollte ihre Länge mit der Radikalkonzentration abnehmen und die Reaktionsgeschwindigkeit sollte ungefähr mit der Quadratwurzel aus der Enzymkonzentration proportional sein, ähnlich wie Allmand und Style[2] bei der Photolyse von Hydroperoxyd Proportionalität zwischen Umsatz und Quadratwurzel der Strahlungsintensität fanden. Wenn die Ketten an den Gefässwänden oder anderen fremden Oberflächen enden, dann sollte die Geschwindigkeit auch durch die verschiedenartigen kolloidalen Verunreinigungen, z. B. in Katalasepräparaten, verringert werden, ein Einfluss der indes u. a. von Zeile und Hellström[3] nicht festgestellt werden konnte.

Ferner weist Haldane auf die besonderen Schwierigkeiten hin, die der Kettentheorie bei der Deutung der ausgesprochenen Spezifität der Oxydoreduktionsenzyme erwachsen. Das Auftreten des Radikals OH sowohl im ursprünglichen Schema (S. 265 f.) der Peroxydase- wie auch der Katalasewirkung hatte Haber und Willstätter schon zu spezielleren Annahmen hinsichtlich

---

[1] J. B. S. Haldane, Nature 130, 61; 1932. — Vgl. auch Nature 129, 928; 1932.
[2] A. J. Allmand u. Style: Chem. Soc. 1930, 606.
[3] K. Zeile u. Hellström, H. 192, 171; 1930.

der Reaktionsgeschwindigkeit dieses Radikals gezwungen. Sie haben aber dabei offenbar übersehen, dass das gleiche Radikal in ihrer Formulierung aller unter Beteiligung von Sauerstoff verlaufenden Reaktionen (vgl. S. 260 u. 263) vorkommt. Danach sollte also die Katalase auch die Oxydation etwa von Bernsteinsäure oder Alkohol durch Hydroperoxyd katalysieren; eine peroxydatische Wirkung von Katalase ist aber nie beobachtet worden.

Ganz kürzlich haben Taylor und Gould[1] in einer vorläufigen Mitteilung angegeben, dass die photochemische Zersetzung von Hydroperoxyd die Reaktion zwischen Alkohol bzw. Aldehyd und Sauerstoff anrege. Der Oxydationsprozess soll eine inhibitorempfindliche Kettenreaktion sein, jedoch würde die Kettenlänge viel geringer sein als die von Haber und Willstätter durchschnittlich angenommene ($\sim 10^5$). Vor Erscheinen der Originalmitteilung kann bis auf weiteres **nur die Vermutung geäussert werden, dass hier vielleicht eine direkte photochemische Auslösung des Oxydationsprozesses vorlag.**

Der gleiche Einwand, der sich gegen das intermediäre Auftreten des OH-Radikals richtet, gilt sinngemäss auch für alle anderen Wasserstoffacceptor-Radikale, z. B. auch die merichinoiden. Wenn sich ein derartiges Radikal — z. B. bei der Aldehyddehydrierung durch die ausgesprochen gruppenspezifische Kartoffelaldehydrase — bildet, dann müsste es nach dem Haber-Willstätterschen Schema imstande sein, aus verschiedenen anderen Wasserstoffdonatoren, z. B. Alkoholen, Zuckern, Oxysäuren und Oxypurinen ein H-Atom herauszuschlagen.

Diese Forderung streitet aber gegen die — im angegebenen Fall von Bernheim[2] festgestellte — Spezifität dieser Dehydrase, die sich auf den ausschliesslichen Umsatz von Aldehyden beschränkt. Die Tatsache, dass dieses nach der Kettentheorie zu erwartende ungezügelte und von der Gegenwart des Enzyms unabhängig gewordene Fungieren der Radikale in praxi nicht beobachtet wird, lässt doch recht erhebliche Zweifel an der Realität eben dieser Radikale aufkommen.

Schliesslich kann man nach Haldane auf Grund der Kettentheorie nicht das fundamental wichtige Faktum erklären, dass die meisten intracellularen Oxydationen nicht direkt bloss Wärme liefern, sondern dass die Oxydationsenergie im wesentlichen auf andere Moleküle übertragen wird. So wird, um nur das bekannteste Beispiel anzuführen, die Energie der Oxydationsprozesse im Muskel weitgehend dazu verbraucht, Glykogen aus Milchsäure zu resynthetisieren. Diese gekoppelten Reaktionen, welche eine Wechselwirkung zwischen wenigstens vier verschiedenen Molekülen in sich schliessen, können nach Haldanes Ansicht nur an einer spezifischen Oberfläche, an der die einzelnen Reaktionsteilnehmer gleichzeitig festgehalten werden, stattfinden.

Die Vorstellung, dass eine solche Reaktion im homogenen Medium sich abspielen könnte, scheint ihm schwer eingänglich, zumal wenn noch die molekulare Konzentration eines oder einiger Reaktionsteilnehmer, wie dies häufig der Fall ist, als sehr niedrig angenommen werden muss. So ist beispielsweise die Sauerstoffkonzentration in Geweben kleiner als 10^{-4} molar und sie kann bis unter 10^{-7} molar sinken, ohne die bakterielle Atmung zu erdrosseln[3].

---

[1] H. S. Taylor u. Gould, Am. Soc. 55, 859; 1933.
[2] F. Bernheim, Biochem. Jl 22, 344; 1928.
[3] Vgl. auch O. Warburg u. Kubowitz, Biochem. Zs 214, 5; 1929.

4. Zur Theorie der Energieketten.

Wie man sieht, lässt sich eine nicht unerhebliche Zahl teilweise recht gewichtiger Argumente gegen die Haber-Willstättersche Hypothese vorbringen, ein Umstand, dem sich neuerdings offenbar auch Willstätter selbst — zum wenigsten was enzymatische Reaktionen anbetrifft — nicht verschliesst[1]. Es ist nun allerdings zu bedenken, dass sich ein Teil dieser Einwände weniger gegen die Kettentheorie als solche, als vielmehr gegen die spezielle Ausformung, die sie im Schema von Haber und Willstätter erfahren hat, richtet. So anschaulich vom rein chemischen Standpunkt aus die von ihnen postulierten Radikalketten sein mögen, so verwundbar wird ihre ganze Theorie eben durch diese Festlegung auf bestimmte, zum mindesten bei organisch-enzymatischen Reaktionssystemen bisher ganz hypothetische Radikaltypen.

Schon kurz vor Habers Veröffentlichung über die Sulfitautoxydation hatte Richter[2] — im wesentlichen im Anschluss an Beobachtungen von Wieland und Franke[3] über den primären „Oxydationsstoss" bei Eisenkatalysen — eine andere Auffassung in Vorschlag gebracht, welche auf die zuerst von Christiansen[4] aufgestellte Theorie der Energieketten Bezug nimmt (vgl. S. 200 f.). Nach dieser Anschauung sind die Moleküle fähig, in einem aktivierten Zustand zu existieren, den sie normalerweise vor ihrer Reaktion angenommen haben; der kettenmässige Reaktionsablauf kommt zustande durch Energieübertragung von Produkten einer exothermen Reaktion auf ein anderes Molekül der reagierenden Stoffe, welches seinerseits dabei aktiviert und reaktionsfähig gemacht wird usw.

In neuester Zeit hat Richter diesen Mechanismus auch für die Deutung enzymatischer Reaktionen in Anspruch genommen. Nach einer vorläufigen Mitteilung[5] lässt sich auf Grund von vergleichenden Versuchen über photochemische und enzymatische Hydroperoxydzerlegung schliessen, dass auch letztere eine Kettenreaktion ist, bei der die aktiven Zentren des Enzyms — nach Zeile und Hellström eine Eisenporphyrinverbindung — lediglich die Ketten auslösen, welch letztere dann in der Lösung oder an anderen Oberflächen fortsetzen. Diese Auffassung hält er in gewissem Masse gestützt durch eine Arbeit von Allmand und Style[6] über die Photolyse des H_2O_2, bei der zudem die Kettenlänge als auffallend gross — 10^4 bis 10^7 Glieder — angegeben wird.

Eine kürzlich erschienene Arbeit von Schwab[7], in der der hemmende Einfluss verschiedener typischer Inhibitoren auf die enzymatische H_2O_2-Zersetzung einerseits und dessen Photolyse (sowie verschiedene Oxydationsreaktionen) andererseits studiert worden war, ergab, dass die Richtung zunehmender Hemmung in der Inhibitorreihe für die einzelnen Reaktionen zwar in

---

[1] Vgl. Referat von B. Woolf, Nature 129, 928; 1932.
[2] D. Richter, B. 64, 1240; 1931.
[3] H. Wieland u. Franke, A. 457, 1; 1927. — 464, 101; 1928.
[4] J. A. Christiansen, Jl phys. Chem. 28, 145; 1924. — Trans. Farad. Soc. 24, 596; 1928. — J. A. Christiansen u. Kramers, Physik. Chem. 104, 451; 1923.
[5] D. Richter, Nature 129, 870; 1932.
[6] A. J. Allmand u. Style, Chem. Soc. 1930, 606; vgl. dagegen L. Heidt, Am. Soc. 54, 2844; 1932.
[7] G. M. Schwab, Rosenfeld u. Rudolph, B. 66, 661; 1933.

ganz groben Zügen übereinstimmt, dass aber die quantitativen Unterschiede im einzelnen zu gross sind, um eine einigermassen sichere Festlegung der Katalasewirkung als (unspezifischer) Kettenreaktion zu gestatten.

Willstätter hat gegen die Theorie der Energieketten den naheliegenden Einwand gemacht, dass die aktivierten Moleküle sogleich ihre Energie in Zusammenstössen mit den in kolossalem Überschuss vorhandenen Wassermolekülen verlieren würden. Nach Richter[1] ist dieser Einwand aus verschiedenen Gründen nicht stichhaltig.

Gibson und Hinshelwood[2] haben recht interessante Belege für die Spezifität der Energieübertragung zwischen verschiedenen Molekülen erbracht.

Ein Zusatz von Fremdgasen zu einem Knallgasgemisch wirkt nämlich keineswegs immer hemmend, sondern häufig sogar ganz erheblich reaktionsbeschleunigend, zweifellos dadurch, dass es den Kettenträger — ohne selbst zu reagieren — von der Gefässwand fernhält und so die Kette verlängert. So steigt die Reaktionsgeschwindigkeit von Knallgas (300 mm) bei Gegenwart von Wasserdampf (200 mm) auf mehr als das Sechsfache der zusatzfreien Reaktion; die fördernden Wirkungen von Helium, Stickstoff, Argon und Wasserdampf stehen im Verhältnis 1 : 3 : 4 : 5.

Ferner sprechen Untersuchungen Perrins[3] über Fluorescenz für eine spezifische Energieübertragung. Schon die einfache Beobachtung, dass Fluorescein in wässriger Lösung fluoresciert, zeigt ja, dass die aktivierten Fluoresceinmoleküle ihre Energie nicht so leicht an die umgebenden Lösungsmittelmoleküle abgeben, sondern sie lieber in Form von Licht emittieren.

Auch der Hinweis Haldanes auf die nach Haber und Willstätter schwer erklärliche Tatsache, dass bei den meisten intracellularen Oxydationen ein grosser Teil der Reaktionsenergie nicht direkt als Wärme abgegeben wird, sondern zu gekoppelten Reaktionen Verwendung findet, stellt nach Richters Auffassung keinen ernstlichen Einwand gegen die Theorie der Energieketten dar. Die spezifische Übertragung der Schwingungsenergie von Produkten einer exothermen Reaktion auf andere Moleküle des Systems lässt ihm diese gekoppelten Reaktionen als verständlich erscheinen.

Ähnliches gilt für die Inhibitorwirkung, deren Formulierung im Sinne der Radikalkettentheorie Haber und Willstätter gar nicht versucht haben, deren Deutung als einer — in gewissem Umfang ebenfalls spezifischen — Energieübertragung von einem aktivierten Kettenglied auf das Molekül der inhibierenden Substanz nach Richter aber durchaus plausibel erscheint.

Hätte man auf dem Gebiete der enzymatischen Oxydationsreaktionen nur zu wählen zwischen der Theorie der Radikal- und der der Energieketten, so wäre bei dem heutigen Stand der Dinge zweifellos letzterer der Vorzug zu geben. Gerade ihre unbestimmtere Fassung des Kettenmechanismus, die dem reinen Chemiker vielleicht etwas farblos vorkommen mag, lässt sie bestimmten Angriffen weniger zugänglich erscheinen als die Haber-Willstätter-Formulierung, die zwar chemisch anschaulicher, aber doch im einzelnen mehr oder weniger willkürlich ist. Von der in mancher Hinsicht recht zusagenden Erklärung, die Richter von seinem Standpunkt aus für einfachere Oxydationssysteme, wie Eisen- und andere Modellkatalysen, zu geben vermag, war früher

---

[1] D. Richter, Nature 130, 97; 1932.
[2] C. H. Gibson u. Hinshelwood, Proc. Roy. Soc. (A) 119, 591; 1928.
[3] J. Perrin, C. R. 184, 1097; 1927.

(S. 200) schon die Rede gewesen. Die Schwierigkeiten und Unklarheiten beginnen erst, wenn man von den mehr oder weniger unspezifischen Modellen zu den teilweise ausserordentlich spezifischen enzymatischen Reaktionen übergeht. Denn man darf nicht vergessen, dass die Extrapolation von der Spezifität des Kettenmechanismus etwa im Fall der Knallgasreaktion auf die Spezifität so komplizierter Systeme, wie sie bei vielen Enzymreaktionen vorliegen, heute noch recht gewagt erscheint. Der Schritt, den jede Form der Kettentheorie verlangt, — nämlich praktisch den gesamten Stoffumsatz von der Enzymoberfläche abzulösen und in die Lösung zu lokalisieren — ist so prinzipiell und entscheidend, dass es schlagender Beweise für seine Notwendigkeit bedarf, ehe man ihn wirklich tun wird. Dazu kommt noch, dass die Kettentheorie auf eine ganze Anzahl speziellerer, den Biochemiker und Physiologen interessierender Fragen (z. B. die nach dem Verhältnis von Substrat- und Sauerstoffaktivierung bei Enzymreaktionen) heute noch keine eigene Antwort zu geben vermag.

Zusammenfassend kann man sagen, dass die Theorie der Energieketten — wenngleich derjenigen der Radikalketten zum heutigen Zeitpunkt erheblich überlegen — noch nicht den Grad experimenteller Fundierung zeigt und nicht solche Vorteile bei der Erklärung enzymatischer Erscheinungen bietet, dass man sich zur Aufgabe der bisherigen Anschauungen über den Mechanismus von Enzymreaktionen veranlasst sehen könnte. Man wird den von der Kettentheorie gebotenen revolutionierenden Gedanken jedoch nicht aus den Augen verlieren dürfen und zunächst einmal ihren Anhängern Zeit geben müssen, sich mit den verschiedenen, schwer zugänglichen Teilproblemen, insbesondere dem der Spezifität, auf experimentellem Boden auseinanderzusetzen.

VIII. Die Theorie der Sauerstoffaktivierung.

1. Ältere Anschauungen.

Im Kapitel IV, in dem die Frage nach dem Angriffspunkt der Enzyme behandelt worden war, hatte auch die Tatsache Erwähnung gefunden, dass in den älteren Theorien der biologischen Oxydation fast durchwegs das Hauptgewicht auf eine Aktivierung des molekularen Sauerstoffs gelegt wurde. Es waren auch die heute längst überholten theoretischen Anschauungen über den Mechanismus dieser Aktivierung (von Schönbein und F. Hoppe-Seyler) kurz gestreift worden und schliesslich die chemischen Grundlagen der ersten auf gut gesichertem, experimentellem Boden aufgebauten Theorie der Sauerstoffaktivierung, der von Engler und Bach, aufgezeigt worden[1]; ein späterer Abschnitt (Kap. VI, S. 182f.) hatte sich noch mit der

---

[1] Vgl. auch die Versuche zur Neubelebung dieser älteren Formulierung auf Grundlage der Elektronentheorie u. a. von N. A. Milas, Jl phys. Chem. 33, 1204; 1929. — Chem. Rev. 10, 295; 1932. — N. D. Zelinsky u. Borrisow, B. 63, 2362; 1930.

Übertragung dieser Theorie auf **Schwermetallsysteme** — im wesentlichen von **Manchot** herrührend — befasst[1].

Es bleibt hier die Aufgabe, die erstmalige Anwendung dieser an einfachen organischen und anorganischen Modellen gewonnenen Vorstellungen auf das Problem der biologischen Oxydation — nicht in grösster Allgemeinheit, sondern an bestimmten eng umgrenzten Teilsystemen — kurz darzustellen. Das Bemühen, für die lange bekannte Oxydasenwirkung in Pflanzen eine Erklärung zu finden, hat fast gleichzeitig zwei Theorien dieser Wirkung ins Leben gerufen (1897), von denen die eine — von **Bertrand** — zum wenigsten in ihrer Verallgemeinerung relativ bald widerlegt werden konnte, während die andere — von **Bach** — sich bis in die neueste Zeit zu halten vermochte. Wir können uns demgemäss hinsichtlich der Bertrandschen Theorie ganz kurz fassen, während die Bachsche Theorie der Sauerstoffaktivierung, die zusammen mit seiner schon früher (Kap. V, 2) behandelten Theorie der Oxydoreduktion den ersten und lange Zeit einzigen, das Gesamtgebiet der Desmolyse umspannenden Deutungsversuch darstellt, etwas ausführlicherer Besprechung bedarf — um so mehr, als ein Grossteil unserer heutigen Kenntnis der Oxydasen im Zusammenhang mit, wenn auch teilweise in Gegnerschaft zu dieser Bachschen Theorie gewonnen worden ist.

a) Die Bertrandsche Theorie der Oxydasewirkung.

Die hauptsächlichsten Untersuchungen **Bertrands** beschäftigen sich mit der sog. **Laccase**, einem Ferment, durch dessen Gegenwart die Autoxydation der im Milchsaft des Lackbaums (Rhus vernicifera und succedanea) enthaltenen Phenole zum dunklen Harz des Japan- (bzw. Tonkin-)lacks beschleunigt wird.

Nach neueren Untersuchungen Majimas[2] ist das Wichtigste der Phenole im Japanlack das Urushiol, $\begin{smallmatrix} OH \\ OH \\ C_{15}H_{27} \end{smallmatrix}$, womit als Primärvorgang der Oxydasewirkung die Bildung eines o-Chinonderivats, evtl. verbunden mit Sauerstoffaufnahme in der doppelt ungesättigten Seitenkette (ähnlich den ungesättigten Fettsäuren) und gefolgt von Polymerisationsprozessen, wahrscheinlich gemacht ist.

Das analoge **Laccol** des Tonkinlacks unterscheidet sich nach letzten Befunden Bertrands[3] vom Urushiol des Japanlacks nur durch die Seitenkette $C_{16}H_{29}$.

Auch die schon Schönbein bekannte Bläuung von Guajaktinktur — deren wesentlichste Komponente ein Resinol unbekannter Struktur, die **Guajakonsäure** darstellt, ist eine von Bertrand (wie überhaupt in der älteren Literatur) viel angewandte Reaktion auf Laccase bzw. ähnliche Oxydasen.

---

[1] Über neuere Formulierungen der Substratoxydation durch Fe-Peroxyde vgl. u. a. O. Baudisch u. Welo, Jl biol. Chem. 61, 261; 1924. — A. Job, 2ᵉ conseil Chim. Solvay 417; 1926.

[2] R. Majima, B. 55, 172, 191; 1922; dort auch Literaturverzeichnis.

[3] G. Bertrand u. Brooks, Bull. Soc. Chim. (4) 53, 432; 1933.

Bertrand[1] wies nach, dass seine Präparate von Rhus-Laccase Mangan (in der Grössenordnung $1^0/_{00}$) enthielten und dass eine gewisse Proportionalität zwischen oxydatischer Aktivität und Mn-Gehalt bestand. Er stellte auch aus anderen Ausgangsmaterialien (verschiedenen Pflanzen und Pilzen) Laccasen unterschiedlicher Aktivität dar. So gewann er aus Luzerne (Medicago sativa) ein Präparat, das nur schwach wirksam war und auch nur minimale Mn-Mengen enthielt. Die Wirkung dieser Mn-armen Oxydase konnte jedoch durch künstlichen Zusatz von $MnSO_4$ ganz erheblich (z. B. ums 20—30fache) erhöht werden. Weiterhin fand Bertrand dann, dass insbesondere organische Mn-Salze ausgezeichnete Katalysatoren der Hydrochinonautoxydation sind. Auf Grund dieser Beobachtungen kam Bertrand zu der Auffassung, dass die eigentlich aktive Komponente der Laccasen Mangan wäre, gebunden an ein geeignetes saures organisches Radikal, vielleicht von Proteinnatur.

Für die Laccase des Japanlacks — Bertrand hatte Tonkinlack untersucht — konnte Suminokura[2] neuerdings keine Aktivierung durch Mangansalzzusatz feststellen.

Den Wirkungsmechanismus des Mangans stellte sich Bertrand — im Anschluss an Hoppe-Seylers Theorie (S. 111) — folgendermassen vor (A Säurerest, O* aktiver Sauerstoff):

$$MnA + H_2O \rightarrow MnO + H_2A;$$
$$MnO + O_2 \rightarrow MnO_2 + O^*;$$
$$H_2A + MnO_2 \rightarrow MnA + H_2O + O^*.$$

Bertrand hielt das Mangan für das einzig wirksame Metall mit Oxydasefunktion. Bald darauf wurden jedoch Tatsachen bekannt, welche dieser Auffassung zuwiderliefen.

Es gelang nämlich, aus verschiedenen Pflanzen aktive Phenolasen darzustellen, die völlig frei von Mangan waren, jedoch Eisen enthielten[3]. Obwohl die oxydierenden Eigenschaften dieser Oxydasen die gleichen waren wie die der Bertrandschen Laccase, konnte ihre Wirksamkeit durch Manganzusatz nicht erhöht werden[4]. Bach[5] glückte dann die Darstellung von Phenolase- und Tyrosinasepräparaten aus Pilzen, die nach den damaligen Begriffen so gut wie völlig mangan- und eisenfrei waren, deren evtl. spurenweisen Schwermetallgehalt Bach zum mindesten für das Zustandekommen der Oxydasefunktion als nebensächlich erachtete.

Von verschiedenen Seiten wurde ferner die Fermentnatur der Bertrandschen Laccasepräparate überhaupt angezweifelt.

So hielt Dony-Hénault[6] die schwach-alkalische Eigenreaktion der „Enzym"präparate (neben deren Mn-Gehalt) für die Ursache der Phenoloxydation, was in allgemeinster Form jedoch sicher übertrieben war. v. Euler und Bolin[7] beschränkten ihre Zweifel hinsichtlich der Fermentnatur auf die Luzernenlaccase. Sie fanden nämlich, dass diese ihrer Zusammensetzung und ihren Eigenschaften nach grundverschieden von der Rhuslaccase war, dass sie praktisch kein Mangan enthielt, thermostabil war und Guajak nicht direkt oxydierte. Es ergab sich, dass sie aus einer Calciumsalzmischung organischer Säuren bestand, welche die Oxydation von Polyphenolen bei

---

[1] G. Bertrand, C. R. 124, 1032, 1355; 1897.
[2] K. Suminokura, Biochem. Zs 224, 292; 1930.
[3] B. Slowtzoff, H. 31, 227; 1900. — J. Sarthou, Jl Pharm. Chim. 11, 482; 1900.
[4] W. Issajew, H. 45, 331; 1905. — Vgl. auch K. Suminokura, l. c.
[5] A. Bach, B. 43, 364; 1910.
[6] O. Dony-Hénault, Bull. Acad. roy. Belg. 105; 1908. — 342; 1909.
[7] H. v. Euler u. Bolin, H. 57, 80; 1908. — 61, 1, 72; 1909.

Gegenwart von Manganspuren katalysierte und sich im Effekt durch Kalksalzgemische von Glykol, Äpfel- und Mesoxalsäure vollkommen nachahmen liess.

Jedenfalls war der Bertrandschen Mangantheorie der Oxydasewirkung durch die angeführten Befunde von Bach, v. Euler u. a. die allgemeinere Grundlage entzogen und der Boden bereitet für die gleichzeitig aufgekommene Theorie von Bach und Chodat.

b) Die Theorie der Oxydasefunktion nach Bach und Chodat.

Die ursprüngliche, auf der Englerschen Peroxydtheorie fussende Annahme Bachs[1] hinsichtlich der Natur der Oxydasen war die, dass es nichts anderes sind als leicht oxydable Körper, die den molekularen Sauerstoff unter Peroxydbildung aufnehmen und zur Hälfte an oxydierbare Substrate wieder abgeben. Das Bild der Oxydasewirkung sollte, nach dieser ursprünglichen Auffassung, der Oxydation von Indigo (als Acceptor) durch Luftsauerstoff in Gegenwart von Terpentinöl oder Benzaldehyd (als Autoxydator) entsprechen.

Die Peroxydtheorie der Oxydasewirkung hat dann einige Jahre später durch Bach — teilweise in Gemeinschaft mit Chodat — in verschiedener Hinsicht eine Umarbeitung und bis zu einem gewissen Grade auch experimentelle Fundierung erfahren[2].

Bach und Chodat zeigten (1902) mit Hilfe der Guajak- und der Jodstärkereaktion, dass offenbar „Peroxyde" in Pflanzensäften bei Einwirkung von Luftsauerstoff gebildet werden und es gelang ihnen, aus dem Saft von Lathraea squamaria in Gegenwart von 1%igem Barytwasser ein derartiges „Peroxyd" abzuscheiden. Ein Jahr darauf vermochten sie nachzuweisen, dass man bei fraktionierter Alkoholfällung von Pilzpresssaft (Lactarius vellereus) — der eine starke direkte Guajakreaktion zeigt — zwei Fraktionen erhalten kann, von denen die eine Guajak nur schwach, die andere überhaupt nicht bläut, während sie beide zusammen eine sehr kräftige Guajakreaktion ergeben. Den ersteren Anteil, der durch Peroxydasen verschiedener Herkunft „aktiviert" werden konnte, nannten sie „Oxygenase" und betrachteten ihn als die unter Peroxydbildung direkt mit dem Sauerstoff reagierende Komponente; der zweite Anteil vermochte selbst Hydroperoxyd gegen Guajak zu aktivieren und enthielt sichtlich im wesentlichen Peroxydase. Damit schien Bach und Chodat die Frage nach der Reaktionsweise der Oxydasen gelöst: der von der Oxygenasekomponente aufgenommene Peroxydsauerstoff wird durch die Peroxydasekomponente auf das Substrat übertragen.

Man muss sich daran erinnern, dass eine katalytische Sauerstoffübertragung durch die Oxydase die Annahme voraussetzt, dass der gesamte Sauerstoff der Oxygenase auf das Substrat übergeht, ein Fall für den damals nur die katalytische Wirkung der Platinmetalle als Modell dienen konnte. Im übrigen war der Gedanke, dass die Oxydasen durch Peroxydbildung

---

[1] A. Bach, C. R. 124, 951; 1897. — Monit. scient. 4, 2, 479; 1897.
[2] A. Bach u. Chodat, B. 35, 2466; 1902. — 36, 606; 1903. — 37, 36; 1904.

Sauerstoff aktivieren, damals nicht mehr neu; er ist auch von Linossier[1], Kastle und Lövenhardt[2], Aso[3] u. a. geäussert worden. Neu an der Bach-Chodatschen Auffassung ist, dass auch die Übertragung dieses Peroxydsauerstoffs nochmals fermentativ katalysiert werden soll.

Bach setzt sich auf Grundlage seiner Peroxydtheorie auch mit der zuerst wohl von Bertrand beobachteten Beeinflussung der Oxydasewirkung durch Metallverbindungen auseinander. Der Befund, dass Gegenwart von Eisen und Mangan für das Zustandekommen der eigentlichen Oxydasewirkung, d. h. der primären Sauerstoffaktivierung, nicht ausschlaggebend ist, schliesst eine Beteiligung der Metallverbindungen am Gesamtkomplex des Oxydationsvorgangs keineswegs aus.

So werden nach Gessard[4] und Bach[5] die primären Oxydationsprodukte der Einwirkung von Tyrosinase auf Tyrosin sowie von Phenolase auf Pyrogallol durch Erdalkali-, Aluminium- und Schwermetallsalze beschleunigt in die Endprodukte Melanin bzw. Purpurogallin umgewandelt. Ferner fand Bach, dass die Beeinflussung der Phenolasewirkung durch ein und dasselbe Salz hinsichtlich Richtung und Grösse weitgehend durch die Natur des zu oxydierenden Substrats bestimmt wird, was ihm weiter als Beweis für die indirekte Natur der Metallsalzwirkung auf den Oxydationsvorgang erscheint. (Vgl. seine analoge Interpretation gewisser Modellbefunde von Wieland und Franke, S. 194 f.[6]). Allgemein vertritt Bach also die Ansicht, dass die metallischen Katalysatoren nicht den primären Autoxydationsvorgang, sondern die Übertragung des labilen Sauerstoffs primär entstandener Peroxyde auf das noch nicht oxydierte Substrat beschleunigen.

Zusammenfassend lässt sich somit über die Oxydasewirkung und ihre Beziehungen zur nichtenzymatischen Oxydation auf Grund der Bachschen Theorie folgendes aussagen:

Die Substrate der Oxydasewirkung besitzen an sich die Fähigkeit, bei gewöhnlicher Temperatur — wenn auch sehr langsam — Sauerstoff aufzunehmen. Dieser träge verlaufende Prozess kann einerseits durch gewisse leicht autoxydable Körper (Aldehyde, Terpene, Äther usw.), andererseits durch die peroxydbildende Komponente der Oxydasen, die Oxygenase, katalytisch beschleunigt werden. Ein ähnlicher Parallelismus besteht auch hinsichtlich des Übergangs der primär entstehenden Oxydationsprodukte in die Endprodukte der Reaktion; hier hat man einerseits die Salze gewisser Metalle, andrerseits die Peroxydasen. Die Analogie der katalytischen Systeme:

leicht oxydabler Stoff (bzw. Peroxyd) + Metallsalz

und

Oxygenase + Peroxydase

scheint Bach insbesondere dadurch gesichert, dass man durch Kombinieren von zwei, verschiedenen Systemen angehörigen Komponenten tatsächlich funktionstaugliche gemischte Systeme herstellen kann, nämlich

---

[1] G. Linossier, Soc. Biol. 50, 373; 1898.
[2] J. H. Kastle u. Lövenhardt, Am. Chem. Jl 26, 539; 1901.
[3] K. Aso, Bull. Agric. Coll. Tokio 5, 207; 1902.
[4] C. Gessard, C. R. 130, 1327; 1900.
[5] A. Bach, B. 43, 366; 1910. — A. Bach u. Maryanowitsch, Biochem. Zs 42, 417; 1912.
[6] A. Bach, B. 65, 1788; 1932.

leicht oxydabler Stoff (bzw. Peroxyd) + Peroxydase

und

Oxygenase + Metallsalz.

Bach[1] weist jedoch selbst darauf hin, dass diese Interpretation der Oxydasewirkung als eines zweiphasigen Prozesses bisher uneingeschränkt nur auf die Phenolasen, wo tatsächlich eine dem obigen Schema entsprechende Vertauschbarkeit der Glieder beobachtet worden ist, Anwendung finden kann. Schon die den Phenolasen so nahe verwandte Tyrosinase fügt sich dem Schema nicht mehr ein. Hier ist zwar der Einfluss der Salze noch ausgesprochener als bei den Phenolasen, aber die Salze lassen sich nicht durch Peroxydase ersetzen. Andererseits gelingt es auch nicht, die Oxydation des Tyrosins zu dem roten Primärprodukt durch Peroxyde oder leicht autoxydable Stoffe + Sauerstoff — nicht einmal in Gegenwart von Peroxydase — zu Wege zu bringen.

2. Zur Kritik der älteren Anschauungen und deren weitere Entwicklung.

Es lohnt sich nicht, hier nochmals auf die Bertrandsche Mangantheorie einzugehen; sie ist, wie früher gezeigt, im wesentlichen durch Bach selbst widerlegt worden. Immerhin dürfte Bachs allgemeine Annahme über den Mechanismus der Metallsalzwirkung gerade im Fall des Mangans Zweifeln unterworfen sein.

Wieland und Fischer[2] haben neuerdings gezeigt, dass sich mit einem Katalysatorgemisch aus Manganacetat und Calciumglykolat Hydrochinon durch Sauerstoff unter quantitativer Entstehung von Hydroperoxyd dehydrieren lässt. Das Mangan wirkt hier tatsächlich rein oxydatisch, nicht peroxydatisch. Vielleicht lassen sich die Bertrandschen Befunde am einfachsten so verstehen, dass er teilweise manganhaltige Peroxydasen in Händen hatte, die das durch Mangan primär gebildete H_2O_2 nun sekundär gegenüber dem Substrat aktivierten.

Was nun die Bachsche Theorie der Oxydasewirkung anbetrifft, so ist es bemerkenswert, dass sie — wenigstens in ihrer Anwendung auf die Phenolasen — bis um die Mitte des vorigen Jahrzehnts eigentlich keinen ernsthafteren Angriffen ausgesetzt war, um 1920 sogar durch die Untersuchungen Onslows, wenn auch in etwas modifizierter Form, eine gewisse Stärkung ihrer Position erfuhr. Wieland hat sich erst relativ spät (1926) mit dem experimentellen Studium der eigentlichen Oxydasen befasst; der erste von ihm aus Pilzen isolierte, jedoch thermostabile Katalysator von Oxydasefunktion schien sich dem Dehydrierungsschema reibungslos einzufügen, was man von den später durch ihn untersuchten eigentlichen (thermolabilen und HCN-empfindlichen) Phenoloxydasen keineswegs behaupten kann (vgl. Kap. VI, 6f.).

Einwände gegen die Bachsche Theorie lassen sich wohl vor allem im Punkte seiner „Oxygenasen" erheben. Es ist ja schwer vorstellbar, dass so komplizierte organische Gebilde wie Fermente — Bach[3] hält gegenüber Oppenheimer, Moore und Whitley[4] u. a. ausdrücklich an der Fermentnatur seiner Oxy-

---

[1] A. Bach, Hdbch. Biochem., Erg.-Bd., 133; 1913.
[2] H. Wieland u. Fischer, B. 59, 1180; 1926.
[3] A. Bach, Hdbch. Biochem., Erg.-Bd., 158; 1913.
[4] C. Oppenheimer, Die Fermente, 347, Leipzig 1909. — B. Moore u. Whitley, Biochem. Jl 4, 136; 1909.

genasen fest — in ihrem Schoss eine Peroxydgruppe sollen ausbilden und tragen können, ohne dadurch selbst in erheblichstem Masse geschädigt zu werden.

Was die Natur der peroxydausbildenden Gruppe anbetrifft, so glaubte Gallagher[1] nach Untersuchungen an Kartoffeloxydase Anlass zu haben, eine lecithinähnliche Substanz — in anderen Pflanzen vielleicht auch Terpene — mit der Funktion der Oxygenasen in Beziehung setzen zu können. Oxydasefunktionen eines wasserlöslichen Phosphatids aus Erbsen und Hefe hat neuerdings wieder Gutstein[2] festgestellt. — Nach den beiden späteren Arbeiten Gallaghers — gestützt durch Befunde an relativ rohen, neuerdings widerlegt durch solche an den Willstätterschen Reinpräparaten von Peroxydase — handelt es sich bei den Peroxydasen um Aldehyde, welche sich mit diesen primären Peroxyden (oder H_2O_2) zu ozonidartigen, äusserst instabilen Produkten, den eigentlich aktiven Stufen der Oxydase- bzw. Peroxydasereaktion, zusammenlagern:

$$R_1 = O + \underset{O}{\overset{O}{|}}\!\!>\!\!R_2 \longrightarrow R_1 = O\!\!<\!\!\underset{O}{\overset{O}{\|}}\!\!>\!\!R_2.$$

Noch weiter war Gertrud Woker[3] gegangen, indem nach ihrer Ansicht die Gesamtheit der Oxydationsfermente durch einen Körper von Aldehydnatur repräsentiert werde, der je nach den besonderen Verhältnissen — im reinen Zustand — als Redukase, — mit Sauerstoff ein Peroxyd bildend — als Oxydase, — mit Hydroperoxyd in analoger Weise reagierend — als Peroxydase, oder — in Abwesenheit eines oxydierbaren Substrats — als Katalase fungieren solle.

Bach[4] hat jedoch auf die Unhaltbarkeit dieser mit allen Spezifitätsbefunden an Oxydationsenzymen im Widerspruch stehenden Hypothese hingewiesen.

Die zweite Schwierigkeit liegt in der angenommenen Übertragung des Peroxydsauerstoffs auf das phenolische Substrat mit Hilfe der Peroxydase. Ganz abgesehen davon, dass die Annahme Bachs, wonach der doch schon aktive Peroxydsauerstoff noch eines besonderen Übertragungskatalysators zu seinem Wirksamwerden bedarf, recht verwickelt und nicht ohne weiteres einleuchtend erscheint, ist vor allem an die neueren Befunde von Wieland und Sutter[5] zu erinnern, wonach reine Peroxydase mit disubstituierten Peroxyden — die Bach doch vor allem im Auge hatte — überhaupt nicht, mit monosubstituierten so langsam reagiert, dass man nach diesen Autoren „den Eindruck gewinnt, dass sie biologisch kaum eine Rolle spielen und dass die ganze Diskussion über Peroxyde in diesem Zusammenhang sich wahrscheinlich auf die Grundsubstanz selbst zu beschränken haben wird".

Der Nachweis der primären Entstehung von Hydroperoxyd ist aber Wieland und Sutter auch unter an sich günstigsten Bedingungen — Verwendung eines katalase- und peroxydasefreien Pilzoxydasepräparats — nicht gelungen. Wenn man von einer sehr vorsichtig gefassten Angabe Onslows und Robinsons[6] über spurenweises Auftreten von H_2O_2 bei der Brenzkatechinoxydation mit Kartoffeloxydase absieht, ist die Bildung von Hydroperoxyd bei den echten — thermolabilen und HCN-empfindlichen — Oxydasen bisher in der Literatur noch nie beobachtet worden.

---

[1] P. H. Gallagher, Biochem. Jl 17, 515; 1923. — 18, 29, 39; 1924.
[2] M. Gutstein, Biochem. Zs 207, 177; 1929.
[3] G. Woker, Zs allg. Physiol. 16, 341; 1914. — B. 47, 1024; 1914.
[4] A. Bach, Arch. sci. phys. nat. 39, 59; 1915.
[5] H. Wieland u. Sutter, B. 61, 1060; 1928. — 63, 66; 1930.
[6] M. W. Onslow u. Robinson, Biochem. Jl 20, 1138; 1926.

Der dritte und ernsthafteste Einwand gegen die Bachsche Theorie aber bezieht sich auf das Gültigkeitsbereich seiner Beobachtungen und die Zulässigkeit seiner Interpretation überhaupt.

Wie schon früher (S. 277) erwähnt und auch von Bach zugegeben, ist seine Theorie eigentlich nur durch die Befunde an Pilz-Phenolasen gestützt. Schon die Tyrosinase passt sich dem Schema nicht mehr ein. Chodat[1] hat gezeigt, daß Peroxydase nicht als Komponente dieses Enzyms eingeht, wie es ja andererseits auch lange bekannt ist, dass H_2O_2 + Peroxydase Tyrosin nicht oxydieren. Bach[2] fand — was neuerdings durch Pugh[3] bestätigt wurde — sogar eine hemmende Wirkung von Peroxydase bei der Einwirkung von Tyrosinase auf Tyrosin.

Eine neuere kritische Nacharbeitung der Versuche von Bach und Chodat durch Pugh[3] unter Verwendung der mikromanometrischen Methodik ergab zwar qualitativ eine Bestätigung ihrer an Pilzphenolasen erhobenen Befunde. Aber die Aktivierung der „Oxygenase"-Fraktion durch die Peroxydase-Fraktion ist viel kleiner als sie von Bach und Chodat gefunden worden war.

Erhöhung der Sauerstoffaufnahme auf das Doppelte (bei Zugabe der Peroxydase zur Oxygenase — natürlich unter den entsprechenden Kontrollen —) gehörte schon zu den Seltenheiten, während Bach und Chodat[4] Aktivierungen bis ums Dreizehnfache angegeben hatten. Wieland (l.c.) fand neuerdings bei seiner peroxydasefreien Pilzphenolase — aus demselben Ausgangsmaterial dargestellt wie das Bachsche Präparat — eine Erhöhung der Sauerstoffabsorption um nur 13% bei Zugabe von gereinigter Meerrettichperoxydase, eine Differenz, die nach seiner Angabe kaum die Grenze der Versuchsfehler überschreitet.

Nach Pugh kommt als Erklärung der Aktivierungserscheinungen weder pH-Änderung noch eine Änderung in der Natur der Oxydationsprodukte noch H_2O_2-Bildung aus dem Polyphenol in Betracht; vielmehr scheinen diese im wesentlichen auf die Anwesenheit einer autoxydablen Substanz im Pilzpresssaft, die sich hauptsächlich in der Peroxydasefraktion anreichert, zurückzugehen, da längeres Stehen der Presssäfte an der Luft den Aktivierungsbetrag erheblich vermindert.

Bei der Phenoloxydase aus Kartoffeln konnte Pugh keine Aktivierung durch Peroxydase nachweisen, was mit früher schon am gleichen Material erhobenen Befunden v. Szent-Györgyis[5] im Einklang stand. Auch die Laccase des Japanlacks scheint sich nach neueren Untersuchungen Suminokuras[6] dem Schema von Bach und Chodat nicht einzufügen.

So gewinnt man mehr und mehr den Eindruck, dass der Theorie von der zusammengesetzten Natur der Oxydasen auch auf dem engumgrenzten Gebiet, das ihr nach den späteren Befunden von Bach und Chodat selbst (z. B. an Tyrosinase), noch zukam, heute die experimentellen Stützen entzogen sind.

Es bleibt hier nur die Aufgabe, kurz auf eine Modifikation dieser Theorie, die besonders von Onslow verfochten wurde, einzugehen. Auch sie ist — vor allem in der oben zitierten Untersuchung v. Szent-Györgyis — neuerdings widerlegt worden; aber sie enthielt doch eine sehr wichtige grundlegende

---

[1] R. Chodat, Biochem. Arb. Meth. 3, 42; 1910.
[2] A. Bach, Biochem. Zs 60, 221; 1914.
[3] C. E. M. Pugh, Biochem. Jl 23, 456; 1929.
[4] R. Chodat u. Bach, B. 36, 606; 1903.
[5] A. v. Szent-Györgyi, Biochem. Zs 162, 399; 1925.
[6] K. Suminokura, Biochem. Zs 224, 292; 1930.

Beobachtung, die zu der heutigen, namentlich hinsichtlich der Pflanzenatmung wesentlich besser befriedigenden Auffassung vom Wirkungsmechanismus der Oxydasen geführt hat.

Onslow[1] ging von Untersuchungen über die Ursache des Dunklerwerdens von Pflanzen- und Fruchtsäften an der Luft aus. Derartige Präparate pflanzlichen Ursprungs, welche die Oxydasereaktion geben, liessen sich in einen alkoholunlöslichen (Enzym-) Anteil und einen alkohollöslichen (Substrat-) Anteil trennen, welche beide für sich keine Guajakreaktion zeigten. Der alkohollösliche Extrakt enthielt, an der Grünfärbung mit Ferrichlorid erkenntlich, offenbar ein Brenzkatechin-Derivat. Dieser Anteil liess sich bei der kompletten Oxydasereaktion durch Brenzkatechin oder gewisse seiner Derivate ersetzen.

Die Onslowsche Deutung der Erscheinungen ist die, dass die „Oxygenase" Bachs und Chodats in Wirklichkeit ein Gemisch von Enzym + Brenzkatechinderivat darstellt, welche bei der Reaktion mit Luftsauerstoff zur Entstehung eines Peroxyds Anlass geben, welch letzteres seinerseits, durch Peroxydase aktiviert, Guajaktinktur bläut. Nach Onslow sollte die Bezeichnung „Oxygenase" dem von Brenzkatechin befreiten Enzymanteil vorbehalten bleiben, da er alle Eigenschaften eines Ferments zeigt, was bekanntlich hinsichtlich der Oxygenase von Bach und Chodat bisweilen in Zweifel gezogen worden war. Da Onslow keine scharfe Trennung von Brenzkatechinoxydase und Peroxydase gelang, war jedoch die Rolle der letzteren im Gesamtkomplex der Oxydasereaktion noch unklar. Es war v. Szent-Györgyi, der 1925 zeigte, dass o-Chinon auch in Abwesenheit eines Ferments Guajak bläute. Nach seiner Ansicht sind es o-Chinone und nicht Peroxyde, die ganz allgemein bei der Einwirkung von Sauerstoff auf Brenzkatechin und gewisse andere Phenole in Gegenwart der Pflanzenoxydasen erhalten werden. Peroxydasen sind an der weiteren Reaktion z. B. mit Guajak, nicht beteiligt, was mit den früher schon angeführten Befunden von Pugh, sowie Wieland und Sutter im Einklang steht.

Für die Einwirkung der Tyrosinase auf Tyrosin ist die primäre Entstehung eines o-Chinons bald darauf von Pugh und Raper[2] festgestellt worden. Bei der Einwirkung von Pflanzenoxydasen auf Hydrochinon ist die so gut wie quantitative Bildung (schwerlöslichen) Chinhydrons u. a. durch Wieland und Sutter nachgewiesen worden.

Damit dürfte die Auffassung von der komplexen Natur der Oxydasen — sowohl in ihrer ursprünglichen, von Bach und Chodat vertretenen Form als auch in der Onslowschen Modifikation — endgültig widerlegt sein. Die Oxydasen sind einheitliche, zu recht begrenzter Oxydation — oder Dehydrierung (vgl. folgenden Abschnitt) — aromatischer Oxy- bzw. Aminoverbindungen fähige Oxydationsfermente.

---

[1] M. Wheldale-Onslow, Biochem. Jl 13, 1; 1919. — 14, 535, 541; 1920. — 18, 549; 1924. — M. W. Onslow u. Robinson, Biochem. Jl 19, 420; 1925; 20, 1138; 1926.

[2] C. E. M. Pugh u. Raper, Biochem. Jl 21, 1370; 1927.

3. Zu Charakteristik und Wirkungsmechanismus der „echten" Oxydasen und der Peroxydase.

Im Kap. VI über die Dehydrierungstheorie war unter Abschnitt 6f. bereits eine kurze Übersicht über Spezifität, Reaktionsweise und einige andere charakteristische Eigenschaften der Oxydasen gegeben worden, soweit man darüber heute einigermassen bestimmte Aussagen machen kann. Was die Spezifität anbelangt, so schien man es — abgesehen von der Peroxydase — zum mindesten mit drei verschiedenen Enzymen bzw. Enzymgruppen zu tun zu haben: der Monophenoloxydase (auch Tyrosinase genannt), der Polyphenoloxydase und der Diamin- bzw. Indophenoloxydase. Als Hauptcharakteristikum all dieser Enzyme erwies sich eine recht weite Gruppenspezifität hinsichtlich des Substrats.

Im angeführten Abschnitt war auch auf die Stellung der „echten" Oxydasen und der Peroxydasen im System der Dehydrierungstheorie schon näher eingegangen worden. Es hatte sich gezeigt, dass sich die genannten Fermente dem Dehydrierungsschema nicht oder nur unter Zwang und spezielleren Annahmen einfügen lassen.

1. Gegen die Annahme, dass die Phenol- und Diaminoxydasen dehydrierende Enzyme seien, sprach vor allem die Tatsache, dass sich der Sauerstoff (bzw. das H_2O_2 bei den Peroxydasen) nicht durch andere Wasserstoffacceptoren ersetzen lässt, selbst wenn diese — wie dies z. B. bei organischen Peroxyden, Nitraten und Nitroverbindungen (vgl. Tabelle 14, S. 149 f.) der Fall sein dürfte — die thermodynamischen Voraussetzungen einer Reaktion erfüllen.

2. Ein weiteres Argument gegen die Auffassung der Dehydrierungstheorie war der nie einwandfrei zu erbringende Nachweis primärer Entstehung von Hydroperoxyd bei der Oxydasereaktion, selbst in so übersichtlichen Fällen wie dem von Wieland und Sutter[1] untersuchten Beispiel einer katalase- und peroxydasefreien Phenoloxydase.

3. Schliesslich schien auch die im Gegensatz zu wahren enzymatischen Dehydrierungen (z. B. mit dem Schardinger-Enzym) stehende ungemein starke Blausäureempfindlichkeit von oxydatischer und peroxydatischer (auch katalatischer) Reaktion für einen von der Wasserstoffaktivierung verschiedenen, offenbar mit einem Schwermetallgehalt der Oxydationsenzyme verknüpften Mechanismus zu sprechen.

Für den Fall der Peroxydase im besonderen hat R. Kuhn[2] noch darauf hingewiesen, dass deren Reaktion mit Jodwasserstoffsäure bzw. Jodid — die ja in wässriger Lösung so gut wie vollständig dissoziert vorliegen — sowie die dabei beobachtete pH-Abhängigkeit der Wirkung den Erklärungsversuch der Dehydrierungstheorie ausschliessen.

Vermag nun die Theorie der Sauerstoffaktivierung eine befriedigendere Erklärung für die Wirkung von Oxydasen und Peroxydasen zu geben? Zunächst

---

[1] H. Wieland u. Sutter, B. 61, 1060; 1928.
[2] R. Kuhn u. Brann, B. 59, 2370; 1926.

ist festzustellen, dass die ältere Auffassung von Bach und Chodat, Kastle und Loevenhart u. a., die eine Sauerstoffaktivierung über ein organisches Peroxyd annahm, heute als widerlegt gelten kann. Was man für Peroxyde gehalten hatte, waren wohl stets Chinone gewesen, die man als primäre Produkte, nicht aber als Träger der Oxydasewirkung ansehen muss. Die neuere Auffassung von der enzymatischen Sauerstoffaktivierung rechnet — gestützt auf die Beobachtungen besonders Warburgs, Keilins, Kuhns, Zeiles u. a. — mit einem essentiellen Schwermetall-, genau gesagt Hämineisengehalt der echten Oxydationsfermente (s. nächstes Kapitel). Ob man sich den Mechanismus der Sauerstoffaktivierung durch Eisen als über ein primäres Eisenperoxyd oder einfach über reaktionsfähiges dreiwertiges Eisen verlaufend vorzustellen hat, ist noch nicht entschieden. Die Tatsache, dass nicht einmal Sauerstoff und Hydroperoxyd sich bei der Reaktion von Oxydase und Peroxydase gegenseitig ersetzen können, spricht mehr im Sinne ersterer Formulierung für eine aktivere und spezifischere Beteiligung des Oxydans.

Zieht man die O_2-Übertragung über Fe^{III} als Erklärung vor — wie dies neuerdings Warburg für das „Atmungsferment" (Kap. IX, 6), Haber und Willstätter ganz allgemein für die Oxydationsenzyme tun (Kap. VII, 2a) —, so liegt eine gewisse Schwierigkeit in dem für die Phenol- und Amindehydrierung (sowie die Cytochromoxydation; Kap. IX, 9d, besonders δ und ε) notwendigen hohen Redoxpotential dieser Fe^{III}/Fe^{II}-Systeme (vgl. Tabelle 14, S. 149f.); die bisher untersuchten Fe-Porphyrin-Verbindungen haben hierzu im allgemeinen unzureichend niedriges Potential (Literatur siehe S. 261) mit Ausnahme vielleicht des Cytochroms c, bei dem aber andererseits die Fe^{II}-Stufe nicht mehr autoxydabel ist. Die angedeutete Schwierigkeit mag jedoch nicht prinzipieller Natur sein und in unserer Unkenntnis der wahren Bindungs- (und damit der energetischen) Verhältnisse des Fermenteisens begründet liegen.

Die drei Hauptpunkte, die oben gegen die Auffassung der Oxydasen und Peroxydasen als Dehydrasen angeführt worden sind, finden vom Standpunkt der Sauerstoff (bzw. H_2O_2-)-Aktivierung über Eisen ihre plausible Erklärung.

1. Es ist klar, dass die viel festeren organischen Peroxyde wie auch Nitrate und Nitroverbindungen nicht in gleicher Weise wie Sauerstoff und Hydroperoxyd zur primären Anlagerung an das reaktionsfähige Eisenatom des Enzyms befähigt sein können.

2. Dass andererseits aktivierter Sauerstoff nicht zur Bildung von Hydroperoxyd Anlass geben kann, entspricht auch der Auffassung Wielands.

3. Ihre Hauptstärke erweist die Theorie der Sauerstoffaktivierung über Eisen schliesslich bei den von der Dehydrierungstheorie nur mit Schwierigkeit zu erklärenden Hemmungserscheinungen bei Gegenwart von HCN, H_2S, CO und anderen, Metallverbindungen und -komplexe bildenden Stoffen (vgl. Kap. VI, 6 e). Insbesondere spricht die Tatsache, dass man sowohl bei der Polyphenol- als der Indophenoloxydase die Hemmung (1—n) durch CO quantitativ in Form der Beziehung

$$K = \frac{n}{1-n} \cdot \frac{CO}{O_2} = \frac{FeO_2}{FeCO} \cdot \frac{CO}{O_2} \text{ (vgl. Kap. IX, 6a)}$$

erfassen kann, stark für die primäre Bildung einer aktiven Enzymeisen-Sauerstoffverbindung[1]).

Andererseits sind gewisse Charakteristika der Oxydasewirkung auch vom Standpunkt der Sauerstoffaktivierung nicht ganz leicht zu erklären. Die recht ausgeprägte Gruppenspezifität der Oxydasen steht mit übernommenen Anschauungen über die Reaktionsweise aktiven Sauerstoffs nicht recht im Einklang. Wohl wird man den primären Angriff des Tyrosins und der Monophenole als eine spezifische, von der der Polyphenol- und Indophenoloxydaseverschiedene Reaktion auffassen und sie ungezwungener als Einführung von Sauerstoff denn als Dehydrierung eines Phenolhydrats deuten. Dass jedoch so nahe verwandte Prozesse wie die Dehydrierung z. B. von Hydrochinon und p-Phenylendiamin nicht von einem und demselben Enzym geleistet werden können, erscheint bei Annahme eines sauerstoffaktivierenden Mechanismus auf den ersten Blick verwunderlich. Wie schon früher (S. 245) erwähnt, dürfte die von Wieland sowie Woolf in letzter Zeit für die Dehydrasen angenommene zentrale Stellung eines ternären Donator-Acceptor-Enzymkomplexes sinngemäss wohl auch auf die Oxydasen zu übertragen sein. Am Fall des reversiblen Systems

$$\text{Bernsteinsäure} + \text{MBl} \rightleftharpoons \text{Fumarsäure} + \text{Leuko-MBl}$$

in Gegenwart von Succinodehydrase war schon auf die bisweilen recht relative Bedeutung der Begriffe Donator und Acceptor hingewiesen worden (S. 214). Analog wie man bei den Dehydrasen das Hauptgewicht auf die Aktivierung des Donatorwasserstoffs legen wird, ohne die Affinität des Enzyms zum Acceptor aus dem Auge zu lassen, hat man bei den Oxydasen und Peroxydasen das Augenmerk in erster Linie auf die Sauerstoff- (bzw. H_2O_2-) Aktivierung zu lenken, ohne die spezifische Fixierung des Substrats an der Enzymoberfläche zu vergessen.

So hat neuerdings Mann[2] den Gedanken vom ternären Enzymkomplex für den Fall der Peroxydase in Vorschlag gebracht. Auf dieser Grundlage (und zwar im Sinne partieller Verdrängung der einen Komponente) deutet er die Beobachtung, dass sowohl hohe H_2O_2- als auch hohe Substratkonzentrationen die Peroxydasereaktion hemmen.

Dadurch werden die Unterschiede zwischen den beiden Enzymgruppen mehr zu graduellen als prinzipiellen. Eine Mittelstellung zwischen beiden Klassen von Oxydationsenzymen nehmen möglicherweise in diesem Sinne Glukose- und Tyraminoxydase ein (S. 244), die einerseits nur mit Sauerstoff reagieren, andererseits gegen HCN und CO nicht bzw. wenig empfindlich sind.

Was die spezifische Oxydation durch Eisenkatalysatoren anbetrifft, so wird man sich hier auch an gewisse Erfahrungen hinsichtlich des Einflusses der komplexen Bindung in Modellversuchen erinnern. Das stickstoffgebundene Eisen der Tierkohle wirkt unter den Zellstoffen im wesentlichen nur auf Aminosäuren (Kap. IX, 4), Häminseisen vorzugsweise auf ungesättigte und SH-Verbindungen (Kap. IX, 3a u. e, 9 e γ); im Phosphat- oder Pyrophosphatkomplex ist eine weitgehende Oxydation von Zuckern durch Eisensalz möglich,

---

[1] D. Keilin, Proc. Roy. Soc. (B) 104, 206; 1929.
[2] P. J. G. Mann, Biochem. Jl 25, 918; 1931.

ähnlich wie der Hypophosphitkomplex speziell zur Oxydation von Ketosäuren geeignet ist (S. 191) usw. Wenn man schon bei so einfachen Systemen Belege für eine, wenn auch grobe, spezifische Abstimmung findet, erscheint die Spezifität der doch ungleich komplizierter aufgebauten Oxydasen nicht mehr so erstaunlich.

Beachtlich ist auch, dass gerade Verbindungen mit notorisch so locker sitzendem Wasserstoff wie es die Phenole und aromatischen Amine sind, die primären Acceptoren des aktivierten Sauerstoffs darstellen. Gerade die Tatsache, dass dieser Wasserstoff so aktiv ist und z. B. schon ohne Katalysator mit dem molekularen Sauerstoff unter H_2O_2-Bildung reagiert, spricht ja erheblich gegen eine dehydrierende Funktion der „echten" Oxydasen. Aber dieser ungemein bewegliche Wasserstoff ist vom thermodynamischen Standpunkt aus recht schwer aus dem Molekül abzulösen und verlangt dazu rund die dreifache Arbeit wie etwa die Dehydrierung von Alkohol oder Milchsäure (Tabelle 14, S. 149 f.). Wir wissen ferner, dass die primäre Hydrierung des Sauerstoffmoleküls thermodynamisch gerade noch die Dehydrierung von aromatischen Oxy- und Aminoverbindungen leisten kann, obwohl hier zum Teil schon Gleichgewichte zu erwarten sind (S. 152). Mit einer Wasserstoffaktivierung ist hier nichts gedient. Wohl aber kann eine Sauerstoffaktivierung dadurch, dass sie das rund $3^1/_2$mal so grosse gesamte Hydrierungspotential des Sauerstoffs (bis zur Endstufe Wasser) bzw. das $^3/_4$ davon ausmachende H_2O_2-Potential mobilisiert, auf Grund des häufig gerade bei aromatischen Verbindungen (Farbstoffleukobasen und Phenolen) beobachteten Parallelismus zwischen Reaktionsgeschwindigkeit und Redoxpotential (vgl. S. 152f.) erhebliche Reaktionsbeschleunigungen bedingen.

IX. Zur Sauerstoffübertragung durch Schwermetall, insbesondere Eisen (nach Warburg, Keilin u. a.).

1. Übersicht über die Entwicklung der Warburgschen Theorie.

Der Gedanke, dass Eisen ein biologischer Oxydationskatalysator sei, ist beinahe ein Jahrhundert alt. Zu einer Zeit, wo man ziemlich allgemein das Blut als den Ort der biologischen Verbrennungsprozesse im höheren Organismus ansah, stellte Liebig (1843) die Theorie auf, dass der Blutfarbstoff, den er für die einzige im Körper vorkommende Eisenverbindung hielt, das Ferment der Atmung sei.

Obwohl Liebig diese Auffassung selbst bald wieder fallen liess, spielt doch die Verwechslung zwischen Hämoglobin und Atmungsferment in der chemischen Literatur der Folgezeit bis in unsere Tage herein eine des öfteren hervortretende Rolle. Jedoch wissen wir heute mit Sicherheit, dass das Hämoglobin mit der Aktivierung des Sauerstoffs nichts zu tun hat. Das Hämoglobin gibt den in den Lungen aufgenommenen Sauerstoff in den Gewebscapillaren infolge des dort herrschenden niedrigen Sauerstoffdruckes als solchen wieder ab. Das Eindringen des Sauerstoffes in die atmenden Körperzellen erfolgt auf dem Wege der Diffusion des Gases, so dass also das Hämoglobin gar nicht bis an die Orte der Verbrennung gelangt. Der Blutfarbstoff ist ein Transportmittel, kein Aktivator des molekularen Sauerstoffes.

Gegen Ende des letzten Jahrhunderts gewann dann die zuerst wohl von Bunge[1] vermutungsweise ausgesprochene Auffassung, dass locker an Nukleoproteide gebundenes Eisen als Oxydationskatalysator im Körper fungiere, zahlreiche Anhänger. Namentlich Spitzer[2] hat durch Untersuchungen über die oxydativen Leistungen von Gewebsextrakten diese Hypothese zu stützen versucht.

Der erste, der eine sauerstoffaktivierende Wirkung von Zelleisen — zunächst noch ohne speziellere Annahmen über dessen Bindungsart — nicht nur postulierte, sondern auch experimentell, sowohl in vitro als in vivo und unter besonderer Berücksichtigung der quantitativen Seite des Problems, wahrscheinlich machte, war bekanntlich O. Warburg, dessen grundlegende Arbeit in dieser Richtung — „Über die Rolle des Eisens in der Atmung des Seeigeleis nebst Bemerkungen über einige durch Eisen beschleunigte Oxydationen"[3] — im Jahre 1914, also 2 Jahre nach Wielands erster Veröffentlichung zur Dehydrierungstheorie, erschien.

Warburg kam, anders als Wieland, von der Physiologie, von Untersuchungen über die Beziehung zwischen Zellstruktur und Atmungstätigkeit, her. Dieser Unterschied in Ausgangspunkt und Schulung der Begründer unserer beiden wichtigsten modernen Theorien der biologischen Oxydation tritt im Laufe der weiteren Entwicklung immer wieder hervor. Beide müssen, um eine tragfähige, rein chemische Grundlage ihrer Auffassung zu gewinnen, auf einfache, nicht organisierte Modelle zurückgreifen. Während aber Wieland die dabei gewonnenen Ergebnisse zunächst auf die relativ einfachsten Einheiten des biologischen Stoffwechsels, die möglichst von der Zellstruktur getrennten Fermente, überträgt, hält Warburg ein derartiges Verfahren im Hinblick auf das Wesen der oxydativen Lebensprozesse für wenig aufschlussreich. Oxydasen (bzw. Dehydrasen nach Wieland) sind für ihn nicht Fermente, die schon in der lebenden Zelle vorhanden waren, es sind vielmehr Umwandlungs- und Zerfallsprodukte einer im Leben einheitlichen Substanz, „denaturierte Reste von Atmungsferment". Warburgs Bemühungen gehen vielmehr darauf aus, Beziehungen zwischen den Modellbefunden und dem gesamten oxydativen Stoffwechsel der intakten Zelle aufzuzeigen.

Wenn im folgenden ein Bild der Warburgschen Theorie in ihren Grundzügen gegeben werden soll, so ist einleitend darauf hinzuweisen, dass diese Theorie, stärker als die Wielandsche, bestimmte Entwicklungsabschnitte erkennen lässt. Auf der Grundlage von Erkenntnissen über die Wichtigkeit der Oberflächenstruktur für die oxydativen Leistungen der Zelle — hauptsächlich gewonnen am Seeigelei —, kommt Warburg am gleichen Objekt in der oben zitierten Arbeit zur Auffassung von der bedeutsamen Rolle einfacher Eisensalze als katalytischer Agenzien der Zelloxydation. Im wesentlichen an Modellversuchen erweitert sich in der Folgezeit die Kenntnis derartiger katalytisch wirkender Eisen- (und anderer Schwermetall-) Salze und -Komplexe sowie der von ihnen umgesetzten zellwichtigen Substrate. Die sich hieraus ergebende Auffassung vom Mechanismus der biologischen Oxydation charakterisiert sich am besten in der Formulierung Warburgs, gegeben 1925 in einem

---

[1] G. Bunge, Lehrbuch der physiologischen und pathologischen Chemie. Leipzig 1887.
[2] W. Spitzer, Pflüg. Arch. 67, 615; 1897.
[3] O. Warburg, H. 92, 231; 1914.

referierenden Vortrag[1]: „Eisen ist der sauerstoffübertragende Bestandteil des Atmungsferments; das Atmungsferment ist die Summe aller katalytisch wirksamen Eisenverbindungen, die in der Zelle vorkommen."

Gleichzeitig ausgeführte Untersuchungen an der Aminosäuren (und Oxalsäure) oxydierenden Blutkohle, die in mehrfacher Hinsicht (Heterogenität, reversible Narkotisierbarkeit und Vergiftbarkeit des Systems) ein besseres Modell der Zellatmung aufzubauen gestattete als die homogenen Fe-Salz- und Komplexsysteme, hatten Warburg besonders zur Erkenntnis der überragenden Bedeutung, welche der Bindungsart des Eisens für seine katalytische Funktion zukommt, geführt. Nicht jedes beliebige, im Kohlekatalysator vorkommene oder ihm zugefügte Eisen, sondern nur das an Stickstoff gebundene ist hochaktiv[2]. Die reversible, der Hämoglobinvergiftbarkeit ganz analoge Hemmbarkeit der Zellatmung durch Kohlenoxyd, die ähnlich wie beim Hämoglobin beobachtete Rückgängigmachung dieser Hemmung im Licht gibt dann (1926) die ersten sicheren Anhaltspunkte dafür, dass auch die wirksamen Atmungskatalysatoren der Zelle unter den Eisenpyrrolverbindungen zu suchen sind[3]. Versuche über den Grad der Erholung kohlenoxydvergifteter Hefe bei Einstrahlung verschiedenfarbigen monochromatischen Lichts führen 2 Jahre später (1928) zur Aufstellung des absoluten Absorptionsspektrums der Kohlenoxydverbindung des „Atmungsferments" und damit zur definitiven Erkenntnis des Hämincharakters seiner aktiven Gruppe[4]. Die Frage, ob nun tatsächlich die gesamten oxydativen Leistungen der Zelle über ein einziges Atmungsferment von Eisen-Porphyrinstruktur gehen, wird von Warburg im unmittelbaren Anschluss an jene Untersuchungen bejaht, vor allem auf Grund der Tatsache, dass bei der Hemmung der Hefeatmung durch CO sich der Atmungsrest $(1 - n)$ in jeder Beziehung so verhält wie der gehemmte Anteil n; insbesondere sind die Lichtabsorptionskoeffizienten des Ferments für jeden Hemmungsgrad gleich.

Wohl aber gibt Warburg[5] zu, dass dieses Atmungsferment bei voneinander sehr verschiedenen Zellarten Unterschiede in der Konstitution aufweisen mag, ähnlich wie ja auch nicht alle Hämoglobine identisch sind und ja auch andere Sauerstofftransportmittel, wie Hämocyanin, bekannt sind.

Die extreme Annahme Warburgs, dass die gesamte Sauerstoffaufnahme der Zelle durch das Hämineisen des Atmungsferments vermittelt werde, hat jedoch zu berechtigter Kritik Anlass gegeben und ist etwas später (1931) auch von Warburg selbst aufgegeben worden. Die Tatsache, dass in anaeroben Zellen, in Säften und Extrakten anderer Zellen Verbrennungen organischer Substanz beobachtet werden, die gegen Blausäure und Kohlenoxyd unempfindlich

---

[1] O. Warburg, B. 58, 1001; 1925.
[2] O. Warburg u. Brefeld, Biochem. Zs 145, 461; 1924.
[3] O. Warburg, Biochem. Zs 177, 471; 1926.
[4] O. Warburg u. Negelein, Biochem. Zs 193, 339; 204, 495; 1928.
[5] O. Warburg u. Negelein, Elektrochem. 35, 928; 1929.

sind, veranlasst Warburg, die von ihm lange Zeit ignorierte bzw. als unspezifische Adsorptionserscheinung gedeutete Aktivierung der Brennstoffe — von Wieland und den meisten anderen Forschern als Wasserstoffaktivierung spezifiziert — als einen der gleichzeitigen Sauerstoffaktivierung über Hämin nicht notwendigerweise bedürfenden Mechanismus anzuerkennen. Die Entdeckung des schwermetallfreien „gelben Oxydationsferments" und seine Isolierung aus Hefe gibt dann die Möglichkeit eines vertieften Einblickes in das Zusammenwirken zwischen aktiviertem Brennstoff und sauerstoffübertragendem reversiblen Farbstoff im Gesamtbild der giftunempfindlichen Atmung[1].

Damit hat Warburg sich sehr stark dem schon einige Jahre vorher von Keilin[2] gegebenen Reaktionsschema der biologischen Oxydation genähert. Der Hauptweg des physiologischen Verbrennungsprozesses ist die Reaktion zwischen (hämin-)aktiviertem Sauerstoff und im allgemeinen gleichfalls aktiviertem Substrat. Wird dieser Hauptweg durch Vergiftung des Atmungsferments versperrt oder fehlt das sauerstoffaktivierende System überhaupt (wie in anaeroben Zellen oder in Zellpresssäften verschiedener Art), so tritt an Stelle der Sauerstoffaktivierung die Sauerstoffübertragung über ein reversibles Oxydoreduktionssystem.

Wir haben im vorstehenden gesehen, dass man im wesentlichen drei Phasen in der Entwicklung der Warburgschen Theorie erkennen kann: die erste ist durch die Erkenntnis von der Bedeutung des Eisens in allgemeinster Form für den Komplex der Zellatmung charakterisiert; in der zweiten wird diese Erkenntnis dahin spezialisiert, dass die Sauerstoffaktivierung in der Zelle allein durch das Hämineisen des Atmungsferments vermittelt wird; in der dritten wird die Bedeutung anderer Mechanismen, wie der Substrataktivierung und der Sauerstoffübertragung ohne Schwermetallaktivierung erkannt. Gemeinsamer Grundzug der verschiedenen Ausformungen der Warburgschen Theorie ist seine Auffassung, dass der Sauerstoff nie direkt mit dem Zellsubstrat, sondern stets über einen — sei es nun schwermetallhaltigen oder metallfreien — Überträger reagiert.

Man wird den Wechsel der Anschauung, der ja immerhin eine Entwicklung darstellt, Warburg nicht zum Vorwurf machen und sich auch nicht daran stossen dürfen, dass manche Ausführungen seiner späteren Arbeiten früher geäusserten Anschauungen direkt widersprechen. Wir werden uns in diesem Kapitel entsprechend dem Haupttitel vorwiegend mit den sich auf schwermetallhaltige Systeme beziehenden Untersuchungen Warburgs und seiner Schule zu beschäftigen haben (Abschnitt 1—6 und zum Teil 8), während seine neueren Anschauungen, die ja schon im Kap. VI (Abschnitt c, S. 228 f.) kurz gestreift worden sind, nur anhangsweise behandelt werden sollen (Abschnitt 7), da sie ja eigentlich in den Rahmen eines abschliessenden Kapitels über die heutige dualistische Auffassung der biologischen Oxydationsphänomene fallen.

Hingegen sollen im vorliegenden Kapitel noch die grösstenteils von anderer Seite (Keilin, v. Euler, Shibata u. a.) stammenden Untersuchungen über häminartige respiratorische Zellfarbstoffe (Histohämatine, Cytochrom) besprochen werden (Abschnitt 9).

---

[1] O. Warburg u. Christian, Naturw. 20, 688, 980; 1932.
[2] D. Keilin, Proc. Roy. Soc. (B.) 104, 206; 1929.

2. Der Ausgangspunkt der Warburgschen Theorie.
a) Das Eisen in der Atmung des Seeigeleies.

Wie Warburg selbst einmal äussert[1], beginnt die von ihm eingeleitete Entwicklung des Fermentproblems mit einem Zufall. Gelegentlich von Versuchen über die Atmung des Seeigeleies (Strongylocentratus lividus)[2], bei denen die Kohlensäure durch Weinsäure ausgetrieben werden sollte, bemerkte er, dass die Weinsäure in Berührung mit der Zellsubstanz Oxydation durch den Luftsauerstoff erfuhr. Dieser in der Zelle enthaltene Katalysator, der die Verbrennung der sonst so beständigen Weinsäure besorgte, erwies sich als thermostabil und wurde von Warburg als Eisen, das in einer Menge von einigen hundertstel Milligramm pro Gramm Trockensubstanz im Seeigelei vorkommt, erkannt.

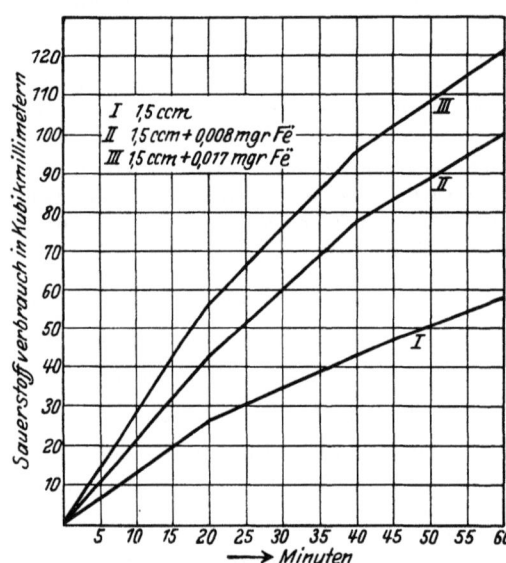

Abb. 34. Oxydationsgeschwindigkeit einer Granulasuspension (1,5 ccm) von Seeigeleiern mit und ohne Zusatz von Fe·· bei 23°. (Nach Warburg.)

Angaben über eine oxydationskatalytische Wirkung von einfachen Eisenverbindungen gegenüber dem Zellstoffwechsel nahestehenden Substanzen waren damals noch kaum bekannt. Wohl hatten W. Manchot und Herzog[3] (1901) eine induzierte Oxydation von Oxalat, Tartrat und Citrat bei der Autoxydation von Ferrosalz angegeben. Aber abgesehen von der Kleinheit des Aktivierungsbetrags waren diese Versuche unter unphysiologischen Bedingungen — hohe Konzentration der Reaktionsteilnehmer und stark alkalisches Milieu — ausgeführt. So schien die ein halbes Jahrzehnt vor Warburg veröffentlichte Untersuchung von Mathews und Walker[4] über die Oxydationskatalyse von Cystein durch Eisen- (und andere Schwermetall-) Salze sowie die im Jahre hierauf erschienene Notiz Thunbergs[5] über den oxydationsbeschleunigenden Effekt kleiner Eisensalzmengen gegenüber wässrigen Lecithinemulsionen tatsächlich die einzigen Hinweise auf eine mögliche physiologische Katalysatorfunktion des Eisens darzustellen.

Der nächste Schritt, den Warburg hat, war die Untersuchung der Frage, ob auch die physiologische Oxydation in der Eisubstanz mit der Gegenwart des Eisens im Zusammenhang stünde. Dabei ergab sich, dass kleine Mengen Ferrosulfat, der Granulasuspension aus intakten, unbefruchteten Eiern zugefügt, eine beträchtliche Erhöhung der Sauerstoffaufnahme bewirkten (Abb. 34).

---

[1] O. Warburg u. Negelein, Elektrochem. 35, 928; 1929.
[2] O. Warburg, H. 92, 231; 1914.
[3] W. Manchot u. Herzog, Anorg. Chem. 27, 397; 1901.
[4] A. P. Mathews u. Walker, Jl biol. Chem. 6, 299; 1909; vgl. auch T. Thunberg, Skand. Arch. 30, 285; 1913.
[5] T. Thunberg, Skand. Arch. 24, 90; 1910.

Bemerkenswert war insbesondere, dass die Grössenordnungen der bei Zusatz gerade wirksamen Eisenmengen und der im Ei natürlich vorkommenden sich als gleich erwiesen; unter gewissen Bedingungen war sogar eine annähernde Proportionalität zwischen Oxydationsgeschwindigkeit und Eisengehalt festzustellen.

Eine andere Frage war es natürlich, ob dem Mehrverbrauch an Sauerstoff, wie er nach Eisenzusatz auftritt, die gleichen chemischen Vorgänge zugrunde liegen wie der unbeeinflussten Atmung. War dies der Fall, so war bei der unspezifischen Hemmung der Zelloberflächenwirksamkeit durch Narkotica eine prozentisch gleich grosse Verringerung der Sauerstoffaufnahme in Anwesenheit und Abwesenheit von Eisen zu erwarten. Diese Erwartung erwies sich in der Tat als erfüllt.

4,6% Äthylurethan hemmt die Reaktion ohne bzw. mit 0,04 mg Fe·· um 32 bzw. 36%, 8,3% des gleichen Narkoticums in beiden Fällen um 78%.

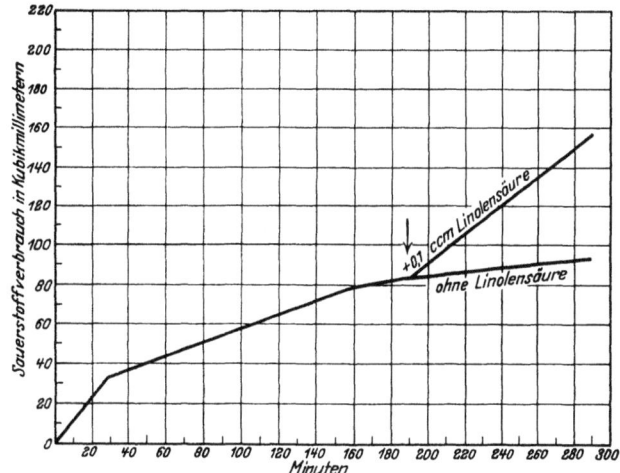

Abb. 35. Atmung der Granulasuspension ohne und nach (↓) Zusatz von 0,1 ccm Linolensäure. T = 23°. (Nach Warburg.)

Eine dritte wichtige Frage war die, ob das im Ei vorkommende Eisen nicht nur gegenüber den unbekannten Zellsubstraten, sondern auch gegenüber künstlich zugefügten Stoffen oxydationskatalytisch wirken kann.

Warburg findet, dass die Atmung der Granulasuspension keineswegs durch viele und verschiedenartige Substanzen beschleunigt wird — was nicht viel beweisen würde —, sondern dass nur wenige Arten von zellvertrauten Stoffen unter erhöhter Sauerstoffaufnahme von den Zellen umgesetzt werden; zu diesen gehören u. a. Weinsäure und Lecithin bzw. Linolensäure.

Ähnlich wie im zellfreien Modellversuch mit Eisensalz vermögen auch im Seeigelei zellvertraute Substanzen offenbar durch den gleichen Katalysator oxydativ umgesetzt werden (Abb. 35).

Der Fall des Seeigeleies ist, wie Warburg selbst zugibt, ein Ausnahmefall, insofern als bei diesen Versuchen viele günstige Umstände zusammentrafen.

Meistens diffundieren Eisensalze nur sehr langsam in lebende Zellen hinein; das Seeigelei bietet den grossen Vorteil, dass man die äussere Grenzschicht zerstören kann, ohne gleichzeitig die Atmung zu vernichten. Im allgemeinen wirken freie Eisensalze bei Zellen nicht erheblich oxydationskatalytisch, sondern nur das Eisen in bestimmten komplexen Bindungen. Solche Komplexbildner, etwa von der Art der Weinsäure, sind offenbar in der Substanz des Seeigeleis, aber keineswegs in allen Zellen, vorhanden. Bei den gewöhnlich untersuchten physiologischen Objekten ist nach Warburg das Eisen, nicht der Komplexbildner, im Überschuss; unter diesen Bedingungen lassen sich die am Seeigelei beschriebenen Phänomene nicht beobachten.

Zwei lange bekannte Erscheinungen finden auf Grund der Warburgschen Beobachtungen ihre zwanglose Erklärung: die eine ist die Tatsache, dass jede Nährlösung bei der Kultur von Zellen eisenhaltig sein muss, wenn das Wachstum der Zellen nicht nach kürzester Zeit aufhören soll. Die andere ist die hemmende Wirkung der Blausäure auf die Zellatmung. Da die katalytisch wirksamen Eisenmengen minimal sind, genügen auch minimale Mengen des Giftes zur Hemmung. Die naheliegendste Deutung auf dieser frühen Entwicklungsstufe der Theorie und zunächst nur für den Spezialfall des Seeigeleies gültig, war natürlich die Inaktivierung des Eisens durch Bildung des komplexen, katalytisch unwirksamen Ferrocyanions.

Was das Vorkommen von ähnlich locker gebundenem Eisen wie beim Seeigelei auch in den Körperflüssigkeiten und Organen höher entwickelter Organismen anbetrifft, so sind darüber u. a. von Fontès und Thivolle[1] sowie der Warburgschen Schule[2] Untersuchungen angestellt worden. Danach findet sich z. B. im Blutserum von Säugetieren und Vögeln derartiges nichthäminartig gebundenes Eisen grössenordnungsmässig in der Menge eines Milligramms pro Liter vor. Für Pferdeblut berechnet sich daraus ein Verhältnis von locker gebundenem und Hämin-Eisen wie 1 : 250. Bei menschlicher Leukämie und perniziöser Anämie erwiesen sich die Werte des Nichthämin-Eisens auf $1/3$—$1/4$ des Normalen reduziert. Was den Gesamteisengehalt in Geweben anbelangt, so fand Yabusoe bei der Ratte Werte, die von 0,04 bzw. 0,16 mg/g Trockensubstanz für Fascie bzw. Muskel bis auf rund 0,5 mg/g Trockensubstanz für Niere, Leber und Hoden anstiegen, wenn die Gewebe zur möglichst weitgehenden Entfernung von Blutfarbstoff mit Ringerlösung durchspült worden waren; im Falle der Niere und der Leber dürfte nur etwa $1/6$—$1/8$ des Gesamteisens häminartig gebunden vorliegen.

Zu erwähnen ist noch, dass nach Untersuchungen Warburgs[3] im Blutserum des Menschen, verschiedener Säugetiere und Vögel auch locker gebundenes Kupfer in einer dem Eisen ungefähr äquivalenten Menge vorkommt.

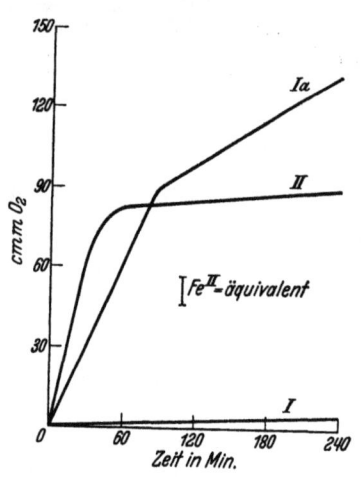

Abb. 36.
Oxydationskatalytische Wirkung von Fe·· gegenüber Linolensäure und Weinsäure. (Nach Warburg.)
I 1 mg Linolensäure (in 2 ccm H_2O);
Ia 1 mg Linolensäure (in 2 ccm H_2O) + 0,1 mg Fe··; II 37,5 mg Weinsäure (in 2,5 ccm H_2O) + 0,1 mg Fe··; T = 16°.

b) Oxydationskatalytische Wirkung des Eisens ausserhalb der Zelle.

Die am Seeigelei beobachteten Verhältnisse legten den Schritt nahe, auf die Zelloberflächen und damit die Narkotisierbarkeit der Systeme zu verzichten und die oxydationskatalytische Wirkung des Eisens in Lösungen und Emulsionen zu untersuchen. Von diesen in seiner ersten grundlegenden Arbeit[4] zur Eisenwirkung von Warburg ausgeführten Modellversuchen mit

---

[1] G. Fontès u. Thivolle, Soc. Biol. 93, 687; 1925.
[2] M. Yabusoe, Biochem. Zs 157, 388; 1925. — O. Warburg, Biochem. Zs 187, 255; 1927. — O. Warburg u. Krebs, Biochem. Zs 190, 143; 1927; vgl. ferner: E. Abderhalden u. Möller, H. 176, 95; 1928.
[3] O. Warburg, Klin. Ws. 6, 1094; 1927. — H. A. Krebs, Klin. Ws. 7, 584; 1928.
[4] O. Warburg, H. 92, 231; 1914; vgl. auch K. Dresel, Biochem. Zs 192, 358; 1928.

dem Zellstoffwechsel nahestehenden Substraten (Weinsäure, Dioxymaleinsäure, Aldehyde, Thioverbindungen, Linolensäure bzw. Lecithin) war schon in einem früheren Kapitel (S. 185f.) die Rede gewesen, so dass wir uns hier auf die graphische Wiedergabe einiger charakteristischer Versuche beschränken können (Abb. 36).

Man erkennt den über ein einfaches Fe-Peroxyd weit hinausgehenden Sauerstoffumsatz; andererseits ist der „Verbrauch" des Katalysators namentlich im Falle der Weinsäure sehr deutlich. Nach Warburg hat man sich vorzustellen, dass primär gebildetes Ferro-Peroxyd durch die Weinsäure zwar zum Teil zur Ferrostufe reduziert wird, zum Teil jedoch durch das Substrat nur bis zur Ferristufe ausgenützt wird oder sich mit Fe^{II} zu Fe^{III} umsetzt. Diese Annahme einer Regeneration des Fe^{II} aus dem Peroxyd, die damals noch mit der Grundauffassung Manchots[1] im Widerspruch stand, wird heute — vor allem aus Anlass der umfassenderen, mit dem Warburgschen Versuchsmaterial prinzipiell übereinstimmenden Befunde Wielands — ganz allgemein von den Anhängern der Peroxydtheorie (Manchot, Goldschmidt u. a.) zur Erklärung derartig unstöchiometrischer „Überaktivierungen herangezogen. (Näheres hierzu vgl. S. 191f. u. 198f.)

3. Schwermetallkatalyse als Ursache von Autoxydationserscheinungen.

a) Sulfhydrylverbindungen.

Ein ganz wesentlicher Fortschritt in der Erkenntnis von der Bedeutung der Schwermetallkatalyse knüpft sich an die beim Studium der Thioverbindungen gewonnenen Versuchsergebnisse.

Mathews und Walker[2] hatten schon 1909 gefunden, dass Blausäure die Autoxydation von Cystein auch in Abwesenheit eines Eisensalzzusatzes ganz erheblich hemmt, indem beispielsweise die Autoxydationsgeschwindigkeit einer $\frac{m}{3}$-Cysteinlösung bereits durch $\frac{m}{10000}$-KCN auf die Hälfte reduziert wird.

Seitdem ist die Hypothese, dass die Blausäure bei ihrer atmungshemmenden Wirkung an der SH-Gruppe der Eiweisskörper angreife, immer wieder diskutiert worden[3], wie überhaupt diese Beobachtungen zuerst einen Hinweis auf eine mögliche sauerstoffübertragende Funktion der SH-SS-Konfiguration in der Zelle gegeben haben.

Warburg wies zuerst auf das stöchiometrische Missverhältnis zwischen Cystein und HCN und die daraus folgende Unwahrscheinlichkeit einer direkten Reaktion zwischen den beiden Stoffen hin. Ausgehend von der Beobachtung, dass bei der Darstellung des Cysteins (durch Reduktion von Cystin mit Zinn und Salzsäure) eine Verunreinigung des Präparates mit Eisen schwer zu vermeiden ist, machte Warburg[4] zunächst die nicht direkt bewiesene Annahme, dass auch im Falle des Cysteins die Blausäurewirkung auf Bindung des Eisens oder eines anderen in minimalen Mengen anhaftenden Schwermetalls zurückgehe.

---

[1] W. Manchot, Anorg. Chem. 27, 420; 1901.
[2] A. P. Mathews u. Walker, Jl biol. Chem. 6, 21, 29; 1909.
[3] Vgl. z. B. E. Abderhalden u. Wertheimer, Zahlreiche Arbeiten in Pflüg. Arch. 197—201; 1922/23.
[4] O. Warburg, Biochem. Zs 119, 134; 1921.

Notwendig zum Beweis dieser Annahme war eine ausserordentlich sorgfältige Reinigung des Cysteins (Fällung der Schwermetalle mit BaSH, Umkrystallisieren des Cysteinchlorhydrats aus Alkohol usw.), wobei durchwegs Quarzgefässe zur Anwendung gelangten. Das zur Herstellung neutraler Reaktionslösungen notwendige Alkali wurde durch Destillation von Ammoniak in Gefässen aus Quarz gewonnen, aus dem gleichen Material bestanden auch die bei den eigentlichen Autoxydationsversuchen verwendeten Reaktionsgefässe.

Warburg hat bei diesen wie bei den meisten seiner Versuche eine besondere von ihm selbst konstruierte Abart der zuerst von Barcroft (für Blutgasanalysen) benutzten Schüttelgefässe verwendet, von der nachstehend einige gebräuchliche Typen wiedergegeben sind.

Der Mitteleinsatz dient im allgemeinen zur Aufnahme von Kalilauge bei CO_2 liefernden Reaktionsansätzen. Das seitlich angebrachte, drehbare Schliffkölbchen im Modell b gestattet auch im geschlossenen System die Zugabe einer Reaktionskomponente zu genau bestimmtem

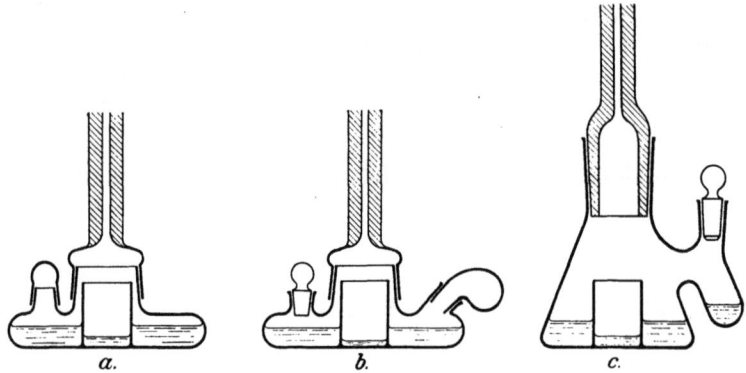

Abb. 37. Warburgsche Schüttelgefässe.

Zeitpunkt. Modell c erlaubt die gleichzeitige Anwendung zweier verschiedener absorbierender Agenzien. Die Gefässe sind durch Schliff mit (Wasser-) Manometern verbunden und werden zusammen mit diesen im Thermostaten geschüttelt. Die Warburgsche Methodik gestattet die bequeme Messung von Gasabsorptionen und -entwicklungen schon von der Grössenordnung eines bis einiger Kubikmillimeter[1].

Das eindeutige Ergebnis der von Warburg und Sakuma[2] durchdurchgeführte Reinigungsversuche an Cystein war eine Reduktion der Autoxydationsgeschwindigkeit auf $1/100 - 1/250$ der ursprünglichen (und auch in der Literatur meist angegebenen) Werte. Die Zeit halben Umsatzes — bei Warburgs Rohpräparaten wie auch bei denen von Mathews und Walker sowie Dixon und Tunnicliffe[3] einige Stunden betragend — ist für gereinigte Präparate von Warburg und Sakuma etwa 14 Tage. Wenigstens 99% des bisher als „Autoxydation" bezeichneten Cysteinumsatzes erwiesen sich also in diesen Versuchen als eine Oxydationskatalyse durch Verunreinigungen.

Was die Art dieser Verunreinigung in seinen Rohpräparaten anbetrifft, so wurde sie von Warburg eindeutig als Eisen erkannt.

Der Reaktionsmechanismus ist dabei klar. Bei Zugabe von $Fe^{...}$ zu einer neutralen Cysteinlösung tritt Violettfärbung — herrührend von einem Fe^{III}-Cysteinkomplex — auf. Die Farbe

---

[1] Bezüglich Methodik vgl. O. Warburg, Biochem. Zs 152, 51; 1924.

[2] O. Warburg u. Sakuma, Pflüg. Arch. 200, 203; 1923. — S. Sakuma, Biochem. Zs 142, 68; 1923.

[3] M. Dixon u. Tunnicliffe, Proc. Roy. Soc. (B.) 94, 266; 1923.

verschwindet beim Stehen rasch unter Oxydation des Cysteins zu Cystin und Reduktion des Fe^{III} zu Fe^{II}. Reoxydation des Fe^{II} durch Luftsauerstoff bringt den Zyklus erneut in Gang[1].

Bei Zusatz von Blausäure verschwindet die violette Färbung und an ihre Stelle tritt nach wenigen Sekunden eine tiefblaue vergängliche Färbung (Berlinerblau)[2].

Eisensalz erwies sich als ein ganz enorm wirksamer Oxydationskatalysator für Cystein. $^1/_{1000}$ mg Fe-Ion zu 10 ccm einer gereinigten $\frac{m}{65}$-Cysteinlösung zugefügt, erhöht die Autoxydationsgeschwindigkeit bereits aufs Dreifache. Als Mittelwert zahlreicher Versuche ergab sich, dass 1 mg Eisen auf Cystein in wässriger Lösung bei $20°$ 120000 cmm, bei $37°$ 400000 cmm Sauerstoff pro Stunde zu übertragen vermag. Berechnete Warburg umgekehrt aus der Autoxydationsgeschwindigkeit eines seiner Rohpräparate auf Grund der obigen Daten den mutmasslichen Eisengehalt und verglich ihn mit dem in der Asche des Präparats experimentell bestimmten, so erhielt er ausgezeichnete Übereinstimmung.

Mit den oben gegebenen Zahlen für die Wirksamkeit des Eisens bei der Cysteinkatalyse vergleicht Warburg[3] den entsprechenden Quotienten $\left(\frac{O_2\text{-Verbrauch}}{\text{Eisengehalt} \times \text{Zeit}}\right)$ für die Reaktionsfähigkeit des Eisens in der Zelle. Bei Versuchen zur Bestimmung des Eisengehalts verschiedener Zellen wurden pro Gramm Zellsubstanz Zehntel bis Hundertstel Milligramme Eisen gefunden, (so im Seeigelei und gewissen eisenarmen Samen Hundertstel Milligramme, in den Geweben höherer Tiere, nach Abzug des Hämineisens, Zehntel Milligramme). Bestimmt man die Atmungsgrösse derartiger Zellen, so erhält man — unter Zugrundelegung derselben Einheiten wie oben im Fall des Cysteins — für den Wirkungsquotienten des Eisens je nach Temperatur und Zellart Werte zwischen 10000 und 100000. Daraus schliesst Warburg, dass der Eisengehalt der Zelle mehr als ausreicht, um den Sauerstoffverbrauch bei der Atmung als Eisenkatalyse zu erklären.

Dass sich eine durch HCN „vergiftete" Cysteinlösung infolge der Inaktivierung ihres Eisens wie eine reine Cysteinlösung gegenüber Sauerstoff verhält, erschien nach den Warburgschen Experimenten nicht mehr erstaunlich.

Ähnlich, wenn auch schwächer hemmend wirkt das gleichfalls zur Komplexbildung mit Eisen[4] befähigte Äthylcarbylamin ($C_2H_5N : C$)[5].

Ein besonders klarer Beweis für die Schwermetallbedingtheit der Cysteinoxydation wurde dadurch erbracht, dass auch Natriumpyrophosphat, dessen recht stabile Komplexe mit Eisen schon lange bekannt und studiert waren[6], allerdings in höherer Konzentration wie Blausäure, starke Hemmungen der Sauerstoffaufnahme von Rohcystein bewirkte. Das Ergebnis der Pyrophosphatversuche bekräftigte die Richtigkeit der Warburgschen Annahmen definitiv; eine direkte Reaktion zwischen Cystein und Pyrophosphat erschien im Gegensatz zu HCN rein chemisch ausgeschlossen.

---

[1] Bezüglich Einzelheiten dieser viel studierten Reaktionsfolge vgl. z.B. L. Michaelis u. Barron, Jl biol. Chem. 83, 191; 1929. — L. Michaelis, Jl biol. Chem. 84, 777; 1929. — R. K. Cannan u. Richardson, Biochem. Jl 23, 1242; 1929. — M. Schubert, Am. Soc. 54, 4077; 1932.

[2] O. Warburg u. Sakuma, l. c. — E. G. Gerwe, Jl biol. Chem. 92, 525; 1931.

[3] O. Warburg, Biochem. Zs 152, 479; 1924. — B. 58, 1001; 1925.

[4] K. A. Hofmann u. Bugge, B. 40, 3759; 1907.

[5] S. Toda, Biochem. Zs 172, 17; 1926.

[6] M. P. Pascal, Ann. chim. phys. [8] 16, 359, 520; 1909.

Da ferner nach späteren Untersuchungen die Kupferkatalyse der Cysteinoxydation durch Pyrophosphat nicht gehemmt wird und andererseits die analoge Mangankatalyse sich als weitgehend HCN-unempfindlich erwies, war damit die Auffassung der Cysteinoxydation als einer Eisenkatalyse endgültig bestätigt.

Das verschiedenartige Verhalten der gegenüber Cystein oxydationskatalytisch wirksamen Metalle bei Zusatz von Komplexbildnern hat Warburg[1] zur Ausbildung einer Mikrobestimmungsmethode dieser Metalle benützt, die z. B. gestattet, den Eisen- und Kupfergehalt eines Zehntel Kubikzentimeters Serum quantitativ zu bestimmen; Kupfermengen von der Grössenordnung 10^{-5} mg/ccm sind quantitativ noch gut erfassbar.

Bei gleichzeitiger Gegenwart von Eisen und Kupfer bestimmt man zunächst in Boratpuffer (pH 9—10) die Summe der oxydationskatalytischen Wirkung beider Metalle in der zu untersuchenden Flüssigkeit, wenn diese mit reinster Cysteinlösung vermischt wird. Hierauf bestimmt man in Pyrophosphatlösung die Wirkung des Kupfers allein und kann nun — unter Berücksichtigung der ,,Wirkungskonstanten" der beiden Metalle — durch Differenzbildung die Eisenmenge ermitteln.

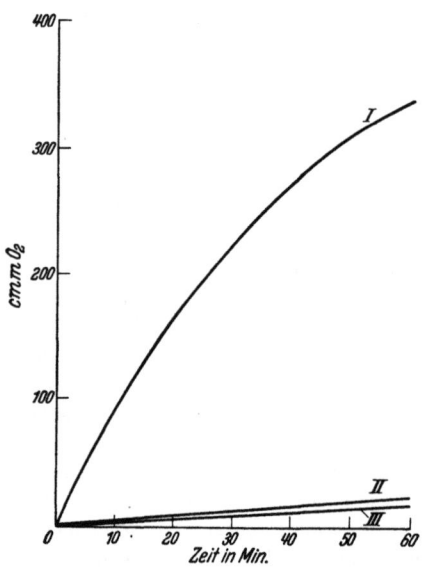

Abb. 38. Hemmung der Cysteinautoxydation durch Blausäure und Pyrophosphat. (Nach Sakuma.)

I $\frac{m}{100}$-Cystein; II $\frac{m}{100}$-Cystein + $\frac{m}{1000}$-KCN;
III $\frac{m}{100}$-Cystein + $\frac{m}{10}$-$Na_4P_2O_7$;
T = 37,5°; O_2; pH 9,24.

Mangan ist in seinem Verhalten dadurch charakterisiert, dass ein 200facher Überschuss an HCN seine oxydationskatalytische Wirkung gegenüber Cystein-Borat nicht merklich hemmt, während die Eisenkatalyse auf $1/5$—$1/6$ reduziert wird. Hohe Blausäurekonzentrationen bewirken jedoch auch eine Hemmung der Mangankatalyse, obwohl diese selbst bei 20000fachem HCN-Überschuss noch nicht vollständig ist.

Als Ergebnis derartiger Untersuchungen mag angeführt werden, dass 1 ccm menschliches Serum im Mittel 0,7 Mikrogramm (γ) locker gebundenes Eisen und 1,0 Mikrogramm locker gebundenes Kupfer enthält, wobei unter locker gebunden solches Metall verstanden wird, das nach Warburgs Cysteinmethode ohne Veraschung des Serums erfasst werden kann[2]. Ein Mangangehalt lässt sich nach dieser Methode nicht feststellen, er dürfte etwa 100—1000mal geringer sein als der Eisengehalt[3].

Die Warburgsche Methode der Schwermetallbestimmung mit Cystein hat die bei kleinen Metallkonzentrationen tatsächlich beobachtete Proportionalität zwischen katalytischer Wirkung und Metallmenge/ccm zur Voraussetzung. Bei höheren Katalysatorkonzentrationen ist diese Bedingung häufig nicht mehr erfüllt. So fand Elliott[4], dass von einer bestimmten Grenze an weitere Erhöhung der Kupferkonzentration die Oxydationsgeschwindigkeit von Cystein nicht mehr stärker beschleunigte. Diese intensivere Wirkung ,,homöopathischer" Schwermetalldosen im Vergleich zu höheren kehrt bei vielen Schwermetallkatalysen wieder.

---

[1] O. Warburg, Biochem. Zs 187, 255; 1927. — 233, 245; 1931.

[2] O. Warburg u. Krebs: Biochem. Zs 190, 143; 1927. — H. A. Krebs, Klin. Ws. 7, 584; 1928.

[3] O. Warburg, Biochem. Zs 152, 479; 1924; vgl. auch G. Bertrand u. Medigreceanu, C. R. 154, 941, 1450; 155, 82; 1912; dagegen E. Abderhalden u. Möller, H. 176, 95; 1928.

[4] K. A. C. Elliott, Biochem. Jl 24, 310; 1930.

Die Versuche von Warburg und Sakuma über die Autoxydabilität der SH-Gruppe im Cystein sind u. a. von Harrison[1] im Hopkinsschen Laboratorium mit gleichem Ergebnis wiederholt und auf das Glutathion, das einen primären Zellbestandteil darstellende Tripeptid aus Glycin, Glutaminsäure und Cystein, ausgedehnt worden. Es zeigte sich, dass Glutathion sich im wesentlichen analog dem Cystein verhält. Nach neueren Untersuchungen von Voegtlin, Johnson und Rosenthal[2] soll die Autoxydation des krystallisierten, nach den Methoden von Hopkins und Kendall dargestellten Glutathions auf Kupferspuren zurückgehen, wie sich überhaupt in der Nähe des Neutralpunktes Kupfer als ungleich wirksamerer Katalysator dieser Oxydation erwies wie Eisen.

Auch die Reaktion zwischen Sulfhydrylverbindungen und Hydroperoxyd wird durch Schwermetalle, wie Eisen und Kupfer, unter geeigneten Acidiätsbedingungen ganz erheblich beschleunigt[3].

Von erheblichem theoretischen Interesse war die im Warburgschen Institut von Toda[4] gemachte Beobachtung, dass nicht nur die Autoxydation gewöhnlichen Cysteins, sondern auch seine Dehydrierung mit Methylenblau durch $\frac{m}{1000}$-HCN erheblich (bis auf ein Zehntel des ursprünglichen Ausmasses) reduziert wurde. Eine noch stärkere Reduktion der Reaktionsgeschwindigkeit zwischen Cystein und Methylenblau trat ein, wenn eine weitgehende Reinigung der Reaktionsteilnehmer vorgenommen wurde.

Durch Zusatz kleinster Eisenmengen (10^{-5} g-Atom/l) liess sich die ursprüngliche Reaktionsgeschwindigkeit nicht allein erreichen, sondern sogar erheblich übertreffen. Damit erscheint Toda die mögliche Auffassung der Dehydrierungstheorie, dass der Wasserstoff der SH-Gruppe, weil er „aktiv" oder „aktiviert" sei, direkt mit dem Farbstoff reagiere, zugunsten der Warburgschen Theorie der Schwermetallkatalyse widerlegt.

Diese Befunde sind dann durch Harrison[5] an Glutathion und Thioglykolsäure unter Anwendung sowohl von Eisen als auch Kupfer erweitert worden. Er weist besonders darauf hin, dass nach diesen Ergebnissen Aktivierbarkeit einer Reaktion durch Schwermetall und Hemmbarkeit derselben durch Blausäure nicht in allgemeiner Weise das Vorliegen eines sauerstoff„aktivierenden" Mechanismus anzeigen.

Doch ist im Falle der SH-Oxydation, wo ja das Schwermetall die durchsichtige Rolle eines reversibel arbeitenden Oxydoreduktionskatalysators ausübt, der Begriff der Sauerstoffaktivierung ebenso wie der der Wasserstoffaktivierung mehr oder weniger gegenstandslos. Die entscheidende Reaktion ist die des dreiwertigen Eisens mit dem Substrat. Es spricht an sich nichts dagegen — wenn auch ein Beweis nicht erbracht ist —, in sie den Begriff einer vorherigen Aktivierung des Sulfhydrylwasserstoffs hineinzulegen. (Vgl. Kap. VI, S. 197 f.). Die Funktion des Sauerstoffs bzw. des Methylenblaus besteht lediglich in der Reoxydation des zweiwertigen Eisens, ein Vorgang, bei dem für den Begriff der Aktivierung des Oxydans wenig Raum ist, dieser Begriff zum mindesten nicht weiter führt.

---

[1] D. C. Harrison, Biochem. Jl 18, 1009; 1924.
[2] C. Voegtlin, Johnson u. Rosenthal, Jl biol. Chem. 93, 435; 1931.
[3] A. Schöberl, H. 201, 167; 1931. — 209, 231; 1932. — N. W. Pirie, Biochem. Jl 25, 1565; 1931.
[4] S. Toda, Biochem. Zs 172, 34; 1926.
[5] D. C. Harrison, Biochem. Jl 21, 335; 1927.

Eine Frage von prinzipieller, wenn auch kaum praktisch biologischer Bedeutung ist die, ob **absolut** schwermetallfreie Sulfhydrylverbindungen nun auch vollkommen unempfindlich gegen Sauerstoff wären.

Weder Harrison noch Warburg und Sakuma erreichten diesen Grenzzustand, auch ihre reinsten Präparate zeigten noch minimale, doch messbare Sauerstoffaufnahme. Interessant ist in diesem Zusammenhang die Beobachtung Harrisons[1], dass $\frac{m}{1000}$-Blausäure diesen geringen Sauerstoffverbrauch reinster Thioverbindungen nur mehr unerheblich (15—20 %) verringert. Gerwe[2] führte derartige Versuche in grösserem Massstabe aus und fand, dass die Autoxydationsgeschwindigkeit reinsten Cystins etwa 50mal grösser ist als den noch vorhandenen Eisenspuren entsprechen könnte. Der Einwand, dass diese Restoxydation auf Spuren von Mangan und Kupfer zurückgehen könne[3], erscheint insofern nicht recht stichhaltig, als Gerwe selbst mit $\frac{m}{100}$-HCN keine eindeutige Hemmung der Restoxydation erzielen konnte. Ferner wird nach Versuchen Harrisons[4] die Methylenblaureduktion durch Sulfhydrylverbindungen (bei Verwendung reinster Präparate) von Blausäure wenig oder gar nicht verzögert.

Es erscheint demnach mehr als wahrscheinlich, dass auch absolut reine Präparate von Sulfhydrylverbindungen eine minimale Reaktionsfähigkeit gegenüber Oxydantien besitzen. Bei der ungemeinen Verbreitung von Schwermetallspuren in der organischen Welt spielt diese schwermetallfreie Autoxydation der SH-Gruppe biologisch sicher keinerlei Rolle.

Wie Harrison (l. c.) zuerst gezeigt hat, vermag auch **häminartig** gebundenes Eisen die Oxydation von Sulfhydrylverbindungen — wenn auch schwächer als Eisen-Ion — zu katalysieren. Nach Untersuchungen von Krebs[5] lässt sich diese Häminwirkung durch Zusatz organischer Basen wie Pyridin und Nicotin ungemein stark (bis zum 20fachen des Eisensalzeffekts) steigern. (Näheres hierüber Abschnitt 6 b.)

Schliesslich mag noch angeführt werden, dass nach Krebs[6] auch die Autoxydation von **Alkalisulfid-** und **Schwefelwasserstofflösungen** eine Schwermetallkatalyse ist.

Besonders effektive Katalysatoren der Sulfidoxydation sind Mangan und Nickel, für deren Wirkungsquotienten $\left(\frac{\text{cmm } O_2}{\text{mg Metall} \times \text{Stunde}}\right)$ sich die ausserordentlich hohen Werte von 96 000 000 bzw. 6 600 000 bei 20° ergaben, was einer Verdopplung der Autoxydationsgeschwindigkeit bei Zusatz einiger Millionstel bzw. Hunderttausendstel Milligramm Metall pro Kubikzentimeter Sulfidlösung entspricht. Die Wirkung des Eisens, die wenigstens 1000mal geringer ist als die des Mangans, erfährt eine mehrhundertfache Steigerung im Nicotin-Hämin. Beim freien, gelösten Schwefelwasserstoff, für den Nickel- und Eisensalz die wirksamsten Oxydationskatalysatoren sind, sind die erforderlichen Schwermetallmengen etwa 10 000—100 000mal grösser als die für Alkalisulfidlösungen angegebenen.

Auch die analoge Reaktion zwischen H_2S und H_2O_2 ist stark schwermetallempfindlich[7].

---

[1] D. C. Harrison, Biochem. Jl 18, 1009; 1924.
[2] E. G. Gerwe, Jl biol. Chem. 91, 57; 92, 399, 525; 1931.
[3] H. A. Krebs, Naturw. 18, 736; 1930. — C. A. Elvehjem, Science 74, 568; 1931.
[4] D. C. Harrison, Biochem. Jl 21, 335; 1927.
[5] H. A. Krebs, Biochem. Zs 193, 347; 1928.
[6] H. A. Krebs, Biochem. Zs 204, 343; 1928.
[7] A. Wassermann, B. 65, 704; 1932. — A. 503, 249; 1933.

b) Zucker und -Derivate.

Seit langem weiss man, dass Zucker in kräftig alkalischer Lösung durch Sauerstoff (wie auch Methylenblau und andere Oxydantien) angegriffen werden. Aber die Bedeutung dieser Reaktion als eines Analogons der biologischen Zuckerveratmung war wegen der unphysiologischen pH-Bedingungen mehr als zweifelhaft. Es war Warburg[1], der zuerst zeigte, dass Lösungen von Fructose in Alkaliphosphat schon bei einem pH von 7—8 und bei Körpertemperatur Sauerstoff aufnehmen, um so rascher, je höher die Konzentration des Phosphates ist.

Glucose wurde unter den gleichen Bedingungen nicht angegriffen, desgleichen schien das Phosphat durch keinen anderen Puffer von gleichem pH ersetzbar zu sein. In $\frac{m}{1}$-Phosphatlösung (pH 7,7) wurden pro Stunde bis zu 0,3% des Fructosegewichts an Sauerstoff verbraucht bei einem durchschnittlichen „Respirationsquotienten" $\frac{CO_2}{O_2}$ von 0,3. Die Oxydation ist also nicht wie in der lebenden Zelle vollständig, liefert aber doch in erheblicher Menge das physiologische Endprodukt der Kohlehydratverbrennung.

Nach Warburg und Yabusoe handelt es sich um eine spezifische Reaktion zwischen Phosphat, Fructose und molekularem Sauerstoff.

Meyerhof und Matsuoka[2] traten der Frage näher, ob diesem Prozess nicht ähnlich wie der Cysteinautoxydation eine Schwermetallkatalyse zugrunde liege und es gelang ihnen in der Tat, zahlreiche Gründe für eine derartige Auffassung beizubringen.

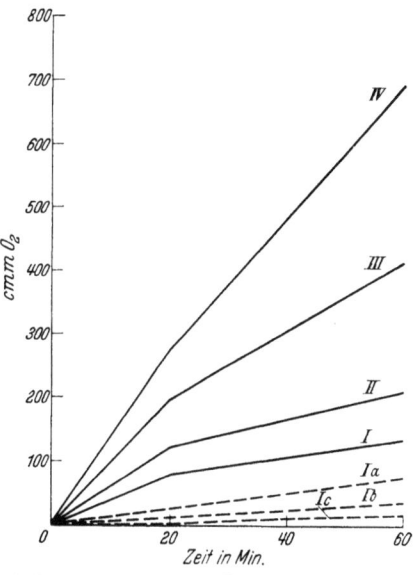

Abb. 39. Fructoseoxydation in Phosphat; Einfluss von $CuSO_4$ und HCN. (Nach Meyerhof und Matsuoka.)
2 ccm 5%ig. Fructose; $\frac{m}{2}$-Phosphat.
pH 9; 37°.
I Normalansatz;
II = I + 2 × 10^{-5} m-$CuSO_4$;
III = I + 10^{-4} m-$CuSO_4$;
IV = I + 10^{-3} m-$CuSO_4$;
Ia = I + 10^{-4} m-KCN;
IIb = I + 10^{-3} m-KCN;
Ic = I + 10^{-2} m-KCN.

Zu diesen gehörte vor allem die spezifische Hemmung der Oxydationsreaktion durch Substanzen, welche mit Metall stabile Komplexsalze bilden können, vor allem Blausäure (nach späteren Versuchen Todas[3] auch deren Äthylester) und Pyrophosphat (vgl. Abb. 39).

Einen direkteren Beweis für die der Fructoseoxydation zugrunde liegende Metallkatalyse bildet die starke Steigerung der Oxydationsgeschwindigkeit durch bestimmte Metallsalze (Fe, Mn, besonders aber Cu) in Konzentrationen von 10^{-5}—10^{-3} Mol/l (Abb. 39).

---

[1] O. Warburg u. Yabusoe, Biochem. Zs 146, 380; 1924.
[2] O. Meyerhof u. Matsuoka, Biochem. Zs 150, 1; 1924.
[3] S. Toda, Biochem. Zs 172, 17; 1926.

Schliesslich liess sich zeigen, dass die Steigerung der Oxydationsgeschwindigkeit durch Metallsalze in derselben Weise durch Blausäure gehemmt wird wie die Reaktion im metallzusatzfreien Ansatz, wovon die nachstehende Figur für den Fall der Kupferkatalyse ein Bild gibt.

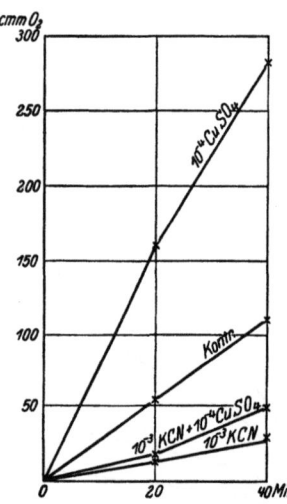

Abb. 40. Fructoseoxydation in Phosphat und deren gleichzeitige Beeinflussung durch CuSO$_4$ und KCN. (Nach Meyerhof u. Matsuoka.) 2 ccm 5%ige Fructose in $\frac{m}{2}$-Phosphat; pH 9,0; 37°.

Sowohl Blausäurehemmung als Kupferkatalyse verstärken sich mit steigendem pH (zwischen pH 7 und 9), was zweifellos mit der Erhöhung der entsprechenden Komplexkonzentrationen durch die verringerte Dissoziation zusammenhängt.

Im übrigen fanden Meyerhof und Matsuoka noch, dass sich der Phosphatpuffer ohne grössere Änderung der Oxydationsgeschwindigkeit durch Arsenat ersetzen lässt.

Die nach diesem Ergebnis unwahrscheinliche Vermutung, dass die Gegenwart des Phosphats irgend etwas mit der beim biologischen Zuckerabbau so wichtigen Phosphorylierung zu tun habe, ist durch Neuberg und Kobel[1] eindeutig widerlegt worden, indem sie auch nach sehr langer Zeit unter den Bedingungen der Meyerhofschen Oxydationsversuche keine organisch gebundene Phosphorsäure nachweisen konnten.

Meyerhof und Lohmann[2] haben Fructose und Glucose und deren verschiedene Phosphorylierungsprodukte hinsichtlich der Oxydationsgeschwindigkeit in Phosphat (bzw. Arsenat) miteinander verglichen, wobei folgende (relative) Zahlenwerte erhalten wurden: Fructose 100, Glucose 14, Robinsonester 46, Neubergester 220, Hexosediphosphat 0.

Nur der sich im wesentlichen von Fructose ableitende Neuberg-Ester (Fruktofuranose-6-Phosphorsäure) zeigt grössere Oxydationsgeschwindigkeit als die Grundsubstanz. Die fehlende Autoxydabilität des Harden-Young-Esters (Fruktofuranose-1,6-Diphosphorsäure) ist an sich überraschend, passt aber gut zu der namentlich von der Eulerschen Schule vertretenen Auffassung dieser Verbindung als eines Stabilisierungsproduktes des Hexoseabbaues[3].

Nach Versuchen von Blix[4] scheint auch die Methylenblauentfärbung durch Fructose in Phosphat ähnlich wie die entsprechende Reaktion der Thioverbindungen schwermetallempfindlich zu sein. $\frac{m}{10000}$-Kupfer- und Eisensalz verkürzen z. B. die Entfärbungszeit bis auf die Hälfte, Blausäure in entsprechenden Konzentrationen macht die Beschleunigung wieder rückgängig. Hinsichtlich der HCN-Empfindlichkeit der „Leerreaktion" sind die Versuchsdaten jedoch widersprechend.

Die Befunde von Meyerhof und Matsuoka sind später an verschiedenen anderen Substraten von Kohlehydratcharakter vor allem durch die Warburgsche Schule erweitert worden.

So fand Wind[5], dass Sorbose in Phosphat mit ungefähr gleicher Geschwindigkeit wie Fructose oxydiert wird. Die Triosen Dioxyaceton und Glycerinaldehyd werden 20—30mal

---

[1] C. Neuberg u. Kobel, Biochem. Zs 155, 499; 1925.
[2] O. Meyerhof u. Lohmann, Biochem. Zs 185, 113; 1927.
[3] Vgl. z. B. R. Nilsson, Biochem. Zs 258, 198; 1933.
[4] G. Blix, Skand. Arch. 50, 8; 1927.
[5] F. Wind, Biochem. Zs 159, 58; 1925.

rascher als die beiden Ketohexosen umgesetzt (bei einem CO_2/O_2-Verhältnis von 0,4). Metalle (Cu, Fe, Mn) wirken wie bei Fructose beschleunigend, Komplexbildner (HCN, $Na_4P_2O_7$) hemmend.

Ähnlich, jedoch schwächer als Ferrosalz wirkt Hämin auf die Autoxydation der Triosen[1].

Auf breiterer Basis hat dann insbesondere Krebs[2] Untersuchungen über die Rolle der Schwermetalle bei der Autoxydation von Zuckerlösungen ausgeführt.

Er fand, dass ausser in Phosphatlösungen auch in Ammoniak-, Ammonsalz- sowie in Natriumbicarbonatpuffer (bei einem pH von etwa 7,5—9) Fructose in erheblichem Ausmass schon bei 37° oxydiert wird, wobei es sich ebenfalls um spezifische Pufferwirkungen handelt. Auch Glucose, Galaktose, Mannose und Maltose oxydieren sich unter den angegebenen Bedingungen, wenn auch erheblich (20—50mal) langsamer als Fructose. Zusatz von Schwermetallen (Cu, Fe, Mn) zu einem NH_3-NH_4Cl-Fructosegemisch steigert die Oxydation nur wenig. Durch Zusatz von viel (0,5—2 m-) Calciumchlorid wird die katalytische Wirksamkeit des hinzugefügten Schwermetalls jedoch mächtig gesteigert, so dass sich beispielsweise für die Wirkungsquotienten (vgl. S. 293) der drei Metalle (Cu, Mn, Fe) bei pH 8,5 und in 2 m-$CaCl_2$ die Werte 30000, 22000 und 2700, also Wirksamkeiten von der Grössenordnung wie beim Schwermetall in lebenden Zellen, ergeben. Bei pH 8,3 hemmt 10^{-3} m-HCN die Zuckeroxydation zunächst vollständig, eine Hemmung, die jedoch nach etwa 1 Stunde allmählich verschwindet, offenbar durch Cyanhydrinbildung an der Fructose. Schwefelwasserstoff und Pyrophosphat hemmen gleichfalls.

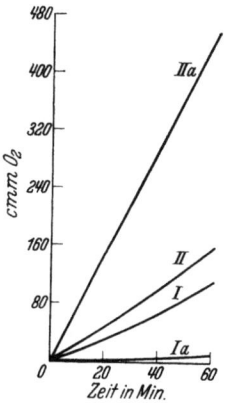

Abb. 41. Einwirkung von Pyrophosphat auf die Fructoseoxydation ohne und mit Fe-Salz. (Nach Wind.)

4 ccm 5%ige Fructose in $\frac{m}{2}$-Phosphat;
I ohne Zusatz;
Ia: $+ 10^{-2}$ m-$Na_4P_2O_7$;
II: $+ 10^{-3}$ m-Fe;
IIa: $+ 10^{-3}$ m-Fe $+ 10^{-2}$ m-$Na_4P_2O_7$.

Was die Wirkung des Pyrophosphats auf Schwermetallkatalysen anbetrifft, so ist hier noch auf eine merkwürdige Beobachtung Winds[3] hinzuweisen, der fand, dass $Na_4P_2O_7$ zwar sowohl die zusatzfreie als auch die durch Kupfer katalysierte Oxydation von Fructose in Phosphat stark hemmt, dass aber die Eisenkatalyse durch Pyrophosphat im Gegensatz dazu ganz erheblich beschleunigt wird (Abb. 41).

Die Tatsache wird verständlicher im Zusammenhang mit einer kurz zuvor erschienenen Arbeit von Spoehr[4], in der gezeigt worden war, dass Glucose, Fructose und andere Zucker in Lösungen von Natriumferropyrophosphat [nach Pascal[5] $Na_8Fe_2(P_2O_7)_3$, nach Spoehr und Smith[4] wahrscheinlicher $Na_2Fe(P_2O_7)$] und Orthophosphat schon bei 38° von Sauerstoff rasch und weitgehend oxydiert werden.

Man hat hier ein typisches Beispiel für die heute noch so schwer exakt erfassbaren spezifischen Wirkungen der Komplexbildung. Während die Kupferkatalyse der Cysteinoxydation durch Pyrophosphat unter Umständen ums Mehrfache beschleunigt wird[6], erfährt diejenige der Kohlehydratoxydation eine

---

[1] L. Ahlström u. von Euler, H. 200, 233; 1931.
[2] H. A. Krebs, Biochem. Zs 180, 377; 1927.
[3] F. Wind, Biochem. Zs 159, 58; 1925.
[4] H. A. Spoehr, Am. Soc. 46, 1494; 1924. — H. A. Spoehr u. Smith, Am. Soc. 48, 107, 236; 1926. Ferner E. F. Degering u. Upson, Jl biol. Chem. 94, 423; 1931. — 95, 409; 1932.
[5] M. P. Pascal, Ann. chim. phys. [8] 16, 359, 386; 1909.
[6] C. A. Elvehjem, Biochem. Jl 24, 415; 1930.

annähernd gleich grosse Hemmung[1]. Umgekehrt wird die Eisenkatalyse der Cysteinoxydation durch Pyrophosphat stark gehemmt, während diejenige der Kohlehydratoxydation kräftig beschleunigt wird. Ebenso wie Warburg und Sakuma auf Grund des Verhaltens ihres Rohcysteinpräparates gegen Komplexbildner zur Annahme gezwungen wurden, dass Eisen die Hauptverunreinigung desselben mit katalytischer Funktion darstelle, wird man bei der freiwilligen Oxydation der Kohlehydrate das Eisen als **wesentliches katalytisches Agens** ausschliessen können und an seiner Stelle vor allem an **Kupfer** (vielleicht auch Mangan) zu denken haben.

Nach v. Szent-Györgyi[2] wird auch die Autoxydation des als Vitamin C erkannten Hexosederivats Ascorbinsäure nur durch Kupfer, nicht (oder nur ganz untergeordnet) durch Eisen und Mangan katalysiert. Die Autoxydation der Säure ist unterhalb pH 9 (ähnlich wie die des Zuckers) stark blausäureempfindlich und demgemäss wohl als Cu-Katalyse anzusprechen[3]. Ähnlich der Ascorbinsäure verhält sich der analoge C_3-Körper (Enol-Tartronaldehyd)[3], das „Reduktton" von v. Euler u. Martius[4].

Die schon bei den Sulfhydrylverbindungen berührte Frage, ob „absolut" reine Verbindungen sich überhaupt nicht autoxydieren, kehrt natürlich bei den Zuckern wieder. Es ist klar, dass die Entscheidung dieser Frage hier, wo stets die Anwesenheit einer Puffersubstanz in erheblicher Konzentration vonnöten ist, experimentell kaum geliefert werden kann.

Die Oxydationshemmung durch Schwermetallkomplexbildner scheint bei den Zuckern durchwegs geringer und weniger vollständig zu sein als bei den Thioverbindungen. Man muss dabei bedenken, dass ein Grossteil der Zuckerversuche bei einem pH ausgeführt ist, bei dem die Hydroxylkatalyse der Zuckeroxydation, die sicherlich nichts mit Schwermetall zu tun hat, wohl nicht mehr vollständig vernachlässigt werden darf. Zudem zeigen die in alkalischer Lösung entstehenden Zuckerspaltprodukte, z. B. das Eulersche „Reduktton" (l. c.), im Vergleich zum Ausgangsmaterial ungemein gesteigerte Reaktionsfähigkeit.

c) Die Frage der reversiblen Blausäurehemmung (Jodsäure-Oxalsäure-Reaktion).

Sulfhydrylverbindungen und Zucker waren die beiden Hauptbeispiele zellvertrauter Substanzen, an denen von Warburg und seiner Schule die Schwermetallbedingtheit des unter ähnlichen Aciditätsverhältnissen wie denen der Zelle ablaufenden Oxydationsprozesses dargetan wurde.

Ein Punkt bedurfte dabei jedoch noch der Klärung: die HCN-Hemmung dieser Oxydationen war zum mindesten unter physiologischen pH-Bedingungen — bei pH 4,5 konnte allerdings Blaschko[5] die HCN-Hemmung der Fructoseoxydation durch Erwärmen und Evakuieren weitgehend rückgängig machen — irreversibel und ging aller Wahrscheinlichkeit nach über die bekannten Cyanid-

---

[1] F. Wind, l. c.
[2] A. v. Szent-Györgyi, Biochem. Jl 22, 1387; 1928.
[3] H. v. Euler, Myrbäck u. Larsson, H. 217, 1; 1933.
[4] H. v. Euler u. Martius, A. 505, 73; 1933. — Vgl. auch H. v. Euler u. Klussmann, H. 217, 174; 1933.
[5] H. Blaschko, Biochem. Zs 175, 68; 1926.

komplexe des Eisens bzw. des Kupfers vor sich[1]. Andererseits schien es sicher, dass diese festen Verbindungen in der lebenden Zelle sich nicht bilden.

Dort wird z. B. durch kurzes Waschen HCN-haltiger Zellen mit Wasser die Blausäure aus ihren Bindungen an die organische Substanz gelöst und die zuvor gehemmte Atmung wieder in Gang gebracht.

Der Nachweis derartiger reversibler Hemmbarkeit durch Blausäure war also im Bereich der Modellreaktionen noch ausständig. Eine geeignete, wenn auch unphysiologische Oxydationsreaktion, bei der die Blausäurehemmung tatsächlich durch einfaches Durchleiten von Luft durch die HCN-haltige Reaktionslösung rückgängig gemacht werden konnte, schien die Reaktion zwischen Jodsäure und Oxalsäure darzustellen:

$$2\ HJO_3 + 5\ H_2C_2O_4 \rightarrow 6\ H_2O + 10\ CO_2 + J_2,$$

die durch Toda[2] im Warburgschen Laboratorium näher untersucht wurde.

Wie schon früher (S. 186 f.) im einzelnen ausgeführt, ist der Mechanismus hier jedoch ein anderer als der von Warburg und Toda ursprünglich angenommene: Nicht Eisen ist der primäre Katalysator der Reaktion, sondern Jod, und an diesem, nicht am Eisen, erfolgt auch der Angriff der Blausäure[3]. Die Jodsäure-Oxalsäure-Reaktion und ihre Hemmung durch HCN ist nach Warburgs eigenen Worten aus der Reihe der für die Biologie wichtigen Modellreaktionen zu streichen.

Eine reversible Hemmung homogener Eisen- und anderer Schwermetallsalzkatalysen ist bis heute noch nicht beobachtet worden.

Im folgenden sollen noch einige von verschiedener Seite gemachte Beobachtungen, die mit der Frage nach der generellen Schwermetallbedingtheit der Autoxydationsprozesse im Zusammenhang stehen, kurz behandelt werden. Historisch interessant ist besonders die an erster Stelle angeführte Arbeit von Titoff, der bereits um die Jahrhundertwende für den anorganischen Fall der Sulfitautoxydation ähnliche Vermutungen hinsichtlich des Mechanismus ausgesprochen hat wie 20 Jahre später Warburg für die Oxydation zellvertrauter organischer Verbindungen.

d) Sulfit.

Bigelow[4] hatte anlässlich Untersuchungen über die hemmende — nach der heutigen Auffassung „kettenabbrechende" — Wirkung gewisser organischer Substanzen (wie höhere Alkohole und Phenole) auf die Sulfitautoxydation die für ihn unerfreuliche Beobachtung gemacht, dass schon die „Normalreaktion" von der Willkür unberechenbarer Einflüsse abhängig ist. Titoff[5] erkannte 5 Jahre später zuerst den ausschlaggebenden Einfluss der Reinheit von Reagenzien und Lösungsmittel auf das Reaktionsausmass. Durch sorgfältigste Reinigung und Aufbewahrung des verwendeten destillierten Wassers gelang es ihm, die Autoxydationsgeschwindigkeit des Sulfits auf weniger als ein Hundertstel der ursprünglichen herabzudrücken. Diese Beobachtungen führten ihn zu der Vermutung, dass die von Bigelow beschriebenen „negativen Katalysen" in der Ausschaltung eines stets vorhandenen positiven Katalysators ihre Ursache haben. Auf

---

[1] Vgl. z. B. O. Meyerhof, Pflüg. Arch. 200, 1; 1923. — E. G. Gerwe, Jl biol. Chem. 92, 525; 1932.
[2] S. Toda, Biochem. Zs 171, 231; 1926.
[3] O. Warburg, Biochem. Zs 174, 497; 1926. — F. G. Fischer u. Wagner, B. 59, 2384; 1926.
[4] S. L. Bigelow, Physik. Chem. 26, 493; 1898.
[5] A. Titoff, Physik. Chem. 45, 641; 1903.

der Suche nach diesem oder diesen stiess er bald auf das Kupfer, das die übrigen metallischen Katalysatoren um das mehr als Tausendfache an Wirksamkeit übertraf, indem es bereits in Konzentrationen von 10^{-8} M/l Reaktionsbeschleunigungen ums Mehrfache hervorrief.

Titoff kommt zum Schluss, „dass die Reaktion zwischen Natriumsulfit und Sauerstoff bei vollkommener Abwesenheit von Katalysatoren unmessbar langsam erfolgt und dass die in jedem Fall gemessene Reaktionsgeschwindigkeit dem Vorhandensein einer bestimmten Menge eines Katalysators entspricht. Die Wirkung der negativen Katalysatoren wird nun darin bestehen, dass dieselben wenig dissoziierte Verbindungen mit der wirksamen Kupferverbindung eingehen (wie es z. B. Cyankalium tut) oder auf irgendwelche Weise diese wirksame Verbindung verändern." Wie man sieht, stimmt die Titoffsche Formulierung und Beweisführung in allen Einzelheiten mit der Warburgschen überein.

Die nachstehend angeführten Fälle vermuteter Schwermetallkatalysen sind alle im Anschluss an die Warburgsche Neuformulierung des Problems untersucht worden.

e) Aldehyde.

R. Kuhn und Meyer[1] geben an, dass sie durch mehrmalige Vakuumdestillation und fraktionierte Krystallisation von Benzaldehyd, wobei alle Operationen „aseptisch" vorgenommen wurden, ein Präparat erhielten, das beim Schütteln mit Luft in Benzol und Wasser keine Autoxydation mehr zeigte. Kleine Zusätze von Eisen-, Kupfer-, Nickel- und Mangansalzen beschleunigten die Sauerstoffaufnahme ausserordentlich.

So genügt 1 Mol $FeCl_3$ auf 1200 Mole Benzaldehyd, um bei 20^{0} innerhalb 40 Min. eine rund 50%ige Oxydation desselben mit Luft hervorzubringen. Blausäure und Pyrophosphat hemmen stark, die bekannte Oxydationshemmung durch Phenole wird durch Eisenzusatz aufgehoben. Kuhn und Meyer geben an, dass sich unter den Bedingungen ihrer Versuche Fe^{II}-Salz 15mal wirksamer als Fe^{III}-Salz erwies, die Wirksamkeit des letzteren jedoch nach einer mehr oder minder langen Induktionsperiode stark zunimmt.

Wieland und Richter[2] (vgl. S. 196) zeigten später, dass es sich hier um den bekannten primären „Oxydationsstoss" des zweiwertigen Eisens handelt. Fe^{III} wird langsam durch Benzaldehyd reduziert und zeigt nach einiger Zeit gleiche Wirksamkeit wie das Eisen im Fe^{II}-Ansatz. Eine im Verlauf der Autoxydationskatalyse durch Eisen auftretende Braunfärbung, die Kuhn und Meyer dem katalytisch wirksamen Reaktionszwischenprodukt zugeschrieben hatten, wurde von Wieland und Richter als einem komplexen Fe^{III}-Salz der Benzopersäure zukommend erkannt, das im Gesamtbild der Reaktion wohl keine wesentliche Funktion ausüben dürfte.

Fünfzigfach höhere Wirksamkeit als Eisenion erwies Pyridin-Hämin bei ausserordentlich starker Empfindlichkeit gegen HCN.

Nachprüfung der Kuhnschen Befunde im Wielandschen Institut (l. c.) ergab, dass reinster Aldehyd sich nicht nur im heterogenen System Benzol-Wasser, sondern auch in homogener wässriger Lösung gegen Sauerstoff passiv verhielt, nicht dagegen im unverdünnten Zustand. H_2O-Spuren oder auch Grenzflächenkräfte mögen hier katalytisch wirksam sein. Jedenfalls ist es

---

[1] R. Kuhn u. Meyer, Naturwiss. 16, 1028; 1928.
[2] H. Wieland u. Richter, A. 486, 226; 1931.

nach Wieland und Richter nicht angängig, die Benzaldehydautoxydation generell als Schwermetallkatalyse aufzufassen.

Im übrigen gehört die Autoxydation des Benzaldehyds zu den Reaktionen, bei denen ein kettenmässiger Ablauf äusserst wahrscheinlich ist[1]. Die Frage, ob sich die kettenauslösende Wirkung des Metalls nicht wie bei der analogen Fettsäureautoxydation auch durch autoxydable Stoffe nichtmetallischer Natur zuwege bringen lässt[2], wäre interessant und einer Nachprüfung wert.

f) Leukobasen.

Die Frage nach dem Mechanismus der Leukobasenoxydation hat — namentlich im Hinblick auf die ungemein verbreitete Anwendung des Methylenblaus in der biochemischen Praxis — wiederholt Beachtung und Bearbeitung gefunden.

Schon Thunberg[3] spricht von dem „Antagonismus" zwischen Cyankalium und Methylenblau bei der aeroben Dehydrierung der Bernsteinsäure. Während er die Erklärung der Erscheinung noch offen liess, erkannte v. Szent-Györgyi[4] deren Wesen in der Kopplung von cyanunempfindlicher Oxydation der Leukobase mit gleichfalls cyanunempfindlicher Dehydrierung der Bernsteinsäure durch den Farbstoff (vgl. S. 235).

Die ersten Versuche über die Autoxydationsgeschwindigkeit von sorgfältig von allen Schwermetallspuren befreitem Leukomethylenblau stammen von Harrison[5], der colorimetrisch nachwies, dass derartige Präparate in Gegenwart von $\frac{m}{20}$-Blausäure (bei pH 7,6) sich praktisch genau so rasch autoxydieren wie in Abwesenheit von Blausäure. Ähnliche Beobachtungen machten Wieland und Bertho[6] bei manometrischer Messung der Sauerstoffaufnahme durch die Leukoverbindung (pH 5,6).

Diese scheinbar einfachen, der verallgemeinerten Warburgschen Auffassung von der Ursache der Autoxydation sich offenbar nicht einfügenden Verhältnisse wurden kompliziert durch eine Beobachtung des Warburg-Schülers Reid[7], wonach einerseits die Autoxydation reinsten sublimierten Leukothionins (S. 133) und Leukomethylenblaus durch Kupferspuren (10^{-4} bis 10^{-3} mg/ccm) sehr erheblich beschleunigt wird, andrerseits sowohl diese Kupferkatalyse als auch die zusatzfreie Autoxydation durch Kohlenoxyd — dessen Bindungsvermögen an einwertiges Kupfer ja lange bekannt ist — beträchtlich gehemmt wird (pH 4,5).

Reid zeigte ferner, dass Wasserstoffsuperoxyd beim Autoxydationsprozess entsteht, was seiner Ansicht nach — und im Gegensatz zur Auffassung Wielands, Dixons u. a. — beweist, dass die Bildung von H_2O_2 bei der Oxydation einer organischen Substanz nicht entscheiden lässt, ob eine direkte Autoxydation oder eine Sauerstoffübertragung durch Schwermetall vorliegt.

---

[1] Z. B.: H. L. J. Bäckström, Medd. Vetenskapsak. Nobelinst. 6, No. 15 u. 16; 1927.
[2] W. Franke, A. 498, 129; 1932. — H. 212, 234; 1932.
[3] T. Thunberg, Skand. Arch. 35, 163; 1916.
[4] A. v. Szent-Györgyi, Biochem. Zs 150, 195; 1924.
[5] D. C. Harrison, Biochem. Jl 21, 335; 1927.
[6] H. Wieland u. Bertho, A. 467, 131; 1928.
[7] A. Reid, B. 63, 1920; 1930. — Biochem. Zs 228, 487; 1930.

In eiweisshaltigem Phosphatpuffer (pH 7,5), in dem das Leukomethylenblau ausfällt, wirkt Kupfer nach Reids Versuchen kaum beschleunigend, Kohlenoxyd kaum hemmend, Narkotica jedoch stark verzögernd — das Bild einer Dehydrierung an Oberflächen.

Die Versuche Reids wurden im Wielandschen Laboratorium von Macrae[1] nachgeprüft und erweitert. Es gelang ihm, das nach der Gleichung

$$MbH_2 + O_2 \rightarrow Mb + H_2O_2$$

gebildete Hydroperoxyd quantitativ festzuhalten. Weder bei pH 5,6 noch bei pH 8,0 fand er Hemmung der Autoxydation durch $\frac{m}{200}$-Blausäure.

Im Gegensatz zu Reid beobachtete er bei pH 4,5 keinerlei Hemmung durch Kohlenoxyd, wie auch dessen an sich schon unwahrscheinliche Angabe über ein pH-Optimum der Autoxydation bei pH 4,5 nicht bestätigt werden konnte. $\frac{m}{15000}$-Eisensalz beschleunigt bei pH 8 auf das Fünffache, 125facher Überschuss an Blausäure reduziert die Beschleunigung auf die Hälfte.

Woher der Widerspruch in den Angaben Macraes und Reids kommt, ist schwer zu sagen. Jedenfalls kann man nicht behaupten, dass durch Reid der eindeutige Nachweis der Leukobasenautoxydation als einer generellen Schwermetallkatalyse erbracht worden ist. Das indifferente Verhalten der Blausäure sowohl in den Versuchen Harrisons wie in denen von Wieland und Bertho sowie Macrae — von Reid merkwürdigerweise nicht untersucht — spricht doch zusammen mit den anderen Befunden Macraes sehr zugunsten einer weitgehenden wahren — wenn auch der katalytischen Beschleunigung durch Metall, besonders Cu, leicht zugänglichen — Autoxydation des Leukofarbstoffes.

Die Ausführungen Reids hinsichtlich der Hydroperoxydbildung gelten allenfalls für Kupfer- und Mangansysteme, bei denen ja des öfteren Entstehung von H_2O_2 nachgewiesen ist, nicht jedoch für Eisenkatalysen, bei denen dieser Nachweis noch nie gelungen ist[2] (vgl. S. 117f. u. 184). Es mag noch darauf hingewiesen werden, dass auch im vorliegenden Fall (wie bei den SH-Körpern) die Frage nach sauerstoff- oder wasserstoffaktivierender Funktion des Metalls gegenstandslos ist, da es sich um eine echte Übertragungskatalyse handelt (s. S. 198).

Nach Schöberl[3] wirken Sulfhydrylverbindungen übrigens als Antikatalysatoren der Cu-beschleunigten Methylenblauoxydation, wahrscheinlich durch Bildung unwirksamer Cu-Komplexe (etwa infolge zu niedrigen Redoxpotentials).

g) Hydrochinon, Dioxymaleinsäure, Dialursäure.

Gelegentlich einer grösseren Untersuchung über die „Sauerstoffaktivierung" durch Eisen ist von Wieland und Franke[4] die Frage nach der eisenfreien Autoxydation von Hydrochinon und Dioxymaleinsäure kurz gestreift worden.

Durch Vakuumsublimation und häufig wiederholtes Umkrystallisieren aus quarzdestilliertem Wasser gelang es, die Autoxydation des Hydrochinons beim Eigen-pH seiner wässrigen

---

[1] T. F. Macrae, B. 64, 133; 1930.
[2] Vgl. z. B. H. Wieland u. Fischer, B. 59, 1180; 1926. — H. Wieland u. Franke, A. 473, 289; 1929.
[3] A. Schöberl, B. 64, 546; 1931. — H. 201, 167; 1931.
[4] H. Wieland u. Franke, A. 464, 101; 1928.

Lösung (ca 4) auf etwa ein Drittel des ursprünglichen Werts zu reduzieren. Vergleich der bei Zugabe kleiner Mengen Eisen (oder Kupfer) erhaltenen Beschleunigungen mit dem minimalen Schwermetallgehalt der Reinpräparate zeigte, dass die Restautoxydation unmöglich auf Rechnung des Schwermetalls gesetzt werden kann. $\frac{m}{200}$-Blausäure hemmt weder bei pH 5 noch bei pH 9; Hydroperoxyd lässt sich bei der Autoxydation auch im schwach sauren Gebiet einwandfrei nachweisen.

Ähnlich waren die Ergebnisse mit Dioxymaleinsäure, bei der ein Eisengehalt der Rohpräparate schon auf Grund der Darstellungsmethode (Fentons Reaktion) zu erwarten war. Sorgfältigste Reinigung vermochte die Autoxydationsgeschwindigkeit (bei pH 2) nur auf etwa die Hälfte zu reduzieren. Aus den gleichen Gründen wie bei Hydrochinon kommt eine Erklärung der Restautoxydation durch Eisenspuren nicht in Frage. $\frac{m}{100}$-HCN hemmt in neutraler Lösung die Autoxydation des Reinpräparates nicht im geringsten, die des Rohpräparates ungefähr im Verhältnis von deren schwermetallbedingtem Anteil.

Als Dienol gehört die Dioxymaleinsäure übrigens in eine Klasse mit dem früher (S. 300) schon angeführten Enol-Tartronaldehyd und der Ascorbinsäure.

E. S. Hill[1] hat die Autoxydation von Dialursäure, welche ähnlich wie die obengenannten Substanzen von Fe^{III} oxydiert wird (zu Alloxan), in Abhängigkeit von Reinheitsgrad, Eisen- und Blausäurezusatz untersucht.

Auch hier erweist sich die Autoxydation des gereinigten Präparates selbst gegen $\frac{m}{50}$-Blausäure unempfindlich. Die durch Eisen beschleunigte Oxydation wird nur dem Ausmass der Katalyse entsprechend gehemmt.

h) Zusammenfassung.

Überblickt man nochmals die im vorstehenden zusammengestellten Fälle von „Autoxydations"-Reaktionen, so wird man ohne weiteres die fundamental wichtige Rolle der Schwermetalle, insbesondere des Eisens, bei derartigen Prozessen zugeben. Es ist und bleibt das unbestreitbare Verdienst Warburgs, die mögliche Bedeutung der Schwermetallkatalyse für die biologische Oxydation zum ersten Mal in experimentell einwandfreier Weise dargetan zu haben. Eine andere und bei Behandlung der Warburgschen Theorie häufig wiederkehrende Frage ist die, ob die Warburgsche Auffassung in ihrer exklusiven Form allgemein akzeptabel ist. Denn nach Warburg „ist die organische Substanz in der Zelle ebensowenig autoxydabel (im strengen Sinne des Wortes) wie ausserhalb der Zelle, autoxydabel ist ausschliesslich das Eisen, von dem wir wissen, dass es im Reagensglas mit molekularem Sauerstoff reagieren kann[2]".

In dieser verallgemeinerten Form lässt sich nach den vorangehend mitgeteilten Beobachtungen die Warburgsche Theorie nicht halten.

Selbst in den günstigsten Fällen, wie z. B. bei der Oxydation der Sulfhydrylverbindungen, bleibt ein kleiner Autoxydationsrest, der sich nicht oder nur gezwungen als Schwermetallkatalyse deuten lässt. Bei den Zuckern ist dieser nicht vergiftbare Rest schon beträchtlich grösser und bei den später angeführten Beispielen finden wir zum Teil recht erhebliche, mit grösster Wahrscheinlichkeit nicht durch Schwermetall bedingte Autoxydationsbeträge. Dass ferner die Autoxydation

---

[1] E. S. Hill, Jl biol. Chem. 85, 713; 1930. — 92, 471; 1931.
[2] O. Warburg, Biochem. Zs 152, 479; 1924.

unverdünnter Aldehyde, Terpene, Fettsäuren usw. wie auch die im alkalischen Medium erfolgende Autoxydation von Zuckern, Phenolen, Leukobasen und ähnlichen Verbindungen nichts mit Schwermetall zu tun hat, ist so gut wie sicher.

Die Empfindlichkeit dieser zuletzt angeführten Autoxydationen gegen OH' ist aber wohl von Fall zu Fall verschieden. In manchen Fällen wird sich die Wirksamkeit des Hydroxylions ein gut Stück auch noch ins schwach saure Gebiet erstrecken; hier bei pH 7 eine Grenze ziehen zu wollen, erscheint sicher nicht angängig.

Eine andere Frage ist natürlich die nach dem quantitativen Anteil derartiger einfacher Schwermetallsalzkatalysen am Gesamtkomplex der Zellatmung. Hier ist darauf hinzuweisen, dass es Warburg nicht gelungen ist, den Widerspruch zwischen der Reversibilität der Blausäurehemmung in der Zelle und der Irreversibilität der analogen Hemmung von Schwermetallsalzkatalysen in vitro zu lösen. Die hauptsächlichsten Schwermetallkatalysatoren der Zelle scheinen also von anderer Natur zu sein als die einfachen Salze und Komplexe der homogenen Modellkatalysen. In der Form, wie sie von Warburg u. a. in vitro studiert worden sind, dürften sie am oxydativen Umsatz der Zelle nur beschränkten Anteil nehmen.

Die Schwermetallsalzkatalyse in homogener Lösung war ja nun insofern ein unvollkommenes Modell der biologischen Oxydation, als hier die Oberflächen, deren Bedeutung für die Zellatmung Warburg[1] in vorausgehenden Untersuchungen dargetan hatte, fehlten und damit Narkotisierbarkeit und verschiedene andere Eigenschaften physiologischer Systeme. Dementsprechend musste auch die lokale Konzentrationssteigerung, wie sie in der Zelle durch Adsorption erfolgt, häufig durch unphysiologisch hohe Konzentrationen der Reaktionsteilnehmer in Lösung kompensiert werden. Wenn es gelang, komplexes Eisen in eine adsorptionskräftige Oberfläche einzubauen, dann war unter Umständen zu erwarten, dass man zu einem, weitere Einzelheiten der Zellatmung besser als die homogenen Systeme wiedergebenden Atmungsmodell gelangte. Diese Erwartung hat sich in der Tat erfüllt in den Warburgschen Untersuchungen über Oxydation an eisenhaltigen Kohleoberflächen.

4. Oxydationen an Blutkohle als Modell der Zellatmung.

a) Die Leistungen der Kohle.

Ausgangspunkt der Warburgschen Untersuchungen am Kohlemodell war die Beobachtung Freundlichs[2], dass beim Schütteln einer wässrigen Oxalsäurelösung mit Blutkohle auf eine erste rasche Konzentrationsabnahme der Oxalsäure eine zweite langsamere folgt. Warburg[3] klärte (1914) die Erscheinung dahin auf, dass nach anfänglicher Adsorption der Oxalsäure an die Kohleoberfläche in zweiter Phase eine Oxydation derselben (zu Kohlendioxyd und Wasser) unter der Einwirkung des Luftsauerstoffes erfolgt. Er zeigte ferner, dass indifferente Narkotica diese Oberflächenoxydation nach ähnlichen Gesetzmässigkeiten hemmen wie die Verbrennungen in lebenden Zellen.

---

[1] Vgl. O. Warburg, Über die Wirkung der Zellstruktur auf chemische Vorgänge in Zellen. Jena 1913; Erg. Physiol. 14, 253; 1914.

[2] H. Freundlich, Capillarchemie, S. 163f. Leipzig 1911.

[3] O. Warburg, Pflüg. Arch. 155, 547; 1914.

Vom physiologischen Standpunkt weit interessanter — weil einen bei gewöhnlicher Temperatur gegen Luftsauerstoff vollkommen beständigen, wichtigen Zellbrennstoff betreffend — war die von Warburg und Negelein[1] 8 Jahre später beobachtete Oxydation von Cystin und anderen (schwefelfreien) Aminosäuren an Blutkohle.

Diese Beobachtung war um so merkwürdiger, als andere biologisch wichtige Stoffe, wie Zucker und (gesättigte, ungesättigte und hydroxylierte) Fettsäuren bei physiologischen Temperaturen von Sauerstoff an Kohle kaum angegriffen werden[2]. Sonst ist nur die Angabe von Wieland[3] über eine oxydationskatalytische Wirkung von Kohle gegenüber Aldehyden sowie α- und β-Ketosäuren (Brenztraubensäure, Oxalessigsäure) erwähnenswert.

Schüttelt man eine wässrige Cystinlösung bei 40° mit Blutkohle und Sauerstoff, so erfolgt mit einer lange dem Zeitgesetz erster Ordnung folgenden Geschwindigkeit Aufnahme von Sauerstoff; obwohl sich in der Lösung nach Beendigung der Sauerstoffabsorption erhebliche Mengen Schwefelsäure sowie Ammoniak und Kohlendioxyd nachweisen lassen, ist die Verbrennung der Aminosäure doch keineswegs vollständig. Mit Temperatur und Sauerstoffdruck etwas variierend, wird schliesslich ungefähr $1/3$ des nach der Gleichung der vollständigen Verbrennung

$$\begin{array}{c} CH_2 \cdot S - S \cdot CH_2 \\ | \quad\quad\quad\quad | \\ CHNH_2 \quad\quad CHNH_2 + 8{,}5\ O_2 \rightarrow 6\ CO_2 + 3\ H_2O + 2\ NH_3 + 2\ SO_3 \\ | \quad\quad\quad\quad | \\ COOH \quad\quad COOH \end{array}$$

zu erwartenden Sauerstoffvolumens aufgenommen.

Die bei der Cystinoxydation gefundenen Verhältnisse wiederholen sich im wesentlichen auch bei den übrigen, von Warburg und Negelein untersuchten Aminosäuren (Cystein, Tyrosin und Leucin); stets ist die Verbrennung unvollständig und dementsprechend (mit Ausnahme des Leucins) der Quotient CO_2/O_2 kleiner als der für vollständige Oxydation berechnete. (Bezüglich des Chemismus der Reaktion vgl. die S. 168 besprochene Arbeit von Wieland und Bergel[4].)

Weitere Untersuchungen von Negelein[5] ergaben, dass in der Geschwindigkeit, mit der die einzelnen Aminosäuren oxydiert werden, ganz erhebliche Unterschiede bestehen, indem beispielsweise Leucin bei gleicher Konzentration 50mal rascher Sauerstoff aufnimmt als Glykokoll. Es lag nahe, diese Unterschiede auf Verschiedenheiten der Adsorptionskonstanten zurückzuführen und anzunehmen, dass die Differenzen kleiner werden oder gar verschwinden, wenn man die Oxydationsgeschwindigkeiten nicht auf die Konzentration des gelösten, sondern die Menge des an der Kohle adsorbierten Substrats bezieht. Diese Erwartung hat sich in der Tat weitgehend erfüllt.

---

[1] O. Warburg u. Negelein, Biochem. Zs 113, 257; 1921.
[2] Vgl. O. Meyerhof u. Weber, Biochem. Zs 135, 558; 1922.
[3] H. Wieland, B. 54, 2353; 1921. — A. 436, 229; 1924.
[4] H. Wieland u. Bergel, A. 439, 196; 1924.
[5] E. Negelein, Biochem. Zs 142, 493; 1923.

Nach Abderhalden und Fodor[1] besteht zwischen der adsorbierten Quantität x und der Konzentration c einer Aminosäure bei kleinen c-Werten die Beziehung

$$\frac{x}{m} = kc, \qquad \text{I}$$

worin m die Kohlenmenge, k eine Konstante bedeutet.

Andererseits hat Negelein festgestellt, dass für den Fall einer bestimmten Aminosäure sich die Geschwindigkeit der Sauerstoffaufnahme durch die Gleichung

$$\frac{dv}{dt} = \alpha x \quad \text{bzw. nach I} \quad \frac{dv}{dt} = \alpha k m c \qquad \text{II}$$

ausdrücken lässt, wo α wieder eine Konstante ist. Sowohl Gleichung I als Gleichung II gelten für „Belegungsdichten" $\frac{x}{m}$ — ausgedrückt in $\frac{\text{Millimol Aminosäure}}{\text{Gramm Kohle}}$ — von einigen Millimolen abwärts.

Tabelle 20. Reaktions- und Adsorptionskonstanten (α und k) der Aminosäuren an Blutkohle (Belegungsdichte 6×10^{-2}, T 20°).

Aminosäure	α	k
Amino-Essigsäure	10,5 ($\pm$ 1,8)	3,0
Amino-Propionsäure (dl)	8,2 ($\pm$ 1,5)	2,8
n-Amino-Buttersäure (dl) . . .	10,7 ($\pm$ 1,5)	7,5
Iso-Amino-Buttersäure (dl). . .	0,6 ($\pm$ 1,3)	9,2
Iso-Amino-Valeriansäure (dl) . .	8,9 ($\pm$ 1,5)	19
Iso-Amino-Capronsäure (dl) . .	16,1 ($\pm$ 1,5)	60
Iso-Amino-Capronsäure (l) . . .	14,6 ($\pm$ 1,4)	81
n-Amino-Capronsäure (dl) . . .	17,0 ($\pm$ 1,2)	200
	im Mittel (ohne i-Aminobuttersäure): 12,3	

Vergleicht man verschiedene Aminosäuren bei bestimmtem x, so müsste bei allgemeiner Gültigkeit von Gleichung II für α stets der gleiche Wert erhalten werden. Nebenstehende Tabelle zeigt das Resultat der Nachprüfung.

Das relativ geringe Schwanken der Reaktionskonstante α bei fast ums 100fache verschiedenen Adsorptionskonstanten k spricht für den dominierenden Einfluss der Belegungsdichte auf die Oxydationsgeschwindigkeit und bringt nach Negelein zugleich die ausserordentlich spezifizierende Wirkung der Oberflächenkräfte zum Ausdruck.

Auffallend ist der ganz aus der Reihe herausfallende α-Wert für die tertiäre Aminobuttersäure; ein ähnlicher, etwa 20fach niedrigerer (als der normale) α-Wert resultiert auch für die in der Tabelle nicht aufgeführte tertiäre Aminocapronsäure. Wie früher (S. 169 f.) schon erwähnt, wird dies von Wieland und Bergel als besondere Stütze ihrer Auffassung von der primären Dehydrierung der Aminosäuren an Kohle aufgefasst.

Weitere Einzelheiten zur Frage des (oxydierenden oder dehydrierenden) Wirkungsmechanismus der Tierkohle vgl. ausser am oben angegebenen Orte auch später S. 314.

Was schliesslich die katalytische Wirksamkeit der Blutkohle im Vergleich zu der des lebenden Gewebes anbetrifft, so ergibt sich nach den Untersuchungen Warburgs und Negeleins, dass 1 g Kohle, beispielsweise im Gleichgewicht mit einer $\frac{m}{500}$-Cystinlösung, pro Zeiteinheit ebensoviel Sauerstoff aufnimmt wie die gleiche Gewichtsmenge der bekanntlich sehr kräftig atmenden Warmblüterleber.

---

[1] E. Abderhalden u. Fodor, Fermentforsch. 2, 74, 151; 1917/18.

b) Die Wirkung der Narkotica.

Seit langem kennt man eine grosse Anzahl zellfremder Stoffe, mit denen sich die Lebensvorgänge (Atmung und Gärung) der Zelle ohne deren nachhaltige Schädigung hemmen lassen[1]. Entfernt man den hemmenden Stoff nach nicht allzu langer Einwirkungsdauer, so erreicht die Atmung bzw. Gärung wieder ihren ursprünglichen Betrag.

Es gibt zwei verschiedene Typen derartiger Hemmungsstoffe.

Charakteristische Vertreter der einen Gruppe sind die Aldehyde. Versetzt man rote Vogelblutzellen mit $\frac{m}{100}$-Lösungen verschiedener Aldehyde, wie Acetaldehyd, Propylaldehyd, Butyraldehyd, Valeraldehyd usw., so wird deren Atmung ziemlich gleichmässig auf etwa die Hälfte reduziert. Es ist demnach wohl klar, dass die Wirkung dieser Substanzen durch die ihnen gemeinsame, reaktionsfähige Aldehydgruppe bedingt ist.

Eine andere Stoffklasse, die man als Narkotica bezeichnet, wirkt offenbar in anderer Weise. Beim Vergleich der Wirksamkeit in verschiedenen Untergruppen, zu denen z. B. die Alkohole, Ketone, Nitrile, Urethane und Harnstoffe gehören, findet man bei gleichen Konzentrationen keineswegs gleiche Wirkungen, die Wirkungsstärken der einzelnen Glieder einer Untergruppe liegen vielmehr häufig um mehrere Grössenordnungen auseinander, wobei steigendem Molekulargewicht steigende Wirkungen entsprechen (vgl. Tabelle 21).

Tabelle 21. Capillardepression bei gleicher Atmungshemmung.

Substanz	Atmungshemmung um 50% durch Mol/l (c)	$\frac{\sigma_W - \sigma_L}{\sigma_W} \cdot 100$
a) Alkoholreihe:		
Methylalkohol	5,0	31
Äthylalkohol	1,6	28
Propylalkohol	0,8	35
Butylalkohol	0,15	28
Amylalkohol	0,045	28
b) Gemischte Reihe:		
Diäthylharnstoff (sym.)	0,52	18,8
Amylalkohol	0,045	28,0
Methylphenylketon	0,014	7,7
Phenylurethan	0,003	4,5
Thymol	0,0007	8,3

J. Traube[2] hat zuerst auf Beziehungen zwischen Atmungs- (bzw. Gärungs-) Hemmung und Änderung der Oberflächenspannung durch Narkoticazusatz aufmerksam gemacht. In wässriger Lösung bewirken diese Stoffe durchwegs eine Erniedrigung der Oberflächenspannung, die für narkotisch gleich wirksame Lösungen vielfach gleich gross ist. Dies gilt im allgemeinen jedoch nur für Stoffe von sehr ähnlicher Konstitution, nicht für Lösungen beliebiger Stoffe, wovon die obenstehende Doppeltabelle (nach Warburg, l. c.) eine Anschauung gibt.

Es sind die zu 50%iger Atmungshemmung notwendigen Narkoticakonzentrationen (c) und die (prozentische) Capillardepression $\left(\frac{\sigma_W - \sigma_L}{\sigma_W} \cdot 100\right)$ in Lösungen dieser Konzentrationen einander gegenübergestellt. (σ_W und σ_L Capillarkonstanten des reinen Wassers bzw. der Narkoticumlösung.)

---

[1] O. Warburg u. Wiesel, Pflüg. Arch. 144, 465; 1912. — O. Warburg, Biochem. Zs 119, 134; 1921.

[2] J. Traube, Pflüg. Arch. 153, 276; 1913.

Versetzt man rote Vogelblutzellen, aufgeschwemmt in Kochsalzlösung, mit Stoffen etwa der obigen Reihe b in gleicher Konzentration und misst im Gleichgewicht die Verteilung jedes Stoffes zwischen der lebenden Zelle und der Aussenflüssigkeit, so findet man, dass mit zunehmender narkotischer Wirkungsstärke der Stoffe auch ihre Verteilungsquotienten zugunsten der Zelle ansteigen.

So enthält 1 Volum Zellen im Gleichgewicht rund 7mal soviel Thymol als die umspülende Flüssigkeit und bezieht man auf die festen Zellbestandteile, an denen nach genaueren Untersuchungen die Anreicherung vorwiegend erfolgt, so steigt der Verteilungsquotient sogar auf 10.

Die Bindung der Narkotica in der Zelle geschieht also in Form der Adsorption. Da die kräftigen adsorptiven Eigenschaften der Blutkohle schon lange bekannt waren und nun durch die Untersuchungen Warburgs auch ihr Vermögen, gegenüber Zellbrennstoffen oxydationskatalytisch zu wirken, aufgezeigt worden war, schien hier die Möglichkeit vorzuliegen, am Kohlemodell die für die narkotische Wirkung verantwortlichen Verteilungsgleichgewichte analytisch exakt zu erfassen.

Schon die ersten Versuche mit Oxalsäure an Kohle zeigten, dass diese Oberflächenoxydation in ähnlicher Weise durch Narkotica gehemmt wird wie die Zellatmung; auch hier ist das Ausmass der Hemmung nicht durch die Konzentration des Narkoticums in Lösung, sondern durch seine Konzentration an den Verbrennungsorten, die durch die Adsorptionskonstante beherrscht wird, bedingt.

Die exakte Theorie der Narkoticawirkung hat Warburg am Beispiel der Cystinoxydation an Kohle entwickelt[1].

Dort ist bei konstantem Sauerstoffdruck die Oxydationsgeschwindigkeit proportional der in jedem Augenblick adsorbierten Substratmenge. Ver-

Tabelle 22. Narkoticawirkung auf Modell- und Zellatmung.

	Oxalsäure-Kohle			Rote Blutzellen	
Substanz	Gew.-% in der Lösung	% Oxydationshemmung	Substanz	Gew.-% in der Lösung	% Oxydationshemmung
Methylurethan	0,05 0,5 5,0 10,0	0 34 46 60	Methylurethan	10	etwa 60
Äthylurethan	0,5 5,0 10,0	42 65 76	Äthylurethan	1,25 2,5 5,0	14 22 88
Propylurethan	0,05 0,5 5,0	41 72 92	Propylurethan	1,0 2,0	44 94
Phenylurethan	0,005 0,05	34 90	Phenylurethan	0,025 0,05 0,1	33 55 90

[1] O. Warburg, Biochem. Zs 119, 134; 1921.

gleichende Messungen von Adsorption und Reaktionsgeschwindigkeit zeigen, dass zwischen dem Grad der Adsorptionsverdrängung der Aminosäure durch verschiedene Narkotica und dem Grad der Oxydationshemmung weitgehende Übereinstimmung besteht.

Eine (zumeist erfüllte) Bedingung dabei ist, dass das Narkoticum an der Kohlenoberfläche nicht (wie z. B. Thymol oder Chloroform) selbst verbrannt wird.

In der vorstehenden Tabelle[1] ist zur Illustrierung des Gesagten die Wirkung der Urethane auf die Zellatmung der analogen Wirkung auf die Modellatmung gegenübergestellt.

Warburg fand nun, dass in Versuchen, bei denen die Oxydationsgeschwindigkeit des Cystins und dementsprechend die Belegungsdichte um stets den gleichen Betrag ($2/3$) reduziert wurde, die hiezu notwendigen Narkoticumkonzentrationen in Lösung (c) zwar von Fall zu Fall ausserordentlich (bis ums Tausendfache) verschieden waren, die von der Gewichtseinheit Kohle adsorbierten Narkoticummengen (x) sich jedoch nur relativ unerheblich voneinander unterschieden. Dies zeigt Spalte 2 und 3 der folgenden Tabelle.

Tabelle 23. Lösungskonzentration (c), Belegungsdichte (x) und Oberflächenbelegung $\left(x \cdot V_m^{\frac{2}{3}}\right)$ bei gleichem Hemmungsgrad.

Substanz	c (Mol/l)	x (Mmol/g Kohle)	$x \cdot V_m^{\frac{2}{3}}$
Dimethylharnstoff (asym.)	0,03	1,1	9,0
Diäthylharnstoff (sym.)	0,002	0,68	6,9
Phenylharnstoff	0,0002	0,76	8,7
Acetamid	0,17	1,2	7,3
Valeramid	0,003	0,62	6,9
Aceton	0,073	1,33	8,3
Methylphenylketon	< 0,0004	0,73	8,0
Amylalkohol	0,0015	0,87	7,9
Acetonitril	0,2	1,5	7,7

Die zu einer Erklärung führende Annahme Warburgs ist nun die, dass der verdrängende Stoff die Kohleoberfläche mit einer monomolekularen Schicht besetzt, was, unabängig von der chemischen Natur des Narkoticums, die einzige Ursache der Verdrängung bzw. Reaktionshemmung der Aminosäure sein soll. Die Bedingung gleicher Wirkung verschiedener Narkotica ist dann

$$x \cdot F = K.$$

x (vgl. Tabelle 23, Spalte 3) kann durch Adsorptionsmessungen leicht ermittelt werden, F, die Flächenbeanspruchung eines Moleküls, ist gleich der Seite des dem kugelförmig gedachten Molekül umschriebenen Würfels und damit proportional $V_m^{\frac{2}{3}}$, wobei das Molekularvolumen V_m aus den Refraktions-

---

[1] O. Warburg, Pflüg. Arch. 155, 547; 1914; Biochem. Zs 119, 134; 1921.

äquivalenten berechnet werden kann. Spalte 4 der Tabelle 23 zeigt, dass die Bedingung

$$x \cdot V_m^{\frac{2}{3}} = K$$

tatsächlich mit guter Annäherung erfüllt ist.

Setzt man für x noch den aus der Freundlichschen Adsorptionsisotherme folgenden Wert

$$x = k\, c^{\frac{1}{n}} \quad \text{(k und n Konstanten),}$$

so ergibt sich

$$k\, c^{\frac{1}{n}} \cdot V_m^{\frac{2}{3}} = K,$$

woraus man bei Kenntnis von K (für ein bestimmtes System), der Adsorptionskonstanten und Molekularvolumina die „Wirkungsstärke" $\frac{1}{c}$ eines beliebigen Narkoticums berechnen kann.

c) Die Wirkung der Blausäure.

Die Frage, ob auch die vergiftende Wirkung der Blausäure ähnlichen Gesetzen folgt wie sie oben für die Narkotica erkannt worden sind, war natürlich von erheblichstem Interesse. Da das Molekularvolumen der Blausäure klein ist, war in diesem Falle eine enorm hohe Adsorptionskonstante zu erwarten. Diese Erwartung hat sich bei experimenteller Prüfung nicht erfüllt.

Will man beispielsweise, wie dies den Versuchen der Tabelle 23 entspricht, 0,03 Millimol Cystin von 1 g Kohle verdrängen, so benötigt man Blausäurekonzentrationen (c) in Lösung von etwa $\frac{m}{1}$-, während man bei den schwächsten Narkotica (Acetamid, Acetonitril) mit 5—6 mal kleineren Konzentrationen auskommt. Bei HCN-Konzentrationen $< \frac{m}{10}$- lässt sich keine Verdrängung von Cystin mehr nachweisen, während eine hemmende Wirkung der Blausäure schon bei 1000 mal kleineren Konzentrationen beobachtet wird, praktisch vollständige Oxydationshemmung schon bei 100 mal kleineren Konzentrationen eintritt.

Nebenstehende Tabelle veranschaulicht diese Verhältnisse weiterhin durch eine Gegenüberstellung der für 60%ige Oxydationshemmung einerseits, 60%ige Cystinverdrängung andererseits notwendigen HCN-Konzentrationen.

Tabelle 24. Verdrängungs- und Hemmungswirkung der Blausäure.

HCN Mol/l in der Lösung	Pro g Kohle adsorbiert		Verdrängungsgrad in Prozent	Oxydationshemmung in Prozent
	Mmol Cystin	Mmol HCN		
—	0,05	—	—	—
0,0004	0,05	0,01	—	60
1	0,02	3	60	vollständig

Man erkennt in aller Deutlichkeit, dass die Blausäurehemmung an Kohle von anderer Art ist als die allein durch Adsorption erklärbare Wirkung der Narkotica. Andererseits gewinnt man den Eindruck, dass auch für das Cystin die Adsorption allein nicht genügt, um es gegenüber Sauerstoff reaktionsfähig zu machen. Ein anderer Faktor scheint dabei noch eine Rolle zu spielen, ein Faktor, dessen Betätigung eben durch Blausäure ausgeschaltet wird. Die Annahme liegt nahe, dass die in minimalen Konzentrationen bereits wirksame Blausäure auf ein gleichfalls in minimaler Menge in der Kohle vorhandenes aktives Agens einwirkt. Auf der Suche nach diesem

Aktivator stösst Warburg wiederum auf Schwermetall, insbesondere Eisen, von dem sich in einem geprüften Blutkohlepräparat etwa 5 Millionstel Mol/g (neben 3 Millionstel Mol/g Kupfer) vorfanden, also Mengen, die grössenordnungsmässig gut zu den in Tabelle 24 angegebenen, zu einer Hemmung notwendigen Blausäuremengen (10 Millionstel Mol/g für 60% Hemmung) passen.

Nach Warburg hätte man sich also die Oberfläche der Blutkohle als ein Mosaik schwermetallhaltiger und schwermetallfreier Bezirke vorzustellen, wobei die letzteren quantitativ weit überwiegen. Beide Bezirke adsorbieren Stoffe wie Aminosäuren, Narkotica usw. aus ihren Lösungen, die schwermetallhaltigen haben aber ausserdem noch eine besondere Affinität zu Blausäure. Nach der ursprünglichen strengen Auffassung Warburgs[1] verbrennen oxydierbare Stoffe wie Oxalsäure und Aminosäuren nur an den metallhaltigen Bezirken, während sie an den metallfreien dem Angriff des Sauerstoffs widerstehen. Die besondere Wirkung der Blausäure geht also nach dieser Theorie auf eine selektive Verdrängung des Oxydationssubstrates von den Verbrennungsorten zurück, im Gegensatz zur Wirkung der Narkotica, die das Brennmaterial von allen Oberflächenbezirken in gleicher Weise verdrängen.

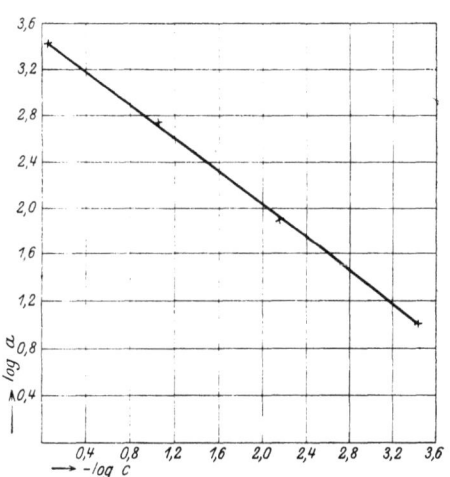

Abb. 42. Adsorption der Blausäure an Merkscher Blutkohle. (Nach Warburg[2].)

c = HCN-Konzentration in Lösung (Mol/l);
a = HCN adsorbiert (Mikromol/g Kohle).
Lineare Beziehung zwischen $\log a$ und $-\log c$ entspricht der Gleichung der Freundlichschen Adsorptionsisotherme (S. 312).

Da auch bei niederen Blausäurekonzentrationen keine Abweichungen vom Adsorptionsgesetz beobachtet wurden — was bei Ferrocyanidbildung doch zu erwarten wäre —, fasst Warburg die Bindung der Blausäure an alle, auch die schwermetallhaltigen Bezirke der Kohleoberfläche als Adsorption auf, eine Auffassung, die natürlich in mancher Hinsicht der Kritik offensteht.

Blaschko[3] fand, dass die HCN-Vergiftung der Leucinoxydation an gut wirksamer, frisch geglühter Tierkohle nach kurzem Auswaschen derselben vollständig reversibel ist. Hingegen zeigte ungeglühte Kohle, die erheblich schwächer wirksam ist als geglühte, nach dem Waschen keinen Rückgang der Hemmung. Hier liegen also recht komplizierte Verhältnisse vor.

Ähnlich wie die hemmende Wirkung der Blausäure ist auch die etwas geringere, wenngleich grössenordnungsmässig häufig der HCN-Wirkung entsprechende Hemmung durch den Äthylester der Blausäure, $C_2H_5 : C$ (Äthylcarbylamin), der — wie Warburg[4] gegenüber Wieland[5] nochmals besonders hervorhebt — gleichfalls feste Schwermetallkomplexe bildet[6],

---

[1] O. Warburg, Biochem. Zs 119, 134; 1921.
[2] O. Warburg, Biochem. Zs 165, 196; 1925.
[3] H. Blaschko, Biochem. Zs 175, 68; 1926.
[4] O. Warburg, B. 59, 739; 1926.
[5] H. Wieland, A. 445, 181; 1925.
[6] Vgl. z. B. K. A. Hofmann u. Bugge, B. 40, 3759; 1907.

keine unspezifische Oberflächenwirkung[1]. Äthylcarbylamin wirkt bei der Leucinoxydation an Häminkohle rund 800mal stärker als das isomere Propionitril, $C_2H_5 \cdot CN$, das ungefähr dieselbe Adsorptionskonstante hat.

In ähnlicher Weise wie die Oxydationsvorgänge an Blutkohle ist nach Warburg auch die Zellatmung als ein capillarchemischer Vorgang, ablaufend an den eisenhaltigen Oberflächen der festen Zellbestandteile, aufzufassen. Auch für die Zellatmung gilt die Bedingung der Wirkungsgleichheit von Narkotica: Zahl der adsorbierten Moleküle × molekulare Flächenbeanspruchung = K. Ähnlich wie die Modellkatalyse an Kohle hemmt Blausäure die Atmung, indem sie das Eisen der Reaktionsorte in eine zur Sauerstoffübertragung unfähige Form überführt.

Es ist in diesem Zusammenhang interessant, dass nach P. Ellinger[2] auch (an sich atmungsfreie) Zelltrümmersuspensionen, wie sie durch Kältezerstörung von Vogelerythrocyten und nachfolgende gründliche Auswaschung des Zellsubstrats mit Ringerlösung gewonnen worden waren, in ähnlichem Masse die Oxydation von Aminosäuren bewirken können, wie die Tierkohle. Da die Anwesenheit von Dehydrasen — und besonders der so labilen Aminosäuredehydrasen[3] — in dem derart vorbehandelten Zellmaterial wohl auszuschliessen ist, scheint es sich hier um eine oxydative Leistung der (eisenhaltigen) Zellstruktur zu handeln, die wohl auch für den Aminosäureabbau der lebenden intakten Zelle von Bedeutung sein dürfte. Wie die Oxydationen an Tierkohle sind auch die an den Zelltrümmern sich abspielenden Verbrennungsvorgänge dem Einfluss der Blausäure und von Narkotica unterworfen. Die Angabe Ellingers, dass höhere Blausäurekonzentrationen die bei kleineren Konzentrationen fast vollständig gehemmte Atmung wieder in Gang bringen, bzw. dass die Blausäure selbst an der Zellstruktur oxydiert wird, ist nach Warburg[4] irrtümlich, indem Ellinger die Absorption von HCN-Dämpfen für Sauerstoffabsorption gehalten hat.

d) Zur Kohleaktivierung durch Eisen[5].

Kohlen, die durch Erhitzen reinster organischer Substanzen, wie Zucker und Benzoesäure, dargestellt sind, enthalten nur minimalste Spuren von Eisen, z. B. 20—500fach geringere Mengen als eine normale Blutkohle. Das Adsorptionsvermögen derartiger Kohlen gegenüber Aminosäure beträgt etwa die Hälfte bis $2/3$ von dem einer guten Blutkohle, die katalytische Wirksamkeit ist ebenfalls geringer als die der Blutkohle, aber von derselben Grössenordnung. Gegen Narkotica verhalten sich diese Kohlen ganz wie Blutkohle, nicht jedoch gegen Blausäure, gegen die sie (bei Konzentrationen von $\frac{m}{1000}$-) unempfindlich sind. Bei der Oxydation der Aminosäuren liefern sie Wasserstoffsuperoxyd. Alles in allem gewinnt man den Eindruck, dass die in der Zuckerkohle und der Blutkohle wirkenden Kräfte wenigstens zum Teil verschieden sind.

Nach Warburg hat man sich im ersteren Falle eine Sauerstoffübertragung über eine peroxydartige Verbindung des Kohlenstoffs vorzustellen. Plausibler erscheint hier doch

---

[1] S. Toda, Biochem. Zs 172, 17; 1926.
[2] P. Ellinger u. Mitarb., H. 119, 11; 123, 246, 264; 1922. — 136, 19; 1924.
[3] Vgl. H. A. Krebs, Klin. Ws 11, 1744; 1932. — H. 217, 191; 1933.
[4] O. Warburg, B. 58, 1004 (Fussnote); 1925.
[5] O. Warburg, Biochem. Zs 136, 266; 1923. — O. Warburg u. Brefeld, Biochem. Zs 145, 461; 1924.

zweifellos die Wielandsche Auffassung der eisenfreien Kohle als eines Dehydrierungskatalysators (S. 138 u. 168f.).

Bemerkenswert ist, dass man durch Auskochen von Blutkohle mit konzentrierter Salzsäure eine schwermetallärmere Kohle von kaum verändertem Adsorptions- und wenig ($1/3$—$1/4$) reduziertem Oxydationsvermögen gegenüber Oxalsäure und Aminosäuren erhält; der Oxydationsprozess wird jedoch durch Blausäure erheblich (2—5mal) weniger gehemmt als an der Oberfläche der nichtextrahierten Kohle.

Eine weitere Eigenschaft unterscheidet die Zuckerkohle von der Blutkohle: sie ist im Gegensatz zu letzterer in recht erheblichem Ausmass autoxydabel[1]. Auch hier nähert sich mit Salzsäure extrahierte Blutkohle in ihrem Verhalten der Zuckerkohle. Warburg denkt an eine Schutzwirkung der in der Blutkohle — die bis zu 10% Asche enthält — vorhandenen Salze, vor allem Silicate.

Wie man leicht erkennt, enthalten die vorliegenden Angaben über die katalytischen Wirkungen des reinen Kohlenstoffs, verglichen mit früheren Ausführungen über die so gut wie vollständige Hemmbarkeit der Oxydationen an Blutkohle durch Blausäure, einen Widerspruch.

Hemmt man eine Blutkohle durch Blausäure in solchen Konzentrationen $\left(\frac{m}{2000}\right)$, dass eine unspezifische Substratverdrängung noch nicht in Frage kommt, so sollte man einen recht erheblichen, nicht hemmbaren Rest, eben die katalytische Wirkung des Kohlenstoffs beobachten. Da dies nicht der Fall ist, vermuten Warburg und Brefeld (l. c.), dass dem Kohlenstoff der Blutkohle eine derartige Wirkung tatsächlich nicht zukommt, und sehen die Ursache dieser Erscheinung in der beim Verkohlen des Blutes im technischen Verfahren zugesetzten Kieselsäure.

In der Tat gelingt es durch Verkohlung von Zucker in Gegenwart von Kaliumcarbonat + Kaliumsilicat und nachträgliche Extraktion mit Salzsäure und Wasser ein Kohlepräparat darzustellen, das die gesuchte Eigenschaft besitzt, Aminosäuren wie gewöhnliche Zuckerkohle zu adsorbieren, deren Oxydation jedoch nicht zu katalysieren. Obwohl eine befriedigende Erklärung der Erscheinung nicht zu geben ist, sehen Warburg und Brefeld in dieser „Silicat-Zuckerkohle" doch die Grundsubstanz der Blutkohle.

Setzt man bei der Darstellung von Silicat-Zuckerkohle Eisensalz (entsprechend dem Eisengehalt der Blutkohle = einige mg/g Kohle) zu, so resultieren gleichwohl katalytisch unwirksame Präparate. Stellt man andererseits Silicat-Blutkohle dar, so erhält man praktisch immer aktive Präparate. Der Gedanke, dass Eisen nicht gleich Eisen ist, sondern dass es trotz der hohen Darstellungstemperaturen auf die ursprüngliche Bindungsform des Eisens ankommt, nahm dadurch greifbare Formen an.

Das Eisen des Blutes kommt hauptsächlich im roten Blutfarbstoff, gebunden an Porphyrinstickstoff, vor. Setzt man bei der Darstellung von Silicat-Zuckerkohle eine kleine Menge der Grundsubstanz des Blutfarbstoffes, Hämin, zu, so erhält man tatsächlich Kohlepräparate von den katalytischen Eigenschaften einer Blutkohle und gleich dieser durch Blausäure vergiftbar. Die „Synthese" einer Blutkohle war damit geglückt (Abb. 43).

Wie man aus der Abbildung ersieht, gelangt man durch Steigerung des Häminzusatzes zu Kohlen, welche die wirksamsten Blutkohlen des Handels weit übertreffen. Die maximale Wirksamkeit erhält man bei Kohlen aus reinem Hämin.

---

[1] Vgl. hierzu E. K. Rideal u. Wright, Chem. Soc. 1347; 1925.

Derartige, durch Verglühen von Hämin und darauffolgende Salzsäureextraktion dargestellte Produkte adsorbieren ungleich (etwa 20mal) schlechter als Blutkohle, übertreffen sie aber trotzdem ums 7—10fache an katalytischer Wirksamkeit. Bezieht man auf die adsorbierte Leucinmenge, so erweist sich Häminkohle sogar 100—300mal wirksamer als technische Blutkohle. Infolge des minimalen Adsorptionsvermögens der Häminkohle ist die starke (rund 85%ige) Hemmung durch $\frac{m}{1000}$-HCN hier eindeutig als spezifische, nicht als Verdrängungswirkung erkannt.

Weitere Versuche zeigten, dass es zur Gewinnung ähnlich wirksamer Katalysatoren wie der Häminkohle nicht des teuren Hämins als Ausgangsmaterial bedarf. Es genügt beispielsweise, käufliche stickstoffhaltige Farbstoffe (wie Induline, Safranine, Azokörper usw.) zu verkohlen, um zu Präparaten zu gelangen, welche bei einem Eisengehalt von 1—2 Zehntelprozent und ähnlichem, wenn auch etwas besserem Adsorptionsvermögen als dem der Häminkohle diese letztere noch erheblich an Aktivität übertreffen.

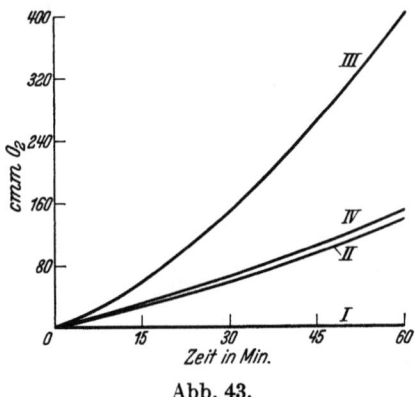

Abb. 43.
Aktivierung von Silicat-Zuckerkohle durch Hämin. (Nach Warburg und Brefeld.)
Ansatz: Je 100 mg Kohle + 10 ccm $\frac{n}{20}$-Leucin; 38°; Luft.
I Kohle aus Zucker ohne Hämin;
II Kohle aus 100 g Zucker + 0,2 g Hämin;
III Kohle aus 100 g Zucker + 2,0 g Hämin;
IV Merksche Blutkohle zum Vergleich.

Die nachstehende Tabelle enthält unter 1—3 einige hierher gehörige Daten, nämlich für eine Kohle aus technischem Bismarckbraun, sowie eine aus gereinigtem (schwermetallarmem) Farbstoff vor und nach dem Glühen mit einer kleinen Menge Eisensalz. Vergleichswerte für Hämin- und Blutkohle vervollständigen die Tabelle.

Tabelle 25. Eisengehalt und katalytische Wirksamkeit verschiedener stickstoffhaltiger Kohlen.

Kohle aus	N-Gehalt der Kohle in Prozent	Fe-Gehalt der Kohle in Prozent	Katalytische Wirksamkeit in $\frac{mm^3 O_2}{mg\ Kohle \times Std.}$
1. Bismarckbraun (technisch)	10,0	0,15	13,8
2. Bismarckbraun (gereinigt) I	10,0	0,008	0,8
„ „ II	10,0	0,009	2,4
„ „ III	10,0	0,006	1,9
3. Bismarckbraun (gereinigt + Fe-Zusatz) I . . .	10,0	0,25	20
„ „ + „ II . .	10,0	0,2	20
„ „ + „ III . .	10,0	0,13	16
4. Hämin	3,0	2,5	7—10
5. Blut (technisch)	etwa 7	etwa 0,03	etwa 1

Interessant ist die Beobachtung, dass Steigerung des Eisengehalts der Bismarckbraunkohle über einige Zehntelprozent hinaus keine weitere Aktivitätserhöhung bedingt, was nach Warburg an das gleichartige Verhalten des Schwermetalls in den Lenardschen Phosphoren erinnert.

Im Gegensatz zu den stickstoffhaltigen Kohlen lassen sich stickstofffreie Kohlen in ihrer Wirksamkeit durch Eisenzusatz nur unbedeutend (z. B. auf das Doppelte) steigern. Zudem verliert die Kohle beim Kochen mit Salzsäure fast ihr gesamtes Eisen wieder.

Auf Grund der angeführten Befunde gewinnt man den bestimmten Eindruck, dass das Eisen in den stickstoffhaltigen Kohlen an den Stickstoff gebunden ist, die katalytisch aktive Eisenverbindung also wohl eine Eisen-Stickstoff-Kohlenstoff-Verbindung darstellt. Ein Ersatz des Eisens durch andere Schwermetalle (Kupfer, Mangan, Kobalt) ist im vorliegenden Falle nicht möglich. Die gesamte durch Eisen erzielte Aktivierung lässt sich zudem auch hier durch $\frac{n}{1000}$-HCN zum Verschwinden bringen. Die damit dargetane direkte Beziehung zwischen dem katalytisch wirkenden Eisen als aktivem Agens stickstoffhaltiger Kohlen und der diese Gruppe blockierenden Blausäure bildet den Schlussstein in der Warburgschen Beweisführung hinsichtlich des Wirkungsmechanismus des Kohlemodells.

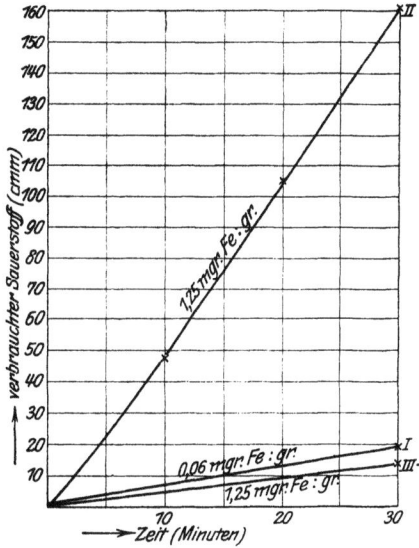

Abb. 44. Aktivierung stickstoffhaltiger Kohle durch Eisen und Inaktivierung durch HCN.
(Nach Warburg und Brefeld.)
Ansatz: Je 20 mg Kohle aus Bismarckbraun in 10 ccm $\frac{n}{20}$-Leucin.
I Kohle nicht aktiviert (0,006% Fe);
II Kohle aktiviert (0,125% Fe);
III Kohle aktiviert, in $\frac{n}{1000}$-HCN.

Was den Wirkungsquotienten des Eisens in seiner Stickstoff-Kohleverbindung anbetrifft, so ergibt sich aus den Versuchen der Tabelle 25, dass er — mit $\frac{n}{20}$-Leucin als Substrat — in der Nähe von 11000 liegt, was ungefähr der Reaktionsfähigkeit des Zelleisens im unbefruchteten Seeigelei entspricht. Es ist zu bemerken, dass die bei der homogenen Cysteinkatalyse durch Eisensalz beobachteten Wirkungsquotienten (S. 293) um rund eine Grössenordnung höher lagen. Man darf jedoch nicht vergessen, dass im vorliegenden Falle nur Minimalwerte für die Reaktionsfähigkeit des Eisens erhalten werden, beruhend auf der wenig wahrscheinlichen Annahme, dass beim Glühen das gesamte gebundene Eisen in die katalytisch hochaktive Form übergeführt werde.

Von Rideal und Wright[1] stammen interessante Versuche zum synthetischen Aufbau ähnlich aktiver eisen- und stickstoffhaltiger Kohlen, wie sie Warburg und Brefeld erhalten hatten, mit dem besonderen Ziel, quantitative Aussagen über relativen Oberflächenanteil und Aktivitätswert der einzelnen katalytisch wirksamen Bezirke machen zu können.

Die Methode hierbei war die Beobachtung von Knickpunkten in der Aktivitäts-Oberflächenkurve bei der unspezifischen Inaktivierung mit Amylalkohol und anderen Narkotica einerseits und bei der spezifischen mit KCN und KCNS andererseits. An einer derartigen, durch Glühen von Zucker mit Harnstoff und $FeCl_3$ erhaltenen hochaktiven Kohle unterscheiden Rideal und

---

[1] E. K. Rideal u. Wright, Chem. Soc. 1347; 1925. — 1813, 3182; 1926.

Wright die katalytisch wirksamen Bindungsformen C—C, Fe—C und Fe—C—N und berechnen für deren Oberflächenbeanspruchung und totale bzw. spezifische Aktivität — je nach der Anwendung von KCN oder KCNS als vergiftendes Agens — folgende Werte (Tabelle 26):

Tabelle 26.

Oberflächen-bezirk	Prozent der Gesamt-oberfläche	Prozent der Gesamt-aktivität	Spezifische Aktivität $\dfrac{cm^3\ O_2}{cm^2 \times Std.} \times 10^6$
Mit KCNS:			
C—C	20,0	0,35	0,70
Fe—C	6,0	13,00	87
Fe—C—N	4,5	86,65	770
Mit KCN:			
Fe—C	6,0	6,0	40
Fe—C—N	10,0	40,0	160

Aus dem kritischen Vergleich der Rhodanid- mit den Cyanidversuchen, die allerdings nur der Grössenordnung nach übereinstimmen, ergibt sich für die spezifischen Aktivitäten von C—C, Fe—C und Fe—C—N ein Verhältnis von ca. 1 : 50 : 800.

Es ist schliesslich noch kurz auf einen andersartigen, von Handovsky[1] stammenden Erklärungsversuch für den Wirkungsmechanismus der eisenhaltigen Tierkohle hinzuweisen. Danach sollte es der im Eisen eingeschlossene Wasserstoff sein, der, mit Sauerstoff zu H_2O_2 zusammentretend, an der wirksamen Oberfläche die Oxydation der Aminosäuren induziert.

Durch Glühen in Stickstoff sollte Tierkohle ihr katalytisches Vermögen fast vollständig verlieren, durch Glühen und Erkalten in Wasserstoff wiedergewinnen. In ähnlicher Weise sollte wasserstoffbehandeltes Eisenpulver einen wirksamen Oxydationskatalysator für Aminosäuren darstellen, stickstoffbehandeltes wirkungslos sein.

Bei der Nachprüfung der Handovskyschen Befunde durch Wieland und Franke[2] liess sich keinerlei Unterschied zwischen N_2- und H_2-Versuchen feststellen. Bei der scheinbaren oxydatischen Wirksamkeit des Fe-Pulvers handelt es sich zudem nur um ein beschleunigtes Rosten in der Aminosäurelösung.

Auch Warburg[3] hat sich mit stichhaltigen Argumenten gegen die Handovskysche Interpretation der Häminkohleversuche gewandt.

5. Der Stand der Warburgschen Theorie 1925 und ihre Stellung zur Dehydrierungstheorie.

Im Anschluss an die Untersuchungen am Kohlemodell und unter wiederholtem Hinweis auf die gleichartigen Ergebnisse bei den (im vorletzten Abschnitt genauer besprochenen) Oxydationskatalysen in homogener Lösung hat Warburg seinen Standpunkt in der Frage der biologischen Oxydation nochmals — nunmehr auf breiterer experimenteller Grundlage stehend als bei der erstmaligen Formulierung der Theorie am Seeigelei (Abschnitt 2a) — zusammenfassend zum Ausdruck gebracht. Aus dieser Zeit (1923—25), die einen gewissen Abschluss in der älteren Periode der Warburgschen Theorie (vgl. Abschnitt 1) bedeutet, stammen verschiedene Publikationen referierenden

---

[1] H. Handovsky, H. 176, 79; 1928.
[2] H. Wieland u. Franke, A. 469, 257; 1929.
[3] O. Warburg, Biochem. Zs 198, 241; 1928.

Inhalts[1] wie auch solche polemischer Art[2], in denen sich Warburg gegen die Vertreter der Dehydrierungstheorie, insbesondere Wieland, wendet.

Auch im Falle der Aminosäureoxydation an eisenhaltiger Kohle hält Warburg an dem allgemeinen, von ihm entworfenen Schema der Sauerstoffübertragung durch Eisen fest.

Der gestrichelte Pfeil entspricht einem „verbotenen" Reaktionsweg, niemals soll der organische Sauerstoff mit der organischen Substanz direkt reagieren.

Einen Beweis für diesen Reaktionsmechanismus mit seinem Wechsel verschiedenartiger Eisenstufen erbringt Warburg für den Fall der Blutkohle nicht; er ist in diesem speziellen Beispiel ja auch naturgemäss kaum zu erbringen. Überhaupt vermeidet es Warburg, über die Natur der höherwertigen Eisenstufe — ob Eisenperoxyd oder reaktionsfähiges dreiwertiges Eisen — nähere Aussagen zu machen; beide Auffassungen scheinen bis auf weiteres gleich berechtigt.

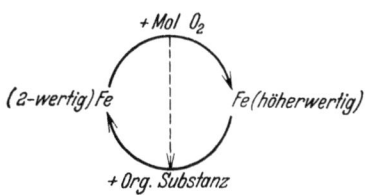

Der Unterschied ist insofern von gewissem Belang, als damit die Definitionsfrage O_2-„Aktivierung" oder O_2-„Übertragung" im Zusammenhang steht. In ihrer neueren Entwicklung neigt die Warburgsche Theorie mehr und mehr dem Begriff der „Übertragungskatalyse" zu. Es ist bemerkenswert und wohl symptomatisch bedeutsam, dass dieser Begriff ganz allgemein in neueren Vorstellungen über die biologische Oxydation (Haber und Willstätter, Kap. VII, Michaelis[3]) in zunehmendem Masse an Stelle des älteren Aktivierungsbegriffs tritt.

Natürlich kann Warburg die Wielandschen Befunde über den recht begrenzten Abbau der Aminosäuren am Kohlemodell nicht bestreiten[4]; das Zelleisen müsste offenbar erheblich leistungsfähiger sein als das Eisen der Blutkohle. Auch mit der lange bekannten Tatsache, dass Alloxan, Isatin, Chinon und andere Oxydantien Aminosäuren schon ohne Katalysator in HCN-unempfindlicher Reaktion in gleicher Weise wie Sauerstoff oxydativ verändern, muss er sich abfinden. Er tut dies, indem er erklärt, dass diese Prozesse für die Zelle keine Rolle spielen und damit auch nicht ins Bereich seiner Theorie, die sich ausschliesslich mit der Aktivierung des Sauerstoffes durch Eisen befasst, fallen. Dass beispielsweise H_2O_2 Aminosäuren (bei pH 9) schon ohne Katalysator in erheblichem Umfange angreift[5], sieht er eher als einen Beweis für, denn gegen seine Auffassung an. Hydroperoxyd, wie auch Chinon und Methylenblau verhalten sich nach Warburgs Ansicht wie molekularer Sauerstoff + Eisen, d. h. wie aktivierter Sauerstoff. Er hält es für unerlaubt, in physiologischen Modellversuchen den Sauerstoff in „aktivierter Form" bei Gegenwart eines Katalysators (wie Eisen) zuzusetzen, da ja gerade gezeigt werden soll, dass molekularer Sauerstoff durch Reaktion mit Eisen die Eigenschaften aktivierten Sauerstoffes gewinnt. Atmungsmodelle mit aktiviertem

---

[1] O. Warburg, Biochem. Zs 152, 479; 1924. — B. 58, 1001; 1925.

[2] O. Warburg, Biochem. Zs 136, 266; 142, 518; 1923. — 163, 252; 1925. — K. Tanaka, Biochem. Zs 157, 425; 1925.

[3] L. Michaelis, Oxydations-Reduktionspotentiale. Berlin 1933.

[4] O. Warburg, Biochem. Zs 152, 191; 1924.

[5] O. Negelein, Biochem. Zs 142, 493; 1923.

Sauerstoff als Oxydationsmittel entsprechen nach Warburg „Invertasemodellen, in denen der Rohrzucker in konzentrierter Salzsäure gelöst ist".

Trotz der geistreichen Form, in der die Warburgsche Theorie hier ihre Inkompetenz erklärt und sich in ihren Aussagen ausschliesslich auf das Oxydans der Atmungsprozesse, den molekularen Sauerstoff beschränkt, erkennt man doch ohne weiteres, dass hier ein schwacher Punkt ihres Lehrgebäudes liegt. Atmungsmodelle aller Art, auch die Warburgschen, geben im Prinzip ein so mangelhaftes Abbild der Vorgänge in der Zelle, dass man einer Variation der Versuchsbedingungen, wie sie die Versuche mit anderen Oxydantien darstellen, nicht ohne weiteres alle Bedeutung im Hinblick auf das biologische Geschehen abstreiten kann. Auch geht es offenbar nicht an, Hydroperoxyd einerseits und Chinon, Methylenblau usw. andererseits unterschiedslos dem aktivierten Sauerstoff gleichzustellen. Das Oxydationsvermögen ist zu verschieden; ausserdem erweisen sich die H_2O_2-umsetzenden Peroxydasen ausserordentlich empfindlich, die Dehydrasen in ihrer Reaktion mit Chinon und Methylenblau so gut wie unempfindlich gegen HCN.

Argumente der letzteren Art erkennt Warburg jedoch nicht als beweiskräftig an. Bereits auf dieser Stufe in der Entwicklung seiner Theorie tritt seine nachmals auf die Spitze getriebene Unterschätzung von fermentchemischen Befunden in hergebrachter Meinung hervor. Soweit Warburg mit biologischem Material arbeitet, richten sich seine Untersuchungen zu dieser Zeit stets auf das Gesamtbild des Atmungsprozesses der als solcher intakten Zelle.

Der in der gesamten Fermentchemie übliche Versuch, Ausschnitte aus diesem Gesamtbild durch Trennung der enzymatischen Wirkung von der Zellstruktur zu gewinnen, gibt nach Warburg kein oder nur ein verzerrtes Bild der Vorgänge in der lebenden Zelle; oder, wie Warburg dies später einmal schlagwortartig ausdrückt[1]: „Die Abtrennung einer Fermentwirkung von der lebenden Zelle ist keine Reinigung, sondern eine Verunreinigung des Ferments."

Ähnlich ist die Einstellung Warburgs zu dem Phänomen der HCN-unempfindlichen Atmung, für die gerade damals (1924) von Dixon und Thurlow[2] in den Wirkungen der Xanthinoxydase ein interessanter Fall beigebracht worden war.

Leberbrei (ebenso wie Milch) beschleunigt die Oxydation von Hypoxanthin und Xanthin zu Harnsäure durch molekularen Sauerstoff. Da dieser Prozess durch HCN nicht gehemmt wird, hatten Dixon und Thurlow den naheliegenden Schluss gezogen, dass im vorliegenden Falle die Warburgsche Theorie nicht stimme.

Warburg weist demgegenüber darauf hin, dass die komplette Leberatmung durch HCN spezifisch gehemmt werde und demgemäss eine Schwermetallkatalyse sei. Wenn die Oxydation der Oxypurine HCN-unempfindlich ist, so liege hier eben ein System vor, das in der Atmung der Leber keine Rolle spiele, ein System, das — entgegen der Ansicht Dixons und Thurlows — kein Respirationssystem ist.

Die wenigen hier angeführten Beispiele geben schon einen Begriff davon, mit welchen besonderen Schwierigkeiten die Dehydrierungstheorie gegenüber Warburg zu kämpfen hat. Auf der einen Seite beschränkt sich Warburg — zum wenigsten in dieser Phase seiner Theorie — konsequent sowohl in biologischen wie in Modellversuchen auf Vorgänge, die unter Beteiligung des Sauerstoffes verlaufen. Den Acceptorversuchen der Dehydrierungstheorie streitet er die Beweiskraft für biologische Probleme ab. Hier ist aber doch darauf hinzuweisen, dass diese Versuche in den anaeroben Lebensvorgängen, den Gärungen, ihr biologisches Analogon besitzen

---

[1] Fussnote bei H. L. Alt, Biochem. Zs 221, 498; 1930.
[2] M. Dixon u. Thurlow, Biochem. Jl 18, 971, 976, 989; 1924. — 19, 672; 1925.

und dass Warburg damit im Prinzip die alte und in den vorangegangenen Jahrzehnten mühsam zugedeckte Kluft zwischen Atmung und Gärung wieder aufreisst. Auf der anderen Seite hält sich Warburg — worin seine im wesentlichen physiologische Schulung zum Ausdruck kommt —, stets an das Bild des kompletten Atmungsvorganges. Die besten Argumente seiner Gegner — von vorzugsweise chemischer Schulung —, die sich meist auf wohlumgrenzte und chemisch durchsichtige Ausschnitte aus diesem Gesamtbild beziehen, lässt er — als durch ungeeignete Methodik erhalten oder physiologisch bedeutungslos — nicht gelten. Doch ist Warburg mit dieser Art von Beweisführung von jeher ziemlich isoliert gestanden und hat auch selbst in neuester Zeit weitgehende Zugeständnisse im Sinne einer Annäherung an die gebräuchliche Auffassung von Fermentversuchen, teilweise sogar im Sinne der Dehydrierungstheorie, gemacht (Abschnitt 7).

Was Warburgs Stellung zur Wielandschen Theorie im engeren Sinne anbetrifft, so war es hier vor allem die Frage der Blausäurehemmung, in der die Gegnerschaft zuerst und am kräftigsten zum Ausdruck kam.

Gegenüber der ursprünglichen Auffassung Wielands vom primären Angriff der HCN an der Katalase (S. 230f.), betonte Warburg, dass der respiratorische Quotient im Zustande der Blausäurehemmung kleiner sein müsste als normal, weil auf der Stufe des H_2O_2 der Sauerstoff ja nur halb zur Wirkung kommt, eine Anomalie, die in Wirklichkeit nicht beobachtet wird.

Der Einwand ist nach Wieland[1] allerdings nicht zwingend, da man ja die Konzentration nicht kennt, in der das nach Schädigung der Katalase auftretende Hydroperoxyd den primären Dehydrierungsvorgang hemmt. Wäre sie sehr klein, so bräuchte keine messbare Erniedrigung des Respirationsquotienten einzutreten.

Schwerwiegender waren die anderen von Warburg angeführten Gegenargumente, die sich auf das momentane Einsetzen der HCN-Hemmung in voller Stärke, auf deren Reversibilität sowie den ausstehenden H_2O_2-Nachweis bezogen. (Näheres hierzu vgl. Kap. VI, S. 231.)

Wieland hat seine Katalasetheorie der HCN-Hemmung in verallgemeinerter Form später selbst aufgegeben und sie durch die Auffassung von der bevorzugten Adsorption der HCN an der Enzymoberfläche und der dadurch bedingten Verdrängung des Sauerstoffes ersetzt. Auf manche Schwierigkeiten auch dieser Theorie und ihre schwerlich allgemeiner mögliche Anwendbarkeit ist schon früher (Kap. VI, S. 236f.) hingewiesen worden.

Die Auffassung ist heute ziemlich allgemein verbreitet, dass sich um die Warburgsche Theorie der HCN-Hemmung nicht mehr recht herumkommen lässt. Sie ist der stärkste und schwerst angreifbare Punkt des an sich ja manche schwache Stellen aufweisenden Warburgschen Lehrgebäudes. Sie ist der feste und zentrale Punkt auch in den mancherlei Wandlungen, welche die Gesamttheorie später erfahren hat, geblieben. Für die lange bekannte Tatsache, dass immer nur die unter Beteiligung von Sauerstoff verlaufenden Reaktionen erheblich durch HCN gehemmt werden — im Gegensatz zu den Oxydoreduktions- bzw. Acceptorreaktionen — vermag allein die Warburgsche Anschauung von der sauerstoffübertragenden Funktion des Eisens und deren Hemmung durch HCN eine ungezwungene und einleuchtende Erklärung von allgemeiner Gültigkeit zu geben.

Warburg weist auf ein Standardbeispiel der Dehydrierungstheorie, die Reaktion zwischen Bernsteinsäure und Sauerstoff bzw. Methylenblau in Gegenwart von Muskelgewebe hin, und betont die Widersprüche, welche — damals (1923) allerdings noch weit mehr als jetzt — sich in diesem Falle bei konsequenter Anwendung der Dehydrierungstheorie hinsichtlich der HCN-Wirkung ergeben: trotz des Vorliegens von aktiviertem Wasserstoff (im Sinne Thunbergs und

---

[1] H. Wieland, Hdbch. Biochem. 2, 268; 1923.

Wielands) hemmt Blausäure die Sauerstoff-, nicht die Methylenblaureaktion. Dabei liegt nach Warburg die richtige Deutung auf der Hand: Bindung des Eisens durch Blausäure verhindert die Aufnahme von molekularem Sauerstoff, nicht dagegen die Oxydation durch Methylenblau, „weil dieser Vorgang mit Eisen nichts zu tun hat. Methylenblau, Chinon und ähnliche Körper verhalten sich in der Zelle nicht wie molekularer Sauerstoff, sondern wie molekularer Sauerstoff + Eisen, d. h. wie aktivierter Sauerstoff". Warum aktivierter Sauerstoff sowohl wie dessen „Ersatz" im ausgewaschenen Muskel sich lediglich auf die Oxydation der Bernsteinsäure beschränkt, andere rein chemisch weit leichter angreifbare Zellstoffe aber unangegriffen lässt, darauf versucht Warburg keine Antwort zu geben. Diese Vernachlässigung der (spezifischen) Substrataktivierung ist eine der grössten Schwächen seiner Theorie, besonders zu jenem relativ frühen Zeitpunkt ihrer Entwicklung.

Auch mit den Wielandschen Befunden am Palladiummodell versucht Warburg sich auseinanderzusetzen. Er weist darauf hin, dass man es hier mit Oberflächenreaktionen zu tun hat, wobei Bindung an den Katalysator nicht nur das Substrat, sondern auch die verschiedenen Oxydantien verändert. Für den Fall der Sauerstoffreaktion hält er — an ältere Befunde von Engler und Wöhler[1] anknüpfend — daran fest, dass es nicht der molekulare, sondern der Sauerstoff eines Edelmetalloxyds oder -peroxyds sei, der mit der organischen Substanz reagiere, eine Auffassung, die nicht davon berührt werde, dass auch Chinon und Methylenblau am Palladiumkontakt beschleunigt Oxydationen bewirken.

Irgendeinen Beweis gegen die Wielandsche Interpretation der Vorgänge am Palladium bedeuten diese Ausführungen natürlich nicht. Wohl aber wird man dem Nachweis von 60% der theoretisch möglichen Menge Hydroperoxyd bei der Knallgasreaktion am Palladiumkontakt, den der Warburg-Schüler Tanaka[2] erbracht hat, die Qualität eines recht schwerwiegenden Arguments für die Dehydrierungstheorie zuerkennen müssen. Dass der H_2O_2-Nachweis bei der analogen Reaktion zwischen Alkohol und Sauerstoff nicht gelingt, ist, wie schon an anderer Stelle (Kap. VI, S. 176) näher ausgeführt, bei der bekannten peroxydatischen (und katalatischen) Aktivität des Palladiums gleichfalls kein irgendwie bindender Beweis gegen die Wielandsche Ansicht.

Schwerer zu erklären — allerdings nicht allein für Wieland, sondern im gewissen Sinne auch Warburg — ist der Befund Tanakas (l. c.), dass bei der Atmung der Alge Chlorella, die gegen $\frac{m}{100}$-HCN unempfindlich ist, während die Katalasewirkung vollständig unterbunden wird, gleichwohl kein H_2O_2 nachzuweisen ist. Auch Bertho und Glück[3] haben ähnliche Befunde bei gewissen Milchsäurebakterien gemacht (vgl. S. 250).

Der von Warburg und seinen Schülern immer wieder ausgesprochene Gedanke, dass die sauerstofflose Oxydation kein Argument sei, das etwas Definitives über die Reaktionsweise des molekularen Sauerstoffes aussage, weder für den Fall der Platinmetallkatalyse, noch für biologische Fälle, hat natürlich etwas Richtiges an sich, ist aber eigentlich selbstverständlich. Wieland[4] hat ja selbst am Beispiel der Aldehydoxydation an Palladium gezeigt, dass trotz der prinzipiellen Ersetzbarkeit des Sauerstoffes durch andere Acceptoren die Sauerstoffreaktion unter Umständen anderen Mechanismen folgt

---

[1] C. Engler u. Wöhler, Anorg. Chem. 29, 1; 1902. — L. Wöhler, B. 36, 3475; 1903.
[2] K. Tanaka, Biochem. Zs 157, 425; 1925.
[3] A. Bertho u. Glück, A. 494, 159; 1932.
[4] H. Wieland, B. 45, 2606; 1912.

als die sauerstofflose Oxydation (Kap. VI, S. 163 f.). Aber man wird der doch in der überwiegenden Mehrzahl der Fälle recht weitgehenden Analogie zwischen Sauerstoff- und Acceptorreaktion den von Wieland in Anspruch genommenen Wert eines Wahrscheinlichkeitsbeweises nicht abstreiten können.

In ähnlichem Sinne ist es eine Sache der persönlichen Auffassung, wenn Warburg den Wert der Wielandschen Palladiumversuche als biologischer Modellreaktionen leugnet, da „es Wieland nicht gelungen sei, in der Zelle eine Substanz von der wasserstoffaktivierenden Eigenschaft des Palladiummetalls aufzufinden". Denn nach Warburg ist die Einführung der wasserstoffaktivierenden Fermente „nur ein umschreibender Ausdruck für die Annahme, dass der Wasserstoff durch die Zelle aktiviert werde. Nicht ob ein Ferment aktiviert, sondern auf welche Weise es aktiviert, ist das zu lösende Problem".

Hierzu ist zu sagen, dass die chemischen Beziehungen der Warburgschen Eisenmodelle zu den eigentlichen Oxydationsfermenten der Zelle zweifellos direkterer Natur sind als die des zellfremden Palladiums zu den Dehydrasen. Dass wir über deren aktive Gruppe heute noch so gar nichts wissen, ist ein ohne weiteres zuzugebender Mangel. Aber andererseits mag als Beispiel doch angeführt werden, dass die (zellfremden) kolloiden Platinmetalle ein in vieler Hinsicht vollkommeneres Modell der (eisenhaltigen) Katalase darstellen und dass ihre Untersuchung mehr zur Erkenntnis vom Wesen der Katalasewirkung beigetragen hat als einfache Eisensalzmodelle. Auch die Gesamtheit der Warburgschen Atmungsmodelle vermag nur einen kleinen Bruchteil dessen, was das Oxydationssystem der Zelle zuwege bringt. Das Palladiummodell gibt einen in der Zelle immer wieder beobachteten, mit Eisenmodellen nicht oder nur selten realisierbaren Schritt des oxydativen Abbaues, die Abspaltung zweier Wasserstoffatome bzw. Einführung eines Sauerstoffatoms getreu wieder. Es vermag ferner Dismutationen zu bewirken — was für Eisen so gut wie nie beobachtet wurde — und stellt somit auch ein Gärungsmodell dar. Die von Warburg verworfenen Acceptorversuche an Palladium bilden ein Mittelglied beider Reaktionsformen der organischen Substanz; gleich den Zellacceptoren bei der Gärung enthalten die „künstlichen" Acceptoren nur gebundenen Sauerstoff, aber im Gegensatz zu ersteren von relativ hohem sauerstoffähnlichem Potential. Halten wir uns nur an die Analogie der Wirkungen, so stellt das Palladium zweifellos ein umfassenderes Modell der oxydativ-destruktiven Zellvorgänge dar als die Warburgschen Eisenmodelle. Zudem wissen wir nicht, welchen relativen Anteil an der Gesamtaktivität des Palladiums das Wasserstoffbindungsvermögen einerseits und die besondere Art der Oberflächenentwicklung andererseits nimmt. Es ist in diesem Zusammenhang darauf hinzuweisen, dass ja auch Kohle bisweilen (z. B. gegenüber Aminosäuren) eindeutig als Dehydrierungskatalysator wirkt (siehe S. 170 f. u. 314).

Im übrigen hält Warburg bei dem Streit zwischen Wasserstoff- und Sauerstoffaktivierung die ganze Problemstellung für verfehlt. Die Atmung ist eine Reaktion an Oberflächen; an Oberflächen adsorbierte Moleküle sind aber im allgemeinen reaktionsfähiger als die freibeweglichen Moleküle im Gas- oder Flüssigkeitsraum, mit anderen Worten, sowohl der Sauerstoff als die organischen Moleküle sind in diesem Sinne und ohne speziellere Annahmen über die chemische Natur des Adsorbens „aktiviert", weil eben in der Tatsache der Reaktion schon der Begriff der vorherigen Aktivierung der Reaktionsteilnehmer eingeschlossen ist.

Gegen diese Formulierung ist an sich nichts einzuwenden und auch Wieland legt auf diesen Gedanken neuerdings zunehmendes Gewicht (siehe Kap. VI, S. 210 f.). Anfechtbar sind aber eben die spezielleren Annahmen

Warburgs über den feineren Mechanismus der doppelten Aktivierung. „Alle an dem Vorgang der Atmung beteiligten Moleküle sind aktiviert, der Sauerstoff durch **chemische Kräfte**, die übrigen Moleküle durch **unspezifische Oberflächenkräfte**."

Dieser letzte Passus entspricht zweifellos nicht den Tatsachen. Es ist hier nicht der Platz, auf die schon im 2. Kapitel (S. 79 f.) angedeuteten und im Abschnitt über die biologische Dehydrierung (Kap. VI, S. 215 f.) eingehend belegten Tatsachen über die enorme Spezifität der Substrataktivierung nochmals in Einzelheiten einzugehen. Leugnet sie Warburg, so ist er auf der anderen Seite gezwungen, eine Unzahl spezifisch wirkender, sauerstoffaktivierender Eisenkomplexe von jeweils recht begrenztem Wirkungsbereich anzunehmen. Denn wie Wieland[1] es einmal ausdrückt: „Die Zelle ist kein Ofen, in dem alles wahllos verbrannt wird." Aber es ist äusserst schwer vorzustellen, dass diese sauerstoffaktivierenden Eisenverbindungen bei ihrer oxydativen Funktion nicht nur auf die Konstitution, sondern sogar auf die optische Konfiguration der Substrate Rücksicht nehmen können, wie dies der oxydierende Mechanismus der Zelle tatsächlich vermag.

Trotzdem scheint Warburg zu dieser Zeit einer solchen Auffassung zuzuneigen. Er weist auf die drei Modelle: Oxydation von Aminosäuren an Blutkohle, Oxydation von Zucker in (schwermetallhaltiger) Phosphatlösung und die von Meyerhof[2] aufgefundene Oxydation von ungesättigten Fettsäuren in Gegenwart von SH-Verbindungen hin. (Im letzteren Falle ist die Notwendigkeit von Metallspuren allerdings nicht eindeutig erwiesen[3].) Darin sieht er den Beweis für die spezifische Wirkung des Eisens je nach seiner Bindungsart. „Das Atmungsferment ist die Summe aller katalytisch wirksamen Eisenverbindungen, die in der Zelle vorkommen."

Überzeugend ist diese Formulierung nicht. Wir kennen auch heute noch keinen Modellversuch mit Eisen, bei dem die im Organismus so leicht verbrennlichen gesättigten Fettsäuren messbar angegriffen würden; Bernsteinsäure, die im intakten Muskel wie in Fermentlösungen spielend leicht abgebaut wird, ist in Abwesenheit der biologischen Katalysatoren gegen die kräftigsten Oxydantien einschliesslich des durch Eisen aktivierten Sauerstoffes beständig. Auch der Chemismus des biologischen Bernsteinsäureabbaues, der sich primär auf die Wegnahme zweier Wasserstoffatome beschränkt, entspricht nicht der Reaktionsweise aktivierten Sauerstoffs.

Alles in allem gewinnt man den Eindruck, dass die **Wieland-Thunberg**sche Formulierung des Begriffes der Substrataktivierung im Sinne einer ganz **spezifischen Lockerung bestimmter Wasserstoffatome** den Tatsachen ungleich besser gerecht wird als die **Warburgsche Auffassung** im Sinne einer **unspezifischen Oberflächenaktivierung**.

Es ist natürlich eine zweite Frage, ob die alleinige Annahme der spezifischen Wasserstoffaktivierung, wie sie Wieland und Thunberg zu dem hier behandelten Zeitpunkt vertreten, alle Erscheinungen zu erklären vermag. Diese Frage ist heute, in allgemeiner Form gestellt, zu verneinen. Ein Teil der Gründe ist bereits früher bei Behandlung der Dehydrierungstheorie (Kap. VI, 6 e und f) angeführt worden. Die genauere Abgrenzung des Gültigkeitsbereiches von Wasserstoff- und Sauerstoffaktivierungstheorie wird Sache eines abschliessenden Kapitels sein.

---

[1] H. Wieland, Hdbch. Biochem. 2, 258; 1923.
[2] O. Meyerhof, Pflüg. Arch. 199, 531; 200, 1; 1923.
[3] W. Franke, A. 498, 129; 1932.

6. Die Kohlenoxydhemmung der Zellatmung. Das „Atmungsferment".
a) Die grundlegenden Befunde an Hefe.

Es war ein für die weitere Entwicklung der Theorie entscheidender Schritt, als Warburg im Jahre 1926 den bisher untersuchten atmungshemmenden Agentien (HCN, C_2H_5NC, H_2S, $Na_4P_2O_7$)[1] ein weiteres, das Kohlenoxyd, hinzufügte[2]. Der Gedanke war ja an sich naheliegend, wird doch das CO von zahlreichen einfachen und komplexen Schwermetallsalzen (CuCl, $Na_3[Fe(CN)_5NH_3]$ usw.)[3] reversibel gebunden, Reaktionen, die zum Teil schon lange analytisch zur Bestimmung von CO verwendet worden waren. Dazu kam die dem Biologen geläufige Tatsache, dass das CO sich auch mit dem Blutfarbstoff, dem Hämoglobin, verbindet, indem es zufolge seiner grösseren Affinität den Sauerstoff davon verdrängt.

Die Frage, ob der atmungshemmende Angriff des CO tatsächlich nur am Hämoglobin erfolge und sich nicht auch auf die Körperzellen erstrecke, hat schon Claude Bernard[4], den Entdecker des CO-Hämoglobins, beschäftigt. Es gelang ihm nicht, eine direkte Wirkung des CO auf die Zellatmung festzustellen, so dass das CO als Typus eines Blutgiftes anzusehen war.

Eine Bestätigung dieser Auffassung schien ein späterer Versuch J. Haldanes[5] zu erbringen. Setzte man der Atmungsluft von Mäusen so viel CO zu, dass der gesamte Sauerstoff vom Hämoglobin verdrängt wurde, so erstickten die Tiere. Sie blieben jedoch am Leben, wenn man den O_2-Druck in der Atmungsluft von $1/5$ auf 2 Atm. erhöhte, ungeachtet der Tatsache, dass auch bei dem höheren O_2-Druck das gesamte Hämoglobin als CO-Verbindung vorlag. Die Erklärung des paradoxen Befundes ist die, dass bei dem erhöhten O_2-Druck trotz der Inaktivierung des Hämoglobins das Blutplasma hinreichende Quantitäten gelösten Sauerstoffes zur Versorgung der Körperzellen enthielt. Damit schien einwandfrei dargetan, dass unter Normalbedingungen des O_2-Druckes das CO lediglich den Transport des Sauerstoffes (über Oxyhämoglobin) unterbindet.

Warburg machte nun, zunächst an Hefe, die Entdeckung, dass CO trotzdem die Zellatmung direkt hemmt. Allerdings sind die grössenmässigen Verhältnisse andere als bei der Atmungshemmung des höheren, blutführenden Organismus. Während dort schon einige Promille CO in der Atmungsluft genügen, den Sauerstoff vom Hämoglobin zu verdrängen, benötigt man zur Hemmung der Zellatmung im selben Ausmass CO-Drucke von der Grössenordnung einer Atmosphäre.

---

[1] Über die Hemmung von Atmung (teilweise auch Gärung) durch As_2O_3 vgl. K. Dresel, Biochem. Zs 178, 70; 1926. — 192, 351; 1928. Unter den Warburgschen „Atmungsmodellen" (Abschnitt 2 b, 3 u. 4) erwies sich indes nur das System Weinsäure + Fe^{II} arsenempfindlich (K. Dresel, Biochem. Zs 192, 358; 1928).

[2] O. Warburg, Biochem. Zs 177, 471; 1926.

[3] Vgl. z. B. W. Manchot u. Mitarb., B. 45, 2869; 1912. — 46, 3514; 1913. — 53, 984; 1920.

[4] Cl. Bernard, Leçons sur les effets des substances toxiques et médicamenteuses, Paris 1857.

[5] J. Haldane, Jl Physiol. 18, 201; 1895.

Von besonderer Wichtigkeit für die Erkenntnis des Hemmungsmechanismus war die Beobachtung, dass die CO-Wirkung nicht nur vom Partialdruck dieses Gases, sondern auch vom gleichzeitig herrschenden Sauerstoffdruck abhängig ist. Bei konstantem CO-Druck ist die Hemmung der Zellatmung um so kleiner, je grösser der Sauerstoffdruck ist. Das CO konkurriert also mit dem O_2 um das „Atmungsferment", ganz ähnlich, wie dies für den Fall des Hämoglobins schon lange bekannt war. Quantitative Untersuchungen zeigten, dass hier wie dort eine Verteilungsgleichung derselben Form gilt, deren Konstante sich durch Atmungsmessungen bei variiertem CO- und O_2-Druck bestimmen liess[1]. Bezeichnen $[FeO_2]$ und $[FeCO]$ die Konzentrationen des mit O_2 bzw. CO verbundenen Ferments, $[O_2]$ und $[CO]$ die Konzentrationen bzw. Partialdrucke der beiden Gase, so gilt:

$$\frac{[FeO_2]}{[FeCO]} \cdot \frac{[CO]}{[O_2]} = K.$$

Die Verschiedenheit des „Atmungsferments" von Hämoglobin erkennt man daran, dass der Zahlenwert von K in obiger Gleichung etwa 9 ist, während er für die Verteilungsgleichung des Hämoglobins etwa 0,01 beträgt. Die Affinität des O_2 zum „Atmungsferment" ist ferner erheblich grösser als die zum Hämoglobin: $\frac{[FeO_2]}{[Fe] \cdot p_{O_2}} \lessgtr 2500$ nach älteren, durch nicht ausreichende Diffusionsgeschwindigkeit des O_2 beeinträchtigten Versuchen an Hefe[1], $\lessgtr 100\,000$ nach neueren und zuverlässigeren Versuchen an den viel kleineren Zellen von Kokken[2]: dagegen $\frac{[HbO_2]}{[Hb] p_{O_2}} \sim 50$. Auch mit dem Keilinschen Cytochrom besteht keine Identität, da dieses nicht mit CO reagiert[3].

Auf einen prinzipiellen Unterschied zwischen CO- und HCN-Hemmung der Zellatmung ist hier noch hinzuweisen: die HCN-Wirkung ist im Gegensatz zur CO-Hemmung unabhängig vom Sauerstoffdruck. Daraus geht hervor, dass HCN nicht wie CO mit der reduzierten Form des „Atmungsferments" reagiert. Während CO offenbar die Oxydation des Fermenteisens hemmt, verhindert HCN die Reduktion desselben. Damit steht im Einklang, dass das zweiwertige Eisen des Hämoglobins fast unempfindlich gegen HCN ist, während das dreiwertige im Methämoglobin eine starke Affinität zu HCN aufweist.

Anders als die früher besprochenen Hemmungsreaktionen zeigt die CO-Hemmung der Atmung die merkwürdige Eigenschaft der Lichtempfindlichkeit, in dem Sinne, dass die im Dunkeln beobachtete Hemmung sich im Lichte teilweise oder vollständig rückgängig machen lässt[4]. In der folgenden Abbildung ist ein derartiger, sich auf die Atmung der Bäckerhefe beziehender Versuch, bei dem in Abständen von 20 Min. belichtet und verdunkelt wurde, graphisch dargestellt.

Auch dieser Befund passte zu früher gemachten Beobachtungen über das Verhalten von Fe-CO-Verbindungen.

---

[1] O. Warburg, Biochem. Zs 189, 354; 1927.
[2] O. Warburg u. Kubowitz, Biochem. Zs 214, 5; 1929.
[3] O. Warburg, Naturwiss. 15, 546; 1927.
[4] O. Warburg, Biochem. Zs 177, 471; 1926.

So hatten schon 1891 Mond und Langer[1] festgestellt, dass Fe(CO)$_5$ im Lichte CO abspaltet. Nach Untersuchungen Dewars[2] kommt diese Lichtempfindlichkeit allein dem Eisencarbonyl, nicht dem verwandten Nickelcarbonyl zu. Wenige Jahre nach Mond und Langer fand J. Haldane[3] (1896), dass CO-Hämoglobin bei Belichtung gespalten wird, während Oxyhämoglobin unter diesen Verhältnissen beständig ist. Schliesslich erwähnt Manchot[4] (1912), dass die Verbindung Na$_3$[Fe(CN)$_5$CO] im Sonnenlicht CO entwickelt.

Systematische Untersuchungen im Warburgschen Institut führten dann 1928/29 zur Auffindung weiterer analoger Fälle photochemischer Dissoziation von Fe-CO-Verbindungen. Da an diesen Beispielen ein gut Teil der bei der Erforschung des „Atmungsferments" angewandten Methoden ausgearbeitet und geprüft worden ist, mag eine kurze Besprechung der Haupttatsachen hier am Platze sein.

Warburg[5] zieht neuerdings der Bezeichnung „Atmungsferment" — als zu unbestimmt — die Benennung „sauerstoffübertragendes Ferment der Atmung" vor, wobei der Begriff „Sauerstoffübertragung" im übertragenen Sinne zu verstehen ist. „Der Sauerstoff wird nicht als solcher übertragen, sondern er oxydiert das zweiwertige Ferменteisen zu dreiwertigem Eisen (vgl. S. 319)." Wir wollen im folgenden, soweit kein Zweifel aufkommen kann, der Kürze

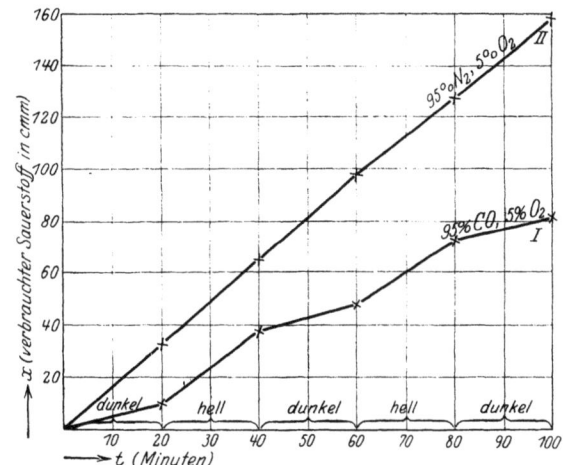

Abb. 45. Wirkung von CO auf die Atmung lebender Zellen im Dunkeln und bei Belichtung. (Nach Warburg.)

8 mg Bäckerhefe in 2 ccm $\begin{cases} \frac{m}{20}\text{-KH}_2\text{PO}_4 \\ \frac{m}{18}\text{-Glucose} \end{cases}$

T = 20°.

halber die alte Bezeichnung, die auch in die Literatur übergegangen ist, beibehalten.

J. B. S. Haldane[6] bezeichnet das Atmungsferment als „Oxygenase". Diese Bezeichnung — der Bach-Chodatschen Terminologie (S. 275) entnommen — hat in die deutsche Literatur kaum Eingang gefunden.

b) Modellversuche zur lichtempfindlichen Kohlenoxydhemmung der Atmung.

α) Die Bestimmung des relativen Katalysatorspektrums. Im Gegensatz zu dem nicht wesentlich katalytisch wirkenden Hämoglobin kommen der von der Eiweisskomponente befreiten eisenhaltigen Grundverbindung, dem Hämin, oxydationskatalytische Eigenschaften in grösserem Umfange zu. Eine seiner am längsten bekannten Funktionen dieser Art ist die zuerst von

---

[1] L. Mond u. Langer, Chem. Soc. 59, 1090; 1901.
[2] J. Dewar u. Jones, Proc. Roy. Soc. (A) 76, 558; 1905. — 79, 66; 1907.
[3] J. Haldane u. Smith, Jl Physiol. 20, 497; 1896. — 22, 231; 1897.
[4] W. Manchot, B. 45, 2869; 1912.
[5] Z. B.: O. Warburg u. Negelein, Biochem. Zs 244, 9; 1932.
[6] J. B. S. Haldane u. Stern, Allgemeine Chemie der Enzyme. Dresden 1932.

Harrison[1] (vgl. S. 296) beobachtete O_2-Übertragung auf Cystein, das dabei in Cystin übergeht.

Wie H. A. Krebs[2] 1928 fand, wird diese nicht eben sonderlich effektive Katalyse (Wirkungsquotient $W \sim 5500\text{—}7800 \; \frac{\text{cmm } O_2}{\text{mg Fe} \times \text{Std}}$) des in Phosphat- bzw. Boratpuffer gelösten Hämins durch CO bei annähernd den gleichen Gasdrucken gehemmt wie die Atmung lebender Zellen; hingegen ist die Lichtempfindlichkeit der CO-Verbindung unter diesen Verhältnissen rund 10000mal kleiner als diejenige der CO-Verbindung des Atmungsferments.

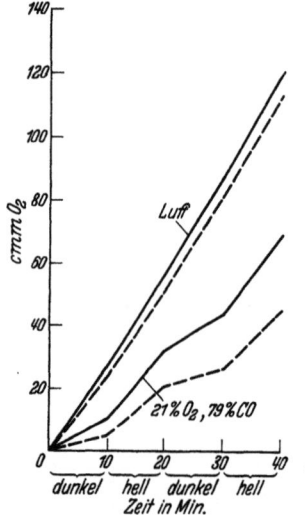

Abb. 46. Wirkung von CO auf die Hämonicotin- (—) und die Hämopyridin- (-----) Katalyse der Cysteinoxydation. (Nach Krebs.) pH etwa 10,7; T = 20°.

In der Bindung an organische Basen, wie Pyridin und Nicotin, erhöht sich einerseits die katalytische Wirksamkeit des Hämins ganz enorm — W erreicht Werte von 2000000 —, andererseits aber auch die Lichtempfindlichkeit der entsprechenden CO-Verbindungen, indem diese nun durch Licht von $1/10000$ Sonnenintensität, also den auch beim Atmungsferment wirksamen Dosen, gespalten werden. Die Analogie zwischen der Wirkung von CO auf die Hämopyridin- bzw. Hämonicotinkatalyse der Cysteinoxydation (Abb. 46) und derjenigen auf die Atmung der lebendigen Substanz (Abb. 45) ist in die Augen fallend.

Es war ein naheliegender und von Warburg bereits in seiner ersten Arbeit über die CO-Hemmung der Hefeatmung realisierter Gedanke, bei der Reaktivierung der gehemmten Atmung nicht gewöhnliches „weisses", sondern monochromatisches Licht zur Anwendung zu bringen. Es hatte sich ergeben, dass die Atmung je nach der eingestrahlten Wellenlänge in verschiedenem Ausmasse steigt. Wurden die Strahlungsintensitäten so ausgeglichen, dass sie in allen untersuchten Spektralbezirken annähernd gleich waren, so war deutlich zu erkennen, dass von Rot keine photochemische Wirkung ausgeübt wurde, während im Gelb, Grün und Blau eine derartige Wirkung vorhanden war, wobei sich Blau ums Mehrfache effektiver erwies als Gelb und Grün.

Die wahrscheinlichste Ursache der verschieden starken Wirkung der einzelnen Wellenlängen war nun zweifellos die, dass die CO-Verbindung des „Atmungsferments" dieselben verschieden stark absorbiert. Stellt man die Wirkung des Lichts in der Abhängigkeit von der Wellenlänge graphisch dar, so würde also die erhaltene „Wirkungskurve" nichts anderes darstellen als das Absorptionsspektrum der CO-Verbindung des Atmungsferments. Zwei Möglichkeiten standen prinzipiell für seine Bestimmung zur Verfügung: die

---

[1] D. C. Harrison, Biochem. Jl 18, 1009; 1924.
[2] H. A. Krebs, Biochem. Zs 193, 347; 1928. — 204, 322; 1929.

schon angegebene, Zellen in CO mit verschiedenfarbigem Licht gleicher Intensität zu bestrahlen und die Wirkungen zu vergleichen; oder aber bei gleichen Wirkungen das Intensitätsverhältnis der verschiedenen Sorten eingestrahlten Lichtes festzustellen.

Eine Nachprüfung dieses Prinzips, aus der photochemischen Beeinflussung einer Katalyse das Absorptionsspektrum des Katalysators zu bestimmen, schien vor seiner Anwendung auf einen Biokatalysator dringend erwünscht, da insbesondere die Annahme, dass die Wirkungsunterschiede ausschliesslich auf Absorptionsunterschiede zurückgehen, zum mindesten nicht a priori als erfüllt angesehen werden konnte. Hierfür in besonderem Masse geeignet war eben das Hämonicotinmodell von Krebs mit der hohen Effektivität und Lichtempfindlichkeit seines Katalysators.

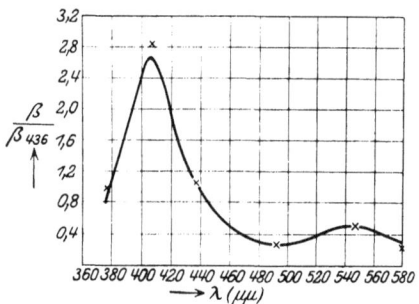

Abb. 47. Relatives Absorptionsspektrum der CO-Verbindung des Hämonicotins, bolometrisch (—) und photochemisch (×) bestimmt.
(Nach Warburg und Negelein.)

Auf der einen Seite konnte man in der homogenen wässrigen Lösung des Reaktionssystems, in dem nur der Katalysator im sichtbaren Spektralgebiet absorbiert, dessen Absorptionsspektrum nach den gebräuchlichen physikalischen Methoden, photometrisch oder bolometrisch, bestimmen. Andererseits konnte man die „Wirkungskurve" aufnehmen, indem man die durch CO gehemmte Katalyse durch Bestrahlung wieder partiell in Gang setzte und die Lichtwirkungen als Funktion der Wellenlänge darstellte. Ist die oben gemachte Voraussetzung richtig, so müssen die direkt ermittelte Absorptionskurve und die Wirkungskurve ihrer Form nach übereinstimmen.

Diese Prüfung der Theorie ist von Warburg und Negelein[1] durchgeführt worden.

Das Ergebnis ist in obenstehender Abbildung veranschaulicht, in der das bolometrisch gemessene Absorptionsspektrum des CO-Hämonicotins als ausgezogene Linie erscheint, während die Kreuze die photochemischen Wirkungen verschiedenfarbigen Lichts von gleicher Quantenintensität, bezogen auf die Wirkung der blauen Hg-Linie 436 $\mu\mu$, darstellen.

Untersucht wurden folgende 6 Linien der Quecksilberdampflampe: 366 $\mu\mu$ (ultraviolett), 408 $\mu\mu$ (violett), 436 $\mu\mu$ (blau), 492 $\mu\mu$ (blaugrün), 546 $\mu\mu$ (grün) und 578 $\mu\mu$ (gelb). Das Bild ändert sich übrigens kaum, wenn man statt mit Quanten- mit Calorienintensitäten rechnet.

Nach Abb. 47 kann kein Zweifel mehr daran bestehen, dass die Voraussetzung der Methode zur Bestimmung des Fermentspektrums zutrifft und dass man demnach prinzipiell auch das Spektrum eines Biokatalysators aus der photochemischen Beeinflussung der Katalyse ermitteln kann.

Was den Mechanismus der Oxydationskatalyse im vorliegenden Fall anbetrifft, so ist die Beobachtung von Krebs (l. c.) bedeutsam, dass reinstes Cystein nicht oder nur sehr langsam vom dreiwertigen Eisen des Nicotinhämins oxydiert wird, rasch hingegen bei Gegenwart einer Spur Fe-Salz. Bezeichnet $(Fe)_C$ Cystein-Eisen, $(Fe)_H$ Hämin-Eisen, so ist der wesentliche Vorgang bei der Katalyse offenbar:

$$(Fe^{III})_H + (Fe^{II})_C = (Fe^{II})_H + (Fe^{III})_C.$$

---

[1] O. Warburg u. Negelein, Biochem. Zs 200, 414; 1928.

Oxydation von $(Fe^{II})_H$ durch Luftsauerstoff und Reduktion von $(Fe^{III})_C$ durch Cystein sind weitere rasch verlaufende Teilphasen. Die hemmende Wirkung des CO beruht auch hier auf seiner Konkurrenz mit O_2 um das zweiwertige Eisen des Nicotin-Hämochromogens $(Fe^{II})_H$ (vgl. Abb. 46).

Mit wenigen Worten ist noch auf die quantenenergetischen Verhältnisse bei der photochemischen Spaltung von CO-Nicotin- (bzw. Pyridin-) hämochromogen einzugehen[1]. Untersucht man die Lichtdissoziation der Fe-CO-Verbindungen quantitativ — unter Anlehnung an die zuerst von Emil Warburg an der Halogenwasserstoff-Photolyse ausgearbeitete Methodik —, so findet man beim Vergleich der absorbierten Energie an eingestrahltem (monochromatischem) Lichte mit der abgespaltenen CO-Menge, dass das Einsteinsche photochemische Äquivalenzgesetz recht gut erfüllt ist, Reaktionsketten also nicht in Frage kommen. Die Zahl der durch Lichtwirkung gespaltenen Fe-CO-Gruppen erweist sich — unabhängig von der Wellenlänge — gleich der Zahl der absorbierten Lichtquanten. Für die photochemische Spaltung des CO-Pyridin- (bzw. Nicotin-) hämochromogens gilt also die Beziehung:

$$Fe^{II}CO + h\nu = Fe^{II} + CO.$$

Eine zweite, von Warburg näher untersuchte, lichtempfindliche Eisencarbonylverbindung ist das von W. Cremer[2] entdeckte Kohlenoxyd-Ferrocystein, eine orangefarbene Verbindung, in der auf 1 Fe^{II} 2 CO kommen. Warburg und Negelein[3] zeigten, dass hier die Quantenbeziehung

$$Fe^{II}(CO)_2 + h\nu = Fe^{II} + 2\,CO$$

gilt. Hier lässt sich, da die Lichtabsorptionskoeffizienten rund 100mal kleiner sind als im Fall der CO-Hämochromogene, das Absorptionsspektrum in besonders einfacher Weise, nämlich durch Messung des Druckes an abgespaltenem CO, erhalten. Bei der schwachen Lichtabsorption sind nämlich die Schichtdicken der bestrahlten Lösung als unendlich dünn zu betrachten, es besteht Proportionalität zwischen der Zahl der absorbierten und der Zahl der eingestrahlten Quanten und es gilt die einfache Beziehung

$$\frac{W_1}{W_2} = \frac{\beta_1}{\beta_2} \cdot \frac{i_1}{i_2} \cdot \frac{\lambda_1}{\lambda_2},$$

worin W die photochemischen Wirkungen, β die Absorptionskoeffizienten und $i \times \lambda$ die Quantenintensitäten darstellen.

Im Fall der CO-Hämochromogene ist die Methode der direkten CO-Druckmessung deshalb nicht anwendbar, weil bei noch gut messbaren CO-Drucken die Lichtabsorption bereits zu gross ist, was gegen die Voraussetzung der obigen Gleichung verstösst. Deshalb bestimmt man dort bei sehr kleinen Hämochromogenkonzentrationen eine dem nicht mehr genau messbaren Druck äquivalente Grösse, die katalytische Wirkung gegenüber Cystein.

---

[1] O. Warburg u. Negelein, Biochem. Zs 200, 414; 1928. — 204, 495; 1929 (Berichtigung).

[2] W. Cremer, Biochem. Zs 194, 231; 1928. — 206, 228; 1929.

[3] O. Warburg u. Negelein, Naturwiss. 16, 387; 1928. — Biochem. 200, 414; 1928. — 204, 495; 1929 (Berichtigung).

In der nachstehenden Abbildung ist wiederum das nach zwei verschiedenen Methoden, nämlich einmal bolometrisch, das andere Mal durch Druckmessung bestimmte relative Absorptionsspektrum (bezogen auf β_{436} als Einheit) dargestellt. Auch hier passen sich die aus den Wirkungen ermittelten Punkte der bolometrisch bestimmten Absorptionskurve ausgezeichnet ein.

Auf weitere von Warburg und Mitarbeitern untersuchte Fälle lichtempfindlicher FeCO-Verbindungen kann hier nur hingewiesen werden. Hierher gehört die Spaltung von Eisenpentacarbonyl, $Fe(CO)_5$, im Lichte[1], für die sich als Primärvorgang mit der Quantenausbeute 1 die Reaktion

$$Fe(CO_5) = Fe(CO)_4 + CO$$

ergab, an die sich nach Dewar und Jones (S. 327, l. c.) die Sekundärreaktion

$$Fe(CO)_4 + Fe(CO)_5 = Fe_2(CO)_9$$

anschliesst.

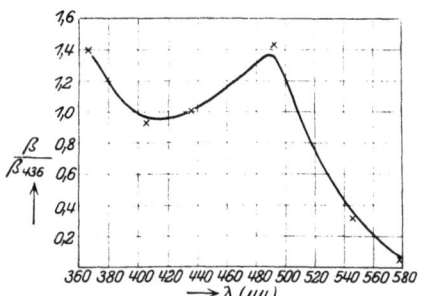

Abb. 48. Relatives Absorptionsspektrum des CO-Ferrocysteins.
(Nach Warburg u. Negelein.)
Ausgezogene Linie: bolometrische Werte.
Kreuze: photochemisch (durch Druckmessung) bestimmte Werte.

Ferner ist auf die interessante Tatsache hinzuweisen, dass die CO-Verbindung des Methylcarbylamin- $(CH_3N:C)$-Hämoglobins die lichtempfindlichste bisher bekannte CO-Eisenporphyrinverbindung darstellt[2]. Unter Belichtungsbedingungen, unter denen für CO-Hämoglobin keine Verschiebung des Dunkelgleichgewichts festzustellen ist, steigt die Verteilungskonstante für das Carbylamin-Hämoglobin auf das 3600fache ihres Dunkelwerts.

β) Das absolute Absorptionsspektrum. Nach der im vorangehenden beschriebenen Methode zur Bestimmung von spektralen Eigenschaften einer Verbindung aus Wirkungsgrössen gelangt man stets nur zum sog. relativen Absorptionsspektrum, aus dem die Lage und das Intensitätsverhältnis, nicht aber die absolute Höhe der Banden abzulesen ist. Die Methode hat sich aber in den Händen Warburgs als ausbaufähig und auch zur Bestimmung absoluter Absorptionskoeffizienten geeignet erwiesen[3]. Die exakte Darlegung des Warburgschen Gedankenganges erfordert einen recht erheblichen mathematischen Apparat, so dass im Rahmen dieses Buches auf diesbezügliche Einzelheiten verzichtet und nur das Prinzip der Methode dargelegt werden soll.

Bestrahlt man ein durch CO gehemmtes Reaktionssystem, etwa Hämonicotin + Cystein, so steigt die Geschwindigkeit der O_2-Aufnahme nicht sofort vom Dunkel- auf den Hellwert. Man hat vielmehr bei der Bestrahlung des vorher verdunkelten Systems einen zeitlichen Anstieg, so lange bis durch Anhäufung der Spaltprodukte die rückläufige Reaktion gleich der Spaltung geworden ist; umgekehrt hat man bei plötzlicher Verdunkelung eine gewisse Nachwirkung des Lichtes, bis die gesteigerte Rekombination mit der Spaltung ins Gleichgewicht gekommen ist. Es ist auch ohne rechnerische Darlegung leicht einzusehen, dass zwischen dem zeitlichen Anstieg bzw. Abfall der Lichtwirkung und der Farbintensität des Katalysators direkte Beziehungen bestehen müssen. Absorbiert dieser stark, so erfolgt bei Belichtung eine rasche Spaltung,

---

[1] O. Warburg u. Negelein, Naturwiss. 16, 860; 1928. — Biochem. Zs 204, 495; 1929 (Berichtigung).

[2] O. Warburg, Negelein u. Christian, Biochem. Zs 214, 26; 1929.

[3] O. Warburg u. Negelein, Biochem. Zs 202, 202; 1928.

entsprechend einem schnellen Anstieg der Lichtwirkung. Umgekehrt kann man aus diesen Geschwindigkeiten des Anstiegs (und Abklingens) der Lichtwirkung die absoluten Absorptionskoeffizienten berechnen.

Es ist im allgemeinen nicht möglich, die fraglichen Geschwindigkeiten bei einem einzelnen Lichtwechsel exakt zu ermitteln, da sie zu gross sind. Man hilft sich damit, dass man viele Lichtwechsel in kurzen Abständen aufeinander folgen lässt, d. h. mit intermittierender Bestrahlung. Bei gleich langen Dunkel- und Hellperioden und genügend grosser Wechselzahl (bis zu 6000 pro Min.) ist die Lichtwirkung grösser als bei ebenso lange dauernder Bestrahlung mit der halben Lichtintensität. Aus der Grösse dieses Differenzeffektes und der Wechselzahl resultieren die Geschwindigkeiten von Anstieg und Abklingen der Lichtwirkung und damit, für gegebene Lichtintensität, der Bruchteil der pro Zeiteinheit gespaltenen Fe-CO-Moleküle $-\dfrac{dc}{c\,dt}$, der aber nach dem Einsteinschen Gesetz, das ja hier gilt, gleich dem Bruchteil der pro Zeiteinheit absorbierenden Fe-CO-Moleküle ist. Ist wiederum die Bedingung kleiner Lichtabsorption erfüllt (S. 330), so gilt

$$-\frac{dc}{c\,dt} = \frac{i\cdot\beta}{N_0\,h\,\nu},$$

worin $N_0\,h\,\nu$ der Energieinhalt von einem Mol Quanten und β der gesuchte absolute Absorptionskoeffizient ist. Die Katalysator- (und dementsprechend später die Ferment-) Konzentration geht nicht in diese Gleichung ein, da es ja immer nur auf das Verhältnis der zerfallenden zur Gesamtzahl der Moleküle ankommt.

c) Das Atmungsferment in lebenden Zellen.

α) Spektroskopische Befunde. Bei der Anwendung der im vorstehenden beschriebenen Methoden auf die lebendige Substanz diente Warburg[1] als Versuchsobjekt im wesentlichen Hefe (meist Torula utilis); später wurden die Befunde durch Untersuchungen an Essigbakterien (Bacterium pasteurianum) und (Ratten-) Netzhaut erweitert, wobei sich das Fermentspektrum aller untersuchten Zellarten nach Lage und Intensitätsverhältnis der Banden als nahezu gleich erwies.

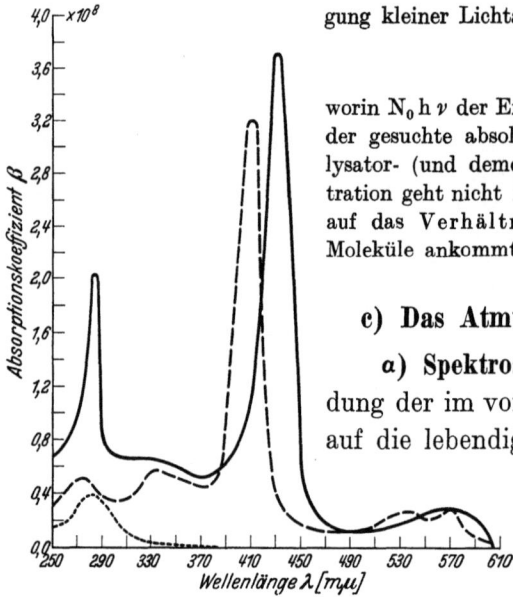

Abb. 49. Die absoluten Absorptionsspektren von Atmungsferment (—), Protohäm (- - -) und Ferrocystein (......). (Nach Warburg u. Negelein.)

In der obenstehenden Abbildung aus dem Jahre 1929 ist (in stark ausgezogener Linie) das absolute Absorptionsspektrum der CO-Verbindung des Atmungsferments (in Hefe) wiedergegeben. Gestrichelt bzw. punktiert sind zum Vergleich die analogen Kurven der CO-Verbindung des Protohäms (in wässriger, schwach alkalischer Cysteinlösung reduziertes Protohämin, Fe^{II} enthaltend; vgl. Schema Abb. 53) und der CO-Verbindung des Ferrocysteins eingezeichnet.

Das fundamental wichtige, in der Abbildung zum Ausdruck kommende Ergebnis der Warburgschen Untersuchungen ist die weitgehende Überein-

---
[1] O. Warburg u. Negelein, Biochem. Zs 193, 339; 202, 202; 204, 495; 1928. — 214, 64, 101; 1929. — 262, 237; 1933. — Elektrochem. 35, 928; 1929. — O. Warburg, Naturwiss. 16, 345, 856; 1928. — Elektrochem. 35, 549; 1929. — Angew. Chem. 45, 1; 1932. Ferner F. Kubowitz u. Haas, Biochem. Zs 255, 247; 1932.

stimmung zwischen dem Spektrum des Atmungsferments und des Protohäms. (Die ultraviolette Bande des Atmungsferments bei 280 $\mu\mu$ interessiert hier nicht, da sie wahrscheinlich mit der Eiweisskomponente der Häminverbindung zusammenhängt). Eine Verschiebung des CO-Häminspektrums um etwa 20 $\mu\mu$ nach rot würde die beiden Spektren nahezu zur Deckung bringen. Auch bei den resp. Maxima von 433 bzw. 414 $\mu\mu$ unterscheiden sich die Absorptionskoeffizienten nur um etwa 15%, während bei dem gemeinsamen Minimum in der Nähe von 490 $\mu\mu$ die Differenz nur die Hälfte beträgt.

Die Farbintensität des Ferments ist so gross, dass eine $\frac{m}{1}$-Lösung desselben bereits in einer Schichtdicke von 2×10^{-6} cm das Licht der blauen Hg-Linie 436 $\mu\mu$ um die Hälfte schwächen würde. Dass man das Fermentspektrum trotzdem in den Zellen im allgemeinen nicht als solches erkennen kann, ist durch die enorm kleine Konzentration des Fermenteisens bedingt.

Als obere Grenze derselben ist von Warburg und Kubowitz für Hefe $4 \cdot 10^{-7}$ g Fe/g Zelltrockensubstanz — entsprechend $< \frac{1}{250}$ des gesamten Zelleisens —, als untere Grenze für Mikrococcus candidus $3 \cdot 10^{-8}$ g Fe/g Zellsubstanz gefunden worden[1].

Nach letzten Befunden von Warburg und Negelein[2] soll man übrigens in den (aussergewöhnlich stark atmenden) Essigbakterien die α-Bande des Atmungsferments bzw. seiner CO-Verbindung direkt sehen können.

Schon lange weiss man, dass in allen atmenden Zellen spektroskopisch deutlich erkennbar, Körper von Häminstruktur vorkommen, die MacMunnschen Histohämatine[3], heute nach Keilin[4] allgemein als Cytochrom bezeichnet; H. Fischer[5] hat sogar aus Hefe krystallisiertes Hämin darstellen können, das wahrscheinlich grösstenteils aus dem Cytochrom stammt. Aber obgleich das Cytochrom nach spektroskopischen Befunden in der Zelle reversibel oxydiert und reduziert wird, reagiert es als solches weder mit CO noch mit O_2. Wohl aber verhindert CO wie auch HCN die Oxydation des Cytochroms, so dass man nach Warburg annehmen muss, dass diese Oxydation über das Atmungsferment erfolgt[6].

Dass zwischen dem Atmungsferment und komplexen Eisenverbindungen von SH-Körpern etwa vom Typus des zellvertrauten Hopkinsschen Glutathions, keine direkten Beziehungen bestehen, geht aus dem grundlegenden Unterschied der Spektren (Abb. 49) klar hervor und war auch nach den grossen Unterschieden in der Affinität zu CO und der Lichtempfindlichkeit der CO-Verbindungen beider Fe-Komplexe nicht überraschend[7].

β) „Synthetische" Versuche. Nach Aufstellung des absoluten Absorptionsspektrums des Atmungsferments waren die Bemühungen Warburgs und seiner Mitarbeiter vor allem darauf gerichtet, die geringen Unterschiede zwischen Atmungsferment-Spektrum und Hämin- bzw. Hämoglobin-Spektrum ihrer

---

[1] O. Warburg u. Kubowitz, Biochem. Zs 203, 95; 1928. — 214, 5; 1929.
[2] O. Warburg u. Negelein, Biochem. Zs 262, 237; 1933.
[3] C. A. MacMunn, Phil. Trans. 177, 267; 1886. — Jl Physiol. 8, 51; 1887.
[4] D. Keilin, Proc. Roy. Soc. (B) 98, 312; 1925.
[5] H. Fischer u. Schwerdtel, H. 175, 248; 1928.
[6] O. Warburg, Biochem. Zs 189, 354; 1927. — O. Warburg u. Kubowitz, Biochem. Zs 227, 184; 1930.
[7] O. Warburg u. Negelein, Elektrochem. 35, 928; 1929.

Ursache nach aufzuklären[1]. Zu dem Versuch, auf Grund der Fermentbanden zu Aussagen über die Konstitution des Fermenthämins zu gelangen, ist zunächst zu bemerken, dass die absolute Höhe derartiger Banden auch für ein und dasselbe Hämin innerhalb gewisser Grenzen — und bedingt durch Salzkonzentration, Lösungsmittel usw. — schwankt. Hinsichtlich der absoluten Bandenhöhe hat man also bei derartigen Identifizierungsversuchen nur auf grössenordnungsmässige Übereinstimmung zu achten.

Eine zweite Frage ist die, welche Banden überhaupt zur Klassifizierung der Häminkomponente des Atmungsfermentes geeignet sind.

Hierzu ist zu sagen, dass die ultravioletten Banden ($\lambda < 400$ $\mu\mu$) in den freien Häminen zwar angedeutet sind (vgl. Abb. 49), dass sie ihre volle Ausbildung aber erst bei der Kopplung des Hämins an einen Eiweisskörper erlangen. Insofern sind, wie vorher schon angedeutet (S. 333), die links von der Hauptabsorptionsbande liegenden Banden bei der Beantwortung der Frage nach der Konstitution der Häminkomponente von ganz untergeordneter Bedeutung.

So bleiben im wesentlichen nur mehr zwei zur Charakterisierung des Fermenthämins geeignete Banden, die Hauptabsorptionsbande (433 $\mu\mu$) im Blau und die langwelligste Nebenbande (590 $\mu\mu$) im Gelb (vgl. Abb. 49 u. 50), zu denen in letzter Zeit noch eine weitere, zwischen beiden liegende β-Bande (bei 540 $\mu\mu$) gekommen ist, deren exakte Lage jedoch noch nicht ganz feststeht.

Nach O. Warburg lassen sich die Hämine — die komplexen Eisenverbindungen der Porphyrine, in denen vier Pyrrolkerne durch vier in α-Stellung eingreifende Methingruppen vereinigt sind — in rote, grüne und mischfarbene einteilen.

Das wichtigste der roten Hämine ist das gewöhnliche Blutfarbstoff- oder Protohämin, dessen Konstitution von H. Fischer im Sinne der folgenden Formel

aufgeklärt worden ist[2].

---

[1] Vgl. die Zusammenfassung von O. Warburg, Angew. Chem. 45, 1; 1932 (Nobelvortrag).

[2] Vgl. die Zusammenfassungen von H. Fischer, Naturwiss. 17, 611; 1929. — Angew. Chem. 44, 617; 1931 (Nobelvortrag). — Ferner H. Fischer u. Treibs, Hdbch. Biochem., Erg.-Bd. 72; 1930.

Von anderen, nur durch die Art der Seitenketten von dem, dem gewöhnlichen Hämin zugrunde liegenden Protoporphyrin abweichenden Porphyrinen leiten sich Meso-, Hämato-, und Deuterohämin ab. Lässt man zur Vereinfachung der umfangreichen Formelschreibweise die 4 Methingruppen und die untere Hälfte der 4 Pyrrolkerne weg und deutet nur die obere mit den beiden β-Substituenten an (⌐⌐), so lassen sich die Porphyrine der oben genannten Hämine folgendermassen symbolisieren:

Protoporphyrin (Ooporphyrin)   Mesoporphyrin

Hämatoporphyrin   Deuteroporphyrin

Rote Hämine sind ferner die Eisenverbindungen folgender, von einem anderen Typ sich ableitender, natürlich vorkommender Porphyrine:

Koproporphyrin   Uroporphyrin

Konchoporphyrin

Ferner gehören in die Gruppe der roten Hämine Pyrro-, Rhodo- und Phyllohämin, deren Porphyrine

Pyrroporphyrin   Rhodoporphyrin

$$\begin{array}{c}
\text{H}_3\text{C} \quad\quad \text{C}_2\text{H}_5 \\
\text{H}_3\text{C} \quad\quad \text{CH}_3 \\
\text{HO}_2\text{C} \cdot \text{H}_4\text{C}_2 \quad\quad \text{C}_2\text{H}_5 \\
\text{CH}_3 \;\; \text{H} \quad \text{CH}_3
\end{array}$$

Phylloporphyrin

Willstätter[1] durch tiefgreifenden, reduktiven Abbau von Chlorophyll darstellte.

Was die Lagen der charakteristischen Banden der CO-Verbindungen aller dieser Hämine anbetrifft, so liegt die Hauptbande durchwegs unterhalb 420 $\mu\mu$ (gegen 433 $\mu\mu$ beim Atmungsferment) und die α-Bande unterhalb 570 $\mu\mu$ (gegen 590 $\mu\mu$ beim Atmungsferment). Da die Fermentbanden also um **wenigstens 13—20 $\mu\mu$ gegen die Banden der roten Hämine nach Rot verschoben sind, kann das Fermenthämin nicht zur Klasse der roten Hämine gehören.**

Die **grünen Hämine** leiten sich vom Chlorophyll ab, dessen Konstitution — zum wenigsten hinsichtlich der a-Komponente — kürzlich gleichfalls von H. Fischer[2] definitiv festgelegt worden ist:

[Structure of Chlorophyll with Mg center, rings I–IV, and Phytyl group]

(Chlorophyll b unterscheidet sich von a wahrscheinlich nur durch Ersatz der mit * bezeichneten CH_2-Gruppe durch CO[3].)

Entfernt man aus dem Chlorophyll das Magnesium (und den Phytylrest) und führt statt dessen ein Eisenatom ein, so erhält man Hämine, die ihre Farbe einer (auch dem Chlorophyll eigenen) starken Bande im Rot verdanken. Diese Bande fehlt im Fermentspektrum, weshalb die aktive Gruppe des Ferments auch nicht durch ein grünes Hämin repräsentiert sein kann.

Den **mischfarbenen Häminen** liegen Porphyrine zugrunde, die man (nach Fischer) durch vorsichtige Reduktion von Chlorophyll (mit HJ) erhält und die er **Phäoporphyrine** genannt hat.

Hierher gehört u. a. das **Phylloerythrin**, das biologisch durch Reduktion von Chlorophyll im Verdauungstrakt der Wiederkäuer entsteht und auch aus der Galle isoliert werden kann[4]:

---

[1] R. Willstätter u. Stoll, Untersuchungen über Chlorophyll, Berlin 1913.
[2] H. Fischer, A. 502, 175; 1933.
[3] H. Fischer u. Mitarb., A. 503, 1; 1933.
[4] W. F. Löbisch u. Fischler, M. 24, 335; 1903.

Interessant sind die Beziehungen des Chlorophyllreduktionsprodukts Phäoporphyrin a_5

zum Blutfarbstoff, insofern als dieses als ein Mesoporphyrin (S. 335) aufgefasst werden kann, in dem der $CH_2 \cdot CH_2 \cdot COOH$-Rest des Pyrrolkerns III zu $CHOH \cdot CO \cdot COOH$ oxydiert und damit zum Ringschluss mit der Methingruppe befähigt ist[1].

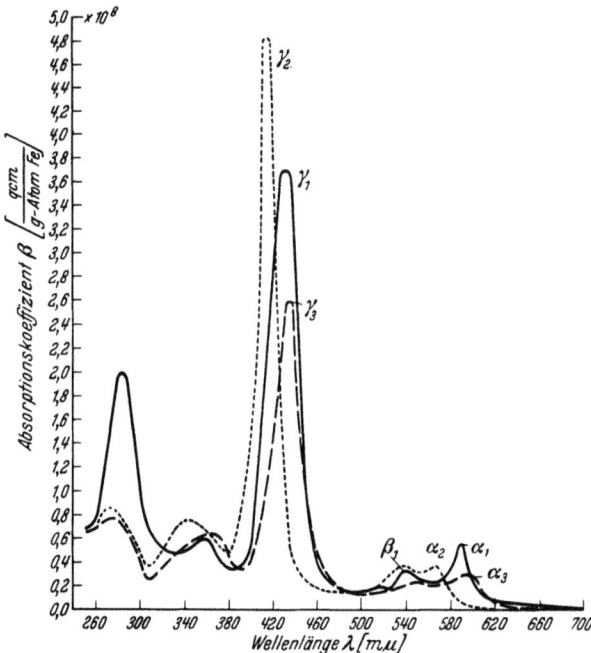

Abb. 50. Absolutes Absorptionsspektrum der CO-Verbindung 1. des Atmungsferments (—), 2. des Hämoglobins (……) und 3. des Spirographishämoglobins (— — —). (Nach Warburg.)

[1] H. Fischer, Moldenhauer u. Süss, A. 486, 107; 1931.

Die Banden der Fischerschen Phäohämine, liegen zwar den Fermentbanden schon näher, jedoch sind sie immer noch zu kurzwellig. Anders wird dies, wenn man, wie Warburg und Christian[1] nicht vom Chlorophyll a, sondern von der b-Komponente ausgeht. Phäohämin b, an Globin gekoppelt, kommt hinsichtlich der Hauptbande dem Atmungsferment auf 2 $\mu\mu$ nahe, während die α-Bande um 8 Einheiten zu weit nach Rot liegt. Noch näher kommt man dem Spektrum des Atmungsferments, wenn man von Spirographis-Hämin, das aus Chlorocruorin, dem Blutfarbstoff des Borstenwurms Spirographis, isoliert werden kann, ausgeht und es an Globin koppelt[2]; die Abweichung gegenüber dem Atmungsferment beträgt hier für die beiden Banden nicht mehr als 1 bzw. 4 $\mu\mu$.

Tabelle 27. Haupt (γ)- und α-Absorptionsbande der CO-Verbindungen von:

	γ	α
Atmungsferment	433 $\mu\mu$	590 $\mu\mu$
Hämoglobin	420 ,,	570 ,,
Chlorocruorin	439 ,,	598 ,,
Phäohämoglobin b	435 ,,	598 ,,
Spirographis-Hämoglobin	434 ,,	594 ,,

Die Abb. 50 S. 337 bringt nochmals eine Aufnahme des CO-Atmungsfermentspektrums, und zwar neuesten Datums. Zum Vergleich sind auch die Spektren einiger im vorangehenden erwähnter CO-Hämin-Eiweiss-Verbindungen mit eingezeichnet. Die obenstehende Tabelle enthält die exakten Angaben der Wellenlängen für die Haupt (γ)- und die α-Bande der einzelnen Verbindungen[3].

Es erhebt sich schliesslich noch die Frage nach den konstitutiven Eigenheiten des dem Atmungsferment zugrunde liegenden Hämintyps. Von H. Fischer[4] ist die Konstitution des in das Warburgsche Phäohämin eingehenden Phäoporphyrins (b_6 nach H. Fischer) kürzlich aufgeklärt worden:

Was das Spirographisporphyrin anbetrifft, so hat Warburg[5] hier orientierende Untersuchungen vorgenommen. Darnach unterscheidet es sich vom Protoporphyrin (S. 335) durch einen Mindergehalt zweier C- und einen Mehrgehalt an einem O-Atome. Es enthält zwei Carbonyl- und, wie sich aus

---

[1] O. Warburg u. Christian, Biochem. Zs 235, 240; 1931.
[2] O. Warburg, Negelein u. Haas, Biochem. 227, 171; 1930. — O. Warburg u. Negelein, Biochem. Zs 244, 9; 1932.
[3] O. Warburg, Angew. Chem. 45, 1; 1932.
[4] H. Fischer u. Mitarb., A. 503, 1; 1933. — 506, 83; 1933.
[5] O. Warburg u. Negelein, Biochem. Zs 227, 171; 1930. — 244, 9, 239; 1932.

der Oximbildung ergibt, eine Ketogruppe. Das Ketonsauerstoffatom unterscheidet das Spirographishämin von den roten Häminen und reiht es in die Klasse der Phäohämine ein.

Kürzlich hat Negelein[1] zunächst aus Taubenmuskel, später aus rohem Bluthämin — das $2^o/_{oo}$ des neuen Stoffes als Verunreinigung enthalten soll — ein weiteres mischfarbenes Hämin, Kryptohämin (bzw. das entsprechende Porphyrin), isoliert, in dem er nach dem Spektrum der Globinverbindung das Hämin des Atmungsferments vermutet. Neuerdings neigt er allerdings der Ansicht zu, dass es sich um ein bei der Isolierung gebildetes Sekundärprodukt handelt.

Die formelmässigen Beziehungen zwischen Protoporphyrin und den „mischfarbenen" Porphyrinen kommen in folgender Zusammenstellung zum Ausdruck:

Protoporphyrin: $C_{34}H_{34}N_4O_4$;
Spirographisporphyrin: $C_{32}H_{30}N_4O_5$;
Kryptoporphyrin: $C_{33}H_{32}N_4O_5$;
Phäoporphyrin b: $C_{34}H_{32}N_4O_6$.

Eine merkwürdige Eigenschaft der Hämine vom Typus des Spirographis- und Phäohämins b ist noch anzuführen.

Macht man ihre Lösungen schwach alkalisch, so verschwinden die Fermentbanden und es treten bluthäminähnliche Banden auf. Durch Ansäuern lässt sich die Erscheinung rückgängig machen. Nach Warburg[2] genügt offenbar eine oxydierte Seitenkette noch nicht zur Hervorrufung der Fermentbanden, diese erfolgt vielmehr erst durch eine Art Anhydridbildung. Im Sinne H. Fischers[3] liegt ein reversibler Prozess an der charakteristischen Gruppe der Phäoporphyrine vor:

$$=C\diagup \quad \rightleftarrows \quad =C\diagup$$
$$HC \quad CO \qquad H_2C$$
$$HO_2C \qquad \quad HO_2C \quad HO_2C$$

Die charakteristische Zwischenstellung der Phäohämine wird noch an folgendem Versuch klar. Beim Durchleiten von O_2 durch eine Lösung von Spirographishämin unter gewissen Bedingungen wird das Hämin oxydiert, wobei sich die ursprünglich mischfarbene Lösung grün färbt unter Auftreten einer chlorophyllähnlichen Bande im Rot (650 $\mu\mu$)[4]. Reduziert man andererseits mit Palladium und Wasserstoff das Spirographishämin in der Seitenkette, so resultiert ein bluthäminartiger Körper, der auch beim Ansäuern nicht mehr mischfarben wird.

Derartige Beobachtungen legen nach Warburg die Vermutung nahe, „dass Blut- und Blattfarbstoff in der Entwicklung aus dem Ferment entstanden sind, der Blutfarbstoff durch Reduktion, der Blattfarbstoff durch Oxydation. Denn offenbar ist das Ferment früher dagewesen als Hämoglobin und Chlorophyll"[5].

---

[1] E. Negelein, Biochem. Zs 248, 243; 1932. — 250, 577; 1932.
[2] O. Warburg u. Christian, Biochem. Zs 235, 240; 1931. — O. Warburg u. Negelein, Biochem. Zs 244, 9; 1932.
[3] H. Fischer u. Mitarb., A. 486, 107; 1931. — 498, 268; 1932.
[4] Vgl. auch O. Warburg u. Negelein, B. 63, 1816; 1930.
[5] O. Warburg, Angew. Chem. 45, 1; 1932.

d) Die Stellung des Atmungsferments in der Warburgschen Theorie (1928—31).

Im Zusammenhang mit seinen Untersuchungen über das Atmungsferment hat Warburg seinen Standpunkt in der Frage nach dem Oxydationsmechanismus in der lebendigen Substanz erheblich modifiziert. Während noch 1925 das Atmungsferment als „die Summe aller katalytisch wirksamen Eisenverbindungen, die in der Zelle vorkommen", definiert worden war[1], kommt Warburg nunmehr zu dem Schluss, „dass alle Eisenatome, die den Sauerstoff in der Atmung einer Zellart übertragen, identisch gebunden sind[2]".

Massgebend für diese seine neue Auffassung ist vor allem die Beobachtung, dass bei der CO-Hemmung der Zellatmung sich der ungehemmte Atmungsrest in jeder Hinsicht wie der gehemmte Bruchteil verhält; z. B. wirkt bei beliebigen Hemmungsgraden der Atmung Belichtung in gleicher Weise. Insbesondere sind die Lichtabsorptionskoeffizienten des Ferments die gleichen bei verschiedenen Hemmungsgraden. Das wäre nach Warburg nicht verständlich, wenn nur ein Teil des Gesamtsauerstoffes durch das Hämin des Atmungsferments, ein anderer beispielsweise durch Eisencystein oder andere Eisenkomplexe übertragen würde. Denn dann müsste man je nach dem Hemmungsgrad verschiedenes Fermentspektrum finden[3].

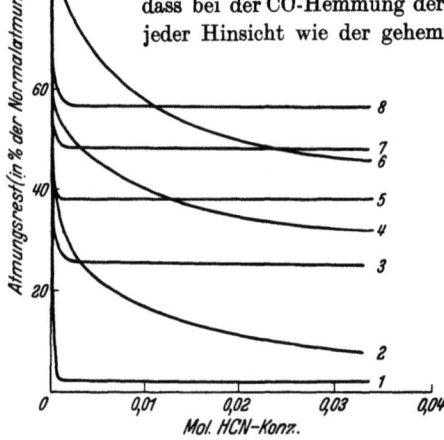

Abb. 51. Giftunempfindlicher Anteil (in %) bei HCN-Hemmung der Atmung von Hefe und verschiedenen Säugetiergeweben.
(Nach Dixon u. Elliott.)
Phosphatpuffer pH 7,3; T 40°. 1 Hefe; 2 Rattenhirn; 3 Schweineleber; 4 Rattenleber; 5 Schafsleber; 6 Ochsenleber; 7 Ochsenniere; 8 Schafsherz.

Natürlich kommt Warburg hier mit den älteren Befunden der Enzymchemie über eine Spezifität der Fermentwirkungen in Konflikt. Auch ist die Atmung von Zellextrakten im allgemeinen dem hemmenden Einfluss von Giften wie HCN, H_2S, CO u. a. weit weniger zugänglich als die Atmung der ungeschädigten Zelle.

Gerade in diese Zeit fallen auch die schon wiederholt (S. 113 u. 227 f.) zitierten Befunde von Dixon und Elliott[4], wonach — im Gegensatz zu der von Warburg hauptsächlich untersuchten Hefe — die Atmung von Säugetiergeweben in Phosphatpuffer von pH 7,3 auch durch hohe HCN-Konzentrationen nicht annähernd vollständig gehemmt wird, wovon die obige Abbildung eine Anschauung gibt.

Was zunächst den ersten Punkt, die Spezifität und die damit verbundene Forderung nach einer Mehrzahl von „Atmungsfermenten" anbetrifft, so weist Warburg[5] auf die Unbeständigkeit der Extraktatmung hin. Während im

---

[1] O. Warburg, B. 58, 1001; 1925.
[2] O. Warburg u. Negelein, Elektrochem. 35, 928; 1929.
[3] O. Warburg, Biochem. Zs 214, 1; 1929.
[4] M. Dixon u. Elliott, Biochem. Jl 23, 812; 1929.
[5] O. Warburg, Biochem. Zs 201, 486; 1928. — 214, 1; 1929.

ganz frischen Extrakt die Atmung häufig gleich der des intakten Gewebes ist, zeigt sich der beginnende Verfall bald mit einem Sinken der CO_2-Bildung an, der allmählich auch der O_2-Verbrauch folgt. Schliesslich resultieren Lösungen, in denen sich zwar noch gewisse Stoffe, wie aromatische Amine und Phenole beschleunigt autoxydieren, in denen aber die wesentlichen Wirkungen der Atmung verlorengegangen sind.

„Nennt man Oxydasen Fermente, die molekularen O_2 übertragen, so hat man in den Extrakten Oxydasen, und klassifiziert man die Oxydasen, wie es in der Fermentchemie Brauch ist, nach den beobachteten Wirkungen, so hat man in den Extrakten zu verschiedenen Zeiten verschiedene Oxydasen, Glucoseoxydase, Alkoholoxydase, Indophenoloxydase usw. Strenggenommen gibt es ebenso viele Oxydasen wie Extraktversuche. Wären die Extraktoxydasen in der lebenden Zelle vorgebildet, so enthielte ein und dieselbe Zellart unzählige Oxydasen" (l. c.).

Die oben erwähnten Befunde bei der CO-Hemmung der Hefeatmung scheinen Warburg mit Bestimmtheit gegen eine derartige Auffassung zu sprechen. Ausserdem scheint ihm Vielheit der Oxydasen in der lebenden Zelle einen Verstoss gegen ein in der lebendigen Substanz herrschendes Prinzip darzustellen: zum Fermentbegriff gehört grosser chemischer Umsatz bei minimaler Konzentration des Katalysators; Vielheit der Oxydasen in der Atmung würde schon durch ihre Raumbeanspruchung in der Zelle den Vorteil der hohen enzymatischen Geschwindigkeitskonstanten zunichte machen.

Warburg kommt zu dem Schluss, dass die Vielzahl der Extraktoxydasen nicht schon in der lebenden Zelle vorhanden gewesen ist, sondern dass es sich um Umwandlungs- und Zerfallsprodukte einer im Leben einheitlichen Substanz, um denaturierte Reste von Atmungsferment handelt. „Einheit des Atmungsferments im Leben und Vielheit der Oxydasen in den Extrakten sind keine Widersprüche."

Dagegen hält es Warburg für möglich, dass das Atmungsferment, obwohl einheitlich für eine bestimmte Zellart, in verschiedenen Zellen verschieden ist. Ähnlich wie ja auch nicht alle Hämoglobine identisch sind und auch andere O_2-Transporteure, wie z. B. das Cu-haltige Hämocyanin existieren, mögen in der Natur auch Atmungsfermente vorkommen, in denen das Eisen durch ein anderes Schwermetall oder das Porphyrin durch einen anderen Komplexbildner ersetzt ist.

In den wenigen, nach der Warburgschen Methode bisher exakt untersuchten Fällen hat sich das Fermentspektrum nach Lage und Intensitätsverhältnis der Banden äusserst ähnlich erwiesen. So haben sich je nach dem atmenden Zellmaterial folgende Zahlenwerte für die folgenden drei Intensitätsverhältnisse ergeben[1] (vgl. Abb. 49 u. 50).

	$\dfrac{\beta\,405}{\beta\,436}$	$\dfrac{\beta\,589}{\beta\,546}$	$\dfrac{\beta\,589}{\beta\,578}$
Hefe (0°)	0,35	2,0	1,8
Netzhaut	0,32	—	—
Essigbakterien	0,32	1,5	1,5

Dagegen bestehen recht erhebliche Unterschiede hinsichtlich der absoluten Empfindlichkeit gegen CO im Dunkeln und bei Belichtung; bei Hefe hemmt ein CO/O_2-Verhältnis von

---

[1] O. Warburg u. Negelein, Biochem. Zs 214, 101; 1929. — F. Kubowitz u. Haas, Biochem. Zs 255, 247; 1932.

10:1, bei Bacterium pasteurianum von 0,5:1 die Atmung im Dunkeln um die Hälfte. Dagegen ist Hefe (Torula utilis) viermal lichtempfindlicher als die Essigbakterien.

Es ist in diesem Zusammenhang auf die später noch ausführlicher zu behandelnden Befunde Keilins[1] über die verschiedene CO- und Lichtempfindlichkeit der einzelnen Oxydasen hinzuweisen (Abschnitt d, ε, S. 357). Auch wird man den Keilinschen Gedanken, dass die an sich inaktiven Zellhämine (Cytochrom) bei der Lichtreaktion als Sensibilisatoren wirken und so zum Häminspektrum des „Atmungsferments" Anlass geben, nicht aus den Augen verlieren dürfen (S. 361).

Was den zweiten Punkt, die geringere, bisweilen überhaupt fehlende Hemmbarkeit der Sauerstoffaufnahme in Fermentlösungen bei Gegenwart von Giften anbelangt, so hat Warburg hier naturgemäss erhebliche Schwierigkeiten, eine prinzipiell und allgemein gültige Erklärung zu finden. Wohl kann er den Versuchen von Dixon und Elliott einen Teil ihrer Beweiskraft nehmen, indem er bei Verwendung von Bicarbonat-CO_2-Puffer an Stelle von Phosphatpuffer — der nach seiner Ansicht die Zellen des tierischen Gewebes im Gegensatz zu den Hefezellen schädigt — 95—99%ige HCN-Hemmung auch der Gewebeatmung findet[2].

Die Versuche von Dixon und Elliott sind neuerdings in grossem Massstabe von Kisch[3] — unter vergleichender Verwendung von Phosphat- und Bicarbonat-Ringerlösung — an einer Vielzahl von Geweben wieder aufgenommen worden. Nur die Retinaatmung wird praktisch vollständig gehemmt, in allen anderen Fällen findet man — auch in Bicarbonatpuffer — mehr oder weniger grosse HCN-unempfindliche Atmungsreste, am deutlichsten bei der Herzkammer, deren Atmung durch $\frac{n}{100}$-HCN nur auf etwa die Hälfte reduziert wird. Der HCN-resistente Atmungsrest steigt bei längerem Altern des Gewebes, er ist in Phosphatringer bei den meisten Geweben (ausser bei der Herzkammer) grösser als in Carbonatringer, ein prinzipieller Unterschied besteht jedoch nicht. Zusatz von Brennmaterial erhöht im allgemeinen den cyanresistenten Rest, doch spielt die Natur des Zusatzes hier eine ausschlaggebende Rolle.

Nach Kisch lassen sich die Befunde durch Annahme eines einzigen Oxydationskatalysators nicht erklären. Wahrscheinlich gibt es nicht nur verschieden HCN-empfindliche Fermente mit häminartiger Wirkungsgruppe, sondern auch nicht häminartige Oxydationskatalysatoren.

Ausserdem bleibt noch eine Fülle anderer Fälle, die der Erklärung warten, so die namentlich von Dixon[4] betonte Unempfindlichkeit von Succino- und Xanthindehydrase gegen CO (letzterer auch gegen HCN), die von Warburg selbst festgestellte Nichthemmung der Atmung von Lebedewsaft aus Bäckerhefe durch CO und HCN, die schon an anderer Stelle (S. 227) zusammengestellten Beispiele, dass auch die Atmung in den intakten Zellen gewisser niederer Organismen giftunempfindlich ist.

Es gelingt Warburg nicht, all diese Gegenargumente nach einem einheitlichen Plan zu widerlegen. Xanthin- und Succinodehydrase sind für ihn „Niederschläge aus Zellextrakten, die weder wie das Atmungsferment wirken noch wie das Atmungsferment beeinflusst werden". „Die Abtrennung einer Fermentwirkung von der lebenden Zelle ist keine Reinigung, sondern eine

---

[1] D. Keilin, Proc. Roy. Soc. (B) 104, 206; 1929.
[2] H. L. Alt, Biochem. Zs 221, 498; 1930. — O. Warburg, Biochem. Zs 231, 493; 1931.
[3] B. Kisch, Biochem. Zs 263, 75; 1933.
[4] M. Dixon, Biochem. Jl 21, 1211; 1927. — 22, 902; 1928.

Verunreinigung des Ferments." Auf der anderen Seite weist er darauf hin, dass Hemmungsversuche nichts anderes sind als analytisch-chemische Versuche, durch die man sich eine Auffassung von der chemischen Zusammensetzung der Fermente schaffen will. Ähnlich aber wie in der analytischen Chemie das Ausbleiben einer Reaktion in einem Substanzgemisch nichts beweist — Warburg führt hier die Rhodan-Eisen-Reaktion bei Gegenwart von Phosphorsäure an —, so darf man auch bei zellphysiologischen und biochemischen Untersuchungen aus einer Nichthemmung der Atmung durch Komplexbildner nur darauf schliessen, ,,dass hier die Methode versagt, mit der man in anderen Fällen die chemische Konstitution des Ferments bestimmt".

Als Beispiel nennt Warburg die Nichthemmung der Mangankatalyse der Cysteinoxydation durch HCN.

Es ist hier nicht der Platz, auf diese — teilweise recht willkürliche und sich an der Oberfläche haltende — Gegenargumentierung Warburgs in Einzelheiten einzugehen, um so weniger, als ja Warburgs heutiger Standpunkt in dieser Frage ein wesentlich anderer ist und der von ihm lange Zeit als nebensächlich betrachteten Substrataktivierung die ihr gebührende Beachtung erweist[1] (vgl. nächsten Abschnitt). Dass Warburg überhaupt zu dieser unrichtigen Auffassung der alleinigen und universellen Funktion des ,,Atmungsferments" gelangen konnte, liegt im wesentlichen daran, dass in seinem hauptsächlichen Untersuchungsmaterial Hefe (neben Retina und Essigbakterien) dieses Ferment eben tatsächlich eine besonders hervortretende Rolle spielt, was aber keineswegs für alle Zellen verallgemeinert werden darf. Was noch im besonderen seine Auffassung der Beziehungen zwischen Oxydasen (bzw. Dehydrasen) und Atmungsferment betrifft, so sind die gewichtigsten dagegen sprechenden und insbesondere von Wieland[2] und Thunberg[3] betonten Gründe schon früher (S. 79, 113, vgl. auch 324) kurz dargelegt worden.

7. Die weitere Entwicklung der Warburgschen Theorie (1931—33).

Strenggenommen gehört dieser letzte Abschnitt der Warburgschen Theorie nicht mehr in den Rahmen dieses Kapitels, das sich ja nur mit der Sauerstoffübertragung durch Eisen beschäftigen soll. Demgemäss ist die heutige Auffassung Warburgs, die vor allem auf seine Befunde an dem schwermetallfreien, sog. ,,gelben Oxydationsferment" gegründet ist, schon an anderer Stelle (Kap. VI, S. 228 f.) in ihren Grundzügen dargetan worden. Um das Gesamtbild der Warburgschen Entwicklung von einer extrem subjektiven zu einer — wie es scheint — in die heute ziemlich allgemein vertretene Anschauung vom Wesen der biologischen Oxydation einmündenden Auffassung

---

[1] O. Warburg u. Christian, Biochem. Zs 254, 438; 1932.
[2] H. Wieland, Angew. Chem. 44, 579; 1931.
[3] T. Thunberg, Hdbch. Biochem., Erg.-Bd., 268; 1930.

nicht zu stören, mögen die wichtigsten Daten dieser letzten Periode doch an dieser Stelle Platz finden.

Ausgangspunkt der Untersuchungen dieses neuesten Abschnitts ist eine einfache Überlegung Warburgs[1]: „Wenn der Sauerstoff in atmenden Zellen durch eine Häminverbindung übertragen wird und es doch nicht gelingt, mit Häminverbindungen Kohlehydrat im Reagensglas zu verbrennen, so muss das Kohlehydrat in der Zelle aktiviert werden." Warburg gibt sein Vorurteil gegen Fermentversuche in hergebrachter Meinung auf und isoliert aus Pferde- bzw. Rattenblut ein Enzymsystem, das, HCN- und CO-unempfindlich, die zur Reaktion mit O_2 führende spezifische Substrataktivierung eindeutig dartut.

Erzeugt man in roten Blutzellen (durch Phenylhydroxylamin) Methämoglobin (mit Fe^{III}), so resultiert eine Atmung, in der das System Hämoglobin-Methämoglobin als O_2-Überträger fungiert[2]. Diese künstliche Atmung tritt nur in Gegenwart von Glucose oder anderen angreifbaren Zuckern auf. Sie verschwindet, wenn man die Blutzellen durch Wasserzusatz cytolysiert. Setzt man nun der cytolysierten Flüssigkeit statt Glucose Robinsonsches Hexosemonophosphat zu, so erhält man wieder Atmung, selbst wenn man durch Zentrifugieren die Strukturteile der Zellen (Stroma) entfernt hat. Aber Hexosephosphat + Methämoglobin reagieren in vitro ebensowenig wie Hexose + Methämoglobin. Die Veresterung mit Phosphat ist also zwar notwendig, aber nicht ausreichend zur Aktivierung des Zuckers.

Gibt man zur cytolysierten und zentrifugierten Blutflüssigkeit Aluminiumhydroxyd, so verbraucht die überstehende Lösung [nach Entfernung des $Al(OH)_3$] auch zusammen mit Robinsonester keinen Sauerstoff mehr. Das $Al(OH)_3$ hat also Substanzen mitgerissen, die bewirken, dass Methämoglobin und Hexosephosphat miteinander reagieren. Es gelang Warburg und Christian, diese Substanzen vom Hämoglobin zu trennen und sie in ein thermolabiles Ferment und ein wenig hitzeempfindliches Coferment aufzuteilen.

In Ferment-Cofermentlösungen wird Hexosephosphat nicht nur von Methämoglobin, sondern auch ohne dies von molekularem Sauerstoff (auch Methylenblau) angegriffen, und zwar in giftunempfindlicher Reaktion. Es verhält sich also die Ferment-Cofermentlösung in dieser Beziehung anders als der flüssige Zellinhalt, aus dem sie dargestellt wurde. Diese „Überaktivierung" in Fermentlösungen erklärt nach Warburg[3], dass eine Oxydation, die in intakten Zellen HCN- und CO-empfindlich ist, durch diese Gifte in den Fermentlösungen aus den gleichen Zellen nicht beeinflusst wird. „Um das aktivierte Substrat konkurrieren in sauerstoffatmenden Zellen molekularer Sauerstoff und Fermenteisen, wobei das Fermenteisen gewinnt. In Säften aber und anaeroben Zellen, wo die Konzentrationen andere sind und das Fermenteisen fehlt, hat man die direkte Reaktion mit molekularem Sauerstoff. Chemisch wäre hiernach eine Atmung ohne O_2-übertragendes Eisen durchaus möglich."

Der nächste Schritt auf dem neu eingeschlagenen Wege waren dann die Untersuchungen an Hefe, die zur Auffindung des „gelben Oxydationsferments" führten[4]. Auch dort hat man in zellfreien Extrakten auf der einen Seite ein

---

[1] O. Warburg u. Christian, Biochem. Zs 238, 131; 1931.
[2] O. Warburg, Kubowitz u. Christian, Biochem. Zs 233, 240; 1931.
[3] O. Warburg u. Christian, Biochem. Zs 242, 206; 1931.
[4] O. Warburg u. Christian, Biochem. Zs 254, 438; 1932. — 257, 492; 258, 496; 1933. — Naturwiss. 20, 688, 980; 1932.

Hexosephosphat aktivierendes, aus Ferment und Co-Ferment bestehendes, kaum gefärbtes Enzymsystem der Substrataufdockerung. Neu ist der Gedanke, dass der Sauerstoff nicht direkt mit dem enzymatisch aktivierten Substrat reagiert, sondern durch ein metallfreies Oxydationsferment übertragen wird.

Dessen Wirkungsgruppe ist ein gelber Farbstoff von grüner Fluorescenz, der durch reversible Oxydation und Reduktion seine Funktion in ähnlicher Weise erfüllt, wie dies für das Methylenblau schon lange bekannt und viel untersucht worden war (siehe S. 228 u. 235).

Ein Blick auf das Absorptionsspektrum der oxydierten Form des gelben Oxydationsferments zeigt, dass hier ein ganz anderer Verbindungstyp vorliegt als im Phäohämin enthaltenden „Atmungsferment" (Abb. 49 u. 50).

Besonders interessant und wichtig ist der neuerdings durch Warburg und Christian[1] erbrachte Nachweis, dass dieses gelbe Oxydationsferment für die O_2-Übertragung in den intakten (phäohämin- und cytochromfreien) Milchsäurebakterien verantwortlich ist, wodurch frühere Befunde von Bertho und Glück[2] in neuem Lichte erscheinen. Namentlich weist Warburg den von der Dehydrierungstheorie erhobenen Anspruch, dass hier ein der Wielandschen Grundhypothese von der direkten Reaktion zwischen O_2 und aktiviertem Substrat entsprechender Fall von Oxydation in vivo vorläge, zurück (vgl. S. 237f.).

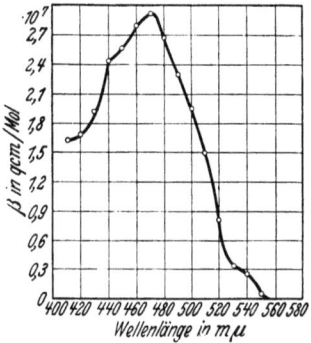

Abb. 52. Absorptionsspektrum der oxydierten Form des sauerstoffübertragenden, gelben Oxydationsfermentes. (Nach Warburg und Christian.)

Was die neue, mit zwei verschiedenen O_2-Übertragungsmechanismen (unter Berücksichtigung der Substrataktivierung) arbeitende Warburgsche Oxydationstheorie anbetrifft, wie sie sich auf Grund der in diesem Abschnitt gegebenen Fakta entwickelt hat, so ist hier auf die frühere Wiedergabe des allgemeinen Reaktionsschemas (S. 228) zu verweisen.

Dort finden sich auch Literaturhinweise auf die in den verschiedensten Organen und Sekreten des höheren Organismus vorkommenden gelben Farbstoffe grüner Fluorescenz (Lyochrome), die offenbar zu dem gelben Oxydationsfermente Warburgs in naher, wohl bald aufgeklärter Verwandtschaft stehen.

8. Schwermetall bei anaeroben Prozessen, insbesondere Gärungen.

a) Biologische Vorgänge.

Warburg hat, gestützt auf seine Erfolge bei der Erklärung der Zellatmung, seine Schwermetalltheorie auch für die anaeroben biologischen Prozesse vom Typus der Gärungen als Programm entwickelt. „Verstehen wir unter dem Gärungsferment mit Pasteur die Substanz, die den Sauerstoff innerhalb der Moleküle bei der Gärung verschiebt, so ist die energieliefernde chemische Reaktion der lebendigen Substanz allgemein eine Sauerstoffübertragung durch Schwermetall, in der Atmung eine Übertragung von freiem, in der Gärung eine Übertragung von gebundenem Sauerstoff[3]."

---

[1] O. Warburg u. Christian, Biochem. Zs 260, 499; 1933.
[2] A. Bertho u. Glück, A. 494, 159; 1932.
[3] O. Warburg, Biochem. Zs 189, 354; 1927.

Die Parallele ist zunächst rein formal. Es ist an sich durchaus nicht a priori zu erwarten, dass sich etwa ein Aldehyd gegenüber dem Schwermetallkatalysator genau so verhalten soll wie molekularer Sauerstoff, um so weniger als — nach früheren Ausführungen (S. 122 u. 197) — Schwermetall-, insbesondere Eisenkatalysen von Oxydoreduktionen in vitro kaum bekannt sind. Dementsprechend ist die experimentelle Verifizierung des Warburgschen Grundgedankens auf dem Teilgebiet der anaeroben Lebensprozesse auch nur mangelhaft gelungen. Die zahlreichen Angaben über Gärungshemmungen durch Schwermetallkomplexbildner sind im einzelnen widerspruchsvoll und schwer unter gemeinsamem Gesichtspunkt zu erfassen. Zudem sind die Hemmungen ungleich weniger vollständig, als dies für die Atmungsvorgänge beobachtet worden ist. Man hat nach allem den Eindruck, dass das Schwermetall bei den Gärungen nur die Rolle eines zusätzlichen Aktivators spielt, dass aber der Grundvorgang nicht an Schwermetall gebunden ist. Die Frage nach diesem fundamentalen Mechanismus fällt aber mit dem noch ungelösten Problem der Konstitution und Wirkungsweise der eigentlichen Dehydrasen zusammen, die in den Gärungen ihr ureigenes Funktionsbereich besitzen.

Entsprechend den noch wenig geklärten Verhältnissen auf diesem Teilgebiet beschränken wir uns im folgenden auf die Erwähnung einiger meist von Warburg und seiner Schule stammenden experimentellen Ergebnisse.

Dass die alkoholische Gärung in Hefepresssaft durch HCN — allerdings in der erheblichen Konzentration von $\frac{m}{2}$ — gehemmt wird, hat schon Buchner[1] (1903) festgestellt. Warburg[2] ging der Frage nach, ob hier eine narkotische oder eine spezifisch-chemische Wirkung vorlag. Er zeigte, dass die Gärung sowohl durch lebende Hefe als durch Presssaft von $\frac{m}{1000}$-HCN kaum, von $\frac{m}{100}$-, je nach den Bedingungen, um 50—90% gehemmt wird, wobei die Hemmungen in lebender Hefe nie grösser sind als im Presssaft. Legt man die Adsorptionsverhältnisse von HCN und Acetonitril an Blutkohle und die gemessene narkotische Wirkung des letzteren auf Hefe zugrunde, so würde HCN rund 200mal stärker gärungshemmend wirken, als der Adsorptionskonstante entspricht (vgl. S. 312).

Blausäureäthylester hemmt weder Atmung noch anaerobe Gärung (in einer Konzentration von $\frac{m}{1000}$-), beeinflusst hingegen die Pasteursche Reaktion, indem er die aerobe Gärung unter Umständen bis zur Höhe der anaeroben steigert[3].

H_2S wirkt auf die alkoholische Gärung qualitativ und quantitativ nahezu wie HCN[4].

Bei der Glykolyse tierischer Gewebe sind die Verhältnisse hinsichtlich der HCN- und C_2H_5NC-Hemmung ähnlich wie bei der alkoholischen Gärung[3][5].

Interessanterweise erwies sich CO, selbst bei einem Druck von 60 Atm., sowohl gegenüber der Milchsäure- als auch der alkoholischen Gärung völlig unwirksam[6]. Dagegen lassen sich, wie Warburg (l. c.) fand, beide Gärungsformen durch NO im Sinne einer Hemmung beeinflussen, die mit sinkender Temperatur zunimmt und beim Austreiben des NO durch ein indifferentes Gas wieder rückgängig gemacht wird. Da man seit langem reversible NO-Verbindungen von Schwermetallen (Fe, Co, Ni, Mn, Cu usw.) — u. a. auch ein NO-Methämoglobin[7] — kennt, hält Warburg die NO-Hemmung der Gärungen nicht weniger charakteristisch für das Vorliegen einer Schwermetallverbindung im „Gärungsferment" wie die CO-Hemmung im Falle des Atmungsferments.

[1] E. u. H. Buchner u. Hahn, Die Zymasegärung, 181. München 1903.
[2] O. Warburg, Biochem. Zs 165, 196; 1925. — Vgl. auch: C. Neuberg u. Perlmann, Biochem. Zs 165, 238; 1925.
[3] O. Warburg, Biochem. Zs 172, 432; 1926.
[4] E. Negelein, Biochem. Zs 165, 203; 1925.
[5] O. Warburg, Posener u. Negelein, Biochem. Zs 152, 309; 1924.
[6] O. Warburg, Biochem. Zs 189, 354; 1927.
[7] G. Hüfner u. Reinbold, Arch. Anat. Physiol. 28, Suppl., 391; 1904.

Dass bei der komplexen Natur der Gärungsvorgänge verschiedene Angriffsmöglichkeiten der Hemmungsstoffe — auch ausserhalb des eigentlichen Bereichs der Oxydoreduktion — bestehen, geht aus Untersuchungen Lipmanns[1] über die Hemmung von Glykolyse und Alkoholgärung durch Fluorid hervor, welch letzteres sich ja ebenfalls mit Methämoglobin verbindet[2]. Nach Lipmann geht diese (reversible) Hemmung der Gärungen wahrscheinlich auf eine Hemmung der Phosphatase — auch Lipasen werden übrigens durch Fluorid sehr stark gehemmt[3] — zurück. Gärungshemmung und Fluormethämoglobinbildung nehmen gleichsinnig mit sinkendem pH zu.

In neuerer Zeit sind neben den gebräuchlichen Schwermetallkomplexbildnern der anorganischen Chemie wiederholt auch stärker spezifische organische Verbindungen zur Erfassung aktiven Schwermetalls bei Gärungen herangezogen worden. So schliesst Zuckerkandl[4] aus der Hemmbarkeit der alkoholischen Gärung durch die starken Fe^{II}-Komplexbildner $\alpha\alpha'$-Dipyridyl und $\alpha\alpha'$-Phenanthrolin auf eine wichtige Rolle locker gebundenen Fe^{II} bei dieser Gärungsform. Die Tatsache, dass die Tumorglykolyse durch Stoffe wie Aminosäuren, Brenzkatechindisulfosäure, 8-Oxychinolinsulfosäure u. a., gehemmt wird, die durch ihre Komplexbildung mit Kupfer und, damit zusammenhängend, durch ihre entgiftende Wirkung gegenüber diesem Metall bei Einführung in den Organismus charakterisiert sind, hat zur Auffassung des Tumorstoffwechsels als einer Kupferkatalyse geführt[5].

Vor kurzem ist in der Buttersäuregärung durch Clostridium butyricum ein anaerober Lebensprozess zur Untersuchung gelangt, der wenigstens 50mal empfindlicher gegen HCN ist als Alkohol- und Milchsäuregärung und zudem durch gleiche Empfindlichkeit auch gegen CO ausgezeichnet ist[6]. $\frac{m}{10000}$-, $\frac{m}{1000}$- und $\frac{m}{100}$-HCN hemmen um bzw. 23, 66 und 100%, also Beträge, die sich der Grössenordnung nach denen aerober Vorgänge nähern. Die CO-Hemmung ist jedoch im vorliegenden Falle nicht lichtempfindlich.

Schliesslich sei noch erwähnt, dass auch verschiedene, unter O_2-Abspaltung verlaufende biologische Reduktionsprozesse durch HCN und H_2S reversibel gehemmt werden und demgemäss offenbar Schwermetallkatalysen darstellen. Hierher gehört — ausser der lange bekannten H_2O_2-Spaltung durch Katalase — die Nitratassimilation

$$HNO_3 + H_2O \to NH_3 + 2 O_2,$$

deren Giftempfindlichkeit für den Fall der Alge Chlorella von Warburg und Negelein[7], für Bacterium coli unlängst von Quastel[8] festgestellt und untersucht worden ist, sowie die (temperaturempfindliche) Blackmansche Reaktion bei der CO_2-Assimilation — nach Willstätter aufzuteilen in

$$CO_2 + H_2O \to CH_2O(O_2) \text{ (photochemische Reaktion)}$$

und

$$CH_2O(O_2) \to CH_2O + O_2 \text{ (Blackmansche Reaktion)} —,$$

die ebenfalls das Objekt eingehender Untersuchungen durch Warburg und seine Schule gewesen ist[9].

---

[1] F. Lipmann, Biochem. Zs 196, 3; 1928. — 206, 171; 1929.

[2] J. Ville u. Derrien, Bull. Soc. Chim. 33, 854; 35, 239; 1905. — J. Moitessier, Bull. Soc. Chim. 35, 575; 1905.

[3] P. Rothschild, Biochem. Zs 206, 186; 1929.

[4] F. Zuckerkandl u. Messiner-Klebermass, Biochem. Zs 261, 55; 1933.

[5] G. Hecht u. Eichholtz, Biochem. Zs 206, 282; 1929. — F. Eichholtz, Arch. Path. Pharm. 148, 369; 1929. — E. Krah, Biochem. Zs 219, 432; 1930.

[6] W. Kempner, Biochem. Zs 257, 41; 1933. — Vgl. auch H. Wieland u. Sevag, A. 501, 151; 1933.

[7] O. Warburg u. Negelein, Biochem. Zs 110, 66; 1920. — E. Negelein, Biochem. Zs 165, 203; 1925.

[8] J. H. Quastel, Nature 130, 207; 1932.

[9] Vgl. Zusammenfassung von O. Warburg, Biochem. Zs 166, 386; 1925.

b) Biochemische Reaktionen.

In diesem Absatz sollen noch einige im wesentlichen von Warburg und Mitarbeitern stammende Befunde über die Reaktionsweise von Acceptoren, insbesondere Methylenblau, zusammengefasst werden.

Es ist früher (S. 344) schon darauf hingewiesen worden, dass in so gut wie hämoglobinfreien Ferment-Cofermentlösungen aus roten Blutzellen Methylenblau direkt mit dem aktivierten Substrat, z. B. Zucker, zu reagieren vermag; CO ist auf diese Reaktion ohne Wirkung[1].

Im Gegensatz hierzu wirkt Methylenblau in intakten oder cytolysierten, jedenfalls blutfarbstoffhaltigen Zellen zum grossen Teil über Hämoglobin, indem Methylenblau das Hämoglobin, das hierbei entstehende Methämoglobin den Zucker oxydiert[2]. CO hemmt diese Reaktion.

Man hat also die beiden Reaktionswege

$$\text{Methylenblau} + \text{Hämoglobin} \xrightarrow{\text{I}} \text{Leuko-Mbl} + \text{Methämoglobin}$$
$$\text{Methylenblau} \xrightarrow{\text{II}} \text{aktiviertes Substrat,}$$

die beide in roten Blutzellen beschritten werden, wobei es von der Konzentration des Methylenblaus abhängt, welche der beiden Reaktionsweisen überwiegt; Reaktionsweg I ist dabei im allgemeinen der schnellere.

Gibt man wenig Methylenblau zu viel Blut, so wird der Farbstoff vom Hämoglobin unter Reduktion gebunden und man hat allein die CO-empfindliche Reaktion über I. Steigert man die Methylenblaukonzentration wesentlich über die des Blutfarbstoffs, so kann auch die CO-unempfindliche Reaktion nach II beträchtliche Geschwindigkeit erlangen. Man erkennt, wie das Ausmass der Reaktionshemmung hier zur Analyse des Reaktionswegs dienen kann. Diese Verhältnisse ändern sich prinzipiell nicht, wenn man die Reaktionen bei Gegenwart von Sauerstoff ablaufen lässt, das Methylenblau also zum O_2-Überträger macht[3] (vgl. S. 235).

Damit im Einklang steht die zuerst von Wieland und Bertho[4] gemachte, später von Reid[5] bestätigte Beobachtung, dass in Essigbakterien nicht nur die Sauerstoffatmung, sondern — bei höherer Konzentration des Giftes — auch Methylenblau und Chinonreduktion durch HCN gehemmt werden (nach Reid auch durch NO).

Auch die Versuche mit Acceptoren bestätigen die schon einleitend zu diesem Abschnitt ausgesprochene Auffassung (S. 346), dass die anaeroben Lebensprozesse mehr oder weniger komplexer Natur sind und sich — quantitativ von Fall zu Fall und wohl mit der Entwicklungsstufe der Zelle wechselnd — in einen (primitiven) giftunempfindlichen und einen schwermetallbedingten und damit giftempfindlichen Anteil aufteilen lassen.

---

[1] O. Warburg u. Christian, Biochem. Zs 242, 206; 1931.

[2] O. Warburg u. Reid, Biochem. Zs 242, 149; 1931. — Vgl. auch O. Warburg, Kubowitz u. Christian, Biochem. Zs 221, 494; 1930. — 233, 240; 1931. — 242, 170; 1931.

[3] O. Warburg u. Christian, Biochem. Zs 242, 206; 1931. — Vgl. auch E. S. G. Barron u. Harrop, Jl biol. Chem. 79, 65; 1928. — 81, 445; 84, 83; 1929.

[4] H. Wieland u. Bertho, A. 467, 95; 1928.

[5] A. Reid, Biochem. Zs 242, 159; 1931.

9. Zellhämine und Keilins Cytochrom.

a) Geschichtliches.

Bis in die neueste Zeit war es eine offene Frage, ob der höhere Organismus in seinen Geweben ausser dem Blutfarbstoff Hämoglobin noch andere ähnliche Pigmente enthielte. Im allgemeinen wurde diese Frage verneint, wobei man sich auf die Autorität F. Hoppe-Seylers berufen konnte.

Wohl hatte in den achtziger Jahren des letzten Jahrhunderts MacMunn[1] ein in Muskeln und Geweben von Tieren der verschiedensten Ordnungen vorkommendes Pigment beschrieben, das bei der Reduktion ein typisches hämochromogenähnliches Spektrum zeigte und das er als Myo- oder Histohämatin bezeichnete. Es gelang ihm sogar, dieses Myohämatin aus Taubenmuskel in einer „modifizierten Form" zu isolieren und hieraus Hämatin und Hämatoporphyrin darzustellen. Seiner Ansicht nach handelte es sich bei diesem Myo- oder Histohämatin um Atmungspigmente, die als solche wirksam und einwandfrei von Hämoglobin verschieden waren, sozusagen „unreife Pigmente auf dem Weg zur Hämoglobinbildung".

Hoppe-Seyler[2] und sein Schüler Levy[3] erkannten jedoch die Schlüsse MacMunns nicht an und vertraten die Auffassung, dass seine Histohämatine Zersetzungsprodukte des Hämoglobins darstellten. Die MacMunnschen Anschauungen konnten sich demgegenüber nicht durchsetzen und die Histohämatine führten fast 40 Jahre lang ein schattenhaftes Dasein in der Literatur als Stoffe von mehr als zweifelhafter selbständiger Existenz.

Heute wissen wir, dass in Säugetiermuskeln ausser Blut- und (intracellularem) Muskelhämoglobin auch gewöhnliches freies Hämatin und gewöhnliches Hämochromogen in kleiner Menge vorkommt neben wenigstens drei Stoffen von den Eigenschaften des MacMunnschen Myohämatins. Diese Erkenntnis verdankt man D. Keilin[4], der im Jahre 1925 die Untersuchungen MacMunns wieder aufnahm, die Richtigkeit seiner Beobachtungen bestätigte und diese in folgenden Arbeiten nach allen Richtungen erweiterte. Für die Verbindungen vom Typus der MacMunnschen Histohämatine führte er, da er sie in praktisch allen aeroben Zellen vorfand, die allgemeinere Bezeichnung Cytochrom ein.

b) Allgemeines über Eisen-Porphyrinverbindungen.

Es mag zweckmässig sein, von dem näheren Eingehen auf Einzelheiten hier ein Diagramm Keilins wiederzugeben (s. S. 350), das in vortrefflicher Weise die Beziehungen zwischen den einzelnen Blutfarbstoffderivaten zur Anschauung bringt.

Grundtypus ist das Hämin, dessen durch Küster aufgestellte, durch H. Fischer[5] endgültig bewiesene Konstitutionsformel schon auf S. 334 wiedergegeben worden ist.

Einige nähere Verwandte dieses Protohämins bzw. die entsprechenden Porphyrine sind an gleicher Stelle zusammengestellt.

---

[1] C. A. MacMunn, Phil. Trans. 177, 267; 1886. — Jl. Physiol. 8, 57; 1887. — H. 13, 497; 1889. — 14, 328; 1890.
[2] F. Hoppe-Seyler, H. 14, 106; 1890.
[3] H. Levy, H. 13, 309; 1889.
[4] D. Keilin, Proc. Roy. Soc. (B) 98, 312; 1925. — 100, 129; 1926. — 104, 206; 1929. — 106, 418; 1930. — Soc. Biol. 97, 39 (Réun. plen.); 1927. — Erg. Enzymf. 2, 239; 1933.
[5] H. Fischer u. Zeile, A. 468, 98; 1929.

Eine charakteristische Eigenschaft aller einfachen Eisen-Porphyrine ist, dass sie sich mit organischen Basen wie Pyridin, Piperidin, Nicotin usw. (meist 2 Molekülen) oder einer Eiweisskomponente vereinigen.

Zur letzteren Gruppe von Verbindungen gehört der Blutfarbstoff Hämoglobin. Die kleinen Unterschiede, die im spektralen, chemischen und serologischen Verhalten zwischen den Hämoglobinen verschiedener Tiere bestehen, gehen auf Unterschiede in der Globinkomponente zurück. Geht man von den Vertebraten, deren Hämoglobin im allgemeinen ein Molekulargewicht in der Nähe von 68000 (entsprechend 4 Eisenatomen) zeigt, zu den Invertebraten über, so findet

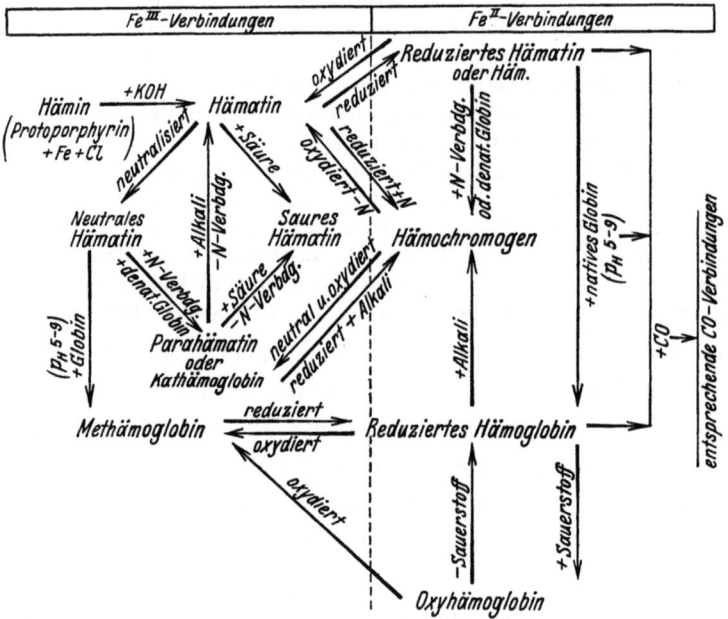

Abb. 53. Die Beziehungen der Blutfarbstoffderivate zueinander. (Nach Keilin.)

man hier (z. B. bei Würmern wie Arenicola und Lumbricus) Hämoglobine mit einem Molekulargewicht von der Grössenordnung 10^6, die sich in dieser Hinsicht einem anderen, bei Mollusken und Arthropoden verbreiteten Blutfarbstoff, dem Hämocyanin nähern, das an Stelle des Eisens Kupfer als wirksames Metall enthält. Svedberg[1] schlägt vor, dieses hochmolekulare „Hämoglobin" als Erythrocruorin zu bezeichnen, da es ein ähnlich hohes Molekulargewicht zeigt wie das Chlorocruorin, der grüne Blutfarbstoff von Borstenwürmern (z. B. Spirographis), das als einzig bisher bekannter Fall nicht das Protohäm, sondern eine davon abweichende Fe-Porphyrinkomponente als prosthetische Gruppe enthält. (Über die Beziehungen zum Hämin des „Atmungsferments" vgl. S. 338f.) Nahe verwandt mit dem Hämoglobin ist ferner das Helicorubin, das rote Pigment der Schneckengalle[2].

Im Gegensatz zu den 3wertigen vereinigen sich die 2wertigen Fe-Porphyrinverbindungen wie Häm, Hämochromogen und Hämoglobin in lichtempfindlicher Reaktion mit CO, während die Fe-^{III}Verbindungen wie Hämatin, Parahämatin und Methämoglobin sich reversibel mit KCN, sowie mit NO, NaF, NaN_3 und wahrscheinlich auch H_2S verbinden.

---

[1] T. Svedberg u. Eriksson, Amer. Soc. 55, 2834; 1933.

[2] Bezüglich respiratorischer Farbstoffe vgl. F. Müller u. Biehler, Hdbch. Biochem. 1, 405; 1924.

Die einzelnen Fe-Porphyrinkomplexe, wie auch deren Verbindungen mit CO usw. sind durch charakteristische Spektren ausgezeichnet, die wichtig zur Identifizierung sind.

c) Freies Hämatin und Hämochromogen in Zellen[1].

Alle zur Aerobiose befähigten Zellen enthalten das gewöhnliche Protohämatin bzw. -hämochromogen, selbst in den wenigen Fällen (z. B. Bacterium coli), wo das Cytochrom fehlt. Das Hämatinspektrum ist allerdings im allgemeinen so diffus, dass es bei gewöhnlicher spektroskopischer Prüfung von Zellen nicht erkannt werden kann. Sein Nachweis gelingt jedoch, wenn man es durch $Na_2S_2O_4$ unter Durchleiten von CO zu CO-Häm oder mit $Na_2S_2O_4$ + Pyridin zu Pyridin-Hämochromogen reduziert, wobei sehr deutliche Spektren erhalten werden, die sogar quantitative Bestimmung zulassen.

Auf diese Weise lässt sich Hämatin besonders leicht im Endosperm von Cerealien sowie in Hefesuspensionen nachweisen. Interessant ist die Beobachtung, dass bei der Fleischmücke während der Metamorphose von der Larve zum Insekt Hämatin ab-, Cytochrom zunimmt.

Freies Hämochromogen als solches lässt sich ausser in Colibacillen besonders leicht in Hefe, in verschiedenen Schneckenorganen sowie in jungen Blättern (nach Extraktion des Chlorophylls) nachweisen.

Seine Extraktion aus Hefe mit Pyridin hat zuerst H. Fischer durchgeführt; die weitere Aufarbeitung lieferte Protohämin neben Protoporphyrin und Koproporphyrin[2].

Das ungebundene Hämatin bzw. Hämochromogen ist höchstwahrscheinlich das Ausgangsmaterial für die übrigen Hämatinverbindungen der Zelle, insbesondere des Cytochroms. Über die Wege, welche die Zelle bei Ausführung dieser Übergangsreaktionen vermutlich einschlägt, sowie über in vitro-Versuche zum Aufbau von Cytochrom ist später (S. 354f.) noch zu berichten.

d) Cytochrom.

α) Verbreitung. Das Cytochrom ist in so gut wie allen darauf untersuchten aeroben Organismen nachgewiesen worden, so dass es sich nicht lohnt, hier speziellere Angaben zu machen; es fehlt in strikten Anaerobiern.

In einigen Bakterien, wie B. coli und anderen fakultativen Anaerobiern findet man statt des Cytochroms mit vierbandigem Spektrum die schon erwähnte hämochromogenartige Vorstufe mit zweibandigem (559,5 und 525 $\mu\mu$), in wieder anderen Bakterien (wie B. megatherium) eine Primitivform mit dreibandigem Spektrum (601, 557 und 524 $\mu\mu$).

Yaoi und Tamiya[3] haben bei Bakterien einen deutlichen Parallelismus nicht nur zwischen Vollständigkeit des Cytochromspektrums, sondern auch dem (geschätzten) Cytochromgehalt und der Intensität der aeroben Atmung festgestellt. Ähnliche Verhältnisse, sowohl was die Ausbildung des Spektrums

---

[1] Vgl. hierzu H. Fischer u. Treibs, Hdbch. Biochem., Erg.-Bd., 72; 1930.
[2] H. Fischer u. Mitarb., H. 138, 290; 1924. — 153, 54; 1926. — 175, 248; 1928. — Vgl. ferner: A. Treibs, H. 168, 68; 1927. — H. v. Euler, Fink u. Hellström, H. 169, 10; 1927. — O. Schumm, H. 147, 184, 221; 149, 111; 150, 276; 1925. — 152, 147; 154, 171; 1926. — 170, 1; 1927.
[3] H. Yaoi u. Tamiya, Jap. med. world 9, 41; 1929.

als die Cytochrommenge anbetrifft, sind von v. Euler und Fink[1] beim Vergleich von (stark atmenden) Bäckerhefen mit (schwach atmenden) Brennereihefen beobachtet worden.

Überhaupt findet man die höchsten Cytochromkonzentrationen in lebhaft atmenden Zellen und stark arbeitenden Geweben, so ausser in gewissen aeroben Bakterien und in Bäckerhefe, in den Flügelmuskeln von Fluginsekten wie in den Beinmuskeln guter Läufer, im Brustmuskel fliegender Vögel, im Herzmuskel von Wirbellosen und Wirbeltieren.

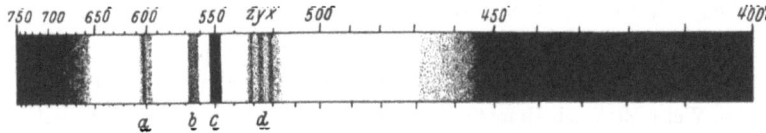

Abb. 54. Absorptionsspektren des reduzierten Cytochroms im Thoraxmuskel der Biene. (Nach Keilin.)

Maximalabsorptionen a 604,6 $\mu\mu$, b 566,5 $\mu\mu$, c 550,2 $\mu\mu$,

d 521,0 μ $\begin{cases} z\ 532, \\ y\ 528, \\ x\ 520. \end{cases}$

β) **Absorptionsspektrum.** In derartigen respiratorisch aktiven Zellen und Geweben kann man schon mit einem Taschenspektroskop das typische Spektrum des reduzierten Cytochroms erkennen.

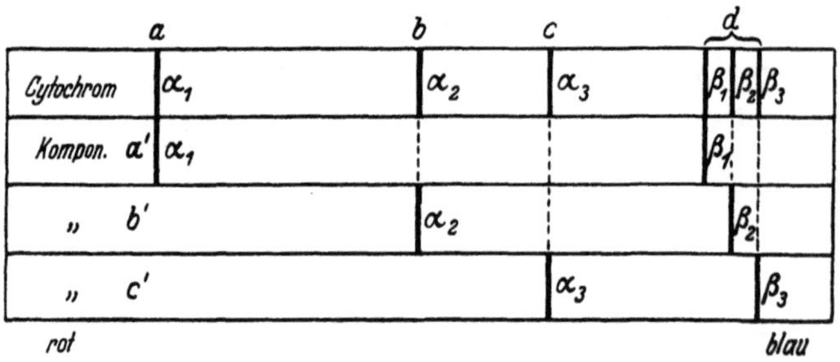

	a	b	c	d		
Cytochrom	α_1	α_2	α_3	β_1	β_2	β_3
Kompon. a'	α_1			β_1		
„ b'		α_2		β_2		
„ c'			α_3		β_3	
rot						blau

Abb. 55. Die Absorptionsbanden der drei Hämochromogenkomponenten des (reduzierten) Cytochroms. (Nach Keilin.)

Warburg und Negelein[2] ist es gelungen, im kurzwelligen Teil des Spektrums noch drei weitere Absorptionsbanden bei etwa 449, 433 und 416 $\mu\mu$, von denen die erstere erheblich schwächer als die beiden letzteren, festzustellen.

Die Cytochromspektren in Zellen verschiedener Art unterscheiden sich hinsichtlich der Lage der Hauptbanden nur sehr wenig (1 bis höchstens 2 $\mu\mu$). Dagegen ist die relative Intensität erheblichen Schwankungen unterworfen, was — neben dem bisweilen beobachteten Fehlen gewisser Banden (vgl. S. 351) — eben zu der Erkenntnis geführt hat, dass das Cytochrom nicht

---

[1] H. v. Euler, Fink u. Hellström, H. 164, 69; 169, 10; 1927. — H. Fink, H. 210, 197; 1932.

[2] O. Warburg u. Negelein, Biochem. Zs 233, 486; 238, 135; 1931.

einheitlich, sondern eine Mischung von drei hämochromogenartigen Verbindungen ist, von denen jede im reduzierten Zustand drei Banden, eine im blauviolett und zwei im sichtbaren Spektralgebiet, zeigt. Die Aufteilung der sichtbaren Cytochrombanden auf die drei Komponenten zeigt schematisch Abb. 55.

Im allgemeinen ist Bande c die intensivste, was nicht ausschliesst, dass in manchen Fällen z. B. b gleich stark oder kräftiger ist als c. Bei der Oxydation verschwinden die Banden im allgemeinen nicht gleichzeitig, sondern nacheinander. Bei Zugabe von Urethan (das die Dehydrasen hemmt) zu durchlüfteten Zellsuspensionen verschwinden Bande a und c, während b bleibt und sich offenbar verstärkt. Umgekehrt verschwindet in Gegenwart von HCN Bande b, während a und c unverändert bleiben. Schliesslich ist es neuerdings gelungen, Komponente c, welche nur die Banden c und d zeigt, aus Zellen zu extrahieren.

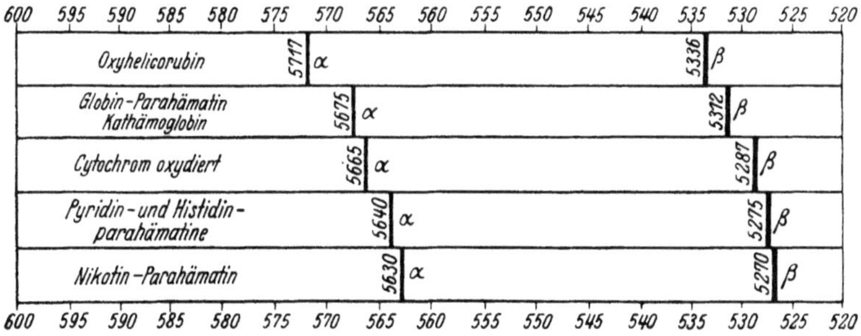

Abb. 56. Absorptionsbanden von oxydiertem Cytochrom und anderen Parahämatinen. (Nach Keilin.)

Das Spektrum des oxydierten Cytochroms, das u. a. gut im ruhenden Thoraxmuskel von Insekten beobachtet werden kann, ist weniger charakteristisch, es zeigt nur zwei diffuse Banden im Sichtbaren mit den Maxima 566,5 $\mu\mu$ (α) und 528,7 $\mu\mu$ (β) und ähnelt den Kathämoglobin- und den Parahämatinspektren (Abb. 56).

Auf die Tatsache, dass Cytochrom im reduzierten, Hämoglobin jedoch im oxydierten (besser „oxygenierten") Zustand das charakteristische Spektrum aufweist, gründet sich die Möglichkeit, Cytochrom neben (Muskel-) Hämoglobin zu erkennen, eine Untersuchung, die allerdings bisher erst bei wenigen höheren Organismen durchgeführt ist. So zeigt Meerschweinchenmuskel bei O_2-Zutritt Oxyhämoglobinspektrum, zwischen Objektträger gepresst infolge O_2-Abschlusses und der Wirkung reduzierender Muskelsubstanzen jedoch Cytochromspektrum.

γ) Isolierung und Eigenschaften der Komponente c. Unter den drei Cytochromkomponenten zeigen b und insbesondere a die Empfindlichkeit und Instabilität von Enzymen; dagegen ist c sehr beständig und thermostabil und kann ohne Verlust seiner spektroskopischen und anderen Eigenschaften z. B. aus Bäckerhefe isoliert werden.

Das Verfahren besteht darin, dass man plasmolysierte und ausgekochte Hefe in der Kälte mit $NaHSO_3 + Na_2S_2O_4$ extrahiert und das Cytochrom c aus dieser Rohlösung mit $CaCl_2 + SO_2$ niederschlägt.

Das Produkt — das dem „modifizierten Myohämatin" MacMunns entsprechen dürfte, zeigt in Lösung ein typisches Hämochromogenspektrum, mit den beiden schon bekannten Absorptionen bei 549,5 und 520,0 $\mu\mu$ (α und β-Linie) sowie einer charakteristischen violetten Hauptabsorptionsbande (γ) bei 415 $\mu\mu$; verglichen mit dem Protohämochromogen sind die Cytochrom-c-Banden nach dem kurzwelligeren Teil des Spektrums verschoben. Diese Differenz geht auf einen Unterschied in den zugrunde liegenden Porphyrinen zurück; denn Ersatz der Stickstoffkomponente des Cytochroms durch Pyridin oder Alkalibehandlung ändert das Cytochromspektrum kaum[1].

Unterschiedliche Porphyrine liegen sicher auch in den beiden anderen Komponenten a und b vor — für a vermutet Negelein[2] Beziehungen zu seinem Kryptohämin (S. 339) —, möglicherweise gebunden an die gleiche oder eine ähnliche Stickstoffverbindung.

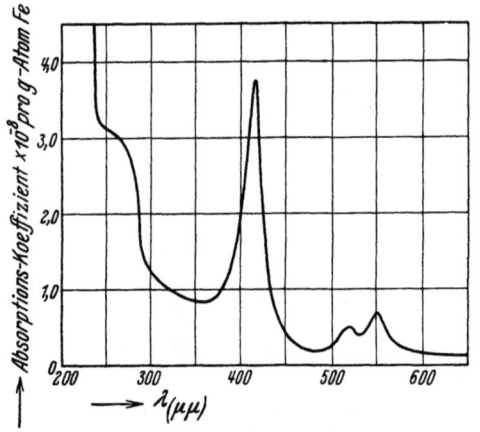

Abb. 57. Absorptionsspektrum des reduzierten Cytochrom c. (Nach Keilin.)

Bei der Enteisenung mit HBr-Eisessig liefert Cytochrom c ein Porphyrin, das sich von dem gewöhnlichen Hämatoporphyrin (Formel S. 335) nicht unterscheiden lässt. Das ursprünglich im Cytochrom c vorhandene Porphyrin, das man durch Einwirkung von wässriger HCl und einem Reduktionsmittel erhalten kann, ist jedoch nicht identisch mit Hämatoporphyrin.

Es ist unlöslich in Äther + Eisessig oder Chloroform und zeigt ein Spektrum, das zwischen Proto- und Hämatoporphyrin liegt. Auch ist sein Pyridin-Hämochromogen spektral verschieden von dem des Hämatoporphyrins.

Ein Porphyrin ähnlicher Spektral- und Löslichkeitseigenschaften, wie sie das dem Cytochrom c zugrunde liegende besitzt, erhielt unlängst Zeile[3] durch Kondensation von Protoporphyrin mit Glykokoll (und Fe-Einführung), wobei ein Molekül entstand, dessen obere Hälfte nachstehend wiedergegeben ist:

$$\begin{array}{cc}
\text{COOH} & \text{COOH} \\
| & | \\
\text{CH}_2 & \text{CH}_2 \\
| & | \\
\text{NH} & \text{NH} \\
| & | \\
\text{H}_3\text{C}-\underset{|}{\overset{|}{\text{C}}}-\text{CH}_3 & \text{H}_3\text{C}-\underset{|}{\overset{|}{\text{C}}}-\text{CH}_3 \\
\text{NH} & \text{NH}
\end{array}$$

Die Aminosäure lässt sich durch Stickstoffbasen, wie Pyridin, Collidin, Chinolin usw. ersetzen, wobei Produkte entstehen, die sich auch hinsichtlich der chemischen Eigenschaften — vor allem Aufspaltbarkeit des entsprechenden Hämins mit HBr-Eisessig zum Hämatotypus — dem Cytochrom c ausserordentlich stark nähern. Umsetzung des HBr-Addukts von Protoporphyrin mit Pyridin liefert ein krystallisiertes Produkt mit der charakteristischen Gruppierung[4]:

---

[1] M. Dixon, Hill u. Keilin, Proc. Roy. Soc. (B) 109, 209; 1931.
[2] E. Negelein, Biochem. Zs 248, 243; 1932.
[3] K. Zeile, H. 207, 35; 1932.
[4] K. Zeile u. Piutti, H. 218, 52; 1933.

$$\text{H}_3\text{C}-\overset{\text{OH}}{\underset{\text{H}}{\overset{|}{\text{C}}}}-\text{CH}_3 \quad\quad \text{H}_3\text{C}-\overset{\text{N-Br}}{\underset{\text{H}}{\overset{|}{\text{C}}}}-\text{CH}_3$$

An Stelle des Pyridins liess sich auch der Imidazolring in Form von Histidinester einführen.

Was den ersten Schritt des Cytochromaufbaues aus dem freien Hämatin in der Zelle anbetrifft, so besteht er vermutlich in der reduktiven Bildung eines Hämochromogens mit noch unbekannter stickstoffhaltiger Komponente, ähnlich dem im B. coli beobachteten. Wiederholte Oxydation und Reduktion innerhalb der Zelle modifiziert und differenziert möglicherweise dieses Hämochromogen zu den Cytochromkomponenten. Für diese Auffassung spricht nach Keilin die Tatsache, dass man durch wechselweise Reduktion und Oxydation eines Gemisches von Hämin + Pyridin (oder Globin) mit Hilfe von $Na_2S_2O_4$ bzw. K_3FeCy_6 ein Produkt erhält, das ein vierbandiges, cytochromähnliches Spektrum zeigt. Zeile (l. c.) fand bei Nacharbeitung der Keilinschen Versuche, dass dabei ganz überwiegend nur ein Hämochromogen mit der Hauptabsorption bei 550 $\mu\mu$ (vgl. S. 352), das also der Cytochromkomponente c entsprechen würde, resultiert.

Zusammenfassend können wir heute schon sagen, dass ein wichtiges Bauprinzip für Cytochrom c in der Verknüpfung von Protoporphyrin mit einer tertiären N-Ringbase liegt. Eine weitere Besonderheit liegt nach Zeile in der ausserordentlich hohen Affinität des Fe-Porphyrin c-Komplexes zur parahämatin- bzw. hämochromogenbildenden N-Base, worüber jedoch chemisch noch nichts bekannt ist.

Cytochrom c unterscheidet sich im reduzierten Zustand von allen anderen Hämen und Hämochromogenen durch die fehlende Autoxydabilität sowie weiter durch die Unfähigkeit zur CO-Bindung.

Bei pH 4 und pH 13 wird es zwar autoxydabel und bei noch höherem pH zur (lichtempfindlichen) Reaktion mit CO befähigt, jedoch ist dies physiologisch bedeutungslos.

Die fehlende Autoxydierbarkeit hat das (reduzierte) Cytochrom c nach unseren heutigen Kenntnissen nur mit zwei in der Natur vorkommenden Hämochromogentypen, dem Hämoglobin und dem Helicorubin, gemeinsam.

Die reversible O_2-Bindung findet sich jedoch nach Warburg und Negelein[1] bei gewissen synthetisch dargestellten Hämoglobinen [Rhodo-, Diacetyldeutero-, Phäo- und Phäophorbid-(b)-Hämoglobin] wieder.

Cytochrom c wird leicht oxydiert durch H_2O_2, K_3FeCy_6, Cu-Salze usw. Es wird, in der oxydierten Form, reduziert durch Stoffe wie Cystein, p-Phenylendiamin, Brenzkatechin u. a. Entgegen einer Behauptung von Shibata und Tamiya[2] enthält oxydiertes Cytochrom dreiwertiges Eisen und nicht reversibel gebundenen Sauerstoff wie Oxyhämoglobin.

Gegen die Auffassung der japanischen Autoren spricht auch das kürzlich untersuchte elektromotorische Verhalten von Cytochrom c, das ein wohl definiertes Redoxpotential von

---

[1] O. Warburg u. Negelein, Biochem. Zs 244, 9; 1932.
[2] K. Shibata u. Tamiya, Act. phytochim. 5, 23; 1930.

+ 0,260 Volt bei pH 7 gibt[1]. Das Potential ist übrigens für eine Fe-Porphyrinverbindung recht hoch und liegt z. B. 0,1 Volt über dem Methämoglobin-Hämoglobinpotential[2].

Von der enzymatischen Reduktion und Oxydation des Cytochroms wird im folgenden die Rede sein.

δ) **Das Zellverhalten des Cytochroms.** Die starken Unterschiede im Spektrum des oxydierten und des reduzierten Cytochroms erleichtern das Studium seines Verhaltens in der intakten Zelle ganz erheblich. Im allgemeinen dürfte das Cytochrom im Organismus bei normaler O_2-Zufuhr wesentlich im oxydierten Zustand vorliegen, doch kann sich das Verhältnis von oxydierter und reduzierter Form je nach den spezielleren Bedingungen erheblich verschieben.

So lässt sich bei lebenden Motten (Galleria melonella) feststellen, dass der ruhende Thoraxmuskel Cytochrom im oxydierten, der arbeitende, zunehmend mit der Leistung, im reduzierten Zustand enthält. Noch einfacher gestalten sich die Beobachtungen bei Suspensionen von aeroben Bakterien oder von Bäckerhefe, in denen beim Schütteln mit Luft das Spektrum des reduzierten Cytochroms verschwindet, um beim Stehenlassen der Suspension oder noch rascher bei Luftabschluss mit zunehmender Stärke wieder hervorzutreten.

Man gewinnt deutlich den Eindruck, dass die Art des jeweils sichtbaren Cytochromspektrums von dem Intensitätsverhältnis des Oxydations- und des Reduktionsprozesses in der Zelle abhängt.

Bei hinreichender O_2-Zufuhr erfolgt die Oxydation des Cytochroms im allgemeinen sehr rasch, die tatsächliche Geschwindigkeit der O_2-Aufnahme wird im wesentlichen durch das Tempo des Reduktionsprozesses bestimmt. Dieses wird erheblich beschleunigt durch Temperaturerhöhung und Sättigung der Zellen mit Brennstoffen, es ist vermindert in ungesättigten „hungernden" Zellen, besonders bei Temperatursenkung. Der Reduktionsprozess wird ferner stark verzögert, unter Umständen überhaupt verhindert durch den Zusatz indifferenter Narkotica, welche bekanntlich die dehydrierenden Mechanismen der Zelle ausser Funktion setzen.

Das Ausmass der Oxydation von reduziertem Cytochrom wird kleiner, unter Umständen gleich 0, bei Zusatz von Giften wie KCN, H_2S, durch hohe Partialdrucke an CO (nach neuesten Befunden Keilins auch NaN_3 in saurem Milieu).

Setzt man also zu einem vollständigen Oxydationssystem (bestehend z. B. aus Herzmuskel in Gegenwart von Bernsteinsäure und Sauerstoff) einmal Narkotica in ausreichender Konzentration, so bleibt die Reaktion stehen und man hat das Spektralbild des oxydierten Cytochroms; gibt man das andere Mal KCN, H_2S usw. zu, so setzt die Reaktion gleichfalls aus, aber diesmal mit dem Spektralbild des reduzierten Cytochroms (hinsichtlich Komponente a und c; b scheint sich auch in Gegenwart der Gifte zu oxydieren.)

Die Tatsache, dass weder Gifte noch Narkotica das Cytochromspektrum hinsichtlich der Lage der Banden verändern, beweist, dass sie sich nicht direkt mit dem freien Cytochrom vereinigen; es sind vielmehr die vor, bzw.

---

[1] T. B. Coolidge, Jl biol. Chem. 98, 755; 1932. — Vgl. auch F. M. Stone u. Coulter, Jl gen. Physiol. 15, 629; 1932.

[2] J. B. Conant u. Pappenheimer, Jl biol. Chem. 98, 57; 1932.

hinter das Cytochrom geschalteten, sauerstoff- bzw. wasserstoffaktivierenden Mechanismen, welche von den beiden Gruppen der Hemmungsstoffe primär betroffen werden:

$$\text{Dehydrase} \underset{\downarrow}{\overset{\text{Narkotica}}{\uparrow}} \text{Substrat} - \text{Cytochrom} - \text{Oxydase} \underset{\downarrow}{\overset{\text{Gifte}\begin{pmatrix}KCN\\H_2S\\CO\\NaN_3\end{pmatrix}}{\uparrow}} O_2.$$

Damit reiht sich das Cytochrom in die Klasse der sog. Überträgersysteme ein.

Während kaum ein Zweifel daran bestand, dass es der durch die Dehydrasen aktivierte Wasserstoff der Zellbrennstoffe ist, der das Cytochrom in vivo reduziert — auch in vitro wird Komponente c z. B. von Bernsteinsäure nur in Gegenwart von Succinodehydrase reduziert —, war die Frage nach der „Cytochromoxydase" nicht so leicht beantwortet.

Zwei Tatsachen waren es vor allem, die Keilin hier auf die richtige Spur brachten: einmal die, dass Gifte der oben genannten Art die Oxydation des Cytochroms in derselben Weise hemmen wie die normale Zellatmung; dann aber, dass dieselben Gifte im selben Ausmass die Indophenolbildung aus dem „Nadi"-Reagens (Dimethyl-p-phenylendiamin + α-Naphthol) sowohl durch Hefe als durch Herzmuskel unterbinden.

Der Nachweis der Identität von „Cytochromoxydase" einerseits mit dem „Atmungsferment" Warburgs, andererseits mit der längstbekannten Indophenoloxydase stellt die Krönung der Keilinschen Untersuchungen dar und hat wie kaum eine Entdeckung des letzten Jahrzehnts zur Klärung der Verhältnisse und zum Ausgleich von Gegensätzen auf dem Gebiet der biologischen Oxydation beigetragen. Einige Ausschnitte aus diesen Untersuchungen sollen nachstehend gebracht werden.

ε) **Cytochrom- bzw. Indophenoloxydase und ihre Beziehung zum Warburgschen Atmungsferment.** Keilin ging im Gegensatz zu Warburg von der Voraussetzung aus, dass mehr oder weniger spezifische Oxydationsfermente schon in der Zelle vorgebildet sind. An eigentlichen Oxydasen (im Gegensatz zu den Dehydrasen) kannte und kennt man im wesentlichen nur drei (vgl. S. 244 u. 281): Monophenol-, Polyphenol- und Indophenoloxydase. Die Frage war, ob eine dieser Oxydasen auch für die Oxydation des Cytochroms in der Zelle verantwortlich zu machen war oder ob diese Oxydation durch eine eigene spezifische Oxydase bewirkt wurde.

Die Monophenoloxydase oder Tyrosinase schied infolge der relativ geringen Verbreitung bzw. der Abwesenheit im höheren Organismus von vornherein aus der Konkurrenz aus. Die Polyphenoloxydase, die ja im wesentlichen in Pflanzen verbreitet ist, kam gleichfalls nicht in Betracht: sie oxydiert reduziertes Cytochrom nicht, ist gegen CO erheblich empfindlicher als beispielsweise die Hefeatmung $\left(K = \frac{n}{1-n} \cdot \frac{CO}{O_2}\right.$ war 1,1 gegen 5 — 9 für die Hefeatmung$\left.\right)$, wobei die Hemmung (1 — n) zudem im Licht nicht reversibel ist. Auch andere ihrer Eigenschaften, wie Wasserlöslichkeit, geringe Empfindlichkeit gegen Trocknen, Aceton und Alkohol passten nicht recht zu den Befunden hinsichtlich der Zellatmung. So blieb nur die Indophenoloxydase, die Keilin sowohl in Hefe als Herzmuskel untersuchte. Hier fand er die gesuchten Eigenschaften.

Reduziertes Cytochrom (Komponente c) wird in Gegenwart eines gründlichst gewaschenen und feinst verteilten Muskelpräparates durch Luft fast unmittelbar oxydiert. CO hemmt (K = 5—6 im Mittel), die Hemmung geht zurück bei Bestrahlung. Auch die sonstigen Charakteristika der Indophenoloxydase passen gut ins Gesamtbild: die weite Verbreitung in Zellen und Geweben von Pflanze und Tier sowie der ausgesprochene Parallelismus zwischen der Verteilung von Oxydase und Cytochrom einerseits und der respiratorischen Aktivität der Zellen andererseits; die feste Haftung an der Zellstruktur („Oxydon"charakter nach Battelli und Stern); die Thermolabilität (T etwa 60°) und die Zerstörung durch Trocknen, Frieren und Auftauen sowie durch Alkohol und Aceton. Schliesslich ist der O_2-Verbrauch des Muskelpräparates bei 38° in Gegenwart von p-Phenylendiamin von der gleichen Grösse wie die O_2-Aufnahme des intakten Muskels während der normalen Atmung.

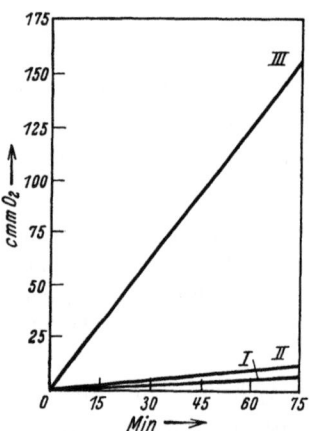

Abb. 58. Sauerstoffaufnahme in einem System von I Cystein + Cytochrom c, II Cystein+Indophenoloxydase, III Cystein + Cytochrom c + Indophenoloxydase, T = 18°. (Nach Keilin.)

Eine gewisse Schwierigkeit liegt darin, dass die offenbar recht spezifisch auf Amine eingestellte Indophenoloxydase nun eine so grundverschiedene Substanz wie das Cytochrom oxydieren soll, während die sonst so nahe verwandte Polyphenoloxydase dazu nach Keilins Untersuchungen keineswegs imstande ist. Diese Schwierigkeit liesse sich zum Teil beheben, wenn man die Annahme machen darf, dass in den von Keilin untersuchten gekoppelten Systemen geringe Mengen eines direkt mit der Oxydase reagierenden Oxydoreduktionskatalysators (etwa von der Art des p-Phenylendiamins), der seinerseits reduziertes Cytochrom oxydiert, vorhanden gewesen ist. Denkbar ist auch, dass umgekehrt die Cytochromoxydase die Oxydation der ja besonders leicht angreifbaren aromatischen Amine (vielleicht über Cytochromreste der Präparate) als Nebenfunktion übernimmt.

Einen weiteren Beweis für die biologische Bedeutung der Indophenoloxydase hat Keilin durch den Aufbau übersichtlicher Atmungsmodelle, deren Substrat das (ja keiner weiteren Aktivierung bedürfende) Cystein darstellte, erbracht.

Die obige Abbildung, zu der sich wohl besondere Erklärungen erübrigen, zeigt das Resultat eines derartigen in vitro-Versuches, bei dem sukzessive ein System O_2-Indophenoloxydase (Präparat von Herzmuskel) — Cytochrom c (Präparat aus Hefe) — Cystein aufgebaut worden ist.

Der Wirkungsquotient des Cytochromeisens $\left(\frac{\text{cmm } O_2}{\text{mg Fe} \times \text{Std.}}\right)$ in diesem System ist bei 18° 200000, was der Wirksamkeit des effektivsten bisher bekannten Katalysators der Cysteinoxydation, des Nicotin-Hämochromgens (nach Krebs) entspricht (vgl. S. 328). Der Quotient $\frac{\text{cmm } O_2}{\text{g Muskel} \times \text{Std.}}$ liegt zwischen 5000 und 7500 und ganz in der Nähe des für die Atmung des intakten Muskels bestimmten Wertes.

Wie zu erwarten, wird das vorliegende System, in dem ja die (narkotisierbare) Dehydrase fehlt, durch Urethan so gut wie nicht beeinflusst, stark dagegen von HCN (auch H_2S), wovon schon die Konzentration $\frac{m}{2000}$ die O_2-Aufnahme völlig unterbindet. CO im Dunkeln gibt einen normalen Verteilungsquotienten von $K = 8$, Bestrahlung hebt die Hemmung weitgehend auf (Abb. 59).

Die Zahlenwerte für ein vollständiges biologisches Oxydationssystem, bestehend aus

Glucose + Glucosedehydrase + Cytochrom c + Indophenoloxydase + Sauerstoff,

das in seinem Verhalten vollständig mit dem Keilinschen SH-System übereinstimmt, sind schon früher mitgeteilt worden[1] (S. 239).

Die Keilinschen Untersuchungen bringen Licht in manche früher nicht oder nur unvollständig erkannte Zusammenhänge.

Schon Battelli und Stern[2] hatten das universelle Vorkommen der Indophenol- bzw. Paraphenylendiaminoxydase und den Parallelismus zwischen ihrer Verbreitung und dem, was sie als die „Hauptatmung" der Gewebe bezeichneten, festgestellt. Trotzdem klaffte hier eine scheinbar unausfüllbare Lücke: die Oxydasepräparate aus Muskel, die p-Phenylendiamin mit solcher Intensität oxydierten, waren unwirksam gegenüber den üblichen Zellbrennstoffen. Die Auffassung — die dann in Warburg während der Periode des „Atmungsferments" ihren extremsten Vertreter fand —, dass auch diese Indophenoloxydase nur ein „Kunstprodukt", entstanden während der Destruktion der Zelle, oder einen Splitter eines in der intakten arbeitenden Zelle ursprünglich vorhandenen Ferments mit universeller Oxydationsfunktion darstelle, war ein — in weniger radikaler Weise von verschiedenen Seiten vorgebrachter — Erklärungsversuch, der diesem Zwiespalt der Befunde gerecht werden wollte. Die Keilinschen Versuche legten eine

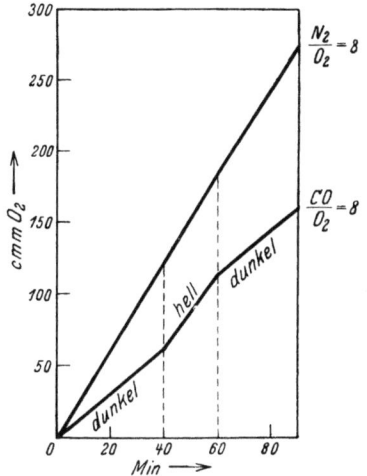

Abb. 59. Wirkung von CO im Dunkeln und im Licht auf die Sauerstoffaufnahme im System Cystein + Cytochrom c + Indophenoloxydase. (Nach Keilin.)

andere und mehr befriedigende Deutung nahe; das Unvermögen der Oxydasepräparate, Brennstoffe direkt zu oxydieren, die in der lebenden Zelle mit Leichtigkeit umgesetzt werden, braucht nicht notwendigerweise auf eine „Modifizierung", Zersetzung oder sonstige Schädigung der Oxydase zurückzugehen. Es kann ganz einfach so sein, dass die Oxydase nur eine von mehreren Systemkomponenten, die zur Oxydation der Zellstoffe notwendig sind, darstellt. In dem gewaschenen und fein verteilten Muskelpräparat ist dieses Oxydationssystem inkomplett; es fehlen im wesentlichen die substrataktivierenden Dehydrasen und ein Grossteil des Cytochroms; was man zurückbehalten hat, ist eine nicht oder wenig veränderte Oxydase mit Cytochromresten. Dieses Rumpfsystem vermag nur Substanzen zu oxydieren, die, wie Cystein und p-Phenylendiamin, so lockeren Wasserstoff besitzen, dass dessen weitere Aktivierung unnötig ist. Würde man Indophenoloxydase + Cytochrom nacheinander mit den verschiedenen substratspezifischen Dehydrasen koppeln, so käme man wohl mit deren gesteigerter Anzahl dem Gesamtbild der Zellatmung näher und näher.

Die Keilinsche Erklärung mag bezüglich der empfindlicheren (und leichter auswaschbaren) Dehydrasen ihre Richtigkeit haben. Andererseits haben wir früher (S. 239f.) gesehen,

---

[1] D. C. Harrison, Biochem. Jl 25, 1016; 1931.
[2] F. Battelli u. Stern, Erg. Physiol. 12, 96; 1912. — L. Stern, Soc. Biol. 98, 1288; 1928. — Biochem. Zs 182, 139; 1927.

dass die Succinodehydrase das Vermögen zur Methylenblauentfärbung noch besitzt, wenn dasjenige zur Reaktion mit O_2 bereits verlorengegangen ist. Hier ist zweifellos das Oxydationssystem labiler als die Dehrase.

Dass die Keilinsche Cytochrom- bzw. Indophenoloxydase mit dem Warburgschen Atmungsferment identisch ist, scheint heute die allgemeine Auffassung zu sein. Auch Warburg[1] teilt sie offenbar, obwohl er sich gegen die Keilinsche Nomenklatur, die nur eine Teilfunktion des Atmungsferments zum Ausdruck bringt, wendet.

Für zwangsläufig scheint er allerdings den Weg über das Cytochrom nicht zu halten. Wir können uns ja heute überhaupt erst vermutungsweise eine Vorstellung davon machen, warum die Zelle aktivierten Sauerstoff und aktivierten bzw. lockeren Wasserstoff nicht direkt miteinander reagieren lässt, warum sie diesen komplizierten Übertragermechanismus anwendet. Doch häufen sich unsere Beobachtungen in letzter Zeit mehr und mehr in der Richtung, dass die Zwischenschaltung teils schwermetallhaltiger, teils metallfreier reversibler Oxydoreduktionskatalysatoren zu innerst im Programm der biologischen Oxydation begründet liegt (Näheres in einem späteren Kapitel über „reversible Oxydoreduktionssysteme").

Interessant ist die Diskussion Keilins über die mutmassliche Natur der Wirkungsgruppe des Atmungsferments, ohne Zuhilfenahme spektroskopischer Daten, bloss auf Grund unserer Kenntnis von den Eigenschaften bestimmter Fe-Porphyrinverbindungstypen. Legt man die Warburgsche Annahme vom Pendeln des Eisenatoms zwischen 2- und 3 wertiger Stufe als fundamentalen Wirkungsmechanismus des Atmungsferments zugrunde, so hätte man zwischen drei Systemtypen zu wählen 1. Häm/Hämatin; 2. Hämochromogen/Parahämatin und 3. Hämoglobin/Methämoglobin.

Zunächst ist die Oxydase autoxydabel (hinsichtlich des Fe), was sie mit Häm und Hämochromogen, nicht mit Hämoglobin gemeinsam hat. Gleich Hämoglobin, anders als Häm und Hämochromogen zeigt sie eine bestimmte Verteilungskonstante für CO/O_2. [Gegen diesen Punkt erhebt Warburg[2] Einspruch und weist auf die CO-empfindliche Häm- und Hämochromogenkatalyse der Cysteinoxydation (nach Krebs, vgl. S. 328) hin, bei der eine ähnliche, wenn auch nicht quantitativ gültige Beziehung hinsichtlich der Verteilung des Katalysators zwischen O_2 und CO besteht wie beim Atmungsferment.] Ihre CO-Verbindung ist ebenso wie CO-Hämochromogen, anders als CO-Häm und CO-Hämoglobin, äusserst lichtempfindlich. Ähnlich wie die 3 wertigen Stufen der obigen drei Vergleichssysteme verbindet sich die Oxydase mit KCN, ausserdem in Analogie mit Methämoglobin und zum Unterschied von Hämatin und Parahämatin mit H_2S und NaN_3. Sie unterscheidet sich von allen anderen Fe-Porphyrinverbindungen durch die Fähigkeit, Cytochrom und p-Phenylendiamin zu oxydieren, sowie durch die Grössenordnung ihrer katalytischen Wirksamkeit.

Wie der Vergleich der einzelnen Angaben zeigt, sind die Eigenschaften der Oxydase im wesentlichen teils solche des Systems 2, teils des Systems 3. Keilin hält die Existenz einer derartigen Verbindung von Mischcharakter für prinzipiell möglich und glaubt, dass es bei ihrem Zustandekommen weniger auf die Natur der prosthetischen Gruppe des Moleküls als auf die der damit verbundenen Stickstoffverbindung ankommt.

---

[1] O. Warburg, Biochem. Zs 207, 494; 1929. — 231, 493; 1931. — Vgl. ferner A. Reid, Erg. Fermentforsch. 1, 325; 1932.

[2] O. Warburg, Biochem. Zs 207, 494; 1929.

Es ist hier darauf hinzuweisen, dass die spektroskopischen Untersuchungen Warburgs und seine Bemühungen um die „Synthese" des Atmungsferments in die entgegengesetzte Richtung weisen. Allerdings hatten Warburgs synthetische Produkte trotz der weitgehenden spektralen Übereinstimmung mit dem Atmungsferment keine oxydatischen Eigenschaften.

Keilin stellt aber noch eine andere Erklärung zur Diskussion. Die Doppelnatur der Oxydase, die in ihren Eigenschaften zum Ausdruck kommt, legt die Möglichkeit nahe, dass es sich nicht um eine einheitliche Substanz, sondern um einen Komplex aus mindestens zwei Komponenten handelt. Das Absorptionsspektrum des Atmungsferments ist ja durchwegs an Zellen aufgenommen worden, die ausserdem noch eine Mehrzahl sichtbarer und mengenmässig weit überlegener Fe-Porphyrinverbindungen enthalten. Da wir über die offensichtliche Oxydation dieser Verbindungen durch das Atmungsferment hinsichtlich des feineren Mechanismus noch so gut wie nichts wissen, ist die Auffassung diskutierbar, dass die Cytochromkomponenten mit der Oxydase einen Komplex bilden, in dem sie der Oxydation unterliegen. Ein derartiger Komplex einer Cytochromkomponente mit der Oxydase mag die Eigenschaft haben, dass um sein Eisenatom O_2 und CO in ähnlicher Weise konkurrieren wie um das Eisen des Hämoglobinmoleküls. Die CO-Verbindung dieses Komplexes mag im Dunkeln stabil und damit oxydatisch inaktiv sein. Die photochemische Spaltung des Komplexes in CO und Oxydase-Cytochromkomponente stellt den normalen Atmungsvorgang wieder her. Die CO-Verbindung würde für das Warburgsche Atmungsfermentspektrum verantwortlich sein und da ja bereits die eine Komponente der Verbindung, das Cytochrom, ein Hämatin ist, ist es prinzipiell nicht notwendig, dass auch die andere Komponente, die Oxydase, von gleicher Natur ist.

Obwohl nach dieser Erklärung die chemische Natur der Oxydase noch unbekannt wäre, ist sie doch in Anbetracht der zwiespältigen Eigenschaften des Atmungsferments nicht von der Hand zu weisen (vgl. S. 341f.). Zwei Aufgaben sind nach Keilin zur endgültigen Klärung der Konstitutionsfrage des Atmungsferments zu lösen: die Abtrennung der Oxydase von den übrigen Zellbestandteilen und die Auffindung von Stickstoffverbindungen, die, mit Hämatinen gekoppelt, die kombinierten Eigenschaften des Hämoglobins und eines autoxydablen Hämochromogens zeigen.

Warburg[1] kann die Keilinsche Auffassung von der photosensibilisierenden Funktion der an sich inaktiven Zellhämine nicht direkt widerlegen. Er findet jedoch die von Keilin vorgeschlagene Verteilung der beobachteten Wirkungen auf vermutlich zwei Arten von Eisenatomen überflüssig, aus dem Grunde „weil man in den Modellversuchen mit Eisenporphyrin als Katalysator die im Leben gefundenen Erscheinungen hervorrufen kann".

Ganz kurz sollen hier noch gewisse Vorstellungen von Shibata und seiner Schule[2] über das Verhältnis von Cytochrom und Atmungsferment angeführt werden, die in mancher Hinsicht der im vorstehenden mitgeteilten Auffassung gerade entgegenlaufen.

[1] O. Warburg, Biochem. Zs 207, 494; 1929.
[2] K. Shibata u. Tamiya, Act. phytochim. 5, 23; 1930. — H. Tamiya u. Tanaka, Act. phytochim. 5, 167; 1930. — K. Tanaka, Act. phytochim. 5, 239; 1930.

Danach fungiert Cytochrom hämoglobinartig als O_2-Speicher und -Druckregler innerhalb der Zelle. Oxydation und Reduktion des Cytochroms wären also in Wirklichkeit als „Oxygenation" bzw. „Deoxygenation" aufzufassen, wobei im letzteren Falle der abgegebene Sauerstoff an die intracellulare Oxydase geht. CO und KCN hemmen bzw. verhindern die Oxygenation des Cytochroms. Da Shibata[1] im übrigen für den Wirkungsmechanismus der Oxydasen (und Dehydrasen) die Wasserspaltung im Sinne von Battelli und Stern (S. 124) zur Erklärung heranzieht, so ist in seiner Theorie naturgemäss kein Platz für das O_2-aktivierende Atmungsferment Warburgs. Es wird versuchsweise mit dem Cytochrom identifiziert, dessen Oxyform als Wasserstoffacceptor dienen soll.

Ein Hauptargument dieser Auffassung ist, dass an freier Luft gedeihende Anaerobier (wie Schimmelpilze), die wenig oder gar kein Cytochrom enthalten, eine stark vom O_2-Druck abhängige, jedoch CO-unempfindliche Atmung zeigen, während cytochromhaltige, insbesondere submers lebende Zellen und Organismen hinsichtlich ihrer Atmung vom O_2-Druck weitgehend unabhängig, indes CO-empfindlich sind[2]. Neue Erkenntnisse, betreffend schwermetallfreie O_2-Übertragungsmechanismen (gelbes Oxydationsferment Warburgs S. 344f.) lassen natürlich auch eine andere Deutung der Befunde zu.

Überhaupt reichen die experimentellen Befunde von Shibata u. Mitarb. nicht zur Verifizierung seiner Theorie aus, die zudem in manchen Punkten mit experimentell einwandfrei von Warburg und Keilin bewiesenen Tatsachen im Widerspruch steht (vgl. z. B. S. 355f.).

e) Weitere katalytische Funktionen von Eisen-Porphyrinverbindungen.

α) Peroxydasewirkung. Viel länger als oxydatische sind peroxydatische Wirkungen von Häminderivaten bekannt.

Schon zu Beginn des Jahrhunderts wurde die peroxydatische Funktion des isolierten Blutfarbstoffes festgestellt[3]. Die lange Zeit offene Frage, ob es neben dem Hämoglobin noch eine eigene Peroxydase im Blute gäbe, wurde von Willstätter[4] im verneinenden Sinne entschieden. R. Kuhn[5] hat die peroxydatische Funktion von Oxyhämoglobin, Hämin, Mesohämin und anderen Derivaten vergleichend untersucht und charakteristische Unterschiede hinsichtlich pH-Abhängigkeit, HCN-Empfindlichkeit usw. gefunden. Parahämatinbildung bewirkt bei einfachen Häminen häufig ausserordentliche Wirkungssteigerungen[5,6].

Intracellulares Hämatin und Cytochrom sind nach den Befunden Keilins[7] verantwortlich für die thermostabile Peroxydasereaktion in Bakterien, Hefen und anderen (hämoglobinfreien) tierischen und pflanzlichen Zellen und Geweben.

Es ist denkbar, dass diese Peroxydasefunktion von Hämoglobin, Hämatin und Cytochrom — namentlich im höheren tierischen Organismus, in dem eine verbreitete Existenz echter Peroxydasen bezweifelt ist — tatsächlich eine Rolle spielt, da ja bei der aeroben Tätigkeit des Schardinger-Enzyms, der Xanthindehydrase und einiger weniger anderer Dehydrasen H_2O_2 als Primärprodukt nachgewiesen werden konnte (vgl. S. 250) und es möglicherweise auch bei der Autoxydation von SH-Körpern[8] u. a. auftritt.

---

[1] K. Shibata, Act. phytochim. 4, 373; 1929.

[2] Vgl. dagegen gewisse Befunde von H. Fink, H. 210, 197; 1932.

[3] J. Moitessier, Soc. Biol. 57, 373; 1904. — E. J. Lesser, Zs Biol. 49, 571; 1907. — E. v. Czyhlarz u. v. Fürth, Hofm. Beitr. 10, 358; 1907.

[4] R. Willstätter u. Pollinger, H. 130, 281; 1923.

[5] R. Kuhn u. Brann, B. 59, 2370; 1926. — H. 168, 27; 1927.

[6] W. Langenbeck u. Mitarb., B. 65, 1750; 1932.

[7] D. Keilin, Proc. Roy. Soc. (B) 104, 206; 1929.

[8] M. Dixon, Biochem. Jl 19, 507; 1925. — D. C. Harrison u. Thurlow, Biochem. Jl 20, 217; 1926.

Es passt in diesen Zusammenhang, dass nach Kuhn[1] und Mitarbeitern ein vom Protoporphyrin sich ableitender Fe-Komplex die Wirkungsgruppe des Enzyms Peroxydase darstellt.

β) **Katalasewirkung.** Dem Blutfarbstoff selbst scheint — trotz widersprechender Angaben selbst in der neueren Literatur — geringe katalatische Funktion zuzukommen[2]. Auf gleichen Fe-Gehalt bezogen entspricht sie der von Kuhn[3] entdeckten, viel offenkundigeren Katalasewirkung des Hämins, dem sich andere Fe-Porphyrine von ähnlicher Zusammensetzung und ungefähr gleicher Wirksamkeit anschliessen[4]. Die katalatische Wirkung erhöht sich gleichfalls stark in Gegenwart von N-Basen[3,5]. Bei der allgemeinen Verbreitung von Katalase dürfte die (damit verglichen schwache[6]) Katalasefunktion der einfachen Häminkörper physiologisch bedeutungslos sein.

Eine von v. Euler und Mitarbeitern[7] festgestellte gewisse Parallelität zwischen Cytochromgehalt und katalatischer Aktivität von Hefe hatte schon die nahen Beziehungen zwischen H_2O_2-zersetzender Wirkung und Hämineisenbindung angedeutet. Weitere Untersuchungen gaben dann völlige Gewissheit, dass die aktive Gruppe der Katalase durch einen Fe-Protoporphyrinkomplex repräsentiert wird[8].

Nach einer Überschlagsrechnung von Kuhn[9] setzt 1 Grammatom Eisen in Peroxydase pro Sekunde 10^5 Mol. H_2O_2 (gegenüber Pyrogallol) um, während das Katalaseeisen zwischen $6 \cdot 10^4$—$2 \cdot 10^5$ Mol. H_2O_2 zur Reaktion bringt. 1 Grammatom Eisen im Warburgschen Atmungsferment addiert pro Sekunde rund 10^5 Mol. O_2 (jedoch verläuft die Reduktion der oxydierten Form etwa 1000mal langsamer). Die grössenordnungsmässige Übereinstimmung hinsichtlich des Fe-Wirkungsquotienten in den drei Fällen ist beachtlich und kaum ein Zufall.

γ) **Oxydatische und oxydoreduktive Wirkungen.** Fälle von O_2-übertragender Funktion bei Fe-Porphyrinverbindungen in vitro sind erst relativ spät bekanntgeworden.

Harrison[10] entdeckte eine derartige Wirkung von Hämatin gegenüber Cystein, Krebs[11] erweiterte den Befund durch seine schon öfters zitierten Untersuchungen, welche die gewaltig überlegene Wirkung von Pyridin- und Nicotin Hämatin sowie die Lichtempfindlichkeit der durch CO-gehemmten Katalyse dartaten (S. 328).

M. E. Robinson[12] machte die interessante und zweifellos physiologisch bedeutsame Beobachtung, dass Hämoglobin, Methämoglobin und Hämin kräftige Katalysatoren der Autoxydation von Leinöl darstellen. (Hinsichtlich

---

[1] R. Kuhn, Hand u. Florkin, H. 201, 255; 1931.
[2] F. Haurowitz, H. 198, 9; 1931.
[3] R. Kuhn u. Brann, l. c.
[4] H. v. Euler, Nilsson u. Runehjelm, Svensk kem. Tidskr. 41, 85; 1929. — K. Zeile, H. 189, 127; 1930.
[5] W. Langenbeck u. Mitarb., l. c.
[6] H. v. Euler u. Josephson, A. 456, 113; 1927.
[7] H. v. Euler, Fink u. Hellström, H. 164, 69; 169, 10; 1927. — 190, 189; 1930.
[8] K. Zeile u. Hellström, H. 192, 171; 1930. — 195, 39; 1931.
[9] R. Kuhn, Hand u. Florkin, Naturw. 19, 771; H. 201, 255; 1931.
[10] D. C. Harrison, Biochem. Jl 18, 1009; 1924.
[11] H. A. Krebs, Biochem. Zs 193, 347; 1928. — 204, 322; 1929.
[12] M. E. Robinson, Biochem. Jl 18, 225; 1924.

des Mechanismus dieser „pseudoxydatischen" Wirkung vgl. S. 195.) Kuhn[1] stellte das gleiche für Ölsäure, Linolsäure, Linolensäure usw., für Ergosterin und die Polyene der Carotinreihe fest.

Die Katalyse zählt hinsichtlich der Wirksamkeit des Schwermetalls zu den effektivsten, die wir kennen und ist ausserdem noch dadurch ausgezeichnet, dass sie gegen HCN [2] (nicht gegen H_2S [3]) unempfindlich ist.

Nach Kuhn (l. c.) spielt die Katalyse möglicherweise eine Rolle bei der HCN-unempfindlichen Atmung verschiedener Algen (Chlorella usw.) und von Keimlingen höherer Pflanzen, insbesondere im Hungerzustande. Auch zu der HCN-unempfindlichen Atmung in den bekannten Versuchen von Dixon und Elliott (S. 340) versucht er die Modellkatalyse in Beziehung zu setzen.

Von neueren Beobachtungen ist noch die stark HCN-empfindliche Katalyse der Benzaldehydautoxydation durch Pyridinhämatin[4] sowie die Häminkatalyse der Autoxydation N-disubstituierter Aminosäuren anzuführen[5]. Physiologisch sind diese Katalysen ebensowenig von unmittelbarer Bedeutung wie eine kürzlich durch Negelein[6] beschriebene Verbrennung von Kohlenoxyd durch grüne und mischfarbene Hämine in alkalischer Lösung.

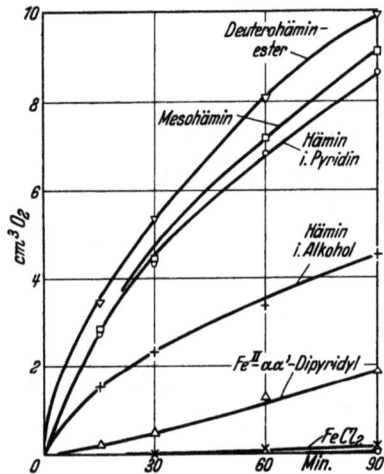

Abb. 60. Katalytische Oxydation von Leinölsäure durch Fe-Porphyrine und einige andere Fe-Verbindungen. (Nach Franke.)

1 cm³ Leinölsäure, Fe-Verbindung (entsprechend $1/_{20}$ mg Fe) gelöst in 0,05 cm³ Alkohol bzw. Pyridin. T 25°.

Interessanter und von Warburg als ein Modell des Systems Atmungsferment-Cytochrom angesehen war die Beobachtung, dass gewisse Chlorophyllhämine [wie Pyrrohämin und Phäophorbid(a)hämin] in kernlose und so gut wie atmungsfreie rote Blutzellen gebracht, in Gegenwart von Zucker eine ausserordentlich kräftige Atmung bedingen[7]. Es liegt hier wahrscheinlich eine gekoppelte Eisenkatalyse vor, indem das grüne Hämin Hämoglobin zu Methämoglobin oxydiert, das seinerseits das aktivierte Substrat verbrennt. Reoxydation des zweiwertigen Häm-Eisens sichert katalytischen Verlauf der Oxydation.

Zuletzt mag noch, weil von prinzipiellem Interesse, eine von Lipschitz[8] beobachtete oxydoreduktive Wirkung des Blutfarbstoffes und seiner nächsten Verwandten angeführt werden, die im katalytischen Zerfall von Hydroxylamin wesentlich in N_2 und NH_3 (neben kleinen Mengen Nitrit und Nitrat) besteht.

---

[1] R. Kuhn u. Meyer, H. 185, 193; 1929. Vgl. auch W. Franke, A. 498, 129; 1932.
[2] Vgl. auch G. P. Wright u. Alstyne, Jl biol. Chem. 93, 71; 1931.
[3] H. A. Krebs, Biochem. Zs 209, 32; 1929.
[4] R. Kuhn u. Meyer, Naturwiss. 16, 1028; 1928.
[5] F. Bergel u. Bolz, H. 215, 25; 1933.
[6] E. Negelein, Biochem. Zs 243, 386; 1931.
[7] O. Warburg u. Kubowitz, Biochem. Zs 227, 184; 1930.
[8] W. Lipschitz, H. 146, 1; 1925.

b) Zur Kenntnis einzelner Enzyme.

I. Oxydasen und Peroxydase (W. Franke).
(Zur Systematik siehe S. 244f. und 281.)

1. Monophenoloxydase oder Tyrosinase.

a) Allgemeines.

Die am längsten bekannte Eigenschaft dieses zuerst in einem Pilze (Russula nigricans) aufgefundenen Enzyms ist seine Einwirkung auf Tyrosin, die schon 1895 von Bourquelot und Bertrand[1] beobachtet worden war und die zur Bildung von dunkel gefärbten amorphen Produkten, den Melaninen, führt. Da Tyrosin von Laccase nicht angegriffen wird, lag hier offenbar ein neues, spezifisches Enzym vor, dem Bourquelot den Namen Tyrosinase gab. Es ist eine echte, nur mit O_2 reagierende Oxydase und darum leicht von Peroxydase zu unterscheiden.

Später fand Bertrand[2], dass der Tyrosinase ausser Tyrosin eine Menge anderer phenolischer Substanzen als Substrat dienen können.

Er prüfte u. a. mit positivem Erfolg: p-Oxyphenyläthylamin (Tyramin), p-Oxyphenylamin, p-Oxyphenylpropionsäure, p-Oxybenzoesäure, p-Kresol und Phenol. Nicht angegriffen wurden die entsprechenden Stoffe ohne Oxygruppe im aromatischen Kern, sowie Phenylalanin und andere einfache Aminosäuren. Ähnlich wie Tyrosin verhalten sich auch dessen Derivate, wie z. B. Äthyltyrosin, Chloracetyltyrosin und Glycyltyrosin.

Um Tyrosinase von der sie meist begleitenden Laccase (Polyphenoloxydase) unterscheiden zu können, bedient man sich nach Raper[3] mit Vorteil folgender drei Reagentien:

1. Tyrosin, mit dem Tyrosinase zuerst eine hellrote Färbung erzeugt, die nach und nach über Rotbraun in Schwarz übergeht (Laccase reagiert nicht mit Tyrosin).
2. p-Kresol, mit dem Tyrosinase Gelb- bis Orangefärbung gibt, während Laccase nur eine milchige Trübung erzeugt. (Bei gleichzeitiger Anwesenheit kleiner Mengen einfacher Aminosäuren resultiert schliesslich prachtvolle Blaufärbung in der tyrosinasehaltigen Lösung).
3. Guajakol, auf das Tyrosinase ohne Wirkung ist, während Laccase unter Braunrotfärbung das sog. ,,Tetraguajakochinon" bildet (s. S. 384).

Mit der Laccase gemeinsam hat Tyrosinase die Wirkung auf gewisse mehrwertige Phenole, wie Brenzkatechin und Pyrogallol; was sie von dieser unterscheidet, ist die Wirkung auf die einwertigen Phenole, von denen Tyrosin nur ein Vertreter ist. Die alte Bezeichnung Tyrosinase ist daher zweckmässig durch die umfassendere Monophenoloxydase oder Monophenolase zu ersetzen. Im folgenden wird von allen dreien Gebrauch gemacht werden (Abkürzung: T. oder Mph).

---

[1] E. Bourquelot u. Bertrand, Soc. Biol. 47, 582; 1895. — E. Bourquelot, Soc. Biol. 48, 811; 1896. — G. Bertrand, C. R. 122, 1215; 1896.

[2] G. Bertrand, C. R. 145, 1352; 1907. — Bull. Soc. Chim. (4) 3, 335; 1908.

[3] H. S. Raper, Erg. Enzymforsch. 1, 270 (1932). Vgl. R. Chodat, Hdbch. biol. Arb.-Meth. (4) 1, 319; 1925.

b) Vorkommen.

Tyrosinase ist im Tier- und Pflanzenreich weit verbreitet und spielt dort sicherlich bei allerhand Pigmentierungsprozessen eine wichtige Rolle. Das Nachdunkeln tierischer und pflanzlicher Gewebsflüssigkeiten an der Luft geht zum Teil auf ihre Anwesenheit zurück. Quantitativ tritt sie zwar in der Pflanzenwelt im allgemeinen gegenüber der Polyphenoloxydase (S. 383), im tierischen Organismus gegenüber der Indophenoloxydase (S. 401) zurück. Es ist darauf hinzuweisen, dass Tyrosin als primärer Eiweissbaustein ein ungemein verbreiteter — in tierischen Zellen wohl der verbreitetste — Körper von prinzipiellem Chromogencharakter ist. Dass die Tyrosinase gerade im (normalen) höheren tierischen Organismus nicht sicher oder nur in unerheblicher Menge nachgewiesen ist, gehört zu den mancherlei Unklarheiten und Widersprüchen, die sich heute noch an Wirkung und Vorkommen dieses Ferments knüpfen. Möglicherweise ist das Enzym verbreiteter als man bisher annahm, ein Umstand, der durch sekundäre Faktoren — besondere Schwierigkeiten der Methodik, Anwesenheit reduzierender Substanzen usw. — bedingt sein könnte.

In **Bakterien** scheint T. fast durchwegs zu fehlen. Ausnahmen[1] u. a. Actinomyces chromogenes, B. phosphorescens, B. putidum, B. mesentericus, B. radicicola, V. tyrosinatica.

In **Pilzen** ist das Enzym sehr verbreitet (z. B. Russula, Lactarius, Agaricus, Gyromitra, Disciotis, nicht dagegen Boletus)[2]; sie stellt ein vielbenutztes Ausgangsmaterial der Enzymgewinnung dar.

In **höheren Pflanzen** kommt die Monophenolase ebenfalls vor, jedoch nicht annähernd in solcher Verbreitung wie Polyphenolase, was dem spärlichen Vorkommen echter Melanine im Pflanzenreich entspricht.

Verteilung und Lokalisation der T. bei höheren Pflanzen ist eingehend und an einem grossen Material u. a. von Begemann[3] und von Chodat[4] untersucht worden.

Über vermehrtes Auftreten von T. in gefrorenen Pflanzenteilen siehe Gard[5].

An spezielleren Vorkommen sind beachtlich das in Kleie[6a] (relativ wärmeunempfindliche, nicht mit Laccase vergesellschaftete T.), in den Schalen der Samtbohne (Mucuna utilis)[6b], in Dahlienknollen, Zuckerrüben und Kartoffeln[6c], von welch letzteren namentlich die Schalen eine vielverwendete, ergiebige Enzymquelle darstellen.

Interessant ist eine von Boas (l. c.) an Organen und Organteilen der verschiedensten Pflanzenarten (besonders deutlich an Kartoffelscheiben) beobachtete „Entfesselung" der T.-Wirkung auf Zusatz von 0,1%igem Chininsalz; auch Toluol, Xylol, Coffein, $HgCl_2$,

---

[1] K. B. Lehmann u. Mitarb., Münch. med. Ws 49, 340; 1902. — Arch. Hyg. 67, 99; 1908. — C. Stapp, Biochem. Zs 141, 42; 1923. — F. C. Happold, Biochem. Jl 24, 1737; 1930.
[2] G. Bertrand, C. R. 122, 1215; 1896. — E. Bourquelot, Soc. Biol. 48, 811; 1896.
[3] O. H. K. Begemann, Pflüg. Arch. 161, 45; 1915.
[4] R. Chodat u. Evard, Soc. phys. hist. nat. 45, 52; 1928.
[5] M. Gard, C. R. 194, 1184; 1932.
[6a] K. B. Lehmann, l. c. — G. Bertrand u. Mitarb., Bull. Soc. Chim. (4) 1, 837, 1048; 1907. — C. R. 150, 1142; 1910. — [6b] E. R. Miller, Plant. Physiol. 4, 507; 1929. — [6c] G. Bertrand, C. R. 122, 1215; 1896. — M. Gonnermann, Chem. Ztg. 40, 127; 1916. — F. Boas u. Merkenschlager, Biochem. Zs 155, 197; 1925.

extreme Temperaturen usw. bewirken in ähnlicher Weise die Loslösung der T.-Funktion aus dem Gleichgewicht der Zellreaktionen.

In der Tierwelt ist T. vor allem bei **Invertebraten** reichlich gefunden worden. Namentlich Insekten aller Art sowie deren Larven sind ein vielbenutztes Untersuchungsobjekt.

Historisch und auch präparativ bedeutsam — da die Gewinnung eines laccase- und peroxydasefreien Enzympräparats ermöglichend — ist der Befund Biedermanns[1] über das Vorkommen von T. im Darmsaft des Mehlwurms (Tenebrio molitor). Weitere Beobachtungen beziehen sich auf die (an der Luft spontan dunkelnde) Hämolymphe der Lepidopteren[2], wie überhaupt über den Zusammenhang von Tyrosinasewirkung und Pigmentierung der Schmetterlingspuppen (auch -flügel) viel gearbeitet worden ist[3]. Von anderen, mit positivem Ergebnis auf T. untersuchten Tierklassen sind u. a. noch Crustaceen[4a], Tintenfische[4b] und Schwämme[4c] anzuführen.

Unter den **Vertebraten** ist T. eindeutig in der Haut verschiedener Kaltblüterfamilien nachgewiesen worden, so bei Fischen[5a], Schwanzlurchen[5b] und Fröschen[5c]. Die Frage des allgemeineren Vorkommens der T. im warmblütigen, insbesondere Säugetierorganismus, ist noch nicht geklärt.

Durham[6a] gab zuerst an, dass sich aus der Haut sehr junger Kaninchen, Meerschweinchen und Ratten ein Ferment extrahieren lässt, das bei Gegenwart von $FeSO_4$-Spuren (als Aktivator, vgl. S. 381) Tyrosinlösungen färbt, wobei die Intensität der Farbreaktion parallel mit der Pigmentierung der verwendeten Haut geht, der Hautextrakt albinotischer Tiere dementsprechend wirkungslos ist. Onslow[6b] fand (an stark pigmentierten Kaninchen und Mäusen), dass diese Farbreaktion des Extrakts bei Gegenwart von H_2O_2 ungemein verstärkt auftritt, es sich also wahrscheinlich nicht um Tyrosinase, sondern um eine Peroxydase handle. Da aber nach zahlreichen älteren und neueren Beobachtungen T. tatsächlich durch H_2O_2 aktiviert wird (s. S. 378), ist Onslows Auffassung Zweifeln unterworfen. Nach Onslow ist ferner „dominantes Weiss" beim Kaninchen (das sich vererben lässt), auf die Gegenwart eines Inhibitors, einer „Antityrosinase", zurückzuführen, während „recessives Weiss" durch Enzymmangel überhaupt bedingt ist.

Eine neuerliche Nacharbeitung der Onslowschen Versuche durch Pugh[6c] ergab nur in einigen wenigen Fällen (bei Verwendung „recessiv" schwarzer Kaninchen) Anwesenheit von Tyrosinase, die aber dann schon ohne Zusatz von H_2O_2 wirksam war. Pugh diskutiert die Ursachen des Misserfolgs in den übrigen Fällen, wobei sich die gleichzeitige Anwesenheit einer reduzierenden Substanz neben dem Enzym als wahrscheinlichster Grund ergibt.

Winternitz[7] gibt das Vorkommen von Tyrosinase in der Haut schwarzer Pferde an.

---

[1] W. Biedermann, Pflüg. Arch. 72, 105; 1898.

[2] O. v. Fürth u. Schneider, Hofm. Beitr. 1, 229; 1901.

[3] J. Dewitz, Arch. Anat. Phys. 26, 327; 1902. — Arch. Entwickl. 31, 617; 1911. — L. Brecher, Verschiedene Arbeiten in Arch. Entwickl. 43, 45, 48, 50; 1917 bis 1922. — H. Onslow, Biochem. Jl 10, 26; 1916.

[4a] K. G. Pinhey, Jl exp. Biol. 7, 19; 1930. — [4b] H. Przibram, Hofm. Beitr. 1, 229; 1901. — T. Weindl, Arch. Entwickl. 23, 633; 1907. — [4c] J. Cotte, Soc. Biol. 55, 137, 139; 1903.

[5a] T. Kudo, Arch. Entwickl. 50, 309; 1922. — [5b] T. Weindl, l. c. — A. M. Banta u. Gortner, Proc. Soc. exp. Biol. 10, 191; 1913. — [5c] C. Phisalix, Soc. Biol. 50, 793; 1898. — C. Gessard, Soc. Biol. 57, 285; 1904. — M. Chiò, Arch. ital. Biol. 50, 230; 1908.

[6a] F. M. Durham, Proc. Roy. Soc. (B) 74, 310; 1904. — [6b] H. Onslow, Proc. Roy. Soc. (B) 89, 36; 1915. — [6c] C. E. M. Pugh, Biochem. Jl 27, 473; 1933.

[7] R. Winternitz, Arch. Dermat. 126, 252; 1918.

Von dem gleichen Autor stammt eine Angabe über T. in der Regenbogenhaut des Auges, von Lo Cascio[1] über T. in der Aderhaut.

Wiederholt ist T. in melanotischen Tumoren[2a] — in einem Falle auch im Harn eines derartigen Kranken[2b] — festgestellt worden.

Im Sarkom (nicht im normalen Muskel) des Huhns hat Somekawa neuerdings T. aufgefunden[3].

In der normalen menschlichen und der schwach pigmentierten Haut anderer Säugetiere ist der Nachweis von T. bisher nie mit Sicherheit geglückt.

Bloch[4] nimmt daher an, dass in diesen Fällen nicht Tyrosin — dessen Vorkommen in der Haut übrigens eindeutig erwiesen ist[5] — das eigentliche Chromogen darstelle, sondern Dioxyphenylalanin (Dopa), das durch eine ganz spezifisch abgestimmte Oxydase in Melanin übergeführt werde. Auf Einzelheiten seiner nicht voll überzeugenden Beweisführung ist später noch einzugehen (S. 381f.).

Die Möglichkeit, dass doch Tyrosinase — wenn auch in sehr kleiner Menge, unter Umständen beeinflusst durch Inhibitoren — die Melaninbildung in der normalen Säugetierhaut besorgt, ist jedenfalls heute noch nicht eindeutig widerlegt.

Vielleicht ist Onslows oben (S. 367) erwähnter Befund so zu deuten, dass H_2O_2 durch Oxydation des Inhibitors die Tyrosinasewirkung auslöst. Die Kompliziertheit der Verhältnisse zeigt die weitere Beobachtung, dass Hautextrakte aus den weissen Zonen „dominant" weisser Kaninchen die Tyrosinoxydation durch Extrakte aus pigmentierten Zonen auch in Gegenwart von H_2O_2 verhindern.

c) Darstellung und Bestimmung.

Die gebräuchlichsten Ausgangsmaterialien der Fermentdarstellung sind Pilze, Kartoffeln und neuerdings Mehlwürmer.

α) **Pflanzliche Tyrosinase.** Nach Chodat[6] lässt sich peroxydase- und laccasefreie T. aus Pilzpresssaft (z. B. von Lactarius vellereus) darstellen. Hierzu fällt man den Presssaft mit starkem Alkohol, wobei die T. im allgemeinen vor der Peroxydase ausfällt. Die durch tagelange Digestion des Niederschlags mit Toluolwasser erhaltene (an Laccase verarmte) Lösung wird wieder mit Alkohol gefällt und das ganze Verfahren evtl. nochmals wiederholt. Der letzte Niederschlag wird getrocknet, wobei mit der Zeit die Laccase zum grössten Teil verschwindet. Wasserextraktion des Rohpräparats und zweimal wiederholte Alkoholfällung geben das wasserlösliche Reinpräparat.

Nach Chodat (l. c.) und Abderhalden[7] werden durch 24stündige Extraktion von Russula emetica mit Glycerin sehr haltbare und aktive Auszüge erhalten. Durch Alkoholfällung derselben, wiederholten Alkoholzusatz zum Niederschlag und Zentrifugieren resultiert schliesslich ein mässig wirksames, jedoch von alkohollöslichen Begleitstoffen freies Trockenpräparat.

---

[1] G. Lo Cascio, Arch. farm. sper. 48, 235; 1930.

[2a] C. Gessard, C. R. 138, 1086; 1903. — O. v. Fürth u. Jerusalem, Hofm. Beitr. 10, 131; 1907. — F. Niklas, Münch. med. Ws 61, 1332; 1914. — [2b] O. Gross, Dtsch. med. Ws 45, 488; 1919.

[3] E. Somekawa, Phys. chem. Res. Tokio 18, 23; 1932.

[4] B. Bloch u. Mitarb., H. 98, 226; 1917. — Biochem. Zs 162, 181; 1925.

[5] B. Bloch u. Schaaf, Klin. Ws 11, 10; 1932. — P. Mulzer u. Schmalfuss, Biochem. Zs 263, 371; 1933.

[6] R. Chodat, Hdbch. biochem. Arb.-Meth. 3, 57; 1910. — Hdbch. biol. Arb.-Meth. (4) 1, 319; 1925.

[7] E. Abderhalden u. Behrens, Fermentforsch. 8, 479; 1926.

Die Gewinnung von Kartoffel-T. erfolgt nach Chodat (l. c.) in prinzipiell gleicher Weise (durch Alkoholfällung) wie die des Pilzenzyms, unter Verwendung von Kartoffelschalenbrei als Ausgangsmaterial. Es wird ein wasserlösliches, laccasefreies Präparat erhalten, das jedoch Peroxydase enthält.

β) Tierische Tyrosinase. Ein laccase- und peroxydasefreies, recht haltbares und durch Ansäuern der Lösung leicht ausfällbares Enzympräparat gewinnt man nach der Vorschrift von Raper[1] aus den Larven von Tenebrio molitor (Mehlwürmern). Diese werden mit (schwach essigsaurem) Chloroformwasser verrieben und die nach Entfernung der Hautreste erhaltene milchige Suspension filtriert oder zentrifugiert. Der das Enzym enthaltende Rückstand wird nach gutem Auswaschen in chloroformhaltigem, verdünntem $\left(\text{z. B. }\frac{n}{50}\text{-}\right)$ Ammoniakwasser gelöst.

Eine weitere Reinigung dieser Enzymlösung hat Hammerich[2] dadurch erzielt, dass er die mit CO_2 gesättigte Lösung nach dem Zentrifugieren mit Kaolin versetzte und das adsorbierte Enzym mit $\frac{n}{50}$-Ammoniak wieder eluierte. Ohne wesentlichen Fermentverlust wird ein (durch kolloiden Kaolin) zwar getrübtes, von Begleitstoffen jedoch weitgehend befreites Eluat erhalten.

γ) Tyrosinasebestimmung. Nach Raper und Wormall[3] verläuft die Tyrosin-Tyrosinasereaktion monomolekular, so dass also die Enzymaktivität (Tf) sich am einfachsten durch die Beziehung

$$\text{Tf} = \frac{\text{k (monomol.)}}{\text{g (Enzympräparat)}}$$

ausdrücken lässt[4].

Für Rohsäfte aus Kartoffelschalen finden Haehn und Stern (l. c.) bei 20°, pH 6,8 und Tyrosinkonzentration von 0,025—0,1% z. B. Tf-Werte von 0,00139, 0,00353 und 0,00404.

Um die Tyrosinasewirkung kinetisch zu erfassen, ist es naheliegend, die Tyrosinabnahme zu bestimmen, wofür zwei Methoden zur Verfügung stehen.

Zur Ausführung des genaueren jodometrischen Verfahrens unterbricht man (nach Raper und Wormall, l. c.) die Reaktion durch Aufkochen in saurer Lösung, fällt nach Alkalischmachen die letzten Reste des Melanins und seiner Zwischenprodukte durch Koagulation aus und versetzt nach dem Filtrieren mit einer Mischung von Bromat + Bromid + HCl; nach 20 Min. wird das überschüssige Brom nach Zusatz von Jodkalium mit $Na_2S_2O_3$-Lösung zurücktitriert. Rascher ausführbar ist die sog. Schnellmethode von Haehn und Stern[5] (l. c.), bei der vor der Bromierung Melanin usw. in stark alkalischer Lösung mit $BaCl_2$ so vollständig ausgefällt wird, dass sofort ein klares Filtrat erhalten wird (was bei der ursprünglichen Raperschen Methode rund 2 Tage erfordert).

Ein nur rohe Vergleichswerte ergebendes, jedoch rasch ausführbares Verfahren zur Bestimmung der Tyrosinaseaktivität (nach Bach[6]) besteht darin, dass man nach bestimmten Zeitintervallen das entstandene Melanin mit Kaliumpermanganat bis zur Entfärbung titriert; im Kontrollversuch misst man den Oxydationswert der Tyrosinaselösung allein und zieht ihn vom Werte des Hauptversuchs ab.

Eine Methode zur gleichzeitigen Bestimmung von Tyrosin und dem ersten Oxydationsprodukt der Tyrosinaseeinwirkung, Dioxyphenylalanin (vgl. S. 372) ist neuerdings von Hammerich (l. c.) angegeben worden. Sie gründet sich darauf, dass man in der einen Hälfte einer Probe die Summe von Tyrosin + Dioxyphenylalanin durch Oxydation mit Hypojodit bestimmt, in der anderen (nach der oben beschriebenen Raperschen Methode) durch Bromierung die Tyrosinmenge ermittelt.

---

[1] H. S. Raper, Biochem. Jl 10, 737; 1926.
[2] Th. Hammerich, Biochem. Zs 239, 273; 1931.
[3] H. S. Raper u. Wormall, Biochem. Jl 17, 454; 1923.
[4] H. Haehn u. Stern, Fermentforsch. 9, 395; 1928.
[5] Wegen Einzelheiten siehe H. Haehn in Oppenheimers „Fermente" 3, 1364; 1929.
[6] A. Bach, B. 41, 216; 1908. — Vgl. auch Note [5], l. c.

Eine colorimetrische Methode zur Bestimmung von Dioxyphenylalanin (nach dessen nichtenzymatischer oxydativer Überführung in Melanin) neben Tyrosin stammt von Schmalfuss und Lindemann[1]. Die Summe beider Aminosäuren lässt sich gleichfalls colorimetrisch (mit Triketohydrindenhydrat) ermitteln.

Schliesslich hat Hammerich (l. c.) den colorimetrischen Vergleich der Konzentrationen an dem primären roten Zwischenprodukt der Tyrosinasewirkung (S. 373) zur Bestimmung relativer Enzymaktivitäten (z. B. bei Bestrahlungsversuchen) herangezogen.

In neuerer Zeit spielt die manometrische Messung des O_2-Verbrauchs (in Schüttelgefässen nach Barcroft-Warburg auch beim Studium der Tyrosinase eine zunehmend wichtige Rolle). Angaben über den O_2-Umsatz bei enzymatischer Oxydation von Tyrosin und anderen Monophenolen sowie Polyphenolen s. S. 374 und 377.

d) Wirkungen und Natur des Ferments.

α) Ältere Vorstellungen. Über den Mechanismus der Tyrosin-Tyrosinasereaktion hat sich über ein Vierteljahrhundert lang eine ausgedehnte Diskussion entsponnen.

Während Gonnermann (1900) die primäre Reaktion für eine zu leicht oxydablen Produkten führende Hydrolyse gehalten hatte, wobei ihm die Homogentisinsäure (2,5-Dioxyphenylessigsäure) als die wichtigste Vorstufe der Melaninbildung erschien, zeigte Bach (1909), dass Tyrosinase bei Luftausschluss keinerlei oxydierbare Produkte bilde, also keine Hydrolase sein könne[2]. Ungefähr gleichzeitig mit Gonnermanns Untersuchung machte Gessard[3] die an sich richtige und wichtige Entdeckung, dass bei der Tyrosinasewirkung zwei Phasen zu unterscheiden wären, von denen die erste in der Bildung eines roten Pigments aus dem Tyrosin, die zweite in der „Kondensation" des primären Farbstoffs zu Melanin bestehe. Unrichtig waren die spezielleren Annahmen Gessards, insofern als er die Farbstoffbildung für ein Analogon der Millonschen Reaktion auf Tyrosin hielt und die zweite Phase als eine Mineralsalzkatalyse betrachtete (vgl. S. 276).

Eine interessante und mehr als ein Jahrzehnt für die Deutung der Tyrosinasewirkung massgebende Beobachtung stammt von Chodat und Schweizer[4] (1913). Sie zeigten nämlich, dass unter der Einwirkung von Tyrosinase aus den verschiedensten Aminosäuren (wie Glykokoll, Phenylglykokoll, Alanin usw.) NH_3 nebst dem entsprechenden Aldehyd gebildet wurde, wenn gleichzeitig p-Kresol — nach ihrer Ansicht zur Verhinderung einer Reaktion zwischen NH_3 und Aldehyd — zugesetzt wurde. Ein Jahr darauf kam Bach[5], zu der Auffassung, dass auch bei der Tyrosinreaktion primär die Aminosäureseitenkette dem oxydativen Angriff unterliege. Nach Bach war Tyrosinase als ein Gemisch zweier Enzyme aufzufassen, einer „Aminosäure-Oxydodesaminase", die Tyrosin in p-Oxyphenylacetaldehyd (neben CO_2 und NH_3) überführe und einer Oxydase, die den Aldehyd in Gegenwart von NH_3 zu Melanin oxydiere. In schönen Untersuchungen hat dann vor allem Raper[6] die Unrichtigkeit auch dieser Annahmen erwiesen: In Abwesenheit von p-Kresol erfolgt keinerlei Oxydation von Aminosäuren durch Tyrosinase, so dass die Funktion des Phenols wohl eine andere und primär wichtigere sein musste als die von Chodat und Schweizer angenommene; bei der Tyrosinreaktion erhält man weder NH_3

---

[1] H. Schmalfuss und Lindemann, Biochem. Zs 184, 10; 1927.

[2] M. Gonnermann, Pflüg. Arch. 82, 289; 1900. — A. Bach, B. 42, 594; 1909.

[3] C. Gessard, C. R. 130, 1327; 1900.

[4] R. Chodat u. Schweizer, Arch. sci. phys. nat. 35, 140; 1913. — 39, 327, 331; 1915. — Biochem. Zs 57, 430; 1913. — K. Schweizer, Biochem. Zs 78, 37; 1916.

[5] A. Bach, Biochem. Zs 60, 661; 1914. — Ferner T. Folpmers, Biochem. Zs 78, 180; 1916.

[6] F. C. Happold u. Raper, Biochem. Jl 19, 92; 1925. — H. S. Raper u. Wormall, Biochem. Jl 19, 84; 1925.

noch werden die von Bach vermuteten Zwischenprodukte in Melanin umgewandelt. Zudem enthält letzteres nicht unerheblich mehr Stickstoff (8,65%) als Tyrosin (7,73%).

Schliesslich mag noch eine kolloidchemische Deutung der bei der Tyrosin-Tyrosinasereaktion beobachteten Erscheinungen, von Haehn[1] stammend, angeführt werden. Nach Haehn lässt sich T. in zwei Komponenten zerlegen, eine thermolabile α-Tyrosinase und in eine anorganische Salzfraktion, die sich durch verschiedene andere Salze (z. B. von Ca, Zn, Cd usw.) ersetzen lässt. Die α-Tyrosinase spaltet das Tyrosinmolekül unter Bildung der „roten Substanz" (S. 373), wobei die Salze als Aktivatoren wirken. An diese „biochemische" Phase schliesst sich eine „kolloidchemische", die Umwandlung der roten, fein dispersen Phase in die grob disperse, das eigentliche Melanin, unter dem koagulierenden Einfluss der Salze.

Unabhängig voneinander wiesen jedoch bald darauf Chodat[2] und Raper[3] nach, dass Haehns Trennungs- und Aktivierungsbefunde im wesentlichen auf mangelhafte pH-Kontrolle bei den Aktivitätsbestimmungen zurückgehen. Die neueren chemischen Untersuchungen der Raperschen Schule zeigen ferner, dass „roter Körper" und Melanin schon in ihrer Bruttozusammensetzung deutlich voneinander verschieden sind.

β) **Die Reaktion mit Tyrosin.** Unsere heutigen Kenntnisse des Mechanismus der Melaninbildung gehen — zum wenigsten was die einigermassen geklärten Vorstufen der Reaktion im Gegensatz zu den noch ganz hypothetischen Endphasen anbetrifft —, im wesentlichen auf die im vorstehenden schon wiederholt angedeuteten Untersuchungen Rapers und seiner Schüler zurück[4]. Raper gelang es — durch Variation des pH und Wahl eines geeigneten Enzymmaterials — die Komplexität des Gesamtvorgangs in einzelne, getrennt untersuchbare Phasen aufzulösen. Danach zerfällt der Weg vom Tyrosin zum Melanin in wenigstens drei visuell erfassbare Abschnitte:

1. die Bildung einer roten Substanz,
2. deren Übergang in einen farblosen Körper, und
3. dessen Umwandlung zu Melanin.

Phase 1 und 3 sind oxydativer Natur, Phase 2 bedarf keines Sauerstoffs. Die Gegenwart des Ferments ist nur notwendig zur Realisierung des ersten Reaktionsschritts, Reaktion 2 und 3 laufen auch nichtenzymatisch — jedoch stark beeinflussbar durch Aciditätsgrad und unspezifische, z. B. Metallsalz-Katalysatoren — zu Ende.

Raper und Wormall[3] fanden, dass das Wirkungsoptimum der (Kartoffel-) Tyrosinase — gemessen an der Farbänderung — zwischen pH 6 und 8 liegt, dass die Aktivität jenseits dieser Grenzen rasch abfällt und bei pH 5 und 10 schliesslich verschwindet. Dabei zeigten sich bemerkenswerte Unterschiede in der pH-Abhängigkeit der Teilreaktionen.

Bei pH 6 geht das Tyrosin viel rascher in der roten Körper über als bei pH 8, während die weitere Umwandlung dieses Zwischenprodukts bei pH 8 ungleich rascher verläuft als bei pH 6.

---

[1] H. Haehn, Biochem. Zs 105, 169; 1920. — Fermentforsch. 4, 301; 1921. — Kolloid.-Zs 29, 125; 1921.

[2] R. Chodat u. Wyss, Soc. phys. hist. nat. 39, 22; 1922.

[3] H. S. Raper u. Wormall, Biochem. Jl 17, 454; 1923.

[4] Zusammenfassungen: H. S. Raper, Fermentforsch. 9, 206; 1927. — Physiol. Rev. 8, 245; 1928. — Erg. Enzymforsch. 1, 270; 1932.

Um die Zusammensetzung des roten Körpers zu ermitteln, war es notwendig, die Enzymwirkung rasch unterbrechen zu können; bei Kartoffel-T. gelang dies durch Fällung mit kolloidem $Fe(OH)_3$, bei T. aus Mehlwürmern noch viel einfacher durch Ansäuern, worauf durch Filtrieren eine enzymfreie Lösung des roten Farbstoffs erhalten wurde. Die meisten der folgenden Untersuchungen sind daher mit der Tenebrio-Tyrosinase ausgeführt worden, die sich übrigens — im Gegensatz zu Angaben Gortners[1] — gegen Tyrosin genau wie das Kartoffel-Enzym verhielt, u. a. auch dieselbe pH-Aktivitätskurve zeigte[2].

Lässt man die durch Enzymeinwirkung bei pH 6 erhaltene rote Lösung (nach Befreiung vom Enzym) im Vakuum stehen oder fügt (zur Beschleunigung der Reaktion) etwas schweflige Säure hinzu, so resultiert schliesslich eine farblose Lösung, in der Raper (ausser unverändertem Tyrosin) folgende Oxydationsprodukte nachweisen konnte[3]:

$$\begin{array}{ccc}
\text{HO}\text{CH}_2\cdot\text{CH(NH}_2\text{)CO}_2\text{H} & \text{HO} & \text{HO}\text{CO}_2\text{H} \\
\text{HO} & \text{HO}\text{N} & \text{HO}\text{N} \\
\text{(I) 3,4-Dioxyphenylalanin (Dopa)} & \text{(II) 5,6-Dioxyindol} & \text{(III) 5,6-Dioxyindol-2-Carbonsäure.}
\end{array}$$

Substanz (I) liess sich isolieren, indem man die noch saure Lösung mit Pb-Acetat versetzte und (II) und (III) sich zu Melanin oxydieren liess. Das hierbei unveränderte (I) kann nach dem Filtrieren und Alkalisieren mit NH_3 als Pb-Salz gefällt werden.

In einer anderen Probe wurden die (ungemein autoxydablen) Indolderivate in H_2-Atmosphäre mit $(CH_3)_2SO_4$ methyliert; Extraktion der alkalischen Lösung mit Äther liefert (II), nochmalige Extraktion nach Ansäuern (III), d. h. die Methylierungsprodukte. Ging die Entfärbung der roten Lösung rasch vonstatten, so resultiert (III), ging sie langsamer, hauptsächlich (II). Synthese beider Stoffe ist durch Oxford und Raper[4] ausgeführt worden.

Frühere Befunde von Raper und Wormall (vgl. S. 370f.) hatten die Desaminierung von Tyrosin als Primärphase der T.-Wirkung mit Sicherheit ausschliessen lassen. Die nachgewiesene Bildung von Dopa liess vermuten, dass es das Primärprodukt der Fermenteinwirkung darstelle, um so mehr als man auch von Dopa (als Substrat der Enzymreaktion) ausgehend, über den roten Körper zu den gleichen Indolderivaten (und zum selben Melanin) wie oben gelangt[5]. Raper hat daraufhin ein Schema des Reaktionsverlaufs im System Tyrosin-Tyrosinase aufgestellt, das bis jetzt allerdings nur die Phasen 1 und 2 der Gesamtreaktion (S. 371) umfasst.

Danach erfolgt der primäre Angriff des Tyrosins (1) am aromatischen Kern, indem in o-Stellung zum vorhandenen Hydroxyl eine weitere Oxygruppe ausgebildet wird (2). Daran schliesst sich Dehydrierung zum „Dopa-Chinon" (3), das sich seinerseits — analog der Bildung von Anilinochinon — umlagert, worauf der N der Seitenkette in die 6-Stellung des Benzolkerns wandert (4). Es erfolgt abermals Dehydrierung zum Chinon (5) und nochmalige „Anilinochinonumlagerung" — evtl. unter CO_2-Abspaltung — zu den früher als III und II bezeichneten und isolierten Indolderivaten (6) bzw. (6a):

---

[1] R. A. Gortner, Proc. Soc. exp. Biol. 21, 543; 1924.
[2] H. S. Raper u. Speakman, Biochem. Jl 20, 69; 1926.
[3] H. S. Raper, Biochem. Jl 20, 735; 1926. — 21, 89; 1927.
[4] A. E. Oxford u. Raper, Chem. Soc. 1927, 417.
[5] H. S. Raper, Biochem. Jl 21, 89; 1927.

$$\underset{\text{1. Tyrosin}}{HO\underset{5}{\overset{2}{\underset{4}{\left\langle\overset{3}{\underset{}{}}\overset{1}{\underset{6}{}}\right\rangle}}}-CH_2 \cdot CH(NH_2) \cdot CO_2H} \xrightarrow{+O} \underset{\text{2. Dopa}}{\overset{HO}{\underset{HO}{\left\langle\right\rangle}}-CH_2 \cdot CH(NH_2)CO_2H} \xrightarrow{-2H} \underset{\text{3. Dopa-Chinon}}{\overset{O}{\underset{O}{\left\langle\right\rangle}}-CH_2 \cdot CH(NH_2)CO_2H} \longrightarrow$$

$$\underset{\substack{\text{4. 5,6-Dioxydihydrindol-} \\ \text{2-carbonsäure}}}{\overset{HO}{\underset{HO}{\left\rangle\right\langle}}\overset{CH_2}{\underset{NH}{\underset{CH \cdot CO_2H}{}}}} \xrightarrow{-2H} \underset{\text{5. ,,rote Substanz''}}{\overset{O}{\underset{O}{\left\rangle\right\langle}}\overset{CH_2}{\underset{NH}{\underset{CH \cdot CO_2H}{}}}} \longrightarrow \underset{}{\overset{HO}{\underset{HO}{\left\rangle\right\langle}}\overset{CH}{\underset{NH}{\underset{C \cdot CO_2H}{}}}} \text{ 6.}$$

$$\underset{}{\overset{HO}{\underset{HO}{\left\rangle\right\langle}}\overset{CH}{\underset{NH}{\underset{CH}{}}} + CO_2 \text{ 6a.}}$$

Die nach einmaliger Sauerstoffeinführung und zweimaliger durch einen Umlagerungsprozess getrennter Dehydrierung gebildete ,,rote Substanz'' 5 ist nach Raper das erste sichtbare Produkt der Tyrosinasewirkung. Fällt man zum Zeitpunkt seiner Entstehung das Enzym aus, so geht der Prozess der Melaninbildung — zunächst über die farblosen Zwischenstufen 6 bzw. 6 a — trotzdem weiter.

Nach Friedheim[1] bildet die ,,rote Substanz'' 5 zusammen mit dem Leukokörper 4 ein reversibles Redoxsystem (E_0 bei pH 4,6 = + 0,171 V), das als Oxydationskatalysator die Atmung roter Blutkörperchen bis aufs Dreifache steigert.

Ähnlich wie Tyrosin und Dioxyphenylalanin liefern auch Tyramin, 3,4-Dioxyphenyläthylamin, 3,4-Dioxyphenyläthylmethylamin (Epinin) und N-Methyltyrosin die dem Körper 6a des obigen Schemas analogen (bzw. in den beiden ersten Fällen damit identischen) Indolderivate[2] und weiterhin (bei pH > 8) auch Melanin.

Andererseits ist die Tyrosinase gegen konstitutive und sterische Änderungen ihrer Substrate unter Umständen sehr empfindlich.

So wird — entgegen älteren Angaben von Bertrand über gleich rasche Oxydation der beiden optischen Komponenten des Tyrosins — nach Abderhalden[3a] das nicht natürliche d-Tyrosin vom Russulaenzym erheblich langsamer angegriffen als l-Tyrosin. Nach dem gleichen Autor geben o- und m-Tyrosin mit Champignonenzym keine Melaninbildung[3b]. (Nach neueren Versuchen Abderhaldens[3c] sollen o- und m-Verbindung mit [und nur mit] Russula-T. Färbung geben. Rotfärbung tritt auch mit Dipeptiden des Tyrosins von Glycyltyrosin bis zum Leucyltyrosin auf. 2,5-Dijod- und 2,5-Dibromtyrosin- sowie l-Tryptophanlösungen werden rasch rot gefärbt.)

Funk zeigte, dass 3-Aminotyrosin (ähnlich wie 3-Oxytyrosin = Dopa) im Gegensatz zu 2-Aminotyrosin in Melanin übergehen kann, was von Oppenheimer mit der Verwandtschaft zwischen o-Chinon und o-Chinonimin in Beziehung gesetzt wird[4].

In diesen Zusammenhang gehört auch die unerwartete Beobachtung von Schmalfuss[5], dass folgende Stoffe keinerlei melanogene Eigenschaften (in Gegenwart von T.) zeigen: 2-Methyl-

---

[1] E. A. H. Friedheim, Naturwiss. 21, 177; 1933.
[2] W. L. Dulière u. Raper, Biochem. Jl 24, 239; 1930.
[3a] E. Abderhalten u. Sichel, Fermentforsch. 7, 85; 1923. — [3b] E. Abderhalden u. Gutmann, Fermentforsch. 9, 117; 1926. — [3c] E. Abderhalden u. Schairer, Fermentforsch. 12, 329; 1930.
[4] C. Funk, Chem. Soc. 101, 1004; 1912. — C. Oppenheimer, Fermente, 2, 1806; 1926.
[5] H. Schmalfuss u. Peschke, B. 62, 2591; 1929.

tyrosin, 2,5-Dimethyltyrosin, 3-Methyltyrosin, 2,3-Dimethyltyrosin, 3,5-Dimethyltyrosin, obwohl zum wenigsten bei den beiden ersten prinzipiell noch die Möglichkeit zur o-Chinonbildung vorhanden ist.

Vielversprechende und physiologisch sehr interessante Befunde über evtl. Adrenalinbildung aus N-substituiertem Tyrosin bzw. Dopa unter dem Einfluss von Tyrosinase sind kürzlich von Heard und Raper[1] publiziert worden.

Danach verzögert Methylierung am Stickstoff die Bildung des Indolderivats aus dem o-Chinon (d. h. den Übergang 3 → 4 des Schemas S. 373) und es tritt β-Oxydation in der Seitenkette auf, die über Adrenalinsäure (II), Adrenalonsäure (III) zu Adrenalon (IIIa) als Endprodukt (in einer Menge von 3—7% des Ausgangssubstrats) führt:

$$\underset{I}{\underset{O}{\overset{O}{\diagup}}\hspace{-0.5em}\bigcirc\hspace{-1em}\underset{CO_2H}{CH_2 \cdot CH(NHCH_3)}} \rightarrow \underset{II}{\underset{HO}{\overset{HO}{\diagup}}\hspace{-0.5em}\bigcirc\hspace{-1em}\underset{CO_2H}{CH(OH) \cdot CH(NHCH_3)}} \rightarrow \underset{III}{\underset{OH}{\overset{OH}{\diagup}}\hspace{-0.5em}\bigcirc\hspace{-1em}\underset{CO_2H}{CO \cdot CH(NHCH_3)}}$$

$$\downarrow \hspace{10em} \downarrow$$

$$\underset{IIa}{\underset{HO}{\overset{HO}{\diagup}}\hspace{-0.5em}\bigcirc\hspace{-1em}CH(OH) \cdot CH_2(NHCH_3)} \hspace{3em} \underset{IIIa}{\underset{HO}{\overset{HO}{\diagup}}\hspace{-0.5em}\bigcirc\hspace{-1em}CO \cdot CH_2(NHCH_3)}$$

Mit Peroxydase + H_2O_2 (statt Tyrosinase) entstehen sowohl Adrenalin (IIa) als Adrenalon (IIIa) mit Ag_2O oder H_2O_2 + Fe^{II}-Salz im wesentlichen Adrenalin. Bei diesen Umwandlungen handelt es sich jedoch stets nur um eine Nebenreaktion (neben dem Hauptweg der Melaninbildung); sie bleibt überhaupt aus, wenn das endständige Carboxyl der Seitenkette fehlt.

Was den schliesslichen Übergang der von Raper isolierten Indolkörper in Melanin anbetrifft, so weiss man über dessen Chemismus wie auch die Konstitution des letzteren noch so gut wie nichts.

Es mag sein, dass auch die kleine Menge Dopa, die man stets zusammen mit der „roten Substanz" gefunden hat, zur Melaninbildung beiträgt, da es — ebenso wie die Dioxyindole — schon in schwach alkalischer Lösung autoxydabel ist.

Der N-Gehalt des Tyrosinmelanins ist 8,65% (Dumas-Methode) bzw. 8,40% (Kjeldahl-Methode); ersterer Wert ist zuverlässiger. Dioxyindol enthält 9,39% N. Treten 2 H-Atome aus und 1 O-Atom bei der Melaninbildung ein, so würde das Produkt 8,59% N enthalten, während bei alleiniger Aufnahme von O ein Produkt mit 8,49% N resultieren würde. Eine Stütze der ersteren Annahme ist das Ergebnis der direkten O_2-Absorptionsmessungen[2], wonach auf dem Wege Tyrosin → Melanin $^5/_2 O_2$ verbraucht werden, von Dopa aus noch 2, von der Indolstufe aus vermutlich noch $1 O_2$. Wahrscheinlich tritt in dieser letzten Phase ein Zusammenschluss vieler Moleküle ein, entsprechend dem ausgesprochen kolloiden, amorphen Charakter des Melanins. Seine dunkle Farbe lässt auf chinoide Bindungen schliessen.

Die recht wechselnde Zusammensetzung der aus verschiedenen natürlichen Quellen erhaltenen Melanine — so schwanken die Literaturangaben für den N-Gehalt zwischen 8 und 14%[3] — schliesst nach Raper nicht zwangsweise aus, dass sie nicht durch ähnliche Reaktionsfolgen gebildet worden sind wie das Tyrosin- bzw. Dopamelanin. Die Methoden zur Freilegung von Melanin aus Gewebe bedienen sich so drastisch wirkender Agenzien wie konz. HCl

---

[1] R. D. H. Heard u. Raper, Biochem. Jl 27, 36; 1933.
[2] W. L. Dulière u. Raper, Biochem. Jl 24, 239; 1930.
[3] Vgl. z. B. O. Fürth, Hdbch. Biochem. 1, 944; 1923.

und KOH, so dass sekundäre Zersetzungen und Verunreinigungen mit anderem Zellmaterial kaum zu vermeiden sind.

Es ist immerhin beachtlich, dass das mit milderen Agenzien (z. B. Oxydation mit $K_2S_2O_8$) aus melanotischem Harn dargestellte Melaninpräparat von Brahn[1] denselben N-Gehalt aufwies wie Tyrosinmelanin. Was schliesslich den häufig angegebenen Schwefelgehalt natürlicher Melanine (bis zu 12%) anbetrifft, so geht die allgemeine Auffassung heute meist dahin, ihn als Verunreinigung aufzufassen. Schaaf[2] konnte typische, stark S-haltige Melanine (aus Pferdehaar bzw. melanotischer Leber) durch Extraktion mit heissem Alkohol + HCl weitgehend vom S befreien — der S-Gehalt ging beispielsweise von 6 auf 0,2% herunter ohne wesentliche Änderung des N-Werts —, ohne dadurch die übrigen Pigmenteigenschaften zu beeinflussen.

An weiteren Belegen, dass auch die Melaninbildung in vivo ähnlichen Bahnen folgt wie die experimentell für Tyrosin nachgewiesene, führt Raper noch an, dass in den epidermalen Melanoblasten der Haut von Säugern ein Enzym vorkommt, das Dopa beschleunigt in Melanin umwandelt (vgl. S. 381 f.) und dass Dopa selbst wiederholt in pigmentführenden Teilen von Pflanzen und Tieren aufgefunden worden ist, so in den Fruchtschalen der Saubohne[3a], in den Kokons von Nachtpfauenaugen[3b], sowie den Flügeldecken von Maikäfern[3c].

γ) Die Reaktion mit (N-freien) Monophenolen. Ausser auf Tyrosin und Dopa wirkt Tyrosinase auch auf eine ganze Anzahl von Phenolen ein, wie dies im Prinzip schon von Bertrand (s. S. 365), in grösserer Allgemeinheit dann besonders von Chodat[4] festgestellt wurde. Die Tatsache, dass bei Gegenwart kleiner Mengen p-Kresol Tyrosinase die verschiedensten Aminosäuren desaminiert, hatte zu der irrtümlichen Auffassung von Bach und Chodat (S. 370) geführt, dass Tyrosinase eine Aminosäureoxydase sei. Happold und Raper gaben zuerst die richtige Erklärung dieser Beobachtungen, wonach das Enzym primär das p-Kresol oxydiert und das Oxydationsprodukt dann die Aminosäure unter Bildung von Aldehyd, Ammoniak und Kohlensäure angreift (S. 370). Ganz ähnliche Befunde wurden fast gleichzeitig von Robinson und McCance[5] erhoben. Da auch m-Kresol und Phenol sowie Brenzkatechin, nicht jedoch o-Kresol, Hydrochinon und Resorcin bei Gegenwart von Tyrosinase Aminosäuren dehydrierten, lag es nahe, in dem primären Oxydationsprodukt ein o-Chinon zu vermuten.

Dass dieser Reaktionsweg möglich ist, ergaben Versuche unter Zusatz von o-Benzochinon an Stelle der Phenole; p-Benzochinon vermochte unter den gleichen Bedingungen die Aminosäuredehydrierung nicht zu leisten. Vgl. die Versuche von Kisch[6] zur nichtenzymatischen Aminosäureoxydation, bei denen sich Adrenalin (auch Oxyhydrochinon und Gallussäure) unter Umständen noch erheblich wirksamer erwies als Brenzkatechin.

[1] B. Brahn, Virch. Arch. 253, 661; 1924.
[2] F. Schaaf, Biochem. Zs 209, 79; 1929.
[3a] T. Torquati, Arch. farm. 15, 213, 308; 1913. — M. Guggenheim, H. 88, 276; 1913.
— [3b] H. Przibram, Biochem. Zs 127, 286; 1922. — H. Przibram u. Schmalfuss, Biochem. Zs 187, 467; 1927. — [3c] H. Schmalfuss u. Müller, Biochem. Zs 183, 362; 1927.
[4] R. Chodat, Hdbch. biochem Arb.-Meth. 3, 42; 1910.
[5] M. E. Robinson u. McCance, Biochem. Jl 19, 251; 1925.
[6] Zusammenfassung: B. Kisch, Fermentforsch. 13, 433; 1932.

Nach McCance[1] ist der Chemismus der Chinonwirkung auf Aminosäuren nicht mit einer einfachen Dehydrierung der letzteren erklärt. Rein chemische Faktoren, wie intermediäre Aminochinonbildung, spielen dabei eine wichtige Rolle (vgl. S. 173).

An dieser Stelle ist noch das „Tyrin" v. Szent-Györgyis[2] zu nennen, worunter er eine in Pflanzen- und Tierwelt weitverbreitete Substanz verstand, die von Tyrosinase + Monophenol (bzw. o-Chinon) zu einem roten, durch Reduktion wieder farblos werdenden Körper („Oxytyrin") oxydiert werde, somit als reversibler Oxydoreduktionskatalysator der Zelle wirken könne. Platt und Wormall[3] zeigten jedoch, dass „Tyrin" alle seine „oxydativen" Eigenschaften der Anwesenheit von freien oder gebundenen Aminosäuren verdanke und in seiner Wirkung durch eine Mischung dieser nachgeahmt werden könne.

Ein weiterer Wahrscheinlichkeitsbeweis für das intermediäre Entstehen von o-Chinonen bei der Phenol-Tyrosinreaktion lag in den Befunden einerseits von Onslow und Robinson[4], dass das System p-Kresol-Tyrosinase, andererseits von v. Szent-Györgyi (l. c.), dass o-Benzochinon, schon ohne Ferment, Guajaktinktur bläue.

Zwei Jahre später konnten dann Pugh und Raper[5] den direkten Beweis für die Entstehung von o-Chinonen bei der Einwirkung von Tyrosinase auf Stoffe wie Phenol, m- und p-Kresol, Brenzkatechin und Homobrenzkatechin erbringen, indem sie in Gegenwart von Anilin die charakteristischen roten, schwerlöslichen Anilinverbindungen der o-Chinone zu isolieren vermochten. Es ergab sich eindeutig, dass der Angriff der Monophenole in folgender Weise erfolgt:

Phenol → Brenzkatechin → o-Chinon

m-Kresol ↘
          Homobrenzkatechin → Homo-Chinon
p-Kresol ↗

Eine andere „Abfangmethode", die allerdings nur bei Verwendung von Brenzkatechin Erfolg zeitigte, war die Sulfonbildung mit Benzolsulfinsäure (nach Hinsberg[6])

Brenzkatechin → o-Chinon $+ C_6H_5SO_2H$ → Produkt mit $SO_2 \cdot C_6H_5$

In Abwesenheit eines „Abfangmittels" bleibt die Reaktion allerdings nicht bei den o-Chinonen stehen, was in Anbetracht von deren bekannter Reaktionsfähigkeit ja auch nicht wunder-

---

[1] R. A. McCance, Biochem. Jl 19, 1022; 1925. — Vgl. ähnliche Befunde von C. E. M. Pugh u. Raper, Biochem. Jl 21, 1370; 1927. — D. Okuyama, Jl Biochem. 10, 463; 1929.
[2] A. v. Szent-Györgyi, Biochem. Zs 162, 399; 1925.
[3] B. S. Platt u. Wormall, Biochem. Jl 21, 26; 1927.
[4] M. W. Onslow u. Robinson, Biochem. Jl 19, 420; 1925.
[5] C. E. M. Pugh u. Raper, Biochem. Jl 21, 1370; 1927.
[6] O. Hinsberg u. Himmelschein, B. 29, 2033; 1896.

nimmt. Bei manometrischen Versuchen zur Bestimmung der O_2-Aufnahme in Gegenwart von Tyrosinase (pH 6—7,8) ergaben sich für den schliesslichen O_2-Verbrauch der oben genannten Monophenole Werte zwischen 2,6 und 3,4 (gegen theoretisch 2,0 für den Übergang in o-Chinon), für Brenzkatechin 2,0, für Hydrochinon 3,0 (gegen 1,0 theoretisch), für Pyrogallol 1,5 (theoretischer Wert für Purpurogallinbildung). Mit Ausnahme des letzten Beispiels ist über die Natur dieser schliesslichen Oxydationsprodukte nichts Genaueres bekannt.

δ) **Die Natur der Monophenolase.** Sind wir heute über den Chemismus der durch die Tyrosinase ausgelösten Reaktionen — zum wenigsten über die primären, rein enzymatischen Stufen — im grossen und ganzen befriedigend unterrichtet, so besteht noch erhebliche Unklarheit über die Natur und den Wirkungsmechanismus des enzymatischen Systems selbst. Rein deskriptiv kann man sagen, dass nach neueren Untersuchungen Rapers u. a. die Tyrosinase als eine in allgemeinster Form reagierende Monophenoloxydase erkannt ist, mit der Fähigkeit, auch die primär gebildeten oder als Substrat gebotenen o-Diphenole weiterhin zu Chinonen zu dehydrieren. Dass die Tyrosinase sich der Bachschen „Oxygenase-Peroxydase"-Theorie nicht einfügt, ist bei deren Besprechung schon ausdrücklich hervorgehoben worden (S. 277 f.). Trotzdem ist der Gedanke naheliegend, dass die Tyrosinase komplexer Natur sei. Nach den aus letzter Zeit stammenden Untersuchungen von Pugh[1] besteht indes keinerlei Anhaltspunkt dafür, dass Tenebrio-Tyrosinase aus zwei Komponenten bestehe, von denen etwa die eine Mono- zu Diphenolen und die andere nur Diphenole oxydiere. Auch eine Aufteilung in Enzym + Coenzym ist nicht gelungen.

Trennung wurde vergeblich versucht u. a. durch Dialyse, Erwärmung auf 75⁰, Säure- und Basenbehandlung, $(NH_4)_2SO_4$-Fällung, Adsorption an Tierkohle und HCN-Vergiftung. Ähnliche Versuche an pflanzlicher T. (aus Dolichos lablab) mit Dialyse, Ultrafiltration, fraktionierter Fällung, Elektroosmose usw. waren gleichfalls erfolglos[2].

Auch die Auffassung Onslows und Robinsons[3], dass Tyrosinase aus einer o-Diphenoloxydase + einer Spur eines o-Chinons, welch letzteres das Monophenol in das o-Diphenol überführe, zusammengesetzt sei, hat der eingehenden experimentellen Kritik Pughs (l. c.) nicht standgehalten.

Weder gelang es, die Umwandlung eines Monophenols in ein o-Diphenol durch o-Chinon in Abwesenheit von Ferment durchzuführen, noch glückte es, durch Zusatz von o-Chinon eine reine Polyphenoloxydase zum Angriff von Monophenolen zu bewegen.

Haben sich so auch keinerlei Anhaltspunkte dafür ergeben, dass nicht das einheitliche Ferment Tyrosinase als solches in blosser Gegenwart von O_2 Monophenole angreifen könnte, so kennt man doch gewisse Aktivierungserscheinungen an Tyrosinase bei Zusatz kleiner Mengen o-Chinone und o-Diphenole (auch Dopa), indem sich die anfängliche Verzögerung der Enzymwirkung auf Monophenole (nicht bei Diphenolen auftretend) durch derartige Zusätze

---

[1] C. E. M. Pugh, Biochem. Jl 24, 1442; 1930.
[2] D. Narayanamurti u. Ramaswami, Biochem. Jl 25, 749; 1931.
[3] M. W. Onslow u. Robinson, Biochem. Jl 22, 1327; 1928.

aufheben lässt[1]. Ferner ist schon lange bekannt[2] und durch Pugh (l. c.) erneut bestätigt worden, dass Hydroperoxyd in Spuren — grössere Quantitäten wirken hemmend — die Tyrosinasewirkung beschleunigt. Schliesslich erweisen sich auch gewisse Schwermetallsalze, wie $FeSO_4$, als Aktivatoren der Monophenolase[2, 3] (s. S. 381).

Pugh[3] ist geneigt, all diese Erscheinungen auf eine gemeinsame Formel zu bringen. Die Autorin nimmt an, dass bei der enzymatischen Dehydrierung von o-Diphenolen H_2O_2 entsteht, wobei sie sich auf gewisse mit der Titanreaktion erhaltene schwach positive Befunde von Onslow und Robinson[4] sowie Platt und Wormall[5] stützt. (Die Eindeutigkeit dieser Befunde ist jedoch dadurch gefährdet, dass Ti^{IV} auch mit Polyphenolen allein gelbbraune Färbungen erzeugt; vgl. Wielands negativen Befund mit einer katalase- und peroxydasefreien Phenoloxydase, S. 243 und 281.) Ein indirekter Beweis dafür scheint ihr auch die beschleunigende Funktion von Eisensalz zu sein, dessen peroxydatische Wirksamkeit gegenüber Monophenolen und Tyrosin sich in vitro jedoch wesentlich unspezifischer erwies als die enzymatische Reaktion. (Vor kurzem hat Raper[6] aus Tyrosin mit H_2O_2 + $FeSO_4$ Dopa in einer Ausbeute von 25—30% erhalten.) Fasst man noch die gleichartige Wirkung der o-Chinone als auf eine Peroxydform zurückgehend auf, so liegt hier tatsächlich ein einheitlicher Erscheinungskomplex vor. Es passt dazu, dass durch kleinste Mengen Sulfit der primäre Angriff von Monophenolen durch T. ausserordentlich stark verzögert werden kann, während die Diphenoloxydation weit weniger davon betroffen wird.

So interessant die von Pugh beschriebenen Erscheinungen im einzelnen sein mögen, so kommt ihnen doch — und dies scheint auch Pughs Ansicht zu sein — im wesentlichen nur die Bedeutung von Zusatzaktivierungen der im Grunde nach wie vor gleich ungeklärten eigentlichen Enzymwirkung zu. Der Nachweis der Tyrosinase als einer Dehydrase ist jedenfalls damit nicht im entferntesten erbracht. Vielmehr entspricht das Gesamtbild ihres Verhaltens doch grundsätzlich dem einer Oxydase. Raper und Wormall (S. 371) haben zuerst gezeigt, dass sich der Sauerstoff bei der Tyrosinasereaktion nicht durch Methylenblau ersetzen lässt und Onslow und Robinson (l. c.) haben den Befund bald darauf für andere Acceptoren erweitert.

Doch gab McCance (S. 376) an, dass gewisse Mono- und Diphenole Methylenblau bei Gegenwart von Glycin reduzieren und dass diese Reduktion — besonders mit Monophenolen — durch Tyrosinase katalysiert werde. Da jedoch Phenole ohne Aminosäuren (wie auch Tyrosin) diese Reaktion nicht zeigen, handelt es sich offenbar um reaktionsfähige Zwischenprodukte aus Phenol + Aminosäure, die das MBl entfärben. Solange man nichts über die Zusammensetzung dieser Produkte weiss, tragen diese Befunde nicht zu einer Aufklärung über den Mechanismus der reinen Tyrosinasewirkung bei.

Okuyama (S. 376) hat gezeigt, dass in der Mischung von Glykokoll + Phenol bei Zusatz von Tyrosinase ein erheblicher Potentialsturz erfolgt, nicht jedoch beim Zugeben von T. zu Tyrosin. Er hält auch bei o-Chinon die intermediäre Bildung von Anilinochinonen für wahrscheinlich.

---

[1] H. S. Raper, Biochem. Jl 20, 735; 1926. — C. E. M. Pugh, Biochem. Jl 23, 469; 1929. — 24, 1442; 1930.

[2] A. Bach, B. 39, 2126; 1906. — 41, 216, 221; 1908. — R. Chodat, Arch. sci. phys. nat. 34, 173; 1907. — O. v. Fürth u. Jerusalem, Hofm. Beitr. 10, 131; 1907.

[3] C. E. M. Pugh, Biochem. Jl 26, 106; 1932.

[4] M. W. Onslow u. Robinson, Biochem. Jl 20, 1138; 1926.

[5] B. S. Platt u. Wormall, Biochem. Jl 21, 26; 1927.

[6] H. S. Raper, Biochem. Jl 26, 2000; 1932.

Natürlich kann das Versagen des Methylenblaus thermodynamisch bedingt sein (obwohl dieser Einwurf für die von Onslow geprüften halogonierten Indophenole mit benzochinonähnlichem Potential kaum mehr Geltung hat). Gerade für den Angriff der Monophenole und ihren Übergang in Diphenole kommt diese Erklärung aber nicht in Frage.

Kürzlich ist die freie Bildungsenergie des (festen) Phenols zu 11,0 kcal bestimmt worden[1]. Aus den Entropieangaben Landolt-Börnsteins (Erg.-Bd. II, 2, 1610) berechnet sich für (festes) Hydrochinon (Brenzkatechin dürfte sich kaum erheblich unterscheiden) der entsprechende Wert zu 52,0 kcal, für p-Chinon zu 22,5 kcal. Daraus die Übergangsenergien (mit $H_2O = 56{,}6$ kcal):

$$\text{Phenol} \xrightarrow[-H_2]{+H_2O} \text{Hydrochinon (fest) } 15{,}6 \text{ kcal;}$$

$$\text{Hydrochinon} \xrightarrow{-H_2} \text{Chinon (fest) } 29{,}5 \text{ kcal; (in Lösung) } 32{,}2 \text{ kcal;}$$

$$\text{Leuko-MBl} \xrightarrow{-H_2} \text{MBl (fest) —; (in Lösung) } 24{,}5 \text{ kcal.}$$

Wie man sieht, kann Methylenblau den Übergang des Monophenols ins Diphenol thermodynamisch spielend leisten, seine Insuffizienz bezieht sich erst auf die Stufe Diphenol → Chinon. Da aber bei Anwendung von Methylenblau als „Acceptor" eine Trennung der beiden Phasen in praxi nicht beobachtet wird, so liegt es nahe, für beide Stufen den gleichen Mechanismus nichtdehydrierender Natur anzunehmen.

Da die Monophenolase ebenso wie die Polyphenolase, Indophenoloxydase und Peroxydase, und anders als die echten Dehydrasen, stark HCN- (nach neueren Befunden auch H_2S-) empfindlich ist (näheres S. 381), handelt es sich höchstwahrscheinlich auch bei ihr um eine echte Oxydase, d. h. ein O_2 über Schwermetall (vermutlich Fe) aktivierendes System. Die (recht weite) Gruppenspezifität innerhalb des Bereichs der Monophenole steht nach früheren Ausführungen (S. 283) mit dieser Auffassung nicht im Widerspruch.

Direkte Beweise für einen essentiellen Schwermetallgehalt der Tyrosinase liegen noch nicht vor. Die erfolgten Versuche Pughs[2], Beziehungen zwischen Eisengehalt und Aktivität von Enzympräparaten verschiedener Herkunft und verschiedenen Reinigungsgrades aufzudecken, besagen nichts, da der Gehalt an Verunreinigungen noch viel zu hoch war.

e) Beeinflussung des Ferments.

α) Physikalische Faktoren. Die **Temperatur**empfindlichkeit von Tyrosinasepräparaten ist je nach ihrer Herkunft recht verschieden.

Am empfindlichsten sind nach Bertrand[3a] die Pilz-T., deren Inaktivierungstemperatur zwischen 60 und 75° (5 Min.) liegt, dann folgen Präparate aus Kartoffeln, die zwischen 75 und 85° zerstört werden (von Haehn[3b] bestätigt), Rüben (90°) und schliesslich aus Weizenkleie (90—95°). Für Bakterien-T. gibt Stapp[3c] (angeblich teilweise reversible) Inaktivierung bei 65° an, T. aus Tenebrio scheint nach Pugh[3d] etwas oberhalb 75° zerstört zu werden.

Dialyse schädigt sowohl tierische wie pflanzliche T.[4] Nach Pugh geht dies auf teilweise irreversible Veränderungen infolge Alkaliverlust zurück.

---

[1] G. S. Parks, Huffman u. Barmore, Am. Soc. 55, 2733; 1933.
[2] C. E. M. Pugh, Biochem. Jl 26, 107; 1932.
[3a] G. Bertrand u. Rosenblatt, C. R. 150, 1142; 1910. — [3b] H. Haehn, Biochem. Zs 105, 169; 1920. — [3c] C. Stapp, Biochem. Zs 141, 42; 1923. — [3d] C. E. M. Pugh, Biochem. Jl 24, 1442; 1930.
[4] H. S. Raper u. Wormall, Biochem. Jl 17, 454; 1923. — C. E. M. Pugh, Biochem. Jl 24, 1442; 1930. — 26, 106; 1932.

Die **Lichtwirkung** auf tierische und Pilztyrosinasen ist zuerst von Przibram[1] eingehend untersucht worden, wobei sich jedoch wenig durchsichtige Verhältnisse ergaben.

Blaue Strahlen sollen zunächst hemmen, gelbe fördern; bei längerer Einwirkung soll sich indes das Verhältnis umkehren. Auch soll die **Farbnuance** des gebildeten Pigments von der Bestrahlungsfarbe abhängig sein. Przibram versucht so die Anpassung der Tierfärbung an die Farbe der Umgebung auf die Lichtempfindlichkeit der pigmentierenden Fermente zurückzuführen.

Bei Abwesenheit von O_2 ist das Ferment lichtunempfindlich [2].

Ultraviolettes Licht hat sich im allgemeinen — von einer einzelnen Angabe abgesehen — als schädlich für T. erwiesen.

So fand Hammerich[3] bei Pincussen, dass tierische T. (aus Mehlwürmern) durch ultraviolettes Licht ausserordentlich geschädigt wird (am stärksten beim Wirkungsoptimum des Ferments), was mit dem Verhalten der anderen untersuchten Enzyme übereinstimmt. Es folgt daraus, dass die verstärkte Melaninbildung in der Haut unter Belichtung nicht auf eine aktivierende Beeinflussung der Tyrosinase durch ultraviolette Strahlen zurückzuführen ist. Nach Pincussen[4] soll die Erscheinung vielmehr auf vermehrten Enzymgehalt unter Bestrahlung zurückgehen (vgl. hierzu S. 397).

Pilztyrosinase wird nach Agulhon (l. c.) durch Ultraviolettstrahlung gleichfalls inaktiviert, wesentlich rascher in O_2-Gegenwart als in dessen Abwesenheit. Er führt dies auf die Entstehung von H_2O_2 zurück. In Glycerin erfolgt keine Schädigung.

Diese Angaben gegenüber steht diejenige von Narayanamurti und Ramaswami[5], dass ein pflanzliches Präparat (aus Dolichos lablab) durch Quecksilberlicht aktiviert wurde.

Radiumstrahlen sind ohne Einfluss[6].

β) **Chemische Faktoren.** T. verschiedener Herkunft ist sowohl gegen **Säure** als **Alkali** recht empfindlich.

Sowohl für Kartoffel- als Bakterien- und Mehlwurms-T. Wirkungsoptimum zwischen pH 6—8, Inaktivierung bei pH 5 und 10[7]. Pilz-T. zeigt — bei im übrigen gleichem Verhalten — eine mehr im Sauern (pH 4) liegende Wirkungsgrenze. Der Unterschied beruht wahrscheinlich auf dem höheren Eiweissgehalt der anderen Fermentproben, die bei pH 5 mit einem Protein ausflocken.

Über die pH-Abhängigkeit der einzelnen Teilreaktionen s. S. 371.

Vom Einfluss des **Hydroperoxyds** war schon S. 378 die Rede (dort auch Literatur); kleine Mengen beschleunigen, grössere hemmen (vgl. auch S. 367 f.)

Wirkung von **Salzen**:

Aktivierung der T. — namentlich nach deren Schwächung durch Dialyse — mit **Alkaliphosphat** ist wiederholt beschrieben worden[8]. Es handelt sich dabei wohl vorwiegend um pH-Wirkung (Pugh). Aktivierungen dialysierter T. durch **Zink-, Cadmium- und Calciumsalz** sind von Haehn (l. c.) beschrieben worden (vgl. auch S. 371).

---

[1] H. Przibram u. Mitarb., Arch. Entwickl. 45, 83, 199, 260; 1919.

[2] H. Agulhon, C. R. 153, 979; 1911.

[3] Th. Hammerich, Biochem. Zs 239, 273; 1931.

[4] L. Pincussen u. Mitarb., Strahlenther. 45, 401; 1932.

[5] D. Narayanamurti u. Ramaswami, Biochem. Jl 24, 1655; 1930.

[6] E. G. Willcock, Jl Physiol. 34, 207; 1906.

[7] H. S. Raper u. Mitarb., Biochem. Jl 17, 454; 1923. — Biochem. Jl 20, 69; 1926. — C. Stapp, l. c.

[8] J. Wolff, Soc. Biol. 68, 366; 1910. — H. Haehn, Biochem. Zs 105, 169; 1920. — Fermentforsch. 4, 301; 1021. — C. E. M. Pugh, Biochem. Jl 26, 106; 1932.

Von Schwermetallen fördert **Ferrosulfat** in kleinen Mengen $\left(<\frac{m}{300}\cdot\right)$ die T., in grösseren hemmt es $\left(\frac{m}{100}\cdot\text{ nach Fürth bereits vollständig}\right)$[1]. Pugh (l. c.) fand **Mn-, Cu-** und **Co-Salze** in der beim Fe positiv wirksamen Konzentration ohne Einfluss. (Zum Mechanismus der Fe-Wirkung vgl. S. 378.)

Ältere Angaben über die Hemmung der T. durch **Blausäure** stammen von Lehmann[2a] (vollständige Hemmung durch $\frac{m}{100}$-HCN); neuere Angaben von McCance[2b] (fast vollständige Hemmung durch $\frac{m}{500}$-HCN) und Pugh[2c] ($\frac{m}{2500}$-HCN hemmt die Reaktion mit p-Kresol um 68%, mit Phenol um 71%, mit Brenzcatechin um 47%, vgl. S. 377).

An weiteren hemmenden Agenzien mit der prinzipiellen Fähigkeit zur Schwermetallkomplexbildung sind noch **Schwefelwasserstoff, Natriumfluorid** und **Natriumpyrophosphat** zu nennen[3].

Den hemmenden Einfluss **organischer Säuren** auf T. hat Landsteiner[4] untersucht. Während aliphatische Säuren im allgemeinen keine oder nur geringe Effekt zeigen, wirken die aromatischen fast durchwegs — teilweise sehr stark — hemmend. m- und p-substituierte Säuren sind dabei stärkere Inhibitoren als o-substituierte.

Dies stimmt mit der schon lange bekannten, spezifischen Hemmungswirkung von m-**Diphenolen** (Resorcin, Orcin usw.) überein (Gortner[5]).

Nach Bach, neuerdings von Pugh bestätigt, wirkt **Peroxydase** hemmend auf Tyrosinase (stärker in Abwesenheit als Anwesenheit von H_2O_2)[6]. Nach Pugh handelt es sich möglicherweise um eine Wirkung hemmender Verunreinigungen des Peroxydasepräparats.

Die Existenz einer **Antityrosinase** ist wiederholt behauptet worden, zuerst wohl von Gessard[7]. (Soll im Plasma des mit T. vorbehandelten Huhns vorkommen und pflanzliche, nicht tierische T. an der Wirkung hindern.) Gortner (l. c.) ist geneigt, sie (bei „dominantem Weiss") mit phenolischen Hemmungskörpern zu identifizieren (vgl. oben). Dagegen gibt Onslow[8] Thermolabilität des aus der Haut von weissen Kaninchen extrahierbaren und mit $(NH_4)_2SO_4$ fällbaren Hemmungskörpers an (vgl. S. 368).

f) Anhang: Zur Frage der Dopaoxydase.

Wie schon an anderer Stelle (S. 368) erwähnt, ist der Nachweis von Tyrosinase in der schwach pigmentierten Haut von Säugetieren, auch des Menschen, noch nie mit Sicherheit erbracht worden. Man ist daher bisweilen dahin gekommen, dem Tyrosin in diesen Fällen trotz seines verbreiteten Vorkommens als Eiweissbaustein wie auch als solches in der Haut (S. 368) die Rolle des direkten natürlichen Melanogens abzustreiten. Statt dessen hat man

---

[1] O. v. Fürth u. Jerusalem, Hofm. Beitr. 10, 131; 1907. — Th. Weindl, Arch. Entwickl. 23, 633; 1907. — R. A. Gortner, Chem. Soc. 97, 110; 1910. — H. Onslow, Proc. Roy. Soc. (B) 89, 36; 1917. — C. E. M. Pugh, Biochem. Jl 26, 106; 1932.

[2a] K. B. Lehmann u. Sano, Arch. Hyg. 67, 99; 1909. — [2b] R. A. McCance, Biochem. Jl 19, 1022; 1925. — [2c] C. E. M. Pugh, Biochem. Jl 24, 1442; 1930.

[3] K. G. Pinhey, Jl exp. Biol. 7, 19; 1930.

[4] K. Landsteiner u. van der Scheer, Proc. Soc. exp. Biol. 24, 692; 1927.

[5] R. A. Gortner, Jl biol. Chem. 10, 113; 1911.

[6] A. Bach, B. 42, 594; 1909. — C. E. M. Pugh, Biochem. Jl 23, 456; 1929.

[7] C. Gessard, Soc. Biol. 54, 1304; 1902. — 71, 591; 1911.

[8] H. Onslow, Proc. Roy. Soc. (B.) 89, 35; 1915.

früher an Adrenalin[1] oder Tryptophan[2] als Pigmentvorstufen gedacht. In neuerer Zeit hat insbesondere Bloch[3] das 3,4-Dioxyphenylalanin (Dopa), das ja wiederholt im pflanzlichen und tierischen (Insekten-) Organismus nachgewiesen worden ist (S. 375), als unmittelbares Melanogen der menschlichen und Säugetierhaut in Vorschlag gebracht und auch Einzelheiten über den enzymatischen Mechanismus der Melaninbildung aus Dopa angegeben.

Nach Bloch und Mitarbeitern erfolgt die Pigmentbildung unter dem Einfluss einer spezifisch auf 3.4-Dioxyphenylalanin eingestellten Oxydase; weder Tyrosin noch andere Brenzcatechinderivate sollen angegriffen werden. Nach neuesten Untersuchungen wäre diese Spezifität sogar stereochemisch, indem die Dopaoxydase nur mit dem natürlich vorkommenden l-Körper reagiert[4]. Gegen Erhitzen, Austrocknen, ferner H_2S ist die Oxydase sehr empfindlich, relativ wenig gegen HCN. pH-Optimum bei 7,3—7,4.

Das Ferment kommt nur in den pigmentbildenden Epidermiszellen (Melanoblasten), nicht in den Melanophoren vor. Infolge der Schwierigkeit bzw. Unmöglichkeit, das Enzym aus den Melanoblasten zu extrahieren, wurden die bisherigen Untersuchungen fast durchwegs an Gefrierschnitten von Haut ausgeführt. Doch soll der Nachweis des Enzyms auch in Extrakten aus der Haut neugeborener, pigmentierter Kaninchen gelingen.

Den Befunden Blochs und seiner darauf gegründete Theorie der Pigmentbildung in der Säugetierhaut ist — namentlich im Punkte der für eine echte Oxydase ja ganz ungewöhnlich hohen Spezifität der Enzymwirkung — von verschiedenen Seiten widersprochen worden[5]; eine endgültige Klärung der Frage ist dabei noch nicht erzielt worden, doch dürfte sich die Blochsche Auffassung im Punkte Spezifität auf die Dauer nicht halten lassen.

So haben Mulzer und Schmalfuss (l. c.) vor kurzem gezeigt, dass das (optisch nicht aktive) Oxytyramin — übrigens als Chromogen in den Hülsen des Besenginsters vorkommend[6] — Hautschnitte ebenso stark und tief anfärbt wie Dopa. Ausserdem ist darauf hinzuweisen, dass auch Tyrosinase die l-Form ihres typischen Substrats rascher umsetzt als die d-Form, und dass nach Blochs eigenem Befund auch die Leukocytenoxydase rascher mit der l- als der d-Komponente des 3,4-Dioxyphenylalanins reagiert. Eine absolute sterische Spezifität der Dopaoxydase ist bei dieser Sachlage denkbar unwahrscheinlich. Schmalfuss[7] hat zudem am oxydatischen Enzymsystem der Hämolymphe verschiedener Insekten dargetan, dass derartige „Scheinspezifitäten" hinsichtlich eines bestimmten Chromogens (meist Dopa) auch anderweitig vorkommen. Variation der Enzym- wie auch der Substratkonzentration bei versuchsweiser Verwendung verschiedener Melanogene führen fast stets zur Aufdeckung der Substrateigenschaft einer ganzen Anzahl verwandter Stoffe.

Ferner wird man, ehe man sich auf Grund der Befunde an Hautschnitten zur Annahme eines — im Bereich der Oxydasen — unwahrscheinlich stark spezifischen Ferments entschliesst, nochmals alle Möglichkeiten, die mit der Unvollkommenheit der Methodik zusammenhängen,

---

[1] A. Jäger, Virch. Arch. 198, 62; 1909. — C. Neuberg, Biochem. Zs 8, 383; 1908. — Virch. Arch. 192, 514; 1908. — E. Meirovsky, Münch. med. Ws. 58, 1005; 1911.

[2] E. Spiegler, Hofm. Beitr. 4, 40; 1904. — 10, 253; 1907. — H. Eppinger, Biochem. Zs 28, 181; 1910. — H. Fasal, Biochem. Zs 55, 393; 1913.

[3] B. Bloch u. Mitarb., H. 98, 226; 1917. — Arch. Dermat. 124, 129, 209; 1917. — 135, 77; 136, 231; 1921. — Biochem. Zs 162, 181; 1925. — Klin. Ws. 11, 10; 1932.

[4] B. Bloch u. Schaaf, Klin. Ws. 11, 10; 1932. — S. M. Peck, Sobotka u. Kahn, Klin. Ws. 11, 14; 1932.

[5] Z. B.: C. Oppenheimer, Fermente 2, 1791f.; 1926. — P. Mulzer u. Schmalfuss, Med. Klin. 27, 1099; 1931. — 29, 732; 1933.

[6] H. Schmalfuss u. Heider, Biochem. Zs 263, 226; 1931.

[7] H. u. H. Schmalfuss, Biochem. Zs 263, 278; 1933.

genauestens zu prüfen haben. Insbesondere wird man auch an die Gegenwart von Hemmungskörpern, die das Ausbleiben der Tyrosinreaktion bedingen könnten, zu denken haben (S. 367 f. u. 381). Eine derartige „selektive" Hemmung erscheint durchaus möglich, da ja auch im normalen Fermentversuch Tyrosinase Dopa erheblich leichter und rascher angreift als Tyrosin. Zudem kann Dopa im Gegensatz zu Tyrosin auch von der im höheren Organismus, z. B. den Leukocyten, weitverbreiteten Polyphenoloxydase oxydiert werden.

Wie man sieht, liegen hier so zahlreiche, noch nicht untersuchte Erklärungsmöglichkeiten vor, dass man den Blochschen Deutungsversuch keineswegs als zwingend ansehen kann. Vieles spricht dafür, dass sich die „Dopaoxydase" eines Tages zwanglos in eine der beiden, lange bekannten Hauptgruppen: Tyrosinase oder Polyphenolase wird einreihen lassen.

2. Polyphenoloxydase bzw. Laccase.

a) Allgemeines.

Die ältesten Angaben über das Vorkommen eines Ferments dieser Gruppe stammen von Yoshida[1], der (1883) einen im Milchsaft des japanischen Lackbaums (Rhus vernicifera) vorhandenen thermolabilen Stoff für das Dunkeln und Erhärten des pflanzlichen Sekrets verantwortlich machte. Die Untersuchungen an diesem Laccase genannten Enzym wurden ein Jahrzehnt später durch Bertrand[2] im erweiterten Massstabe wieder aufgenommen.

Er zeigte, dass die Chromogene der Lackflüssigkeit (Laccol bzw. Urushiol als Hauptbestandteil enthaltend, S. 273) den Charakter von Polyphenolen besitzen und sich in ihrer Acceptoreigenschaft gegen O_2 durch einfache mehrwertige Phenole, wie Hydrochinon und Pyrogallussäure ersetzen lassen. Er machte ferner die Beobachtung, dass ein oder mehrere Hydroxyle sich gegen NH_2 austauschen lassen, ohne dass das Substrat hierdurch das Vermögen, durch Laccase oxydiert zu werden, einbüsst. Monophenole und Monoamine wurden dagegen so gut wie nicht angegriffen. Das unterschiedliche Verhalten gegenüber Monophenolen, das Laccase und Tyrosinase zeigten, setzte Bertrand in den Stand, die beiden als zwei verschiedene Enzymindividuen zu erkennen (vgl. S. 365).

In den folgenden Jahren gelang es Bertrand[3], Enzyme von den Eigenschaften der Laccase in den verschiedensten höheren Pflanzen und Pilzen nachzuweisen. Spätere Untersuchungen taten dar[4], dass die Reaktion gegen Polyphenole und Polyamine in solchen Extrakten häufig getrennte Wege gehen, insofern als die letztere mit der ersteren nicht zwangsläufig verbunden ist und auch einmal fehlen kann. Andererseits wurde die Beobachtung gemacht, dass mehrere Tiergewebe (und auch einzelne Pflanzenzellen) mit den aromatischen Aminen positive Oxydasereaktion geben, während sie auf Polyphenole keine Wirkung ausübten. Dies führte zur Abgrenzung des Wirkungsbereichs der Laccase oder Polyphenoloxydase (auch Polyphenolase genannt) gegenüber der Amino- oder Indophenoloxydase.

Versucht man eine Charakteristik der in diesem Abschnitt zu behandelnden Enzyme zu geben, so lässt sich in aller Kürze sagen: Es handelt sich hier um

---

[1] H. Yoshida, Chem. Soc. 43, 472; 1883.
[2] G. Bertrand, C. R. 118, 1215; 1894. — 120, 266; 1895. — 122, 1132; 1896. — Soc. Biol. 46, 478; 1894. — Arch. physiol. 8, 23; 1896.
[3] G. Bertrand, C. R. 121, 166; 1895. — 123, 463; 1896. — 133, 1233; 1901. — 134, 124; 1902. — 137, 1269; 1903. — 145, 340; 1907.
[4] J. Grüss, B. bot. Ges. 16, 129; 1898. — Ws. f. Brauerei 16, 519; 1899. — 18, 310, 335; 1901. — J. de Rey-Pailhade, Soc. Biol. 48, 489; 1896. — J. H. Kastle, Hyg. Lab. Bull. Nr 26; 1906.

Fermente überwiegend pflanzlichen Ursprungs, die gleich der Tyrosinase relativ leicht von der Zellstruktur getrennt und in wässrige Lösung übergeführt werden können; sie greifen o- und p-Di- sowie Triphenole, jedoch weder Tyrosin und Monophenole, noch aromatische Diamine an. Primärprodukte sind, wie zu erwarten, stets die entsprechenden Chinone. Bisweilen (etwa im Falle des Hydrochinons) kommt die Reaktion hiermit zum Stillstand, meistens und besonders bei den o-Verbindungen geht sie über diese Stufe hinaus.

Darüber, ob es innerhalb der einzelnen Gruppen noch Unterteilungen hinsichtlich der Spezifität gibt, ist nichts Sicheres bekannt; unmöglich und unwahrscheinlich dürfte eine derartige Differenzierung z. B. hinsichtlich o- und p-Verbindungen ja keineswegs erscheinen (vgl. S. 393).

Ein besonders interessantes Beispiel einer etwas komplizierteren Reaktionsfolge ist der — übrigens auch mit Tyrosinase und Peroxydase zu erzielende Übergang von Pyrogallol in das schwerlösliche und analytisch gut erfassbare Purpurogallin[1], der von Willstätter und Heiss[2] im Sinne folgender Teilphasen aufgeklärt worden ist:

[Reaktionsschema: Pyrogallol → ... → Purpurogallin]

Wir haben hier eine durch jeweils eine Kondensations-, Hydratations- und Decarboxylierungsreaktion getrennte Folge dreier Dehydrierungsreaktionen.

Gleichfalls von analytischer Bedeutung und ausserdem zur Unterscheidung der Laccase von Tyrosinase (S. 365) geeignet ist die Reaktion mit Guajakol, das nach Bertrand[3] unter Enzymwirkung in rotes, schwerlösliches sog. „Tetraguajakochinon" übergeht:

$$4\,C_6H_4\begin{matrix}OH\\OCH_3\end{matrix} + 2\,O_2 \longrightarrow \begin{matrix}O\cdot C_6H_3(OCH_3)\cdot C_6H_3(OCH_3)\cdot O\\|\qquad\qquad\qquad\qquad\qquad|\\O\cdot C_6H_3(OCH_3)\cdot C_6H_3(OCH_3)\cdot O\end{matrix}$$

Danach stellt die Reaktion des Guajakols, das ja wegen seiner OCH_3-Gruppe nur als o-substituiertes und darum von Tyrosinase nicht angreifbares Monophenol fungieren kann, eigentlich einen Ausnahmefall von der oben gegebenen Definition der Laccase dar. Im übrigen steht natürlich die obige von Bertrand (1903) aufgestellte und auch in der neueren Literatur immer noch wiederkehrende „peroxydische" Chinonformel der Kritik offen und bedürfte der Nachprüfung. Sie stützt sich im wesentlichen auf eine Molekulargewichtsbestimmung in Eisessig und die Entstehung eines zweibasischen „Tetraguajakohydrochinons" bei der Reduktion mit Zink und Eisessig. Die intensive Farbe des Tetraguajakochinons macht es wahrscheinlich, dass es sich um ein (vielleicht in Eisessig bimeres) Diphenochinonderivat handelt.

Historisch die grösste Rolle hat bei der Untersuchung der Laccase (wie auch anderer Oxydasen und der Peroxydase) die allerdings mehrdeutige und (z. B. infolge eines Peroxyd-

---

[1] H. Struve, A. 163, 160; 1872. — A. Bach, B. 47, 2125; 1914.

[2] R. Willstätter u. Heiss, A. 433, 17; 1923.

[3] G. Bertrand, C. R. 137, 1269; 1903. — Bull. Soc. Chim. (3) 31, 185, 261; 1904. — Vgl. auch P. Fleury, C. R. 178, 814; 1924. — Soc. Chim. Biol. 6, 436; 1924.

gehalts alter Harzlösungen) nicht ganz zuverlässige Blaufärbung von Guajaktinktur gespielt (s. S. 273). Wirksame Komponente des Reagenses ist die Guajakonsäure[1] — als solche gleichfalls des öfteren als Oxydaseindikator verwendet[2] —, ein Resinol von noch unbekannter Struktur.

Die Guajak-Reaktion ist im Prinzip indirekter Natur. Wie v. Szent-Györgyi[3] zuerst eindeutig nachgewiesen hat (vgl. S. 280), sind primär (aus Spuren eines o-Diphenols) gebildete o-Chinonkörper, die schon ohne Enzym oxydierend wirken, für die Farbreaktion mit dem Oxydasereagens verantwortlich zu machen.

An gelegentlich gebrauchten Oxydasereagentien sind noch Farbstoffleukokörper, wie Phenolphthalin[4] (auch dessen Reduktionsprodukt Phenolphthalol[5]), Leukomalachitgrün[6] usw. und Jodid[7] zu erwähnen. Auch hier handelt es sich wohl wesentlich um indirekte Oxydationseffekte (über ein als Beimengung vorhandenes Diphenol bzw. Chinon gehend), wie dies für den Fall der Jodidoxydation durch rohe pflanzliche Präparate im besonderen durch Wolff (l. c.) wahrscheinlich gemacht worden ist. Andererseits ist darauf hinzuweisen, dass auch die hochgereinigte Peroxydase Willstätters die Jodidreaktion gibt und dass es sich dort wahrscheinlich um eine Äusserung des Hämincharakters der aktiven Gruppe handelt (s. S. 246 u. 281). Obwohl Wolffs Erklärung für den gegebenen Fall vermutlich richtig ist, ist eine prinzipielle Klarlegung des Mechanismus der Jodidreaktion erst mit viel weiter gereinigten Oxydasepräparaten möglich.

b) Vorkommen.

Polyphenolasen bzw. Laccasen (im folgenden mit Pph. bzw. L. abgekürzt) sind die im Pflanzenreich mit Abstand verbreitetsten eigentlichen Oxydationsfermente. Das Nachdunkeln von verletzten Pflanzenteilen und Pflanzensäften ist im wesentlichen ihr Werk. Dagegen ist nach den Literaturangaben ihre Verbreitung im Tierreich weniger allgemein und quantitativ dem der Indophenoloxydase weit unterlegen.

Doch sind nach neueren Befunde alle quantitativen Angaben wie auch solche über das Fehlen von Pph. in bestimmten Extrakten und Geweben mit grösster Vorsicht aufzunehmen.

Nach v. Szent-Györgyi[8] finden sich (besonders in Pflanzen und den daraus hergestellten Säften) stark reduzierende Substanzen, vor allem Hexuronsäure (Vitamin C), welche Oxydase- und Peroxydasewirkung und damit sichtbare Farbstoffbildung paralysieren, indem sie mit den primär gebildeten Chinonen unter deren Reduktion reagieren (vgl. S. 400). Auch in vielen Tierorganen kommt diese Substanz vor, ausserdem hat man dort — wie untergeordnet auch bei Pflanzen — an die Reduktionswirkung der SH-Gruppe vor allem im Glutathion zu denken (s. bei Peroxydase, 4 e β).

Andererseits ist daran zu erinnern, dass die Autoxydation von Polyphenolen schon durch einfache Schwermetallsalze und -komplexe erheblich beschleunigt wird. Bei vielen Literaturangaben über schwache Oxydase-

---

[1] O. Doebner u. Lücker, Arch. Pharm. 234, 590; 1896.
[2] E. v. Czyhlarz u. v. Fürth, Hofm. Beitr. 10, 358; 1907. — H. v. Euler u. Bolin, H. 61, 72; 1909.
[3] A. v. Szent-Györgyi, Biochem. Zs 162, 399; 1925.
[4] J. H. Kastle u. Shedd, Am. Chem. Jl 26, 527; 1901.
[5] G. D. Buckner, Am. Jl Physiol. 74, 354; 1925.
[6] E. v. Czyhlarz u. v. Fürth, l. c. — R. O. Herzog u. Mitarb., H. 73, 247, 258; 1911.
[7] J. Wolff u. Mitarb., Soc. Chim. Biol. 1, 1; 1914. — C. R. 160, 716; 1915. — Ann. Inst. Past. 31, 92, 96; 1917.
[8] A. v. Szent-Györgyi, Biochem. Jl 22, 1387; 1928.

reaktion (besonders tierischer Organe und Gewebsflüssigkeiten) wird man an diese Möglichkeit zu denken haben, besonders wenn es sich um relativ thermostabile Wirkungen handelt. In Fällen, in denen Angaben letzterer Art fehlen, ist eine Entscheidung über den enzymatischen oder nichtenzymatischen Charakter der Oxydationsreaktion heute häufig noch unmöglich.

Bakterien sind hinsichtlich ihres Pph.-Gehaltes nur selten untersucht worden. So fand Roux[1a] Hydrochinonoxydation durch B. coli, Baudran[1b] die Guajakolreaktion bei Tuberkelbacillen. Neuerdings fand Happold[1c] Brenzkatechinoxydation durch Milzbrand- und Cholerabacillen, Gonokokken, Meningokokken und gramnegative Diplokokken sowie Vibrio tyrosinatica; schwächere Reaktion bei B. pyocyaneus, B. prodigiosus u. Sarcina (vgl. auch die Verhältnisse bei der Indophenoloxydase).

Bei den **Algen** sollen sich echte Pph. ebenfalls nur spärlich vorfinden, am verbreitetsten noch bei den Rhodophyceen (besonders Familie Rhodomelaceae)[2]. Doch hängt dieser Befund wohl teilweise mit dem Vorliegen von Hemmungskörpern zusammen (Gertz, l. c.).

Das letztere gilt sicherlich auch für die **Hefen**, in denen Pph. teils spärlich (Oberhefe[3a]), teils überhaupt nicht (Unterhefe[3b]) vorkommen sollen. (Bezüglich des reduzierenden Körpers vgl. Keilin[3c].)

In Aspergillus oryzae hat Harada[4] unlängst ein Hydrochinon angreifendes Enzym nachgewiesen.

In höheren Pilzen sind Pph. ungemein verbreitet, namentlich in den Arten Boletus, Lactarius, Russula und Agaricus.

Die schon von Schönbein[5] beobachteten Verfärbungserscheinungen beim Verletzen des Pilzkörpers haben dann in den klassischen Arbeiten von Bourquelot[6] und Bertrand[7] ihre richtige Deutung als durch das Zusammenwirken von Laccase und Chromogen — von Bertrand als Boletol bezeichnet — in O_2-Gegenwart bedingt, erfahren. Interessant und auch präparativ bedeutsam ist der wiederholt erhobene Befund, daß Peroxydasen in Pilzen meist fehlen[8].

In höheren Pflanzen sind Pph. so allgemein vorhanden, daß hier nur einige wenige speziellere Hinweise gebracht werden können. Umfangreiches statistisches Material enthalten besonders die Arbeiten von Begemann[8] und Wheldale-Onslow[9].

Begemann fand in 42 untersuchten Fällen 17mal Oxydase; besonders umfangreich und exakt sind die sich auf rund 300 verschiedene Spezies erstreckenden Untersuchungen Onslows an Angiospermen, wobei rund 60% oxydasepositive Befunde erhalten wurden.

Hauptsitz der Oxydase in Pflanzen ist nach Chodat, Begemann (l. c.) u. a. Mesophyll und sonstiges Parenchymgewebe, Epidermis und Chlorophyll sind so gut wie frei davon.

[1a] G. Roux, C. R. 128, 693; 1899. — [1b] G. Baudran, C. R. 142, 657; 1906. — [1c] F. C. Happold, Biochem. Jl 24, 1737; 1930.

[2] G. B. Reed, Bot. Gaz. 59, 407; 1915. — O. Gertz, Biochem. Zs 169, 435; 1926.

[3a] W. Issajew, H. 42, 132; 1904. — [3b] A. Bach, B. 39, 1664; 1906. — [3c] D. Keilin, Proc. Roy. Soc. (B.) 104, 206; 1929.

[4] T. Harada, Ind. eng. Chem. 23, 1424; 1931.

[5] C. F. Schönbein, Arch. physiol. Heilk. 1856, 1.

[6] E. Bourquelot, Soc. Biol. 48, 314, 811, 825, 893, 896; 1896. — 49, 25, 402, 454, 498, 687; 1897. — E. Bourquelot u. Bertrand, C. R. 121, 783; 1895. — Soc. Biol. 47, 579, 582; 1895.

[7] G. Bertrand, C. R. 122, 1132; 1896. — 123, 463; 1896. — 133, 1233; 1901. — 134, 124; 1902. — 137, 1269; 1903.

[8] O. H. K. Begemann, Pflüg. Arch. 161, 45; 1915. — R. Chodat, Hdbch. biochem. Arb.-Meth. 3, 42; 1910.

[9] M. Wheldale-Onslow, Biochem. Jl 15, 107, 113; 1921. — Ferner: A. I. Ewert, Proc. Roy. Soc. (B.) 88, 284; 1914. — J. Wolff, C. R. 158, 1125; 1914.

Reiche Enzymquellen sind u. a. die Kartoffeln (insbesondere die peripheren Teile), sowie Zuckerrüben. Das gleiche gilt von den verschiedensten Früchten, wie Äpfeln, Birnen, Pfirsichen, Aprikosen u. a [1].

Bemerkenswert sind demgegenüber wiederholte Angaben über das Fehlen von Pph. u. a. in Citronen, Apfelsinen, Grapefruits, Tomaten, Melonen, Ananas, Zwiebeln [2]. Da diese Früchte teilweise sehr vitamin-C-reich sind, ist dieser Mangel wahrscheinlich nur ein scheinbarer (vgl. S. 385 und 400).

Auch das „Brechen" oder „Umschlagen" des Weins, eine spontan eintretende Entfärbung desselben, soll durch eine thermolabile, durch SO_2 zerstörbare Oxydase bedingt sein [3].

Samen aller Art sind besonders im keimenden Zustand sehr reich an Pph. [4] (lokalisiert vor allem in der Aleuronschicht des Embryo, auch im Kleber).

Das Dunkeln von Blättern (Tee, Tabak) ist gleichfalls als Oxydasewirkung aufzufassen [5].

Die in den Blüten vorkommenden Oxydasen sind namentlich wegen des zu erwartenden Zusammenhangs mit der Farbstoffbildung des öfteren untersucht worden [6]. Über den Chemismus der Oxydasewirkung ist wenig bekannt, doch zeigt ein Blick auf die nachstehenden beiden Formeln des Quercetins (Farbstoff des Goldlacks, des gelben Stiefmütterchens u. a.) und des Cyanidins (Farbstoff der roten Rose, des roten Mohns und der Kornblume) als zweier typischer Vertreter der grossen Farbstoffgruppen der Flavonole und der Anthocyanidine, dass hier prinzipiell ein Betätigungsfeld der Pph. vorliegt:

Quercetin   Cyanidin.

Jedenfalls lassen sich Leukokörper der Anthocyane durch die Oxydasen gefärbter Blüten wieder zu Farbstoff oxydieren, während in weissen Blüten Oxydasen meist zu fehlen scheinen [7].

Im übrigen kommen auch Gerbstoffe — in die Gallussäure bzw. Galloylgallussäure, im allgemeinen an Zucker gebunden, als integrierender Bestandteil eingeht — als Substrate der Oxydasen und Pigmentausgangsstoffe der Pflanze in Betracht [8].

Ferner sei hier nochmals an die Palladinschen „Atmungspigmente" [9] — nach Wheldale-Onslow [10], Wolff [11], Oparin [12] u. a. im allgemeinen Brenzcatechinderivate (vgl.

[1] M. Wheldale-Onslow, Biochem. Jl 15, 107, 113; 1921. — Ferner: A. I. Ewert, Proc. Roy. Soc. (B.) 88, 284; 1914. — J. Wolff, C. R. 158, 1125; 1914.

[2] B. Moore u. Whitley, Biochem. Jl 4, 136; 1909. — J. H. Kastle u. Shedd, Am. Chem. Jl 26, 526; 1901. — M. Wheldale-Onslow, l. c.

[3] Zusammenstellung der durchwegs älteren Literatur bei F. Battelli u. Stern, Erg. Physiol. 12, 153 (1912).

[4] K. Aso, Bull. Coll. Agr. Tokio 5, 207; 1902. — W. Issajew, H. 45 331; 1905. — A. Oparin, Biochem. Zs 124, 90; 1921. — J. S. McHargue, Am. Soc. 42, 612; 1922.

[5] L. Maquenne u. Demoussy, C. R. 149, 957; 1909. — K. Aso, Bull. Coll. Agr. Tokio 4, 255; 1901. — B. Deuss, Chem. Weekbl. 20, 253; 1923. — O. Loew, Zbt. Bakt. (2) 6, 108, 673; 1900.

[6] F. Keeble u. Mitarb., Proc. Roy. Soc. (B.) 85, 214, 460; 1912. — 86, 308; 1913. — M. Wheldale-Onslow, Biochem. Jl 7, 87; 1914. — M. Mirande, C. R. 175, 595; 1922.

[7] O. H. K. Begemann, Pflüg. Arch. 161, 45; 1915.

[8] J. Zender, Soc. phys. hist. nat. 42, 56; 1925.

[9] W. Palladin u. Mitarb., Biochem Zs 27, 442; 1910. — 49, 381; 1913.

[10] M. Wheldale-Onslow u. Mitarb., Biochem. Jl 13, 1; 1919. — 14, 535, 541; 1920. — 18, 549; 1924. — 19, 420; 1925. — 20, 1138; 1926.

[11] J. Wolff u. Rouchelman, Ann. Inst. Past. 31, 92, 96; 1917.

[12] A. Oparin, Biochem Zs 124, 90; 1921. — 182, 155; 1927.

Chlorogensäure S. 174) — und ihre fundamental wichtige Rolle in der Pflanzenatmung erinnert (s. auch S. 247f.).

Pflanzensekrete sind eine reiche und vielverwendete Quelle der Pph.-Gewinnung. Hier hat vor allem der Milchsaft der verschiedenen Lackbäume (Rhus vernicifera in Japan, Rhus succedanea in Tonkin, Melanorrhoea laccifera in Kambodscha) historisch eine wichtige Rolle gespielt (Yoshida, Bertrand, Literatur S. 383). Im Gummi arabicum hatte schon vorher Struve[1] das Vorhandensein eines Pyrogallol zu Purpurogallin oxydierenden Agens festgestellt, was später wiederholt bestätigt wurde[2]. Die im Kautschuksaft vorkommende Pph. ist von Spence[3] eingehend untersucht worden. In zahlreichen anderen Milchsäften fand sie Cayla, u. a. kommt sie auch in Chelidonium majus und Papaver somniferum[4] vor.

Über das Vorkommen von Oxydasen im Tierreich liegen eine Menge, meist älterer und mit Vorbehalt aufzunehmender Angaben vor. Teils hat man nur die Guajakreaktion mit ihren mancherlei Fehlerquellen (S. 384f.), teils nur die p-Phenylendiamin- bzw. Nadireaktion zur Prüfung herangezogen, so dass eine sichere Entscheidung zwischen dem Vorliegen von Mono-, Poly- oder Indophenoloxydase häufig nicht zu treffen ist. Wegen reduzierender Hemmungskörper vgl. das S. 385 Gesagte.

Bei **Wirbellosen** scheint Pph. ziemlich allgemein verbreitet zu sein, im wesentlichen jedoch an die Leukocyten gebunden.

Dieses Ergebnis hat Portier[5a,5b] an einem grossen Material, das u. a. Cölenteraten, Würmer, Echinodermen, Mollusken, Crustaceen und Insekten umfasste, gewonnen. Weitere Angaben beziehen sich auf Blut, Leber und Kiemen (nicht die Muskeln) von Crustaceen[5c], den Darm von Insektenlarven[5d], die Fühler von Mollusken[5b], den Tintenbeutel von Sepia[5e], das Blut von Ascidien[5f] usw.

Ähnlich liegen die Verhältnisse auch bei **Wirbeltieren,** wo die Pph. sich ebenfalls in der Hauptsache in den Leukocyten lokalisiert findet[6].

Hierher gehört auch die Guajakreaktion von Eiter[7a], die schon sehr lange bekannt und neuerdings durch Dopa- (und Indophenol-) Reaktion ergänzt worden ist[7b].

Desgleichen wird für Speichel, Nasenschleim, Sperma[8] usw. Oxydasegehalt (meist durch Guajakbläuung festgestellt) angegeben. Wahrscheinlich handelt es sich in diesen Fällen um das Ferment beigemengter Leukocyten.

Sicherer ist die von Koga[9] angegebene, offenbar thermolabile Oxydation von Brenzcatechin und seiner Derivate durch Hühnereiweiss.

---

[1] H. Struve, A. 163, 160; 1872.

[2] E. Bourquelot, Soc. Biol. 49, 25; 1897. — Jl Pharm. Chim. (6) 19, 473, 524; 1904.

[3] D. Spence, Biochem. Jl 3, 165, 351; 1908.

[4] V. Cayla, Soc. Biol. 65, 128; 1908. — P. W. Danckwortt u. Pfau, Arch. Pharm. 262, 449; 1924. — R. H. True, Am. Jl. Bot. 1916, 111.

[5a] P. Portier, Thèse Paris 1897. — [5b] Piéri u. Portier, C. R. 123, 1314; 1896. — Arch. physiol 29, 60; 1897. — [5c] J. Abelous u. Biarnès, Soc. Biol. 49, 173, 249; 1897. — [5d] W. Biedermann, Pflüg. Arch. 72, 105; 1898. — [5e] C. Gessard, C. R. 136, 631; 1903. — C. Neuberg, Biochem. Zs 8, 383; 1908. — [5f] A. Giard, Soc. Biol. 48, 483; 1896.

[6] P. Portier, Soc. Biol. 50, 452, 453; 1898. — K. Brandenburg, Münch. med. Ws. 47, 183; 1900. — E. Meyer, Münch. med. Ws. 50, 1489; 1903. — 51, 1578; 1904.

[7a] H. Struve, A. 163, 160; 1872. — D. Vitali, Boll. Chim. Farm. 1901, 309. — Ferner K. Brandenburg, E. Meyer, l. c. — [7b] S. Uchida, Arb. med. Univ. Okayama 2, 294; 1930.

[8] P. Carnot, Soc. Biol. 48, 552; 1896.

[9] T. Koga, Biochem. Zs 141, 430; 1923.

Die Pph. des Blutserums und -plasmas ist — besonders auch in diagnostischer Absicht — des öfteren untersucht worden, doch mit widersprechenden Ergebnissen. Während Brocq-Rousseu[1a] das Vorkommen von Oxydationsfermenten bestreitet, wird von Neumann[1b] und Hizume[1c] Oxydation von Diphenolen (nicht von Tyrosin) angegeben. Die geringe Thermolabilität der Reaktion spricht jedoch für Schwermetallkatalyse. In die gleiche Gruppe gehören wahrscheinlich Angaben über Pph. in der Cerebrospinalflüssigkeit[2a], im Kammerwasser[2b] usw.

Die zahlreichen älteren Angaben über das Vorkommen von echten Oxydasen in den verschiedensten Geweben sind häufig auf die Gegenwart von Blutspuren, Verwendung alter peroxydhaltiger Guajaktinktur, mit anderen Worten auf die (z. T. thermolabile) Peroxydasereaktion von Hämoglobin, Cytochrom usw. zurückzuführen.

Sicher festgestellt ist dagegen das Vorkommen eines Brenzkatechin, Dopa, Adrenalin usw. oxydierenden Enzyms in melanotischen Tumoren, das sich leicht daraus extrahieren lässt und übrigens auch im Harn und Serum bei Melanosarkomatose aufgefunden werde[3]. Bisweilen wird auch Tyrosin angegriffen (vgl. S. 368), Coulon[4] wies bei einem Pferdemelanom auch Oxydation von Hydrochinon und Pyrogallol nach.

Dass auch normale Haut bzw. Extrakte daraus o-Diphenole angreifen, ist betreffend Adrenalin schon 1909 von Meirowsky[5] angegeben worden. Die Befunde sind neuerdings im Institut Wohlgemuths nach den verschiedensten Richtungen erweitert worden[6].

Besonders phenolasereich ist die Haut des Genitaltractus. Über den Einfluss der Bestrahlung auf den Pph.-Gehalt der Haut siehe später S. 397.

Aus neuerer Zeit stammen ferner Angaben über die Oxydation von Brenzcatechin und Derivaten durch (menschliche) Brustdrüse[7a] und Placenta[7b].

Besonders interessant ist der neuerdings von Wieland[8] erhobene (und mit früheren Beobachtungen v. Szent-Györgyis[9] prinzipiell in Einklang stehende) Befund, dass der gut ausgewaschene Pferdeherzmuskel (wie auch der Presssaft daraus) Hydrochinon dehydriert und zwar 5mal rascher als Brenzcatechin.

Nach diesen Untersuchungen scheint es, als ob die Pph. im höheren tierischen Organismus doch verbreiteter wäre als ursprünglich angenommen.

Wie schon im letzten Kapitel angedeutet (S. 367 f.), ist allerdings beim Angriff von o-Diphenolen die Anwesenheit von (teilweise gehemmter) Tyrosinase als Erklärung nicht auszuschliessen. Auch bei der Blochschen Dopaoxydase ist es bekanntlich noch unsicher, in welche der beiden Gruppen, Mono- oder Polyphenolase, sie einzureihen ist (S. 382 f.). Schliesslich wäre

---

[1a] Brocq-Rousseu u. Roussel, Soc. Biol. 91, 1300; 1924. — Bull. Ac. Méd. (3) 105, 246; 1931. — [1b] J. Neumann, Biochem. Zs 50, 347; 1913. — [1c] K. Hizume, Biochem. Zs 147, 216; 1924.

[2a] Cavazzani, Zbl. Physiol 14, 473; 1900. — [2b] G. Lo Cascia, Ann. oftalm. 50, 219; 1922.

[3] C. L. Alsberg, Jl med. Res. 16, 117; 1907. — C. Neuberg, Virch. Ann. 192, 514; 1908. — Zs Krebsforsch. 8, 195; 1910. — A. Jäger, Virch. Ann. 198, 62; 1909. — L. Czaki, Zs exp. Med. 29, 273; 1922. — F. Niklas, Münch. med. Ws. 61, 1332; 1914.

[4] A. de Coulon, Soc. Biol. 83, 1451; 1920.

[5] E. Meirowsky, Zbt. allg. Path. 20, 301; 1909.

[6] Y. Yamasaki, Biochem. Zs 147, 203; 1924. — E. Klopstock, Biochem. Zs 153, 487; 1924. — N. Sugihara, Biochem. Zs 163, 261; 1925.

[7a] R. Tateyama, Biochem. Zs 163, 297; 1925. — [7b] K. Maeda, Biochem. Zs 143, 347; 1923.

[8] H. Wieland u. Frage, A. 477, 1; 1929. — H. Wieland u. Lawson, A. 485, 193; 1931.

[9] A. v. Szent-Györgyi, Biochem. Zs 157, 67; 1925.

bei der letzteren Gruppe eine Spezifitätsunterteilung in o- und p-Diphenolasen in Betracht zu ziehen. Da meist nur die (ja an sich schon leichter oxydablen) o-Verbindungen untersucht worden sind, lässt sich heute noch nicht sagen, ob hier ein prinzipieller oder nur ein Unterschied der Reaktionsgeschwindigkeit vorliegt. Möglicherweise bedarf auch die gegenwärtige Fassung des Spezifitätsbegriffes für Polyphenoloxydase und Indophenoloxydase einer Revision (s. S. 393). Wie man sieht, herrscht hier im einzelnen noch grosse Unklarheit.

c) Darstellung und Bestimmung[1].

Zur präparativen Darstellung von Polyphenolase bedient man sich so gut wie immer pflanzlichen Ausgangsmaterials. Die Hauptquellen sind Pilze, Kartoffeln und der Milchsaft von Lackbäumen (Rohlack). Systematische Reinigungsversuche an dem Ferment sind noch kaum ausgeführt worden.

α) **Pilz-Polyphenolase.** Wieland und Sutter[2] haben die Darstellung eines katalase- und peroxydasefreien Enzympräparats aus Lactarius vellereus beschrieben. Sie fällen aus dem Pilzpresssaft bei 22% Alkoholkonzentration unwirksame Verunreinigungen aus, und hierauf bei 68% Alkoholkonzentration die Hauptmenge des Enzyms. Ausbeute 3,5—5 g vakuumtrockenes, in Wasser nicht völlig lösliches braunes Pulver pro Liter Pilzsaft. Die weitere Reinigung geschah durch Dialyse und nochmalige Alkoholfällung, wodurch 0,5—0,8 g eines hellbraunen, klar in H_2O löslichen Pulvers erhalten werden. Die Anreicherung gegenüber dem Pilzpresssaft beträgt das 630fache.

Auf die (wahrscheinliche) Gegenwart von Tyrosinase haben die Autoren nicht geprüft. Nach Chodat (l. c.) lässt sich in der Lösung des Rohferments (aus Russula foetens) die Trennung von T. und Pph. durch einstündiges Erwärmen auf 65° leicht durchführen, indem dabei die T. zerstört, die Pph. nur wenig geschwächt wird (vgl. S. 397).

β) **Kartoffel-Polyphenolase.** Von v. Szent-Györgyi[3a] stammt eine Methode zur Darstellung einer peroxydase- und indophenoloxydasefreien — Angaben über Katalase- und Tyrosinasegehalt fehlen — Pph. aus den peripheren Teilen von Kartoffeln. Diese werden, am besten unter 96%igem Alkohol, zu Brei verarbeitet. (Beachtlich ist übrigens die Beobachtung v. Szent-Györgyis[3b], dass durch die mechanische Schädigung die Aktivität der Pph. ums 15fache des bei erhaltener Zellstruktur gefundenen Werts gesteigert wird.) Der mit Alkohol gründlich gewaschene und dann filtrierte Rückstand wird in der gleichen Menge H_2O gelöst bzw. suspendiert und die filtrierte Lösung mit dem dreifachen Volum Alkohol versetzt, woraufhin die entstandene Fällung abzentrifugiert und in $1/4$ des früheren Volumens H_2O aufgenommen wird. Man zentrifugiert nochmals, fällt die abgegossene klare Lösung mit dem dreifachen Volum Alkohol, wäscht den Niederschlag mit Alkohol und Äther und trocknet im Vakuum. Hellgraues, unter schwacher Gelbfärbung der Lösung klar wasserlösliches Pulver.

γ) **Laccase**[4]. In Anlehnung an die ursprünglichen Angaben von Bertrand[5a] hat Suminokura[5b] neuerdings eine Vorschrift zur Darstellung einer (tyrosinase- und peroxydasefreien) Pph. aus dem Rohsaft von Rhus vernicifera gegeben. Dieser wird zunächst mit dem 10fachen Volum Alkohol versetzt, wobei das Urushiol (S. 273) in Lösung geht, während die Laccase (nebst Gummiarten usw.) im dunkelbraunen Rückstand bleibt. Dieser wird nach dem Waschen mit Alkohol und Äther im Vakuum getrocknet. Aus dem so erhaltenen braunen Pulver wird

---

[1] Vgl. auch Monographie von R. Chodat, Hdbch. biol. Arb.-Meth. (4) 1, 319; 1925.

[2] H. Wieland u. Sutter, B. 61, 1060; 1928.

[3a] A. v. Szent-Györgyi, Biochem. Zs 162, 399; 1925. — Verbesserte Methode bei D. Keilin, Proc. Roy. Soc. (B.) 104, 226; 1929. — [3b] A. v. Szent-Györgyi u. Vietorisz, Biochem. Zs 233, 236; 1931.

[4] Die Bezeichnung hier, wie im folgenden stets, im engeren Sinne gebraucht.

[5a] G. Bertrand, C. R. 118, 1215; 1894. — [5b] K. Suminokura, Biochem. Zs 224, 292; 1930.

mit H_2O die Laccase extrahiert und der wässrige Auszug mit 10 Volumina Alkohol gefällt (evtl. unter Zusatz von Äther um das Sol in Gel zu verwandeln). Die zentrifugierte, mit Alkohol und Äther gewaschene und schliesslich getrocknete Fällung stellt ein grauweisses, in Wasser leicht lösliches Pulver dar.

δ) **Polyphenolasebestimmung.** Die Verhältnisse liegen hier erheblich günstiger als bei der Tyrosinase, da man eine ganze Anzahl von Reaktionen mit **wohldefiniertem Endprodukt** kennt.

Die älteste unter diesen analytisch verwerteten Reaktionen ist wohl der Übergang von **Pyrogallol** in das schwerlösliche, intensiv gefärbte **Purpurogallin** (zum Chemismus der Reaktion s. S. 384), das entweder durch Wägung[1] oder (nach dem Ausäthern) kolorimetrisch[2] bestimmt werden kann. Suminokura (l. c.) nennt (in Anlehnung an die von Willstätter bei der Peroxydase geschaffene Terminologie, siehe dort) **Purpurogallinzahl der Laccase** (P. Z. lac.) die von 1 mg Enzympräparat in 20 Minuten gebildete Purpurogallinmenge in Milligramm (bei pH 6, T = 20° und 50 mg Pyrogallol in 20 ccm Lösung). Für ein Präparat der oben erwähnten Darstellungsart ergab sich beispielsweise ein P.Z.-Wert von 0,234.

Fleury[3] hat die „**Tetraguajakochinon**"bildung aus **Guajakol** zu einer quantitativen Methode ausgebaut; er schüttelt das Oxydationsprodukt mit Chloroform aus und vergleicht kolorimetrisch mit einem Dauerstandard von $\frac{n}{100}$- Jodlösung.

Wieland und Fischer[4] haben gelegentlich das bei der Oxydation von **Hydrochinon** gebildete **Chinon** nach dem Ausäthern jodometrisch bestimmt.

Über die bisweilen auch zu quantitativen Zwecken verwendete Freimachung von Jod aus Jodiden sowie die kolorimetrische Bestimmung von aus ihren Leukokörpern gebildeten Farbstoffen vgl. die S. 385 gegebene Literatur.

Neben den rein chemischen Methoden zur Bestimmung von Reaktionsgeschwindigkeit und Enzymkonzentration sind schon früher des öfteren **manometrische** Methoden zur Bestimmung des O_2-Verbrauchs in Vorschlag gebracht worden[5]. In neuerer Zeit spielen diese Methoden — dank der Konstruktion leicht zu handhabender Apparaturen vor allem durch Barcroft, Haldane, Warburg u. a. — die Hauptrolle.

Schliesslich hat sich in einzelnen Fällen, z. B. bei der enzymatischen Oxydation von Hydrochinon, die **potentiometrische** Bestimmung des Reaktionsverlaufs — wobei sich nach Gleichung IV, S. 144, das Verhältnis Chinon/Hydrochinon ergibt — als elegantes und genaues Verfahren erwiesen[6].

d) Wirkungen und Natur des Ferments.

α) **Die älteren Vorstellungen** vom Reaktionsmechanismus sind im Kap. VIII, Abschnitt 1 und 2 (S. 272f.) im Zusammenhang mit der Theorie der Sauerstoffaktivierung, die sich ja ganz überwiegend am Studium der Polyphenolasen

---

[1] R. Chodat, Hdbch. biochem. Arb.-Meth. 3, 55; 1910. — A. Bach, B. 47, 2125; 1914.
[2] R. Willstätter u. Stoll, A. 416, 21; 1918. — G. Dorfmüller, Zs Zuckerind. 73, 316; 1923. — H. W. Bansi u. Ucko, H. 157, 192; 1926.
[3] P. Fleury, Soc. Chim. Biol. 6, 436, 449; 1924. — Vgl. auch H. W. Bansi u. Ucko, l. c.
[4] H. Wieland u. Fischer, B. 59, 1180; 1926.
[5] R. Chodat u. Bach, B. 36, 605; 1903. — C. Foà, Biochem. Zs 11, 382; 1908. — H. H. Bunzell, Jl biol. Chem. 17, 407; 1914. — R. B. Harvey, Jl gen. Physiol. 2, 253; 1920.
[6] A. E. Stearn u. Day, Jl biol. Chem. 85, 299; 1929. — Vgl. auch W. Franke, A. 480, 1; 1930.

entwickelt hat, schon ausführlich behandelt worden, so dass hier eine kurze Aufzählung der Hauptphasen dieser Entwicklung genügt.

Die älteste, nicht bloss rein spekulative Theorie der Oxydasewirkung war bekanntlich die Bertrandsche Mangantheorie (1897), die sich allerdings nur kurze Zeit halten konnte, um dann mehr und mehr von der Bach-Chodatschen „Oxygenase-Peroxydase"-Theorie (von 1902 ab) verdrängt zu werden. Diese Vorstellung von der komplexen Natur der Phenolasen hat dann rund ein Vierteljahrhundert lang das Feld behauptet, um 1920 von Onslow noch dahin modifiziert, dass auch die Oxygenasekomponente nicht einheitlich, sondern als ein Gemisch aus Enzym+Brenzcatechinderivat aufzufassen sei. Von v. Szent-Györgyi (S. 280 u. 385) stammt die zuerst an der Kartoffelphenolase gemachte entscheidende Erkenntnis, dass das aus dem Brenzcatechinkörper primär entstandene o-Chinon ohne Beihilfe von Peroxydase die Blaufärbung von Guajaktinktur bewirken kann. Bald darauf zeigten Wieland und Sutter für den Fall der Pilz-Pph., Suminokura für den der eigentlichen „Laccase", dass Peroxydase kein notwendiger Bestandteil der Phenole direkt oxydierenden Fermente ist.

Die lange Zeit relativ langsame Entwicklung auf diesem Gebiet geht zum grossen Teil auf die unglückliche Wahl der Guajaktinktur als des souveränen „Oxydaseindicators" zurück.

Von welch zweifelhaftem Wert die mit diesem Reagens erhaltenen Daten sind, zeigt der Befund v. Szent-Györgyis (l. c.), dass eine von Brenzcatechinderivaten praktisch befreite Kartoffeloxydase auf Zusatz von Adrenalin, Dopa, Hydrochinon oder Pyrogallol die Guajakreaktion nicht auszulösen vermochte, obwohl die entsprechenden Phenolkörper sichtlich oxydiert wurden.

Für den Fall der Jodidoxydation durch pflanzliche Oxydasen hatte übrigens schon vorher Wolff (S. 385) wahrscheinlich gemacht, dass natürliche Brenzcatechinderivate bzw. die daraus primär entstandenen Chinone für das Zustandekommen dieser Reaktion verantwortlich zu machen sind.

Erst die Erkenntnis, dass hier ganz sekundäre Oxydationswirkungen bestimmt worden waren, und das dadurch veranlasste intensivere Studium der primären Oxydationsprozesse an den Polyphenolen hat dann während des letzten Jahrzehnts zu einer Neubelebung dieses lange Zeit an einer Überfülle widersprechender Angaben krankenden Gebiets geführt.

β) **Zur Spezifität der Wirkung.** Darüber, was die Fermente vom Typus der Laccase leisten, besteht heute kein Zweifel mehr: Es ist primär die Ausbildung der Chinonkonfiguration an mehrwertigen Phenolen, die wenigstens zwei OH-Gruppen in o- oder p-Stellung enthalten. Bei p-Diphenolen ist die Reaktion damit im allgemeinen (nicht zu hohes pH vorausgesetzt) zu Ende, für die o-Diphenole gilt das schon bei der Tyrosinase Gesagte (S. 376 f.): an die zum o-Chinon führende und unter geeigneten Verhältnissen (Abfangmethoden, Sekundärwirkungen usw.) scharf erfassbare Primärreaktion schliessen sich, zum Teil nichtenzymatische und nichtoxydative, Folgereaktionen an, die zur Bildung hochmolekularer, amorpher Stoffe von noch unbekannter Konstitution führen. Der Weg deckt sich dabei wohl im wesentlichen mit dem auch unter der Einwirkung von Tyrosinase beschrittenen. Bisweilen setzt die besondere Schwerlöslichkeit eines Zwischenprodukts (wie des Purpurogallins bei der Pyrogalloloxydation) der Kette der Sekundärreaktionen eine Grenze.

Wolff[1] hat angegeben, dass (tyrosinasefreier) Russulapresssaft auch m-Diphenole (vor allem Orcin, langsamer auch Resorcin) angreift und ist geneigt, diese Fähigkeit einem besonderen Enzym, Orcinase, zuzuschreiben. Zusatz von sekundärem Phosphat ruft die Erscheinung aber auch beim Enzym des Lackbaums hervor, wie er sie andererseits beim Russulaenzym verstärkt. In Unkenntnis des Chemismus der Reaktion und der näheren Versuchsbedingungen lässt sich hier nur die Vermutung äussern, dass es sich möglicherweise um eine nichtenzymatische Schwermetallkatalyse (durch Verunreinigungen) im schwach alkalischen Gebiet handelt. Nach Bach ist jedoch die schwach alkalische Reaktion einfach die „conditio sine qua non" für den enzymatischen Angriff des Orcins, wie er ganz allgemein dem „spezifizierenden" Effekt von Salz- usw. -Zusätzen eine wichtige Rolle im Bereich der Phenolasen beimisst (vgl. auch S. 276f.).

Überhaupt ist die Frage der Spezifität der polyphenoloxydierenden Enzyme im einzelnen noch wenig untersucht.

Während man in der ersten Zeit (etwa bis 1910) häufig für jede neu als enzymatisch oxydabel erkannte Substanz ein besonderes Ferment annahm, dementsprechend von einer Guajakolase, einer Orcinase usw. sprach[2], kam Bach[3] auf Grund seiner erfolglosen Versuche, ganz spezifisch wirkende Phenolasen aus dem „Rohferment" zu isolieren, zu der Auffassung, dass eine derartige Spezifität prinzipiell nicht existiere. Wo man sie scheinbar beobachtet, liegen entweder spezifizierende Salzeffekte vor — so wirkt z. B. $CaCl_2$ hemmend auf die Oxydation von Guajakol und Pyrogallol, fördernd auf die von Hydrochinon und Orcin, bei anderen Salzen wie Al, Zn, Mn liegen die Verhältnisse wieder ganz anders (s. S. 399) — oder es handelt sich um die mehr oder weniger spezifische Reduktionswirkung gewisser Verunreinigungen im Enzympräparat.

Zu ähnlichen Auffassungen in der Spezifitätsfrage gelangte später auch Gräff[4] im Zusammenhang mit der mikrochemischen Bestimmung von Zelloxydasen. Er denkt an die unterschiedliche Oxydierbarkeit der Oxydasereagentien wie auch die Vorbehandlung des Zellpräparats.

Freilich gehen diese Autoren zu weit, so wenn Bach einen Unterschied zwischen Polyphenol- und Indophenoloxydase überhaupt leugnet und Gräff sogar die Tyrosinase in sein „Einheitsferment" einbeziehen will. Auch darf nicht verschwiegen werden, dass die von Bach beobachtete Salzwirkung sich vermutlich überwiegend auf die späteren Phasen der Pigmentbildung bezieht, ganz abgesehen von der mangelhaften pH-Kontrolle seiner Versuche.

Trotzdem dürften gegen die Auffassung, dass zum mindesten innerhalb der Hauptgruppe der Polyphenolase (wie auch derjenigen der Monophenolase und der Indophenolase) keine besonderen „Unterspezifitäten" bestehen, heute keine gewichtigen Argumente anzuführen sein.

Es scheint in der Literatur kein Fall bekannt zu sein, dass beispielsweise ein Hydrochinon angreifendes Oxydasepräparat nicht auch etwa gegenüber Brenzcatechin wirksam ist. Ob auch das Umgekehrte in allen Fällen gilt, ist nicht ganz so sicher zu sagen, vor allem deshalb, weil überwiegend nur die physiologisch wichtigeren Brenzcatechinderivate untersucht worden sind. Eine Scheidung der Polyphenolasen in die (nur o-Diphenole angreifenden) „Chromooxydasen" und die (alle übrigen Phenolasen einschliesslich der Peroxydase umschliessenden) „Chromodehydrasen", wie sie C. Oppenheimer[5] zeitweise, wenn auch mit allem Vorbehalt, annahm, lässt sich heute, wo der Sinn einer Wasserstoffaktivierung bei den aromatischen Substraten überhaupt (S. 244f. u. 284) und das Vorliegen einer derartigen Funktion zum mindesten bei Indophenoloxydase und Peroxydase mehr als zweifelhaft geworden ist, kaum mehr vertreten. Vielmehr scheint der für die „Chromooxydase" — in der englischen Literatur

---

[1] J. Wolff, C. R. 148, 500. — 149, 467; 1909.
[2] Vgl. z. B. die Monographie von F. Battelli u. Stern, Erg. Physiol. 12, 132; 1912.
[3] A. Bach, B. 43, 366; 1910. — A. Bach u. Maryanovitch, Biochem. Zs 42, 417; 1912.
[4] S. Gräff, Hdbch. biol. Arb.-Meth. (4) 1, 93; 1922.
[5] C. Oppenheimer, Fermente 2, 1736f.; 1926.

als „catechol oxidase" (Brenzcatechinoxydase) eine Rolle spielend — von Oppenheimer angenommene Mechanismus der O_2-Aktivierung der im Gesamtgebiet der Polyphenole angreifenden Enzyme fundamentale zu sein.

Die neueren Befunde von v. Szent-Györgyi und Wieland (S. 389) über den bevorzugten Umsatz von p-Amino- und Oxyverbindungen durch Muskulatur, also den typischen Träger der Indophenoloxydase (s. S. 401f.), lassen die Vermutung nicht von der Hand weisen, dass zwischen dem Aktionsgebiet der Indophenol- und der Polyphenoloxydase Überschneidungszonen (etwa in der Gegend des Hydrochinons) bestehen. Der Umsatz einerseits von p-Diaminen, anderseits von o-Diphenolen würde danach nur zwei kinetisch besonders begünstigte Extremfälle der Betätigung beider Enzyme darstellen (Näheres hierzu bei Indophenoloxydase, 3 d α).

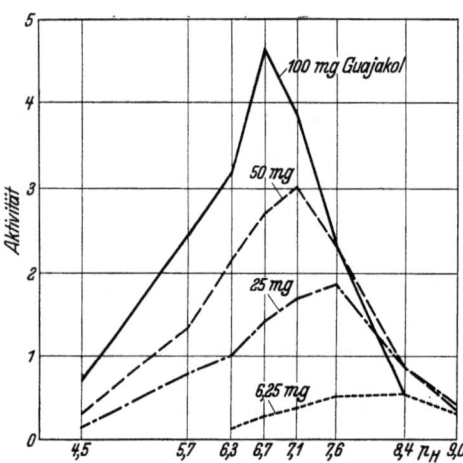

Abb. 61. pH-Abhängigkeit der Laccaseaktivität bei verschiedenen Guajakolkonzentrationen. (Nach Fleury.)
10 mg Laccase; Vol. 10 cm³; T 30°.

Eine Nachprüfung dieser Verhältnisse wäre um so erwünschter, als die heute dargestellten Polyphenolasepräparate (z. B. von v. Szent-Györgyi, Keilin, Wieland u. a.) wesentlich reiner und an Begleitstoffen ärmer sind als die seinerzeit von Bach (l. c.) in den offenbar letzten kritischen Untersuchungen zu dieser Frage verwendeten.

γ) **Zur Kinetik der Polyphenolasewirkung.** Aus der letzten Zeit stammen verschiedene Versuche, die Wirkung der Pph. nach den üblichen Methoden der Enzymchemie in ihrer Abhängigkeit von pH, Substrat-, Ferment- und Sauerstoffkonzentration kinetisch zu analysieren. Obwohl diese Versuche in das eigentliche Wesen der Pph.-Wirkung kein besonderes Licht gebracht haben, sollen sie doch in Kürze hier referiert werden.

Die ersten und eingehendsten Versuche hat Fleury[1] an der Laccase von Rhus succedanea unter colorimetrischer Verfolgung der Guajakoloxydation (S. 384) angestellt.

Die pH-Abhängigkeit bei verschiedenen Substratkonzentrationen gibt Abb. 61 wieder. Die Form der Kurve kommt nach Fleury durch zwei konkurrierende Einflüsse zustande: 1. die durch das Enzym beschleunigte Substratoxydation, deren Geschwindigkeit mit steigendem pH zunimmt und 2. das Ausmass der Substrat-Fermentbildung von entgegengesetzter pH-Abhängigkeit.

Bei kleinen Substratkonzentrationen $\left(\text{z. B.} < \frac{m}{20} - \frac{m}{10}\right)$ Proportionalität zwischen dieser und der Reaktionsgeschwindigkeit bis zu einem Grenzwert der Konzentration, der um so höher liegt, je höher die Fermentkonzentration, dann Unabhängigkeit.

Bei abnehmender Fermentkonzentration nimmt die Reaktionsgeschwindigkeit weniger rasch als proportional ab; füllt man jedoch in einer solchen „Verdünnungsreihe" mit hitzeinaktiviertem Ferment stets auf gleiches „Gesamtfermentvolum" auf, so besteht Proportionalität (Wirkung von Verunreinigungen).

---

[1] P. Fleury, C. R. 178, 1027; 1924. — Soc. Chim. Biol. 6, 436, 449, 536; 1924. — 7, 188; 1925. — Soc. Biol. 92, 596. — 93, 931; 1925. — Jl Pharm. Chim. (8) 1, 105; 1925.

Bei konstanter Guajakolkonzentration $\left(\text{z. B. } \frac{m}{100}\right)$ gibt es je nach der Enzymmenge eine O_2-Grenzkonzentration, oberhalb deren die Reaktionsgeschwindigkeit von der O_2-Konzentration unabhängig wird (z. B. 5% O_2 bei 1 mg Laccase/10 cm³, 20% O_2 bei 10—20 mg Laccase 10cm³). Hier handelt es sich zweifellos um die Frage ausreichender O_2-Versorgung durch Diffusion.

Suminokura[1] findet für die Laccase aus Rhus vernicifera ein Wirkungsoptimum bei pH 6 (mit Pyrogallol), praktisches Aufhören der Wirkung bei pH 4 bzw. 8. Steigerung der Pyrogallolkonzentration von $\frac{m}{1000}$ - auf $\frac{m}{40}$ - beeinflusst die Purpurogallinausbeute nicht wesentlich.

Für ihre Pilzoxydase aus Lactarius vellereus (vgl. S. 243 und 390) geben Wieland und Sutter (mit Hydrochinon als Substrat) ein pH-Optimum von 4,6 an; Steigerung der Hydrochinonkonzentration von $\frac{m}{100}$ - auf $\frac{m}{10}$ - lässt auch hier die Reaktionsgeschwindigkeit unverändert; linearer Reaktionsverlauf bis zum fast völligen Substratverbrauch, durch hohe Affinität Enzym-Substrat erklärt. Bei Kartoffeloxydase fanden Stearn und Day (vgl. S. 391) Proportionalität zwischen Reaktionsgeschwindigkeit und Chinhydronkonzentration $\left(\frac{m}{3000} - \frac{m}{500}\right)$. Dagegen nimmt die Reaktionsgeschwindigkeit viel stärker (beinahe quadratisch) mit der Enzymkonzentration zu. Ausser Substrat- und Enzymkonzentration dürfte nach den Verfassern auch dem Potential der Lösung ein wesentlicher Einfluss auf die Reaktionsgeschwindigkeit zukommen (vgl. hierzu die analogen Befunde bei der nichtenzymatischen Autoxydation von Hydrochinon[2] sowie S. 152 u. 193).

δ) **Die Natur der Polyphenolase** und der Wirkungsmechanismus, auf Grund dessen sie ihre Funktionen erfüllt, ist schon zweimal ausführlich, sowohl vom Standpunkte der Dehydrierungs- als auch der Sauerstoffaktivierungstheorie (S. 242f. und 281f.) diskutiert worden, so dass wir uns hier ganz kurz fassen können.

Das thermostabile, dialysierbare, HCN-unempfindliche und die theoretische Menge H_2O_2 liefernde Pilzpräparat von Wieland und Fischer (S. 243) soll hier — ungeachtet der Möglichkeit, dass dieser und ähnliche Katalysatoren in der Pilzatmung eine Rolle spielen — aus der Diskussion bleiben, da ihm — ebenso wie etwa der sog. „thermostabilen Peroxydase" verschiedener Zellen und Gewebe (Abschnitt 4 b) — die typischen physikalischen Eigenschaften eines Ferments fehlen.

Desgleichen ist hier nochmals darauf hinzuweisen, dass der bisweilen behauptete Nachweis von H_2O_2-Spuren bei der Einwirkung echter pflanzlicher Oxydase auf Brenzcatechin keineswegs einwandfrei ist (S. 244 und 378). Die Versuchsanstellung schloss hier stets so viele Fehlerquellen in sich (z. B. Anwendung von Titanreagens, das auch mit Polyphenolen Braunfärbung ergibt, Ausschütteln mit Äther, in dem sich leicht Peroxyd vorfindet oder im Licht bildet usw.), dass hier in Anbetracht der prinzipiellen Wichtigkeit der Frage strenge Kritik am Platze ist.

An einwandfreien Befunden hat man dagegen die Angabe von Wieland und Sutter (S. 390), dass ihre echte Polyphenolase aus Lactarius vellereus trotz der Abwesenheit von Katalase und Peroxydase keine Spur H_2O_2 lieferte.

Dazu kommt die immer wieder beobachtete starke HCN-Empfindlichkeit der Enzyme dieses Typs, indem beispielsweise Laccase schon durch $\frac{m}{20000}$ -, Kartoffelphenolase durch $\frac{m}{2000}$ -, Pilzenzym durch $\frac{m}{750}$ - Konzentration dieses Gifts um die Hälfte gehemmt wird (weitere Angaben siehe später S. 399).
In neuerer Zeit hat Keilin[3] ähnliche Empfindlichkeit gegen H_2S und — was

---

[1] K. Suminokura, Biochem. Zs 224, 292; 1930.
[2] V. K. La Mer u. Rideal, Proc. Nat. Ac. 15, 191; 1929. — W. Franke, A. 480, 1; 1930.
[3] D. Keilin, Proc. Roy. Soc. (B.) 104, 206; 1929.

besonders interessant ist — gegen Kohlenoxyd festgestellt. Auch bei der Polyphenolase (der Kartoffel) gilt ähnlich wie beim „Atmungsferment" bzw. der Indophenolase (der Hefe oder des Herzmuskels) eine Verteilungsgleichung der Form $K = \frac{n}{1-n} \cdot \frac{CO}{O_2}$ (n Atmungsrest, 1—n Atmungshemmung), wobei sich in einer grossen Anzahl von Einzelversuchen K zu 1,5 ($\pm$ 0,4) bei 15°, zu 3,95 bei 37,5° ergab, während die entsprechenden K-Mittelwerte bei der Herzmuskelindophenolase 5,6 und 15,5 waren; Polyphenolase ist also ganz erheblich empfindlicher gegen CO als Indophenolase. Ihre CO-Hemmung lässt sich zudem im Gegensatz zu derjenigen der Indophenoloxydase durch Belichtung nicht im geringsten beeinflussen (vgl. S. 357).

Suminokura (S. 395) fand keine Hemmung der Laccase durch CO; doch sind die von ihm verwendeten CO/O_2-Verhältnisse so klein, dass nach den Keilinschen Konstanten bestenfalls eine Hemmung von 20% zu erwarten wäre. Da er nur die schliessliche Purpurogallinausbeute bestimmt hat, besagt sein Befund nicht viel und bedarf der Nachprüfung.

Von der später zu behandelnden Indophenoloxydase unterscheidet sich die Polyphenoloxydase ausserdem noch durch ihre grosse Wasserlöslichkeit und ihre geringe Empfindlichkeit gegen Trocknen sowie gegen Alkohol und Aceton. Sie oxydiert weder reduziertes Cytochrom c noch — in Abwesenheit von Brenzcatechinkörpern — aromatische Diamine bzw. das „Nadi"-Reagens.

Ist so einerseits die Polyphenolase endgültig als ein von der Indophenolase verschiedenes Enzymindividuum erkannt — ein Befund, der schon vor Jahrzehnten auf Grund der verschiedenen Häufigkeit der typischen Reaktion im Tier- und Pflanzenreich und ihrer offenbar keineswegs zwangsweisen Koppelung — wenn auch nicht streng belegt — wiederholt erhoben worden war (Literatur s. S. 383), so zeigen doch andererseits die starke Giftempfindlichkeit der beiden Enzyme, die Gültigkeit des Verteilungsgesetzes für CO und O_2, die Nichtersetzbarkeit des Sauerstoffs durch Oxydantien auch von prinzipiell zu weitgehender Substratoxydation ausreichendem Potential (Onslow und Robinson[1], vgl. S. 378) u. a. m. die starke Verwandtschaft der beiden Oxydationsfermente auf. Nachdem es heute so gut wie sicher ist, dass Eisen — und zwar häminartig gebunden — in die Wirkungsgruppe der Indophenolase eingeht, ist der Schluss wohl kaum mehr allzu gewagt, dass auch die prosthetische Gruppe der Polyphenolase ein aktives Metallatom, das durch O_2-Anlagerung und seinen Wertigkeitswechsel eine Aktivierung, bzw. Übertragung des molekularen Sauerstoffs vermittelt, enthält. Alle weiteren Diskussionen, ob es sich dabei um Eisen oder ein anderes Metall (wie etwa Kupfer oder Mangan) handelt, wie auch über die spezielle Bindungsform des Metallatoms — insbesondere die Frage porphyrin- oder nichtporphyrinartiger Natur des Komplexbildners — sind heute noch als verfrüht anzusehen.

---

[1] M. W. Onslow u. Robinson, Biochem. Jl 20, 1138; 1926.

Die heute darstellbaren Pph.-Präparate sind noch viel zu unrein, um eine Entscheidung zwischen verunreinigendem und essentiellen Schwermetallgehalt zu erlauben[1]. Da zudem die Lichtempfindlichkeit der CO-Hemmung den bei der Indophenolase erfolgreich begangenen Weg der „Konstitutionsaufklärung" ausschliesst, wird bei der Pph. — ähnlich wie bei der Katalase und Peroxydase — nur der mühevolle Weg der weitgehenden Reinigung zur Kenntnis ihrer aktiven Gruppe führen können.

e) Beeinflussung des Ferments.

α) Physikalische Faktoren. Die Angaben über die **Inaktivierungstemperatur pflanzlicher Pph.** schwanken zwischen 55 und 80°, wobei mit dem Reinheitsgrad häufig die Temperaturempfindlichkeit zunimmt[2].

Bei einstündiger Erwärmung auf 40, 50, 60, 70, 80° fand Suminokura für die P.Z. der (Japan-) Laccase die Werte 0,230, 0,200, 0,115, 0,012, 0,0 (s. S. 390 f.). Wirkungsoptimum zwischen 40 und 60°. Kartoffel-Pph. wird nach Keilin (S. 395) bei 70° zerstört. Die Pph. der Pilze scheint beständiger zu sein (Inaktivierungstemperatur 70°) als die Tyrosinase, da sie sich durch Erwärmen auf 65° von letzteren befreien lässt (Chodat, S. 390).

Die Angaben über die Zerstörungstemperatur **tierischer** Pph. verschiedener Herkunft liegen ziemlich übereinstimmend recht hoch, zwischen 70 und 80°[3]; Temperaturoptimum je nach Herkunft 40—60°.

Die zahlreichen Literaturangaben über kochbeständige Oxydationseffekte an Polyphenolen sowohl in pflanzlichen als tierischen Extrakten gehen sicher durchwegs auf nichtenzymatische Schwermetallsysteme zurück.

Gegen **Kälteeinwirkung** (z. B. —20°) zeigt sowohl pflanzliches[4a] als tierisches[4b] Enzym grosse Widerstandskraft.

Dialyse schädigt das Pilzferment nicht (Wieland u. Sutter, l. c.).

Über den Einfluss **strahlender Energie** auf die Pph. liegen nur wenige Angaben vor.

Nach Wohlgemuth[5] führt Bestrahlung von Meerschweinchen mit natürlichem Sonnenlicht, mit künstlicher Höhensonne und Ultrasonne (nach Landecker-Steinberg) bei hinreichender Dauer zu einer beträchtlichen Vermehrung der Pph. (geprüft mit Brenzcatechin und Adrenalin als Substrat) in der Haut; Einwirkung von Röntgenstrahlen bedingt hingegen Abnahme der Pph. Der Fermentgehalt des Blutes bleibt bei den Bestrahlungen ungeändert.

Sichtbares Licht schädigt Pilz-Pph. nur bei Gegenwart von O_2, ultraviolettes auch bei Luftabschluss, jedoch erheblich stärker bei O_2-Zutritt[6].

Ähnliche Ergebnisse erhielt Suminokura (S. 395) bei Laccase. Auch in Pulverform wird das Enzym durch Ultraviolett, wenn auch ungleich langsamer als in Lösung, geschädigt.

β) Chemische Faktoren. Von der **pH-Abhängigkeit** der Laccase und dem Einfluss der Substratkonzentration auf diese war schon die Rede (s. S. 394 f., Abb. 61).

---

[1] Ältere Angaben über den Schwermetallgehalt von Oxydasepräparaten wie auch Fe- und Mn-„freie" Präparate siehe F. Battelli u. Stern, Erg. Physiol. 12, 146 f.; 1912. — Vgl. ferner A. W. van der Haar, Biochem. Zs 113, 19; 1921. — H. Wieland u. Sutter, B. 61, 1060; 1928.

[2] K. Aso, Bull. Coll. Agr. Tokio 5, 207; 1902/03. — B. Slowtzoff, H. 31, 227; 1900.

[3] J. Abelous u. Biarnès, Soc. Biol. 49, 173; 1897. — Piéri u. Portier, Arch. physiol. 29, 60; 1897. — P. Carnot, Soc. Biol. 48, 552; 1896. — S. Uchida, Arb. med. Univ. Okayama 2, 294; 1930.

[4a] E. Schaffnit, Zs allg. Physiol. 12, 322; 1911. — [4b] S. Uchida, l. c.

[5] J. Wohlgemuth u. Sugihara, Biochem. Zs 163, 260; 1925.

[6] H. Agulhon, C. R. 153, 979; 1911.

Fleury[1a] findet für **Laccase** je nach der Guajakolkonzentration ein Optimum zwischen pH 6,7 und etwa 8, Suminokura (l. c.) wenig abhängig von der Pyrogallolkonzentration pH 6,0; nach v. Euler und Bolin liegt die optimale Zone gleichfalls zwischen pH 6 und 8[1b]. Bei pH 4 und 9—10 wird die Enzymwirkung verschwindend. Mehrstündige Einwirkung von H$^{\cdot}$-Konzentrationen wie $10^{-5,75}$ und 10^{-9} wirkt jedoch nach Fleury nicht irreversibel schädigend.

Für das Ferment des **Apfel-** und des **Kartoffelsaftes** findet Reed[2a] (mit natürlichem Chromogen bzw. Guajaktinktur), dass das Optimum zwischen pH 4,1 und 6,7 liegen muss. Bunzell[2b] hat die O_2-Absorption durch Pflanzenoxydase verschiedener Herkunft (Kartoffel, Magnolie, Tulpenbaum usw.) in Gegenwart von Pyrogallol gemessen und optimale Reaktionsgeschwindigkeit im allgemeinen in der Nähe von pH 6, vollständige Hemmung zwischen pH 3 und 4 gefunden.

Die **Pilzoxydase** von Wieland und Sutter (S. 397) wirkte mit Hydrochinon optimal bei pH 4,6, bei pH 2,6 und 6,6 noch mit $^1/_3$ der optimalen Aktivität.

Die gleichen Autoren haben für gewisse Oxydasen pflanzlicher Herkunft (in der Reihe Kartoffel, Rettich, Erbse, Kirsche, Apfel) zunehmend starke Empfindlichkeit gegen **Sauerstoff** (besonders in Substratabwesenheit) festgestellt[3].

Die Erscheinung geht nicht (wie beim Schardinger-Enzym und der Xanthindehydrase) auf intermediär gebildetes H_2O_2 zurück, auch nicht auf die Bildung von Hemmungskörpern; es scheint sich vielmehr um eine primäre Enzymschädigung zu handeln. Beim Pilzenzym treten derartige Schädigungen offenbar nicht (oder nur ganz untergeordnet) auf; das gleiche gilt für das Lackenzym.

Sowohl gereinigte Pilz-Pph. (Wieland und Sutter, l. c.) als gereinigte Laccase (Suminokura, l. c.) reagieren nicht mit **Hydroperoxyd,** ein bündiger Beweis gegen die Bach-Chodatsche Theorie von der komplexen Natur der Oxydasen (S. 275f.).

Suminokura fand im Gegenteil, dass kleine Mengen H_2O_2 die Oxydasefunktion der Laccase stark herabsetzen bzw. vernichten $\left(\frac{m}{100}\text{-}H_2O_2\text{ schädigt um }86\%,\ \frac{m}{30}\text{-}H_2O_2\text{ voll-}\right.$ ständig). Ähnliches gilt für Pilzenzym (Agulhon, S. 397).

Über die Beeinflussung der Pph. durch **Salze** aller Art besteht eine sehr umfangreiche Literatur. Soweit diese Versuche ohne pH-Kontrolle ausgeführt sind, wie meistens in älterer Zeit, ist eine kritische Wertung der Ergebnisse häufig unmöglich.

Einwandfrei festgestellt, sowohl von Fleury[4] als von Suminokura (l.c.), ist die hemmende Wirkung von **Natriumchlorid** auf die Laccase. Im Ansatz mit 100 mg Guajakol (Abb. 61, S. 394) hemmt $\frac{n}{10}$- NaCl bei pH 6,7 um 56%. Variation des pH unter den angegebenen Konzentrationsbedingungen zeigt, dass sich das Optimum nach pH 7,2 verschoben hat und dass oberhalb pH 7,6 NaCl wirkungslos ist. (Ähnlich fand Suminokura mit Pyrogallol als Substrat Verschiebung des optimalen pH von 6 nach 7,5 bei Zusatz von $\frac{m}{50}$- NaCl.) Auf Grund seiner Vorstellung vom Zustandekommen des pH-Optimums (S. 394) deutet Fleury den NaCl-Effekt

---

[1a] P. Fleury, Soc. Chim. Biol. 6, 560; 1924. — [1b] H. v. Euler u. Bolin, H. 61, 72; 1909.
[2a] G. B. Reed, Jl biol. Chem. 27, 299; 1916. — [2b] H. H. Bunzell, Jl biol. Chem. 28, 315; 1916.
[3] H. Wieland u. Sutter, B. 63, 66; 1930.
[4] P. Fleury, Soc. Chim. Biol. 7, 188; 1925.

als ausschliesslich auf einer Verringerung der Oxydationsgeschwindigkeit des Guajakols, nicht einer Änderung der Enzymsubstratbindung beruhend.

Nach Suminokura sind die **Na- und K-Salze** von **Essigsäure, Oxalsäure, Bernsteinsäure, Citronensäure** und **Salicylsäure** in Konzentrationen bis $\frac{m}{30}$ - bei pH 6 auf Laccase ohne grosse Wirkung; fast durchwegs geringe Hemmung, am stärksten bei Citrat (etwa 36%), Salicylat (etwa 22%) und Acetat (etwa 13%).

Nach Rose[1] und Mitarbeitern wird die Oxydation des Pyrogallols durch die Oxydase der Äpfelschalen von den **Chloriden** des K, Li, Cs, NH_4, Ca, Mn und Fe gehemmt, von den entsprechenden **Sulfaten** ein wenig beschleunigt. Die **Nitrate** von K, Na und Mg sind ohne Einfluss, die von Ca, Ba, Mn und Fe hemmen. **Tartrate, Oxalate, Citrate, Acetate** und **Carbonate** sollen beschleunigen.

Alkalifluoride und **-silicofluoride** üben sowohl auf pflanzliche wie tierische Pph. stark schädigende Wirkung aus[2].

Bach (S. 393) hat die Wirkung von $CaCl_2$, $ZnSO_4$, $MnSO_4$ und $Al_2(SO_4)_3$ sowie den **Acetaten** der ersten drei Metalle auf die Oxydation von Guajakol, Hydrochinon und Pyrogallol in Gegenwart von Pilzoxydase untersucht. Er findet für Guajakol nur Beschleunigung durch Zn-Salze, für Hydrochinon durch $CaCl_2$ und die drei Acetate, für Pyrogallol nur durch Zn-Acetat; sonst stets Hemmung. Die Versuche sind jedoch nur colorimetrisch und ohne pH-Kontrolle ausgeführt (vgl. auch S. 393).

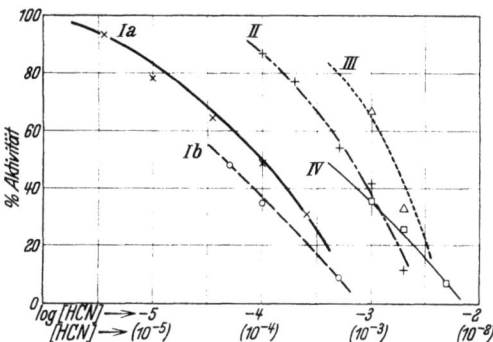

Abb. 62. Aktivitätsrest bei Einwirkung von HCN auf Polyphenolase.
Ia: Laccase; Pyrogallol; pH 6; 20° (Suminokura). Ib: Laccase; Guajakol; pH 6,7; 30° (Fleury). II: Kartoffel-Pph.; Brenzcatechin; pH 6,0; 20° (Wieland u. Sutter). III: Pilz-Pph.; Hydrochinon; pH 7,0; 20° (Wieland u. Sutter). IV: Muskel-Pph.; Hydrochinon; pH 6,8; 37° (Wieland und Lawson).

Bertrand[3a] hatte angegeben, dass die Aktivität seiner Laccasepräparate (aus Tonkinlack) deren **Mangan**gehalt (1—2%o) parallel ging. Suminokura (l. c.) fand, dass Zusatz dieser und noch viel höherer Mengen an Mn-Salz zu seiner (Japan-) Laccase bei pH 6,0 deren Aktivität nicht im geringsten erhöhte. Für Malzenzym gibt Issajew[3b] Wirkungslosigkeit kleiner, stark schädigende Wirkung höherer Mangandosen an. (Über die Mn-Wirkung bei der sog. „Luzernenlaccase" vgl. S. 274 f.)

Die Giftwirkung von Hg- und Pb-Salzen scheint im allgemeinen nur mässig zu sein[4].

Die ausserordentlich starke Hemmung der Pph. durch **Blausäure** und **Alkalicyanide** ist schon früh beobachtet worden; so geben Kastle und Loevenhart[4] an, dass die Guajakreaktion der Kartoffeloxydase schon gegen HCN-Konzentrationen von 10^{-7} empfindlich sei. Aus neuerer Zeit stammen eine Anzahl exakter Bestimmungen des Hemmungsgrades an verschiedenem Enzymmaterial, die in der Abb. 62 zusammengestellt sind[5].

---

[1] D. H. Rose u. Mitarb., Bot. Gaz. 69, 218; 1920.

[2] K. Aso, Bull. Coll. Agr. Tokio 5, 207; 1902/03. — J. Abelous u. Biarnès, Arch. physiol 29, 277; 1897. — A. J. Ewart, Proc. Roy. Soc. (B.) 88, 284; 1914.

[3a] G. Bertrand, C. R. 124, 1032, 1255; 1897. — [3b] W. Issajew, H. 45, 331; 1905.

[4] J. H. Kastle u. Loevenhart, Am. Chem. Jl 26, 539; 1901. — Ferner J. Abelous u. Biarnès, A. J. Ewart, l. c.

[5] P. Fleury, Soc. Chim. Biol. 7, 797; 1925. — K. Suminokura, Biochem. Zs 224, 292; 1930. — H. Wieland u. Sutter, B. 61, 1060; 1928. — 63, 66; 1930. — Wieland u. Lawson, A. 485, 193; 1931.

Fleury fand die HCN-Hemmung bei kurzer Einwirkungsdauer des Gifts praktisch vollständig reversibel; Suminokura nach $3^1/_2$ stündiger Einwirkung jedoch nur mehr zu 50%, nach 2 Tagen nur mehr zu 10%. Das pH-Optimum verschiebt sich unter HCN-Einfluss nicht; die Hemmung ist dort am stärksten und nimmt nach beiden Seiten ab, um bei pH 4,5 bzw. 8,5 unmerklich zu werden.

Die (schwache) Wirkung der sehr labilen Äpfeloxydase fanden Wieland und Sutter (l. c.) durch $\frac{m}{100}$- HCN nur wenig gehemmt; dies scheint im wesentlichen auf die Aufhebung der O_2-Schädigung (S. 398) durch HCN zurückzugehen.

Kastle und Loevenhart (l. c.) haben die hemmende Wirkung von **Hydroxylamin** und **Phenylhydrazin** auf die Guajakreaktion des Kartoffelsafts beschrieben.

Fleury[1] bestätigte diese Hemmungswirkung $\left(\text{in Konzentrationen von } \frac{m}{1000}\cdot\right)$ an der Laccase. Jedoch handelt es sich nach ihm nicht um eine primäre Hemmung des Ferments (abgesehen allenfalls von NH_2OH in niederer Konzentration), sondern um die sekundäre Reduktion des gebildeten Farbstoffes. In analoger Weise wirkt auch **Hyposulfit**.

Auf (Pilz-) Pph.[2] nicht hemmend und schädigend wirken Alkohole, Aceton, Glycerin, 40%iger Formaldehyd; dagegen schädigen Chloroform, Chloral, Thymol; gewisse Alkaloide wie Cinchonin, Chinin, Strychnin und Brucin sollen pflanzliche Pph. hemmen, während die meisten anderen nicht oder kaum hemmend wirken[3].

Über **natürliche Hemmungsstoffe** namentlich in Pflanzen liegen zahlreiche Literaturangaben vor (vgl. S. 385), doch ist die Natur dieser Körper meist unbekannt.

Zucker mögen durch Glucosidbildung die natürlichen Pflanzenchromogene vor Oxydation schützen[4]. Gerbstoffe — im wesentlichen auf diesem Weg entstanden — können durch ihre fällende Wirkung die Tätigkeit der Oxydase paralysieren[5]. (Dagegen ist eine „antioxygene" Wirkung der natürlichen Phenolkörper im Bereich der „eigentlichen" Oxydasen wohl wenig wahrscheinlich[6], vgl. S. 259.) Ein in seiner Wirkungsweise und Konstitution erkannter, weit verbreitet vorkommender natürlicher Hemmungskörper ist die stark reduzierend wirkende Hexuronsäure v. Szent-Györgyis[7], die ihrerseits im oxydierten Zustand leicht (z. B. durch SH-Glutathion) wieder reduziert werden kann:

$$CH_2OH\cdot CHOH\cdot CH\underset{O}{\overset{HOC=COH}{\diagdown}}CO \xrightarrow{+ \text{Chinon}} CH_2OH\cdot CHOH\cdot CH\underset{O}{\overset{OC-CO}{\diagdown}}CO + \text{Diphenol}$$
$$\uparrow \underline{\underline{\quad + 2\ SH \quad}}$$
$$- SS$$

Über den Einfluss von **Peroxydase** auf Pph. verschiedener Herkunft vgl. die Ausführungen S. 279.

---

[1] P. Fleury, Soc. Biol. 93, 931; 1925.
[2] J. H. Kastle, Hyg. Lab. Bull. No. 26; 1906.
[3] A. D. Rosenfeld, Dissertat. Petersburg 1906.
[4] M. Wheldale-Onslow, Progr. rei. bot. 3, 457; 1910. — Biochem. Jl 7, 87; 1913.
[5] K. Aso, Bull. Coll. Agr. Tokio 5, 207; 1902/03. — W. Issajew, H. 45, 331; 1905. — Vgl. auch A. Oparin u. Kurssanow, Biochem. Zs 209, 181; 1929.
[6] P. H. Gallagher, Biochem. Jl 17, 515; 1923.
[7] A. v. Szent-Györgyi u. Mitarb., Biochem. Jl 22, 1387; 1928. — Jl biol. Chem. 90, 385; 1931. — Biochem. Zs 233, 236; 1931. — Zur Konstitution: F. Micheel, Angew. Chem. 46, 533; 1933.

Trypsin und **Pepsin** scheinen ohne Einwirkung zu sein[1].

Nach Gessard[2] tritt im Kaninchenserum auf Injektion von Laccase eine die Wirkung des Ferments stärker als normales Serum hemmende **Antilaccase** auf. Die Befunde sind neuerdings von Bach[3a] und Mitarbeitern erweitert worden.

Anti-Russulaserum erwies sich unwirksam gegenüber Lactariusenzym und umgekehrt, was für ausserordentlich hohe Spezifität spräche. Gekochte Fermentlösungen erzeugen keine Immunsera. Nach Bach und Engelhardt ist die Spezifität wahrscheinlich nicht durch eine Verschiedenheit in der Zusammensetzung oder Struktur von Pph. verschiedener Herkunft, sondern dadurch, dass nicht das Enzym als solches, sondern die mit ihm assoziierten, eiweissartigen Begleitstoffe als Antigene fungieren, zu erklären. Das Antiferment lässt sich zusammen mit den Proteinen des Serums durch Kohle, Kaolin, $Fe(OH)_3$, $Al(OH)_3$ usw. adsorbieren, jedoch kaum mehr eluieren. Es behält auch im adsorbierten Zustand seine spezifische Bindungsfähigkeit gegenüber der entsprechenden Pph. bei.

Im Gegensatz hierzu hält Bach[3b] die bald hemmende, bald fördernde Wirkung normaler Seren gegenüber Pph. nicht als durch die Anwesenheit von Anti- bzw. Auxosubstanzen, sondern durch die das Reaktions-pH beeinflussende Puffereigenschaft des Serums, sowie seinen Salzgehalt und seine kolloidalen Eigenschaften bedingt.

3. Indophenol- (bzw. Amin-) Oxydase.

a) Allgemeines.

Im Gegensatz zu den bisher besprochenen Oxydasen wurde die Indophenoloxydase zuerst in **tierischen Geweben** aufgefunden, und zwar von Ehrlich[4], der (1885) zeigte, dass derartige Gewebe in vivo bei der Injektion von Dimethyl-p-phenylendiamin und α-Naphthol eine blaue Farbe, zurückgehend auf Indophenolbildung, annehmen. In vitro ist diese sog. „Nadireaktion" — das Wort ist aus den beiden ersten Buchstaben der zwei Reagenskomponenten gebildet — dann etwa 10 Jahre später vor allem von Röhmann und Spitzer[5] an tierischen Geweben und Gewebeextrakten verschiedener Herkunft studiert worden.

Auch Modifikationen der Reaktion, z. B. unter Verwendung von (unsubstituiertem) p-Phenylendiamin (Ursol d) und β-Naphthol sind möglich und bisweilen angewandt worden[6]. Ferner lässt sich das Phenol durch **Monoamine** oder **m-Diamine** ersetzen, wodurch Farbstoffe aus der Klasse der **Indamine** (einfachster Typus: $HN=\langle\rangle-N-\langle\rangle-NH_2$)

und **Eurhodine** (einfachster Typus: $H_2N\text{-}\langle N,N\rangle\text{-}NH_2$) entstehen[5].

---

[1] B. Slowtzoff, H. **31**, 227; 1900. — J. Sarthou, Jl Pharm. Chim. **13**, 464; 1901. — P. Portier, Thèse Paris 1897.

[2] C. Gessard, Soc. Biol. **55**, 227; 1903.

[3a] A. Bach u. Engelhardt, Biochem. Zs **135**, 39; 1923. — **148**, 456; 1924. — W. Engelhardt, Biochem. Zs **148**, 463; 1924. — [3b] A. Bach u. Mitarb., Biochem. Zs **135**, 32; 1923.

[4] P. Ehrlich, Das Sauerstoffbedürfnis des Organismus, Berlin 1885.

[5] F. Röhmann u. Spitzer, B. **28**, 567; 1895.

[6] W. H. Schultze, Ziegl. Beitr. **45**, 127; 1909. — W. Loele, Frankf. Zs Path. **9**, 436; 1912. — J. Grüss, Hdbch. biol. Arb.-Meth. (4) **1**, 37; 1922.

Nach Röhmann und Spitzer (l. c.) verläuft die bei Abwesenheit von Gewebe nur äusserst langsam vor sich gehende eigentliche Indophenolreaktion (in ihrer einfachsten Form) in zwei Phasen:

$$H_2N\text{–}\langle\rangle\text{–}NH_2 + \langle\rangle\text{–}OH \xrightarrow[-H_2O]{+O} H_2N\text{–}\langle\rangle\text{–}NH\text{–}\langle\rangle\text{–}OH \quad (I)$$

$$H_2N\text{–}\langle\rangle\text{–}NH\text{–}\langle\rangle\text{–}OH \xrightarrow[-H_2O]{+O} H_2N\text{–}\langle\rangle\text{–}N\text{=}\langle\rangle\text{=}O \quad (II)$$

Nach Möhlau[1] lässt sich die Indophenolbildung — zusammenhängend mit der Tautomerie des Farbstoffs — auch folgendermassen formulieren, wobei die Analogie mit der Wirkung der Diphenoloxydasen besonders deutlich wird.

$$H_2N\text{–}\langle\rangle\text{–}NH_2 \xrightarrow[-H_2O]{+O} HN\text{=}\langle\rangle\text{=}NH \quad (Ia)$$

$$HN\text{=}\langle\rangle\text{=}NH + \langle\rangle\text{–}OH \xrightarrow[-H_2O]{+O} HN\text{=}\langle\rangle\text{=}N\text{–}\langle\rangle\text{–}OH \quad (IIa)$$

Formal (unter H_2O-Anlagerung) lässt sich letzteres Schema auch auf substituierte p-Phenylendiamine anwenden.

Bald darauf (1896) zeigte Pohl[2], dass auch pflanzliches Gewebe die Indophenolreaktion — unter Umständen sogar sehr stark — gibt.

Einen grossen Schritt nach vorwärts in unserer Kenntnis von Eigenschaften und Verbreitung des Enzyms bedeuten die Untersuchungen von Battelli und Stern[3] (1912), vor allem dadurch bedingt, dass sie an Stelle der bis dahin ausschliesslich verwendeten Farbreaktionen die Messung des O_2-Verbrauches durch Gewebe bzw. Extrakt in blosser Gegenwart von p-Phenylendiamin einführten.

Die Indophenolblaureaktion hat nach ihnen folgende methodische Nachteile: 1. p-Phenylendiamin ist in den Geweben so leicht oxydabel, dass je nach den Versuchsbedingungen ein kleinerer oder grösserer Teil desselben der zur Indophenolbildung führenden Reaktion entzogen wird. So erklärt sich das paradoxe Resultat Vernons[4], dass die Indophenolreaktion in den Tiergeweben rascher bei 20° als bei 40° verläuft. 2. α-Naphthol hemmt (als Phenol) die Gewebsoxydation in etwas stärkeren Konzentrationen und 3. Indophenolblau wird durch verschiedene in den Geweben vorkommende reduzierende Substanzen entfärbt (vgl. S. 400 u. 446), so dass bei notorisch stark atmenden Geweben (wie Leber und Niere) die Indophenolblaubildung unter Umständen nur relativ schwach ist (Vernon l. c.).

Nach Battelli und Stern ist die charakteristische Fähigkeit der Indophenoloxydase die, p-Phenylendiamin (und verwandte p-Verbindungen) dehydrieren zu können. o-Phenylendiamin wird weit weniger rasch angegriffen, m-Phenylendiamin praktisch überhaupt nicht.

---

[1] R. Möhlau, B. 16, 2849; 1883. — Vgl. zum Mechanismus auch B. Lätt, Fermentforsch. 8, 359; 1925.

[2] J. Pohl, Arch. Path. Pharm. 38, 65; 1896.

[3] F. Battelli u. Stern, Biochem. Zs 46, 317, 342; 1912. — 67, 443; 1914.

[4] H. M. Vernon, Jl Physiol. 42, 402; 43, 96; 1911. — 44, 150; 1912.

Nach Keilin[1] ist das Enzym unwirksam gegenüber mehrwertigen o-, p- und m-Phenolkörpern (vgl. jedoch S. 412).

Trotz ihrer offenkundigen Schwächen spielt die Indophenolblau- bzw. Nadireaktion jedoch auch heute noch — insbesondere beim mikrobiologischen Nachweis intracellularer Oxydase — eine sehr wichtige Rolle. Gerade in ihrer durch Schultze, Gräff u. a. ausgebildeten mikroskopischen Anwendungsform hat sie zu Ergebnissen geführt, die sich mit keiner anderen Methodik hätten erzielen lassen.

Nach Gräff[2] hat man zwischen zwei Anwendungsformen der Nadireaktion zu unterscheiden: die eine wird am (formol-)fixierten Schnitt mit dem kräftig alkalischen Reagens ausgeführt und wird, da sie ausschliesslich von den aus dem Knochenmark stammenden (myeloiden) Zellen (vor allem Leukocyten) gegeben wird, als Myelo-Nadireaktion bezeichnet; die andere mit neutralem Reagens wird von fast allen tierischen Zellen (Ausnahmen u. a. Bindegewebe, Glia), besonders stark atmenden, gegeben und heisst Gewebs-Nadireaktion. Stets handelt es sich um Pigmentbildung in Form feiner Körnchen (Granula) im Cytoplasma, nicht im Kern.

Nach Gräff ist der Unterschied beider Reaktionsformen kein prinzipieller und nicht durch eine Verschiedenheit der Katalysatoren selbst bedingt. Die Unterscheidung v. Gierkes[3] zwischen labilen und stabilen Oxydasen lehnt er ab. Er hält es für wahrscheinlicher, dass für den wechselnden Ausfall der Reaktion die morphologische Struktur der Zellen von ausschlaggebender Bedeutung ist, derart, dass im einen Falle die Oxydationsfermente durch äussere Einwirkungen (Gifte, Alkali usw.) leicht angreifbar sind, während sie im anderen Falle besondere schützende Hüllen (vielleicht lipoide Oberflächenmembranen) besitzen.

Voll überzeugend ist diese Argumentation, die auch in die referierende Literatur[4] übergegangen ist, allerdings nicht. Nachdem doch offenbar das Nadireagens zu den Reaktionsorten vordringt, ist es etwas problematisch, anderen Agentien ganz unterschiedlicher chemischer Natur (vgl. S. 420 ff.) die Möglichkeit des Zutritts abzusprechen. Eine Fermentreaktion bei pH > 13 ist aber wohl ein Unding. Ausserdem bezieht sich die Stabilität der Leukocytenoxydase auch auf solche Faktoren wie erhöhte Temperatur, wo ein Einfluss „schützender Hüllen" kaum vorstellbar ist. Man wird nach all dem daran denken müssen, dass in myeloischen Zellen (neben dem Enzym) nichtfermentative Katalysatoren (locker gebundenes Eisen, Lipoide, vgl. S. 404) eine ausschlaggebende und eben besonders bei Vernichtung der enzymatischen Reaktion hervortretende Rolle spielen könnten. Besonders Neumann[5] hat in neuerer Zeit gezeigt, dass in der eosinophilen Granulasubstanz derartiger Zellen Stoffe der oben erwähnten Art in reichlicher Menge vorhanden sind.

b) Vorkommen.

Die Indophenoloxydase erwies sich als das in der Natur wohl am stärksten verbreitete „eigentliche" Oxydationsferment; u. a. ist es in Bakterien, Hefen, zahlreichen pflanzlichen und allen tierischen Organismen nachgewiesen worden.

---

[1] D. Keilin, Erg. Enzymforsch. 2, 239; 1933.
[2] S. Gräff, Hdbch. biol. Arb.-Meth. (4) 1, 93; 1922. — Zbt. Path. 32, 337; 1922. — Ziegl. Beitr. 70, 1; 1922.
[3] E. v. Gierke, Münch. med. Ws. 58, 2315; 1911.
[4] Vgl. z. B. C. Oppenheimer, Fermente 2, 1801; 1926.
[5] A. Neumann, Biochem. Zs 148, 524; 150, 256; 1924. — Zs Zellforsch. 3, 44; 1925. — Fol. haemat. 32, 167; 1926. — 35, 30; 1927.

Es hat sich ergeben, dass ein weitgehender Parallelismus zwischen der Verbreitung dieser Oxydase und der respiratorischen Aktivität von Zellen überhaupt besteht. Das Enzym ist zudem, im Vergleich zu den anderen Oxydasen, recht stark an die Zellstruktur gebunden; es gehört zu jener Gruppe von Enzymen, die Battelli und Stern als „Oxydone" bezeichnen. Wässrige zell-(jedoch kaum zelltrümmer-)freie Extrakte können aus intakten, tierischen Zellen nicht, wohl aber nach Zerstörung der Zellstruktur dargestellt werden. Die Identität des tierischen mit dem offenbar lockerer gebundenen pflanzlichen Enzym ist nicht erwiesen und zweifelhaft (s. z. B. S. 412 u. 414).

Hinsichtlich des eindeutigen Nachweises der Indophenoloxydase (oder Indophenolase, abgekürzt Iph.) in der Tier- und Pflanzenzelle und der damit verbundenen Schwierigkeiten und Fehlerquellen gilt im Prinzip dasselbe, was schon im entsprechenden Abschnitt über die Polyphenolase ausgeführt (S. 385f.) und im vorangehenden zum Teil kurz gestreift worden ist.

Einerseits hat man an die Anwesenheit von Hemmungs- und reduzierenden Körpern — letzteres gilt besonders für die Farbreaktionen — zu denken, andererseits ist die enzymatische Natur der Indophenolreaktion bzw. Diaminoxydation oft nicht mit Sicherheit festzustellen bzw. ist sie — auch wo dies prinzipiell möglich ist — in den Literaturangaben nicht eindeutig festgestellt worden. Denn die Oxydation der aromatischen Diamine ist — wohl in noch höherem Masse als die der Polyphenole, zum mindesten bestimmter Vertreter dieser Stoffgruppe — der katalytischen Beschleunigung durch Schwermetall, auch in Ionen und einfacher Komplexform, zugänglich, wie dies für den Fall des Nadireagenses besonders von Wertheimer[1] dargetan worden ist (s. auch S. 408). Dazu kommen offenbare Beziehungen der Zellipoide zur Nadireaktion[2a]. Nach Staemmler[2b] verstärkt Lecithin in vitro die Nadireaktion erheblich und Gutstein[2c] hat angegeben, dass ein wasserlösliches Phosphatid (aus Erbsen und Hefe) eine zwar HCN-unempfindliche und thermostabile, aber etwa 20mal intensivere Nadireaktion, als sie von der gleichen Gewichtsmenge Bäckerhefe gegeben wird, liefert. Thermolabilität und Giftempfindlichkeit der Wirkungen ist gerade im Falle der Nadireaktion ein sehr wichtiges, aber leider nicht immer zu Rate gezogenes Kriterium der Enzymnatur.

Auf eine weitere Möglichkeit fehlender Indophenoloxydase bei positiver Nadireaktion hat Harrison[3] aufmerksam gemacht: Das bei der Wirkung von Schardinger-Enzym bzw. Xanthindehydrase (aus Milch oder Leber) primär entstehende H_2O_2 (S. 207 u. 209) vermag in Gegenwart von Peroxydase das Indophenolreagens zu oxydieren.

Bakterien sind sehr häufig auf Iph. untersucht worden[4a], fast ausschliesslich mit dem Nadireagens (auch mit den Dämpfen desselben)[4b].

Stark positive Reaktion geben durchwegs die Aerobier und einige sauerstoffliebende fakultative Anaerobier; schwach positive Reaktion die meisten aerob gewachsenen

---

[1] E. Wertheimer, Fermentforsch. 8, 497; 1925. — Vgl. ferner C. Oppenheimer, Fermente 2, 1745; 1926. — H. Wieland u. Franke, A. 457, 1; 1927.

[2a] A. Dietrich, Zbt. Path. 19, 3; 1908. — H. M. Vernon, Jl Physiol. 45, 197; 1912. — Biochem. Zs 47, 374; 1912. — [2b] M. Staemmler, Klin. Ws. 5, 134; 1926. — Virch. Arch. 259, 336; 1926. — [2c] M. Gutstein, Biochem. Zs 207, 177; 209, 494; 1929.

[3] D. C. Harrison, Biochem. Jl 23, 982; 1929.

[4a] W. H. Schultze, Zbt. Bakt. (1) 56, 544; 1910. — Zbt. Path. 24, 393; 1913. — G. Kramer, Zbt. Bakt. (1) 62, 394; 1912. — M. Rhein, Dtsch. med. Ws. 43, 871; 1917. — M. Nishibe, Scient. Rep. Inf. Diseas. Tokio 5, 185; 1926. — J. Gordon u. McLeod, Jl Path. Bact. 31, 185; 1928. — F. C. Happold, Biochem. Jl 24, 1737; 1930. — [4b] R. Brandt, Zbt. Bakt. (1), 72, 1; 1913.

fakultativen Anaerobier; negative Reaktion die obligaten Anaerobier. Als Beispiele der ersten Gruppe seien angeführt: B. fluorescens, B. pyocyaneus, B. subtilis, B. anthracis, B. pertussis, Vibrio cholerae, V. tyrosinatica, Meningokokken, Gonokokken, Rachendiplokokken. Zur letzten Gruppe gehören u. a. Staphylokokken, Streptokokken, Pneumoniediplokokken, B. dysenteriae, B. typhi, B. paratyphi, B. influenzae, B. diphtheriae, B. tetani, B. tuberculosis. Die Reaktion ist von erheblicher Bedeutung bei der Differenzierung von Mischkulturen. Happold (l. c.) fand Parallelismus im Grad der Phenylendiamin- und Brenzkatechinoxydation (s. S. 386).

Unter den **Algen** fand Gertz[1] (mit der Benzidinreaktion, vgl. S. 424f.) Oxydase nur bei den Rhodophyceen, besonders allgemein in der Familie Rhodomelaceae.

Im grossen und ganzen besteht Parallelismus zwischen Benzidin-, Guajak- und Jodidreaktion. Dass bei den anderen Algengruppen (Phaeophyceen, Chlorophyceen u. a.) Oxydase sich nicht nachweisen lässt, liegt nach Befunden von Gertz wahrscheinlich an der gleichzeitigen Gegenwart von hemmenden bzw. reduzierenden Stoffe. Die (thermolabile) Oxydase ist übrigens extrahierbar und mit Alkohol oder $(NH_4)_2SO_4$ fällbar (vgl. hiezu S. 413).

Von **niederen Pilzen** sind Hefen oft untersucht worden, wobei u. a. von Tolomei, Grüss und besonders Issajew oxydase-positive Befunde erhoben wurden [2a].

Die (angeblich teilweise extrahierbare) Iph. schien jedoch nur spärlich — reichlicher in Ober- als in Unterhefe — und sichtlich gehemmt durch reduzierende Begleitstoffe in den Pilzzellen vorzukommen. Dagegen hat neuerdings Keilin[2b] sowohl mit der Nadireaktion als auch manometrisch eine recht kräftige Iph. in Hefe nachzuweisen vermocht, indem er die reduzierenden Zellfaktoren entweder durch Narkotica oder längeres Erwärmen auf $52°$ bzw. Abkühlen auf $-2°$ grösstenteils ausschaltete. Schwach positive Reaktion gibt auch plasmolysierte und gewaschene sowie längere Zeit gelüftete Hefe.

Für **höhere Pilze** liegen offenbar keine systematischen Untersuchungen auf Iph. vor. Bach[3] gibt die Nadireaktion im Presssaft von Lactarius vellereus und ihre Beeinflussung durch Salze an; Iph. und Pph. hält er für identisch (vgl. S. 393 u. 411f.). Auch Battelli und Stern, Shibata und Tamiya (S. 413) u. a. haben gelegentlich sowohl manometrisch als colorimetrisch starke Iph.-Reaktionen beobachtet.

In den Blättern einiger **Phanerogamen** (Sambucus, Syringa, Ailanthus) hatte schon Pohl (S. 402) nach Alkoholextraktion ein in physiologische NaCl-Lösung gehendes, mit Alkohol daraus fällbares Enzym, das die Indophenolreaktion gab, nachgewiesen. Besonders kräftige Wirkung zeigten Tannennadelextrakte. Neuerdings hat Guthrie[4a] zahlreiche Pflanzen mit teilweise stark positivem Befund geprüft.

Schultze[4b] hat über die Verteilung des die Nadireaktion gebenden Prinzips in der höheren Pflanze nähere Angaben gemacht.

Die Reaktion in Gestalt blauer Granula wird vor allem von jugendlichen chlorophyllosen — nicht von chlorophyllhaltigen — Zellen gegeben, momentan u. a. von den zentralen germinativen Zellen der Pollenkörner, den Samenanlagen, den Fusszellen der Kolbenhaare, den Spitzen der Vegetationspunkte. Eine diffuse Färbung kommt in den Gefässbündeln

---

[1] O. Gertz, Biochem. Zs 169, 435; 1926. — Vgl. auch H. C. Hampton u. Baas-Becking, Jl gen. Physiol. 2, 635; 1920. — G. B. Reed, Bot. Gaz. 59, 407; 1915.
[2a] G. Tolomei, Atti Ac. Lincei 5, 52; 1896. — J. Grüss, Ws. Brauerei 18, 310, 335; 1901. — W. Issajew, H. 42, 132; 1904. — [2b] D. Keilin, Proc. Roy. Soc. (B) 104, 206; 1929.
[3] A. Bach u. Maryanovitch, Biochem. Zs 42, 417; 1912.
[4a] J. D. Guthrie, Am. Soc. 52, 3614; 1930. — [4b] W. H. Schultze, Zbt. Path. 24, 161; 1923.

und Zellmembranen gewisser Wurzeln und Knollen, im Leptom des Holzes vor, wo nach früheren chemischen Untersuchungen Peroxydasen vorkommen bzw. direkte Oxydasen wandern (vgl. auch S. 386 u. 427). Die Indophenolfärbung stimmt im allgemeinen mit der Peroxydasereaktion überein und kommt auch in solchen Pflanzenwurzeln (z. B. Meerrettich) vor, in denen chemisch meist nur Peroxydasen nachzuweisen sind (S. 425 ff.).

Was den Nachweis der Iph. in der **tierischen Zelle,** über den eine ungeheure Anzahl meist mikrobiologisch gewonnener Angabe vorliegt[1], so ist hier zunächst an die beiden verschiedenen Ausführungsformen der Nadireaktion zu erinnern (S. 403).

Die bei der Reaktion nur im Cytoplasma auftretenden Granula sind nicht ohne weiteres als präformierte Fermentträger aufzufassen; vielleicht handelt es sich nur um Adsorptions- und Ausflockungserscheinungen am fertiggebildeten Farbstoff[2a], wobei möglicherweise dessen Verwandtschaft zu den Zellipoiden (vgl. S. 404) die ausschlaggebende Rolle spielt[2b]. Doch ist dies noch bestritten[2c].

Die **Myelo-Nadireaktion** findet sich, wie schon erwähnt, fast ausschliesslich in den aus dem Knochenmark stammenden weissen Blutkörperchen, und zwar mit fortschreitender genetischer Entwicklung dieser Zellarten in wachsender Intensität, so dass sich also in Myeloblasten nur ganz vereinzelte, in Myelocyten schon etwas mehr und in polymorphkernigen Leukocyten regelmässig sehr viele Granula nachweisen lassen [Gräff (S. 403)].

Schultze (S. 401) fand die Reaktion auch in den grossen Mononukleären (Phagocytose ?[3a]). Im allgemeinen wird jedoch die Reaktion in den Monocyten als sehr schwach oder (besonders bei niederen Tieren) negativ, in den Lymphocyten stets negativ angegeben[3b]. Sie fehlt auch im Reticuloendothel und den Pulpazellen der Milz[3c].

Positive Reaktion wird ferner noch angegeben für die serösen Zellen der Speicheldrüsen, der Tränen- und Nickhautdrüsen[3d], für Nasenschleim[3e] usw.

Die **Gewebs-Nadireaktion** ist nach Gräff wohl als ubiquitär zu betrachten[4a], obwohl auch sie in den medullären Zellen am besten gelingt. Unter Umständen lässt sie sich auch an formolfixierten Geweben (z. B. bei guter Pufferung) erhalten[4b]. Gerade infolge der Ubiquität ist der enzymatische Charakter der Reaktion oft Zweifeln unterworfen.

Schultze[5] fand die Reaktion (ausser bei zahlreichen Bakterien, S. 404) bei den verschiedensten Tiergattungen, so in besonders deutlicher Ausprägung im Leib von **Protozoen**

---

[1] Vgl. Zusammenfassung von S. Katsunuma, Intracell. Oxyd. u. Indophenolblausynth., Jena 1924.

[2a] W. v. Möllendorf, Hdbch. Biochem. 2, 273; 1924. — [2b] E. Häberli, Virch. Arch. 221, 333; 1916. — [2c] S. Katsunuma, l. c. — A. Neumann, Fol. haemat. 32, 166; 1926.

[3a] H. Freifeld, Arch. exp. Zellforsch. 7, 493; 1928. — [3b] C. Kreibich, Wien. klin. Ws. 23, 710, 1443; 1910. — N. Fiessinger u. Rudowska, Soc. Biol. 71, 714; 1911. — G. May, Virch. Arch. 257, 868; 1925. — [3c] F. Schlenner, Dtsch. med. Ws 47, 6; 1921. — [3d] W. H. Schultze, Zbt. Path. 20, 501; 1909. — R. Spanjer-Herford, Virch. Arch. 205, 276; 1911. — [3e] C. A. Torrigiani, Rass. int. Clin. Ter. 8, 712; 1927.

[4a] S. Gräff, Frankf. Zs Path. 11, 358; 1912. — Ziegl. Beitr. 70, 1; 1922. — Zbt. Path. 52, 337; 1922. — 35, 481; 1925. — E. v. Gierke, Münch. med. Ws. 58, 2315; 1911. — Zbt. Path. 27, 318; 1916. — [4b] M. L. Menten, Jl med. Res. 40, 433; 1919. — S. Gräff, l. c.; 1925.

[5] W. H. Schultze, Zbt. Path. 24, 161; 1913.

(wie Paramaecium), bei **Mollusken** (Kiemen der Auster, Deckepithel der Schneckenfühler) und an vielen anderen Stellen.

Bei den zu den **Echinodermen** gehörenden Seeigeln (z. B. Strongylocentrotus lividus) fand Herwerden[1] die Reaktion nur in Eiern und Spermien. Die Granulaausbildung erreicht ihr Optimum im Befruchtungsstadium.

Unter den **Vertebraten** ist die Reaktion relativ am schwächsten bei den Kaltblütern — bei Frosch, Kröte und Schildkröte ist sie im enzymreichsten Gewebe, dem Herzmuskel, 5—10mal schwächer als bei Warmblütern[2]. Unter diesen letzteren ist sie am stärksten bei den Vögeln; bei kleinen Säugetieren (Maus, Ratte) kräftiger als bei grossen (Schaf, Schwein, Ochse).

Folgende Säugetiergewebe zeigen nach Vernon[2] (in abnehmender Intensität) die Nadireaktion am deutlichsten: Herzmuskel, Zungenmuskel, Zwerchfell, Nierenrinde, graue Hirnsubstanz, Speicheldrüse; dagegen ist die Reaktion in Leber, Lunge und weisser Hirnsubstanz relativ schwach (vgl. hierzu jedoch S. 402).

Bei Vögeln besteht ein deutlicher Parallelismus zwischen Intensität der Reaktion und respiratorischen Stoffwechsel der einzelnen Arten. Häufig sind auch Beziehungen zwischen Muskelleistung und Stärke der Nadireaktion zu erkennen[3a]. Der Brustmuskel guter Flieger zeigt ähnlich starke Reaktion wie der Herzmuskel, während er bei Huhn und zahmer Ente nur schwache Reaktion zeigt. Männliche Tiere zeigen stärkere (Muskel-)Oxydasereaktion als weibliche[3b]. Ganz kleine Embryonen geben meist nur schwache Oxydasereaktion, die sich jedoch im Laufe der weiteren Entwicklung sehr verstärkt[3a].

Gräff[3c] fand mit seiner Mikromethodik kräftigste Reaktion im Herz- und quergestreiften Muskel, dann in Leber- und Nierenzellen, Ganglienzellen, Spermien und Epithelien aller Art. Ähnliche Befunde stammen von Dye[3d]. Schwach, bisweilen fast ausbleibend ist die Reaktion bei Endothelzellen der Gefässwände, Bindegewebszellen, Gliazellen, Milzparenchym.

Bei der Untersuchung des Nervengewebes verschiedener Tierarten fand Katsunuma[4a] positive Reaktion in fast allen Teilen des Zentralnervensystems, mit Ausnahme der Neuroglia, des Achsenzylinders und der marklosen sympathischen Fasern. Huszák[4b] konnte die Reaktion in den sensorischen Ganglien, nicht dagegen in den sympathischen und dem mit ihnen genetisch verwandten Nebennierenmark nachweisen. Kumagai[4c] findet bei der Einwirkung von Strychnin einerseits, Anästhetica andererseits einen gewissen Parallelismus zwischen Aktivität der Nervenfunktion und Stärke der Iph.-Reaktion in den Nervenzellen.

In der Netzhaut hat zuerst Angelucci[5a] Oxydase nachgewiesen, Lo Cascio[5b] in verschiedenen anderen Teilen des Auges, so Linse, Choreoidea, Nervus opticus usw. Abhängigkeit der Nadireaktion von der Entwicklungsstufe hat Schall[5c] untersucht.

---

[1] M. A. van Herwerden, Arch. int. physiol. 13, 359; 1913. — Vgl. auch J. Runnström, Protopl. 10, 106; 1930. — 15, 532; 1932.

[2] H. M. Vernon, Jl Physiol. 43, 96; 1911. — G. Marinesco, Soc. Biol. 82, 98; 1919.

[3a] H. M. Vernon, l. c. — J. Ikeda, Mitt. med. Ges. Tokio 27, H. 17; 1913. — [3b] S. Kagiyama, Jl Biochem. 16, 99; 1932. — [3c] S. Gräff, Frankf. Zs. Path. 11, 358; 1912. — [3d] J. A. Dye u. Waggener, Proc. Soc. exp. Biol. 24, 643; 1927.

[4a] S. Katsunuma, Ziegl. Beitr. 60, 150; 1914. — Vgl. ferner G. Marinesco, C. R. 170, 1414; 1920. — Soc. Biol. 87, 31; 1922. — [4b] S. Huszák, Biochem. Zs 252, 397; 1932. — [4c] K. Kumagai, Jap. med. world. 8, 5; 1928.

[5a] A. Angelucci, Klin. Monatsh. Aug.hlk. 55 (2), 162; 1915. — [5b] G. Lo Cascio, Ann. ottalm. 50, 219; 1922. — [5c] E. Schall, Arch. Ophtalm. 115, 666; 1925.

Nach Bloch[1a] geben in der normalen Haut die zelligen Elemente der Epidermis, auch die Basalzellen sowie Follikelepithel die Reaktion nicht, Angaben, denen wohl mit Recht von Gräff[1b] widersprochen wird; nach Bloch solle lediglich schwache diffuse Blaufärbung der Epithelzellen auftreten; desgleichen fehlt nach ihm die Nadireaktion auch in Bindegewebe, Gefässen und glatter Muskulatur der Cutis. Positive Reaktion geben die eingestreuten Leukocyten, ferner die Schweissdrüsen und auch deren Sekret (vgl. auch S. 381ff.).

In den verschiedensten Drüsen (Hypophyse, Thyreoidea, Pankreas)[2a], in der Placenta[2b], im menschlichen und tierischen Sperma[2c] ist ebenfalls positive Nadireaktion nachgewiesen worden.

Der manometrische, **quantitative Indophenolase-Nachweis** (durch Messung des O_2-Verbrauches in Gegenwart von p-Phenylendiamin) ist von Battelli und Stern[3] für eine Anzahl von Säugetiergeweben durchgeführt worden.

Bezieht man beispielsweise (willkürlich) auf den Iph.-Gehalt des Gehirns (vom Hund), so erhält man folgende relative Werte für die einzelnen Gewebe.

Gehirn	100	Niere	56
Herz	87	Pankreas	29
Muskel	75	Milz	20
Leber	80	Lunge	20

Das Oxydationsvermögen von grauer und weisser Hirnsubstanz beim Hammel stand im Verhältnis 2,2 : 1. Blasse Muskeln desselben Tiers (Huhn, Kalb) verbrauchen (mit p-Phenylendiamin) nur etwa halb so viel O_2 wie rote Muskeln.

Der Speichel besitzt schwaches Oxydationsvermögen, Milch, Galle, Harn, Eiweiss und Eigelb keines. Dagegen oxydiert das Blut p-Phenylendiamin recht energisch, was jedoch im wesentlichen dem Hämoglobin zuzuschreiben ist; Blutserum ist fast wirkungslos.

c) Darstellung und Bestimmung.

α) Zur **Darstellung** der Indophenoloxydase hat bisher so gut wie ausschliesslich tierisches Ausgangsmaterial (meist Muskel) gedient. Die Oxydase scheint prinzipiell erheblich stärker strukturgebunden und labiler als die bisher besprochenen Oxydationsfermente überwiegend pflanzlichen Ursprungs. Reinigungsversuche sind dementsprechend noch kaum ausgeführt; infolge der Labilität der Extrakte hat man beim Studium der Oxydase häufig auf deren Trennung von der Zellstruktur verzichtet und sich auf grobe Zerkleinerung des Gewebes und Auswaschen der Zellsubstrate beschränkt.

Darstellung des „p-Phenylendiamin-Oxydons" in Lösung nach Battelli und Stern[4] (vgl. S. 404). Das geeignetste Ausgangsmaterial ist Muskel (besonders Herzmuskel), der durch Zerreiben in der Borrelschen Mühle unter Kühlung zu Brei verarbeitet und hierauf mit dem 2—3fachen Volum eiskalten, schwach alkalischen Wassers (NaOH 1 : 5000) versetzt wird. Nach einigen Minuten langem Schütteln wird zentrifugiert und so eine opalescierende, doch von strukturierten Zellpartikeln freie Flüssigkeit erhalten, in der unter Umständen (z. B. bei

---

[1a] B. Bloch u. Ryhiner, Zs. exp. Med. 5, 179; 1917. — B. Bloch, Arch. Derm. 136, 231; 1921. — [1b] S. Gräff, Hdbch. biol. Arb.-Meth. (4) 1, 126; 1922.

[2a] G. Marinesco, Soc. Biol. 82, 98; 1919. — [2b] A. Wolff, Ms. Geburtsh. 37, 173; 1913. — S. Gräff, Frankf. Zs Path. 11, 358; 1912. — [2c] H. Voss, Arch. mikr. Anat. 96, 77; 1922. — E. Sereni, Arch. Fisiol. 22, 191; 1924.

[3] F. Battelli u. Stern, Biochem. Zs 46, 317; 1912. — L. Stern, Biochem. Zs 182, 139; 1927.

[4] F. Battelli u. Stern, Biochem. Zs 67, 443; 1914.

Verwendung von Pferdeherz) fast die ganze Oxydaseaktivität des Gewebes vorhanden ist. Durch Fällung der Fermentlösung mit schwacher Säure (z. B. Essigsäure 1 : 2000), rasches Zentrifugieren und Wiederlösen des Niederschlags in schwach alkalischem Wasser lässt sich (unter geringem Aktivitätsverlust, etwa 25%) eine gewisse Reinigung der Oxydase erzielen, die in Lösung bei tiefer Temperatur längere Zeit (z. B. 1 Tag) intakt bleibt, gegen äussere Einflüsse aller Art (Temperatur, Säure usw.) aber äusserst empfindlich ist.

Indophenoloxydase aus Herzmuskel nach Keilin[1a]. Das von Fett und Ligamenten befreite, fein zerteilte Herz wird zweimal mit der je 20—30fachen Menge H_2O je 10—15 Minuten lang ausgewaschen und nach dem Abpressen durch Leinen mit dem gleichen Volumen reinen Sands fein verrieben. Die nach dem Aufnehmen in Ringer- oder Phosphatpufferlösung erhaltene atmungsfreie Gewebesuspension wird nach dem Abgiessen vom Sand als solche zu den Versuchen verwendet; kühl aufbewahrt behält sie ihre oxydatische Aktivität tagelang ziemlich unverändert.

Eine einwandfreie Ablösung der Oxydase von der Muskelfaser gelang Keilin nicht, insofern als er die von den opalescierenden Extrakten gegebene ziemlich kräftige Indophenolreaktion als durch mikroskopisch kleine Partikel ausgelöst erkannte, deren Entfernung durch wiederholte Filtrationen zwar zu zunehmend klareren, aber immer weniger aktiven Flüssigkeiten führte.

Es ist klar, dass die hier beschriebenen „Indophenolasepräparate", wenn auch ziemlich frei von Zellsubstraten, so doch mit einer Fülle anderer Enzyme verunreinigt sind. Es kommen hier in Betracht: Dehydrasen (vor allem Succinodehydrase[2a], s. dortselbst, Abschn. IV. 4c, Katalase[2b] und (thermostabile) Peroxydase (d. h. im wesentlichen Cytochrom, vgl. S. 362). Auch wird man sich an die Angaben v. Szent-Györgyis[2c] und Wielands[2b, d] über das Vorkommen eines vorzugsweise Hydrochinon (untergeordnet Brenzkatechin) oxydierenden Ferments im gewaschenen Muskelbrei erinnern (vgl. S. 389), dessen Beziehung zur Indophenoloxydase Wieland leider nicht klargestellt hat. Keilin gibt in einer neueren Zusammenfassung[1b] zwar an, dass das Muskelpräparat o-, p- und m-Polyphenole nicht oxydiere, doch fehlt diese Angabe in der dort zitierten Originalarbeit, ist auch, in solcher Allgemeinheit ausgesprochen, wenig wahrscheinlich (s. S. 411 ff.).

β) Was die **quantitative Bestimmung** der Indophenoloxydase anbetrifft, so war es naheliegend, die lange Zeit zum qualitativen Nachweis der Oxydase so gut wie ausschliesslich verwendete Nadireaktion auch zu einer quantitativen Methode auszubauen, was denn auch wiederholt versucht worden ist.

Vernon (S. 402) verfährt so, dass er z. B. 5 cm³ $\frac{m}{150}$ - Nadireagens der Einwirkung von 0,5 g feinverteiltem Gewebe in einer flachen Petrischale eine Stunde lang aussetzt und hierauf das gebildete Indophenol mit 10 cm³ Alkohol in Lösung bringt. Er vergleicht colorimetrisch mit einer Standardlösung, die durch freiwillige, mehrtägige Autoxydation einer wässrig-alkoholischen Lösung des Nadireagens bis zu maximaler Farbtiefe erhalten wird. Modifikationen der Methode mit mancherlei Verbesserungen (feinere Verteilung des Gewebes, Abzentrifugieren desselben vor der colorimetrischen Vergleichung mit dem in einem Antenrieth-Prisma eingeschlossenen, durch enzymatische Oxydation des Reagens erhaltenen Dauerstandards) haben neuerdings Laskowski[3a] und Dye[3b] angegeben.

Schon vorher hat Staemmler[3c] die Nachteile der Vernonschen Methode (Unbestimmtheit und begrenzte Beständigkeit der Testlösung, Unterschiede in der Farbnuance usw.) dadurch

---

[1a] D. Keilin, Proc. Roy. Soc. (B) 104, 206; 1929. — [1b] Derselbe, Erg. Enzymforsch. 2, 239; 1933.

[2a] F. Battelli u. Stern, l. c. S. 408. — [2b] H. Wieland u. Lawson, A. 485, 193; 1931. — [2c] A. v. Szent-Györgyi, Biochem. Zs 157, 67; 1925. — [2d] H. Wieland u. Frage, A. 477, 1; 1929.

[3a] J. Laskowski, Soc. Biol. 98, 1369; 1928. — [3b] J. A. Dye, Proc. Soc. exp. Biol. 24, 640; 1927. — [3c] H. Staemmler u. Sanders, Zbt. Path. 36 (Erg.-H.) 204, 1925. — Virch. Arch. 256, 595; 1925.

(wenigstens teilweise) zu beheben versucht, dass er nach abgelaufener Reaktion das im Nadigemisch suspendierte Gewebe im Mörser zerreibt und den Farbstoff hierauf mit einer bestimmten Menge Xylol ausschüttelt. Als Standard dient der Xylolextrakt eines die gleiche Zeit wie die eigentliche Versuchslösung — jedoch ohne Gewebe — an der Luft gestandenen Ansatzes. Durch Quotientenbildung erhält man die Beschleunigung der Autoxydation durch das Enzym, und zwar nach Staemmler bei Beobachtung von Temperatur- und pH-Konstanz mit einer Genauigkeit von etwa 10%.

Battelli und Stern haben an Stelle des Nadireagens, an dessen Verwendung durch Vernon sie allerhand auszusetzen hatten (s. S. 402), reines p-Phenylendiamin als Substrat verwendet.

Soweit sie colorimetrisch arbeiten, vergleichen sie die ganz schwach alkalisch gemachte, rote Lösung des Oxydationsprodukts in Aceton mit einer ebensolchen Standardlösung, die durch vollständige Oxydation des p-Phenylendiamins mit Muskelgewebe erhalten worden ist.

Da jedoch bei allen colorimetrischen Methoden die Reduktionswirkung der Gewebe eine unter Umständen erhebliche Fehlerquelle darstellt (S. 402), haben Battelli und Stern (l. c.) in den meisten Fällen der manometrischen Messung des O_2-Verbrauches in Gegenwart von p-Phenylendiamin den Vorzug gegeben, eine Methode, die infolge ihrer Exaktheit in neueren Arbeiten (z. B. von Keilin, v. Szent-Györgyi u. a.) über die Iph. verbreitete Anwendung gefunden hat.

d) Wirkungen und Natur des Ferments.

α) Zur Spezifität der Wirkung. Die Frage, ob man es bei der Indophenoloxydase mit einem ganz spezifischen Ferment der Aminoxydation im Gegensatz zur Phenoloxydation zu tun habe, hat im Laufe der Jahrzehnte eine recht verschiedene Beantwortung erfahren und ist auch heute, trotz zahlreicher Arbeiten der letzten Jahre, noch nicht definitiv geklärt.

Schon Bertrand[1a] hatte gefunden, dass seine Laccase ausser Polyphenolen auch NH_2-Körper wie p-Amidophenol, p-Phenylendiamin (auch die o-, nicht dagegen die m-Verbindungen) oxydierte, ohne hierfür ein besonderes von der Laccase verschiedenes Enzym verantwortlich zu machen (S. 383). Bald darauf teilte Grüss[1b] die pflanzlichen Oxydasen, auf Grund der Beobachtung, dass manche Zellen (z. B. Hefe) zwar Amine, nicht aber Guajaktinktur oxydierten, in zwei Gruppen, die Amin- und die Guajakoxydasen, ein. Zu ähnlichem Ergebnis gelangte de Rey-Pailhade[1c] in allgemeinerer Form, wobei ihn die Tatsache, dass die tierische Zelle im allgemeinen nur die Indophenol-, die pflanzliche dagegen zumeist auch noch die Guajakreaktion gibt, leitete. Er unterschied die Laccase Bertrands vom Ferment Röhmanns und Spitzers. Die gleiche Unterscheidung zwischen Laccase bzw. Guajakoxydase und Indophenoloxydase findet sich bei Rosell[1d] (1901) und Kastle[1e] (1910).

Bald darauf tritt ein Wandel der allgemeinen Auffassung in der Frage der Spezifität ein; Battelli und Stern[2] neigen in ihrer grossen Monographie (1912) dazu, eine einheitliche Fermentart für die Oxydation der drei Körperklassen: Polyphenole, Aminoderivate derselben und Jodwasserstoffsäure verantwortlich zu machen. Das Ausbleiben der einen oder anderen Reaktion erklären sie durch die in gewissem Ausmass spezifische Reduktionswirkung von Zell-

---

[1a] G. Bertrand, C. R. 122, 1132. — Bull. Soc. Chim. (3) 15, 791; 1896. — [1b] J. Grüss, B. bot. Ges. 16, 129; 1898. — [1c] J. de Rey-Pailhade, Soc. Biol. 48, 479; 1896. — [1d] Rosell, Diss. Strassburg 1901. — [1e] J. H. Kastle, Hyg. Lab. Bull. No. 59; 1910.

[2] F. Battelli u. Stern, Erg. Physiol. 12, 96; 1912.

substraten und -fermenten. Die gleiche Auffassung teilt Bach[1a] (1912), der ausser dem Reduktionseffekt auch die spezifizierende Wirkung des Reaktionsmilieus, der Salze usw. zur Erklärung der enzymatischen „Scheinspezifitäten" heranzieht. Noch weiter ging Gräff[1b] (1922), der sogar die Tyrosinase als eigenes Ferment ausschliessen wollte. Auch Oppenheimer[1c] reiht in seinem System der Fermente (1926) Indophenoloxydase bzw. p-Phenylendiaminoxydase ohne weitere Abgrenzung in die Gruppe der Polyphenolasen, genauer gesagt der Chromodehydrasen ein, von denen er — mehr versuchsweise als prinzipiell — die Gruppe der vermutlich nur o-Diphenole angreifenden tierischen Chromooxydasen absondert.

Drei Jahre später stellt Keilin[1d] — mit teilweise neuer, auf den Warburgschen Befunden am „Atmungsferment" sich aufbauender Argumentation — die Indophenoloxydase in strikten Gegensatz zur Polyphenol- oder Brenzcatechin- (Catechol-) Oxydase. Zu diesem Schritt veranlasst ihm ein vergleichendes Studium der Catecholoxydase aus Kartoffel (S. 390) einerseits und der Indophenoloxydase des Herzmuskels (S. 409) sowie — untergeordnet — der durch Erwärmen auf 52^0 in ihrem Reduktionsvermögen geschädigten Hefe (S. 405).

Da die Keilinschen Anschauungen für den heutigen Stand des Problems charakteristisch und im wesentlichen unwidersprochen geblieben sind, mag eine kurze Behandlung und kritische Wertung ihrer Argumente hier am Platze sein. Wir halten uns dabei an die neueste Zusammenfassung Keilins aus dem Jahre 1933, die ihrerseits zum grössten Teil auf die umfassende experimentelle Arbeit aus dem Jahre 1929, teilweise auf ältere Befunde (besonders von Battelli und Stern, S. 408) zurückgeht. Im Zusammenhang mit der Cytochromoxydation sind die Verhältnisse übrigens teilweise schon früher (S. 357 ff.) besprochen worden.

1. Nach Keilin katalysiert die Indophenoloxydase nur die Oxydation von p-Phenylendiamin, während die o- und die m-Verbindung kaum angegriffen werden; nicht katalysiert wird ferner die Oxydation von p-, o- und m-Polyphenolen.

Im Gegensatz hierzu oxydiert die Catecholoxydase fast spezifisch o-Dioxyphenole, nicht dagegen p-Phenylendiamin oder das Nadireagens.

Die reduzierte Komponente c des Cytochroms (aus Hefe), die sich beim Schütteln an der Luft nicht oxydiert, geht unmittelbar in den oxydierten Zustand über, wenn sie mit Indophenoloxydase in Berührung gebracht wird. Catecholoxydase ist in dieser Hinsicht wirkungslos (S. 357).

2. Indophenolase hat noch nicht von Zellpartikeln getrennt werden können. Sie ist ein „Oxydon" im Sinne Battellis und Sterns. Die Empfindlichkeit des an der Zellstruktur haftenden Enzyms gegen äussere Einflüsse (Trocknen, Frieren und Auftauen, sowie Einwirkung von Alkohol und Aceton) ist sehr gross.

Catecholoxydase ist eindeutig wasserlöslich und gegen die genannten Einflüsse nicht oder kaum empfindlich (S. 390 u. 397).

3. Von der Hemmbarkeit der Oxydase durch Kohlenoxyd und der Reversibilität dieser Hemmung im Lichte war schon früher die Rede (S. 358 f.).

Für die Konstante der Verteilungsgleichung $K = \dfrac{n}{1-n} \cdot \dfrac{CO}{O_2}$ ergab sich bei Hefe (deren Oxydase nur an intakten Zellen untersucht werden kann) mit p-Phenylendiamin als Substrat

---

[1a] A. Bach u. Maryanovitch, Biochem. Zs 42, 417; 1912. — [1b] S. Gräff, Hdbch. biol. Arb.-Meth. (4) 1, 93; 1922. — [1c] C. Oppenheimer, Fermente 2, 1737 f.; 1926. — [1d] D. Keilin, Proc. Roy. Soc. (B) 104, 206; 1929. — Erg. Enzymforsch. 2, 239; 1933.

14,8 ($\pm$ 5,6) für T = 18° und 14,5 ($\pm$ 4,5) für T = 38°,
und bei Herzmuskel
5,6 ($\pm$ 2,2) für T = 18° und 15,2 ($\pm$ 2,5) für T = 38°.

Die an sich erheblich stärkere CO-Hemmung der Catecholoxydase erwies sich bei Bestrahlung als irreversibel (S. 357 u. 396).

Dies sind nach Keilin die wesentlichen unterscheidenden Merkmale von Indophenoloxydase und Catecholoxydase; in anderen Punkten, wie z. B. Empfindlichkeit gegen HCN und H_2S, verhalten sie sich mehr oder weniger ähnlich.

Gegen die Keilinsche Argumentation sind aber in mehrfacher Hinsicht gewisse einschränkende Einwände zu erheben.

Was zunächst Punkt 1. betrifft, so wird nach Battelli und Stern[1] nur m-Phenylendiamin vom Muskel kaum angegriffen, die o-Verbindung jedoch recht wohl, wenn auch weniger energisch als die p-Verbindung. Auch die Behauptung, dass Polyphenole durch die Indophenoloxydase nicht angegriffen würden, steht — in solcher Allgemeinheit ausgesprochen — der Kritik offen. So hat v. Szent-Györgyi[2a] mit feinstverteiltem (wenn auch nicht mit Sand verriebenen) und gründlichst ausgewaschenem Zwerchfellmuskel bei Verwendung verschiedener Substrate folgende O_2-Aufnahmen $\left(\text{in } \frac{mm^3}{\text{g Muskel} \times \text{Min.}}\right)$ beobachtet (T 37°):

p-Phenylendiamin	3,3	Hydrochinon	3,6
o-Phenylendiamin	3,3	Brenzcatechin	2,0
p-Amidophenol	4,6	Adrenalin	1,8

Wieland und Mitarbeiter[2b] haben im ebenso vorbehandelten Pferdeherzmuskel ein Hydrochinon angreifendes Enzym aufgefunden; Brenzcatechin wurde fünfmal langsamer, Dioxyphenylalanin überhaupt nicht oxydiert. Wieland hat die Frage nach der Identität dieses Enzyms mit der Indophenoloxydase Keilins offengelassen, jedoch immerhin eine weitgehende Trennung des die aerobe Succinatdehydrierung und des die Hydrochinonoxydation bewirkenden Agens erreicht.

Jedenfalls ist es auffallend, dass entgegen einer sonst in der tierischen Zelle bestehenden Tendenz (S. 389f.) im Muskel als dem Hauptsitz der Indophenolase, gerade die Oxydation der p-Diphenole (gegenüber der der o-Diphenole) bevorzugt ist. Der Gedanke, dass man in der Indophenoloxydase weniger das speziell Amine als vielmehr p-(Amino- und Oxy-)Verbindungen oxydierende Prinzip zu sehen hat, ist nach den obigen Daten nicht direkt widerlegt und verdient immerhin im Auge behalten und nachgeprüft zu werden.

Wie schwankend andererseits die Grenzen auf diesem Gebiete sind, geht aus der Beobachtung Keilins, dass in Gegenwart von o-Diphenol auch die Catecholoxydase (über das o-Chinon) das Nadireagens zu oxydieren vermag, hervor. Da Brenzcatechinderivate in der Pflanzenwelt ungemein verbreitet sind, wirft dieser Befund ein gewisses Licht auf mögliche und tatsächliche Unterschiede zwischen tierischer und pflanzlicher Nadireaktion. So haben z. B. Battelli und Stern[1] festgestellt, dass Trypsin die tierische Indophenolase erheblich schädigt, die pflanzliche dagegen nicht (vgl. S. 401), im Gegenteil sogar fördert. (Näheres hierzu S. 423).

---

[1] F. Battelli u. Stern, Biochem. Zs 46, 343; 1912.
[2a] A. v. Szent-Györgyi, Biochem. Zs 157, 67; 1925. — [2b] H. Wieland u. Frage, A. 477, 1; 1929. — H. Wieland u. Lawson, A. 485, 193; 1931.

Diese Unsicherheit über die Natur der pflanzlichen Nadireaktion geht auch in Punkt 2 der Keilinschen Charakteristik ein. Wohl ist es richtig, dass sich Polyphenolase aus pflanzlichen Presssäften in Form wasserlöslicher Präparate abtrennen lässt, während die tierische Indophenolase offenbar nicht in Presssäfte geht und sich auch nach Zerstörung der Zellstruktur nicht in Form einwandfrei wasserlöslicher Präparate gewinnen lässt. Dagegen ist es — wie schon Battelli und Stern (l. c.) festgestellt und Shibata und Tamiya[1] neuerdings bestätigt haben — leicht möglich, Pilzpresssäfte (z. B. von Lactarius-Arten) mit sehr starker Indophenolreaktion herzustellen. Hat man es hier mit Indophenoloxydase oder mit dem System Catecholoxydase + o-Chinon zu tun?

Die Verhältnisse werden weiterhin kompliziert durch den Befund der japanischen Forscher, dass die Indophenolreaktion des Pilzsafts, obwohl thermolabil und durch HCN und H_2S hemmbar, von CO nicht beeinflusst wird. Eine exakt-quantitative Nachprüfung des nur qualitativ erhobenen Befunds wäre sehr notwendig.

Überhaupt wird man — und damit kommen wir zu Punkt 3 — den CO-Vergiftungsversuchen als Mittel der Fermentcharakterisierung keine allzugrosse Bedeutung beimessen dürfen. Dagegen spricht schon die recht unterschiedliche Temperaturabhängigkeit von K für Hefe- und Herzmuskelenzym und die erhebliche Streuung der Werte auch bei gleicher Temperatur.

Man wird auch an die neueren Befunde von Kubowitz und Haas[2] denken, wonach die Atmung von Essigbakterien 20mal empfindlicher gegen CO ist als die von Hefe, obwohl sich für beide — nach Lage und Intensitätsverhältnis der Banden beurteilt — das gleiche „Atmungsfermentspektrum" ergibt (S. 341f.).

Wie man sieht, fehlt es uns in der Frage der Spezifität trotz Keilins schöner Arbeiten noch an grundlegenden Erkenntnissen. Dabei hat man das Gefühl, dass die Scheidung zwischen Indophenol- und Catecholoxydase im Prinzip richtig ist, dass aber der Spezifitätsbegriff weiter zu fassen ist als im Keilinschen Sinne, dass möglicherweise sogar Überschneidungen der beiden Spezifitätsbereiche anzunehmen sind. Nicht nur die Art der Substituenten — ob OH oder NH_2 —, auch deren gegenseitige Stellung im Substratmolekül bedingt die mehr oder weniger grosse Angreifbarkeit des letzteren durch eines der beiden Enzyme. Das ist gerade bei den „echten" Oxydasen, deren Spezifität sich ja in erster Linie auf das Oxydans, in zweiter erst auf das Substrat bezieht (S. 245 u. 283f.), prinzipiell verständlich. So wird man die Indophenolase wahrscheinlich als Diaminoxydase mit besonderer Vorliebe für die p-Stellung aufzufassen haben, eine Vorliebe, die auch den Angriff des p-Amidophenols und vielleicht des Hydrochinons möglich macht. Und auf der anderen Seite wird man die Catecholoxydase als Polyphenolase mit besonderer, aber nicht ausschliesslicher Eignung für o-Verbindungen ansehen. Möglicherweise fällt die Oxydation z. B. des Hydrochinons in die Überschneidungszone beider Oxydasen.

---

[1] K. Shibata u. Tamiya, Act. phytochim. 5, 23; 1930.
[2] F. Kubowitz u. Haas, Biochem. Zs 255, 247; 1932.

Bei der Catecholoxydase kommt noch hinzu, dass sie über das primäre Oxydationsprodukt (von o-Chinonstruktur) sekundäre Oxydationen, z. B. von Guajak und Indophenolreagens bewirken kann. Dem entspricht, dass man in der Pflanzenzelle mit ihrem natürlichen Gehalt an Chromogen im allgemeinen beide Reaktionen erhält, während man in der chromogenarmen oder -freien tierischen Zelle meist nur die direkte Reaktion mit dem Diamin beobachtet.

β) **Die Rolle der Indophenoloxydase im Organismus.** Dass der Indophenoloxydase bei ihrer allgemeinen Verbreitung namentlich in der tierischen Zelle eine wichtige Funktion bei den normalen Verbrennungsprozessen zukommen dürfte, darüber war man sich im Prinzip schon lange klar[1]. Aber erst Battelli und Stern[2] haben engere Beziehungen zwischen der enzymatischen Oxydation eines zellfremden aromatischen Diamins und den damals schon bekannten enzymatischen Umsetzungen zellvertrauter Substanzen, wie z. B. Bernsteinsäure, aufgedeckt.

Über ihre Charakterisierung der Indophenoloxydase sowohl als der Succinodehydrase als sog. „Oxydone" (im Gegensatz zu den Oxydasen) und deren Rolle als Katalysatoren der sog. „Hauptatmung" siehe die früheren Ausführungen S. 250f.).

Zunächst war es beachtlich, dass die Geschwindigkeit der O_2-Aufnahme durch ein Enzympräparat (z. B. aus Muskel) in Gegenwart von p-Phenylendiamin von annähernd derselben Grösse ist wie diejenige mit Succinat von ähnlicher Konzentration $\left(\text{etwa } \frac{m}{10} \cdot\right)$ und dass beide ungefähr dem O_2-Verbrauch frischen, seine natürlichen Donatoren enthaltenden Gewebes entsprechen. Eine Ausnahme bildet nach Battelli und Stern nur das Gehirn, wo die O_2-Aufnahme mit p-Phenylendiamin erheblich (z. B. um 100%) grösser ist als diejenige mit Bernsteinsäure bzw. als die Normalatmung.

Nach diesen Befunden war die Annahme naheliegend, dass ein und dasselbe Enzym für den Angriff von sowohl p-Phenylendiamin als Bernsteinsäure verantwortlich zu machen sei. Die Nachprüfung des Gedankens an Enzympräparaten aus Muskel, Leber und Gehirn ergab jedoch kein einheitliches Bild, so dass Battelli und Stern die Frage schliesslich offen liessen.

In Muskel und Leber erfuhr nämlich der O_2-Verbrauch bei gleichzeitiger Anwesenheit beider Substrate keine Steigerung gegenüber dem effektiveren Teilprozess, während beim Gehirn ein einwandfreier Summationseffekt beobachtet wurde. Auch ist die Thermolabilität beider Wirkungen in den meisten Geweben die gleiche, wiederum mit Ausnahme des Gehirns, wo die Phenylendiaminoxydation angeblich empfindlicher sein soll.

v. Szent-Györgyi[3] hat dann eine — wie es schien — einleuchtende Erklärung der Erscheinungen auf Grundlage des doppelten Aktivierungsmechanismus der Zelle versucht. Danach ist „die Diaminoxydation ein Ausdruck der Sauerstoffaktivierung, die Succinoxydation ein Ausdruck der Wasserstoffaktivierung + Sauerstoffaktivierung. Es erscheint natürlich, dass die Zelle nicht für jedes Dehydrierungsferment einen besonderen O_2-Aktivierungsmechanismus hat, sondern dass der gemeinsame Brennstoff der Zelle (Thunberg), der aktive Wasserstoff, stets an demselben grossen System der O_2-Aktivierung verbrannt wird. Bei dieser Annahme haben wir also eine **partielle Identität der beiden genannten Fermente**".

---

[1] Vgl. z. B.: W. Spitzer, Pflüg. Arch. 17, 615; 1897.
[2] F. Battelli u. Stern, Biochem. Zs 46, 317, 345; 1912. — 67, 443; 1914.
[3] A. v. Szent-Györgyi, Biochem. Zs 150, 195; 1924.

Das oben erwähnte Dilemma klärt sich nach v. Szent-Györgyi durch die Annahme auf, dass von den beiden Systemen der H_2- und der O_2-Aktivierung in fast allen Organen das erstere das leistungsfähigere ist, wodurch die O_2-Aktivierung als langsamerer Prozess zum limitierenden Faktor wird; nur für das Gehirn müsste man annehmen, dass hier das System der O_2-Aktivierung stärker entwickelt ist als das der H_2-Aktivierung. Eine Stütze dieser Auffassung sieht v. Szent-Györgyi darin, dass die Bernsteinsäuredehydrierung z. B. in Niere und Muskel weitgehend vom O_2-Druck abhängig, im Gehirn dagegen unabhängig ist. Doch hat der Autor später [1a] selbst gegen diese Versuche (wie auch die von Battelli und Stern) den Einwand erhoben, dass dabei das (Muskel- usw.-) Gewebe „nicht genügend fein verteilt und somit die Diffusion des O_2 als beschränkender Faktor nicht mit Sicherheit ausgeschlossen wurde" (vgl. auch S. 419).

Obwohl die Grundidee der „doppelten Aktivierung" — fast gleichzeitig und unabhängig übrigens auch von Fleisch[1b] geäussert — zweifellos überzeugend und heute ziemlich allgemein anerkannt ist, sind die Differenzen im Verhalten von Gehirn und den anderen Geweben anders zu deuten, als v. Szent-Györgyi ursprünglich annahm.

Dixon[1c] hat gezeigt, dass die Succinatoxydation durch Muskelextrakt zwar durch HCN, nicht aber durch CO gehemmt wird (s. Abschn. IV, 4 e β). Nach Keilin[1d] bestehen zwei Möglichkeiten: 1. Die beteiligte Oxydase ist nicht Indophenoloxydase oder 2. — was ihm wahrscheinlicher vorkommt — „die Oxydase ist Indophenoloxydase, aber sie ist, in viel grösserer Konzentration als die Dehydrase vorkommend, nicht mit Wasserstoffdonatoren gesättigt. Dann kann die partielle Oxydasehemmung durch CO nicht auf Grund der O_2-Aufnahme des Präparats entdeckt werden." Sowohl diese Argumentation als auch der obige, experimentell bekräftete Einwand Hamburgers und v. Szent-Györgyis[1a] stimmen mit der Warburgschen Feststellung ausserordentlich hoher Affinität des O_2 zum „Atmungsferment" überein (S. 326).

Obwohl die ganze Frage sich wahrscheinlich durch den limitierenden Einfluss der O_2-Diffusion in Muskel, Niere usw. erklärt, mag doch auf die Möglichkeit, dass im Gehirn neben der enzymatischen auch die nichtenzymatische Oxydation von p-Phenylendiamin (z. B. durch Lipoide, vgl. S. 404) eine quantitativ bedeutsame Rolle spielt, hingewiesen werden.

v. Szent-Györgyi[2] hat wohl zuerst Belege dafür gebracht, dass der Indophenoloxydase in tierischen Zellen analoge Funktionen zukommen dürften wie sie Palladin[3] für die pflanzlichen Polyphenoloxydasen wahrscheinlich gemacht hatte.

Nach Palladins Auffassung wirken diese Oxydasen bekanntlich nicht direkt auf die eigentlichen Zellbrennstoffe, sondern auf phenolische Substanzen des pflanzlichen Gewebes, indem sie diese in Chinone, also geeignete Acceptoren aktivierten Wasserstoffs, umwandeln. Abwechselnde Reduktion des Chinons (unter dem Einfluss der Dehydrasen) und Oxydation des Phenols (durch die eigentlichen Oxydasen) bedingt die kontinuierliche Sauerstoffübertragung beim Atmungsprozess (vgl. S. 174, 247f. u. 387f.).

In ähnlicher Weise fand v. Szent-Györgyi, dass in Gegenwart des besonders oxydasereichen (gewaschenen) Herzmuskels p-Phenylendiamin durch Sauerstoff rasch zum blauen Diimin dehydriert wird. Gibt man nun unter Sauerstoffausschluss Milchsäure oder Bernsteinsäure zu, so erfolgt Entfärbung des Diimins zum Diamin. v. Szent-Györgyi zeigte, dass in zahlreichen

---

[1a] R. J. Hamburger u. v. Szent-Györgyi, Biochem. Zs 157, 298; 1925. — [1b] A. Fleisch, Biochem. Jl 18, 294; 1924. — [1c] M. Dixon, Biochem. Jl 21, 1211; 1927. — [1d] D. Keilin, Proc. Roy. Soc. (B) 104, 206; 1929.

[2] A. v. Szent-Györgyi, Biochem. Zs 157, 50, 67; 1925.

[3] W. Palladin, H. 55, 207; 1908. — Biochem. Zs 18, 151; 1909. — 27, 442; 1910. — 35, 1; 1911. — 49, 381; 1913. — 60, 171; 1914.

tierischen Zellen, auch in Hefe, ein gelber, reversibel oxydierbarer und reduzierbarer Farbstoff vorkommt, der die Funktion des p-Phenylendiamins im obigen Modellversuch in allen Einzelheiten auszuüben vermag. Dieses Cytoflav[1] aus Muskelkochsaft dürfte mit dem aus Unterhefe gewonnenen „gelben Oxydationsferment" Warburgs (S. 344f.), gewissen Farbstoffen (Lyochrome wie z. B. Lactoflavin, Ooflavin u. a., s. S. 228) aus Molke, Eiklar und den verschiedensten tierischen Geweben höchstwahrscheinlich nahe verwandt sein.

Notwendig scheint der Zusatz eines derartigen Oxydoreduktionskatalysators allerdings nur bei der Milchsäure, nicht der Bernsteinsäure. v. Szent-Györgyi führt dies auf eine räumliche Trennung der Lacticodehydrase vom O_2-aktivierenden System zurück, während offenbar Succinodehydrase und Indophenoloxydase in engerem räumlichen Kontakt stehen.

Über die in mehrfacher Hinsicht unerwartete neueste Entwicklung der Co-Fermentfrage bei der Milchsäureoxydation siehe später bei Lacticodehydrase (Abschn. V, 1 d δ).

Trotz dieser interessanten Befunde v. Szent-Györgyis war das Prinzip der Kopplung von O_2- und substratwasserstoffaktivierendem System für den offenbar einfachsten Fall, den der aeroben Dehydrierung von Bernsteinsäure, nach wie vor noch unklar.

Auf der einen Seite hatte man die Indophenoloxydase, spezifisch eingestellt — so weit man wusste — auf aromatische Diamine (und allenfalls ihnen nahe verwandte Körper). Aber das Vorkommen derartiger Stoffe in dem gründlichst gewaschenen Muskelpräparat war weder nachgewiesen noch besonders wahrscheinlich und damit auch ihre Überträgerfunktion in der Zelle problematisch.

Die Klärung dieser Frage erfolgte durch Keilin[2], von dem eine weitere, überaus interessante Beobachtung hinsichtlich der Indophenoloxydase stammt: die Indophenoloxydase und nur diese — vermag die Oxydation reduzierten Cytochroms zu katalysieren. Fügt man Bernsteinsäure zu dem Indophenoloxydase + Cytochrom + Succinodehydrase enthaltenden Muskelpräparat hinzu, so treten anaerob die Banden des reduzierten Cytochroms wieder auf. Man hat hier also häminartige respiratorische Farbstoffe, die in gleicher Weise wie aromatische Amine (oder Cytoflav) fungieren. Keilins Untersuchungen haben gezeigt, dass die Indophenoloxydase mit der lange von ihm gesuchten Cytochromoxydase identisch ist.

Auf eine noch nicht geklärte Schwierigkeit in der Frage der Spezifität, die darin liegt, dass die sonst auf den ausschliesslichen Umsatz von bestimmten, aromatischen Körpern eingestellte Indophenoloxydase eine davon so verschiedene Substanz wie Cytochrom oxydiert, ist schon bei anderer Gelegenheit hingewiesen worden (S. 358).

Die zentrale Bedeutung der Indophenoloxydase bei der biologischen Oxydation hat weiterhin neue Beleuchtung erfahren durch die an intakten Zellen ausgeführten Untersuchungen Warburgs über das „Atmungsferment" (S. 325ff.). Vergleicht man die Ergebnisse Keilins an Fermentpräparaten aus Muskel und Hefe mit denjenigen Warburgs über die Gesamtrespiration der Zellen, dann erkennt man, dass derartige Faktoren wie Giftwirkung (HCN, H_2S, CO

---

[1] J. Banga u. v. Szent-Györgyi, Biochem. Zs 246, 203; 1932.
[2] D. Keilin, Proc. Roy. Soc. (B) 104, 206; 1929. — Erg. Enzymforsch. 2, 239; 1933.

im Dunkeln und im Licht), Trocknen der Zellen, Einwirkung von Aceton und Alkohol die Aktivität der Indophenoloxydase ungefähr im selben Masse hemmen, wie die normale Zellatmung. (Näheres vgl. S. 357f.)

Der Unterschied der Warburgschen und der Keilinschen Auffassung geht darauf hinaus, dass Warburg die so gut wie gesamte Sauerstoffaufnahme der Zelle sich über dieses Atmungsferment verlaufend denkt, während Keilin auch den anderen Oxydasen, ja unter Umständen sogar nichtenzymatischen Sauerstoffüberträgern einen gewissen, wenn auch quantitativ schwer erfassbaren Anteil am Gesamtkomplex der biologischen Oxydation zuerkennt. Ferner hat Keilin von jeher auf die Wichtigkeit der Wasserstoffaktivierung durch die Dehydrasen hingewiesen. Neuerdings scheint jedoch Warburg — vor allem auf Grund seiner Beobachtungen am sog. ,,gelben Oxydationsferment" und solcher über eine Aktivierung von Hexosemonophosphat — seinen ursprünglichen extremen Standpunkt aufgegeben zu haben und sich mehr und mehr der Keilinschen, heute ziemlich allgemein anerkannten Auffassung zu nähern (vgl. S. 228f. und 343f.).

Von neueren Versuchen zur Verknüpfung von Zellatmung und ,,Phenylendiaminatmung" sind noch diejenigen von Runnström und Örström[1] an Seeigeleiern zu erwähnen, bei denen sich — Substratsättigung der Zellen vorausgesetzt — fast dieselben Hemmungsgrade durch CO und HCN ergaben wie bei den Warburgschen Hefeversuchen. Dimethyl-p-phenylendiamin bewirkt, besonders in unbefruchteten Eiern, ausserordentliche, giftempfindliche Atmungssteigerungen; Hydrochinon ruft prinzipiell die gleichen Erscheinungen hervor wie das Diamin (vgl. S. 412).

Ein Beleg für die Keilinsche Auffassung, dass die Indophenoloxydase nun nicht etwa (im Sinne der älteren Anschauung Warburgs) als ,,das Atmungsferment" zu betrachten ist, enthalten die schon früher (S. 113) zitierten Untersuchungen von Cook und Mitarbeitern[2] über die Veratmung von Ameisensäure, Milchsäure und Bernsteinsäure durch B. coli und deren Hemmung durch CO, wobei sich (bei 16°) für die drei Substrate in der angegebenen Reihenfolge K-Werte von annähernd 3, 9,5 und 7 ergaben und sich zudem die Lichtempfindlichkeit der CO-Hemmungen also sehr gering erwies. Da sich auch Unterschiede in der HCN-Empfindlichkeit bei Substratwechsel zeigten, nehmen die Verfasser 2—3 sich voneinander (in ähnlicher Weise wie etwa die Hämoglobine verschiedener Tiere) unterscheidende ,,Atmungsfermente" im Bacterium an. (Bezüglich des Vorkommens von Iph. in B. coli sind die Literaturangaben übrigens widersprechend. Nishibe[3a] fand schwach positive Reaktion, Happold[3b] hat sie vermisst; auch das Cytochromsystem ist unvollständig, da offenbar Komponente a und c fehlen[3c]. Jedenfalls wären ähnliche Untersuchungen [mit Substratwechsel] wie die Cookschen, an anderen Bakterien mit vollständigem Oxydationssystem von grossem Interesse.)

Schliesslich sei noch, als neues Anwendungsgebiet der Warburg-Keilinschen Methodik, die von Schmitt[4] beobachtete reversible Aufhebung der Nervenreizbarkeit durch CO — auch H_2S wirkt, wenn auch nur teilweise reversibel, ähnlich — und die Wiederkehr der Erregbarkeit bei Bestrahlung angeführt.

γ) **Die Natur der Indophenoloxydase (bzw. Cytochromoxydase, ,,Atmungsferment").** Dass bei der biologischen Indophenolbildung Schwermetall mit im Spiele ist, hat wohl zuerst Spitzer[5] (1897) angenommen und auch experimentell zu belegen versucht.

---

[1] J. Runnström, Protopl. 10, 106; 1930. — 15, 532; 1932. — Å. Örström, Protopl. 15, 566; 1932.

[2] R. P. Cook, Haldane u. Mapson, Naturwiss. 18, 848; 1930. — Biochem. Jl 25, 534, 880; 1931.

[3a] M. Nishibe, Scient. Rep. Inf. Diseas. Tokio 5, 185; 1926. — [3b] F. C. Happold, Biochem. Jl 24, 1737; 1930. — [3c] H. Yaoi u. Tamiya, Jap. med. World 9, 41; 1929.

[4] F. O. Schmitt u. Beck, Biol. Bull. 59, 269; 1930. — Science 75, 583; 1930.

[5] W. Spitzer, Pflüg. Arch. 67, 615; 1897.

Er isolierte aus den verschiedensten Körperzellen und -geweben Substanzen vom Charakter eisenhaltiger Nukleoproteide, die eine sehr kräftige Indophenolreaktion gaben. Da aber spätere Untersuchungen immer wieder zeigten, dass gerade der Zellkern (im Gegensatz zum Cytoplasma) bei der Nadireaktion freibleibt, war es mehr als zweifelhaft, ob die von Spitzer isolierten Substanzen das bei der Farbstoffbildung in der Zelle wirksame Agens darstellten.

Später (1912) hat Vernon[1] die Wirkung der Indophenoloxydase in Beziehung gesetzt zu den Zellipoiden (näheres s. später S. 422) und gleichzeitig die Bach-Chodatsche Theorie von der komplexen Natur der Oxydasen auf dieses Enzym anzuwenden versucht.

Er fand, dass die Gewebe (Leber, Herz, Gehirn, Niere) nach Erhitzen auf 60° die Fähigkeit zur Indophenolbildung verlieren, sie aber nach Zusatz von H_2O_2 wieder erlangen und ungefähr die gleiche Indophenolmenge bilden wie zuvor mit O_2. Hieraus schliesst Vernon, dass Iph. aus zwei Komponenten besteht: der Oxygenase, ein echtes Ferment, das bei 60° zerstört wird, und der Peroxydase, ein thermostabiler Aktivator offenbar nichtenzymatischer Natur.

Battelli und Stern[2] haben letztere Auffassung jedoch widerlegt und kommen (auf Grund später S. 423 noch näher angeführter Daten) zum Schluss, dass das „Phenylendiaminoxydon" ein einheitliches Ferment von Proteincharakter ist.

Was die Widerlegung der Peroxydase-Oxygenasetheorie anbetrifft, so zeigten sie, dass die von Vernon beobachtete Peroxydasewirkung des erwärmten Muskels wahrscheinlich auf unvollständiges Auswaschen des Bluthämoglobins zurückzuführen ist (S. 408). Gut ausgewaschener, auf 60° erwärmter wie auch mit Alkohol und Aceton behandelter Muskel übt in Gegenwart von H_2O_2 keine oxydierende Wirkung auf p-Phenylendiamin aus.

Im Anschluss an die älteren Warburgschen Arbeiten zur Eisenkatalyse (S. 288f.) nahm dann wohl als erster Gräff[3] (1922) den Spitzerschen Grundgedanken wieder auf, indem er dem Eisen die Rolle der aktiven Komponente in der von ihm vorher vorsichtigerweise stets nur als „oxydationsbeschleunigendes Agens" bezeichneten Indophenoloxydase zuwies.

Er hat zuerst die enorme HCN-Empfindlichkeit der Nadireaktion (im Vergleich zur geringen Empfindlichkeit gegen Narkotica) nachgewiesen (S. 421f.). Die Thermolabilität und die gleichfalls von ihm festgestellte, enzymartige pH-Abhängigkeit der Wirkung dieses „Agens" (S. 420) führen ihn zum Schluss, dass dieses Eisen Teil eines Ferments sein muss.

In die nächsten Jahre fallen dann einerseits die Warburgschen Untersuchungen über das „Atmungsferment", andererseits die Keilinschen über das Cytochrom und dessen Oxydase. Der Keilinsche Schluss: Cytochromoxydase = Indophenoloxydase und deren weitere Gleichsetzung mit dem Warburgschen Atmungsferment bedeuten zwar nicht die definitive Lösung des Problems, wohl aber eine Zurückführung desselben auf ein weitgehend geklärtes anderes.

Die fundamentale Bedeutung häminartig gebundenen Eisens bei der Funktion der Indophenoloxydase steht jedenfalls ausser Zweifel. Ob das Hämin nun tatsächlich (nach Warburg) die prosthetische Gruppe des Ferments ist oder ob es (nach Keilin) sich vielleicht nur

---

[1] H. M. Vernon, Jl Physiol. 44, 150; 45, 197; 1912. — Biochem. Zs 47, 374; 1912. — 60, 202; 1914.

[2] F. Battelli u. Stern, Biochem. Zs 46, 343; 1912.

[3] S. Gräff, Ziegl. Beitr. 70, 1; 1922. — Hdbch. biol. Arb.-Meth. (4) 1, 93; 1922.

mit dem Ferment (von unbekannter Zusammensetzung) zu einem autoxydablen Komplex vereinigt, ist gegenwärtig noch eine Diskussionsfrage. Jedenfalls kann hier auf frühere Ausführungen in diesem Buch (S. 332f. und S. 361) verwiesen werden.

δ) Die Kinetik der Indophenoloxydasewirkung ist noch nicht systematisch studiert worden.

Vernon[1a] gibt linearen Reaktionsverlauf der Indophenolbildung zum wenigsten während der ersten Stunde an. Seine übrigen Ergebnisse (über den Einfluss von Enzym- und Substratkonzentration) sind so wenig übersichtlich und offenbar so stark durch sekundäre Faktoren (vgl. S. 402) beeinflusst, dass ein näheres Eingehen darauf sich hier erübrigt. So findet er z. B. bei 0,01 m - Substratkonzentration 6mal geringere Indophenolbildung als bei 0,005 m -.

Battelli und Stern (S. 418) finden für die Phenylendiaminoxydation bei kleinen Substratkonzentrationen (< 0,025—0,05 m -) beinahe Proportionalität zwischen dieser und der O_2-Aufnahme. 0,1 m - und 0,2 m - Konzentration bedingen dagegen gleiche Reaktionsgeschwindigkeit.

Nach den gleichen Autoren verläuft die Reaktion in Luft um etwa $1/3$ langsamer als in reinem O_2, was typisch für Oxydone (wie überhaupt die Hauptatmung) sein soll, während die Oxydasen (bzw. die akzessorische Atmung) durch derartige Variationen des O_2-Drucks nicht berührt werden. Neuere Versuche von Hamburger und v. Szent-Györgyi (S. 415) im O_2-Druckbereich von 0,05—1,0 Atm. und mit sehr feiner Verteilung des (Muskel-)Gewebes ergaben jedoch, dass die Oxydationsgeschwindigkeit des p-Phenylendiamins von der O_2-Spannung unabhängig ist.

e) Beeinflussung des Ferments.

α) Physikalische Faktoren. Die **Temperatur**empfindlichkeit der Gewebsoxydase hat (mit seiner halbquantitativen Methode, vgl. S. 409) zuerst Vernon untersucht; die Ergebnisse sind dann im wesentlichen durch Battelli und Stern (mit manometrischer Methodik) bestätigt und erweitert worden.

Vernon[1a] findet für die Iph. von Herz, Gehirn und Niere bei halbstündigem Erwärmen auf 50° Schädigungen von 0—30%, beim Erwärmen auf 55° Schädigungen von 80—90% und bei 60° so gut wie vollständige Inaktivierung.

Ähnlich geben Battelli und Stern[1b] für Muskel und Leber bei 10 Minuten langem Erwärmen auf 55° starken, auf 60° fast völligen Aktivitätsverlust an. Die Enzym„lösungen" sind offenbar etwas weniger empfindlich, da nach dem Erwärmen auf 60° häufig noch $1/4$—$1/5$ des ursprünglichen Oxydationsvermögens vorhanden ist.

Die Oxydationsintensität ist für Muskel und Lebergewebe bei 30—50° ungefähr gleich, mit einem ganz schwach ausgeprägten Optimum bei 40°. Bei 20° und 55° ist die Reaktionsgeschwindigkeit erheblich (z. B. 50%) geringer. Abweichende Angaben Vernons über auffallend tiefe Temperaturoptima (10—25°) hängen mit der Unvollkommenheit seiner Methodik zusammen (vgl. S. 402).

Keilin[1c] findet sowohl für die Iph. der Hefe als des Herzmuskels Erhöhung der Reaktionsgeschwindigkeit ums $2^{1}/_{2}$fache beim Übergang von 18° auf 38°.

Nach Dunn[1d] ist die Leukocytenoxydase erheblich thermostabiler als die Gewebsoxydasen, was ja mit dem Wesen der Myelo-Nadireaktion im Einklang steht. (Hier wie im folgenden wird die Bezeichnung Leukocytenoxydase — dem Sprachgebrauch der Literatur folgend — stets im Sinne des

---

[1a] H. M. Vernon, Jl Physiol. 42, 402; 1911. — 44, 150; 1912. — [1b] F. Battelli u. Stern, Biochem. Zs 46, 343; 1912. — 67, 443; 1914. — [1c] D. Keilin, Proc. Roy. Soc. (B) 104, 206; 1929. — [1d] J. S. Dunn, Jl Bact. Path. 15, 20; 1910. — Ferner: S. Uchida, B. Physiol. 58, 459; 1931. — 60, 790; 1931. — Arb. med. Univ. Okayama 2, 294; 1930.

Gesamtkomplexes der aminoxydierenden Mechanismen der Leukocyten angewandt, ungeachtet der Wahrscheinlichkeit, dass der Gesamtkatalysator nichtenzymatische Komponenten enthält; vgl. S. 403f.)

Viertägige Einwirkung von 57° sowie einstündige von 70—80° zerstört nicht, fünfminutige von 85° jedoch vollkommen.

Ähnliches gilt für die Kryolabilität, insofern, als die Gewebsoxydasen durch Frieren und Wiederauftauen erheblich geschädigt werden (Battelli u. Stern, Keilin, l. c.) im Gegensatz zur Leukocytenoxydase, die —20° ohne Schaden verträgt (Uchida, l. c.).

Gegen **Trocknen** sind die Gewebsoxydasen sehr empfindlich, während die Leukocytenoxydase ihre Wirksamkeit monatelang beibehält (Dunn, l. c.).

Die recht zahlreichen Untersuchungen über den Einfluss von **Bestrahlung** haben wenig Charakteristisches ergeben.

Wärmestrahlen, sichtbares Licht sowie ultraviolette Strahlen wirken auf die Leukocytenoxydase in angegebener Reihenfolge zunehmend stark schädigend[1a]. Gegen Sonnenstrahlen (wie auch Wärme) erwies sich das Ferment am wenigsten stabil in den Monocyten, stabiler in den neutrophilen, am beständigsten in den eosinophilen Leukocyten[1b].

Die Wirkungslosigkeit von Röntgenstrahlen (auch Mesothorium) sowohl auf Gewebs- wie Leukocytenoxydase ist wiederholt festgestellt worden[1b, 1c].

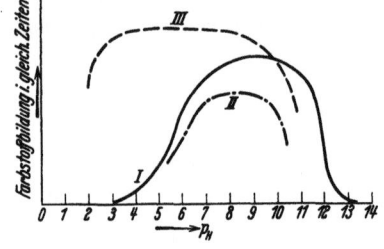

Abb. 63. pH-Abhängigkeit der Gewebs-Nadireaktion. (Nach Gräff.)
I Muskel (Maus, jung). II Muskel (Mensch, alt). III Blatt einer Pflanze.

β) **Chemische Faktoren.** Die älteren Angaben von Vernon, Battelli und Stern (S. 419, l. c.) über den Einfluss von **Alkali und Säure** auf die Iph. der Gewebe sind von geringem Wert, da auf die Pufferfunktion der Zellproteine nicht genügend Rücksicht genommen worden ist.

Sowohl HCl als NaOH schädigen bereits bei 1:2500, bei Steigerung der Konzentration wirkt Alkali stärker schädigend als Säure (Battelli u. Stern).

In neuerer Zeit hat Gräff[2a] die Gewebs-Nadireaktion in Abhängigkeit vom pH mit einer halbquantitativen Methode näher untersucht. Obenstehende Abbildung gibt einige typische Resultate wieder.

Die stärkere Aktivitätsabnahme im alkalischen Gebiet (im Vergleich zum sauren) ist deutlich. Beachtlich und mit Befunden an anderen pflanzlichen Oxydasen und Peroxydase übereinstimmend (S. 380, 398 und 439f.) ist ferner der Unterschied im pH-Optimum tierischen und pflanzlichen Enzyms. Möglicherweise könnte auch eine indirekte Natur der pflanzlichen Nadireaktion darin zum Ausdruck kommen (S. 412 und 414).

Myeloische Zellen (Leukocyten usw.) geben positive Nadireaktion noch bei pH 13[2b].

[1a] A. Vedder, Ned. tijdschr. geneesk. 68, 2357; 1924. — B. Physiol. 30, 587; 1925. — [1b] J. Goldmann, B. Physiol. 47, 103; 1928. — [1c] W. Offermann, Strahlenther. 5, 321; 1914. — S. Hallheimer u. Schinz, Strahlenther. 20, 331; 1925. — P. Lemay, C. R. 178, 1711; 1924.

[2a] S. Gräff, Ziegl. Beitr. 70, 1; 1922. — [2b] S. Gräff, Zs allg. Physiol. 20, 85; 1922. — Vgl. auch S. Uchida, S. 419.

Nach Gräff handelt es sich auch hier nur um eine Auswirkung des besseren Schutzes der Leukocytenoxydase, der ja auch bei den verschiedensten anderen Beeinflussungen zum Ausdruck kommt (vgl. jedoch S. 403 u. 420f.).

Den Einfluss von **Neutralsalzen** auf die Gewebsoxydase haben zuerst Battelli und Stern[1] untersucht.

Kleine Mengen NaCl $\left(<\frac{m}{10}\text{-}\right)$ wirken beschleunigend, grössere hemmend. Ähnlich verhält sich Na_2SO_4, bei höheren Konzentrationen wirkt es jedoch doppelt so stark hemmend wie NaCl. NaF $\left(\frac{n}{5}\text{-}\right)$ und $Na_4P_2O_7$ $\left(\frac{n}{15}\text{-}\right)$ haben nach Keilin[2a] nur geringe (10—20%) Hemmungswirkung auf Muskel-Iph. Dagegen wirkt NaN_3 (bei pH 5—6) schon in $\frac{m}{1000}$- Konz. fast vollständig hemmend[2b] (vgl. S. 356f.).

Von der lichtempfindlichen **Kohlenoxyd**hemmung der Iph. war schon früher wiederholt die Rede (S. 358f. u. 411f.).

Die Wirkung der **Blausäure** ist häufig, jedoch kaum je systematisch untersucht worden.

Gräff[3a] fand, dass schon 10^{-4} n - HCN die Gewebs-Nadireaktion hemmend beeinflusst. Hallheimer[3b] gibt vollständige Aufhebung der Reaktion durch $\frac{n}{50}$ - HCN an. Dagegen fand er die Leukocytenoxydase noch gegen $\frac{n}{5}$ - HCN resistent, Uchida (S. 419) gibt sogar noch höhere Werte an.

Nach Keilin[2a] und Banga[2c] unterbinden $\frac{n}{1000}$ - HCN (nach ersterem auch **Schwefelwasserstoff**) die Funktion der Muskel-Iph. vollständig. Auch **Äthylcyanid** hemmt, allerdings erst in viel höherer Konzentration, während **Acetonitril** selbst in $\frac{m}{20}$ - Lösung wirkungslos ist[2a].

Die HCN-Vergiftung der Nadireaktion lässt sich durch Auswaschen des Gewebes grossenteils wieder rückgängig machen; $KMnO_4$, $KClO_3$ und $Na_2S_2O_3$ sind (in dieser Reihenfolge abnehmend wirksame) Beschleuniger dieser Reaktivierung[3b].

Die Angaben über die Nadireaktion in den Geweben des HCN-vergifteten Organismus sind variierend; meist ist keine deutliche Abschwächung der Reaktion festgestellt worden[4a], doch gibt es auch entgegengesetzte Befunde[4b]. Die Applikation des Gifts wie auch die Wahl des untersuchten Gewebes scheinen eine grosse Rolle zu spielen. So fand Hallheimer (l. c.) bei intravenöser und intrakardialer Verabreichung weitgehende bis vollständige, bei Verabreichung per os deutliche, bei subcutaner und intramuskulärer Applikation keine (allgemeine) Unterbindung der Oxydasefunktion. Hinsichtlich der Lokalisation des (tödlichen) HCN-Angriffs im höheren Organismus besteht also noch keineswegs Klarheit.

Eine ähnliche Diskrepanz zwischen in vivo- und in vitro-Versuch wie bei HCN findet sich auch bei der Wirkung des **Phosphors** wieder[5]: In vitro starke Hemmung, in vivo sogar Steigerung der (Leber-) Gewebsoxydasefunktion. Möglicherweise steht letztere mit der gleichzeitigen Fetteinschwemmung in die Leber im Zusammenhang, denn **Lecithin** ist nach Staemmler[5] eine der wenigen Substanzen, mit denen sich eine Beschleunigung der biologischen Indophenolbildung erzielen lässt (s. S. 404).

---

[1] F. Battelli u. Stern, Biochem. Zs 46, 343; 1912.

[2a] D. Keilin, Proc. Roy. Soc. (B) 104, 206; 1929. — [2b] Erg. Enzymforsch. 2, 239; 1933. — [2c] J. Banga, Schneider u. v. Szent-Györgyi, Biochem. Zs 240, 454; 1931.

[3a] S. Gräff, Ziegl. Beitr. 70, 1; 1922. — [3b] S. Hallheimer, Ziegl. Beitr. 73, 80; 1922. —

[4a] A. Klopfer, Zs exp. Path. 11, 467; 1912. — F. Rabe, Zs exp. Path. 13, 371; 1913. — M. Staemmler, Virch. Arch. 259, 336; 1926. — [4b] H. Raubitschek, Wien. klin. Ws. 25, 149; 1912. — Zs exp. Path. 12, 572; 1913.

[5] M. Staemmler, Klin. Ws. 5, 134; 1926. — Virch. Arch. 259, 336; 1926.

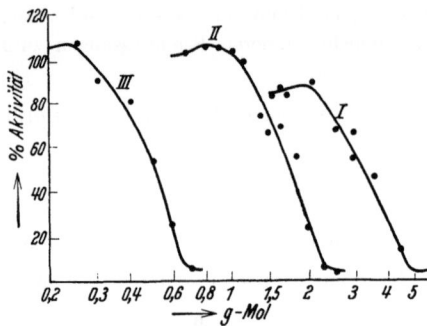

Abb. 64. Schädigung der Indophenoloxydase durch Urethane. (Nach Vernon.)
I Methylurethan. II Äthylurethan. III Propylurethan.

Dass **Alkohol** und **Aceton** die Wirksamkeit der Gewebsoxydase vernichten, hatten schon Battelli und Stern (S. 418) qualitativ festgestellt. Bald darauf hat Vernon[1] die Wirkung einer grossen Anzahl **organischer Agentien** auf die Indophenolbildung durch Nierengewebe quantitativ untersucht und ist dabei zu interessanten Ergebnissen gelangt.

Bei geringen Konzentrationen der angewandten „Narkotica" ist die Hemmungswirkung durch Auswaschen wieder rückgängig zu machen. (Ganz minimale Dosen haben häufig sogar eine geringe Beschleunigung der Reaktion zur Folge.) Bei steigender Konzentration des Agens erleidet die Oxydase jedoch Schädigungen. Konzentrationen, die das 2—3fache der die Anfangsschädigung herbeiführenden betragen, zerstören sie meist vollständig. Nebenstehende Tabelle 28 sowie Abb. 64 stellen einen Auszug aus den Vernonschen Versuchsergebnissen dar.

Wie man sieht, weichen die Aldehyde — mit Ausnahme des typischen Narkoticums Paraldehyd — in ihrem Verhalten von dem der eigentlichen Narkotica ab. Einfache zahlenmässige Verhältnisse zwischen den zur Oxydasehemmung und zur Kaulquappennarkotisierung notwendigen Konzentrationen bei Alkoholen, Ketonen, Fettsäureestern usw. sowie die Tatsache, dass die Narkoticakonzentrationen, welche die Anfangsschädigung verursachen, nur wenig höher sind als diejenigen, welche rote Blutkörperchen lackfarben machen, sprechen nach Vernon stark dafür, dass die Wirkung der Indophenoloxydase von Lipoidmembranen abhängig ist, deren Angriff durch die lipoidlöslichen Narkotica zur Schädigung und schliesslich Zerstörung der Oxydasefunktion führt. [Die Lipoidtheorie der Narkose von Overton, auf die sich Vernon hier stützt, ist allerdings heute im wesentlichen durch die Adsorptionstheorie (J. Traube, O. Warburg, vgl. S. 309f.) verdrängt.]

Tabelle 28. Schädigungs- und Zerstörungskonzentrationen einiger organischer Agentien gegenüber (Nieren-)indophenoloxydase. (Nach Vernon.)

Substanz	Mol-Konzentration der Anfangsschädigung C_A	Mol-Konzentration der Zerstörung C_Z	$\dfrac{C_Z}{C_A}$
Methylalkohol	10,5	14,0	1—1,33
Äthylalkohol	4,8	8,0	1,67
Propylalkohol	1,5	2,75	1,83
Butylalkohol	0,32	0,9	2,8
Heptylalkohol	0,0065	0,065	10,0
Phenol	0,067	0,12	1,8
o-Kresol	0,026	0,063	2,4
Aceton	4,0	7,0	1,75
Methyläthylketon . .	0,9	2,4	2,7
Methylpropylketon .	0,32	0,74	2,3
Diäthylketon . . .	0,24	0,74	3,1
Methylurethan	(2,0)	5,0	2,5
Äthylurethan	1,1	2,4	2,2
Propylurethan	0,29	0,72	2,5
Äthylformiat	0,035	0,168	4,8
Propylacetat	0,055	0,21	3,8
Äthylpropionat . . .	0,08	0,23	2,9
Äther	0,5	1,7 ?	3,4 ?
Chloroform	0,0145	0,075	5,2
Paraldehyd	0,6	1,1	1,8
Formaldehyd . . .	0,003	4,0	1330
Acetaldehyd	0,3	2,4	8
Propylaldehyd . . .	0,04	1,6	40

---

[1] H. M. Vernon, Jl Physiol. 45, 197; 1912. — Biochem. Zs 47, 374; 1912. — 60, 202; 1914.

Die experimentellen Befunde Vernons sind durch Battelli und Stern[1] im wesentlichen bestätigt worden.

Sie fanden jedoch auch eine schädigende Wirkung der Narkotica auf „gelöstes" Phenylendiaminoxydon und glauben aus diesem und verschiedenen anderen Gründen nicht an eine Einwirkung dieser Stoffe auf Lipoide, sondern auf Nucleoproteide im Enzym, die verändert bzw. gefällt werden. Die Verhältnisse sind also hier noch wenig geklärt.

Relativ niedere Konzentrationen an Äthylurethan (z. B. 0,3—0,6 m -) — wie sie die Funktion von Dehydrasen (s. z. B. Succinodehydrase Abschn. IV, 4 e β) hemmen — fanden sowohl Gräff wie Keilin (S. 421) ohne Wirkung auf die Indophenoloxydase.

Die Leukocytenoxydase erweist sich auch gegenüber den organischen Agentien weniger empfindlich als die Gewebsoxydase.

Nach Uchida (S. 419) sollen Methylalkohol stark, Äthylalkohol wenig, Heptylalkohol, Äther, Chloroform und Xylol sowie organische Säuren so gut wie nicht schädigen.

Trypsin zerstört sowohl das an der Zellstruktur haftende wie auch das in „Lösung" gebrachte tierische Enzym (S. 408) in kurzer Zeit, was von Battelli und Stern[1] als weiterer Beweis für die Eiweissnatur des Phenylendiaminoxydons angesehen wird. Das pflanzliche Ferment wird nicht geschädigt, möglicherweise sogar aktiviert; doch handelt es sich bei der Erhöhung der O_2-Aufnahme wahrscheinlich im wesentlichen um die Wirkung der freigemachten Aminosäuren (vgl. S. 376 u. 412).

4. Peroxydase.

a) Allgemeines.

Die Entdeckung der Peroxydasen stammt von Schönbein[2], der bei seinen Studien über Ozon und Peroxyde auf Fermente oder fermentähnliche Substanzen in Pflanzen und Tieren stiess, die gleich Ferrosalzen Wasserstoffsuperoxyd und möglicherweise auch andere Peroxyde gegenüber Guajaktinktur aktivierten (1855). Er hielt jedoch Katalase und Peroxydase für identisch, ein Irrtum, der erst nach beinahe einem halben Jahrhundert von Raudnitz[3a], Löw[3b] u. a. richtiggestellt wurde.

Die Reindarstellung von Peroxydasen gelingt am leichtesten aus pflanzlichem Material besonders wenn dieses, wie z. B. Meerrettich, nur unbedeutende Mengen von „direkten" Oxydasen enthält. Bei tierischem Ausgangsmaterial begegnet man im allgemeinen der Schwierigkeit, dass auch Hämoglobin, Cytochrom und andere Häminderivate eine — mehr oder weniger thermostabile — Peroxydasewirkung zeigen (vgl. S. 362), so dass wir über das Vorkommen echter thermolabiler Peroxydasen im tierischen Organismus noch wenig sichere Kenntnis besitzen. Bei Wegfall derartiger Komplikationen, z. B. im Falle der Milch, gelingt es jedoch, thermolabile, wenn auch nur mässig wirksame Enzympräparate darzustellen[4].

In günstigen Fällen, z. B. mit Meerrettich als Ausgangsmaterial, ist es gelungen, durch Anwendung der von Willstätter eingeführten Adsorptions- und Elutionsmethoden eine Anreicherung der Peroxydase bis aufs mehr als 20000fache der im Ausgangsmaterial vorhandenen Konzentration zu erzielen. Diese allerreinsten Präparate, die im Gegensatz zu minder reinen Präparaten

---

[1] F. Battelli u. Stern, Biochem. Zs 52, 226, 253; 1913. — 67, 443; 1914.

[2] C. F. Schönbein, Verh. naturforsch. Ges., Basel 1, 339; 1855.

[3a] R. Raudnitz, Zbt. Physiol. 12, 790; 1899. Zs Biol. 42, 91; 1901. — [3b] O. Löw, U. S. Dept. Agricult. Rep. Nr. 68; 1901.

[4] S. Thurlow, Biochem. Jl 19, 175; 1925. — K. A. C. Elliott, Biochem. Jl 26, 10; 1932.

recht unbeständig sind, zeigen keine einer bekannteren organischen Stoffklasse zugehörige Reaktion. Den minimalen und mit der Aktivität keineswegs parallelgehenden Eisengehalt — bei den reinsten Präparaten 0,064% — hielt Willstätter[1] als für Konstitution und Farbe der Peroxydase — diese ist porphyrinähnlich hellrotbraun — belanglos, eine Auffassung, die jedoch durch neuere Untersuchungen von R. Kuhn[2] und Mitarbeitern, die im häminartig gebundenen Eisen gerade die „Wirkungsgruppe" des Enzyms erkannten, widerlegt ist (S. 363).

Bezüglich der Spezifität der Peroxydase ist an die Untersuchungen Wielands[3] zu erinnern, wonach Hydroperoxyd das einzige von der Peroxydase mit grosser Geschwindigkeit umgesetzte Oxydans darstellt, während der viel trägere Umsatz der Monosubstitutionsderivate biologisch kaum von Bedeutung sein dürfte (S. 245 und 278).

Was die Substrate der Peroxydase anbetrifft, so scheinen alle durch die verschiedenen Oxydasen angegriffenen Stoffe auch von der Peroxydase umgesetzt werden zu können.

Die Purpurogallinbildung aus Pyrogallol ist die am häufigsten angewandte quantitative Testreaktion auf Peroxydase. (Bezüglich des Chemismus der Reaktion vgl. S. 384.)

Gewisse Vorzüge (grössere Beständigkeit des Reagenses gegen O_2 und H_2O_2 ohne Ferment) hat die Verwendung von Guajakol, das wie mit Oxydase + O_2 in „Tetraguajakochinon" übergeht (Formulierung des Reaktionsverlaufes S. 384).

Weitere, bei früheren Gelegenheiten schon als Oxydasereaktionen erwähnte analytisch verwertbare Prozesse sind die Bildung von Chinon bzw. Chinhydron aus Hydrochinon, die Indophenolsynthese aus p-Phenylendiamin+α-Naphthol (Nadireagens, S. 401f.), die Farbstoffbildung aus Leukoverbindungen wie Phenolphthalin (I) und Leukomalachitgrün (II)

schliesslich die Jodabscheidung aus Jodiden. (Zur Frage des Mechanismus s. S. 385 u. 434f.)

Nachzutragen ist hier noch die Oxydation von Benzidin[4a] (auch o-Tolidin, Benzidinmonosulfosäure[4b]), wobei als Primärprodukt das recht unbeständige Diphenochinondiimin

---

[1] R. Willstätter u. Mitarb., A. 430, 269; 1923. — B. 55, 3601; 1922. — B. 59, 1871; 1926.
[2] R. Kuhn, Hand u. Florkin, H. 201, 255; 1931.
[3] H. Wieland u. Sutter, B. 63, 66; 1930.
[4a] R. u. O. Adler, H. 41, 59; 1904. — M. Kjöllerfeldt, Pflüg. Arch. 172, 318; 1918. —
[4b] C. Kreibich, Wien. klin. Ws. 23, 1443; 1910. — S. Gräff, Hbch. biol. Arb.-Meth. (4) 1, 92; 1922.

entsteht, das dann weiterhin durch Zusammenlagerung mit unverändertem Benzidin und Salzbildung in die schwerlöslichen blauen Endprodukte, z. B.

$$\left[\begin{array}{c} HN=\!\!\left\langle \right\rangle\!\!=\!\!\left\langle \right\rangle\!\!=NH \\ H_2N\!\!\left\langle \right\rangle\!-\!\!\left\langle \right\rangle\!\!NH_2 \end{array} \right] 2\,HCl$$

übergeht[1].

Schliesslich sei noch die Phenazinbildung aus o-Phenylendiamin (und Derivaten) angeführt[2]:

$$\begin{array}{c}\text{NH}_2\\\text{NH}_2\end{array} + \begin{array}{c}\text{NH}_2\\\text{NH}_2\end{array} \xrightarrow{-6\,H} \begin{array}{c}N\\\\\text{NH}_2\\\text{NH}_2\\N\end{array}$$

Als besonders charakteristische, zur Unterscheidung der Peroxydase von Tyrosinase und Laccase geeignete — allerdings Produkte unbekannter Zusammensetzung liefernde — Reagentien empfiehlt Chodat[2] die drei Kresole (vgl. S. 365 u. 383f.).

Mit o-Kresol entsteht eine grüne, mit m-Kresol eine fleischfarbene, mit p-Kresol eine milchig-trübe opalescierende Lösung.

Der Angriff der Monophenole (auch des Tyrosins) scheint häufig durch die Peroxydase in anderer und offenbar weniger intensiver Weise zu erfolgen als durch die entsprechende Oxydase.

So gelingt es z. B. nach Raper[3a] nicht, bei der Einwirkung von Peroxydase auf m- und p-Kresol mit Anilin die entsprechenden o-Chinone zu erfassen, was um so merkwürdiger ist, als bei den Polyphenolen die Reaktion mit Oxydase und Peroxydase in analoger Weise verläuft[3b] (s. S. 384f.). Mit Tyrosin wird nur Gelbfärbung bei Einwirkung von H_2O_2 + Peroxydase, keine Melaninbildung, beobachtet, wie ja überhaupt die meisten dieser Umsetzungen mit Peroxydase nur colorimetrisch untersucht worden sind.

Zwischen pflanzlicher und tierischer Peroxydase scheinen nach Elliott[4] kleine Spezifitätsunterschiede zu bestehen.

So greift Milchperoxydase, ausser den gewöhnlichen aromatischen Substraten (mit Ausnahme des Resorcins, das hemmt) und Jodid, auch noch Tryptophan und Nitrit an, wozu Meerrettichperoxydase nicht imstande ist.

b) Vorkommen.

Über die Verbreitung der Peroxydasen (P.) in pflanzlichen und tierischen Zellen liegt eine Unzahl meist auf Grund der Guajakreaktion erhobener Befunde vor. Der grössere — und zuverlässigere — Teil dieser Angaben bezieht sich auf pflanzliches Material, wo der Nachweis „indirekter Oxydasen" (Bourquelot[5]) fast stets — auch in den nicht so seltenen Fällen, wo keine

---

[1] W. Schlenk, A. 363, 313; 1908. — W. Madelung, H. 71, 204; 1911.
[2] R. Chodat, Hdbch. biochem. Arb.-Meth. 3, 42; 1910. — Hdbch. biol. Arb.-Meth. (4) 1, 319; 1925.
[3a] H. S. Raper, Physiol. Rev. 8, 245; 1928. — [3b] C. E. M. Pugh u. Raper, Biochem. Jl 21, 1370; 1927.
[4] K. A. C. Elliott, Biochem. Jl 26, 10, 1281; 1932.
[5] E. Bourquelot, Soc. Biol. 50, 381; 1898.

„direkten Oxydasen" gefunden werden — gelingt. Und selbst negative Befunde (z. B. an Presssäften) sind hier mit grosser Vorsicht aufzunehmen, seitdem v. Szent-Györgyi[1] einwandfrei gezeigt hat, dass auch bei zweifellos vorhandener Peroxydase deren Reaktionen ausbleiben können, — bedingt durch reduzierende Substanzen vom Charakter der Hexuronsäure (vgl. S. 400).

In tierischen Zellen, in denen man ungemein verbreitet P.-Reaktionen findet, ist eine Fehlerquelle umgekehrten Effekts zu berücksichtigen, die den einwandfreien Nachweis des Enzyms sehr erschwert, in den meisten Fällen sogar zur Unmöglichkeit macht: die peroxydatische Wirkung aller Häminderivate (S. 362).

Schon lange ist ja die Guajakreaktion zum Nachweis von Blut-(bzw. Hämoglobin-)spuren verwendet worden[2a] und neuere Untersuchungen stellten die peroxydatische Wirkung nicht nur von Hämoglobin, sondern auch von Hämin, Cytochrom und anderen Fe-Porphyrinverbindungen ausser Zweifel[2b].

So kommt es, dass trotz der ungemeinen Verbreitung der Peroxydasereaktion im tierischen Organismus der Nachweis des Peroxydaseferments nur in wenigen Fällen (z. B. Leukocyten, Milch) eindeutig geglückt ist.

Für **Bakterien** liegen nur wenige Angaben vor[3a]. Stapp[3b] fand bei allen Bacteriaceen mit Ausnahme der Streptokokken positive P.-Reaktion. Da sie Erhitzen auf 100° überdauert, gegen Neutralsalze, Säure, Lauge, Jod, CS_2 und Narkotica indifferent ist und bei Einwirkung von Alkohol, Äther, Essigäther, Chloroform, Benzol, Toluol, Xylol zum Teil in diese Lösungsmittel übergeht, handelt es sich sicher nicht um die Wirkung eines Ferments, sondern um die von Zellhäminen, wie sie ja in allen aeroben Bakterien vorkommen (S. 351f.).

Das gleiche gilt für die thermostabile, durch Kochen häufig sogar verstärkte P.-Reaktion zahlreicher von Callow[3c] untersuchter aerober Bakterien. Streptococcus acidi lactici und der anaerobe B. sporogenes geben kaum eine P.-Reaktion, desgleichen haben sie Bertho und Glück[3d] bei den Milchsäurebildnern B. acidophilus und B. acidificans longissimus vermisst.

Im Gegensatz zu der meist fehlenden Oxydasereaktion (S. 386 u. 405) fand Reed[4] bei 12 **Algen**arten aller Gruppen die P.-Reaktion positiv.

Die älteren Angaben über die P.-Reaktion in **Hefen** sind widersprechend. Bald ist sie als schwach positiv, bald als negativ angegeben worden[5]. Auch Keilin[2b] (vgl. S. 405) fand neuerdings bei Bäckerhefe keine einwandfreie Reaktion. Dagegen erhielt er sowohl mit frischer als getrockneter und Acetonhefe nach dem Autoklavieren eine stark positive P.-Reaktion. Nach Harden und Zilva (l. c.) führt auch gründlichstes Auswaschen zu eindeutig positiver Reaktion. Der Effekt beider Massnahmen liegt in der Zerstörung bzw. Entfernung reduzierender Systeme (Dehydrasen und Substrate). Sicher ist die „Pseudo-P." der Hefe mit dem Cytochrom identisch.

---

[1] A. v. Szent-Györgyi, Biochem. Jl 22, 1387; 1928.

[2a] Vgl. z. B. C. E. Carlson, H. 48, 69; 1906. — O. Schumm, H. 50, 374; 1907. — E. J. Lesser, Zs Biol. 49, 571; 1907. — E. v. Czyhlarz u. v. Fürth, Hofm. Beitr. 10, 358; 1907. —

[2b] R. Willstätter u. Pollinger, H. 130, 821; 1923. — R. Kuhn u. Brann, B. 59, 2370; 1926. — H. 168, 27; 1927. — D. Keilin, Soc. Biol. 97, 39 (Réun. plén.); 1927. — Proc. Roy. Soc. (B) 104, 206; 1929.

[3a] C. Oppenheimer in Hdbch path. Mikroorg. 2, 1195; 1929. — [3b] C. Stapp, Zbl. Bakt. (1) 92, 161; 1924. — [3c] A. B. Callow, Biochem. Jl 20, 247; 1926. — [3d] A. Bertho u. Glück, A. 494, 159; 1932.

[4] G. B. Reed, Bot. Gaz. 59, 407; 1915.

[5] C. F. Schönbein, Münch. Akad. 2, 100; 1863. — A. Bach, B. 39, 1664; 1906. — Fermentforsch. 1, 197; 1915. — A. Harden u. Zilva, Biochem. Jl 8, 217; 1914.

In niederen **Pilzen** (Mucoraceen, Aspergillaceen, Tuberculariaceen usw.) ist P.-Vorkommen angegeben[1a]. Dagegen sollen in den so laccasereichen höheren Pilzen Peroxydasen so gut wie fehlen (Chodat[1b]). Auch Begemann[1c] hat P.-Reaktion bei Boletus edulis, Cantharellus cibarius und Polyporus vermisst. Nachprüfung des merkwürdigen Befundes wäre (namentlich im Hinblick auf etwaiges gleichzeitiges Vorkommen reduzierender Substanzen) sehr wünschenswert.

Während in allen bisher angeführten pflanzlichen Organismen das Vorkommen echter Peroxydasen nirgends einwandfrei erwiesen ist, sind sie in **höheren** Pflanzen so ungemein, wohl ubiquitär, verbreitet, dass wir uns hier mit einigen wenigen spezielleren Hinweisen begnügen müssen.

Ein umfangreiches statistisches Material stammt von Begemann (l. c.); er fand in 37 untersuchten Fällen stets Peroxydase (und Katalase), 17mal „direkte Oxydase". Noch umfassender sind die Untersuchungen von Onslow[2], bei denen unter 320 verschiedenen Spezies von Angiospermen nur in 5% negative P.-Reaktion (mit Guajak + H_2O_2) beobachtet wurde.

Unter den hierhergehörigen Familien befinden sich Bruniaceae, Ebenaceae, Empetraceae, Frankeniaceae, Myrsinaceae, Pyrolaceae und Sarraceniaceae. Onslow hält es jedoch für wahrscheinlich, dass bei genauerer Nachprüfung sich auch in diesen Fällen positive P.-Reaktion ergibt.

Was die Lokalisation der P. im Pflanzengewebe anbetrifft, so kommt sie nach Raciborski[3a] vor allem im Leptom vor, (die direkten Oxydasen im Parenchym); bei Milchsaftpflanzen fand sie Bourquelot[3b] nicht im Leptom, sondern in den Milchröhren. Die Epidermis und ihre Organe, Haare, Drüsenzellen, wie auch die Chromatophoren sind nach Begemann (l. c.) fermentfrei. Grüss[3c] glaubt P. auch im Phloem, bei ruhenden Hölzern ausser im Leptom auch im allerjüngsten Holz (dagegen nicht im Mark, im Xylem und in der Rinde) gefunden zu haben (vgl. auch Schultze, S. 405f.).

Im Samen[3d] gibt die Aleuronschicht sehr intensive P.-Reaktionen, auch der Kleber. Dagegen ist die Reaktion negativ in den Hüllen von reiner Zellmembran.

Nach Palladin[3d] findet sich ausser der „freien" P. des Zellsafts noch eine mit verschiedenen Teilen des Protoplasten verbundene, die bei der Autolyse abgespalten wird. Ähnliche Befunde stammen von Willstätter[3e].

Zahlreiche Samen hat mit stets positivem P.-Befund McHargue[4a] untersucht. Er verwendet die Reaktion zur Unterscheidung keimfähiger von abgestorbenen Samen. Deleano[4b] fand starkes Ansteigen des P.-Gehaltes bei der Keimung von Ricinussamen bis zum 14. Tage, dann Konstanz oder geringe weitere Steigerung. Die analoge Erscheinung bei Getreidesamen ist von Willstätter genau untersucht worden[4c].

In Früchten ist gleichfalls stets P. gefunden worden, während „direkte Oxydase" im allgemeinen sich nur in den an der Luft bei Verletzung freiwillig dunkelnder Varietäten nachweisen lässt[5].

[1a] H. Pringsheim, H. 92, 386; 1909. — [1b] R. Chodat, Hdbch. biol. Arb.-Meth. (4) 1, 330, 357; 1925. — [1c] O. H. K. Begemann, Pflüg. Arch. 161, 45; 1915.

[2] M. Wheldale-Onslow, Biochem. Jl 15, 107; 1921.

[3a] M. Raciborski, B. bot. Ges. 16, 52, 119; 1898. — [3b] E. Bourquelot, Jl Pharm. Chim. (6) 9, 390; 1899. — [3c] J. Grüss, B. bot. Ges. 16, 129; 1898. — [3d] W. Palladin u. Manskaja, Biochem. Zs 135, 143; 1923. — [3e] R. Willstätter u. Pollinger, A. 430, 269; 1923.

[4a] J. S. McHargue, Am. Soc. 42, 612; 1920. — Vgl. auch H. Coupin, C. R. 180, 685; 1925. — [4b] N. T. Deleano, Zbt. Bakt. (2) 24, 130; 1909. — [4c] R. Willstätter u. Pollinger, Untersuchung. über Enzyme, S. 521. Berlin 1928.

[5] M. Wheldale-Onslow, Biochem. Jl 14, 541; 1920. — 15, 113; 1921. — Vgl. auch P. H. Gallagher, Biochem. Jl 17, 515; 1923. — B. Moore u. Whitley, Biochem. Jl 4, 136; 1909.

Wurzeln und Knollen sind infolge ihres Enzymreichtums das gegebene Ausgangsmaterial zur präparativen Darstellung von P.[1a]. Besonders geeignet sind Meerrettich, weisse Rübe, Rettich, Kartoffel. In (Meerrettich-)Tumoren ist stark (80—100%) erhöhter P.-Gehalt festgestellt[1b].

Schliesslich enthalten zahlreiche Pflanzensekrete (Kautschuk- und Milchsäfte[2a], Gummi arabicum[2b], Traganth[2c] usw.) reichlich P.

Die ältesten Angaben über **tierische** P.-Vorkommen stammen von Schönbein[3], der zuerst die Guajakbläuung durch Speichel und Nasenschleim in Gegenwart von H_2O_2 beobachtete.

In der Folgezeit sind dann die peroxydatischen Wirkungen der verschiedensten tierischen Gewebe festgestellt worden[4a]. Dass bei diesen Wirkungen dem anhaftenden Blut wie auch intracellularen Blutfarbstoffderivaten eine wichtige Rolle zukommen dürfte, zeigte der Befund Liebermanns[4b], dass blutarme Gewebe, wie Fettgewebe, Gehirnrinde, Knorpel usw. nur schwache oder überhaupt keine P.-Reaktion geben. v. Czyhlarz und v. Fürth[4c] haben in richtiger Erkenntnis der Unzuverlässigkeit aller älteren Angaben über Gewebsperoxydase nach einem Hämoglobin- und Fermentreaktion unterscheidenden Reagens gesucht und glauben ein solches im Jodid gefunden zu haben, da dieses in schwach (essig-) saurer Lösung bei Anwesenheit von H_2O_2 nur durch Peroxydase, nicht durch Hämoglobin und Hämin, oxydiert wird. Ähnliche Befunde (ohne exakte pH-Bestimmung) sind auch von Wolff und de Stoecklin[4d] erhoben worden und sie haben neuerdings eine gewisse Bestätigung erfahren durch sorgfältige Untersuchungen von R. Kuhn und Brann[4e], die allerdings auch das schmale Anwendbarkeitsbereich der Differenzierungsmethode hinsichtlich des pH dartun (Abb. 65).

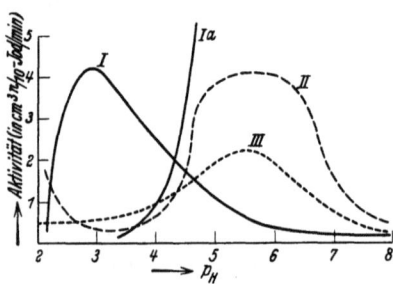

Abb. 65. pH-Abhängigkeit der Peroxydasewirkung von Meerrettichferment (I), (Ia Ferment in Acetatpuffer), Oxyhämoglobin (II) und Hämin (III) gegenüber Jodid in Phosphatpuffer bei 0°. (Nach Kuhn und Brann.)

Mit Hilfe dieser Methode gelang es v. Czyhlarz und v. Fürth (l. c.) die Gegenwart echter P. in **Leukocyten** (Eiterzellen), in **lymphoiden Geweben** (Knochenmark, Milz, Lymphdrüsen) und im **Sperma** mit Sicherheit nachzuweisen.

Die Enzyme sind in den zelligen Elementen, nicht in der sie umgebenden Flüssigkeit enthalten und können denselben durch Salzlösungen teilweise entzogen werden. Die Autoren betonen selbst, dass der negative Ausfall der Reaktion in den übrigen Organen mit Vorsicht auf-

---

[1a] O. Schreiner u. Sullivan, Bot. Gaz. 51, 273; 1911. — A. J. Ewart, Proc. Roy. Soc. (B) 88, 284; 1914. — A. Ernest u. Berger, B. 40, 4671; 1907. — A. W. van der Haar, B. 43, 1321, 1327; 1910. — A. Bach u. Chodat, B. 36, 600; 1903. — A. D. Rosenfeld, Diss. Petersburg 1906. — [1b] G. Klein u. Ziese, Biochem. Zs 267, 22; 1933.

[2a] D. Spence, Biochem. Jl 3, 165, 351; 1908. — V. Cayla, Soc. Biol. 65, 128; 1928. — P. W. Danckwortt u. Pfau, Arch. Pharm. 262, 449; 1924. — [2b] H. Struve, A. 163, 160; 1872. — [2c] L. Rosenthaler, Pharm. Ztrlhalle 65, 709; 1925.

[3] C. F. Schönbein, Poggend. Ann. 75, 357; 1848.

[4a] E. Lépinois, Soc. Biol. 50, 1177; 51, 428; 1899. — M. Savaré, Hofm. Beitr. 9, 141; 1906. — A. Charrin u. Goupil, C. R. 142, 595; 1906. — W. Ostwald, Biochem. Zs 6, 409; 1907. — A. Juschtenko, Biochem. Zs 25, 49; 1910. — [4b] L. Liebermann, Pflüg. Arch. 104, 176, 203; 1904. — [4c] E. v. Czyhlarz u. v. Fürth, Hofm. Beitr. 10, 358; 1907. — [4d] J. Wolff u. v. Stoecklin, C. R. 151, 483; 1910. — [4e] R. Kuhn u. Brann, B. 59, 2370; 1926.

zunehmen ist, da jodbindende Substanzen (weniger wahrscheinlich Katalase[1], vgl. S. 250 u. 436) hierfür verantwortlich sein können.

Mikrochemisch fand Fischel[2a] bei eosinophilen und neutrophilen Leukocyten und Myelocyten mit der Benzidinreaktion eine thermolabile P. im Cytoplasma. Lymphocyten und basophile Zellen geben diese Reaktion nicht[2b]. In den Kernen der Gewebszellen, den Granulis der Gewebsmastzellen, dem Plasma der Lymphocyten u. a. O. fand er eine thermostabile, offenbar kaum HCN-empfindliche „Pseudoperoxydase".

Plasma und Serum sind nach neueren sorgfältigen Untersuchungen von Brocq-Rousseu[2c] frei von Oxydase wie Peroxydase.

Möglicherweise sind auch die Angaben über das Vorkommen von P. in Speichel, Nasensekret, Umhüllungsschleim des Froschlaichs usw.[3a] nicht auf Rechnung des Sekrets als solchen, sondern von cellularen Beimengungen (evtl. Leukocyten) zu setzen[3b].

Scheunert[3c] fand Extrakte von Sublingualdrüsen bei allen Tieren sehr reich an P. Dagegen verhalten sich die Submaxillardrüsen und Parotiden verschiedener Tiere recht verschieden. Das gleiche gilt für Magen- und Darmschleimhaut. Extrakte von Tonsillen und cutanen Schleimhäuten wurden stets p.-negativ befunden.

Die P. der (Kuh-) Milch, die als einzige der tierischen Peroxydasen genauer untersucht worden ist, hat zuerst Arnold[4a] beobachtet.

Sie stammt wohl sicher aus den Leukocyten bzw. zerstörten Drüsenzellen und ist nicht, wie bisweilen vermutet, bakterieller Natur[4b]. In der Frauenmilch fehlt P. häufig (z. B. in $1/4$ aller Fälle), ohne dass sich daraus diagnostische Schlüsse ziehen lassen[4c].

Es ist nochmals darauf hinzuweisen, dass echte P. im tierischen Organismus wahrscheinlich verbreiteter ist als aus den vorstehenden Angaben hervorgeht. Namentlich Battelli und Stern[5a] haben — allerdings nur auf Grund der erheblichen Einwänden unterworfenen H_2O_2-Ameisensäurereaktion (vgl. S. 435) — zahlreiche Angaben über den mutmasslichen P.-Gehalt tierischer Gewebe gemacht. Sie finden einen immerhin beachtlichen Parallelismus zwischen „Peroxydase"- und Katalasegehalt, so dass also auch ersterer am höchsten in der Leber[5b], am niedrigsten im Muskel und Gehirn erscheint.

Im übrigen ist nach Willstätter[6] Oxyhämoglobin — auf gleiche Gewichtsmengen bezogen — ungleich (10—30000mal) weniger peroxydatisch wirksam (gegen Pyrogallol) als hochgereinigtes Ferment z. B. aus Meerrettich.

c) Darstellung, Eigenschaften und Bestimmung.

α) Pflanzliche Peroxydase. Fast alle Versuche zur präparativen Darstellung von Peroxydase beziehen sich bisher auf pflanzliches Ausgangsmaterial, wie (Getreide-, Ricinus-)Samen, Kartoffel, weisse Rübe, Rettich und vor allem Meerrettich — letzterer besonders geeignet durch seinen geringen Gehalt an „direkten" Oxydasen. Auch bei anderem Ausgangsmaterial ist

---

[1] F. Battelli u. Stern, Biochem. Zs 13, 44; 1908.

[2a] R. Fischel, Arch. mikr. Anat. 83, 130; 1913. — [2b] G. S. Graham, Jl exp. Med. 31, 209; 1920. — M. L. Menten, Jl exp. Path. 1, 225; 1920. — H. Mielke, Klin. Ws. 4, 2201; 1925. — [2c] Brocq-Rousseu, Bull. Ac. Méd. 105, 246; 1931. — Soc. Biol. 91, 1300; 1924.

[3a] A. Herlitzka, Arch. ital. Biol. 48, 119; 1907. — [3b] J. Ville u. Mestrezat, Zbt. Biochem. 15, 440; 1913. — [3c] A. Scheunert u. Mitarb., Biochem. Zs 53, 300; 1913.

[4a] C. Arnold, Arch. Pharm. 219, 41; 1881. — [4b] O. Jensen, Zbt. Bakt. (2) 18, 211; 1907. — W. Rullmann, Arch. Hyg. 73, 81; 1910. — W. Grimmer, Biochem. Zs 53, 429; 1913. — [4c] A. Muggia, Pediatria 32, 674; 1924.

[5a] F. Battelli u. Stern, Biochem. Zs 13, 44; 1908. — L. Stern, Biochem. Zs 182, 139; 1927. — [5b] Vgl. auch S. Thurlow, Biochem. Jl 19, 175; 1925.

[6] R. Willstätter u. Pollinger, H. 130, 281; 1923.

jedoch eine Abtrennung der letzteren auf Grund ihrer weit grösseren Empfindlichkeit möglich.

Einige quantitative Angaben über den Enzymgehalt gebräuchlicher Ausgangsmaterialien stammen von Willstätter[1], die allerdings wegen des wechselnden H_2O-Gehaltes nur von orientierendem Wert sind. Es enthalten P.E. (Peroxydaseeinheiten, S. 433) pro Kilogramm: Meerrettich (entwässert) 800, Weizenkeime (10—15% H_2O) 440—700, Roggenkeime (10—15% H_2O) 530—580, Gerstenkeime (10—15% H_2O) 240, Kartoffeltriebe (H_2O-frei) 290, weisse Rübe (frisch, z. B. mit 90% H_2O) 52, Zuckerrübe (frisch) 26, Schwarzwurzel (frisch) 16.

Die **älteren Methoden** der P.-Anreicherung[2] unterscheiden sich im allgemeinen kaum von den allgemein zur Oxydasedarstellung angewandten.

Nach Bach und Chodat[3a] werden aus Meerrettichpresssaft durch Zusatz von 96%igem Alkohol zuerst Beimengungen, dann die Hauptmenge des Enzyms abgeschieden und die Operationen nach dessen Wiederauflösen allenfalls wiederholt. Oder aber, man entzieht dem Meerrettichbrei zuerst mit 96%igem Alkohol die ätherischen Öle, hierauf mit 40%igem Alkohol das Enzym, das durch weiteren Alkoholzusatz wieder ausgefällt wird. Später hat Bach[3b] durch Ultrafiltration der Enzymlösung bis zu 50fache Aktivitätssteigerungen erzielt.

v. Euler[3c] beseitigt zuerst mit Baryt die Phosphate, mit 33% Alkohol weitere Ballaststoffe, fällt das Enzym mit Aceton, dialysiert dessen wässrige Lösung und fällt schliesslich fraktioniert mit Alkohol. Eine Variation der Methode — die gleichzeitig einen Beleg für die geringe Labilität der P. darstellt — besteht darin, dass man den rohen Presssaft zuerst bis zur Koagulation der Eiweissstoffe erhitzt, wobei die Peroxydaseaktivität nur etwa auf die Hälfte heruntergeht.

In ähnlicher Weise hat van der Haar[4] seine Kartoffel-P. gereinigt: zuerst fraktionierte Fällung des Presssaftes mit Alkohol, anschliessend Dialyse und schliesslich wiederholte kurze Erwärmung auf 80—90° zur Koagulierung der Eiweisskörper.

Deleano[5] extrahiert Rettichtrockenpulver zuerst mit Alkohol, dann zur Gewinnung der P. mit Wasser und fällt in diesem Extrakt das Eiweiss mit einer Lösung von kolloidem Ferrihydroxyd.

Bach und Tscherniack[6] fällen Rübenpresssaft fraktioniert mit Alkohol, trocknen die letzte Fällung und extrahieren mit Wasser. Die resultierende Lösung wird durch basisches Pb-Acetat von Verunreinigungen befreit und das Filtrat bis zum Ausbleiben jeder Trübung mit Na_2CO_3 versetzt; das alkalische Filtrat wird dialysiert und die P. schliesslich mit Alkohol gefällt.

Die auf die eine oder andere Weise dargestellten P.-Präparate sind grauweisse bis braune, in Wasser mehr oder weniger klar lösliche Pulver, die günstigenfalls (van der Haar, Bach und Tscherniack) nur mehr unvollständige oder schwache Eiweissreaktion geben. Minimaler Schwermetallgehalt (Fe, Mn) wird teils angegeben, teils soll er fehlen, jedenfalls besteht keine direkte Beziehung zwischen ihm und der enzymatischen Aktivität.

Die **neueren Methoden**, die zu hochaktiven, Bachs wirksamste (ultrafiltrierte) Enzymlösungen ums mehr als 100fache übertreffenden P.-Präparaten führen, sind besonders durch Willstätter[7] ausgearbeitet worden.

---

[1] R. Willstätter u. Pollinger, Untersuchung. über Enzyme, S. 521. Berlin 1928.

[2] Vgl. R. Chodat, Hdbch. biochem. Arb.-Meth. 3, 42; 1910. — Hdbch. biol. Arb.-Meth. (4) 1, 330; 1925.

[3a] A. Bach u. Chodat, B. 36, 600; 1903. — [3b] A. Bach, B. 47, 2122, 2125; 1914. — [3c] H. v. Euler u. Bolin, H. 61, 72; 1909.

[4] A. W. van der Haar, B. 43, 1321; 1910. — [5] N. T. Deleano, Biochem. Zs 19, 266; 1909.

[6] A. Bach u. Tscherniack, B. 41, 2345; 1908.

[7] R. Willstätter u. Stoll, A. 416, 21; 1918. — R. Willstätter, A. 422, 47; 1921. — R. Willstätter u. Pollinger, A. 430, 269; 1923.

Das Verfahren gliedert sich im wesentlichen in folgende Teilphasen: 1. Mehr- (z. B. 5—12-) tägiges Auswaschen der Meerrettich- (oder Rüben-) schnitzel in fliessendem Leitungswasser, entsprechend einer Dialyse von relativ niedermolekularen Begleitstoffen durch die Zellmembranen; ferner erfolgt hierbei Neubildung von Enzym in erheblichem Umfang[1]. 2. Behandlung des Materials mit $4^0/_{00}$ Oxalsäure, Aufspaltung nicht diffundierender Substanzen in dialysable und Adsorption der P. an Proteine bewirkend. 3. Entfernung saurer Begleitstoffe durch Extraktion mit kleinen Mengen $Ba(OH)_2$ und bei wiederholtem Zusatz dieses Reagens Extraktion des Enzyms selbst. 4. Entfernung des Ba durch Einleiten von CO_2 und Zusatz von wenig Alkohol zur Ausfällung von Schleimstoffen führt zu einer wässerig-alkoholischen Rohfermentlösung. [Eine in der ersten Arbeit (1918) angewandte, später (wegen der grossen Gefahr der Enzymschädigung und -verunreinigung mit Hg) wieder aufgegebene Methode der weiteren Reinigung bestand in der Fällung mit $HgCl_2$, wodurch ein N-haltiges Glucosid abgetrennt wird und die Aktivität des Enzyms aufs Doppelte steigt; vgl. S. 445.]

Nunmehr setzen die Adsorptionsmethoden ein, wobei sowohl hinsichtlich der Wahl der Adsorbentien als auch der Reihenfolge ihrer Anwendung zahlreiche Variationsmöglichkeiten bestehen. Üblich ist zunächst die Adsorption an Aluminiumhydroxyd (Tonerde) in 50%igem Alkohol und darauffolgende Elution mit CO_2-gesättigtem Wasser. Der Erfolg der Prozedur liegt vor allem in der Entfernung unwirksamer Glucoside.

Um ein bestimmtes Beispiel zu wählen, so haben Willstätter und Pollinger Tonerdeadsorption mit folgender Elution 3mal nacheinander angewendet. Darauf liessen sie in schwach essigsaurer Lösung Adsorption der P. an Kaolin folgen und eluierten mit 0,1%igem Ammoniak. 4 weitere Tonerdeadsorptionen schlossen sich an. Erst durch den Wechsel von positivem und negativem Adsorbens gelingt es, das Enzym vollständig von den hartnäckig mitfolgenden glucosidischen Beimengungen zu befreien. Zuletzt wird mit Alkohol gefällt.

Bei einem anderen Aufarbeitungsgang war die Reihenfolge der Adsorptionen folgende (Tonerde T, Kaolin K): T, K, T, T, K, T. Nunmehr wurde das letzte Eluat mit Tannin gefällt und nach dem Aufnehmen der Enzym-Tanninfällung in schwachessigsaurem verdünntem Alkohol eine Kaolinadsorption und zuletzt noch eine Tonerdeadsorption angeschlossen. Die Tanninbehandlung, die allerdings nur bei schon hochgereinigtem Enzym ohne Gefahr des Unlöslichwerdens der P. möglich ist (s. S. 446), befreit das Enzym weitgehend von Eisen.

Die Enzymanreicherung in den Willstätterschen Reinpräparaten überschreitet das 12000fache gegenüber dem getrockneten pflanzlichen Ausgangsmaterial. Dem Aussehen nach handelt es sich um leicht hellrotbraune, in Wasser mit der gleichen Nuance lösliche Pulver, deren Lösung keine der bekannten Reaktionen auf Eiweiss, Kohlehydrate oder eine andere genauer erforschte Körperklasse gibt.

Hochaktive Präparate (Purpurogallinzahl zwischen 2000 und 3070, s. S. 433) zeigen einen Aschegehalt zwischen 4,43 und 8,81%, davon Eisen zwischen 0,064 und 0,145%, Phosphor (in einem Beispiel) 0,027%. Die Elementaranalyse der sehr schwer verbrennlichen Enzympräparate ergibt (berechnet auf aschefreie Substanz): C 45,97—49,41%, H 7,41—8,10%, N 9,37—13,57%.

Die hochwertigen P.-Präparate sind zum Teil sehr labil, wobei stark hemmende Zersetzungsprodukte gebildet werden können. Durch weitergehende freiwillige Zersetzung der Hemmungskörper, unter Umständen auch durch deren Abtrennung kann die Hemmung weitgehend aufgehoben werden und man beobachtet dann bei den verschiedensten Gelegenheiten (beim Trocknen, Aufbewahren, beim Stehenlassen der Lösungen, beim Adsorbieren usw.) scheinbare Fermentzunahmen (bis zu 50%).

Auch Willstätters hochaktive Präparate sind also nicht annähernd — soweit der Ausdruck überhaupt einen Sinn hat — „reines" Ferment. Aber sie unterscheiden sich von den älteren Protein, Kohlehydrat, Glucosid usw.

---

[1] Vgl. besonders R. Willstätter, Pollinger u. Weber, Untersuchung. über Enzyme, S. 516, Berlin 1928.

enthaltenden Präparaten wahrscheinlich durch die chemische Verwandtschaft bzw. Ähnlichkeit zwischen Verunreinigungen und eigentlichem Ferment.

β) Tierische Peroxydase. Leukocyten und Milch sind hier die Hauptquellen der Enzymdarstellung. Systematische Reinigungsversuche evt. unter Anwendung der Willstätterschen Adsorptionsmethoden fehlen noch vollständig.

Meyer[1] fällt die P. der Leukocyten aus Eiter oder (myelogen) leukämischem Blut mit Alkohol, extrahiert die Fällung zur Entfernung von Lecithin und Fett mit Alkohol und Äther, löst den getrockneten Rückstand in Wasser und fällt mit $(NH_4)_2SO_4$ bis zu $^8/_{10}$ Sättigung. Der filtrierte Niederschlag wird mit H_2O extrahiert, die Lösung mit Alkohol gefällt und der erhaltene Niederschlag wiederum mit H_2O extrahiert. Die Lösung gibt keine Biuret-, wohl aber intensive Guajak- und Phenolphthalinreaktion.

Nikolajew[2] extrahiert die Leukocytenschicht sedimentierten Pferdebluts mehrere Tage mit 10%igem NaCl und erhält so klare, schwach gelblich gefärbte thermolabile P.-Lösungen.

Neumann[3] gibt an, dass er aus rotem Knochenmark von Rind und Pferd (übrigens auch aus Blut) hämoglobin- und eiweissfreie Präparate mit starker, wenig thermolabiler peroxydatischer Wirkung („Oxone"), im wesentlichen der eosinophilen Granula entsprechend, erhalten hat. Die aus Femurknochen isolierte Spongiosa mit ihrem Mark wird so lange mit 1%igem NaCl verrieben und extrahiert, bis die Flüssigkeit sich nicht mehr länger rot färbt. Aus der Extraktionsflüssigkeit setzt sich im Laufe von einem bis mehreren Tagen ein grauer Bodensatz ab, der sich in destilliertem Wasser zu einer milchigen Emulsion löst. Durch Fällung mit 10% $(NH_4)_2SO_4$ erfolgt die Abscheidung der peroxydatisch (beim Pferd auch oxydatisch) aktiven (braunen und stark eisenhaltigen) Substanz (vgl. S. 403).

Thurlow[4] gewann die P. der Milch, indem sie zuerst durch halbe Sättigung mit $(NH_4)_2SO_4$ Caseinogen und Fett abschied und hierauf durch vollständige Sättigung des Filtrats das Ferment. Elliott[5] hat das Verfahren zur Gewinnung einer praktisch katalasefreien P. etwas modifiziert. Er versetzt die Milch mit $^1/_4$ ihres Gewichts an festem $(NH_4)_2SO_4$, filtriert und fällt das Enzym mit $^1/_6$ des Filtratgewichts an $(NH_4)_2SO_4$. Die Aktivität des mit schwach bräunlicher Farbe wasserlöslichen Präparats beträgt nur etwa $^1/_{1000}$ derjenigen der Willstätterschen „Reinpräparate".

γ) Zur Bestimmung der Peroxydase sind im Laufe der Zeit eine Menge von Methoden vorgeschlagen worden, die bei Einhaltung bestimmter Versuchsbedingungen ihren Zweck alle mehr oder weniger gut erfüllen[6].

Die klassische, schon von Struve, Bach und Chodat angewandte, von Willstätter ausgebaute Methode ist die Pyrogalloloxydation zu Purpurogallin[7a] (Reaktionsverlauf S. 384).

Während die älteren Autoren das Purpurogallin gravimetrisch bestimmten, äthert es Willstätter aus und vergleicht colorimetrisch mit der ätherischen Purpurogallintestlösung. Bauer und Ucko[7b] haben statt dieser einen Dauertest von wässriger Chromsäurelösung eingeführt; Dorfmüller[7c] vergleicht mit Ammonpikrat, Kuhn[7d] mit alkalischem Methylrot. Smirnow[7e] filtriert das Purpurogallin ab, löst in H_2SO_4 und titriert mit $KMnO_4$.

---

[1] E. Meyer, Münch. med. Ws. 50, 1489; 1903. — [2] K. Nikolajew, Biochem. Zs 194, 244; 1928.
[3] A. Neumann, Biochem. Zs 148, 524; 150, 256; 1924. — Fol. haemat. 32, 167; 1926. — 35, 30; 1927.
[4] S. Thurlow, Biochem. Jl 19, 175; 1925. — [5] K. A. C. Elliott, Biochem. Jl 26, 10; 1932.
[6] Zur Methodik siehe Oppenheimers „Fermente", 3, 1357; 1929.
[7a] H. Struve, A. 163, 160; 1872. — A. Bach u. Chodat, B. 36, 600; 1903. — A. Bach, B. 47, 2125; 1914. — R. Willstätter u. Mitarb., l. c. (S. 430). — [7b] H. W. Bansi u. Ucko, H. 157, 192; 1926. — 159, 235; 1927. — [7c] G. Dorfmüller, Zs. Zuckerind. 73, 316; 1923. —
[7d] R. Kuhn u. Mitarb. H. 201, 255; 1931. — [7e] A. J. Smirnow, Biochem. Zs 155, 1; 1925.

Nach Willstätter versteht man unter „Purpurogallinzahl" (P.Z.) diejenige Purpurogallinmenge in Milligramm, die 1 mg trockenes Fermentpräparat in einer Lösung von 5 g Pyrogallol + 50 mg H_2O_2 in 2 l H_2O von 20^0 innerhalb 5 Minuten bildet.

Um einen Begriff von der Effektivität der Willstätterschen Reinigungsmassnahmen zu vermitteln, sei hier angegeben, dass frischer weisser Rübe die P.Z. 0,05, frischen Meerrettichwurzeln die P.Z. 0,2 zukommt. Das reinste ultrafiltrierte Präparat Bachs (S. 430) hatte eine P.Z. von etwa 36, Willstätters Rohpräparate (Phase 4, S. 431) vor der Adsorption P.Z.-Werte zwischen 130 und 260 (nach der Fällung mit $HgCl_2$ zwischen 500 und 670). Einmalige Tonerdeadsorption führt P.Z.-Werten zwischen 660 und 880. Für Willstätters reinste feste Präparate lag die P. Z. in der Nähe von 3000, erheblich höhere Werte (bis 4900) sind in Enzymlösungen (nach „Selbstaktivierung", S. 431) beobachtet worden.

Als „Peroxydaseeinheit" (P.E.) wird 1 g Substanz von der P.Z. 1 oder 1 mg Präparat von der P.Z. 1000 bezeichnet. Dieser Einheit entspricht der Peroxydasegehalt in 5 g frischer Meerrettichwurzeln oder 20 g weissen Rüben von den oben genannten P.Z.-Werten. Die P.E. ist von Bedeutung bei der Verfolgung der Ausbeute im Laufe der Reinigungsverfahren. Hochaktive Präparate lassen sich übrigens nur unter grossen Verlusten an der ursprünglichen Aktivität (mehr als 90%) gewinnen.

Viel verwendet als Testreaktion ist auch die Guajakoloxydation (vgl. S. 384 u. 424), die jedoch offenbar durch Enzymverunreinigungen stärker beeinflusst wird und darum ungenauer ist als die Purpurogallinreaktion[1].

Es wird im allgemeinen in wässriger Lösung (nach Abbrechen der Reaktion durch $HgCl_2$-Zusatz) colorimetriert. Eine Schwierigkeit liegt in der Unbeständigkeit der Testlösung aus oxydiertem Reaktionsprodukt, die sich jedoch durch Verwendung eines farbgleichen Dauertests aus $Co(NO_3)_2 + K_2Cr_2O_7$ umgehen lässt.

Wegen ihrer chemischen Durchsichtigkeit zur Kontrolle der Purpurogallinbildung verwendet und zur exakten colorimetrischen Methode ausgebaut worden ist ferner die Leukomalachitgrünoxydation (Willstätter und Weber[2], vgl. auch S. 424), die unter analogen Konzentrations- und Aciditätsbedingungen ungefähr 40mal langsamer verläuft als die Purpurogallinbildung.

Quantitative Untersuchungen über die Jodidoxydation durch Peroxydase (in Abhängigkeit vom pH) rühren von R. Kuhn und Brann (S. 428, Abb. 65) her.

Aus neuester Zeit stammen noch Angaben über quantitative Bestimmung der P.-Aktivität auf Grundlage der Hydrochinonoxydation zu schwerlöslichem Chinhydron, das abfiltriert und jodometrisch titriert wird[3].

Ferner ist die Benzidinoxydation zur quantitativ-colorimetrischen Methode ausgebaut worden[4]. Die essigsaure, den blauen Farbstoff enthaltende Reaktionslösung wird mit überschüssiger NaOH versetzt, wodurch neben unverbrauchtem Benzidin ein braunroter Farbstoff (wahrscheinlich ein Umwandlungsprodukt des N-Diacetyldiphenochinondiimins von gleicher Elementarzusammensetzung) ausfällt. Nach dem Lösen in Alkohol wird gegen eine aus Benzidin und $KMnO_4$ in Eisessiglösung und analoge Weiterbehandlung erhaltene Testlösung colorimetriert.

---

[1] A. Bach u. Zubkowa, Biochem. Zs 125, 283; 1921. — H. W. Bansi u. Ucko, H. 157, 192; 1926.

[2] R. Willstätter u. Weber, A. 449, 156, 175; 1926.

[3] B. B. Dey u. Sitharaman, Ind. Chem. Soc. 8, 779; 1931.

[4] K. L. Zirm u. Mitarb., Biochem. Zs 245, 290; 1931. — H. Willstädt u. Mitarb. A. 500, 61; 1932.

Ein der Staemmlerschen Methode zur Indophenoloxydasebestimmung ähnliches Verfahren (S. 409f.) ist von Guthrie[1] für die P. vorgeschlagen worden.

Wichtig ist bei allen quantitativen Bestimmungen der P.-Aktivität, dass H_2O_2 in starker Verdünnung angewandt wird, da sonst Hemmungen auftreten (vgl. S. 440f.).

d) Wirkungen und Natur des Ferments.

α) Was die **Spezifität der Peroxydase** anbetrifft, so können wir uns hier kurz fassen, da das Wesentliche hierzu schon früher S. 246 u. 424f. gesagt worden ist. Die in der älteren Literatur — übrigens auch in der neueren, vgl. z. B. O. Fernandez[2] — namentlich im Zusammenhang mit der Bach-Chodatschen Theorie (S. 275ff.) immer wieder auftauchenden, unklaren Angaben über organische „Peroxyde" als durch die Peroxydase aktivierbare Intermediärstufen des Zellstoffwechsels sind erst in den letzten Jahren prinzipiell widerlegt worden (vgl. S. 278).

Wieland und Sutter[3] fanden mit Äthylhydroperoxyd bestenfalls $1/5$—$1/6$, mit Acetopersäure $1/10$ der unter den gleichen Konzentrations- und pH-Bedingungen mit H_2O_2 beobachteten Reaktionsgeschwindigkeit. Diäthylperoxyd ist vollkommen wirkungslos, hindert jedoch die H_2O_2-Reaktion nicht. Dioxymethylperoxyd und Disuccinylperoxyd sind nicht nur ohne jede oxydierende Wirkung, sondern unterbinden auch die H_2O_2-Reaktion nahezu vollständig.

Ähnliche Befunde stammen von Böeseken[4], der enzymatische Pyrogalloloxydation mit Acetopersäure und Benzopersäure, keine Spur davon jedoch mit Dibenzoylperoxyd beobachtete. Im übrigen glaubt er, dass die chemische Reaktion auch der Persäuren sich erheblich von der des H_2O_2 unterscheidet, indem er beispielsweise mit Benzopersäure nicht die bekannte Purpurogallinfärbung, sondern eine dunkelbraunviolette Tönung der Reaktionslösung wahrnahm.

Eine kurze Notiz von Dixon[5] über die wahrscheinliche Verwertbarkeit von Persulfat durch tierische (nicht pflanzliche) P. bedarf der Nachprüfung.

Hinsichtlich der angreifbaren **Substrate** lässt sich sagen, dass das Wirkungsgebiet der P. sich im grossen ganzen mit den vereinigten Aktionsbereichen von Polyphenol- und Indophenoloxydase deckt.

Die Reaktionsprodukte der P.-Wirkung scheinen hier die gleichen zu sein wie die der Oxydasewirkung, was für den Fall der o-Diphenole noch im besonderen von Pugh und Raper (S. 376) nachgewiesen worden ist. Dagegen ist die Wirkung der P. auf Tyrosin und Monophenole weniger spezifisch und energisch als die der Tyrosinase; insbesondere scheint die Reaktion hier nicht über o-Diphenole zu gehen (Raper, S. 425). Man beobachtet häufig nur schwache und wenig charakteristische Färbungen und Fällungen[6].

Eine noch nicht ganz geklärte Frage für sich ist die Deutung der **Jodidreaktion**.

Während sie Bach[7a] auf seine problematischen primären „Peroxyde" zurückführte, hielt sie Wolff[7b] für eine Sekundärwirkung von Chinonkörpern. Neuere Befunde von Kuhn[7c],

---

[1] J. D. Guthrie, Am. Soc. 53, 242; 1931.
[2] O. Fernandez, Bull. Soc. Chim. (4) 37, 1085; 1925.
[3] H. Wieland u. Sutter, B. 63, 66; 1930.
[4] J. Böeseken, Proc. Roy. Ac. Amsterd. 33, 134; 1930.
[5] M. Dixon, Biol. Rev. 4, 375; 1929. — [6] K. A. C. Elliott, Biochem. Jl 26, 10, 1281; 1932.
[7a] A. Bach, B. 37, 3785; 1904. — [7b] J. Wolff u. de Stoecklin, Ann. Inst. Past. 25, 313; 1911. — Vgl. auch die Literaturangaben S. 385. — [7c] R. Kuhn u. Brann, B. 59, 2370; 1926.

der die Jodidoxydation auch mit hochgereinigter Peroxydase und ausserdem mit Hämin und Hämoglobin fand, liessen die generelle Zulässigkeit der Wolffschen Erklärung aber wieder fraglich erscheinen. Nimmt man noch die neuesten Erkenntnisse über die Häminnatur der aktiven Gruppe von Peroxydase[1] hinzu, so ist es wohl recht wahrscheinlich, dass es sich hier um eine primäre, der Polyphenoloxydation nicht kausal untergeordnete Nebenwirkung des Enzyms handelt. (Über die Jodidreaktion als Argument gegen die Dehydrasenatur der P. vgl. S. 281.) In den unreinen, stark chromogenhaltigen Pflanzenextrakten Wolffs u. a. mögen die Verhältnisse durchaus anders liegen.

Dass die Spezifitätsbereiche von tierischer und pflanzlicher P. sich nicht vollständig decken, ist schon einleitungsweise (S. 425) erwähnt worden[2].

Irgendwelche Schlüsse auf einen prinzipiellen Unterschied zwischen beiden Enzymvorkommen lassen sich daraus kaum ziehen. Das Wesen der Nitritoxydation durch Milchperoxydase ist noch ganz ungeklärt.

Soviel ist jedenfalls sicher, dass weder tierische noch pflanzliche P. die üblichen Zellbrennstoffe angreifen.

Eine grosse Anzahl solcher Metabolite hat neuerdings Elliott (l. c.) mit durchwegs negativem Befund auf ihre Angreifbarkeit durch die beiden Enzyme geprüft, u. a. Formiat, Acetat, Oleat und Triolein, Stearat, Lactat, β-Oxybutyrat, Äthylalkohol, Glycerin, Acetaldehyd, Glucose, Fructose, Glykokoll, Glutaminsäure, Phenylalanin, Histidin, Brucin. Das Versagen des Formiats zeigt den problematischen Wert der Versuche von Battelli und Stern, Gewebsperoxydase mit diesem Agens nachzuweisen (S. 429; vgl. auch Formicodehydrase, Abschn. IV, 1a).

β) Im Zusammenhang hiermit mag kurz auf die **Rolle der Peroxydase im Organismus** eingegangen werden, obwohl das Wesentliche hierzu schon an anderer Stelle (S. 247f. u. 362) gesagt worden ist.

Die Verhältnisse liegen in dieser Hinsicht bei der Peroxydase (und der Katalase) genau umgekehrt wie bei den Oxydasen und Dehydrasen. Während man sich über die biologische Bedeutung der beiden letzteren Enzymgruppen und die Art und den Ort ihres Eingreifens im klaren ist, steht man bezüglich Isolierung, Reinigung, Zusammensetzung der einzelnen Fermente, der Kinetik ihrer Wirkung usw. noch in den ersten Anfängen der Erkenntnis. Anders bei Peroxydase (und Katalase). Dort ist man in den zuletzt angeführten Punkten schon ein gutes Stück vorwärts gekommen, aber die biologische Bedeutung dieser Enzyme war lange Zeit unklar und ist auch heute noch, namentlich was die quantitative Seite ihrer Beteiligung an der biologischen Oxydation anbetrifft, noch keineswegs befriedigend zu deuten. Einige kurze Angaben über biologische Peroxydasefunktion aus neuerer Zeit mögen hier trotzdem am Platze sein.

Der erste experimentelle Hinweis auf eine mögliche Funktionsweise der Peroxydase ist wohl von Sylva Thurlow[3a] gegeben worden, indem sie bei der aeroben Dehydrierung von Hypoxanthin und Xanthin in Gegenwart der entsprechenden Dehydrase und von Peroxydase sekundäre Oxydationswirkungen, z. B. gegenüber Guajaktinktur oder Nitrit beobachtete. Harrison und Thurlow[3b] zeigten später, dass offenbar auch eine ätherlösliche Substanz der Milch — wie sie vermuten, von der Natur eines ungesättigten Fettes — im kompletten System von

---

[1] R. Kuhn u. Mitarb., H. 201, 255; 1931.
[2] K. A. C. Elliott, Biochem. Jl 26, 10, 1281; 1932.
[3a] S. Thurlow, Biochem. Jl 19, 175; 1925. — [3b] D. C. Harrison u. Thurlow, Biochem. Jl 20, 217; 1926.

Dehydrase + Peroxydase der Oxydation durch intermediär gebildetes Hydroperoxyd unterliegen kann. (Über die Bevorzugung der Peroxydase bei gleichzeitiger Gegenwart von Katalase vgl. S. 250 und A. Bach[1].)

v. Szent-Györgyi[2a] fand etwas später, dass im aeroben System Aldehyd-Schardingerenzym-Peroxydase Adrenalin zu einem roten chinoiden Pigment oxydiert wird. Fügt man zu diesem System noch die stark reduzierende Hexuronsäure (Vitamin C) hinzu, so lässt sich auf dem Wege über das Adrenalin auch die indirekte Oxydation dieser Substanz erreichen. Da andererseits die oxydierte Form der Hexuronsäure durch tierische Gewebe (und zwar auf Kosten von SH-Gruppen, nicht durch enzymatisch aktivierten Wasserstoff) reversibel in die Ausgangsform zurückverwandelt werden kann, so hält v. Szent-Györgyi eine biologische Bedeutung derartiger Kettenprozesse unter Beteiligung der Peroxydase für durchaus wahrscheinlich. Da Hydroperoxyd bisher jedoch nur bei eindeutigen enzymatischen Dehydrierungsprozessen, nicht bei der Wirkung der Oxydasen einwandfrei beobachtet worden ist, so hängt die quantitative Bedeutung der Peroxydaktivierung letzten Endes mit dem noch unbekannten Anteilverhältnis beider Mechanismen am Gesamtkomplex der biologischen Oxydation zusammen.

Die enge Verbundenheit von Peroxydase- und Katalaseproblem geht u. a. auch aus dem Befund von L. Stern[2b] über einen gewissen Parallelismus in der Verteilung von peroxydatischer und katalatischer Aktivität in den verschiedenen Tiergeweben einerseits und der sog. „akzessorischen" („Oxydasen"-) Atmung andererseits hervor. Es sei auf frühere Ausführungen zu diesem beachtenswerten Punkt verwiesen (S. 250 f. u. 429).

γ) **Wirkungsmechanismus und aktive Gruppe.** Bei der Möglichkeit leichter Isolierung und Anreicherung, der Beständigkeit und der wohlumgrenzten Funktion der Peroxydase hat man sich schon frühzeitig Gedanken darüber gemacht, auf Grund welchen chemisch erfassbaren Mechanismus das Ferment seine Wirkung ausübt.

Die älteren Theorien, z. B. von Kastle und Loevenhart[3a], Bach[3b] u. a., arbeiten fast durchwegs mit der — im Prinzip auf Schönbein zurückgehenden — Vorstellung, dass unter der Einwirkung des H_2O_2 am Enzym aktive Peroxydgruppen ausgebildet werden, die ihren Sauerstoff an geeignete reduzierende Substrate unter Restitution des Enzyms abgeben. Die im Anschluss an die Bertrandsche Mangantheorie (S. 273 f.) aufgekommene Frage, ob bei dieser Peroxydbildung Schwermetall (Mangan oder Eisen) die auslösende Rolle spiele, wurde — im wesentlichen auf Grund analytischer Befunde an Enzympräparaten — bald verneint[4], bald — mehr auf Grund vermuteter Analogien zur mittlerweile eingehender untersuchten peroxydatischen Funktion von Schwermetallverbindungen, insbesondere Blutfarbstoffderivaten — bejahend beantwortet[5]. Auch in der Folgezeit (von etwa 1910—1925) finden beide Anschauungen ihre Verfechter, ohne dass sich eine entscheidende Tatsache ergäbe. Auf der einen Seite glaubt man bald in Aldehyden, bald in Lipoiden und Terpenen (Woker, Gallagher, Gutstein; nähere Angaben und Literatur S. 278) die peroxydausbildende Gruppe des Enzyms gefunden zu haben, auf der anderen untersucht man mit zunehmend verfeinerten Methoden — vor allem an dem wegen seines geringeren Eisengehalts ja viel geeigneteren pflanzlichen Material —, ob nicht doch ein gewisser Parallelismus zwischen peroxydatischer Wirksamkeit und Vorhandensein von Eisen besteht (Gola[6], Willstätter S. 430).

---

[1] A. Bach, B. 39, 1664; 1906.

[2a] A. v. Szent-Györgyi, Biochem. Jl 22, 1387; 1928. — [2b] L. Stern, Biochem. Zs 182, 139; 1927.

[3a] J. H. Kastle u. Loevenhart, Am. chem. Jl 26, 539; 1901. — [3b] A. Bach, B. 37, 1342; 1904.

[4] E. de Stoecklin, Thèse Genf 1907. — A. D. Rosenfeld, Diss. Petersburg 1906. — A. Bach u. Tscherniack, B. 41, 2345; 1908. — A. W. von der Haar, B. 43, 1321, 1327; 1910.

[5] J. Wolff, C. R. 146, 142, 781, 1217; 1908. — 148, 946; 1909. — J. Wolff u. de Stoecklin, l. c. (S. 428 u. 434). — W. Madelung, H. 71, 204; 1911.

[6] G. Gola, Atti R. Accad. Linc. (5) 24, I, 1239; 24, II, 289; 1915. — 28, II, 393; 1919.

Erst die Herstellung hochgereinigter, hochaktiver P.-Präparate durch Willstätter hat die tragfähige Basis zur ernsthaften Diskussion der Schwermetallbedingtheit der P.-Funktion geschaffen. Freilich waren auch auf dieser Stufe noch mancherlei Irrwege notwendig, ehe es dem Willstätter-Schüler Kuhn gelang, auf diesem Gebiet endgültig Klarheit zu schaffen.

Nachstehende Abbildung gibt einen Auszug der Willstätterschen Reinigungsversuche. Man erkennt deutlich das Parallelgehen von Fe-Gehalt und peroxydatischer Wirksamkeit bis zur P.Z. etwa 1500 — selbst bei Präparaten verschiedener Herkunft. Bei noch höher gereinigten Präparaten nimmt der Fe-Gehalt jedoch wieder ab, besonders intensiv bei der Tanninfällung (S. 431).

Den minimalen Fe-Gehalt von 0,064% in seinem reinsten Präparat (P.Z. 3070) hielt Willstätter[1] für akzessorisch und glaubte gleichzeitig durch seine Untersuchungen festgestellt zu haben, ,,dass das Eisen für die Zusammensetzung des Enzyms bedeutungslos ist". Er versucht diesen Befund mit den Warburgschen Beobachtungen über die Bedeutung der Fe-Verbindungen für die O_2-Übertragung zu kombinieren, indem er diesen die Aufgabe der O_2-Speicherung in einer an Peroxydase addierbaren und aktivierbaren Form zuschreibt.

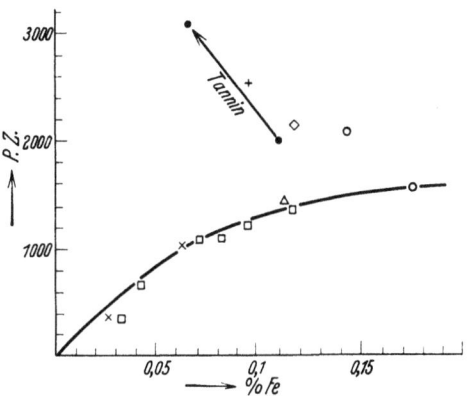

Abb. 66. Enzymatische Wirkung und Eisengehalt von Peroxydasepräparaten. (Nach Willstätter und Pollinger.)

○ Peroxydase I aus Meerrettich. □ Peroxydase II aus Meerrettich. △ Peroxydase I aus Rübe. × Peroxydase II aus Rübe. ● Peroxydase III aus Rübe. + ◇ ○ (nicht auf der Kurve liegend) Peroxydasen nicht näher angegebener Herkunft.

Zu dieser Vorstellung von der Fe-freien Peroxydase passten auch ältere Angaben von Bach[2a], Ostwald[2b], van der Haar[2c] u. a., wonach HCN, im Gegensatz zu den Verhältnissen bei den ,,direkten" Oxydasen, auf Peroxydase ohne bzw. nur von geringer Wirkung wäre. Bei dieser Sachlage schien allerdings die Wielandsche Auffassung der P. als einer Dehydrase (S. 245f.) in mehrfacher Hinsicht der Willstätterschen vorzuziehen zu sein, u. a. wird sie auch von Oppenheimer in seinem Fermentwerk zu dieser Zeit (1926) vertreten[3].

Neue Beobachtungen der folgenden Jahre zwangen zu einer Wiederaufnahme des Problems.

So wurden von verschiedenen Seiten[4] die älteren Angaben über die fehlende HCN-Wirkung widerlegt und eindeutig dargetan, dass die Empfindlichkeit der Peroxydase gegen Blausäure und Schwefelwasserstoff offenbar noch erheblich grösser ist als die der Oxydasen; dagegen scheint sie kaum gegen Kohlenoxyd empfindlich zu sein (Näheres S. 443f. u. 445).

---

[1] R. Willstätter, B. 59, 1871; 1926.
[2a] A. Bach, B. 40, 3185; 1907. — [2b] Wo. Ostwald, Biochem. Zs 10, 1; 1908. — [2c] A. W. van der Haar, B. 43, 1327; 1910.
[3] C. Oppenheimer, Fermente 2, 1326f., 1736f., 1745; 1926.
[4] H. Wieland u. Sutter, B. 61, 1080; 1928. — R. W. Getchell u. Walton, Jl biol. Chem. 91, 419; 1931.

Einen weiteren Anstoss zu erneuten Untersuchungen über die Natur der P. gaben ferner die Befunde von Warburg über die Wirkungsgruppe des „Atmungsferments" und diejenigen von Zeile über die aktive Komponente der Katalase (S. 332f. bzw. 29 u. 61).

Dazu kam, dass auch reinste P., in festem Zustande sowohl wie in Lösung, eine hellrotbräunliche, porphyrinähnliche Farbe besitzt, die Willstätter zwar nicht als durch den Fe-Gehalt verursacht, wohl aber als eine dem reinen Enzym (auch seinen nächsten Zersetzungsprodukten) zukommende Eigenschaft betrachtete[1]. Hier schien die spektroskopische Methode berufen, weitere Aufklärung zu bringen.

Elliott (S. 432) gibt übrigens auch für seine Milchperoxydase Braunfärbung (sowie Auftreten eines Hämochromogenspektrums bei der Behandlung mit $Na_2S_2O_4$ + Pyridin) an. Bei

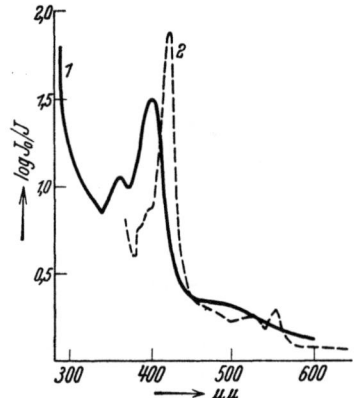
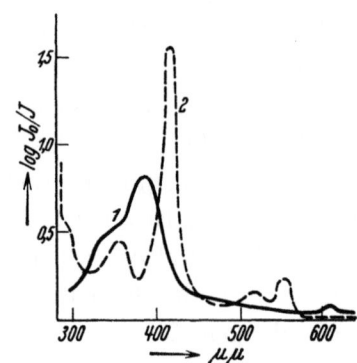

Abb. 67a. Absorptionskurven von Peroxydaselösungen. (Nach Kuhn, Hand und Florkin.)
1 Peroxydase (P.Z. 3400) 40,5 P.E. in 1 cm³, 2,5 mm Schichtdicke. 2 Peroxydase reduziert (P.Z. 1710) 34,9 P.E. in 1 cm³, 5 mm Schichtdicke.

Abb. 67b. Absorptionskurven von Hämin.
1 0,1 mg Hämin in 1 cm³ $\frac{n}{10}$- NaOH; 1 mm Schichtdicke. 2 0,2 mg Hämin in 2 cm³ $\frac{n}{10}$- NaOH + 0,5 cm³ Pyridin + 0,2 cm³ (0,016 g) $Na_2S_2O_4$; 1 mm Schichtdicke.

der geringen Wirksamkeit seiner Präparate (P.Z. 2—4) ist es allerdings sehr fraglich, ob diese Beobachtungen sich auf das Enzym beziehen.

Die durch Kuhn, Hand und Florkin[2] durchgeführte Untersuchung zeigte, dass Peroxydaselösungen tatsächlich ein Häminspektrum zukommt (Abb. 67a u. b).

Man beobachtet ein kräftiges Absorptionsband bei etwa 400 $\mu\mu$ und ein meist schwächer ausgebildetes bei etwa 360 $\mu\mu$. Bei zwei P.-Präparaten (P. Z. 500 und 3400), von denen bei gleicher Schichtdicke 10,9 bzw. 40,5 P.E. zur Anwendung kamen, wurde für $\mu\mu = 400$ ein Extinktionsverhältnis von 1:3,3 (Verhältnis der P.E. 1:3,4) festgestellt. Allgemein aber wurde, namentlich bei Präparaten geringeren Reinheitsgrades, keine genaue Proportionalität zwischen P.-Wirkung und Höhe der Absorptionsbanden gefunden.

Viel stärker kommt der Hämincharakter des Spektrums nach der Reduktion mit $Na_2S_2O_4$ in Gegenwart von NaOH und Pyridin zum Ausdruck (Abb. 67a u. b). Die Hauptbanden des P.-Spektrums (420, 527, 557 $\mu\mu$) liegen tatsächlich an genau denselben Stellen wie die des Pyridinhämochromogens. Indem sie die Höhe der „Fermentbanden" mit der Bande einer reduzierten Häminlösung von bekanntem Gehalt verglichen, sind Kuhn und Mitarbeiter zu Zahlenwerten

---

[1] R. Willstätter u. Pollinger, A. 430, 269; 1923.
[2] R. Kuhn, Hand u. Florkin, H. 201, 255; 1931.

für den „Hämingehalt" der untersuchten Fermentpräparate gelangt. So fanden sie für drei P.-Präparate von den P.Z. 3400, 1710 und 1080 den prozentischen Hämineisengehalt zu 0,0090, 0,0052 und 0,0033. Besonders bemerkenswert ist, dass auch bei den reinsten Enzympräparaten von Willstätter und Kuhn (mit P.Z. > 3000) offenbar nur ein kleiner Bruchteil des Gesamteisens — auf Willstätters Präparat bezogen etwa $1/7$ — in der katalytisch aktiven Porphyrinbindung vorliegt. Dadurch finden einerseits die Willstätterschen Befunde über das Nichtparallelgehen von Fe-Gehalt und enzymatischer Aktivität bei extremer Reinigung ihre Erklärung, andererseits gewinnt man eine Anschauung von der unerhörten Aktivität des Enzymeisens. Während Willstätter und Stoll[1] schon einen Umsatz von 390 Mol H_2O_2 pro Sekunde durch ein g-Atom Enzymeisen (es handelte sich um ein älteres Präparat von der P.Z. 700 mit 0,5% Fe) für unwahrscheinlich hoch hielten, berechnet Kuhn auf Grund der neuen Daten für das Eisen der aktiven Gruppe von P. einen Umsatz von etwa 100000 Mol H_2O_2 pro Sekunde und g-Atom Fe.

Über die grössenordnungsmässige Gleichheit der Aktivität von Peroxydase-, Katalase- und „Atmungsferment"eisen s. S. 363.

Auffallend ist noch, dass sowohl Katalase wie Peroxydase durch $Na_2S_2O_4$ in Gegenwart von Pyridin nicht oder nur sehr langsam reduziert werden, im Gegensatz zu Hämin. Wahrscheinlich werden erst durch den NaOH-Zusatz die Eisenporphyrinverbindungen aus den Fermentkomplexen beschleunigt freigelegt. Auf die Analogien zwischen Katalase und Peroxydase (Fe^{III} an Protoporphyrin gebunden, Empfindlichkeit gegen HCN, Unempfindlichkeit gegen CO) und die möglichen genetischen Beziehungen zum Methämoglobin hat im besonderen Kuhn[2] aufmerksam gemacht.

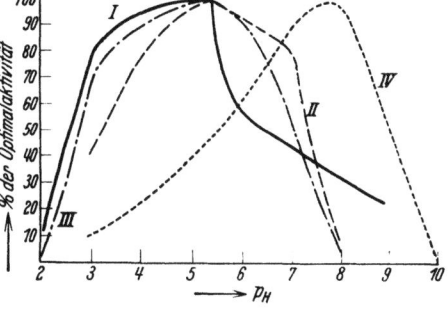

Abb. 68. Die Wirkung pflanzlicher Peroxydase bei variiertem pH und Substrat. I Kresol. (Nach Ucko u. Bansi[3a].) II Guajakol. (Nach Ucko u. Bansi[3a].) III Hydrochinon. (Nach Dey u. Sitharaman[3b].) IV Pyrogallol. (Nach Getchell u. Walton[3c].)

Die durch die Befunde der letzten Jahre (namentlich die Kuhnschen) in neuem Lichte erscheinende Frage nach dem Wirkungsmechanismus der Peroxydase ist sowohl vom Standpunkte der Wasserstoff- als der Sauerstoffaktivierungstheorie (S. 245ff. bzw. 281 ff.) eingehend diskutiert worden, so dass hier auf diese Ausführungen zurückverwiesen werden kann.

δ) **Zur Kinetik der Peroxydasewirkung.** Einige neuere Angaben über die ph-Abhängigkeit der Fermentaktivität bei Wahl verschiedener Substrate enthält die obenstehende Abbildung.

Wie man erkennt, liegt für die meisten Substrate — bezüglich der Jodidoxydation vgl. die von Kuhn und Brann aufgenommenen Kurven in Abb. 65 — das pH-Optimum im schwach sauren Gebiet im wesentlichen zwischen pH 3 und 6. Eine Ausnahme stellt die Pyrogallolkurve (IV) dar, die jedoch bis pH 7 durch Versuche von Ucko und Bansi (l. c.) bestätigt ist und hinsichtlich des Typus auch mit älteren (infolge mangelhafter Pufferung weniger genauen) Untersuchungen Smirnows (l. c.) übereinstimmt. Im übrigen bildet natürlich die freiwillige Autoxydation des Pyrogallols in der Nähe und oberhalb des Neutralpunkts trotz der Kontrollen eine gewisse Fehlerquelle, dazu kommt die beschleunigende Wirkung des Phosphat-

---

[1] R. Willstätter u. Stoll, A. 416, 21; 1918.
[2] Vgl. z. B. die Monographie von D. B. Hand, Erg. Enzymforsch. 2, 272; 1933.
[3a] H. Ucko u. Bansi, H. 159, 235; 1926. — 164, 52; 1927. — [3b] B. B. Dey u. Sitharaman, Ind. Chem. Soc. 9, 499; 1932. — [3c] R. W. Getchell u. Walton, Jl biol. Chem. 91, 419; 1931. — Vgl. auch A. J. Smirnow, Biochem. Zs 155, 1; 1925.

puffers (S. 445). Besonders stark kommt die Pufferspezifität der enzymatischen Reaktion bei der Jodidoxydation (Abb. 65, S. 428) zum Ausdruck.

Für tierische P. fehlen exakte Angaben. Nach Elliott[1] liegt der Aktivitätsbereich des Milchenzyms zwischen pH 4 und 10 (mit Pyrogallol als Substrat). Kürzerer Aufenthalt des Enzyms bei Reaktionen zwischen pH 8 und 10 bzw. 3 und 4 hat jedoch keine bzw. nur teilweise irreversible Schädigung zur Folge.

Die Form der Zeitumsatzkurve scheint durch verschiedene Faktoren, besonders aber die Art des Substrats, beeinflusst zu werden.

Für die Oxydation von Leukomalachitgrün[2a], von Guajakol und Kresol[2b], neuerdings auch von Hydrochinon[2c] und Benzidin[2d] gilt, besonders bei kürzerer Versuchsdauer, im wesentlichen eine lineare Beziehung. Dagegen ist für die Pyrogalloloxydation das baldige Nachlassen des Umsatzes im Laufe der Reaktion sehr ausgeprägt[2b]. Die Beziehung zwischen Zeit (t) und Umsatz (u) ist nach Bansi und Ucko[2e] für diesen Fall: $u = k \cdot t^{1/a}$, worin k eine Konstante, $1/a$ ein von der Reaktion des Milieus und der H_2O_2-Konzentration abhängiger Exponentialfaktor ist, dessen Zahlenwert zwischen 0,3 und 1,0, also in derselben Grössenordnung wie der Exponent der Freundlichschen Adsorptionsisotherme (S. 312), liegt. $1/a$ ist der Ausdruck der Reaktionshemmung, der nach den genannten Autoren ein Adsorptionsvorgang, nämlich die Bindung von Purpurogallin an das Ferment, zugrunde liegt, eine Auffassung, die durch die tatsächlich beobachtete Reaktionshemmung bei Purpurogallinzusatz und deren Verschwinden bei Wiederentfernung des Purpurogallins gestützt wird.

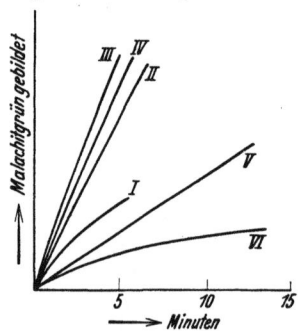

Abb. 69. Peroxydasewirkung auf Leukomalachitgrün bei variierter H_2O_2-Konzentration. (Nach Mann[4].)
$\frac{m}{500}$- Leukomalachitgrün, gepuffert auf pH 4.
I $4{,}7 \times 10^{-6}$ m H_2O_2;
II 6×10^{-6} m H_2O_2;
III 6×10^{-5} m H_2O_2;
IV 6×10^{-4} m H_2O_2;
V 3×10^{-3} m H_2O_2;
VI 6×10^{-3} m H_2O_2.

Proportionalität zwischen Umsatz und Fermentkonzentration ist für die verschiedensten Substrate immer wieder festgestellt worden[3].

Dagegen besteht Proportionalität zwischen Umsatz und Hydroperoxydkonzentration nur bei den höchsten Verdünnungen des letzteren[3]. Bei steigender H_2O_2-Konzentration wird die Steigerung der Reaktionsgeschwindigkeit immer kleiner, um schliesslich einer ausgesprochenen Hemmung Platz zu machen (Abb. 69).

Willstätter[5] hat zuerst gezeigt, dass diese Hemmung reversibel ist. Erhöht man die Substratkonzentration in einer derartigen gehemmten Lösung (z. B. VI, Abb. 69) erheblich oder zerstört man einen Teil des H_2O_2 durch Zusatz von Katalase, so beginnt die P. wieder zu wirken und es lässt sich zeigen, dass sie sogar noch vollständig vorhanden ist. Die Abhängigkeit der Hemmung — die sich übrigens bei allen bisher darauf untersuchten Substraten zeigt — sowohl von Substrat- als auch H_2O_2-Konzentration geht aus folgender Abb. 70 (für den Fall des Guajakols) deutlich hervor.

---

[1] K. A. C. Elliott, Biochem. Jl 26, 10; 1932.

[2a] R. Willstätter u. Weber, A. 449, 156; 1926. — [2b] H. Ucko u. Bansi, l. c. — [2c] B. B. Dey u. Sitharaman, l. c. — [2d] K. L. Zirm u. Mitarb., Biochem. Zs 245, 290; 1932. — [2e] H. W. Bansi u. Ucko, H. 169, 177; 1927.

[3] Vgl. die unter [2a-e] zitierten Arbeiten; ferner A. Bach u. Chodat, B. 37, 1342, 2434, 3785; 1904. — R. W. Getchell u. Walton, l. c. — J. D. Guthrie, Am. Soc. 53, 242; 1931.

[4] P. J. G. Mann, Biochem. Jl 25, 918; 1931.

[5] R. Willstätter u. Mitarb., A. 416, 21; 1918. — 449, 156, 175; 1926.

Man erkennt deutlich, wie sich das Optimum der H_2O_2-Konzentration mit gesteigerter Substratkonzentration ebenfalls nach höheren Werten verschiebt.

Nach Willstätter ist die wesentliche Ursache der von ihm an Leukomalachitgrün und Pyrogallol eingehend untersuchten Erscheinung die Addition des H_2O_2 an das Ferment. ,,Dabei entsteht einerseits eine Verbindung, worin der peroxydische Sauerstoff reaktionsfähiger ist als im H_2O_2 und es ist zweitens eine andere, und zwar mindestens eine andere Verbindung anzunehmen, worin der Sauerstoff inaktiv ist[1]." (Willstätter denkt an einen möglichen Zusammenhang mit den beiden Formeln $HO \cdot OH$ und $H_2O : O$.)

Hemmung der P. durch Substrat konnte er dagegen (in den beiden von ihm untersuchten Beispielen) nicht beobachten, woraus er schliesst, ,,dass dieses Enzym nicht darauf eingerichtet ist, die so verschiedenartigen Substrate zu addieren und dann den organisch gebundenen Wasserstoff zu übertragen" (l. c.).

Diese letzteren experimentellen Befunde Willstätters und die daran geknüpften Schlüsse bedürfen jedoch, wie unten gezeigt wird, einer gewissen Revision und Einschränkung.

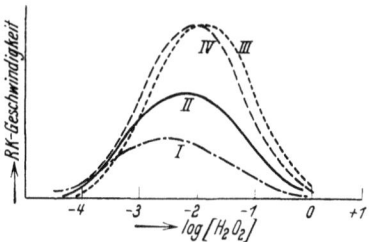

Abb. 70. [H_2O_2]-Abhängigkeit der Peroxydasewirkung bei verschiedenen Guajakolkonzentrationen. (Nach Mann.)
I 0,0625% Guajakol; II 0,125% Guajakol; III 0,5% Guajakol; IV 1,0% Guajakol. pH 4,7.

Für zahlreiche Substrate (Pyrogallol[2a], Guajakol[2b], Hydrochinon[2c], Leukomalachitgrün[2a], Jodid[2d] usw.) ist bei relativ niederen Konzentrationen Proportionalität zwischen Umsatz und Substratkonzentration nachgewiesen worden. An dieses Konzentrationsgebiet — das immerhin bis zu erheblich höheren Werten reicht als das analoge H_2O_2-Bereich (s. oben) — schliesst sich ein zweites an, in dem die Zunahme der Reaktionsgeschwindigkeit mit steigender Konzentration immer kleiner wird, bis schliesslich ein Optimum erreicht wird, jenseits dessen der Umsatz mit weiter steigender Substratkonzentration abfällt.

Abb. 71 zeigt die Lage des Substratoptimums beim Guajakol in Abhängigkeit von der H_2O_2-Konzentration. Ein ähnliches Optimum der Substratkonzentration ist auch bei Pyrogallol und Hydrochinon beobachtet worden. Die optimale Substratkonzentration ist im allgemeinen (bei einer H_2O_2-Konzentration von 10^{-1}—10^{-2} m-) von der Grössenordnung 10^{-1} m-.

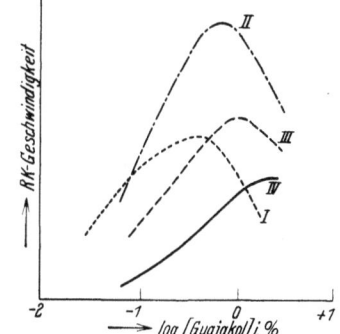

Abb. 71. [Guajakol] - Abhängigkeit der Peroxydasewirkung bei verschiedenen H_2O_2-Konzentrationen. (Nach Mann.)
I 0,00088 m-H_2O_2;
II 0,0088 m-H_2O_2;
III 0,088 m-H_2O_2;
IV 0,264 m-H_2O_2. pH 4,7.

Mann (l. c.) hat auf Grund der Woolfschen ,,Additionsverbindungstheorie" der Enzymwirkung (S. 214) Vorstellungen entwickelt, die den beobachteten Tatsachen formal gut gerecht werden. Gleichzeitige Bindung von H_2O_2 und Substrat an das Ferment ist Voraussetzung der Reaktion; es wird angenommen, dass sich eine Affinitätsstelle für das H_2O_2 und zwei weitere für die Bindung eines Substratmoleküls vorfinden. Überschuss an Substrat führt zur Bindung zweier Substratmoleküle an das Ferment,

---

[1] R. Willstätter, B. 59, 1870; 1926. — Vgl. auch H. W. Bansi u. Ucko, S. 440.

[2a] R. Willstätter u. Weber, S. 440. — R. W. Getchell u. Walton, S. 439. — [2b] P. J. G. Mann, Biochem. Jl, S. 440. — [2c] B. B. Dey u. Sitharaman, S. 439. — [2d] A. Bach, B. 37, 3785; 1904.

einer Verbindung, die als inaktiv angesehen wird. (Vgl. die analogen Vorstellungen K. G. Sterns[1] zur Katalasehemmung durch H_2O_2 im Zusammenhang mit der Kettentheorie, S. 266.) Bei H_2O_2-Überschuss greift das Oxydans auf eine der Substrataffinitätsstellen herüber und bedingt so die partielle Verdrängung des Substrats aus seiner aktiven Bindung.

Der Temperaturkoeffizient der Peroxydasereaktion ist (entgegen einer theoretischen Annahme Haldanes[2]) normal und für die Leukomalachitgrün-oxydation sowohl von Willstätter und Weber (5—25°) als Mann (10—30°) zu rund 2 bestimmt worden (S. 440, l. c.).

e) Beeinflussung des Ferments.

α) Physikalische Faktoren. P. ist erheblich weniger empfindlich gegen hohe **Temperatur** wie die Oxydasen. Die Angaben über die Inaktivierungstemperatur pflanzlicher Enzyme schwanken im allgemeinen zwischen 80 und 100°[3a].

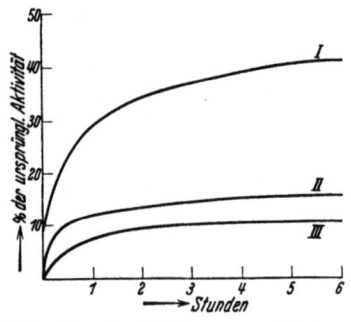

Abb. 72. Reaktivierung erhitzter pflanzlicher Peroxydase.
(Nach Gallagher.)
I 1 Minute auf 100° erhitzt;
II 3 Minuten auf 100° erhitzt;
III 5 Minuten auf 100° erhitzt.

Leider fehlen systematische Untersuchungen gerade für Reinpräparate. Die Angaben über auffallend thermostabile Rohpräparate wird man stets mit Vorsicht aufnehmen, da thermostabile Schwermetallkatalysatoren, u. U. auch Lipoide (vgl. S. 403 u. 432) zum mindesten als Beimengung des eigentlichen Enzyms eine Rolle spielen können. Auffallend, aber in der Literatur immer wiederkehrend sind Angaben über eine langsame Reaktivierung hitzeinaktivierter Präparate (s. später).

Khrennikoff[3b] findet, dass Getreidesamen-P. bei 80° innerhalb 10, bei 85° innerhalb 3—5 Minuten zerstört wird. Rohe Meerrettich-P. wird bei 100° in 15 Sekunden zu $^2/_3$, in 1 Minute so gut wie vollständig inaktiviert[3c]. Kurz dauerndes Erhitzen auf 90° schädigt Kartoffel-P. nicht sehr wesentlich[3d]. 1 Minute langes Erhitzen auf 100° reduziert die Aktivität der Mangold-P. auf 10%[3e]. Deleano[3f] fand für seine mit $Fe(OH)_3$ von Eiweiss befreite Rettich-P., dass sie in 3 Stunden bei 55° zerstört wird, während die ungereinigte P. unter diesen Bedingungen nichts an Aktivität verlor.

Was die „Regeneration" der thermoinaktivierten P. anbetrifft, so stammen die ersten Beobachtungen hierüber von Aso (l. c.), Woods[4a], Bach und Chodat[4b] (1902/03). In der Folgezeit ist die Erscheinung u. a. von Spence[4c], Gramenitzki[4d] und Deleano (l. c.) bestätigt worden; letzterer beobachtete sie nicht bei seinem Reinpräparat, nur bei Rohpräparaten. An der P. aus Mangold (Beta vulgaris) hat Gallagher (l. c.) dann quantitative Untersuchungen ausgeführt, deren typische Resultate in obenstehender Abbildung veranschaulicht sind.

Biedermann[4e] gibt an, die Erscheinung auch an einem Willstätterschen Reinpräparat (qualitativ) beobachtet zu haben. O_2-Gegenwert ist nach seinen Befunden — und im Gegensatz zu denen Gallaghers — zur Reaktivierung notwendig.

---

[1] K. G. Stern, H. 209, 176; 1932. — [2] J. B. S. Haldane, Enzymes, London 1930.
[3a] K. Aso, Bull. Coll. Agr. Tokio 5, 207; 1902. — F. Battelli u. Stern, Erg. Physiol. 12, 223; 1912. — [3b] A. Khrennikoff, Soc. Biol. 72, 193; 1912. — [3c] H. v. Euler u. Bolin, H. 61, 72; 1909. — [3d] A. W. van der Haar, B. 43, 1321; 1910. — [3e] P. H. Gallagher, Biochem. Jl 18, 39; 1924. — [3f] N. T. Deleano, Biochem. Zs 19, 266; 1909.
[4a] A. F. Woods, U. S. Dep. Agr. Bull. No. 18; 1902. — [4b] A. Bach u. Chodat, B. 37, 600; 1903. — [4c] D. Spence, Biochem. Jl 3, 165; 1908. — [4d] M. J. Gramenitzki, H. 69, 286; 1910. — [4e] W. Biedermann u. Jernakoff, Biochem. Zs 150, 477; 1924.

Neuerdings hat Bach[1] die Regenerierung bei seiner durch Ultrafiltration gereinigten Meerrettich-P. (S. 430) wieder untersucht. Sie ist bedeutend hitzebeständiger als die ursprünglichen Extrakte. Unter Bedingungen (10 Minuten bei 100°), unter denen der Ultrafiltrationsrückstand 1—2 Stunden darauf zu etwa 40% reaktiviert wird, zeigt der Ausgangsextrakt keine merkbare Erholung. Erst 5stündiges Erhitzen auf 100° macht das „Ultrapräparat" irreversibel inaktiv.

Was hier tatsächlich vorgeht, ist bei der widersprechenden Natur der Literaturangaben schwer zu sagen. Der Beweis dafür, dass die wiedergewonnene Aktivität auch wirklich enzymatischen Charakter trägt, scheint nicht eindeutig erbracht zu sein. Möglicherweise handelt es sich um Schwermetallkatalyse nach Oxydation reduzierender Zellsubstanzen bzw. Spaltprodukte.

Die Literaturangaben über die beträchtliche Thermostabilität der Leukocyten-P. bedürfen insofern der Revision, als hier wohl stets Beimengungen von nichtenzymatischen (schwermetall- und lipoidartigen) Katalysatoren mit im Spiele sind.

Meyer (S. 432) und v. Czyhlarz und Fürth (S. 428) finden auch nach dem Erhitzen auf 100° einen Teil der peroxydatischen Wirkung erhalten, noch thermostabiler waren offenbar die „Oxon"präparate Neumanns (S. 432); dagegen verloren die Leukocytenextrakte Nikolajews (S. 432) beim Aufkochen ihre peroxydatische Wirkung fast oder überhaupt vollständig.

Die Angaben über die P. der Milch, die namentlich von nahrungsmittelchemischen Gesichtspunkten aus viel untersucht worden ist, lauten recht übereinstimmend.

Ältere Untersucher fanden im allgemeinen deutliche Schwächung zwischen 70 und 75°, Zerstörung in der Nähe von 80°. Van Eck[2a], Zilva[2b] und Bouma[2c] haben die Kinetik der Hitzeinaktivierung untersucht und finden monomolekularen Reaktionsverlauf. Aus dem Temperaturkoeffizienten dieser Reaktion (2,23 pro Grad) ergeben sich in Übereinstimmung mit der Erfahrung folgende Zeiten für die Vernichtung von 99% der P.-Aktivität:

70°	72°	74°	76°	78°	80°
150′	30′	6′	1′12″	14″	2,5″

Schon geringe Erhöhung des Alkalitätsgrades begünstigt die Inaktivierung erheblich; Formaldehyd soll schützend wirken[2d].

In der älteren Literatur findet man Angaben, dass pflanzliche P. bei der **Dialyse** zum Teil durch die Membran gehe[3a]. Doch handelt es sich hier wohl sicher um die peroxydatische Wirkung von Schwermetallsalzen. Verdächtig ist auch, dass Bielicki[3b] verstärkte (durch die Jodidoxydation nachgewiesene) P.-Reaktion im Dialysat erhielt, wenn er unter Zusatz von Nitraten dialysierte (Reduktion?).

Neuere Versuche ergaben, dass keine Dialyse von P. durch Membranen stattfindet, wohl aber, dass bei längerer Dauer nicht unerhebliche Aktivitätsverminderungen in den Lösungen durch Adsorption des Enzyms an den Membranen eintreten (Getchell und Walton, S. 439, l. c.).

Eine unspezifische partielle **Schüttelinaktivierung** von P. (ähnlich der von Wieland[4a] bei der Katalase beobachteten) haben Elliott und Sutter[4b] beim Durchleiten von Gasen — und

---

[1] A. Bach u. Wilensky, Biochem. Zs 226, 482; 1930.

[2a] J. J. van Eck, Zs Unt. Nahr. Gen.-Mitt. 22, 393; 1911. Dort auch die ges. ältere Lit. —
[2b] S. S. Zilva, Biochem. Jl 8, 656; 1914. — [2c] A. Bouma u. van Dam, Biochem. Zs 92, 385; 1918. — [2d] E. Seligmann, Zs Hyg. 50, 97; 1905.

[3a] A. Bach u. Chodat, B. 36, 600; 1903. — [3b] J. Bielicki, Biochem. Zs 21, 103; 1909.

[4a] H. Wieland, A. 445, 181; 1925. — [4b] K. A. C. Elliott u. Sutter, H. 205, 47; 1932.

zwar in ungefähr gleichem Ausmass bei Anwendung von H_2, N_2, Luft, O_2 oder CO — nachgewiesen (vgl. S. 437). Ähnliche Befunde haben Getchell und Walton (S. 445) bei der Durchlüftung von P.-Lösungen gemacht; es handelt sich wohl um eine Art Flockungseffekt, der mit Verkleinerung der aktiven Enzymoberfläche verbunden ist.

Der Einfluss **strahlender Energie** auf die P. ist viel untersucht worden, wobei im grossen ganzen übereinstimmende Ergebnisse erhalten wurden.

Bach[1a] hat zuerst die progressive Schädigung pflanzlicher P. durch Sonnenlicht festgestellt. Jamada und Jodlbauer[1b] fanden, dass ultraviolettes Licht erheblich stärker schädigend wirkt als sichtbares. Diese Schädigung tritt (im Gegensatz zu der des sichtbaren) schon in O_2-Abwesenheit auf. In konzentrierter Fermentlösung ist die Schädigung stärker als in verdünnter[1c]. Bering[1d] findet rote Strahlen ohne Wirkung, gelbe und grüne in hohen Dosen fördernd, blaue und violette in kleinen Dosen fördernd, in grossen schädigend, ultraviolette Strahlen direkt toxisch. (Was die fördernden Wirkungen anbetrifft, so mag hier allerdings die Erwärmung der Reaktionslösungen als Fehlerquelle in Betracht kommen; vgl.[1e] sowie die Willstätterschen Beobachtungen über freiwillige, von der Belichtung unabhängige zeitliche Schwankungen der P.-Aktivität, bei reineren Präparaten bis zu 50% und mehr ausmachend[1f]. Reinle[1e] gibt für Milch-P. Schädigung durch ultraviolette Strahlen, Unbeeinflussbarkeit durch Radium- und Röntgenstrahlen an. Nach Lemay[1g] haben die letzteren beiden Strahlengattungen auf die Leukocyten-P. in kleinen Dosen fördernde, in grossen hemmende Wirkung.

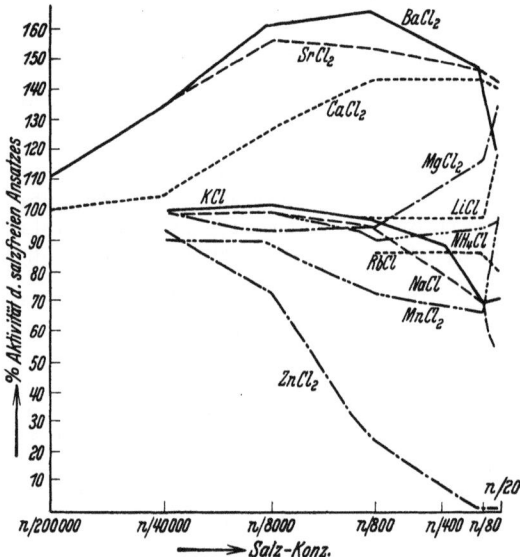

Abb. 73. Einfluss von Salzen auf die Aktivität pflanzlicher Peroxydase. Nach Smirnow.
Substrat: 0,08 m-Pyrogallol; pH etwa 6,6; $T = 20°$.

Durch Zusatz von Sensibilisatoren (wie Farbstoffen, Porphyrinen usw.) lässt sich bei schwach wirksamem sichtbarem Licht beträchtliche Verstärkung der Wirkung erzielen. Andere Farbstoffe bewirken Abschwächung vorhandener Lichtwirkungen.

Ostwald[1h] hat Intensivierung der P.-Bildung durch Bestrahlung festgestellt. Es soll in mancher Beziehung ein Antagonismus der Lichtwirkung auf Katalase und P. bestehen.

β) **Chemische Faktoren.** Der Einfluss von **pH, H_2O_2** und verschiedenen **Substraten** ist schon im Abschnitt über die Kinetik der P.-Wirkung (S. 439 ff.) behandelt worden.

Die Wirkung von **Salzen** auf die (Weizensamen-) P. wurde von Smirnow[2] im Hinblick auf die Rolle der Aschenbestandteile bei der Pflanzenatmung eingehend untersucht.

Einen Auszug seiner unter (wenigstens annähernder) pH-Kontrolle ausgeführten Versuche gibt obenstehende Abbildung.

[1a] A. Bach, B. 41, 225; 1908. — [1b] K. Jamada u. Jodlbauer, Biochem. Zs 8, 61; 1908. — [1c] R. W. Getchell u. Walton (S. 445, l. c.). — [1d] F. Bering, Münch. med. Ws 59, 2795; 1912. — [1e] H. Reinle, Biochem. Zs 115, 1; 1921. — [1f] R. Willstätter u. Weber, A. 449, 156; 1926. — [1g] P. Lemay, C. R. 178, 1711; 1924. — [1h] Wo. Ostwald, Biochem. Zs 10, 1; 1908.

[2] A. J. Smirnow, Biochem. Zs 155, 1; 1925.

Beachtlich ist der fördernde Einfluss kleiner Erdalkalikonzentrationen (untergeordnet auch von Mg und Li) sowie die starke Hemmung durch Zink.

Der Anioneneffekt ist an den NH_4-Salzen von HCl, HNO_3, H_2SO_4 und H_3PO_4 untersucht worden, wobei sich das Chlorid als nahezu wirkungslos, die übrigen Salze in der angegebenen Reihenfolge zunehmend stark fördernd erwiesen (am deutlichsten Phosphat mit 50%iger Beschleunigung bei $\frac{n}{100}$- Konz.)

Alkalifluorid wirkt stark schädigend[1]. Getchell und Walton[3b] fanden in m/10000-Lösung nur mehr 27% P.-Aktivität.

Nach den gleichen Autoren wirken Cu-, Pb-, Co-, Mn-, Co- und Ni-Salze in der Konzentration 10^{-4} m- auf Meerrettich-P. schwach hemmend, während U- und Th-Salze unter denselben Bedingungen stark bzw. vollständig hemmen.

Starke Hemmung geben sie auch für $HgCl_2$ (90% in 10^{-4} m- Konz.) an, was jedoch mit Befunden von Smirnow (S. 444) und Dey und Sitharaman[3c] — die auch mit 10mal höheren Konzentrationen keine wesentliche Hemmung fanden — nicht im Einklang steht. Hohe Konzentrationen (z. B. von der Grössenordnung 10^{-1} m-) wirken jedenfalls stark hemmend (Bansi und Ucko, S. 433, vgl. auch S. 431).

Die im Prinzip schon lange bekannte[2], ausserordentlich starke Hemmungswirkung der **Blausäure** ist in letzter Zeit wiederholt mit übereinstimmenden Resultaten untersucht worden[3a-c].

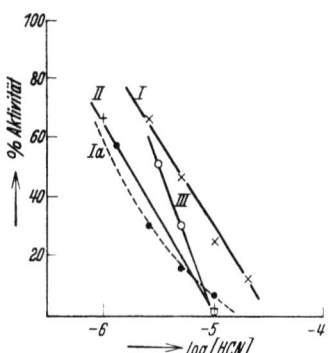

Abb. 74. Hemmung der Peroxydase durch HCN und H_2S.

HCN { I Meerrettich-P., Pyrogallol, pH 6,4 (Wieland u. Sutter). II Meerrettich-P., Pyrogallol, pH 6,8 (Getchell u. Walton). III Chow-chow-P., Hydrochinon, pH 4,6 (Dey u. Sitharaman).

H_2S { Ia Meerrettich-P., Pyrogallol, pH 4,6 (Wieland u. Sutter).

Die Kurven I—III der Abb. 74 enthalten die quantitativen Ergebnisse dieser Arbeiten über HCN-Hemmung. Auch die Reaktion mit Äthylhydroperoxyd wird durch HCN im gleichen Masse gehemmt (Wieland u. Sutter, l. c.). Die gleichfalls starke Hemmung der Leukocyten-P. durch HCN hat Nikolajew[4] untersucht.

Noch intensiver als HCN hemmt nach Wieland und Sutter (l. c.) **Schwefelwasserstoff.**

Dies zeigt Kurve Ia, Abb. 74; auch Getchell und Walton (l. c.) finden mit 10^{-5} m- H_2S so gut wie vollständige Hemmung. Die H_2S-Hemmung (wie auch die HCN-Hemmung) ist sowohl nach Wieland als auch Getchell — und im Gegensatz zu älteren von Aso (l. c.) stammenden Angaben — praktisch irreversibel.

Die zuerst von Kuhn und Mitarbeitern angegebene, lichtunempfindliche P.-Hemmung durch **Kohlenoxyd** ist nach Elliott und Sutter unspezifischer Natur (S. 437 u. 443f.).

Als starke P.-Gifte sind ferner seit langem **Hydroxylamin** und **Hydrazin** (auch **Phenylhydrazin**) bekannt[5].

---

[1] A. J. Ewart, Proc. Roy. Soc. (B) 88, 284; 1914.

[2] G. Linossier, Soc. Biol. 50, 373; 1898. — E. Bourquelot u. Marchadier, C. R. 138, 1432; 1904. — K. Aso, Bull. Coll. Agr. Tokio 5, 207; 1902. — A. Bach, B. 40, 3185; 1907.

[3a] H. Wieland u. Sutter, B. 61, 1060; 1928. — 63, 66; 1930. — [3b] R. W. Getchell u. Walton, Jl biol. Chem. 91, 419; 1931. — [3c] B. B. Dey u. Sitharaman, Ind. chem. Soc. 9, 499; 1932.

[4] K. Nikolajew, Biochem. Zs 194, 44; 1928.

[5] K. Aso, l. c. — A. Bach, l. c. — J. H. Kastle, Am. Chem. Jl 40, 251; 1908. — H. Wieland u. Sutter, l. c.

Wieland und Sutter (l. c.) fanden mit $\frac{m}{2000}$- Konzentration der beiden Gifte eine Reduktion der Enzymaktivität auf 68 bzw. 53%, mit $\frac{m}{1000}$- eine solche auf 43%. Die von Bach (mit nicht kinetischer Methodik) gefundenen Hemmungskonzentrationen dieser beiden Stoffe (wie auch der HCN) sind viel zu hoch und haben ihn zu der irrtümlichen Auffassung vom Bestehen stöchiometrischer Beziehungen zwischen Gift und Enzym bzw. H_2O_2 geführt.

Freies **Jod** wirkt nach Bach[1a] auf P. nur wenig hemmend. Unter Bedingungen, unter denen auch die H_2O_2-Hemmung nur gering ist, erfolgt in gleichzeitiger Anwesenheit von Jod und H_2O_2 sehr starke Schädigung der P., nach Bach wohl auf eine höhere Oxydationsstufe des Jods zurückgehend.

Über eine sehr problematische P.-Neubildung aus einem Proferment unter Jodeinfluss vgl. Bach[1b].

Arsin[2a] und **Arsenit**[2b] zeigen keine nennenswerte Hemmungswirkung.

Alkohol schädigt nur in hohen Konzentrationen[2a, 3a]; **Chloroform** und **Formaldehyd** in wässrigen Lösungen sind ohne Einfluss auf Meerrettich-P[3b]; Seligmann[3c] gibt Förderung der Milch-P. durch Formaldehyd an. **Phenole:** Kastle[4a] fand bei der Oxydation von Guajak, Phenolphthalin usw. durch P. Stoffe wie Phenol, Kresol, β-Naphthol als kräftige Aktivatoren tätig, wahrscheinlich durch O_2-übertragende Wirkung dieser ja selbst oxydablen Verbindungen bedingt. Thymol, Eugenol u. a. waren dagegen ohne Einfluss auf die P.[3b, 4a].

Tannin[2a] hemmt die Pyrogalloloxydation durch Meerrettich-P. (vielleicht durch seine eigene Oxydierbarkeit oder wahrscheinlicher durch Eiweissfällung[4b]).

N-Basen: Pyridin und noch mehr **Pyrrol** hemmen pflanzliche und besonders Milch-P[5a]. Für die oft untersuchte Wirkung von **Alkaloiden** hat sich wenig Charakteristisches ergeben; die meisten sind ohne Einfluss, einige, wie Chinin, Strychnin, Brucin sollen hemmen[5b]. Doch sind auch diese Angaben zum mindesten bezüglich des Chinins bestritten[3b, 5c].

Glucoside, Polysaccharide und einfache **Zucker**[2a] sind ohne beachtlichen Effekt.

Reduzierende Substanzen können starke Hemmungswirkungen vortäuschen.

So hat das Ausbleiben der Guajak- und Jodidreaktion in rohen Pflanzensäften v. Szent-Györgyi[6a] zur Auffindung der **Hexuronsäure** geführt (S. 400).

Sulfhydrylverbindungen wie Glutathion und Cystein können nach Elliott[6b] die Wirkung der Milch-P. auf bestimmte Substrate stark verzögern (am intensivsten bei Verwendung von Benzidin, weniger stark bei Guajak, schliesslich p-Phenylendiamin).

Angaben über das Auftreten einer „Antiperoxydase" im Kaninchenserum nach dem Einspritzen von Malz- bzw. Russulaenzym hat Gessard[7] gemacht (vgl. S. 381 u. 401).

[1a] A. Bach, B. 37, 3785; 1904. — [1b] A. Bach, B. 40, 230; 1907.

[2a] R. W. Getchell u. Walton, l. c. — [2b] H. Wieland u. Sutter, l. c.

[3a] E. Bourquelot u. Marchadier, C. R. 138, 1432; 1904. — [3b] H. v. Euler u. Bolin, H. 61, 72; 1909. — [3c] E. Seligmann, Zs Hyg. 50, 97; 1905.

[4a] J. H. Kastle, Am. Chem. Jl 40, 251; 1908. — J. H. Kastle u. Poret, Jl biol. Chem. 4, 301; 1908. — [4b] A. Oparin u. Kurssanow, Biochem. Zs 209, 181; 1929.

[5a] K. A. C. Elliott, Biochem. Jl 26, 1281; 1932. — [5b] A. D. Rosenfeld, Diss. Petersburg 1906. — [5c] R. Dupony, Soc. Biol. 55, 1000; 56, 259; 1904.

[6a] A. v. Szent-Györgyi, Biochem. Jl 22, 1387; 1928. — [6b] K. A. C. Elliott, Biochem. Jl 26, 10; 1932. — Vgl. auch A. B. Callow, Biochem. Jl 20, 247; 1926.

[7] C. Gessard, Soc. Biol. 60, 505; 61, 425; 1906.

II. Oxydo-Reduktionsvorgänge beim glykolytischen Kohlehydratabbau (Ragnar Nilsson).

1. Einleitung.

Der glykolytische Zuckerabbau stellt nach Neuberg[1] eine Reaktionskette dar, in welcher Teilreaktionen oxydoreduktiver Natur eine zentrale Stellung einnehmen.

Der erste Schritt bei dem Hexosenabbau besteht in einem Zerfall des Hexosemoleküls in zwei Moleküle Methylglyoxal[2].

$$C_6H_{12}O_6 - 2 H_2O = 2 CH_2 : C(OH) \cdot CHO.$$

Von dem Methylglyoxal ab lässt sich nun der Reaktionsweg des glykolytischen Abbaues in übersichtlicher Weise bis zu den Endprodukten Milchsäure bzw. Alkohol und Kohlensäure verfolgen[3].

Die Milchsäure entsteht aus dem Methylglyoxal durch eine „innere Cannizzaroreaktion", also durch eine Art von Oxydoreduktion folgendermassen:

$$\begin{array}{c} CH_3 \\ | \\ CO \\ | \\ CHO \end{array} + \begin{array}{|c} H_2 \\ O \end{array} = CH_3 \cdot CHOH \cdot COOH.$$

Die Endprodukte der alkoholischen Gärung lassen sich aus dem Methylglyoxal nach folgendem Schema herleiten.

Es erfolgt zunächst zwischen zwei Molekülen Methylglyoxal eine Oxydoreduktion, die in der Bildung von einem Molekül Glycerin und einem Molekül Brenztraubensäure resultiert.

$$\begin{array}{c} CH_2 : C(OH) \cdot CHO + H_2O \\ + \\ CH_2 : C(OH) \cdot CHO \end{array} \begin{array}{|c} H_2 \\ O \end{array} = \begin{array}{c} CH_2(OH) \cdot CH(OH) \cdot CH_2(OH) \\ \\ CH_2 : C(OH) \cdot COOH \end{array}.$$

Nachdem sich diese reine Acetaldehyddismutation zu einem geringen Betrage vollzogen hat, wird sie aber unter normalen Gärungsbedingungen von einer zweiten Reaktion überholt. Sie ist für den Abbauvorgang nur als ein einleitendes Stadium notwendig. Die gebildete Brenztraubensäure wird nämlich durch die Carboxylase der Hefe mit grosser Geschwindigkeit in Acetaldehyd und Kohlensäure zerlegt[4]:

$$CH_3 \cdot CO \cdot COOH = CH_3 \cdot CHO + CO_2.$$

---

[1] Neuberg u. Kerb, Biochem. Zs 58, 158; 1913.

[2] Methylglyoxalbildung aus Hexosediphosphorsäure, siehe z. B. Neuberg u. Kobel, Biochem. Zs 229, 255; 1930.

[3] Umwandlung des Methylglyoxals, siehe Neuberg, Biochem. Zs 49, 502; 1913. — 51, 484; 1913. — Dakin u. Dudley, Jl Biol. Chem. 14, 155; 1913. Vgl. hierzu besonders Lohmann, Biochem. Zs 254, 332; 1932.

[4] Neuberg u. Karczag, Biochem. Zs 36, 76; 1911. — Lindberg, Biochem. Zs 132, 129; 1922. — Nilsson u. Sandberg, Biochem. Zs 174, 106; 1926.

Der hierdurch zur Verfügung gestellte Acetaldehyd unterliegt mit einem Molekül Methylglyoxal zusammen einer gemischten Oxydoreduktion.

$$\begin{array}{c} CH_3 \cdot CO \cdot CHO \\ CH_3 \cdot CHO \end{array} + \begin{array}{c} O \\ | \\ H_2 \end{array} = \begin{array}{c} CH_3 \cdot CO \cdot COOH \\ CH_3 \cdot CH_2 \cdot OH \end{array}.$$

Es entsteht Alkohol und wiederum Brenztraubensäure. Der Kreislauf ist hiermit vollendet.

Diese von Neuberg gegebene, elegante Deutung des Abbauvorganges hat sich während den Zeiten so gut bewährt, dass sie jetzt wohl allgemein als die wenigstens in ihren Hauptzügen immer feststehende Theorie der Glykolyse betrachtet wird. Eine restlose Erklärung sämtlicher Probleme auf diesem Gebiete vermag sie aber nicht zu geben.

Es sind besonders zwei grosse Fragen, die durch Neubergs Schema nicht beantwortet werden. Die erste ergibt sich schon beim Betrachten des Schemas. Unter den dort beschriebenen Reaktionen ist nämlich in einem Falle der Reaktionsmechanismus nicht klar durchsichtig. Es gilt dies der ersten Phase der Reaktionskette, der Bildung von Methylglyoxal aus der Hexose. Dass dies unter biologischen Bedingungen durch einen glatten Einsturz des Hexosemoleküls erfolgt, scheint unwahrscheinlich und ist nach den jetzigen Erfahrungen abzulehnen. Die zweite Frage taucht durch den Befund auf, dass der glykolytische Abbau von einer Phosphorylierung des Zuckers begleitet ist[1], die als eine integrierende Reaktion des Abbauvorganges betrachtet werden muss.

Seitdem die Auffassung einmal durchgedrungen war, dass die Phosphorylierung eine zwangsläufige Durchgangsstufe bei der normalen Zuckervergärung darstellt, hat sich die Forschung auf diesem Gebiete darauf konzentriert, den Platz der Phosphorylierung in der Abbaukette und die Art, deren reaktionsvermittelnde Funktion, aufzufinden. Im grossen und ganzen ist dies dasselbe Problem gewesen wie die Klarlegung des Reaktionsweges von Hexose bis zu Methylglyoxal[2].

Aus den neueren Forschungen scheint jetzt hervorzugehen, dass schon der Weg zu Methylglyoxal die Oxydoreduktion als wesentlichen Reaktionstypus enthält. Es sind vor allem die Ergebnisse und die Auffassungen über diese, vor Entstehung des Methylglyoxals liegende Oxydoreduktion, die in diesem Abschnitt behandelt werden sollen.

---

[1] Harden u. Young, Proc. Chem. Soc. 21, 189; 1905.

[2] Ob das Methylglyoxal selbst oder irgendein Isomeres desselben tatsächlich den aktiven 3-C-Körper darstellt, der nach Neubergs Schema die weiteren Abbaureaktionen bis zu Milchsäure bzw. Alkohol und Kohlensäure durchlaufen kann, bleibt wohl noch eine offene Frage. Richtiger wäre vielleicht, über die Konstitution des aktiven 3-C-Körpers bis auf weiteres keine Aussage zu machen. Diese Frage kann erst später näher erörtert werden. — Nilsson, Zs f. angew. Chem. 46, 647; 1933.

Die Entwicklung einer Auffassung über diese spezielle Oxydoreduktion steht zu der Auffassung über die Funktion des Co-Ferments der alkoholischen Gärung in nächster Beziehung. Wenigstens scheinen eben die Arbeiten über die Wirkungsweise des Co-Ferments diesem Problem weitaus das meiste Experimentalmaterial zugeführt zu haben. Es erscheint demnach zweckmässig, die jetzt folgende Darstellung mit den Befunden über die Mitwirkung des Co-Ferments bei der enzymatischen Oxydoreduktion zu beginnen. Allerdings ist dabei zu beachten, dass sich die Frage nach der Einheitlichkeit des Co-Ferments der alkoholischen Gärung und des glykolytischen Ferments des Muskels in letzter Zeit insofern kompliziert hat, als nach dem Befund von Lohmann die Adenosintriphosphorsäure bei der Glykolyse im Muskel als Co-Ferment wirkt, eine Substanz, die ja sicher nicht mit dem Co-Ferment der alkoholischen Gärung, der Co-Zymase, identisch ist. Mit diesem Vorbehalt schreite ich jetzt zur Beschreibung der Ergebnisse, die bezüglich der Co-Zymase als Co-Enzym der Oxydoreduktion erhalten worden sind.

2. Über die Beteiligung des Co-Ferments bei der Oxydoreduktion und über die Art dieser Reaktion.

Gewisse biologische Systeme, z. B. Hefe, Muskeln, Bakterien usw., besitzen das Vermögen, verschiedene zugesetzte Stoffe unter Reduktion anzugreifen. Ist der betreffende Stoff ein Farbstoff, der dabei in die entsprechende Leukoverbindung übergeht, kann die Reduktion colorimetrisch bequem verfolgt werden. Die Farbstoffreduktion als Hilfsmittel bei Studien über Gewebsatmung wurde zuerst von Ehrlich[1] eingeführt. Seitdem ist von Thunberg und Mitarbeitern[2] eine einfache und bequeme Methodik ausgearbeitet worden, die eine sehr grosse Verbreitung gefunden hat. Sie beruht auf der Reduktion von Methylenblau im Vakuum.

Inwieweit diese Farbstoffreduktion mit der in demselben System stattfindenden Absorption von molekularem Sauerstoff gleichen Schritt hält und somit als ein wirkliches Mass des Atmungsvermögens betrachtet werden darf, soll vorläufig nicht diskutiert werden. Diese Frage wird später (S. 486) erörtert.

Ein System, das eine derartige Reduktion eines zugegebenen „Acceptors" (z. B. Methylenblau) leistet, enthält neben dem diesen Vorgang katalysierenden Enzym somit auch Stoffe, sog. Donatoren, die dabei einer entsprechenden Oxydation unterliegen. Manchmal gelingt es aber, z. B. bei Muskelpräparaten oder Trockenhefen, das Enzymmaterial einfach durch Auswaschen mit Wasser derart zu verändern, dass das Reduktionsvermögen erlischt, ohne dass eine erhebliche Zerstörung des Enzyms stattgefunden hat. Das Reduktions-

---

[1] Ehrlich, Das Sauerstoffbedürfnis des Organismus. Berlin 1885.
[2] Thunberg, Die colorimetrische Vakuum-Mikromethode für Studium der wasserstoffaktivierenden Stoffwechselenzyme in: Oppenheimer-Pincussen, Die Fermente und ihre Wirkungen. Bd. 3, S. 1118; 1928.

vermögen des ausgewaschenen Enzympräparates kann nämlich durch Zugabe von dem (an sich wirkungslosen) Waschwasser oder von einem aus dem nicht ausgewaschenen Enzymmaterial hergestellten Kochsaft fast vollständig restituiert werden.

Offenbar lässt sich diese Erscheinung zwanglos durch die Annahme erklären, dass beim Waschen die Donatoren herausgelöst werden, so dass in dem ausgewaschenen Enzympräparat einfach kein Brennstoff mehr zur Verfügung steht. Die Donatorsubstanzen befinden sich jetzt im Waschwasser, und durch Zugabe desselben wird das ursprüngliche System, Donator + Enzym + Acceptor, wieder hergestellt.

Es war deshalb durchaus berechtigt, wenn gegen die ersten Hypothesen, die in dieser Regeneration des Reduktionsvermögens eine Art Co-Fermentwirkung erblicken wollten, eine scharfe Kritik gerichtet wurde[1]. Auch das „Pnein" von Batelli und Stern[2] sowie der Atmungskörper Meyerhofs[3] sind keine einheitlichen Stoffe gewesen. Man muss sie eher als praktisch ungereinigte Muskel- oder Hefeextrakte betrachten, die als solche reichlich verwertbare Donatorsubstanzen enthielten.

Wenn also durch diese Versuche kein Beweis für die Existenz eines Co-Enzyms erbracht werden konnte, so konnte andererseits von den Gegnern dieser Auffassung noch weniger der Beweis für die Nichtexistenz des Co-Enzyms geliefert werden. Holdens[4] Beweisführung z. B. ist nicht stichhaltig. Zur Stütze seiner Kritik sollte folgender Versuch dienen. Durch Behandlung einer „Co-Fermentlösung" (d. h. eines Muskelkochsaftes) mit frischer Muskulatur bewirkt er, dass die in dieser Lösung vorhandenen Donatoren verbrannt werden und konstatiert, dass nach dieser Behandlung das Präparat nicht mehr imstande ist, das Reduktionsvermögen von ausgewaschener Muskulatur zu regenerieren. Als ein Beweis gegen die Existenz eines Co-Enzyms kann ein derartiger Versuch ja nicht gelten. Wenn kein Donator vorhanden ist, kann selbstverständlich, auch bei Gegenwart des evtl. Co-Enzyms, eine Reduktion nicht erwartet werden. Ausserdem ist es sehr wohl möglich, dass durch die Behandlung mit frischer Muskulatur das Co-Ferment zerstört wird. (Wie wir jetzt wissen, ist dies tatsächlich der Fall.) Eine Möglichkeit, die nicht ohne weiteres zu verneinen ist, ist schliesslich die, dass das Co-Enzym sich nicht einfach durch Waschen mit Wasser von dem Enzym trennen lässt. Dass derartige Bedenken unter Umständen einen Grund haben können, zeigen neuerdings die Versuche Auhagens[5] über Co-Carboxylase.

Interessanter sind die Einwände, die dadurch veranlasst worden sind, dass bei einem durch Auswaschen inaktivierten Enzympräparat das Reduktions-

---

[1] Siehe z. B. Oppenheimer, Die Fermente und ihre Wirkungen.
[2] Batelli u. Stern, Biochem. Zs 33, 315; 1911. — [3] Meyerhof, H. 102, 1; 1918.
[4] Holden, Biochem. Jl 17, 361; 1923. — 18, 535; 1924.
[5] Auhagen, H. 204, 149; 1932. — 209, 20; 1932. — Biochem. Zs 258, 330; 1933.

vermögen durch Zugabe von gewissen, chemisch definierten Substanzen, wie z. B. Bernsteinsäure, regeneriert werden kann[1]. Es wird aber hierdurch die, wie es scheint, zu jener Zeit allgemein vertretene Auffassung hervorgehoben, nach welcher einem evtl. Co-Ferment die Rolle eines ganz generellen Aktivators bei der Verbrennung der verschiedensten Stoffe zuerteilt wurde. Bei den älteren Untersuchungen auf dem Gebiet der enzymatischen Farbstoffreduktion hat man sehr oft in Systemen gearbeitet, die in bezug sowohl auf Enzym als Donator nicht einheitlich waren. Dies hat eine ziemlich grosse Verwirrung geschaffen, die sich vor allem durch eine sehr diffuse Auffassung über die Enzymspezifität kennzeichnete. Man hatte sich nicht klargemacht, dass, wenn in einem Enzymmaterial eine Anzahl verschiedener Stoffe als Donatoren ausgenutzt werden können, man nicht ohne weiteres berechtigt ist, den Schluss zu ziehen, dass die Reaktion in sämtlichen Fällen durch ein und dasselbe Enzym vermittelt wird. So wurde manchmal z. B. die Verbrennung der Kohlehydrate direkt mit der Succinatverbrennung verglichen, und die Ergebnisse, die beim Arbeiten mit einem gewissen Stoff als Donator erhalten worden waren, wurden häufig (wenn zwar auch unbewusst) auf die Verbrennung von anderen Stoffgruppen übergetragen. Die Verwirrung, die als Folge dieser und ähnlicher Schlüsse herrschte, kommt in den Auffassungen, noch so spät wie 1926, über die evtl. Mitwirkung eines Co-Enzyms bei der enzymatischen Oxydoreduktion zum Vorschein.

Meyerhof nimmt hier jetzt schon eine Sonderstellung ein, indem er die Funktion seines Atmungskörpers auf die Milchsäureveratmung einschränkt. Dass gerade bei der Milchsäureveratmung ein Co-Ferment beteiligt ist, wird aber von anderen Forschern verneint[2].

Wenn bei der enzymatisch katalysierten Reaktion zwischen Donator und Acceptor von einem Aktivator des Enzymsystems gesprochen werden darf, müssen offenbar folgende Bedingungen erfüllt sein. In den beiden Systemen: Donator + Enzym + Acceptor und Enzym + Aktivator + Acceptor geschieht nichts. Erst in dem kompletten System Donator + Enzym + Aktivator + Acceptor spielt sich die Reaktion ab. D. h. in dem vorliegenden Falle wird der Acceptor (Methylenblau) erst unter diesen Bedingungen reduziert.

Die Schwierigkeit war nun eben die, wie schon erwähnt wurde, dass die „Aktivatorpräparate" immer reichlich wirksame Donatoren enthielten, so dass man nicht entscheiden konnte, inwieweit die erhaltene Aktivierung einfach auf Zugabe von Donator zurückzuführen sei. Wenn zu einem ausgewaschenen Enzympräparat (z. B. ausgewaschene Trockenhefe oder Trockenmuskel) so wenig „Aktivatorpräparat" gegeben wird, dass die darin enthaltene

---

[1] Siehe hierzu z. B. Ahlgren, Zur Kenntnis der tierischen Gewebsoxydation. Skand. Arch. Physiol. 47, Supplement.
[2] Vgl. hierzu besonders S. 474.

Donatormenge suboptimal ist, sollte jedoch erwartet werden, dass eine weitere Zufuhr von Donator die Reduktion kräftig fördern sollte. Bei Versuchen mit bekannten, typischen Donatoren, wie z. B. Bernsteinsäure, konnte aber durchwegs konstatiert werden, dass die Extraaktivierung durch den Donatorzusatz nicht grösser war als die Aktivierung, die in Abwesenheit von ,,Aktivatorpräparat" durch denselben Donatorzusatz erhalten wurde. Einfach deswegen, weil diese Stoffe von dem ausgewaschenen Enzympräparat als Donatoren ausgenutzt werden, war ja übrigens kein Grund da, bei deren Angriff an die Beteiligung eines besonderen Aktivators zu glauben.

Von Euler und Nilsson wurde jetzt aber die Beobachtung gemacht, dass Hexosediphosphorsäure das Vermögen zukommt, das Reduktionsvermögen einer gewöhnlichen Trockenhefe sehr stark zu aktivieren, während das Reduktionsvermögen der ausgewaschenen Trockenhefe durch Hexosediphosphorsäure nicht restituiert werden kann. Dieses Ergebnis ist deswegen interessant, weil dieselbe ausgewaschene Trockenhefe durch Zusatz von Waschwasser oder Hefekochsaft sich ja gut aktivieren lässt. Beim Auswaschen ist nicht etwa eine Loslösung des Enzyms eingetreten. Das Waschwasser reduziert nämlich nicht und kann ja übrigens durch Hefekochsaft ersetzt werden. Der Versuch wurde dann in der Richtung gedeutet, dass die Trockenhefe eine Substanz nicht enzymatischer Natur enthält, die bei der in Gegenwart von Hexosediphosphorsäure stattfindenden Reduktion als Aktivator beteiligt ist. Streng bewiesen wurde die Existenz eines Aktivators erst, als es gelang, die dem Aktivatorpräparat beigemischten Donatoren abzutrennen[1]. Durch Zugabe von einem derartig gereinigten Aktivatorpräparat allein zu der ausgewaschenen Trockenhefe wurde keine Aktivierung des Reduktionsvermögens erhalten. Erst nach gleichzeitiger Zugabe von Hexosediphosphorsäure und Aktivator findet die Reduktion statt. Als Beispiel mag folgender Versuch erwähnt werden[1].

Tabelle 29.

Mit einem hochgereinigten Co-Zymasepräparat (ACo = 51 000, Trockengewicht 1,6 mg pro 1 ccm) wurde ein entsprechender Versuch gemacht.
2 g ausgewaschene Trockenhefe H + 5 ccm Na_2HPO_4 · Hefesusp.

Nr.	1 ccm Hefesusp. + 0,5 ccm Mb +	Entfärbungszeit
1. 2,	1 ccm Wasser	Nach 6,5 Stunden
3. 4,	0.5 ccm Co-Zymase + 0,5 ccm Wasser	
5. 6,	0,5 ccm Zymophosphat + 0,5 ccm Wasser	noch stark gefärbt
7. 8,	0,5 ccm Zymophosphat + 0,5 ccm Co-Zymase	8,0 9,0 Min.
9. 10.	0,5 ccm Kochsaft + 0,5 ccm Wasser	60,5 58,5 ,,

Die Art und Wirkungsweise dieses Aktivators war einstweilen unklar. Dass es sich hier um einen bei der enzymatischen Methylenblaureduktion ganz

---

[1] Euler u. Nilsson, H. 160, 234; 1926. — 162, 72; 1926.

allgemein wirkenden Aktivator handelt, war schon vornherein unwahrscheinlich. Auch konnte in Systemen, die mit anderen Donatoren als Hexosediphosphorsäure arbeiten (z. B. bei der Bernsteinsäuredehydrierung), eine Mitwirkung des Aktivators nicht beobachtet werden. Die Entfaltung der Aktivatoreigenschaft schien vielmehr an die Gegenwart von Hexosediphosphorsäure gebunden zu sein.

Die Frage kompliziert sich nun sehr dadurch, dass die Funktion der Hexosediphosphorsäure als Donator keineswegs klar durchsichtig ist. Eine Deutung dahin, dass die Hexosediphosphorsäure einfach als „ein gewöhnlicher Donator" fungiert, d. h. direkt dehydriert wird, wäre sicher verfrüht gewesen. Es liegt ja unter anderem auch die Möglichkeit vor, dass die Hexosediphosphorsäure durch die Hefenenzyme zunächst irgendwie abgebaut wird, und dass erst die dabei auftretenden Umwandlungs- bzw. Spaltprodukte als Donatoren wirken. D. h. wir hätten dann nicht eine einfache Reaktion, sondern eine Reaktionskette vor uns. Wenn nun der Aktivator nur in die erste Phase dieser Reaktionskette eingriffe und mit der Reaktion zwischen den dabei entstandenen Donatoren und dem Acceptor weiter nichts zu tun hätte, wäre eine Bezeichnung des Aktivators als Aktivator oder sogar Co-Enzym der Oxydoreduktion eine nicht adäquate Ausdrucksweise. Es sollte denn sein, dass man nur das Endresultat im Auge hat und ihn als den Aktivator der ganzen Zymophosphatverbrennung betrachtet.

Es hat aber wenig Zweck, sich jetzt mit Spekulationen länger aufzuhalten. Bei der fortgesetzten Bearbeitung dieses Themas ist nämlich ein Tatsachenmaterial zusammengebracht worden, welches das Problem nunmehr durchaus diskutabel macht.

In Fortsetzung ihrer Versuche haben Euler und Nilsson gefunden, dass der gefundene Aktivator mit dem Co-Enzym der alkoholischen Gärung, der Co-Zymase, identisch ist[1]. Dies konnte unter Verwendung von verschiedenen Methoden festgestellt werden. Wie z. B. vergleichende Thermoinaktivierung, Vergleich von Präparaten verschiedener Herkunft und verschiedener Reinheit, Auswaschbarkeit u. dgl.

Durch diesen Befund ist das Problem in eine neue Lage gekommen. Die ganze Erfahrung, die über die Co-Zymase gesammelt worden war, stand jetzt zur Verfügung.

Es dürfte jetzt wohl eine Beziehung bestehen zwischen der Funktion der Co-Zymase bei Gärung (und Glykolyse) und der Wirkung der Co-Zymase bei der Methylenblaureduktion.

Dass in der Gärung die Co-Zymase bei der Phosphorylierung irgendwie beteiligt ist, war zu dieser Zeit schon bekannt[2]. Der Zusammenhang dieser Erscheinungen war aber noch gänzlich unklar.

---

[1] Euler u. Nilsson, H. 162, 81; 1926. — 162, 264; 1926. — Siehe auch Euler, Nilsson u. Jansson, H. 163, 202; 1926. — [2] Euler u. Myrbäck, H. 139, 15; 1924.

Die Regelmässigkeit, die hinsichtlich der Bildung von Hexosediphosphorsäure beobachtet wird, kommt in der bekannten Fassung von Harden zum Ausdruck (Hardensche Gleichung).

$$2\,C_6H_{12}O_6 + 2\,PO_4HR_2 = 2\,CO_2 + 2\,C_2H_5OH + 2\,H_2O + C_6H_{10}O_4(PO_4R_2)_2$$
$$C_6H_{10}O_4(PO_4R_2)_2 + 2\,H_2O = C_6H_{12}O_6 + 2\,PO_4HR_2.$$

Die formale Deutung der ersten Gleichung besagt, dass gleichzeitig mit dem Zerfall von einem Hexosemolekül in Alkohol und Kohlensäure an einem zweiten Hexosemolekül eine Veresterung zu Hexosediphosphorsäure stattfindet. Die Art, in welcher diese zwei Reaktionen miteinander chemisch gekuppelt sind, geht aus der Hardenschen Gleichung nicht hervor.

Dass beim Kohlehydratabbau zwischen Zuckerzerfall und Phosphorylierung eine Kuppelung tatsächlich besteht, davon war man aber auf Grund der gesammelten Erfahrung allmählich überzeugt worden. Eine Trennung des Zuckerzerfalls von der Phosphorylierung konnte nämlich nie ausgeführt werden. Wenn in irgendeiner Weise die Phosphorylierung unterdrückt wird, hat dies immer zur Folge, dass auch die Spaltung des Zuckers ausbleibt.

Wie diese Kuppelung konstruiert ist, hat seit der Entdeckung der Hexosediphosphorsäure unter den Problemen der biochemischen Forschung eine sehr zentrale Stellung eingenommen. Unter der Annahme, dass die Hexosediphosphorsäure einfach durch eine doppelte Veresterung eines Hexosemoleküls entsteht, wird ihre Beziehung zu dem gleichzeitigen Zerfall eines zweiten Hexosemoleküls recht unbegreiflich.

Die Bildung der Hexosediphosphorsäure findet, wie schon erwähnt, unter Mitwirkung von Co-Zymase statt. Ob die Co-Zymase dabei die Bildung der Hexosediphosphorsäure unmittelbar aktiviert, oder ob sie bei einer früher in der Reaktionskette liegenden Reaktion beteiligt ist, konnte einstweilen nicht entschieden werden. Der neue Befund, dass die Co-Zymase in irgendeiner Weise bei einer Reaktion beteiligt ist, die, wenigstens in Summa, als eine Oxydoreduktion zu betrachten ist, schien für die weitere Bearbeitung des Problems einen brauchbaren Ausgangspunkt zu geben[1].

Unter der Annahme, dass eine Oxydoreduktion als Teilreaktion beim glykolytischen Zuckerabbau vorkommt, haben Euler, Myrbäck und Nilsson 1927 versucht, eine Auffassung über den Zusammenhang zwischen Gärung

---

[1] Einige Beobachtungen aus dieser Zeit haben eine Möglichkeit angedeutet, der Natur dieser durch die Co-Zymase aktivierten Oxydoreduktion auf die Spur zu kommen. Euler und Myrbäck (H. 165, 28; 1927) konstatierten nämlich, dass die Co-Zymase auch bei der Acetaldehydumsetzung in der Trockenhefe als Aktivator funktioniert. Im Anschluss an die zuerst von Parnas in der Leber nachgewiesene Acetaldehyddismutation (Biochem. Zs 28, 274; 1910) wurde dies als eine Acetaldehyddismutation unter Mitwirkung von Co-Zymase betrachtet und die Co-Zymase deswegen als Co-Mutase angesprochen. Die Frage, inwieweit bei der enzymatischen Acetaldehyddismutation die Co-Zymase als Aktivator beteiligt ist, hat sich später komplizierter erwiesen, als zuerst angenommen wurde (vgl. S. 482).

und Phosphorylierung zu erhalten[1]. Es wird die Annahme gemacht, „dass die beiden in die Hardensche Formel eingehenden Glucosemoleküle nicht mehr identisch sind, sondern dass sich zwischen beiden eine einleitende Reaktion vollzogen hat, welche zu einer Energieerhöhung des einen Moleküls auf Kosten des anderen geführt hat. Von zweien, gleichzeitig entstehenden Molekülen umgewandelter, labiler Zymohexose ist das eine zum direkten Gärungszerfall, das andere zur Phosphorylierung befähigt. Dadurch sind die beiden Teilreaktionen der Hardenschen Formel stöchiometrisch voneinander abhängig, solange nicht die eine der beiden Reaktionen in eine andere Bahn gelenkt wird." Die Oxydoreduktion wird hier also als einleitende Reaktion des Abbaues betrachtet und spielt sich am unveränderten Hexosemolekül ab.

Harden und Robison[2] hatten schon 1914 gefunden, dass bei der Gärung gleichzeitig mit der Hexosediphosphorsäure wahrscheinlich auch eine Hexosemonophosphorsäure entsteht. Diese Hexosemonophosphorsäure, der sog. Robisonester, wurde später (1922) von Robison[3] isoliert und charakterisiert. Der Umstand, dass diese Hexosemonophosphorsäure in den Gärungsmischungen nur in kleinen Mengen aufgefunden wurde, hat es wohl bewirkt, dass man sie zuerst kaum als eine am Gärverlauf wesentlich beteiligte Substanz betrachtet hat. Nachdem Embden[4] das Vorkommen einer Hexosemonophosphorsäure auch im Muskel nachgewiesen hatte, hat man angefangen, die Möglichkeit in Erwägung zu ziehen, dass der Hexoseabbau über eine Hexosemonophosphorsäure als Intermediärprodukt verläuft.

Die Vergärung der Hexosemonophosphorsäure ist schon 1927 von Meyerhof diskutiert worden[5]. Er nimmt als wahrscheinlich an, dass von der intermediär auftretenden Hexosemonophosphorsäure zwei Moleküle miteinander in Reaktion treten, derart, dass der Phosphorsäureradikal des einen Moleküls auf das zweite Molekül überspringt. Die dadurch entstandene freie Hexose zerfällt in Milchsäure.

Von Euler und Myrbäck[6] wird für die Umsetzung der postulierten intermediären Hexosemonophosphorsäure jetzt eine ähnliche Anschauung herangezogen, wie ursprünglich am unveränderten Hexosemolekül. Nach diesen Autoren findet also zwischen zwei Molekülen intermediär gebildeter Hexosemonophosphorsäure eine Oxydoreduktion statt, die in der Bildung von einerseits Hexosediphosphorsäure und andererseits zwei 3-C-Körpern resultiert, welche letzteren zu Alkohol und Kohlensäure weiter abgebaut werden. Schematisch wird diese Reaktion folgendermassen ausgedrückt:

---

[1] Euler, Myrbäck u. Nilsson, Svensk kem. tidskr. 38, 353; 1926.
[2] Harden u. Robison, Proc. Chem. Soc. 30, 16; 1914.
[3] Robison, Biochem. Jl 16, 809; 1922.
[4] Embden u. Zimmermann, H. 167, 114; 1927.
[5] Meyerhof u. Lohmann, Biochem. Zs 185, 113; 1927. — Siehe auch Meyerhof, Die chemischen Vorgänge im Muskel (Julius Springer: Berlin 1930).
[6] Euler u. Myrbäck, Lieb. Ann. 464, 56; 1928.

$$\mathrm{H_2PO_4}\cdots\cdots\underset{\underset{\mathrm{C-C-C}}{|}}{\mathrm{C-C-C}} \quad \underset{\underset{\mathrm{C-C-C}}{|}}{\mathrm{C-C-C}}\cdots\cdots\mathrm{PO_4H_2}$$

... „Dagegen tritt, wie wir oben versuchsweise angenommen haben, eine Mutation in der Mitte des Moleküls zwischen zwei Molekülen Monophosphat ein. Dabei entstehen statt Methylglyoxal Brenztraubensäure und Acetol (die vergoren werden) nebst einem Molekül Diphosphat oder möglicherweise zuerst zwei Moleküle Triosephosphat, die sich dann zum Hexosediphosphat zusammenschliessen."

Wie Nilsson[1] gezeigt hatte, findet in der Trockenhefe aus ihren Reservekohlehydraten eine Bildung von Robisons Ester statt. Bei dieser Hexosemonophosphorsäurebildung ist die Co-Zymase nicht beteiligt. Bezüglich der Vergärung des Robisonesters haben Euler, Myrbäck und Runehjelm[2] die interessante Beobachtung gemacht, dass dieser Ester mit derselben Geschwindigkeit vergärt wie eine äquimolekulare Mischung aus Glucose und anorganischem Phosphat und mit derselben charakteristischen Gärkurve. Von besonderem Interesse ist, dass bei der Estervergärung Zugabe von anorganischem Phosphat nicht notwendig ist. Dagegen ist für die Vergärung die Anwesenheit von Co-Zymase unentbehrlich. In einer derartigen Gärungsmischung ohne Zugabe von anorganischem Phosphat vergärt der Robisonester anfangs mit derselben Geschwindigkeit wie Glucose. Nachdem aber 50% der maximal möglichen CO_2-Menge entwickelt worden sind, tritt der von der Glucosevergärung her wohlbekannte Knickpunkt der Gärkurve auf. Von Interesse ist nun weiter, dass beim Knickpunkt noch keine wesentliche Änderung in der Phosphatbilanz stattgefunden hat. Vom Knickpunkt ab findet aber, gleichzeitig mit der nunmehr erheblich verlangsamten CO_2-Entwicklung, eine damit parallel verlaufende Abspaltung von anorganischem Phosphat statt. Diese Beobachtungen stehen offenbar völlig im Einklang mit der bezüglich der Monophosphatvergärung von Euler und Myrbäck entwickelten Anschauung. Euler und Myrbäck sind deshalb geneigt, die Robisonsche Hexosemonophosphorsäure als ein wirkliches Intermediärprodukt bei der Glucosevergärung zu betrachten.

Zu einer abweichenden Auffassung gelangten kurze Zeit danach Neuberg und Kobel[3]. Nach ihren Ergebnissen vergärt die Hexosemonophosphorsäure nie mit einer Geschwindigkeit, die mit der Gärgeschwindigkeit der nicht phosphorylierten Hexose vergleichbar ist. Im Anschluss an ihre experimentellen Befunde heben diese Autoren hervor, dass der Robisonester als

---

[1] Nilsson, Sv. Vet. Akad. Arkiv f. Kemi Bd. 10 A, Nr. 7; 1930. — Sv. Vet. Akad. Arkiv f. Kemi 10 B, Nr. 1; 1928. — Siehe auch Sv. kem. tidskr. 41, 169; 1929.
[2] Euler, Myrbäck u. Runehjelm, Sv. Vet. Akad. Arkiv f. Kemi Bd. 9, Nr. 49; 1928.
[3] Neuberg u. Kobel, Lieb. Ann. 465, 272; 1928.

ein Glucosederivat aufzufassen ist, die Hexosediphosphorsäure dagegen als ein Fructosederivat. Sie sind deswegen der Ansicht, dass bei der Bildung von Hexosediphosphorsäure aus Robisons Ester eine Konfigurationsveränderung sich abspielen muss.

Meyerhof und Lohmann[1] finden, dass die Hexosemonophosphorsäure (Robisonester sowohl als auch Neubergester) unter gleichzeitiger Aufnahme von anorganischem Phosphat vergärt. In dieselbe Richtung gehen Versuche von Harden und Robison[2], welche feststellen, dass die Hexosemonophosphorsäure nur in Gegenwart von anorganischem Phosphat rasch vergoren wird. Auch dann vergärt aber nur ein geringer Teil der zugegebenen Hexosemonophosphorsäure (und zwar zu demselben Betrag für sowohl Robison- als Neubergester) mit grosser Geschwindigkeit.

Nilsson[3] macht die Beobachtung, dass aus dem Polysaccharidvorrat der Trockenhefe sehr grosse Mengen von Robisonester entstehen können. In Gegenwart von Fluorid wird der Abbau des gebildeten Esters verhindert, und unter diesen Umständen wird der Ester angehäuft und kann aus der Reaktionsmischung isoliert werden. Diese Phosphorylierung, die sich in Gegenwart von NaF abspielt, hält mit der Selbstgärung in derselben Reaktionsmischung ohne NaF gleichen Schritt (Abb. 75). Durch Zugabe von Glucose wird diese Monophosphatbildung nicht gesteigert. Wenn durch Fluoridvergiftung die Gärung verhindert wird,

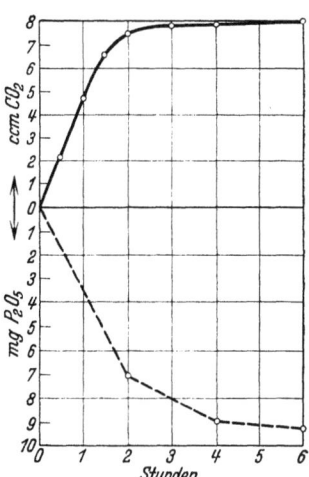

Abb. 75. Selbstgärung und Eigenphosphorylierung von 0,2 g Trockenunterhefe.

lässt sich eine Phosphorylierung von zugegebener Glucose überhaupt nicht nachweisen. Zu diesen Beobachtungen fügt Nilsson die Bemerkung, dass „bei einer Bestimmung des Quotienten CO_2/veresterte P-Menge, die nach der Hardenschen Gleichung theoretisch den Wert 1 geben soll, die durch die Kohlehydratreserven der Hefe bedingte Phosphorylierung manchmal Täuschungen herbeiführen kann". Es lässt sich wohl denken, dass bei einer normalen Zuckervergärung die Zymase bzw. ihr oxydoreduzierendes Enzymsystem so stark in Anspruch genommen wird, dass die aus dem Polysaccharidvorrat der Trockenhefe gleichzeitig gebildete Hexosemonophosphorsäure, wenigstens zum Teil, dem weiteren Abbau entzogen wird und sich dadurch, solange noch vergärbarer Zucker da ist, anhäufen kann. Die Möglichkeit, dass bei der Zuckervergärung auch aus der zugegebenen Glucose eine Bildung von Robisons Ester stattfindet, will Nilsson nicht verneinen. Er

---

[1] Meyerhof u. Lohmann, Biochem. Zs 185, 113; 1927.
[2] Harden, Aloholic fermentation 1932; S. 140.
[3] Nilsson, Sv. Vet. Akad. Arkiv f. Kemi Bd. 10 A, Nr. 7; 1930.

findet es aber nicht zusagend, anzunehmen, dass eine intermediär gebildete Hexosemonophosphorsäure sich als solche anhäuft und zieht daher in Erwägung, dass der isolierte Robisonester ein Stabilisierungsprodukt des intermediären Esters darstellt.

Bei der Frage über die evtl. Rolle des Robisonesters als Intermediärprodukt darf schliesslich nicht vergessen werden, dass dieser Ester keine einheitliche Substanz ist, sondern eine Mischung von wenigstens zwei (Glucose- und Fructose-) Komponenten[1]. Über die Vergärung der isolierten Komponenten liegen, sofern aus der Literatur ersichtlich, noch keine einwandfreien und hinreichenden Untersuchungen vor.

Bei Studien über die Acetaldehyddismutation in der Trockenhefe konnte Nilsson[2] feststellen, dass unter Umständen der Acetaldehyd von Trockenhefe überhaupt nicht angegriffen wird. Da mit derartigen Hefepräparaten die normale Glucosevergärung nichtsdestoweniger erhalten wurde, war diese Beobachtung für die Beurteilung der Rolle der Cannizzaroreaktion bei der Gärung von Bedeutung.

In Fortsetzung der Versuche zeigte es sich, dass das Vermögen der Trockenhefe, Acetaldehyd anzugreifen, in Beziehung steht zu der Selbstgärung der Hefe. Überraschend schien zuerst der Befund, dass eine Zugabe von Fluorid in genügender Menge, um die Selbstgärung zu unterdrücken, eine kräftige Förderung des Acetaldehydverbrauchs bewirkt. Diese und ähnliche Beobachtungen veranlassten allmählich die Vermutung, dass das durch die Trockenhefe bedingte Verschwinden des Acetaldehyds nicht, wie bis jetzt angenommen worden war, auf einer Dismutation des Acetaldehyds beruht, sondern auf einer unter Mitwirkung von Co-Zymase stattfindenden Reduktion desselben, wobei die bei dieser Reaktion beteiligten Donatoren bei dem Abbau von den in der Trockenhefe vorhandenen Polysacchariden geliefert werden. Die Fluoridaktivierung kann unter dieser Annahme dadurch erklärt werden, dass der oxydoreduktive Abbau der intermediär gebildeten Hexosemonophosphorsäure, der sich bei der Gärung normal abspielt, durch Fluorid gehemmt wird. (Die Bildung dieser Hexosemonophosphorsäure bleibt dagegen von der Fluoridvergiftung unbeeinflusst.) Diese Reaktion konkurriert in der nicht vergifteten Hefe mit der Acetaldehydreduktion um sowohl Enzym als Substrat, welche Konkurrenz durch die Fluoridvergiftung behoben wird.

Diese postulierte Acetaldehydreduktion scheint nun im Prinzip von derselben Art zu sein wie die Methylenblaureduktion. Es ist dann von Interesse, dass auch bei der Methylenblaureduktion in der Trockenhefe eine ähnliche Einwirkung des Fluorids konstatiert werden kann.

---

[1] Robison and King, Chem. Ind. 48, 143; 1929. — Biochem. Jl 25, 323; 1931.
[2] Nilsson, Sv. Vet. Akad. Arkiv f. Kemi Bd. 10 A, Nr. 7; 1930. — Biochem. Zs 258, 198; 1933.

Die Hexosediphosphorsäure, die sich ja als ein vorzüglicher Donator bei der Methylenblaureduktion in der Trockenhefe gezeigt hatte, zeigte jetzt ein ebenso ausgesprochenes Vermögen, die Trockenhefe zum Acetaldehydangriff zu stimulieren. Bei der Methylenblaureduktion die entstandenen Reaktionsprodukte in fassbaren Mengen zu erhalten, hätte auf sehr grosse präparative Schwierigkeiten gestossen, weil die Umsetzungen bei dieser Reaktion ja sehr klein sind. Bei der Acetaldehydumsetzung in der Trockenhefe sind dagegen die umgesetzten Substanzmengen so gross, dass eine Isolierung der Reaktionsprodukte aussichtsreich erscheint. Auch kinetische Studien sind hier günstiger, deswegen, weil man nicht mehr darauf angewiesen ist, nur die Zeit für vollständige Umsetzung (vollständige Methylenblaureduktion) zu ermitteln, sondern eine Möglichkeit besitzt, die Reaktion nach bestimmten Zeitabschnitten zu verfolgen.

Im Anschluss an die ausgeführten Versuche über die Beziehung zwischen Selbstgärung und Acetaldehydumsetzung in der Trockenhefe wurde jetzt der Einfluss von Glucose auf die Acetaldehydumsetzung in der Trockenhefe studiert. Durch Glucose allein wird (bei einer Trockenhefe mit Induktionsperiode) keine Aktivierung der Acetaldehydumsetzung erreicht. Bei gleichzeitiger Zugabe von Hexosediphosphorsäure (in der für Induktionsaufhebung der Glucosevergärung etwa erforderlichen Konzentration) setzt aber eine Acetaldehydumsetzung ein mit einer Reaktionsgeschwindigkeit, die weit grösser ist als die nach Zugabe von Hexosediphosphorsäure allein erhaltene. Fluorid wirkt auf dieses System in derselben Weise wie bei einer Trockenhefe mit Selbstgärung (ohne Zugabe von Glucose und Hexosediphosphorsäure). In Abwesenheit von Fluorid kommt die anfangs sehr rasch verlaufende Reaktion bald zum Stillstand. Bei Zugabe von Fluorid in einer Konzentration, die vollständige Gärungshemmung hervorruft, setzt sich aber die Acetaldehydumsetzung über grössere Zeitabschnitte fort und erreicht jetzt einen sehr grossen Betrag. Die Reaktionsgeschwindigkeit ist dabei mit der Gärgeschwindigkeit vergleichbar, welche in derselben Reaktionsmischung ohne Fluorid erhalten wird. (Auf ein Molekül entwickelter Kohlensäure verschwinden zwei Moleküle Acetaldehyd.) Von besonderem Interesse ist nun, dass gleichzeitig mit dieser Acetaldehydumwandlung ein rapides Verschwinden der anorganischen Phosphorsäure aus der Reaktionsmischung stattfindet. In Abwesenheit von Acetaldehyd findet diese Reaktion nicht statt[1]. Offenbar besteht sie in irgendeiner Phosphorylierung der zugegebenen Glucose. (Es muss hervorgehoben werden, dass diese Reaktion bei Trockenhefen ohne Selbstgärung stattfindet,

---

[1] D. h. in einer derartigen Reaktionsmischung findet auch ohne Zugabe von Acetaldehyd eine Phosphorylierung der Glucose statt, jetzt jedoch zu einem ungleich viel kleineren Betrage als in Gegenwart von Acetaldehyd. Nilsson ist geneigt, anzunehmen, dass diese Phosphorylierung derselben Natur ist wie die Phosphorylierung in Gegenwart von Acetaldehyd. Die Funktion des Acetaldehyds als Acceptor ist in diesem Falle von den zelleigenen Acceptoren der Hefe übernommen worden (vgl. S. 471).

so dass eine Vortäuschung durch die Eigenphosphorylierung der Hefe ausgeschlossen ist.)

Die Klarlegung der jetzt beschriebenen Reaktion erfordert zunächst die Feststellung, was aus dem verschwundenen Acetaldehyd geworden ist. Aus der alkalimetrischen Titrierung der Reaktionsmischung geht hervor, dass während der Reaktion diese beträchtlich saurer wird. Die gebildete Säure ist nicht flüchtig, welche Tatsache nochmals betont, dass der Acetaldehydschwund nicht durch eine reine Acetaldehyddismutation bedingt sein kann. Wäre dies der Fall gewesen, so hätte doch eine Essigsäurebildung erwartet werden müssen. Statt dessen wird jetzt der verschwundene Acetaldehyd fast quantitativ als Alkohol wiedergefunden.

Diese recht komplizierte Erscheinung löst sich also, wie es scheint, in folgende Teilreaktionen auf. Der Acetaldehyd ist zu Alkohol reduziert worden. Gleichzeitig mit dieser Reaktion findet eine Phosphorylierung und eine Säuerung (wahrscheinlich Ausbildung einer Carboxylgruppe) statt. Der Körper, der mit dem Acetaldehyd zusammen an der Reaktion teilnimmt, ist allem Anschein nach nicht (wenigstens in der Hauptsache nicht) die Hexosediphosphorsäure, sondern die Glucose. Wie schon hervorgehoben wurde, ist die Phosphorylierung durch die Glucosezugabe bedingt. Sie findet ausserdem nur in Zusammenhang mit der Reduktion des Acetaldehyds statt. Diese Befunde zwingen, wie es mir scheint, zu der gemachten Annahme. Die Hexosediphosphorsäure übt bei der Reaktion vielleicht eine ähnliche, induktionsaufhebende Wirkung aus wie bei der Gärung[1].

Es erhebt sich jetzt aber die Frage über die Natur der Donatoreigenschaft, die Hexosediphosphorsäure allein ohne Zugabe von Glucose sowohl im Methylenblauversuch als im Acetaldehydversuch entfaltet. Eine eingehende Diskussion dieser Frage folgt später. Vorläufig kehren wir aber zu der Reaktion der Glucose zurück, die durch die Acetaldehydzugabe ausgelöst wird.

Parallel mit der Reduktion des Acetaldehyds muss eine entsprechende Oxydation eintreten, und da gleichzeitig auch eine Phosphorylierung stattfindet, ist als Reaktionsprodukt ein sowohl oxydierter als phosphorylierter Körper plausibel. Nilsson isolierte bei dieser Reaktion als wesentliches Reaktionsprodukt die Glycerinsäure-mono-phosphorsäure[2].

Auf Grund der jetzt beschriebenen Ergebnisse über die Bildung und Umsetzung der Hexosemonophosphorsäure, über die unter Mitwirkung von Co-Zymase verlaufende Oxydoreduktion, sowie schliesslich über die Entstehung der Monophosphoglycerinsäure entwickelt Nilsson bezüglich des normalen Verlaufs des glykolytischen Kohlehydratabbaues folgende Vorstellung, nach welcher die Spaltung der 6-C-Kette durch eine intramolekulare Oxydoreduktion erfolgt[2].

---

[1] Siehe Anmerkung S. 459.
[2] Nilsson, Sv. kem. tidskr. 41, 169; 1929. — Sv. Vet. Akad. Arkiv f. Kemi Bd. 10 A, Nr. 7; 1930. — Biochem. Zs 258, 198; 1933. — Zs f. angew. Chem. 46, 647; 1933. — Sv. kem. tidskr. 45, 129; 1933.

Der Abbauprozess wird durch die Bildung einer intermediären Hexosemonophosphorsäure eingeleitet. Das dabei wirksame Enzym, die Phosphatase[1], arbeitet ohne Mitwirkung von Co-Zymase. Ein Vergleich zwischen dem Polysaccharidabbau und dem Abbau der Monosaccharide sowohl in der Hefe als im Muskel macht es nun aber notwendig, anzunehmen, dass das normale Hexosemolekül als solches zur Phosphorylierung noch nicht bereit ist, sondern zuerst in eine besondere „Veresterungsform" umgewandelt werden muss. Diese Umwandlung wird nach Meyerhof[2] durch ein Enzym (Hexokinase, Meyerhofaktivator) vermittelt, das in der Hefe (sowohl frischer Hefe als Trockenhefe) enthalten ist, dagegen in Trockenmuskel oder Muskelextrakten fehlt. Im Trockenmuskel oder in Muskelextrakten findet deshalb aus zugegebener Hexose keine Milchsäurebildung statt. Wenn aber in diesem Falle das Enzymsystem mit aus Hefe dargestellter Hexokinase komplettiert wird, so wird die Hexose glatt zu Milchsäure abgebaut. Aus Glykogen oder Stärke verläuft dagegen die Milchsäurebildung ohne Mitwirkung der Hexokinase. Es scheint demnach eine wahrscheinliche Annahme zu sein, dass das Glykogen bei der hydrolytischen Spaltung im Muskel dieselbe Hexoseveresterungsform liefert, die aus der normalen Hexose durch die Einwirkung der Hexokinase entsteht.

Es ist nun von speziellem Interesse, dass in der Trockenhefe aus den Kohlehydratreserven eine Hexosemonophosphorsäurebildung (Robisons Ester) stattfindet, die unabhängig von den weiteren Abbaureaktionen verläuft (Nilsson l. c.). Diese Phosphorylierung findet in Abwesenheit von Co-Zymase statt und auch unter solchen Verhältnissen, wo die Gärung durch Fluoridvergiftung völlig aufgehoben worden ist. Auch im Muskel wird bei aufgehobener Milchsäurebildung (Fluoridvergiftung bei Abwesenheit von Co-Ferment) durch Zugabe von Glykogen eine Phosphorylierung hervorgerufen, die wohl auch als eine Hexosemonophosphorsäurebildung zu deuten ist. Die Isolierung des gebildeten Esters steht aber noch aus.

Bei dem glykolytischen Abbau der Monosaccharide liegen dagegen ganz andere Verhältnisse vor. Wenn die Co-Zymase entfernt wird, hat dies jetzt zur Folge, dass nicht nur die Hexosediphosphorsäurebildung, sondern auch die Hexosemonophosphorsäurebildung vollkommen ausbleibt. Zu demselben Ergebnis kommt man bei der Fluoridvergiftung. Eine von dem Gesamtabbauprozess abgetrennte Phosphorylierung der Monosaccharide lässt sich nicht nachweisen. (Die speziellen Verhältnisse, die bei Gegenwart von Acceptoren vorliegen, sollen später besprochen werden.)

Durch die enzymatische Spaltung der Polysaccharide zu Hexose, die von dem weiteren glykolytischen Abbau der gebildeten Hexose unabhängig ist, wird die Veresterungsform der Hexose fortdauernd produziert. Zwischen dieser

---

[1] Vgl. hierzu Lohmann, Biochem. Zs 262, 137; 1933.
[2] Meyerhof, Biochem. Zs 183, 176; 1927.

Veresterungsform und der n-Glucose besteht aber nach dem Massenwirkungsgesetz ein Gleichgewicht, so dass aus n-Glucose (durch die Mitwirkung der Hexokinase) die Veresterungsform nur in demselben Masse gebildet, wie sie durch die Phosphorylierung und den daran geknüpften weiteren Abbau der Reaktionskette entzogen wird. Schematisch kann dies in folgender Weise veranschaulicht werden:

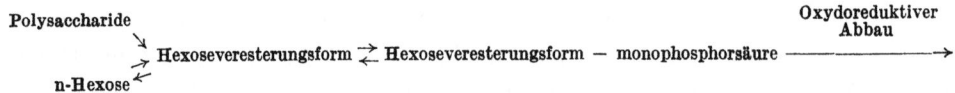

Diese Anschauung vermag also eine Erklärung zu geben für den Sachverhalt, dass in Abwesenheit von Co-Zymase oder bei Fluoridvergiftung aus zugegebener Hexose keine Hexosemonophosphorsäure gebildet wird, während dagegen aus den Kohlehydratreserven der Hefe unter denselben Versuchsbedingungen Robisons Ester entsteht. Im ersten Falle wird die Bildung der Hexoseveresterungsform zurückgedrängt, im letzteren Falle bildet sich die intermediäre Hexosemonophosphorsäure unter dem Druck der aus den Polysacchariden fortdauernd produzierten Hexoseveresterungsform. In diesem Zusammenhang muss die Frage diskutiert werden, wie sich der angehäufte Robisonester zu der wirklich intermediären Hexosemonophosphorsäure verhält.

Bevor wir jetzt weitergehen, wollen wir aber an einer Darstellung von Ohle[1] teilnehmen. Ohle hat einen interessanten Beitrag geliefert, das Problem der Glykolyse von rein organisch-chemischen Gesichtspunkten aus zu enträtseln. Als die wesentlichen Reaktionstypen bei dem glykolytischen Abbau betrachtet Ohle „Veresterungen, hydrolytische Spaltungen und gekuppelte Oxydations-Reduktionsprozesse. Für eine Aufspaltung von Kohlenstoffbindungen ist nur die letztgenannte Reaktionsart in Betracht zu ziehen". Der erste Schritt beim Glucoseabbau ist nach Ohle die Bildung von Robisons Ester, den er als Glucose-6-phosphorsäure anspricht. „Durch die Einführung des Phosphorsäurerestes wird das pyroide System stark geschwächt, die Aldehydmodifikation begünstigt, so dass sie unter biologischen Bedingungen leicht auch in die Enolform und damit in die Fructofuranose-6-phosphorsäure übergehen kann." In dieser Weise erreicht Ohle die Konfigurationsveränderung des Zuckers, auf deren Notwendigkeit Neuberg schon früh aufmerksam gemacht hat[2]. Die Fructofuranose-6-phosphorsäure „bietet für die weitere Phosphorylierung in der neu gebildeten primären Carbinolgruppe einen sehr reaktionsbereiten Angriffspunkt. Durch ihre Umwandlung in Fructose-1,6-diphosphorsäure wird dem Gleichgewicht: Glucose-6-phosphorsäure ⇄ Fructose-6-phosphorsäure dauernd die zweite Komponente entzogen, so dass die gesamte Glucose auf diesem Wege in Fructose-1,6-diphosphorsäure übergeführt wird....."

---

[1] Ohle, Ergebn. d. Physiol. 1931.

[2] Neuberg, Die Gärungsvorgänge und der Zuckerumsatz der Zelle. Jena 1913. — Siehe auch Oppenheimer, Handbuch der Biochemie, Ergänzungsband 1913, S. 580.

Aus den angeführten Zitaten geht hervor, dass nach Ohles Auffassung sowohl die Glucose-6-phosphorsäure als die Fructose-1,6-diphosphorsäure als zwangsläufige Durchgangsstufen betrachtet werden, die jedes Glucosemolekül beim Abbau durchschreiten muss.

Ohle ist jetzt der Ansicht, dass diese Fructose-1,6-diphosphorsäure, die mit der Hexosediphosphorsäure von Harden und Young identisch ist, am Kohlenstoffatom 5 dehydriert und dadurch in die 5 Keto-fructose-1,6-diphosphorsäure übergeführt wird. Diese Verbindung ist aber instabil und zerfällt spontan in 1 Molekül Dioxyacetonphosphorsäure und 1 Molekül Oxymethylglyoxalphosphorsäure. „Die letztere spielt im weiteren Verlauf des Zerfalls die Rolle des Wasserstoffacceptors, indem sie den durch die Dehydrierung der Fructose-1,6-diphosphorsäure verfügbar werdenden Wasserstoff unter Bildung von Glycerinaldehydphosphorsäure addiert. Die beiden Phosphorsäureester spalten schliesslich ihre Phosphorsäure ab unter gleichzeitiger Umlagerung zu Methylglyoxal. Damit ist der Anschluss an das Gärungsschema von Neuberg erreicht." Damit die Gärung in Schwung kommt, ist nach diesem Schema offenbar erforderlich, dass zu Beginn eine Dehydrierung der Fructose-1,6-diphosphorsäure zustande kommt, ehe noch die Oxymethylglyoxalphosphorsäure als Acceptor da ist. Welche Funktion die zelleigenen Acceptoren bei dieser Reaktion evtl. haben können, wird nicht diskutiert.

Unter den Teilreaktionen bei dem Abbau der Glucose zu 3-Kohlenstoffkörpern sind nach Ohle nur die Phosphorylierung, die Dehydrierung und schliesslich die Spaltung der Phosphorsäureester enzymatisch katalysiert. Dagegen verlaufen die Umlagerung Glucose-6-phosphorsäure $\rightleftarrows$ Fructose-6-phosphorsäure und die Spaltung der intermediären 5-Keto-fructose-1,6-diphosphorsäure, spontan mit grosser Geschwindigkeit.

Ohles Abbauschema bietet viele interessante Gesichtspunkte. Es muss aber hervorgehoben werden, dass einige von den wesentlichsten Annahmen Ohles in offenbarem Widerspruch stehen zu biochemisch vollkommen sichergestellten Tatsachen. Wenn die Fructose-1,6-diphosphorsäure, also die Harden-Youngsche Säure, ein wahres Intermediärprodukt beim Glucoseabbau ist, wie Ohle es annimmt, muss sie ja mit derselben oder mit grösserer Geschwindigkeit vergären wie die Glucose selbst. Das ist ja aber keineswegs der Fall. Die Gärgeschwindigkeit der Hexosediphosphorsäure ist im Gegenteil immer kleiner als die der Glucose, bei gewissen Trockenhefen macht sie nur einen Bruchteil von der Gärgeschwindigkeit der Glucose aus. Bei der Glucosegärung macht sich dies durch einen scharf ausgesprochenen Knickpunkt in der Gärkurve bemerkbar. Bei diesem Knickpunkt ist die freie Phosphorsäure aus der Reaktionsmischung verschwunden. Sie liegt nunmehr in Form von Hexosephosphaten vor, und zwar hauptsächlich eben als Fructose-1,6-diphosphorsäure. Was die Hexosediphosphorsäure betrifft, liegt, soviel ich sehen kann, kein Grund vor, anzunehmen, dass sie als solche direkt vergärt. In der Gleichung von Harden wird angenommen, dass bei der Vergärung der Hexosediphosphorsäure zunächst die zwei Phosphorsäureradikale abgespalten werden. Der dadurch freigewordene Zucker vergärt in gewöhnlicher Weise, d. h. er wird dabei wiederum phosphoryliert. Eine quantitative Dephosphorylierung der Hexosediphosphorsäure mag vielleicht nicht notwendig sein, ich halte es aber für wahrscheinlich, dass zunächst wenigstens das Phosphorsäureradikal in Stellung 1 abgespalten wird (s. hierzu S. 465). Ein Umstand, den man bei der Beurteilung dieser Frage im Auge behalten muss, ist schliesslich, dass sowohl bei der Bildung[1] als auch bei der Vergärung[2] der Hexosediphosphorsäure die Co-Zymase beteiligt ist.

Durch Ohles Abbauschema wird die entstandene CO_2-Menge bei der Gärung, sowie die bei der Glykolyse im Muskel entwickelte Milchsäuremenge zu der gleichzeitig gebildeten Menge Hexosediphosphorsäure nicht in Beziehung gesetzt. Die „Halbierung" des Glucosemoleküls bei der Gärung sowie bei der Glykolyse im Muskel wird überhaupt nicht beachtet. Auf diese Erscheinungen werde ich weiter unten zurückkommen (S. 468).

In Ohles Abbauschema wird als der primär gebildete intermediäre Ester die Glucose-6-phosphorsäure angesprochen. Es fällt sofort auf, dass unter einer derartigen Voraussetzung die Verschiedenheiten, die zwischen dem Polysaccharidabbau und dem Abbau der Hexosen obwalten, als völlig unverständlich dastehen müssen. Weiter gilt schliesslich bezüglich der Glucose-6-phosphorsäure als Intermediärprodukt dasselbe, was eben hinsichtlich der Hexosediphosphorsäure bemerkt wurde, nämlich dass gefordert werden muss, dass die Gärgeschwindigkeit des intermediären Esters ebenso gross oder grösser sein muss als die der Glucose. Bei der Hexosediphosphorsäure ist dies ja sicher nicht der Fall und bei der Glucose-6-phosphorsäure, soweit unsere bisherige Erfahrung ausreicht, auch nicht.

Wir kehren jetzt wieder zu dem Abbauschema von Nilsson zurück. Als den primär gebildeten Ester betrachtet Nilsson den 6-Phosphorsäureester der Hexoseenolform. „Bei der Bildung dieses Esters ist, nachdem die Enolform der Hexose geschaffen worden ist (sei es durch die Wirkung der Hexokinase oder dadurch, dass sie durch Polysaccharidzerfall entsteht), nur ein veresterndes Enzym beteiligt. Nach den neuen Befunden über die Beteiligung des Mg sowohl an der enzymatischen Spaltung von Phosphorsäureestern als am glykolytischen Abbau dürfte es wohl wahrscheinlich sein, dass die Synthese dieser Hexosemonophosphorsäure durch dasselbe Enzym aktiviert wird, das die Spaltung der Phosphorsäureester bewirkt.

Der gebildete Ester kann, wenn er in irgendeiner Weise dem Abbau entzogen wird, sowohl in Glucose-6-phosphorsäure als in Fructose-6-phosphor-

---

[1] Euler u. Myrbäck, H. 139, 15; 1924.
[2] Euler, Nilsson u. Jansson, H. 163, 202; 1926. — Euler u. Nilsson, Sv. Vet. Akad. Arkiv f. Kemi Bd. 9, Nr. 38; 1927.

säure übergehen. Es bestehen hier Gleichgewichte, die man wohl mit Ohle in folgender Weise ausdrücken kann.

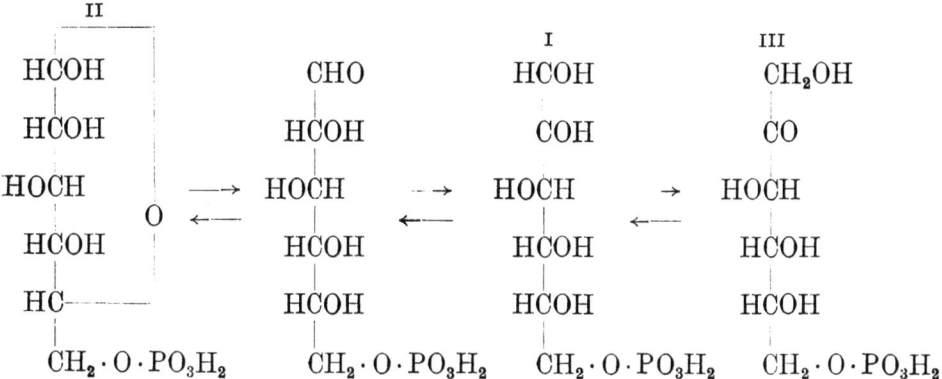

Diese Stabilisierung der intermediären Hexosemonophosphorsäure führt also zu einer Mischung, die sowohl Aldosekomponente als Ketosekomponente enthält. Eine Mischung also von dem Typus, der sowohl in dem Robisonester als in dem Embdenester vorliegt. Der Robisonester enthält nach Robison und King ausserdem noch ein oder mehrere Phosphorsäureester unbekannter Konstitution. Es wäre hier vielleicht auch an eine Umwandlung des intermediären Esters in Mannosephosphorsäure zu denken." Zu dem letzten Satz mag bemerkt werden, dass es in letzter Zeit Robison[1] gelungen ist, aus dem Robisonester die Mannosemonophosphorsäure zu isolieren.

Diese Auffassung Nilssons[2] über die Stabilisierung der intermediären Hexosemonophosphorsäure hat später durch Versuche von Lohmann[3] eine wichtige experimentelle Bestätigung erhalten. Ganz in Übereinstimmung mit dieser Auffassung findet nämlich Lohmann, dass durch tierische Zellextrakte oder ausgewaschene Trockenhefe die Bildung von Embdens Ester als Gleichgewichtsester sowohl aus der Ketohexose- wie aus der Aldohexosemonophosphorsäure mit sehr grosser Geschwindigkeit erfolgt. Lohmann zieht auch in Erwägung, „ob der von Robison aus gärenden Hefepräparaten isolierte Mannosemonophosphorsäureester ebenfalls diese teilweise Umlagerung erfährt".

Nilsson schreibt weiter: „In diesem Zusammenhang mag erwähnt werden, dass die Milchsäurebildung im Trockenmuskel oder in Muskelsäften aus Hexosephosphorsäureestern ohne Mitwirkung der Hexokinase sich ebenfalls durch diese Umlagerung der Hexosemonophosphorsäuren ineinander (bei der Hexosediphosphorsäure nach Abspaltung des Phosphorsäureradikals in Stellung 1) erklären lässt."

Die einleitenden Stadien bei dem glykolytischen Abbau der Hexosen und der Polysaccharide können jetzt schematisch folgendermassen veranschaulicht werden.

---

[1] Robison, Biochem. Jl 26, 2191; 1933. — [2] Nilsson, Biochem. Zs 258, 198; 1933.
[3] Lohmann, Biochem. Zs 262, 137; 1933.

```
                        Glucose-6-phosphorsäure           (II)
Polysaccharide ↘              ↑↓                                    Oxydoreduktiver Abbau
              ↗ Hexoseenolform ⇄ Hexoseenolform-6-phosphorsäure (I) ──────────→
    n-Hexose ↙              ↑↓
                        Fructose-6-phosphorsäure          (III)
```

Beim Hexosenabbau wird (vgl. S. 462) die intermediäre Hexosemonophosphorsäure nur in demselben Masse produziert, wie sie durch den anschliessenden oxydoreduktiven Abbau der Reaktionskette entzogen wird. In Abwesenheit von Co-Zymase oder bei Fluoridvergiftung findet keine Aufspeicherung von Hexosemonophosphorsäure statt. Durch die Stabilisierung der intermediären Hexosemonophosphorsäure zu Robisons Ester wird die Konzentration des intermediären Esters nicht so stark herabgesetzt, dass die Reaktion zu einem wesentlichen Betrag in dieser Richtung ausgezogen wird. Bei dem Polysaccharidabbau entsteht dagegen die intermediäre Hexosemonophosphorsäure unter dem Druck der fortdauernd produzierten Hexoseenolform und stabilisiert sich zu Robisons Ester.

Über die bei jedem glykolytischen Abbauvorgang zentrale Reaktion, die Spaltung der 6-Kohlenstoffkette, entwickelt Nilsson folgende Vorstellung. Gestützt auf eine Reihe von Ergebnissen hinsichtlich der Mitwirkung der Co-Zymase bei der Oxydoreduktion, der Co-enzymfreien Bildung von Robisons Ester, der Bildung der Glycerinsäure-mono-phosphorsäure, der Phosphorylierung bei der Galactosevergärung (vgl. S. 469) u. dgl. nimmt er an, dass die Aufspaltung der 6-Kohlenstoffkette in zwei 3-Kohlenstoffketten unter Mitwirkung der Co-Zymase durch eine Oxydoreduktion folgendermassen erfolgt:

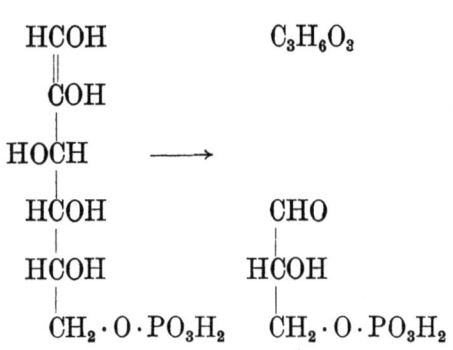

Er schreibt nun weiter: ,,Bei solcher Spaltung resultiert eine Bildung von 3-Glycerinaldehyd-phosphorsäure und einem Körper von der Zusammensetzung $C_3H_6O_3$.

Die oben erwähnte (S. 459) Reaktion mit Acetaldehyd bei aufgehobener Gärung wird jetzt verständlich. Die Spaltung des intermediären Esters ist durch die Vergiftung gebremst. Nach Zugabe des Acceptors Acetaldehyd findet (unter Wasseraufnahme) eine gemischte Oxydoreduktion statt, wobei der Acetaldehyd zu Alkohol reduziert wird. Statt Monophosphoglycerinaldehyd entsteht Monophosphoglycerinsäure. (Ob diese gemischte Oxydoreduktion das noch nicht gespaltene Estermolekül betrifft oder die in kleinen Konzentrationen vorhandenen Spaltprodukte, lässt sich nicht sagen; ich gebe letzterer Deutung den Vorzug.) Was aus dem Körper $C_3H_6O_3$ entsteht, ja ob er überhaupt angegriffen wird, ist noch nicht experimentell entschieden." Die Zugabe von dem Acceptor Acetaldehyd ist offenbar gleichbedeutend mit der

Einführung einer Abfangmethode. Gleichzeitig mit der Reduktion des Acetaldehyds zu Alkohol entsteht jetzt statt der 3-Glycerinaldehyd-phosphorsäure die entsprechende oxydierte Verbindung, die Glycerinsäure-mono-phosphorsäure. Die Glycerinsäure-mono-phosphorsäure ist also nach dieser Anschauung kein eigentliches Intermediärprodukt, sondern ein Abfangeprodukt der wirklich als Intermediärprodukt auftretenden 3-Glycerinaldehyd-phosphorsäure. Dass die 3-Glycerinaldehyd-phosphorsäure tatsächlich ein Intermediärprodukt bei dem normalen Kohlehydratabbau darstellt, hat neuerdings eine biochemische Stütze bekommen, indem Smythe und Gerischer[1] feststellen konnten, dass diese Substanz mit grosser Geschwindigkeit vergoren wird.

Wenn wir jetzt wieder zu dem normalen Abbauprozess zurückkehren, so fragt sich zunächst, was mit den nach Spaltung der 6-Kohlenstoffkette entstandenen 3-Kohlenstoffkörpern geschieht. Die empirische Zusammensetzung des phosphorfreien 3-C-Körpers, $C_3H_6O_3$, ist dieselbe wie die des hydratisierten Methylglyoxals. „Wir sind somit zu der Schlüsselsubstanz angelangt, die die weiteren Abbaureaktionen in bekannter Weise bis zu Alkohol und Kohlensäure in der Hefe oder zu Milchsäure in der Muskulatur durchlaufen kann. Ich würde aber nicht behaupten, dass das hydratisierte Methylglyoxal oder irgendein Isomeres desselben tatsächlich den aktiven 3-C-Körper darstellt. Ich ziehe vor, bis auf weiteres darüber gar keine Aussage zu machen und nenne die Verbindung $C_3H_6O_3$ schlechthin den aktiven 3-C-Körper, ohne irgendwelche Vermutungen bezüglich dessen Struktur zu äussern[2]."

Bezüglich der weiteren Umsetzung des phosphorylierten 3-C-Körpers, der 3-Glycerinaldehyd-phosphorsäure, macht Nilsson die Annahme[3], dass sich je 2 Moleküle zu Hexosediphosphorsäure kondensieren.

$$H_2O_3P \cdot O \cdot CH_2 \cdot CHOH \cdot CHO + OHC \cdot CHOH \cdot CH_2 \cdot O \cdot PO_3H_2 \rightarrow \begin{array}{l} CH_2 \cdot O \cdot PO_3H_2 \\ HOC \\ HOCH \\ HCOH \\ HC \\ CH_2 \cdot O \cdot PO_3H_2 \end{array} O$$

„H. Fischer und E. Baer, die neuerdings die 3-Glycerinaldehyd-phosphorsäure dargestellt und deren Eigenschaften beschrieben haben[4], finden,

---

[1] Smythe u. Gerischer, Biochem. Zs 260, 414; 1933.
[2] Nilsson, Zs f. angew. Chem. 46, 647; 1933. Sehr bemerkenswert ist, wie Lohmann neuerdings (Biochem. Zs 254, 332; 1932) festgestellt hat, dass bei der Milchsäurebildung aus Methylglyoxal das reduzierte Glutathion als Aktivator funktioniert, wogegen die Aufspaltung des Glykogens in Milchsäure auch in Abwesenheit von Glutathion erfolgt.
[3] Nilsson, Biochem. Zs 258, 198; 1933. — [4] Fischer u. Baer, B. 65, 337; 1932.

dass sich diese Substanz in alkalischer Lösung leicht kondensiert; sie halten es auch für möglich, dass unter geeigneten Bedingungen eine solche Kondensation zu einer Hexosediphosphorsäure führt. Andererseits dürfte wohl eine Möglichkeit dafür bestehen, dass aus der 3-Glycerinaldehydphosphorsäure Methylglyoxal entsteht. Für diese Möglichkeit spricht der Befund von Fischer und Baer (l. c.), dass sie in Gegenwart von Anilinacetat in essigsaurer Lösung mit m-Nitrobenzhydrazid allmählich das Methylglyoxal-m-nitrobenzoylosazon liefert. Fischer und Baer halten es für wahrscheinlich, dass in alkalischer Lösung die 3-Glycerinaldehydphosphorsäure sehr leicht in Methylglyoxal[1] übergeht. Es wird wohl möglich sein, dass sich unter biologischen Bedingungen diese Reaktion wirklich zum Teil abspielt. Sie gibt aber keine Erklärung für die Entstehung der Hexosediphosphorsäure und sagt nichts aus über die „hälftige Teilung" des Zuckers. Wenigstens unter gewissen Bedingungen tritt doch die letztgenannte Erscheinung so prägnant zutage, dass sie auf einen innigen Zusammenhang zwischen Diphosphatbildung und CO_2-Entwicklung bzw. Milchsäurebildung direkt hinweist. Bezüglich der Abweichungen von Hardens Gleichung, die manchmal konstatiert werden können, möchte ich die Aufmerksamkeit darauf lenken, dass die aus dem Polysaccharidvorrat des benutzten Enzymmaterials erzeugte Monophosphatbildung manchmal die Berechnung wesentlich beeinflussen kann.

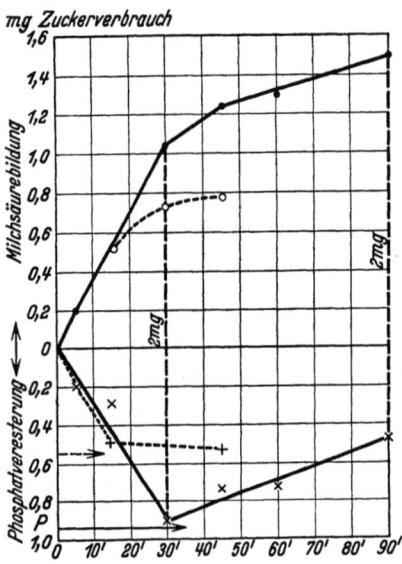

Abb. 76. Umsatz von 2 mg Glucose durch Muskelextrakt mit Hefe-Aktivator.

•——•: Milchsäurebildung ⎫ mit vermehr-
×——×: Phosphatveresterung im Extrakt ⎭ ter Phosphatmenge
(Gehalt: 0,736 mg P_2O_5 äquivalent 0,942 mg Zucker. Die vertikalen gestrichelten Linien entsprechen dem Umsatz der im ganzen vorhandenen 2 mg Glucose.)
o······o: Milchsäurebildung ⎫ ohne
×·····×: Phosphatveresterung ⎭ Phosphatzusatz
(Präformierter Gehalt P_2O_5: 0,356 mg, entsprechend 0,546 mg Zucker.) P mit ausgezogenem Strich → Phosphatgehalt des 1. Versuchs, P_0 → gestrichelt, Phosphatgehalt des 2. Versuches.

Unter der Annahme schliesslich, dass die Hexosediphosphorsäure eine obligate Durchgangsstufe beim Kohlehydratabbau darstellt, müsste die Regelmässigkeit, worauf die „hälftige Teilung" des Zuckers hinweist, und die in Hardens Gleichung zum Ausdruck kommt, als ein blosser Zufall betrachtet werden." Es ist überhaupt auffallend, wie oft diese vielbestätigte Parallelität zwischen Phosphorylierung und CO_2-Entwicklung bzw. Milchsäurebildung in theoretischen Anschauungen über den Verlauf des glykolytischen Abbaues ungenügend oder gar nicht beachtet wird. Einer Arbeit von Meyerhof[2], in welcher die

---

[1] Bzw. den „aktiven 3-C-Körper". — [2] Meyerhof, Biochem. Zs 183, 176; 1927.

„hälftige Teilung" des Zuckers bei der Glykolyse im Muskel und bei der Gärung sehr schön zum Vorschein kommt, entnehme ich die drei graphischen Darstellungen (Abb. 76, 77, 78).

Meyerhof fügt zu den von ihm erhaltenen Ergebnissen folgende Bemerkungen: „Bei der Spaltung von Glucose und Fructose wird zunächst gleichzeitig mit dem Entstehen der Milchsäure eine äquimolekulare Menge Phosphat verestert. Wenn auch ganz am Anfang die Proportion nicht immer streng erfüllt ist, ist sie in dem Zeitpunkt, wo bei Überschuss von Zucker das anorganische Phosphat verschwunden ist, fast stets 1:1. In diesem Augenblick fällt die vorher hohe und annähernd konstante Spaltungsgeschwindigkeit rasch ab und kommt auf einen niedrigen, für längere Zeit ziemlich konstanten Wert." Und ferner: „Für Glucose und Fructose ist in den Macerationssäften aus Berliner Unterhefen die Harden-Youngsche Gleichung während der Phosphatperiode genau erfüllt, wenn man, wie es geschehen muss, die kontinuierliche Wiederaufspaltung der gebildeten Hexosediphosphorsäure in jedem Moment in Rechnung zieht."

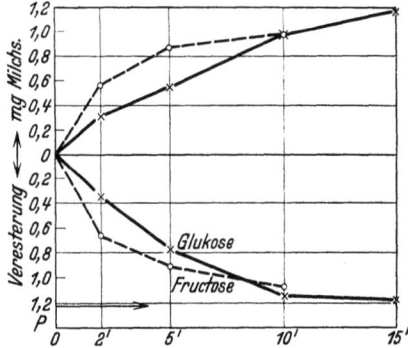

Abb. 77. Spaltung und Veresterung von Glucose und Fructose in den ersten Minuten nach Zugabe zum Extrakt (Milchsäure chemisch bestimmt). Die Veresterung verläuft fast genau symmetrisch zur Milchsäurebildung.
Ausgezogene Linie: Glucose, gestrichelte: Fructose.

Dass der parallel mit der Milchsäurebildung entstehende Ester tatsächlich mit der Hexosediphosphorsäure identisch ist, wird von Meyerhof durch Aufspaltungsversuche mit Arseniat gestützt. Lohmann[1], der später die Hydrolysegeschwindigkeit des Esters bestimmt hat, kann den Schluss Meyerhofs völlig bestätigen.

Eine weitere Stütze der von ihm angenommenen Kondensation der 3-Glycerinaldehyd-phosphorsäure zu Hexosediphosphorsäure findet Nilsson in dem Umstand, dass aus Galactose während der Gärung mit einer zu Galactose angepassten Hefe dieselbe Hexosediphosphorsäure entsteht wie aus den direkt vergärbaren Zuckern, also die Harden-Youngsche Säure (Nilsson, l. c. 1930). Trotz der Konfigurationsverschiedenheit der Galactose fügt sich dieser Befund zwanglos dem Abbauschema ein. Aus Galactose entsteht nämlich, nach der Betrachtungsweise, die von ihm benutzt wird, dieselbe Glycerinaldehyd-phosphorsäure wie aus den direkt vergärbaren Hexosen und somit auch dieselbe Hexosediphosphorsäure[2]. Dass eine zweifache Veresterung des

---

[1] Lohmann, Biochem. Zs 222, 324; 1930. Siehe auch Lipmann und Lohmann, Biochem. Zs 222, 402; 1930.

[2] Nachtrag bei der Korrektur: Tatsächlich finden Neuberg und Kobel neuerdings, dass auch bei der Galaktosevergärung die Glycerinsäure-monophosphorsäure bei Zugabe von Acetaldehyd als Acceptor abgefangen werden kann. Zt. angew. Chem. 46, 711; 1933.

Galaktosemoleküls zu der Harden-Youngschen Säure führen könnte, findet er unwahrscheinlich.

Als das wesentlich Neue in dem Abbauschema von Nilsson scheint mir die stöchiometrische Einfügung der Phosphorylierung und der an dieser Phosphorylierung geknüpften Oxydoreduktion. Der Zusammenhang zwischen Phosphorylierung und Gärung bzw. Milchsäurebildung wird verständlich gemacht und ebenso die Verschiedenheiten, die bei dem Abbau von Polysacchariden einerseits und andererseits bei dem Hexosenabbau obwalten. Die Veresterung der Hexose zu einer intermediären Hexosemonophosphorsäure enthüllt sich als das Mittel, das Hexosemolekül in einen Zustand überzuführen, derart, dass beim oxydoreduktiven Angriff das Hexosemolekül in der Mitte auseinanderspringt. Die grösste Schwäche dieses Abbauschemas ist, wie ich glaube, dass für die postulierte Kondensation der intermediären 3-Glycerinaldehyd-phosphorsäure zu Hexosediphosphorsäure eine hinreichende experimentelle Begründung noch fehlt.

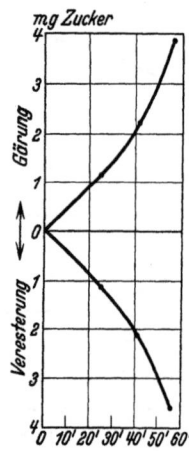

Abb. 78. Fructosegärung im Hefemacerationssaft zu Beginn der Phosphatperiode. Vergärung in mg Zucker (aus CO_2-Bildung bestimmt) nach oben; Veresterung (bestimmt durch Änderung des Phosphatgehalts) nach unten aufgetragen.
Der Verlauf beider Kurven ist vollständig symmetrisch.

Zu den früher erwähnten Stützen der Kondensation kommen jetzt in jüngster Zeit einige bemerkenswerte Beobachtungen von Barrenscheen und Beneschovsky[1], welche die Umsetzungen der Glycerinaldehyd-phosphorsäure im Muskelbrei und im Muskelextrakt untersucht haben. Die erwähnten Autoren schreiben: „Glycerinaldehyd-phosphorsäure wird durch alle untersuchten Gewebe verarbeitet. Als Produkt der Umsetzung finden wir bei normalem Ablauf der Glykolyse des Muskels Milchsäurebildung, bei Hemmung der Glykolyse[2] wird durch sämtliche untersuchten Gewebe Methylglyoxal aus Glycerinaldehyd-phosphorsäure gebildet. Soweit aus unseren spärlichen Bilanzversuchen zu ersehen ist, wird aber nur ein geringer Teil der zugefügten Glycerinaldehyd-phosphorsäure als Milchsäure bzw. Methylglyoxal wiedergefunden. Die Hauptmenge scheint anderweitigen Umsetzungen zu unterliegen und hier scheinen unsere Versuche eine Bestätigung der von Nilsson ausgesprochenen Vermutung zu geben, dass Glycerinaldehyd-phosphorsäure die unmittelbare Vorstufe des Hexosediphosphats ist."

In dem Abbauschema von Nilsson spielt die Bildung der Glycerinsäure-mono-phosphorsäure, wie oben ersichtlich, eine zentrale Rolle. Die Glycerinsäure-mono-phosphorsäure wird aber nicht als ein wirkliches Intermediär-

---

[1] Barrenscheen u. Beneschovsky, Biochem. Zs 265, 159; 1933.
[2] Es handelt sich hier um Bromessigsäurehemmung.

produkt betrachtet, sondern vielmehr als ein Abfangeprodukt der intermediären 3-Glycerinaldehyd-phosphorsäure. Zwar findet Nilsson, dass auch ohne Zugabe von einem besonderen Acceptor in der Hefe die Bildung eines Körpers stattfindet (jedoch zu einem ungleich viel kleineren Betrag als in Gegenwart von Acceptor), der mit der Glycerinsäure-mono-phosphorsäure identisch zu sein scheint. Diese Bildung von Glycerinsäure-mono-phosphorsäure will er aber dadurch erklären, dass in diesem Falle die zelleigenen Acceptoren der Hefe die Rolle des Acetaldehyds als Acceptor übernommen haben (Nilsson, l. c. 1930.)

Bezüglich der Glykolyse im Muskel glaubt Nilsson, dass auch dort dieselben oder wenigstens ähnliche Verhältnisse vorliegen wie in der Hefe (Nilsson, l. c. 1930, 1933).

Die Auffassung von der Glycerinsäure-mono-phosphorsäure als Abfangeprodukt, nicht als eigentliches Intermediärprodukt bei der alkoholischen Gärung wird in letzter Zeit durch einige Arbeiten von Neuberg und Kobel[1] weiter gestützt. In völliger Übereinstimmung mit Nilsson finden nämlich diese Autoren, dass die Glycerinsäure-phosphorsäure unter dem gleichzeitigen Einfluss von NaF und Acetaldehyd entsteht. Ebenso finden sie, dass für die Glycerinsäure-phosphorsäurebildung der Zuckerzusatz notwendig ist. Aus der zugegebenen Hexosediphosphorsäure allein wird nur eine kleine Menge Glycerinsäure-phosphorsäure gebildet.

Gegen die Glycerinsäure-phosphorsäure als Intermediärprodukt bei der Glykolyse sprechen schliesslich neue Befunde von Barrenscheen und Beneschovsky[2]. Sie finden, dass eine Spaltung der Glycerinsäure-phosphorsäure in Brenztraubensäure nicht in allen glykolysierenden Organen stattfindet, während dagegen die Glycerinaldehyd-phosphorsäure durch alle untersuchten Gewebe zu Milchsäure verarbeitet wird.

Dass die Glycerinsäure-mono-phosphorsäure bei dem glykolytischen Kohlehydratabbau eine zentrale Substanz ist, wird in jüngster Zeit von Embden und seinen Mitarbeitern bestätigt[3]. Der von Nilsson nicht erbrachte Beweis, dass auch im Muskel eine Bildung von Glycerinsäure-mono-phosphorsäure stattfindet, wird von Embden und seinen Mitarbeitern geliefert. Im Gegensatz zu Nilsson betrachtet aber Embden die Glycerinsäure-mono-phosphorsäure als ein wahres Intermediärprodukt bei dem glykolytischen Kohlehydratabbau. Eine grundwesentliche Verschiedenheit zwischen den Anschauungen von Nilsson und von Embden ist weiter, dass Embden die Hexosediphosphorsäure als zwangsläufige Durchgangsstufe bei dem glykolytischen Kohlehydratabbau annimmt und ferner, was damit eng verbunden ist, dass er die „hälftige Teilung" des Zuckers überhaupt nicht beachtet. Mit dem Abbauschema von Nilsson (sowie mit dem Schema von Ohle) stimmt Embdens

---

[1] Neuberg u. Kobel, Biochem. Zs 260, 241; 1933. — 263, 219; 1933. — 264, 456; 1933.
[2] Barrenscheen u. Beneschovsky, Biochem. Zs 265, 159; 1933.
[3] Embden, Deuticke u. Kraft, Klin. Wschr. 1933, 213.

Auffassung insofern überein, als auch er für die Lösung der Kohlenstoffbindung eine intramolekulare Oxydoreduktion annimmt.

Embden, Deuticke und Kraft nehmen für den glykolytischen Hexosenabbau folgende Teilreaktionen an:

„Erste Phase: Synthese von Hexosediphosphorsäure aus 1 Molekül Hexose und 2 Molekülen Phosphorsäure oder aus 1 Molekül Hexosemonophosphorsäure und aus 1 Molekül Phosphorsäure.

Zweite Phase: Zerfall des Hexosediphosphorsäuremoleküls in 2 Moleküle Triosephosphorsäure (s. Formel 1)[1].

Formel 1.

$$\begin{array}{c}CH_2-O-P(O)(OH)_2\\|\\C=O\\|\\CHOH\\|\\CHOH\\|\\CHOH\\|\\CH_2-O-P(O)(OH)_2\end{array} = \begin{array}{c}CH_2-O-P(O)(OH)_2\\|\\C=O\\|\\CH_2OH\end{array} \text{Dioxyacetonphosphorsäure} + \begin{array}{c}C(=O)H\\|\\CHOH\\|\\CH_2-O-P(O)(OH)_2\end{array}$$

Fructosediphosphorsäure   Glycerinaldehydphosphorsäure

Dritte Phase: Dismutation von 2 Molekülen Triosephosphorsäure in 1 Molekül Glycerinphosphorsäure und 1 Molekül Phosphoglycerinsäure, wobei je nachdem, ob die Hexosediphosphorsäure Ketose- oder Aldosecharakter hatte α- oder β-Glycerinphosphorsäure entstehen könnte (Formel 2).

Formel 2.

$$\begin{array}{c}CH_2-O-P(O)(OH)_2\\|\\C=O\\|\\CH_2OH\end{array} + \begin{array}{c}CH_2-O-P(O)(OH)_2\\|\\CHOH\\|\\C(=O)H\end{array} + H_2O =$$

Dioxyacetonphosphorsäure   Glycerinaldehydphosphorsäure

$$= \begin{array}{c}CH_2-O-P(O)(OH)_2\\|\\CHOH\\|\\CH_2OH\end{array} + \begin{array}{c}CH_2-O-P(O)(OH)_2\\|\\CHOH\\|\\COOH\end{array}$$

Glycerinphosphorsäure   Phosphoglycerinsäure

---

[1] Die Formeln 1 und 2 werden hier im Text wieder abgedruckt.

Vierte Phase: Spaltung der Phosphoglycerinsäure in Phosphorsäure und Brenztraubensäure nach der untenstehenden Formel 3:

Formel 3.

$$\begin{array}{c}CH_2-O-P\begin{subarray}{c}\diagup O\\ \diagdown OH\end{subarray}\\ |\\ CHOH\\ |\\ COOH\end{array} = \begin{array}{c}CH_3\\ |\\ C=O\\ |\\ COOH\end{array} + H_3PO_4$$

Phosphoglycerinsäure   Brenztraubensäure

In dieser Formel kommt zum Ausdruck, dass bei der Spaltung Glycerinsäure als Intermediärprodukt nicht auftritt, dass die Spaltung also ohne Wasseraufnahme von aussen erfolgt.

Fünfte Phase: Reduktive Umwandlung der Brenztraubensäure in Milchsäure auf Kosten oxydativer Triosephosphorsäurebildung aus Glycerinphosphorsäure nach der Formel 4:

Formel 4.

$$\begin{array}{c}CH_3\\ |\\ CO\\ |\\ COOH\end{array} + \begin{array}{c}CH_2-O-P\begin{subarray}{c}\diagup O\\ \diagdown OH\end{subarray}\\ |\\ CHOH\\ |\\ CH_2OH\end{array} = \begin{array}{c}CH_3\\ |\\ CHOH\\ |\\ COOH\end{array} + \begin{array}{c}CH_2-O-P\begin{subarray}{c}\diagup O\\ \diagdown OH\end{subarray}\\ |\\ CHOH\\ |\\ C\begin{subarray}{c}\diagup O\\ \diagdown H\end{subarray}\end{array}$$

Brenztraubensäure   Glycerinphosphorsäure   Milchsäure   Triosephosphorsäure

An der Triosephosphorsäure wiederholen sich die Vorgänge, die wir als dritte bis fünfte Phase schilderten."

Voraussetzung für das Annehmen dieses Abbauschemas ist, wie sofort ersichtlich, erstens die Anerkennung der Hexosediphosphorsäure als wahres Intermediärprodukt beim Abbau und zweitens, dass jede Forderung einer Erklärung der „hälftigen Teilung" des Zuckers bei Gärung und Glykolyse aufgegeben wird. Die Gültigkeit der Harden-Youngschen Gleichung sowohl bei der Hefegärung wie bei der Glykolyse im Muskel wurde oben eingehend besprochen (S. 468). Dass die Gärgeschwindigkeit der Harden-Youngschen Hexosediphosphorsäure im Vergleich zu der Gärgeschwindigkeit der Zucker klein ist, kann nach den vielen übereinstimmenden Experimentalergebnissen nicht bezweifelt werden. Der glykolytische Gesamtabbauprozess wird also durch das Schema von Embden und Mitarbeitern nicht wiedergegeben. Möglich ist wohl aber, dass im Muskel (und besonders bei dem Abbau der Hexosediphosphorsäure) verschiedene Abbauwege vorkommen bzw. koexistieren können[1].

---

[1] Vgl. Nilsson, Zs f. angew. Chem. 46, 647; 1933, sowie Sv. kem. tidskr. 45, 129; 1933.

Barrenscheen und Beneschovsky[1] haben soeben die Konsequenzen der Embdenschen Auffassung einer experimentellen Durchprüfung unterzogen. Sie schreiben: „Die theoretischen Anschauungen, die gegen die Anschauung Embdens geltend gemacht werden können, haben wir eingangs in unserer Arbeit erwähnt. Sie scheinen durch die Ergebnisse unserer Versuche bis zu einem gewissen Grade gestützt. Dagegen erblicken wir in den Ergebnissen unserer Versuchsreihe eine weitgehende Stütze der von Nilsson vorgebrachten Anschauung."

3. Über die Spezifität der Co-Zymasewirkung.

Im vorhergehenden ist eingehend beschrieben worden, wie man zu der Auffassung gekommen ist, dass bei dem glykolytischen Kohlehydratabbau die Co-Zymase bei einer Teilreaktion oxydoreduktiver Natur als notwendiger Aktivator mitwirkt. Es fragt sich nun, ob das durch die Co-Zymase aktivierte Oxydoreduktionsferment streng spezifisch auf dem Substrat eingestellt ist, das bei dem glykolytischen Kohlehydratabbau dargeboten wird, oder ob auch andere Stoffgruppen angegriffen werden können. Dass eine strenge Spezifität wohl kaum vorliegt, darauf deuten schon Versuche von Euler und Nilsson sowie von Simola, über die Donatoreigenschaften von Kreatin und Kreatinphosphorsäure. Aus Versuchen, die in jüngster Zeit ausgeführt worden sind, scheint jetzt hervorzugehen, dass die Co-Zymase als Oxydoreduktionsaktivator nicht auf das Gebiet des Kohlehydratabbaues beschränkt ist, sondern dass sie vielmehr bei der Dehydrierung einer ganzen Reihe von Acceptoren beteiligt ist. Zunächst konnte Holmberg[2] nachweisen, dass die enzymatische Dehydrierung von Äpfelsäure und Milchsäure von einem Präparat aktiviert wird, dessen wirksamer Bestandteil wahrscheinlich mit der Co-Zymase identisch ist. Unter Verwendung von gereinigten Hefe-Co-Zymasepräparaten hat Andersson[3] zeigen können, dass die erhaltene Aktivierung tatsächlich der Co-Zymase zuzuschreiben ist. Aus Anderssons Versuchen ist weiter ersichtlich, dass die Dehydrierungen von Citronensäure, Äthylalkohol und Glutaminsäure ebenfalls durch Co-Zymase aktiviert werden können. Der Zusammenhang zwischen der Wirkung der Co-Zymase als Oxydoreduktionsaktivator und der Konstitution des Donators lässt sich noch nicht erraten. Es scheint aber (besonders nach noch unveröffentlichten Versuchen von Andersson), als ob die Entfaltung der Donatoreigenschaft bei den betreffenden Substanzen sehr stark pH-abhängig ist, und zwar so, dass eine Substanz, die beim Gärungsoptimum als Donator noch unwirksam ist, in alkalischer Lösung unter Mitwirkung der Co-Zymase dehydriert wird. Möglich

---

[1] Barrenscheen u. Beneschovsky, Biochem. Zs 265, 159, 1933.

[2] Holmberg, Kgl. Fysiogr. Sällsk. i Lund Förhandl. Bd. 2, Nr. 7; 1932, sowie Bd. 3, Nr. 8.

[3] Andersson, H. 217, 186; 1933.

wäre vielleicht, dass in alkalischem Milieu bei den betreffenden Substanzen dieselbe oder eine ähnliche Gruppierung bewirkt wird, die beim glykolytischen Kohlehydratabbau entsteht (vgl. hierzu S. 485).

In gewissem Zusammenhang zu diesem Problem steht auch die Frage, inwieweit die Co-Zymase bei den nach Spaltung der 6-C-Kette stattfindenden Oxydoreduktionen beteiligt ist. Die bis jetzt erhaltenen experimentellen Ergebnisse können aber hier keine Antwort geben. Wie weit der Wirksamkeitsbereich der Co-Zymase reicht, wissen wir noch nicht.

In dem Abbauschema von Neuberg wird angenommen, dass nach eingetretener Spaltung der Hexose in 2 Moleküle Methylglyoxal zunächst eine Disproportionierung des Methylglyoxals eintreten muss, wobei Glycerin und Brenztraubensäure entstehen. Für den weiteren Verlauf des Abbaues ist nach Neubergs Schema diese Annahme notwendig. Nun findet man aber bei vielen Trockenhefen (und besonders bei Apozymase- oder Äthiozymasepräparaten), dass die Gärung überhaupt nicht zustande kommt, wenn nicht ein Acceptor (z. B. Acetaldehyd oder Methylenblau) zugegeben wird. Mir scheint es sehr wohl möglich zu sein, dass beim normalen Abbau die zelleigenen Acceptoren der Hefe mit dem bei der Spaltung entstandenen Methylglyoxal (bzw. mit dem freigewordenen aktiven 3-C-Körper) in Reaktion treten, wobei Brenztraubensäure entsteht und nach carboxylatischer Spaltung dieser Säure der als Acceptor erforderliche Acetaldehyd.

4. Über die Art der Arseniataktivierung.

Eine eigenartige Wirkung der Arsensäure mag in diesem Zusammenhang erwähnt werden. Die Natur der durch Arsensäure hervorgerufenen Aktivierung des glykolytischen Kohlehydratabbaues scheint noch keineswegs endgültig erforscht zu sein. Es soll hier eine Reaktion beschrieben werden, die darauf hindeutet, dass die aktivierende Wirkung der Arsensäure eine gewisse Beziehung hat zu der beim glykolytischen Abbau stattfindenden Oxydoreduktion. Die lebhafte Acetaldehydreduktion, die in der Trockenhefe in Gegenwart von Glucose und Hexosediphosphorsäure stattfindet, bleibt vollständig aus, wenn nicht gleichzeitig in der Reaktionsmischung auch anorganisches Phosphat anwesend ist. Auffallenderweise kann jetzt aber das anorganische Phosphat durch Natriumarseniat ersetzt werden, wobei der Acetaldehyd mit etwa derselben Geschwindigkeit aus der Reaktionsmischung verschwindet wie bei Gegenwart von Phosphat. Eine parallel mit dem Acetaldehydschwund eintretende Entmineralisierung der Arsensäure in Analogie zu der Veresterung der Phosphorsäure (zu Glycerinsäure-mono-phosphorsäure), die unter entsprechenden Versuchsbedingungen stattfindet, liess sich aber nicht nachweisen[1]. Ausgeschlossen ist wohl aber nicht die Möglichkeit, dass

---

[1] Nilsson, Sv. Vet. Akad. Arkiv f. Kemi Bd. 10 A, Nr. 7; 1930.

der evtl. gebildete Arsensäureester sehr instabil ist und sofort wieder zerfällt oder, dass er bei der Arsensäurebestimmung (stark saure Reaktion) quantitativ hydrolysiert wird. In diese Richtung deuten sogar Versuche aus der letzten Zeit von Braunstein und Mitarbeitern[1], welche in Gäransätzen unter Arseniatzugabe eine Entmineralisierung des Arsens beobachten. Die Isolierung eines Arsensäureesters ist auch den erwähnten Autoren nicht gelungen. Sie geben an, dass die Bindung der Arsensäure sehr labil, und besonders säureempfindlich, ist.

5. Neuere Befunde über Aktivatoren bei dem glykolytischen Kohlehydratabbau.

In einer Anzahl sehr interessanter und wertvoller Arbeiten hat Lohmann während den letzten Jahren einige Befunde beschrieben, die für unsere Kenntnis der Gärung und der Glykolyse im Muskel von hervorragender Bedeutung sind[2]. Es sind dies die aktivierende Wirkung des Magnesiums sowie die der Adenosintriphosphorsäure. In diesem Zusammenhang von besonderem Interesse ist die Frage, inwieweit diese Aktivierungen zu den enzymatischen Oxydoreduktionen des glykolytischen Kohlehydratabbaues eine Beziehung haben können.

Am besten studiert ist wohl bis jetzt die Mg-Aktivierung. Es darf jetzt als sichergestellt betrachtet werden, dass Mg sowohl bei der alkoholischen Gärung als bei der Glykolyse im Muskel als notwendiger Aktivator beteiligt ist. Die Frage ist nun: Welche von den Teilreaktionen beim Abbau wird durch Mg unmittelbar aktiviert? Weil, wie es Erdtman[3] schon früher gezeigt hat, die Phosphatase durch Mg aktiviert wird (Versuche mit völlig Mg-freien und deswegen gänzlich inaktiven Phosphatasepräparaten entbehren wir noch), scheint mir die Annahme am meisten zusagend zu sein, dass die Mg-Wirkung schon zu Beginn der glykolytischen Reaktionskette einsetzt, also bei dem Gleichgewicht Hexose(Enolform) $\rightleftarrows$ Hexose(Enolform)-6-phosphorsäure. Die Einstellung dieses Gleichgewichts wird durch ein Enzym vermittelt, welches als hydrolysierendes Enzym Phosphatase, als veresterndes Enzym Phosphatase genannt worden ist; als Aktivator wirkt in beiden Fällen Mg. Eine Konsequenz dieser Auffassung ist, dass auch die oxydoreduktive Phase beim Kohlehydratabbau durch Mg (indirekt) aktiviert werden sollte. Nach Versuchen von Euler, Nilsson und Auhagen[4] scheint dies tatsächlich der Fall zu sein. Dasselbe gilt auch die Bildung der Hexosediphosphorsäure, wo Mg wieder als Aktivator unentbehrlich ist. Es fragt sich nun also,

---

[1] Braunstein, Biochem. Zs 240, 68; 1931. — Subkowa u. Braunstein, Biochem. Zs 250, 496; 1932. — Braunstein u. Lewitew, Biochem. Zs 252, 56; 1932.
[2] Lohmann, Naturw. 19, 180; 1931. — Biochem. Zs 237, 445; 1931. — 241, 67; 1931.
[3] Erdtman, H. 172, 182; 1927. — 177, 211; 231; 1928.
[4] Euler, Nilsson u. Auhagen, H. 200, 1; 1931.

ob das Mg dabei schon an der (intermediären) Hexosemonophosphorsäurebildung mitwirkt oder erst bei der weiteren Umsetzung der Hexosemonophosphorsäure eingreift. Diese Frage lässt sich aber experimentell schwer angreifen, weil sich ja die Bildung der Hexosemonophosphorsäure aus Glucose nicht als abgetrennte Reaktion untersuchen lässt. Doch besteht wohl eine Möglichkeit zur experimentellen Prüfung in einem Studium von der Einwirkung des Mg auf die Bildung von Robisons Ester aus den Kohlehydratreserven der Trockenhefe.

Näher als von der Mg-Aktivierung wird die Oxydoreduktion von den durch Adenosintriphosphorsäure sowie durch Adenylsäure hervorgerufenen Aktivierungen gestreift. Es handelt sich hier nämlich nach Lohmanns Auffassung um eine wirkliche Co-Fermentwirkung, wobei die Adenosintriphosphorsäure das eigentliche Co-Ferment darstellt. Die Muskeladenylsäure wirkt als Co-Ferment in demselben Masse, als daraus Adenosintriphosphorsäure enzymatisch synthetisiert wird; sie wird also als ,,Procoferment" betrachtet. Derselben Natur ist nach Lohmann, die Co-Fermentwirkung, die durch Hefe-Co-Zymase ausgeübt wird. Euler und Myrbäck[1] konnten aber mit einer Co-zymasefreien Trockenunterhefe (Apozymase) + Muskeladenylsäure keine Vergärung von Glucose erhalten. Eine Co-fermentartige Aktivierung wird dagegen von der Adenosintriphosphorsäure ausgeübt. Im Vergleich zu der durch Hefe-Co-Zymase hervorgerufenen Aktivierung ist sie aber nicht beträchtlich. Euler und Nilsson[2] sowie Euler, Nilsson und Auhagen[3] finden in Übereinstimmung hiermit, dass durch Muskeladenylsäure die Glucosevergärung nicht beeinflusst wird. Die Vergärung der Hexosediphosphorsäure (bei Anwesenheit von Hefe-Co-Zymase) wird dagegen durch Muskeladenylsäure deutlich beschleunigt. In Zusammenhang hiermit dürfte wohl die Erscheinung stehen, dass auch die enzymatische Methylenblaureduktion, die in der Hefe in Gegenwart von Hexosediphosphorsäure und Co-Zymase stattfindet, durch Muskeladenylsäure deutlich aktiviert wird. In Abwesenheit von Hexosediphosphorsäure oder Co-Zymase kommt die Reduktion durch Zugabe von Muskeladenylsäure aber nicht in Gang.

Bezüglich der Adenosintriphosphorsäureaktivierung kommen Nilsson und Euler[4] später zu der Auffassung, dass die Ansicht nicht aufrechterhalten werden kann, dass die reine Adenosintriphosphorsäure die Vergärung der Glucose zu aktivieren vermag. Die Co-zymaseähnliche Wirkung der Adenosintriphosphorsäure tritt nämlich bei Adenosintriphosphorsäurepräparaten verschiedener Darstellungen sehr unregelmässig hervor. Diese Co-zymaseähnliche Wirkung der Adenosintriphosphorsäure beschränkt sich nicht auf die Gärungsaktivierung. Auch die Methylenblaureduktion in Gegenwart von

---

[1] Euler u. Myrbäck, H. 199, 189; 1931.
[2] Euler u. Nilsson, Sv. Vet. Akad. Arkiv f. Kemi Bd. 10 B, Nr. 14; 1931.
[3] Euler, Nilsson u. Auhagen, H. 200, 1; 1931. — [4] Nilsson u. Euler, H. 204, 204; 1931.

Hexosediphosphorsäure wird in Abwesenheit von Co-Zymase durch Zusatz von Adenosintriphosphorsäure hervorgerufen. Auch hier wurde dieselbe Unregelmässigkeit bei Verwendung von verschiedenen Präparaten beobachtet. (Die Adenosintriphosphorsäure scheint übrigens dazu noch Donatoreigenschaften zu besitzen.) Mit einem von Lohmann dargestellten und gereinigten Präparat wurde schliesslich überhaupt keine Gärungsaktivierung erhalten.

Auch Lohmann[1] kommt später zu ähnlichen Ergebnissen, indem er findet, dass bei der Gärung die Aktivatorwirkung der Adenosintriphosphorsäure der der Hefe-Co-Zymase weit unterlegen ist.

Bezüglich der Glykolyse in Muskelextrakten kommt Lohmann dagegen zum Ergebnis, dass die Adenosintriphosphorsäure der Hefe-Co-Zymase an aktivierender Wirkung stark überlegen, und dass die letztere unter Umständen sogar ganz unwirksam ist[2].

Euler und Nilsson[3] konnten dies nicht bestätigen. In ihren Versuchen erwies sich die Hefe-Co-Zymase bei der Muskelglykolyse in dialysierten und in autolysierten Muskelextrakten mindestens gleichwertig, zuweilen sogar der Adenosintriphosphorsäure überlegen als Co-Ferment. Sie wollen sich einstweilen nicht Lohmanns Auffassung anschliessen, dass die Hefe-Co-Zymase nur als Vorstufe des Glykolyse-Co-Enzyms (als „Pro-Co-Enzym") wirkt, indem sie unter Aufnahme von Phosphorsäure in Adenosintriphosphorsäure übergeht.

Wie es scheint, ist die Frage über die chemische Natur des Co-Ferments und über die Beziehungen in dieser Hinsicht zwischen Muskeladenylsäure, Co-Zymase und Adenosintriphosphorsäure wohl noch nicht aufgeklärt.

Euler und Nilsson knüpfen an die zur Zeit gefundenen Ergebnisse folgende Diskussion: „In diesem Zusammenhang soll zunächst betont werden, dass der Einfluss der Induktion bei der Glykolyse noch nie beachtet worden ist, obwohl es von der Chemie der alkoholischen Gärung her bekannt ist, dass hochaktive Co-Zymasepräparate sich gegenüber der Apozymase vollständig unwirksam erweisen können, nämlich in solchen Fällen, in denen man die Induktionszeit nicht durch Zusatz von Hexosediphosphorsäure verkürzt hat. Man kann tatsächlich in den Versuchen von Lohmann gewisse Belege oder wenigstens Anhaltspunkte dafür finden, dass auch bei der Glykolyse im Muskel eine Induktion eintritt.

Wie aus dieser Tabelle von Lohmann ersichtlich, kann z. B. eine Co-Zymasemenge, welche an sich unwirksam ist, die Milchsäurebildung aktivieren, wenn gleichzeitig Hexosediphosphorsäure zugesetzt wird. Man vergleiche hierzu besonders die Versuche 5 und 8, in welchen die Aktivatorwirkung der Co-Zymase erst auf Zusatz von Hexosediphosphorsäure hervortritt.

---

[1] Lohmann, Biochem. Zs 241, 67; 1931.
[2] Lohmann, l. c. — [3] Euler u. Nilsson, H. 208, 173; 1932.

Tabelle 30.

Nr.	Versuchsansätze Extrakt + Glykogen + Mg	mg Milchsäure gebildet	
		Extrakt 3½ Stunden dialysiert	Extrakt 5 Stunden dialysiert
1	—	0	0
2	+ 0,04 mg Ap.	0,31	0,07
3	+ 0,04 mg Ap. + Hexosediphosphat	1,84	0,33
4	+ 0,2 mg Ap.	2,44	1,54
5	+ 0,5 mg Co-Zymase	0,03	0
6	+ 0,1 mg Co-Zymase + Hexosediphosphat	1,10	0
7	+ 0,2 mg Co-Zymase + Hexosediphosphat	1,59	0,07
8	+ 0,5 mg Co-Zymase + Hexosediphosphat	1,94	0,93
9	+ 0,04 mg Ap. + 0,1 mg Co-Zymase	0,48	0
10	+ 0,04 mg Ap. + 0,2 mg Co-Zymase	0,68	0
11	+ 0,04 mg Ap. + 0,5 mg Co-Zymase	1,11	0

Eine ähnliche Wirkung wie die Hexosediphosphorsäure scheint auch die Adenosintriphosphorsäure auszuüben; schon eine kleine Menge derselben, welche an und für sich eine unbedeutende Milchsäurebildung hervorruft, lässt die Co-Enzymwirkung der Co-Zymase hervortreten (vgl. hierzu die Versuche 2, 5 und 11 der obigen Tabelle).

Bezüglich der Gärung schreibt Lohmann (a. a. O. S. 86), dass bei Gegenwart von Adenosintriphosphorsäure ein Zusatz von Hexosediphosphorsäure nicht im selben Mass zur Aufhebung der Induktion erforderlich ist.

Da die Präparate von Adenosintriphosphorsäure aller Wahrscheinlichkeit nach Co-Zymase als Verunreinigung enthalten, so liegt die Möglichkeit vor, dass die Co-Enzymwirkung der beigemengten Co-Zymase durch die induktionsaufhebende Wirkung der Adenosintriphosphorsäure zum Vorschein kommt. Im selben Extrakt kann die Wirkung auch von grösseren Mengen Co-Zymase bei nicht aufgehobener Induktion ausbleiben."

Meyerhof und Lohmann[1] teilen in einer kürzlich erschienenen Arbeit noch folgende neuen Befunde mit: „Im Herzmuskel sowie in den roten Blutkörperchen und in Fischmuskeln (nach Versuchen mit Boyland) finden sich als Co-Ferment wirksame phosphorylierte Adenylsäureverbindungen, die mit der Adenylpyrophosphorsäure des quergestreiften Skeletmuskels nicht identisch sind." Und weiter: „. . . Hinzu kommt, dass bei geringen Mengen von Adenylpyrophosphat Hexosephosphorsäure sowie Eulersche Co-Zymase (s. u.) die Wirkung verstärken, so dass, da alle diese Verbindungen im Muskel präformiert sind, hier ein zusammengesetztes Aktivatorensystem vorliegt, das für die Regulierung der Bildungsgeschwindigkeit der Milchsäure im Zusammenhang mit der Muskelfunktion von Bedeutung sein könnte. Natürlich darf aus dem Verhalten im zellfreien Extrakt nicht ohne weiteres auf den strukturabhängigen

---
[1] Meyerhof u. Lohmann, Naturwissensch. 1932, S. 387.

Reaktionsverlauf in der lebenden Zelle geschlossen werden. Dafür aber, dass das Co-Fermentsystem dort eine ähnliche Rolle spielen dürfte, wie im Extrakt, spricht der Umstand, dass die in der Zelle vorhandenen molaren Konzentrationen der Komponenten die maximale Co-Fermentwirkung in Lösung entfalten." Die Frage nach der Art und Wirkungsweise des Co-Ferments scheint hiernach sehr kompliziert zu sein. Fest steht aber nach wie vor, dass die gereinigte Hefe-Co-Zymase bei aufgehobener Induktion sowohl bei der Gärung als bei der Muskelglykolyse als Co-Ferment wirkt. Dies scheint mir für die künftige Bearbeitung des Co-Fermentproblems eine nicht zu vernachlässigende Tatsache zu sein, die bei der Beurteilung von Aktivierungen mit aus biologischem Material gewonnenen Präparaten immer beachtet werden muss.

Die Kritik, die von Nilsson und Euler an der Co-Fermentwirkung der Adenosintriphosphorsäure bei der Gärung geübt wurde, wird von Meyerhof und Lohmann[1] abgelehnt. „Es ist aber eine fehlerhafte Verallgemeinerung, wenn von Euler auf Grund negativer Ergebnisse an einer speziellen Stockholmer Trockenhefe dem aus Muskulatur gewonnenen reinen Adenylpyrophosphat die Fähigkeit, als Co-Ferment der Gärung zu wirken, abgesprochen wird." Meiner Ansicht nach kann aber das von Nilsson und Euler erhaltene Ergebnis wohl kaum als nur ein Spezialfall betrachtet werden. Die Prüfung gegen ein und dasselbe Apozymasepräparat ergab nämlich für 4 verschiedene Adenosintriphosphorsäurepräparate die ACo-Werte 3100, 2600, 1300 und 0. Bei vergleichenden Prüfungen unter Verwendung von anderen Apozymasedarstellungen wurden übereinstimmende Ergebnisse erhalten.

Zusammenfassend lässt sich wohl sagen, dass die Aktivatorwirkung der Adenosintriphosphorsäure und somit das ganze Co-Fermentproblem noch keineswegs genügend erforscht ist. Weitere Experimentaluntersuchungen über die Beziehung zwischen Co-Zymaseaktivierung und Adenosintriphosphorsäureaktivierung sind zweifellos notwendig.

6. Die Verbreitung der Kohlehydratredoxase.

Es ist zuerst eine Definition des Begriffs Kohlehydratredoxase erforderlich. Bis jetzt wurde darunter das beim Kohlehydratabbau wirksame oxydoreduzierende Enzym verstanden, das durch die Co-Zymase komplettiert wird. Die Ergebnisse Lohmanns über die aktivierende Wirkung von Adenosintriphosphorsäure, sowie anderen Adenylsäureverbindungen werden vielleicht eine Revision des Begriffs Kohlehydratredoxase notwendig machen. Über die Verbreitung dieser Adenylsäureverbindungen liegen bis jetzt keine systematischen Untersuchungen vor. Bei Studien über die Verbreitung der Co-Cymase hat es sich aber übereinstimmend gezeigt, dass Co-Zymase enthaltende Systeme eine Oxydoreduktion aufzeigen, bei welcher die Co-Zymase als Aktivator beteiligt ist. Wir wollen einstweilen dieses durch die Co-Zymase aktivierte,

---

[1] Meyerhof u. Lohmann, l. c.

beim Kohlehydratabbau wirksame oxydoreduzierende System mit Vorbehalt als die Kohlehydratredoxase behandeln.

Gefunden wurde diese Kohlehydratredoxase ausser in den verschiedenen Heferassen im Muskel und in verschiedenen tierischen Organen, z. B. reichlich in der Leber. Sie kommt auch in den hexoseabbauenden Mikroorganismen vor, z. B. in Milchsäurebakterien. Auch die Organe höherer Pflanzen, welche Hexosen veratmen, enthalten das durch Co-Zymase aktivierte oxydoreduzierende Enzymsystem. Thunberg und Mitarbeiter haben sehr ausführliche Versuche über Dehydrogenasen aus pflanzlichem Material, besonders aus Pflanzensamen, angestellt. Sie finden dabei[1] „... dass die Phosphatextrakte von verschiedenen Samen Differenzen in bezug auf ihr wasserstoffaktivierendes Vermögen gegenüber Hexosediphosphorsäure und Adenosintriphosphorsäure zeigten. Es wurde gefunden, dass die überhaupt wirksamen Samenextrakte in dieser Hinsicht in folgende drei Gruppen eingeteilt werden können:

1. Samenextrakte mit überwiegendem oder ausschliesslichem Vermögen, den Wasserstoff der Adenosintriphosphorsäure zu aktivieren.

2. Samenextrakte mit überwiegendem Vermögen, den Wasserstoff der Hexosediphosphorsäure zu aktivieren.

3. Samenextrakte mit ungefähr gleich starkem wasserstoffaktivierenden Vermögen gegenüber diesen beiden Substanzen."

Euler und Nilsson[2] hatten bereits früher auf die Bedeutung der Co-Zymase bei der Methylenblaureduktion in Samenextrakten in Gegenwart von Hexosediphosphorsäure aufmerksam gemacht. Bei Versuchen mit Corchorus capsularis waren sie zu Ergebnissen gekommen, die in folgenden Worten zusammengefasst werden konnten: „Die in den Samen dieser Pflanze vorkommende Hexosephosphat-Dehydrogenase braucht für ihre Wirksamkeit die Co-Zymase. Wird die in dem Samenextrakt vorhandene Co-Zymase durch Dialyse entfernt, so erlischt die Enzymwirkung, kann aber durch Co-Zymasezusatz regeneriert werden. Die Unbeständigkeit der Enzymwirkung im Extrakt ist nicht durch die Labilität des Enzyms, sondern durch die Zerstörung der Co-Zymase bedingt. (Sie wird nämlich im Extrakt, analog wie in Muskelsäften, fermentativ inaktiviert.)

Es ist wohl wahrscheinlich, dass auch die in anderen Pflanzensamen enthaltene Hexosephosphatdehydrogenase von derselben Natur ist. Für die Auffassung von der Verbreitung dieser Kohlehydratredoxase ist aber eine systematische Durchprüfung der in verschiedenen Pflanzensamen vorhandenen Hexosephosphat-Dehydrogenase von Interesse, und wir werden deshalb gelegentlich auch bei den anderen bekannten, pflanzlichen Hexosephosphat-Dehydrogenasen den Einfluss von Co-Zymase untersuchen."

---

[1] Thunberg, Lunds Universitets Årsskrift N. F. Avd. 2 Bd. 27; 1931.
[2] Euler u. Nilsson, H. 194, 260; 1931.

Eine derartige Durchprüfung ist seitdem von B. Andersson ausgeführt worden[1]. Er findet in Bestätigung der Aussage von Euler und Nilsson, „dass eine Hexosediphosphatdehydrogenase auch in mehreren solchen Pflanzensamen vorkommt, in denen sie von Thunberg nicht aufgefunden worden ist. Die Unwirksamkeit dieser Samen beruht nicht auf dem Fehlen des Enzyms, sondern ist dadurch bedingt, dass das Co-Enzym der Oxydoreduktion, die Co-Zymase, nicht bzw. noch nicht in genügendem Masse vorhanden ist."

Die Klassifizierung Thunbergs der von ihm studierten Samenarten muss also nunmehr unter Berücksichtigung des Einflusses der Co-Zymase revidiert werden.

Die pflanzliche Hexosephosphat-Dehydrogenase benimmt sich, wie es scheint, wie die Kohlehydratredoxase der Hefe. Bei Versuchen mit Corchorus capsularis machte Deuticke[2] die Beobachtung, dass Muskeladenylsäure, die an und für sich keine Methylenblaureduktion verursacht, die Methylenblauentfärbung nach Hexosediphosphat-Zusatz beschleunigt. Dasselbe Phänomen wurde später von Euler und Nilsson[3] bei der Trockenhefe beobachtet (vgl. S. 477). Wesentlich ist, dass diese aktivierende Wirkung der Muskeladenylsäure an die Gegenwart von sowohl Hexosephosphat als Co-Zymase gebunden ist.

Aktivierend auf die Mb-Reduktion wirkt sowohl bei Samenextrakten (Deuticke, Thunberg, l. c.) als bei Muskelextrakten (Deuticke, l. c.) und Apozymase (Euler und Nilsson, l. c.) die Adenosintriphosphorsäure. Diese entfaltet dabei, wie es scheint, sowohl Donator- als Aktivatoreigenschaften (Euler und Nilsson, l. c.). Ob die Aktivatorwirkung (gegenüber Apozymase) durch die Co-Fermentnatur (nach Lohmann) der Co-Zymase bedingt ist, oder durch eine Verunreinigung an Co-Zymase, lässt sich wohl noch nicht sicher entscheiden. Die aktivierende Wirkung (bei Gegenwart von Hexosediphosphorsäure) schwankt bei verschiedenen Adenosintriphosphorsäurepräparaten etwa in demselben Masse wie deren gärungsaktivierende Wirkung.

7. Die enzymatische Acetaldehyddismutation.

Die enzymatisch katalysierte Dismutation des Acetaldehyds interessiert uns in diesem Zusammenhang, besonders insofern sie eine Beziehung zum Kohlehydratabbau aufzeigt. Nachdem Euler und Nilsson[4] die Existenz eines Co-Ferments der enzymatischen Oxydo-Reduktion und dessen Identität mit der Co-Zymase gezeigt hatten, haben Euler und Myrbäck[5] festgestellt, dass der Acetaldehydschwund, der in der Trockenhefe beobachtet wird, an

---

[1] Andersson, H. 210, 15; 1932. — [2] Deuticke, H. 192, 193; 1930.
[3] Euler u. Nilsson, Sv. Vet. Akad. Arkiv f. Kemi Bd. 10 B, Nr. 14; 1931.
[4] Euler u. Nilsson, H. 160, 234; 1926. — 162, 72; 1926. — 162, 264; 1926. — Siehe auch Euler, Nilsson u. Jansson, H. 163, 202; 1926.
[5] Euler u. Myrbäck, H. 165, 28; 1927.

die Gegenwart von Co-Zymase gebunden ist. Von der Auffassung ausgehend, dass der Acetaldehydschwund in der Trockenhefe durch eine Dismutation des Acetaldehyds bedingt sei, zogen Euler und Myrbäck aus diesem Befund den Schluss, dass die durch die Co-Zymase aktivierte Oxydoreduktion die Natur der Cannizzaroreaktion besitzt. Nilsson[1] fand später (vgl. S. 458), dass die Acetaldehydumsetzung in der Trockenhefe im Verhältnis zu der Glucosegärgeschwindigkeit schwankend und im allgemeinen schwach ist; unter Umständen fehlt sie, auch bei Hefen mit guter Gärkraft, praktisch völlig. Bei der weiteren Verfolgung dieses Befundes zeigte es sich, dass der Acetaldehydschwund in Relation steht zu der Grösse der Selbstgärung. Verständlich wurde dies alles, als gezeigt wurde, dass die Acetaldehydumwandlung in der Trockenhefe eben keine Acetaldehyddismutation darstellt, sondern eine Acetaldehydreduktion. Der Acetaldehyd wirkt in diesem System als Acceptor (vgl. die Mb-Reduktion). Der Donator wird beim Abbau von den Reservekohlehydraten der Trockenhefe produziert. Eine eingehende Diskussion dieser Frage ist schon früher (S. 460) geliefert worden.

Zu ähnlichen Ergebnissen gelangten in letzter Zeit Zuckerkandl und Klebermass[2] beim Arbeiten mit frischer Hefe. Sie finden, „dass diese Zerfallsprodukte der Glucose es sind, welche die Umwandlung von Acetaldehyd bewirken. Dort wo keine Glucose zugesetzt wird, erfolgt die Acetaldehydvergärung offenbar durch den Zerfall des in der Hefe vorhandenen Glykogens." Auch bei der Acetaldehydumsetzung im Muskel liegen, wie es scheint, ähnliche Verhältnisse vor (Nilsson[1], Barrenscheen, in der Arbeit von Zuckerkandl als Privatmitteilung erwähnt).

In den oben angeführten Beispielen liegen also Systeme vor, die zu typisch glykolytischem Zuckerabbau unter Mitwirkung von Co-Ferment befähigt sind. Es liegt wohl eigentlich kein Widerspruch darin, wenn in einem derartigen System eine reine Acetaldehyddismutation nicht stattfindet. Dies ist ja ein Spezialfall der Oxydoreduktion, der beim normalen Kohlehydratabbau eben nicht vorkommt. Die Möglichkeit zu gemischten Oxydoreduktionen wird selbstverständlich dadurch nicht in Abrede gestellt. Wie früher schon öfters hervorgehoben, wird die Mitwirkung derartiger Reaktionen im Gegenteil durch die experimentellen Befunde sichergestellt.

Wir wollen uns jetzt solchen Systemen zuwenden, wo eine wirkliche Acetaldehyddismutation schon nachgewiesen ist, mit der Frage, ob sich dort die Mitwirkung eines Co-Ferments hat nachweisen lassen. Diese Frage ist besonders von Euler und Myrbäck und von Neuberg und Simon studiert worden. Neuberg und Simon[3] finden, dass die Essigbakterien keine Co-Zymase enthalten. Myrbäck, Euler und Sandberg[4] konstatieren einen

---

[1] Nilsson, Sv. Vet. Akad. Arkiv f. Kemi Bd. 10 A, Nr. 7; 1930.
[2] Zuckerkandl u. Klebermass, Biochem. Zs 252, 330; 1932.
[3] Neuberg u. Simon, Biochem. Zs 199, 232; 1928.
[4] Myrbäck, Euler u. Sandberg, H. 175, 316; 1928.

gewissen Co-Zymasegehalt der Essigbakterien. Dieser Co-Zymasegehalt ist aber verschwindend klein und dürfte für die Dismutation des Acetaldehyds durch die Essigbakterien wohl ohne Belang sein. Hier dürfte also eine Acetaldehyddismutation ohne Mitwirkung von Co-Zymase vorliegen. Wieland und Bertho[1] finden später in gewissem Gegensatz zu der Auffassung von Neuberg und Windisch[2], dass bei der Essiggärung die Acetaldehyddismutation keine Durchgangsstufe darstellt. Die Dismutationsgeschwindigkeit ist nämlich nicht genügend gross. Bezüglich der absoluten Grösse dieser Dismutationsgeschwindigkeit kommen sie aber zu denselben Ergebnissen wie Neuberg und Windisch. Bezüglich der Co-Enzymfrage bei der Dismutation besagt daher die Arbeit von Wieland und Berto nichts. Bei dem bekanntlich dismutierenden B. lactis aerogenes konnten schliesslich Euler und Myrbäck[3] bei wiederholten Prüfungen keine Co-Zymase nachweisen.

Wenn also in den jetzt besprochenen Fällen die Verhältnisse einigermassen durchsichtig sind, und dabei für die Mitwirkung der Co-Zymase bei einer reinen Acetaldehyddismutation keine Anhaltspunkte gefunden wurden, so liegen andererseits Verhältnisse vor, die eine Mitwirkung der Co-Zymase bei einer reinen Acetaldehyddismutation in der Leber durchaus diskutabel machen.

Die Untersuchungen, die über die enzymatische Acetaldehyddismutation ausgeführt worden sind, sei es in diesem System oder in jenem, leiden fast durchwegs daran, dass die benutzte Analysenmethode nicht einwandfrei gewesen ist. Als Regel wurden nur die Acetaldehydabnahmen bestimmt, nicht die Reaktionsprodukte. Dieser Acetaldehydschwund wurde stillschweigend einer entsprechenden Acetaldehyddismutation gleichgesetzt.

Bei der Acetaldehydumsetzung in der Leber wurde aber schon von Parnas[4] gezeigt, dass als Reaktionsprodukte Essigsäure und Alkohol in äquivalenten Mengen auftreten. Da später die Mitwirkung der Co-Zymase bei dem enzymatischen Acetaldehydverbrauch in der Leber gezeigt worden ist, scheint somit die Leber ein Enzymsystem zu enthalten, das imstande ist, unter Mitwirkung von Co-Zymase eine wirkliche Dismutation des Acetaldehyds zu bewirken. Die Versuche von Parnas sind aber mit Leberbrei ausgeführt worden, mit einem Enzymmaterial also, das reichlich Kohlehydrate enthält. Da ausserdem die Versuche nicht anaerob geführt worden sind, kann die reine Acetaldehyddismutation noch nicht als ganz streng bewiesen angesehen werden.

Versuche mit aus Leber dargestellten, gereinigten Enzymlösungen sind von Euler und Brunius[5] ausgeführt worden. Das bedeutungsvolle Resultat dieser Untersuchungen war, dass gereinigte und dialysierte Fermentlösungen,

---

[1] Wieland u. Bertho, Lieb. Ann. 467, 95; 1928. — Vgl. hierzu jedoch Windisch, Biochem. Zs 250, 466; 1932.

[2] Neuberg u. Windisch, Biochem. Zs 166, 454; 1925.

[3] Euler u. Myrbäck, H. 181, 1; 1929.

[4] Parnas, Biochem. Zs 28, 274; 1910. — [5] Euler u. Brunius, H. 175, 52; 1928.

die an sich inaktiv waren, nach Zugabe von Co-Zymase das Vermögen entfalten, eine rasche Acetaldehydumwandlung zu bewirken. Das Vorkommen einer reinen Acetaldehyddismutation im Leberenzym, die durch Co-Zymase aktiviert wird, erfährt hierdurch eine wesentliche Stütze.

Die Beziehungen zwischen dieser reinen Acetaldehyddismutation und der an einen gleichzeitigen Kohlehydratabbau geknüpften Acetaldehydreduktion sind von Euler und Nilsson[1] orientierend studiert worden. In Übereinstimmung mit Euler und Brunius finden sie, dass auch dialysierte Leberextrakte nach Zusatz von gereinigter Hefe-Co-Zymase Acetaldehyd angreifen. Bei Abwesenheit von Co-Zymase bleibt die Reaktion aus. Wichtig ist ferner, dass, wie es scheint, diese Reaktion ganz ohne Mitwirkung von Phosphorsäure abläuft. Es ist dies eine ausgesprochene Differenz gegenüber den Verhältnissen bei der Acetaldehydreduktion. Im letzteren Falle nimmt ja die Phosphorsäure direkt an der Reaktion teil (vgl. S. 460). Auch in der Leber lässt sich aber, wahrscheinlich in ähnlicher Weise wie bei der Trockenhefe, eine Reduktion des Acetaldehyds reproduzieren. Durch Zugabe von Hexosediphosphorsäure wird nämlich in Gegenwart von anorganischem Phosphat der Acetaldehydverbrauch stark aktiviert. In Abwesenheit von Phosphat wirkt Zusatz von Hexosediphosphorsäure dagegen kaum. Dies erinnert ja sehr an die Verhältnisse, die bei der Reduktion des Acetaldehyds in der Hefe vorliegen.

Das ganze Gebiet ist offensichtlich für eine theoretische Behandlung noch nicht reif genug. Besonders müssen die Acetaldehydumsetzung mit gereinigtem Leberenzym und die Beziehungen, die dort zwischen einer reinen Acetaldehyddismutation und der an den Kohlehydratabbau geknüpften Acetaldehydreduktion evtl. bestehen, sorgfältig studiert werden. Vorläufig lässt sich wohl aber behaupten, dass es sich prinzipiell denken lässt, dass ein und dasselbe, durch die Co-Zymase aktivierte oxydoreduzierende Enzym in einem gewissen Milieu eine reine Acetaldehyddismutation bewirkt, in einem anderen dagegen nur eine gemischte Dismutation veranlasst. Die Faktoren, welche für diese Spezialisierung verantwortlich sind, kennen wir bis jetzt aber nicht. Unter den verschiedenen Milieubedingungen sollte wohl zunächst der Einfluss des pH eingehend studiert werden. Unter anderem erfordern die Verhältnisse bei der alkalischen Gärung[2] noch eine weitere Bearbeitung. Besonders scheint mir der Vergleich mit parallel angestellten Dismutationsversuchen ohne Zuckerzugabe wünschenswert.

Sehr interessant ist in diesem Zusammenhang das sog. Schardingerenzym. Dieses in Milch aufgefundene[3], später auch in tierischen Organsäften[4] nach-

---

[1] Euler u. Nilsson, Biochem. Jl 25, 2168; 1931.
[2] Neuberg u. Hirsch, Biochem. Zs 96, 175; 1919. — 100, 304; 1919. — Neuberg, Hirsch u. Reinfurth, Biochem. Zs 105, 307; 1920. — Neuberg u. Ursum, Biochem. Zs 110, 193; 1920.
[3] Schardinger, Zs Unters. Nahrungs-, Genussmittel 5, 22; 1902.
[4] Bach, Biochem. Zs 31, 443; 33, 282; 1911.

gewiesene Enzym war anfänglich als dasjenige Enzym charakterisiert, das die Dehydrierung des Acetaldehyds bei Gegenwart von Methylenblau als Acceptor bewirkt. Wieland[1] hat nun später gezeigt, dass diese Reaktion mit grösster Wahrscheinlichkeit nur ein Spezialfall einer viel allgemeineren Wirkung desselben Enzyms darstellt. Er hat nämlich nachgewiesen, dass in Milch Salicylaldehyd bei Luftabschluss der Cannizzaroreaktion unterliegt, mit Methylenblau der Schardingerreaktion und bei Luftzutritt total oxydiert wird. Nach Wieland handelt es sich in sämtlichen Fällen um die Wirkung eines und desselben Enzyms. Es scheint dies aus den Ergebnissen hervorzugehen, die bei progressiver Inaktivierung erhalten worden sind. Die Inaktivierung erfolgt nämlich gegenüber allen drei Reaktionen vollkommen übereinstimmend. Dies wäre also ein typisches Beispiel von dem verschiedenartigen Verhalten eines oxydoreduzierenden Enzyms in verschiedenem Milieu (vgl. S. 485). Auf Grund von Versuchen mit aus Milch dargestelltem und nach der Methode von Sbarsky und Michlin[2] gereinigtem Enzym wird von Bach und Nikolajew[3] die Auffassung Wielands insofern abgelehnt, als die oxydative Bildung der Salicylsäure nicht der oxydatischen Wirkung des Schardingerenzyms zugeschrieben, sondern auf in der Milch vorhandenen Wasserstoffacceptoren zurückgeführt wird, die als Sauerstoffüberträger funktionieren. Diese Auffassung wird in letzter Zeit wiederum von Wieland und Mitarbeitern[4] abgelehnt, welche die Ergebnisse von Bach und Nikolajew auf eine Zerstörung des gereinigten Ferments im Sauerstoff zurückführen (vgl. S. 206 f.).

Die Ähnlichkeit des Schardingerenzyms mit dem oxydoreduzierenden Enzymsystem der Hefe einerseits und andererseits mit der Aldehydmutase der Leber ist auffallend. Besonders wünschenswert wäre eine Untersuchung über die Mitwirkung der Co-Zymase bei den verschiedenen Funktionen des Schardingerenzyms. Bis jetzt weiss man nur, dass die Co-Zymase tatsächlich in der Milch vorhanden ist.

8. Über den Reaktionsmechanismus bei der Kohlehydratveratmung in molekularem Sauerstoff.

Die Wasserstoff- bzw. Sauerstoffaktivierung soll hier nicht im Prinzip diskutiert werden. Diesbezügliche Fragen sind in diesem Werke schon S. 126 u. ff. erörtert worden. Gerade die Kohlehydratveratmung hat aber ein besonders geeignetes Beispiel für Studien auf diesem Gebiete dargeboten, insofern als he r eine Reaktionskette vorliegt, in welcher mehrere in dem gesamten Atmungsvorgang integrierende Reaktionsphasen sich erkennen lassen. Zu der Frage

---

[1] Wieland, B. 46, 3327; 1913. — 47, 2109; 1914.
[2] Sbarsky u. Michlin, Biochem. Zs 155, 485; 1925.
[3] Bach u. Nikolajew, Biochem. Zs 169, 103; 1926.
[4] Wieland u. Rosenfeld, Lieb. Ann. 477, 32; 1929. — Wieland u. Macrae, Lieb. Ann. 483, 217; 1930.

des vieldiskutierten Atmungsferments scheint mir dies einen wesentlichen Beitrag gegeben zu haben.

Der Zusammenhang zwischen Gärung und Atmung, auf den schon Pasteur hinwies, ist aber heute noch keineswegs zur völligen Aufklärung gebracht. Es sollen deswegen hier nur einige Hauptergebnisse der neueren Forschungen kurz gestreift werden. Auf eine Aufteilung des Atmungsvorganges in eine anaerobe und eine oxydative Phase deuten vergleichende Untersuchungen über Methylenblaureduktion und Absorption von molekularem Sauerstoff. Nachdem Meyerhof[1] schon 1918 nachgewiesen hatte, dass die Atmung der Acetonhefe durch Zusatz von Methylenblau gesteigert wird, konnten Euler, Nilsson und Runehjelm[2] zeigen, dass die Farbstoffreduktion und die Absorption von molekularem Sauerstoff nicht als parallel auftretende Erscheinungen betrachtet werden dürfen. Durch besondere Eingriffe konnte bei intakter Mb-Reduktion die Absorption von molekularem Sauerstoff praktisch völlig aufgehoben werden. So z. B. bei Verwendung von dem typischen Atmungsgift HCN. Bei Versuchen mit Hefe unter Zugabe von Hexosediphosphorsäure als Kohlehydrat wurde gefunden, dass durch Trocknen die Unterhefe ihr Vermögen zu Absorption von molekularem Sauerstoff grösstenteils verliert, die Oberhefe dagegen nicht. Interessant ist in diesem Zusammenhang, dass beim Trocknen das Cytochrom der Unterhefe destruiert wird. In der Trockenoberhefe ist es noch intakt. Das Reduktionsvermögen gegenüber Methylenblau ist für beide Trockenhefen gleich. Diese Befunde werden von den erwähnten Autoren folgendermassen gedeutet. Der gesamte Atmungsvorgang zerfällt in zwei Hauptphasen, eine einleitende anaerobe und eine anschliessende oxydative, die unter Mitwirkung von Oxydationskatalysatoren (Cytochrom) im Sinne Warburgs verläuft.

Bei einer gut ausgewaschenen Trockenunterhefe war ohne Co-Zymasezusatz das Vermögen sowohl zur Sauerstoffatmung als zur Mb-Reduktion unbedeutend. Durch Co-Zymasezusatz erfolgte Regeneration des Mb-Reduktionsvermögens, während dagegen die molekulare Sauerstoffabsorption nicht wesentlich beeinflusst wurde. Da das Leukomethylenblau in Sauerstoff autoxydabel ist, konnte mit Methylenblau als künstlichem Oxydationskatalysator eine Art von Modellversuch der Sauerstoffatmung dargestellt werden. Die durch Co-Zymase zur Methylenblauentfärbung aktivierte Apozymase wird durch die Zugabe von Methylenblau nunmehr auch zum Verbrauch molekularen Sauerstoffs befähigt. Ohne Co-Zymase bleibt sowohl Methylenblaureduktion als Sauerstoffabsorption aus. Dieses künstliche System zerfällt somit in zwei Phasen: eine anaerobe, durch die Co-Zymase aktivierte Phase und eine anschliessende oxydative.

---

[1] Meyerhof, Pflügers Arch. 149, 250; 1912. — 170, 367; 1918.
[2] Euler, Nilsson u. Runehjelm, 169, 123; 1927.

Inwieweit dieses künstliche System einen analogen Vorgang zu der normalen Atmung unter Mitwirkung des natürlichen Oxydationskatalysators darstellt, lässt sich auf Grund experimenteller Befunde wohl noch nicht sicher entscheiden. Euler und Nilsson[1] haben aber die Vermutung ausgesprochen, dass bei der normalen Kohlehydratveratmung die Funktion des Oxydationskatalysators erst dann einsetzt, wenn der anaerobe Abbauvorgang die Wirkungsphase der Co-Zymase durchgeschritten hat. Wenn für den glykolytischen Abbauweg das Schema von Nilsson gilt, bedeutet dies, dass die eigentliche Verbrennung erst nach eingetretener Spaltung der 6-Kohlenstoffkette stattfindet. Damit ist natürlich keineswegs gesagt, dass nach dieser Spaltung eintretende anaerobe Reaktionen für die molekulare Sauerstoffabsorption ohne Belang sind.

Ein sehr bemerkenswerter und wertvoller Beitrag zu der Frage von Art und Wirkungsweise des „Atmungsferments" ist in letzter Zeit von Warburg und Christian[2] geliefert worden. Bei Versuchen mit cytolysierten roten Blutzellen finden Warburg und Christian, dass nach Zugabe von Glucose weder Glykolyse noch Sauerstoffatmung stattfindet. Auch die Aktivierung der Sauerstoffatmung, die in intakten roten Blutzellen bei Gegenwart von Zucker durch Methylenblau oder durch Methämoglobin erzeugt wird, bleibt in diesem System aus. Wenn aber die Glucose durch die Robisonsche Hexosemonophosphorsäure ersetzt wird, tritt bei Gegenwart von Methylenblau oder Methämoglobin eine Sauerstoffatmung auf, die ebenso gross oder grösser ist als in intakten Zellen. „Veresterung mit Phosphorsäure aktiviert die Glucose so, dass sie in dem flüssigen Inhalt der Blutzellen von Methämoglobin oder von Methylenblau oxydiert wird." Auch die Hexosemonophosphorsäure ist aber für den oxydativen Angriff noch nicht genügend vorbereitet. Wird das cytolysierte Blut mit Aluminiumhydrat behandelt, so ist es danach inaktiv geworden. Eine Veratmung der Hexosemonophosphorsäure findet weder mit Methämoglobin noch mit Methylenblau statt. „Zu der Aktivierung der Glucose durch Veresterung mit Phosphorsäure kommt also in der Blutflüssigkeit eine zweite Aktivierung hinzu, die erst den Angriff des Methämoglobins oder des Methylenblaus ermöglicht." Die Art dieser zweiten Aktivierung scheint nach denselben Autoren „eine besondere Art von Gärung" zu sein. Diese neuen Befunde von Warburg und Christian sowie die daran geknüpfte Deutung stehen offenbar im besten Einklang mit der oben beschriebenen Auffassung von Euler und Nilsson.

Eine gänzlich verschiedene Auffassung wird neuerdings von Lundsgaard[3] auf Grund der bei Monojodessigsäurevergiftung erhaltenen Ergebnisse vertreten. Zugabe von Monojodessigsäure zu einem gewöhnlichen Gärungs-

---

[1] Euler u. Nilsson, Skand. Arch. Physiol. 59, 201; 1930.
[2] Warburg u. Christian, Biochem. Zs 238, 131; 1931. — 242, 206; 1931.
[3] Lundsgaard, Biochem. Zs 220, 1 u. 8; 1930. — 250, 61; 1932.

ansatz führt bei richtig getroffener Dosierung zu vollständiger Gärungshemmung bei intakter Sauerstoffatmung. Nach Lundsgaard handelt es sich hier um eine vollständige Trennung des oxybiotischen Kohlehydratabbaues von dem anoxybiotischen.

Die Vermutung, dass verschiedene Organismen den Zucker direkt ohne vorhergehende anoxybiotische Spaltung oxydieren können, ist von Boysen Jensen[1] schon 1923 ausgesprochen worden. Dass eine derartige Oxydation des Glucosemoleküls im Organismus möglich ist, hat Müller[2] bei Versuchen mit Aspergillus niger dargetan. Das Vorkommen von glucoseoxydierenden Enzymen im Organismus scheint hiernach sichergestellt zu sein. Diese Glucoseoxydation stellt aber einen ganz speziellen Reaktionsverlauf dar. Aus der Glucose entsteht nämlich bei der Oxydation Gluconsäure; eine Aufspaltung der Kohlenstoffkette hat also nicht stattgefunden. Müller schliesst aus seinen Versuchen, dass im Organismus zwei Hauptformen des oxydativen Hexosenabbaues möglich sind, nämlich teils die direkte Hexoseoxydation ohne Aufspaltung der Kohlenstoffbindung und andererseits eine Oxydation, die primär durch anaerobe Umwandlungen vorbereitet werden muss. Diese beiden Oxydationsvorgänge will Müller als voneinander unabhängig betrachten. Er findet es wahrscheinlich, ,,dass die beiden Hauptformen einander nicht ausschliessen, sondern dass bald die eine, bald die andere bei den Organismen überwiegt, in gewissen Fällen beide vielleicht gleich intensiv vor sich gehen".

Lundsgaards Befund, dass durch Monojodessigsäurevergiftung die Atmung der Hefe von der Gärung abgetrennt werden kann, wird von Nilsson, Zeile und Euler[3] bestätigt. Der Schlussfolgerung Lundsgaards, dass die Atmung der monojodessigsäurevergifteten Hefe ein rein oxybiotischer Kohlehydratabbau ohne anoxybiotische Vorstufen darstellt, wollen sie aber nicht beistimmen. Sie heben hervor, dass die glykolytische Reaktionskette, die durch Monojodessigsäurevergiftung unter anaeroben Verhältnissen zum Stillstand gebracht worden ist, doch in ihren ersten Phasen latent vorliegt und bei Gegenwart von Sauerstoff als Acceptor herausgezogen werden kann. Eine hierzu analoge Erscheinung bieten die Verhältnisse bei der fluoridvergifteten Gärung. Die ganze Reaktionskette ist hier nach dem Massenwirkungsgesetz zurückgedrängt; nach Zugabe von dem Acceptor Acetaldehyd verläuft aber der Abbau zu einem Punkt in der Reaktionskette, wo das Reaktionsprodukt vom Acetaldehyd abgefangen und dadurch weggeschafft wird (vgl. S. 466). Die genannten Autoren sind deshalb geneigt, die Atmung der monojodessigsäurevergifteten Hefe als einen Abfangeprozess zu betrachten.

---

[1] Boysen Jensen, Kgl. Danske Vidensk. Selskab. Biol. Medd. 4, 1; 1923.
[2] Müller, Biochem. Zs 199, 136; 1928. — 205, 111; 1929.
[3] Nilsson, Zeile u. Euler, H. 194, 53; 1931.

III. Hydrogenase und Hydro(gen)lyasen (W. Franke).
1. Hydrogenase.

Während in den letzten Jahrzehnten zahlreiche Beispiele für substratspezifische, enzymatische Aktivierung von **gebundenem** Wasserstoff aufgefunden worden sind, hat es relativ lange gedauert, bis für das einfachste Modell der Dehydrierungstheorie, die Aktivierung des **elementaren** Wasserstoffs bei der Knallgasreaktion, ein analoger enzymatischer Mechanismus entdeckt werden konnte.

Dass Bakterien als Katalysatoren dieser Reaktion fungieren können, war schon länger bekannt. Immerdorf[1] hatte bereits 1892 Vereinigung von H_2 und O_2 in Gegenwart bakterienhaltiger Erde beobachtet, die bei deren Sterilisierung ausblieb. 13 Jahre später zeigte Kaserer[2], dass ein von ihm isolierter Mikroorganismus (B. pantotrophus) sowohl autotroph mit Hilfe der H_2-Oxydation CO_2 assimilieren konnte als auch heterotroph auf den üblichen organischen Nährböden zu leben vermochte. In der Folgezeit wurden zahlreiche andere Bakterienarten mit „Knallgasstoffwechsel" isoliert[3]. Niklewski (l. c.) zeigte die Ersetzbarkeit des O_2 durch KNO_3. Der Quotient $H_2 : O_2$ wurde bald zu 2, bald höher (maximal 2,84) — zurückgehend auf O_2-Abspaltung bei der CO_2-Assimilation — gefunden (Nabokich, Lebedeff, Ruhland l. c.). Die Verbindung mit der üblichen enzymatischen Methodik wurde dann (1930) durch Tausz und Donath[4] hergestellt, die zeigten, dass eine autotroph auf H_2, O_2 und CO_2 gewachsene Kultur von Bact. aliphaticum liquefaciens beim Durchleiten von H_2-Gas (nicht von N_2) Methylenblau reduzieren kann.

Stephenson und Stickland[5] haben (1931) definitiv dargetan, dass die lange bekannte bakterielle H_2-Oxydation durch ein Enzym von Dehydrasenatur bewirkt wird, dem sie den Namen „Hydrogenase" gaben.

Tabelle 31.

Bacterium	Reduktionszeit in Minuten		Hydrogenase	H_2-Abspaltung aus Formiat
	mit H_2	ohne H_2		
B. formicus?	$5^1/_4$	> 120	+	+
Bact. coli (Escherich)	$8^1/_2$	> 120	+	+
Bact. coli (Houston 1)	$11^1/_4$	75	+	+
Bact. coli (Houston 2)	8	> 120	+	+
Bact. coli (Houston 3)	$8^1/_4$	> 120	+	+
Bact. acidi lactici	$9^1/_4$	> 150	+	+
Bact. lactis aerogenes	$9^1/_2$	$15^1/_2$	?	+
Bact. alcaligenes	$27^1/_2$	28	—	—
Pseudomon. pyocyanea	65	63	—	—
Chromobact. prodigiosum	> 60	> 60	—	—
Bact. megatherium	> 120	> 120	—	—
B. subtilis	> 120	> 120	—	—

[1] H. Immerdorf, Landw. Jahrb. 21, 281; 1892.
[2] H. Kaserer, Zbt. Bakt. (2) 15, 572; 1905.
[3] A. N. Nabokich u. Lebedeff, Zbt. Bakt. (2) 17, 350; 1906. — A. F. Lebedeff, Biochem. Zs 7, 8; 1908. — B. Niklewski, Zbt. Bakt. (2) 20, 469; 1908. — 40, 430; 1914. — Jahrb. wiss. Bot. 48, 113; 1910. — W. Ruhland, Jahrb. wiss. Bot. 63, 321; 1924. — H. Grohmann, Zbt. Bakt. (2) 61, 256; 1924.
[4] J. Tausz u. Donath, H. 190, 141; 1930.
[5] M. Stephenson u. Stickland, Biochem. Jl 25, 205, 215; 1931.

Nachdem sie zunächst aus Flussschlamm ein Bacterium — der Coli-typhosus-Gruppe angehörend (vermutlich B. formicus) — mit der Fähigkeit zur Methylenblaureduktion in Gegenwart von H_2 isoliert hatten, fanden sie die gleiche Eigenschaft bei zahlreichen anderen bekannten Colistämmen. Ein Auszug ihrer Befunde über die beobachteten Reduktionszeiten des Farbstoffs ist in **Tabelle 31** enthalten.

Als H_2-Acceptoren vermögen ausser Methylenblau auch O_2, KNO_3 und Fumarsäure zu dienen. In Knallgas erfolgt rascher Abfall der enzymatischen Wirksamkeit, der jedoch nicht auf H_2O_2 zurückzuführen ist (Katalase, Zellhämine in B. coli vgl. S. 19 u. 351), sondern auf die Schüttelbewegung. Schliesslich fanden die Autoren, dass auch sulfatreduzierende Bakterien aus Flussschlamm (u. a. V. rübentschickii) mit elementaren H_2 reagieren können, wobei Sulfat, Sulfit und Thiosulfat in H_2S übergeführt werden.

Vorkommen des Enzyms ausser in Bakterien ist nicht bekannt; Versuche mit Bäckerhefe und Herzmuskel verliefen negativ.

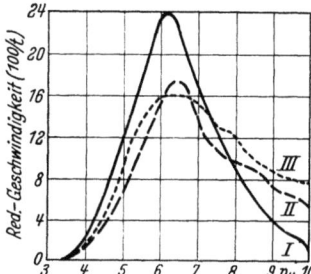

Abb. 79. Methylenblaureduktion durch H_2 in Gegenwart von Bakteriensuspensionen. (Nach Stephenson und Stickland.)
I Bact. coli (Escherich).
II Stamm 111 (B. formicus?).
III Stamm 182 (sulfatreduzierend).

Die Affinität des Enzyms zu H_2 hat aus methodischen Gründen nicht exakt bestimmt werden können, jedoch scheint sie sehr erheblich zu sein, da H_2-Drucke von 50 bzw. 125 mm, bei denen die gelöste Gasmenge eben zur Reduktion von $1/50 000$ bzw. $1/20 000$ Methylenblau ausreicht, die gleiche Reduktionszeit bedingen wie höhere H_2-Drucke (z. B. 1 Atm.).

Die pH-Abhängigkeit der Methylenblaureduktion durch verschiedene Bakterienstämme zeigt Abb. 79.

Blausäure wirkt nicht hemmend, wie folgende Versuchsreihe (bei pH 6,5) zeigt:

HCN-Konzentration 0   m/800   m/240   m/80   m/24
Reduktionszeit in Minuten . . 7   5   4½   4   8

Wohl aber ist die Reaktion empfindlich gegen Narkotica:

Urethankonzentration (%) . . 0   0,025   0,25   2,5
Reduktionszeit in Minuten . . 4¼   7¼   8¾   11¾

Wie aus der obigen Zusammenstellung hervorgeht, läuft mit dem Vorkommen von Hydrogenase die Fähigkeit eines Bacteriums, Formiat in H_2 und CO_2 zu spalten, anscheinend parallel (allenfalls mit Ausnahme von Bact. lactis aerogenes). Da Stickland[1] kurz zuvor den Nachweis erbracht hatte, dass letztere Wirkung auf ein eigenes von der (nur in Gegenwart von Acceptoren fungierenden) Formicodehydrase verschiedenes Ferment zurückzuführen sei, schien der Schluss naheliegend, dass diese „Hydrogenlyase"[2] mit der Hydrogenase identisch sei, dass es sich also um eine enzymatische Katalyse der reversiblen Reaktion $H_2 \rightleftharpoons 2H$ handle. Eingehendere Untersuchungen haben jedoch diese anfangs auch von Stephenson und Stickland vertretene Auffassung nicht gestützt: Hydrogenase und Hydro(gen)lyase sind nicht identisch; bei der letzteren handelt es sich vermutlich sogar um eine Enzymgruppe mit Unterspezifitäten.

2. Hydro(gen)lyasen.

Die H_2-Abspaltung bei bakteriellen Prozessen ist im Prinzip schon lange bekannt gewesen.

---

[1] L. H. Stickland, Biochem. Jl 23, 1187; 1929.

[2] Dieser in der englischen Literatur gebräuchliche Bezeichnung dürfte wohl im deutschen Sprachgebrauch die verkürzte Form „Hydrolyase" vorzuziehen sein (vgl. „dehydrogenase" und „Dehydrase"). Da noch keine deutsche Literatur über das Enzym existiert, soll im folgenden, um Missverständnisse zu vermeiden, die Silbe „gen" der englischen Form in Klammer gesetzt werden.

Hoppe-Seyler[1a] beobachtete zuerst (1876) die Spaltung von Formiaten in CO_2 und H_2. 25 Jahre später zeigten Pakes und Jollyman[1b], dass die Zucker unter H_2-Entstehung vergärenden Mikroorganismen ausnahmslos auch zur Spaltung der Ameisensäure befähigt sind, eine Tatsache, die sie zu der Annahme intermediärer Formiatbildung bei diesen Gärungen veranlasste. Weitere Untersuchungen von Harden[1c] (1901), Grey[1d] (1914) u. a. schienen diese Auffassung nur zu bestätigen.

1925 fanden Quastel und Whetham[2], dass in Gegenwart von Methylenblau Formiate sehr intensiv durch Bakteriensuspensionen dehydriert werden. Stickland[3] versuchte (1929) Beziehungen zwischen dieser Dehydrierung und der acceptorfreien Spaltung am Beispiel des Bact. coli herzustellen.

Nach Sticklands Versuchen vermag auf (formiat- oder glucosehaltiger) Bouillon gezogenes Bact. coli sowohl die Methylenblau-Dehydrierung als auch die anaerobe Spaltung der Ameisensäure in H_2 und CO_2 kräftig zu katalysieren. Tryptische Verdauung von Colisuspensionen bewirkt eine Steigerung der Formicodehydrase-Aktivität aufs 5fache des ursprünglichen Werts. Aus den Ansätzen lassen sich sehr aktive Enzymlösungen — frei von intakten Zellen, jedoch reich an kleineren Zelltrümmern — gewinnen (s. S. 496), denen die Fähigkeit zur anaeroben Spaltung der Ameisensäure in H_2 und CO_2 vollständig abgeht. Ferner erwies sich unter Bedingungen, unter denen Bact. coli sowohl Spaltung als Dehydrierung der Ameisensäure auszuführen vermag, B. typhosus nur zur Dehydrierung, nicht zur Spaltung befähigt.

Eingehende Untersuchungen von Stephenson und Stickland sowie Yudkin haben dann weitere und definitive Belege für die Verschiedenheit von Formicodehydrase und -hydro(gen)lyase erbracht[4].

Kulturen von Bact. coli (Escherich), Bact. lactis aerogenes, Bact. cloacae und Bact. freundii, die bei pH 7 in einer Nährlösung von tryptischen Caseinverdauungsprodukten zwischen 15 und 20 Stunden gezüchtet worden waren, vermögen nur dann Formiat in H_2 und CO_2 zu spalten, wenn der Nährlösung etwa 0,5% Natriumformiat, Glucose oder Glycerin zugesetzt worden war. Aerobe Bedingungen während des Wachstums verhindern oder vermindern zum mindesten die Enzymbildung, während nachträgliche Lüftung der gewaschenen Bakteriensuspensionen das einmal gebildete Enzym nicht zerstört. Wichtig ist jedenfalls die Tatsache, dass zur Enzymbildung die Anwesenheit von Substraten, auf die das Enzym wirkt — auch Glucose und Glycerin können ja unter Bakterieneinwirkung Formiat liefern — offenbar notwendig ist. Die Hydro(gen)lyase ist im Sinne Karströms[5] ein „adaptives" Enzym im Gegensatz zu den „konstitutiven", zum unveränderlichen Bestand der Zelle gehörenden Enzymen; sie verdankt ihre Entstehung vermutlich nicht einer natürlichen Auswahl von vornherein vorhandener, das Ferment enthaltender Organismen, sondern einer spezifischen Wirkung bestimmter Substanzen des Nährmediums auf die wachsenden und sich teilenden Zellen. Für letztere Auffassung sprechen auch neueste Befunde von Stephenson und Stickland[6], wonach die Fermentbildung bei der Kultur auf Formiat schon zu einem Zeitpunkt erfolgen kann, wo noch keine Zellteilung eingesetzt hat und dass diese Enzymbildung linear fortschreitet.

[1a] F. Hoppe-Seyler, Pflüg. Arch. 12, 1; 1876. — [1b] W. Ch. C. Pakes u. Jollyman, Chem. Soc. 79, 386, 459; 1901. — [1c] A. Harden, Chem. Soc. 79, 610; 1901. — [1d] E. C. Grey, Proc. Roy. Soc. (B) 87, 472; 1914.

[2] J. H. Quastel u. Whetham, Biochem Jl 19, 520; 1925.

[3] L. H. Stickland, Biochem. Jl 23, 1187; 1929.

[4] M. Stephenson u. Stickland, Biochem Jl 26, 712; 1932. — J. Yudkin, Biochem. J 26, 1859; 1932.

[5] H. Karström, Akad. Abh., Helsingfors 1930.

[6] M. Stephenson u. Stickland, Biochem. Jl 27, 1528; 1933.

Das Verhältnis von Formicohydro(gen)lyase, Formicodehydrase und Hydrogenase in Abhängigkeit von Bakterienart und Aufzuchtbedingungen geht wohl am besten aus nachstehender kleinen Zusammenstellung (nach Stephenson und Stickland, l. c. S. 492) hervor:

Tabelle 32.

Spezies	Nährlösung	Hydro(gen)lyase	Dehydrase	Hydrogenase
Bact. coli	Bouillon	—	—	+
	Bouillon + Formiat	—	—	+
Bact. lactis aerogenes (4 Stämme)	Bouillon	—	—	—
	Bouillon + Formiat	+	—	—
Bact. dispar	Bouillon + Formiat	—	—	+

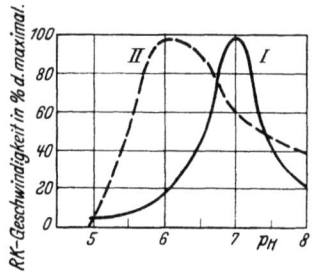

Abb. 80. pH-Abhängigkeit der durch Bact. coli (Escherich) bewirkten H_2-Abspaltung aus Formiat (I) und Glucose (II). (Nach Stephenson und Stickland).

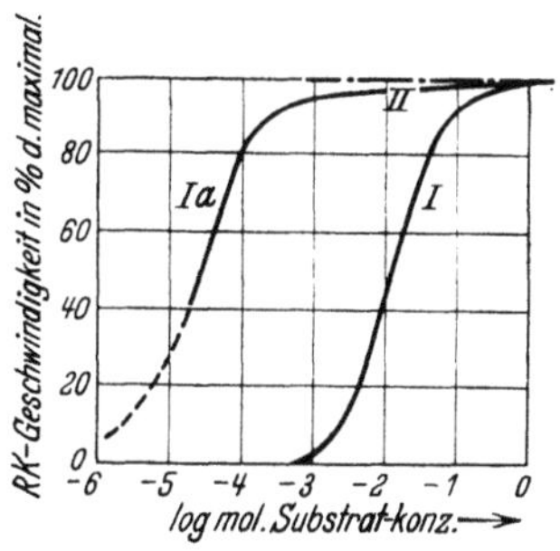

Abb. 81. [Substrat]-Abhängigkeit von Formicohydro(gen)lyase (I), Formicodehydrase (Ia) und Glucosehydro(gen)lyase (II) bei pH 7,0. (Nach Stephenson und Stickland.)

Beachtlich ist die Stephenson und Stickland[1] kürzlich gelungene Isolierung eines Bacteriums aus Flusswasser, das Ameisensäure nach der Gleichung $4\,H\cdot CO_2H \rightarrow CH_4 + 3\,CO_2 + 2\,H_2O$ zersetzt, zweifellos in den beiden Teilphasen:

$$H\cdot CO_2H \rightarrow H_2 + CO_2 \ldots \text{(I)} \qquad 4\,H_2 + CO_2 \rightarrow CH_4 + 2\,H_2O \ldots \text{(II)}$$

und das in Gegenwart von H_2 nicht nur H_2CO_2, sondern auch CO_2, CO, CH_2O und CH_3OH zu CH_4 reduziert, höhere C-Verbindungen jedoch nicht in dieser Weise anzugreifen vermag.

Eigenschaften der Formico-Hydro(gen)lyase: Die Hydro(gen)lyase ist ein sehr aktives Enzym: für den Wirkungsquotienten $Q_{H_2}\left(=\dfrac{\text{cmm } H_2}{\text{mg Trockengewicht} \times \text{Stunden}}\right)$ ergaben sich (mit $\frac{m}{30}$-Substrat, $T\ 40^\circ$) bei Bact. coli Werte zwischen 340 und 960 (im Mittel 615), während für die aerobe Dehydrierung des Formiats unter sonst gleichen Bedingungen Q_{O_2} im Mittel zu 225 gefunden wurde.

Die pH-Abhängigkeit der Enzymwirkung zeigt die ausgezogene Kurve der obenstehenden Abbildung 80 (vgl. den Unterschied gegenüber den entsprechenden Kurven der Hydrogenase [Abb. 79, S. 491] und der Formicodehydrase [Abb. 82, S. 497]).

Abb. 81 bringt eine Gegenüberstellung der Affinitäts-p_s-Kurven von Formicodehydrase und -hydro(gen)lyase.

Die Substrataffinität der Hydro(gen)lyase ist viel (etwa 250mal) geringer als die der Dehydrase.

---

[1] M. Stephenson u. Stickland, Biochem. Jl 27, 1517; 1933.

Gegen Narkotica und Gifte ist das Enzym ausserordentlich empfindlich. Toluol, 2%iges Urethan, 1%iges Na-Fluorid, Kohlenoxyd (1 Atm.) hemmen vollständig; die HCN-Hemmung beträgt bei Konzentrationen von 10^{-5}, 10^{-4} und 10^{-3} m- bzw. 50, 90 und 100%. Auch H_2-Gas (1 Atm.) hemmt zu etwa 40%. Möglicherweise spielen bei der Hemmung durch Gase unbekannte Verunreinigungen eine Rolle.

Von den untersuchten Alkalisalzen waren Oxalat, Fumarat und Citrat ohne Wirkung, Nitrat und Sulfat hemmten (in $\frac{m}{30}$-Konzentration um etwa die Hälfte), wobei pH-Verschiebungen des Optimums um mehrere Zehntel beobachtet wurden.

Eigenschaften der Hexose-Hydro(gen)lyase: Auch aus Glucose, Fructose und Mannose entwickeln die genannten Bakterien H_2-Gas, und zwar, wenn man beim jeweils optimalen pH (s. Abb. 80) und relativ hoher Substratkonzentration vergleicht, mit nahezu derselben Geschwindigkeit wie aus Formiat.

Lactose, Galactose, Arabinose, Mannit und Glycerin reagieren viel langsamer, Rohrzucker, Lactat und Succinat überhaupt nicht.

Verschiedene Tatsachen sprechen dafür, dass das hier tätige Ferment von der Formico-Hydro(gen)lyase verschieden ist.

Hierzu gehören ausgeprägte Unterschiede außer in den Aktivitäts-pH-Kurven (Abb. 80) auch den Affinitäts-p_S-Kurven (Abb. 81), indem sich die Substrataffinität des Glucose angreifenden Enzyms als sehr viel grösser als die des Formiat spaltenden ergab. Ferner beobachtet man einen ausgesprochenen Additionseffekt (S. 221), wenn den Bakterien Glucose und Formiat gleichzeitig dargeboten werden.

Schliesslich gelingt es unter verschiedenen Bedingungen (z. B. bei der Züchtung von Bact. lactis aerogenes in anorganischem, glucosehaltigem Medium) ein Glucose kräftig spaltendes, Formiat jedoch nicht angreifendes Material zu erhalten. Die Glucosespaltung verläuft von Anfang an linear und ohne Induktionsperiode.

Auf Grund dieser Befunde kommen Stephenson und Stickland zu dem Schluss, dass die H_2-Abspaltung aus Glucose weder über Formiat als Zwischenprodukt erfolgt, noch dass ein und dasselbe Enzym für die H_2-Abspaltung aus den beiden Substraten verantwortlich gemacht werden kann.

Auf welcher Stufe die H_2-Abgabe aus dem Glucosemolekül erfolgt, lassen sie offen. Die gleichzeitige Entstehung einer — ganz roh geschätzt — äquivalenten CO_2-Menge lässt sie an einen Decarboxylierungsprozess denken. (Will man nicht zur Annahme energetische Kopplung der H_2-Abspaltung mit diesem greifen, so bleibt — nach Tabelle 14, S. 150 — allerdings nur die Oxalsäure als — vielleicht nicht unwahrscheinliche — unmittelbare CO_2-Quelle.)

Über die Natur der Hydrogenlyasen kann auf Grund der bisher vorliegenden Versuchsdaten noch nichts Bestimmtes ausgesagt werden. Die starke HCN-Empfindlichkeit unterscheidet sie von Dehydrasen (und Hydrogenase) und spricht für die Beteiligung von Schwermetall am Reaktionsmechanismus.

IV. Die Dehydrasen der unsubstituierten Fettsäuren
(W. Franke).

1. Formicodehydrase.
a) Vorkommen.

Am meisten in die Augen fallend ist die allgemeine Verbreitung der Formicodehydrase unter den **Bakterien**, wo Ameisensäure offenbar den wirksamsten Donator von Säurecharakter darstellt und ihrerseits nur noch von den Zuckern in dieser Eigenschaft übertroffen wird. Auch in **höheren Pflanzen** ist das Ferment eines der verbreitetsten und aktivsten, während es in **tierischen Zellen** eine wenig hervortretende Rolle spielt.

Zahlreiche Bakterien hat mit stets positivem Erfolg Kendall[1] untersucht. Die nachstehende Zusammenstellung von Quastel[2] demonstriert das Donatorvermögen von Ameisensäure im Vergleich zu anderen Substraten für den Fall des Bact. coli communis. Die Zahlenwerte stellen den sog. „Reduktionskoeffizienten" dar, der als reziproker Wert jener molaren Donatorkonzentration definiert ist, die 1 ccm $1/5000$ Methylenblaulösung in Gegenwart einer gewissen Standardquantität an Bakterien bei pH 7,2 und 45° in 30 Min. entfärbt (Standardsubstrat ist Bernsteinsäure mit dem Reduktionskoeffizienten 100,0).

Tabelle 33.

Donator	Red.-Koeff.	Donator	Red.-Koeff.	Donator	Red.-Koeff.
Ameisensäure	700,0	Glykolsäure	0,93	Glykokoll	< 0,8
Essigsäure	0,95	Milchsäure	583,0	Alanin	1,0
Propionsäure	0,46	Glycerinsäure	5,2	Glutaminsäure	25
Buttersäure	0,64	Weinsäure	0,46	Glucose	5000,0
Valeriansäure	0,50	Citronensäure	< 0,40	Fructose	5000,0
Capronsäure / Nonylsäure	< 0,40	Glykol	0,86	Galactose	200,0
		Glycerin	0,46	Mannit	5000,0
Oxalsäure / Malonsäure	< 0,40	Erythrit	< 0,40	Xylose	20,0
		α-Glycerinphosphorsäure	4,31	Arabinose	< 0,8
Bernsteinsäure	100,0			Maltose	50,0
Glutarsäure / Adipinsäure	< 0,40	β-Glycerinphosphorsäure	0,40		

Aspergillus niger und vermutlich auch die anderen Oxalsäure bildenden niederen Pilze vermögen Formiat in Oxalat überzuführen[3a]. Für Hefe ist sowohl aerobe[3b] als anaerobe[3c] Formiatdehydrierung (mit Methylenblau) — jedoch beide Male mit nur mässiger Intensität — nachgewiesen.

Vorkommen einer recht wirksamen Formicodehydrase in Pflanzensamen (begleitet von den Dehydrasen vor allem des Alkohols, der Äpfelsäure, der Glycerinphosphorsäure, Hexosediphosphorsäure und Glutaminsäure) haben Thunberg[4a] und Fodor[4b] festgestellt.

---

[1] A. J. Kendall u. Ishikawa, Jl Inf. Dis. 44, 282; 1929.

[2] J. H. Quastel u. Whetham, Biochem. Jl 19, 520, 645, 652; 1925. — J. H. Quastel, Erg. Enzymforsch. 1, 209; 1932.

[3a] K. Bernhauer u. Slanina, Biochem. Zs 264, 109; 1933. — [3b] H. Wieland u. Sonderhoff, A. 503, 61; 1933. — [3c] A. Fodor u. Frankenthal, Biochem. Zs 246, 414; 1932.

[4a] T. Thunberg, Arch. int. physiol. 18, 601; 1922. — Biochem. Zs 206, 109; 1929. — Oppenheimers „Fermente" 3, 1128; 1929. — [4b] A. Fodor u. Frankenthal, Fermentforsch. 11, 469; 1930. — Biochem. Zs 225, 409, 417; 1930. — 238, 268; 1931. — 246, 414; 1932.

Die Angaben hinsichtlich tierischen Gewebes sind recht wechselnd. Bei Froschmuskulatur fand Thunberg[1a] relativ kräftige Methylenblaureduktion durch Formiat, was von Ahlgren[1b] für Meerschweinchenmuskel bestätigt wurde. In menschlicher Muskulatur hat Rosling[1c], in Phosphatextrakten aus Rindermuskel Wishart[1d] keine, in solchen aus Kaninchenmuskel eine schwache (etwa $1/_{20}$ von der des Succinats), in Kaninchenleberextrakten eine relativ kräftige (etwa $1/_6$ von der des Succinats) Donatorwirkung von Formiat beobachtet.

Ob die von Battelli und Stern angegebene Oxydation von Ameisensäure mit Hydroperoxyd in Gegenwart der verschiedensten Tiergewebe (besonders kräftig von Leber, Niere und Milz) sowie Blut etwas mit einer Dehydrasewirkung zu tun hat, scheint zweifelhaft (vgl. S. 429 u. 435). Es handelt sich wohl um die unspezifische Beschleunigung der leicht beeinflussbaren Reaktion zwischen Formiat und H_2O_2 (s. S. 187f.) durch locker oder häminartig gebundenes Schwermetall. Doch haben sie später in enzymreicher Leber auch O_2-Oxydation von Formiat angegeben[1e].

b) Darstellung und Eigenschaften des gelösten Enzyms.

Neuerdings ist es gelungen, die Formicodehydrase aus Bact. coli auf Grund ihrer erheblichen Beständigkeit von den übrigen Dehydrasen abzutrennen und sie in zell- (nicht jedoch zelltrümmer-) freie „Lösung" zu bringen[2].

Hierzu werden die gewaschenen und gelüfteten Bakterien bei pH 7,6 und 37° der Einwirkung von Trypsin unter Zusatz von 1% NaF unterworfen. Bei fortschreitender Verdauung steigt zunächst die Aktivität sowohl von Formico- als auch Lactico- und Succinodehydrase, doch verschwinden die beiden letzteren (hauptsächlich wegen ihrer Empfindlichkeit gegen Fluorid) bald. Nach 2—4 Wochen hat die Aktivität der Formicodehydrase das 4—5fache des Ausgangswerts erreicht, worauf zentrifugiert und durch ein Glasfilter filtriert wird. Das Filtrat mit dem oben angegebenen mikroskopischen Befund enthält rund die Hälfte der Aktivität, die es bei scharfem Zentrifugieren, bei erneuter Filtration durch Seitz-Filter oder Kieselgur usw. fast vollständig verliert.

Die gelöste Dehydrase ist unter Bedingungen, unter denen Colisuspensionen rasche O_2-Oxydation von Formiat zu CO_2 bewirken, nicht imstande, eine irgendwie beträchtliche O_2-Aufnahme zu vermitteln, merkwürdigerweise auch nicht — was sie von der gelösten Lacticodehydrase aus Bakterien (Stephenson, Abschn. V, 1 d α unterscheidet — bei Methylenblauzusatz. Wie schon erwähnt (S. 492), vermag sie auch die anaerobe Spaltung von H_2CO_2 in H_2 und CO_2 nicht zu katalysieren, wohl aber mit erheblicher Geschwindigkeit die Formiat-Dehydrierung durch Methylenblau auszuführen.

c) Die intracellulare Bakteriendehydrase.

Der weitaus grösste Teil aller Untersuchungen über Formicodehydrase ist jedoch nicht mit diesen Enzym„lösungen", sondern mit Suspensionen zum Teil lebender, jedoch nicht proliferierender (nach Quastel „ruhender") Bakterien oder noch häufiger mit toluolbehandelten (toten) Bakterien ausgeführt worden.

Während die ersteren eine grosse Zahl der verschiedensten Substrate — Quastel hat mehr als 50 untersucht (vgl. die Zusammenstellung S. 495) — umsetzen, beschränken sich die letzteren im wesentlichen auf den Umsatz von Formiat, Lactat und Succinat (neben α-Oxybutyrat, Glycerat und α-Glycerinphosphat), und zwar (anaerob) mit einer im Vergleich zur normalen Zelle nicht bis wenig geänderten Intensität (Ausnahmen allenfalls Oxybutyrat und

---

[1a] T. Thunberg, Skand. Arch. 40, 1; 1920. — [1b] G. Ahlgren, Act. med. scand. 57, 508; 1923. — [1c] E. Rosling, Skand. Arch. 45, 132; 1924. — [1d] G. M. Wishart, Biochem. Jl 17, 103; 1923. — [1e] F. Battelli u. Stern, Biochem. Zs 28, 145; 1910.

[2] L. H. Stickland, Biochem. Jl 23, 1187; 1929.

Glycerat[1a]; aerob bleibt nur die Formiatoxydation vollständig ungeschädigt[1b]). Mit Suspensionen dieses „vereinfachten" Bakterienorganismus lässt sich im allgemeinen genau so exakt arbeiten, wie mit gelösten Enzymen.

Dass zwischen Lebenstätigkeit und Dehydraseaktivität der Bakterien keine direkten Beziehungen bestehen, haben Cook und Stephenson[2a] für die aerobe Dehydrierung von Formiat (auch Acetat, Lactat, Pyruvat, Glucose) durch Colisuspensionen gezeigt, indem Ultraviolettbestrahlung zu enormer Mortalität, jedoch kaum einer Änderung der Dehydrasewirkung führte. Ähnliche Befunde hat Young[2b] an kältegetöteten Bakterien erhoben.

a) **Acceptoren.** Formiatdehydrierung lässt sich bei Bact. coli und anderen fakultativen Anaerobiern ausser mit O_2 und Methylenblau auch mit Nitrat (wahrscheinlich auch Chlorat, Fumarat u. a.) durchführen[1b, 3a], bei B. alcaligenes nur mit O_2 und Methylenblau, bei B. sporogenes nur mit Methylenblau[2a]. Bei Bact. coli hat Quastel auch andere Acceptoren von Farbstoffcharakter in Anwendung gebracht[3b].

Die Methylenblaureduktion erfolgt weitaus am raschesten. Dann folgen — mit erheblichen individuellen Unterschieden — die Indophenole. Die Indigosulfonate sind, obwohl thermodynamisch natürlich ausreichend (S. 150), als Acceptoren der (zellgebundenen) Bakteriendehydrasen ungeeignet. Der Faktor, den Quastel als „accessibility" bezeichnet, spielt sowohl für Donator als Acceptor eine gleich wichtige Rolle (vgl. auch S. 210f. u. 218f.).

β) **Wirkung des Reaktionsmilieus.** Die pH-Abhängigkeit der Formiatdehydrierung sowohl mit Sauerstoff als mit Methylenblau in Gegenwart toluolbehandelter Colisuspensionen geht aus nebenstehender Abb. 82 (nach Cook und Alcock[4]) hervor.

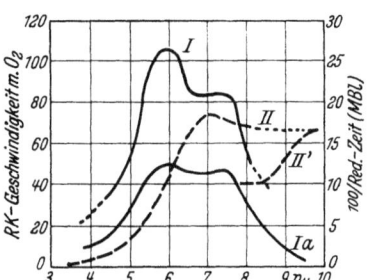

Abb. 82. pH-Einfluss auf die Formiatdehydrierung durch Bact. coli (I und Ia mit O_2 bei 40° bzw. 16°. II und II' mit Methylenblau bei 40°, im ersteren Fall unter Verwendung von Phtalat-, Phosphat- und Borax-Phosphat-, im letzteren von Boratpuffer).

Linke Ordinate: Reaktionsgeschwindigkeit der O_2-Reaktion (= O_2-Aufnahme zwischen 15 und 30'). Rechte Ordinate: Reaktionsgeschwindigkeit der Methylenblaureaktion (= 100/Reduktionszeit für 90% des Farbstoffs).

Cook und Alcock deuten die Aktivitäts-pH-Kurve der Dehydrase (II) als Dissoziationskurve einer Säure oder Dissoziationsrestkurve einer Base (vgl. S. 214), während die mehr oder weniger symmetrischen Kurven der Hydrolasen und Hydratasen (s. S. 532) offenbar durch amphoteren Charakter des Enzyms bedingt sind[5]. Die O_2-Kurven (I und Ia) sind schwer zu deuten; offenbar ist das Ausmass der Gesamtreaktion zum Teil durch die Oxydaseaktivität (als „limiting factor") begrenzt.

Längerer Aufenthalt der Bakterien bei extremem pH schädigt die O_2-Reaktion viel stärker als die Methylenblaureaktion. Die Reduktion des Farbstoffs verläuft auch nach einstündiger Einwirkung von pH 3 bzw. 11 (bei 37°) noch mit $1/2$–$1/3$ der ursprünglichen Geschwindigkeit[6].

[1a] J. H. Quastel u. Wooldridge, Biochem. Jl 21, 148; 1927. — 22, 689; 1928. — [1b] R. P. Cook, Biochem. Jl 24, 1538; 1930.

[2a] R. P. Cook u. Stephenson, Biochem. Jl 22, 1368; 1928. — [2b] E. G. Young, Biochem. Jl 23, 831; 1929.

[3a] J. H. Quastel u. Mitarb., Biochem. Jl 19, 304, 652; 1925. — [3b] J. H. Quastel u. Wooldridge, Biochem. Jl 21, 148; 1927.

[4] R. P. Cook u. Alcock, Biochem. Jl 25, 523; 1931.

[5] Vgl. z. B. J. B. S. Haldane, Enzymes. London 1930.

[6] J. H. Quastel u. Wooldridge, l. c. — R. P. Cook und Alcock, l. c.

γ) **Kinetik.** Sowohl bei der O_2- wie bei der Methylenblaureaktion besteht annähernde Proportionalität zwischen Reaktionsgeschwindigkeit und Bakterien-,,Konzentration"[1]. Bei beiden Acceptoren hat man ferner lange Zeit linearen Reaktionsverlauf [1,2]. Die auffallend hohe Substrataffinität der Formicodehydrose — erkenntlich am Konstantwerden der Reaktionsgeschwindigkeit schon bei sehr niedrigen Donatorkonzentrationen — hat schon Quastel[3] in seiner ersten Arbeit festgestellt. Besonders deutlich geht sie aus der Kurve Ia der Abb. 81, S. 493 hervor.

δ) **Einfluss von Schwermetallkomplexbildnern.** Hier bestehen, wie zu erwarten, prinzipielle Unterschiede zwischen anaerober und aerober Dehydrierungsreaktion.

Abb. 83 zeigt den Einfluss der Blausäure sowohl auf O_2- als Methylenblau-Dehydrierung von Formiat durch toluolbehandeltes Bact. coli[4].

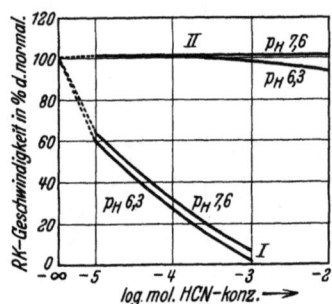

Abb. 83. HCN-Wirkung auf die bakterielle Formiatdehydrierung durch O_2 (Kurvenpaar I) und Methylenblau (Kurvenpaar II), Temp. 40°. (Nach Cook, Haldane und Mapson[4].)

Für die Dissoziationskonstante der Oxydase-HCN-Verbindung berechnen Cook und Mitarbeiter etwa $2 \cdot 10^{-5}$ m. Die durch $\frac{m}{1000}$-HCN fast vollständig gehemmte O_2-Reaktion lässt sich durch Zusatz von $\frac{m}{250}$-Methylenblau (als reversiblem Oxydoreduktionskatalysator) wieder auf den alten Wert bringen.

Hohe HCN-Konzentrationen $\left(\text{z. B.} \frac{m}{5}\right)$ schädigen bzw. unterbinden übrigens auch die Methylenblaureaktion[5]. Auswaschen der Zellen mit verdünnter Cystein- oder $NaHSO_3$-Lösung macht die Hemmung weitgehend rückgängig.

Ebensowenig wie HCN in niederer Konzentration hemmt Kohlenoxyd die anaerobe Formiatdehydrierung in irgendwie bemerkenswertem Ausmass. Dagegen ist die aerobe Dehydrierung des Formiats durch Bact. coli sehr empfindlich gegen CO (auch im Verhältnis zu der entsprechenden Reaktion von Lactat und Succinat, vgl. S. 113 u. 417). Für den Wert der Konstante K (= CO/O_2-Verhältnis bei 50%iger Hemmung, s. S. 326 u. 357f.) ergaben sich bei 16° Werte zwischen 2,27 und 3,49, bei 40° zwischen 5,7 und 9,8. Die Hemmung ist bei Entfernung des CO streng reversibel, so gut wie unbeeinflussbar jedoch durch Bestrahlung[4].

Aus der Tatsache, dass die Formiatdehydrierung mit Methylenblau durch kleine Mengen 1-Amino-8-naphthol-4-sulfosäure und 8-Oxychinolinsulfosäure, zwei Verbindungen, denen die Fähigkeit zur Komplexbildung mit Kupfer gemeinsam ist (s. S. 347), stark gehemmt wird — z. B. um rund zwei Drittel durch 0,004 m-Konz. der letzteren Verbindung —, schliessen Cook und Mitarbeiter auf einen Cu-Gehalt der Formicodehydrase. Allerdings fehlt dieser hemmende Einfluss bei der aeroben Dehydrierung; doch mag dies darauf zurückgehen, dass dort das O_2-aktivierende System als „begrenzender Faktor" fungiert (vgl. S. 497).

ε) **Salze und andere anorganische Agentien** haben Quastel und Wooldridge (l. c.) in ihrer Wirkung auf die Bakteriendehydrase untersucht.

Alkali- und Erdkalisalze der verschiedensten Säuren (in Konzentrationen von $\frac{m}{5} - \frac{m}{2}$) hinterlassen nach dem Wiederauswaschen im allgemeinen keinen nachteiligen Effekt

---

[1] J. H. Quastel u. Wooldridge, l. c. — R. P. Cook und Alcook, l. c.
[2] R. P. Cook, Haldane u. Mapson, Biochem. Jl 25, 534, 880; 1931.
[3] J. H. Quastel u. Whetham, Biochem. Jl 19, 520; 1925.
[4] R. P. Cook, Haldane u. Mapson, Biochem. Jl 25, 534, 880; 1931.
[5] J. H. Quastel u. Wooldridge, Biochem. Jl 21, 148, 1224; 1927.

auf die Methylenblaureduktion durch Formiat. Ausnahmen scheinen Bariumsalz, Nitrit und vor allem Cyanid (s. oben) darzustellen. Letzteres, sowie kleine Mengen $KMnO_4$ und H_2O_2 haben im Gegensatz zu den meisten anderen Einflüssen gerade auf die Formicodehydrase (weit weniger auf die Succino- und vor allem Lacticodehydrase) stark schädigenden Einfluss. Die genannten Hemmungen (abgesehen vom Ba) lassen sich übrigens — wie für HCN schon angegeben — durch Behandlung mit Cystein oder Natriumsulfit zum Teil rückgängig machen.

$CuSO_4$ und $HgCl_2$ (1 : 5000) bewirken eine durch Auswaschen nicht wieder zu beseitigende Hemmung der anaeroben Dehydrasetätigkeit gegenüber Formiat. Diese kehrt jedoch, und zwar in vollem Ausmass, wieder beim Einleiten von H_2S in die Bakteriensuspension.

Schwach hemmend wirken noch kleine Konzentrationen an Brom und Jod, NH_2OH, stark hemmend Phenylhydrazin.

ζ) **Narkotica und andere organische Agentien.** Kurz (z. B. 5 Min.) dauernde Einwirkung von Stoffen wie Benzol, Toluol, Phenol, Propyl-, Allylalkohol, Äther, Aceton, Chloroform u. a. bedingt kaum einen Hemmungseffekt auf die Formicodehydrase (doch meist einen deutlichen auf Lactico- und Succinodehydrase, während die Dehydrierung fast aller anderen Substrate, besonders der Zucker und Polyalkohole, sehr stark geschädigt bzw. unterbunden wird).

Längere Einwirkung der genannten Stoffe hemmt jedoch auch die Formicodehydrase in zunehmendem Masse, was besonders für Cyclohexanol, Propylalkohol und Chloroform gilt. Quastel interpretiert die Erscheinungen so, dass die Aktivierung der Zucker usw. an den stärker lipoiden Teilen der Zelloberfläche, die des Formiats (auch Lactats, Succinats und einiger weniger anderer Substrate) an den weniger lipoiden Bezirken erfolgt.

Cook und Mitarbeiter (S. 498) fanden mit gesättigter Phenylurethanlösung keine bzw. nur schwache Hemmungswirkung sowohl der anaeroben wie der aeroben Dehydrasefunktion.

Formicodehydrase zeigt im Gegensatz zu den anderen Bakteriendehydrasen keine ,,Fixierungsspezifität" (S. 218) gegenüber anderen Substanzen und erfährt darum auch keine Hemmung durch diese[1].

Den Einfluss zahlreicher Farbstoffe auf die aerobe Betätigung der Formicodehydrase hat Quastel[2] untersucht. Toxische Wirkung beobachtet er durchwegs bei Farbstoffen basischen Charakters, während die sauren (sulfonierten) keinen oder nur geringen Effekt zeigen. Die Art der Pufferung beeinflusst die Hemmungswirkung erheblich, indem z. B. Phosphat sie stark herabsetzt. Sie ist zum Teil reversibel.

η) **Temperaturempfindlichkeit.** Gegen extreme Temperaturen ist die Formicodehydrase von Bact. coli auffallend beständig; einstündige Einwirkung von Temperaturen zwischen $-180°$ und $+57°$ ändert die Entfärbungszeit einer bestimmten Menge Methylenblau praktisch nicht, $67°$ erhöht sie (nach der gleichen Einwirkungsdauer) aufs etwa 3fache, $77°$ aufs mehr als 20fache (Quastel u. Wooldridge, S. 498).

d) Die Formicodehydrase der Pflanzensamen.

Versuche zur Abtrennung und Reinigung der mit den verschiedensten anderen Dehydrasen (s. S. 495) vergesellschaftet vorkommenden Formicodehydrase sind noch kaum ausgeführt.

Nach Thunberg (S. 495) verwendet man den wässrigen oder noch besser den K_2HPO_4-Extrakt des Samenpulvers (z. B. von Phaseolus, Cucumis, Pisum usw.) nach dem Zentrifugieren zum Nachweis der Formicodehydrase mit der Methylenblaumethode. Da die so erhaltenen Enzymlösungen häufig reich an Eigendonatoren sind, das Methylenblau also schon ohne besonderen Donatorzusatz mehr oder weniger rasch entfärben, verwendet Thunberg zur zahlen-

---

[1] J. H. Quastel u. Wooldridge, Biochem. Jl 22, 689; 1928.
[2] J. H. Quastel u. Wheatley, Biochem. Jl 25, 629; 1931.

mässigen Angabe der aktivierenden Wirkung eines Donators wie Formiat den Ausdruck $J = 100 \left(\frac{1}{A} - \frac{1}{B}\right)$, worin A die Entfärbungszeit einer bestimmten Methylenblaumenge mit, B ohne Donatorzusatz bedeutet.

Fodor (S. 495) extrahiert das Samenmehl (z. B. von Erbsen, verschiedenen Getreidesorten usw.) zuerst einige Stunden mit H_2O und fällt den zentrifugierten Extrakt mit dem 3fachen Volumen Aceton. Die getrocknete Fällung wird mit Phosphat (pH 6) verrieben, die Lösung zentrifugiert und zur weiteren Reinigung mit Kaolin geschüttelt. Derartige Enzymlösungen aus Erbsenmehl zeigen immer noch erhebliche „Selbstdehydrierung", doch vermag von den üblichen Donatoren (vgl. S. 495) im allgemeinen nur mehr Formiat erhebliche Verkürzung der Methylenblau-Reduktionszeit bzw. Erhöhung der O_2-Aufnahme hervorzubringen.

Soweit man aus den spärlichen Daten ersehen kann, entsprechen die Eigenschaften des pflanzlichen Enzyms im grossen ganzen denen der Bakteriendehydrase.

So hemmt HCN auch hier nur die aerobe, nicht die Methylenblaudehydrierung. Die Temperaturempfindlichkeit des Phaseolusenzyms scheint grösser zu sein als die des Bakterienenzyms, indem 30 Min. bei $50°$ eine Verdoppelung der Methylenblau-Reduktionszeit bedingen. Thunberg gibt auch Empfindlichkeit gegen Radiumstrahlen an.

Interessant ist die Beobachtung Fodors, dass Hefe- (auch Erbsen-)kochsaft sowohl die Methylenblauentfärbung als auch die O_2-Aufnahme in Gegenwart von Formiat + Samenenzym stark aktiviert — auch unter Berücksichtigung der natürlich mit dem Zusatz verbundenen Donatorenzufuhr.

Da der Kochsaft erschöpfend ausgewaschener Hefe diesen Aktivierungseffekt nicht gibt, handelt es sich wahrscheinlich um die Wirkung der Cozymase, wie sie in letzter Zeit auch gegenüber den verschiedensten Acidodehydrasen beobachtet worden ist (Literatur s. S. 108 und 221). Unveröffentlichte, von Andersson im v. Eulerschen Institut ausgeführte Versuche mit gereinigter Cozymase bestätigen diese Auffassung.

e) Natur und Wirkungsmechanismus der Formicodehydrase.

Es ist zu wiederholten Malen sowohl für Bakterien- als Pflanzensamendehydrase festgestellt worden, dass die Oxydation der Ameisensäure eine vollständige ist, also nach der Gleichung $H_2CO_2 + A \rightarrow CO_2 + H_2A$ verläuft[1].

Auch wenn durch Verwendung proliferierender Bakterien die Möglichkeit zur Spaltung der Ameisensäure in $H_2 + CO_2$ gegeben ist, wird in Gegenwart eines Acceptors diese Reaktion vollständig unterdrückt (vgl. S. 492f. und 496f.). Zweifellos erfolgt in diesen Fällen die Dehydrierung der Ameisensäure „monomolekular" und nicht etwa über die Stufe der Oxalsäure, schon aus dem einfachen Grunde, weil den untersuchten Bakterien (s. S. 495) und noch mehr den daraus dargestellten Enzymlösungen die Fähigkeit zur Oxalatverbrennung abgeht. Die ursprüngliche Thunbergsche Formulierung[2] der „bimolekularen" Dehydrierung von Formiat zu Oxalat, mit der er der Forderung der älteren Dehydrierungstheorie nach paarweisem Austritt der H-Atome (auch in neutraler Lösung) zu entsprechen versuchte, hat sich also in allgemeinerer Form nicht als zutreffend erwiesen. Formal lässt sich indes dieser Forderung — wie dies Thunberg später für den Fall der Oxalsäure und Citronensäure (S. 222) selbst ausgeführt hat — ebensogut durch die Annahme einer Dehydrierung der Orthoform $CH(OH)_3$ Genüge leisten. Auch

---

[1] R. P. Cook u. Mitarb., Biochem. Jl 22, 1368; 1928. — 24, 1538; 1930. — L. H. Stickland, Biochem. Jl 23, 1187; 1929. — M. Stephenson u. Stickland, Biochem. Jl 26, 712; 1932. — A. Fodor u. Frankenthal, Biochem. Zs 246, 414; 1932.

[2] T. Thunberg, Skand. Arch. 40, 1; 1920.

andere Formulierungen unter Zuhilfenahme des H_2O-Moleküls sind denkbar, doch braucht hierauf an dieser Stelle nicht weiter eingegangen zu werden, um so weniger, als ja die Notwendigkeit paarweiser H-Abspaltung heute überhaupt des öfteren angezweifelt worden ist und die elektronische Betrachtung des Dehydrierungsvorgangs mehr und mehr diskutiert wird[1]. (Vgl. auch S. 214 und 259 f.)

Wesentlicher erscheint in diesem Zusammenhang, dass Bernhauer (S. 495) kürzlich bei der Einwirkung von Aspergillus niger auf ameisensaure Salze, besonders das Ca-Salz, Oxalat in Ausbeuten bis zu 40% (neben CO_2) erhalten hat.

Ob bei dieser — übrigens ein vollständiges Analogon der Succinatbildung aus Acetat darstellenden — Reaktion eine von der im vorstehenden beschriebenen verschiedene Formicodehydrase am Werke ist oder ob es sich um eine Stoffwechseläusserung des lebenden Organismus handelt, bedarf noch der näheren Untersuchung.

Ihrem Typus nach gehört die Formicodehydrase zweifellos zur Gruppe der anaeroben (oder anoxytropen) Dehydrasen (s. S. 241 f.), wofür vor allem das unterschiedliche Verhalten von O_2- und Methylenblaureaktion gegenüber Schwermetallgiften spricht (S. 498).

Das mit ihr gekuppelte O_2-aktivierende System dürfte wohl von Fall zu Fall Verschiedenheiten aufweisen. Im Bact. coli mit seinem rudimentären Oxydationssystem (S. 351 und 417) handelt es sich jedenfalls nicht um die normale Indophenoloxydase. Der von Cook und Mitarbeitern beigebrachte Beleg für die wahrscheinliche Beteiligung von Kupfer an der Dehydrasewirkung verdient im Zusammenhang mit analogen Beobachtungen an anderen anaeroben Vorgängen (S. 347) immerhin im Auge behalten zu werden.

2. Die Dehydrasen der Säuren $C_nH_{2n+1}CO_2H$.

a) Essigsäure.

In der Kenntnis des Acetat umsetzenden Enzyms sind wir noch weit zurück; bis in die letzten Jahre war nicht einmal der Chemismus der enzymatischen Reaktion bekannt. Die Enzymabtrennung von der Zellstruktur ist noch kaum je versucht worden. Doch scheint das Ferment recht verbreitet zu sein; so ist es in Bakterien, besonders aber in niederen Pilzen und auch im Gewebe von Vertebraten festgestellt worden.

Die ersten systematischen Versuche stammen von Thunberg (S. 496), der bei Verwendung von fein verteilter, ausgewaschener Froschmuskulatur als Enzymmaterial Acetat als mässig kräftigen Donator gegenüber Methylenblau fand. Donatorwirkung beobachtete auch Ahlgren[2] bei analog vorbehandeltem Meerschweinchenmuskel, Wishart (S. 496) bei K_2HPO_4-Extrakten von Kaninchenmuskel und -leber, Wieland und Frage[3] bei Pferdeleber. Dagegen hat Wishart eine solche Wirkung bei Rindermuskelphosphatextrakten vermisst, dieselbe Feststellung hat Rosling (S. 496) an ausgewaschener Menschenmuskulatur gemacht.

Bekanntlich hat zuerst Thunberg neben der — im Prinzip schon vorher oft diskutierten, aber als einziger Abbauweg wenig befriedigenden (S. 87) —

---

[1] Z. B. W. M. Clark, Cohen u. Gibbs, Publ. Health Rep. 40, 1131; 1925. — M. Dixon, Biol. Rev. 4, 352; 1929.

[2] G. Ahlgren, Act. med. scand. 57, 508; 1923; Skand. Arch. 47 (Suppl.), 1; 1925.

[3] H. Wieland u. Frage, H. 186, 195; 1930.

„monomolekularen" Dehydrierung unter H_2O-Anlagerung (zu Glykolsäure) die „dimolekulare" Dehydrierung zu Bernsteinsäure als wahrscheinlichsten Reaktionsweg in Vorschlag gebracht[1].

Von der erstmaligen Realisierung dieses Gedankens (1929) durch Butkewitsch und Fedoroff (unter Verwendung von Mucor stolonifer-Kulturen) war schon früher (S. 87) die Rede. In den folgenden Jahren ist die Reaktion wiederholt mit anderem Pilzmaterial ausgeführt worden, so von den gleichen Autoren ausser mit Mucor mucedo mit verschiedenen Aspergillus-Arten[2], von Chrząszcz und Tiukow (S. 106) mit Penicillium „X" und kürzlich, von mehr enzymatischen Gesichtspunkten aus, von Wieland und Sonderhoff mit Bierhefe (S. 87 und 253). Am zuletzt angeführten Orte finden sich auch Angaben über Einzelheiten der Reaktion, namentlich im Hinblick auf die Bedeutung des Status nascendi und die damit zusammenhängenden Schwierigkeiten des Succinatnachweises. Schwer zu deuten ist allerdings der Wielandsche Befund, dass sich bei der Acetat- und Succinatdehydrierung durch die lebende, an Donatoren verarmte Hefe der Sauerstoff nicht durch Methylenblau ersetzen lässt, während dies bei der Alkohol- und Aldehyddehydrierung durch das gleiche Material — wenn auch mit einer Geschwindigkeit von nur einigen Prozenten der O_2-Reaktion — möglich ist[3]. Wahrscheinlich handelt es sich hier nicht um eine prinzipielle, sondern nur um eine Frage der Reaktionsgeschwindigkeit, denn auch energetische Gründe kommen zur Erklärung nicht in Frage (vgl. Tabelle 14, S. 149).

Die Dehydrierung der Essigsäure zu Bernsteinsäure stellt offenbar den Hauptweg ihres Abbaus dar, während der Reaktion über Glykolsäure und Glyoxylsäure zu Oxalsäure auch bei den reichlich Oxalsäure bildenden Aspergillus-Arten nur der Charakter einer Nebenreaktion zukommt.

Schon Butkewitsch und Fedoroff (l. c.) hatten die ungemein leichte Entstehung von Oxalsäure aus Bernsteinsäure durch Aspergillus niger und Aspergillus oryzae festgestellt. Neuerdings fanden Bernhauer und Mitarbeiter[4] das Ausmass der Glykolat- und Glyoxylatbildung aus Acetat bei verschiedenen Aspergillus niger-Stämmen recht verschieden. Glykolsäure verschwindet rasch wieder aus den Kulturen und es tritt Glyoxylsäure auf. Untersuchungen an drei verschiedenen Aspergillus-Stämmen ergaben, dass aus Na-Acetat im Durchschnitt die höchsten Ausbeuten an Oxalsäure, dagegen aus Na-Glykolat nur geringe Mengen entstehen. Ein Stamm bildete aus Succinat mehr Oxalsäure als aus Acetat. Nach all diesen Befunden ist es wahrscheinlich, dass die Oxalatbildung aus Essigsäure hauptsächlich über Bernsteinsäure (vielleicht aus der Stufe der Oxalessigsäure, vgl. S. 88) erfolgt. (Über Oxalatentstehung aus Formiat, s. S. 501.) Doch muss man andrerseits auch berücksichtigen, dass zahlreiche Aspergillaceen Glykolsäure offenbar auch zu Citronensäure (vermutlich über Äpfelsäure bzw. Oxalessigsäure, S. 106) synthetisieren können[5], so dass der wahre Umfang der primären Glykolatbildung aus Acetat schwer abzuschätzen ist.

Prinzipiell ähnlich scheinen die Verhältnisse auch beim Acetatabbau durch Bakterien zu liegen. Wie Cook und Stephenson[6] für Bact. coli, Bact. alcaligenes u. a. gezeigt haben, erfolgt die Oxydation des Acetats durch molekularen O_2 mit einer derjenigen der Formiatoxydation durchaus vergleichbaren Geschwindigkeit. [Dass die kolossale Überlegenheit der Ameisensäure bei der Methylenblaureaktion (vgl. S. 495) hier nicht hervortritt, geht wohl auf die geschwindigkeitsbegrenzende Funktion des O_2-Aktivierungssystems zurück.] Diese Oxydation

---

[1] Bezüglich neuerer, rein chemischer Modellversuche zu dieser Reaktion vgl. K. Bernhauer u. Stein, Biochem. Zs 249, 219; 1932.

[2] Wl. S. Butkewitsch u. Fedoroff, Biochem. Zs 219, 87; 1930.

[3] Vgl. auch H. Wieland u. Claren, A. 492, 183; 1932.

[4] K. Bernhauer u. Scheuer, Biochem. Zs 253, 11; 1932.

[5] Vgl. K. Bernhauer u. Mitarbeiter, Biochem. Zs 240, 232; 1931. — 253, 16, 25, 37; 1932. — T. Chrząszcz u. Mitarbeiter, Biochem. Zs 250, 254; 1932.

[6] R. P. Cook u. Stephenson, Biochem. Jl 22, 1368; 1928.

ist unabhängig von der Zahl der lebenden Zellen. Die maximale O_2-Aufnahme beträgt drei Viertel der vollständiger Verbrennung entsprechenden. Da Glykolsäure im Gegensatz zu Essigsäure von den Bakterien nur sehr langsam, Oxalsäure überhaupt nicht umgesetzt wird, Bernsteinsäure dagegen wieder mit Leichtigkeit, scheint der Abbau der Essigsäure über die letztere auch hier den normalen Reaktionsweg darzustellen.

Wenn, wie früher (S. 102) schon näher ausgeführt, im höheren tierischen Organismus die „dimolekulare" Dehydrierung möglicherweise bereits auf der Stufe der Brenztraubensäure erfolgt, so ist hier wohl vermutlich dasselbe Enzym am Werke, das auch den Umsatz der Essigsäure besorgt.

Im übrigen aber ist die Frage nach der Spezifität der „Acetodehydrase" noch ganz ungeklärt.

Ist es vielleicht so, dass die Formicodehydrase den Grundtypus darstellt und dass der Umsatz der Essigsäure und der weiteren Homologen eine Äusserung ihrer „Gruppenspezifität" (S. 217) ist? Behandelt man Coli-Suspensionen mit Toluol, so verschwindet deren Fähigkeit sowohl zum aeroben wie anaeroben Umsatz von Acetat, Propionat usw., während die Formiatoxydation in unvermindertem Masse erfolgt[1]. Ein Beweis für eine Verschiedenheit der Enzyme ist dies noch nicht, denn Quastel (l. c.) hat gezeigt, dass derartige „Einengungen" des Spezifitätsbereiches auch bei anderen Enzymen, wie z. B. der Lacticodehydrase, unter Toluolbehandlung erfolgen. Auffallender ist, dass die Formiatoxydation im toluolbehandelten Organismus durch den Zusatz von niederen Fettsäuren und zahlreichen anderen geprüften Substanzen nicht beeinflusst wird, während der Umsatz von Succinat und Lactat durch Zusatz von analog gebauten Körpern wie z. B. Malonsäure, Glutarsäure bzw. Glykolsäure und anderen Oxysäuren teilweise ganz erheblich gehemmt wird („Fixierungsspezifität" S. 218). Unter diesen Stoffen mit Hemmungswirkung befinden sich aber gerade solche, welche im normalen Bakterienorganismus als Substrate der Dehydrasen — es handelt sich bei dem sehr engen Spezifitätsbereich der Succinodehydrase (vgl. S. 217f.) vor allem um die Lacticodehydrase — fungieren können. Will man aus dem abweichenden Verhalten der Formicodehydrase nicht den naheliegendsten Schluss ziehen, dass die homologen niederen Fettsäuren mit diesem Enzym nichts zu tun haben, so bleibt nur die Möglichkeit, auf die besonders hohe Affinität der Formicodehydrase zur Ameisensäure (vgl. S. 493) hinzuweisen. Überzeugend ist dies nicht, namentlich im Hinblick auf die zahlenmässig ähnlichen Verhältnisse bei der Milchsäure (S. 495), denn Glykolsäure hemmt unter Konzentrationsbedingungen, unter denen Acetat auf die drei genannten Dehydrasen ohne jede Wirkung ist, die Lacticodehydrase des toluolbehandelten Organismus um mehr als 80%.

Auch der Chemismus der in Frage stehenden Reaktionen spricht nicht für eine Identität von Formicodehydrase und Acetodehydrase. Wahrscheinlich steht die Formicodehydrase für sich; liegt Gruppenspezifität vor, so gilt sie wohl viel mehr der unter H_2O-Anlagerung als Dehydrierung deutbaren Einführung einer Oxygruppe (zu Glykolsäure, Milchsäure usw. führend) als der „bimolekularen" Dehydrierung. Wohl aber mag es sich bei der Überführung der Ameisensäure in Oxalsäure (S. 495 und 501), der Essigsäure in Bernsteinsäure und analogen Reaktionen (vgl. S. 505) um ein und dasselbe Enzym handeln.

Eine Entscheidung dieser Fragen kann wohl erst erfolgen, wenn durch quantitativ-chemische Verfolgung des Reaktionsverlaufs der Typus des im Einzelfalle vorliegenden enzymatischen Vorgangs klargestellt worden ist.

b) Propionsäure.

Aus den sich im einzelnen widersprechenden Literaturangaben geht jedenfalls soviel mit Sicherheit hervor, dass die Donatoreigenschaft der Propionsäure nur schwach entwickelt ist. Die Frage des Reaktionschemismus ist

---

[1] J. H. Quastel u. Wooldridge, Biochem. Jl 21, 148, 1224; 1927. — 22, 190; 1928 (Berichtigung). — R. P. Cook, Biochem. Jl 24, 1538; 1930.

— im Zusammenhang mit dem Problem der α-Oxydation — noch stark umstritten.

Rosling (S. 496) hat mit Menschenmuskel, Wishart (S. 496) mit Phosphatextrakten aus Kaninchen- und Rindermuskel keine Dehydrierung der Säure gefunden; dagegen gibt sie der letztere Autor für Phosphatextrakte aus Kaninchenleber, Ahlgren (S. 501) für Meerschweinchen- und (am besten ungewaschenen) Froschmuskel, Dixon[1] für Rattenmuskel an. Nach Ahlgren entfärbt auch Acrylsäure mit unausgewaschener Muskulatur Methylenblau. Neuerdings hat Hahn[2] bei Zusatz von Propionsäure zu unausgewaschenem Rindermuskel eine regelmässige, weit ausserhalb der Fehlergrenze der Methodik liegende Vermehrung der Brenztraubensäure (abgefangen mit Semicarbazid) beobachtet und schliesst daraus — in Analogie zu den Verhältnissen bei der Bernsteinsäuredehydrierung — auf einen mutmasslichen Reaktionsmechanismus der Form:

$$CH_3 \cdot CH_2 \cdot CO_2H \rightarrow CH_2 : CH_2 \cdot CO_2H \rightarrow CH_3 \cdot CHOH \cdot CO_2H \rightarrow CH_3 \cdot CO \cdot CO_2H.$$

Knoop[3] hat sich — ohne die experimentellen Befunde Hahns in Zweifel zu ziehen — gegen deren Auslegung im Sinne einer α-Oxydation gewandt, da die beobachteten Effekte zu klein wären (vgl. auch S. 86).

Es mag — obwohl als Beleg für eine einfache Enzymreaktion wenig beweisend — noch die Beobachtung von Walker und Coppock[4] angeführt werden, dass Aspergillus niger sich auf Ca-Propionat als einziger Kohlenstoffquelle zu entwickeln vermag und dass sich dabei zuerst Milchsäure, später Brenztraubensäure in der Lösung nachweisen lässt. Dagegen griffen nach Butkewitsch und Fedoroff (S. 502) Pilzdecken von Mucor stolonifer Propionsäure nicht an, möglicherweise allerdings wegen Giftwirkung der angewandten hohen Konzentration (4%).

Quastel[5] fand, dass auch „ruhende" (nicht jedoch toluolbehandelte) Colibakterien (und andere) Propionsäure als — zwar schwachem — Donator gegenüber Methylenblau verwendet werden können (s. S. 495). Er hält auch aus theoretischen Gründen die Dehydrierung für gegeben, vermutlich jedoch nicht über Acrylsäure, sondern direkt unter H_2O-Anlagerung zu Milchsäure führend.

Zusammenfassend kann man sagen, dass die enzymatische Oxydation der Proprionsäure zwar so gut wie erwiesen ist, dass aber die Frage, ob diese dem Reaktionstypus Essigsäure → Glykolsäure oder Bernsteinsäure → Fumarsäure → Äpfelsäure folgt, noch der definitiven Lösung wartet.

c) Buttersäure.

Dehydrierung von n-Buttersäure hat Thunberg für Froschmuskel, Ahlgren für Meerschweinchenmuskel angegeben (S. 496). In Menschenmuskel hat sie Rosling, in seinen wiederholt erwähnten Muskel- und Leberphosphatextrakten Wishart vermisst (S. 496). Nach neueren Befunden greifen auch „ruhende" Bakterien (Quastel, S. 495) und Aspergillus niger Buttersäure an[6].

Dass Buttersäure im Organismus in β-Oxybuttersäure bzw. Acetessigsäure übergeht, ist aus Stoffwechselversuchen lange bekannt (Näheres s. S. 85f.). Leider steht bisher immer noch der exakt-präparative Nachweis der ja an sich sehr wahrscheinlichen primären Entstehung von Crotonsäure aus. Nach Ahlgren (S. 501) soll übrigens auch diese Säure (wie ferner Allylessigsäure) das Methylenblau-Entfärbungsvermögen der Meerschweinchenmuskulatur aktivieren, zweifellos über eine primäre H_2O-Anlagerung, die mit Leberbrei schon vor 20 Jahren realisiert worden sein dürfte (S. 89).

---

[1] Notiz bei F. Bernheim, Biochem. Jl 22, 1190; 1928.
[2] A. Hahn u. Mitarbeiter, Zs Biol. 90, 231; 1930. — 92, 355; 1932. — H. 209, 279; 1932.
[3] F. Knoop, H. 209, 277; 1932.
[4] T. K. Walker u. Coppock, Chem. Soc. 1928, 803.
[5] J. H. Quastel u. Mitarbeiter, Biochem. Jl 19, 520, 652; 1925. — 20, 166; 1926.
[6] P. D. Coppock, Subramaniam u. Walker, Chem. Soc. 1928, 1422.

Trotzdem erscheint der getrennte Nachweis des Primärprodukts der Buttersäureoxydation nicht überflüssig. Coppock und Mitarbeiter haben gezeigt, dass Aspergillus niger auf Ca-Butyrat als einziger C-Quelle zu wachsen vermag und dass dabei β-Oxybuttersäure, Acetessigsäure und Aceton gebildet werden. Dagegen konnten sie Crotonsäure nicht unter den Reaktionsprodukten nachweisen, noch vermochte der Pilz sich in nur crotonathaltigem Medium zu entwickeln. Vielleicht kommt jedoch auch hier Giftwirkung in Betracht (vgl. S. 504).

Die von Thunberg gleichfalls diskutierte „bimolekulare" Dehydrierung der Buttersäure $\left(\xrightarrow{-2\,H} \text{Korksäure} \xrightarrow{-CO_2} \text{Heptylsäure}\right)$ dürfte in Anbetracht des Umstands, dass hier (wie in analogen Fällen) körperfremde Dicarbonsäuren als Primärprodukte entstehen sollten, wenig Wahrscheinlichkeit für sich haben.

d) Valeriansäure und Capronsäure (C_5, C_6).

Beide Säuren besitzen nach Thunberg bzw. Ahlgren mit Frosch- bzw. Meerschweinchenmuskel die Fähigkeit, gegenüber Methylenblau als Donatoren zu wirken. Isovaleriansäure (wie auch Isobuttersäure) ist nach Thunberg ohne Wirkung, während Ahlgren (mit empfindlicherer Methodik) eine derartige — wenn auch sehr schwache — feststellt. Über den Angriffspunkt der Dehydrierung ist nichts weiter bekannt, als dass Fütterungs- und Durchblutungsversuche auch hier für die β-Oxydation sprechen. Die Auffassung wird unterstützt durch den von Coppock und Mitarbeitern (S. 504) erbrachten Nachweis von β-Oxyvaleriansäure und Äthylmethylketon (ersichtlich aus β-Ketovaleriansäure) bei der Aufzucht von Aspergillus niger auf n-valeriansäurehaltigem Nährboden; aus der Isoverbindung entstand hingegen unter sonst gleichen Bedingungen Aceton, was im Einklang mit älteren Stoffwechselbefunden (Embden, Baer und Blum, Friedmann u. a.[1]) über β-Oxydation unter Verlust einer Methylgruppe steht.

e) Önanthyl-, Capryl-, Nonyl- und Caprinsäure (C_7—C_{10}).

Diese Säuren wie auch Palmitin- (C_{16}-), Stearin-, Öl- und Elaidinsäure (C_{18}) zeigen nach Ahlgren (S. 501) keinerlei Donatoreffekt gegenüber dem System Meerschweinchenmuskel-Methylenblau, verzögern im Gegenteil die Entfärbung des letzteren durch die gewebeeigenen Donatoren. Auch Bact. coli vermag sie nicht zu verwerten (S. 495).

f) Die Nahrungsfettsäuren (C_{16}, C_{18}, C_{20}).

Dass der Abbau der höheren Fettsäuren mit ihrer „Desaturation" beginnt, ist schon vor Aufstellung der Dehydrierungstheorie des öfteren vermutet worden[1]. Auch, dass dem Organismus die Fähigkeit, gesättigte in zunehmend stärker ungesättigte Fettsäuren überzuführen, zukommt, war schon um 1910 bekannt [2,3] (s. S. 85). Häufig ist die Leber als Ort dieser Desaturation bezeichnet worden.

Der erste sichere Hinweis, dass es sich bei diesem Erscheinungskomplex um enzymatische Wirkungen handelt, wurde durch die Überführung der Bernsteinsäure in Fumarsäure mit Gewebe und Gewebeextrakten im Prinzip erbracht (S. 88 und 511 f.). Wie aus früheren Ausführungen (S. 79) ersichtlich, ist diese Reaktion bis heute fast das einzig sichere und vollkommen durchsichtige Beispiel biochemischer Fettsäuredesaturation geblieben. In den verschiedenen anderen hierher gehörigen Fällen niederer Fettsäuren sind zwar die der primären Dehydrierung folgenden Reaktionsstufen mit Sicherheit nachgewiesen, aber diese selbst hat sich leider nie eindeutig erfassen lassen (vgl. S. 89 und 504).

---

[1] Vgl. Literatur bei H. D. Dakin, Oxidations and reductions in the anim. body, London 1922.

[2] J. B. Leathes u. Meyer-Wedell, Jl Physiol. 38 (Proc.), 38; 1909. — Weitere Lit. s. J. B. Leathes u. Raper, The fats, London 1925.

[3] G. Joanovics u. Pick, Wien. klin. Ws. 16, 573; 1910. — Vgl. W. R. Bloor, Jl biol. Chem. 68, 33; 1926. — 72, 327; 1927. — 80, 443; 1928. — N. Berend, Biochem. Zs 229, 323; 1930.

In letzter Zeit sind nun von zwei verschiedenen Seiten Belege für die enzymatische Natur des Desaturationsvorgangs an den höheren eigentlichen „Nahrungsfettsäuren" beigebracht worden.

Die eine Arbeitsrichtung wird durch Tangl und Berend vertreten, nach denen die Desaturation im Dünndarm unter der gemeinsamen Einwirkung von Pankreassaft und Galle erfolgt, wobei hochungesättigte, wasserlösliche und dialysable Fettsäuren entstehen, die infolge dieser Eigenschaften zur Resorption sehr geeignet sind. Nur wenig später haben Quagliariello und seine Schüler Fettsäuredehydrierung einerseits durch Galle, andererseits durch Leber und Fettgewebe festgestellt und weiterhin durch Studium der pH-, Salz-, Gift- und Wärmewirkung die Reaktion als enzymatischen Vorgang klargelegt.

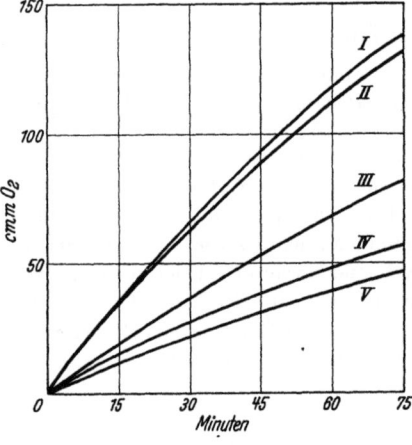

Abb. 84. Oxydation von Na-Stearat in Gegenwart von Galle.
(Nach Quagliariello.)
Normalansatz I—IV: 2,5 ccm Galle + 1,5 ccm $\frac{m}{15}$ - Phosphatpuffer + 1,0 ccm gesättigtes Na-Stearat. I ohne weiteren Zusatz; II + CO; III + 0,0002 n-KCN; IV + 0,0005 n-KCN; V Kontrolle (Galle + H_2O oder gekochte Galle + Na-Stearat); pH 7,5; T 37°.

Wie dies bei einem neuen Untersuchungsgebiet nicht wundernimmt, ist die Versuchsanordnung teilweise noch mangelhaft, die Ergebnisse dementsprechend zum Teil noch unklar und widerspruchsvoll. Da es sich aber hier um eine prinzipiell wichtige Sache handelt, sollen die Arbeiten doch kurz referiert werden.

α) **Untersuchungen an Pankreassaft und Galle.** Tangl und Berend[1] verfuhren bei ihren Versuchen ursprünglich so, dass sie das Gemisch von Pankreaspresssaft und Galle in Diffusionshülsen auf Tristearin oder Stearinsäure (unter Zusatz eines Desinfiziens wie Chloraceton) einwirken liessen und in Abständen von je einem Tag die in der wässrigen Aussenflüssigkeit auftretenden, hoch ungesättigten Fettsäuren (mit 3—4 Doppelbindungen) bromo- oder jodometrisch bestimmten. Ihre Versuche kranken daran, dass auch in Ansätzen ohne Fettsäurezusatz und in solchen mit gekochter Galle und Pankreas im Laufe der Versuche erhebliche und ansteigende „Triarachidonat"-Werte erhalten werden, so dass nur etwa 30% der „Gesamtdesaturierung" auf Rechnung der enzymatischen Dehydrierung des zugesetzten Fettes gesetzt werden können. Der Befund erklärt sich durch den Eigengehalt von Pankreas und vor allem Galle an solchen hochungesättigten, allmählich ausdiffundierenden Verbindungen.

Während nach der früheren Auffassung der beiden Autoren das wirksame Prinzip hauptsächlich in der Galle vorhanden sei und in seiner Funktion nur durch den Pankreassaft verstärkt werde, hat Berend[2] in seiner neuesten Arbeit gerade aus Pankreas ein etwas reineres Ferment dargestellt, das auch ohne Galle wirksam ist.

Er extrahiert zerkleinertes und getrocknetes Pankreas mit Glycerin, verdünnt die filtrierte Lösung mit 5 Vol. H_2O, zentrifugiert vom gebildeten Niederschlag ab und wäscht den wässrigen Glycerinextrakt zur Entfernung von Fett und Lipoiden mit Äther aus. Mit 5 Vol. Alkohol wird das Enzym gefällt und aus dem Niederschlag nach Vorbehandlung mit 0,5%iger CH_3CO_2H (zwecks Entfernung von viel Eiweiss) mit $NaHCO_3$ herausgelöst. Aus der durch Ansäuern noch eiweissärmer gewordenen Lösung wird es schliesslich an Kaolin adsorbiert und mit NH_3 wieder eluiert.

Als Fermenteinheit wird die Lösung bezeichnet, die in 12 Stunden das Jodbindungsvermögen von 80 mg Tristearin um 1 mg Jod erhöht. Rinderpankreas enthielt im allgemeinen

---

[1] H. Tangl u. Berend, Biochem. Zs 220, 234; 1930. — 232, 181; 1931.
[2] N. Berend, Biochem. Zs 260, 490; 1933.

zwischen 30 und 60 Einheiten/g, Pankreasfistelsaft vom Hund 1500 Einheiten/100 ccm, Berends konzentriertestes Kaolineluat 2765 Einheiten/100 ccm.

Über Eigenschaften und Reaktionsweise des Enzyms ist noch kaum etwas bekannt. Nicht einmal die Art des Acceptors bei den Versuchen von Tangl und Berend ist festgestellt. Wahrscheinlich ist er O_2; Methylenblau aktiviert nach Berend die Enzymwirkung nicht.

Eine willkommene Ergänzung dieser Beobachtungen stellen kürzlich veröffentlichte Befunde von Quagliariello[1] über beträchtlich erhöhte O_2-Aufnahme von Galle — zur Verringerung der Eigenatmung zunächst einen Tag in toluolgesättigtem Puffer mit O_2 geschüttelt — in Gegenwart von Na-Stearat dar. Gegenüberstehende Abb. 84 zeigt die Grösse der Effekte sowie den Einfluss von HCN und CO.

β) **Untersuchungen an Leber und Fettgewebe.** Berend gibt an, auch aus Leber nach seiner vorstehend beschriebenen Methode „Desaturase" in Lösung gebracht zu haben. Mazza und Stolfi[2] haben nach der oben für Galle angedeuteten Arbeitsweise — Extraktion von Leberbrei mit $\frac{m}{15}$-Phosphat von pH 7,5 (unter Toluolzusatz) und Verarmung der Lösung an H_2-Donatoren — gegen Na-Stearat und -palmitat wirksame Präparate erhalten. Die aerobe Dehydrierung wird durch HCN und Fluorid gehemmt, durch Gallensäuren etwas beschleunigt. Die pH-Abhängigkeit ist die für Dehydrasen charakteristische. Die Pufferspezifität zeigt sich bei konstantem pH in einem Ansteigen der Reaktionsgeschwindigkeit in der Reihenfolge Borat $<$ NH_3 + NH_4Cl $<$ Phosphat. Mit Chinon als H_2-Acceptor verläuft die Dehydrierung erheblich rascher, mit Methylenblau etwas langsamer als mit O_2. Die Carboxylgruppe ist für den Eintritt der Dehydrierung notwendig.

Die Existenz einer Dehydrase im Fettgewebe haben Quagliariello und Scoz[3] vor kurzem sehr wahrscheinlich gemacht. Die Schwierigkeit ihres Nachweises liegt darin begründet, dass die gleichzeitig vorhandenen ungesättigten Fettsäuren der freiwilligen bzw. nichtenzymatisch katalysierten Autoxydation zugänglich sind (vgl. S. 89f. und 195f.).

Die Autoren arbeiten nach der Warburg-Methodik (S. 292) mit Fettgewebeschnitten (am besten von Hungerratten), die zunächst, um die Eigenatmung möglichst zu sistieren, 12 bis 16 Stunden unter N_2 und sterilen Bedingungen in einer Pufferlösung sich selbst überlassen bleiben, worauf der N_2 durch O_2 ersetzt wird und die manometrischen Ablesungen beginnen. Durch Parallelversuche mit Lebertran (ohne Gewebsschnitt) wird der grundsätzlich verschiedene Charakter der O_2-Aufnahme in beiden Fällen darzutun versucht. So verhalten sich die Oxydationsgeschwindigkeiten des Fettgewebes in Anwesenheit von Borat-, Bicarbonat- und Phosphatpuffer wie 1 : 2,5 : 5, während die Lebertranautoxydation von der Natur der Puffersubstanz unabhängig ist; ferner existiert bei konstantem pH eine optimale Phosphatkonzentration der Fettgewebsoxydation. Deren pH-Optimum liegt zwischen 7,3 und 8,0, während das der Lebertranoxydation höher, etwa 9, ist. Während beim Tran die O_2-Absorption zum Abschluss kam, wenn $^1/_2$ O_2 pro Doppelbindung aufgenommen war, ging sie beim Fettgewebe weit (offenbar das Mehrfache) darüber hinaus, was sehr stark dafür spricht, dass im letzten Falle nicht nur die vorhandenen Doppelbindungen mit O_2 reagieren, sondern auch neue unter Dehydrierung ausgebildet werden. Auch die HCN-Empfindlichkeit der beiden Reaktionen ist verschieden: 0,003 m-HCN hemmt bei Tran nur um die Hälfte bis zwei Drittel, während die Fettgewebsoxydation so gut wie vollständig unterbunden wird. Schliesslich ist die letztere im Gegensatz zur Tranoxydation thermolabil: 10 Min. lange Einwirkung von 90—100° reduziert die Geschwindigkeit der O_2-Aufnahme auf 30%.

In einer weiteren Arbeit ist Quagliariello[4] offenbar eine teilweise Abtrennung des Enzyms von der Zellstruktur gelungen, indem er das mit Quarzsand zerriebene Gewebe mit toluolgesättigtem $\frac{m}{15}$-Phosphatpuffer von pH 7,5 extrahierte. Allerdings ist auch hier —

---

[1] G. Quagliariello, Atti Ac. naz., Rend. [6] 16, 387; 1932. — Arch. ital. biol. 88, 166; 1933.

[2] F. P. Mazza u. Stolfi, Atti Ac. naz., Rend. [6] 17, 476; 1933.

[3] G. Quagliariello u. Scoz, Arch. scienz. biol. 17, 530; 1932. — 18, 292; 1933.

[4] G. Quagliariello, Atti Ac. naz., Rend. [6] 16, 552; 1932.

infolge des Fettsäuregehalts des Gewebeextrakts — die O_2-Eigenzehrung erheblich, die Steigerung derselben bei Stearatzusatz demgemäss nur gering. Diphenylamin und Na-Fluorid hemmen beträchtlich, HCN so gut wie vollständig.

g) Anhang: Kohlenwasserstoffe.

Dass gewisse Bodenbakterien CH_4 und seine Homologen, unter Umständen auch aromatische Kohlenwasserstoffe wie Benzol, Naphthalin und Phenanthren anzugreifen vermögen, ist schon länger bekannt gewesen. In neuester Zeit sind vor allem Tausz und Mitarbeiter der chemischen Seite des Problems nähergetreten[1]. Sie zeigten, dass diese Bakterien je nach ihrer Art ein beträchtliches Differenzierungsvermögen besitzen. So oxydieren Bact. aliphaticum und Bact. aliphaticum liquefaciens (ausser H_2) die gesättigten aliphatischen (nicht aromatischen) Kohlenwasserstoffe von C_5 aufwärts, das Paraffinbacterium vom Hexadekan aufwärts, das Methanbacterium alle Paraffinkohlenwasserstoffe, wahrscheinlich auch die Olefine (dagegen nicht Benzol und Cyclohexan). Für den Fall der bakteriellen Hexanoxydation mit O_2 haben Tausz und Donath — veranlasst durch den dabei auftretenden Geruch nach ungesättigten Kohlenwasserstoffen — mit Hilfe einer indirekten Methode (Verhinderung des Phosphorleuchtens) die Dehydrierung als Primärvorgang wahrscheinlich gemacht.

3. Oxalodehydrase (und -„oxydase").

Während die pflanzlichem Material offenbar ziemlich allgemein zukommende Fähigkeit, die Oxydation der Oxalsäure durch O_2 auszulösen, lange bekannt und viel studiert worden ist, ist eine Donatorfunktion der Oxalsäure im anaeroben Versuch bisher nur selten, z. B. von Thunberg und Fodor für gewisse Pflanzensamen, angegeben worden. Zahlreich sind hingegen die Angaben über eine verzögernde Wirkung von Oxalat auf die anaerobe Dehydrierung anderer Donatoren (wie Succinat, Lactat usw.) sowohl durch Bakterien[2a] als mit pflanzlichem[2b] und tierischem Material[2c] (vgl. S. 218 u. 219).

Thunberg[3] fand — neben zahlreichen, mit negativem Erfolg untersuchten Samen — Pulver und Phosphatextrakt (S. 499) der Samen von Malva crispa und anderen Malvenarten, ferner von Citrus aurantium, Prunus amygdalus und neuerdings besonders Aconitum lycoctonum dehydrasepositiv. Die Donatorwirkung des K-Oxalats — Na- und NH_4-Salz sind ungleich weniger wirksam — ist allerdings nur mässig; für die Wirkungsintensität J (s. S. 500) berechnen sich optimal Werte zwischen 3 und 4, was bei einer „Leerentfärbungszeit" von etwa 30 Min. Reduktion derselben auf weniger als die Hälfte nach Oxalatzusatz entspricht. Die optimale Aktivierung wird übrigens schon bei recht niedrigen Oxalatkonzentrationen (z. B. $\frac{m}{50}$ - mit 1:50000) Methylenblau erreicht, höhere Konzentrationen reduzieren den Effekt zunehmend. Die Möglichkeit, dass die Oxalatwirkung vielleicht nur indirekt, z. B. durch Kalkausfällung, zustande komme, glaubt Thunberg durch Versuche mit Fluorid ausgeschlossen zu haben. Auch ist der Aktivierungseffekt thermolabil: $^1/_4$stündige Einwirkung von 60° verlängert die Entfärbungszeit mit Oxalat aufs 9—10fache, von 65° auf weit über das 20fache.

---

[1] J. Tausz u. Peter, Zbl. Bakt. [2] 49, 497; 1919. — J. Tausz u. Donath, H. 190, 141; 1930; dort auch die gesamte ältere Literatur.

[2a] J. H. Quastel u. Mitarb., Biochem. Jl 22, 689; 1928. — 25, 117; 1931. — R. P. Cook, Biochem. Jl 24, 1538; 1930. — [2b] T. Thunberg, Biochem. Zs 206, 109; 1929. — A. Fodor u. Frankenthal, S. 495 angegebene Arbeiten. — [2c] T. Thunberg, Skand. Arch. 40, 1; 1920. — Biochem. Zs 258, 48; 1933.

[3] T. Thunberg, Skand. Arch. 54, 6; 1928.

Wie schon früher (S. 222) erwähnt, erklärt Thunberg die Donatorwirkung des Oxalats durch Dehydrierung einer Orthoform, zu deren Annahme schon früher Böeseken[1] auf Grund der bei Borsäurezusatz zu Oxalsäure beobachteten Leitfähigkeitserhöhung gelangt war.

Die Frage des Co-Ferments bei der enzymatischen Oxalatoxydation hat Fodor[2], allerdings nur flüchtig, berührt.

Er fand, dass in wässrigen Gerstenmehlextrakten Oxalat den wirksamsten — selbst dem gewöhnlich so effektiven Malat doppelt überlegenen — Donator gegenüber Methylenblau darstellt, jedoch nur in Gegenwart einer kleinen Menge Hefekochsaft; Gerstenextrakt + Donator ohne Kochsaft wie auch Gerstenextrakt + Kochsaft ohne Donator sind praktisch ohne Wirkung gegenüber Methylenblau.

Die zahlreichen Untersuchungen über die aerobe Oxydation der Oxalsäure mit biologischem Material lassen sich im Hinblick auf die Frage, ob hier tatsächlich dehydrierende Mechanismen vorliegen, schwer beurteilen. Bei einem Teil zum wenigsten hat man jedoch den bestimmten Eindruck, dass dies nicht der Fall ist. Sie sollen trotzdem hier — mehr anhangsweise — Erwähnung finden.

Die erste Mitteilung über biochemische Oxydation von Oxalsäure geht auf Zaleski[3a] (1911) zurück, der sich bis in die neueste Zeit immer wieder mit dieser Erscheinung beschäftigt hat. Er fand oxydative CO_2-Bildung aus Oxalsäure mit Weizenmehl, auch wenn dieses mit Toluol, Aceton oder Äther behandelt worden war. Dagegen hebt Erhitzen auf 150° wie auch Behandlung mit Methylalkohol den Effekt auf. In einer neueren Arbeit (1928) gibt Zaleski[3b] an, dass sich der O_2 nicht durch Acceptoren wie Methylenblau, Chinon, KNO_3, H_2O_2 ersetzen lässt und dass die aerobe Reaktion durch diese Agentien nicht beeinflusst oder, wie im Fall des Chinons, gehemmt wird. Letzteres gilt auch für Hydrochinon, wahrscheinlich durch dessen Konkurrenz mit der Oxalsäure um den O_2. Cyanid und Äthylurethan hemmen auffallenderweise die „Oxalase"wirkung nicht, hingegen Jodid.

Nach Zaleski gab Bassalik[4a] biologische Oxalsäureoxydation, und zwar durch ein auf Oxalat als einziger C-Quelle gedeihendes Bacterium, Bact. extorquens, bzw. durch ein von diesem produziertes Ektoenzym, an.

Diese Beobachtungen legten die Frage nahe, ob auch bei grünen Pflanzen, in denen ja Oxalsäure wie auch ihre Salze gefunden werden, ein Enzym mit der Fähigkeit, diese Körper wieder in den Stoffwechsel zu ziehen, allgemeiner verbreitet ist. In der Tat schien Bassalik[4b] der Nachweis geglückt, dass die Verarbeitung des Oxalats bei stark säurehaltigen Pflanzen wie Rumex, Oxalis, auch Begonia, in enzymatischer Weise erfolgt.

Auf breitester Basis hat dann Staehelin[5] (1919) diese Untersuchungen wieder aufgenommen. Er fand das Enzym sowohl in chlorophyllhaltigen Kryptogamen als in Phanerogamen allgemein verbreitet, in säurefreien Spezies (wie Helianthus) teilweise in noch höherer Konzentration wie in stark säurehaltigen (Oxalis, Rheum, Rumex). Nicht nur in den chlorophyllhaltigen Blättern, sondern auch in den Stengeln, Wurzeln, chlorophyllfreien Samen und etiolierten Organen konnte das Enzym in wechselnder Menge festgestellt werden. Aus Helianthusblättern wurde ein wirksamer Presssaft und hieraus durch Alkoholfällung ein haltbares Enzympräparat dargestellt.

Von den Eigenschaften der „Oxalase" ist die offenbar sehr geringe Thermolabilität hervorzuheben; 5 Min. lange Einwirkung von Siedehitze zerstört zwar die enzymatische Aktivität von Helianthus-Blattpulver vollständig, reduziert die des analogen Rumex-Präparats jedoch

---

[1] J. Böeseken u. Mitarb., Rec. trav. chim. 36, 169; 1917. — 39, 187; 1920.

[2] A. Fodor u. Frankenthal, Biochem. Zs 225, 417; 1930.

[3a] W. Zaleski u. Reinhard, Biochem. Zs 33, 449 (1911). — [3b] W. Zaleski u. Kucharowa, Ukrain. chem. Jl (russ.) 3, 139; 1928.

[4a] K. Bassalik, Jahrb. wiss. Bot. 53, 255; 1913. — [4b] Bull. Ac. sci. Cracov. 1917; 203.

[5] M. Staehelin, Biochem. Zs 96, 1; 1919.

nur auf $^2/_5$; vermutlich handelt es sich um Säure-Schutzwirkung. Das Temperaturoptimum des Rumex-Enzyms liegt zwischen 30 und 40°, jedoch sind auch bei 70° noch mehr als 10% der optimalen Aktivität übrig.

Der Oxalatabbau findet nur in Gegenwart von O_2 (nicht z. B. in H_2-Atmosphäre) statt. Mit steigender Oxalatkonzentration wird der relative Umsatz kleiner, bei steigender Enzymkonzentration steigt er mit der Quadratwurzel der Enzymmenge (Schützsche Regel), wobei in erster Annäherung monomolekularer Reaktionsverlauf besteht.

Sehr merkwürdige Beobachtungen über eine oxydative Zersetzung von Oxalsäure durch Moose haben vor einigen Jahren Houget[1] und Mitarbeiter gemacht, die hier, vorbehaltlich der enzymatischen Natur der Erscheinung, doch wegen mancherlei Analogien zu den oben mitgeteilten Befunden Erwähnung finden sollen.

Die Erscheinung wurde zuerst bei Hypnum triquetrum, dann auch bei anderen Spezies und Arten der an der Luft lebenden Moose, nicht jedoch bei den im Wasser lebenden Torfmoosen und halb im Wasser lebenden Lebermoosen beobachtet. Die Aktivität überdauert den natürlichen Tod der Pflanze und ist auch im Humus der Moose noch nachzuweisen.

Die nebenstehende Figur gibt ein Bild von der nur mit O_2, nicht mit Methylenblau (oder Schwefel) realisierbaren, intensiven und so gut wie vollständigen Oxalsäureoxydation durch das oben genannte Moos.

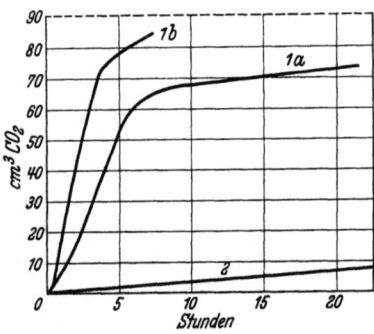

Abb. 85. Oxydative Oxalatzersetzung durch Hypnum triquetrum. (Nach Houget, Mayer und Plantefol.) 1a und 1b: 4 g Moos (= 1 g getrocknet) in 100 ccm $\frac{n}{25}$-Oxalsäure. 2 Dasselbe in 100 ccm H_2O. T 25°; theoretische CO_2-Entwicklung: 90 ccm.

Es existiert ein Optimum der Substratkonzentration $\left(\text{in der Nähe von } \frac{n}{25}\right)$, zu dessen beiden Seiten rapider Abfall der Reaktionsgeschwindigkeit erfolgt. In neutraler Oxalatlösung ist die Oxydation so gut wie vollständig unterbunden. Temperaturerhöhung von 15° auf 35° vermindert die Reaktionsgeschwindigkeit eher, als dass sie dieselbe erhöht. Im übrigen ist der Katalysator ausserordentlich thermostabil; erst Temperaturen > 96° wirken zerstörend. Auch die Resistenz des katalytisch wirkenden Systems gegenüber rein chemischen Faktoren ist ungleich grösser als des für Atmung und Assimilation verantwortlichen. Einige gewöhnliche protoplasmafällende Agentien (wie 40%iger Formaldehyd, Schwermetallsalze) sind ohne Einfluss, desgleichen schwache Oxydantien (wie H_2O_2). Nur solch drastische Agentien wie Osmiumsäure, gesätt. Pikrinsäure, O_3, Cl- und Br-Wasser, Hypochlorite in starker Konzentration, von Reduktionsmitteln Hyposulfit und Hydrosulfit wirken schädigend, desgleichen Alkohol in der Hitze. Gegenwart von Urethan (1%), Phenylurethan (0,02%), Blausäure $\left(\frac{n}{500}\right)$ in der Reaktionslösung hindert die Oxydation nicht; dagegen wirken Jodide, Ferro- und Ferricyanide, Phenylhydrazin (in niederer), Hydrochinon (in hoher Konzentration) als „Antioxygene". Während Vorbehandlung des Mooses mit H_2O_2, wie oben erwähnt, ohne Effekt ist, bewirkt es als Zusatz zur kompletten Reaktionslösung erhebliche und zudem, im Gegensatz zu den Antioxygenen, irreversible Hemmung.

Ob bei den von Houget beschriebenen Erscheinungen das gleiche katalytisch wirkende Agens am Werke ist wie in den mehr unter den Bedingungen von Enzymversuchen ausgeführten Untersuchungen Zaleskis, Bassaliks und Staehelins, lässt sich schwer sagen. Zahlreiche gemeinsame Züge sprechen aber für diese Auffassung, so die auffallende Resistenz des Phänomens gegen hohe Temperaturen und chemische Agentien, besonders HCN und Narkotica, die Nichtersetzbarkeit des O_2 durch andere Acceptoren, die hemmende Wirkung von Hydrochinon und Jodiden. Allerdings vertritt Zaleski neuerdings die Auffassung, dass seine Weizen-„Oxalase" eine acceptorspezifische Dehydrase sei, während Staehelin die Eigenschaften

---

[1] J. Houget, Mayer u. Plantefol, Ann. physiol. 3, 663, 712; 1927. — 4, 123; 1928. — C. R. 185, 304; 1927.

seiner Pflanzenpräparate durch deren Gehalt an einer Oxydase erklärt und Houget für seinen Fall einen nichtenzymatischen, oberflächenaktiven Katalysator der O_2-Aktivierung annimmt.

In der Tat scheint es heute noch unmöglich, eine den gesamten Erscheinungskomplex umspannende, befriedigende Erklärung zu geben. Dass mit der offenbar wenig verbreiteten, gerade Methylenblau verwertenden und stark thermolabilen Oxalodehydrase Thunbergs keine Identität vorliegt, ist dagegen wohl so gut wie sicher.

Es mag der Hinweis hier nicht überflüssig sein, dass die Oxalsäure im „energetischen System" der Zellstoffe den bevorzugtesten Platz einnimmt und schon ohne Acceptor freiwillig und vollständig in $H_2 + 2CO_2$ zerfallen kann (vgl. Tabelle 14 und S. 150). Auch wird man sich der Leichtigkeit entsinnen, mit der man Oxalsäure an Kohle verbrennen kann (S. 306f.), sowie der Möglichkeit, durch Auslösung von Reaktionsketten — die auf die verschiedenste Weise erfolgen kann — ihre Oxydation ins Werk zu setzen (S. 201). Ferner mag in diesem Zusammenhang an Ellingers dehydrasefreie „Zelltrümmer", an denen Aminosäuren wie an Kohle oxydiert werden, erinnert sein (s. S. 314), um die Existenz cellularer, wenn auch nichtenzymatischer Oxydationsmechanismen zu zeigen.

Von den sich an die Oxalsäure anschliessenden Säuren der Reihe $C_nH_{2n} \cdot (CO_2H)_2$ ist ein Donatorvermögen der Malonsäure, der Glutarsäure, Adipinsäure usw. weder mit Bakterien[1a] noch mit pflanzlichem[1b] oder tierischem[1c] Gewebe bisher mit Sicherheit festgestellt worden. Wohl aber ist eine Hemmungswirkung dieser Säuren (besonders der Malonsäure) auf die sog. „Restreduktion" wie auch speziell auf die Dehydrierung der Bernsteinsäure immer wieder beobachtet worden[2] (s. S. 218 und 528). Letzterer Dehydrierungsvorgang ist demgemäss der einzige in der obengenannten Reihe, auf den hier näher einzugehen ist.

4. Succinodehydrase.

a) Allgemeines.

Von diesem Enzym war früher schon in verschiedenem Zusammenhang die Rede: so ist S. 88 und 215 der Chemismus, S. 217 die Spezifität seiner Wirkung, S. 234 das Verhältnis von O_2- und Methylenblaudehydrierung und deren Beeinflussung durch HCN vom Standpunkte der Dehydrierungstheorie, S. 414 f. dasselbe vom Standpunkt der neueren „dualistischen" Theorie der biologischen Aktivierung behandelt worden.

Zur Entdeckungsgeschichte des Ferments sei hier nachgetragen, dass zuerst Thunberg[3] (1909) die atmungssteigernde Wirkung der Bernsteinsäure auf den isolierten Froschmuskel beobachtete. Im Jahre darauf sprachen Battelli und Stern[4] als erste die Vermutung aus, dass dieses von ihnen allgemein mit tierischem Gewebe realisierte Phänomen als Oxydation der Bernsteinsäure durch ein besonders stark an der Gewebestruktur haftendes, nicht mit Wasser

---

[1a] J. H. Quastel, Erg. Enzymforsch. 1, 209; 1932. — [1b] T. Thunberg, Arch. int. physiol. 18, 601; 1922. — Biochem. Zs 206, 109; 1929. — [1c] O. Meyerhof, Pflüg. Arch. 175, 67; 1919. — T. Thunberg, Skand. Arch. 40, 1; 1920. — G. Ahlgren, Act. med. scand. 57, 508; 1923.

[2] Vgl. auch die S. 508 unter [2a-2c] angegebenen Arbeiten.

[3] T. Thunberg, Skand. Arch. 22, 430; 1909. — Vgl. ferner 24, 23; 1910. — 25, 37; 1911.

[4] F. Battelli u. Stern, Biochem. Zs 30, 172; 1910.

extrahierbares Agens (ein „Oxydon") zu deuten sei. Zunächst wurde Äpfelsäure, die sie zu isolieren vermochten, als das Oxydationsprodukt der Bernsteinsäure betrachtet, bis Einbeck (1914) die primäre Entstehung von Fumarsäure eindeutig nachwies (S. 215). An diese älteren Beobachtungen schliessen sich zwei Arbeitsrichtungen an: eine mehr präparativ-enzymatische, vor allem durch Battelli und Stern[1] vertreten, die sich mit der Verbreitung, Isolierung und Beeinflussung des Ferments befasste, und eine mehr physiologisch-oxydationstheoretische, besonders durch Thunberg[2] und seine Schule repräsentiert, welche sich vorzugsweise der Acceptormethodik bediente, wobei man schon frühzeitig auf das unterschiedliche Verhalten der Reaktion gegen Gifte wie HCN und H_2S je nach ihrer — aeroben oder anaeroben — Führung aufmerksam wurde, ohne dafür zunächst eine befriedigende Erklärung geben zu können (s. S. 229 f.). Eine solche wurde erst 1924 fast gleichzeitig von Fleisch und v. Szent-Györgyi (S. 414f.) geliefert. Im selben Jahre erbrachte Quastel[3] durch die Isolierung der Fumarsäure bei der Succinatdehydrierung mit „ruhenden" Bakterien und Methylenblau den noch ausstehenden Nachweis dafür, dass die anaerobe Reaktion den gleichen Weg geht wie die aerobe, eine Tatsache, an der noch 1927 Bach und Michlin für den Fall des Muskelenzyms Zweifel erhoben haben (s. S. 123 f.), die aber bald darauf von Hahn[4a] und G. Fischer[4b] in voneinander unabhängigen Arbeiten behoben wurden. Zahlreiche Arbeiten der letzten Jahre haben eine solche Fülle von Einzeldaten über Verbreitung, Eigenschaften und Funktion der Succinodehydrase ergeben, dass diese heute als die besterforschte unter den Acidodehydrasen gelten kann.

b) Vorkommen.

Succinodehydrase ist ein ungemein verbreitetes Enzym; es ist in fast allen tierischen Zellen nachgewiesen, ferner in Bakterien, niederen Pilzen u. a. O.; dagegen scheint es in höheren Pflanzen eine untergeordnete Rolle zu spielen.

Beim Vergleich und der kritischen Wertung der auf Grund von aeroben Versuchen erhaltenen Daten muss man jedoch berücksichtigen, dass bei diesen das O_2-aktivierende System als geschwindigkeitsbegrenzender Faktor fungieren kann und dass dessen Inaktivierung keineswegs von derjenigen der Dehydrase begleitet sein muss.

In **Bakterien** ist die Succinodehydrase, soweit das recht erhebliche statistische Material von Kendall und Ishikawa[5a], Quastel[5b] und Mitarbeiter u. a. ein Urteil gestattet, stets vorhanden (vgl. Tabelle 33, S. 495) und ist dort eine der wirksamsten und stabilsten Dehydrasen. Bei B. pyocyaneus hat Walker[5c] unlängst den Weg von der Bernsteinsäure über Fumar-, l-Äpfel-, Oxalessigsäure zu Brenztraubensäure präparativ verfolgt.

Die Dehydrierung der Bernsteinsäure durch **niedere Pilze** (Mucor, Aspergillus, Penicillium, Saccharomyces usw.) ist in letzter Zeit häufig studiert worden[6]; Abtrennung des Enzyms von der Zellstruktur ist jedoch noch nicht erfolgt.

---

[1] Vgl. z. B. F. Battelli u. Stern, Biochem. Zs 52, 226, 253; 1913. — 56, 59; 1913. — 63, 369; 1914. — 67, 443; 1914 u. a.

[2] T. Thunberg, Skand. Arch. 33, 223; 1916. — 35, 163; 1917. — 40, 1; 1920.

[3] J. H. Quastel u. Whetham, Biochem. Jl 18, 519; 1924.

[4a] A. Hahn u. Haarmann, Zs Biol. 86, 523; 1927. — 87, 107; 1928. — 89, 159; 1930. — 92, 355; 1932. — [4b] F. G. Fischer, B. 60, 2257; 1927.

[5a] A. J. Kendall u. Ishikawa, Jl Inf. Dis. 44, 282; 1929. — [5b] J. H. Quastel u. Mitarb., Biochem. Jl 19, 652; 1925. — 25, 117; 1931. — Enzymforsch. 1, 209; 1932. — [5c] T. K. Walker u. Mitarb., Biochem. Jl 25, 129; 1931.

[6] Wl. S. Butkewitsch u. Fedoroff, Biochem. Zs 207, 302; 1929. — 219, 87; 1930. — T. Chrząszcz u. Tiukow, Biochem. Zs 229, 343; 1930. — 250, 254; 1932. — H. B. Stent, Subramaniam u. Walker, Chem. Soc. 1929, 1987, 2485. — H. Wieland u. Sonderhoff, A. 499, 213; 1932.

In Samen (auch Pollen) **höherer Pflanzen** hat Thunberg[1a] ein Donatorvermögen von Succinat so gut wie immer (Ausnahme allenfalls Phaseolus[1b]) vermisst. Dagegen ist nach Fodor[1c] in wässrigen Maismehlextrakten (bei Zusatz von Hefekochsaft, vgl. S. 495 und 500) Succinat neben Malat der beste Donator. (Zur Frage des Mechanismus der Äpfelsäurebildung in gewissen Crassulaceen — vermutlich nicht nach dem Thunbergschen Schema [S. 88] — vgl. J. Wolf[1d].)

Unter den tierischen Organismen sind **Insekten** von Battelli und Stern[2] systematisch untersucht worden; sie finden die Succinatoxydation schwächer als in den aktivsten Säugetiergeweben, jedoch ziemlich parallelgehend der Intensität des Gaswechsels im lebenden Insekt.

Unter den Wirbeltieren sind fast alle Klassen, u. a. **Fische, Frösche, Vögel** und **Säugetiere** bis herauf zum **Menschen** mit positivem Ergebnis in so gut wie allen Geweben untersucht worden[3]. Schon Battelli und Stern[4] fanden mit aerober Methodik die Succinatoxydation am intensivsten im Herzmuskel und anderer roter Muskulatur, ferner in Leber und Niere; geringer ist die enzymatische Aktivität im Gehirn (besonders der weissen Substanz) und im Pankreas, zuletzt folgen (mit nur mehr etwa $1/5$ der maximalen Oxydationsintensität) Milz und Lunge. Spätere Versuche (z. B. an den verschiedenen Arten von Muskulatur) zeigten, dass O_2-Aufnahme und Methylenblau-Entfärbungsvermögen einander meistens parallel gehen[5]. Im allgemeinen (z. B. bei Muskel, Leber, Gehirn) stellt Succinat die aktivste zellvertraute Donatorsubstanz dar. So geben Davies und Quastel[6] folgende Michaelis-Konstanten (Konzentrationen des halbmaximalen Umsatzes) für die einzelnen Substrate bei Verwendung von Gehirn als Enzymträger an: Fructose 0,021-, Glucose 0,0135-, Citrat 0,018-, Pyruvat 0,0052-, Lactat 0,0045-, Succinat 0,004 m-. Der einzige Fall, in dem ein derartiges Donatorvermögen der Bernsteinsäure vermisst worden ist, scheint nach Ahlgren die Krystallinse zu sein[7]. Im sarkomatösen Gewebe erfolgt O_2-Aufnahme wie auch Methylenblaureduktion durch Succinat erheblich langsamer wie im normalen[8].

c) Darstellung.

Wie schon des öfteren erwähnt, haben Battelli und Stern, mit aerober Methodik arbeitend, das bernsteinsäureoxydierende Ferment den sog. Oxydonen beigezählt, die durch Nichtextrahierbarkeit mit Wasser sowie die grosse Empfindlichkeit gegen Alkohol, Aceton, Trypsin usw. charakterisiert waren. Battelli und Stern haben auch den fast völligen Parallelismus zwischen Verbreitung von Succino- und p-Phenylendiaminoxydon in den verschiedenen Geweben festgestellt (Näheres s. S. 414). Es ist vom heutigen Standpunkt aus klar, dass das, was sie als Succinooxydon bezeichneten, in Wirklichkeit die Kombination von Succinodehydrase + Indophenoloxydase darstellte (S. 416). Dass dem so ist, geht unter anderem aus wiederholten späteren Beobachtungen über gegen Methylenblau aktive, gegen O_2 inaktive Muskelpräparate (z. B. toluolbehandelter Muskelbrei[9a] oder durch Alkohol-Ätherbehandlung dargestellter sog. „Trockenmuskel"[9b], ferner gewisse Phosphatextrakte aus Muskel, s. S. 240 und 514) hervor,

---

[1a] T. Thunberg, Rev. Biol. 5, 318; 1930. — Hdbch. Biochem., Erg.-Bd., 245; 1930. — [1b] T. Thunberg, Arch. int. physiol. 18, 601; 1922. — [1c] A. Fodor u. Mitarb., Biochem. Zs 238, 268; 1931. — [1d] J. Wolf, Planta 15, 572; 1931.

[2] F. Battelli u. Stern, Biochem. Zs 56, 35, 50, 59; 1913.

[3] Literaturzusammenstellung bei T. Thunberg, l. c.[1a].

[4] F. Battelli u. Stern, Biochem. Zs 30, 172; 1911. — 46, 317, 343; 1912. — 182, 139; 1927. — Soc. phys. hist. nat. 37, 68; 1920.

[5] Z. B. G. Ahlgren, Skand. Arch. 41, 18; 1921. — 47 (Suppl.), 1; 1925. — F. Battelli u. Stern, Arch. int. physiol. 18, 403; 1922. — N. Alwall, Skand. Arch. 58, 65; 1929.

[6] D. R. Davies u. Quastel, Biochem. Jl 25, 1672; 1932.

[7] G. Ahlgren, Skand. Arch. 44, 196; 1923. — Act. ophthalm. 5, 1; 1927.

[8] A. Fleisch, Biochem. Jl 18, 294; 1924. — M. R. Lewis u. Mitarb., Proc. exp. Biol. 28, 684; 1931.

[9a] A. Hahn u. Haarmann, Zs Biol. 89, 159; 1929. — [9b] Y. Harada, Biochem. Zs 164, 271; 1925.

sowie aus der von Quastel[1] festgestellten Tatsache, dass Oxalat und Malonat zwar die aerobe Succinat-, nicht aber die p-Phenylendiaminoxydation durch (Gehirn-) Gewebe hemmen (s. S. 528). Ferner wäre vielleicht noch anzuführen, dass pflanzliche Enzympräparate zwar aerob Phenylendiamin, aber zumeist weder aerob noch anaerob Bernsteinsäure umsetzen (vgl. jedoch S. 412 f.).

Um ein gegen Sauerstoff möglichst wirksames Enzympräparat darzustellen, gilt demgemäss die früher für Phenylendiaminoxydon gegebene Vorschrift (S. 408 f.).

Hinsichtlich der „Reinheit" derartiger Präparate fehlt es an Literaturangaben, doch sind sicher auch andere Dehydrasen noch in kleinerer Menge darin vorhanden. Gründliches Auswaschen des Gewebes mit reinem Wasser vor der alkalischen Extraktion dürfte diese — meist an sich schon im Vergleich zur Succinodehydrase empfindlicheren — Dehydrasen grossenteils zum Verschwinden bringen.

Verzichtet man auf die weitgehende Mitisolierung der O_2-aktivierenden Komponente, so lassen sich nach den von der Thunbergschen Schule ausgearbeiteten Methoden an Begleitstoffen wesentlich ärmere und vor allem noch spezifischer wirkende Succinodehydraselösungen gewinnen[2].

Man geht meistens so vor, dass man den sorgfältig von Fett, Fascien und Nerven befreiten Muskel — gewöhnlich von Pferd oder Rind stammend — zunächst in der Fleischmühle zermahlt und hierauf den Brei zu wiederholten Malen entweder mit Wasser oder — zur Gewinnung eines eiweissärmeren und farbloseren Enzympräparats — mit 0,25%igem NaCl (allenfalls unter Zusatz von 1% Borsäure als Antisepticum) behandelt, solange (etwa $1/2$ Stunde), bis die Masse weiss geworden ist. Die vom Waschwasser befreite und schwach ausgepresste Masse wird mit 2—3 Vol. $\frac{m}{15}$-Dialkaliphosphat unter gelegentlichem Schütteln 30 Min. lang extrahiert und die nach dem Zentrifugieren resultierende opalescierende Lösung, die sich nach Ohlsson (l. c.) bei 5—10° mit Toluol mehrere Wochen ohne nennenswerte Abnahme aktiv hält, zu den Methylenblauversuchen verwendet. Sie hat die Fähigkeit, Succinat und — allerdings erst bei erheblich höheren Konzentrationen — Hexosediphosphat sowie Hexose- und Glycerinmonophosphat gegenüber dem Farbstoff (vermutlich auch anderen anaeroben Acceptoren) zu aktivieren (s. unten). Das Verhalten der Präparate gegen O_2 scheint von Fall zu Fall verschieden zu sein: bisweilen vermögen sie die aerobe Dehydrierung des Succinats noch in erheblichem Masse zu katalysieren, bald sind sie — wie z. B. L. Stern angibt (S. 240) — in dieser Hinsicht vollkommen wirkungslos. Beim Aufbewahren, mehr noch bei der Dialyse (vgl. S. 239), geht jedoch das aerobe Funktionsvermögen jedenfalls bald verloren. Ausser den Beimengungen an dehydrierenden Enzymen (s. oben), welche den nach der gegebenen Vorschrift dargestellten Succinodehydrasepräparaten noch anhaften, enthalten sie noch ein hydratisierendes Ferment, die Fumarase (S. 529), dessen Beseitigung zu gewissen Untersuchungszwecken notwendig ist. Sie kann durch etwa $1/2$stündige, durch Auswaschen mit kaltem Wasser und Abpressen unterbrochene Wärmebehandlung des Muskelbreis mit Wasser von 50° (vor der Phosphatextraktion) erreicht werden, wobei die Fumarase nicht, wie Alwall[3a] angenommen, zerstört wird, sondern nur ins Waschwasser geht (Lehmann[3b]).

Die ungemeine Empfindlichkeit der Reaktion zwischen aktiviertem Succinat und Methylenblau hat Broman[4] zur Ausarbeitung eines Bernsteinsäurenachweises (bis herunter zu Konzentrationen von 1 : 1000000) unter Verwendung von Muskelextrakt veranlasst. Parallelversuche

---

[1] J. H. Quastel u. Wheatley, Biochem. Jl 25, 117; 1931.

[2] E. Ohlsson, Skand. Arch. 41, 77; 1921. — H. Grönvall, Skand. Arch. 44, 200; 1923. — N. Andersson, Skand. Arch. 52, 187; 1927. — N. Alwall, Skand. Arch. 54, 1; 1928. — J. Lehmann, Skand. Arch. 58, 45; 1929. — T. Thunberg, Biochem. Zs 258, 48; 1933.

[3a] N. Alwall, Skand. Arch. 54, 1; 1928. — [3b] J. Lehmann, Skand. Arch. 58, 173; 1930. — N. Alwall u. Lehmann, Skand. Arch. 61, 159; 1931.

[4] T. Broman, Skand. Arch. 59, 25; 1930.

mit (succinasefreien) Pflanzensamenextrakten (vgl. S. 513) gestatten, den eventuellen Anteil anderer Donatoren (s. oben) am Entfärbungseffekt zu ermitteln. Ein quantitativ-präparatives Studium der enzymatischen Succinatdehydrierung ist wiederholt unter anderen von Einbeck, Fischer, Hahn und Haarmann (S. 512) mit etwas wechselnder Methodik durchgeführt worden. Die unveränderte Bernsteinsäure lässt sich auf Grund ihrer Beständigkeit gegen $KMnO_4$ von Fumarsäure und Äpfelsäure abtrennen; die Schwerlöslichkeit der Fumarsäure und ihres Hg^I- und Ag-Salzes ermöglicht eine weitere Aufteilung des Gemisches.

d) Wirkungen und Natur des Ferments.

$α$) Über die **Spezifität der Succinodehydrase** hinsichtlich des Donators ist S. 215 bis 218 nachzulesen. Die Acceptorspezifität ist zusammenfassend offenbar nie untersucht worden, scheint aber nach den vorhandenen Angaben sehr weit zu sein.

Ausser Methylenblau sind in neuerer Zeit auch Thionin[1a], Toluylenblau[1b], verschiedene Indophenole[1c] (besonders halogensubstituierte), ferner Dinitrobenzol[1d] (bei Bakterien auch Nitrat[1e]) und Flavine[1f] (Lyochrome) zur Anwendung gelangt. (Dagegen erwiesen sich die Indigosulfonate aus thermodynamischen Gründen als wenig geeignet[1c, 1g].) Im Gegensatz zu Methylenblau und seinen Verwandten vermögen jedoch die drei letztgenannten Acceptoren nicht als „O_2-Überträger" zu fungieren, auch nicht im HCN-vergifteten Ansatz (vgl. S. 234f. und 524). Schliesslich ist noch an die von Keilin klargestellte Acceptoreigenschaft des Cytochroms c zu erinnern (S. 357f. u. 416).

Die Succinodehydrase gehört nach früheren Ausführungen (S. 239 und 513) prinzipiell zur Klasse der anaeroben Dehydrasen (S. 241). Ihre Kopplung an das primäre O_2-aktivierende System erfolgt im allgemeinen über die drei Komponenten des Cytochroms. Dass diese Form der Kopplung nicht die einzig mögliche ist, erkennt man beispielsweise am Fall des Bact. coli, in dessen Spektrum sich nur die Banden b und d (neben einer schwachen Bande 623—637 $μμ$) finden, Komponente a und c also fehlen (Yaoi und Tamiya, S. 417).

$β$) Die **Energetik der Succinatdehydrierung** ist seit 1924 zu wiederholten Malen eingehend studiert worden.

Wie ein Blick auf Tabelle 14, S. 149 lehrt, ist die „normale" Hydrierungsenergie des Methylenblaus (S. 145) nur wenig grösser als die „normale" Dehydrierungsenergie der Bernsteinsäure. Es sind also bei der Reaktion der beiden Agentien messbare Gleichgewichte von der Art des S. 145 beschriebenen Beispiels zu erwarten. Die ersten in diese Richtung gehenden Beobachtungen wurden von Wishart[2a] gemacht (1923), der zeigte, dass die Entfärbung von Methylenblau durch Muskulatur und Succinat bei Zusatz von Fumarat spezifisch — Maleinat ist ohne Wirkung — gehemmt wurde. Ein Jahr später unterzogen Quastel und Whetham[2b] die Reversibilität der Reaktion in Gegenwart ruhender Bakterien (Bact. coli, B. pyocyaneus) einer näheren Prüfung, wobei sich ergab, dass mit steigendem Fumaratzusatz der Entfärbungsgrad des Methylenblaus immer geringer wurde und man anderseits, von Fumarat und Leukomethylenblau ausgehend, sogar anaerobe Dehydrierung des letzteren zum Farbstoff beobachten konnte. Quantitative Untersuchung des hier offenkundig vorliegenden Gleichgewichts ergab (bei colorimetrischer Bestimmung des Farbstoffs) für $K = \dfrac{[\text{Fumarat}] \cdot [\text{Leukomethylenblau}]}{[\text{Succinat}] \cdot [\text{Methylenblau}]}$ einen Zahlenwert von rund 3 bei pH 7,2 und 45°, unabhängig von der Bakterienmenge und bei

---

[1a] F. Battelli u. Stern, Arch. int. physiol. 18, 403; 1922. — [1b] A. Fleisch, Biochem. Jl 18, 294; 1924. — [1c] J. H. Quastel u. Wooldridge, Biochem. Jl 21, 148; 1927. — [1d] Sh. Tsubura, Biochem. Jl 19, 397; 1925. — [1e] J. H. Quastel u. Mitarb., Biochem. Jl 19, 304; 1925. — [1f] T. Wagner-Jauregg u. Ruska, B. 66, 1298; 1933. — [1g] T. Thunberg, Skand. Arch. 46, 339; 1925.

[2a] G. M. Wishart, Biochem. Jl 17, 103; 1923. — [2b] J. H. Quastel u. Whetham, Biochem. Jl 18, 519; 1924.

weitgehender Variation der Ausgangskonzentrationen an Succinat, Fumarat und Methylenblau. Bald darauf bestimmte Thunberg[1a] unter Verwendung des mittlerweile von Clark[1b] ermittelten Potentialwerts für Methylenblau das erste „enzymatische" Redoxpotential, Fumarat/Succinat. Er brachte anaerob unter Verwendung von Muskeldehydraselösung (S. 514) ein Gemisch gleicher Mengen Bernsteinsäure und Fumarsäure $\left(\frac{m}{60}\cdot\right) + \frac{m}{20}$ - Äpfelsäure (um die hier stärker hervortretende Wirksamkeit der Fumarase zurückzudrängen) mit einer kleinen Menge Methylenblau (etwa $^1/_{1000}$ der Substratkonzentration) als „Redoxindicator" zusammen und bestimmte nach Pufferung auf pH 6,7 colorimetrisch den Reduktionsgrad des Methylenblaus und hieraus bei bekannter eingesetzter Farbstoffkonzentration und bekanntem Normalpotential des Methylenblaus nach Gleichung IV, S. 144 das diesem Methylenblau/Leukomethylenblau-Verhältnis entsprechende Potential, das ja unter der Voraussetzung wahren Gleichgewichts gleich dem Normalpotential des in grossem Überschuss vorhandenen, praktisch unveränderten Fumarat/Succinatsystems (1:1) ist. Es ergab sich bei 30° und für pH 6,7 zu + 0,005 Volt, nach etwas späteren Versuchen[1c] bei pH 6,9 zu 0,015 Volt.

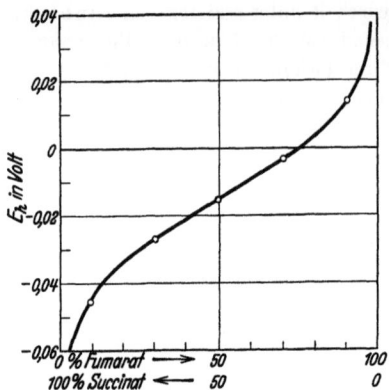

Abb. 86. Elektrodenpotentiale bei variiertem Fumarat/Succinat-Verhältnis mit Methylenblau als Potentialvermittler (o).
pH 7,2; T 37°. Die ausgezogene Kurve entspricht der theoretischen Beziehung
$\varepsilon_h = -0{,}0146 + 0{,}0307 \log \frac{[\text{Fumarat}]}{[\text{Succinat}]}$.

Auf breiterer Grundlage und mit verfeinerter Methodik wurden die Thunbergschen Versuche von Lehmann[2] wieder aufgenommen. Er verwendet eine fumarasefreie Succinodehydrase (S. 514) und bestimmt das Potential nach Farbstoffzusatz [ausser Methylenblau kamen auch Thionin (S. 133) und Indigotetrasulfonat zur Anwendung] elektrometrisch, wobei die Versuchsbedingungen (z. B. pH, Fumarat/Succinatquotient usw.) in weiten Grenzen variiert wurden (Abb. 86 und 87).

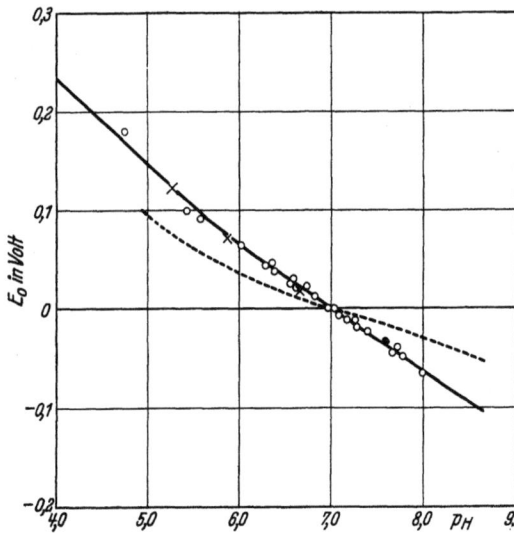

Abb. 87. Normalpotentiale von Fumarat-Succinat bei variiertem pH und mit Methylenblau (o), Thionin (×) und Indigotetrasulfonat (•) als Potentialvermittler (Methylenblau-Normalpotential .....).
T 37°. Die ausgezogene Kurve entspricht der theoretischen Beziehung $\varepsilon_0 = 0{,}430 - 0{,}0615 \text{ pH}$.

Zusammenfassend ergibt sich, dass das Potential eines enzymatisch aktivierten Succinat-Fumaratgemisches von beliebiger Zusammensetzung und Acidität (bei 37°) sich durch die Formel
$$\varepsilon_h = 0{,}430 - 0{,}0307 \log \frac{[\text{Succinat}]}{[\text{Fumarat}]} - 0{,}0615 \text{ pH}$$
wiedergeben lässt — in vollkommenem Einklang mit den Forderungen der Theorie für ein wahres reversibles Redoxsystem vom vorliegenden Typus. Aus dem Temperaturkoeffizienten des Potentials hat Lehmann ferner noch die Wärmetönung der Succinatdehydrierung (nach Gleichung IIIa, S. 144 und Ia, S. 146) berechnet, und zwar zu 29,9 kcal/Mol, was mit dem aus der

---

[1a] T. Thunberg, Skand. Arch. 46, 339; 1925. — [1b] M. W. Clark, Publ. Health Rep. 40, 1131; 1925. — [1c] T. Thunberg in Oppenheimers „Fermente" 3, 1129; 1929.
[2] J. Lehmann, Skand. Arch. 58, 173; 1929.

Verbrennungswärme der festen Substanzen ermittelten Werte von rund 31 kcal (s. Tabelle 12 und 14) befriedigend übereinstimmt. Die Übereinstimmung wird jedoch so gut wie theoretisch, wenn man auch den letzteren Wert auf den gelösten und ionisierten Zustand umrechnet[1].

Neuerdings haben Borsook und Schott[1] das Succinat-Fumaratpotential nach der Lehmannschen Methode nochmals neu bestimmt und den hieraus erhaltenen Wert der freien Übergangsenergie mit dem aus den freien Bildungsenergien der beiden (festen) Säuren (unter exakter Berücksichtigung der Ionisations- und Aktivitätsverhältnisse unter den Bedingungen des Enzymversuchs) ermittelten Wert verglichen (vgl. S. 143f.). Die nachfolgende kleine Tabelle enthält eine Zusammenstellung der auf Normalbedingungen (25°) umgerechneten experimentellen Werte verschiedener Autoren, deren ausgezeichnete Übereinstimmung — abgesehen allenfalls von dem ältesten Thunbergschen Wert — mit dem aus freier Bildungsenergie der festen Substanzen[2] sowie ihrer Lösungs- und Ionisationsenergie berechneten Wert einen wohl definitiven Beleg für die Reversibilität der untersuchten Reaktion und den Charakter des Enzyms als eines vollkommenen Katalysators derselben darstellt.

Tabelle 34.

Untersucher	Enzymquelle	Temp. °	Δ A (kcal)
Thunberg (1925)	Pferdeskelettmuskel	30	19,14
„ (1928)	„	30	20,10
Lehmann (1929)	„	37 / 18	20,18
Quastel und Whetham (1924)	„Ruhende" Bakterien	45	20,18
Borsook und Schott (1931)	Rinderherzmuskel und Zwerchfell	25	20,14
Succinat" $\xrightarrow{-H_2}$ Fumarat", thermodynamisch berechnet		25	20,46

Über die Rolle der reversiblen Succinatdehydrierung in der Woolfschen „Additionsverbindungstheorie" der Enzymwirkung vgl. S. 214.

γ) **Kinetik.** Sehr häufig ist die pH-Abhängigkeit der enzymatischen Succinatdehydrierung bestimmt worden.

Die Untersuchungen beziehen sich fast ausschliesslich auf die Methylenblaureduktion. Das Resultat einer der wenigen für aerobe und anaerobe Reaktion gleichzeitig am selben Objekt (toluolbehandeltes Bact. coli) ausgeführten Bestimmungen gibt Abb. 88 wieder[3a]. Bezüglich der Festlegung der Geschwindigkeitsmassstäbe vgl. die unter analogen Bedingungen ausgeführten Versuche der Abb. 82, S. 497.

Das erst bei pH 8—9 erreichte Optimum der anaeroben Dehydrierung ist auffallend, wird aber durch frühere Versuche von Quastel[3b] an nichttoluolbehandelten ruhenden Bakterien vollkommen bestätigt. Bei der aeroben Reaktion scheint — zum

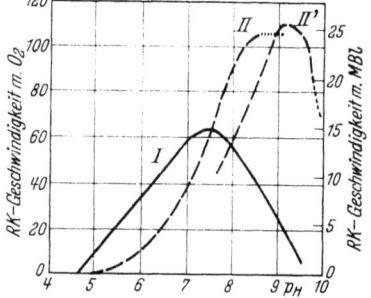

Abb. 88. pH-Einfluss auf die Succinatdehydrierung durch Bact. coli. (Nach Cook u. Alcock.) I mit O_2; II, II' mit Methylenblau (II Phtalat-, Phosphat- und Borax-Phosphatpuffer; II' Boratpuffer). T 40°.

---

[1] H. Borsook u. Schott, 92, 535, 559; 1931.
[2] G. S. Parks u. Huffman, Am. Soc. 52, 4381; 1930.
[3a] R. P. Cook u. Alcock, Biochem. Jl 25, 523; 1931. — [3b] J. H. Quastel u. Whetham, Biochem. Jl 18, 519; 1924. — J. H. Quastel u. Wooldridge, Biochem. Jl 21, 148; 1927.

wenigsten im alkalischen Gebiet — die Leistungsfähigkeit des O_2-aktivierenden Systems geschwindigkeitsbestimmend zu wirken.

Die pH-Aktivitätskurve isolierter Muskeldehydrase haben unter anderen Ohlsson und Lehmann im anaeroben Versuch bestimmt[1] (Abb. 89).

Der Kurventypus ist in beiden Versuchsreihen der gleiche, obwohl die Lage des Optimums um 0,5—1,0 pH-Einheiten differiert. Letztere Tatsache geht nach Lehmann wahrscheinlich auf Unterschiede in den Konzentrationsverhältnissen (besonders der Methylenblaukonzentration) zurück, da längere Entfärbungszeiten weitergehendere Enzymzerstörung im alkalischen Gebiet bedingen. Die Entfärbungs-pH-Kurve ist also hier als die Resultante einer pH-Enzymaktivierungs- und einer pH-Enzymzerstörungsabhängigkeit aufzufassen. Nach Ohlsson (l. c.) verschiebt sich mit steigender Temperatur das pH-Optimum zunehmend nach der sauren Seite. Der starke Abfall der Aktivität bei etwa pH 6,5 ist nach Lehmann zum Teil nur scheinbar und geht auf die in diesem pH-Bereich sich geltend machende thermodynamische Insuffizienz des Methylenblaus (s. Abb. 87) gegenüber dem Succinat-Fumaratsystem zurück.

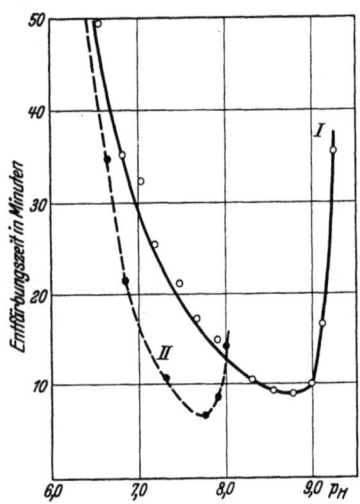

Abb. 89. Entfärbungszeit von Methylenblau mit Succinat und Pferdemuskeldehydrase. (Nach Ohlsson u. Lehmann.) I Werte von Ohlsson (mit Phosphat-Glykokollpuffer); II Werte von Lehmann (mit Phosphatpuffer). T 37—38°.

Für das optimale pH der (nichtabgetrennten) Froschmuskeldehydrase gibt McGavran[2a] 7,4—8,6 an. Aus der Reihe fallend und darum nachprüfungsbedürftig sind Angaben von Roman[2b] über Pferdemuskeldehydrase (Hauptoptimum pH 6,9, Nebenoptimum 7,7, getrennt durch ein Minimum bei pH 7,3) und Tsubura[2c], der für quergestreifte Muskulatur (je nach Pufferung) Optimalwerte zwischen pH 8,8 und 10,5, für glatte Muskulatur zwischen pH 8 und 10 findet.

Bei der Sauerstoffreaktion ist nach Wieland[3a] pH 7,3—7,8 optimal (ausgewaschener Pferdemuskel), was mit den Befunden an der Bakteriendehydrase (s. oben) übereinstimmt. Lehmann[3b] findet mit O_2 bei pH 6,7 noch etwa die Hälfte, Wieland bei pH 6,3 noch etwa $^1/_4$ der optimalen Reaktionsgeschwindigkeit.

Sowohl mit O_2 als mit Methylenblau nimmt die Succinatdehydrierung grundsätzlich linearen Verlauf[4a-d] (vgl. Abb. 31, S. 234).

Schon vor Isolierung des Enzyms hat Westerlund[4e] (1916) bei konstanter O_2-Konzentration den monomolekularen Reaktionsverlauf festgestellt. Doch bedingt — besonders bei Verwendung von Enzymlösungen — „Schüttelinaktivierung" bei längerer Versuchsdauer Nachlassen der Enzymwirkung.

---

[1] E. Ohlsson, Skand. Arch. 41, 77; 1921. — J. Lehmann, Skand. Arch. 58, 173; 1929.

[2a] J. McGavran u. Rheinberger, Jl biol. Chem. 100, 267 (1933). — [2b] W. Roman, Biochem. Zs 229, 281; 1930. — [2c] Sh. Tsubura, Biochem. Jl 19, 397; 1925.

[3a] H. Wieland u. Frage, A. 477, 1; 1929. — [3b] J. Lehmann, Skand. Arch. 65, 291; 1933.

[4a] J. H. Quastel u. Mitarb., Biochem. Jl 18, 519; 1924. — 20, 166; 1926. — [4b] R. P. Cook u. Mitarb., Biochem. Jl 25, 523, 534, 880; 1931. — [4c] K. C. Sen, Biochem. Jl 25, 849; 1931. [4d] H. Wieland u. Mitarb., A. 477, 1; 1929. — 485, 193; 1931. — [4e] A. Westerlund, Lunds Univ. Årsskrift 12, No 7; 1916.

Proportionalität zwischen Enzymkonzentration und Reaktionsgeschwindigkeit ist sowohl für Bakterien-[1a,b] als Muskeldehydrase[1a-c, 2a, b] immer wieder angegeben worden.

Den zuerst von Widmark[2a] festgestellten und in der Folgezeit zahlreiche Male[1c, 2b, 3a, b] bestätigten Einfluss variierter Substratkonzentration gibt Abb. 90 wieder.

Bei Zusatz äusserst kleiner Succinatmengen hat schon Wishart beobachtet, dass an Stelle einer Beschleunigung eine Hemmung der Restreduktion des Enzymextrakts eintrat, was von Ahlgren[2b] bestätigt wurde (Abb. 91).

Lehmann versucht — wie es scheint plausibel — den Verzögerungseffekt durch die Potentialverhältnisse zu erklären (s. S. 516). Bei im Vergleich zum Methylenblau hoher Succinatkonzentration übt die im Verlauf der Reaktion gebildete kleine Fumarsäuremenge

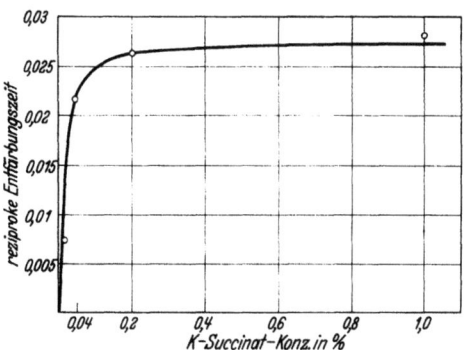

Abb. 90. Methylenblauentfärbung mit Muskelenzym bei verschiedenen Substratkonzentrationen. (Nach Widmark.)

1 ccm Enzym + 0,125 mg Methylenblau + K-Succinat auf 2 ccm Gesamtvolumen. T 40°.

kaum einen Einfluss auf das Potential des Systems aus, wohl aber tut sie dies, und zwar im Sinne einer Erhöhung, bei kleiner Ausgangskonzentration an Succinat, da ja in die Potentialgleichung stets das Verhältnis von oxydierter zu reduzierter Phase eingeht (S. 144). In der Nähe des Neutralpunkts, wo eine Überschneidung der Potentialkurve der beiden Teilsysteme erfolgt (s. Abb. 87, S. 516), würde sich im statischen Gleichgewicht diese Potentialerhöhung ihren Ausdruck in nicht vollständiger Entfärbung schaffen, der dynamisch die verzögerte Entfärbung des Farbstoffs durch die Eigendonatoren der Reaktionslösung entspräche.

Die ebenfalls in Abb. 91 zu erkennende, abnehmende und schliesslich verzögernde Wirkung extrem gesteigerter Succinatkonzentration haben im Prinzip schon Battelli und Stern[4a] bei aeroben Versuchen beobachtet und als einen — auch mit anderen Salzen realisierbaren — unspezifischen „Salzeffekt" gedeutet. Man wird jedoch auch die von Dixon[4b] bei der Xanthindehydrase gegebene Deutung einer Verdrängung des Acceptors von der substratblockierten Enzymoberfläche heranziehen können.

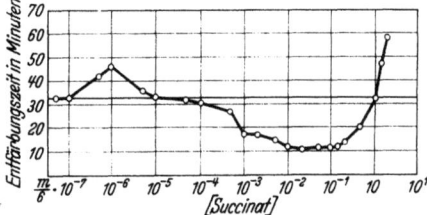

Abb. 91. Entfärbungszeit von Methylenblau bei sehr weitgehender Variation der Succinatkonzentration. (Nach Ahlgren.)

0,2 g Froschmuskelbrei in $\frac{m}{5}$-K_2HPO_4; 60 γ Methylenblau in 1 ccm Gesamtvolumen. T 35°.

Über den formelmässig gleichfalls schwer erfassbaren Einfluss der Methylenblaukonzentration auf die Geschwindigkeit der anaeroben

---

[1a] J. H. Quastel u. Mitarb., Biochem. Jl 18, 519; 1924. — 20, 166; 1926. — [1b] R. P. Cook u. Mitarb., Biochem. Jl 25, 523, 534, 880; 1931. — [1c] K. C. Sen, Biochem. Jl 25, 849; 1931.

[2a] E. M. P. Widmark, Skand. Arch. 41, 200; 1921. — [2b] G. Ahlgren, Skand. Arch. 47 (Suppl.), 1; 1925.

[3a] G. M. Wishart, Biochem. Jl 17, 103; 1923. — [3b] J. H. Quastel u. Whetham, Biochem. Jl 19, 520; 1925.

[4a] F. Battelli u. Stern, Biochem. Zs 30, 172; 1911. — Vgl. auch O. Meyerhof, Pflüg. Arch. 175, 20; 1919. — D. R. Davies u. Quastel, Biochem. Jl 26, 1672; 1932. — [4b] M. Dixon u. Thurlow, Biochem. Jl 18, 976; 1924.

Succinatdehydrierung sind u. a. von Widmark, Ahlgren und Sen (l. c., S. 519) prinzipiell übereinstimmende Angaben gemacht worden.

Die der Ahlgrenschen Arbeit entnommene Abb. 92 gibt ein typisches Bild der herrschenden Verhältnisse. Der bei den höchsten Methylenblaukonzentrationen beobachtete Abfall des Quotienten Methylenblau/t geht auf die vermehrte Fumarsäurebildung zurück, wie Ahlgren durch Versuche mit von Anfang an zugefügtem Fumarat noch weiterhin wahrscheinlich gemacht hat. Höhere als die in Abb. 92 verzeichneten Methylenblaukonzentrationen werden unter den dortigen Versuchsbedingungen nicht mehr vollständig entfärbt. Auch hier handelt es sich — wie schon früher bei den minimalen Succinatkonzentrationen (S. 519) — wesentlich um Hemmungen auf thermodynamischer Grundlage. Daneben kommt — wie dies besonders auch in Versuchen von Wieland (S. 518) und Fischer[1] mit Muskelpräparaten angenommen worden ist — sicherlich auch eine die wirksame Enzymoberfläche blockierende Wirkung des schwerlöslichen Leukomethylenblaus bzw. nach Ahlgren ein Mitreissen der Kolloide der Enzymlösung u. dgl. m. als gleichsinnig wirkend, in Betracht.

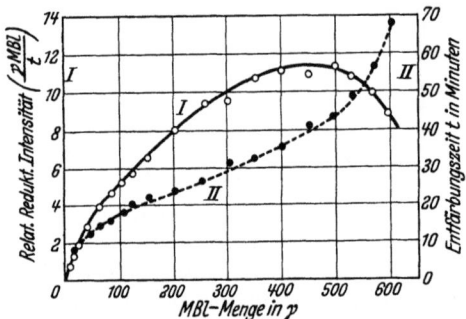

Abb. 92. Einfluss der Methylenblaukonzentration auf die Tätigkeit der Succinodehydrase (aus Pferdemuskel). (Nach Ahlgren.)

$\frac{m}{40}$- Succinat in $\frac{m}{15}$- K_2HPO_4; Methylenblaukonzentration maximal (600 γ/2,3 cm³) $\frac{m}{700}$-. T 37°.

Der Einfluss des Sauerstoffpartialdrucks ist wiederholt und bis in die allerneueste Zeit untersucht worden, ohne dass sich vollkommen durchsichtige Verhältnisse ergeben hätten.

Die ältesten, methodisch nicht einwandfreien, Versuche stammen von Battelli und Stern (S. 519), die in reinem O_2 gegenüber Luft ungefähr verdoppelte Reaktionsgeschwindigkeit beobachteten. Das Ergebnis konnte von Westerlund[2a] nicht bestätigt werden, indem er für die

O_2-Konzentrationen	5%	10%	21%	100%
die relativen Reaktionskoeffizienten	31—35	39—44	91—98	100

fand. Wieland und Frage[2b], die zum erstenmal mit gepufferten Lösungen (pH 7,4) arbeiteten, stellten ebenfalls die starke Verminderung der Reaktionsgeschwindigkeit bei O_2-Drucken unterhalb dessen der Luft fest, doch fanden sie auch bei dem letzteren nur mehr etwa 70% der mit reinem O_2 beobachteten Geschwindigkeit. Jndes spielt, worauf Hamburger und v. Szent-Györgyi[2c] (vgl. S. 419) aufmerksam gemacht haben, beim Arbeiten mit Gewebebrei die Feinheit der Verteilung eine ausschlaggebende Rolle hinsichtlich des Einflusses der O_2-Konzentration. Später beobachtete Ahlgren[2d] merkwürdige Umkehrungen in der Wirkung der O_2-Konzentration bei wechselndem pH, die er jedoch durch Mängel in der manometrischen Methodik zu erklären versuchte. Kürzlich hat Lehmann[2e] seine Befunde bestätigt, glaubt indes, dass ihnen ein realer, vielleicht physiologisch bedeutsamer Inhalt zukomme. Ein typisches Versuchsergebnis Lehmanns, der im Gegensatz zu den anderen Untersuchern mit Enzymlösungen arbeitet, enthält Abb. 93.

Beim höheren pH Überlegenheit des Luft-, beim niederen des O_2-Ansatzes, bei mittlerem pH (7,4, dem des Blutes entsprechend) praktisch Identität beider Ansätze. Erhöhung der Succinatkonzentration (z. B. auf das 4fache des Versuchs in Abb. 93) bewirkt jedoch eine beträcht-

---

[1] F. G. Fischer, B. 60, 2257; 1927.
[2a] A. Westerlund, Lunds Univ. Årsskrift 12, Nr 7; 1916. — [2b] H. Wieland u. Frage, A. 477, 1; 1929. — [2c] R. J. Hamburger u. v. Szent-Györgyi, Biochem. Zs 157, 298; 1925. — [2d] G. Ahlgren, Uppsala Läkareförēn. förhandl. 35, 1; 1929. — [2e] J. Lehmann, Skand. Arch. 65, 291; 1933.

liche Verminderung bzw. ein Verschwinden der durch die Differenzen im pH bzw. im O_2-Druck hervorgerufenen Effekte. Ahlgren war zu dem Schluss gekommen, dass die unerwartete Unterlegenheit des O_2-Versuchs bei höherem pH auf eine während der sog. Temperatur- und Druckeinstellungsperiode im Thermostaten erfolgte (nicht gemessene) intensive Succinatoxydation mit der Folge suboptimaler Substratkonzentration beim eigentlichen Versuchsbeginn bzw. den ersten Ablesungen zurückginge, die in solchem Ausmass beim Luftversuch wie auch den saureren Ansätzen nicht ins Gewicht falle. Hohe Substratkonzentration bringt die Erscheinung zum Verschwinden. Lehmann schliesst sich, wie schon gesagt, der Ahlgrenschen Deutung nicht an, vermag aber andererseits keine befriedigende Erklärung der paradoxen Erscheinung zu geben. Eine gewisse Hemmungswirkung der Fumarsäure (wahrscheinlich durch Adsorption an die Enzymoberfläche) scheint jedenfalls sich geltend zu machen; auch wird man an die Abhängigkeit der Enzyminaktivierung von O_2-, Substrat- und $H^{\cdot}$-Konzentration zu denken haben, wie ja überhaupt die so schüttelempfindlichen Enzymlösungen (s. unten) ein recht labiles Untersuchungsmaterial darstellen. Vielleicht bringen angekündigte weitere Untersuchungen Lehmanns die Lösung der Frage.

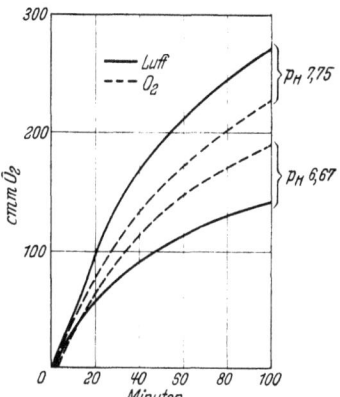

Abb. 93. O_2-Aufnahme im System Succinat-Dehydrase-O_2 bzw. Luft bei verschiedenem pH. (Nach Lehmann.) $\frac{m}{60}$- K-Succinat in $\frac{m}{30}$- Phosphatpuffer; Pferdemuskelenzym. T 37°.

e) Beeinflussung des Ferments.

α) Physikalische Faktoren. Einige Angaben über die **Temperatur**abhängigkeit der Dehydrasewirkung — sowohl aerob (I) wie anaerob (II—IV) — enthält Abb. 94, S. 522.

Temperaturoptimum bei den anaeroben Versuchen in der Nähe von 50° (von Tsubura[1a] bestätigt), bei den aeroben offenbar etwa 10° tiefer. Für nicht zu hohe Temperaturen liegt der Temperaturkoeffizient im allgemeinen in der Nähe von 2.

Inaktivierung erfolgt zwischen 55° (Froschmuskel[1b], Pferdeleber[1c] usw.) und 65° (Bakterien[1d, 1e]). Sehr tiefe Temperaturen fand Thunberg[1b] bei Froschmuskelenzym (— 80°). Quastel[1e] bei Bakteriendehydrase (— 180°) ohne erheblichen Einfluss. Succinodehydrase ist eine der wenigst temperaturempfindlichen Dehydrasen überhaupt. Nur die Dehydrierung der Glycerinphosphorsäure[1f], der Ameisensäure[1e] und allenfalls Oyglutarsäure[1b] scheint ebenso bzw. noch thermo- und kryostabiler zu sein als die der Bernsteinsäure.

Inaktivierung von Enzymlösungen beim **Schütteln** unter Eiweisskoagulation ist schon von Ohlsson (S. 518) und in der Folgezeit immer wieder beschrieben worden[2a]. Beim **Filtrieren** und **Dialysieren** zeigt die enzymatische Aktivität eine Tendenz, in den Niederschlag zu gehen, während die mehr oder weniger klaren Lösungen inaktiv werden (Ohlsson, l. c.). Bei der Dialyse können vorübergehende Aktivitätssteigerungen bezüglich der Methylenblaureduktion auftreten, während das Vermögen, mit O_2 zu reagieren, von Anfang an stark geschädigt wird (vgl. S. 239 u. 513f.[2b]).

Strahleneinwirkung auf Succinodehydrase ist neuerdings im Institut von Pincussen systematisch untersucht worden[3].

[1a] Sh. Tsubura, Biochem. Jl 19, 397; 1925. — [1b] T. Thunberg, Skand. Arch. 40, 1; 1920. — [1c] F. Battelli u. Stern, Biochem. Zs 30, 172; 1911. — [1d] J. H. Quastel u. Whetham, Biochem. Jl 18, 519; 1924. — [1e] J. H. Quastel u. Wooldridge, Biochem. Jl 21, 148; 1926. — [1f] N. Alwall, Skand. Arch. 55, 100; 1929.

[2a] F. G. Fischer, B. 60, 2257; 1927. — P. W. Clutterbuck, Biochem. Jl 22, 1193; 1928. — J. Lehmann, Skand. Arch. 58, 45; 1929. — H. Wieland u. Frage, A. 477, 1; 1929. — [2b] H. v. Euler, Nilsson u. Runehjelm, H. 169, 123; 1927.

[3] W. Roman, Biochem. Zs 229, 281; 1930.

Kurz dauernde Bestrahlung mit sichtbarem Licht scheint im schwach sauren und schwach alkalischen Gebiet eine leichte Aktivierung hervorzubringen, in der Nähe des Neutralpunkts und Optimums (vgl. S. 518) jedoch zu schädigen, länger dauernde Bestrahlung schädigt bei jedem pH. Dies gilt in erhöhtem Masse für ultraviolettes Licht; Maximum der Schädigung beim Neutralpunkt, langsamer Abfall derselben nach der sauren, rascher nach der alkalischen Seite. Zu unterscheiden ist von dieser Wirkung einer Bestrahlung auf die Entfärbung nachträglich zur Enzymlösung zugefügten Methylenblaus die von Krestownikoff[2a] beschriebene beschleunigte Methylenblaureduktion im bestrahlten, kompletten Reaktionssystem.

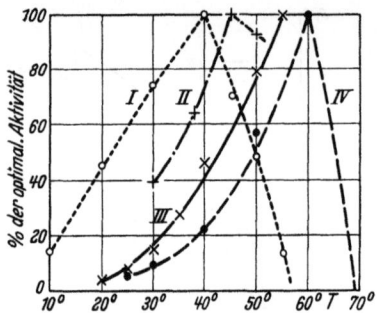

Abb. 94. Succinodehydrasewirkung bei verschiedenen Temperaturen.
I O_2; Pferdeleber; pH etwa 6—7 (Battelli u. Stern[1a]). II Methylenblau; Pferdemuskelextrakt; pH 7,6 (Ohlsson[1b]). III Methylenblau; Pferdemuskelextrakt; pH etwa 7,6 (Ahlgren[1c]). IV Methylenblau; ruhende Bakterien; pH 7,6 (Quastel u. Whetham[1d]).

Radiumschädigung der Phaseolusdehydrase hat Thunberg[2b] angegeben.

β) **Chemische Faktoren.** Die Frage des **pH-Optimums** der Enzymwirkung ist schon früher (S. 517f.) eingehend behandelt worden. Hier folgen einige Nachträge über die Beständigkeit des Enzyms bei der Aufbewahrung in Medien verschiedener **H·-Konzentration.**

Das aus Muskel extrahierte Enzym hält sich in schwach saurem Milieu ungleich besser als in schwach alkalischem. So fand Roman (l. c.) bei pH 6,7—6,9 keine Aktivitätseinbusse während 24 Stunden langes Aufbewahrens im Eisschrank, wohl aber bei pH 7,3; nach Lehmann (S. 521) verhalten sich die Aktivitäten eines $1/2$ Stunde bei 37^0 und den diesbzgl. pH von 7,3, 7,5, 7,8, 8,4 und 9,1 gehaltenen Präparats wie 100 : 90 : 70 : 30 : 0. Bei pH 6,5 erfolgt Fällung des Enzyms, jedoch keineswegs völliger Aktivitätsverlust; beim raschen Wiederauflösen in schwachem Alkali findet man den grössten Teil der Ausgangsaktivität wieder[3a] (vgl. auch S. 409).

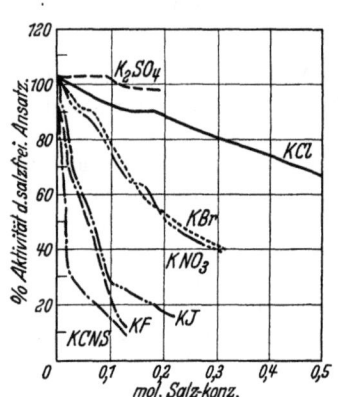

Abb. 95. Succinodehydraseaktivität in Gegenwart von K-Salzen. (Nach Sahlin[4].)
$\frac{m}{120}$ - K-Succinat; pH etwa 8; T 38^0.

Das zellgebundene Bakterienenzym scheint gegen extreme Reaktionen, besonders alkalische, weniger empfindlich zu sein. Einstündige Einwirkung von pH 3, 4, 5, 7, 9, 11 und 12—13 bei 37^0 lässt folgende Aktivitäten wiederfinden: 0, 17, 31, 100, 94, 33, 0 (Quastel[3b]). Ähnliche Werte findet auch Cook[3c], und zwar für aerobe und anaerobe Aktivität ziemlich übereinstimmende. Im Durchschnitt ist (Bakterien-) Succinodehydrase pH-empfindlicher als Lactico- (S. 535) und besonders Formicodehydrase (S. 495).

Anorganische Salze. Abb. 95 gibt den Einfluss verschiedener K-Salze auf die Methylenblauentfärbung mit Succinodehydrase aus Muskel wieder.

[1a] F. Battelli u. Stern, Biochem. Zs 30, 172; 1911. — [1b] E. Ohlsson, Skand. Arch. 41, 77; 1921. — [1c] G. Ahlgren, Skand. Arch. 47 (Suppl.), 1; 1925. — [1d] J. H. Quastel u. Whetham, Biochem. Jl 18, 519; 1924.

[2a] A. Krestownikoff, Skand. Arch. 52, 199; 1927. — [2b] T. Thunberg, Arch. int. Physiol. 18, 601; 1922.

[3a] E. M. P. Widmark, Skand. Arch. 41, 200; 1921. — [3b] J. H. Quastel u. Wooldridge, Biochem. Jl 21, 148; 1926. — [3c] R. P. Cook u. Alcock, Biochem. Jl 25, 523; 1931.

[4] B. Sahlin, Skand. Arch. 46, 64; 1924.

Die Sahlinschen Ergebnisse sind hinsichtlich des Sulfats und der Halogensalze neuerdings von Görne[1a] mit elektrometrischer Methodik (s. S. 516) bei pH 7 bestätigt worden. Bei der O_2-Reaktion haben schon Battelli und Stern (S. 522) die auffallend stark hemmende Wirkung von Fluorid — übrigens auch von Meyerhof[1b] bestätigt — beobachtet.

Noch viel stärkere Hemmungen als mit Fluorid und Jodid fand Quastel[1c] bei der Bakteriendehydrase mit den Salzen der Halogensauerstoffsäuren ($KClO_3 < KBrO_3 < KJO_3$) sowie Nitrit. Für die Kationen fand er (bei Verwendung der Chloride) die Hemmung zunehmend in der Reihenfolge $Na < NH_4 \leq K$; hierauf mit erheblich grösserer Hemmungs-Intensität $Ca < Sr (< Mg) < Ba$. $\frac{m}{5}$-$BaCl_2$ (wie auch $\frac{m}{5}$-KJO_3) hemmen so gut wie vollständig. (Mässige Ca-Hemmung von Ahlgren [S. 522] für Muskel bestätigt.)

Schwermetallsalze scheinen kaum untersucht zu sein. Hemmungswirkung ist angegeben[1c] für $KMnO_4$, sowie besonders intensiv für Kupfer- und Quecksilbersalze (1 : 5000). Nachträgliche Behandlung mit H_2S wirkt jedoch (im Gegensatz zu den Verhältnissen bei der Formicodehydrase, s. S. 499) kaum reaktivierend. Schwache Bleihemmung für Muskel gibt Thunberg[2a] an.

Selenit und insbesondere Tellurit wirken stark hemmend (in Konzentration von 10^{-2} m-), weniger Arsenit[2b]. Selenat übt auch in hohen Konzentrationen (Grössenordnung 10^0 m-) nur schwache, Arsenat kaum eine Hemmungswirkung auf die Succinatdehydrierung mit Methylenblau aus. Aromatische Arsinsäuren (Atoxyl, Tryparsamid, Stovarsol) erweisen sich dieser gegenüber ungefähr so giftig wie Arsenit[2b]. Bei der aeroben Reaktion haben schon Battelli und Stern (S. 522) das Verhältnis von Arsenit- und Arsenatwirkung erkannt; kleine Arsenatkonzentrationen fand Meyerhof (l. c.) unter diesen Bedingungen sogar fördernd.

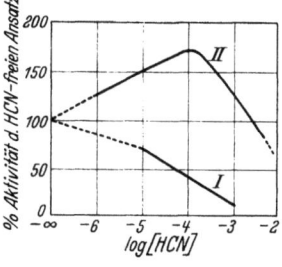

Abb. 96. HCN-Wirkung auf die bakterielle Succinatdehydrierung durch O_2 (I) und Methylenblau (II). pH 7,6; T 40°. (Nach Cook, Haldane und Mapson[3].)

Bei der Einwirkung typischer **Schwermetallkomplexbildner** wie HCN, H_2S und CO ist natürlich auch hier zwischen aerober und anaerober Reaktion zu unterscheiden.

Für den Fall des toluolbehandelten Bact. coli (vgl. S. 496) als Enzymträger geht dieser Unterschied aus der obenstehenden Abb. 96 in aller Deutlichkeit hervor.

Auffallend ist die Aktivierung der anaeroben Reaktion durch kleine HCN-Konzentrationen. Für die Dissoziationskonstante der Oxydase-HCN-Verbindung geben Cook und Mitarb. den Wert $5 \cdot 10^{-5}$ m an (vgl. die Verhältnisse bei der Formicodehydrase, S. 498). Hohe HCN-Konzentrationen $\left(\text{z. B. } \frac{m}{5}\text{-}\right)$ sind auch auf das anaerobe Funktionsvermögen der Bakteriendehydrase (selbst nach dem Wiederauswaschen) von Nachteil, jedoch nicht annähernd in dem Ausmass wie bei der Formicodehydrase (Quastel und Wooldridge[1c]).

HCN-Hemmung der aeroben Succinatoxydation durch Muskel haben zuerst Battelli und Stern (S. 522) angegeben; sie fanden beträchtliche Hemmung schon durch $\frac{m}{5000}$-, so gut wie vollständige durch $\frac{m}{300}$- HCN. Auch die Reversibilität derselben beim Auswaschen des Gifts war ihnen nicht entgangen. In der Folgezeit sind wiederholt ähnliche Werte für Muskelbrei — Enzymlösungen scheinen nie systematisch geprüft worden zu sein — angegeben worden; so

---

[1a] J. Görne, Biochem. Zs 249, 130; 1932. — [1b] O. Meyerhof, Pflüg. Arch. 175, 20; 1919. — [1c] J. H. Quastel u. Wooldridge, Biochem. Jl 21, 148, 1224; 1927.

[2a] T. Thunberg, Skand. Arch. 33, 223; 1915. — [2b] M. E. Collett u. Mitarb., Jl biol. Chem. 58, 793; 1923. — 82, 429; 1929. — 100, 271; 1933. — Vgl. A. v. Szent-Györgyi, Biochem. Jl 24, 1723; 1930.

[3] R. P. Cook, Haldane u. Mapson, Biochem. Jl 25, 534; 1931.

fand Fleisch[1a] etwa 95%ige Hemmung mit $\frac{m}{400}$-, v. Szent-Györgyi[1b] mit $\frac{m}{160}$-, Wieland[1c] mit $\frac{m}{200}$-HCN. Doch ist nach letzterem Autor die Anfangshemmung (z. B. während der ersten Stunde) schon mit 5mal kleiner HCN-Menge fast dieselbe, wird jedoch später — wohl infolge sekundärer Einflüsse wie Bindung oder Zerstörung der HCN — nach Art einer Autokatalyse immer kleiner (vgl. Abb. 31, S. 234). Über die Identität des HCN-empfindlichen Faktors im Muskel mit der Indophenol- bzw. Cytochromoxydase s. S. 356f. und 414f.

Die Unempfindlichkeit der Methylenblaureaktion gegen HCN ist zuerst von Thunberg[2] angegeben und später von den obengenannten Autoren bis zu HCN-Konzentrationen von $\frac{m}{100}$- herauf des öfteren bestätigt worden.

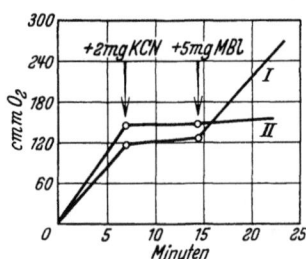

Die Reaktivierung der HCN-vergifteten, aeroben Succinatdehydrierung durch Methylenblau ist fast gleichzeitig (1924) durch Fleisch und v. Szent-Györgyi und später (1929) von Wieland eingehend studiert worden (s. Abb. 31, S. 234).

Abb. 97. Reaktivierung der HCN-gehemmten, aeroben Succinatdehydrierung durch Methylenblau (I); zum Vergleich p-Phenylenoxydation (II) durch dasselbe Muskelpräparat. (Nach v. Szent-Györgyi.)
$\frac{m}{160}$-HCN; $\frac{n}{500}$-Methylenblau; pH 7; T 37°.

Fleisch (vgl. S. 415) fand auch Thionin, Toluidinblau, „lösliches Blau" als — wenn auch im Vergleich zu Methylenblau weniger effektive — Reaktivatoren verwendbar. Im allgemeinen ist die Reaktivierung — bezogen auf den HCN-freien Ansatz — nicht vollständig (Fleisch, Wieland und Frage), besonders gering scheint sie nach Fleisch im Sarkom, nach Cook und Mitarbeitern in Colisuspensionen zu sein. Da auch intensives Waschen des Muskels sowohl das Ausmass der anaeroben Methylenblaureduktion als auch der Reaktivierung (nicht dagegen der ungehemmten O_2-Reaktion) erheblich reduziert, ist Fleisch geneigt, einen wasserlöslichen, im Sarkom nur in minimaler Menge vorhandenen „Wasserstoffübertragungsfaktor" (Co-Ferment?) für die Geschwindigkeit der Methylenblaureaktion wie auch den Reaktivierungsgrad verantwortlich zu machen. Doch spielt hier — wie Warburg in ähnlichem Zusammenhang gezeigt hat (S. 235) — auch die Konzentration des Methylenblaus eine wichtige Rolle (s. S. 348), möglicherweise auch mit der Reoxydation der Leukoverbindung in Beziehung stehende Faktoren [Schwermetallkatalysatoren (S. 303f.) und Antikatalysatoren wie SH-Glutathion, S. 304]. Ziemlich vollständige Reaktivierung gibt v. Szent-Györgyi an (Abb. 97).

Bezüglich der H_2S-Wirkung scheint nur eine ältere Angabe von Thunberg[3] vorzuliegen.

Danach hemmt $\frac{m}{200}$-H_2S bzw. die entsprechende Menge kolloiden Schwefels die Succinatveratmung durch nichtausgewaschenen Muskel um etwa 50—75%. (Beim Vergleich mit der HCN-Hemmung ist zu berücksichtigen, dass bei diesem Material auch $\frac{m}{100}$-HCN nach Battelli und Stern (S. 522) nicht annähernd vollständig hemmt; vgl. auch Abb. 51, S. 340 sowie[4]. Zusatz von $PbCO_3$ oder PbO reaktiviert die schwefelgehemmte Reaktion weitgehend.

[1a] A. Fleisch, Biochem. Jl 18, 294; 1924. — [1b] A. v. Szent-Györgyi, Biochem. Zs 150, 195; 1924. — [1c] H. Wieland u. Mitarb., A. 477, 1; 1929. — 485, 193; 1931.

[2] T. Thunberg, Skand. Arch. 35, 163; 1918.

[3] T. Thunberg, Skand. Arch. 33, 223; 1915.

[4] J. Banga, Schneider u. v. Szent-Györgyi, Biochem. Zs 240, 454; 1931.

Die Ergebnisse hinsichtlich des Einflusses von Kohlenoxyd sind — je nach der Herkunft des Enzyms — verschieden; vermutlich sind sie im Sinne möglicher Variationen in der Natur des mit der Dehydrase gekoppelten O_2-aktivierenden Mechanismus zu deuten (Abb. 98).

Wie man sieht, ist die (HCN-empfindliche) Succinatveratmung im Muskelextrakt (nach Ohlsson, S. 514) praktisch unbeeinflussbar durch CO ($K = \infty$), während sich für das Bakterienenzym eine Verteilungskonstante in der Nähe von 6 berechnet (vgl. S. 417 u. 498). Eine von Keilin gegebene Deutung ersterer Erscheinung ist schon S. 415 angeführt worden. Danach würde also im Bacterium mit der im Vergleich zum Muskelextrakt wahrscheinlich viel aktiveren Dehydrase das (rudimentäre, s. S. 417 und 515) O_2-aktivierende System geschwindigkeitsbegrenzend wirken.

Die Hecht-Eichholtzschen Schwermetallreagentien (S. 347 und 498) sind auf die Succinatdehydrierung aerob wie anaerob ohne charakteristischen Einfluss[1a].

Zuletzt seien noch einige (wesentlich anorganische) Körper angeführt, mit denen Quastel und Wooldridge (S. 523) bei der Succinodehydrase der Bakterien starke Hemmungen beobachtet haben; dazu gehören Brom und Jod in minimaler (0,01%), H_2O_2, Hydroxylamin und Phenylhydrazin in etwas höherer (etwa 1%) Konzentration.

Organische Agentien. Die ältesten, auf aerobe Versuche mit gewaschenem Muskel gegründeten Angaben stammen auch hier von Battelli und Stern[2], den Entdeckern des Succinoxydons.

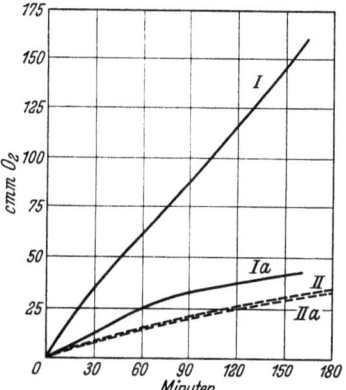

Abb. 98. CO-Wirkung auf die aerobe Funktion der Succinodehydrase von Bact. coli (I, Ia) und Muskelextrakt (II, IIa).

I Luft
Ia $CO/O_2 = 9:1$ } pH 7,6; T 16°
(Cook u. Haldane[1a]);
II 2,6% O_2 + 97,4% N_2; IIa 2,6% O_2, 10,5% N_2 + 86,9% CO ($CO/O_2 = 33:1$); pH 8; T 10° (Dixon[1b]).

Es ist klar, dass die unter solchen Bedingungen erhaltenen Resultate nicht a priori auf die beeinflusste Funktion der Dehydrase zu beziehen sind. In der Tat finden Battelli und Stern bei der Prüfung einer ganzen Anzahl von Narkotica für die um 15—20% hemmende Konzentration einerseits und die vollständig oxydationsunterbindende andererseits (bei 15°) fast dieselben Werte wie sie Vernon für die analoge Beeinflussung der enzymatischen Indophenolsynthese (bei 17°) angegeben hat (s. Tabelle 28, S. 422). Bei 40° sind die von Battelli und Stern gegebenen Konzentrationswerte

Tabelle 35.

Anaestheticum	15—20% Hemmung m-	100% Hemmung m-	Anaestheticum	15—20% Hemmung m-	100% Hemmung m-
Methylalkohol . .	3,68	6,05	Äthylurethan . .	0,33	0,92
Äthylalkohol . .	1,22	3,17	Propylurethan .	0,21	0,43
Propylalkohol . .	0,75	1,19	Chloral	0,14	0,24
Isobutylalkohol .	0,25	0,44	Phenol	0,04	0,07

[1a] R. P. Cook u. Haldane, Biochem. Jl 25, 880; 1931. — Vgl. auch 25, 534; 1931. —
[1b] M. Dixon, Biochem. Jl 21, 1211; 1927.
[2] F. Battelli u. Stern, Biochem. Zs 30, 172; 1911. — 52, 226, 253; 1913. — 67, 443; 1914.

im allgemeinen 2—3mal kleiner. Vorstehend seien einige ihrer Zahlenpaare (mit der oben angeführten Bedeutung) zusammengestellt.

Bei schwacher Hemmung, namentlich durch die niederen Glieder homologer Reihen (Alkohole, Urethane) ist diese zum Teil reversibel. In Oxydon„lösungen" (s. S. 408 u. 514) werden die hemmenden Konzentrationen als ziemlich gleich mit den für Gewebebrei gefundenen angegeben (zur Deutung des Hemmungsmechanismus s. S. 422f. u. 309f.).

Zur Charakterisierung des Verhaltens speziell der Dehydrase viel geeigneter sind die neueren mit anaerober Methodik ausgeführten Untersuchungen vor allem der Thunbergschen Schule.

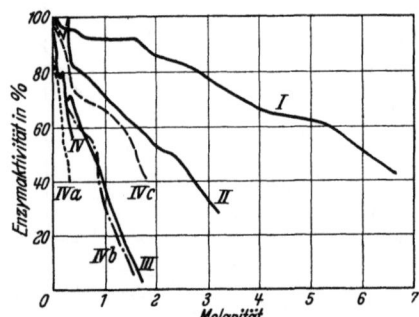
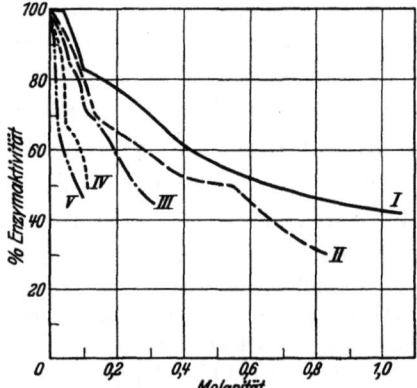

Abb. 99. Alkohole und Succinodehydrase.
(Nach Grönvall.)
I Methylalkohol; II Äthylalkohol; III Propylalkohol (normal); IV Butylalkohol (normal, primär); IVa Isobutylalkohol; IVb Butylalkohol (normal, sekundär); IVc Butylalkohol (tertiär). pH etwa 8; T 38°.

Abb. 100. Urethane und Succinodehydrase.
(Nach Svensson.)
I Methylurethan; II Äthylurethan;
III Propylurethan; IV i-Butylurethan;
V i-Amylurethan.
pH etwa 8; T 38°.

Verschiedene homologe Alkohole hat Grönvall[1a], mehrere Urethane nebst einigen anderen Stoffen Svensson[1b] (unter Verwendung von Enzymextrakten aus Pferdemuskel) untersucht (Abb. 99 und 100).

Ähnlich stark wie die hemmende Wirkung des i-Amylurethans ist die des Chloralhydrats, noch etwa 3mal stärker die von Phenol[2].

Erwartet ist der in Abb. 99 u. 100 zum Ausdruck kommende Wirkungsanstieg mit steigendem Molekulargewicht der Reihenglieder (vgl. S. 309), beachtlich die konstitutiv bedingten Wirkungsunterschiede bei den Butylalkoholen (vgl. S. 308). Beim Vergleich der Hemmungskurven mit den Angaben von Battelli und Stern fällt auf, dass die Grössenordnung der Hemmungskonzentrationen zwar die gleiche ist, dass letztere aber, absolut betrachtet, in den anaeroben Methylenblauversuchen mit Enzymlösungen durchwegs erheblich kleiner sind. Ob dies nur auf Unterschiede der Versuchsbedingungen und im Zustand des Enzyms zurückgeht oder ob bei den Versuchen Battellis und Sterns tatsächlich die Hemmung einer als „limiting factor" fungierenden Oxydase gemessen worden ist, ist nach diesen Angaben schwer zu entscheiden.

Wichtig sind in diesem Zusammenhang Versuche Sens[3] mit Urethanen, Harnstoffen, Nitrilen und Vanillin, in denen der Einfluss der Narkotica

---

[1a] H. Grönvall, Skand. Arch. 44, 200; 1923. — [1b] D. Svensson, Skand. Arch. 44, 306; 1923.

[2] Vgl. auch M. E. Collett u. Mitarb., Jl biol. Chem. 58, 793; 1923. — 82, 429; 1929.

[3] K. C. Sen, Biochem. Jl 25, 849; 1931.

in vergleichenden Ansätzen mit derselben Muskelsuspension aerob und anaerob geprüft wurde.

Seiner Arbeit ist die folgende instruktive Zusammenstellung der zu 50%iger Reaktionshemmung notwendigen Narkoticakonzentrationen (in Mol) entnommen.

Man gewinnt nach dieser Tabelle den Eindruck, dass der Angriffspunkt der Narkotica (mit Ausnahme der Nitrile) tatsächlich im anaeroben und aeroben Versuch derselbe ist, obwohl auch hier die aeroben Konzentrationswerte deutlich höher liegen. Ferner ist die Angabe Keilins anzuführen, wonach weder die Indophenoloxydase des Muskels noch der Hefe durch 0,6 m-Äthylurethan gehemmt wird, während dieser Zusatz auf die Reduktion des Cytochroms stark (z. B. 60%) hindernd wirkt. In Anbetracht der zweifellosen Widersprüche, die hier noch gegenüber den Angaben der älteren Autoren (S. 525) bestehen, wären Versuche von der Art der Senschen an einem grösseren Material sehr erwünscht.

Recht merkwürdig ist die spezifisch auf die O_2-Reaktion gerichtete Hemmungswirkung der Nitrile, die von Wieland[1] für den Fall des HCN-ähnlich hemmenden Milchsäurenitrils bestätigt worden ist. Vielleicht handelt es sich um sekundäre Effekte.

Tabelle 36.

Narkoticum	Aerobe Funktion der Succinodehydrase	Erythrocytenatmung (Warburg)	Anaerobe (Methylenblau) Funktion der Succ.-D.
Äthylurethan .	0,65	0,33	0,6
Phenylurethan .	0,003	0,003	0,002
Diäthylharnstoff	0,35	0,52	0,2
Phenylharnstoff.	0,028	0,018	0,028
Propionitril. . .	0,48	0,36	—
Valeronitril . .	0,08	0,06	—
Vanillin	0,011	0,02	0,022

Der letztgenannte Autor (l. c.) fand bei der Veratmung des Succinats durch Muskelbrei auch kräftige Hemmung durch Hydrochinon (vgl. Phenol S. 526) und noch erheblich stärkere durch Brenzkatechin; der Hemmungseffekt von Chinon nähert sich grössenordnungsmässig dem der Blausäure (s. S. 234 f.).

Die schon von Thunberg[2a] im Atmungsversuch festgestellte Hemmungswirkung von Benzoesäure und — verstärkt — den drei Oxybenzoesäuren hat Måhlén[2b] im anaeroben Enzymversuch bestätigt.

Eine 10%ige Herabsetzung der Enzymaktivität wurde schon durch 24 Mmol Benzoat, 12 Mmol p-Oxybenzoat, 5 Mmol m-Oxybenzoat und 0,5 Mmol Salicylat im Liter erzielt.

Verschiedene typische Antipyretica haben unter anderen Nitzescu[3a] und Essen-Möller[3b] untersucht.

Salicylat wird an hemmender Wirkung noch übertroffen von Chinin und dessen Derivaten (Optochin < Eucupin < Vuzin), wobei 50%ige Hemmungen schon von 0,1—1 millimolaren Lösungen erreicht werden. Ganz minimale Konzentrationen (0,001—0,08 Mmol) wirken im Muskelbreiversuch stimulierend (bis 40%), anscheinend jedoch nicht in Enzymlösungen. Weniger effektiv als Salicylat sind Pyramidon und Antipyrin. Atropin (zum Vergleich) ist ohne Wirkung.

Neueste Untersuchungen von Davies und Quastel[4] beziehen sich auf die Wirkung typischer Schlafmittel gegenüber den Dehydrasen des Gehirns.

---

[1] H. Wieland u. Mitarb., A. 477, 1; 1929. — 485, 193; 1925.

[2a] T. Thunberg, Skand. Arch. 29, 1; 1913. — [2b] S. Måhlén, Skand. Arch. 53, 152; 1927. — Vgl. auch M. E. Collett u. Mitarb., Jl biol. Chem. 100, 271; 1933.

[3a] J. J. Nitzescu u. Cosma, Soc. Biol. 89, 1401, 1406; 1923. — [3b] E. Essen-Möller, Skand. Arch. 48, 99; 1926.

[4] D. R. Davies u. Quastel, Biochem. Jl 26, 1672; 1932.

0,1—0,2%ige Lösungen von Somnifen, Luminal, Veronal, Chloreton verlängern im Methylenblauversuch nur die Entfärbungszeit in Gegenwart von Zucker (auch Lactat und Pyruvat) erheblich, während die Dehydrierung von Succinat und Glycerophosphat wenig beeinflusst wird.

Ähnlich verhalten sich zahlreiche, kürzlich untersuchte Mono- und Diamine mit Ausnahme des auch Succinodehydrase stark hemmenden Tyramins[1].

Sehr häufig und eingehend ist die Beeinflussung der Bakteriendehydrase durch die verschiedensten organischen Agentien untersucht worden (Quastel, Cook u. a.).

Toluolbehandlung schädigt die Methylenblaureaktion nur wenig, die O_2-Reaktion wesentlich stärker[2a, 2b]. (Ähnliche Befunde bezüglich der Muskeldehydrase, auf fast völligen Verlust des aeroben Reaktionsvermögens lautend, stammen von Hahn, S. 240). Unter den zahlreichen organischen Lösungsmitteln mit mehr oder weniger starker Hemmungswirkung ragt durch die Intensität der letzteren das Cyclohexanol hervor[2a].

Bezüglich der Einwirkung von Farbstoffen[2c] gilt das bei der Formicodehydrase (S. 499) Gesagte. (Die Verhältnisse bei Muskel sind qualitativ ähnlich, doch kommt hier bei einzelnen Farbstoffen, wie Methylen- und Toluidinblau, besonders in Phosphatlösung eine O_2-übertragende Funktion — als der hemmenden entgegenwirkend — zum Vorschein [vgl. S. 524]; die Succinatdehydrierung durch Gehirn wird dagegen durch Farbstoffzusätze offenbar überhaupt nicht beeinflusst. Die Lokalisierung des Enzyms und die Natur seiner unmittelbaren Umgebung bestimmen danach weitgehend über das Ausmass der Giftwirkung.)

Die Wirkung zahlreicher organischer Säuren auf die Succinatdehydrierung ist gleichfalls zuerst von Quastel[3] für den Fall des Bakterienenzyms systematisch untersucht worden. Die im Hinblick auf die Spezifitätsfrage bedeutsamen Befunde sind später für das Muskelferment vor allem von Thunberg bestätigt worden, wovon S. 217f. schon die Rede war.

Bei $\frac{m}{140}$ - Succinatkonzentration fand Quastel im Methylenblauversuch mit toluolbehandelten Colisuspensionen Hemmung durch u. a. folgende Säuren in zumeist $\frac{m}{14}$ - Konzentration (in Klammer die Hemmung in Prozenten): Oxalsäure (> 14), Malonsäure (> 95), Glutarsäure (43), Tricarballylsäure (> 52), Citronensäure (> 30), Brenzweinsäure (< 90), Weinsäure (10), Mesoweinsäure (50), Parabansäure (< 42), Phenylessigsäure (77), Mandelsäure (52), Phenylproprionsäure (> 95). Wie man sieht, gehören die stark hemmenden Substanzen teils der Bernsteinsäurereihe an, teils stehen sie ihr konstitutiv nahe. Häufig kehrt die Konfiguration C-CH-COOH oder C-CH$_2$-COOH wieder. Die intensive Hemmungswirkung der den Benzolkern enthaltenden Säuren steht mit früher erwähnten Befunden der Thunberg-Schule im Einklang (S. 527). Hydroxylierung oder Alkylierung macht den Hemmungseffekt der Malonsäure hinfällig.

Auch mit aerober Methodik sind derartige auf „Fixierungsspezifität" (S. 218) beruhende Hemmungen in letzter Zeit wiederholt nachgewiesen worden. Die verminderte O_2-Aufnahme in Gegenwart von Malonat hat zuerst Cook[4a] für Bact. coli, Quastel[4b] auch für andere Bakterien sowie (Ratten)muskel und -gehirn festgestellt. Mit dem gleichen Enzymmaterial hat letzterer Autor ferner die Hemmung der aeroben Succinatdehydrierung durch Oxalat und Fumarat (in gewissen Fällen auch Malat und Aspartat) nachgewiesen (vgl. auch S. 521).

---

[1] J. H. Quastel u. Wheatley, Biochem. Jl 27, 1609; 1933.

[2a] J. H. Quastel u. Wooldridge, Biochem. Jl 21, 148, 1224; 1927. — [2b] R. P. Cook, Biochem. Jl 24, 1538; 1930. — [2c] J. H. Quastel u. Wheatley, Biochem. Jl 25, 629; 1931.

[3] J. H. Quastel u. Wooldridge, Biochem. Jl 22, 689; 1928.

[4a] R. P. Cook, Biochem. Jl 24, 1538; 1930. — [4b] J. H. Quastel u. Wheatley, Biochem. Jl 25, 117; 1931.

Die Fumarathemmung in anaeroben Methylenblauversuchen ist also nicht nur thermodynamischer, sondern teilweise auch fixierungsspezifischer, d. h. adsorptiver Natur.

Hormone, Co-Fermente usw.: Nach Ahlgren hemmt Insulin (in Konzentrationen von 10^{-9}—10^{-5} g/l) die anaerobe Succinatdehydrierung durch Muskelbrei etwas (maximal $1/_3$ bei 10^{-5} g/l).

Andeutungen für die Existenz eines Co-Ferments der Succinatoxydation könnte man in den Angaben Fodors (S. 513) und Fleischs (S. 524) sehen. Dagegen ist wiederholt festgestellt worden, dass kochbeständige „atmungsaktivierende" Extrakte aus tierischen Geweben, Hefe usw. (Battelli und Sterns[1a] „Pnein", Meyerhofs[1b] „Atmungskörper") auf die (aerobe) Succinatoxydation ohne Einfluss sind. Ähnliche Befunde sind von v. Euler[1c] hinsichtlich der anaeroben Dehydrierung durch Trockenmuskel bei Zusatz von Cozymase erhoben und neuerdings auch durch Andersson (unveröffentlicht) wieder bestätigt worden. Auch Apozymase scheint sich analog zu verhalten[1d].

5. Anhang: Fumarase, Aspartase und verwandte Enzyme.

Es handelt sich hier um Hilfsenzyme der Oxydoreduktion (vgl. S. 83), welche Anlagerung bzw. Abspaltung von H_2O und NH_3 in ausgesprochen reversiblen Reaktionen katalysieren. Entsprechend ihrer nicht oxydoreduktiven Wirkungsnatur sollen sie hier nur in aller Kürze behandelt werden; die zahlreichen Literaturangaben ermöglichen gegebenenfalls weitere Orientierung.

a) Fumarase.

α) **Allgemeines.** Den Nachweis des Übergangs von Fumarsäure in Äpfelsäure

$$HO_2C \cdot CH : CH \cdot CO_2H \rightleftharpoons HO_2C \cdot CH_2 \cdot CHOH \cdot CO_2H$$

als isolierter Reaktion unter dem Einfluss von Muskelbrei hat zuerst Einbeck[2a] (1919) erbracht (vgl. S. 215). Er stellte auch fest, dass die Hydratisierung der Fumarsäure nur zu etwa 75% des theoretischen Umsatzes erfolgte. Seine irrtümliche Angabe, dass dabei inaktive Äpfelsäure entstehe, wurde von Dakin[2b] (1922) durch den Nachweis von ausschliesslich linksdrehender Äpfelsäure richtiggestellt und die Reversibilität der Reaktion durch den nachgewiesenen alleinigen Angriff der l-Form beim Zusammenbringen von d,l-Äpfelsäure und Muskelbrei einwandfrei dargetan. Ähnliche Befunde wurden fast gleichzeitig von Battelli und Stern[2c] erhoben, welche auch die spezifisch-enzymatische Natur der Reaktion feststellten und Verbreitung, Isolierung und Eigenschaften des Enzyms beschrieben. In neuerer Zeit haben sich ausser der Thunbergschen und der Cambridger Schule besonders Clutterbuck und Jacobsohn mit der Erforschung des Enzyms beschäftigt.

β) **Vorkommen.** Fumarase (F.) scheint sehr allgemein in der Natur verbreitet zu sein[3a]. So ist sie nachgewiesen in Bakterien (Micrococcus lysodeicticus, Bact. coli, B. pyocyaneus), Pilzen (Mucor [Rhizopus], Aspergillus, Penicillium, Unterhefe), höheren Pflanzen (Erbsen, Bohnen, Getreidesamen, Karotten, Rüben, Blättern der verschiedensten Arten), desgleichen in Mollusken (Pecten, Anodonta), Crustaceen (Crangon), Fischen (Anguilla, Gadus), Amphibien (Rana) und Warmblütern bis herauf zum Menschen[3b]. Am enzymreichsten erweist sich die Leber, dann folgen Muskel und Niere, schliesslich Gehirn, Lunge, Milz und andere

---

[1a] F. Battelli u. Stern, Biochem. Zs 33, 315; 1911. — [1b] O. Meyerhof, Pflüg. Arch. 170, 428; 1918. — 175, 20; 1919. — [1c] H. v. Euler, Nilsson u. Runehjelm, H. 169, 123; 1927. — [1d] A. Harden u. Macfarlane, Biochem. Jl 25, 818; 1931.

[2a] H. Einbeck, Biochem. Zs 95, 297; 1919. — [2b] H. D. Dakin, Jl biol. Chem. 52, 183; 1922. — [2c] F. Battelli u. Stern, Soc. Biol. 84, 305; 1921. — Ferner Soc. phys. hist. nat. 36, 59; 1919. — 37, No 9 u. 10; 1920. — 38, 49; 1921.

[3a] Siehe Zusammenfassung von K. P. Jacobsohn u. da Cruz, Soc. Biol. 109, 506; 1932. —
[3b] M. Tsuchihashi, Biochem. Zs 140, 161; 1933.

Gewebe; Battelli und Stern (S. 529) weisen auf den Parallelismus in der Verbreitung von Succinodehydrase und Fumarase hin. Nach Clutterbuck[1a] enthalten auch Blutzellen (nicht das Serum) F., nach Quastel[1b] sogar sehr viel.

γ) **Darstellung und Bestimmung.** Battelli und Stern (l. c.) extrahieren das zerkleinerte Gewebe (meist Muskel) mit 2—3 Vol. H_2O und säuern den Extrakt mit Essigsäure (1 : 3000) an, worauf nach dem Zentrifugieren eine klare, aktive Flüssigkeit resultiert. Tsuchihashi (l. c.) salzt das Enzym mit 85%ig gesättigtem $(NH_4)_2SO_4$ aus. Reinere Präparate hat Clutterbuck (l. c.) aus Muskel erhalten, indem er diesen zunächst gründlich mit Wasser auswäscht, wobei zwar das sog. „freie" Enzym verlorengeht, aber auch eine Menge Ballaststoffe mit entfernt werden. Im Muskel — nicht in der Leber — bleibt bei dieser Behandlung ein grosser Teil sog. „gebundenen" Enzyms zurück, das nun (zusammen mit der Succinodehydrase) durch $\frac{m}{15}$- sec. Phosphat extrahiert wird. Durch vorsichtigen Säurezusatz wird (bei pH 6,5) die Dehydrase koaguliert, das Filtrat mit $(NH_4)_2SO_4$ gefällt und die Lösung des Niederschlags dialysiert. Quastel (l. c.) stellt aus einer auf ähnliche Weise aus Gehirn erhaltenen $(NH_4)_2SO_4$-Fällung unter Zusatz von gebranntem Gips ein Dauerpräparat her, dessen Wasserextrakt nach der Behandlung mit Oxalat und Kieselgur eine hochaktive, fast proteinfreie Enzymlösung ergibt. Auch aus Bact. coli lässt sich durch Behandlung mit Na_2HPO_4, aus M. lysodeicticus durch Cytolyse mit Speichel oder Eiweiss, aus roten Blutkörperchen durch Cytolyse mit destilliertem H_2O das Ferment in wässrige, leicht von Zellpartikeln zu befreiende Lösung bekommen.

Die Bestimmung der F.-Aktivität erfolgt meist polarimetrisch nach Zusatz von Uranylacetat[2a, 2b] oder Ammonmolybdat[2c] zwecks Bildung der stark drehenden l-Äpfelsäurekomplexe. Auch gravimetrische Bestimmung der Fumarsäure (und evtl. auch der Äpfelsäure nach dem Erhitzen mit Ätznatron) als schwerlösliches Mercurosalz ist bisweilen verwendet worden[2b]. Battelli und Stern sowie Tsuchihashi (l. c.) trennen die Fumarsäure als Fe^{III}-Salz ab. Jacobsohn[2d] drückt die Hydratisierungsfähigkeit (Hf) eines Fumarasepräparats durch die Aktivitätsformel $Hf = \frac{k_m \cdot c}{g}$ aus (k_m = monomolekulare Reaktionskonstante, s. S. 531, c = Anfangsgehalt der Versuchslösung an Fumarsäure, g = Trockengewicht des verwendeten Fermentsaftes). Für Macerationssäfte von Säugetierleber und -niere ergaben sich bei 38° Hf-Werte zwischen 0,018 und 0,037, für Muskelsaft etwa 0,005, Fischlebersaft 0,006, Erbsenmehlextrakt dagegen nur 0,00022.

δ) **Wirkungen des Ferments.** Die **Spezifität** der F.-Wirkung ist offenbar sehr ausgesprochen. Schon Methylfumarsäure[3a] (Mesaconsäure) wird nicht mehr angegriffen, ebensowenig Maleinsäure[3b]. Desgleichen erwies sich α-Crotonsäure sowohl tierischen[3b] als pflanzlichen[3c] F.-Präparaten gegenüber resistent. Aconitsäure (= Citronensäure — H_2O), Oleinsäure und deren trans-Form, Elaidinsäure, ergaben bei Einwirkung von Muskel ebenfalls keine Anzeichen einer H_2O-Anlagerung[3d], wohl aber gibt Dakin[3e] unter ähnlichen Bedingungen die Entstehung einer minimalen Menge β-Oxyglutarsäure aus Glutaconsäure an. Die absolute stereochemische Spezifität der Fumarase hinsichtlich der l-Äpfelsäure ist neuerdings durch Jacobsohn[3f] in Zweifel gezogen worden.

Statik und Energetik der F.-Reaktion sind zahlreiche Male untersucht worden, in neuester Zeit auch unter Verwendung elektrometrischer Methodik (S. 516), da ja der Potentialunterschied in Parallelversuchen mit fumarasehaltiger und fumarasefreier Succinodehydrase ohne weiteres eine Berechnung des durch Hydratisierung verschwundenen Fumarats gestattet. Sowohl

---

[a] P. W. Clutterbuck, Biochem. Jl 22, 1193; 1928. — [1b] J. H. Quastel, Biochem. Jl 25, 898; 1931.

[2a] P. W. Clutterbuck, Biochem. Jl 21, 512; 1927. — [2b] K. P. Jacobsohn, Biochem. Zs 234, 401; 1931. — [2c] J. H. Quastel, l. c. — [2d] K. P. Jacobsohn u. da Cruz, Biochem. Zs 261, 267; 1933.

[3a] K. P. Jacobsohn, Biochem. Zs 243, 1; 1931. — [3b] F. Battelli u. Stern, Soc. Biol. 84, 305; 1921. — [3c] K. P. Jacobsohn u. Pereira, Soc. Biol. 108, 208; 1931. — [3d] F. G. Fischer, B. 60, 2257; 1927. — [3e] H. D. Dakin, Jl biol. Chem. 52, 183; 1922. — [3f] K. P. Jacobsohn, Soc. Biol. 113, 501; 1933.

mit Muskelpräparaten[1a] als mit ruhenden Bakterien[1b] — im letzteren Falle muss zwecks Verhinderung sekundärer Umsetzungen (wohl reduktive Entstehung von Bernsteinsäure) ein „Inhibitor" (meist einige Prozent Propylalkohol, auch Toluol oder Nitrit) zugesetzt werden — wurde von zahlreichen Autoren unter Verwendung der verschiedenartigsten Methodik ein Gleichgewichtsverhältnis Äpfelsäure/Fumarsäure in unmittelbarer Nähe von 3 gefunden; für die freie Energie der Fumarathydratisierung berechnet sich daraus der sehr geringe Wert von 0,67 kcal. (s. S. 145). [Stärker abweichende Werte für K werden u. a. von Battelli und Stern (1,9—2,3), Dakin (1,3—2,0), Clutterbuck (2,1—2,4), Alwall[2a] (1,7) und Jacobsohn[2b] (Hefesaft 2,6, Erbsensaft 3,2, Tiergewebsextrakte 3,3—4,0) angegeben; dabei handelt es sich teilweise um mehr orientierende Versuche, teilweise scheinen methodische Versuchsfehler bei der meist polarimetrischen Bestimmung, vielleicht auch Sekundärreaktionen infolge Verwendung unreiner Enzympräparate eine Rolle zu spielen. In diese Kategorie gehören sicher auch die Jacobsohnschen Angaben über einen enormen Temperaturkoeffizienten von K (z. B. $K_{5°}$ 9,1, $K_{22°}$ 6,1, $K_{38°}$ 3,8), was nach der van 't Hoffschen Beziehung $\frac{d\ln K}{dT} = \frac{U}{RT^2}$ eine erhebliche — indes sowohl nach den Daten der freien Energie als der Verbrennungswärmen äusserst unwahrscheinliche — Reaktionswärme voraussetzen würde.] Im übrigen geben sowohl Lehmann als Jacobsohn (l. c.) Unabhängigkeit der Gleichgewichtskonstanten vom pH (in den Grenzen 6,3—7,3 bzw. 5,3—8,3), letzterer auch Unabhängigkeit von den Ausgangskonzentrationen an Fumarat bzw. Malat, von der Fermentmenge und der Pufferart und -konzentration an. Ungeklärt sind Jacobsohns Befunde hinsichtlich des Einflusses der Fermentherkunft (s. oben).

Was die **Kinetik** anbetrifft, so haben schon Battelli und Stern (l. c.) optimale Reaktionsgeschwindigkeit in neutralem Milieu angegeben. Mann u. Woolf[3] fanden mit „ruhenden" Colibakterien das Optimum in salzarmer Lösung bei etwa pH 6,4, Salzzusätze bedingen jedoch Verschiebungen des Optimums im Bereich zwischen ungefähr pH 6,2 und 7,1 (s. Abb. 101, S. 532). Jacobsohn[2b] fand mit Lebersaft praktisch unveränderte Reaktionsgeschwindigkeit zwischen pH 6,5 und 7,7, noch $2/3$ derselben bei pH 5,8. Nachdem schon frühere Beobachter wiederholt den linearen Reaktionsverlauf in grösserer Entfernung vom Endzustand angegeben hatten, hat neuerdings Jacobsohn die Konstanz der Summe der monomolekularen Reaktionskonstanten $(k_1 + k_2)_m$ bis in die unmittelbare Nähe des Gleichgewichtszustands dargetan, desgleichen die Proportionalität dieses Werts sowohl mit der Enzymkonzentration als auch — in erster Annäherung — der reziproken Substratkonzentration. [Zwischen 0,04 und 0.7 m - steigt $(k_1 + k_2)_m \cdot c$ nur um etwa 25%.] Temperaturkoeffizient zwischen 24° und 34° 1,8, daraus Aktivierungswärme 10,64 kcal. Auffallenderweise ergab sich $(k_1 + k_2)_m$ aus der Dehydratisierungsgeschwindigkeit der Äpfelsäure als doppelt so gross wie aus Hydratisierungsgeschwindigkeit der Fumarsäure; die analytisch ermittelte Gleichgewichtskonstante (rund 4 im untersuchten Fall) wäre danach also rund doppelt so gross wie der nach der Zeitgleichung des Massenwirkungsgesetzes bestimmte Quotient $k_1 : k_2$. Bestätigen sich die zahlenmässigen Angaben Jacobsohns, so bleibt wohl nur eine Deutung, analog der von v. Euler[4] für den ähnlich gelegenen Fall der β-Methylglucosidhydrolyse gegebenen, übrig: Die Affinität der Leberfumarase zur Fumarsäure wäre als doppelt so gross anzunehmen wie die zur l-Äpfelsäure.

Interessante theoretische Vorstellungen über die Wirkungsweise der Fumarase hat im grösseren Zusammenhang seiner „Additionsverbindungstheorie" der Enzymwirkung Woolf entwickelt (s. S. 214). Er formuliert die reaktionsfähigen Enzym-Substratverbindungen

$$\underset{\text{H Fum. OH}}{\underline{\quad|\quad\quad|\quad\quad|\quad}} \text{ bzw. } \underset{\text{— Mal. +}}{\underline{\quad|\quad\quad|\quad\quad|\quad}}.$$

[1a] H. Einbeck, l. c. — F. G. Fischer, l. c. — A. Hahn u. Haarmann, Zs Biol. 87, 107; 1928. — 89, 159; 1930. — J. Lehmann, Skand. Arch. 58, 173; 1929. — H. Borsook u. Schott, Jl biol. Chem. 92, 559; 1931. — [1b] B. Woolf, Biochem. Jl 23, 472; 1929.

[2a] N. Alwall, Skand. Arch. 55, 91; 1928. — [2b] K. P. Jacobsohn u. Mitarb., Biochem. Zs 254, 112; 1932.

[3] P. J. G. Mann u. Woolf, Biochem. Jl 24, 427; 1930.

[4] H. v. Euler, Chem. d. Enz. 1, 305; 1925.

ε) **Beeinflussung des Ferments.** Die gelöste F. wird nach Battelli und Stern (S. 529) durch Temperaturen von 52—54⁰ inaktiviert. Lehmann (S. 531) fand die Thermolabilität sehr ähnlich derjenigen von Succinodehydrase (vgl. S. 521 f.): $^1/_2$stündige Wärmebehandlung bei 50⁰ schädigte je nach dem pH (6,5, 6,9, 7,5) um bzw. 50, 30 und 70%. 1—2tägige Dialyse verringert die Aktivität der F. nicht; dies spricht gegen die notwendige Anwesenheit eines Co-Ferments, ein Befund, der für den Fall der Cozymase durch die fumaratische Aktivität der „Apozymase" erhärtet worden ist[1].

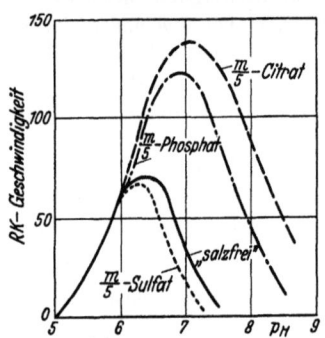

Abb. 101. Salzeinfluss auf die Fumarasewirkung ruhender Colibakterien bei verschiedenem pH. $\frac{m}{10}$ - Fumarat; T 37⁰. (Nach Mann und Woolf.)

Bezüglich des pH-Einflusses siehe S. 531. Zunehmende, doch geringe Aktivitätsverminderung der F. unter Salzeinwirkung in der Reihenfolge $SO_4'' < Cl' < NO_3'$ (vgl. S. 522); starke Hemmung durch F' (Battelli und Stern S. 529, Clutterbuck S. 530). Von letzterem Autor stammt auch die Beobachtung der kräftigen Enzymaktivierung durch Phosphat. Eine eingehende Studie hierüber verdankt man Mann und Woolf (S. 531), deren wichtigste Befunde in der nebenstehenden Abb. 101 veranschaulicht sind.

Bei jedem pH steigt die Phosphataktivierung mit zunehmender Salzkonzentration bis zu einem Grenzwert, was die Berechnung der Punkte in Abb. 102 ermöglicht. Die Kurven der Abb. 102 werden dementsprechend als Dissoziationsrestkurven eines Ampholyten gedeutet, dessen saures p_k konstant bleibt, während das alkalische p_k durch Kombination mit Anionen (z. B. HPO_4'') verändert wird. (Gegen die Citratkurve erhebt Quastel[2] methodologische Bedenken.)

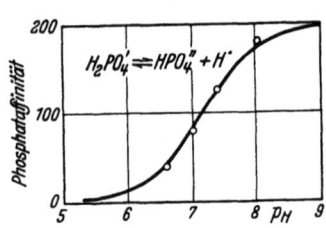

Abb. 102. Aus der Salzkonzentrationsabhängigkeit der relativen Phosphataktivierung bei verschiedenem pH ermittelte Werte der Enzym-Phosphataffinität (o) in ihrer Lage zur theoretischen Dissoziationskurve des H_2PO_4'. (Nach Mann und Woolf.)

Die Hemmungswirkung von Schwermetallsalzen steigt in der Reihenfolge $Zn < Co < Pb < Cu \leqq Hg < Ag$, derart, dass Zn in der Konzentration $2 \cdot 10^{-2}$ m- nur etwa 20%, Ag in 100mal kleinerer schon etwa 50% und in 50mal kleinerer so gut wie vollständig hemmt[3a].

Blausäure, arsenige Säure (auch Atoxyl) sind auch in für die Succinodehydrase deletären Dosen und darüber auf F. ohne Einfluss (Battelli und Stern S. 529, Clutterbuck S. 530, Jacobsohn[3b]).

Von näher untersuchten organischen Agentien sind Alkohol und Aceton zu nennen, die in F.-Lösungen inaktive Fällungen geben (Battelli und Stern S. 529, Clutterbuck S. 530). Das zur Konservierung häufig angewandte Toluol schädigt offenbar kaum, dagegen bewirkt 2%iges Cyclohexanol anfangs deutliche Aktivierung, später (z. B. nach 15 Stunden) weitgehende bis vollständige Inaktivierung[4a]. Alkaloide (Morphin, Chinin, Chinidin, Cinchonin, Strychnin) beeinflussen weder die Stereospezifität der F., noch — soweit sie nicht unlösliche Fumarate bilden (Chinin, Cinchonin) — die Reaktionsgeschwindigkeit[4b]. Die Wirkung zahlreicher Farbstoffe auf die F. hat neuerdings Quastel[4c] eingehend untersucht. Sowohl basische als saure Farbstoffe zeigen Giftwirkung (vgl. S. 499 und 528), wobei sich unter den letzteren besonders die Triphenylmethan- und die

---

[1] K. P. Jacobsohn, Biochem. Zs 243, 1; 1931.

[2] J. H. Quastel, Biochem. Jl 25, 898; 1931.

[3a] K. P. Jacobsohn u. Mitarb., Soc. Biol. 113, 749, 752; 1933. — [3b] K. P. Jacobsohn und Pereira, Soc. Biol. 113, 747; 1933.

[4a] B. Woolf, Biochem. Jl 23, 472; 1929. — [4b] K. P. Jacobsohn u. Mitarb., Soc. Biol. 113, 505, 507; 1933. — [4c] J. H. Quastel, Biochem. Jl 25, 898, 1121; 1931.

Kongorotserie — letztere zeigt schon Wirkungen bei Konzentrationen von 10^{-8} m- — auszeichnen. Neben Trypanrot und Trypanblau zeigt auch das konstitutiv mit ihnen verwandte, doch farblose „Bayer 205" toxische Wirkung gegenüber F. Bei zahlreichen Naphthylamindisulfosäuren und ihren s-Carbamiden hat Quastel Parallelismus zwischen ihrer fumaraseschädigenden Wirkung und ihrer trypanociden Aktivität festgestellt. Fumarat, Phosphat wie auch Protein üben eine gewisse „Schutzwirkung" gegenüber den genannten (an und für sich kaum reversiblen) Schädigungen aus.

Trypsin zerstört die F. rasch im neutralen und noch mehr im schwach alkalischen Gebiet, Diastase ist ohne Wirkung (Battelli und Stern).

b) Andere Hydratasen.

Sieht man von Stoffwechselversuchen (S. 85f. und 504f.) ab, so lassen sich unsere Kenntnisse in dieser Richtung in wenigen Sätzen zusammenfassen. Friedmann und Maase [1a] gaben den Übergang von Crotonsäure in l-β-Oxybuttersäure mit Leberbrei (an der Luft) an. Als Beweis einer enzymatischen Hydratisierung verlieren ihre Versuche dadurch etwas an Wert, dass die β-Oxybuttersäurebildung beim Einleiten von H_2, N_2 oder CO_2 in die Reaktionslösung ausblieb[1b]; möglicherweise könnte es sich um „Schüttelinaktivierung" handeln (s. auch Abschnitt V, 2b). Battelli und Stern (S. 530) haben — offenbar mit Muskelenzymlösungen — den Befund von Friedmann und Maase nicht reproduzieren können; wohl aber gibt Ahlgren[1c] eine mässige Donatorfunktion von Crotonsäure (wie auch Allylessigsäure und Acrylsäure) gegenüber Methylenblau in Gegenwart von (am besten nichtausgewaschener) Muskulatur an, die — Reinheit der Präparate vorausgesetzt — ja nur nach vorheriger H_2O-Anlagerung in Erscheinung treten kann. Nach gewissen Andeutungen scheint neuerdings Jacobsohn[1d] einen geringfügigen Angriff der Crotonsäure auch mit pflanzlichem Material beobachtet zu haben.

Ohne dass eine Deutung dafür gegeben werden könnte, soll noch angeführt werden, dass sowohl Thunberg als Ahlgren (S. 511[1c]) schwache Donatorwirkung von Maleinsäure mit Muskulatur beobachtet haben, was Lipschitz[2] mit seiner Nitromethode (S. 135) nicht bestätigen konnte. (Bezüglich Glutaconsäure, s. S. 530.) Schliesslich hat Bernhauer[3] die Überführung von Aconitsäure in Citronensäure durch Aspergillus niger festgestellt.

c) Aspartase.

α) **Allgemeines.** Die ersten Mitteilungen über dieses Enzym stammen von Quastel und Woolf[4] (1926), die zeigten, dass in Gegenwart „ruhender" Colibakterien unter anaeroben Bedingungen (pH 7,4, T 37°) l-Asparaginsäure aus Fumarsäure + NH_3 gebildet wird. Sie fanden bald, dass es sich hier um eine Gleichgewichtsreaktion (I)

$$HO_2C \cdot CH(NH_2) \cdot CH_2 \cdot CO_2H \rightleftharpoons HO_2C \cdot CH:CH \cdot CO_2H + NH_3,$$

die sich unter dem Einfluss eines thermolabilen Katalysators abspielt, handelt. Die quantitativen Verhältnisse waren allerdings dadurch verschleiert, dass neben dieser reversiblen eine irreversible, unter Reduktion zu Bernsteinsäure führende Reaktion (II) ablief, ganz abgesehen von der gleichfalls enzymatisch katalysierten Fumarsäure-Äpfelsäure-Umsetzung (III). In Gegenwart wachstumshemmender Agentien wie Toluol, Propylalkohol (2—4%), $NaNO_2$ (1%) liess sich allerdings die irreversible Reaktion (II) unterdrücken, die also demnach nicht dem „ruhenden" Bakterienorganismus zukommt. Quastel und Woolf gaben auch schon an, dass andere Aminosäuren und ungesättigte Fettsäuren durch das Bakterienenzym nicht in analoger Weise umgesetzt werden können wie Asparagin- und Fumarsäure. Die Untersuchungen wurden

---

[1a] E. Friedmann u. Maase, Biochem. Zs 55, 450; 1913. — [1b] E. Friedmann, Biochem. Zs 61, 281; 1914. — [1c] G. Ahlgren, Act. med. scand. 57, 508; 1923. — Skand. Arch. 47 (Suppl.), 1; 1925. — [1d] K. P. Jacobsohn, Biochem. Zs 243, 1; 1931.

[2] W. Lipschitz u. Gottschalk, Pflüg. Arch. 191, 1; 1921.

[3] K. Bernhauer u. Böckl, Biochem. Zs 253, 25; 1932.

[4] J. H. Quastel u. Woolf, Biochem. Jl 20, 545; 1926.

von Cook[1a] und Woolf[1b] weitergeführt, die einerseits die Verbreitung des Enzyms in Bakterien verschiedenen Typus untersuchten, andererseits die durch dasselbe vermittelte Reaktion aus dem Gewirr der Begleitreaktionen mit dem Ziel exakter Gleichgewichtsermittlung herauszuschälen versuchten. Erst vor kurzem ist dann Virtanen und Tarnanen[2] die Isolierung des von Woolf als Apartase bezeichneten Ferments aus Bakterienmaterial geglückt.

β) **Vorkommen.** Cook, Woolf und Quastel fanden die Umsetzung (I) von Asparaginsäure bei den Bakterien nur in der Gruppe der fakultativen Anaerobier (z. B. Bact. coli, B. pyocyaneus, B. prodigiosus, B. proteus, B. fluorescens), während die irreversible Umsetzung zu Bernsteinsäure (II) ausserdem auch bei strikten Aerobiern und Anaerobiern allgemein vorkommt. Virtanen entdeckte Aspartase (A.) ausser in B. fluorescens liquefaciens auch in Propionsäurebakterien und — in kleinerer Menge — in B. casei ε. Dagegen vermisste er das Enzym in Oberhefe. Er fand es wiederum in höheren Pflanzen (Erbsenkeimlingen, Kleeblättern usw.), während Versuche mit tierischen Geweben (Säugetiermuskel, -leber, -embryo) vorläufig negativ verlaufen sind.

γ) **Darstellung.** Ein Trockenpräparat von B. fluorescens liquefaciens — offenbar nicht von anderen Bakterien[3] — gab nach eintägigem Stehen in Wasser von 37° (unter Toluolzusatz)

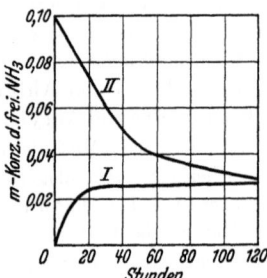

Abb. 103. Das Gleichgewicht der Spaltung und Synthese von Asparaginsäure. (Nach Woolf.)

I $\frac{m}{10}$ - Asparaginsäure;
II $\frac{m}{10}$ - Fumarsäure + $\frac{m}{10}$ - NH$_4$Cl. } pH 7,4; T 37°.

einen erheblichen Teil seiner Aspartase an die Lösung ab. Durch Zentrifugieren und Berkefeld-Filtration bei pH 7 wird eine wasserklare, zellfreie Enzymlösung erhalten, in der allerdings auch Fumarase, Asparaginase und noch andere Enzyme enthalten sind. Versuche, die langsame Filtration durch schwaches Ansäuern (bis unter pH 6) zu beschleunigen, misslangen, da dann die A. vollständig in der Bakterienmasse zurückbleibt. Die Frage, ob die vom Enzympräparat gleichfalls vermittelte Asparaginatbildung aus Äpfelsäure direkt oder indirekt (über Fumarsäure) erfolge, wurde durch Trypsineinwirkung, wobei nach Battelli und Stern (S. 529) die Fumarase zerstört wird, im letzteren Sinne entschieden: es resultiert dabei ein (zwar schwächer wirksames) Aspartasepräparat, das Äpfelsäure praktisch nicht mehr umsetzt.

Die Bildung bzw. Spaltung der Asparaginsäure wird gewöhnlich durch quantitative NH$_3$-Bestimmungen (nach van Slyke) verfolgt. Gegebenenfalls kann Asparaginsäure als Cu-Salz, Fumarsäure (nach der Ätherextraktion) als Ag-Salz gefällt und bestimmt werden.

δ) **Wirkungen des Ferments.** Nach den Versuchen sowohl von Quastel als Virtanen scheint die Spezifität der A. sehr streng zu sein und sich auf das namengebende Substrat zu beschränken. Glykokoll, Alanin, Leucin und Glutaminsäure fanden sie resistent, desgleichen die d-Form der Asparaginsäure. l-Asparagin wird nach Virtanen zwar umgesetzt, jedoch in Anbetracht des Asparaginasegehalts der Enzymlösung wahrscheinlich erst nach primärer Amidspaltung. Von ungesättigten Substraten hat Virtanen Fumarsäurediamid, Mesaconsäure, trans-Aconitsäure und Sorbinsäure, Quastel Maleinsäure und Glutaconsäure mit negativem Erfolg geprüft.

Die Gleichgewichtslage bei der Asparaginatsynthese und -spaltung ist zuerst von Quastel und Woolf unter Verwendung fumarasehaltiger Colisuspensionen in Gegenwart von 4% Propylalkohol festgestellt worden. Sie geben für $K = \dfrac{[\text{Asparginsäure}]}{[\text{Fumarsäure}] \cdot [\text{NH}_3]}$ einen Wert

---

[1a] R. P. Cook u. Woolf, Biochem. Jl 22, 474; 1928. — [1b] B. Woolf, Biochem. Jl 23, 472; 1929. — Vgl. auch J. H. Quastel u. Wheatley, Biochem. Jl 25, 117; 1931.

[2] A. J. Virtanen u. Tarnanen, Naturwiss. 19, 397; 1931. — Biochem. Zs 250, 193; 1932.

von rund 25 an; da jedoch hierin das Fumarat-Malatgleichgewicht (mit der analogen Gleichgewichtskonstante 3, s. S. 531) eingeht, so ist, worauf Woolf hingewiesen hat, die mit der wahren Fumaratkonzentration berechnete Gleichgewichtskonstante rund 4mal grösser, also etwa 100. Er selbst findet mit Bact. coli, dessen Fumarase durch Cyclohexanol zerstört worden ist (S. 532), einen K-Wert von 92, was einer 28%igen Spaltung von $\frac{m}{10}$ - Asparaginat entspricht (Abb. 103).

Virtanen hat die Gleichgewichtskonstante nur mit fumarasehaltigen A.-Lösungen bestimmt. Der sich so ergebende Wert für dieselbe — 35,4, nicht 3,54, wie irrtümlich angegeben — stimmt in erster Annäherung mit dem alten Quastelschen Zahlenwert überein.

Die pH-Abhängigkeit der Enzymwirkung ist gleichfalls von Virtanen untersucht worden, wobei sich nahe identische Kurven für Spaltung und Synthese ergaben (Abb. 104).

Linearer Reaktionsverlauf in grösserer Entfernung vom Gleichgewicht ist in allen zitierten Arbeiten (S. 534) mehr oder weniger deutlich beobachtet worden (vgl. Abb. 103).

ε) **Beeinflussung des Ferments** durch die üblichen Agentien ist noch kaum studiert worden. Säureeinwirkung (z. B. pH 4,2), sowie Behandlung mit 40%igem Alkohol schädigt nach Virtanen stark und intensiver als im Fall der Asparaginase (s. S. 534). Toluol und 4%iger Propylalkohol hemmt nach Quastel nicht, 10%iger Propylalkohol fast vollständig. Gegen Cyclohexanol ist die A. ungleich beständiger als die Fumarase, desgleichen gegen Trypsin.

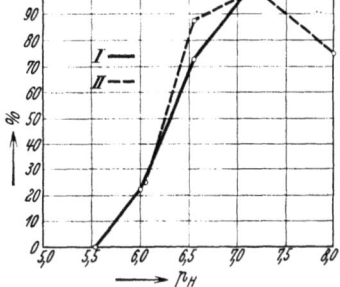

Abb. 104. pH-Einfluss auf die Aspartaseaktivität (in Prozent der optimalen) bei Spaltung (I) und Synthese (II) der Asparaginsäure. (Nach Virtanen und Tarnanen.)

ζ) **Analoge „Ammoniakasen"** — diese Benennung mag hier, da sie die Beziehung zu den Hydratasen gut zum Ausdruck bringt und die naheliegende Bezeichnung Amidasen schon für hydrolysierende Enzyme vergeben ist, vorgeschlagen werden — existieren vermutlich, obwohl darüber keine sicheren enzymatischen Befunde vorliegen. Doch hat schon 1917 Raistrick[1a] die Überführung von Histidin in β-Imidazolacrylsäure mit Bakterien der Coli-typhosus-Gruppe, und 1921 Hirai[1b] die Umwandlung von l-Tyrosin in p-Oxyphenylacrylsäure mit B. proteus vulgaris realisiert.

V. Die Dehydrasen der Oxyfettsäuren (W. Franke).

1. Lacticodehydrase
(evtl. Dehydrase der einbasischen α-Oxysäuren).

a) Allgemeines.

Unter den dehydrierenden Enzymen der Oxysäuren kommt demjenigen der Milchsäure — bei der zentralen Stellung dieses Substrats im Kohlehydratabbau vor allem der tierischen Zelle — die grösste Bedeutung zu. Dem entspricht eine Fülle während des letzten Jahrzehnts erschienener Arbeiten, so dass die Lacticodehydrase heute neben der Succinodehydrase wohl die am eingehendsten studierte Acidodehydrase darstellt. Freilich hat dieses intensive Studium der Milchsäuredehydrase eine nicht annähernd so weitgehende Klärung der Verhältnisse mit sich gebracht wie im Falle der Succinodehydrase, was mit der neuerdings wieder in den Brennpunkt des Interesses

---

[1a] H. Raistrick, Biochem. Jl 11, 71; 1917. — [1b] K. Hirai, Biochem. Zs 114, 71; 1921.

getretenen Co-Fermentfrage zusammenhängt. Jedenfalls haben sich interessante Anknüpfungspunkte an den Erscheinungskomplex der Cozymase (S. 449f.) einerseits, den jener wiederholt (z. B. S. 228, 344f., 416) zitierten gelben Zellfarbstoffe (Warburgs „gelbes Oxydationsferment", Lyochrome, Vitamin B_2) anderseits ergeben, deren weitere Verfolgung eine definitive Lösung des vorliegenden Problems wohl in nicht allzu ferner Zukunft erwarten lässt.

Zunächst mögen einige historische Daten vorausgeschickt werden:

Die aerobe Oxydation von Milchsäure durch Muskel ist wohl zuerst durch Meyerhof[1a] (1919) beschrieben und eingehend studiert worden. Drei Jahre später wurden ähnliche Befunde für den Fall lebender Hefe von Fürth und Lieben[1b] erhoben. Die anaerobe Donatoreigenschaft der Milchsäure stellte als erster Thunberg[1c] (1920) für Froschmuskel fest. 1925 zeigte Quastel[1d], dass in „ruhenden" Bakterien unter Stoffen mit Säurecharakter nur Ameisensäure die Milchsäure in dieser Funktion zu übertreffen vermag (vgl. Tabelle 33, S. 495). Bakterien waren denn auch das erste Material, aus dem die Darstellung eines zellfreien Enzympräparates mit spezifischer Wirkung gelang (Stephenson[1e] 1928); bald darauf gewann Bernheim[1f] aus Hefe ein Präparat von ganz ähnlichen Eigenschaften.

Die Notwendigkeit eines Co-Fermentzusatzes bei der aeroben Oxydation von Milchsäure durch kräftig extrahierten Muskelrückstand hat zuerst Meyerhof (l. c.) wahrscheinlich gemacht. Seine „Atmungskörpertheorie (vgl. S. 450f.) ist jedoch in der Folgezeit wiederholt — u. a. von Holden und A. Hahn — angegriffen worden. 1925 nahm v. Szent-Györgyi[2a] das Problem auf breiterer Basis wieder auf. Seine — grossenteils gemeinsam mit Banga ausgeführten — Arbeiten stellten zunächst die Existenz eines Co-Ferments der Milchsäureoxydation definitiv fest und führten schliesslich (1933) — etwas verzögert durch die problematische Bedeutung des „Cytoflavs" (S. 416) — zu der Erkenntnis, dass das Co-Ferment der Lactatoxydation mit der Eulerschen Cozymase zum mindesten nahe verwandt, vermutlich sogar identisch ist[2b], ein Ergebnis, das durch fast gleichzeitig und unabhängig voneinander ausgeführte Untersuchungen des Eulerschen[2c] und Thunbergschen[2d] Laboratoriums weiter erhärtet wurde.

b) Vorkommen.

Systematische Untersuchungen über die Verbreitung der Lacticodehydrase (Lact.-D.) fehlen, doch scheint sie zum mindesten in tierischen und Bakterienzellen ziemlich übiquitär zu sein. Dass alle quantitativ vergleichenden Angaben bei Verwendung vorgewaschener Zellen und Gewebe von sehr zweifelhaftem Werte sind, dürften die vorangegangenen Ausführungen über das Co-Ferment der Lact.-D. schon haben erkennen lassen.

Zahlreiche **Bakterien** haben u. a. Quastel[3a] und Cook[3b] mit stets positivem Befund untersucht (vgl. Tabelle S. 495). Eingehend untersucht ist die Milchsäureoxydation u. a. durch Coli- (l. c.), Milchsäure-[3c], Buttersäure-[3d], Gono- (S. 537f.) und Pneumokokken (S. 540). Bezüglich

---

[1a] O. Meyerhof, Pflüg. Arch. 175, 20, 88; 1919. — [1b] O. v. Fürth u. Lieben, Biochem. Zs 128, 144; 132, 165; 1922. — [1c] T. Thunberg, Skand. Arch. 40, 1; 1920. — [1d] J. H. Quastel u. Whetham, Biochem. Jl 19, 520; 1925. Vgl. auch A. Harden u. Zilva, Biochem. Jl 9, 379; 1919. — [1e] M. Stephenson, Biochem. Jl 22, 605; 1928. — [1f] F. Bernheim, Biochem. Jl 22, 1178; 1928.

[2a] A. v. Szent-Györgyi, Biochem. Zs 157, 50, 67; 1925. — [2b] J. Banga u. v. Szent-Györgyi, H. 217, 39, 43; 1933. — [2c] B. Andersson, H. 217, 186; 1933. — [2d] C. G. Holmberg, Akad. Abhandl., Lund 1933.

[3a] J. H. Quastel u. Mitarb., Biochem. Jl 19, 304, 520, 652; 1925. — [3b] R. P. Cook u. Stephenson, Biochem. Jl 22, 1368; 1928. — [3c] J. G. Davis, Biochem. Zs 265, 90; 267, 357; 1933. — [3d] H. Wieland u. Sevag, A. 501, 151; 1933.

Hefe vgl. die Angaben S. 536 sowie ähnliche von Wieland und Mitarbeitern [1]. In **höheren Pflanzen** spielt die Lact.-D. offenbar eine ganz untergeordnete Rolle; ein Donatorvermögen der Milchsäure ist entweder nur schwach entwickelt oder wird überhaupt vermisst (Thunberg und Fodor, Literatur S. 495 u. 513).

Von **tierischen Geweben** ist meist der Muskel, gelegentlich auch Leber und Niere [2a], das Gehirn [2b], die weisse Nervensubstanz [2c], die Augenlinse [2d] usw. als Enzymträger bzw. -quelle studiert worden. Es ist im Sinne des oben Gesagten verständlich, dass im ausgewaschenen Muskelgewebe [2e] (wie auch in Extrakten daraus [2a]) die Milchsäure hinsichtlich des Donatorvermögens von anderen Substanzen, besonders Bernsteinsäure und Citronensäure häufig ums Mehr- bis Vielfache übertroffen wird. Dagegen fand Davies [2f] z. B. im ungewaschenen Gehirn Lactat und Succinat fast gleich effektiv (s. S. 513). Nach Fleisch [2g] wird Milchsäure durch Sarkomgewebe weniger rasch dehydriert als durch Muskel.

c) Darstellung und Bestimmung.

Wie schon S. 536 erwähnt, sind Bakterien und Hefe das gegebene Ausgangsmaterial zur Gewinnung eines spezifisch wirkenden, zellfreien Enzympräparates.

α) **Bakteriendehydrase** (nach Stephenson [3a]). Auf tryptischem Bouillon-Agar (pH 7,6) unter Zusatz von 0,5% Na-Lactat gezogene Colikulturen werden nach dem Waschen und Zentrifugieren 5—6 Tage lang in $\frac{m}{2}$- Phosphatpuffer von pH 7,6 und unter Zugabe von 1% NaF der Autolyse bei 37° überlassen. Zentrifugieren und Filtration durch Kieselgur — ein Porzellanfilter passiert das Enzym nicht — liefert die klare Lösung des Ferments, welches daraus erforderlichenfalls (zwecks Konzentrierung) mit $(NH_4)_2SO_4$ ohne grossen Aktivitätsverlust abgeschieden werden kann. Von bekannteren Substraten wird nur Milchsäure und α-Oxybuttersäure vom Präparat umgesetzt.

In ähnlicher Weise stellen Barron und Hastings [3b] aus einem Trockenpräparat von Gonokokken durch 24tägige Aufbewahrung unter verdünntem Pyrophosphat von pH 7,6 im Eisschrank, 6stündiges Schütteln und Zentrifugieren eine anaerob wirksame Lact.-D. dar.

β) **Hefedehydrase.** Nach der älteren Vorschrift von Bernheim [4a] extrahiert man Acetonhefe unter gelegentlichem Verreiben mit $\frac{m}{15}$ - Na_2HPO_4, zentrifugiert nach etwa 4 Stunden und dialysiert 6—7 Stunden gegen destilliertes H_2O, wobei eine schwach getrübte, etwa einen Tag im Eisschrank unverändert haltbare Fermentlösung von den gleichen Spezifitätseigenschaften wie für das Bakterienenzym angegeben, erhalten wird. (Neuere Modifikation der Darstellungsmethode von Boyland [4b].)

Mehrere Tage unverändert haltbare, klare hellgelbe Enzymlösungen von derselben spezifischen Wirkung liefert ein unlängst von A. Hahn [4c] angegebenes Verfahren, bei dem Presshefe zunächst mit Essigester verrieben und nach dem Verdünnen mit dem 10fachen Volumen Wasser

---

[1] H. Wieland u. Mitarb., A. 492, 183; 1932. — A. 507, 203; 1933.

[2a] G. M. Wishart, Biochem. Jl 17, 103; 1923. — O. Meyerhof u. Mitarb., Biochem. Zs 157, 459; 1925. — [2b] R. O. Loebel, Biochem. Zs 161, 219; 1925. — O. Meyerhof u. Lohmann, Biochem. Zs 171, 381, 421; 1926. — J. H. Quastel u. Mitarb., Biochem. Jl 26, 725, 1672; 1932. — [2c] T. Thunberg, Skand. Arch. 43, 275; 1923. — T. H. Chang u. Gerard, Am. Jl Physiol. 104, 291; 1933. — T. P. Feng, Jl Physiol. 76, 477; 1932. — [2d] G. Ahlgren, Skand. Arch. 44, 196; 1923. — Act. ophtalm. 5, 1; 1927. — [2e] E. Rosling, Skand. Arch. 45, 132; 1924. — [2f] D. R. Davies u. Quastel, Biochem. Jl 26, 1672; 1932. — [2g] A. Fleisch, Biochem. Jl 18, 294; 1924.

[3a] M. Stephenson, Biochem. Jl 22, 605; 1928. — [3b] E. S. G. Barron u. Hastings, Jl biol. Chem. 100, 155; 1933.

[4a] F. Bernheim, Biochem. Jl 22, 1178; 1928. — [4b] E. Boyland, Biochem. Jl 27, 791; 1933. — [4c] A. Hahn, Fischbach u. Niemer, Zs Biol. 93, 121; 1932. — 94, 58; 1933.

etwa 12 Stunden geschüttelt wird. Von Zeit zu Zeit wird mit 5%igem NH_3 neutralisiert und schliesslich filtriert.

Die Bestimmung der Dehydrasewirkung erfolgt in Anbetracht ihrer Spezifität am einfachsten im MBl-Versuch unter Lactatzusatz. Bisweilen ist auch eine quantitativ präparative Verfolgung der Reaktion durchgeführt worden, so z. B. von Hahn[1, 2a], der nach kombinierter $HgCl_2$- und Kupferkalkfällung (zwecks Entfernung von Eiweiss bzw. Kohlehydraten) die unveränderte Milchsäure im Filtrat durch Oxydation mit $KMnO_4$ und Auffangen des überdestillierten Aldehyds in $NaHSO_3$ von bekanntem Titer bestimmt. Die Brenztraubensäure kann entweder volumetrisch auf Grund des entwickelten CO_2-Volumens nach Zugabe von Lebedew-Hefesaft (Barron und Hastings, S. 537, vgl. auch Warburg[2b]) oder — allerdings nicht quantitativ — durch Fällung mit Semicarbazid oder Phenylhydrazin bestimmt werden[1, 2b]. Hahn[1] hat auch die Entstehung von Acetaldehyd in seinen Hefedehydraseansätzen (mit Nitrophenylhydrazin) nachgewiesen.

d) Wirkungen und Natur des Ferments.

α) Spezifität. Die Hauptfunktion der Lact.-D. besteht in der Überführung von Milchsäure in Brenztraubensäure, $CH_3 \cdot CHOH \cdot CO_2H \rightarrow CH_3 \cdot CO \cdot CO_2H$, welch letztere wiederholt, teils direkt, teils indirekt als Reaktionsprodukt — und zum mindesten im Falle der Bakteriendehydrase (Stephenson, Barron und Hastings) als ausschliessliches Reaktionsprodukt — nachgewiesen worden ist. Angaben über Stereospezifität des lactatdehydrierenden Enzyms finden sich in der Literatur wiederholt.

Meyerhof[3a] fand (mit aerober Methodik) zwar in einzelnen Warmblütergeweben einen geringfügigen Umsatz der l-Milchsäure, im übrigen aber ausserordentlich weitgehende Bevorzugung der d-Form als der im Stoffwechsel vorkommenden aktiven Modifikation. Der Befund ist bestätigt durch Banga[3b] für gewaschenen Muskel + Co-Ferment (s. S. 545f.) und — mit anaerober Technik — von Ahlgren[3c] für Meerschweinchenmuskel. Beim Froschmuskel ist nach Meyerhof (l. c.) der Unterschied im Umsatz der beiden Antipoden wohl nicht ganz so gross wie beim Warmblüter und in Hefe nur sehr geringfügig. Isoliertes Hefe- und Bakterienenzym sind jedoch noch nicht daraufhin untersucht worden.

Übereinstimmend wird neben dem Angriff der Milchsäure für Enzympräparate verschiedener Herkunft auch ein — zwar langsamerer — Umsatz von α-Oxybuttersäure angegeben.

Die Literaturangaben über die Überlegenheit der Milchsäure gegenüber der α-Oxybuttersäure hinsichtlich des Donatorvermögens schwanken zwischen 30% (Bernheim, Barron und Hastings, S. 537) und etwa 5000% (Stephenson, S. 537). Bei der bekannten Form der Substratabhängigkeit der Reaktionsgeschwindigkeit (S. 542) spielen hier natürlich die zum Vergleich gewählten Konzentrationen eine ausschlaggebende Rolle. Nach den in dieser Hinsicht einwandfreiesten Angaben (Stephenson, l. c., Quastel und Wooldridge[4]) dürfte die α-Oxybuttersäure in ihrer Donatorfunktion der Milchsäure um wenigstens eine Grössenordnung unterlegen sein.

---

[1] A. Hahn, Fischbach u. Niemer, Zs Biol. 93, 121; 1932. — 94, 58; 1933.

[2a] A. Hahn u. Fischbach, Zs Biol. 89, 148; 1929. — [2b] O. Warburg u. Mitarb., Biochem. Zs 227, 245; 1930.

[3a] O. Meyerhof u. Lohmann, Biochem. Zs 171, 421; 1926. — Vgl. auch O. Meyerhof u. Boyland, Biochem. Zs 237, 406; 1931. — [3b] J. Banga u. Mitarb., H. 210, 228; 1932. — [3c] G. Ahlgren, Act. med. scand. 57, 508; 1923.

[4] J. H. Quastel u. Wooldridge, Biochem. Jl 22, 689; 1928.

Während die genannten beiden Säuren die einzigen von Enzymlösungen angegriffenen Substrate zu sein scheinen — Stephenson wie auch Bernheim und Hahn (S. 537) haben wenigstens zahlreiche andere zellvertraute Körper, darunter β-Oxybuttersäure, mit stets negativem Erfolg geprüft —, findet Quastel (l. c.) in toluolbehandelten Colibakterien, Barron in geschädigten Gonokokken noch eine schwächer ausgeprägte Donatoreigenschaft der Glycerinsäure. Intakte Bakterien vermögen auch Glykolsäure, Mandelsäure und andere Oxysäuren anzugreifen. (Über die Quastelsche Erklärung der allmählichen Einschränkung des Spezifitätsbereiches der Bakteriendehrasen mit zunehmender Schädigung des Organismus s. Näheres S. 217 u. 496f.). Trotz der recht strengen Spezifität der Enzymlösungen ist es also nicht unwahrscheinlich, dass das an die Kolloide auch der höheren Zelle verankerte, voll aktionsfähige Enzym eine grössere Anzahl verwandter — wenn auch an sich schwerer angreifbarer — Substrate umsetzen kann. In diesem Sinne wäre die zellgebundene Lact.-D. wohl als eine allgemeiner fungierende Dehydrase einbasischer α-Oxysäuren aufzufassen.

Über die damit im Zusammenhang stehende Frage der „Fixierungsspezifität" finden sich eingehendere Angaben S. 550.

Von Acceptoren haben sich ausser Methylenblau alle Clarkschen Redoxindicatoren (Indigosulfonate, Indophenole) sowie verschiedene andere Farbstoffe als brauchbar erwiesen, wobei sich ein gewisser Parallelismus zwischen Reduktionszeit und Potential — allerdings gestört durch den hemmenden Einfluss von Sulfogruppen — ergab (Stephenson). Auch Dinitrobenzol wird reduziert (Lipschitz[1], Bernheim, Hahn), desgleichen nach neuesten Angaben des R. Kuhnschen Instituts Flavine[2a].

In ruhenden Bakterien kommen dazu noch Nitrat, Chlorat und Fumarat, sowie Sauerstoff[2b]. Acceptorwirkung zelleigener, bisher noch unbekannter Substanzen im Muskelbrei hat A. Hahn[2c] wiederholt angegeben.

Was die Acceptorfunktion des Sauerstoffs anbelangt, so ist für Dehydraselösungen von Stephenson wie Bernheim und Hahn übereinstimmend Unvermögen zur Reaktion mit O_2 beobachtet worden.

Barron und Hastings (S. 537) konnten zwar aus Gonokokken nach Cytolyse und Zentrifugieren kolloide Suspensionen mit der Fähigkeit zu langsamer O_2-Reaktion darstellen, doch verschwindet diese Fähigkeit — ohne Schädigung der anaeroben — schon beim 2stündigen Erwärmen auf 52°; ihre früher beschriebenen, bereits wasserklaren Enzymlösungen besitzen übrigens von vornerein nur anaerobes Dehydrierungsvermögen, so dass der komplexe Charakter der O_2-Reaktion — ganz abgesehen von deren charakteristischem Verhalten gegen HCN, H_2S usw. — wohl ausser Zweifel steht.

Eine weitere Stütze dieser Auffassung liegt in dem Befund, dass durch Hitzeeinwirkung (60°) ihrer aeroben Funktion beraubte Gonokokkensuspensionen durch Zusatz von Hämin zu schwacher, von Nicotin-Hämin zu recht kräftiger aerober Lactatdehydrierung veranlasst werden können (vgl. S. 328).

Die Lact.-D. ist also im Sinne Dixons (S. 241) eine typisch anaerobe Dehydrase. Wohl aber vermag sie in Gegenwart eines reversiblen Farbstoffs (Methylenblau, Cresylblau, Pyocyanin) die indirekte aerobe Oxydation des Lactats zu vermitteln (Stephenson, Barron und Hastings, S. 537); diese Reaktion ist praktisch gegen HCN (und H_2S) unempfindlich (Abb. 105).

---

[1] W. Lipschitz u. Gottschalk, Pflüg. Arch. 191, 33; 1921.
[2a] T. Wagner-Jauregg u. Ruska, B. 66, 1298; 1933. — [2b] J. H. Quastel u. Mitarb., Biochem. Jl 19, 304; 1925. — R. P. Cook, Biochem. Jl 24, 1538; 1930. — [2c] A. Hahn u. Haarmann, Zs Biol. 89, 563; 1930. — 92. 355; 1932.

Bemerkenswert ist in diesem Zusammenhang, dass Sevag[1] kürzlich im Wielandschen Laboratorium eine aerobe, zu $CH_3CO_2H + CO_2$ als Endprodukten führende Lactatoxydation — auch Glucose, Alkohole und vermutlich Methylglyoxal werden angegriffen — durch Pneumokokken beobachtet hat, die 1. HCN-unempfindlich ist (Abb. 106) und bei der 2. anfangs die gesamte aufgenommene O_2-Menge als H_2O_2 erfassbar ist. Man hat also hier ein Analogon zu der von Bertho und Glück (S. 237f.) studierten aeroben Funktion gewisser Milchsäurebakterien

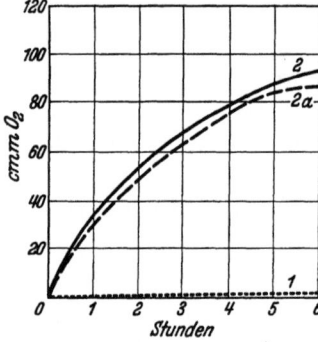

Abb. 105. O_2-Aufnahme im System Lacticodehydrase-Lactat unter verschiedenen Bedingungen.
(Nach Stephenson.)

1 Enzym + $\frac{m}{250}$- Lactat.
2   ,,   +   ,,   + 1/15000 Methylenblau.
2a   ,,   +   ,,   + 1/15000 Methylenblau + $\frac{m}{1000}$ HCN.
pH 7,6; T 40°.

(die ihrerseits allerdings Lactat kaum angriffen). Interessant, obwohl nur mittelbar hierher gehörend, ist die Beobachtung, dass die infolge Peroxydschädigung rasch zum Stillstand kommende Reaktion durch Zusatz entweder von Katalase (vgl. S. 207, 231 u. 248f.) oder auch von Brenztraubensäure, deren rasche, quantitative Umsetzung mit H_2O_2 schon Holleman[2] festgestellt hatte, zu einer kontinuierlichen gestaltet werden kann (Abb. 106). Es ist wohl sehr

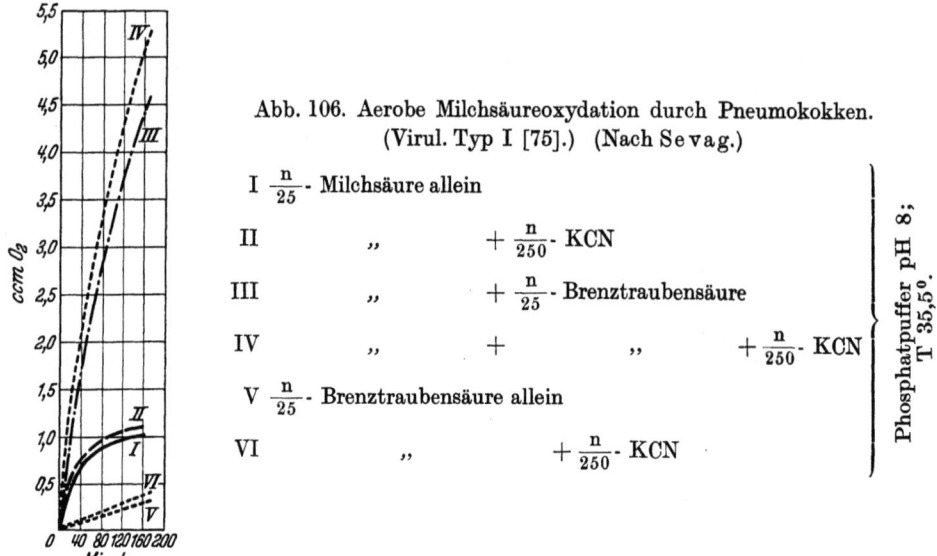

Abb. 106. Aerobe Milchsäureoxydation durch Pneumokokken.
(Virul. Typ I [75].) (Nach Sevag.)

I $\frac{n}{25}$- Milchsäure allein
II   ,,   + $\frac{n}{250}$- KCN
III   ,,   + $\frac{n}{25}$- Brenztraubensäure
IV   ,,   +   ,,   + $\frac{n}{250}$- KCN
V $\frac{n}{25}$- Brenztraubensäure allein
VI   ,,   + $\frac{n}{250}$- KCN

Phosphatpuffer pH 8; T 35,5°.

wahrscheinlich, dass im vorliegenden Falle — ähnlich wie dies Warburg für die genannten Milchsäurebakterien gezeigt hat (S. 241) — ein schwermetallfreies „Farbstoffenzym" (vom Typus des „gelben Oxydationsferments") die aerobe, HCN-unempfindliche Reaktion vermittelt.

β) Energetik der Lactatdehydrierung. Die Dehydrierung des Lactats zu Pyruvat erfordert nur etwa den halben Energieaufwand wie die des Succinats

---

[1] M. G. Sevag, A. 507, 92; 1933. — Biochem. Zs 267, 211; 1933.
[2] A. F. Holleman, Rec. trav. chim. 23, 169; 1904.

(Tabelle 14, S. 150). Dementsprechend werden Methylenblau wie die noch elektronegativeren Indigosulfonate so gut wie vollständig reduziert. Verwendet man aber Farbstoffe von noch niedrigerem Redoxpotential (wie Cresylviolett, Neutralrot, Janusgrün und -rot, Phenosafranin) so wird die Entfärbung deutlich unvollständig, wie andererseits die Leukoverbindungen durch Brenztraubensäure zum Teil oxydiert werden (Abb. 107). Die ersten derartigen quantitativen Beobachtungen über das Lactat-Pyruvatgleichgewicht

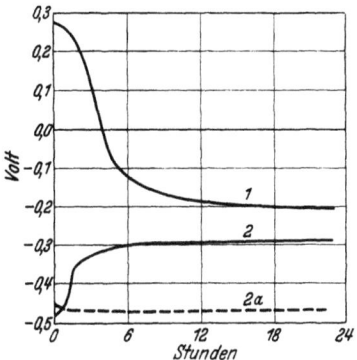

Abb. 107. Potentialgang in Milchsäure- bzw. Brenztraubensäure-Farbstoffgemischen. (Nach Wurmser und Mayer.)

1 $\frac{m}{80}$ - Lactat + $\frac{m}{4000}$ - Cresylviolett;

2 $\frac{m}{80}$ - Pyruvat + $\frac{m}{4000}$ - Leuko-Phenosafranin.

2a $\frac{m}{80}$ - Lactat + ,,

Phosphatpuffer pH 7,4; T 37°; Bakterienenzym.

stammen von Wurmser[1] (1932), denen bald darauf umfassendere von Baumberger[2], Barron[3] und v. Szent-Györgyi[4] folgten.

Die Ausführung der Versuche erfolgte nach demselben Prinzip, wie es von Thunberg und Lehmann im Falle der Succinatdehydrierung angewandt worden war und S. 515f. eingehend beschrieben ist. Ihr Resultat lässt sich dahin zusammenfassen, dass das Potential eines enzymatisch aktivierten Lactat-Pyruvatsystems in Gegenwart von Spuren eines Redoxindicators sich durch die Formel

$$\varepsilon_h = 0{,}250 + 0{,}0305 \log \frac{[\text{Pyruvat}]}{[\text{Lactat}]} - 0{,}061 \text{ pH (für T 35°)}$$

wiedergeben lässt, was einer freien Dehydrierungsenergie von rund 11,6 kcal/Mol. entspricht. Nachstehende Tabelle 37 gibt einen Überblick über Versuchsbedingungen und Zahlenwerte der einzelnen Autoren:

Tabelle 37.

Autor	Enzymmaterial	Potentialvermittler	Temperatur	Untersuchter pH-Bereich	Diesem entsprechende Normalpotentiale	ε_0 (pH0)
Wurmser und Mayer	Coli-Autolysat	Cresylviolett	37°	7,3	−0,196	0,252
Baumberger, Jürgensen und Bardwell	Hefe-Phosphatextrakt	Indigodisulfonat	32°	6,8	−0,097	0,316
Barron und Hastings	Gonokokken-Autolysat	Cresylviolett + Pyocyanin	35°	5,53—7,80	−0,092 −0,229	0,246
v. Szent-Györgyi	Schweineherzmuskel	Janus- oder Neutralrot	37°	7,0	−0,181	0,249

[1] R. Wurmser u. De Boe, C. R. 194, 2139; 1932. — R. Wurmser u. Mayer-Reich, C. R. 195, 81; 1932. — 196, 612; 1933.
[2] J. P. Baumberger, Jürgensen u. Bardwell, Jl gen. Physiol. 16, 961; 1933.
[3] E. S. G. Barron u. Hastings, Jl biol. Chem. 100, XI; 1933.
[4] A. v. Szent-Györgyi, H. 217, 43, 51; 1933.

Nur Baumbergers Wert fällt als viel zu hoch aus der Reihe der gut übereinstimmenden Daten heraus. Dies liegt wohl zum Teil am Enzymmaterial (das schon Wurmser und De Boe ungeeignet gefunden hatten), indem durch sekundäre Umwandlungen der Brenztraubensäure ein dauernder Potentialfall eintritt, zum Teil auch (nach Wurmser) an dem vom Potential des reagierenden Systems zu stark abweichenden Potential des „Vermittlers".

γ) **Kinetik.** Die pH-Abhängigkeit der Wirkung des isolierten Enzyms scheint nie bestimmt worden zu sein. Es seien daher nachstehend die Aktivitäts-pH-Kurven, wie sie bei der Lactatdehydrierung durch (toluolbehandelte) Colisuspensionen erhalten worden sind, wiedergegeben[1].

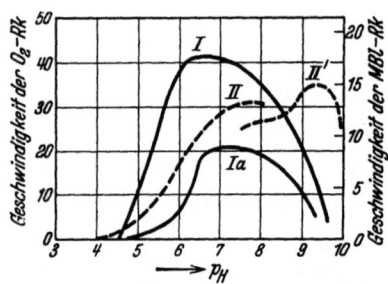

Abb. 108. pH Abhängigkeit von aerober (I bei 40°, Ia bei 16°) und anaerober (II mit Phtalat, Phosphat und Borax-Phosphat, II' mit Boratpuffer bei 40°) Dehydrierung von Lactat. (Nach Cook und Alcock.)

Bezüglich der Aktivitätsmassstäbe s. die unter vollkommen vergleichbaren Bedingungen aufgenommenen Kurven der Abb. 82 u. 88 (S. 497 u. 517). Von der Deutung des unterschiedlichen Habitus der O_2- und Methylenblaukurven war gleichfalls dort schon die Rede. Nach Cook und Alcock besteht ein gewisser Parallelismus zwischen der Lage des Methylenblau- und O_2-Optimums und dem Log der Dissoziationskonstante für die 3 untersuchten Säuren (Formiat 3,68, Lactat 3,86, Succinat [2. Stufe] 5,28), was für eine Bildung des aktiven Enzym-Substratkomplexes aus undissoziierter Base (Dehydrase) und ionisierter Säure sprechen könnte.

Für Froschmuskelenzym findet McGavran[2a] eine optimale Zone zwischen pH 7,2 und 8,3 im anaeroben Versuch, schwachen Aktivitätsabfall nach der alkalischen Seite (bis pH 10), starken nach der sauren (bis pH 5). Holmberg[2b] beobachtet mit Pferdemuskelextrakt + Coenzym (S. 546f.) anaerob Aktivitätssteigerung ums 8fache zwischen pH 6,6 und 8,0.

Die übrigen Literaturangaben über die Kinetik der Lactatdehydrierung zeigen wenig Charakteristisches, so dass sie hier in aller Kürze zusammengefasst werden können.

Linearer Reaktionsverlauf ist in zahlreichen Arbeiten festgestellt worden[3a], desgleichen Proportionalität zwischen Umsatz und Enzymkonzentration (sowohl aerob[3b] wie anaerob[3c]). Der Einfluss der Substratkonzentration äussert sich ganz analog wie in dem Abb. 90, S. 519, dargestellten Fall der (anaeroben) Succinatdehydrierung: rapider Anstieg der Reaktionsgeschwindigkeit mit steigender Substratkonzentration bis zu einem (hier erst bei erheblich höherer Konzentration erreichten) plateauförmigen Optimum. Für diese „Grenzkonzentration" der Milchsäure gibt Bernheim[4a] bei Hefeenzym $\frac{m}{15}$, Ahlgren[4b] bei Muskel $\frac{m}{30}$, Davies[4c] bei Gehirn $\frac{m}{10}$ an; prinzipiell ähnliche Verhältnisse findet Bernheim auch für α-Oxybuttersäure.

---

[1] R. P. Cook u. Alcock, Biochem. Jl 25, 523; 1931. — Vgl. auch R. P. Cook u. Stephenson, Biochem. Jl 22, 1368; 1928.

[2a] J. McGavran u. Rheinberger, Jl biol. Chem. 100, 267; 1933. — [2b] C. G. Holmberg, Skand. Arch. 68, 1; 1934.

[3a] M. Stephenson, Biochem. Jl 22, 605; 1928. — R. P. Cook u. Mitarb., Biochem. Jl 22, 1368; 1928. — 24, 1538; 1930. — 25, 534, 880; 1931. — [3b] R. P. Cook u. Alcock, Biochem. Jl 25, 523; 1931. — [3c] J. H. Quastel u. Wooldridge, Biochem. Jl 21, 148; 1927.

[4a] F. Bernheim, Biochem. Jl 22, 1178; 1928. — [4b] G. Ahlgren, Skand. Arch. 47 (Suppl.) 1; 1925. — [4c] D. R. Davies u. Quastel, Biochem. Jl 26, 1672; 1932.

Im aeroben Versuch mit Gonokokken ist nach Barron[1] $\frac{m}{37}$- optimal. Er hat auch den Temperaturkoeffizienten unter diesen Bedingungen bestimmt und findet ihn zwischen 25 und 35⁰ zu 2,23, woraus sich die Aktivierungswärme 14,95 kcal/Mol. berechnet.

δ) Das Co-Ferment der Lacticodehydrase. Zunächst soll die geschichtliche Entwicklung dieses Fragekomplexes kurz skizziert werden.

Battelli und Stern[2] hatten schon 1908 gezeigt, dass ein wässriger Extrakt von Muskelgewebe die Fähigkeit besitzt, die durch Waschen aufgehobene Atmung zerschnittener Muskulatur wieder in Gang zu bringen und hatten dafür einen Aktivator, das thermostabile, dialysable und durch Alkohol fällbare „Pnein" verantwortlich gemacht. Etwa ein Jahrzehnt später machte Meyerhof[3] interessante Beobachtungen über die im Prinzip schon seit Thunberg[4] (1911) bekannte atmungssteigernde Wirkung der Milchsäure in ihrer Abhängigkeit von der Vorbehandlung des Muskels. Er fand nämlich, dass weder in einfach zerkleinerter noch in völlig extrahierter, wohl aber in mittelstark ausgewaschener Muskulatur die Oxydation durch Lactatzusatz erheblich gesteigert wird. Nach seiner Ansicht erklärt sich dies so, dass im ersten Falle die muskeleigene Milchsäure schon in optimaler Konzentration vorliegt, im letzten Falle ein notwendiges Co-Ferment der Milchsäureverbrennung ausgewaschen ist, während die mässige Extraktion zwar den grössten Teil der Milchsäure, nicht aber das ziemlich hochmolekulare Coenzym, den „Atmungskörper" entfernt hat. Hier sind also die Voraussetzungen zu einer atmungsreaktivierenden Funktion des Milchsäurezusatzes gegeben. Andererseits kann auch im ruhenden System: völlig ausgewaschener Muskel + Milchsäure durch Zusatz des aus Muskel- oder Hefekochsaft gewonnenen „Atmungskörpers" — dem nach Meyerhof im Prinzip die gleichen Eigenschaften zukommen wie dem „Pnein" — die Lactatoxydation ausgelöst werden.

So einfach und plausibel diese Deutung ist, so schwer ist der einwandfreie Nachweis, dass dies tatsächlich der wesentliche, sich bei der Atmungsreaktivierung abspielende Vorgang ist. Die Wirkung des Pneins hatte schon Thunberg (l. c.) als Zufuhr von Donatorenmaterial, vermutlich im wesentlichen vom Charakter organischer Säuren gedeutet und Meyerhof betont selbst den Brennstoffgehalt der Kochsäfte (besonders der stark succinathaltigen aus Hefe) als bisweilen stark ins Gewicht fallende Ursache erhöhter Oxydation. Der springende Punkt ist indes, ob er nur eine oder die Ursache der Oxydationssteigerung ist. Letztere Auffassung hat noch 1924 Holden[5] gegenüber Meyerhof vertreten, vor allem auf Grund des Befundes, dass Hefekochsaft, der während einiger Stunden bei Anwesenheit von O_2 mit ausgewaschenem Muskel in Berührung gestanden ist, die Fähigkeit verliert, den O_2-Verbrauch einer anderen Muskelportion zu erhöhen. Er deutet dies als einen Verbrauch von Brennmaterial, übersieht aber dabei (nach Ahlgren[6]), dass das Ausbleiben der Wirkung sehr wohl auch auf einem Verbrauch des Co-Ferments beruhen kann, wofür Harden und Young[7] im Falle des Gärungscoenzyms Belege erbracht haben. Ferner scheint Holden gegen die Annahme eines Co-Ferments der Umstand zu sprechen, dass die Atmung gewaschener Muskelmasse oder Acetonhefe in (Hefe- oder Muskel-) Kochsaft + Milchsäure nicht grösser ist als die Summe der Atmungsgrössen bei Suspension des Zellmaterials entweder nur in Kochsaft oder nur in Milchsäure-Phosphatlösung. Aber auch hiergegen hat Ahlgren (l. c.) schwerwiegende Einwände erhoben, die sich auf die mangelhafte Extraktion des verwendeten Gewebes, die Unzulässigkeit des einfachen Summationsverfahrens im Zusammenhang mit der fraglichen Identität der optimalen Substratkonzentration mit und ohne Co-Ferment u. dgl. mehr beziehen. Andererseits bilden seine eigenen Versuche auch keine Stütze für die Co-Fermenttheorie, die er zur Erklärung des Unvermögens der stark

---

[1] E. S. G. Barron u. Hastings, Jl biol. Chem. 100, 155; 1933.
[2] F. Battelli u. Stern, Soc. Biol. 65, 489; 1908. — Biochem. Zs 33, 315; 1911.
[3] O. Meyerhof, Pflüg. Arch. 170, 428; 1918. — 175, 20, 88; 1919. — 185, 11; 1920. — 188, 114; 1921. — H. 101, 165; 1918. — 102, 1; 1918.
[4] T. Thunberg, Skand. Arch. 25, 52; 1911.
[5] H. F. Holden, Biochem. Jl 17, 361; 1923. — 18, 535; 1924.
[6] G. Ahlgren, Skand. Arch. 47 (Suppl.), 1; 1925.
[7] A. Harden u. Young, Proc. Roy. Soc. (B) 78, 369; 1906.

ausgewaschenen Muskulatur, Milchsäure zu verbrennen, zum mindesten nicht für notwendig hält. „Eine bedeutend einfachere Erklärung dieser Erscheinung wird durch die Annahme erhalten, dass es das die Milchsäureverbrennung vermittelnde Enzym ist, welches bei der intensiven Extraktion verlorengeht." Letztere Auffassung ist übrigens bis in die neueste Zeit noch von A. Hahn[1] vertreten worden. Er findet, dass zwar Waschen des Muskels mit reinem Wasser, nicht aber mit Phosphatlösung (pH 7,4) die Fähigkeit desselben zur Lactatdehydrierung vernichtet und schliesst daraus, dass im letzteren Falle „die Milchsäuredehydrase, wenn auch ziemlich geschädigt, im Muskel zurückbleibt." Diese Argumentation steht natürlich auf schwachen Füssen, denn wie v. Szent-Györgyi[2a] gezeigt hat, erfolgt die Extraktion des Co-Ferments erheblich leichter bei niederem pH; auch wird man sich analoger Befunde vor allem der v. Eulerschen Schule über die grosse Bedeutung bestimmten Reaktionsmilieus bei der Abtrennung von Co-Fermenten erinnern[2b] (vgl. auch S. 449f.).

Die neuere Entwicklung des Co-Fermentproblems beginnt mit v. Szent-Györgyi (l. c.), der von 1925 ab systematisch eine Aufteilung des Reaktivierungseffekts von Muskelkochsaft in Donatoren- und eigentliche Co-Fermentwirkung anstrebte und — nachdem dies geglückt — in Gemeinschaft mit Banga die Reinigung und Isolierung des Coenzyms durchführte.

Die älteren Versuche v. Szent-Györgyis sind allerdings teilweise sehr unvollkommen und enthalten häufig Widersprüche gegenüber neueren Angaben. Auf sie bezieht sich auch die abweisende Kritik, die seinerzeit u. a. von Ahlgren[3a], Handovsky[3b], Oppenheimer[3c] geführt worden ist. Es besteht kein Anlass, auf diese heute klargestellten Dinge hier näher einzugehen, um so weniger als eine ganze Anzahl von Punkten im Gesamtkomplex der Co-Fermentfrage auch heute noch der Deutung wartet. Hier ist vor allem an die noch ungeklärte Funktion des Flavinkörpers „Cytoflav" bei der Milchsäureoxydation zu erinnern, worauf im letzten Teil (c) dieses Buches noch näher einzugehen ist.

Ein wichtiges Kriterium bei der Anreicherung des Co-Ferments war die atmungsvergiftende Wirkung des Arsenik, von dem v. Szent-Györgyi[4a] und Banga[4b] zeigten, dass es in niederer Konzentration $\left(\frac{m}{100} - \frac{m}{500}\right)$ weder die Indophenoloxydase noch einfache Dehydrasen (vom Typus der Succinodehydrase) hemmt, sondern eben jene Oxydationsprozesse vergiftet, an denen dieses Co-Ferment beteiligt ist. Die Autoren gelangen zu der Auffassung, dass letzteres nicht nur die Oxydation der Milchsäure vermittelt, sondern offenbar auch das allgemeine Co-Ferment der „Hauptatmung" darstellt.

Die Abtrennung des Coenzyms aus dem donatorenhaltigen Muskelkochsaft und die anschliessende Reinigung stellt einen komplizierten Prozess dar, von dem hier nur die Hauptetappen angegeben werden sollen[5].

Der bei 80° unter Zusatz von 1% Trichloressigsäure gewonnene Muskelauszug wird nach dem Abkühlen mit $Hg(NO_3)_2$ gefällt und der Niederschlag gründlich mit salzsaurem Aceton-

---

[1] A. Hahn, Fischbach u. Haarmann, Zs Biol. 88, 516; 1929. — 91, 315; 1931. — 92, 354; 1932.

[2a] A. v. Szent-Györgyi, Biochem. Zs 157, 50, 67; 1925. — [2b] Vgl. z. B. E. Auhagen, H. 204, 149; 1932.

[3a] G. Ahlgren, Skand. Arch. 47 (Suppl.), 1; 1925. — [3b] H. Handovsky, Biochem. Jl 20, 1114; 1926. — [3c] C. Oppenheimer, Fermente 2, 1319f, 1400; 1926.

[4a] A. v. Szent-Györgyi, Biochem. Jl 24, 1723; 1930. — [4b] J. Banga, Schneider u. v. Szent-Györgyi, Biochem. Zs 240, 462; 1931.

[5] J. Banga u. v. Szent-Györgyi, Biochem. Zs 246, 203; 1932. — H. 217, 39; 1933. — Dieselben u. Vargha, H. 210, 228; 1932.

äther extrahiert. Man erhält auf diese Weise aus 5 kg Schweineherzmuskel etwa 0,8 g eines goldgelben Pulvers, das bestenfalls zu einem Sechstel aus reinem Co-Ferment besteht und etwa $^1/_4$ des ursprünglichen Kochsaftcoenzymgehaltes repräsentiert. In der neuesten Vorschrift — in der älteren (1932) schliessen sich $HgCl_2$-Fällungen in salzsaurer Lösung und Acetonfällung der Filtrate an — wird das Co-Ferment nach dem Aufnehmen in 1%iger HCl mit Phosphorwolframsäure niedergeschlagen und durch wiederholte Behandlung der Fällung mit salzsaurem Acetonäther die Phosphorwolframsäure wieder entfernt. Mit 70—75% Verlust erfolgt Aktivitätssteigerung auf das Doppelte. Die wässerige Lösung dieses Co-Fermentpräparates wird nunmehr mit einer heissen, konzentrierten methylalkoholischen Pikrinsäurelösung versetzt und die Co-Ferment-Pikratfällung nach der Extraktion mit Aceton 3—4mal aus heissem Wasser umkrystallisiert; das ganze Verfahren ist äusserst verlustreich, indem die erste Pikratfällung 50%, alle weiteren je etwa 25% Aktivitätsverlust bedingen. Der Schmelzpunkt steigt dabei von 155° auf 204°, der Reinheitsgrad — auf Co-Ferment (nicht Pikrat) bezogen — aufs 2—4fache der Phosphorwolframatfällung.

Nach der Analyse — 14% N, $\geq 6\%$ P — könnte die Substanz einem mit 25% N-freier Verunreinigung behafteten Pikrate eines Adenylnucleotids entsprechen.

Starke Pentosereaktion mit Orcin, Purpurfärbung auf Brombehandlung nach Wheeler-Johnson, nach der Hydrolyse mit HCl nur braunrote Farbe, typisch für Adenylverbindungen; Identifizierung von Adenyl-HCl bzw. -Pikrat nach der Hydrolyse vervollständigt die Beweiskette, die zur Annahme eines monophosphorsauren Adenylnucleotids im Co-Ferment führt.

Frühere Untersuchungen hatten bereits nahegelegt, dass das Co-Ferment weder mit Muskeladenylsäure noch mit Adenylpyrophosphorsäure identisch ist[1a]. Beim neuerdings vorgenommenen Vergleich mit v. Eulers Cozymase „zeigte sich, dass die durch die Cozymase aktivierte Milchsäureoxydation des gewaschenen Herzmuskels ungefähr die gleiche Höhe erreicht, wie bei dem Co-Ferment, und dass beide Oxydationen auch in gleichem Masse arsenempfindlich sind. Auf Grund dieser Befunde sind möglicherweise beide Substanzen identisch"[1b].

Eine Vermutung, dass Beziehungen zwischen dem Co-Ferment und dem (antineuritischen) Vitamin B_1 bestünden, hat sich nicht erfüllt[2]. Wohl zeigten rohe Vitamin B_1-Konzentrate Co-Fermentwirkung, nicht aber gereinigte; andererseits zeigte Co-Enzym aus Herzmuskel keine Vitamin B_1-Aktivität.

Hinsichtlich der Leistungen des isolierten Co-Ferments sei den neuesten Arbeiten Bangas und v. Szent-Györgyis folgendes entnommen[1b, 1c]:

Während der gewaschene Muskel weder aerob noch anaerob als Katalysator der Lactatoxydation auftreten kann, erlangt er diese Fähigkeit durch Zusatz kleiner Mengen des gereinigten Co-Fermentes, und zwar ausgesprochener die zur anaeroben Funktion. „So entfärbte z. B. $^1/_2$ g Muskel in 4 ccm Phosphat in Gegenwart von $\frac{m}{10}$ d,l-Milchsäure und 1 mg Co-Ferment 1 ccm 0,02% Methylenblau in 4 Min. Derselbe Muskel entfärbte den Farbstoff in Gegenwart von Bernsteinsäure in 9 Min. Während aber im aeroben Versuch derselbe Muskel mit Bernsteinsäure 20 cmm O_2/min aufnahm, war die Aufnahme mit Co-Ferment und Milchsäure nur 10 cmm O_2/min. Es scheint im gewaschenen Muskel wie auch im Co-Fermentpräparat ein Katalysator zu fehlen, der die Verbindung der Dehydrierung mit der O_2-Aktivierung vermittelt und zur Oxydation der Bernsteinsäure nicht nötig ist." Beachtlich ist die Angabe Bangas[1c], dass in Gegenwart

---

[1a] J. Banga u. v. Szent-Györgyi, Biochem. Zs 246, 203; 1932. — 247, 216; 1932. —
[1b] Dieselben, H. 217, 39; 1933. — [1c] J. Banga, Laki u. v. Szent-Györgyi, H. 217, 43; 1933.
[2] E. Boyland, Biochem. Jl 27, 786; 1933.

des hochgereinigten Co-Ferments die Oxydation der Milchsäure nur bis zur Brenztraubensäure geht, was ihm ja anaerob die Bestimmung des Milchsäure-Brenztraubensäure-Potentials ermöglicht hatte (S. 541; die daran geknüpften Berechnungen sind übrigens sowohl hinsichtlich der Wärmetönung als der freien Energie der genannten Dehydrierungsreaktion unrichtig). Dagegen hatte er mit dem nur Hg-Fällungen unterworfenen, cytoflavhaltigen Präparat (1932) eine praktisch vollständige Verbrennung der Milchsäure und ausserdem Parallelismus zwischen Cytoflavgehalt und coenzymatischer Aktivität seiner Präparate gefunden[1]. Es mag sein, dass dieser reversible Flavinkörper sowohl als Vermittlungsglied zwischen O_2- und Lactataktivierung wie auch besonders bei der weiteren Oxydation der Brenztraubensäure eine entscheidende Rolle spielt.

Zum Teil recht schwer deutbare und nachprüfungsbedürftige Befunde haben Banga und Mitarbeiter auch bei der anaeroben Funktion des Katalysatorsystems Lacticodehydrase + Co-Ferment erhoben[2a].

Zunächst fanden sie, dass bei Steigerung der Co-Fermentmenge (in Ansätzen ähnlich dem auf S. 545 gegebenen) z. B. von $1/16$—$1/4$ mg die Entfärbungszeit einer bestimmten Farbstoffmenge (Methylenblau, Janusrot usw.) sich verkürzt, um bei weiterer Steigerung (z. B. bis auf 2 mg) sich nicht mehr zu ändern. Dagegen soll die Oxydationsgeschwindigkeit von Leukojanusrot durch Brenztraubensäure mit und ohne Co-Ferment dieselbe sein. Weitere Angaben der Autoren über die Abhängigkeit des „Gleichgewichts"zustandes vom Co-Ferment bzw. dessen Quantität sind so offenbar durch sekundäre Faktoren (z. B. Enzymzerstörung bei langer Versuchsdauer) beeinflusst oder stehen gar mit Grundgesetzen der Thermodynamik in Widerspruch, dass sich ein näheres Eingehen hierauf an dieser Stelle erübrigt.

Am gleichen Orte[2a] gibt Banga beträchtliche Spezifität der Co-Fermentwirkung an, die sich offenbar auf Milchsäure und Fructosediphosphat beschränken soll, wozu kürzlich[2b] noch Glycerinaldehydphosphat gekommen ist.

Zahlreiche gesättigte Fettsäuren, Oxy-, Keto- und Aminosäuren, Alkohole, Aldehyde, Zucker wurden durch gewaschenen Muskel + Co-Ferment nicht angegriffen. Auch die in der Arbeit Bangas angegebene Donatorfunktion von β-Oxybuttersäure ist mittlerweile widerrufen worden[2c]. Als definitiv sind diese Befunde natürlich keineswegs zu betrachten. Es gibt zweifellos Muskeldehydrasen, die gegen Auswaschen wie auch jede andere Art äusserer Einwirkung erheblich empfindlicher sind als Lacticodehydrase; für die Dehydrase der Äpfelsäure im Verhältnis zu derjenigen der Milchsäure hat dies im besonderen A. Hahn (S. 544 und [3]) dargetan (vgl. die allgemeineren Feststellungen Thunbergs S. 215f.).

Dann aber stehen diese Angaben über die enorme Spezifität des Co-Ferments der Lactatoxydation im Widerspruch zu den fast gleichzeitig in den Instituten Thunbergs und v. Eulers erhobenen Befunden, denen gerade im Hinblick auf die grössere Variation in der Wahl des Enzym- wie auch Co-Enzymmaterials erhöhte Beachtung zu schenken ist.

Im übrigen hatte schon Meyerhof (S. 536) angegeben, dass in den Atmungsversuchen mit Muskel Glyoxylsäure sich ganz analog der Milchsäure verhält. Holmberg[4] fand, dass Phosphatextrakte stark ausgewaschener Muskulatur durch Zusatz von Eulers Cozymase, Szent-Györgyis Co-Ferment, Fiskes Adenosintriphosphat sowie einem von ihm

---

[1] J. Banga u. Mitarb., H. 210, 228; 1932.
[2a] J. Banga u. Mitarb., H. 217, 43; 1933. — [2b] B. Gözsy, H. 222, 279; 1933. — [2c] J. Banga, Laki u. v. Szent-Györgyi, H. 220, 278; 1933.
[3] A. Hahn, Haarmann u. Fischbach, Zs Biol. 87, 465; 1928. — 88, 587; 1929.
[4] C. G. Holmberg, K. fysiogr. sällskap. Lund förhandl. 2, 70, 87; 1932. — Skand. Arch. 64, 177; 1932. — Akad. Abhandl. Lund, 1933.

selbst aus Erbsen dargestellten Präparat, dessen wirksamer Bestandteil wahrscheinlich mit Cozymase identisch ist, das Vermögen erlangen, in Gegenwart eines geeigneten Wasserstoffacceptors (Methylenblau, Thionin, Indigosulfonate), Milchsäure, Äpfelsäure und Glutaminsäure zu dehydrieren. Muskeladenylsäure und Adenosintriphosphorsäure nach Lohmann zeigten keinen Aktivierungseffekt. Gewisse Beobachtungen scheinen Holmberg dafür zu sprechen, dass diese Form der Malatoxydation über Lactat geht, während die direkte Dehydrierung (zu Oxalessigsäure) womöglich keines Co-Enzyms bedarf; doch kommt andererseits nach Hahn (S. 546) eine direkte Decarboxylierung der Äpfelsäure durch Muskel nicht in Betracht.

Andersson[1] gibt bei Verwendung von gründlichst ausgewaschener Hefe bzw. dialysiertem Phosphatextrakt derselben als Enzymmaterial starke Aktivierung der Malat- bzw. Lactatdehydrierung auf Zusatz von Cozymase an. Teilweise noch stärkere Effekte dieser Art erhielt er beim Studium der Samendehydrasen; die Methylenblaureduktion durch Äpfelsäure, Citronensäure, Glutaminsäure und Alkohol wurde durch Cozymase erheblich beschleunigt bzw. trat sie überhaupt erst nach diesem Zusatz in Erscheinung.

Wie man sieht, steht hier bis auf weiteres noch Angabe gegen Angabe. Soviel scheint aber sicher, dass Bangas Spezifitätsforderungen zu streng sind. Im Gegenteil ist es wahrscheinlich, dass bei weiterer Durchprüfung verschiedener Donatorsubstanzen sich die Co-Fermentbetätigung als von viel allgemeinerer Natur als bisher feststehend erweist — Andeutungen dafür haben sich schon früher u. a. bei Ameisensäure (S. 500) und Oxalsäure (S. 509) ergeben. Jedenfalls machen — worauf auch Banga hinweist — die neueren Befunde eine kritische Betrachtung und Neubeurteilung der älteren Thunbergschen Experimente zur Dehydrasedifferenzierung durch Auswaschen (S. 215) notwendig.

e) Beeinflussung des Ferments.

α) Physikalische Faktoren. Der Temperatureinfluss ist nur für das Bakterienenzym systematisch untersucht worden.

Für das Enzym im Froschmuskel gibt Thunberg[2a] Inaktivierung sowohl durch 20 Min. langen Aufenthalt bei 45° als 5 Min. lange Einwirkung von — 80° an. Die zellgebundene Lacticodehydrase im Bacterium coli findet Quastel[2b] etwas empfindlicher als Formico- und Succinodehydrase. Einstündige Lagerung bei — 21° bis + 47° ändert jedoch die Aktivität im Methylenblauversuch nicht, — 180° verringert sie um $1/3$, + 57° um $9/10$, + 67° inaktiviert vollständig. Noch beständiger ist das Gonokokkenenzym[2c], das 2stündiger Aufenthalt bei 65° nur zu 50%, bei 70° allerdings vollständig inaktiviert. (Wegen der Temperaturempfindlichkeit der O_2-Reaktion vgl. S. 539.) **Filtration** durch Porzellanfilter, **Behandlung mit Kaolin** oder **Tierkohle** inaktiviert die Fermentlösungen vollständig, **Schütteln** mit Luft teilweise (Stephenson, Bernheim, S. 537).

β) Chemische Faktoren. Über den **pH-Einfluss** auf die Reaktionsgeschwindigkeit s. S. 542. Hinsichtlich seiner Beständigkeit steht das — allein genauer untersuchte — Bakterienenzym zwischen Formico- und Succinodehydrase.

---

[1] B. Andersson, H. 217, 186; 1933.
[2a] T. Thunberg, Skand. Arch. 40, 1; 1920. — [2b] J. H. Quastel u. Wooldridge, Biochem. Jl 21, 148, 1224; 1927. — [2c] E. S. G. Barron u. Hastings, Jl biol. Chem. 100, 155; 1933.

Einstündiger Aufenthalt (37°) bei pH 4 reduziert die Aktivität auf $^1/_3$—$^1/_4$, bei pH 11 auf $^1/_2$, pH 12,5 inaktiviert (Quastel u. Wooldridge, l. c.). Die aerobe Funktion des Enzyms ist gegen extrem saures pH merkwürdigerweise sogar beständiger als die anaerobe[1].

Gegenüber **Salzen** ist die (allein systematisch untersuchte) Bakteriendehydrase im allgemeinen wenig empfindlich und nähert sich in dieser Hinsicht weit mehr der Formico- als der Succinodehydrase (Quastel und Wooldridge, l. c.).

Stärkere Hemmungen werden beobachtet mit Jodid < Fluorid, mit Chlorat < Jodat sowie mit Nitrit. Calcium und Magnesium wirken mässig, Barium sehr stark hemmend. Von Schwermetallsalzen sind die des Kupfers und des Quecksilbers anzuführen, deren vollständige Hemmungswirkung (bei 1/5000) — ähnlich wie bei Formicodehydrase — durch H_2S-Behandlung weitgehend rückgängig gemacht wird.

Ca-Hemmung gibt $\left(\text{bei Konzentrationen von } \frac{m}{1000} - \frac{m}{100}\right)$ Ahlgren[2a] auch für Muskel an. Einige weitere Angaben für das anaerobe System Muskelphosphatextrakt + Co-Ferment (S. 546) hat Holmberg[2b] gemacht.

Er findet etwa 30% Hemmung durch $\frac{m}{1000}$ - Na-Fluorid wie auch die gleiche Konzentration Na-Arsenat; merkwürdigerweise ist Arsenit dem Arsenat an hemmender Wirkung ganz erheblich unterlegen: erst mit $\frac{m}{50}$ - erhält man Hemmung um $^1/_3$. Nach Boyland[2c] nimmt die Arsenithemmung mit abnehmender Lactatkonzentration stark zu; Arsenit ist im Sinne Haldanes[2d] ein „competitive inhibitor". Ungleich stärker als die Arsenithemmung ist nach Collett[2e] beim Froschmuskelenzym die durch Selenit und Tellurit.

Auch im aeroben Versuch mit Muskel fand Lipmann[3a] eine wenig ausgesprochene und erst bei Konzentrationen > $\frac{m}{100}$ - stärker hervortretende Hemmung durch Fluorid. Banga[3b] gibt Parallelismus zwischen aerober und anaerober Arsenithemmung an (vgl. S. 544).

Der Einfluss typischer **Schwermetallkomplexbildner** (Blausäure, Schwefelwasserstoff, Kohlenoxyd) modifiziert sich auch im Falle der Lactatoxydation je nach der (anaeroben oder aeroben) Führung des Prozesses und — im letztgenannten Falle — noch im besonderen nach der Art des O_2-Überträgers.

Die Farbstoffreduktion sowohl mit Muskel-[4a] als Bakterienenzym[4b] wird durch **Blausäure** prinzipiell nicht oder kaum beeinflusst (Abb. 109). Das gleiche gilt für die aerobe Lactatdehydrierung in Gegenwart eines reversiblen Farbstoffsystems als O_2-Überträger (Methylenblau[4b], Abb. 105, S. 540, Cresylblau, Pyocyanin[4c] usw.). Barron und Hastings[4c] finden sogar in diesem Fall einen leicht aktivierenden Effekt von HCN, was nach dem Verlauf der Kurve II in Abb. 109 nicht unwahrscheinlich ist. Wohl aber geben Cook und Haldane[4d] starke Hemmung des Systems Lactat-Bakteriendehydrase-Methylenblau-HCN an, wenn durch den notorischen Cu- (auch Mn-

---

[1] R. P. Cook u. Alcock, Biochem. Jl 25, 523; 1931.

[2a] G. Ahlgren, Skand. Arch. 47 (Suppl.), 1; 1925. — [2b] C. G. Holmberg, Akad. Abhandl., Lund 1933. — [2c] E. Boyland, Biochem. Jl 27, 791; 1933. — [2d] J. B. S. Haldane, Enzymes, London 1930. — [2e] M. E. Collett u. Mitarb., Jl biol. Chem. 82, 429; 1929. — 100, 271; 1933.

[3a] F. Lipmann, Biochem. Zs 196, 1; 1928. — [3b] J. Banga u. Mitarb., Biochem. Zs 240, 462; 1931. — 246, 203; 1932.

[4a] A. Hahn u. Haarmann, Zs Biol. 89, 563; 1930. — [4b] M. Stephenson, Biochem. Jl 22, 605; 1928. — R. P. Cook, Haldane u. Mapson, Biochem. Jl 25, 534; 1931. — [4c] E. S. G. Barron u. Hastings, Jl biol. Chem. 100, 155; 1933. — [4d] R. P. Cook u. Haldane, Biochem. Jl 25, 880; 1931.

und Ni-) Komplexbildner 8-Oxychinolinsulfosäure Spuren dieses für die Reoxydation der Leukoverbindung wichtigen Metalls (S. 303 f.) weggefangen werden.

In diese Gruppe der farbstoffkatalysierten, HCN-ungehemmten, lactatdehydrierenden Systeme gehören auch die von Sevag studierten Pneumokokken, in denen wahrscheinlich ein „gelbes Oxydationsferment" am Werke ist (s. S. 540, Abb. 106). Erfolgt jedoch die O_2-Übertragung über ein eisenhaltiges System, so beobachtet man Hemmung der aeroben Dehydrierung durch HCN (wie z. B. bei Bact. coli, Abb. 109). Allerdings ist diese im vorliegenden Falle — zum mindesten bei Konzentrationen zwischen 10^{-5} und 10^{-3} m - HCN — erheblich geringer als bei der analogen Formiat- und Succinatoxydation durch Bact. coli (S. 498 u. 523). Sieht man von der Möglichkeit sekundärer Bindung der HCN ab, so würde sich für die Dissoziationskonstante des Oxydase-HCN-Komplexes ein rund 100mal grösserer Wert ($1,5 \times 10^{-3}$) als in den beiden anderen Fällen berechnen (s. auch S. 417).

Ähnliche Befunde sind auch für Gonokokken[1a] — vollständige Atmungshemmung durch $\frac{m}{100}$ - HCN — und den Muskel[1b] erhoben worden. Barron und Hastings (l. c.) geben ferner für Gonokokken 96%ige Oxydationshemmung bei Zusatz von $\frac{m}{500}$ - **Schwefelwasserstoff** an.

Den **Kohlenoxyd**effekt auf (intaktes und toluolbehandeltes) Bacterium coli haben Cook und Mitarbeiter[1c] untersucht. Anaerob keine Wirkung, aerob resultiert eine Verteilungskonstante K von rund 10 bei 16°, > 50 bei 40° (vgl. S. 498 u. 525). Die Lactatoxydation ist also weniger CO-empfindlich als die Succinat- und besonders die Formiatoxydation (s. auch S. 417). Auch hier Reversibilität der Hemmung bei so gut wie fehlender Lichtempfindlichkeit.

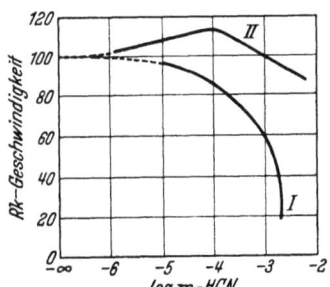

Abb. 109. HCN-Einfluss auf die Lactatdehydrierung durch O_2 (I) und Methylenblau (II) in Gegenwart toluolbehandelter Colisuspensionen. pH 7,6; T 40°. (Nach Cook, Haldane und Mapson.)

Hemmungswirkungen durch zahlreiche andere anorganische Stoffe hat im Falle des anaerob fungierenden Bact. coli Quastel (S. 547) studiert.

Hierher gehören Jod, Brom, Hydroxylamin, (Phenyl-)hydrazin, H_2O_2, $KMnO_4$, KCN in hoher Konzentration. In den ersten drei Fällen steht die Lact.-D. hinsichtlich Resistenz zwischen Form.-D. und Succ.-D., in den übrigen an erster Stelle.

Unter den organischen Agentien ist vor allem die Wirkung von **Carbonsäuren** auf die Lact.-D. systematisch untersucht worden. Sie erwies sich dabei als ungemein leicht — und ungleich stärker als Form-D. und Succ.-D. — zu beeinflussen, was ein Ausdruck ihrer sehr weiten „Fixierungsspezifität" ist.

Quastel[2] hat vergleichende Versuche über die Einwirkung dieser Substanzen einerseits auf toluolbehandelte Colisuspensionen, andererseits auf nach Stephenson (S. 537) bereitete Enzymlösungen angestellt und einen vollständigen Parallismus beider Versuchsreihen konstatiert. Im folgenden seien die im System Methylenblau-Enzymlösung - $\frac{m}{70}$ - Lactat auf Zusatz bestimmter Konzentrationen an Hemmungskörper beobachteten prozentischen Hemmungen angegeben.

[1a] E. S. G. Barron u. Hastings, Jl biol. Chem. 100, 155; 1933. — [1b] O. Meyerhof, Pflüg. Arch. 175, 88; 1919. — [1c] R. P. Cook, Haldane u. Mapson, Biochem. Jl 25, 534, 880; 1931.

[2] J. H. Quastel u. Wooldridge, Biochem. Jl 22, 689; 1928.

Tabelle 38.

$\frac{m}{70}$ - α-Oxybuttersäure	> 30		$\frac{m}{7}$ - Phenylessigsäure	40
$\frac{m}{14}$ - Glycerinsäure	> 80		$\frac{m}{7}$ - Mandelsäure	> 95
$\frac{m}{28}$ - Brenztraubensäure	68		$\frac{m}{28}$ - Citronensäure	25
$\frac{m}{14}$ - Alanin	21		$\frac{m}{14}$ - Weinsäure	20
$\frac{m}{28}$ - Glykolsäure	> 95		$\frac{m}{28}$ - Mesoweinsäure	> 95
$\frac{m}{14}$ - Glykokoll	21		$\frac{m}{112}$ - Parabansäure	> 95
$\frac{m}{28}$ - Oxalsäure	> 95			
$\frac{m}{28}$ - Glyoxylsäure	> 95			
$\frac{m}{28}$ - Tartronsäure	> 95			

Keine Hemmung wurde in den üblichen Konzentrationen $\left(\frac{m}{7} - \frac{m}{28}\right)$ beobachtet mit: Ameisensäure, Essigsäure, Malonsäure, Bernsteinsäure, Fumarsäure sowie mit Glykol und Glucose.

Man erkennt deutlich, wie bei den stark hemmenden Substanzen die Atomgruppierung CHOH · COOH oder CO · COOH wiederkehrt; im Hinblick auf die erstere Gruppe wird der Unterschied zwischen „Aktivierungs"- und „Fixierungs"-spezifität besonders deutlich. Beachtlich ist auch die sterische Fixierungsspezifität, wie sie bei Wein- und Mesoweinsäure zum Ausdruck kommt (vgl. S. 223). Ähnliche Befunde hat für α-Oxybuttersäure, Glycerinsäure und Brenztraubensäure am Hefeenzym (S. 537) Bernheim, für Brenztraubensäure am Muskelenzym + Co-Ferment (S. 546) J. Banga erhoben. Abb. 110 zeigt die von Bernheim festgestellte, für derartige Fälle typische Konzentrationsabhängigkeit des Hemmungseffektes. In aeroben Versuchen mit toluolbehandelten Colibakterien hat Cook[1] die Oxalathemmung studiert. Interessant ist die Beobachtung, dass die Hemmung des intakten, nicht-toluolbehandelten Bacteriums sowohl in seiner aeroben wie anaeroben Funktion wesentlich geringer ist. Nach Quastel (S. 549) „ist dies zu erklären nach der Hypothese der aktiven Zentren (S. 217); denn die Assoziation gewisser Gruppen des Milchsäurezentrums mit Toluol wird nicht nur in einer Änderung der Adsorptionskoeffizienten des Zentrums für die verschiedenen an ihm adsorbierbaren Substrate resultieren, sondern sie wird auch Natur und Stärke des polarisierenden Feldes ändern, so dass ehedem nach der Adsorption aktivierte Substrate nun nicht mehr aktiviert, obwohl noch adsorbiert werden können". Hierher passt auch Quastels Beobachtung (l. c.), dass der toluolbehandelte Bakterienorganismus anaerob Milchsäure mit derselben, α-Oxybuttersäure mit um die Hälfte, Glycerinsäure mit 4—5mal kleinerer Geschwindigkeit umsetzt als der intakte, während er Glykol-, Mandel-, Oxymalonsäure usw. überhaupt nicht mehr angreifen kann. Das aerobe Dehydrierungsvermögen für Milchsäure wird hingegen nach Cook[1] (ähnlich wie das für Bernsteinsäure) durch Toluol geschädigt, doch keineswegs vernichtet.

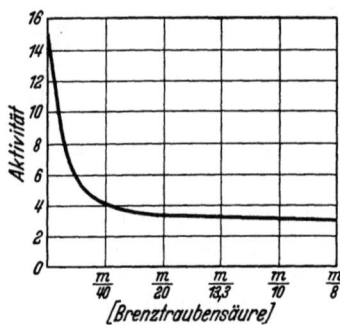

Abb. 110. Hemmung der anaeroben Lactatdehydrierung mit Hefeenzym + Methylenblau in Gegenwart von Brenztraubensäure.
(Nach Bernheim.)
$\frac{m}{16}$ - Lactat; pH 7,3; T 37°.

Gegen organische **Lösungsmittel** (wie Benzol, Toluol, Chloroform, Äther, Aceton, Propylalkohol usw.) ist die Lact.-D. im Bact. coli überhaupt wenig empfindlich und steht auch hierin meist zwischen Form-D. und Succ.-D. (Quastel u. Wooldridge, S. 547). Stark schädigend wirkt dagegen

---
[1] R. P. Cook, Biochem. Jl 24, 1538; 1930.

Cyclohexanol; auch Aldehyde sind relativ giftig. Die a-Oxybutyratdehydrierung wird stets mehr in Mitleidenschaft gezogen als die Lactatdehydrierung.

Einige typische Vertreter aus der Klasse der **Amide, Nitrite, Urethane** und **Harnstoffe** hat Barron (S. 549) hinsichtlich der Wirkung auf die Gonokokkendehydrase untersucht.

Nachstehend sind die prozentischen Hemmungen der O_2-Reaktion sowie der Cresylblaureduktion zusammengestellt:

Narcoticum	O_2	Cresylblau
Valeramid (0,224 m-)	71	29
Valeronitril (0,1 m-)	96	7
Urethan (0,224 m-)	28	26
Phenylharnstoff (gesättigt)	52	42

Während in den beiden letzten Fällen die primäre Hemmung der Dehydrase auch im aeroben Versuch erwiesen erscheint, wird in den beiden ersten Beispielen offenbar das O_2-aktivierende Ferment stärker von der Hemmung betroffen als das dehydrierende. (Vgl. analoge Befunde mit Nitrilen bei der Succinatoxydation, S. 527.)

Die Dehydrasen des Gehirns hat hinsichtlich ihrer Beeinflussbarkeit durch typische **Schlafmittel** neuerdings Quastel[1] mit Mitarbeitern eingehend studiert (vgl. S. 527f.).

Zur Untersuchung gelangten Verbindungen der Barbitursäurereihe (Veronal, Luminal, Numal, Noctal, Somnifen u. a.), Chloral, Chloreton, Paraldehyd, ferner Hyoscin. Im allgemeinen zeigt sich, dass die Lactat- (wie auch die Pyruvat-, Glucose- und in geringerem Masse die Glutaminat-) Oxydation aerob wie anaerob herabgesetzt wird, während die Succinat- (und Phenylendiamin-) Oxydation unbeeinflusst bleibt. Die Hemmung der Lact.-D. ist unter Umständen recht erheblich; so reduzieren 0,12% verschiedener Barbitursäurederivate, Hyoscin und Chloral die aerobe Dehydrierung von Lactat (0,025 m-) um 70—90%. Für den Fall des Chloretons ist im anaeroben Versuch gezeigt worden, dass die Hemmung mit abnehmender Lactatkonzentration zunimmt und dass hier eine Verteilungsgleichung von bekanntem Typus (s. S. 357 u. 396) erfüllt ist — entsprechend einem reversiblen Verdrängungsprozess. Die Quastelsche Deutung der Narkose ist die, dass die Gehirnzelle nicht etwa ausserstande gesetzt ist, O_2 zu verwenden, sondern nur die mit dem Kohlehydratstoffwechsel verbundenen Oxydationen nicht mehr zu Ende führen kann, wahrscheinlich bedingt durch eine Störung des Vermögens, Milchsäure und Brenztraubensäure auszunutzen.

Der Einwirkung der Narcotica gleicht in vieler Hinsicht die von **Aminen**, die gleichfalls von Quastel[2] am selben Enzymmaterial systematisch beobachtet worden ist.

Auch hier zeigt sich die Lactat- (und in ähnlichem Umfange die Pyruvat-, Glutaminat- und Glucose-) Oxydation leicht hemmbar im Gegensatz zur Succinatdehydrierung (Ausnahme: Tyramin S. 528). Als kräftig hemmende Stoffe erwiesen sich (die prozentische Hemmung der aeroben Lactatdehydrierung durch 0,12% des Amins wird in Klammern hinzugefügt): β-Phenyläthylamin (33), β-Phenyl-β-oxyäthylamin (44), Mescalin (62), Tyramin (88), Indol (47), Isoamylamin (79); dagegen zeigten Neurin (0), Cadaverin (15), Putrescin (9), Histamin (0) keine bzw. nur schwache Hemmungseffekte. Quastel denkt daran, dass bei gewissen geistigen Störungen derartige Stoffe infolge unvollständigen Aminosäureabbaues ins Blut gelangen und durch Einwirkung auf die Dehydrasen des Nervensystems die dem Psychiater bekannten, leicht narcoseartigen Zustände hervorrufen.

---

[1] J. H. Quastel u. Wheatley, Biochem. Jl 26, 725; 1932. — 27, 1609; 1933. — Proc. Roy. Soc. (B) 112, 60; 1932. — D. R. Davies u. Quastel, Biochem. Jl 26, 1672; 1932.

[2] J. H. Quastel u. Wheatley, Biochem. Jl 27, 1609; 1933.

In neuerer Zeit ist — im Anschluss an Lundsgaards Beobachtungen über die Störung des Kohlehydratstoffwechsels durch Monojodessigsäure (S. 101 und 488 f.) — der Einfluss der **Monohalogenessigsäuren** an Enzymmaterial verschiedener Herkunft untersucht worden. Die Angaben über den beobachteten Effekt sind jedoch etwas widersprechend, was zum grossen Teil auf das langsame Einsetzen der Hemmungswirkung zurückzuführen ist.

Krebs[1a] zeigte, dass die aerobe Lactatdehydrierung im Hirn-, Hoden- und Tumorgewebe (bei kurzer Versuchsdauer) gegenüber Monojodessigsäure (10^{-3}—10^{-4}m-) unempfindlich ist bei gleichzeitig vollständiger Hemmung der Glucoseoxydation. Ähnliche Befunde wurden fast gleichzeitig für Muskel von Meyerhof und Boyland[1b] erhoben, wobei stets der Lactatschwund der Gesamtatmung entsprach, eine Kohlehydratresynthese bilanzmässig also nicht nachzuweisen war. Im Gehirn hat Quastel[1c] bei längerer Einwirkung von Monojodacetat $\left(\frac{m}{4000}\right)$ deutliche Hemmung der Lactatoxydation (etwa 30%) bei fast vollständiger (> 90%) Hemmung der Hexose- und fehlender Hemmung der Succinatoxydation beobachtet. Mit $\frac{m}{100}$-Jodacetat gibt Barron (S. 549) bei Gonokokken etwa 50%ige Hemmung der O_2-Reaktion an, sei es nun, dass der zelleigene Oxydationskatalysator oder—nach Wärmeinaktivierung desselben—ein künstlicher Farbstoffkatalysator am Werke ist. Da im ersteren Falle Zusatz eines Farbstoffsystems (zeitlich begrenzte) Reaktivierung bedingt, ist Barron der Ansicht, dass das Jodacetat nicht an der Dehydrase, sondern am Oxydationssystem angreift, eine Auffassung, die bei dessen unterschiedlicher Natur in den beiden Fällen natürlich weiterer Stützen bedarf. Doch fand auch Holmberg (S. 548) in anaeroben Versuchen mit etwa $\frac{m}{500}$-Monobromacetat (das beim Kohlehydratumsatz ganz ähnlich wirkt wie die Jodverbindung[1d]) wenig ausgesprochene Wirkung des Zusatzes: im Versuch mit Taubenmuskelphosphatextrakt etwa 30% Hemmung, im analogen mit Pferdemuskelextrakt etwa halb so grosse Beschleunigung.

Die Hemmungswirkung von **Farbstoffen** auf die (aerobe) Lactatdehydrierung durch Bact. coli gleicht der bei Form.-D. und Succ.-D. besprochenen[2a] (S. 499 und 528).

Die Hemmung der Lact.-D. durch die basischen Farbstoffe ist jedoch im allgemeinen ausgesprochener als in den beiden genannten Fällen (über den Puffereinfluss vgl. a. a. O.) Schädigung durch Methylenblau wird auch für Enzymlösungen angegeben[2b].

Zahlreiche **polycyclische Kohlenwasserstoffe** von teilweise carcinogener Natur hat Boyland[2b] in ihrem Verhalten zu (Hefe-)Lact.-D. untersucht.

Er fand, dass die aus ihnen durch photochemische Oxydation an der Luft entstehenden Produkte unter Umständen starke Schädigung der Dehydrase bedingen; so hemmen die Oxydationsprodukte der carcinogenen Stoffe 1,2,5,6-Dibenzanthracen und 1,2-Benzopyren schon in Konzentrationen von 10^{-4}—10^{-3}m die anaerobe Lactatdehydrierung um etwa die Hälfte, ziemlich unabhängig von der Lactatkonzentration (vgl. S. 551). Im allgemeinen sind die Bestrahlungsprodukte der carcinogenen Substanzen von stärkerer Hemmungswirkung als die der nicht carcinogenen.

Schwache Hemmung der Methylenblaureduktion durch Lactat + Muskel in Gegenwart von **Insulin** gibt Ahlgren[3] an.

Über den Einfluss von **Cozymase** und verwandten Stoffen s. S. 545 f.

[1a] H. A. Krebs, Biochem. Zs 234, 278; 1931. — [1b] O. Meyerhof u. Boyland, Biochem. Zs 237, 406; 1931. — [1c] J. H. Quastel u. Wheatley, Biochem. Jl 26, 725; 1932. — [d] E. Lundsgaard, Biochem. Zs 250, 61; 1932.

[2a] J. H. Quastel u. Wheatley, Biochem. Jl 25, 629; 1931. — [2b] E. Boyland, Biochem. Jl 27, 791; 1933.

[3] G. Ahlgren, Skand. Arch. 47 (Suppl.), 1; 1925.

2. β-Oxybutyrodehydrase
(evtl. Dehydrase der einbasischen β-Oxysäuren).

a) Allgemeines. Trotz der grossen Bedeutung, die der β-Oxybuttersäure und ihrem (offenbar reversiblen) Übergang in Acetessigsäure $CH_3 \cdot CHOH \cdot CH_2 \cdot CO_2H \rightleftharpoons CH_3 \cdot CO \cdot CH_2 \cdot CO_2H$ im Fettstoffwechsel zukommt (s. S. 85f. u. 89), weiss man über die enzymatische Seite der Reaktion noch sehr wenig.

Die älteren, mehr präparativen Untersuchungen sind meist mit Leber als Enzymmaterial ausgeführt worden; die wenig übersichtlichen Verhältnisse, die sich dabei — zum Teil wohl durch die Heterogenität des Materials bedingt — ergaben, sind auch durch neuere Extraktversuche (vor allem von Kühnau 1928) nur partiell und sicher nicht definitiv geklärt worden. Methylenblauversuche Thunbergs und seiner Schule am Muskel haben zwar auf Spezifität, Beeinflussbarkeit, Kinetik usw. des Enzyms einiges Licht geworfen, ohne dass der Chemismus der Fermentwirkung weitere Aufklärung gefunden hätte. Pflanzliches Material ist kaum je systematisch auf das Ferment untersucht worden bzw. hat es sich (wie Hefe) als wenig aktiv erwiesen. In Bakterien hat Quastel das Enzym in einigen orientierenden Methylenblauversuchen nachgewiesen, doch scheinen auch hier Gleichgewichts- bzw. Sekundärvorgänge das Bild der einfachen Acceptorreaktion zu komplizieren.

Beim fragmentarischen Charakter unserer Kenntnisse von der β-Oxybutyrodehydrase (im folgenden abgekürzt β-Oxyb.-D.) ist es wohl am einfachsten, die in Frage kommenden Arbeiten nach dem untersuchten Enzymmaterial zu gruppieren.

b) Das Leberenzym. Nachdem Minkowski[1a] und Magnus-Levy[1b] schon zu Ende des letzten Jahrhunderts den exakten Beweis dafür erbracht hatten, dass l-β-Oxybuttersäure im Tierkörper Acetessigsäure bzw. Aceton bilden kann und Embden[1c] 1906 denselben Schritt unter Verwendung künstlich durchbluteter Leber realisiert hatte, wiesen Wakeman und Dakin[2] 3 Jahre später erstmals nach, dass sich die gleiche Reaktion auch mit wässrigen Leber-Extrakten durchführen lässt.

Sie zeigten, dass hier ein thermolabiles, mit $(NH_4)_2SO_4$ aussalzbares, vom Buttersäure angreifenden Ferment deutlich verschiedenes Agens am Werke ist, dessen oxydative Wirkung sich durch Zusatz von Blut oder krystallisiertem Oxyhämoglobin erheblich verstärken liess. Sie machten auch schon Angaben über das Wirkungsoptimum des Enzyms, das offenbar im neutralen bis ganz schwach alkalischen Gebiet lag. Dagegen schien der besondere Zustand des Versuchstieres vor Entnahme der Leber — sei es nun, dass es sich um Hunger, extreme Kohlehydratfütterung oder (Pankreas- bzw. Phlorhizin-) Diabetes handelte — die Versuchsresultate nur wenig zu beeinflussen.

Ganz ähnliche Befunde hat später auch Wigglesworth[3] erhalten, der den O_2-Verbrauch von Rattenleber bei Zusatz von β-Oxybuttersäure — auch Acetessigsäure wird, und zwar noch rascher, oxydiert — manometrisch bestimmte. Weder Glucose und Abbauprodukte derselben noch Pankreasextrakte und Insulin beeinflussten die Oxydation der Säuren (vgl. hierzu S. 554, 556 u. 559).

Merkwürdigerweise wurde bald nach der ersten Beobachtung von Wakeman und Dakin sowohl in Stoffwechsel- und Durchblutungsversuchen als in

---

[1a] O. Minkowski, Arch. Path. Pharm. 31, 85; 1893. — [1b] E. Magnus-Levy, Arch. Path. Pharm. 42, 149; 1899. [1c] G. Embden u. Mitarb., Hofm. Beitr. 8, 129; 1906. — 11, 323; 1908.

[2] A. J. Wakeman u. Dakin, Jl biol. Chem. 6, 373; 1909.

[3] V. B. Wigglesworth, Biochem. Jl 18, 1217; 1924.

Ansätzen mit Leberbrei die Umkehrung der beschriebenen Reaktion, und zwar die asymmetrische Reduktion der Acetessigsäure zu l-β-Oxybuttersäure realisiert[1a-d].

Nach Dakin[1d] geht dieser Prozess nur in Gegenwart des zerkleinerten Gewebes, nicht des zellfreien Extraktes vor sich. v. Lagermark[1e] fand diese „Ketoredukase" später ausser in Leber auch in Muskel und Niere (des Hundes), nicht dagegen in Blut, Lunge, Pankreas und Milz. Im Gegensatz zur Dehydrierung ist diese Reaktion von der Gegenwart des Sauerstoffes wie auch Hämoglobins unabhängig[1d]. Unter gewöhnlichen Bedingungen erweist sich die zerkleinerte (Hunde-) Leber als wesentlich aktiver hinsichtlich des Reduktions- als des Oxydationsvorganges[1c, 1d]. So fand Dakin etwa 5mal mehr β-Oxybuttersäure als Acetessigsäure bei Verwendung von ähnlichen Konzentrationen an Acetessigsäure bzw. β-Oxybuttersäure als Ausgangsmaterial.

Die Herkunft der beiden zur Reduktion notwendigen H-Atome ist unbekannt.

Im Hinblick auf die energetischen Verhältnisse bei der Reduktion der CO- zur CHOH-Gruppe (Tab. 14, S. 150) dürften als Donatoren Körper von Aldehyd- und allenfalls Sulfhydrylnatur (S. 153) in Frage kommen. Es ist naheliegend, an beim Glykogenabbau (in der Leber) primär entstehende, reaktionsfähige C_3-Körper (Methylglyoxal, Glycerinaldehyd, Dioxyaceton, evtl. das durch Oxydation daraus gebildete, sehr stark reduzierende „Reduktion" v. Eulers) zu denken (vgl. S. 99f. bzw. 300). Auch wird man sich in diesem Zusammenhang des lange bekannten azidose- bzw. ketoseverringernden Einflusses der Kohlehydrate erinnern, der zu der klassischen Formulierung Rosenfelds „die Fette verbrennen im Feuer der Kohlehydrate" geführt hat[2]. (Vgl. auch neuere Untersuchungen Kühnaus[3] über erhöhtes Redoxpotential und verminderten SH- und Gesamtglutathiongehalt der Leber bei Ketosen und die Beeinflussung dieser Zustände durch Dioxyacetongaben.)

Dakin (l. c.) hat als weitere Erklärung des Reduktionsvorganges noch in Betracht gezogen, dass Acetessigsäure einer Art Cannizzaro-Reaktion unterliegen könnte, bei der ein Molekül der Ketosäure zur Oxysäure reduziert wird, während ein zweites weiterer Oxydation verfällt. Im übrigen scheint er, allerdings auf Grund wenig beweisender Argumente, der Ansicht zuzuneigen, dass das β-Oxybuttersäure oxydierende und das aus Acetessigsäure β-Oxybuttersäure bildende Ferment voneinander verschieden sind. Blum (l. c.) ist sogar soweit gegangen, dass er Acetessigsäure als das normale primäre Oxydationsprodukt der Buttersäure ansieht und die Oxysäure sich stets indirekt durch Reduktion der Ketosäure entstanden denkt. In normalen Zellen solle β-Oxybuttersäure nicht über Acetessigsäure, sondern in irgendeiner anderen Weise umgesetzt werden. Er stützt sich dabei vor allem auf den Befund, dass subcutane Verabreichung von β-Oxybutyrat im Gegensatz zu der von Butyrat und Acetoacetat keine deutliche Acetonurie beim Hund hervorrief. Ganz ähnliche Anschauungen spricht Pribram[4a] auf Grund von Leberdurchblutungsversuchen mit und ohne β-Oxybutyrat aus; die normale Leber (im Gegensatz zur diabetischen) solle die Oxysäure grösstenteils nicht ab- sondern aufbauend verwerten. Geelmuyden[4b] denkt an eine Resynthese der Acetonkörper über β-Oxybuttersäure zu Kohlehydrat, eine Auffassung, die — besonders von Lusk und Thannhauser stark kritisiert[4c] —

[1a] L. Blum, Münch. med. Ws 57, 683; 1910. — [1b] O. Neubauer, Vhdl. Kongr. inn. Med. 566; 1910. — [1c] E. Friedmann u. Maase, Biochem. Zs 27, 474; 1910. — [1d] H. D. Dakin, Jl biol. Chem. 8, 97; 1910. — A. J. Wakeman u. Dakin, Jl biol. Chem. 8, 105; 1910. — Vgl. auch H. D. Dakin, Oxid. and reduct. in the an. body, S. 34f., London 1922. — [1e] L. v. Lagermark, Biochem. Zs 55, 458; 1913.

[2] G. Rosenfeld, Zbt. klin. Med. 16, 1233; 1895. — Berl. klin. Ws. 44, 1663; 1907. — 45, 787, 828; 1908. — F. Hirschfeld, Zs klin. Med. 28, 176; 1895.

[3] J. Kühnau, Biochem. Zs 243, 14; 1931.

[4a] B. O. Pribram, Zs exp. Path. 10, 284; 1912. — [4b] H. C. Geelmuyden, H. 73, 176; 1911. — Erg. Physiol. 22, 51; 1923. — [4c] Vgl. z. B. G. Lusk, Biochem. Zs 156, 334; 1925. — S. J. Thannhauser, Dtsch. med. Ws 57, 1676; 1927.

neuerdings auch Rosenthal[1] zum mindesten nicht zu stützen vermochte. Gegen die von Blum usw. vorgebrachten Argumente hat übrigens schon Dakin (l. c.) Stellung genommen, indem er — wohl mit Recht — darauf hinweist, dass der Übergang β-Oxybuttersäure → Acetessigsäure zahlreiche Male sowohl in Stoffwechsel- und Durchblutungs- als auch Fermentversuchen mit normaler Leber realisiert worden ist und dass man diesen Prozess darum nicht als einen prinzipiell pathologischen bezeichnen kann.

Methodisch wichtig ist der Befund von Snapper und Grünbaum[2a], dass die stark oberflächenaktive β-Oxybuttersäure weitgehend an Lebergewebe adsorbiert wird (vgl. S. 556, 559), so dass aus ihrem Schwund nicht ohne weiteres auf Abbau geschlossen werden darf. Letzterer erfolgt übrigens nach Snapper[2b] hauptsächlich in Niere und Muskulatur, während in der Leber vorwiegend ihre Bildung (durch β-Oxydation) vor sich geht.

Eine andere hierher gehörige Frage ist die nach der Ursache des (optisch) asymmetrischen Verlaufes der Acetacetatreduktion.

Marriott[3a] hat die Ansicht ausgesprochen, dass im Körper primär die optisch inaktive Säure gebildet werde und dass dann durch vorzugsweise Verbrennung der d-Komponente sich die l-Form anreichere. Er konnte diese Ansicht allerdings nur dadurch stützen, dass er in Injektionsversuchen bei Bestimmung der ausgeschiedenen β-Oxybuttersäure Differenzen zwischen den polarimetrisch und oxydimetrisch erhaltenen Werten fand. Ferner hat zuerst McKenzie[3b] bei subcutaner Verabreichung von inaktiver β-Oxybuttersäure im Harn (neben Acetessigsäure und Aceton) kleine Mengen von l-β-Oxybuttersäure gefunden (vgl. auch S. 224), ein Befund, der später unter variierten Bedingungen von Dakin[3c] wiederholt bestätigt worden ist. Dakin hält die Marriottsche Interpretation zum mindesten für unnötig; gegen sie scheinen ihm vor allem seine gleichfalls zur l-Form führenden Versuche mit Leberbrei (die mit beschränktem Luftzutritt, doch nicht streng anaerob ausgeführt sind), zu sprechen. (Vgl. auch die später von ihm untersuchte asymmetrische Hydratisierung der Fumarsäure zu l-Äpfelsäure, S. 529.) Dakins an sich plausible Deutung ist allerdings in neuerer Zeit wieder durch Kühnaus[4] Befund, dass mit Enzymlösungen tatsächlich die (nicht natürliche) d-Form 3—5mal rascher zum Verschwinden gebracht wird wie die l-Säure (S. 224), etwas erschüttert worden.

Die genannte Untersuchung Kühnaus scheint eine der wenigen neueren Arbeiten zu sein, in denen dem β-Oxybutyratabbau von mehr enzymatischen Gesichtspunkten nähergetreten wird.

Allerdings sind die erhaltenen Enzymlösungen von geringer Aktivität und die dementsprechend notwendigen langen Versuchszeiten (20—24 Stunden bei 37°) im Hinblick auf mögliche Bakterienwirkung recht bedenklich. Ausserdem ist die gewählte Methodik der Umsatzbestimmung zum mindesten hinsichtlich der primären Reaktionsstufen sehr unzweckmässig; es ist nämlich zumeist nur die noch vorhandene β-Oxybuttersäure nach dem Verfahren von van Slyke[5] (Oxydation mit $K_2Cr_2O_7$) als Gesamtaceton bestimmt worden, wobei in gleicher Weise auch z. B. Aldol und Acetessigsäure miterfasst werden, so dass also nur der über letztere hinausgehende Abbau sich zu erkennen gibt. Obwohl also aus den Kühnauschen Daten sich meist nur mittelbar Schlüsse auf die Tätigkeit der β-Oxyb.-D. ziehen lassen, soll doch — bei dem fast völligen Mangel ähnlicher Arbeiten — das Hauptsächlichste davon mitgeteilt werden.

Über Darstellung, Eigenschaften und Reaktionsweise des „oxybutyroklastischen" Enzymsystems gibt Kühnau folgendes an:

---

[1] F. Rosenthal, Biochem. Zs 227, 472; 1930.
[2a] J. Snapper u. Grünbaum, Biochem. Zs 181, 410, 418; 1927. — [2b] J. Snapper u. van Creveld, Erg. ges. Med. 15, 21; 1931; dort umfangreiche Literaturübersicht.
[3a] W. K. Marriott, Jl biol. Chem. 18, 241; 1914. — [3b] A. McKenzie, Chem. Soc. 81, 1402; 1902. — [3c] H. D. Dakin u. Mitarb., Jl biol. Chem. 8, 97, 105; 1910.
[4] J. Kühnau, Biochem. Zs 200, 29, 61; 1928.
[5] D. D. van Slyke, Jl biol. Chem. 32, 455; 1917.

Schon in den ersten Versuchen mit Na_2HPO_4-Extrakten aus Rindsleber (nach Ohlsson, S. 514) zeigte sich — was übrigens bereits früher Wishart[1] mit der Methylenblautechnik festgestellt hatte — ein deutlicher Oxybutyratschwund (optimal rund 27% mit $\frac{m}{500}$-Substrat in 20 Stunden); pH-Optimum 6,8—7,1, völlige Hemmung bei pH 5,5 bzw. 7,9. Nach etwa 20 Stunden Flockung der Eiweisskörper. Letztere können bei pH 4,8 zusammen mit Succ.-D. (S. 522), β-Oxyb.-D. usw. aus dem Extrakt gefällt werden. Elution der Fällung mit $\frac{m}{100}$-Na_2CO_3 bringt die Enzyme wieder in Lösung, welch letztere durch Versetzen mit kolloidalem Fe^{III}-hydroxyd oder Uranylacetat bis zu negativer Sulfosalicylsäurereaktion vom restlichen Eiweiss befreit werden kann. Wasserklare, farblose bis schwach gelbliche, eiweiss- und SH-freie Enzymlösung, die unter geeigneten Verhältnissen (s. oben) etwa 40% zugesetzten Oxybutyrats in 20—24 Stunden abbaut; ohne Inaktivierung fällbar mit $^2/_3$ ges. $(NH_4)_2SO_4$ oder Alkohol, wenig empfindlich gegen Toluol. Mehrstündiges Erwärmen auf 50° schädigt nicht; Aufkochen, eintägiges Stehen bei — 10 bis — 15° sowie 20 Min. langes Schütteln inaktiviert.

Optimale Substratkonzentration etwa 0,01—0,024 m-; höhere Konzentrationen an β-Oxybuttersäure (z. B. 0,04 m-) wirken stark reaktionshemmend, eine Erscheinung, die auch — unter Berücksichtigung der Acidität — für verschiedene andere teils oxydative, teils nichtoxydative Fermentprozesse beobachtet und von Harpuder und Erbsen[2] als Narkoticumwirkung gedeutet worden ist (Bedeutung für das Coma diabeticum). Merkwürdig ist die Angabe, dass der Abbau in Gegenwart von O_2 oder N_2 mit gleicher Geschwindigkeit erfolgt, durch kleine Mengen Methylenblau (0,02 auf 12 Millimol Substrat) aber erheblich (bis über 100%) gefördert wird. Andererseits wird die (nicht farbstoffkatalysierte) Reaktion durch $\frac{m}{500}$-HCN fast völlig gehemmt. (Die Lösung des Widerspruches liegt möglicherweise darin, dass die Ansätze 20 Stunden lang von nur pyrogallol„gereinigtem" N_2 durchströmt wurden[3].) Von der unterschiedlichen Reaktionsgeschwindigkeit der d- und l-β-Oxybuttersäure war schon die Rede (S. 555). Gegenwart von Acetaldehyd[4a] oder Glucose[4b] verstärkt den Abbau nicht (s. S. 554).

Dimedon (Dimethyldihydroresorcin) hemmt die Zerlegung der β-Oxybuttersäure (vgl. jedoch die Bemerkung zur Methodik S. 555): Mit Hilfe dieses Abfangemittels[5] gelingt Kühnau die Isolierung kleiner Mengen Aldol (β-Oxybutyraldehyd), den er sich durch Disproportionierung von β-Oxybuttersäure unter gleichzeitiger Bildung von Acetessigsäure — die gleichfalls als Reaktionsprodukt nachgewiesen ist — entstanden denkt. [Diese ungewöhnliche Reaktionskopplung ist aber höchstwahrscheinlich thermodynamisch unmöglich (vgl. Tabelle 14 B, S. 150, sowie S. 155); in Anbetracht der geringen Menge abgefangenen Aldols — nur $^1/_5$ der normalerweise abgebauten Oxybuttersäure — ist der Gedanke an Bakterienwirkung bzw. sekundäre Entstehung aus Acetaldehyd recht naheliegend.] Bei gleichzeitiger Gegenwart von Mutase liessen sich ferner für die Entstehung von 1,3-Butylenglykol Anhaltspunkte gewinnen.

Bei der Unwahrscheinlichkeit der von Kühnau als Primärreaktion angenommenen Disproportionierung beanspruchen die Oxydationsprodukte des Oxybutyratabbaues grösseres Interesse. Von diesen sind ausser Acetessigsäure — die sich im Laufe des Versuchs nicht anreichert, sondern im Enzymgemisch weiterem Abbau unterliegt (vgl. S. 553) — Bernsteinsäure, Fumarsäure, Äpfelsäure und Acetaldehyd mit Sicherheit nachgewiesen und identifiziert, während Brenztraubensäure und Essigsäure nur in Spuren gefunden wurden.

---

[1] G. M. Wishart, Biochem. Jl 17, 103; 1923.
[2] K. Harpuder u. Erbsen, Zs exp. Med. 46, 768; 1925.
[3] Vgl. z. B. H. Wieland u. Franke, A. 469, 257; 1929.
[4a] Vgl. hierzu H. v. Euler u. Nilsson, Skand. Arch. 59, 201; 1930. — [4b] Vgl. hierzu A. J. Ringer, Jl biol. Chem. 17, 107, 281; 1914.
[5] C. Neuberg u. Reinfurth, Biochem. Zs 106, 281; 1920.

Die Hauptlinie des Abbaus ist hier klar und von Kühnau durch neuere Versuche mit Acetessigsäure + Methylenblau weiter gestützt worden[1a]. Eine aus letzterer Säure in Gegenwart von Leberauszug entstehende reaktionsfähige Form der Essigsäure (Ketenhydrat?) unterliegt der bekannten bimolekularen Dehydrierung im Sinne Thunbergs (S. 87, 501f.) mit ihren anderwärts besprochenen Folgereaktionen. (Zum analogen Umsatz der α-Methylacetessigsäure und β-Oxy-n-valeriansäure s. S. 87.) Die von Kühnau angenommene Acetaldehydbildung durch Dekondensation von Aldol (nicht wie gewöhnlich aus Brenztraubensäure) ist dagegen, zum wenigsten energetisch, bedenklich und bedürfte weiterer experimenteller Nachprüfung.

Die intermediäre Entstehung von Bernstein- (bzw. Fumar-) Säure ist möglicherweise auch für den sonst schwer zu verstehenden (O_2 im N_2?) Befund Kühnaus, dass Methylenblau selbst durch einen grossen Überschuss an β-Oxybuttersäure nicht völlig entfärbt wird, verantwortlich zu machen (vgl. S. 515f.). Die von Kühnau[1b] am „oxybutyroklastischen" Gesamtsystem ausgeführten potentiometrischen Messungen sind in Anbetracht der Heterogenität desselben hier ohne grösseres Interesse, auch ist es fraglich, ob Gleichgewichtspotentiale gemessen wurden. Jedenfalls ist der Potentialendwert (einem ε_0 von etwa 0,530 V entsprechend) viel zu hoch, um dem System β-Oxybuttersäure-Acetessigsäure entsprechen zu können (vgl. Tabelle 14, S. 150); immerhin liegt er nicht allzuweit von dem des Systems Bernsteinsäure-Fumarsäure (S. 516) entfernt.

Zuletzt mag noch als eine die Tätigkeit der β-Oxyb.-D. in sich schliessende Reaktionsfolge der zuerst im Durchblutungsversuch mit Leber[2a] und neuerdings mit Leberbrei[2b] realisierte Übergang von Brenztraubensäure in Acetessigsäure angeführt werden.

Während Embden und Oppenheimer im Anschluss an Beobachtungen Friedmanns[2c] über analoges Verhalten des Acetaldehyds den Reaktionsweg

$$CH_3 \cdot CO \cdot CO_2H \to CH_3 \cdot CHO \to CH_3 \cdot CHOH \cdot CH_2 \cdot CHO \to CH_3 \cdot CHOH \cdot CH_2 \cdot CO_2H \to$$
$$CH_3 \cdot CO \cdot CH_2 \cdot CO_2H$$

für den wahrscheinlichsten hielten, spricht nach Gorr „die Tatsache, dass die Acetessigsäurebildung aus Pyruvat auch in Gegenwart von Calciumsulfit ohne Acetaldehydanreicherung verläuft, dafür, dass die Decarboxylierung erst nach dem Zusammentritt zweier Brenztraubensäuremoleküle vor sich geht, wie dieses bereits von Neuberg und Arinstein für den Chemismus der Butylgärung diskutiert worden ist" (Näheres S. 106). Eine weitere Stütze erhält diese Auffassung durch Gorrs Beobachtung, dass beim Arbeiten mit Leberbrei aus Alkohol und Acetaldehyd kein Acetacetat gebildet wird. Gorr zieht auf Grund seiner Befunde übrigens eine carboxylatische Spaltung der Brenztraubensäure in $CH_3 \cdot CHO + CO_2$ durch Lebergewebe überhaupt in Zweifel (vgl. auch S. 102).

c) **Das Muskelenzym.** Thunberg[3a] zeigte zuerst mit der Methylenblautechnik, dass für Froschmuskulatur α- und β-Oxybuttersäure ungefähr gleich gute Donatoren darstellen. Abkühlung auf —80° zerstörte das Dehydrierungsvermögen des Muskels gegenüber den beiden Substraten. Ahlgren[3b] fand auch Meerschweinchenmuskel, Wishart[3c] Phosphatextrakte aus Kaninchenmuskel zur Dehydrierung der β-Oxybuttersäure befähigt. Der Frage der Spezifität und der Kinetik des β-Oxybuttersäure dehydrierenden

---

[1a] J. Kühnau, Verh. 14. Kongr. Physiol. 145; 1932. — Arch. scienz. biol. 18, 215; 1933. — [1b] Biochem. Zs 200, 61; 1928.

[2a] G. Embden u. Oppenheimer, Biochem. Zs 45, 186; 1912. — [2b] G. Gorr u. Mitarb., Biochem. Zs 254, 5, 9; 1932. — [2c] E. Friedmann, Hofm. Beitr. 11, 202; 1908.

[3a] T. Thunberg, Skand. Arch. 40, 1; 1920. — [3b] G. Ahlgren, Act. med. scand. 57, 508; 1923. — [3c] G. M. Wishart, Biochem. Jl 17, 103; 1923.

Enzyms ist dann Rosling[1] in Versuchen mit vorzugsweise menschlicher Muskulatur nähergetreten.

Rosling beobachtete, dass die Art der Vorbehandlung des Muskels eine grosse Bedeutung für das Ausmass der schliesslich im Methylenblauversuch gefundenen enzymatischen Aktivität besitzt. So fand er, je nachdem er das Gewebe vorher mit destilliertem H_2O oder mit 0,9%iger NaCl-Lösung auswusch, folgende Werte für die enzymatische Aktivität gegenüber einzelnen Substraten:

Tabelle 39a.

	Milchsäure	α-Oxybuttersäure	β-Oxybuttersäure	l-Weinsäure	Glutaminsäure	Bernsteinsäure
H_2O ...	14	5	2	5	3	434
NaCl ...	22	10	115	14	53	—

Die enorm erhöhte Aktivität des β-Oxybuttersäure und des Glutaminsäure dehydrierenden Enzyms bei der NaCl-Behandlung zeigt deutlich, dass hier Enzym„individuen" vorliegen, die mit dem Angriff der α-Oxysäuren, der Äpfelsäure, Bernsteinsäure usw. nichts zu tun haben[2].

Dass β-Oxybuttersäure und Glutaminsäure von demselben Enzym aktiviert werden sollten, ist bei dem grossen Unterschied in der chemischen Natur der beiden Substrate denkbar unwahrscheinlich. Weiter gestützt wird diese Auffassung durch analoge Versuche an Affenmuskulatur, bei der NaCl-Lösung praktisch nur die β-Oxyb-D. konserviert:

Tabelle 39b.

	Milchsäure	α-Oxybuttersäure	β-Oxybuttersäure	l-Weinsäure	d-Weinsäure	Glutaminsäure
H_2O ...	9	2	25	3	0	3
NaCl ...	11	5	200	15	0	10

In Hundemuskulatur, in der Glutaminsäureenzym recht aktiv, β-Oxyb.-D. sehr wenig aktiv, ja kaum nachzuweisen ist, beobachtet man keinen „Aktivierungs"effekt mit NaCl-Lösung. Besonders kräftig scheint die β-Oxyb.-D. in Pferdemuskulatur zu sein. Bei Versuchen an Menschen- bzw. Affenmuskulatur mit anderen Auswaschmitteln ergab sich übrigens, dass nur die reine NaCl-Lösung die Aktivität der β-Oxyb.-D. bzw. Glutam.-D. bewahrt, während Ca- und bis zu einem gewissen Grade auch K-Salze aktivitätsschwächend wirken, so dass es im Prinzip gleichgültig ist, ob man z. B. mit Ringer- oder Tyrodelösung oder mit dest. H_2O auswäscht.

Im Hinblick auf die noch ganz ungeklärte Frage des Spezifitätsbereichs der β-Oxyb.-D. ist immerhin die Beobachtung Ahlgrens (S. 557) am Muskel von Interesse, daß Glutaconsäure, für deren enzymatische Überführung in β-Oxyglutarsäure Dakin (S. 530) Anhaltspunkte gefunden hat, Donatoreigenschaft zeigt.

Über die Kinetik des Systems Methylenblau-β-Oxybuttersäure-ausgewaschene Muskulatur macht Rosling folgende Angaben:

Bei nicht zu hohen Methylenblaukonzentrationen ist die Entfärbungszeit proportional der Farbstoffmenge, die relative Reduktionsintensität $\frac{\gamma \text{ Methylenblau}}{t}$ also konstant (vgl. Abb. 92, S. 520, Kurvenstück I zwischen 350 und 550 γ Methylenblau); Steigerung der Methylenblau-

---

[1] E. Rosling, Skand. Arch. 45, 132; 1924.
[2] Zur Spezifitätsfrage vgl. auch F. Bernheim, Biochem. Jl 22, 1178; 1928.

konzentration über einen bestimmten Grenzwert (etwa 60 γ Methylenblau/cm³) hinaus bewirkt eine unverhältnismässige Verlängerung der Entfärbungszeit, also Abnahme der relativen Reduktionsintensität (vgl. Abb. 92). Rosling deutet sie als Hemmungswirkung des Farbstoffes auf das Enzym (vgl. S. 520); möglicherweise spielt auch das Succinat-Methylenblaugleichgewicht (S. 515f.) schon mit herein, denn auch Acetessigsäure fungiert nach Ahlgren (S. 557) im Muskelbreiversuch als Donator, wahrscheinlich über die Essigsäurebruchstücke (s. auch S. 560). Weiterhin gibt Rosling noch Proportionalität zwischen Entfärbungsgeschwindigkeit und Muskelmenge an; den wohlbekannten (vgl. S. 493 u. 519) Einfluss der Substratkonzentration auf die Reaktionsgeschwindigkeit zeigt Abb. 111.

Besondere Eigenheiten der β-Oxybutyratdehydrierung durch Diabetikermuskulatur hat Rosling infolge methodischer Schwierigkeiten nicht feststellen können. Während er anfangs die Aktivität der β-Oxyb.-D. (auch der Glutam.-D.) durch Zusatz von Pankreasextrakten wesentlich steigern zu können glaubte[1a], sind spätere Versuche mit Insulin durchaus negativ verlaufen. Ahlgren[1b] fand — ähnlich wie für Bernstein- und Milchsäure (S. 529 u. 552) — auch bei der β-Oxybutyrat- (bzw. Acetacetat-) Dehydrierung einen ausgesprochenen Hemmungseffekt des Insulins.

d) Das Pilz- und Bakterienenzym. Hier ist besonders die Hefe zu nennen, die häufig auf ihr Verhalten gegenüber β-Oxybuttersäure untersucht worden ist.

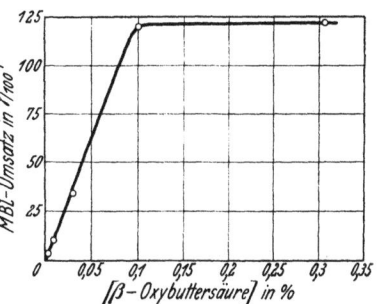

Abb. 111. Methylenblauentfärbung mit Muskelenzym bei variierter β-Oxybutyratkonzentration. (Nach Rosling.)

0,3 g Muskulatur + 40 γ Methylenblau in 1,3 cm³; pH etwa 7,5; T 40°.

Bereits die ersten Untersucher, Neuberg und Tir[2a], fanden mit einigen Oberhefen wie auch einer Acetondauerhefe eine zwar schwache, aber deutliche „Vergärbarkeit" des Substrats (gemessen an der CO_2-Entwicklung). Später gaben Jung und Müller[2b] sogar reichliche CO_2-Bildung aus β-Oxybutyrat mit Hefe an. Fast gleichzeitig wies Abderhalden[2c] die hemmende Wirkung eines Oxybutyratzusatzes auf die Hexosevergärung durch Hefe nach und vermutet auch schon, dass die Erscheinung bei Diabetes (besonders dem Coma) von Bedeutung sein könnte (vgl. hierzu auch S. 556). An eine Giftwirkung der (capillaraktiven) β-Oxybuttersäure wird man möglicherweise auch zu denken haben bei dem späteren Befund Marians[2d], dass unter Versuchsbedingungen, unter welchen Milchsäure, Brenztraubensäure und Acetessigsäure ausgiebig oxydiert, assimiliert oder decarboxyliert werden, sich keine einwandfreie Assimilation oder Oxydation der β-Oxybuttersäure (ausserhalb der Versuchsfehlergrenze von 10%) feststellen liess, weder in Gegenwart noch in Abwesenheit von O_2. Doch ist andererseits zu bedenken, dass die Versuchstemperatur um rund 13° niedriger, die Versuchsdauer um 3—4½mal kürzer war als beispielsweise in den Neubergschen Experimenten. Neuerdings fand auch Kühnau[2e] mit Lebedew-Saft nur ein geringfügiges Verschwinden von β-Oxybuttersäure bei mehrtägiger Versuchsdauer (allerdings bei pH 4,8, vgl. S. 556), so dass er selbst Bakterienwirkung in Betracht zieht.

Nach McKenzie[3a] liefert Aspergillus griseus d-β-Oxybuttersäure aus der racemischen Säure unter Aufzehrung der linksdrehenden Komponente (vgl. dagegen S. 555 und andererseits S. 223f.). Aspergillus niger vermag das NH_4-Salz der Säure als einzige C-Quelle zu verwerten[3b].

[1a] E. Rosling, Soc. Biol. 88, 112; 1923. — [1b] G. Ahlgren, Skand. Arch. 44, 167; 1923. — 47 (Suppl.), 1; 1925.

[2a] C. Neuberg u. Tir, Biochem. Zs 32, 325; 1911. — [2b] A. Jung u. Müller, Helv. 5, 239; 1922. — [2c] E. Abderhalden, Fermentforsch. 5, 273; 1922. — [2d] J. Marian, Biochem. Zs 150, 281; 1924. — [2e] J. Kühnau, Biochem. Zs 200, 29; 1928.

[3a] A. McKenzie, Chem. Soc. 81, 1402, 1405; 1902. — 83, 430; 1903. — [3b] H. Bierry u. Portier, C. R. 166, 963, 1055; 1918.

Dass β-Oxybuttersäure für Bakterien einen ausgezeichneten, α-Oxybuttersäure und unter Umständen sogar Milchsäure (vgl. Tabelle 33, S. 495) überragenden Donator darstellt, hat neuerdings Quastel[1] an verschiedenen Beispielen gezeigt.

Nachstehende kleine Tabelle enthält eine Gegenüberstellung der Methylenblau-Entfärbungszeiten (in Minuten) für verschiedene Bakterienarten und Substrate:

Tabelle 40.

Substrat	B. prodigiosus	B. proteus	B. alcaligenes
Milchsäure $\frac{m}{13}$	6,2	5,7	—
Milchsäure $\frac{m}{130}$	18,8	13,7	9,0
α-Oxybuttersäure $\frac{m}{13}$	12,0	3,7	4,4
α-Oxybuttersäure $\frac{m}{130}$	36,0	25,0	—
β-Oxybuttersäure $\frac{m}{13}$	4,3	2,4	3,8
β-Oxybuttersäure $\frac{m}{130}$	3,25	—	—

Gewisse Unregelmässigkeiten zeigten sich bei Bact. coli. $\frac{m}{93}$ - β-Oxybuttersäure bewirken beispielsweise in 5 Min. vollständige Entfärbung, doch zeigt sich nach 21 Min. wieder leichte Bläuung. Mit $\frac{m}{112}$ - und $\frac{m}{140}$ - Säure scheint sich nach 3—4 Min. ohne vollständige Reduktion ein Gleichgewichtszustand auszubilden; eine langsame, erst nach Stunden zur Entfärbung führende Reaktion schliesst sich an. Es liegt nahe, an die intermediäre Entstehung von Bernsteinsäure zu denken (vgl. S. 515 u. 557). Doch hat merkwürdigerweise Ahlgren (S. 557) genau dieselben Erscheinungen am System Methylenblau-Muskelgewebe-Aceton (nicht dagegen Acetessigsäure, woraus er schliesst, dass diese ihre Donatorfunktion nicht über Aceton, sondern Essigsäure ausübt) beobachtet. Ohne dass eine Erklärung des Phänomens gegeben werden könnte, ist auch diese letztere Möglichkeit für das Bacterium im Auge zu behalten.

3. Malicodehydrase
(evtl. Dehydrase anderer zweibasischer Oxysäuren).

a) Allgemeines.

Nachdem Thunberg[2a] zuerst den atmungssteigernden Einfluss der Äpfelsäure auf die isolierte Froschmuskulatur beobachtet hatte, stellten Battelli und Stern[2b] bald darauf (1910) auch an den verschiedensten anderen Tiergeweben einwandfrei fest, dass es sich dabei um eine biochemische Oxydation des Malats handle. Die anaerobe Donatoreigenschaft wurde von 1920 ab vor allem von Thunberg[2c] und seiner Schule in zahlreichen Einzelfällen dargetan. Um die Aufklärung des Chemismus der Malatdehydrierung hat sich neuerdings besonders A. Hahn[2d] verdient gemacht. Eine Abtrennung des Enzyms ist — wesentlich wegen seiner Labilität — bisher noch kaum versucht worden, dementsprechend ist die Spezifitätsfrage noch in ziemliches Dunkel gehüllt. Zudem ist durch die neuerdings wiederholt erhobenen Befunde über Co-Fermentwirkung bei der enzymatischen Äpfelsäuredehy-

---

[1] J. H. Quastel u. Mitarb., Biochem. Jl 19, 652; 1925. — 20, 166; 1926.
[2a] T. Thunberg, Skand. Arch. 24, 23; 1910. — [2b] F. Battelli u. Stern, Soc. Biol. 69, 552; 1910. — Biochem. Zs 31, 478; 1911. — [2c] T. Thunberg, Skand. Arch. 40, 1; 1926. —
[2d] A. Hahn u. Haarmann, Zs Biol. 87, 465; 1928. — 88, 91, 516; 1929. — 92, 355; 1932.

drierung der Boden für die Beurteilung der älteren Befunde wieder recht unsicher geworden (vgl. auch S. 547).

b) Vorkommen.

Die Malicodehydrase (im folgenden abgekürzt Mal.-D.) ist ein in tierischen Zellen weitverbreitetes Ferment, was ja mit der Stellung der Äpfelsäure als Intermediärprodukt des Bernsteinsäureabbaus im Einklang steht. Aber auch in pflanzlichen Zellen, in denen Succ.-D. meist nicht nachgewiesen ist (vgl. S. 513), stellt Äpfelsäure einen ausgezeichneten — häufig den besten — Donator von Carbonsäurenatur dar. Zahlreiche Literaturangaben über die Oxydation von Fumarsäure sind bei der weiten Verbreitung von Fumarase (S. 529f.) gleichfalls auf Rechnung der Mal.-D. zu setzen.

Für viele **Bakterien** (strikte Aerobier und fakultative Anaerobier) hat Quastel[1] kräftige aerobe Umsetzung von Fumarat und l-Malat (mit 50—100% der Geschwindigkeit des Succinatumsatzes) festgestellt. Der Methylenblauentfärbungsversuch liefert hier kein richtiges Mass für das Donatorvermögen der Äpfelsäure, da infolge des Gleichgewichts l-Malat-Fumarat die Acceptoreigenschaft des letzteren mit der Donatoreigenschaft des ersteren konkurriert und so zu unvollständigen Entfärbungen Anlass gibt.

Niedere Pilze betreffend sind die Befunde von Neuberg[2a] über reichliche anaerobe CO_2-Bildung aus Malat in Gegenwart verschiedener Heferassen (auch einer Acetonhefe) anzuführen. Er hat bereits das primäre Dehydrierungsprodukt Oxalessigsäure als Hauptquelle der CO_2-Entwicklung erkannt. Auch die Umkehrung der Primärreaktion, die „phytochemische" Reduktion der Oxalessigsäure zu l-Äpfelsäure, ist später wiederholt beobachtet worden[2b]. Donatoreigenschaft der Äpfelsäure im Methylenblauversuch mit Hefe haben neuerdings Fodor[2c] und Andersson[2d], im aeroben Versuch Wieland[2e] angegeben. Schimmelpilze wie Aspergillus greifen Äpfelsäure unter Dehydrierung leicht an[2f], wobei weiterhin häufig Citronensäure gebildet wird (s. S. 106).

In **höheren Pflanzen** ist die Mal.-D. von Thunberg, Fodor, Nitzescu u. a. studiert worden. Thunberg, der Samenextrakte von Phaseolus[3a], Citrus[3b], Corchorus[3b], Cucumis[3c] usw. untersuchte, fand ihre Aktivität regelmässig sehr stark, meist nur von der Alkohol- und Hexosediphosphat-, selten von Formico- und Glutaminsäuredehydrase übertroffen. Auch im Blütenstaub entdeckte er sie zusammen mit Alkohol- und Glycerophosphatdehydrase[3d]. Nach Fodor[4a], der zahlreiche Carbonsäuren mit Extrakten aus Weizen, Gerste, Hafer, Mais und Erbsen auf ihr Donatorvermögen prüfte, steht die Äpfelsäure in dieser Hinsicht meist an erster Stelle, nur in Gerste und Erbse an zweiter (nach Oxalat bzw. Formiat). Er hat als erster auch schon Angaben über die Aktivierung der Malatdehydrierung durch Hefe- oder Erbsenkochsaft gemacht (vgl. S. 565). Nitzescu[4b] beobachtete bei verschiedenen Bohnensorten Dehydraseaktivität nur im Mehl der Cotyledonen und Embryonen, nicht der Schalen.

---

[1] J. H. Quastel u. Mitarb., Biochem. Jl 18, 365, 519; 1924. — 20, 166; 1926. — 25, 117; 1931. — Vgl. auch T. K. Walker u. Mitarb., Biochem. Jl 25, 129; 1931.
[2a] C. Neuberg u. Tir, Biochem. Zs 32, 323; 1911. — [2b] C. Neuberg u. Gorr, Biochem. Zs 154, 495; 1924. — Sh. Fujise, Biochem. Zs 236, 231; 1931. — [2c] A. Fodor u. Frankenthal, Biochem. Zs 246, 414; 1932. — [2d] B. Andersson, H. 217, 186; 1933. — [2e] H. Wieland u. Sonderhoff, A. 499, 213; 1932. — 503, 61; 1933. — [2f] Vgl. z. B. H. B. Stent, Subramaniam u. Walker, Chem. Soc. 1929, 1987. — K. Bernhauer u. Siebenäuger, Biochem. Zs 240, 232; 1931.
[3a] T. Thunberg, Arch. int. physiol. 18, 601; 1922. — [3b] Lunds Univ. Årsskrift (2) 25, Nr. 9; 1929. — [3c] Biochem. Zs 206, 109; 1929. — [3d] Skand. Arch. 46, 137; 1924.
[4a] A. Fodor u. Mitarb., Fermentforsch. 11, 469; 1930. — Biochem. Zs 225, 409, 417; 1930. — 238, 268; 1931. — 246, 414; 1932. — [4b] J. Nitzescu u. Cosma, Soc. Biol. 89, 1247; 1923.

Die ältesten systematischen Untersuchungen **tierischen Gewebes** stammen, wie schon erwähnt, von Battelli und Stern[1a]; sie führten die Oxydation von Äpfelsäure, Fumarsäure und Citronensäure auf dasselbe katalytisch wirkende Agens von Proteinnatur („Citricoxydon") zurück und fanden es — mit aerober Methodik — am kräftigsten in roter Muskulatur sowie Leber und Niere verschiedener Säugetiere. Aerobe Versuche mit ausgewaschener Froschmuskulatur führte Meyerhof[1b] aus. Im anaeroben Methylenblauversuch hat mit dem zuletzt genannten Enzymmaterial Thunberg[1c], mit Meerschweinchenmuskel Ahlgren[1d], mit Menschenmuskel Rosling[1e] farbstoffreduzierende Wirkung von Malat bzw. Fumarat beobachtet, wobei man — besonders deutlich im letzteren Falle — bald auch die Reversibilität der Reaktion bemerkte, von Thunberg allerdings noch irrigerweise auf ein Gleichgewicht Fumarsäure-Acetylendicarbonsäure bezogen. Starken Anstieg der Dehydraseaktivität des Froschmuskels im Frühling haben Hahn[1f] und Collett[1g] festgestellt. Mit Kaninchenmuskel hat P. Mayer[1h] anaerob die Reaktion Oxalessigsäure → l-Äpfelsäure in geringem Umfang realisiert. Neuerdings hat Holmberg[11] auch mit Phosphatextrakten aus (Tauben- und Pferde-) Muskel in Gegenwart von Co-Fermenten verschiedener Herkunft anaerobe Malatdehydrierung beobachtet, wobei er zur Vermeidung unvollständiger Farbstoffreduktion das elektropositivere Thionin (s. S. 133) an Stelle von Methylenblau verwendete[2]. Von Interesse ist noch die Beobachtung Ahlgrens[3], dass auch in der Augenlinse, in der er die Succ.-D. vermisst hat (S. 513), Äpfelsäure einen guten Donator darstellt, woraus er schliesst, dass der Linsenstoffwechsel in gewisser Ausdehnung anderen Wegen folgt als den sonst in tierischen Zellen üblichen.

c) Wirkungen und Natur des Ferments.

α) **Stabilität.** Nach Battelli und Stern[1a] ist das die Oxydation von Äpfelsäure (auch Fumarsäure, Citronensäure) katalysierende „Oxydon" (s. S. 251 u. 513) ausserordentlich labil.

Schon einminutige Behandlung des Gewebes in der Borrelschen Mühle inaktiviert fast vollständig, desgleichen halbstündige Extraktion des durch die gewöhnliche Fleischhackmaschine getriebenen Gewebes mit (Leitungs-) Wasser. Nach Battelli und Stern haben Gewebe, die die „Hauptatmung" (S. 250f.) verloren haben, auch nicht mehr die Fähigkeit zur Oxydation der genannten Säuren. Die Verhältnisse lagen hier also anders als bei dem weit stabileren Succin- bzw. p-Phenylendiaminoxydon (S. 408f. u. 513f.); die dort mögliche Herstellung aktiver Extrakte schien sich im vorliegenden Falle von selbst zu verbieten.

Nach späteren Versuchen von Meyerhof[1b] bedürfen indes die Angaben von Battelli und Stern über die ausserordentliche Labilität des Ferments gewisser Einschränkungen.

Man darf nicht, wie Battelli und Stern dies taten, (kalkhaltiges) Leitungswasser zum Auswaschen benützen, sondern muss mit destilliertem Wasser extrahieren. Unter dieser Bedingung erhält man auch nach 50—60 minutiger H_2O-Behandlung gute Wirksamkeit des Muskels gegenüber Äpfel- und Fumarsäure bei fast völlig aufgehobener Eigenatmung desselben; dabei darf man ferner die osmotischen Verhältnisse nicht vernachlässigen, sondern muss isotonische Lösungen verwenden und schliesslich muss man für die Anwesenheit von sekundärem

---

[1a] F. Battelli u. Stern, Soc. Biol. 69, 552; 1910. — Biochem. Zs 31, 478; 34, 263; 1911. — 67, 443; 1914. — [1b] O. Meyerhof, Pflüg. Arch. 175, 20; 1919. — [1c] T. Thunberg, Skand. Arch. 40, 1; 1920. — [1d] G. Ahlgren, Act. med. scand. 57, 508; 1923. — [1e] E. Rosling, Skand. Arch. 45, 132; 1924. — [1f] A. Hahn u. Haarmann, Zs Biol. 87, 465; 1928. — [1g] M. E. Collett u. Mitarb., Jl biol. Chem. 100, 271; 1933. — [1h] P. Mayer, Biochem. Zs 156, 300; 1925. — [11] C. G. Holmberg, Akad. Abhandl., Lund 1933.

[2] Bezüglich der Potentialverhältnisse s. W. M. Clark u. Mitarb., Publ. Health Rep. 40, 1130; 1925.

[3] G. Ahlgren, Skand. Arch. 44, 196; 1923. — Act. ophtalm. 5, 1; 1927.

Phosphat sorgen. Dann erreicht bei $\frac{m}{40}$ - Substratkonzentration die O_2-Aufnahme mit Fumarat $1/3$—$1/4$ von derjenigen mit Succinat. Dabei nähert sich der respiratorische Quotient im Falle des Fumarats dem für vollständige Verbrennung berechneten (1,33), während er bei Succinat sehr niedrig (0,1—0,2) ist, entsprechend der überragenden Umsatzgeschwindigkeit des Ausgangssubstrats. Durch Zusatz von Fluorid, gegen das die Succinodehydrase im Gegensatz zur Malicodehydrase ausserordentlich empfindlich ist, lässt sich der respiratorische Quotient jedoch auch im letzteren Falle erheblich (bis auf 0,8) steigern (vgl. S. 522f. u. 566).

Neuere Angaben von A. Hahn (S. 560) stehen, was die Stabilität der Mal.-D. betrifft, zwischen denen Meyerhofs und denen von Battelli und Stern.

Längere H_2O-Extraktion von Frosch- oder Rindermuskel (namentlich in Gegenwart von Toluol), wie sie bei der biochemischen Succinatdehydrierung üblich ist, nimmt dem Material fast völlig die Fähigkeit zur Malatdehydrierung. Dagegen kann man die Restreduktion des zerkleinerten Gewebes praktisch aufheben und doch noch eine aktive Mal.-D. zurückbehalten, wenn man das Auswaschen statt mit destilliertem H_2O mit $\frac{m}{15}$ - Phosphat von pH 6,6 vornimmt.

Wenngleich aus diesen Angaben eindeutig hervorgeht, dass die Mal.-D. (ähnlich wie die Lact.-D.) erheblich labiler ist als die Succ.-D., wird man doch auch an die Möglichkeit, dass der schädigende Einfluss des Auswaschens teilweise auf die Entfernung eines Co-Ferments zurückgeht, zu denken haben (Näheres S. 565f.).

β) Über die **Spezifität** der Mal.-D. lässt sich heute noch nichts Definitives sagen; möglicherweise handelt es sich um eine allgemeiner fungierende Dehydrase zweibasischer Oxysäuren.

In Methylenblauversuchen mit Froschmuskel und l-Malat hat Collett[1a] nach Hinzufügung eines weiteren Donators (Succinat, Glycerophosphat, Lactat oder Citrat) stets den Summationseffekt beobachtet (S. 211 u. 221). Ferner zeigten sich charakteristische Unterschiede in der Reaktion der einzelnen Dehydrasen gegen pH-Änderungen wie auch Gifte[1b] (As-, Se-, Te-Verbindungen). Auch haben Thunberg und Fodor in ihren Versuchen mit Samenextrakten (S. 561) bei durchwegs kräftiger Malatdehydrierung Donatoreigenschaft von Succinat, Lactat oder Citrat fast stets vermisst. Gegen die Vorstellung Battellis und Sterns von der Identität des Malico- und des Citrico„oxydons" spricht noch im besonderen die Beobachtung Holmbergs (S. 562), dass Muskelphosphatextrakte + Co-Ferment zwar Äpfelsäure, nicht aber Citronensäure dehydrieren, während ein von Bernheim (S. 567) aus Leber dargestelltes Präparat sich genau umgekehrt verhält. Liegen soweit die Verhältnisse ziemlich klar, so gilt dies nicht hinsichtlich der Frage, ob Homologe der Äpfelsäure, wie Tartronsäure, Oxyglutarsäure oder auch die Weinsäuren, alles Substrate, die sowohl von gewaschener Kalt- als Warmblütermuskulatur dehydriert werden (Thunberg, Ahlgren, Rosling, S. 562), noch in den Funktionsbereich der Mal.-D. fallen. Für die Dehydrierung der α-Oxyglutarsäure nimmt Thunberg (l. c.) allerdings auf Grund der besonderen Thermo- und Kryolabilität der Reaktion ein besonderes Ferment an, doch wäre in Anbetracht der nahen Beziehungen dieses Substrats zur Bernsteinsäure (über α-Ketoglutarsäure, vgl. S. 94) eine neuerliche Nachprüfung des Befundes wichtig.

An pflanzlichem Enzymmaterial scheint von den genannten Säuren nur die Weinsäure näher geprüft worden zu sein, wobei ein schwaches Donatorvermögen bald gefunden, bald vermisst worden ist (Literatur S. 561). Auch in Bakterien fungieren Tartron- und Weinsäure als schwache Donatoren[2] (vgl. S. 495). Dass die Mal.-D. auch andere zweibasische Oxy-

---

[1a] M. E. Collett u. Mitarb., Jl biol. Chem. 82, 435; 1929. — [1b] Jl biol. Chem. 82, 429; 1929. — 100, 267, 271; 1933.

[2] J. H. Quastel u. Wooldridge, Biochem. Jl 19, 652; 1925. — 22, 689; 1928.

säuren — wenn auch langsamer als das namengebende Substrat — umsetzt, ist nach den bisher vorliegenden Befunden jedenfalls nicht mit Sicherheit auszuschliessen.

Einwandfrei erwiesen ist hingegen die stereochemische Spezifität der Mal.-D. hinsichtlich der (natürlichen) l-Form, wovon früher schon die Rede war (S. 224).

Ausser, wie dort angegeben, für ausgewaschenen Muskel und Pflanzensamen ist neuerdings auch für Phosphatextrakte von (Pferde-) Muskel [1a] (+ Co-Ferment) sowie für Aspergillus niger [1b] und Bac. pyocyaneus [1c] die ganz überlegene, wenn nicht ausschliessliche Donatorfunktion der l-Äpfelsäure nachgewiesen worden. Nachstehende Abbildung demonstriert die stereochemische Spezifität der (Samen-) Mal.-D.

Auch wird man sich an die wiederholt beobachtete Entstehung von l-Äpfelsäure bei biochemischer Reduktion von Oxalessigsäure erinnern (S. 561/62).

Es mag im Zusammenhang mit der rein chemischen Spezifitätsfrage noch darauf hingewiesen werden, dass im Muskel der allermeisten Tiere auch von der Weinsäure die l-Form ganz bevorzugt dehydriert wird (Näheres S. 223f.). Die Prüfung der wenigen Muskelarten, die d- und l-Weinsäure ungefähr gleich intensiv abbauen, auf ihr Verhalten gegenüber den beiden Äpfelsäuren, könnte in der Frage der „Gruppenspezifität" (S. 217) von Mal.-D. wichtige Aufschlüsse geben.

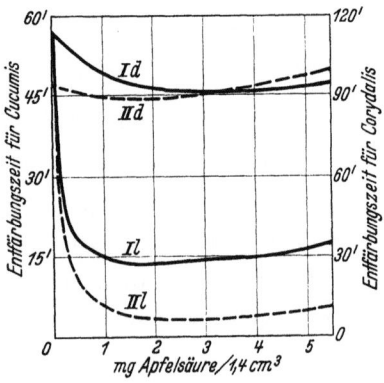

Abb. 112. Methylenblauentfärbung mit Pflanzensamenextrakten und d- oder l-Äpfelsäure. (Nach Thunberg.)
Id und Il Cucumis sativa (———),
IId und IIl Corydalis nobilis
(— — — —); Methylenblau 1 : 50000;
pH etwa 7,5; T 35°.

γ) **Chemismus der Malatdehydrierung.**

Dass Äpfelsäure über Oxalessigsäure

$$HO_2C \cdot CHOH \cdot CH_2 \cdot CO_2H$$
$$\rightarrow HO_2C \cdot CO \cdot CH_2 \cdot CO_2H$$

abgebaut wird — welch letztere dann durch Decarboxylierung in Brenztraubensäure bzw. Acetaldehyd übergeht (s. S. 88) —, hat für Hefe schon vor langer Zeit Neuberg (S. 561) angenommen und wahrscheinlich gemacht. Für Muskel ist der exakte Nachweis dieser an sich ja äusserst wahrscheinlichen Primärreaktion erst viel später (1928/29) durch A. Hahn und Haarmann (S. 560) erfolgt.

In anaeroben Ansätzen mit Methylenblau als Dehydrierungs- und Semicarbazid als Abfangmittel erhielten sie bei Gegenwart von Malat eine erhöhte Ausbeute am Phenylhydrazon der Brenztraubensäure. Da sich in besonderen Versuchen zeigen liess, dass synthetische Oxalessigsäure (= Oxyfumarsäure) unter den gleichen Bedingungen von Semicarbazid abgefangen wird, ferner, dass zum Muskel zugesetzte Oxalessigsäure (bei der gleichen Art der Aufarbeitung) durch Decarboxylierung der aus dem Semicarbazon in Freiheit gesetzten Oxalessigsäure in Brenztraubensäure übergeht, war der Schluss auf die primäre Entstehung von Oxalessigsäure aus Äpfelsäure so gut wie zwingend, um so mehr als sich eine direkte (acceptorfreie) Decarboxylierung der Äpfelsäure mit Sicherheit ausschliessen liess.

Bei der Veratmung von Fumarsäure durch „ruhende" Bakterien hatte Quastel[2] schon mehrere Jahre vor Hahn die Bildung von Brenztraubensäure (und weiterhin Essigsäure) einwandfrei festgestellt; in Anbetracht des scheinbar geringen Donatorvermögens von Fumar-

---

[1a] C. G. Holmberg, Akad. Abhandl., Lund 1933. — [1b] H. B. Stent, Subramaniam u. Walker, Chem. Soc. 1929, 1987. — [1c] T. K. Walker u. Mitarb., Biochem. Jl 25, 129; 1931.

[2] J. H. Quastel u. Whetham, Biochem. Jl 18, 365, 519; 1924.

säure und Äpfelsäure im Methylenblauversuch (vgl. S. 561f.) und der Unmöglichkeit, letztere unter den Produkten des Fumaratumsatzes zu fassen, hatte Quastel jedoch direkten Eintritt eines O-Atoms ins Fumarsäuremolekül unter Bildung von Oxyfumarsäure (= Oxalessigsäure) angenommen. Neuerdings hält jedoch auch Quastel[1] die Dehydrierung intermediär gebildeter l-Äpfelsäure für den normalen Reaktionsweg, da 1. Fumarat und l-Malat in Gegenwart zahlreicher Organismen mit ähnlicher Geschwindigkeit oxydativ umgesetzt werden; 2. Malonat und Oxalat die Fumarat- wie die l-Malatoxydation in gleicher Weise beeinflussen (s. S. 566), und 3. bei der aeroben Umsetzung von Bernsteinsäure durch toluolbehandelte Bakterien die theoretisch zu erwartende Menge l-Malat gebildet wird (vgl. S. 531).

Fast gleichzeitig mit Quastel hat übrigens Walker (S. 564) durch präparative Aufarbeitung der bei der Einwirkung von B. pyocyaneus auf Succinat entstehenden Produkte den Reaktionsweg Fumarsäure → l-Äpfelsäure → Oxalessigsäure → Brenztraubensäure für den Bakterienorganismus festgelegt.

δ) **Zur Kinetik der Malatdehydrierung** finden sich nur verstreute Angaben, u. a. von Meyerhof, Fodor und besonders Thunberg und seiner Schule.

Das optimale pH liegt nach Methylenblauversuchen Mc Gavrans[2a] am Froschmuskel für die Mal.-D. höher als für Succino-, Glycerophosphat-, Lactico- und Citricodehydrase, indem es erst zwischen 8,5 und 9 einsetzt (s. Abb. 118, S. 590). Auch in Versuchen Fodors[2b] mit Pflanzensamen wird die optimale Wirkung erst bei etwa pH 8,5 erreicht.

Den (üblichen) Einfluss der Substratkonzentration zeigt Abb. 112, Kurve I 1 und II 1 (S. 564). Thunberg[3a] findet das Substratoptimum in seinen Methylenblauversuchen im allgemeinen in der Nähe von $\frac{m}{100}$- Malat, Meyerhof[3b] in O_2-Versuchen (mit Muskel und Fumarat) bei etwa $\frac{m}{40}$-. Die Oxydationsgrösse in Luft und reinem O_2 ist nach Meyerhof gleich (bezüglich anderslautender Angaben von Battelli und Stern s. S. 415, 419 u. 520). Methylenblauzusatz (1 : 25000) beschleunigt die O_2-Reaktion um 10—30%.

ε) **Die Co-Fermentfrage** bei der Malatdehydrierung ist — zuerst wohl und fast gleichzeitig (1930) von Fodor (S. 561) für das Samenenzym und Utewski[4a] für das Muskelferment ventiliert—neuerdings durch Beobachtungen von Andersson[4b] und Holmberg[4c] wieder aktuell geworden.

Fodor fand, dass erst nach Zusatz von Hefekochsaft zu wässerigen Samenextrakten eine kräftige Dehydrierung von Äpfelsäure (auch anderen organischen Säuren, s. z. B. S. 500, 509 u. a. a. O.) zustande kommt. Nach Utewski ist der (polarimetrisch nach Uransalzzusatz [S. 530] festgestellte) Äpfelsäureschwund in Gegenwart ausgewaschenen Muskels stark herabgesetzt und kann durch Zugabe von Muskelkochsaft wieder auf den mit nichtgewaschenem Gewebe beobachteten Betrag erhöht werden.

Über die Natur der in Frage kommenden Aktivatoren geben die neueren Versuche Aufschluss. Andersson fand — mit wiederholt extrahierter und gewaschener Apozymase sowie dialysierten Weizensamenextrakten als Enzymmaterial —, dass Zusatz von Cozymase die Methylenblauentfärbungszeit mit Malat z. B. von 1½—3 Stunden auf 8—20 Min. herabsetzt. Holmberg verwendet Phosphatextrakte gründlich ausgewaschener Tauben- und Pferdemuskulatur — in der nach A. Hahn (S. 560) keine Mal.-D. mehr vorhanden wäre — und erhält nach Zusatz von Eulers Cozymase, Szent-Györgyis Co-Ferment (S. 544f.) oder

---

[1] J. H. Quastel u. Wheatley, Biochem. Jl 25, 117; 1931.

[2a] J. McGavran u. Rheinberger, Jl biol. Chem. 100, 267; 1933. — [2b] A. Fodor u. Mitarb., Biochem. Zs 225, 417; 1930. — 238, 268; 1931.

[3a] T. Thunberg, Biochem. Zs 206, 109; 1929. — 258, 48; 1933. — [3b] O. Meyerhof, Pflüg. Arch. 175, 20; 1919.

[4a] A. Utewski, Biochem. Zs 228, 135; 1930. — [4b] B. Andersson, H. 217, 186; 1933. — [4c] C. G. Holmberg, Akad. Abhandl., Lund 1933.

Adenosintriphosphorsäure (nach Fiske, nicht nach Lohmann) kräftige Methylenblau- bzw. Thioninentfärbung (S. 562) mit l-Äpfelsäure (wie auch d-Milchsäure, S. 546f.).

Ganz klar liegen die Verhältnisse aber — zum mindesten für den Muskel — trotzdem nicht; so gibt Holmberg an, dass stark ausgewaschener Froschmuskelbrei noch die Fähigkeit zur Malatdehydrierung (ohne Co-Fermentzusatz), doch nicht mehr zur Lactatdehydrierung hat. Er zieht in Erwägung, dass die direkte Dehydrierung der Äpfelsäure keines Coenzyms bedürfe, während in den oben erwähnten Versuchen ein (primär decarboxylierender) Abbau über Milch- säure erfolge, wofür ihm auch die gleiche Giftempfindlichkeit der coenzymatisch beschleunigten Lactat- und Malatumsetzung zu sprechen scheint (vgl. jedoch S. 564). Auch ist an Bangas und v. Szent-Györgyis (an sich wenig wahrscheinlichen) Befund, dass nur das milchsäure- dehydrierende Enzym durch ihr Co-Ferment aktiviert werde, zu erinnern (S. 546).

d) Beeinflussung des Ferments.

α) **Physikalische Faktoren.** Thunberg (S. 562) gibt **Inaktivierung** des Froschmuskel- enzyms nach 20 Min. langem Aufenthalt bei 45^0 und 5 Min. langem Aufenthalt bei -80^0 an, während das Samenferment von Phaseolus (S. 561) bei 50^0 in 30 Min. nur zu 50% inaktiviert wird. An letzterem hat Thunberg auch Schädigung durch **Radium**strahlen beobachtet (vgl. S. 500 u. 522).

β) **Chemische Faktoren.** Über den **pH-Einfluss**, s. S. 565.

Auf die im Vergleich zur Succ.-D. viel grössere Empfindlichkeit der Mal.-D. gegen **Calcium**- salze hat schon Meyerhof (S. 562) aufmerksam gemacht. Ahlgren[1a] findet mit 10^{-4} bis 10^{-5} m - $Ca^{..}$ leichte Beschleunigung (15—20%), von 10^{-3} m - $Ca^{..}$ ab zunehmende Hemmung der Malatdehydrierung. Fördernden Einfluss kleiner **Phosphat**mengen hat gleichfalls Meyerhof festgestellt; analoge Befunde hat Fodor (S. 561) für die Samendehydrase erhoben. Schon Battelli und Stern (S. 560) wie auch Meyerhof (l. c.) haben angegeben, dass **Fluorid** die Mal.-D. (im O_2-Versuch) ungleich weniger hemmt als die Succ.-D. (vgl. S. 522f.). Im Methylenblauver- such hat Holmberg (S. 565) die geringe Fluoridempfindlichkeit der Mal.-D. bestätigt.

Gegen **Arsenit** (0,4 m-), **Selenit** und **Tellurit** (0,04 m-) fand Collett (S. 563) die (Frosch- muskel-) Mal.-D. auffallend resistent (während Succino-, Citrico- und Lacticodehydrase nament- lich von den beiden letzteren Stoffen stark gehemmt wurden). Auch Holmberg beobachtete in seinen Muskelextrakten nur schwache Hemmung der Mal.-D. durch Arsenit, stärkere durch **Arsenat**. Wesentlich giftiger als Arsenit sind nach Collett **organische Arsenverbindungen** wie Atoxyl, Tryparsamid und Stovarsol, doch wird auch hier die Mal.-D. von den bekannteren dehydrierenden Fermenten am schwächsten betroffen.

Dagegen fand Collett (l. c.) die Mal.-D. empfindlicher gegen **Benzoesäure** und insbesondere **Phenol** als die anderen Dehydrasen des Froschmuskels. Starke Schädigung des Muskelferments durch **Toluol** (in Tröpfchenform, nicht in wässeriger Lösung) und **Thymol** geben Hahn und Haarmann (S. 560) an. Desgleichen vernichtet Toluol die Fähigkeit von Bact. coli zur aeroben Oxydation von Fumarat und l-Malat[1b]. Nach Quastel (l. c.) erfahren diese Umsetzungen auch eine kräftige Hemmung durch **Oxalat**, keine deutliche Hemmung durch **Malonat** (vgl. S. 565), also der Richtung nach die umgekehrten Effekte wie bei der Succinatoxydation, (wo allerdings Oxalat schwach, doch einwandfrei hemmt, S. 528). **Monobromessigsäure** ist nach Holmberg ohne charakteristische Wirkung.

4. Citricodehydrase.

a) Allgemeines.

Die Entdeckungsgeschichte dieses Enzyms gleicht völlig derjenigen der Malicodehydrase, insofern auch hier die grundlegenden Erkenntnisse sich an die Namen Thunbergs einerseits und Battellis und Sterns andererseits

---

[1a] G. Ahlgren, Skand. Arch. 47 (Suppl.), 1; 1925. — [1b] R. P. Cook, Biochem. Jl 24. 1538; 1930. — J. H. Quastel u. Wheatley, Biochem. Jl 25, 117; 1931.

knüpfen. In neuerer Zeit hat indes die Citricodehydrase (weiterhin abgekürzt: Citr.-D.) eine viel gleichmässigere Bearbeitung nach den verschiedenen Richtungen der Enzymuntersuchung erfahren wie die Mal.-D. Einerseits ist Bernheim[1] (1928) die Isolierung einer zwar wenig aktiven, doch hochspezifischen Citr.-D. aus Acetonleber gelungen, andererseits ist, besonders durch Thunberg und seine Schule und teilweise in analytischer Absicht, die Kinetik des Enzyms recht eingehend studiert worden; und schliesslich ist auch der lange Zeit nur vermutungsweise gedeutete Chemismus des enzymatischen Citratabbaus durch neuere experimentelle Arbeiten u. a. Walkers und Wielands weitgehend geklärt worden. Dagegen steckt die Bearbeitung der Coenzymfrage noch in den Anfängen.

b) Vorkommen.

Hinsichtlich Verbreitung scheint die Citr.-D. hinter der Mal.-D. zurückzustehen. Doch gehört sie besonders im tierischen Gewebe zu den mächtigsten Enzymen und reicht in dieser Hinsicht unter Umständen sogar an die Succ.-D. heran, von der sie sich indes durch die grosse Labilität unterscheidet. In höheren Pflanzen ist sie häufig vermisst oder nur schwach gefunden worden, in Pilzen und Bakterien scheint sie verbreitet zu sein, doch gestatten die meist präparativen Untersuchungen keine quantitativen Aussagen und keinen Vergleich mit anderen Enzymvorkommen.

Bei Bact. coli fand Quastel[2a] nur minimale Donatorwirkung von Citrat gegenüber Methylenblau (s. Tabelle 33, S. 495); aus Citratlösungen haben Butterworth und Walker nach Einwirkung von B. pyocyaneus Acetondicarbonsäure als Primärprodukt isoliert[2b]. Der gleiche Körper war schon vorher in Citratlösungen bei Anwesenheit von Aspergillus niger entdeckt worden[2c]. Aerobe und anaerobe Umsetzung von Citronensäure durch Hefe haben Wieland und Sonderhoff[2d] studiert, wobei sich auch hier Anhaltspunkte für die Entstehung desselben Primärprodukts ergaben.

Unter den zahlreichen von Thunberg und Schülern untersuchten Pflanzensamen (Literatur S. 561) haben nur die von Cucurbitaceen (Cucumis sativa[3a], Echinocystis lobata[3b]) — diese allerdings stark — positive Dehydrasereaktion gegeben. Auch Fodor (S. 561) hat — selbst bei Zusatz von Hefekochsaft — in den von ihm untersuchten Species (Getreidearten, Mais, Erbsen) keine deutliche Donatorwirkung von Citrat beobachtet, bisweilen sogar Hemmung der „Selbstreduktion".

Tierische Gewebe sind zuerst von Battelli und Stern systematisch auf „Citricoxydon" untersucht worden; da sie dieses auch für Fumarat- und Malatoxydation verantwortlich betrachteten, gilt hinsichtlich der Verteilung des Enzyms das bei Mal.-D. Gesagte (S. 562). Meyerhof (S.562) fand das Enzym im Gegensatz zu den Schweizer Autoren auch im gewaschenen Froschmuskel (Ca··-Einfluß, s. S. 562 u. 566); die ersten anaeroben Versuche mit diesem

---

[1] F. Bernheim, Biochem. Jl 22, 1178; 1928.
[2a] J. H. Quastel u. Whetham, Biochem. Jl 19, 646; 1925. — [2b] J. Butterworth u. Walker, Biochem. Jl 23, 926; 1929; dort auch ältere Literatur über andere Bakterien. — [2c] T. K. Walker, Subramaniam u. Challenger, Chem. Soc. 1927, 200, 3044. — [2d] H. Wieland u. Sonderhoff, A. 499, 213; 1932. — 503, 61; 1933.
[3a] T. Thunberg, Biochem. Zs 206, 109; 1929. — [3b] O. Östberg, Skand. Arch. 62, 81; 1931. — Akad. Abhandl., Lund 1931. — T. Broman, Skand. Arch. 64, 171; 1932.

Enzymmaterial (1920) stammen wiederum von Thunberg (S. 562). Ahlgren[1a] wie auch Rosling[2c] haben verschiedene Warmblütermuskulatur mit stets positivem Befund geprüft, Wishart[1b] mit dem gleichen Erfolg Phosphatextrakte aus Leber, Davies und Quastel[1c] neuerdings Gehirn. Ferner ist Vorkommen der Citr.-D. in der peripheren Nervenfaser[1d] sowie der Augenlinse[1e] festgestellt.

c) Darstellung und Eigenschaften.

Schon Battelli und Stern[2a] haben den stabilen Oxydonen (Succin-, p-Phenylendiaminoxydon) das labile Citricoxydon gegenübergestellt.

Einige ihrer Befunde betreffend die Labilität der Citr.-D. sind schon S. 562 mitgeteilt worden (vgl. auch O. Meyerhof[2b]). Instruktiv sind in dieser Beziehung neuere Angaben Roslings[2c] über die Dehydraseaktivität (kurz vor dem Versuch) ausgewaschener Menschenmuskulatur, einmal unmittelbar nach einer Operation und dann nach verschieden langer Aufbewahrung des Gewebes bei $+1°$ (Tab. 41). Ähnliche Befunde haben Davies und Quastel[1c] für die Gehirndehydrasen erhoben.

Tabelle 41.

Ferment:	0 Tage	1 Tag	3 Tage	4 Tage
Succinodehydrase	800	(800)	650	—
Citricodehydrase	1000	136	74	18
Lacticodehydrase	65	18	—	22
β-Oxybutyrodehydrase	20	10	16	15

Es ist unter diesen Umständen klar, dass die Bernheimschen Enzymlösungen aus Leber (S. 567) nur einen kleinen Bruchteil der ursprünglichen Enzymaktivität des Gewebes enthalten.

Zu ihrer Herstellung verwendet er das getrocknete Pulver acetonbehandelten Leberbreis, extrahiert mit destilliertem Wasser — verwendet man sekundäres Phosphat, so gehen auch Succino- und Xanthindehydrase in Lösung —, zentrifugiert und dialysiert 6—7 Stunden, worauf nach nochmaligem Zentrifugieren eine klare, jedoch hämoglobinhaltige Enzymlösung erhalten wird. Trennung von Citr.-D. und Blutfarbstoff kann durch Halbsättigung mit $(NH_4)_2SO_4$ erzielt werden, wobei nur das Enzym gefällt wird, das aus dem Niederschlag mit Wasser wieder aufgenommen werden kann. Da das Verfahren jedoch verlustreich ist und das Hämoglobin nicht stört, verwendet Bernheim meist die blutfarbstoffhaltige Lösung, deren Wirkung er streng spezifisch auf Citronensäure eingestellt findet.

Die Thunberg-Schule arbeitet bei ihren Versuchen über Citr.-D. mit dem zentrifugierten K_2HPO_4-Extrakt verschiedener Cucurbitaceensamen (s. S. 567).

Er enthält naturgemäss auch andere Dehydrasen, die jedoch mit Ausnahme der Malico-, Hexosediphosphat- und Alkoholdehydrase vergleichsweise wenig aktiv sind.

d) Wirkungen und Natur des Ferments.

α) Die Spezifität der Citr.-D. ist nach Bernheim sehr streng, wovon schon früher (S. 219 f.) die Rede war.

Er gab für seine Enzymlösungen die ausschliessliche Dehydrierung von Citronensäure an. Von Acceptoren sind Methylenblau und Dinitrobenzol — neuerdings auch Flavine[3] — mit positivem, Nitrat und Sauerstoff mit negativem Erfolg geprüft worden. Die

---

[1a] G. Ahlgren, Act. med. scand. 57, 508; 1923; vgl. auch S. 566, l. c. — [1b] G. M. Wishart, Biochem. Jl 17, 103; 1923. — [1c] D. R. Davies u. Quastel, Biochem. Jl 26, 1672; 1931. — [1d] T. Thunberg, Skand. Arch. 43, 275; 1923. — [1e] G. Ahlgren, Act. ophtalm. 5, 1; 1927. — [2a] F. Battelli u. Stern, Biochem. Zs 31, 478; 1911. — 67, 443; 1914. — [2b] O. Meyerhof, Pflüg. Arch. 175, 20; 1919. — [2c] E. Rosling, Skand. Arch. 45, 132; 1924.

[3] T. Wagner-Jauregg u. Ruska, B. 66, 1298; 1933.

Citr.-D. ist wie die anderen Acidodehydrasen eine typische „Anaërodehydrase". Reagiert sie wie im Muskel mit O_2, so zeigt die HCN-Empfindlichkeit dieser Reaktion (Battelli und Stern, S. 568) die Beteiligung eines O_2-übertragenden Schwermetallsystems an.

Die Substratspezifität betreffend ist noch anzuführen, dass Harrison[1] in nach Bernheim dargestellten Acetonleberauszügen auch eine Dehydrase für Hexosediphosphorsäure und — bei geringer Modifikation des Verfahrens — eine Glucosedehydrase (s. Teil C des Buchs, II, 2) vorfand. Identität dieser Enzyme mit der Citr.-D. liegt jedoch nicht vor, wie Harrison durch das Auftreten des „Summationseffekts" (S. 221) bei gleichzeitiger Gegenwart zweier Substrate, durch die partielle Trennung mittels $(NH_4)_2SO_4$-Fällung sowie durch große Unterschiede im Aktivitätsverhältnis der Enzyme in Leber und Muskel (S. 221) eindeutig nachwies. Fixierungsspezifität der Citr.-D. hat Bernheim für den Fall der Aconitsäure

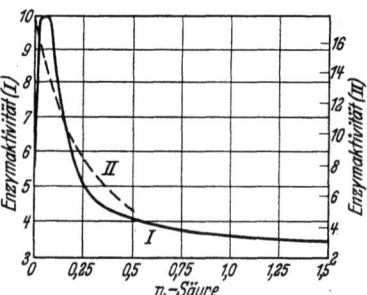

Abb. 113. Einfluß variierter Citronensäure (I)- und Aconitsäure (II)- Konzentration auf die Citricodehydrase aus Leber. (Nach Bernheim.)
1 : 30000 Methylenblau; pH ?; T 37°.

$$[HO_2C \cdot CH : C(CO_2H) \cdot CH_2 \cdot CO_2H]$$

die als einzige verschiedener von ihm darauf untersuchter Carbonsäuren stark hemmend wirkte, festgestellt (Abb. 113, Kurve II).

β) Chemismus der Citratdehydrierung. Die vorhandenen experimentellen Daten sprechen für die primäre Entstehung von Acetondicarbonsäure unter CO_2-Abspaltung:

$$HO_2C \cdot CH_2 \cdot \underset{OH\quad CO_2H}{C} \cdot CH_2 \cdot CO_2H \xrightarrow{-2H} HO_2C \cdot CH_2 \cdot \underset{O}{\overset{\|}{C}} \cdot CH_2 \cdot CO_2H + CO_2$$

(zu Thunbergs Deutung der Reaktion als Dehydrierung einer Orthosäure s. S. 222). Das primäre Dehydrierungsprodukt ist von Walker und Mitarbeitern (S. 567) sowohl bei der Kultur von Pilzen als Bakterien in Citratlösung identifiziert worden (durch Fällung mittels Denigès Merkurisulfatreagens in der Kälte sowie durch Kondensation mit Benzoldiazoniumchlorid als Mesoxaldialdehyd-diphenylhydrazon). Sowohl Walker als Wieland (S. 567) ziehen übrigens auch primäre Spaltung der Citronensäure in β-Ketoglutarsäure + Ameisensäure in Gegenwart der lebenden Pilze (Aspergillus, Hefe) in Betracht. Die weitere Umwandlung der Acetondicarbonsäure scheint bei Aspergillus über Malonsäure, Essigsäure und Glyoxylsäure zu Oxalsäure zu gehen; bei Hefe hat Wieland (anaerob) neben Ameisensäure Essigsäure (wohl hydrolytisch aus der Acetondicarbonsäure neben CO_2 entstanden) und Bernsteinsäure gefunden. Letztere Säure haben Butterworth und Walker (S. 567) auch bei B. pyocyaneus neben Malonsäure, Essigsäure und Aceton beobachtet.

Mehr unter den Bedingungen von Fermentversuchen ausgeführte präparative Arbeiten, namentlich über den Citratabbau im Muskel, fehlen noch fast völlig. Die einzige hierher gehörige Beobachtung von Interesse stammt von Hahn und Haarmann[2], die bei der Dehydrierung von Citronensäure durch ungewaschenen Muskelbrei Brenztraubensäure als Semicarbazon abzufangen vermochten. Ob sie schon auf einer relativ frühen Stufe des Citratabbaus, z. B. aus Acetondicarbonsäure bzw. Aceton, entsteht oder erst später, nach dem Einlenken des Citratabbauwegs in der der Essigsäure, Bernsteinsäure usw. lässt sich nicht sagen.

Zu erwähnen ist noch die Beobachtung Battellis und Sterns[3], daß Leber und Niere auch anaerob Citronensäure unter kräftiger CO_2-Abspaltung umsetzen. In geringerem Ausmass

---

[1] D. C. Harrison, Biochem. Jl 25, 1011, 1016; 1931.
[2] A. Hahn u. Haarmann, Zs Biol. 89, 332, 563; 1929.
[3] F. Battelli u. Stern, Soc. Biol. 69, 552; 1910. — Biochem. Zs 31, 478; 1911.

beobachtete Thunberg[1a] die Erscheinung auch beim Muskel. Es ist äusserst unwahrscheinlich, dass es sich dabei, wie Battelli und Stern vermuten, um eine primäre Spaltung der Citronensäure in Itaconsäure, CO_2 und H_2O handelt. Hahn (l. c.) hat wahrscheinlich gemacht, dass

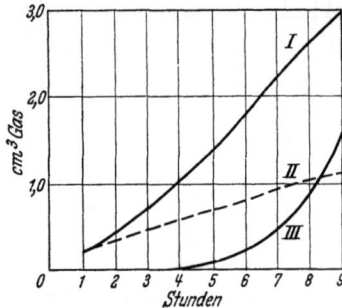

Abb. 114. Oxydation und Decarboxylierung von Citronensäure durch „verarmte" Hefe. (Nach Wieland und Sonderhoff.)

I O_2-Aufnahme mit $\frac{m}{32}$ - Na-Citrat;
II O_2-Aufnahme ohne $\frac{m}{32}$ - Na-Citrat (Eigenatmung);
III CO_2-Abgabe mit $\frac{m}{32}$ - Na-Citrat (unter N_2);
pH 6,8; T 30^0.

hier eine Decarboxylierung von primär unter dem Einfluss muskeleigener Acceptoren gebildeten Dehydrierungsprodukten vorliegt. Die „Vergärbarkeit" der Citronensäure durch Hefe hat zuerst Neuberg[1b] gezeigt und neuerdings Wieland (S. 567) kinetisch verfolgt (Abb. 114). Die Reaktionskurven in O_2 und N_2 sprechen auch hier nicht für eine primäre Decarboxylierung (vgl. auch S. 564); wohl aber mag die als β-Ketosäure leicht zerfallende Acetondicarbonsäure von einer solchen betroffen werden.

γ) **Kinetik.** Die pH-Abhängigkeit der Dehydrasewirkung ist für tierisches[2a] wie pflanzliches Enzym[2b] recht übereinstimmend gefunden worden, so dass die Wiedergabe einer mit letzterem erhaltenen pH-Kurve genügt (Abb. 115, Kurve I).

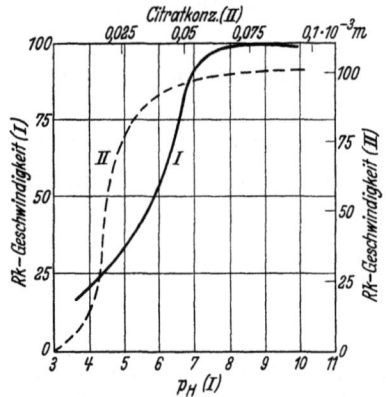

Abb. 115. pH(I)- und Substratkonzentrations(II)- Abhängigkeit der Citricodehydrase aus Cucumis sativa. (Nach Dann.)

I Methylenblau 1 : 240000; 0,0002 m - Citrat; T 35^0;
II Methylenblau 1 : 120000; pH etwa 7,5; T 35^0.

Der Einfluss der Substratkonzentration auf die Reaktionsgeschwindigkeit ist sehr häufig untersucht worden. Das Ansprechen der pflanzlichen Citr.-D. schon auf die minimalsten Mengen Citronensäure hat Thunberg zum Ausbau einer Bestimmungsmethode dieser Säure in Körperflüssigkeiten veranlasst.

Kurve II, Abb. 115 ist von Dann[2b] nach Thunbergschen[3a] Daten aufgezeichnet worden. Er findet nach eigenen Untersuchungen für die Dissoziationskonstante der Enzymsubstratverbindung (Michaelis-Konstante) den auch für eine Dehydrase ungemein kleinen Wert 8×10^{-5} m bei 35^0 und $1,65 \times 10^{-4}$ m bei 25^0 (vgl. S. 572). Noch etwas kleinere Werte gab neuerdings Broman[3b] mit Echinocystisextrakten (S. 567) an. Die Überlegenheit der Citr.-D. in bezug auf Substrataffinität geht aus seinem Befund hervor, dass man von Hexosediphosphat die 5fache, von l-Äpfelsäure die 1000fache, von Äthylalkohol und Glutaminsäure die 2500

[1a] T. Thunberg, Skand. Arch. 24, 73; 1910. — [1b] C. Neuberg u. Tir, Biochem. Zs 32, 323; 1911.

[2a] J. McGavran u. Rheinberger, Jl biol. Chem. 100, 267; 1933. — [2b] W. J. Dann, Biochem. Jl 25, 177; 1931. — M. Adams, Jl biol. Chem. 92, 74; 1931.

[3a] T. Thunberg, Biochem. Zs 206, 109; 1929. — [3b] T. Broman, Skand. Arch. 64, 171; 1932.

bis 5000fache Konzentration zur Erreichung der optimalen Entfärbungsgeschwindigkeit braucht wie von Citronensäure (etwa 20 Mikromol/l). Zur Bestimmung des Citronensäuregehalts in physiologischen Flüssigkeiten ermittelt man nach Thunberg durch fortlaufende Verdünnung die kleinste Menge derselben, mit der man im Methylenblauversuch minimale Entfärbungszeit bekommt unter gleichzeitiger Ausführung von Kontrollversuchen mit der gleichen Enzymlösung unter Verwendung bekannter Citratmengen. Die Empfindlichkeitsgrenze der Methode liegt bei etwa 5 mg Citronensäure/l. Bei Verdacht auf die Anwesenheit von Hexosediphosphorsäure (s. oben) führt man Kontrollversuche mit dem (citricodehydrasefreien) Phosphatextrakt z. B. von Apfelsinenkernen aus. Nachstehende Tabelle enthält einige der neuesten, von Thunberg-Schülern nach dieser Methode erhaltenen Zahlenwerte.

Tabelle 42.

Flüssigkeit	$^0/_{00}$ Citratgehalt	Flüssigkeit	$^0/_{00}$ Citrat-Gehalt
Frauenmilch[1a] (> 2 Tage nach der Geburt)	1,5	Cerebrospinalflüssigkeit[1d]	0,045—0,060
Samenblasensekret[1b] (Kaninchen)	1,1—1,8	Plasma und Serum[1e] .	0,03—0,04
Samenblasensekret[1b] (Zuchteber)	6	Urin[1f]	0,20—1,0
Sperma[1b] (Mensch)	1,8—4,1	Schweiss[1g]	< 0,005
Fruchtwasser[1c] (Mensch)	0,017—0,1		

Die Arbeiten besonders von Östberg und Benni enthalten auch Angaben über Änderungen des Citronensäuregehalts der betreffenden Flüssigkeiten bei von der Norm abweichender Ernährung sowie bei pathologischen Zuständen, worauf hier nicht näher eingegangen werden kann. Gewisse Modifikationen und Verbesserungen der Thunbergschen Methode haben Adams (S. 570) und Kuyper[2] vorgeschlagen.

Für Citricodehydrase tierischer Herkunft ist im allgemeinen erheblich geringere Substrataffinität beobachtet worden als für solche pflanzlicher.

So erhält man nach Ahlgren[3] beim Muskel optimale Reaktionsgeschwindigkeit bei $\frac{m}{300}$-Citrat; 10fache Konzentrationssteigerung läßt die Entfärbungszeit ungeändert. Dagegen findet Bernheim (S. 567) mit dem Leberenzym ein ausgeprägtes Optimum bei $\frac{m}{67}$-Citrat, bei weiterer Steigerung der Substratkonzentration starken Abfall der Umsatzgeschwindigkeit (Abb. 113, S. 569, Kurve I). Er denkt an eine „Übersättigung" der Enzymoberfläche durch das Substrat mit der Folge unzulänglicher Methylenblauversorgung derselben, ähnlich wie im Fall der Xanthindehydrase (Teil C, I, 1; vgl. auch S. 519). Battelli und Stern (S. 568) haben auch im O_2-Versuch ein Optimum ungefähr bei der von Bernheim angegebenen Konzentration beobachtet. Ein noch höher gelegenes Optimum der Citratkonzentration geben Davies und Quastel (S. 568; vgl. auch S. 513) für das Gehirnenzym an, doch ist die dortige Citr.-D. wohl zu schwach für exakte Messungen.

Den Einfluss der Methylenblaukonzentration hat Wishart (S. 568) untersucht (unter Verwendung von Phosphatleberextrakten).

[1a] E. Jerlov, Svensk Läkartidn. 26, 785; 1929. — [1b] B. Scherstén, Skand. Arch. 58, 90; 1929. — [1c] S. Genell, Biochem. Zs 232, 335; 1931. — [1d] B. Benni, Skand. Arch. 63, 84; 1931. — Biochem. Zs 221, 270; 1930. — [1e] R. Nordbö u. Scherstén, Skand. Arch. 63, 124; 1931. — [1f] O. Östberg, Biochem. Zs 208, 352; 1929. — 226, 162; 1930. — Skand. Arch. 62, 81; 1931. — Akad. Abhandl., Lund 1931. — [1g] B. Scherstén, Skand. Arch. 59, 92; 1930.

[2] A. C. Kuyper u. Mattill, Proc. Soc. exp. Biol. 28, 863; 1931.

[3] G. Ahlgren, Skand. Arch. 47 (Suppl.), 1; 1925.

Er findet in einem weiten Bereich Proportionalität zwischen Methylenblaumenge und Entfärbungszeit; bei sehr kleinen Farbstoffmengen wird letztere jedoch konzentrationsunabhängig, ein Effekt den auch Adams (S. 570) für das Gurkensamenenzym festgestellt hat.

Battellis und Sterns (S. 568) Angabe stark verringerter Oxydationsgeschwindigkeit des Citrats in Luft gegenüber reinem O_2 geht sicher auf ungenügende Verteilung des Gewebes bzw. nicht ausreichende Schüttelgeschwindigkeit zurück (vgl. S. 415, 419 u. 520).

Den Temperaturkoeffizienten hat in exakter Weise Dann (S. 570) für das Cucumisenzym bestimmt.

Er ergab sich zwischen 25° und 35° zu 1,65, woraus sich nach der bekannten Beziehung $\frac{d \ln k}{dT} = \frac{Q}{RT^2}$ die Aktivierungsenergie der Citricodehydrase-Citratverbindung zu 8,796 kcal/Mol berechnet. In analoger Weise erhält man aus dem Temperaturkoeffizienten der Michaelis-Konstanten (0,48 zwischen 25° und 35°, s. S. 570) die Bildungswärme der Enzymsubstratverbindung zu 13,46 kcal/Mol. Dann vergleicht mit den entsprechenden für ein hydrolytisches Ferment, die Saccharase, erhaltenen Werten, wo die Bildungswärme der Enzymrohrzuckerverbindung innerhalb der Fehlergrenzen gleich Null ist, während die Aktivierungswärme von ähnlicher Grösse wie im Fall der Citr.-D., nämlich 8,40 kcal ist[1]. Dann vermutet, dass die hohe Bildungsenergie der Enzymsubstratverbindung für die Oxydationsenzyme ebenso charakteristisch ist wie ihre — verglichen mit den Verhältnissen bei den hydrolytischen Fermenten — niedrige Michaelis-Konstante [2] und der vergleichsweise hohe Energieumsatz bei den von ihnen ausgelösten Reaktionen (S. 76 u. 149f.).

e) Beeinflussung des Ferments.

α) **Physikalische Faktoren.** Für das **Temperatur**optimum der aeroben Citratoxydation geben Battelli und Stern (S. 568) 40° an. Nach Thunbergs (S. 562) Methylenblauversuchen inaktiviert 5 Min. lange Einwirkung von —80° oder 20 Min. lange von +45° die Citr.-D. des Froschmuskels vollständig (vgl. auch S. 215). Partielle **Schüttelinaktivierung** des gelösten Enzyms hat Bernheim (S. 567) beobachtet.

β) **Chemische Faktoren.** Bezüglich des **pH-Einflusses** auf die Reaktionsgeschwindigkeit s. S. 570. Bei pH < 3,5 erfolgt nach Dann (S. 570) Fällung des Cucumis-Ferments unter Inaktivierung.

Salze. Mit **Chlorid** und **Phosphat** fanden Battelli und Stern (S. 568) im aeroben Versuch im allgemeinen Hemmung, nur kleinste Mengen können schwach fördernd wirken. Auffallend gering ist der hemmende Einfluss von **Fluorid**; selbst bei einer Konzentration von 1:100, wo die Succinatoxydation vollständig unterbunden ist, geht die Citratoxydation noch recht energisch vor sich. Auf die starke **Calcium**hemmung hat Meyerhof (S. 568) aufmerksam gemacht.

Im Methylenblauversuch ist der Einfluss von Salzen namentlich im Hinblick auf deren etwaige störende Wirkung bei der analytischen Citronensäurebestimmung des öfteren untersucht worden. So wirkt **NaCl** in bzw. 0,1-, 0,33- und 1,0 m-Konzentration um 10, 50 und 75% hemmend (Scherstén, S. 571, Note [1g]). Stärker hemmt **Ammon**salz, noch stärker **Calcium,** von dem schon Konzentrationen von 0,001 m- den Umsatz auf etwa die Hälfte reduzieren. Dagegen ist die **Magnesium**hemmung schwach (Östberg, S. 571).

Über die Wirkung von **Arsen-, Selen-** und **Tellur**verbindungen hat man neuere (älteren teilweise widersprechende) Angaben von Collett und Mitarbeitern[3]. Danach wird die Citr.-D. des Froschmuskels durch Arsenik relativ wenig (z. B. 25% durch 0,1 m-), durch Selenit und Tellurit am stärksten von allen Dehydrasen (vollständig durch 0,004 m-) gehemmt. Hohe Konzentrationen von Cacodylat, Arsenat und Selenat (> 0,2 m) schädigen ebenfalls

---

[1] H. v. Euler u. Laurin, H. 110, 55; 1920. — J. M. Nelson u. Bloomfield, Am. Soc. 46, 1025; 1924.

[2] J. B. S. Haldane, Nature 121, 207; 1928. — Enzymes, London 1930.

[3] M. E. Collett u. Mitarb., Jl biol. Chem. 58, 793; 1923. — 82, 429; 1929. — 100, 271; 1933.

vorzugsweise die Citr.-D., doch auch diese nur relativ wenig. Die mässige Arsenithemmung haben im aeroben Versuch bereits Battelli und Stern festgestellt; von ihnen stammt auch die Angabe starker HCN-Hemmung $\left(\text{deutlich bereits bei } \frac{m}{3000}\text{-, vollständig bei } \frac{m}{100}\text{-}\right)$ im O_2-Versuch.

Organische Stoffe. Von der auf Fixierungsspezifität beruhenden **Aconitsäure**hemmung war schon S. 569 die Rede. Auch mit **Oxalsäure** (Östberg und Kuyper, S. 571), **Hippursäure** (Östberg) und **Benzoesäure** (Östberg, Collett[1]) sind schwache Hemmungseffekte beobachtet worden. Collett hat ferner mässige Hemmung mit **Chloralhydrat**, kräftige mit **Phenol** angegeben. Aerob haben Battelli und Stern (S. 568) **Aldehyde** geprüft und fanden die Hemmung stark zunehmend in der Reihenfolge Acetaldehyd < Salicylaldehyd < Formaldehyd.

Von den gleichen Autoren[2] stammt auch die Angabe der **Trypsin**hemmung des Citrico-„oxydons" (auch des Bernsteinsäure- und Phenylendiaminoxydons, vgl. S. 423 u. 513). Es soll ein typisches Unterscheidungsmerkmal gegenüber den „Oxydasen" (Alkohol-, Uricooxydase usw.) darstellen.

Auf die Beteiligung eines **Co-Ferments** bei der Citratdehydrierung könnte man auf Grund der Versuche Fodors (S. 567) mit Pflanzensamenextrakten + Hefekochsaft sowie eines Versuchs von Andersson (S. 565), der bei Cozymasezusatz verdoppelte Entfärbungsgeschwindigkeit fand, schliessen. Doch bedürfen die wenig ausgesprochenen Effekte weiterer Bestätigung.

VI. Die Alkoholdehydrasen (W. Franke).

1. Dehydrase der (niederwertigen) Alkohole.

a) Allgemeines.

Dass bei der seit den ältesten Zeiten bekannten und praktisch verwerteten „Säuerung" des Alkohols ein Ferment, eine „Alkoholoxydase" am Werke ist, hat zuerst Buchner (1903) einwandfrei dargetan.

Er zeigte zusammen mit Meisenheimer[3a], dass Bieressigbakterien auch nach Acetonbehandlung Äthylalkohol zu Essigsäure oxydieren; doch waren bei dieser Untersuchung noch keine sicheren antiseptischen Massregeln getroffen worden. Dies geschah in einer zweiten Arbeit mit Gaunt[3b], in der die Untersuchungen auf breitester Grundlage wieder aufgenommen wurden. Ausser mit Acetondauerbakterien arbeiteten Buchner und Gaunt auch mit toluolbehandelten und beobachteten in diesem Falle, bei vollständiger Unterdrückung der Lebenstätigkeit, eine noch erheblich intensivere Säuerung als mit Acetonpräparaten. Dagegen ist es weder Buchner noch allen späteren Untersuchern gelungen, die Alkoholoxydase im Presssaft der Bakterien wiederzufinden; sie ist ein typisches „Endoenzym". Von Interesse ist noch die Beobachtung Buchners, dass die Essigbakterien kein Mangan, wohl aber Eisen enthalten; er vermutet auch schon Beziehungen zwischen diesem Schwermetallgehalt und der Oxydationswirkung. Dass die Alkoholoxydase der Bakterien ein katalytisches Agens von allgemeinerer Funktion ist, ging aus seiner Beobachtung, dass auch Propylalkohol durch sie in die entsprechende Säure übergeführt wird, hervor.

Einen neuen Anstoss erhielt die Erforschung dieses Enzyms durch Battelli und Stern[4] (1909/10), die es auch in tierischen Geweben, vor allem Leber und Niere auffanden und es aus diesem Material in Form von Acetonpräparaten darzustellen vermochten.

---

[1] M. E. Collett u. Mitarb., Jl biol. Chem. 58, 793; 1923. — 82, 429; 1929. — 100, 271; 1933.
[2] F. Battelli u. Stern, Biochem. Zs 34, 263; 1911.
[3a] E. Buchner u. Meisenheimer, B. 36, 634; 1903. — [3b] E. Buchner u. Gaunt, A. 349, 140; 1906.
[4] F. Battelli u. Stern, Soc. Biol. 67, 419; 1909. — 68, 5; 1910. — Biochem. Zs 28, 145; 1910.

Ähnliche Untersuchungen stammen von Hirsch[1] (1916), der zum erstenmal der Blausäureempfindlichkeit der aeroben Enzymreaktion Erwähnung tut.

An die Frage des Wirkungsmechanismus der „Alkoholoxydase" ist bekanntlich zuerst Wieland[2] (1913) mit anaerober Methodik herangegangen; das Enzym der Essigbakterien ist das erste als Dehydrase erkannte oxydierende Ferment (Näheres S. 203 u. 231 f.).

In der Folgezeit hat dann vor allem die Thunbergsche Schule diesen Befund für das tierische und — an einem besonders grossen Material — für das pflanzliche Enzym erweitert (s. S. 575).

Auch in den letzten Jahren ist die enzymatische Alkoholdehydrierung — nicht zum mindesten wegen der einladenden Übersichtlichkeit des chemischen Reaktionsverlaufs — häufig Gegenstand eingehender Spezialuntersuchungen gewesen.

Meist hat man dabei auf die hochaktiven und wenig empfindlichen Essigbakterien oder die sich ähnlich verhaltende Hefe als Enzymmaterial zurückgegriffen. So hat Wieland vorwiegend an ersteren seine neueren Anschauungen über das Verhältnis von O_2- und Acceptordehydrierung sowie über das Wesen der HCN-Hemmung dargelegt (S. 231 f.) und Bertho hat am gleichen Material die Theorie des ternären Acceptor-Enzym-Substratkomplexes für einen bestimmten Fall quantitativ entwickelt (S. 213 f.). Aus allerletzter Zeit sind insbesondere die Arbeiten von D. Müller[3] anzuführen, dem offenbar auch eine Abtrennung der Alkoholdehydrase aus Hefe geglückt ist. Seine Ausführungen zur Frage des „Dehydrasetyps" — ob aerob oder anaerob (S. 241) —, die er im ersteren Sinne für entschieden hält, wird man jedoch nicht vorbehaltlos zustimmen können.

b) Vorkommen.

Die Alkoholdehydrase (abgekürzt: Alk.-D.) ist hauptsächlich in gewissen **Bakterien** verbreitet, ziemlich allgemein in **niederen Pilzen** und **höheren Pflanzen**. Im höheren tierischen Organismus kann sie sich an Verbreitung offenbar nicht mit den Acidodehydrasen messen und kommt nur in Leber und allenfalls Niere in grösserer Menge vor. Doch ist bei allen derartigen Angaben stets auch an die narkotische Wirkung von Alkoholen, besonders in etwas höherer Konzentration, zu denken (vgl. z. B. S. 422 u. 525 f.).

Unter den **Bakterien** ist es die Gruppe Acetobacter[4a], in der die Dehydrase die höchsten Konzentrationen erreicht. In der Untergruppe der eigentlichen Essigbildner (z. B. B. orleanense, B. pasteurianum, B. ascendens, B. aceti) ist die Fähigkeit der Weiteroxydation von Acetat verlorengegangen, während andere, nahe verwandte Bakterien sie noch besitzen. Das qualitativ geringe oxydative Vermögen der Essigbildner wird durch die Fähigkeit zum Umsatz enorm grosser Substanzmengen ausgeglichen[4b].

Kräftige Alkoholdehydrierung durch Bact. acidi butyrici haben Wieland und Sevag[5a] beobachtet. Letzterer[5b] fand auch avirulente Pneumokokken gegen niedere Alkohole aktiv. Dagegen oxydieren Milchsäurebakterien Alkohol im allgemeinen nicht[6]. Bei dem vielunter-

---

[1] J. Hirsch, Biochem. Zs 77, 129; 1916. — [2] H. Wieland, B. 46, 3327; 1913.

[3] D. Müller, Biochem. Zs 238, 253; 1931. — 254, 97, 102; 1932. — 262, 239; 1933. — 268, 152; 1934.

[4a] Vgl. z. B. F. Visser 't Hooft, Dissert., Delft 1925. — [4b] Vgl. hierzu: O. Warburg u. Negelein, Biochem. Zs 262, 237; 1933.

[5a] H. Wieland u. Sevag, A. 501, 151; 1933. — [5b] M. G. Sevag, A. 507, 92; 1933.

[6] J. C. Davis, Biochem. Zs 265, 90; 267, 357; 1933.

suchten Bact. coli erwies sich Methylalkohol nicht als Donator, wohl aber in geringem Ausmass Äthyl- und Propylalkohol (zum wenigsten anaerob)[1a], ferner Glykol und Glycerin (s. S. 495). Auch Staphylokokken, Proteus- und Paratyphusbacillen dehydrieren Äthylalkohol und Glycerin, nicht Methylalkohol[1b].

Die Alkoholdehydrierung durch **niedere Pilze** (Aspergillus, Penicillium, Mucor) ist gerade in letzter Zeit viel studiert worden, wobei sich ergeben hat, dass auch die Bildung von Bernsteinsäure, Äpfelsäure, Citronensäure und anderen sauren Stoffwechselprodukten aus Zucker bei diesen Organismen über die tiefe Abbaustufe des Alkohols und der Essigsäure erfolgt[2a]. Aerobe Alkoholoxydation durch Hefe haben u. a. Lundin[2b] und Meyerhof[2c] beobachtet; neuerdings hat Wieland[2d] an diesem Material vergleichende Studien über O_2- und Methylenblaudehydrierung angestellt.

Bei **höheren Pflanzen** ist Alkoholoxydation zunächst für noch lebende Teile (Stengelspitzen, Achsenteile, Samen) von Zaleski[3a] nachgewiesen worden. In Samenextrakten hat dann Thunberg[3b] mit der Methylenblautechnik das regelmässige Vorkommen einer starken Alk.-D. nachgewiesen; neben Äthylalkohol erwies sich meist in geringerem Masse auch Propylalkohol dehydrierbar (vgl. S. 577). Auch im Blütenstaub[3c] gehört die Alk.-D. zu den aktivsten dehydrierenden Fermenten (quantitative Angaben über das Donatorvermögen einzelner Alkohole s. Tabelle 43, S. 577).

Die ausführlichsten — allerdings mit aerober Methodik erhaltenen — Angaben über das Vorkommen von Alk.-D. im **tierischen Organismus** stammen von Battelli und Stern (S. 573). Das mit Abstand enzymreichste Gewebe ist die Leber. Beim Vergleich verschiedener Tierarten nimmt der Dehydrasegehalt in der Reihenfolge Mensch < Kaninchen < Hund < Meerschweinchen < Rind < Hammel < Pferd ums etwa 5fache zu. Noch enzymärmer als die Menschenleber ist die Pferdeniere. Die übrigen Gewebe wie auch das Blut enthalten kaum merkliche Dehydrasemengen. In einigen orientierenden Versuchen haben die Autoren später[4a] das unterschiedliche Verhalten von Leber einerseits, Muskel, Gehirn usw. andererseits mit Thionin als Acceptor bestätigt. Umfangreichere Untersuchungen Mizusawas[4b] mit Methylenblau haben gleichfalls die Sonderstellung der Leber aufs neue dargetan. Sowohl Battelli und Stern als auch Hirsch (S. 574) haben den Alkoholdehydrasegehalt in den Geweben von an Alkohol gewöhnten Tieren nicht höher gefunden als bei Normaltieren, was mit der Deutung der durch Gewöhnung erhöhten Alkoholtoleranz bei Mensch und Tier u. a. von Pringsheim[5a] und Schweisheimer[5b] in gewissem Widerspruch steht. Dagegen gibt neuerdings Mizusawa 20—30% kürzere Entfärbungszeiten für Leberpräparate aus an Alkohol gewöhnten Ratten an.

In Versuchen mit gewaschenem Meerschweinchenmuskel hat Ahlgren[6] mit einer sehr empfindlichen Methodik ein gewisses Donatorvermögen von Methyl- und Äthylalkohol festgestellt, allerdings nur in mittleren Konzentrationen, während sehr kleine und hohe Alkoholkonzentrationen verzögernd auf die Methylenblauentfärbung wirken. Die erste Verzögerung deutet Ahlgren als narkotische Wirkung, wie sie u. a. von Battelli und Stern sowie Grönvall am Fall der Succinodehydrase (S. 525) eingehend studiert worden ist.

[1a] J. H. Quastel u. Whetham, Biochem. Jl 19, 520; 1925. — R. P. Cook u. Stephenson, Biochem. Jl 22, 1368; 1928. — 24, 1538; 1930. — [1b] H. Braun u. Vásárhelyi, Zbt. Bakt. (1) 127, 105; 1932. — K. Aaron, Biochem. Zs 268, 121; 1934.

[2a] Siehe z. B. Wl. S. Butkewitsch u. Fedoroff, Biochem. Zs 219, 103; 1930. — T. Chrząszcz u. Mitarb., Biochem. Zs 250, 254; 1932. — K. Bernhauer u. Mitarb., 240, 232; 1931. — 253, 16, 30, 37; 1932. — [2b] H. Lundin, Biochem. Zs 142, 454; 1923. — [2c] O. Meyerhof, Biochem. Zs 162, 43; 1925. — [2d] H. Wieland u. Mitarb., A. 492, 183; 1932. — 503, 70; 1933.

[3a] W. Zaleski, Biochem. Zs 69, 289; 1914. — [3b] T. Thunberg, Arch. int. physiol. 18, 601; 1922. — Biochem. Zs 206, 109; 1929. — Lunds Univ. Årsskrift 25, Nr. 9; 1929. — Oppenheimers „Fermente" 3, 1127; 1929. — [3c] T. Thunberg, Skand. Arch. 46, 137; 1924.

[4a] F. Battelli u. Stern, Arch. int. physiol. 18, 403; 1922. — [4b] H. Mizusawa, Jl Biochem. 18, 243; 1933.

[5a] J. Pringsheim, Biochem. Zs 12, 143; 1908. — [5b] W. Schweisheimer, Arch. klin. Med. 109, 271; 1913.

[6] G. Ahlgren, Act. med. scand. 57, 508; 1923.

c) Darstellung und Bestimmung.

Die Hauptenzymquellen sind Essigbakterien, Hefe und Leber. Man begnügt sich meist mit Alkohol- und Acetonbehandlung bzw. -fällung, da Reinigungsversuche durch Extraktion teils unmöglich sind, teils sich durch den enormen Aktivitätsverlust verbieten.

α) **Bakterienenzym.** Nach der auf Buchner (S. 573) zurückgehenden Vorschrift werden die getrockneten Essigbakterien mit Aceton verrieben und das erhaltene Produkt nach dem Filtrieren und Waschen mit Äther im Vakuum getrocknet[1a]. Das relativ wirksame Präparat enthält nicht unerhebliche Mengen lebender Zellen. Sicherer ist es nach D. Müller[1b], eine Bakterienaufschwemmung in das 10fache Volumen Aceton einzutröpfeln. Das erhaltene Produkt besitzt noch etwa 3—6% der enzymatischen Aktivität lebender Bakterien bei einem Gehalt an lebenden Zellen von etwa $1/10000$%.

β) **Hefeenzym** (D. Müller[2]). Nach Lebedew aus getrockneter Hefe dargestellter Macerationssaft wird nach dem Zentrifugieren durch Eintröpfeln in Alkohol-Äthergemisch gefällt und die mit Alkohol und Äther gewaschene Fällung im Vakuum getrocknet.

γ) **Leberenzym.** Nach Battelli und Stern (S. 573) wird Pferdeleberbrei 5 Minuten lang mit dem 3fachen Volumen Aceton behandelt und das Präparat nach dem Abpressen durch Leinwand wie üblich im Vakuum über H_2SO_4 getrocknet Auswaschen mit Äther erhöht nach Mizusawa (S. 575) die Stabilität des Präparats erheblich (z. B. von 1 Tag auf etwa 10). Das Präparat ist zudem aldehydraseärmer als das von Battelli und Stern dargestellte. Hirsch (S. 574) arbeitet mit Leberpresssaft, aus dem sich durch Behandlung im Faust-Heimschen Trockenapparat auch ein mässig wirksames Enzympulver darstellen lässt. Versuche zur Darstellung einer aktiven Alkoholfällung aus dem Presssafte misslangen. Wieland und Frage[3] haben durch Extraktion von Leberbrei mit $\frac{m}{15}$-Phosphat von pH 6,2 recht wirksame Extrakte erhalten.

δ) **Bestimmung.** Zur kinetischen Verfolgung der Wirkung von Alk.-D. hat man zunächst einerseits die manometrische Bestimmung des O_2-Verbrauchs, andererseits die Ermittlung der Entfärbungszeit von Methylenblau, Thionin usw. Wieland[4a] und Bertho[4b] haben bei vergleichenden Untersuchungen der Alkoholdehydrierung durch verschiedene Acceptoren die jeweils unveränderte Menge der letzteren quantitativ bestimmt, so Sauerstoff nach Mangansalzzusatz jodometrisch, Chinon gleichfalls jodometrisch, Methylenblau durch Titration mit $TiCl_3$ usw. Auch die Substratbestimmung ist — namentlich früher, vereinzelt auch in neueren Arbeiten — zur Verfolgung des Reaktionsverlaufs herangezogen worden. So hat Buchner (S. 573) meist die entstandene Essigsäure, Hirsch (S. 574) den unveränderten Alkohol (mit $K_2Cr_2O_7$) bestimmt. Neuberg[4c] hat den intermediär gebildeten Aldehyd mit Sulfit abgefangen. Besonders einfach liegen die Verhältnisse bei Verwendung von Isopropylalkohol als Substrat, wo das nach verschiedenen Methoden leicht zu bestimmende Aceton das einzige Dehydrierungsprodukt darstellt (Müller[1b], Bertho[4b]).

d) Wirkungen und Natur des Ferments.

α) **Spezifität.** Über die Donatorspezifität der Alk.-D. lässt sich heute noch nichts Definitives aussagen. Das liegt zum Teil daran, dass verschiedene

---

[1a] Z. B.: J. Meisenheimer, Hdbch. biol. Arb.-Meth. (4)1, 315; 1925. — L. Stern u. Battelli, Oppenheimers „Fermente" 3, 1348; 1929. — [1b] D. Müller, Biochem. Zs 238, 253; 1931.

[2] D. Müller, Biochem. Zs 262, 239; 1933. — 268, 152; 1934. — Siehe weiter: Oppenheimers „Fermente", 3, 1224; 1929.

[3] H. Wieland u. Frage, H. 186, 195; 1930.

[4a] H. Wieland u. Bertho, A. 467, 95; 1928. — [4b] A. Bertho, A. 474, 1; 1929. — [4c] C. Neuberg u. Nord, Biochem. Zs 96, 158; 1919. — Vgl. auch Oppenheimers „Fermente" 3, 1338; 1929.

neuere Untersuchungen nicht mit Enzympräparaten, sondern mit „ruhenden Bakterien", in denen der Spezifitätsbereich ja allgemein weiter gefunden wird als in der (aceton- oder toluol-) getöteten Zelle (vgl. S. 216f., 496 u. 539), ausgeführt sind; zum Teil liegt es an der noch geringen Reinheit der heute darstellbaren Enzympräparate. Soviel erscheint jedenfalls sicher, dass die Alk.-D. eine ausgesprochene Gruppenspezifität besitzt und dass ihr zum mindesten in der Gruppe der einwertigen Alkohole zahlreiche Glieder als Substrat zu dienen vermögen. Von zweiwertigen Alkoholen ist nur Glykol geprüft und als dehydrierbar befunden worden. Dagegen ist es sehr fraglich, ob Glycerin demselben Enzym als Substrat zu dienen vermag; es ist in dieser Hinsicht dem Glykol zum mindesten stark unterlegen.

Ein noch ganz offener Punkt ist das Verhalten der Alk.-D. zu Aldehyden. Den Angaben von Battelli und Stern, Wieland und Bertho über deren Angreifbarkeit stehen die schon früher (S. 218) behandelten Befunde über Nichtdehydrierung von Alkoholen durch pflanzliche und tierische Aldehydrase (Schardinger-Enzym) gegenüber.

Zunächst sollen zur Illustrierung des oben Gesagten einige Versuchsdaten über die Donatorfunktion einer Anzahl Alkohole und Aldehyde in Gegenwart von Alk.-D. verschiedener Herkunft (wie auch „ruhender" Essigbakterien) tabellarisch wiedergegeben werden. Die Umsatzgeschwindigkeit des Äthylalkohols ist gleich 100 gesetzt worden; die Daten für Bakterien- und Pferde-

Tabelle 43.

Donator	Acetonpräparat von Pferde-[1a] (bzw. Ratten-[1b]) Leber	Acetonpräparat von Bact. pasteurianum [1c]	„Ruhendes" Bact. pasteurianum [1d]	Alkohol-Ätherpräparat aus Hefesaft [1e]	Samenextrakte von Cucumis, Citrus und Corchorus [1f]	Blütenstaub von Corylus avellana [1f]
Methylalkohol	45 (77)	67	< 33	—	—	5
Äthylalkohol	100 (100)	100	100	100	100	100
Propylalkohol	24 (48)	90	> 66	88	10—45	84
Isopropylalkohol		63	33—66	90		
Butylalkohol				132		96
Isobutylalkohol	22		33—66	38		
Tertiärer Butylalkohol						4
Amylalkohol	28			78		
Isoamylalkohol			33—66	—		
Saligenin	6		—	—		
Benzylalkohol	26			—		
Phenyläthylalkohol			< 33			
Glykol	41 (20)	66		25		
Glycerin	— (5)	< 8		—	—	—
Formaldehyd	< 10	41	< 33	—		
Acetaldehyd	45		> 66			
Propionaldehyd	—		> 66			
Isobutylaldehyd	—		33—66			
Salicylaldehyd	—		—			

[1a] Nach Battelli u. Stern, S. 573. — [1b] H. Mizusawa, S. 575. — [1c] D. Müller, S. 576. — [1d] A. Bertho, S. 576. — [1e] D. Müller, S. 576. — [1f] T. Thunberg, S. 575.

leberenzym sind im O_2-Versuch, die für Rattenleber (eingeklammert) und pflanzliche Enzyme im Methylenblauversuch (unter Zugrundelegung der Formel S. 500) erhalten worden. Die von Bertho stammenden Angaben für ,,ruhende" Bakterien sind nur halbquantitativ, insofern er nur drei Grade der Oxydationsintensität unterscheidet. Leere Plätze in der Tabelle 43 (S. 577) bedeuten, dass keine Untersuchung der betreffenden Substanz stattgefunden hat, Striche bezeichnen fehlende Donatoreigenschaft.

Deutlich geht zunächst aus der Tabelle die Vorrangstellung des Äthylalkohols hervor. Die sekundäre Alkoholgruppe ist ein schlechterer Donator als die primäre (Isopropylalkohol-Propylalkohol), die tertiäre (Butylalkohol) ist erwartungsgemäss so gut wie inaktiv. Der aromatische Alkohol Saligenin wird ebenfalls nicht oder kaum angegriffen; mit zunehmend ausgebildeter aliphatischer Seitenkette (Benzyl-, Phenyläthylalkohol) stellt sich jedoch Donatorvermögen ein. Die Angaben für Glykol und Glycerin bestätigen das früher (S. 577) Gesagte.

Sowohl tierische als Bakterienenzympräparate setzen, wie aus der Tabelle ersichtlich, Aldehyde um, wobei auch hier das Optimum beim C_2-Körper liegt. Da sowohl Leber als Essigbakterien reichlich Aldehydmutase enthalten, ist die Erklärung naheliegend, dass in Wirklichkeit nur der dismutativ gebildete Alkohol der Dehydrierung unterliegt, eine Auffassung, die namentlich durch Neuberg und Mitarbeiter vertreten worden ist[1]. Wieland wie Bertho[2] (S. 576) haben jedoch für die Essigbakterien dargetan, dass diese Dismutierungsleistung (unter N_2) unmöglich ausreicht, um die Menge der (in O_2) tatsächlich gebildeten Essigsäure zu erklären. Auch die an sich wenig wahrscheinliche Deutung, dass unter aeroben Verhältnissen die Dismutation einen höheren Betrag erreicht als im anaeroben Versuch, hat sich durch Alkoholbestimmungen in kurz dauernden Aldehydversuchen ausschliessen lassen; der O_2-Verbrauch setzt in diesen Ansätzen ferner von Anfang an in gleichbleibender Stärke ein, während nach Neubergs Erklärung eigentlich eine Induktionsperiode zu erwarten wäre. Das Resultat der Berthoschen Untersuchungen ist, dass in ,,ruhenden" Essigbakterien normalerweise durch Aldehyddehydrierung 20—100mal mehr Essigsäure erzeugt wird als durch Dismutierung.

Wieland und Bertho sind der Auffassung, dass ein und dasselbe Ferment für die Dehydrierung von Alkohol und Aldehyd verantwortlich zu machen ist — eine Auffassung, die ohne besonderen Beweis schon Battelli und Stern ausgesprochen hatten. Es wird nämlich — sowohl in Gegenwart von O_2, Chinon oder Methylenblau — bei gleichzeitiger Anwesenheit von Alkohol und Aldehyd in jeweils optimaler Konzentration, ein Umsatz erzielt, der unter allen Umständen innerhalb der Grenzen liegt, die für die Einzelumsätze beider Donatoren beobachtet werden. Das Ausbleiben eines Summationseffekts (S. 221) weist nach Wieland und Bertho darauf hin, dass die beiden Donatoren um ein und dieselbe Dehydrase konkurrieren. Die Beweiskraft des letzteren Arguments ist aber — zum mindesten für ,,ruhende" Bakterien — wieder hinfällig geworden durch Beobachtungen Quastels[3], der bei B. coli häufig, selbst mit so einwandfreien Kombinationen wie Bernsteinsäure + α-Oxybuttersäure, Bernsteinsäure + Ameisensäure, α-Oxybuttersäure + Glutaminsäure, keinen Additionseffekt beobachtete. Trotz der wertvollen enzymatischen Erkenntnisse, die man dem Arbeiten mit ,,ruhenden" Bakterien verdankt und trotz der Grundsicherungen, die Wieland und Bertho in mancher Hinsicht bezüglich der Verwertbarkeit derartiger Daten vorgenommen haben, ist in gewissen Teilfragen, namentlich solchen der Spezifität, der einwandfreie Enzymversuch unersetzbar. Es mag immerhin angeführt werden, dass Mizusawa kürzlich mit Acetonleberpräparaten nach Battelli und Stern kräftigere Donatorwirkung von Aldehyd beobachtete, während seine eigenen Präparate (S. 576) Alkohol rascher umsetzten als Aldehyd. Der an sich zur Entscheidung geeignete Befund Müllers, dass sein Hefepräparat Aldehyd nicht umsetzt, verliert dadurch etwas an Wert, dass die Aldehyde in seinen Versuchen auch die Restreduktion hemmen.

---

[1] C. Neuberg u. Mitarb., Biochem. Zs 166, 454; 1925. — Naturwiss. 14, 758; 1926. — E. Simon, Biochem. Zs 224, 253; 1930.

[2] Siehe auch A. Bertho u. Basu, A. 485, 26; 1931; sowie die Zusammenfassung von A. Bertho, Erg. Enzymforsch. 1, 231; 1932.

[3] J. H. Quastel u. Wooldridge, Biochem. Jl 21, 1224; 1927.

Als Acceptoren von Alk.-D. verschiedener Herkunft sind Sauerstoff, Chinon, Methylenblau und Thionin mit positivem, Peroxyde und Disulfide mit negativem Erfolg geprüft worden. Von diesen Dingen war im Zusammenhang mit der Frage des ternären Acceptor-Enzym-Substratkomplexes schon S. 212f. eingehend die Rede. Glutathion und Cystein sind wohl auch thermodynamisch zur Alkoholdehydrierung insuffizient (vgl. S. 153).

β) Chemismus. Bei der Einfachheit der durch die Alk.-D. vermittelten Reaktion genügen hier einige ergänzende Bemerkungen.

Angaben über die Entstehung kleiner Aldehydmengen bei der Essiggärung finden sich (von etwa 1900 ab) des öfteren in der chemischen Literatur. Dass es sich dabei nicht um ein bedeutungsloses Nebenprodukt, sondern um das obligatorische Zwischenglied zwischen Alkohol und Essigsäure handelt, haben für die Essiggärung zuerst Neuberg und Nord [1a] (1919) mit Hilfe des Sulfitabfangverfahrens eindeutig dargetan, indem sie trotz nichtoptimaler Bedingungen $^1/_3$—$^3/_4$ vom Gewichte der überhaupt gebildeten Essigsäure als Aldehyd festzulegen vermochten.

Bei der Einwirkung des Leberenzyms auf Alkohol haben schon Battelli und Stern (1910) häufig deutliche Reaktionen auf Aldehyd erhalten und diesen Körper auch bereits als Zwischenprodukt angesprochen. Die Zwangsläufigkeit der Aldehydbildung ist auch für diesen Fall mit der schon genannten Methode von Neuberg (zusammen mit Gottschalk [1b], 1924) erwiesen worden.

Neben der Aldehyd- und Säurebildung aus Alkohol hat auch die Acetonentstehung aus Isopropylalkohol ein gewisses Interesse auf sich gelenkt. Als erster hat sie wohl Visser t'Hooft (S. 574) bei Essigbakterien beobachtet. Bertho (S. 576) hat aus manometrischen Daten auf den quantitativen Verlauf der Reaktion geschlossen und D. Müller (S. 576) hat diese neuerdings sowohl analytisch als manometrisch an Bakterien- und Hefeenzym eingehend studiert.

Nach den angeführten Versuchsergebnissen, die grösstenteils auch in anaeroben Ansätzen bestätigt worden sind, kann kein Zweifel mehr darüber bestehen, dass die von der Alk.-D. katalysierten Primärreaktionen sich durch die Formelgleichungen

$$R \cdot CH_2OH \rightarrow R \cdot C{\overset{O}{\underset{H}{\diagdown}}} \quad \text{bzw.} \quad {\overset{R_1}{\underset{R_2}{\diagdown\!\diagup}}}CHOH \rightarrow {\overset{R_1}{\underset{R_2}{\diagdown\!\diagup}}}CO$$

ausdrücken lassen; im ersteren Falle schliesst sich — durch dasselbe oder ein anderes Enzym katalysiert — noch der Vorgang

$$R \cdot C{\overset{O}{\underset{H}{\diagdown}}} \rightarrow R \cdot CH(OH)_2 \rightarrow R \cdot COOH$$

evtl. untergeordnet die Aldehyddismutation an.

Bezüglich dieser Sekundärvorgänge sei auf frühere Ausführungen (S. 204f., bes. 208, 482f.) verwiesen. Über die Bedeutung des Status nascendi für den Aldehydumsatz vgl. S. 253.

γ) Kinetik. Die Grundzüge der Kinetik des Leberenzyms haben bereits Battelli und Stern richtig erkannt; ihre Ergebnisse sind in neuerer Zeit vor allem durch Wieland und seine Schule an Bakterien- und Hefeferment bestätigt und nach allen Richtungen hin erweitert worden.

[1a] C. Neuberg u. Nord, Biochem. Zs 96, 158; 1919. — Dort auch die gesamte ältere Literatur. — [1b] C. Neuberg u. Gottschalk, Biochem. Zs 146, 164, 185; 1924.

Die geringe Abhängigkeit der Umsatzgeschwindigkeit von der Äthylalkoholkonzentration bringt die hohe Substrataffinität der Dehydrase zum Ausdruck. So beobachteten im O_2-Versuch mit Leberenzym Battelli und Stern[1a] zwischen $\frac{m}{50}$- und $\frac{2}{3}$ m-, mit Bakterienenzym Wieland und Bertho[1b] zwischen $\frac{m}{20}$- und $\frac{m}{2}$-, mit Hefeenzym Wieland und Claren[1c] zwischen $\frac{m}{120}$- und $\frac{m}{4}$- unveränderte optimale Reaktionsgeschwindigkeit. Auch beim Aldehydumsatz sind ähnliche Verhältnisse gefunden worden. Dagegen wird das (nicht normale) Substrat Isopropylalkohol weit schwächer vom (Bakterien-) Enzym gebunden, indem optimaler Umsatz hier erst bei $\frac{m}{3}$- Konzentration erreicht wird[1d]. (Siehe die Gegenüberstellung der Affinitätskurven für Aldehyd und Isopropylalkohol in Abb. 28b, S. 213.) Ferner zerfällt der Isopropyl-Enzymkomplex nur etwa halb so rasch wie der Aldehyd-Enzymkomplex (mit Chinon als Acceptorkomponente). Den Effekt höherer Konzentrationen $\left(\frac{m}{25} - 15\text{ m}-\right)$ an Methyl-, Äthyl- und Propylalkohol hat am Leberenzym neuerdings Mizusawa (S. 575) vergleichend untersucht. Für alle drei Substrate wird bei $\frac{m}{25}$- Konzentration optimale Entfärbungsgeschwindigkeit beobachtet. Während aber schon bei $\frac{m}{10}$- Methylalkohol die Umsatzgeschwindigkeit stark vermindert ist, tritt diese Erscheinung bei Äthyl- und Propylalkohol erst bei viel höheren Konzentrationen (4—6 m-) in gleicher Stärke ein.

Gleiche Umsatzgeschwindigkeit in Luft und Sauerstoff haben schon Battelli und Stern angegeben und dieses Verhalten als charakteristisch für „Oxydasen" (im Gegensatz zu den „Oxydonen", vgl. S. 419, 520, 572) angesehen. Der Befund ist später von der Wieland-Schule für Hefe- und Bakterienenzym bestätigt worden (s. Abb. 30, S. 232). Bertho fand bei Isopropylalkohol bzw. bei Acetaldehyd dieselbe Dehydrierungsgeschwindigkeit, ob er nun von $\frac{n}{260}$-, $\frac{n}{1100}$- oder $\frac{n}{2100}$- O_2 ausging. Gleichlautende Befunde stammen auch von Tamiya und Tanaka[2]. Ist also die O_2-Affinität der Enzymsubstratkomplexe unmessbar gross, so ist die Chinonaffinität zwar gross, doch wohl messbar; optimale Dehydrierungsgeschwindigkeit wird hier erst bei etwa $\frac{n}{60}$- Chinon erreicht, und zwar gleichmässig für Aldehyd wie für Isopropylalkohol (vgl. die Kurven Abb. 28a sowie Tabelle 19, S. 213).

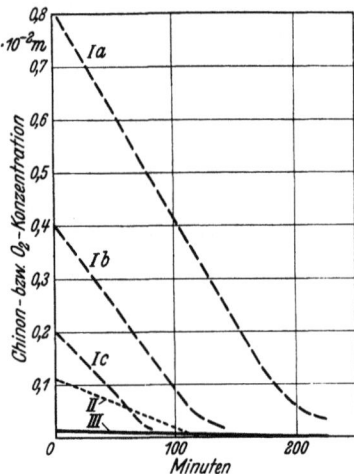

Abb. 116. Acceptorkonzentrationsabnahme bei der Alkoholdehydrierung durch Chinon (Ia—c), Sauerstoff (II) und Methylenblau (III). (Nach Wieland und Bertho.) $\frac{m}{5}$- Äthylalkohol; pH 5,6; T 29°.

Die relativen Reaktionsgeschwindigkeiten mit verschiedenen Acceptoren sind je nach dem Enzym „träger" recht unterschiedlich. Wie früher schon angegeben (S. 232f.), ist das Geschwindigkeitsverhältnis Methylenblau : Sauerstoff : Chinon bei (lebenden) Essigbakterien 1 : 12 : 30. Vorstehende Figur 116 gibt ein Bild hiervon und zeigt zugleich für den Fall des Chinons den Einfluss der Acceptorkonzentration sowie den durchwegs linearen Reaktionsverlauf, charakteristischerweise auch in Gebieten, wo an sich Abhängigkeit von der Acceptorkonzentration auftritt. Die Erscheinung steht nicht vereinzelt, sondern

---

[1a] F. Battelli u. Stern, Biochem. Zs 28, 145; 1910. — [1b] H. Wieland u. Bertho, A. 467, 95; 1928. — [1c] H. Wieland u. Claren, A. 492, 183; 1932. — [1d] A. Bertho, A. 474, 1; 1929. — Erg. Enzymforsch. 1, 231; 1932.

[2] H. Tamiya u. Tanaka, Act. phytochim. 5, 167; 1930.

ist auch bei anderen Enzymen mit hoher Affinität, z. B. den Lipasen, beobachtet worden[1]. Für Acetonbakterien errechnet sich nach Angaben von Bertho und Müller das oben erwähnte Geschwindigkeitsverhältnis ungefähr zu $1:1,5:>5,5$.

Bei lebender Hefe ist das Umsatzverhältnis Methylenblau : Sauerstoff 1 : 17, bei Trockenhefe 1 : 2,5 (bei stark verminderter absoluter Reaktionsgeschwindigkeit; näheres s. S. 236). Chinon fand Müller (S. 576) bei seinem Enzympräparat aus Hefe als Acceptor ganz ungeeignet; es wirkt offenbar schädigend.

Über auffallende Unterschiede in der Reihenfolge der „Dehydrierbarkeit" verschiedener Alkohole bei Verwendung verschiedener Acceptoren vgl. Tabelle 17 und 18, S. 212. Die bei der Kombination zweier Acceptoren auftretenden Erscheinungen sind S. 232f. eingehend behandelt.

Die Angaben über die pH-Abhängigkeit der Alk.-D. wechseln nach dem Enzymvorkommen. Nach Wieland und Bertho arbeiten frische Essigbakterien aerob zwischen pH 3,6 und 7,6 mit praktisch derselben Geschwindigkeit; gealterte bevorzugen ein pH zwischen 5 und 6. Im Methylenblauversuch fand Tanaka[2a] bei pH 4, 5, 6, 7, 8 die Aktivitäten 55, 62, 100, 75, 68. Nach Stern und Battelli[2b] ist das optimale pH für das Leberenzym bei 40° 8,2 und bei 55° 7,5. Ganz kürzlich hat Müller[2c] die pH-Abhängigkeit der Isoprophylalkoholdehydrierung durch sein Hefeenzympräparat (S. 576) im grösseren Bereich untersucht. Er findet für

pH	3	4	5	6	7	8	9	10	11
die Aktivität:	<8	14	33	70	88	98	100	98	7

Für den Temperaturkoeffizienten der Alkoholdehydrierung erhielt Bertho zwischen 18° und 28° den Wert 2,2, für der der Aldehyddehydrierung 1,7. Auch Battelli und Stern fanden (bei pH etwa 7) den Temperaturkoeffizienten im Bereich zwischen 10° und 40° normal und in unmittelbarer Nähe von 2.

δ) **Natur der Alkoholdehydrase.** Nachdem Wieland (S. 574) das alkoholoxydierende Ferment (der Essigbakterien) als Dehydrase erkannt hatte, ging und geht die Diskussion in neuerer Zeit darum, ob diese Dehydrase zur direkten Reaktion nicht nur mit Methylenblau und Chinon, sondern auch mit molekularem Sauerstoff befähigt ist. Wieland und Bertho sowie neuerdings auch Müller haben diese Frage bejahend beantwortet, während insbesondere Tamiya und Tanaka wie auch der Warburg-Schüler Reid auf die Notwendigkeit des eisenhaltigen O_2-Überträgers, des Cytochroms bzw. einer echten Oxydase, bei der aeroben Funktion der Dehydrase aufmerksam gemacht haben.

Sieht man von den infolge enormer HCN-Konzentration (0,4 m-) wenig besagenden Angaben Hirschs (S. 574) ab, so haben zuerst Wieland und Bertho die ausserordentliche HCN-Empfindlichkeit der (Essigbakterien-) Dehydrase bei ihrer aeroben Funktion im Gegensatz zur geringen Empfindlichkeit bei der anaeroben Tätigkeit gezeigt, wovon S. 232 (Abb. 30) schon die Rede war. Dort ist auch ihr Erklärungsversuch besprochen, der mit der adsorptiven Verdrängung des Sauerstoffs durch die Blausäure — ähnlich der Hemmung durch Chinon — arbeitet. Die experimentellen Befunde sind später durch Tanaka (s. oben) bestätigt, doch anders — durch „Denaturierung" des Cytochroms — erklärt worden. Bei Buttersäurebakterien haben Wieland und Sevag (S. 574) neuerdings weit geringere HCN-Hemmung der Alkoholdehydrierung durch O_2 beobachtet, indem $\frac{m}{800}$-, $\frac{m}{400}$- und $\frac{m}{200}$-HCN die Reaktionsgeschwindigkeit nur um etwa 42, 53 und 77% verringerten (vgl. mit Abb. 30). Bei beiden Bakterienarten gelang der von der Dehydrierungstheorie geforderte Nachweis primärer H_2O_2-Entstehung nicht, auch nicht in Gegenwart von HCN (s. auch S. 230). Dagegen ist dieser Nachweis von H_2O_2 — und zwar in einer

---

[1] R. Willstätter, Kuhn u. Bamann, B. 61, 886; 1928.
[2a] K. Tanaka, Act. phytochim. 5, 238; 1931. — [2b] L. Stern u. Battelli, Oppenheimers „Fermente" 3, 1345; 1929. — [2c] D. Müller, Biochem. Zs 268, 152; 1934.

Menge von 70—95% der theoretischen, $R \cdot CH_2OH + O_2 \rightarrow R \cdot CHO + H_2O_2$. — kürzlich Sevag (S. 574) bei katalasefreien, gegen HCN unempfindlichen bzw. davon geförderten, avirulenten Pneumokokken geglückt. Nach einer ganz kürzlich erschienenen Mitteilung Müllers (S. 581) ist auch sein alkoholdehydrierendes Hefepräparat praktisch HCN-unempfindlich.

Die Kohlenoxydhemmung der aeroben Alkohol- (und Aldehyd-) Dehydrierung durch Essigbakterien haben zuerst Tamiya und Tanaka (S. 580) beobachtet; die Reversibilität im Lichte zeigt nachstehende Abbildung.

Dagegen haben weder Tamiya noch Reid[1] einen Einfluss von CO auf die Chinonreaktion feststellen können. Die Angaben über das Verhalten der Methylenblaureaktion sind etwas widersprechend: Tamiya gibt für Essigbakterien eine leichte, lichtunempfindliche, auf adsorptiver Verdrängung von Methylenblau beruhende CO-Hemmung an (vgl. S. 234), die Reid nicht bestätigen konnte. Auch Tamiya hat sie übrigens beim Leberenzym vermisst. Von Reid ist ferner reversible Stichoxydhemmung beobachtet worden.

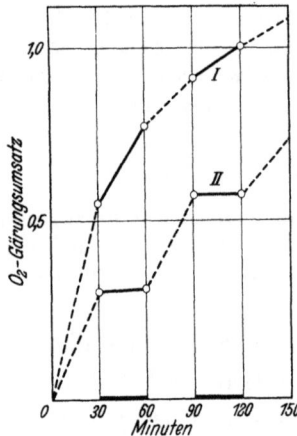

Die von Wieland und Bertho an den Essigbakterien entwickelte Vorstellung vom Wesen der HCN- und CO-Hemmung ist schon S. 236 f. eingehender Kritik unterzogen worden, wobei vor allem der Vergleich mit den katalase- und hämatinfreien Milchsäurebakterien wichtige Gesichtspunkte

Abb. 117. Kohlenoxydeinwirkung auf die aerobe Alkoholdehydrierung durch Essigbakterien im Dunkeln (30—60 Min. und 90—120 Min.) und im starken Licht (übrige Zeiten).
(Nach Tamiya und Tanaka.)

I 96% H_2 + 4% O_2 ⎫ $\frac{m}{10}$ - Alkohol; pH 5,6; T 30°.
II 96% CO + 4% O_2 ⎭

ergab. Denn die aussergewöhnlich stark atmenden Essigbakterien sind reich an Cytochrom und „Atmungsferment" (Indophenoloxydase); es sind nach Warburgs neueren Angaben (vgl. S. 333) sogar die einzigen Zellen, in denen man das „Atmungsferment" neben dem Cytochrom direkt spektroskopisch nachweisen kann[2]. Es ist bei der selektiven Hemmung gerade der O_2-Reaktion denkbar wahrscheinlich, dass nicht die Alkoholdehydrase, sondern die Cytochromoxydase vom Angriff der Blausäure und des CO betroffen wird.

Auch die oben schon erwähnten, starken Differenzen in der HCN-Empfindlichkeit der aeroben Essiggärung je nach der untersuchten Zellart lassen sich überzeugender als durch die Annahme verschieden giftempfindlicher Alkoholdehydrasen durch Unterschiede im O_2-übertragenden System der Zellen erklären.

Dieses ist ja gerade bei Bakterien keineswegs immer mit Indophenoloxydase + Cytochrom identisch (vgl. Bact. coli, S. 417, Azotobacter, s. unten). So mag auch in den Buttersäurebakterien ein anderes (wohl einfacheres) O_2-übertragendes Schwermetallsystem am Werke sein wie in den Essigbakterien; es könnte auch sein, dass in den Buttersäurebakterien die O_2-Übertragung

---

[1] A. Reid, Biochem. Zs 242, 159; 1931.

[2] O. Warburg, Negelein u. Haas, Biochem. Zs 266, 1; 1933. — Nach einer neuesten Mitteilung von Negelein und Gerischer (Biochem. Zs 268, 1; 1934) gelingt dieser Nachweis auch bei Azotobacter; doch handelt es sich hier offenbar nicht um das bekannte „Atmungsferment" vom Phäohämintypus (S. 336f.).

durch ein metallfreies Farbstoffsystem neben der Metallkatalyse bereits eine Rolle spielt. Was schliesslich die HCN-unempfindlichen, H_2O_2-liefernden Pneumokokken betrifft, so kann man auch in ihrer Reaktionsweise heute keine Stütze der strengen Dehydrierungstheorie mehr sehen, nachdem Warburg für die sich ganz analog verhaltenden Milchsäurebakterien die O_2-Übertragung durch sein „gelbes Oxydationsferment" so gut wie bewiesen hat (S. 241 u. 345). Ähnliches gilt auch für das Müllersche Enzympräparat aus Lebedewsaft, dessen hoher Gehalt an schwermetallfreiem Farbstoffferment ja seit Warburg (S. 228 u. 344f.) bekannt ist.

Schliesslich sei noch die S. 234 schon erwähnte Angabe Tamiyas angeführt, dass Toluol gleichfalls nur die aerobe Essiggärung erheblich schädigt, angeblich durch Denaturierung des Cytochroms. Die Beweisführung, die sich im wesentlichen auf die Nichtbeeinflussung der indophenolbildenden Lactariusoxydase durch Toluol (wie auch CO, S. 413) im Gegensatz zur Indophenoloxydase cytochromhaltiger Zellen gründet, ist jedoch beim problematischen Charakter der pflanzlichen Indophenoloxydase (S. 412 u. 414) nicht überzeugend; dies gilt demgemäss auch für die von Shibata und Tamiya vorgenommene Vertauschung der Plätze von Indophenoloxydase und Cytochrom im Keilinschen Schema (S. 357), entsprechend

$$\frac{\text{Substrat, durch}}{\text{Dehydrase aktiviert}} - \frac{\text{Indophenol-}}{\text{oxydase}} - \frac{\text{Cytochrom}}{\text{(oxygenierbar)}} - O_2,$$

wovon S. 362 schon die Rede war.

Da bei hoher Konzentration $\left(> \frac{m}{100} \cdot \right)$ die Blausäure (und NO) auch Chinon- und Methylenblaugärung etwas hemmt, nimmt Reid an, dass auch diese Acceptorreaktionen zum Teil über Oxydase- und Cytochromeisen erfolgen (vgl. S. 348). Doch werden durch derartige Giftdosen ja sogar das Schardinger-Enzym (S. 208f.) und andere Dehydrasen gehemmt[1].

Übersieht man die im einzelnen — vor allem durch den Mangel wirklicher Enzymversuche — noch recht unvollständigen Resultate, so gewinnt man den Eindruck, dass auch die Alkoholdehydrase — ähnlich wie die Acidodehydrasen und (wahrscheinlich) anders als Schardinger-Enzym und Xanthindehydrase — zu den anoxytropen Enzymen (S. 241) gehört.

Neuerdings hat Müller im Anschluss an Wieland und Bertho wiederum die entgegengesetzte Ansicht zu stützen versucht. Doch wirken seine Versuche, in denen durchwegs nur eine abschliessende Bestimmung des O_2-Verbrauchs bzw. des gebildeten Acetons vorgenommen wurde, keineswegs überzeugend. Zunächst zeigte er, dass in Acetonbakterienpräparaten verschiedener Herkunft das Verhältnis der Acetonbildung mit O_2 zu der mit Chinon wenig variiert; durch Erwärmung der Präparate auf 58° wird O_2- und Chinonreaktion in gleichem Umfang geschädigt; durch Auswaschen oder Alkohol-Ätherbehandlung wird das Verhältnis Aceton mit O_2/Aceton mit Chinon wenig verschoben (in letzteren Falle doch immerhin um 50% zuungunsten der O_2-Reaktion). Alle diese Befunde sind indes, wie Müller zugibt, auch dadurch zu erklären, dass der O_2-Überträger im Überschuss zugegen ist (vgl. S. 415 u. 525). Ganz rätselhaft sind seine HCN-Vergiftungsversuche. $\frac{m}{10000}$ - HCN hemmt die O_2-Reaktion um rund die Hälfte, die Chinonreaktion praktisch nicht, was mit Wielands Befunden gut übereinstimmt (Abb. 30, S. 232). Bei $\frac{m}{1000} - \frac{m}{100}$ - HCN soll die Hemmung der O_2-Reaktion konstant etwa $^2/_3$, bei $\frac{m}{10}$ - HCN indes nur mehr $^1/_4$ ausmachen. Dagegen nimmt die Hemmung der Chinonreaktion konstant zu und beträgt bei $\frac{m}{10}$ - HCN rund $^3/_4$. Man hat den bestimmten Eindruck, dass in den Versuchen mit den grossen HCN-Mengen diese chemische oder methodische Komplikationen verursachen. (Nach Reid reagieren übrigens Chinon und HCN miteinander.) Auch stimmen in diesen Versuchen O_2-Verbrauch und Acetonbildung nicht überein (HCN-Absorption durch KOH?), was Müller auf H_2O_2 zurückführt, dessen leichten Nachweis er aber nicht versucht hat. Auch Müllers neuere Versuche, bei denen er

---

[1] Vgl. J. Banga, Schneider u. v. Szent-Györgyi, Biochem. Zs 240, 454; 1931.

mit seinem Hefedehydrasepräparat (S. 576) auf Zusatz von Cytochrom + Indophenoloxydase keine erhöhte Acetonbildung erhielt, scheinen nicht stichhaltig. Dieses Präparat ist noch etwa 10mal weniger aktiv als Aceton-Essigbakterien und verliert seine Aktivität im O_2-Versuch schon nach 2—3 Stunden völlig. Sieht man davon ab, dass er nur Herzmuskelpresssaft (vgl. S. 408f.) als Oxydase verwendet hat, so ist es durchaus möglich, dass auch hier die Dehydraseaktivität als geschwindigkeitsbegrenzender Faktor fungiert und dass demgemäss das eigene O_2-übertragende System des Hefepräparats (gelbes Ferment?) mehr als ausreichend ist. Für diese Auffassung spricht auch die geringe HCN-Hemmung des Hefeferments, die Müller (S. 581) kürzlich bei HCN-Konzentrationen von 10^{-4}, 10^{-2} und 10^{-1} m- zu bzw. 4, 10 und 47% ermittelt hat.

Beschränkt man sich auf den Vergleich der für das jeweilige Oxydationsferment typischen niederen HCN-Konzentrationen, so finden die von Müllers Standpunkt aus ja widersprechenden Befunde an der Essigbakterien- und Hefedehydrase ihre angemessene Erklärung darin, dass im ersteren Falle wesentlich ein schwermetall-, im letzteren ein farbstoffhaltiges Oxydationsferment die aerobe Funktion der Dehydrase vermittelt. Ist dies der Fall, so müsste sich zudem im letzteren Beispiel (nicht im ersteren) bei HCN-Gegenwart Hydroperoxyd nachweisen lassen.

e) Beeinflussung des Ferments.

α) Physikalische Faktoren. Für die Alk.-D. der Leber haben Battelli und Stern (S. 580) angegeben, dass sie in ganz schwach alkalischer Lösung (1 : 5000 NH_3-Zusatz, vermutlich pH 7,5) durch 15 Min. langes **Erwärmen** auf 60° nur unbedeutend geschwächt wird, während sie bei 65° nach der gleichen Zeit grossenteils, bei 70° völlig vernichtet wird. Ist die NH_3-Konzentration 1 : 1500 (vermutlich pH 8,2), so wird die Zerstörung schon bei 50° deutlich, bei 65° vollständig (vgl. auch S. 581). Nach Müller (S. 574) ist halbstündige Einwirkung von 48° auf die Alk.-D. der Acetonbakterien ohne Einfluss, 58° inaktiviert nach der gleichen Zeit zu $3/4$ (vgl. S. 583). Die Destruktionstemperatur (nach v. Eulers[1] Definition) ist 54,5°. Der neuerdings (S. 581) ermittelte analoge Temperaturgrad für die Hefedehydrase ist 58°.

Im O_2-Schüttelversuch wird das Leberenzym Battellis und Sterns bei 40° in 1 bis $1\frac{1}{2}$ Stunden, das Hefeenzym Müllers bei 22° in 2—3 Stunden inaktiviert.

Tamiya und Mitarbeiter[2a] haben festgestellt, dass die Methylenblaureduktion durch Alkohol in Gegenwart der Bakterien- oder Leberdehydrase von **Licht** beschleunigt wird. Es handelt sich wohl nicht um photochemische Aktivierung des Donators oder der Dehydrase, sondern des Methylenblaus (vgl. S. 522). Dagegen wirkt Bestrahlung des (Leber-) Enzyms vor dem Methylenblauversuch sowohl mit **Röntgen-** als ganz besonders **ultravioletten Strahlen** stark schädigend[2b]. **Radium**schädigung des Pflanzenenzyms hat Thunberg[2c] beobachtet.

β) Chemische Faktoren. Vom Einfluss des **Reaktionsmilieus** auf Enzymaktivität und Inaktivierungstemperatur war schon die Rede (s. oben u. S. 581).

Hydroperoxydzusatz bewirkt nach Battelli und Stern keine gesteigerte Alkoholoxydation durch das Leberenzym; doch sind die Präparate ja sehr katalasereich.

Phosphat wirkt bei (lebenden) Buttersäurebakterien (S. 574) und Hefe (S. 575), nach unveröffentlichten Befunden Anderssons auch Hefepräparaten, in nicht zu hoher Konzentration reaktionsbeschleunigend, **Natriumchlorid** und besonders **Borat** hemmen im erstgenannten Falle.

Die unterschiedliche Wirkung von **Schwermetallkomplexbildnern** wie HCN und CO auf aerobe und anaerobe Funktion der Alk.-D. ist bereits S. 581f. eingehend besprochen worden. Wesentlich weniger stark hemmend als HCN wirkt Acetaldehyd-**Cyanhydrin** (Milchsäurenitril), nämlich nur 50% bei $\frac{m}{300}$-, 80% bei $\frac{m}{100}$- Konzentration; auf die Bildung dieses Produkts geht auch das Nachlassen der HCN-Wirkung in O_2-Versuchen mit Alkohol (Abb. 30, S. 232) und besonders Aldehyd zurück. Beim Leberenzym will übrigens neuerdings Mizusawa[2b] auch im Methylenblauversuch eine nicht unerhebliche Hemmungswirkung von $\frac{m}{1000}$- HCN beobachtet haben.

---

[1] H. v. Euler, Chemie der Enzyme 1, 189; 1920.
[2a] H. Tamiya, Hida u. Tanaka, Act. phytochim. 5, 119; 1930. — [2b] H. Mizusawa, Jl Biochem. 18, 243; 1933. — [2c] T. Thunberg, Arch. int. physiol. 18, 601; 1922.

Der von Tamiya angegebenen, aeroben **Toluol**hemmung wurde gleichfalls schon Erwähnung getan. Dass **Chinon** $\left(\frac{m}{125} - \frac{m}{250}\cdot\right)$ die O_2-Reaktion auf Grund adsorptiver Verdrängung hemmt, haben Wieland und Bertho (S. 232f.) gezeigt. Höhere Chinonkonzentrationen $\left(\frac{m}{50} - \frac{m}{100}\cdot\right)$ sollen nach Tamiya irreversibel hemmen (durch Cytochromdenaturierung). Schwache Hemmung der Leberdehydrase durch **Pyrrol** und **Adrenalin** hat Mizusawa (S. 584) angegeben; die fördernde Wirkung von **Nebennierenrindenextrakt** erscheint wegen dessen hohen Donatorengehalts unsicher. Dagegen hat Andersson[1] bei dialysierten Samenextrakten als Enzymmaterial eine starke Aktivierung der Alk.-D. durch Zusatz von **Cozymase** erzielt. **Trypsin** ist unter Bedingungen, unter denen „Oxydase" und die „Hauptatmung" stark geschädigt werden, ohne Einfluss auf die Alk.-D. (der Leber), was Battelli und Stern[2] als typisch für „Oxydasen" und die „akzessorische Atmung" ansehen. Bezüglich des Parallelismus zwischen Alkoholdehydrasegehalt der Gewebe und ihrem Katalase- bzw. Peroxydasegehalt vgl. L. Stern, S. 250f.

f) Anhang: Zur Dehydrierung der mehrwertigen Alkohole.

Während die gewöhnlichen Essigbakterien im allgemeinen nur einwertige Alkohole, speziell Äthylalkohol mit grosser Geschwindigkeit dehydrieren, kennt man einige verwandte Formen wie Bact. xylinum (Sorbosebacterium), Bact. dioxyacetonicum (vermutlich identisch mit Acetobacter suboxydans), die auch höhere Alkohole mit Leichtigkeit dehydrieren[3]. So entstehen aus Propylenglykol Acetol (I), aus 2,3-Butylenglykol Acetoin (II), aus Glycerin Dioxyaceton (III), aus den höheren Polyalkoholen Zucker, so aus Sorbit Sorbose (IV)

$$CH_3 \cdot CHOH \cdot CH_2OH \to CH_3 \cdot CO \cdot CH_2OH \tag{I}$$

$$CH_3 \cdot CHOH \cdot CHOH \cdot CH_3 \to CH_3 \cdot CHOH \cdot CO \cdot CH_3 \tag{II}$$

$$CH_2OH \cdot CHOH \cdot CH_2OH \to CH_2OH \cdot CO \cdot CH_2OH \tag{III}$$

$$CH_2OH \cdot CHOH \cdot CHOH \cdot CHOH \cdot CHOH \cdot CH_2OH \to$$
$$CH_2OH \cdot CHOH \cdot CHOH \cdot CHOH \cdot CO \cdot CH_2OH \tag{IV}$$

Ob in diesen Bakterien eine weniger spezifische Alkoholdehydrase vorliegt oder ob es sich um ein oder mehrere von der „gewöhnlichen" Alk.-D. verschiedene Fermente handelt, ist noch ganz unentschieden. Über die enzymatische Seite der Reaktionen, die durchwegs mit lebenden, proliferierenden Bakterien ausgeführt worden sind, weiss man überhaupt noch so gut wie nichts. Bei der bakteriellen Dioxyacetonbildung hat Virtanen[4] ein ausgesprochenes pH-Optimum zwischen 5 und 6 festgestellt, bei pH 2—3 und 6,5—7 wird Glycerin kaum mehr dehydriert. In Abhängigkeit vom Puffer steigt die Ausbeute in der Reihenfolge Citrat < Phosphat < Glykokoll. Bei Verwendung von Phosphat ist $\frac{n}{20}$ - optimal, die Glycerinkonzentration spielt oberhalb einer gewissen Grenze keine Rolle; die Dehydrierung geht auf Kosten des Luft-O_2 vor sich.

Schwache Donatoreigenschaft von Erythrit und Sorbit gegenüber Methylenblau hat übrigens auch Mizusawa bei seinen Acetonleberpräparaten (S. 576) beobachtet, desgleichen aktiviert das Hefepräparat Müllers u. a. Adonit, Mannit, Sorbit und Dulcit. Ähnliche Verhältnisse haben sich auch hinsichtlich der dehydrierenden Fähigkeiten von Paratyphus- und anderen Bacillen (S. 575) ergeben. Da jedoch auch die entsprechenden Zucker, und zwar meist noch erheblich rascher angegriffen werden, so fällt auf die Spezifitätsfrage wiederum kein Licht. (Vgl. auch die überragende Donatoreigenschaft von Mannit und verschiedenen Zuckern bei Bact. coli, S. 495.)

Es erscheint denkbar, dass man es hier mit zwei Enzymen ausgesprochener Gruppenspezifität, einer Dehydrase der niederen Alkohole und einer solchen der Polyalkohole und Zucker

---

[1] B. Andersson, H. 217, 186; 1933.

[2] F. Battelli u. Stern, Biochem. Zs 34, 263; 1911.

[3] Literatur, vor allem präparative Angaben siehe Oppenheimers „Fermente" 2, 1595; 1926. — 3, 1338; 1929. — Vgl. ferner M. Cozic, C. R. 196, 1740; 1933.

[4] A. J. Virtanen u. Bärlund, Biochem. Zs 169, 169; 1926.

zu tun hat, deren Spezifitätsbereich sich etwa in der Gegend von Glycerin (bzw. Erythrit) — wo fast stets ein ausgeprägtes Minimum der Dehydrierbarkeit liegt — berühren.

2. Glycerophosphatdehydrase.

a) Allgemeines.

Meyerhof[1] verdankt man die interessante Beobachtung, dass Glycerinphosphorsäure von ausgewaschenem Muskel- und Lebergewebe mit Leichtigkeit oxydiert wird, im Gegensatz zu Glycerin, das sich vollkommen resistent verhielt. Die Analogie zu den Verhältnissen beim enzymatischen Zuckerabbau war in die Augen fallend. Später zeigte die Thunbergsche Schule mit der Acceptormethodik, dass hier eine weitverbreitete Dehydrase am Werke war, deren Eigenschaften weitgehend mit denen der Succinodehydrase übereinstimmten. Wie schon S. 216 ausgeführt, bedurfte es eingehender Untersuchungen, um die Frage der Identität oder Nichtidentität der beiden Enzyme im letztgenannten Sinne zu entscheiden. Neuerdings hat die Glycerinphosphorsäure und ihre enzymatische Dehydrierung dadurch wieder aktuelleres Interesse gewonnen, dass sie nach Vorstellungen, die vor allen Embden für den Muskel entwickelt hat, als Glied des normalen Hexoseabbaus erscheint (vgl. S. 472).

b) Vorkommen.

Die Glycerophosphatdehydrase (abgekürzt: Glycph.-D.) ist u. a. in **Bakterien, Hefe, höheren Pflanzen** und so gut wie allen Geweben des **tierischen Organismus** nachgewiesen.

Von **Bakterien** ist Bact. coli von Quastel[2] näher untersucht worden; α-Glycerinphosphorsäure ist ein etwa 10mal besserer Donator als die β-Form, die sich in dieser Hinsicht kaum vom freien Glycerin unterscheidet (Tabelle 33, S. 495).

Gute „Vergärbarkeit" von Glycerinphosphat (im Sinne reichlicher CO_2-Entwicklung) hat Neuberg[3a] sowohl mit lebender als Aceton-**Hefe** beobachtet. Meyerhof[3b] fand Glycerophosphatveratmung durch Ultrafiltrationsrückstand von Hefemacerationssaft. Bei **höheren Pflanzen** hat Thunberg die Dehydrase sowohl in Samen (Cucumis[3c], Pisum[3d]) als auch in Pollen (Corylus[3e]) beobachtet.

In den meisten **tierischen Geweben**[4a] ist die Glycph.-D. der Succ.-D. an Aktivität unterlegen, besonders ausgesprochen in Niere, Leber sowie (Herz- und Skelett-) Muskulatur; das Umgekehrte ist der Fall beim Gehirn[4b] und peripheren Nerv[4c], was von Interesse ist, da wichtige Phosphatide (wie Lecithin, Kephalin usw.) sich ja von (α- oder β-) Glycerinphosphorsäure ableiten. Von sich gleichartig verhaltenden Geweben ist noch die Augenlinse[4d] (in der die Succ.-D. überhaupt fehlt) sowie Carcinom- (nicht Sarkom-) Gewebe zu nennen. Allgemein findet Alwall[4a], dass Gewebe epithelialen Ursprungs die kräftigste Glycero-

---

[1] O. Meyerhof, Pflüg. Arch. 175, 20; 1919.

[2] J. H. Quastel u. Whetham, Biochem. Jl 19, 520; 1925.

[3a] C. Neuberg u. Tir, Biochem. Zs 32, 323; 1911. — [3b] O. Meyerhof, Pflüg. Arch. 170, 428; 1918. — [3c] T. Thunberg, Biochem. Zs 206, 109; 1929. — [3d] Oppenheimers „Fermente" 3, 1127; 1929. — [3e] Skand. Arch. 46, 137; 1924.

[4a] N. Alwall, Skand. Arch. 58, 65; 1929. — [4b] Vgl. auch D. R. Davies u. Quastel, Biochem. Jl 26, 1672; 1932. — [4c] T. Thunberg, Skand. Arch. 43, 275; 1923. — [4d] Vgl. G. Ahlgren, Skand. Arch. 44, 196; 1923. — Act. ophtalm. 5, 1; 1927.

phosphataktivierung besitzen. (Zahlenmässige Angaben zum Aktivitätsverhältnis Succ.-D./Glycph.-D. in verschiedenem Material, s. Tabelle 44, unten.)

c) Eigenschaften und Wirkungen des Ferments.

α) Stabilität und Spezifität. Die Glycph.-D. ist ein Ferment von ähnlicher Stabilität wie die Succ.-D.

Erschöpfendes Auswaschen des Gewebes (selbst mit Leitungswasser) beeinflusst sie wenig; sie bleibt sehr weitgehend an der Zellstruktur haften (Meyerhof, S. 586). Im Sinne Battellis und Sterns[1a] wäre sie ein „stabiles Oxydon". Bei der Phosphatextraktion des ausgewaschenen Gewebes (nach Ohlsson, S. 514) geht sie zusammen mit der Succ.-D. in Lösung[1b]. Sie zeigt dieselbe Thermo- und Kryolabilität [2a, 2b] wie diese, ist also auch in dieser Beziehung ein sehr widerstandsfähiges Ferment (Näheres S. 590f.).

In gesteigertem Masse gilt dies für das Bakterienenzym, das gegen die verschiedensten Einflüsse im allgemeinen noch beständiger ist wie die Succ.-D. und in dieser Beziehung sich zwischen Lactico- und Formicodehydrase einreiht (S. 590f. u. Tab. 49, Kap. VII, 1 c, ε).

Da eine Trennung der Dehydrierungswirkungen gegenüber Succinat und Glycerophosphat an tierischem Enzymmaterial nicht gelang, mussten indirekte Methoden zur Klärung der Identitätsfrage herangezogen werden. Als solche erwiesen sich die Messung des Intensitätsverhältnisses der beiden Wirkungen in verschiedenen Geweben[2b] sowie die Verfolgung der Reaktion bei gleichzeitiger Anwesenheit beider Donatoren geeignet[2c].

Nachstehende Tabelle (nach Alwall) enthält eine Zusammenstellung der gemessenen Aktivitätsverhältnisse $J_{Succ.}/J_{Glycph.}$, wobei J stets nach der Formel S. 500 berechnet wurde. Die eingeklammerten Werte beziehen sich auf Phosphatextrakte der betreffenden Gewebe.

Tabelle 44.

Gewebe	$\dfrac{J_{Succ.}}{J_{Glycph.}}$	Gewebe	$\dfrac{J_{Succ.}}{J_{Glycph.}}$	Gewebe	$\dfrac{J_{Succ.}}{J_{Glycph.}}$
Herzmuskulatur . . .	13,6(6,8)	Nebenniere . . .	1,6	Sehne	2,3
Skelettmuskulatur . .	6,9(4,4)	Thyreoidea . . .	0,9	Knorpel (Larynx)	1,9
Glatte Muskulatur . .	1,4	Thymus	1,6	Bindegewebe . .	1,4
Leber	7,1(8,6)	Testis	1,4	Linse (Cortex) . .	sehr klein
Niere	30,0(5,8)	Prostata	0,5	Carcinom	0,07—0,87
Lunge	0,9(1,0)	Knochen, Corticalis	1,7	Sarkom	1,5—4,5
Milz	1,2(1,5)	„ , Spongiosa	1,2	Struma	0,75—1,0
Gehirn, graue Substanz	0,4	Knochenmark, rot	5,3		
„ , weisse „	0,4(0,6)	Zahnbein	1,3	Cucumissamen .	sehr klein
Peripherer Nerv . . .	0,7	Zahnpulpa	2,6	Coryluspollen . .	„ „

Die nächste Tabelle (nach Ahlgren[2c]) zeigt den Summationseffekt bei gleichzeitiger Anwesenheit beider Donatoren (Enzymmaterial: Kaninchenmuskel).

Collett[3] hat auch in der Kombination Glycerophosphat—Malat bzw. Citrat den Summationseffekt erhalten.

[1a] F. Battelli u. Stern, Biochem. Zs. 67, 443; 1914. — [1b] E. Essen-Möller, Skand. Arch. 48, 99; 1926.

[2a] N. Alwall, Skand. Arch. 55, 100; 1928. — [2b] 58, 65; 1929. — [2c] G. Ahlgren, Skand. Arch. 47 (Suppl.), 1; 1925.

[3] M. E. Collett, Clarke u. McGavran, Jl biol. Chem. 82, 435; 1929.

Fasst man die voranstehend gegebenen Daten mit den früheren Angaben über die grosse Resistenz des Enzyms zusammen, so gelangt man zu der Auffassung, dass die Glycph.-D. mit keiner der früher besprochenen Acido- oder Alkoholdehydrasen identisch ist.

Tabelle 45.

Donator-konzen-tration	Entfärbungs-zeit mit Succinat	Entfärbungs-zeit mit Glycerophosphat	Entfärbungs-zeit mit Succinat + Glycerophosphat
0,0042 m-	24 Min.	25 Min.	12 Min.
0,0085 m-	19,5 ,,	18 ,,	10,5 ,,
0,0125 m-	21,5 ,,	21 ,,	14 ,,
0,0166 m-	23 ,,	22,5 ,,	—
0,0250 m-	25,5 ,,	26 ,,	—

Eine andere, noch nicht sicher zu beantwortende Frage ist die, ob sich das Enzym auf den ausschliesslichen Umsatz von Glycerinphosphorsäure beschränkt oder ob es auch andere, ähnlich gebaute Verbindungen angreift. Der Gedanke an die Zuckerphosphate ist naheliegend und in der Tat hat Broman[1] zeigen können, dass diese in Phosphatextrakten sorgfältig ausgewaschener Muskulatur die Glycerinphosphorsäure an Donatorvermögen noch ganz erheblich übertreffen (vgl. auch S. 514f.); so erhält er maximale Entfärbungsgeschwindigkeit mit folgenden Substratkonzentrationen (in mg/ccm):

Bernsteinsäure 0,008   Neuberg-Ester 15
Glycerinphosphorsäure . . 50   Robison-Ester 2,5
Hexosediphosphorsäure . . 0,4

Allerdings wird man in Betracht ziehen müssen, dass der eigentliche dehydrierende Angriff der Hexosephosphate höchstwahrscheinlich erst nach primärer Spaltung in zwei C_3-Körper einsetzt (z. B. an der Glycerinaldehydphosphorsäure, vgl. S. 100f. u. 487f.) und dass darum Glycph.-D. und hexosephosphatangreifendes Enzym bestenfalls nur partiell identisch sein dürften. In diesem Zusammenhang ist es vielleicht von Interesse, dass Hahn und Haarmann[2] anaerob auch mit stark ausgewaschenem Muskel intensive Brenztraubensäurebildung aus Fructosediphosphat beobachtet haben, während sie aus Glycerophosphat nur in Gegenwart des unausgewaschenen Muskels reichlich Brenztraubensäure erhielten. Es erscheint denkbar, dass auch hier die beiden Abbauwege sich erst auf der Stufe des Glycerinaldehydphosphats vereinigen und dass in den Versuchen mit gewaschenem Muskel zwar die Glycerinphosphat-, nicht aber die Hexosediphosphatdehydrase inaktiviert war. Doch muss man auch daran denken, dass an sich schon das Donatorvermögen des Hexosediphosphats im Muskel dem des Glycerophosphats bedeutend überlegen ist.

β) Chemismus. Über die Abbaureaktionen der Glycerinphosphorsäure — physiologisch bedeutsam scheint im allgemeinen nur die **α-Form** zu sein — sind wir dank neueren Untersuchungen ausgezeichnet unterrichtet. Danach liegt folgende Reaktionskette vor:

$$
\begin{array}{cccc}
CH_2 \cdot O \cdot PO_3H_2 & CH_2 \cdot O \cdot PO_3H_2 & CH_2 \cdot O \cdot PO_3H_2 & \left[\; CH_3 \right. \\
| & | & | & | \\
CHOH & \rightarrow CHOH & \rightarrow CHOH & \rightarrow CO + H_3PO_4 \\
| & | & | & | \\
CH_2OH & C\!\!\diagup^{\!O}_{\!\!\diagdown H} & C\!\!\diagup^{\!O}_{\!\!\diagdown OH} & \left. C\!\!\diagup^{\!O}_{\!\!\diagdown OH} \right] \\
\text{α-Glycerin-} & \text{Glycerinaldehyd-} & \text{Glycerinsäure-} & \text{Brenztrauben-} \\
\text{phosphorsäure} & \text{phosphorsäure} & \text{phosphorsäure} & \text{säure}
\end{array}
$$

Die ältesten Beobachtungen zum Reaktionsmechanismus hat Meyerhof (S. 586) gemacht (1919), der bei der aeroben Oxydation des Glycerophosphats durch Muskel einen

---

[1] T. Broman, Skand. Arch. 59, 25; 1930.
[2] A. Hahn u. Haarmann, Zs Biol. 90, 231; 1930. — 92, 355; 1932.

Quotienten $\frac{CO_2}{O_2}$ von etwa 0,3 und ein Verhältnis $\frac{O_2}{\text{abgespaltene } H_3PO_4}$ von rund 1 beobachtete. Da Narkotica Spaltung und Oxydation in gleicher Weise hemmten, schien die Kopplung beider zwangsläufig zu sein. Doch zeigte Lipmann[1] später (1928), dass man durch Fluorid (das in $\frac{m}{10}$-Konzentration die Phosphatabspaltung um 80%, die Oxydation nur geringfügig hemmt) sowie durch Cyanid (das in $4 \cdot 10^{-3}$ m-Konzentration die Phosphatabspaltung kaum beeinflusst, wohl aber die Oxydation aufhebt) die beiden Effekte voneinander trennen kann.

Bald darauf sind auch hierher gehörige präparative Befunde erhoben worden. Die Bildung von Glycerinsäurephosphat aus Hexosephosphat hat unter Verwendung von (fluoridvergifteter) Hefe und von Acetaldehyd als Acceptor als erster Nilsson[2] (1930) eindeutig nachgewiesen und daraus auf die primäre Entstehung von Glycerinaldehydphosphat beim enzymatischen Kohlehydratabbau geschlossen (vgl. S. 100 u. 460). Die nächste, fast gleichzeitig erhobene wichtige Beobachtung war die schon oben (S. 588) erwähnte von Hahn und Haarmann über Brenztraubensäurebildung aus Glycerinphosphorsäure, für welche die Autoren indes noch keine befriedigende Deutung hinsichtlich des Mechanismus geben konnten. Eine weitere Teilphase des Schemas fand seine Aufklärung durch Embden und Mitarbeiter[3a], die zeigten, dass frischer Muskelbrei zugesetzte Monophosphoglycerinsäure mit grösster Leichtigkeit in Brenztraubensäure + Phosphorsäure spaltet. Die gleiche Reaktion wurde bald darauf auch von Neuberg[3b] mit Hefe und Milchsäurebakterien realisiert. Nach Barrenscheen[3c] beschränkt sie sich im höheren Organismus auf Muskel und allenfalls Leber. Was die primäre Dehydrierung der α-Glycerinphosphorsäure anbetrifft, so hat Embden schon gezeigt, dass sie zusammen mit Phosphoglycerinsäure zur Entstehung von Milchsäure Anlass gibt, was als Acceptorwirkung der aus der Phosphoglycerinsäure primär entstandenen Brenztraubensäure gegenüber dem Glycerophosphat gedeutet wird, welch letzteres als Glycerinaldehydphosphat wieder in den Abbauzyklus einbezogen wird (Formelgleichungen S. 472/473). Meyerhof[3d] fand neuerdings, dass im fluoridvergifteten Muskelextrakt — in dem die Reaktion Phosphoglycerinsäure → Brenztraubensäure unterbunden ist — sich auf Zusatz von Brenztraubensäure und α-Glycerinphosphorsäure die Umsetzung

$$2 \begin{array}{c} CH_3 \\ | \\ CO \\ | \\ CO_2H \end{array} + \begin{array}{c} CH_2 \cdot O \cdot PO_3H_2 \\ | \\ CHOH \\ | \\ CH_2OH \end{array} \rightarrow 2 \begin{array}{c} CH_3 \\ | \\ CHOH \\ | \\ CO_2H \end{array} + \begin{array}{c} CH_2 \cdot O \cdot PO_3H_2 \\ | \\ CHOH \\ | \\ COOH \end{array}$$

vollzieht, wie durch Isolierung der Phosphoglycerinsäure festgestellt wurde. Dagegen soll im Hefemacerationssaft α-Glycerinphosphorsäure nicht als Donator gegenüber Brenztraubensäure bzw. Acetaldehyd fungieren, was als grundlegender Unterschied zwischen alkoholischer Gärung und Glykolyse aufgefasst wird.

Ob die Dehydrierung des Intermediärprodukts Glycerinaldehydphosphat durch dasselbe Enzym vermittelt wird wie die des Glycerinphosphats, lässt sich hier ebensowenig sagen wie im Falle der nichtphosphorylierten Alkohole (S. 577f.). Der Befund von Hahn und Haarmann könnte möglicherweise so gedeutet werden, dass dies nicht der Fall ist.

γ) Zur **Kinetik** der Glycerophosphatdehydrierung finden sich in der Literatur nur verstreute und teilweise wenig übereinstimmende Angaben, die hier in aller Kürze mitgeteilt werden sollen.

---

[1] F. Lipmann, Biochem. Zs 196, 1; 1928.
[2] R. Nilsson, Ark. kemi 10 A, Nr 7; 1930. — H. v. Euler u. Nilsson, Skand. Arch. 59, 301; 1930.
[3a] G. Embden, Deuticke u. Kraft, Klin. Ws. 12, 213; 1933.— [3b] C. Neuberg u. Kobel, Biochem. Zs 260, 241; 263, 219; 1933. — [3c] H. K. Barrenscheen u. Beneschovsky, Biochem. Zs 265, 159; 1933. — [3d] O. Meyerhof u. Kiessling, Biochem. Zs 264, 40; 267, 313; 1933.

Den Einfluss des Reaktionsmilieus scheint nur McGavran[1] (im Zusammenhang mit Spezifitätsuntersuchungen an den Acidodehydrasen) geprüft zu haben. Das Resultat von Methylenblauversuchen mit Froschmuskel unter Zusatz von Glycerophosphat und (zum Vergleich) anderen Substraten zeigt Abb. 118.

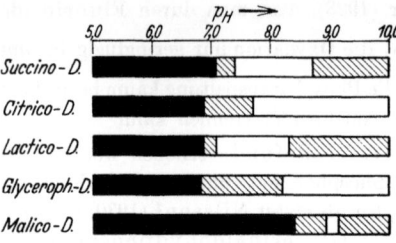

Abb. 118. pH-Abhängigkeit der Glycerophosphatdehydrase und anderer Acidodehydrasen im Froschmuskel. (Nach McGavran und Rheinberger.)
weiß = 90—100% Aktivität
schraffiert = 60— 90%   ,,
schwarz = 0— 60%   ,,

Für die optimale Substratkonzentration ergibt sich aus den Versuchen der Tabelle 45 mit Kaninchenmuskel etwa $\frac{m}{120}$ - ; auch in Thunbergs Versuchen mit Cucumissamen (S. 586) ist bei dieser Konzentration schon optimale Reaktionsgeschwindigkeit erreicht. Dagegen fand Meyerhof (S. 586) aerob erst oberhalb $\frac{m}{20} - \frac{m}{25}$ - keine weitere Steigerung der Umsatzgeschwindigkeit mehr und Broman (S. 588) gibt für Muskelextrakt die — für eine Dehydrase unwahrscheinlich hohe — Konzentration von $\frac{m}{4}$ - als diejenige maximaler Entfärbungsgeschwindigkeit an; $\frac{m}{1}$ - Substrat wirkt gleich stark.

Nach Meyerhof[3a] ist der Umsatz in O_2 10—15% höher als in Luft; doch liegt dies wahrscheinlich nur an besserer Sauerstoffversorgung (vgl. S. 520); Methylenblauzusatz wirkt in geringem Masse (bis 15%) reaktionssteigernd.

d) Beeinflussung des Ferments.

α) Physikalische Faktoren. Eine vergleichende Darstellung der **Thermolabilität** von Glycerophosphat- und Succinodehydrase in Pferdemuskel gibt Abb. 119, nächste Seite.

Erheblich grösser — ähnlich derjenigen der Formicodehydrase — ist die Beständigkeit des Bakterienenzyms (Bact. coli). Quastel[2] fand nach einstündiger Einwirkung der

Temperaturen	—18°	—21°	—6°	37°	47°	57°	67°	77°
die Aktivitäten	63	83	88	100	75	44	19	0

β) Chemische Faktoren. Auch in seiner Resistenz gegen extremes **Reaktionsmilieu** kann das α-Glycerophosphat angreifende Enzym des Bact. coli sich nur mit der Formicodehydrase messen. Einstündige Aufbewahrung bei

37° und pH	2,2	3,0	3,8	5,0	7	9	11	>12
gibt die Restaktivitäten	4	32	68	84	82	100	30	0

Dagegen ist bei gleicher Substratkonzentration $\left(\frac{m}{7} -\right)$ das dehydrierende Vermögen gegen β-Glycerophosphat schon bei pH 5 bzw. 11 verschwunden.

Von Salzen[2] hat hypertonisches **Natriumchlorid** (bis 2,5 m-) auf das Bakterienenzym kaum schädigende Wirkung; dagegen ist eine solche, wenn auch wenig ausgesprochen, mit **Natriumnitrit** beobachtet worden. Relativ intensiv ist die Schädigung durch **$KMnO_4$, Jod, Brom** (je 0,01%), **KCN** (1%) und **H_2O_2** (0,3%).

Im Gegensatz zur Succinodehydrase wird die Glyceph.-D. des Muskels durch die **Calcium**salze des Leitungswassers etwas geschädigt[3a], doch immerhin erheblich weniger als Mal.-D. und Citr.-D. (S. 566 u. 572). Gegen **Selenit** und **Tellurit** (0,04 m) ist das Froschmuskelferment[3b] unempfindlich, **Arsenit** schädigt um etwa 25%, in 10mal höherer Konzentration um etwa die

---

[1] J. McGavran u. Rheinberger, Jl biol. Chem. 100, 267; 1933.
[2] J. H. Quastel u. Wooldridge, Biochem. Jl 21, 148, 1224; 1927.
[3a] O. Meyerhof, Pflüg. Arch. 175, 20; 1919. — [3b] M. E. Collett u. Mitarb., Jl biol. Chem. 82, 429; 1929. — 100, 271; 1933.

Hälfte; **Arsenat, Selenat** und **Tellurat** sind auch in 0,6 m-Lösung wirkungslos. **Fluorid** erwies sich im O_2-Versuch in $\frac{m}{100}$ - Konzentration nicht, in $\frac{m}{10}$ - Konzentration schwach hemmend (vgl. S. 522 u. 589). **Blausäure** hemmt nach Meyerhof [1] aerob in $\frac{n}{2000}$ - Lösung etwa 30%, in $\frac{n}{500}$ - Konzentration 85%, in $\frac{n}{250}$ - Lösung 95—100% (vgl. ebenfalls S. 589).

Gegen **organische Lösungsmittel** wie Toluol, Cyclohexanol, Chloroform, Äther, Aceton usw. ist die Bakteriendehydrase ausserordentlich resistent und erscheint stets in der Gruppe Formico-, Lactico- und Succinodehydrase, die sich ja bekanntlich in dieser Richtung ziemlich scharf gegenüber den anderen „labilen" Dehydrasen abgrenzen (Quastel u. Wooldridge, S. 590). Gegen **Urethane** [1] ist die (aerobe) Glycerophosphatdehydrierung durch Muskel weniger empfindlich als die Atmung; 3,5, 7, 9 und 11% Äthylurethan hemmen um etwa 0, 50—70, 80, 90—95%, gesättigtes Phenylurethan 55%. **Barbitursäurederivate** [3a] (Veronal, Luminal, Somnifen) hemmen die Glycerophosphat- (wie auch die Succino-) Dehydrase des Gehirns kaum (im Gegensatz zu den Zuckerdehydrasen). Mit **Phenol** fand Collett (l. c.) bei Froschmuskel in $\frac{m}{10}$ - Konzentration intensive, mit **Benzoesäure** keine Hemmung. Vergleichende Untersuchungen über den Effekt von **Chininderivaten** auf die extrahierte Succ.- und Glycph.-D. des Muskels hat Essen-Möller [3b] angestellt, wobei schon mit Konzentrationen von der Grössenordnung 10^{-5} m - deutliche, mit 10^{-4} m - bis zu 50%ige Hemmungen beobachtet wurden. Die Hemmung nimmt in der Reihenfolge Optochin < Eucupin < Vuzin zu, wobei sich indes die Glycph.-D. durchwegs als weniger empfindlich als die Succ.-D. erweist.

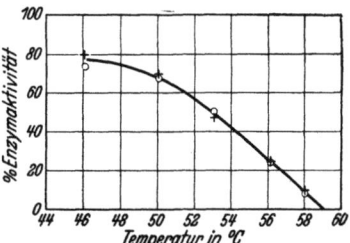

Abb. 119. Einfluss $^1/_2$ stündiger Einwirkung bestimmter Temperaturen auf die Aktivität von Glycerophosphat (o) und Succinodehydrase (+). (Nach Alwall [2]).

Hormone. Nach U. v. Euler [4a] steigert Adrenalin (in Konzentrationen von 10^{-8} bis 10^{-15} m-) den O_2-Verbrauch wie auch die Methylenblauentfärbung durch ausgewaschene Muskulatur + Glycerophat (bzw. Hexosephosphat) um maximal (bei 10^{-13} m-Konz.) etwa 25%. Bei Verwendung zahlreicher anderer Donatoren wurde der Effekt nicht erhalten, auch in Enzymlösungen mit Glycerophosphatzusatz blieb er aus. Nach Ahlgren [4b] wird auch die Glycerophosphatdehydrierung durch Muskel (ähnlich wie die Succinat-, Lactat- usw. Dehydrierung) auf Zusatz kleiner Insulinmengen (10^{-5}—10^{-10}) etwas verzögert (bis 25%).

Die **Co-Fermentfrage** ist für den Fall der Glycerophosphatoxydation noch so gut wie unbearbeitet. Meyerhof (S. 590) war der Ansicht, dass an der Oxydation des Glycerophosphats (wie auch der Hexosephosphate [5a]) durch ausgewaschenen Muskel kein Co-Ferment beteiligt wäre und stellte in diesem Zusammenhang sogar die Hypothese auf, „dass der Atmungskörper als Co-Ferment sich bei der Verkopplung der organischen Moleküle mit Phosphorsäure betätigt und sie dadurch für die Stoffwechselfermente angreifbar macht". Indessen haben neuere Arbeiten besonders der v. Eulerschen Schule ergeben, dass zum mindesten die Cozymase am Phosphorylierungsvorgang nicht beteiligt ist, dass sie aber andererseits das Umsetzungsvermögen des ausgewaschenen Muskels (wie auch von Muskelextrakten, Apozymase, Pflanzensamen) gegenüber Hexosephosphat ausserordentlich stark aktiviert [5b]. Es ist natürlich nur ein Analogie-

---

[1] O. Meyerhof, Pflüg. Arch. 175, 20; 1919. — [2] N. Alwall, Skand. Arch. 55, 100; 1929.
[3a] D. R. Davies u. Quastel, Biochem. Jl 26, 1672; 1932. — [3b] E. Essen-Möller, Skand. Arch. 48, 99; 1926.
[4a] U. v. Euler, Skand. Arch. 59, 123; 1930. — [4b] G. Ahlgren, Skand. Arch. 47 (Suppl.), 1; 1925.
[5a] O. Meyerhof, H. 102, 1; 1918.— [5b] Literaturzusammenstellung bis 1930 bei H. v. Euler u. Nilsson, Skand. Arch. 59, 201; 1930.— Bezüglich Pflanzensamen vgl. B. Andersson, H. 210, 15; 1932. — Vgl. ferner H. J. Deuticke, H. 192, 193; 1930. — Pflüg. Arch. 230, 556; 1932,

schluss, wenn man auf Grund dieser Daten eine Beteiligung von Cozymase auch an der Glycerophosphatdehydrierung für notwendig ansieht, doch erscheint dieser Schluss nach den in vorangehenden Abschnitten zahlreiche Male zitierten neuesten Befunden (s. S. 474 und bei den einzelnen Dehydrasen) über eine recht allgemeine Beteiligung der Cozymase (und womöglich ähnlicher Verbindungen) an enzymatischen Dehydrierungen wohl berechtigt.

VII. Die Dehydrasen der Aminosäuren und verwandte Enzyme (W. Franke).

1. Aminosäuredehydrasen allgemeinerer Funktion (abzutrennen allenfalls Glutaminodehydrase).

a) Allgemeines.

Über die enzymatische Seite des Abbaus der Aminosäuren sind wir, im Vergleich zu den Verhältnissen bei den Zuckern und — zum mindesten den niederen — Fettsäuren, am längsten im unklaren geblieben. Noch 1926 neigte Oppenheimer[1] in seinem Fermentwerk der Auffassung zu, „dass ihre oxydative Desaminierung überhaupt ohne spezifische Dehydrasen, nur durch aktiven Sauerstoff, also in der Zelle durch das Eisensystem erfolgt", eine Auffassung, der nach den Erfahrungen Warburgs am Kohlemodell (S. 95f., 307f.), denen Ellingers an erschöpfend ausgewaschenen, atmungsfreien Zelltrümmern (S. 314) zweifellos eine gewisse Berechtigung zukam. Auch war an die Befunde über die leicht, teilweise schon katalysatorfrei erfolgende Dehydrierung von Aminosäuren durch Stoffe von Chinonstruktur (S. 96, 171f.) zu denken, sowie an die bei Gegenwart von Phenolen beobachtete Wirksamkeit von Tyrosinase gegenüber den verschiedensten Aminosäuren (S. 370, 375f.), alles Daten, die eine prinzipielle Notwendigkeit enzymatischer Aminosäureaktivierung zum mindesten fraglich erscheinen liessen.

Dazu waren die Angaben über das Verhalten von Zellmaterial gegenüber Aminosäuren merkwürdig widersprechend. Als erster hat wohl Lang[2a] (1904) NH$_3$-Bildung aus Glykokoll, Leucin, Cystin mit Organbrei (vor allem von Leber) angegeben. Ähnliche Befunde hat später Savaré[2b] für Placenta, Bostock[2c] für Emulsionen von Leber und Darmschleimhaut erhoben.

Diesen positiven Angaben stehen aber eine ganze Anzahl durch anerkannte Forscher erhobener negativer Befunde gegenüber. So hat v. Fürth[3a] bei Autolysepräparaten tierischer Organe und Hefe, Levene[3b] bei Leukocyten und Nierengewebe eine echte „Desamidase"wirkung — die NH$_3$-Abspaltung aus Amiden wie Asparagin bleibt hier unberücksichtigt — vermisst. Ähnliche Ergebnisse sind u. a. von Shibata[3c], Abderhalden[3d], Pringsheim[3e], Butkewitsch[3f], Dernby[3g] für Presssäfte, Aceton- und Autolysepräparate pflanzlicher Herkunft (Aspergillus, Hefe, Keimlinge höherer Pflanzen) erhoben worden. (Über oxydativen Aminosäure- [z. B. Glutaminsäure-] Abbau durch lebende Hefe s. S. 93f. u. 594.)

---

[1] C. Oppenheimer, Fermente, 2, 795ff., 1316f., 1382ff., 1708; 1926.
[2a] S. Lang, Hofm. Beitr. 5, 321; 1904. — [2b] M. Savaré, Hofm. Beitr. 9, 141; 1907. — [2c] G. Bostock, Biochem. Jl 6, 48, 388; 1912.
[3a] O. v. Fürth u. Friedmann, Biochem. Zs 26, 435; 1910. — [3b] P. A. Levene u. Meyer, Jl biol. Chem. 15, 475; 1913. — 16, 555; 1914. — [3c] K. Shibata, Hofm. Beitr. 5, 384; 1904. — [3d] E. Abderhalden u. Schittenhelm, H. 49, 26; 1906. — [3e] H. Pringsheim, Biochem. Zs 12, 15; 1908. — [3f] Wl. Butkewitsch, Biochem. Zs 16, 411; 1909. — [3g] K. G. Dernby, Biochem. Zs 81, 107; 1917.

Es ist heute naturgemäss kaum mehr möglich, unter diesen widersprechenden älteren Angaben die Spreu vom Weizen zu sondern. Ein Punkt scheint jedoch bemerkenswert; im Bestreben, bei den sehr lange, bisweilen viele Tage dauernden Versuchen Bakterien fernzuhalten, hat man meist sehr reichlich Antiseptica wie Toluol (auch Chloroform, Thymol) zugesetzt, teilweise sogar damit geschüttelt. Schon Lang und Savaré (l. c.) haben die starke Toluolschädigung der Desaminierung beobachtet und es ist — nach unseren heutigen Erfahrungen an gewissen empfindlicheren Dehydrasen (s. Malicodehydrase S. 566) — durchaus möglich, dass sie einzelnen Fällen bis zur vollständigen Inaktivierung des Enzyms geführt hat. Ähnliches gilt natürlich auch für die häufig beobachtete Wirkungslosigkeit von Acetondauerpräparaten. Nach früheren Erfahrungen (vgl. S. 358, 513) muss man dabei stets auch die Möglichkeit berücksichtigen, dass nicht die substrataktivierende, sondern eine O_2-aktivierende Komponente eines komplexen Systems von der Schädigung betroffen wird.

Was den Mechanismus der NH_3-Abspaltung anbetraf, so war in diesen älteren Arbeiten häufig die Frage: hydrolytisch oder oxydativ, nicht hinreichend scharf formuliert. Oft begegnet man der Auffassung, dass NH_3-Bildung z. B. aus Asparagin und Asparginsäure im Prinzip analoge Vorgänge sind. Doch hat gerade die Beobachtung, dass der erstere Vorgang soviel leichter mit biologischem Material zu realisieren ist als der letztere, der Vorstellung den Weg geebnet, dass die Abspaltung des Aminstickstoffs anders erfolgt als die des Amidstickstoffs, nämlich oxydativ. Zum Sieg dieser Auffassung trug auch die bei pflanzenphysiologischen Untersuchungen schon im letzten Jahrhundert wiederholt gemachte Beobachtung[1], dass reichliche NH_3-Bildung in der Pflanze an die Anwesenheit von O_2 geknüpft ist, bei; in der Anaerobiose kommt es statt dessen zu einer Anhäufung von Aminosäuren. Auf die vermutlich oxydative Natur der enzymatischen Aminosäurespaltung hat als einer der ersten Abderhalden (S. 592) hingewiesen. Doch ist erst durch die bekannten Stoffwechselbefunde von Neubauer und Knoop (1909/10, S. 91 f.) der Vorstellung von der oxydativen Desaminierung der Eiweissbruchstücke als deren normaler Abbaureaktion in der Zelle allgemeiner Eingang verschafft worden.

War so die biologische Aminosäureoxydation schon vor einem Vierteljahrhundert im Prinzip erwiesen, so gehen die Zweifel, ob man hier wie in so vielen anderen Fällen Oxydation gleich Dehydrierung setzen dürfe, auf die ein Jahrzehnt später von Thunberg und Mitarbeitern ausgeführten Acceptorversuche zurück, in denen die Aminosäuren mit wenigen Ausnahmen keine Donatoreigenschaft gegenüber Methylenblau entwickelten.

Bei Verwendung des ausgewaschenen Froschmuskels[2] zeigte nur Glutaminsäure ein kräftiges, relativ thermostabiles Entfärbungsvermögen, indem nur die Donatorfunktion von Bernstein-, Oxyglutar- und Glutaminsäure Temperaturen von 45° (während 20 Min.) überdauerte (vgl. S. 215 f.). Ferner besitzt nach Thunberg Alanin „ein gewisses, bisweilen deutliches, bisweilen weniger deutliches Aktivierungsvermögen", während weitere zehn der verbreitetsten, körpervertrauten Aminosäuren sich resistent gegenüber Methylenblau verhielten. Ahlgren[3a] hat die Thunbergschen Befunde betreffend Glutaminsäure und Alanin am Meerschweinchenmuskel bestätigt und ausserdem noch — mit empfindlicherer Methodik — ein schwaches Donatorvermögen von Valin und Cystin — letzteres möglicherweise von indirekter Natur — angegeben; ein solches von Glykokoll, Serin, Leucin und Asparaginsäure erscheint ihm zum wenigsten zweifelhaft. Übrigens zeigen auch in der Augenlinse Alanin und Valin deutliches Entfärbungsvermögen[3b].

Besondere Annahmen glaubt Ahlgren[3c] für die Reaktionsweise der Asparaginsäure machen zu müssen. Er hat nämlich bei Verwendung von weniger bzw. nicht gewaschenem Muskel

---

[1] W. Palladin, B. bot. Ges. 6, 296; 1888. — U. Suzuki, Bull. Agr. Univ. Tokyo 2, 409; 1896/97. — Wl. Butkewitsch, Biochem. Zs 16, 411; 1909. — 41, 431; 1912.

[2] T. Thunberg, Skand. Arch. 40, 1; 1920.

[3a] G. Ahlgren, Act. med. scand. 57, 508; 1923. — [3b] Act. ophthalm. 5, 1; 1927. — [3c] Soc. Biol. 90, 1187; 1924.

festgestellt, dass die Methylenblaureduktion durch Asparaginsäure stets unvollständig bleibt. Da Oxalessigsäure vollständig entfärbt, schliesst er daraus, dass hier eine Äusserung des Äpfelsäure-Fumarsäuregleichgewichts (S. 515f. u. 531) vorliegt und dass die Primärreaktion des Asparaginsäureabbaus hydrolytischer Natur sei:

$$HO_2C \cdot CH(NH_2) \cdot CH_2 \cdot CO_2H \xrightarrow{+ H_2O} HO_2C \cdot CH(OH) \cdot CH_2 \cdot CO_2H + NH_3.$$

Natürlich ist diese Beweisführung ohne exakteren Nachweis der Äpfelsäure nicht zwingend, worauf sowohl Wieland[1a] als Oppenheimer[1b] hingewiesen haben.

Im übrigen ist auch der Chemismus der Glutaminatdehydrierung durch Muskel noch ganz ungeklärt.

Thunberg hat ihn nur mit allem Vorbehalt als Desaminierung über die Iminosäure gedeutet und nach Wieland (l. c.) „ist es hier nicht sicher, ob nicht die Kohlenstoffkette dehydriert wurde". Andererseits hat Needham-Moyle[2] unter anaeroben Bedingungen im Muskel Übergang von Glutaminsäure in Bernsteinsäure festgestellt; doch gelang es hier wieder nicht, die Freisetzung von NH_3 bei der Reaktion nachzuweisen. Für lebende Hefe haben zwar Neuberg und Ringer sehr wahrscheinlich gemacht, dass bei Überführung von Glutaminsäure in Bernsteinsäure α-Ketoglutarsäure die primäre Reaktionsstufe ist (S. 93f.). Leider hat sich gerade sie noch nicht mit getöteter Hefe bzw. Acetonpräparaten oder Macerationssäften realisieren lassen.

Ganz allgemein hat sich bei späteren Untersuchungen auch mit Pflanzen- und Bakterienmaterial die Glutaminsäure als ein den anderen Aminosäuren — Tyrosin und Dopa bleiben hier natürlich ausser Betracht — weit überlegener Donator erwiesen. Es erscheint durchaus möglich, dass sie von einem spezifischen, den Acidodehydrasen nahestehenden Enzym umgesetzt wird.

Es ist in diesem Zusammenhang von Interesse, dass in neueren, aeroben Versuchen an Niere und Leber, in denen Aminosäuren aller Art in erheblichem Umfang oxydativ umgesetzt werden, keinerlei Vorzugsstellung der Glutaminsäure beobachtet wurde und dass sie in Phosphatextrakten aus ersterem Organ gleich anderen Aminodicarbonsäuren überhaupt nicht mehr angegriffen wurde (s. S. 600).

Worauf das Versagen der meisten zellvertrauten Aminosäuren in den Versuchen der Thunbergschen Schule mit Methylenblau und Muskel zurückgeht, lässt sich noch nicht definitiv sagen. Es ist früher bereits die Vermutung geäussert worden, dass die Acceptorspezifität bei der Aminosäuredehydrierung eine grössere Rolle spielt als beim Umsatz anderer Substrate (S. 154, 172 und 222). Im besonderen hat sich Methylenblau ja auch in nichtenzymatischen Modellversuchen mit Aminosäuren als ganz ungeeignet erwiesen. Neuere Befunde an Leber und Nierenenzym scheinen in dieselbe Richtung zu weisen (S. 601f.). Dann aber ist nach vergleichenden O_2-Versuchen an verschiedenen Geweben die aminosäureoxydierende Intensität des Muskels tatsächlich nur verhältnismässig gering (vgl. Tabelle 46 und Abb. 120, S. 598).

So hat Meyerhof[3] (1925) bei Zusatz von Alanin oder Asparagin zum Muskel weder Atmungssteigerung noch beträchtlich erhöhte NH_3-Abspaltung beobachtet, während er bei Leber mit denselben Aminosauren (und Glutaminsäure) erhebliche Mehraufnahme an O_2 und

---

[1a] H. Wieland u. Bergel, A. 439, 196; 1924. — [1b] C. Oppenheimer, Fermente 2, 1383; 1926.

[2] D. M. Needham-Moyle, Biochem. Jl 18, 351; 1924. — 24, 208; 1930.

[3] O. Meyerhof, Lohmann u. Meier, Biochem. Zs 157, 459; 1925.

Mehrbildung von NH_3 erzielte. Bei ihren schon zitierten Untersuchungen fand Needham-Moyle im O_2-Versuch mit Muskelbrei nur auf Zusatz von Glutaminsäure und Asparaginsäure erhöhte O_2-Aufnahme, während die übrigen geprüften Aminosäuren (Glycin, Alanin, Valin, Leucin und Tyrosin) sogar die Eigenatmung des Muskels hemmten. Kisch[1a] erhielt mit Glykokoll bei Leber und besonders Niere viel höhere Atmungssteigerungen als bei (Herz-) Muskel, und Krebs[1b] fand neuerdings die Aminosäureoxydation im (Zwerchfell-) Muskel am schwächsten unter allen Organen, mehr als 10mal schwächer wie in Niere.

Entsprechend diesen neueren Erkenntnissen über die Lokalisation des aminosäuredehydrierenden Vermögens im höheren Organismus beschäftigen sich die letzten Arbeiten auf diesem Gebiete fast ausschliesslich mit dem Enzym der Leber und besonders der Niere. Den Reaktionsmechanismus hat Krebs in seinen schönen Untersuchungen eindeutig klargelegt, wodurch die Neubauer-Knoopsche Theorie des biologischen Aminosäureabbaus ihre definitive enzymatische Bestätigung gefunden hat.

Dagegen fehlen Angaben über die Kinetik und Beeinflussung des Enzyms noch fast vollständig, ja, wenn man den Acceptorversuch als den absolut notwendigen Beweis für die Dehydrasenatur eines Enzyms betrachtet, so ist nicht einmal diese mit Sicherheit erwiesen. Doch sprechen die wenigen übrigen bekannten Eigenschaften des Ferments so zugunsten der Dehydrasenatur, dass eine Fehlplazierung der Krebsschen „Aminosäure-Oxydodesaminase" unter dem Haupttitel dieses Kapitels auch beim heutigen Stand unserer Kenntnisse kaum zu befürchten ist.

b) Vorkommen und Substrate.

Ein Teil der hier in Frage kommenden Befunde ist, soweit es sich im besonderen um den tierischen Organismus handelt, im vorangehenden schon erwähnt worden. Auch auf die Unsicherheit, die durch die Sonderstellung der Glutaminsäure hier herein kommt, ist schon hingewiesen worden. Nachzuholen sind in der Frage des Vorkommens vor allem einige Angaben über aminosäuredehydrierende Enzyme in Bakterien und Pflanzen.

Im Hinblick auf die Vielzahl der neuerdings an gewissen tierischen Geweben erprobten Substrate sowie in Anbetracht des Umstands, dass deren Prüfung häufig in einer von der üblichen Ausführung von Enzymversuchen abweichenden Form erfolgt ist, soll auch die Frage der Substratspezifität teilweise schon in diesem Abschnitt berührt werden.

Bakterien. Wie Tabelle 33, S. 495 zeigt, ist Glutaminsäure in Bact. coli ein recht guter, Alanin ein schwacher, Glykokoll ein noch schwächerer Donator[2a]; ähnlich sind die Verhältnisse[2b] bei B. alcaligenes, während in B. proteus überhaupt nur Glutaminsäure Donatorfunktion entfaltet. Bei B. prodigiosus ist auch diejenige des Glykokolls stark entwickelt. Schwaches Entfärbungsvermögen entwickelt bei Bact. coli noch Histidin und Tryptophan, keines hingegen das Leucin[2a]. Über die Donatoreigenschaften der Asparaginsäure gibt der Methylenblauversuch keinen Aufschluss, da (ähnlich wie bei Äpfelsäure, S. 561 f.) die Acceptorfunktion der Fumarsäure stört. Im aeroben Versuch fand Quastel[2c], dass sie durchwegs mehr oder weniger rasch umgesetzt wird, und zwar bei den fakultativen Anaerobiern (B. coli, proteus, acidi lactici) indirekt über Fumarat-Malat, bei den strikten Aerobiern (B. alcaligenes, subtilis, lysodeikticus) wahrscheinlich direkt.

[1a] B. Kisch, Biochem. Zs 238, 351; 1931. — [1b] H. A. Krebs, Klin. Ws. 11, 1744; 1932.
[2a] J. H. Quastel u. Mitarb., Biochem. Jl 19, 645; 1925. — [2b] Biochem. Jl 19, 652; 1925. —
[2c] Biochem. Jl 25, 117; 1931.

Neuerdings sind auch **Ruhrbacillus Flexner**[1a] nnd **Paratyphus-B-Bacillus**[1b] auf ihr Verhalten gegenüber Aminosäuren im Methylenblauversuch geprüft worden. Ausser (dem besonders aktiven) Glutaminat erwiesen sich auch Alanin, Serin, Asparaginat, Arginin, Histidin, Prolin, Tryptophan in beiden Fällen als wirksame Donatoren.

Aminosäureoxydation durch lebende **Hefe-** und **Schimmelpilze** ist oft festgestellt worden, doch offenbar nie im einwandfreien Enzymversuch (vgl. Literatur S. 93f u. 592).

Mit der Methylenblautechnik erhaltene Angaben letzterer Art liegen indes wieder für **höhere Pflanzen** vor, wo Thunberg im Samenmehl und Extrakten daraus durchwegs ein Glutaminsäure recht kräftig dehydrierendes Ferment vorfand (Literatur S. 575).

Bisweilen (Pisum, Citrus, Corchorus) entwickelt auch Alanin schwache Donatoreigenschaft, während eine solche von Glykokoll, Leucin und Asparaginsäure stets vermisst wurde. Zu berücksichtigen ist der Befund Anderssons[2a], der bei Weizensamenextrakten das vorher schwache Donatorvermögen von Glutaminsäure durch Zusatz von Cozymase ausserordentlich zu aktivieren vermochte.

Ganz kürzlich hat Grassmann[2b] in Wasser- und Glycerinextrakten von Pflanzenteilen, besonders Blüten, mit aerober Methodik ein viel allgemeiner desaminierendes Vermögen vorgefunden, und zwar am stärksten bei Familien (Rosaceen, Cucurbitaceen, Campanulaceen, Caprifoliaceen), deren Blüten schon bisher durch hohen Amingehalt bekannt waren, während er ein solches in den meisten anderen Familien vermisst hat.

Auch im besten Falle ist die Desaminierungswirkung der pflanzlichen Präparate um eine Grössenordnung geringer als die der wirksamsten tierischen Präparate aus Niere (vgl. S. 600). Zum Teil ist der oxydative Aminosäureabbau der untersuchten Extrakte übrigens thermostabil, besonders in stärker alkalischer Lösung (vgl. hierzu S. 96, 174 u. 375). Am raschesten wird Glykokoll desaminiert, die individuellen Unterschiede in der Reaktionsfähigkeit der übrigen Aminosäuren (einschliesslich Glutaminsäure) wie auch optischer Antipoden derselben Aminosäure sind wenig ausgesprochen (vgl. S. 224 u. 599 f.). Soweit sich aus einem orientierenden Versuch ersehen lässt, wird auf 1 Mol gebildetes NH_3 etwa $1/2$ Mol O_2 verbraucht, was der Stufe der Ketosäure bzw. des Aldehyds entspricht. Eine früher vermutete direkte Decarboxylierung von Aminosäuren zum Amin findet nicht statt, sie ist wohl auf andere Weise zu erklären (s. S. 95). Interessant ist die Angabe, dass eine unmittelbare Desaminierung von Peptiden ohne vorausgehende hydrolytische Spaltung durch Blütenauszüge bewirkt wird, ein Punkt, der bei Verwendung tierischer Enzympräparate wegen des Peptidasegehalts nicht entschieden werden konnte (S. 600). Da diejenigen Peptide, deren freie NH_2-Gruppe einem Glycinrest angehört, besonders leicht — unter Umständen 2—3mal rascher als entsprechend konzentrierte Mischungen der bei der Hydrolyse zu erwartenden Aminosäuren — desaminiert werden, ist nach dem Befund an Glykokoll allein die Vermutung naheliegend, dass die Peptiddehydrierung an der endständigen freien NH_2-Gruppe erfolgt.

Tierische Gewebe. Die älteren Befunde Thunbergs und Ahlgrens an Frosch- bzw. Meerschweinchenmuskel über die bevorzugte Glutaminatdehydrierung sind etwas später von Rosling[3a] an Menschen-, Affen- und Hundemuskulatur, von Fleisch[3b] an Rattenmuskel und -sarkom,

---

[1a] H. Braun u. Wördehoff, Zbl. Bakt. (1) 50; 1933. — [1b] K. Aaron, Biochem. Zs 268, 121; 1933.

[2a] B. Andersson, H. 217, 186; 1933. — [2b] W. Grassmann u. Bayerle, Biochem. Zs 268, 220; 1934.

[3a] E. Rosling, Skand. Arch. 45, 132; 1924. — [3b] A. Fleisch, Biochem. Jl 18, 294; 1924.

von Quastel[1] und Mitarbeitern am Gehirn verschiedener Säugetiere bestätigt worden.

Auch Rosling fand, dass das betreffende Enzym zu den kräftigeren Muskeldehydrasen gehört; hinsichtlich der Beständigkeit gleicht es der Lactico- und β-Oxybutyrodehydrase und steht also in dieser Hinsicht zwischen Succino- und Citricodehydrase (vgl. Tabelle 41, S. 568). Es war früher schon davon die Rede, dass Auswaschen des Menschen- (nicht des Affen- und Hunde-) Muskels mit NaCl-Lösung statt mit destilliertem H_2O konservierend auf das glutaminsäuredehydrierende Enzym wirkt (s. S. 558). Nach Fleisch fungiert Glutaminsäure auch im gewaschenen Sarkomgewebe als guter Donator (vgl. dagegen S. 513 u. 537).

Wishart[2a] beobachtete deutliche Donatorwirkung von Glutaminsäure auch bei Verwendung der Phosphatextrakte vom Kaninchenmuskel und besonders -leber. Holmberg[2b] zeigte unlängst an Pferdemuskelextrakten, dass eine latente Donatorfunktion der Glutaminsäure durch Zusatz von Cozymase verstärkt und sichtbar gemacht werden kann, was gut zu Anderssons Befund am pflanzlichen Material passt (S. 596).

Die neueren Arbeiten, in denen die Niere neben der Leber als Hauptort des Aminosäureumsatzes erkannt wurde, sind fast durchwegs mit aerober Methodik ausgeführt worden. Die ersten in diese Richtung gehenden Beobachtungen stammen von Glover[3a] und Kisch[3b] (1931).

Glover erhielt mit Niere stärkere NH_3-Abspaltung als mit Leber bei Verwendung gewisser Aminosäuren wie Alanin, Asparaginsäure, Tryptophan, während Hoden- und Hirngewebe sowie (Hühner-) Embryonen gegenüber dem Aminosäurezusatz kaum desaminierende Wirkung zeigten. Kisch stellte bedeutende „Atmungssteigerungen" durch Zusatz der verschiedensten Aminosäuren vorzugsweise an Nieren- auch Leberschnitten fest. Er vermutet Beziehungen zur „spezifisch-dynamischen" Eiweisswirkung; der Gedanke, dass es sich hauptsächlich um eine einfache Aminosäureoxydation handelt, findet sich indes auch in seinen zahlreichen folgenden Arbeiten[4] nicht deutlich ausgesprochen. Für diese Auffassung spricht aber besonders seine Beobachtung, dass durch langes Aufbewahren in Ringerlösung geschädigtes Gewebe, in dem die Eigenatmung schon grossenteils verschwunden ist, die erheblichsten Atmungssteigerungen (bis zu mehreren 100%) erfährt. Sämtliche untersuchten Aminosäuren — die Monocarbonsäuren von Glykokoll bis Leucin sowie einige ihrer Phenylderivate nebst Tyrosin, die Dicarbonsäuren Asparagin(säure) und Glutaminsäure — verhalten sich prinzipiell gleich, wenn auch mit beträchtlichen quantitativen Unterschieden. Am stärksten atmungssteigernd wirken α-Alanin, Phenylalanin und Serin; β-Alanin ist dem α-Alanin stark unterlegen, Leucin und Isoleucin sind annähernd gleich wirksam. Die optimale Wirkungskonzentration gibt Kisch für die einbasischen Säuren im allgemeinen zu $\frac{m}{50} - \frac{m}{100}$, für die zweibasischen zu $\frac{m}{100} - \frac{m}{500}$ an, doch bestehen Abweichungen nach beiden Richtungen. Was den pH-Einfluss auf die Atmungssteigerung betrifft, so ist diese bei pH 7,4—8,0 wesentlich stärker als bei pH 6,9, wo sie bisweilen auch ganz fehlt.

Neben geringeren Atmungssteigerungen beim (Herz-) Muskel (S. 598) hat neuerdings Kisch[5] solche auch an der Netzhaut beobachtet, besonders auf Zusatz von Sarkosin, auch Serin und Valin.

Übereinstimmend lauten die Angaben Glovers und Kischs über die Resistenz der Aminosäuren gegen Tumorgewebe. Glover (l. c.) fand keine oder nur minimale NH_3-Abspaltung,

---

[1] J. H. Quastel u. Mitarb., Biochem. Jl 26, 725, 1672; 1932.
[2a] G. M. Wishart, Biochem. Jl 17, 103; 1923. — [2b] C. G. Holmberg, Akad. Abhandl., Lund 1933.
[3a] E. C. Glover, Soc. Biol. 107, 1603; 1931. — [3b] B. Kisch, Biochem. Zs 237, 226; 238, 351; 1931.
[4] B. Kisch, Biochem. Zs 242, 26, 437; 1931. — 244, 451; 1931. — 247, 365; 1932.
[5] B. Kisch, Biochem. Zs 244, 459; 1931.

Kisch[1a] vermisste im allgemeinen bei Carcinom wie Sarkom eine wesentliche atmungssteigernde Wirkung der meisten Aminosäuren; manche, wie Serin und α-Aminobuttersäure zeigten einen geringen, bisweilen auch ausbleibenden Effekt.

Nachstehend wird noch eine einer neueren referierenden Arbeit Kischs[1b] entnommene graphische Darstellung der Atmungssteigerungen in einzelnen Geweben wiedergegeben. Dass es sich dabei tatsächlich ganz überwiegend um eine desaminierende Oxydation der Aminosäuren handelt, zeigt der Vergleich mit einer von Krebs[2] stammenden Tabelle, in der Abnahme des Aminostickstoffs, Zunahme des freien NH_3 und O_2-Verbrauch einander gegenübergestellt sind.

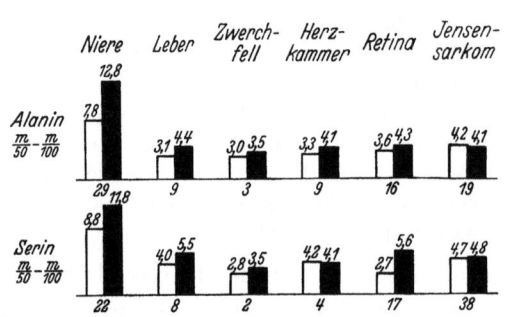

Abb. 120. Atmungssteigerung durch Aminosäuren in verschiedenen Warmblütergeweben. (Nach Kisch.)
Weiss: Atmung ohne Aminosäurezusatz
Schwarz: Atmung mit Aminosäurezusatz
Zahlen über den Stapeln: $Q_{O_2} = \dfrac{\text{cmm } O_2}{\text{mg Gewebe (trocken)} \times \text{Std.}}$
Zahlen unter den Stapeln: ausgeführte Versuchsreihen.
pH 7,4; T 37°.

Zur Tabelle 46 ist noch nachzutragen, dass $Q_{\text{Amino-N}}$, Q_{NH_3} und Q_{O_2} im selben Massstab (wie in Abb. 120) ausgedrückt sind, so dass die Werte direkt miteinander vergleichbar sind. Entstehen einer Substanz ist durch +, Verschwinden durch — gekennzeichnet. Die Werte für $Q_{\text{Amino-N}}$ sind jedoch weniger sicher als die beiden anderen, da neben dem Verbrauch gleichzeitig Neubildung von Amino-N (wahrscheinlich aus Eiweiss) stattfindet. Dass die NH_3-Bildung

Tabelle 46. Phosphatgepufferte Salzlösung; $\dfrac{m}{100}$-d,l-Alanin; T 37,5°.

Gewebe	$Q_{\text{Amino-N}}$	Q_{NH_3}			Q_{O_2}	
		ohne Alanin	mit Alanin	Differenz	ohne Alanin	mit Alanin
1. Niere (Ratte)	—15,3	+ 1,72	+11,0	+ 8.28	—18,7	—43,2
2. Leber (Ratte)	— 2,06	+ 1,07	+ 2,34	+ 1,27	—11,1	—13,1
3. Milz (Ratte)	— 0,84	+ 0,45	+ 0,34	—	— 5,9	— 5,2
4. Hoden (Ratte)	etwa 0	+ 0,12	+ 0,14	—	— 9,2	— 9,2
5. Zwerchfellmuskel (Ratte) .	— 2,89	+ 0,17	+ 0,19	—	— 3,8	— 3,3
6. Gehirn (Ratte)	— 3,02	+ 0,64	+ 0,73	+ 0,09	—13,0	—12,6
7. Darmwand (Ratte)	— 2,26	+ 0,61	+ 0,75	+ 0,14	— 8,4	— 7,9
8. Placenta (Ratte)	etwa 0	+ 0,96	+ 0,93	—	— 4,4	— 3,9
9. Carcinom (Ratte)	— 3,6	+ 0,13	+ 0,26	+ 0,13	— 4,3	— 5,1
10. Sarkom (Mensch)	— 2,58	+ 0,66	+ 0,47	—	— 4,2	— 4,7
11. Schilddrüse (Hund) . . .	— 1,3	+ 1,72	+ 1,0	—	— 6,6	— 6,4
12. Netzhaut (Rind)	— 1,90	+ 1,05	+ 1,29	+ 0,24	— 8,1	—11,3

[1a] Biochem. Zs 237, 226; 1931. — 247, 354; 1932. — [1b] Neuere Zusammenfassungen der Arbeiten von B. Kisch, Münch. med. Ws. 79, 1947; 1932. — Zs Kreislaufforsch. 25, 5; 1933. — Med. Welt 7, 1164; 1933.

[2] H. A. Krebs, Klin. Ws. 11, 1744; 1932. — H. 217, 191; 1933.

häufig kleiner ist als der Aminostickstoffverbrauch, geht nach Krebs auf nichtdesaminative Nebenreaktionen der Aminosäure zurück. Bei der Leber, in der das primär gebildete NH_3 grösstenteils in Harnstoff übergeführt wird[1], ist unter Q_{NH_3} die Summe von gebildetem $NH_3 + (NH_2)_2CO$ angegeben. Übereinstimmend geht aus Abb. 120 und Tabelle 46 die überlegene oxydative Leistungsfähigkeit der Niere hervor, neben der nur noch der Umsatz in der Leber (und allenfalls der Netzhaut) beachtenswert ist. Das Verhältnis von Nieren- und Leberleistung ist bei Ratte, Katze und Hund ähnlich. Die Desaminierungsgeschwindigkeit in menschlicher Niere ist von der gleichen Grössenordnung wie in den tierischen Nieren.

Nachstehende Tabelle (nach Krebs) gibt einen interessanten Überblick über die maximale Desaminierungsgeschwindigkeit verschiedener Aminosäuren durch Rattenniere und zeigt ausserdem den Einfluss der optischen Konfiguration auf dieselbe.

Tabelle 47.

$\frac{m}{20}$-$NaHCO_3$-haltige Salzlösung; optimale Aminosäurekonzentration $\left(\frac{m}{20}\cdot\right)$; T 37,5°.

Aminosäure	Q_{NH_3}	Aminosäure	Q_{NH_3}	Aminosäure	Q_{NH_3}
Glykokoll	4,34	d-Leucin ⎱	34,9	d-Lysin*	4,42
d-Alanin* ⎫ . . .	3,36	l-Leucin* ⎰	6,68	d,l-Phenylglykokoll	4,23
d,l-Alanin ⎬ . . .	25,8	d*-Isoleucin . . .	3,24	d-Phenylalanin ⎱ .	77,0
l-Alanin ⎭	37,8	d(*),l-Norleucin . .	60,7	l-Phenylalanin* ⎰	10,4
d,l(*)-Serin	11,8	d-Asparaginsäure ⎱	2,59	l-Tyrosin*	4,34
d(*),l-α-Aminobut-		l-Asparaginsäure* ⎰	9,28	d-Histidin ⎱ . . .	9,75
tersäure.	17,2	d-Glutaminsäure* ⎱	9,06	l-Histidin* ⎰	3,18
d-Valin* ⎱	3,86	d,l-Glutaminsäure ⎰	5,30	l-Tryptophan* . .	4,46
l-Valin ⎰	57,6	d-Ornithin*	6,00	l-Oxyprolin*. . . .	5,52
				l-Prolin*	6,68

Interessant ist zunächst, dass unter den einbasischen Aminosäuren die optisch nichtnatürlichen Formen durchwegs erheblich (3—15mal) rascher als die — in der Tabelle mit einem * versehenen — natürlichen Formen umgesetzt werden, während bei den zweibasischen Aminosäuren das Verhältnis — doch weit weniger ausgesprochen — das umgekehrte ist. Ähnlich der Rattenniere verhalten sich auch die Nieren anderer Säugetiere (Schwein, Katze, Hund, Kaninchen), während die menschliche Niere insofern eine Ausnahme bildet, als sie die optischen Antipoden etwa gleich schnell desaminiert. Dass der Tierkörper nichtnatürliche Aminosäuren umzusetzen vermag, war schon aus Stoffwechsel- und Durchblutungsversuchen von Embden[2a], Friedmann[2b], Konishi[2c] u. a. bekannt, wie man andererseits seit F. Ehrlich wusste, dass Hefe die nicht natürlichen Formen gar nicht oder nur sehr langsam angreift (vgl. auch die Verhältnisse bei Weinsäure S. 223 u. 564, sowie β-Oxybuttersäure S. 224 u. 555).

Zusammenfassend lässt sich also aus Tabelle 47 der Schluss ziehen, dass die grössten Umsatzgeschwindigkeiten von den stereochemisch nichtnatürlichen, einfachen α-Aminosäuren sowie den entsprechenden Racematen erreicht werden; von den natürlichen Aminosäuren zeigen die α-Aminodicarbonsäuren (Asparagin-, Glutaminsäure) die rascheste Desaminierung, gefolgt von den Diaminosäuren (Ornithin, Lysin) und schliesslich den natürlichen einfachen α-Aminosäuren.

---

[1] H. A. Krebs u. Henseleit, Klin. Ws. 11, 757, 1137; 1932. — H. 210, 33; 1932.

[2a] G. Embden, Hofm. Beitr. 11, 348; 1908. — [2b] E. Friedmann, Hofm. Beitr. 11, 177; 1908. — [2c] M. Konishi, H. 143, 188; 1925. — Ferner: V. du Vigneaud, Jl biol. Chem. 98, 565; 1932.

Einige untersuchte Dipeptide — mit Glycin als einer Komponente — zeigten eine Desaminierungsgeschwindigkeit, die geringer war als die der im freien Zustand rascher umgesetzten Komponente (bestenfalls ihr gleich) war. Es handelt sich sicher um Desaminierung nach vorheriger hydrolytischer Spaltung (vgl. dagegen S. 596).

c) Darstellung, Eigenschaften und Wirkungen.

α) Darstellung. Krebs ist es gelungen, das Aminosäuren oxydativ desaminierende Agens von der Zellstruktur abzulösen und in Lösung zu bekommen.

Er zerreibt (Ratten-) Niere im Mörser mit Sand, extrahiert den Brei mit $\frac{m}{100}$-Phosphatpuffer (pH 7,4) und erhält nach dem Zentrifugieren eine opalescierende Flüssigkeit, deren enzymatische Wirksamkeit allerdings schon während der ersten Stunde bei 37,5° um etwa 30—50% abnimmt. Auch ohne mechanische Zerstörung des Gewebes, durch blosses Bewegen von Nierenschnitten in physiologischer Salzlösung geht das desaminierende Ferment bereits partiell in Lösung. Der Fermentgehalt der Leber ist wesentlich (etwa 4—5mal) geringer als der der Niere. (Angaben über Glutaminatdehydrierung in sekundären Phosphatextrakten von Leber und Muskel einerseits, Pflanzensamen andererseits finden sich bei Wishart und Holmberg [S. 597] bzw. Thunberg S. 575 und Andersson S. 596.)

β) Wirkungen. Der Nierenextrakt desaminiert die einfachen Aminosäuren (s. unten) mit grosser Geschwindigkeit; dagegen findet Krebs auf Zusatz von Diaminosäuren, Aminodicarbonsäuren, ferner von d- oder l-Histidin, l-Tryptophan, Prolin und Oxyprolin keine vermehrte NH_3-Bildung. „Nur diejenigen Aminosäuren, welche im Gewebeschnitt besonders leicht desaminiert werden (Tabelle 47), werden im Extrakt noch angegriffen."

Die stereochemische Spezifität ist erhalten geblieben; so wird d-Alanin vom Extrakt etwa 18mal langsamer oxydiert wie d,l-Alanin (vgl. Tabelle 47).

Was die Reaktionsprodukte der aeroben Desaminierung anbetrifft, so hat Krebs eindeutig dargetan, dass sie Ketosäure + NH_3 sind.

Die Ketosäure wurde durch Messung der auf Zusatz von Lebedew-Hefesaft freigesetzten CO_2-Menge quantitativ bestimmt (vgl. S. 538). Zur Kontrolle erfolgte in einem anderen Ansatz die Isolierung der Ketosäure durch Fällung mit 2,4-Dinitrophenylhydrazin. Durch quantitative Verfolgung der O_2-Aufnahme, der NH_3- und Ketosäurebildung in 80 Min. langen Versuchen bei 37,5° erhielt Krebs folgende Werte für das Verhältnis $O_2 : NH_3$: Ketosäure

bei d,l-Alanin . . . . . 1 : 1,94 : 1,83   d,l-Norleucin . . . 1 : 1,85 : 1,85
d,l-Valin . . . . . 1 : 2,08 : 2,20   d,l-Phenylalanin . 1 : 2,17 : 1,85
d,l-Leucin . . . . . 1 : 2,42 : 2,28

Aus dem durchwegs recht annähernd erreichten Verhältnis 1 : 2 : 2 ergibt sich die Umsatzgleichung der Enzymreaktion im Einklang mit der Neubauer-Knoopschen Theorie zu

$$R \cdot CH(NH_2) \cdot CO_2H + {}^1/_2 O_2 \rightarrow R \cdot CO \cdot CO_2H + NH_3.$$

Wie ein Blick auf Tabelle 46, Nr. 1 lehrt, ist bei der oxydativen Alanindesaminierung durch Nierenschnitte der O_2-Verbrauch viel höher als der Aminosäure-Abnahme und NH_3-Zunahme nach obiger Gleichung entspricht. Diese Erscheinung hat Krebs bei allen Aminosäuren mehr oder weniger ausgeprägt beobachtet. Die Erklärung ist naheliegend, dass die Ketosäure im Gewebe weiteren oxydativen Umwandlungen unterliegt durch Enzyme, die nicht in den

Nierenextrakt gehen oder dabei inaktiviert werden. Krebs fand nun, dass im Gewebeschnitt diese Folgereaktionen auch gegen Vergiftung mit HCN und As_2O_3 viel empfindlicher sind wie die primäre Desaminierung.

Nachstehende Tabelle gibt einen Begriff von der auch im Hinblick auf die Frage nach der Natur des aminosäureoxydierenden Enzyms interessanten Giftresistenz des primären Desaminierungsvorgangs (im Nierengewebe).

Tabelle 48.

Versuchslösung		$Q_{Amino-N}$	Q_{NH_3}	Q_{O_2}
1. Ohne Alanin	a) ohne HCN	—	+ 0,91	— 21,0
	b) $\frac{m}{500}$-HCN	—	+ 0,88	— 0,8
2. $\frac{m}{100}$-d,l-Alanin	a) ohne Zusatz	— 14,7	+ 9,5	— 39,0
	b) $\frac{m}{500}$-HCN	— 12,3	+ 12,8	— 7,0
	c) $\frac{m}{1000}$-As_2O_3	— 11,7	+ 10,1	— 8,6
3. $\frac{m}{25}$-l-Valin	a) ohne HCN	—	+ 98	—
	b) $\frac{m}{500}$-HCN	—	+ 96	—
	c) $\frac{m}{100}$-HCN	—	+ 73,5	—

Während also die Abnahme des Aminostickstoffs wie auch die Zunahme des NH_3-Stickstoffs durch die beiden Gifte kaum beeinflusst wird, sinkt der O_2-Verbrauch auf einen Bruchteil des ursprünglichen und kommt in günstigen Fällen (2 b) dem nach der Reaktionsgleichung S. 600 zu erwartenden nahe. In der Tat ist es Krebs gelungen, in derartigen arsenvergifteten Ansätzen — HCN ist wegen einer polymerisierenden Wirkung auf Brenztraubensäure weniger geeignet — die Ketosäure in einer der theoretischen Menge nahe entsprechenden Quantität nach den beiden früher beschriebenen Methoden (S. 600) zu erfassen. Folgende Ketosäuren wurden von Krebs auf diese Weise isoliert: Brenztraubensäure (aus Alanin), Phenylbrenztraubensäure (aus Phenylalanin), α-Ketobuttersäure (aus α-Aminobuttersäure), Dimethylbrenztraubensäure (aus Valin), α-Ketoisocapronsäure (aus Leucin) α-Ketocapronsäure (aus Norleucin) und schliesslich in einer neueren Arbeit[1] α-Ketoglutarsäure (aus Glutaminsäure), während aus Asparaginsäure entsprechend der grossen Labilität der Oxalessigsäure (S. 564 u. 614) hauptsächlich Brenztraubensäure erhalten wurde. Bei den höheren einbasischen Aminosäuren und besonders phenylsubstituierten erfolgt übrigens die sekundäre Umwandlung der Ketosäure an sich schon viel langsamer, so dass bereits ohne Vergiftung reichliche Mengen der letzteren isoliert werden können.

γ) Natur des Ferments. Krebs nennt das von ihm untersuchte und isolierte Enzym eine „Aminosäure-Oxydodesaminase". Ein Ersatz des Sauerstoffs durch andere Acceptoren ist ihm bisher nicht geglückt.

In Gegenwart von Methylenblau, Chinon, Hämin und Alloxan wurde bei O_2-Ausschluss keine vermehrte NH_3-Bildung beobachtet. Dieser Befund ist an sich überraschend. Denn die auffallende HCN-Resistenz der aeroben Reaktion lässt vermuten, dass an dieser kein oxydatisch wirkendes Schwermetall beteiligt ist. Am wahrscheinlichsten erscheint die O_2-Übertragung durch ein (gelbes) Farbstofferment oder es handelt sich überhaupt um direkte Reaktion mit O_2, wie sie vermutlich bei der Tätigkeit des Schardinger-Enzyms bzw. der Xanthindehydrase

---

[1] H. A. Krebs, H. 218, 157; 1933.

stattfindet (vgl. jedoch S. 241). In beiden Fällen sollte man aber eigentlich Ersetzbarkeit des O_2 durch andere Acceptoren erwarten, zumal ja die energetischen Verhältnisse annähernd dieselben sind wie bei der Dehydrierung der Oxysäuren (Tabelle 14, S. 150). Andererseits ist es möglich, dass das Versagen der geprüften Acceptoren auf eine besonders ausgebildete Acceptorspezifität der Dehydrase zurückgeht — dies gilt zumal für Methylenblau, von dessen Reaktionsträgheit gegen Aminosäuren (auch im Modellversuch) wiederholt die Rede gewesen ist (S. 154, 172, 222, 594) — oder dass die Wahl der untersuchten Acceptoren sonst ungeeignet war. Von Chinon weiss man z. B., dass es sich bei der Succinatdehydrierung durch Muskel wie auch der Alkoholdehydrierung durch Hefe nicht verwenden lässt (S. 234 u. 527 bzw. 581) und bezüglich Alloxan hat man in Enzymversuchen kaum Erfahrung. Auch der Versuch mit Hämin bedeutet bei dessen bekannt schwerer Reduzierbarkeit nicht viel (vgl. S. 539). Vielleicht führt die erweiterte Untersuchung einer grösseren Anzahl weiterer Acceptoren — denken liesse sich z. B. an Cytochrom c, Indophenole, Flavine — doch noch zur Aufdeckung einer anaeroben, enzymatisch katalysierten Donatorfunktion der verschiedenen Aminosäuren.

Bis auf weiteres muss man wohl in der HCN-Unempfindlichkeit und dem ganzen nichtoxydatischen Reaktionstypus einen starken Wahrscheinlichkeitsbeweis für die Dehydrasenatur der „Oxydodesaminase" sehen.

Die Tatsache, dass Glutaminsäure in zahlreichen früheren Arbeiten als ein teilweise sehr guter Donator gegenüber Methylenblau erkannt worden ist (s. S. 222, 594), spricht gleichfalls für die schon früher diskutierte Möglichkeit, dass hier ein spezifisches, von der „Oxydodesaminase" Krebs' verschiedenes Enzym vorliegt.

δ) Die **Kinetik** der Aminosäuredehydrierung ist noch kaum untersucht worden.

Krebs findet im O_2-Versuch bei Erhöhung der l-Valinkonzentration von $\frac{m}{370}$- auf $\frac{m}{24}$- eine Steigerung der Reaktionsgeschwindigkeit aufs etwa 5fache; bei $\frac{m}{12}$- ist diese unerheblich geringer als bei $\frac{m}{24}$-.

Die Konzentrationsabhängigkeit der Glutaminatdehydrierung mit Methylenblau ist sowohl für Bact. coli[1a] als gewaschenen Froschmuskel[1b] (als Enzymmaterial) untersucht worden, wobei die üblichen „Sättigungskurven" (vgl. S. 519 u. 559) erhalten wurden. Im ersteren Falle wurde die maximale Reaktionsgeschwindigkeit bei $\frac{m}{65}$-, im letzteren bei $\frac{m}{200}$- erreicht.

ε) Die **Beeinflussung** der Enzymwirkung durch verschiedene Faktoren hat gleichfalls — abgesehen von der Glutaminatdehydrierung durch Bact. coli — noch kaum Bearbeitung erfahren.

Von der geringen Empfindlichkeit der „Oxydodesaminase" gegen HCN und As_2O_3 war schon die Rede (S. 601). Auch Kisch[2] fand die „Atmungssteigerung" durch Alanin selbst gegen $\frac{m}{100}$-HCN grossenteils resistent (weniger die durch Serin und Sarkosin).

Vereinzelte Beobachtungen über die relative Beständigkeit des glutaminatdehydrierenden Enzyms im Muskel sind gleichfalls bei Gelegenheit (S. 215 u. 593) schon mitgeteilt worden. Zur Co-Fermentfrage vgl. S. 596 u. 597. Den Einfluss von Narkotica und Aminen auf die Glutaminatdehydrierung im Gehirn hat neuerdings im grösseren Zusammenhang (s. S. 527f. u.

[1a] J. H. Quastel u. Whetham, Biochem. Jl 19, 645; 1925. — [1b] G. Ahlgren, Skand. Arch. 47 (Suppl.) 1; 1925.

[2] B. Kisch, Biochem. Zs 263, 75; 1933.

551) Quastel[1a] untersucht. Gegen letztere ist sie mehr, gegen erstere weniger empfindlich als die Lactatdehydrierung.

Das Bakterienenzym ist gegen Einflüsse aller Art sehr empfindlich und gleicht hierin den Alkohol- und Zuckerdehydrasen (im Gegensatz zu den früher besprochenen Acidodehydrasen). Nachstehend soll noch eine Tabelle Quastels und Wooldridges[1b] wiedergegeben werden, in der der Einfluss verschiedener Faktoren auf Glutamino- und verschiedene andere Dehydrasen vergleichend dargestellt ist, und zwar in der Weise, dass die Resistenz einer Enzymwirkung durch „Noten" (1 geringste, 10 grösste Beständigkeit) charakterisiert ist. Die Tabelle ist zugleich eine Zusammenfassung der zahlreichen bei den verschiedenen Dehydrasen gemachten Einzelangaben.

Tabelle 49.

Art der Beeinflussung	Glycero-D.	Glut-amino-D.	Hexose-D.	Succ.-D.	α-Oxy-butyro-D.	Lactico-D.	α-Glycerophosphat-D.	Formico-D.
Temperaturerhöhung	1	2	3	6	4	5	9	9
Aciditätssteigerung	1	1	6	3	5	6	9	10
Alkalitätssteigerung	1	2	3	4	5	9	5	5
Hypertonisches NaCl	1	2	3	6	4	5	7	8
$NaNO_2$	4	3	6	1	7	8	7	9
Aceton, Benzol, Toluol, Phenol, Propylalkohol, Äther	1	1	1	5	4	6	6	6
Chloroform	1	1	1	5	4	9	8	6
Cyclohexanol	1	1	1	1	1	1	8	8
Anilin	1	1	1	5	4	5	7	7
Methylenblau	1	1	1	5	1	6	7	7
Formaldehyd	1	1	1	1	6	7	8	8
Acetaldehyd	1	2	3	3	5	6	7	7
Allylalkohol	1	1	1	1	7	8	1	9
Acrylsäure	2	1	3	3	7	8	6	9
Jod	1	1	5	3	5	8	7	9
Brom	2	1	5	3	6	8	6	9
KCN	3	4	6	6	9	10	5	1
$KMnO_4$	3	3	6	7	8	9	5	1
H_2O_2	1	1	1	8	10	10	7	4

2. Aminosäure- und aminangreifende Enzyme unsicherer Stellung im System.

a) Prolindehydrase.

Kurz vor der Veröffentlichung von Krebs hatten F. und M. Bernheim[2] Angaben über eine enzymatische und offenbar dehydrierende Oxydation von Prolin und Oxyprolin

$$\begin{array}{c}(HO)\\ HCH-CH_2\\ | \quad\quad |\\ CH_2 \quad CH\cdot CO_2H\\ \diagdown \quad \diagup\\ NH\end{array}$$

durch Leber gemacht.

[1a] J. H. Quastel u. Wheatley, Biochem. Jl 27, 1609; 1933. — [1b] J. H. Quastel u. Wooldridge, Biochem. Jl 21, 1224; 1927.
[2] F. u. M. L. C. Bernheim, Jl biol. Chem. 96, 325; 1932.

Im O_2-Versuch wird — mit durch Mousseline filtriertem Phosphatextrakt aus Leber — pro Aminosäuremolekül etwa $1/2$ Atom Sauerstoff aufgenommen. Freilich erscheint diese Grenze nicht scharf; bei höherer Enzymkonzentration wird sie überschritten, bei erhöhter Substratkonzentration (besonders mit Oxyprolin) nicht erreicht. Die Oxydation von Oxyprolin erfolgt erheblich ($2^1/_2$—4mal) langsamer als die von Prolin. Bei gleichzeitiger Anwesenheit beider Substrate wird eine O_2-Aufnahme beobachtet, die deutlich über der von Prolin allein liegt, doch nicht die Summe der beiden Einzelaufnahmen erreicht, was von Bernheim als Beleg für das Vorliegen eines einzigen Enzyms aufgefasst wird. Der Beweis wäre wahrscheinlich bindender ausgefallen, wenn bei optimaler Konzentration der beiden Substrate gearbeitet worden wäre. Das pH-Optimum der Reaktion liegt im schwach alkalischen Gebiete; bei pH 6,0, 6,9, 7,8 und 9,1 findet man die relativen Oxydationsgeschwindigkeiten 40, 58, 100 und 61. $\frac{m}{200}$-KCN wie auch $\frac{m}{2}$-NaF sind ohne Einfluss. Sowohl Prolin als Oxyprolin bewirken auch eine allerdings nicht sehr bedeutende Verkürzung der Entfärbungszeit von Methylenblau durch Leberbrei (25 bzw. 29 Min. bei $\frac{m}{250}$-Substrat gegen 40 Min. im Kontrollversuch).

CO_2 oder NH_3 wird bei der Reaktion nicht entbunden. Die Frage des Reaktionsmechanismus lassen die Autoren bis auf weiteres offen; wahrscheinlich erscheint ihnen eine bimolekulare Dehydrierung am Stickstoffatom.

Nach den im einzelnen noch recht erweiterungsbedürftigen Angaben Bernheims gewinnt man den Eindruck, dass die Prolindehydrase etwas anderes als die „Oxydodesaminase" Krebs' ist. Bei der besonderen Bindungsform des Stickstoffs in Prolin und Oxyprolin erscheint die Existenz eines spezifischen Enzyms durchaus möglich. Andererseits weist die geringe Giftempfindlichkeit seiner aeroben Funktion auf eine nahe Verwandtschaft mit dem von Krebs untersuchten Ferment hin.

Der bedeutendste Unterschied scheint hinsichtlich der Verwertbarkeit von Methylenblau als Acceptor zu bestehen. Doch ist darauf hinzuweisen, dass F. u. M. Bernheim im Gegensatz zu Krebs (S. 601) mit der viel empfindlicheren Entfärbungsmethodik gearbeitet haben. Analoge Versuche mit anderen Aminosäuren wären jedenfalls von Interesse gewesen.

b) Tyraminase.

α) Allgemeines. Dass Tyrosinase Tyramin $\left[HO \diagup CH_2 \cdot CH_2(NH_2)\right]$ unter Pigmentbildung angreift, hat schon Bertrand (1907) beobachtet (s. S. 365). Eine andere, nicht am Kern angreifende Art der Umsetzung haben etwas später (1910) Ewins und Laidlaw[1] angegeben, indem sie bei künstlicher Durchblutung der Leber fast quantitativen Übergang des Amins in p-Oxyphenylessigsäure feststellten. Aus Leberextrakten gelang ihnen die Isolierung dieses Produkts indes nicht.

Neuerdings hat M. Bernheim-Hare[2] die Untersuchung der Tyraminoxydation durch Enzymlösungen aus Leber wieder aufgenommen und ist dabei zu interessanten, wenn auch teilweise noch widerspruchsvollen Ergebnissen hinsichtlich des Reaktionsverlaufs gelangt. Trotz der abweichenden Art des Substrats stellen die Eigenschaften der „Tyraminoxydase" diese in

---

[1] A. J. Ewins u. Laidlaw, Jl Physiol. 41, 78; 1910.
[2] M. L. C. Bernheim-Hare, Biochem. Jl 22, 968; 1928. — Jl biol. Chem. 93, 299; 1931.

eine Reihe mit der „Oxydodesaminase" Krebs (S. 601f.), weshalb sie zweckmässig an dieser Stelle behandelt wird.

β) Über Vorkommen und Darstellung des Enzyms macht Bernheim-Hare folgende Angaben:

Ausser in Leber kommt Tyraminase in kleinerer Menge noch in der Niere, nicht dagegen in der Nebenniere, in Lunge, Herz- oder Skelettmuskel vor; von verschiedenen untersuchten Tierlebern (Ratte, Kaninchen, Schaf, Schwein, Ochse, Hund) erwies sich die des Kaninchens am enzymreichsten und wurde daher zur Enzymdarstellung verwendet.

Der wässerige, durch Mousseline filtrierte Extrakt aus mit Sand verriebener Leber wird bei pH 6,5 mit Kaolin versetzt. Aus dem zentrifugierten und gewaschenen Kaolinadsorbat kann das Ferment mit verdünnter Sodalösung (pH 8) wieder eluiert werden, wodurch sehr aktive, doch leider auch bei 0° nur wenige Stunden unverändert haltbare Lösungen gewonnen werden. Häufig wurde daher mit dem nicht gefällten Extrakt gearbeitet.

γ) Von den **Eigenschaften** des Enzyms ist Spezifität, Verhalten gegen O_2 und Acceptoren, gegen pH-Änderungen sowie einige Gifte untersucht worden.

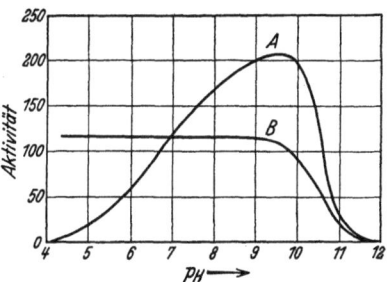

Abb. 121. Tyraminaseaktivität bei verschiedenem pH (A) und bei pH 7,3 nach 5 Min. langem Aufenthalt bei verschiedenem pH (B), T 15°. (Nach Bernheim-Hare.)

Nicht angegriffen werden im O_2-Versuch Phenylalanin, Tyrosin, Dioxyphenylalanin, Anilin, Phenol, p-Kresol und Adrenalin; angegriffen werden ohne Pigmentbildung unter O_2-Aufnahme und NH_3-Abspaltung Tyramin und Phenyläthylamin (vgl. S. 365). Die bei pH 7,3 schon sehr deutliche Autoxydation von p-Aminophenol wird durch Leberextrakt zwar etwas beschleunigt, doch ohne Desaminierung; es erscheint äusserst fraglich, ob dieser Effekt etwas mit der Tyraminase zu tun hat (vgl. S. 412).

Es haben sich keine Anhaltspunkte dafür ergeben, dass der Sauerstoff sich durch andere Acceptoren ersetzen lässt. Methylenblau wie auch verschiedene — bis zu 200 MV. elektropositivere — Indophenole werden in Gegenwart von Tyramin nicht rascher entfärbt als ohne dieses. Analoges gilt für die Reduktion von Dinitrobenzol. Bernheim-Hare glaubt bei der O_2-Reaktion den Nachweis der Entstehung von Hydroperoxyd erbracht zu haben, wobei sie sich der Thurlowschen Methode (mit Milchperoxydase + Nitrit) bediente (vgl. S. 177 u. 435). In der Tat fand sie bei Tyramingegenwart nach dem Schütteln mit O_2 schwächere Nitritreaktion wie in den Kontrollen. Doch ist zu bedenken, dass Thurlow mit dieser Methode auch bei der aeroben Tätigkeit der Succinodehydrase positiven H_2O_2-Befund erhielt, was Wieland später mit der sonst sehr empfindlichen Cerabfangmethode (S. 177) nicht bestätigen konnte. Die an sich interessante Feststellung Bernheim-Hares bedürfte also weiterer Stützen, um bindend zu sein.

Die Geschwindigkeit der O_2-Aufnahme (während der ersten Stunde) in Abhängigkeit vom pH zeigt Kurve A in Abb. 121; Kurve B demonstriert, dass nur der starke Abfall im alkalischen Gebiet auf irreversibler Enzymzerstörung beruht.

Wichtig ist noch die Angabe, dass $\frac{m}{500}$ - HCN (wie auch $\frac{m}{20}$ - $Na_4P_2O_7$) die Oxydationsgeschwindigkeit von Tyramin und Phenyläthylamin (bei pH 7,3) nicht verringert. Dagegen hat Bernheim-Hare wahrscheinlich gemacht, dass von den Reaktionsprodukten der Tyraminoxydation eine erhebliche Hemmungswirkung ausgeübt wird.

δ) Wirkungen. Während Bernheim-Hare in der ersten Arbeit (S. 604) angegeben hatte, dass bei pH 7,3 pro Tyraminmolekül 1 Atom Sauerstoff aufgenommen und gleichzeitig $^1/_2$ Molekül NH_3 abspalten werde, haben sich bei der neuerlichen Prüfung in Abhängigkeit vom Reaktionsmilieu und Alter des Enzyms erheblich kompliziertere Verhältnisse ergeben.

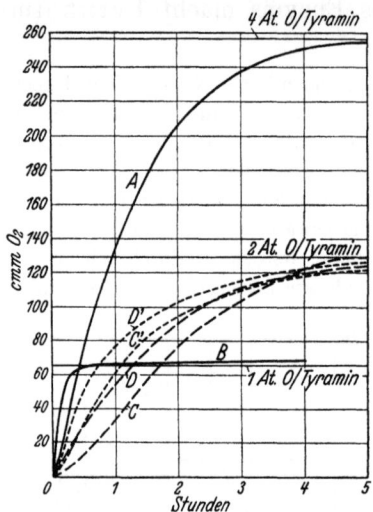

Die nebenstehende Abbildung enthält die wesentlichen Ergebnisse dieser neueren Untersuchung. Auf Grund dieser Daten erscheint es Bernheim-Hare nicht möglich, die Oxydation des Tyramins auf ein einziges Enzym zurückzuführen. Vielmehr glaubt sie, dass wenigstens drei Enzyme hierbei am Werke sind.

Erstens hat man ein System, das die Übertragung von 4 Atomen O auf 1 Molekül Tyramin vermittelt und das nur in frischer Leber und in saurem

Abb. 122. Oxydation von 1 mg Tyramin-HCl mit Leberenzym. (Nach Bernheim-Hare.)

A 1 ccm   frisches Leberpräparat;   pH 5,2
B 1 ,,   ,,   ,,   ,, 8,0
C 0,25 ccm   ,,   ,,   ,, 5,2
D 0,25 ,,   ,,   ,,   ,, 8,0
C' 1 ccm 36 Std. altes Leberpräparat;   ,, 5,2
D' 1 ,, 36 ,,   ,,   ,,   ,, 8,0
T 30°.

Milieu wirkt. Das Endprodukt der Reaktion ist unbekannt, Bernheim-Hare hält eine Reaktionsfolge nachstehender Form nicht für unwahrscheinlich:

$$\text{I} \quad\quad \text{HO}\langle\bigcirc\rangle CH_2 \cdot CH_2 \cdot NH_2 \xrightarrow[-H_2O]{+O} \quad \text{II} \quad \text{HO}\langle\bigcirc\rangle CH_2 \cdot CH:NH \xrightarrow[-NH_3]{+H_2O} \quad \text{III} \quad \text{HO}\langle\bigcirc\rangle CH_2 \cdot CHO \xrightarrow{+O}$$

$$\text{IV} \quad \text{HO}\langle\bigcirc\rangle CH_2 \cdot CO_2H \xrightarrow{+O} \quad \text{V} \quad \text{HO}\langle\bigcirc\rangle CH_2 \cdot CO_2H \xrightarrow[-H_2O]{+O} \quad \text{VI} \quad O=\langle\bigcirc\rangle CH_2 \cdot CO_2H.$$
$$\quad\quad\quad\quad\quad\quad\quad\quad\quad\quad\quad\quad\quad\quad\quad\quad\quad\quad\quad HO \quad\quad\quad\quad\quad\quad\quad\quad\quad\quad\quad\quad\quad\quad O$$

Obwohl ohne experimentelle Grundlagen eine Diskussion des Schemas wenig Zweck hat, scheint doch die Stufe IV → V starkem Zweifel offen zu stehen. Die Einführung einer o-ständigen OH-Gruppe in den Phenolrest kennt man bisher nur bei der Wirkung der Tyrosinase, die in Leberextrakt sicher fehlt (S. 366f.). Ist die obige Reaktion möglich, was ja leicht in einem Versuch mit p-Oxyphenylessigsäure hätte festgestellt werden können, so stehen die früheren Angaben über die ausgesprochene Spezifität der Tyraminoxydase damit nicht recht im Einklang.

Zweitens hat man nach Bernheim-Hare ein System in der Leber, das für die (rasche) Absorption von 1 Atom O pro Tyraminmolekül verantwortlich zu machen ist — entsprechend der ursprünglichen Angabe — und das durch alkalische Reaktion begünstigt wird. (Unstimmigkeiten zwischen der älteren und der neueren Arbeit hinsichtlich des pH-Einflusses auf die Reaktionsgeschwindigkeit gehen wohl darauf zurück, dass früher nur die Anfangsgeschwindigkeit, und zwar bei tieferer Temperatur [15°] bestimmt worden war.) Unter Berücksichtigung des schon erwähnten Befundes über 50%ige NH_3-Abspaltung entwirft Bernheim-Hare folgendes, an sich nicht unwahrscheinliche Reaktionsschema:

$$\text{I}' \quad HO\langle\bigcirc\rangle CH_2 \cdot CH_2 \cdot NH_2 \xrightarrow[-H_2O]{+O} \quad \text{II}' \quad HO\langle\bigcirc\rangle CH_2 \cdot CH:NH \xrightarrow[-NH_3]{+H_2O} \quad \text{III}' \quad HO\langle\bigcirc\rangle CH_2 \cdot CHO$$

$$\text{IV}'$$
$$\xrightarrow[-H_2O]{+HO\langle\bigcirc\rangle CH_2 \cdot CH_2 \cdot NH_2} HO\langle\bigcirc\rangle CH_2 \cdot CH:N \cdot CH_2 \cdot CH_2 \langle\bigcirc\rangle OH$$

Drittens hat man einen Prozess, der unter Absorption von 2 Atomen O pro Tyraminmolekül verläuft und infolge seiner Stabilität auch dann noch zu beobachten ist, wenn die beiden anderen Reaktionen verschwunden sind. Mit verdünnten oder gealterten Enzympräparaten erhält man diesen Reaktionstyp sowohl in saurer wie in alkalischer Lösung. Es konnte gezeigt werden, dass dieser Vorgang zu p-Oxyphenylessigsäure führt (1. Schema S. 606, Stufen I → IV), die in einer Ausbeute von 64—72% der theoretischen isoliert werden konnte.

Auch die früheren Angaben über die Wirkungslosigkeit von HCN bedurften im erweiterten Untersuchungsbereich einer teilweisen Revision. Richtig ist, dass die 1 Atom O verbrauchende Reaktion im alkalischen Gebiet durch HCN nicht beeinflusst wird. Dagegen wird unter Bedingungen, unter denen 2 Atome O/Tyramin aufgenommen werden, durch Zusatz von $\frac{m}{200}$-HCN ohne wesentliche Verringerung der Oxydationsgeschwindigkeit der Reaktion nach Aufnahme von 1 Atom O eine Grenze gesetzt. Da eine Hemmung der Aldehydoxydation nach anderen Erfahrungen (vgl. S. 208 u. 241) nicht wahrscheinlich ist, denkt Bernheim-Hare an eine HCN-Katalyse des Kondensationsprozesses III' → IV' oder direkte ,,Abfangung" des Aldehyds durch HCN. Auch die ,,4 O-Reaktion" in saurer Lösung wird durch HCN deutlich und mit der Zeit zunehmend gehemmt, so dass die Endabsorption in solchen Ansätzen irgendwo zwischen 2 und 4 O liegt, von Bernheim-Hare als sukzessive Enzymzerstörung gedeutet.

c) Histaminase.

α) Allgemeines. Die neueren Untersuchungen über dieses Enzym gehen auf die Beobachtung Bests[1] zurück, dass Histamin

$$\begin{bmatrix} NH-CH \\ | \quad\quad\quad\;\; \diagdown \\ CH=N \diagup \end{bmatrix} C \cdot CH_2 \cdot CH_2 \cdot NH_2 \end{bmatrix}$$

von Organbreien inaktiviert wird, wenn diese unter Toluol bei 37° der Autolyse überlassen werden.

Da Erhitzen der Organpräparate auf 90° diesen die Fähigkeit zur Zerstörung von Histamin — das bei dieser und fast allen folgenden Arbeiten meist durch seine Wirkung auf den Blutdruck der Katze (bisweilen auch qualitativ durch die Wirkung auf den virginellen Meerschweinchenuterus) bestimmt wurde — nimmt, lag hier offenbar eine Enzymwirkung und — da diese in O_2-freier Lösung nicht beobachtet wurde — ersichtlich eine solche oxydativer Natur vor.

Bis heute sind über das Enzym im wesentlichen drei grössere Arbeiten erschienen. Über den Chemismus der Reaktion weiss man noch wenig mehr, als dass NH_3 abgespalten wird, offenbar 1 Molekül pro Histaminmolekül und vermutlich aus der Seitenkette stammend. Über die Stellung des Ferments zu den übrigen Gliedern der in diesem Kapitel besprochenen Fermentgruppe, insbesondere zur Tyraminase, lässt sich gleichfalls noch nichts Definitives aussagen; doch scheint ihm durch die auffallend hohe HCN-Empfindlichkeit eine gewisse Sonderstellung zuzukommen.

β) Vorkommen und Darstellung. Nach Untersuchungen Bests und McHenrys[2] am Hund kommt Histaminase vor allem in Niere, Jejunum, Duodenum und Caecum vor.

20—40mal kleiner ist der Enzymgehalt von Blut, Milz, Lunge, Blase und Nebennieren; im Herzen, der Haut und dem Urin liess sich überhaupt keine Histaminase nachweisen. Auch beim Rind hatte die Niere die höchste histamininaktivierende Fähigkeit, die wenigstens

---

[1] C. H. Best, Jl Physiol. 67, 256; 1929.
[2] C. H. Best u. McHenry, Jl Physiol. 70, 349; 1930.

12mal grösser war als die der Lunge. Gebauer-Fuelnegg und Alt[1] konnten aus Hundeniere und -dünndarm ungefähr gleich wirksame Enzympulver darstellen, was ihnen aus Gehirn, Milz und Lunge nicht gelang.

Den Histaminase-Gehalt verschiedener Tiernieren haben neuerdings McHenry und Gavin[2] vergleichend ermittelt.

Danach ergibt sich, wenn die in 24 Stunden bei 38⁰ und pH 7,2 durch 1 g Niere zerstörte Histaminmenge in Milligramm als Grundlage des Vergleichs gewählt wird (eingeklammerte Zahlen) folgende Reihenfolge: Huhn, Ratte, Meerschweinchen (0), Mensch (0—1,6), Kaninchen, Ochse (1,6), Hund (1,9), Katze (2,0), Affe (2,4), Pferd (2,7), Schaf (3,2) und Schwein (3,6); auch Gebauer-Fuelnegg konnte aus Huhn-, Ratten-, Meerschweinchen-, Menschen- (doch auch aus Katzen-) Niere keine gut wirksamen Enzympulver herstellen.

Während man anfangs wegen der geringen Beständigkeit von Histaminaselösungen meist mit (Nieren-) Trockenpulvern arbeitete, ist in neuerer Zeit eine nicht unerhebliche Anreicherung des Enzyms in Lösung geglückt.

Als Ausgangsmaterial verwendet man das nach Best und McHenry durch Fettextraktion mit Aceton und Äther und rasche Trocknung im Luftstrom erhaltene Nierentrockenpulver. Man extrahiert nach der Vorschrift von McHenry und Gavin am besten bei 38⁰ 2mal mit der 18fachen Menge Phosphatpuffer (pH 7—7,2) und engt die 80% der Pulveraktivität enthaltende Enzymlösung im Vakuum auf $1/3$ des Volums ein. Fällung des Enzyms kann durch Eingiessen in Aceton oder Sättigung der Lösung mit Ammoniummagnesiumsulfat oder auch Ammonsulfat mit etwa 70% Aktivitätsausbeute erfolgen. Ein verunreinigender Salzgehalt des Niederschlags lässt sich durch Aufschlemmung desselben in Chloroform und Zentrifugieren leicht abtrennen (wegen Dialyse vgl. unten). Die auf die eine oder andere Weise erhaltenen hellbraunen Trockenpräparate sind recht gut — wenigstens einen Monat — haltbar und etwa 10mal aktiver als das ursprüngliche Nierenpulver.

γ) **Eigenschaften und Wirkungen.** Über die Eigenschaften der Nierenhistaminase sei den Arbeiten von Best, McHenry und Gavin, die die Reaktion mit der kombinierten Blutdruck- und NH_3-Bestimmungsmethode verfolgten, folgendes entnommen:

Das Optimum der Histaminzerstörung liegt zwischen pH 7 und 8, die optimale Reaktionstemperatur ist 38⁰; bei 60⁰ wird die Histaminase zerstört, desgleichen durch längeren Aufenthalt bei pH 2,5. Auch Dialyse schädigt stark. Von den verschiedenen untersuchten Anionen sind Na· und K· ohne deutliche Wirkung, NH_4· verursacht eine leichte und Ca·· eine sehr starke Hemmung. Von den Kationen ist Cl' ohne Einfluss, Sulfat hemmt mässig, Citrat sehr stark; Phosphat beschleunigt optimal um etwa 60%, weitere 10fache Erhöhung der Phosphatkonzentration ändert hieran nichts mehr. Den Histaminschwund in N_2, Luft und O_2 ohne und mit Zusatz von $\frac{m}{500}$ - HCN zeigt Abb. 123. Vollständige Hemmung der Reaktion wird nach der älteren Angabe von Best und McHenry sogar schon durch $\frac{m}{2000}$ - HCN bewirkt. Die Hemmung lässt sich in jedem beliebigen Versuchsstadium realisieren. $\frac{m}{20}$ - $Na_4P_2O_7$ ist dagegen ohne jeden Effekt. Auffallend ist die ausgesprochene Induktionsperiode vor dem eigentlichen Einsetzen der Reaktion; ihre Dauer ist umgekehrt proportional der Histaminasekonzentration und in Sauerstoff nur etwa halb so lange wie in Luft. Der sich an sie anschliessende enzymatische Angriff gehorcht der Gleichung für einen monomolekularen Reaktionsverlauf, wenn man für die Zeit t = 0 das Aufhören der Induktionsperiode annimmt. Es besteht Proportionalität zwischen Reaktionsgeschwindigkeit und Enzymkonzentration. Luft oder Sauerstoff bedingen kinetisch keinen Unterschied; in N_2 erfolgt praktisch keine Umsetzung. In orientierenden

---

[1] E. Gebauer-Fuelnegg u. Alt, Proc. Soc. exp. Biol. 29, 531; 1932.

[2] E. W. McHenry u. Gavin, Biochem. Jl 26, 1365; 1932.

Versuchen haben Best und McHenry auch schon qualitativ den O_2-Verbrauch bei der Histamininaktivierung festgestellt.

Mit Hilfe der Warburgschen manometrischen Methodik (vgl. S. 292) haben Gebauer-Fuelnegg und Alt die enzymatische Histaminzerstörung näher untersucht und sind zu Ergebnissen gelangt, die in einzelnen Punkten von denen Bests und Mitarbeitern abweichen.

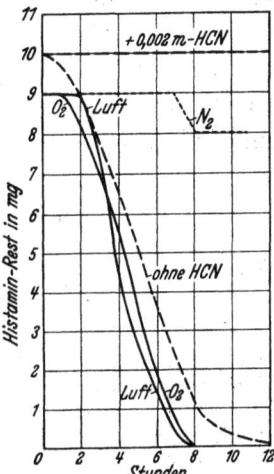

Abb. 123. Histaminasewirkung in O_2 und Luft, mit und ohne HCN. (Nach McHenry und Gavin.) Etwa $\frac{m}{5000}$ - Histamin; pH 7,2; T 38°.

Bei 37,5° war die Oxydationsgeschwindigkeit nach Zufügen von Histamin zum Nierenpulver — das selber kaum O_2 verbrauchte — zu Beginn des Versuchs konstant. Nach Beendigung der O_2-Aufnahme war auch alles Histamin inaktiviert, wie der Test am virginellen Meerschweinchenuterus ergab; bei noch fortgehender Oxydation war die Lösung auch noch physiologisch aktiv. Der schliessliche O_2-Verbrauch war aber in verschiedenen Ansätzen nicht konstant, so dass sich daraus keine Schlüsse auf die Endprodukte der Reaktion ziehen liessen; CO_2 wurde jedenfalls nicht abgegeben. Zufügen von Imidazolaldehyd, Imidazolmilchsäure, Imidazolpropionsäure oder Histidin zum Nierenpulver bewirkte keinen erhöhten O_2-Verbrauch.

Zur Kinetik der Reaktion werden folgende Angaben gemacht: Bei konstanter Nierenpulvermenge war die Oxydationsgeschwindigkeit unabhängig von der Histaminmenge, während der gesamte O_2-Verbrauch der Histaminmenge direkt proportional war. Bei konstanter Histaminmenge nahm die Oxydationsgeschwindigkeit mit der Nierenpulvermenge zu, die Gesamtaufnahme an O_2 verblieb aber konstant. Bei 9° wurde die Reaktion unmessbar langsam, bei 55° ging sie 3mal rascher als bei 37,5° (vgl. dagegen Bests Angaben S. 608). Änderungen des pH von 5—10 änderten die Oxydationsgeschwindigkeit nicht (vgl. dagegen S. 608), doch war die schliessliche O_2-Aufnahme bei pH 10 mehr als doppelt so hoch. Die dritte abweichende Angabe gegenüber Best und Mitarbeitern bezieht sich auf den HCN-Einfluss: $\frac{m}{500}$ - und $\frac{m}{5000}$ - HCN hemmten die Oxydation in der ersten Stunde um 60 bzw. 25%; doch hatte das Gift keinen Einfluss auf den gesamten O_2-Verbrauch. CO (95%) sowie 0,1 m- $Na_4P_2O_7$ änderten die O_2-Aufnahme bei der Histamininaktivierung nicht.

Ein Teil der Differenzen geht wohl auf die Verschiedenheit der von den Autoren angewandten Methodik zurück, denn die Blutdruckmethode erfasst wahrscheinlich nur den primären Umwandlungsschritt, während die manometrische auch die darauf folgenden Umsetzungen mit umfasst. Kaum zu erklären ist allerdings auf diese Weise der Unterschied in den Angaben über die HCN-Empfindlichkeit. Möglicherweise hat HCN im Tiertest Komplikationen hervorgerufen.

Was den Chemismus der Histamininaktivierung betrifft, so verdankt man die wichtigsten Angaben hierzu Best und seiner Schule. Klarstellung der Verhältnisse ist allerdings noch keineswegs erfolgt.

Zunächst geben Best und McHenry an, dass das inaktivierte Histamin durch Behandlung mit reduzierenden Substanzen nicht wieder in Histamin zurückverwandelt werden kann. Die Histaminase inaktiviert ferner nicht Tyramin (vgl. S. 604f.). Es wurde an den Befund Kendalls[1], dass kleine Mengen Formaldehyd die Histaminkontraktion des isolierten Uterus

---

[1] A. J. Kendall u. Mitarb., Jl Inf. Dis. 40, 689; 1927. — 41, 137; 1927.

und Darms aufheben — wohl durch Bildung eines Kondensationsprodukts —, gedacht. Doch während hierbei durch Ansäuern der inaktivierten Gemische sich etwa $^2/_3$ der verlorengegangenen Histaminwirkung wieder zurückgewinnen liessen, war dies bei der Histaminaseinaktivierung nicht möglich. Die Autoren vertraten anfangs die Ansicht, dass die Histaminase den Imidazolring zerstöre; denn der Gehalt an Imidazolkörpern, der durch die Diazoreaktion bestimmt wurde, nahm bei der Histamininaktivierung ab. Doch waren diese Versuche nicht eindeutig, weil im Nierenpulver Stoffe vorhanden waren, die nicht Histamin waren, doch ebenfalls eine Diazoreaktion gaben.

In ihrer letzten Arbeit (1932) haben McHenry und Gavin vergleichende Bestimmungen des Histaminschwunds und der NH_3-Entwicklung ausgeführt und haben sowohl bei pH 7,2 als pH 8,8 die Abspaltung von einem Molekül NH_3 pro Histaminmolekül bei dessen vollständiger Inaktivierung festgestellt. Sie neigen nunmehr der Ansicht zu, dass es sich hier um den Stickstoff der Seitenkette handelt, was die Analogie von Histaminase- und Tyraminasewirkung bei trotzdem strenger Spezifität zum Ausdruck bringen würde.

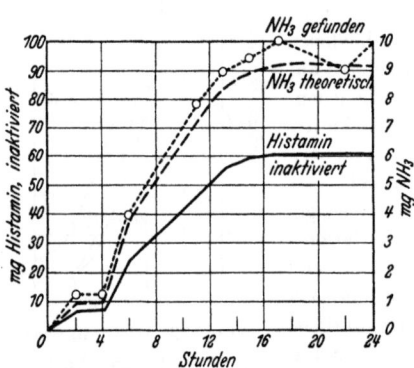

Abb. 124. Histaminasewirkung, parallel durch Bestimmung der Histamin-Abnahme und NH_3-Zunahme ermittelt. (Nach McHenry und Gavin.) $\frac{m}{350}$-Histidin; pH 7,2; T 30°.

Nebenstehende Abbildung zeigt das Ergebnis eines mit Nierenextrakt ausgeführten Versuchs. Die Kurve „NH_3 theoretisch" ist auf Grund der Annahme, dass auf ein inaktiviertes Histaminmolekül (nach der Blutdruckmethode bestimmt) ein NH_3-Molekül abgespalten wird, gezogen; die direkt gefundenen NH_3-Werte liegen in nächster Nähe der berechneten. Nach diesen Befunden erscheint es nicht unwahrscheinlich, dass der enzymatische Histaminabbau — in Analogie zur Tyraminoxydation — über Imidazolacetaldehyd erfolgt. Anderseits ist die Beobachtung McHenrys und Gavins nicht ausser acht zu lassen, dass bei pH 5,9 anders als bei pH 7,2 und 8,8 nur etwa $^2/_3$ der theoretischen NH_3-Menge frei werden. Die Autoren denken an eine komplexe Natur des histaminabbauenden Systems und weisen auf die früheren Beobachtungen über Aufspaltung des Imidazolrings unter gewissen Bedingungen hin (s. oben). „Bei der Histamin-Histaminasereaktion mögen sowohl Desaminierung als auch eine Veränderung im Kern stattfinden und die relativen Intensitäten dieser beiden Prozesse mögen nicht dieselben bei verschiedenen H·-Konzentrationen sein."

d) Anhang: Histidase.

Im Anschluss an die Histaminase soll kurz ein von Edlbacher[1a] in der Leber von Kaltblütern (Frosch), Vögeln und Säugetieren einschliesslich des Menschen aufgefundenes Enzym erwähnt werden, das im 2. Band dieses Enzymwerks nicht mehr Erwähnung finden konnte. Diese „Histidase" spaltet anaerob l-Histidin (nicht Methylhistidin, Histidindimethylester, Histamin, Imidazolmilchsäure, Imidazol), und zwar optimal bei pH etwa 9; sie ist auch weder mit Arginase noch Hippuricase identisch[1b]. Lässt man Glycerin- oder wässerige Leberextrakte bzw. Organbrei auf Histidin einwirken und bestimmt das bei 38° gebildete NH_3 nach dem Alkalischmachen mit NaOH, so findet man maximal $^2/_3$ des Histidinstickstoffs als NH_3, was auf eine Aufspaltung des Imidazolrings hindeutet. Verwendet man an Stelle von NaOH Soda, so beträgt nach wiederholt gemachten Beobachtungen die NH_3-Ausbeute nur 30—45%

[1a] S. Edlbacher, H. 157, 106; 1926. — [1b] S. Edlbacher u. Simons, H. 167, 76; 1927.

des Histidinstickstoffs[1]. Es ist Edlbacher gelungen, aus den mit gereinigter Histidase angesetzten und dann mit Phosphorwolframsäure gefällten Reaktionsgemischen durch Eindampfen mit konzentrierter HCl Glutaminsäure als Chlorhydrat in guter Ausbeute zu gewinnen und zwar erhält man aus dem natürlichen l-Histidin d-Glutaminsäure[2]. Da sich bei der Histidinreaktion ausserdem noch eine reduzierende Substanz, vermutlich Ameisensäure, nachweisen lässt, formuliert Edlbacher den Prozess folgendermassen:

$$\begin{matrix} NH-CH \\ | \\ CH=N \end{matrix} \!\!\! \diagdown C \cdot CH_2 \cdot CH(NH_2)_2 \cdot CO_2H + 4 H_2O \longrightarrow \text{Zwischenprodukte}$$

$$\longrightarrow HO_2C \cdot CH_2 \cdot CH_2 \cdot CH(NH_2) \cdot CO_2H + HCOOH + 2 NH_3.$$

Eine Schwierigkeit liegt darin, dass man den Anteil der eigentlichen Enzymreaktion noch nicht recht beurteilen kann; doch ist es so gut wie sicher, dass ein N-Atom zum wenigsten enzymatisch entfernt wird, da man durch schonende Behandlung des Reaktionsgemisches etwas krystallisiertes Zwischenprodukt isolieren kann, das nur mehr 2 N-Atome enthält bei fehlender Diazoreaktion und fehlender NH_3-Abspaltung auf Sodazusatz. Diese Substanz geht mit NaOH unter Abspaltung eines N-Atoms in Glutaminsäure über. Möglicherweise geschieht dies aber zum Teil auch auf enzymatischem Wege, wofür die früher schon erwähnten, bis zu 45% gehenden NH_3-Abgaben auf Sodazusatz sprechen. Jedenfalls muss aus dem so frühzeitigen Verschwinden der Diazoreaktion darauf geschlossen werden, dass das Ferment primär den Imidazolring öffnet. Möglicherweise bestehen hier Beziehungen zu dem früher (S. 610) angedeuteten Nebenweg der Histamin-Histaminasereaktion.

VIII. Zur Dehydrierung der Ketosäuren (W. Franke).

Dass Ketosäuren prinzipiell als Donatoren fungieren können, hat Wieland im Modellversuch dargetan (S. 166f.); doch war es ihm auch für den einfachsten Fall, den der Brenztraubensäure, nicht möglich zu entscheiden, ob diese Dehydrierung über ein Ketosäurehydrat oder über carboxylatisch gebildeten Acetaldehyd erfolgt. Auch im Enzymversuch ist eine Donatoreigenschaft verschiedener Ketosäuren wiederholt angegeben worden, ohne dass auch nur in einem einzigen Fall Sicherheit über den Chemismus der Reaktion hätte erlangt werden können; teilweise scheinen sogar noch rein chemische Komplikationen bei der Farbstoffreduktion hinzuzukommen. Unter diesen Umständen erscheint es gerechtfertigt, die Frage der Ketosäuredehydrierung in aller Kürze abzuhandeln.

Brenztraubensäure. Für Brenztraubensäure hat Thunberg[3a] (1920) als erster eine sehr kräftige Entfärbung im System gewaschener Froschmuskel-Methylenblau angegeben. Doch fand er — was neuerdings Collett[3b] bestätigt hat —, dass Brenztraubensäure auch nach der Redestillation das Vermögen besass, Methylenblau schon ohne Hilfe der Muskulatur zu entfärben; ob durch Verunreinigungen oder Umsatzprodukte bedingt, liess er dahingestellt. Die Kompliziertheit der Verhältnisse geht daraus hervor, dass zu Anfang zwar die (autoxydable) Leukoverbindung des Farbstoffs gebildet wird, dass später aber die Farbstoffreduktion irreversibel wird. Bei der grossen Bereitschaft der CO-Gruppe der Brenztraubensäure zu Kondensation (und Polymerisation) nehmen diese Beobachtungen nicht weiter wunder. Ahlgren[3c]

---

[1] S. Edlbacher u. Kraus, H. 191, 225; 1930. — 195, 267; 1931. — F. Kauffmann u. Mislowitzer, Biochem. Zs 226, 325; 1930. — E. Abderhalden u. Buadze, H. 200, 87; 1931.

[2] Zur Konfigurationsbeziehung vgl. P. Karrer u. Mitarb., Helv. 9, 301; 1926.

[3a] T. Thunberg, Skand. Arch. 40, 1; 1920. — [3b] M. E. Collett u. Mitarb., Jl biol. Chem. 100, 271; 1933. — [3c] G. Ahlgren, Act. med. scand. 57, 508; 1923.

fand auch bei Meerschweinchenmuskel kräftiges Reduktionsvermögen von Pyruvat. Dagegen konnte sich Wieland [1] bei Leber nicht von einer Pyruvatoxydation überzeugen. Er hat allerdings nur die CO_2-Bildung zum Vergleich herangezogen, die er bei gründlich ausgewaschenem Material in O_2 nicht grösser fand als in N_2. Bei weniger gründlich ausgewaschenem Gewebe ist sie im ersteren Fall zwar erheblich höher als im letzteren, doch findet man eine nur wenig kleinere Differenz auch schon in Vergleichsansätzen ohne Brenztraubensäurezusatz. Schliesslich erhielt er in Versuchen unter N_2 auf Zugabe von Methylenblau keine erhöhte CO_2-Ausbeute. Ohne Kenntnis vom Schicksal des decarboxylierten Rests sind diese Ergebnisse natürlich nicht eindeutig.

Fodor beobachtete in Versuchen mit Pflanzensamenextrakten + Hefekochsaft durchwegs nur eine sehr schwache Donatorwirkung der Brenztraubensäure[2a]. Etwas stärker scheint sie in Hefe zu sein[2b]. Doch ist gerade bei pflanzlichem Enzymmaterial die Möglichkeit primärer Decarboxylierung sehr naheliegend. Von Bakterien ist offenbar nur Bact. coli näher auf sein oxydatives Verhalten gegen Brenztraubensäure untersucht worden, ohne dass sich klare Verhältnisse ergeben hätten. Abbau über Acetaldehyd kommt wegen der geringen carboxylatischen Aktivität nicht in Frage, eher ein solcher über die hydrolytischen Spaltungsprodukte $CH_3 \cdot CO_2H + H \cdot CO_2H$[3a]. Doch zeigt andererseits Brenztraubensäure im Methylenblauversuch kaum eine Donatorwirkung, während sie aerob mit einer der Milchsäure vergleichbaren Geschwindigkeit oxydiert wird[3b]. Zahlreiche andere Bakterien scheinen Brenztraubensäure acceptorfrei ebenfalls nach dem Schema $\rightarrow CH_3 \cdot CO_2H + H \cdot CO_2H$ (bzw. $H_2 + CO_2$) zu spalten[3c], während u. a. für Essigbakterien die einfache carboxylatische Spaltung $\rightarrow CH_3 \cdot CHO + CO_2$ nachgewiesen ist[3d]. Ob auch bei Gegenwart eines geeigneten Acceptors primär diese Spaltungsreaktionen stattfinden oder ob sie von einer direkten Oxydation bzw. Dehydrierung der Ketosäure überholt werden, lässt sich auf Grund der vorhandenen, meist nicht kinetischen Daten nicht entscheiden. Angeführt sei noch, dass Davis[3e] neuerdings aerobe Pyruvatoxydation (nach dem respiratorischen Quotienten 2 offenbar zu $CH_3 \cdot CO_2H + CO_2$) auch für gewisse Milchsäurebakterien und Acetontrockenpräparate daraus angegeben hat.

Von der in Pneumokokken stattfindenden Brenztraubensäureoxydation durch intermediär gebildetes H_2O_2 war schon früher (S. 540) die Rede. Auch mag darauf hingewiesen werden, dass die Autoxydation der Brenztraubensäure der katalytischen Beschleunigung durch Schwermetall (auch häminartig gebundenes Eisen) leicht zugänglich ist[4] (vgl. S. 191).

Dass Brenztraubensäure vom Muskel mit Leichtigkeit veratmet — zum Teil auch zu Kohlehydrat resynthetisiert — werden kann, hat vor allem Meyerhof[5a] wiederholt gezeigt. Auch für Leber[5b], neuerdings auch Niere (vgl. S. 600 f.) und Gehirn[5c], sind ganz ähnliche Befunde im aeroben Versuch erhoben worden. Im letzteren Fall haben Quastel und Mitarbeiter im grösseren Zusammenhang den Einfluss einiger Gifte auf die Pyruvatoxydation untersucht. Es zeigt sich, dass die O_2-Aufnahme in Gegenwart von Pyruvat — die übrigens bei $\frac{m}{40} - \frac{m}{8}$- Substratkonzentration fast dieselbe ist wie in Gegenwart von Lactat — durch Zusatz von Monojodessigsäure, Narkotica (Barbitursäurederivate, Chloral) und Aminen (i-Amylamin, Tyramin u. a.) fast durchwegs im gleichen Ausmass verringert wird wie die O_2-Absorption durch

---

[1] H. Wieland, A. 436, 229; 1924.

[2a] A. Fodor u. Frankenthal, Biochem. Zs 225, 417; 1930. — 238, 268; 1931. — [2b] Biochem. Zs 246, 414; 1932.

[3a] R. P. Cook, Biochem. Jl 24, 1526; 1930. — [3b] R. P. Cook u. Stephenson, Biochem. Jl 22, 1368; 1928. — 24, 1538; 1930. — [3c] L. Karczag u. Móczár, Biochem. Zs 55, 79; 1913. — C. Neuberg, Biochem. Zs 67, 90, 122; 1914. — [3d] C. Neuberg u. Mitarb., Biochem. Zs 166, 454; 1925. — 253, 225; 1932. — [3e] J. G. Davis, Biochem. Zs 265, 90; 267, 357; 1933.

[4] H. Wieland u. Franke, A. 457, 1; 1927. — 464, 101; 1928. — 475, 19; 1929. — K. Meyer, Jl biol. Chem. 103, 39; 1933.

[5a] O. Meyerhof, D. chem. Vorgge. i. Muskel. Berlin 1930; z. B. S. 15, 48, 54, 229. — [5b] O. Meyerhof, Lohmann u. Meier, Biochem. Zs 157, 459; 1925. — [5c] J. H. Quastel u. Wheatley, Biochem. Jl 26, 725; 1932. — 27, 1609; 1933. — D. R. Davies u. Quastel, Biochem. Jl 26, 1672; 1932.

Lactat. Daraus lässt sich schliessen, dass die beiden Stoffe auf der gleichen Abbaulinie liegen und ihre Oxydation offenbar recht weitgehend erfolgt. Möglicherweise sind die beiden Enzyme einander überhaupt sehr ähnlich, denn auch im anaeroben Methylenblauversuch erhält man z. B. fast die gleichen Affinitätskonstanten mit den zwei Substraten. Auch die starke Arsenempfindlichkeit (s. S. 544 u. 601) scheint ein gemeinsames Charakteristicum zu sein. (Collett [S. 611] hat sie übrigens im Methylenblauversuch mit Froschmuskel vermisst, ebenso wie die gegen Selenit und Tellurit, dagegen hohe Empfindlichkeit gegen organische Arsenverbindungen [vgl. S. 566] gefunden. Möglicherweise kompliziert jedoch die freiwillige Methylenblauentfärbung [S. 611].)

Eine Identität von Lactico- und Pyruvodehydrase scheint jedoch trotz der Ähnlichkeit nicht in Betracht zu kommen. Gegen sie sprechen vor allem die früher wiederholt erhobenen Befunde, nach denen sich der Schritt Milchsäure → Brenztraubensäure mit verschiedenem Enzymmaterial (vgl. S. 538, 541, 546) isolieren lässt, was im allgemeinen durch die geringere Resistenz des Pyruvat umsetzenden Agens ermöglicht scheint.

Was schliesslich den Chemismus einer Pyruvatoxydation ohne primäre Decarboxylierung, wie sie wohl vorzugsweise im tierischen Organismus eine Rolle spielen dürfte, anbetrifft, so ist einmal an die Versuche Gorrs mit Leberbrei (S. 557) zu erinnern, die eine primäre Kondensation der Brenztraubensäure zu $\begin{matrix} CH_3 \cdot C(OH) \cdot CO_2H \\ | \\ CH_2 \cdot CO \cdot CO_2H \end{matrix}$, weiterhin unter irgendwie kombinierter Decarboxylierung und Dehydrierung zu Acetessigsäure führend, recht wahrscheinlich machen. Einen anderen Abbauweg hat schon früher Toennissen aus Muskeldurchblutungsversuchen erschlossen, nämlich den über die bimolekulare Dehydrierung zu Diketoadipinsäure, weiterhin Bernsteinsäure liefernd (Näheres S. 102). Schliesslich sei noch auf die Acceptorrolle der Brenztraubensäure (→ Milchsäure), die ihr in dem sich mehr und mehr durchsetzenden Embdenschen Schema für den Hexoseabbau im Muskel zukommt, verwiesen[1] (S. 473).

Trimethylbrenztraubensäure ist nach Ahlgren (S. 611) im Muskelversuch kein Donator; sie wird übrigens auch von Hefecarboxylase nicht angegriffen[2].

Acetessigsäure. Donatoreigenschaft von Acetessigsäure im Versuch mit Meerschweinchenmuskel und Methylenblau hat zuerst Ahlgren (S. 611) beobachtet; auf Grund früher (S. 559/60) schon angegebener Befunde hält er es für wahrscheinlich, dass die Wasserstoffabgabe über die primäre hydrolytische Spaltung zu Essigsäure zustande kommt. In die gleiche Richtung weisen Befunde Kühnaus (S. 87 u. 556f.) an Leberextrakten, in denen Übergang von Acetessigsäure bzw. α-Methylacetessigsäure in Bernsteinsäure bzw. Methylbernsteinsäure nachgewiesen wurde, während γγγ-Trimethylacetessigsäure durch Leberauszüge nicht angegriffen wurde. „Diese Resultate zeigen, dass die Zusammenfügung der intermediär gebildeten 2-Kohlenstoffkörper zur Bernsteinsäure durch eine Bindung zwischen dem α- und dem γ-C-Atom des ursprünglichen Acetessigsäuremoleküls erfolgen muss." Dagegen glaubt Lundin[3a], dass die Veratmung von Acetessigsäure durch O_2-geschüttelte Hefe über Aceton erfolgt, das in statu nascendi zu Kohlenhydrat resynthetisiert wird, von dem ein Teil gleich weiterveratmet wird (vgl. S. 102f.). Nach Weiss und Altai[3b] wird dieser Acetessigsäureabbau durch Zusatz von Zucker und Zuckerabbauprodukten (wie Acetaldehyd) gesteigert. Neuere Modellversuche über den beschleunigten oxydativen Abbau der Acetessigsäure (mit H_2O_2) unter dem Einfluss „antiketogener" Substanzen haben unter Verwendung von Glucose bzw. Methylglyoxal Shaffer[3c] und Henze[3d] ausgeführt. Henze hat einen Reaktionsverlauf der Form

---

[1] Zur Frage der Brenztraubensäure im Muskel vgl. auch E. M. Case u. Mitarb., Biochem. Jl 25, 1319; 1931. — 26, 753, 759; 1932.

[2] C. Neuberg u. Weinmann, Biochem. Zs 200, 473; 1928.

[3a] H. Lundin, Biochem. Zs 142, 463; 1923. — Vgl. J. Marian, Biochem. Zs 150, 281; 1924. — [3b] St. Weiss u. Altai, Zs exp. Med. 47, 606; 1925. — [3c] P. A. Shaffer, Jl biol. Chem. 47, 433; 49, 143; 1921. — 54, 399; 1922. — 61, 545; 1924. — [3d] M. Henze, u. Mitarb., H. 189, 121; 193, 88; 1930. — 195, 248; 200, 106; 1931. — 206, 1; 212, 111; 1932.

$$\underset{\text{Methylglyoxal}}{CH_3 \cdot CO \cdot CHO} + \underset{\text{Acetessigsäure}}{CH_3 \cdot CO \cdot CH_2 \cdot CO_2H} \xrightarrow{-CO_2}$$

$$\underset{\text{Oxydiketon („Ketol")}}{CH_3 \cdot CO \cdot CHOH \cdot CH_2 \cdot CO \cdot CH_3} \xrightarrow[-H_2O]{4 H_2O_2} \underset{\text{Brenztraubensäure}}{2 CH_3 \cdot CO \cdot CO_2H}$$

wahrscheinlich gemacht und vermutet ähnliche Vorgänge auch in vivo, da Verfütterung von „Ketol" bei Ratten leberglykogensteigernd wirkt.

Zahlreiche Angaben über die enzymatische Reaktionsweise der Acetessigsäure sind auch im Abschnitt über die β-Oxybutyrodehydrase (S. 553 f.) enthalten.

Lävulinsäure zeigt nach Thunbergs Froschmuskelversuchen keine deutlich hervortretende Donatorwirkung; Ahlgren (S. 611) hat sie beim Meerschweinchenmuskel überhaupt vermisst, wogegen sie nach Rosling[1] im Menschenmuskel zwar schwach, doch deutlich ist. Produkte unbekannt.

Oxalessigsäure wird durch tierisches[2a] wie pflanzliches[2b] Material so leicht decarboxyliert — im ersteren Falle im allgemeinen halbseitig ($CH_3 \cdot CO \cdot CO_2H$), im letzteren doppelseitig ($CH_3 \cdot CHO$) —, dass eine Erklärung der — u. a. von Ahlgren[2c] festgestellten — Donatorwirkung auf direktem Wege kaum in Frage kommen dürfte. Auch Bakterien decarboxylieren Oxalessigsäure, manche (z. B. Essigbakterien) vollständig[2d], andere (z. B. Bact. coli) offenbar nur zu Brenztraubensäure[2e] (vgl. S. 564f.); zu letzterer Reaktion ist übrigens selbst gekochtes tierisches Gewebe noch imstande[2a].

α-Ketoglutarsäure ist zuerst von Thunberg[3a] bei Phaseolussamen als ausgezeichneter Donator erkannt worden, was Ahlgren (l. c.) für Meerschweinchenmuskel bestätigte. Nach Wishart[3b] sind in Phosphatextrakten von Muskel und Leber α-Oxyglutarsäure und α-Ketoglutarsäure nach Bernsteinsäure (und Methylbernsteinsäure) die kräftigsten Donatorsubstanzen. Da er bei gleichzeitiger Gegenwart von Bernsteinsäure und α-Ketoglutarsäure keinen Summationseffekt hinsichtlich der Dehydrierungsgeschwindigkeit erhielt, schloss er auf Einheitlichkeit des dehydrierenden Enzyms. Nach Ahlgren (l. c.) „beweist ein negatives Resultat hier aber nichts, weil es möglich ist, dass diese Substanzen zwei aufeinander folgende Glieder im Abbau bilden." Für den Fall des Hefemacerationssaftes (auch von Fäulnisbakterien) hat bekanntlich Neuberg (S. 93 f. u. 594) die enzymatische Reaktionsfolge α-Ketoglutarsäure → Bernsteinsäurehalbaldehyd → Bernsteinsäure realisiert. Es ist eine unentschiedene Frage, ob dieses Schema auch z. B. für den Muskel, dessen Carboxylasegehalt ja problematisch, zum mindesten sehr klein ist (vgl. S. 102 u. 557[4]), gilt oder ob dort eine decarboxylierende Dehydrierung des C_5-Körpers (über das Ketohydrat) erfolgt.

β-Ketoglutarsäure (= Acetondicarbonsäure) ist im Gegensatz zur α-Verbindung sowohl unter den von Ahlgren als von Wishart gewählten Bedingungen als resistent befunden worden. Die Säure, die als primäres Dehydrierungsprodukt der Citronensäure (S. 222 u. 569) eine gewisse Rolle spielt, wird sicher erst nach primärer Decarboxylierung (→ Acetessigsäure → Aceton oder nach Wieland, S. 569, → $2 CH_3 \cdot CO_2H + CO_2$) weiter verwertet.

---

[1] E. Rosling, Skand. Arch. 45, 132; 1924.

[2a] P. Mayer, Biochem. Zs 62, 462; 1914. — H. Wieland, A. 436, 229; 1924. — A. Hahn u. Haarmann, Zs Biol. 87, 465; 1928. — 88, 587; 1929. — [2b] C. Neuberg u. Mitarb., Biochem. Zs 32, 323; 36, 76; 1911. — P. Mayer, Biochem. Zs 50, 283; 1913. — [2c] G. Ahlgren, Act. med. scand. 57, 508; 1923. — Soc. Biol. 90, 1185; 1924. — [2d] C. Neuberg u. Mitarb., Biochem. Zs 67, 90; 1914. — 166, 476; 1925. — [2e] J. H. Quastel, Biochem. Jl 18, 365; 1929.

[3a] T. Thunberg, Arch. int. physiol. 18, 601; 1922. — [3b] G. M. Wishart, Biochem. Jl 17, 103; 1923.

[4] Literaturzusammenstellung über Carboxylase (und ihr Co-Ferment) in tierischen Organen bei E. Auhagen, Biochem. Zs 258, 331; 1933.

c) Besondere Oxydations- und Reduktionssysteme.
(H. v. Euler.)

I. Enzyme des oxydativen Purinstoffwechsels.

Zu dieser Gruppe spezifischer Dehydrasen, welche an den Oxydoreduktionsvorgängen der Purine und Purinderivate beteiligt sind[1], werden gewöhnlich zwei Enzyme gerechnet, nämlich

1. Xanthindehydrase, 2. Uricase. Dazu kann man 3. die Allantoinase und möglicherweise eine Adenindehydrase zählen.

Genau abgegrenzt ist höchstens der Wirkungsbereich der Enzyme 1 und 2, von welchen die Uricase am besten bekannt ist; eine Reihe von Tatsachen, welche besonders durch die Schule von Fr. G. Hopkins bekannt geworden sind, sprechen für eine in gewissem Grade bestehende Spezifität.

1. Xanthindehydrase (Xanthinoxydase).

Die chemische Reaktion, welche Hypoxanthin und Xanthin in Harnsäure überführt, kann folgendermassen formuliert werden:

$$\begin{array}{c} N=\!\!=\!C\cdot OH \\ |\quad\quad\quad | \\ CH\quad C-NH \\ \|\quad\quad\|\quad\;\;\rangle CH \\ N-\!\!-\!C-N \end{array} \longrightarrow \begin{array}{c} N=\!\!=\!C\cdot OH \\ |\quad\quad\quad | \\ HO\cdot C\quad C-NH \\ \|\quad\quad\;\;\|\quad\;\;\rangle CH \\ N-\!\!-\!C-N \end{array} \longrightarrow \begin{array}{c} N=\!\!=\!C\cdot OH \\ |\quad\quad\quad | \\ HO\cdot C\quad C-NH \\ \|\quad\quad\;\;\|\quad\;\;\rangle COH \\ N-\!\!-\!C-N \end{array}$$

Vermutlich handelt es sich um ein einheitliches Enzym, welches einerseits Hypoxanthin und andererseits Xanthin (sowie Thioxanthin, s. S. 219), 6,8-Dioxypurin und Adenin[2] angreift. Jedenfalls ist bisher kein Anhaltspunkt für eine Aufteilung in Teilenzyme bekannt geworden. Viel unsicherer ist die Abgrenzung der Xanthindehydrase von anderen Dehydrasen und es hat auch nicht an Versuchen gefehlt — besonders von seiten der Schule von Bach sowie von Sen[3] — die Xanthindehydrase als eine Dehydrase von allgemeinerer Wirksamkeit hinstellen; dagegen sprechen aber die Befunde von Wieland und Mitarbeitern[4]. Eine hierher gehörende Dehydrase der Milch wird im allgemeinen als Schardinger-Enzym bezeichnet (vgl. S. 204 f.). Vom Schardinger-Enzym ist also die Xanthindehydrase verschieden (vgl. S. 210 f. und 218 f.).

---

[1] Die enzymatische Natur der Umwandlung ist zuerst von Cohnheim beschrieben worden (vgl. Schittenhelm, H. 57, 21; 1908).

[2] Coombs, Biochem. Jl 21, 1259; 1927.

[3] Sen, Biochem. Jl 25, 849; 1931.

[4] Wieland u. Rosenfeld, A. 477, 32; 1929. — Wieland u. Macrae, A. 483, 217; 1930. — Wieland u. Mitchell, A. 492, 156; 1932.

Unter den älteren Arbeiten über die enzymatische Umwandlung von Nucleinbasen in Harnsäure seien nur diejenigen von W. Spitzer[1], von Horbaczewski[2] sowie von Schittenhelm[3] und von Burian[4] erwähnt.

Vorkommen. Über die Verbreitung der Xanthinoxydase im Tierkörper gibt eine Tabelle von Schittenhelm und Harpuder[5] Auskunft. Hervorgehoben seien nur die folgenden Daten: beim Menschen wurde die Xanthindehydrase nur in der Leber nachgewiesen (J. R. Miller u. W. Jones[6]). — Es fehlt in der Lunge (E. R. Long u. H. Wells[7]). Auch beim Affen fand Wells[8] es nur in der Leber. Metastatische Lebergewebe sind frei von Enzym (Wells und Long[9]).

Beim Rind ist dagegen das Enzym in allen Organen verbreitet (W. Jones[10]). Przyłęcki[11] fand Xanthindehydrase in Fröschen. Ausserdem ist unter den tierischen Flüssigkeiten, in welchen dieser Vorgang eintritt, besonders die Milch zu nennen (Morgan, Stewart und Hopkins[12]).

Isolierung und Reinigung. Eine erste Isolierung des Enzyms gelang Schittenhelm, welcher Milzbrei bzw. Milzextrakt mit Ammoniumsulfat aussalzte.

Dixon und Thurlow[13] haben das Enzym weitgehend gereinigt, indem sie es aus Milch gleichzeitig mit Casein durch Ammoniumsulfat fällten und die Fällung mit Äther entfetteten. Das so erhaltene Pulver hat sich als sehr aktiv und haltbar erwiesen. Es ist allerdings vom Zustand der Reinheit noch weit entfernt. Eine Adsorptionsreinigung mit Tonerde ist wenig wirksam gewesen, weil die Elution des Enzymes nicht geglückt ist. Kohle ist für Xanthinoxydase in neutraler Lösung kein wirksames Adsorbens, dagegen ist die Adsorption erheblich an Filtrierpapier, wo das Enzym auch seine Aktivität behält. Nach Thurlow[14] und Dixon[15] entsteht bei der Dehydrierung von Xanthin in Gegenwart von Sauerstoff H_2O_2, worüber u. a. S. 207, 209, 230f., 247 nachzulesen ist.

---

[1] W. Spitzer, Pflüg. Arch. 76, 192; 1899.
[2] Horbaczewski, Monatsh. f. Chem. 12, 221; 1891.
[3] Schittenhelm, H. 42, 251; 1904. — 43, 228; 1904. — 45, 121; 1905. — 46, 354; 1906. — 57, 21; 1908. — 63, 248; 1909.
[4] Burian, H. 43, 497 u. 532; 1904.
[5] Schittenhelm u. Harpuder, Oppenheimers Hdbch. Biochem. II. Aufl., 8 B., 1925.
[6] J. R. Miller u. W. Jones, H. 61, 395; 1909.
[7] E. R. Long u. Wells, Dtsch. Arch. klin. Med. 115, 377; 1914.
[8] H. G. Wells, Jl Biochem. 7, 171; 1910.
[9] H. G. Wells u. E. R. Long, Zs Krebsforsch. 12, 598; 1913.
[10] W. Jones, H. 42, 35; 1904. — [11] Przyłęcki, Arch. intern. Physiol. 24, 237; 1925.
[12] Morgan, Stewart und Hopkins, Proc. Roy. Soc. [B.] 94, 109; 1922.
[13] M. Dixon u. S. Thurlow, Biochem. Jl 18, 971, 976, 989; 1924. — Was die Beziehung der Milch-Xanthinoxydase zu anderen Enzymen der gleichen Art betrifft, so kam S. Thurlow zum Ergebnis, dass Hypoxanthin, Xanthin und Adenin imstande sind, Aldehyd in dem Nitrit oxydierenden System der Milch, welches von Haas und Hill als „Itate" bezeichnet wurde, zu ersetzen. (Haas u. Hill, Biochem. Jl 17, 671; 1923.) Die Auffassung von Haas und Hill über das besondere nitratreduzierende System hat sich nicht aufrecht erhalten lassen.
[14] S. Thurlow, Biochem. Jl 19, 175; 1925. — [15] M. Dixon, Biochem. Jl 19, 507; 1925.

Wieland und Rosenfeld haben Xanthindehydrase aus steriler Milch dargestellt, und zwar aus dem Rahm, dessen hoher Enzymgehalt bereits von Kodama erkannt worden war.

Neuere Versuche zur Reinigung der Xanthindehydrase liegen vor von Dixon und Thurlow (1924), von Sbarsky und Michlin[1], von Kodama[2] sowie von Wieland und Mitarbeitern (S. 218 u. 615).

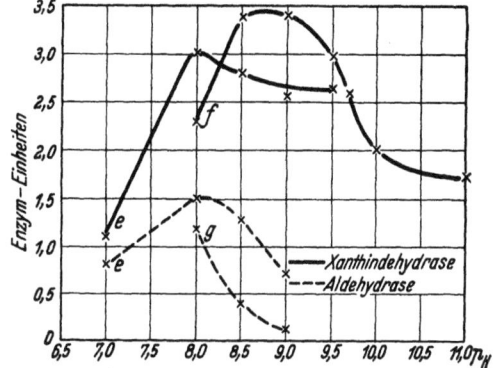

Abb. 125. Abhängigkeit der Enzymwirkung vom pH gegenüber MB.
(Nach Wieland und Rosenfeld.)

Nach Wielands und Rosenfelds Versuchen war die Aktivität von rund 0,05 auf 5 XE pro 10 mg Trockensubstanz gesteigert. Bezogen auf den Trockengehalt von Milch war das Wielandsche Enzympräparat also etwa 100mal aktiver.

Xanthindehydraseeinheit. Wieland definiert als eine Xanthindehydraseeinheit (XE) die Enzymmenge, die bei Gegenwart von 0,2 ccm 0,01 mol-Xanthin bei pH = 8,0 im Gesamtvolumen von 5,0 ccm 1 ccm 0,001 n-Methylenblau bei 37° in 5 Min. entfärbt.

Wirkungsbedingungen. In dieser Hinsicht ist nur das Enzym aus Milch näher untersucht worden. Dixon und Thurlow (l. c. 976) fanden für die Dehydrierung von Hypoxanthin ein breites Aciditätsoptimum zwischen pH = 5,5 und 9, und zwar gilt dasselbe für die Harnsäurebildung aus Hypoxanthin.

Sowohl in alkalischer Lösung über pH = 9 als in saurer Lösung unter pH = 3,5 tritt Zerstörung ein.

Wieland und Rosenfeld (l. c.) haben diese Versuche unter Verwendung von Xanthin wiederholt, und zwar sowohl mit Milch als mit einem nach ihrer Vorschrift hergestellten Enzympräparat. Sie fanden das Optimum der Enzymwirkung bei ungefähr pH = 8—9, aber auch noch bei pH = 12 war die Wirkung bedeutend.

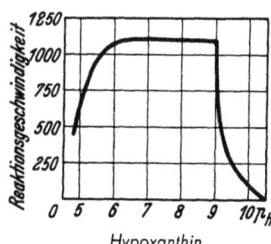

Abb. 126. Jedes Rohr enthält: 2,5 ccm Enzymlösung in Wasser; 2,5 ccm Pufferlösung; 0,5 ccm Methylenblau; 0,2 mg Hypoxanthin.
(Nach Dixon und Thurlow.)

Diese pH-Abhängigkeit wurde für Aldehydrase anders gefunden, und zwar sind die Unterschiede erheblich, wie Abbildung 125 zeigt.

„Auch die pH-Abhängigkeit bei der Dehydrierung mit O_2 liegt, wenigstens für Xanthin, in derselben Richtung."

---

[1] Sbarsky u. Michlin, Biochem. Zs 155, 485; 1925.
[2] Kodama, Biochem. Jl 20, 1104; 1926.

Zum Vergleich geben wir auch die von Dixon und Thurlow[1] mit Hypoxanthin gewonnene pH-Kurve wieder (Abb. 126).

Wie andere Enzyme wird Xanthindehydrase durch Bleisalze gehemmt (Preti[2]). Ob kleine Mengen Bleisalze fördern, erscheint zweifelhaft. Wieland und Mitchell (l. c. S. 177) haben auch andere Schwermetallsalze untersucht und fanden die Hemmung abnehmend in der Reihenfolge $Cu > Hg > Pb$ ($= As^{III}$) $> Fe^{II} > Zn$. Cyanid verhindert die Hemmung durch Hg (auch durch Au und Ag, nicht durch die anderen Metalle).

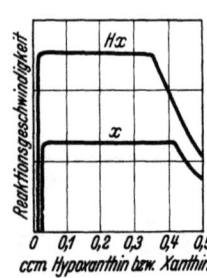

Abb. 127. Erster Teil der Konzentrations-Kurven des Hypoxanthins und Xanthins. Jedes Rohr enthält: 5,0 ccm starker Enzymlösung in Puffer; 0,5 ccm Methylenblau; x ccm Hypoxanthin- oder Xanthinlösung (2 mg per ccm); (0,5−x) ccm Wasser. (Nach Dixon u. Thurlow.)

Dixon und Thurlow (l. c.) fanden Zerstörung durch Alkohol und Aceton, wogegen Glycerin und Toluol keinen Einfluss haben.

Bemerkenswert ist, dass nach den gleichen Verfassern[3] die Oxydation des Hypoxanthins durch molekularen Sauerstoff von Cyaniden und von Pyrophosphat nicht gehemmt wird, was als Beweis gegen die Warburgsche Theorie verwendet wird[4].

Narkotica (Äthylurethan, Phenylurethan u. a.) sind nach Sen[5] ohne Einfluss auf Xanthinoxydase (Schardinger-Enzym).

Kinetik. Dixon und Thurlow haben reaktionskinetische Versuche an Xanthinoxydase mit Hilfe der Methylenblaumethodik vorgenommen. Sie fanden im Acidititätsgebiet $pH = 5,5-9$, die Reaktionsgeschwindigkeit direkt proportional mit der Enzymkonzentration; dies wurde von Wieland und Rosenfeld bestätigt. Die Reaktionsgeschwindigkeit ist unabhängig von der Methylenblaukonzentration, sofern diese nicht sehr gering ist. Wieland und Rosenfeld verwenden die Methylenblaumethode in der von Bertho (A. 474, 1; 1929) angegebenen Form.

Durch Zusatz verschiedener Purine, sowohl Harnsäure als anderer, wird die Reaktion gehemmt. (Näheres s. S. 219.)

Unter einer kritischen Substratkonzentration vermag Hypoxanthin das Methylenblau doppelt so stark zu reduzieren als Xanthin.

Den Einfluss der Substratkonzentration haben Dixon und Thurlow[6] an Hypoxanthin und Xanthin untersucht (Abb. 127). Den Messungen von Wieland und Rosenfeld (l. c.) über die Abhängigkeit der Reaktions-

---

[1] Dixon u. Thurlow, Biochem. Jl 18, 977; 1924.
[2] L. Preti, Biochem. Zs 45, 488; 1912.
[3] Dixon u. Thurlow, Biochem. Jl 19, 672; 1925.
[4] Siehe hierzu Warburg, Biochem. Zs 163, 252; 1925.
[5] Sen, Biochem. Jl 25, 849; 1931.
[6] Dixon u. Thurlow, Biochem. Jl 19, 982; 1925.

geschwindigkeit von der Konzentration an Hypoxanthin und Xanthin (ausgeführt an Trockenenzym aus Rahm) entnehmen wir folgende Zahlen:

pH = 8,0. T = 37°. Gesamtvolum 8 ccm.

1. Bestimmung mit wechselnden Mengen Xanthin.

Mole Xanthin	1	2	4	8	16	32	64	. 10^{-6}
Xanthin-Dehydrase-Einheit XE	2,27	2,17	1,72	1,39	0,83	0,63	0,61	

2. Steigende Mengen Hypoxanthin. Präparat von 1,58 XE.

Mole Hypoxanthin	0,5	1	2	. 10^{-6}
XE	1,67	1,08	0,69	

„Man sieht, dass die Erhöhung der optimalen Substratkonzentrationen, von denen ausgegangen wird, mit einem Rückgang der Aktivität verbunden ist."

Von Interesse sind in diesem Zusammenhang folgende Beobachtungen von Wieland[1]: „Prüft man die Milch unmittelbar nach dem Melken, so ist ihre Aktivität gering. Sie nimmt in der steril aufbewahrten Milch langsam zu und erreicht nach etwa 2 Tagen den Maximalwert, der dem Anfangswert um das 3—4fache überlegen ist (Abb. 128). Dieser Endwert wird auffallenderweise viel rascher, schon innerhalb einiger Stunden erreicht, wenn man die Milch sofort nach dem Melken kühlt, schon nach $^1/_2$ Stunde durch mässige mechanische Bewegung.

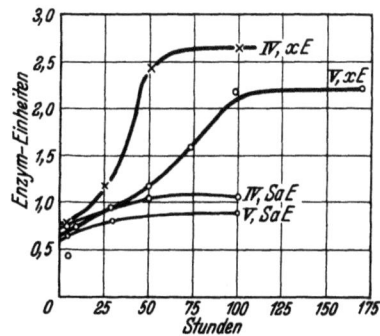

Abb. 128. Spontane Aktivitätssteigerung der Milch nach Wieland. (Verlauf der Oxydationsvorgänge, S. 49.)

Diese Veränderlichkeit des Wirkungswertes wird zweifellos dadurch hervorgerufen, dass die wirksame Enzymoberfläche in dem die Wirkungserhöhung kennzeichnenden Verhältnis sich vergrössert, eine Erscheinung, die wahrscheinlich durch die allmähliche Koagulation der Fetttröpfchen bedingt ist." Die Aktivität gegenüber der Dehydrierung von Aldehyden ändert sich nur in mässigen Grenzen. Das angegebene Verhältnis bezieht sich auf die Purindehydrase, die sich nach Wieland schon durch diesen Unterschied als ein besonderes Enzym erweist. Die Aktivitätssteigerung der Purindehydrase (XE) und der Salicylaldehydrase (Sa.E.) sind in der Abb. 128 angegeben.

Zum Vergleich sei auch hier auf die schon S. 206 und 207 eingehender besprochene und durch Kurven dargestellte Kinetik der Salicylaldehydrase hingewiesen. Von Interesse ist noch die von Dixon gefundene Tatsache, dass die Dehydrierung des Hypoxanthins durch Sauerstoff von der Gegenwart von Katalase abhängig ist. Diese Tatsache ist bereits S. 230f. besprochen worden[2].

---

[1] Siehe Wieland, Über den Verlauf der Oxydationsvorgänge. Stuttgart: Ferdinand Enke 1933.

[2] Vgl. auch Bernheim u. Dixon, Biochem. Jl 22, 120; 1928.

2. Uricase.

Die Bezeichnung Uricase oder Uricooxydase für das Enzym, welches Harnsäure in Allantoin verwandelt

$$\begin{array}{c}\text{NH-CO}\\|\quad\;|\\\text{CO}\quad\text{C-NH}\\|\quad\;\|\quad\quad\text{CO}\\\text{NH-C-NH}\end{array} + O \longrightarrow \begin{array}{c}\text{NH-CH-NH}\\|\quad\;|\quad\;|\\\text{CO}\quad|\quad\text{CO}\\|\quad\;|\\\text{NH-CO}\;\;\text{NH}_2\end{array} + CO_2$$

wurde 1912 von Battelli und Lina Stern[1] eingeführt. Unabhängig von Schittenhelm[2] haben sie dieses Enzym ausführlich beschrieben und seine Bedeutung für den Stoffwechsel erkannt und es auch richtig in die Systematik der Enzyme eingeordnet. Im gleichen Jahr wie Battelli und Stern haben sich auch Wiechowski und H. Wiener[3] mit dem gleichen Enzym beschäftigt und ebenfalls wesentliche Beiträge zu seiner Kenntnis geliefert.

Zur Chemie der Uricolyse. Die Reaktionsgleichung, welche oben angegeben ist, besagt, dass unter Addition von 1 Atom O 1 Mol CO_2 abgespalten wird. Die obige Formel ist eine Bruttoformel; der Gesamtvorgang setzt sich zusammen

1. aus einer Oxydation, 2. einer Hydrolyse, 3. einer Abspaltung von CO_2.

Eine wesentliche Vertiefung unserer Kenntnisse dieser Teilreaktionen verdankt man K. Felix[4], der zeigen konnte, dass bei der Oxydation der Harnsäure ein Zwischenprodukt entsteht, welches seinerseits Allantoin bildet. Dieses Zwischenprodukt scheint aber nicht die Uroxansäure zu sein, welche bei der Permanganatoxydation entsteht. Auch Brünig[5] hat dieses Zwischenprodukt nicht mit Sicherheit feststellen können; Harnsäureglucol liefert jedenfalls kein Allantoin. Dagegen scheint es Schuler[6] gelungen zu sein, das Teilenzym „Uricooxydase" aus der Uricase des Lebertrockenpulvers zu extrahieren, und das Zwischenprodukt der Uricolyse zu charakterisieren.

Er zeigte, dass das Zwischenprodukt in saurer Lösung leicht decarboxyliert wird und dass aus ihm in stark essigsaurer Lösung bei längerem Stehen sich Harnstoff abspalten lässt. Es zerfällt nach alkalischer und darauffolgender saurer Hydrolyse in Harnstoff und Glyoxylsäure.

Die Daten über Redoxpotentiale, maximale Arbeit und Wärmetönung der Reaktion Harnsäure ⇌ Hypoxanthin sind zur Klärung der Vorgänge noch heranzuziehen. Neue Messungen liegen vor von S. Filitti[7].

---

[1] Battelli u. Stern, Soc. de Biol. 66, 612; 1909. — Ergeb. d. Physiol. 12, 199; 1912.
[2] Schittenhelm, H. 46, 354; 1905.
[3] Wiechowski u. Wiener, Arch. exp. Pathol. u. Pharm. 60, 185; 1909.
[4] Felix u. Fr. Scheel, H. 180, 90; 1929. — Felix u. W. Schuler, Am. Jl Physiol. 90, 342; 1929. — Felix, Klin. Ws. 1, 292; 1930. — Siehe auch Schuler, H. 208, 237; 1932.
[5] H. Brünig, Einecke, F. Peters, R. Rabel u. K. Fiehl, H. 174, 94; 1928.
[6] Schuler, H. 208, 237; 1932. — Vgl. auch F. Chrometzka, Zs exp. Med. 86, 483 (1933), dem man eine gute Übersicht über den Harnsäureabbau beim Menschen verdankt.
[7] Filitti, C. r. 197, 1212; 1933.

Schuler hat zum Vergleich mit der enzymatischen Oxydation der Harnsäure die abiologische Oxydation in alkalischer Lösung untersucht. Dabei konnte er ein Zwischenprodukt als Silbersalz isolieren und den Beweis erbringen, dass ein Salz der Oxy-acetylen-diurein-carbonsäure vorliegt. Er formuliert also die Oxydation der Harnsäure in alkalischer Lösung folgendermassen (l. c. 257):

$$\begin{array}{cc}
\text{Harnsäure} & \text{Oxy-acetylen-diurein-carbonsäure} \\
\begin{array}{c} HN-CO \\ | \quad\quad | \\ OC \quad C-NH \\ | \quad\quad \| \quad\;\;\; >CO \\ HN-C-NH \end{array}
& \xrightarrow[+H_2O]{+O}
\begin{array}{c} COOH \\ | \\ HN-C-NH \\ OC< \quad\quad >CO \\ HN-C-NH \end{array}
\end{array}$$

$$\downarrow -CO_2 \quad\quad\quad\quad \overset{OH}{|} \; +H_2O \downarrow$$

$$\begin{array}{cc}
\begin{array}{c} H_2N \\ | \quad\quad O \\ OC \quad C-NH \\ | \quad\quad | \quad\;\;\; >CO \\ HN-C-NH \\ \quad\;\; H \end{array}
& \quad NH_2-CO-HN-\underset{|}{\overset{|}{C}}-NH-CO-NH_2 \\
\text{Allantoin} & \text{Uroxansäure}
\end{array}$$

mit $COOH$ oben und unten an dem zentralen C.

Wieland und Macrae[1] haben die Oxydation der Harnsäure durch Hydroperoxyd studiert (vgl. S. 207). Sie fanden im wesentlichen Carbonyl-diharnstoff [früher nachgewiesen von Schittenhelm (H. 62)], Cyanursäure und Allantoin.

Bemerkenswert ist, dass noch sehr wenig über die enzymatische Oxydation von Harnsäureverbindungen bekannt geworden ist. Bekanntlich konnte S. R. Benedict[2] bereits 1915 zeigen, dass Harnsäure in Ochsenblut zum grossen Teil in gebundener Form vorliegt, während Folin und Denis[3] in Hühnerblut die Harnsäure frei gefunden hatten. Benedict konnte auch zeigen, dass die gesamte Harnsäure des Ochsenblutes in den roten Blutkörperchen vorhanden war. Später ist es Benedict[4] gelungen, die Harnsäureverbindung als Harnsäureribosid zu charakterisieren. Nach W. Schuler findet eine fermentative Oxydation des Harnsäureribosids nicht statt, die Uricase bzw. Uricooxydase ist also spezifisch auf Harnsäure eingestellt.

Streng genommen gehört nur die oxydative Teilreaktion der Uricolyse hierher. Indessen ist über die Teilenzyme der Uricase noch so wenig bekannt, dass man die Uricase als Ganzes beschreiben muss. Die rein chemischen Untersuchungen haben zwar keinen bindenden Anhaltspunkt dafür gegeben, dass die Uricase bzw. eines ihrer Teilenzyme eine Dehydrase ist, vielmehr sprechen z. B. die Versuche von Przyłęcki[5] für eine wirkliche Oxydation. Die Uricase

---

[1] Wieland u. Macrae, H. 203, 83; 1931.
[2] S. R. Benedict, Jl biol. Chem. 20, 633; 1915.
[3] Folin u. Denis, Jl biol. Chem. 14, 29; 1913.
[4] S. R. Benedict, Jl biol. Chem. 54, 595; 1922.
[5] Przyłęcki u. Troszkowski, Soc. Biol. 98, 789; 1928. — Przyłęcki, Acta Biolog. Exp. Warszawa 1, Nr. 6; 1928. — Siehe auch Gogolinska, Biochem. Jl 22, 1307; 1928. — Dobrowolska, Soc. Biol. 99, 1022; 1928. — Z. Dobrowska, Biochem. Jl 26, 543; 1932.

wird als HCN-empfindlich beschrieben (vgl. S. 618); indessen liegen hier die Verhältnisse so wenig übersichtlich, dass die Mitwirkung einer Dehydrase an der Uricolyse nicht ganz ausgeschlossen ist.

Nach Kleinmann und Bork erfolgt die Oxydation der Harnsäure nicht bei Sauerstoffabschluss und wird durch O_2-Durchströmung beschleunigt. Harnsäurespaltungen lassen sich durch Schwermetallionen erzielen.

Eine neue Darstellung der Harnsäureoxydation durch chemische Oxydationsmittel gaben Kleinmann und Bork[1]. Dieser Oxydation wird der fermentative Abbau gegenübergestellt. Es ist Kleinmann gelungen, Harnsäure durch gereinigte Uricase zu zerlegen, ohne dass eine weitere sekundäre chemische Behandlung des Systems erfolgt. Die Spaltprodukte der Uricolyse konnten quantitativ bestimmt werden, und zwar ergab sich Harnstoff, Oxalsäure und Allantoin. Die Menge Allantoin wächst nach Kleinmann im Verhältnis zu den anderen Spaltprodukten mit zunehmender Alkalität der Spaltung. „Bei Betrachtung der molaren Verhältnisse ergibt sich, dass ein Teil der Harnsäure in 1 Molekül Allantoin und 1 Molekül CO_2, ein anderer Teil in 1 Molekül Oxalsäure, 1 Molekül CO_2 und 2 Moleküle Harnstoff zerfällt." Harnstoff und Oxalsäure sind nach Kleinmann nicht die Produkte eines weiteren Allantoinabbaues. Allantoin ist durch die angewandte Uricase nicht mehr spaltbar und stellt somit ein echtes Endprodukt dar.

„Die erhaltenen Spaltprodukte zeigen, dass die Spaltung nicht nach dem Schema der Wasserstoffsuperoxydoxydation mit Oxalursäure, Carbonyldiharnstoff und Cyanursäure als Endprodukte verläuft, sondern sie entspricht dem Schema der Oxydation in kohlensaurem schwach alkalischem Milieu nach Biltz und Schauder[2]. Die Produkte der Spaltung erklären sich zwanglos, wenn man wie Biltz und Schauder die Oxydation als über Oxyacetylen-diurein-carbonsäure und über Oxyacetylen-diurein gehend auffasst."

Harnsäure-4,5-glycol, sein 4,5-Dimethyläther und Spiro-dihydantoin sowie vier Monomethylderivate der Harnsäure haben sich als unangreifbar gegenüber Uricase erwiesen[3].

Vorkommen. Die diesbezüglichen Ergebnisse sind wenig einheitlich.

Einerseits finden Battelli und L. Stern[4], Wiechowski[5], Miller und Jones[6] und Wells[7] alle menschlichen Gewebe frei von Uricase, was von Kleinmann und Bork[8] bestätigt wird, andererseits wurde aber von so

---

[1] Kleinmann u. Bork, Biochem. Zs 262, 20; 1933.
[2] Biltz u. Schauder, Jl prakt. Chem. 106, 108; 1923.
[3] Brünig u. Mitarb., H. 174, 94; 1928.
[4] Battelli u. L. Stern, Biochem. Zs 19, 219; 1909.
[5] Wiechowski, Hofm. Beitr. 9, 295; 1907. — 11, 109; 1908.
[6] J. R. Miller u. W. Jones, H. 61, 395; 1909.
[7] H. W. Wells, Jl exp. Med. 12, 609; 1910.
[8] Kleinmann u. Bork, Biochem. Zs 261, 303; 1933. — Siehe hierzu auch Schuler, Klin. Ws. 12, 1253; 1933.

exakten Forschern wie Folin[1] eine Zerstörung der Harnsäure durch Rattenleber einwandfrei nachgewiesen. Eine Uricase kommt nach Flatow[2] auch im Blut vor.

Pferdegewebe enthalten verhältnismässig viel Uricase, wie z. B. aus den Versuchen von Ascoli[3], Austin[4] und Almagia[5] hervorgeht; auch in den Pferdeleukocyten findet man kleine Mengen. In Embryonen von Schwein fanden Mendel und Mitchell[6] keine Uricase.

Kleinmann und Bork fanden Uricase in folgenden Geweben des Schweines: Milz, Niere, Pankreas, Galle.

Eingehende Versuche über die Uricase in Amphibien und Fischen verdankt man Przyłęcki[7], welcher in den Fischlebern reichliche Uricasemengen fand. Während die Eier von Rana temporaria frei von Uricase sind, tritt dieses Enzym am 15. Entwicklungstage der Larven auf und bleibt vom 19. bis 46. Tage konstant und steigt dann nochmals sprungweise (Truszkowski und Czuperski[8]).

Vorkommen in Pflanzen. Bemerkenswert ist der Befund von Němec[9], dass Sojasamen enzymatisch Harnsäure in Allantoin und dann weiter in Harnstoff verwandeln.

Eine Reihe von Bakterien, wie z. B. B. proteus vulgaris, B. mesentericus, B. fluorescens liquefaciens können Harnsäure zersetzen, und zwar am besten im pH-Gebiet 7,4—8,4 (Truszkowski[10]).

Isolierung und Reinigung. In älteren Versuchen (1905) hat Schittenhelm die Trennung der Uricase von Verunreinigungen mit Uranylacetat versucht. Neue Reinigungsarbeiten liegen vor von Kleinmann und Bork[11], und zwar unter Benutzung von Adsorptions- und Elutionsmethoden. Gute Adsorptionsmittel sind Kaolin und Tonerde; schwächere Kieselgur und Tierkohle.

Man verdankt Kishun Rô[12] eine Methode zur Darstellung einer löslichen Uricase. Die Ergebnisse des japanischen Forschers konnten von Truszkowski im wesentlichen bestätigt werden (Privatmitteilung; Biochem. Jl 28).

Lösliche Uricase geht durch Berkefeld-Filter, welche Ovalbumin zurückhalten (Truszkowski, Privatmitt.).

---

[1] O. Folin u. J. L. Morris, Jl biol. Chem. 14, 509; 1913. — Siehe auch W. Pfeiffer, Hofm. Beitr. 7, 463; 1906.
[2] Flatow, Münch. med. Ws. 73, 12; 1926.
[3] Ascoli, Pflüg. Arch. 72, 340; 1898. — [4] Austin, Jl Med. Res. 15, 309; 1907.
[5] Almagia, Hofm. Beitr. 7, 459; 1906.
[6] L. B. Mendel u. Ph. H. Mitchell, Am. Jl Physiol. 20, 97; 1907.
[7] Przyłęcki, Arch. Intern. Physiol. 24, 317; 1925.
[8] Truszkowski u. Czuperski, Biochem. Jl 27, 66; 1933. — T. u. Goldmanowska, 27, 612; 1933.
[9] Němec, Biochem. Zs 112, 286; 1921.
[10] Truskowski, Biochem. Jl 24, 1340; 1930.
[11] Kleinmann u. Bork, Biochem. Zs 261, 324; 1933.
[12] Rô, Jl of Biochem. (Japan) 14, 361; 1931/32.

Wirkungsbedingungen. Die Uricolyse hat ein ausgesprochenes pH-Optimum des Harnsäureabbaues unter Kohlensäurebildung und ein besonderes pH-Optimum der Kohlensäureabspaltung. Beide Optima sind von Felix, Scheel und Schuler[1] gemessen worden und sind in nachstehenden Abbildungen 129 und 130 angegeben.

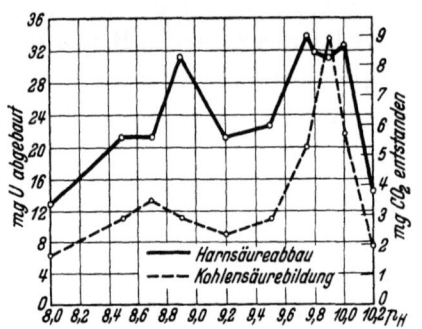

Abb. 129. pH-Optimum für Harnsäureabbau und Kohlensäurebildung.
(Der Massstab entspricht der jeweils 100%igen Menge.)
(Nach Felix und Mitarbeiter.)

Die Phase der Uricolyse, welche als Harnsäureabbau und Kohlensäurebildung gemessen ist, ist an die Gegenwart von Sauerstoff gebunden. Einem Molekül Harnsäure entspricht genau 1 Atom Sauerstoff, wie die in Abb. 131 dargestellten Versuche zeigen.

Das Optimum für die Abspaltung der Kohlensäure liegt scharf bei pH 9,9. Für den Abbau der Harnsäure fand Felix ein Optimum bei pH = 8,9 und ein zweites bei 9,9—10,0, welch letzteres also mit dem Optimum der Kohlensäureproduktion zusammenfällt.

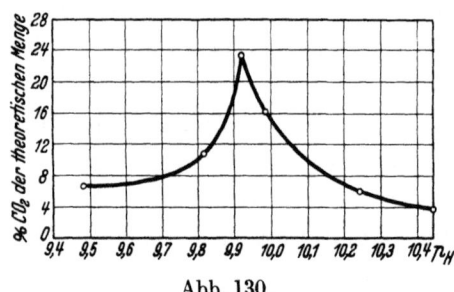

Abb. 130. pH-Optimum der Kohlensäureabspaltung.
(Nach Felix und Mitarbeiter.)

Die Lage dieser Optima ist auffallend, denn bis jetzt sind so stark alkalische Reaktionen in tierischen Zellen und Geweben nicht gefunden worden. Für Uricase aus Rinderniere findet Truszkowski[2] ein Maximum der Reaktionsgeschwindigkeit bei pH = 8.

Nach Truszkowski[3] wird Uricase durch KCN inaktiviert, und zwar irreversibel, andererseits ist die Cu-Wirkung noch unbestimmt. Es hemmen Jod, Hydroperoxyd, Ferrosulfat und Sublimat. Bezüglich des Cu in Uricase siehe auch Przyłęcki (C. r. Soc. Biol. 98, 789; 1928).

Erhitzen auf 70° während 5 Min. zerstört die Uricase fast vollständig, während sie gegen Erhitzen auf 50° noch stabil ist (Truszkowski).

Kinetik. Hinsichtlich der Kinetik der Uricase sei zunächst auf die Arbeiten von Felix, Fr. Scheel und Schuler[1] verwiesen.

Die Abb. 131 stellt den zeitlichen Verlauf des Harnsäureabbaues, des Sauerstoffverbrauchs und der Kohlensäurebildung dar.

---

[1] Felix, Fr. Scheel u. W. Schuler, H. 180, 90; 1929.
[2] Truszkowski, Biochem. Jl 24, 1349; 1930.
[3] Truszkowski, Biochem. Jl 26, 285; 1932.

Nachdem W. Schuler[1] ein Teilenzym der Uricolyse, nämlich die Uricooxydase nachgewiesen hat, ist dieses bei kinetischen Messungen in Betracht zu ziehen. Diese Uricooxydase wurde aus Lebertrockenpulver extrahiert. Schuler betont aber die Möglichkeit, dass es sich um ein hydratisierendes und dehydrierendes Enzym handelt. Für dieses Teilenzym hat Schuler eine Uricooxydaseeinheit eingeführt. Uricooxydaseeinheit ist diejenige Enzymmenge, durch deren Wirkung bei bestimmten konstanten Bedingungen

in 0,5 Stunden 0,5 ccm (Uo.-E.)$_{0,5}$
„ 1,0   „   1,0 „ (Uo.-E.)$_{1,0}$

Sauerstoff (0°, 760 mm) (entsprechend einem Abbau von 7,51 mg Harnsäure) verbraucht werden.

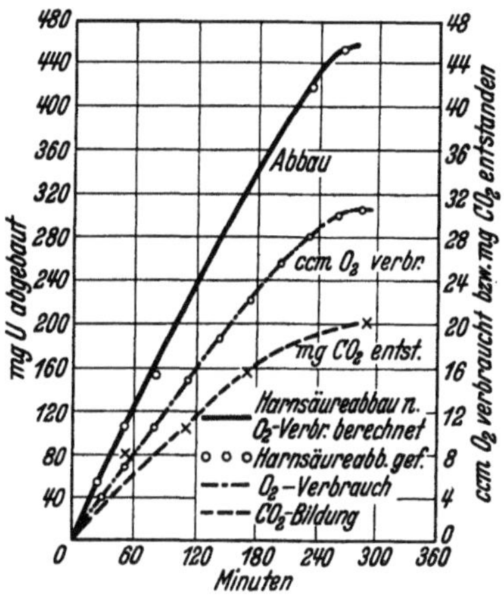

Abb. 131. Zeitlicher Verlauf des Harnsäureabbaues, des Sauerstoffverbrauches und der Kohlensäurebildung. (Nach Felix und Mitarbeiter.)

Die Uricooxydasemenge eines Präparates berechnet sich danach aus

$x_1/0{,}5 = $ (Uo.-E.)$_{0,5}$ sowie $x_2/1{,}0 = $ (Uo.-E.)$_{1,0}$,

wobei x_1 und x_2 verbrauchte Mengen Sauerstoff in Kubikzentimeter in 0,5 bzw. 1 Stunde Versuchsdauer bedeuten.

Uricooxydasewert (Uo.-W.) = (Uo.-E.)/g Leberpulver.

Die Abb. 132 zeigt die Abhängigkeit des oxydativen Reaktionsverlaufes von der Enzymmenge.

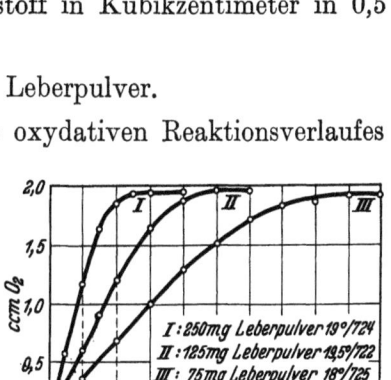

Abb. 132. (Nach Schuler.)

Neue Versuche über die Kinetik der Uricolyse hat Rô[2] angestellt.

Weitere Beiträge zur Kinetik der Uricasewirkung hat M. Z. Grynberg[3] im Institut von Przyłęcki geliefert. Unter seinen Befunden seien folgende erwähnt: Allantoin bleibt auch in gesättigter Lösung auf die Uricolyse ohne Einfluss. Der Harnsäureabbau ist in Sauerstoffatmosphäre viel energischer als in Luft. Er verläuft unter Aufnahme von 1 Atom Sauerstoff und 1 Molekül Wasser, unter Ausscheidung von 1 Molekül Kohlendioxyd. Das Verhältnis $CO_2/O_2 = 2$.

Die Affinitätskonstante der Verbindung Uricase—Harnsäure ist ziemlich gross. Bei kleinen Harnsäurekonzentrationen nähert sich der Reaktionsverlauf

---

[1] Schuler, H. 208, 237; 1932. — [2] Rô, Jl of Biochem. (Japan) 14, 361; 1931.
[3] Grynberg, Biochem. Zs 236, 138; 1931.

einem solchen erster Ordnung. Die Reaktionsgeschwindigkeit ist in gewissen Grenzen den angewandten Uricasemengen proportional.

Es scheint noch einen anderen Weg des Xanthinabbaues zu geben als denjenigen, welcher zu Allantoin führt; II. Ackroyd[1] fand in Hundelebern keine quantitative Beziehung der Allantoinbildung zur verschwundenen Harnsäuremenge. Schittenhelm und Harpuder[2] fanden einen Harnsäureverbrauch in der menschlichen Leber nicht von Allantoinbildung begleitet. Trotz der eingehenden Untersuchung von Folin, Berglund und Derick[3] ist das Schicksal der Harnsäure im lebenden Gewebe noch nicht geklärt.

Auch eine Studie von Hunter und Mitarbeitern[4] hat gezeigt, dass die Art des Harnsäureabbaues bei verschiedenen Tieren recht verschieden ist. Ähnlich dem Abbau bei Menschen ist derjenige der Dalmatinerhunde; die Vergleiche zwischen Pferd und Rind und anderen Tieren gaben ein von Folin etwas abweichendes Resultat.

3. Allantoinase.

Przyłęcki[5] hat zuerst darauf aufmerksam gemacht, dass Amphibien ein Enzym besitzen, welches Allantoin weiter abbaut. Er hat für dieses von ihm entdeckte Enzym die Bezeichnung Allantoinase eingeführt.

Die Allantoinase Przyłęckis scheint tatsächlich ein Oxydationsenzym zu sein; das Enzym bildet bei Sauerstoffzufuhr Ammoniak und Harnstoff und ausserdem vermutlich Oxalsäure.

Als Ausgangsmaterial hat der polnische Forscher Froschgewebe verwendet, die er mit Glycerin, Wasser und Chloroform digeriert.

Schliesslich sei noch auf eine neuere Arbeit von K. Rô[6] hingewiesen.

Fosse[7] konnte später zeigen, dass in vielen Pflanzen Allantoinsäure vorkommt und dass ein Enzym, welches Allantoin in Allantoinsäure umwandelt, in der Pflanzenwelt weit verbreitet ist. Die Reaktion, welches dieses Enzym vermittelt, ist folgendermassen zu formulieren

$$\begin{array}{c} H_2N \\ | \\ CO \quad CO-NH \\ | \quad \quad \quad \diagdown CO \\ | \quad \quad \quad \diagup \\ HN-CH-NH \\ \text{Allantoin} \end{array} \quad +H_2O \longrightarrow \quad \begin{array}{c} H_2N \quad \quad \quad NH_2 \\ | \quad \quad \quad \quad | \\ CO \quad COOH \quad CO \\ | \quad \quad \quad | \\ HN-CH-NH \\ \text{Allantoinsäure} \end{array}$$

Es handelt sich also hier um ein rein hydrolytisches Enzym, das strenggenommen nicht zu der hier behandelten Gruppe der Purindehydrasen gehört.

[1] H. Ackroyd, Biochem. Jl 5, 217; 1910.
[2] A. Schittenhelm u. K. Harpuder, Nucleinstoffwechsel. Hdbch. Biochem., II. Aufl. Jena 1925. Bd. 8, S. 589.
[3] Folin, H. Berglund u. Derick, Jl biol. Chem. 60, 361; 1924. — Flatow, Münch. med. Ws. 73, 12; 1926. — Siehe auch K. Ohta, Biochem. Zs 54, 439; 1913.
[4] A. Hunter, M. H. Givens u. C. M. Guion, Jl biol. Chem. 18, 387; 403; 1914.
[5] Przyłęcki, Arch. intern. Physiol. 24, 238; 1924.
[6] Rô, Jl of Biochem. 14, 372; 1932.
[7] Fosse u. Mitarb.: Bull. Soc. Chim. Biol. 10, 301, 308, 310, 313; 1928. — C. R. 189, 213; 190, 79; 191, 1153; 1929.

II. Glucoseoxydase und Glucose-Dehydrogenase.

In den letzten Jahren sind zwei Enzyme entdeckt und studiert worden, welche Glucose in anderer Weise angreifen als dies bei dem früher studierten Kohlehydratabbau der Fall ist. Während nämlich bei der Gärung und auch — der Hauptsache nach wenigstens — bei der Atmung der Abbau mit einer anaeroben Spaltung der 6-Kohlenstoffkette beginnt, und zu einer 3-Kohlenstoffkette führt, ist die Funktion der hier zu besprechenden Enzyme eine direkte Oxydation bzw. Dehydrierung. Durch beide wird nämlich Glucose in Gluconsäure übergeführt nach dem Schema:

Während also das Reaktionsprodukt in beiden Fällen das gleiche ist, unterscheiden sich die beiden Enzyme, wie Harrison hervorhebt, fundamental in ihren Eigenschaften, indem

die Glucoseoxydase von Müller[1] den Sauerstoff zur Oxydation verwendet, nicht aber Methylenblau verwenden kann, während

$$\begin{array}{c}CHO\\|\\HC\cdot OH\\|\\HO\cdot C\cdot H\\|\\HC\cdot OH\\|\\HC\cdot OH\\|\\CH_2OH\end{array} + O \rightarrow \begin{array}{c}COOH\\|\\HC\cdot OH\\|\\HO\cdot CH\\|\\HC\cdot OH\\|\\HC\cdot OH\\|\\CH_2OH\end{array}$$

die Dehydrogenase von Harrison[2] Methylenblau als Oxydationsmittel verwendet, molekularen Sauerstoff aber nicht übertragen kann.

Zur Stellung der beiden Enzyme im System der Oxydoreduktionsenzyme s. S. 239 f. u. 244.

1. Glucoseoxydase.

Man verdankt D. Müller (l. c.) den Hinweis darauf, dass der oxydative Abbau der Glucose noch in einer anderen Weise erfolgen kann als durch einleitende anaerobe Spaltung in Triosen. Vor etwa 5 Jahren hat der genannte Forscher nachgewiesen, dass im Presssaft aus jungen Kulturen von Schimmelpilzen (Aspergillus niger u. a.) ein Enzym existiert, welches die Oxydation von Glucose zu Gluconsäure katalysiert. Dieses Enzym ist nach D. Müller ein Atmungsferment, das ohne aktives Schwermetall die Oxydation von Glucose zu Glykonsäure mittels atmosphärischen Sauerstoffs katalysiert. Der gleiche Forscher hebt hervor, dass seine Glucoseoxydase keine Dehydrase ist, wenn man darunter ein Enzym versteht, das auch in Gegenwart anderer H-Acceptoren als Sauerstoff zu dehydrieren vermag.

Bezüglich der Nomenklatur betont Müller, dass seine Glucoseoxydase nicht zu den „Desmolasen" gehört. Der genannte Verf. schlägt vor, die Enzyme des Hexosenabbaues vorläufig in zwei Hauptgruppen einzuteilen, nämlich: 1. Zymasen, 2. Hexoseoxydasen. Zu den letzteren rechnet er solche „Enzyme, die einen Hexoseabbau katalysieren, der in seinen ersten Stadien nicht anoxybiontisch ist. Von diesen Enzymen ist nur die Glucoseoxydase bekannt."

---

[1] D. Müller, Biochem. Zs 199, 136; 1928. — 205, 111; 1929. — 213, 211; 1929. — 232, 423; 1931. — Die Oxydationsenzyme. Kopenhagen: Verlag Gjellerup 1934.

[2] D. C. Harrison, Biochem. Jl 25, 1016; 1931. — 26, 1295; 1932.

Chemie der Glucoseoxydasewirkung. Die typische Reaktion lässt sich also einfach als die Oxydation einer Aldehydgruppe zu einer Carboxylgruppe formulieren:

$$R \cdot CHO + O \rightarrow RCOOH.$$

Die Oxydation beschränkt sich auf die Bildung von Gluconsäure; sie geht nicht bis zur Zuckersäure. Glucoseoxydase wirkt nicht auf Glucuronsäure. Sie ist inaktiv gegenüber Lactose sowie gegenüber Äthylalkohol. Glucoseoxydasepräparate greifen Rohrzucker an, weil dieser zunächst hydrolysiert wird und das typische Substrat Glucose liefert. Wenn das Enzympräparat 30 Min. auf 70° erwärmt wird, so dass die Saccharase, aber nicht die Glucoseoxydase vernichtet wird, wird der Rohrzucker nicht angegriffen.

Glucoseoxydasepräparate wirken auf Maltose, aber die Wirkung wird hier teilweise durch eine direkte Oxydation von Maltose verursacht, jedoch nicht mittels Glucoseoxydase, sondern mittels eines Enzyms, das Müller als Maltoseoxydase bezeichnet.

Nicht angegriffen werden: d-Fructose, d-gluconsaures Ca, Glycerin, Dioxyaceton, Acetaldehyd, d-Xylose und d-Arabinose. Dagegen werden in geringerem Grad angegriffen: d-Mannose und d-Galactose.

Wirkung der Glucoseoxydase in einer Wasserstoffatmosphäre. Wie Müller fand (Biochem. Zs 205, S. 120), ist die Glucoseoxydase in Presssaft aus Aspergillus niger nur dann wirksam, wenn die umgebende Atmosphäre Sauerstoff enthält. In einer Wasserstoffatmosphäre erfolgt weder Säurebildung noch Glucoseverbrauch. Die CO_2-Bildung verläuft dagegen unabhängig von der Gegenwart von Sauerstoff.

Vorkommen. Die Erzeuger der Glucoseoxydase sind die Schimmelpilze, und zwar hat Müller sowohl Aspergillus niger als Penicillium glaucum verwendet. Andere Mikroorganismen sind noch nicht endgültig auf Glucoseoxydase geprüft. Gluconsäure ist bisher weder frei noch als Salz bei Samenpflanzen gefunden worden, dagegen wird sie gebildet (ausser von Aspergillus und Penicillium von Citromyces und Essigbakterien und vielleicht von anderen Bakterien (siehe hierzu auch Bernhauer, Bio Zs 197, 278; 1928).

Darstellung. Das wirksamste Präparat von Glucoseoxydase wurde in folgender Weise gewonnen.

Der trocken gepressten Pilzmasse wird pro 100 g Pilz 100 g reiner Quarzsand und 35 g Kieselgur beigegeben. Die Mischung wird gerührt bis sie eine feuchtklebrige Konsistenz bekommt, worauf sie in einer Buchnerpresse bei 300 Atm. ausgepresst wird. 300 g Pilzmasse gibt 100—150 ccm **Presssaft**, d. h. ausgepressten Zellinhalt + Wasser, das nicht mit der Handpresse entfernt wurde.

Die Fällung der Enzyme aus dem Presssaft kann mit **96%igem Alkohol**, mit Alkoholäthermischungen oder mit Aceton vorgenommen werden, am besten auf die Weise, dass man mittels einer Pipette nicht über 30 ccm Presssaft in die 12fache Menge des Fällungsmittels tröpfelt. Der Niederschlag wird abgesaugt; ehe die Mutterlauge ganz weggesaugt worden ist, wird mit absolutem Alkohol, zuletzt mit Äther gespült, worauf das Präparat im Vakuumexsiccator getrocknet wird. Das Präparat enthält dann höchstens Spuren von reduzierenden Zuckerarten. Die Glucoseoxydase ist nicht dialysierbar. Kochsaft enthält kein Coenzym, das auf Glucoseoxydase einwirkt.

Wirkungsbedingungen. Müller hat seine Glucoseoxydase in der Regel bei der natürlichen Acidität zur Wirkung gebracht. Die Abhängigkeit der Glucoseoxydasewirkung von der Acidität der Lösung wird durch Abb. 133 angegeben, welche ein Optimum bei pH = 6 zeigt. Das Enzym ist cyan-unempfindlich.

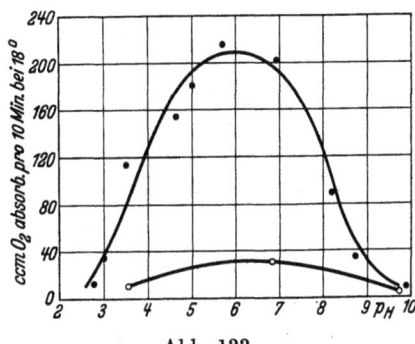

Abb. 133.
•——• Enzymlösung + Puffergemisch + Glucose;
○——○ Enzymlösung + Puffergemisch ohne Glucose.

Einfluss der Temperatur. Abhängigkeit der Glucoseoxydase-Wirkung von der Temperatur. Die Sauerstoffabsorption sowohl mit als ohne Glucose steigt nach den Versuchen von D. Müller[1] mit der Temperatur. Wie gewöhnlich bei Enzymreaktionen nimmt der Temperaturkoeffizient mit steigender Temperatur ab, und zwar hat das Verhältnis $Q = k_{t+10} : k_t$ folgende Werte (30 Min. nach dem Verrühren):

Temperaturdifferenz	0—10°	10—20°	20—30°
Ohne Glucose	1,62	1,52	1,09
Mit Glucose	1,70	1,58	1,03

Tötungstemperatur. Die Temperatur, die nach Erwärmung von 30 Min. die Enzymmenge (bzw. Enzymwirkung) auf die Hälfte vermindern würde, verglichen mit der Enzymwirkung bei 20°, beträgt etwa 73°, welches also die Tötungstemperatur[2] der Glucoseoxydase unter den gegebenen Bedingungen darstellt.

2. Glucose-Dehydrogenase (Harrison).

Vorkommen. Harrison hat sein Enzym aus Leber gewonnen, und zwar von verschiedenen Tieren, nämlich Ochse, Schaf, Katze und Hund. Über das Vorkommen in anderen Organen machen Harrison und seine Mitarbeiter keine Angaben. Ein Vergleich dieser Dehydrase mit der von Wieland und Frage[3] beschriebenen, welche sich an die von Battelli und Stern[4] und von Parnas[5] anschliesst, ist nicht leicht durchzuführen, da die letztgenannten Enzyme an Acetaldehyd, nicht aber an Glucose geprüft wurden.

---

[1] D. Müller, Biochem. Zs 205, 127; 1929. — [2] Siehe allgem. Teil, 3. Aufl., S. 272. 1925.
[3] Wieland u. Frage, H. 186, 195; 1929.
[4] Battelli u. L. Stern, Biochem. Zs 28, 145; 1910.
[5] Parnas, Biochem. Zs 28, 274; 1910.

Mit den Dehydrasen der Hexosediphosphorsäure kann nach den Angaben von Harrison[1] die Glucose-Dehydrogenase nicht identisch sein.

Das System Glucose-Glucosedehydrogenase ist mit Keilins Cytochrom-Indophenol-Oxydasesystem in Beziehung gesetzt worden; in Gegenwart dieses letzteren Systems tritt die aerobe Oxydation der Glucose leicht ein, indem das Cytochrom als ein Sauerstoffüberträger zwischen aktivem Sauerstoff von der Oxydase und aktivem Wasserstoff von Glucose-Dehydrogenase fungiert. (Nähere Angaben s. S. 239.)

In Gegenwart von Glucose-Dehydrogenase wird Glutathion von Glucose reduziert. Diese Reaktion verläuft nur langsam; sie wird aber durch einen aus der Leber extrahierbaren Aktivator[2] beschleunigt. Dieser Aktivator ist löslich in Wasser, aber unlöslich in Alkohol.

Darstellung der Dehydrogenase nach Harrison[3]. Diese Methode, durch welche die Dehydrogenase und ihr Coenzym getrennt werden können und als stabile konzentrierte Präparate gewonnen werden, welche nur Spuren von Farbstoff enthalten, beruht auf der Tatsache, dass die Dehydrogenase durch Halbsättigung ihrer Lösung mit Ammoniumsulfat gefällt wird, während das Coenzym zusammen mit Eiweissstoffen erst bei vollständiger Sättigung des Filtrates (Filtrat F) mit Ammoniumsulfat fällt.

Acetonleber wird präpariert durch Behandeln von etwa 0,65 kg frischer zerkleinerter Ochsenleber mit dem gleichen Gewicht von Aceton, worauf zweimal mit dem halben Gewicht Aceton nachgerührt wird[4], wobei die Temperatur tief zu halten ist.

60 g der trockenen Acetonleber werden mit 240 ccm destillierten Wassers in einem Mörser 2—3 Stunden verrührt. Dann wird durch Filtertuch filtriert und die Extrakte kurze Zeit zentrifugiert. Die trübe Flüssigkeit wird über Nacht im Eisschrank in weiten Kollodiumsäcken gegen destilliertes Wassers dialysiert. Dann wird der Inhalt der Säcke auf etwa pH = 5,7 gebracht und der dabei entstehende Proteinniederschlag abzentrifugiert. Die klare oder wenig trübe, gefärbte Lösung ist annähernd neutral; in sie wird ein kleines Volumen gesättigter Ammoniumsulfatlösung eingerührt.

Der Niederschlag, welcher Glucose-Dehydrogenase enthält, wird abfiltriert; das Filtrat F wird für die Herstellung des Coenzyms gespart. Der Niederschlag wird gepresst und dann auf porösem Ton entwässert. Er wird dann wieder in 60 ccm destillierten Wassers aufgenommen, zentrifugiert, um enzymfreies Eiweiss zu entfernen, und mit Ammoniumsulfatlösung wieder gefällt. Schliesslich wird der Niederschlag auf Ton und dann im Vakuum getrocknet und zu einem homogenen Pulver verrieben. Die Ausbeute beträgt gewöhnlich zwischen 1 und 2 g aus 60 g Acetonleber = 250 g frischer Leber.

---

[1] D. C. Harrison, Biochem. Jl 25, 1016; 1931. — 26, 1295; 1932.
[2] P. J. G. Mann, Biochem. Jl 26, 785; 1932.
[3] D. C. Harrison, Biochem. Jl 27, 382; 1933.
[4] D. C. Harrison, Biochem. Jl 25, 1016; 1931.

Darstellung des Coenzyms der Glucose-Dehydrogenase. Das Coenzym lässt sich leicht darstellen durch Sättigung des oben erwähnten Filtrates F mit Ammoniumsulfat. Der hierbei entstehende Niederschlag wird abfiltriert, teilweise auf Ton getrocknet, wieder in Wasser gelöst und mit Ammoniumsulfat wieder ausgefällt. Dann wird die in Wasser aufgenommene Fällung im kochenden Wasserbad 5—6 Min. lang erhitzt. Der Niederschlag wird abfiltriert, das Filtrat zur Trockne verdampft und im Vakuumexsiccator weiter entwässert. Es entsteht ein homogenes Pulver in einer Menge von etwa 0,9 g aus 250 g frischer Leber.

Das Coenzym ist nach Harrison nur begrenzt thermostabil. Wird die Lösung unter Rückfluss 1 Stunde gekocht, so wird der grösste Teil der Aktivität zerstört. Gegen Erwärmen mit verdünnter Säure oder verdünntem Alkali ist das Coenzym sehr empfindlich. Es lässt sich durch Collodiummembranen dialysieren. Durch Adenyl-Pyrophosphat liess sich das Coenzym der Glucose-Hydrogenase nur in geringem Grad ersetzen.

Kinetik. Die Aktivität des Enzyms mit verschiedenen Beträgen von Coenzym wird durch den folgenden Versuch dargetan, bei welchem die Mb-Methode in der gewöhnlichen Form verwendet wurde. Jede Röhre enthielt 0,25 ccm einer $1/5000$ Methylenblaulösung. Totalvolumen in jeder Röhre 1,55 ccm. Die Dehydrogenaselösung in jeder Röhre (pH = 7,4) enthielt 0,4 ccm Enzym entsprechend 0,8 g Acetonleber, während die Coenzymlösung dem Gehalt von 1 g Acetonleber in 0,1 ccm entsprach. Tabelle nach Harrison, Biochem. Jl 27, 383; 1933.

Aus der Tabelle wird ersichtlich, dass das Enzym und das Coenzym zusammen in Abwesenheit von Glucose eine relativ geringe Reduktion des Methylenblaus erzeugen. Mit Glucose und dem Enzym ruft der Zusatz steigender Coenzymmengen eine zunehmende Reduktionsgeschwindigkeit des Methylenblaus hervor, welche sich einem Maximum bei hohen Coenzymkonzentrationen nähert.

Tabelle 50.

Coenzym ccm	2 M Glucose ccm	Entfärbungszeit in Min.
0,08	—	67
0,32	—	26
—	0,02	28
0,02	0,02	13,5
0,04	0,02	9,25
0,08	0,02	5,25
0,16	0,02	3
0,32	0,02	2,25
0,64	0,02	1,75

Auf Grund der Hemmung durch Schardinger-Enzym, wie auch 0,001 m-Sulfid hat Harrison[1] kürzlich die Vermutung ausgesprochen, dass die Aktivität der Glucosedehydrogenase an das Vorhandensein einer Aldehydgruppe geknüpft ist.

III. Flavin-Enzyme.

Im ersten Abschnitt dieses Bandes ist ein Enzym, oder richtiger eine Enzymgruppe behandelt worden, die Katalasen, deren aktiver, sog. prosthetischer Anteil im wesentlichen aufgeklärt werden konnte; Untersuchungen

---

[1] D. C. Harrison, Proc. Roy. Soc. (B) 113, 150; 1933.

aus diesem Institut haben nämlich erwiesen, dass in den Katalasen Verbindungen eines genau charakterisierbaren Eisenporphyrins mit einem hochmolekularen Stoff, vermutlich eiweissartiger Natur, vorliegen.

Hier, im letzten Kapitel, kommen wir zur Besprechung einer anderen Klasse von Enzymen, bei welchen seit ihrer Entdeckung durch Warburg und Christian[1] die Erforschung des prosthetischen Anteiles ebenfalls verhältnismässig weit fortgeschritten ist und die deswegen in der Entwicklung der Chemie der Enzyme — und zwar gerade jetzt — eine bedeutende Rolle spielen. Der aktive Bestandteil dieser Enzymgruppe ist nach den bisher gewonnenen Ergebnissen ein Flavin oder steht wenigstens in nächster Beziehung zu den Flavinen, welche wie die von Wieland[2] studierten Pterine mit der Harnsäuregruppe verwandt zu sein scheinen.

An dem aus Milch hergestellten, krystallisierten Flavin sind Wachstumswirkungen (B_2-Wirkungen) gefunden worden, und nach dem gegenwärtigen Stand der Forschung scheint die prosthetische Gruppe des Flavin-Enzyms mit Vitamin B_2 in naher Beziehung zu stehen.

Ein genaueres Studium der Biokatalysatoren[3] wird wohl zeigen, dass dieser Fall nicht vereinzelt ist; vielmehr dürfte es sich herausstellen, dass auch andere Biokatalysatoren, sowohl Vitamine als Hormone, hochmolekulare „Träger" aufnehmen können, durch welche sie einerseits an das Protoplasma oder andere Zellbestandteile, andererseits an spezifische Substrate verfestigt werden können.

1. Chemie der Flavin-Enzyme.

Das von Warburg und Christian beschriebene „gelbe Ferment" ist Bestandteil eines Enzymsystems, welches von Warburg bisher nur an Hexosemonophosphorsäure als Substrat studiert worden ist. Das „gelbe Ferment" wirkt als Sauerstoffüberträger und nimmt an einer Reaktion teil, welche Warburg folgendermassen formuliert:

$$\text{Leukoferment} + \text{Sauerstoff} = \text{„gelbes Ferment"} + H_2O_2.$$

Die „Sauerstoffübertragung" auf das Substrat (bzw. nach Wieland die Wasserstoffabgabe von seiten des Substrates) bedingt einen ständigen Wechsel zwischen der reduzierten und der oxydierten Form des Enzymes. Der vom Substrat durch Vermittlung eines Zwischenfermentsystemes an das gelbe Ferment abgegebene Wasserstoff wird durch die Reoxydation des Leukofermentes in das Endprodukt H_2O_2 übergeführt, das in Geweben dann durch Katalase zerstört wird.

---

[1] Warburg u. Christian, Biochem. Zs 254, 438; 1932. — 266, 377; 1933.

[2] Wieland u. Mitarbeiter, Chem. Ber. 59, 2067; 1926. — Wieland, Metzger, Schöpf u. Bülow, Lieb. Ann. 507, 226; 1933. — Schöpf u. Becker, ebenda, 507, 266; 1933.

[3] Vgl. Euler, Biokatalysatoren. Samml. chem. u. chem.-techn. Vorträge, N. F. Heft 4; 1930.

Im lebenden Gewebe soll es nach Warburg allerdings nicht die Aufgabe des „gelben Fermentes" sein, molekularen Sauerstoff zu übertragen, vielmehr, meint der genannte Forscher, sei das „gelbe Ferment" der Katalysator der „sauerstofflosen Atmung". Ersetzt man in dem oben angeführten Reaktionsschema Sauerstoff durch Methylenblau, so kommt man zu folgender Gleichung:

Leukoferment + Methylenblau = „gelbes Ferment" + Leukomethylenblau.

Warburg hat sein Enzymsystem sowohl mit Sauerstoff als mit Methylenblau untersucht, und konnte zeigen, dass unter gewissen Konzentrationsbedingungen die „sauerstofflose Atmung" (gewöhnlich als Methylenblau-Entfärbung bzw. Oxydoreduktion bezeichnet) ebenso gross ist wie die Sauerstoffatmung.

Hier muss gleich erwähnt werden, dass das „gelbe Ferment" nicht allein seine enzymatische Wirkung auszuüben vermag, sondern dass zwei andere Stoffe notwendig sind, um das Substrat anzugreifen, nämlich ein „Zwischenferment" und ein „Co-Ferment".

Szent-Györgyi[1] hat kurze Zeit vor Warburg ein an der Atmung tierischer Gewebe beteiligtes Präparat aus Herzmuskel gewonnen und dessen gelb gefärbten Bestandteil Cytoflav genannt.

Dieses Cytoflav besitzt die bemerkenswerte Eigenschaft, dass es leicht reversibel zum Leukofarbstoff reduziert und dann wieder oxydiert werden kann. Eine Teilnahme dieses gelben Farbstoffes an der Co-Fermentwirkung des Präparates liess sich jedoch nicht erkennen; es ist sogar wahrscheinlich, dass die Co-Fermentwirkung an einen farblosen, aus der stark salzsauren Lösung des Präparates mit Aceton fällbaren Bestandteil geknüpft ist.

Nach Banga und Szent-Györgyi ist die Atmung des Systems

gewaschener Muskel + Muskelkochsaft

nur zu einem kleinen Teil arsenunempfindlich, zum grösseren Teil durch Arsen hemmbar. Der letztere, arsenempfindliche Teil der Atmung, kann nicht mehr reproduziert werden, wenn der Muskelkochsaft einer Bleifällung unterworfen worden ist; weder das Bleipräzipitat (nach Zerlegung mit H_2SO_4), noch dessen Filtrat, noch eine Mischung beider Fraktionen, dem gewaschenen Muskel zugesetzt, vermögen die ursprüngliche, arsenempfindliche Sauerstoffaufnahme hervorzurufen. In dem gelben Co-Fermentpräparat aus dem Kochsaft des Herzmuskels finden jedoch Banga und Szent-Györgyi den Stoff wieder, der bei der Bleifällung, offenbar durch seine leichte irreversible Adsorbierbarkeit, verlorengegangen war; setzt man nämlich das gelbe Co-Fermentpräparat, zusammen mit der aus dem Bleipräzipitat gewonnenen Fraktion dem gewaschenen Muskel zu, so tritt eine stark arsenempfindliche Zunahme des Sauerstoffverbrauches ein.

---

[1] Banga u. Szent-Györgyi, Biochem. Zs 246, 203; 1932. — Banga, Szent-Györgyi u. Varzha, H. 210, 228; 1932.

Das gleiche gelbe Co-Fermentpräparat studierten Szent-Györgyi und Mitarbeiter[1] später an einem einfacheren Modell, indem sie die Donatoren des Bleipräzipitates durch Milchsäure ersetzten. Im System

gewaschener Muskel + Milchsäure + gelbes Co-Fermentpräparat

findet im aeroben Versuch eine arsenhemmbare Sauerstoffaufnahme, im anaeroben Versuch eine entsprechend starke Methylenblauentfärbung statt. Dieses Cytoflav steht mit der prosthetischen Gruppe des „gelben Fermentes" von Warburg offenbar in naher Beziehung.

Wir werden auf die beiden Systeme des Cytoflavs und des „gelben Ferments" noch zurückkommen.

Die Flavine (Lyochrome). Sowohl Cytoflav als „gelbes Ferment" enthalten als aktiven, reaktionsvermittelnden Bestandteil den Repräsentanten einer Stoffgruppe, welche von Ellinger und Koschara[2] unter dem Namen Lyochrome zusammengefasst wird, und welche die Flavine (R. Kuhn) als einzelne Glieder enthält. Man verdankt Kuhn und Ellinger und ihren Mitarbeitern die ersten grundlegenden Kenntnisse über diese Klasse natürlicher Farbstoffe.

Ellinger und Koschara[2] stellten zuerst ein krystallisiertes Lyochrom aus Molke dar.

Kuhn, Györgyi und Wagner-Jauregg isolierten gleichzeitig einen gelben Farbstoff aus Eiklar (Ovoflavin), welcher dem von den gleichen Autoren dargestellten Lactoflavin jedenfalls nahesteht, vielleicht mit ihm identisch ist. Beiden Flavinen kommt nach Kuhn und Mitarbeitern[3] vermutlich die Formel zu: $C_{17}H_{20}N_4O_6$.

Die Flavine wurden von den Heidelberger Forschern durch gut krystallisierende Acetylverbindungen charakterisiert. Der nahe Zusammenhang dieser Flavine mit der Farbstoffgruppe des „gelben Fermentes" wurde besonders deutlich bewiesen durch das gleichartige Verhalten bei der Lichtreaktion; sowohl Ovo- wie Lactoflavin gehen dabei in ein chloroformlösliches Lichtprodukt, „Lumiflavin", von der wahrscheinlichen Zusammensetzung $C_{13}H_{12}N_4O_2$ und vom Schmelzpunkt 328° (korr.) über; sie verhalten sich wie die prosthetische Gruppe des Warburgschen Flavin-Enzyms (vgl. S. 636). Ferner konnte die Bildung von Harnstoff bei der alkalischen Hydrolyse des von Warburg erhaltenen „Photoderivates" an Lactoflavin bestätigt werden.

Bei der Besprechung der Konstitution des Lactoflavins gehen Kuhn, Rudy und Wagner-Jauregg teils von der Empfindlichkeit des Flavins gegen sichtbares Licht aus und teils von der Unbeständigkeit des Flavins

---

[1] Banga, Szent-Györgyi u. Vargha, H. 210, 228; 1932.
[2] Ellinger u. Koschara, Chem. Ber. 66, 315; 1933.
[3] Kuhn, Rudy, Wagner-Jauregg, Chem. Ber. 66, 1950; 1933.

gegen Alkali. „Innerhalb des Moleküls der Flavine sind drei gut abgrenzbare Bezirke erkannt worden[1]:

1. Ein Bezirk mit zwei N-Atomen, der durch Alkali zerstört wird, und die Gruppierung — NH · CO · NH — enthält.

2. Ein sauerstoffreicher (hydroxylhaltiger) Bezirk, der unter dem Einfluss der Belichtung unter Bildung des Lumiflavins abgespalten wird.

3. Ein verhältnismässig beständiger Bezirk, mit zwei schwach basischen N-Atomen, die vermutlich tertiär und an den farbgebenden Doppelbindungen beteiligt sind.

Die drei Bezirke scheinen in der Reihenfolge (2) — (3) — (1) verknüpft: der hydroxylreiche Bezirk (2) bewirkt die Unlöslichkeit des Flavins in Chloroform. Erhitzt man das Flavin mit verdünnten Alkalien, so wird (1) zerstört unter Harnstoffbildung. Der übrigbleibende hellgelbe Farbstoff ist in Chloroform unlöslich".

Kuhn, Rudy und Wagner-Jauregg fassen ihre bis jetzt gewonnenen Ergebnisse in folgendem Formelbild B_1 zusammen, welches sie als Annäherung betrachten (Chem. Ber. 66, 1953).

$$HO\cdot HC \genfrac{}{}{0pt}{}{\diagup CH_2OH}{} \quad [C_9H_9N_2] \quad \genfrac{}{}{0pt}{}{-C\diagup NH\diagdown CO}{-C\diagdown CO \diagup NH}$$
$$HO\cdot HC \diagdown CH(OH) \diagup$$

Zur Chemie des „gelben Ferments". Das im vorstehenden näher besprochene Lactoflavin scheint nun, wie erwähnt, mit der prosthetischen Gruppe des „gelben Ferments" identisch zu sein. Man kann es von dem hochmolekularen Bestandteil des Enzyms[2] leicht abtrennen. Warburg und Christian fanden, dass der gelbe Farbstoff bei längerer Behandlung des Enzyms mit wässrigem Methanol, schneller mit salzsaurem Methanol in Lösung geht. Wie das Ferment ist auch das Flavin durch seine reversible Reduzierbarkeit und ausserdem durch intensive Grünfluorescenz ausgezeichnet. Das Absorptionsspektrum des freien Farbstoffes trägt denselben Charakter wie das des Ferments, jedoch liegt das Maximum der Hauptbande bei 445 mμ, ist also um 20 mμ nach Blau verschoben (vgl. die Abb. 134 nach Kuhn, Wagner-Jauregg und György).

Über den hochmolekularen, nichtprosthetischen Teil der Flavinenzyme kann noch wenig ausgesagt werden. Man kann, wie bei anderen Enzymen, vermuten, dass dieser Teil, der in der Regel überwiegend proteinartig zusammengesetzt ist, je nach Herkunft variieren kann, und dass z. B. Verschiedenheiten der Gewebeart aber auch der Tiergruppe und sogar des Individuums in diesen Teil eingehen.

---

[1] Kuhn u. Wagner-Jauregg, Chem. Ber. 66, 1577; 1933.
[2] Vgl. The Svedberg u. I. B. Erikson, Naturwiss. 21, 330; 1933. — Siehe auch The Svedberg, Jl Biol. Chem. 103, 311; 1933.

Von Warburg und Christian[1] wurde eine eigenartige Reaktion gefunden, welche diese Forscher zur Darstellung eines krystallisierten Derivates der Farbstoffkomponente geführt hat. Bestrahlt man alkalische Lösungen des freien Farbstoffes mit Tageslicht oder dem Licht einer Metallfadenlampe, so entsteht ein „Photoderivat", das sich nach dem Ansäuern der Lösung leicht mit Chloroform ausschütteln lässt. Das chloroformlösliche Lichtprodukt krystallisiert aus wässriger Lösung in feinen orangegelben Nadeln, die bei 320° unter Zersetzung schmelzen; ihre Analysenwerte stimmen auf die Formel $C_{13}H_{12}N_4O_2$. Im Absorptionsspektrum stimmt die Substanz im sichtbaren Gebiet mit dem unbelichteten Farbstoff überein und besitzt auch noch dessen Eigenschaft, in wässriger Lösung von Hydrosulfit zur Leukoform reduziert und beim Schütteln mit Luft reoxydiert zu werden. Bei der katalytischen Hydrierung mit Palladium in schwach alkalischer Lösung werden pro Molekül Farbstoff 2 Atome Wasserstoff aufgenommen, mit Platinmohr in Eisessig geht die Hydrierung unter Aufnahme von 3 Molekülen H_2 weiter.

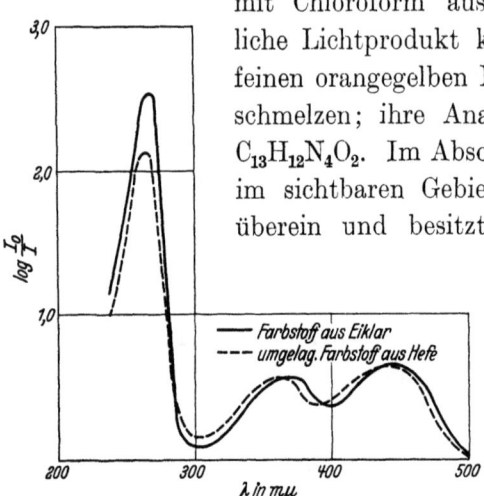

Abb. 134. Absorptionsspektren der 0,005 %igen Lösungen in Wasser. d = 0,508 cm.

Warburg und Christian konnten aus dem Photoderivat durch Erhitzen mit Barytlauge die Abspaltung von Harnstoff nachweisen und als zweites Spaltprodukt eine in blassgelben Nadeln krystallisierende Substanz von der Zusammensetzung $C_9H_{10}N_2O_2$ und dem Schmelzpunkt 213° isolieren.

2. Reaktionsmechanismus der Flavinenzyme.

Wie oben (S. 632) erwähnt, werden die Flavinenzyme bei der von ihnen ausgelösten Reaktion in ihrer prosthetischen Gruppe reduziert, gehen dabei in die Leukoform über und werden dann durch den Wasserstoffacceptor reoxydiert bzw. dehydriert.

Es soll nicht unterlassen werden, darauf hinzuweisen, dass hierbei ein enzymatischer Katalysator vorliegt, an welchem die Teilnahme an der Reaktion, und zwar nach stöchiometrischen Verhältnissen, deutlich erkennbar ist. Dieser Umstand ist beachtenswert in Rücksicht auf die früher üblichen rein formalen Beschreibungen der Katalyse[2].

Th. Wagner-Jauregg und H. Ruska[3] zeigten zwar, dass Flavinlösungen durch Hefe, zerkleinerten Muskel oder durch Organbrei von Leber,

---

[1] Warburg u. Christian, Naturwiss. 20, 980; 1932.
[2] Euler u. Ölander, Homogene Katalyse, Samml. Göschen.
[3] Wagner-Jauregg u. Ruska, Chem. Ber. 66, 1298; 1933.

Niere, Herz und Gehirn besonders unter Zusatz von Donatoren wie Milchsäure, Bernsteinsäure, Brenztraubensäure, Citronensäure und Aldehyden in evakuierten Thunberg-Röhren bei 37° entfärbt werden. Dadurch ist aber der Beweis noch nicht erbracht, dass die Flavine in freiem Zustand in der Zelle als Sauerstoffüberträger fungieren, wenn es auch naheliegt, gerade ihre Vitaminwirkung darauf zurückzuführen. Die von den Autoren gefundenen Entfärbungszeiten sind bisweilen recht erheblich und Methylenblau erwies sich in einigen Fällen als ein weit besser wirksamer Wasserstoffacceptor als die Flavine.

3. Vorkommen.

Das Cytoflavsystem haben Banga und Szent-Györgyi zunächst in dem Herzmuskel nachgewiesen, dann aber auch in anderen tierischen Geweben wie Niere und Leber.

Das System des „gelben Ferments" wurde von Warburg und Christian aus der Hefe isoliert, und zwar aus Berliner Unterhefe. Flavinenzyme sind vermutlich viel weiter verbreitet, insbesondere dürften auch solche Enzyme die freien Flavine in höheren Pflanzen begleiten. In grünen Blättern der Gerste wurde ein Flavin von Euler und Hellström gefunden.

Die vorliegenden biologischen Untersuchungen über Vitamin B_2-Wirkungen verschiedener Organe und Organextrakte gaben gewisse Anhaltspunkte über die Flavinverteilung; biologische Versuche liegen vor von Aykroyd[1] sowie von Hoagland und Snyder, neue Untersuchungen von Karrer und Euler[2], György, Kuhn und Wagner-Jauregg[3].

E. Adler und H. v. Euler[4] bedienen sich einer einfachen und rasch ausführbaren Methode zur quantitativen Schätzung des Gesamtflavingehaltes verschiedener Gewebe und finden, dass die Vitamin B_2-reichsten Organe, Leber und Niere, auch die flavinreichsten sind; sie enthalten etwa 10 mg Flavin pro Kilogramm Frischgewicht. Einen noch höheren, bezüglich seiner Lokalisation überraschenden Flavingehalt weist die Netzhaut im Auge einer Reihe von Fischen auf, wie H. v. Euler und E. Adler[5] in einem anderen Zusammenhang fanden. Dort ist die Flavinkonzentration 13—15 γ pro Gramm Frischgewebe, während andere Fischorgane keineswegs einen erhöhten Flavingehalt zeigen. In der Fortsetzung dieser Untersuchung fand Adler, dass das Flavin in der Fischnetzhaut nicht an einen hochmolekularen Träger gebunden ist, sondern als freies Flavin vorliegt. Weitere Untersuchungen gaben Aufschluss über die Verteilung der Flavin-Enzyme und der freien Flavine[6] in Organen, Flüssigkeiten (Milch, Harn) und in Hefe.

---

[1] Aykroyd u. Roscoe, Jl Hyg. Cambridge 23, 483; 1929.
[2] Karrer u. Euler, Sv. Vet. Akad. Arkiv f. kem. 11 B, Nr. 16; 1933.
[3] György, Kuhn u. Wagner-Jauregg, Naturwiss. 21, 560; 1933. — Klin. Ws. 12, 1241; 1933. — H. 223, 21 u. 27; 1934.
[4] Adler u. H. v. Euler, Sv. Kem. Tidskr. 45, 276; 1933. — H. 223, 105; 1934.
[5] Euler u. Adler, Sv. Vet. Akad. Arkiv f. kem. 11 B, Nr. 21; 1933.
[6] Euler u. Adler, Sv. Vet. Akad. Arkiv f. kem. 11 B, Nr. 28; 1934.

Über die photodynamischen Wirkungen im Auge ist bis jetzt von histologischer Seite so wenig bekannt, dass es sogar noch schwer ist, Vermutungen über die Wirkungsweise von Flavinen im Auge zu äussern. Immerhin wäre es denkbar, dass der Lichtreiz eine photoelektrische Reaktion auslöst, welche an die Stelle der Lichtempfindung übertragen wird.

Flavin in Apozymase. Wässrige Extrakte von Apozymase (von Cozymase befreite Trockenhefe) aus Stockholmer Unterhefe enthalten im Verhältnis zu ihrem gesamten Trockengewicht reichliche Mengen Dehydrase. In solchen Extrakten lässt sich die Gegenwart von Flavin nachweisen und sogar die Konzentration quantitativ schätzen. Man versetzt zu diesem Zweck den Apozymaseextrakt mit dem gleichen Volumen Methanol und erwärmt 30 Min. auf 80^0. Nach Filtration erhält man eine völlig klare, schwach gelb gefärbte Lösung von deutlicher Grünfluorescenz. Aus dem Vergleich der Fluorescenzintensität mit derjenigen von Standardlösungen kann man ermitteln (Adler und Euler, l. c.), dass 20 ccm Apozymaseextrakt (aus 1 g Apozymasepräparat), entsprechend 20 mg Trockensubstanz, etwa 18 γ Flavin enthalten. Somit findet sich in 1 g Trockensubstanz des Apozymaseextraktes 0,9 mg Flavin. In bezug auf den Flavingehalt ist dieser Trockenrückstand also reicher als die reinsten Präparate des „gelben Ferments" von Warburg, die höchstens 0,5 mg Farbstoff pro Gramm enthielten.

Bei der Extraktion der Apozymase mit Phosphatpuffer pH = 8 wurden dem Apozymasepräparat ungefähr 75% seines Flavingehaltes entzogen; der Gesamtflavingehalt der angewandten Apozymase liess sich nach Extraktion mit salzsaurem Methanol zu 24 γ pro Gramm ermitteln.

4. Darstellung.

Vom systematischen Gesichtspunkt aus wäre nun zunächst die Gewinnung der hierher gehörenden flavinhaltigen Komponenten der Enzymsysteme zu beschreiben und dann die präparative Herstellung der Hilfsstoffe anzufügen. Indessen wird die Darstellung wohl übersichtlicher, wenn wir jedes der beiden bisher bekanntgewordenen Enzymsysteme im Zusammenhang behandeln.

1. Darstellung der Komponenten des Cytoflavsystemes. Der gemahlene Herzmuskel wird in kochende 1%ige Trichloressigsäure eingetragen, wobei die Temperatur auf 60^0 sinkt. Nach kurzem Wiedererwärmen auf 80^0 wird gekühlt, koliert und filtriert. Der so gewonnene „Kochsaft" wird bei salpetersaurer Reaktion mit Mercurinitrat gefällt, der Niederschlag mit Wasser, Methanol, Aceton und schliesslich mit einer HCl-Aceton-Ätherlösung ausgewaschen. Die Substanz wird hierauf in Wasser suspendiert, die Suspension mit HCl angesäuert, bis Thymolblau stark gerötet wird und mit kaltgesättigter Sublimatlösung versetzt; das Filtrat dieser Fällung wird im Vakuum eingeengt und mit Aceton gefällt; der abzentrifugierte, mit Aceton gewaschene Niederschlag ist von goldgelber Farbe und enthält das reversibel reduzierbare Cytoflav.

Die bei dieser Darstellung, wenn auch nur kurze Zeit, herrschende hohe Temperatur muss Enzyme zum grossen Teil zerstört haben, so dass im Cytoflav kaum mehr das Flavinenzym, sondern dessen prosthetische Gruppe, also ein freies Flavin, vorliegt. Über das Verhalten des Cytoflavs bei der Dialyse machen die Autoren leider keine Angaben; ein von Laki[1] gemessenes Absorptionsspektrum mit einem Maximum zwischen 450 und 460 mμ fällt zwar nicht ganz mit der Absorptionskurve der Flavine zusammen, spricht aber doch für das Vorliegen der freien Farbstoffkomponente.

2. Warburgs „gelbes Ferment". Frischer Lebedewsaft aus gewaschener und getrockneter Unterhefe wird mit Bleisubacetat kräftig geschüttelt. Das Bleiphosphat wird abzentrifugiert, die Lösung mit $^1/_2$ Volumen Aceton gefällt, die überstehende Lösung, die das Ferment enthält, bei 0^0 mit CO_2 gesättigt und mit soviel Aceton versetzt, dass der gesamte Farbstoff als zähes gelbes Öl ausfällt. Dasselbe wird wieder in Wasser gelöst und die Acetonfällung aus kohlensaurer Lösung 3mal wiederholt. Durch anschliessende wiederholte Fällung des in Wasser gelösten Farbstoffs mit Methanol wird ein gelbes pulvriges Rohprodukt erhalten.

Das Enzym gibt in wässriger Lösung ein charakteristisches Absorptionsspektrum mit einer schwächeren Bande bei 495 mμ und einer stärkeren bei 465 mμ. Die abs. Absorpt.Koeff. können durch Titration des Leuko-Enzymes mit Methylenblau und Messung der erfolgenden Lichtschwächungen ermittelt werden, woraus sich der Farbstoffgehalt der Präparate berechnen lässt; so fanden Warburg und Christian, dass ihre rohen Enzympräparate pro Gramm 0,05—0,15 mg Farbstoff (als „Photoderivat" berechnet) enthalten.

„Zwischenferment". Lebedewsaft wird mit Wasser auf das 100fache verdünnt und mit Kohlensäure gesättigt; der dabei ausfallende farblose Niederschlag wird unter Zusatz von Bicarbonat in einem dem Lebedewsaftvolumen gleichen Volumen Wasser gelöst (Lösung des Zwischenferments). Auch aus Rattenblutzellen kann Zwischenferment gewonnen werden, indem das aus den Blutkörperchen auskrystallisierte Hämoglobin mit Wasser eluiert wird, wobei das an den Krystallen adsorbierte „Zwischenferment" in Lösung geht.

Co-Fermente. Warburg und Christian fanden in den roten Pferdeblutzellen wenigstens 2 voneinander unabhängige „Co-Fermente", Co-Ferment I und II.

Co-Ferment II vermag die Oxydation der Hexosemonophosphorsäure bei Gegenwart des „Zwischenferments", aber ohne Anwesenheit von „gelbem Ferment" zu aktivieren; dieselbe Wirkung war, wie zu erwarten, auch in der „rohen Co-Fermentlösung" aus Pferdeblutzellen gefunden worden, welche beide Co-Fermente nebeneinander enthält. Durch besondere Reinigungsverfahren können Präparate hergestellt werden, welche in bezug auf Co-Ferment I oder Co-Ferment II angereichert sind.

---

[1] K. Laki, Biochem. Zs 266, 202; 1933.

Co-Ferment I dürfte, soviel man aus dem Ausgangsmaterial und der Darstellungsart schliessen kann, mit der Co-Zymase, also mit dem als Adenosylphosphorsäure erkannten Aktivator der Gärung und Atmung identisch sein. Ferner erscheint es nicht ausgeschlossen, dass das Warburgsche Co-Ferment II im gelben Co-Fermentpräparat Szent-Györgyis enthalten ist; als gemeinsame Eigenschaft liesse sich die leichte Adsorbierbarkeit der beiden Co-Fermente anführen, eine Eigenschaft, die dem Co-Ferment I und der Co-Zymase fehlen. Allerdings hat Szent-Györgyi sein Co-Ferment nicht an einem System geprüft, das frei von Flavinenzym war, denn der von Szent-Györgyi als Ausgangsmaterial der Darstellung benutzte gewaschene Muskel dürfte genügende Mengen Flavinenzym enthalten.

Immerhin ist nicht ausgeschlossen, dass im Co-Ferment Szent-Györgyis ebenfalls Co-Zymase wirksam ist, worauf auch in einer neuen Untersuchung von C. G. Holmberg[1] hingewiesen wird.

5. Wirkungsbedingungen und Kinetik.

Acidität. Hinsichtlich des pH-Optimums hat weder Warburg noch Szent-Györgyi genauere Angaben gemacht. Euler und Adler haben ihre flavinhaltige Dehydrase im allgemeinen bei pH = 7 geprüft; das Maximum liegt im Gebiet 7—8.

Hemmungsstoffe. Aus den Versuchen von Warburg und Christian geht hervor, dass das System des „gelben Ferments" durch HCN nicht vergiftet wird. Es liegt, wie auch unsere Versuche gezeigt haben, im Flavinenzym eine Komponente der Atmungsenzyme vor, welche sicher nicht eisenhaltig ist.

S. 633 wurde bereits auf den Befund von Banga und Szent-Györgyi hingewiesen, dass die Atmung des Systemes gewaschener Muskel + Muskelkochsaft zum grösseren Teil durch Arsen gehemmt wird.

Eine eingehende kinetische Untersuchung an einem Flavinenzym liegt noch nicht vor; sie wäre in verschiedener Hinsicht von grossem Interesse. Die katalytische Wirkung lässt sich nämlich hier auf den wechselnden Oxydations- und Reduktionszustand des Enzyms zurückführen. In gewissem Sinne kommt dadurch eine Reaktionskette zustande, allerdings von anderer Art als diejenigen, welche bisher in der Literatur besprochen wurden.

IV. Luciferase.

Die Bezeichnung Luciferase hat eine vor etwa 50 Jahren entdeckte[2] Enzymgruppe erhalten, welche am Leuchten zahlreicher niedriger Organismen mitwirkt. Wenn hier diese Enzymgruppe trotz ihres biologischen Interesses und ihrer bemerkenswerten Eigenart nur ganz kurz und anhangsweise erwähnt wird, so ist dies durch den Umstand veranlasst, dass über die Chemie

---

[1] C. G. Holmberg, Skand. Arch. Physiol. 68, 1; 1934.
[2] R. Dubois, C. R. 37, 559; 1885.

und die chemische Wirkung dieser Enzymgruppe noch sehr wenig bekannt ist; man kann nämlich noch nicht einmal mit Sicherheit angeben zu welcher Körperklasse das Substrat, das Luciferin, gehört. Die Beschreibung der enzymatischen Lichterzeugung in Tieren und Pflanzen gehört deswegen in den III. Band dieses Werkes, welcher die enzymatischen Vorgänge der lebenden Zellen behandeln soll. Dort sind die Arbeiten von E. Mangold, Pratje und G. Klein zu besprechen. In dem vorliegenden speziellen Teil mögen hier nur die wichtigsten Tatsachen als Ausgangspunkte für weitere Forschung kurz erwähnt werden unter Hinweis auf die nicht unbeträchtliche neuere Literatur.

Reaktion und Substrat. Erst in neuester Zeit hat man Anhaltspunkte gewonnen über die Natur des Stoffes, der unter der Einwirkung der Luciferase luminisziert. Nach den Untersuchungen von Kanda[1] sowie von E. N. Harvey[2], denen man die wichtigsten Angaben über die Luciferase verdankt, dürfte das Luciferin zu den Peptonen zu zählen sein. Der aus einer Crustacee, Cypridina, gewonnene Stoff ist aus wässeriger Lösung dialysierbar.

Er ist löslich in niederen Alkoholen und Aceton, lässt sich aus wässeriger Lösung durch Ammoniumsulfat aussalzen und wird durch Phosphorwolframsäure gefällt. Man gewinnt Luciferin, indem man das Leuchtorgan von Cypridina kurz mit heissem Wasser behandelt, wodurch die Luciferase sofort zerstört wird. Kanda teilt neuerdings (1932) mit, dass er ein krystallisiertes Luciferin erhalten hat.

Die Bioluminiscenz soll hervorgerufen werden durch die Oxydation des Luciferins. Harvey formuliert die Leuchtreaktion folgendermassen:

$$LH_2 \text{ (Luciferin)} + O = L \text{ (Oxyluciferin)} + H_2O.$$

Sauerstoff ist also zur Luciferasewirkung notwendig.

Das Oxydationsprodukt Oxyluciferin lässt sich leicht wieder reduzieren, und zwar entweder mit Wasserstoff in Gegenwart von Pt oder Pd, mit Schwefelwasserstoff, Hydrosulfit, Titanchlorür usw., oder biochemisch durch Hefe oder Bakterien.

Dadurch wird Oxyluciferin zu Luciferin zurückreduziert. Luciferin kann auch ohne Luciferase oxydiert werden, allerdings ohne Luminiscenz. Bei der Leuchtreaktion werden keine nachweisbaren Mengen von CO_2 entwickelt[3]. Bemerkenswert ist die hohe Spezifität der Luciferase; Harvey betont besonders, dass keine andere Substanz durch Cypridina-Luciferase unter Luminiscenz oxydiert werden kann (Jl gen. Physiol. 4, 285; 1922).

Von Phenolasen soll die Luciferase deutlich verschieden sein. Eine Einordnung des Enzyms in die Dehydrasen lässt sich natürlich erst vornehmen, wenn das Substrat aufgeklärt ist. Licht soll die Reduktion befördern; nach Harvey wäre anzunehmen, dass Gleichgewicht Luciferin: Oxyluciferin durch Belichtung verschoben werden kann, also photochemisch reversibel ist[4].

Vorkommen. Zuerst wurde Luciferase von Dubois in einem Käfer Pyrophorus noctilucus nachgewiesen (l. c.) dann in einer Molluske, Pholas dactylus[5]. Harvey hat dann Luciferasen gefunden in Feuerfliegen[6], Muschelkrebsen[7] und in einem Wurm, Odontosyllis. Nach Hickling[8] kommt ein solches Enzym auch in einem Fisch vor, Malaocephalus.

Kinetik der Bioluminiscenz. Die Untersuchungen von Kanda, Harvey[9], Amberson[10] und Stevens[11] gründen sich besonders auf photometrische Messungen. Amberson[10] hat die Temperaturen gemessen, bei welchen die Luminiscenz verschiedener Organismen verschwindet; sie liegen zwischen 38^0 und 54^0. Mit der Temperatur soll sich auch die Wellenlänge des Luminiscenzlichtes ändern.

---

[1] S. Kanda, Am. Jl Physiol. 68, 435; 1924. — Scientif. Papers Inst. physic. a. chem. Research. 9, 265; 1928. — 13, 246; 1930. — 18, Suppl. 1, 15; 1932.

[2] Harvey, Jl gen. Physiol. 1, 133, 269; 1918/19. — 5, 275; 1923. — [3] Harvey, Jl gen. Physiol. 2, 133; 1919. — [4] Harvey, Jl gen. Physiol. 2, 207; 1920.

[5] Dubois, C. R. 153, 208, 690; 1911. — 154, 1001; 1912. — Siehe ferner C. R. 166, 578; 1918.

[6] Harvey, Science, N. S. 44, 208; 1916. — [7] Harvey, Am. Jl Physiol. 42, 318; 1917.

[8] Hickling, Jl Mar. Biol. Unit. Kingd. 13, 914; 1925.

[9] Harvey, Jl gen. Physiol. 10, 103; 1926. — Jl physiol. Chem. 33, 1456; 1929.

[10] Amberson, Jl gen. Physiol. 4, 517, 535; 1922.

[11] Stevens, Jl gen. Physiol. 10, 859; 1927.

Literaturnachträge.

S. 84, letzter Absatz: R. Kuhn u. Livada, Üb. d. Einfluss v. Seitenketten auf d. Oxydationsvorgänge i. Tierkörp.; H. 220, 235; 1933.

S. 86, 2. kleingedruckter Absatz: P. E. Verkade u. van der Lee, Untersuchg. üb. d. Fettstoffwechsel II; Kon. Akad. Wetensch. Proc. 36, 314; 1933.

S. 91, 3. Absatz: Y. u. Y. Kotake u. Taniguchi, Zum Desaminierungsvorgang d. Aminosäuren i. tierisch. Organism.; Jl Biochem. 18, 395; 1933.

S. 93 u. 169, zum Wielandschen Schema: H. K. Barrenscheen u. Danzer, Üb. d. Desaminierung d. Glykokolls durch Brenzkatechinderivate u. d. Nachweis d. Glyoxylsäure als Intermediärprod.; H. 220, 57; 1933.

S. 97, E. Stransky, Untersuch. üb. d. Purinhaushalt b. Fisch. u. Amphib.; Biochem. Zs 266, 287; 1933.

S. 99, letzter Absatz: M. Kobel u. Collatz, Zur Frage d. Übergangs v. Glycerinaldehyd-3-phosphorsäure i. Methylglyoxal u. Milchsäure; Biochem. Zs 268, 202; 1934.

S. 101, kleingedruckter Absatz: A. J. Kluyver u. Hoogerheide, Üb. die vermeintl. Eignung v. Maltose als Atmungssubstrat f. Maltose nicht vergärende Hefen; Kon. Akad. Wetensch. Proc. 36, 605; 1933.

S. 102, kleingedruckter Schlussabsatz: A. Utewski, Zur Frage nach d. Schicksal d. Brenztraubensäure bei d. Autolyse d. Muskelgeweb.; Biochem. Zs 215, 406; 1929. — E. Auhagen, Üb. Cocorboxylase. Reinigungsversuche u. Vorkomm. i. tierisch. Organen; Biochem. Zs 258, 330; 1933.

S. 103/04, kleingedruckter Absatz: J. B. Conant u. Tongberg, Die α-Oxydation d. Acetaldehyds u. d. Mechanismus d. Milchsäureoxydation; Jl biol. Chem. 88, 701; 1930.

S. 107, 1. Absatz u. S. 254, 4. Absatz: W. Dirscherl, Die photochem. Bildg. v. Acetoin, Butyroin u. Phenylacetylcarbinol; H. 219, 177; 1933.

S. 126, Schlussabsatz: Eine ähnl. Auffass. wie Battelli u. Stern vertritt neuerdings K. Shibata, Üb. d. Wirkungsmechan. oxydoreduzierend. Enzyme, Act. phytochim. 4, 373; 1929.

S. 130, zum tatsächl. nachgewies. erhebl. Hydratgehalt (z. B. 25%) v. wässr. Aldehydlösung. vgl. S. Å. Schou, Absorption v. ultraviolett. Strahlen durch Aldehyde; C. R. 182, 965; 1926.

S. 139, kleingedruckter Absatz: Vgl. R. F. Hunter, Die Einelektron-Bindung; Jl Soc. chem. Ind. 51, 939; 1932.

S. 150, Tab. 14, Nr. 22: S. Filitti, Üb. d. Oxydoreduktionspotential d. Syst. Hypoxanthin ⇌ Harnsäure; C. R. 197, 1212; 1933.

S. 152, letzter Absatz: V. K. LaMer u. Temple, Die durch Mangansalze i. saur. Lösg. katalysiert. Hydrochinonautoxydation, eine Reaktion, deren Geschwindigkeit proportional d. treibend. Kraft ist; Proc. Nat. Ac. 15, 191; 1929. — O. Dimroth, Beziehg. zwisch. Affinität u. Reaktionsgeschwindigkeit; Angew. Chem. 46, 571; 1933.

S. 153, kleingedruckter Absatz unten: E. Larsson, Das Reduktions-Oxydationspotential d. Thioglykolsäure-Dithiodiglykolsäuresyst.; Svensk kem. Tidskr. 45, 65; 1933.

S. 154, kleingedruckter Absatz oben: Zur Frage einer Acceptoreigenschaft d. SS-Glutathions vgl. z. B. N. U. Meldrum, Das Verhalten v. Glutathion i. Hefe; Biochem. Jl 24, 1421; 1930. — F. G. Hopkins u. Elliott, Die Bezieh. v. Glutathion z. Zellatmung mit besond. Berücksiggt. v. Lebergewebe; Proc. Roy. Soc. (B) 109, 58; 1931. — P. J. G. Mann, Die Reduktion v. Glutathion durch ein Lebersyst.; Biochem. Jl 27, 785; 1932. — K. Ch. Sen, Ein Beitrag z. reversibl. Oxydation u. Reduktion v. Glutathion i. d. Leber; Indian Jl med. Res. 20, 1051; 1933. — R. Bierich u. Rosenbohm, Üb. d. Glutathion d. Gewebe; H. 215, 151; 1933.

S. 154, Mitte: Die angekündigte Arbeit F. Bergels zum O_3-Abbau v. gewiss. Aminosäuren erschien in H. 220, 20; 1933.

S. 169, 2. Absatz v. u.: E. Baur u. Wunderly, Üb. d. Hydrolyse v. Aminosäuren durch d. wässr. Auszug aus Knochenkohle; Biochem. Zs 262, 300; 1933.

S. 170, zum Reaktionsschema von Bergel u. Bolz vgl.: F. Bergel, Üb. d. Dehydrierbarkeit d. α-N-Methylaminoisobuttersäure; H. 223, 66; 1934.

S. 171, 2. Absatz v. u.: B. Kisch, Oxydative Desaminierung v. Aminosäuren durch Methylglyoxal; Biochem. Zs 257, 334; 1933. — J. Watanabe, Die Wirkung v. Zucker auf Aminosäure; Jl Biochem. 16, 163; 1932. — Sh. Akabori, Oxydativer Abbau v. α-Aminosäuren durch Zucker; B. 66, 143; 1933.

S. 175, kleingedruckter Absatz: Weitere Arbeiten v. B. Kisch u. Mitarb. z. Thema „Chinone als Fermentmodell"; Biochem. Zs 263, 98, 195; 1933. — 268, 158; 1934; ferner Zusammenfassg. v. B. Kisch, Katalyt. Desaminierung v. Aminosäuren; Fermentforsch. 13, 433; 1932.

S. 177, kleingedruckter Absatz oben: Weitere erfolgreiche Anwendg. d. Cerabfangverfahr. durch T. F. Macrae, Die Bildg. v. H_2O_2 b. katalytischer Dehydrierung; Biochem. Jl 27, 1248; 1933.

S. 177, letzter Absatz: H. Albers, Üb. Zwischenverbindg. bei enzymat. Reaktionen, erläutert a. Beispiel d. katalatisch. H_2O_2-Zersetz.; H. 218, 113; 1933.

S. 179, 2. Absatz: H. Wieland u. Bossert, Die Eisenkatalyse v. Diäthylperoxyd; A. 509, 1; 1934.

S. 200, 2. Absatz: Interessante, erweiterte Versuche i. Sinne d. Radikalkettentheorie v. W. Bockemüller u. Götz, Üb. d. Autoxydation v. Natriumhypophosphit; A. 508, 263; 1934.

S. 222, 1. Absatz: F. P. Clift u. Cook, Triosedehydrase; Biochem. Jl 26, 1804; 1932.

S. 227, 1. Absatz: Ch. S. Shoup u. Boykin, Die Unempfindlichkeit v. Paramaecium f. Cyanid u. d. Wirkg. v. Eisen auf d. Atmung; Jl gen. Physiol. 15, 107; 1931.

S. 228, 2. Absatz: Weitere Arbeiten d. R. Kuhnschen Schule üb. „Flavine" u. Vitamin B_2 siehe B. 66, 1298, 1577, 1950; 1933. — 67, 361; 1934. — H. 223, 21, 27; 1934; von P. Ellinger u. Koschara üb. „Lyochrome" s. B. 66, 1411; 1933. — Ferner R. Bierich, Lang u. Rosenbohm, Ein reversibl. Redoxsystem d. Säugetiergewebe; Naturwiss. 21, 496; 1933. — K. G. Stern u. Greville, Üb. Urochrom u. d. Teilnahme v. Lyochromen a. d. Zellatmung; Naturwiss. 21, 720; 1933.

S. 248, 1. Absatz: G. Blix, Das Oxydoreduktionssyst. Homogentisinsäure-Benzochinonessigsäure; H. 210, 87; 1932. — E. H. Fishberg u. Dolin, Die biolog. Wirkg. stark positiver Oxydoreduktionssyst.; Jl biol. Chem. 101, 159; 1933. — E. G. Ball u. Chen, Eine potentiometrische Studie v. Adrenalin u. verwandten Verbindg.; Arch. scienz. biol. 18, 60; 1933.

S. 249, 1. Absatz: Cl. Fromageot u. Roux, Die Bildg. v. Hydroperoxyd durch B. bulgaricus; Biochem. Zs 267, 202; 1933.

S. 258, 1. Absatz: P. Goldfinger u. von Schweinitz, Kinetik d. Sulfitautoxydation nach d. Theorie d. Radikalketten; Physik. Chem. (B) 22, 241; 1933.

S. 259, letzter Absatz: L. De Caro, Üb. d. antioxydative Wirkg. d. Tyroxins u. tyroxinähnl. Substanzen; H. 219, 257; 1933. — K. Bodendorf, Beitr. z. Kenntnis d. Inhibitorwirkg.; B. 66, 1608; 1933.

S. 261, 1. Absatz: L. Michaelis u. Hill, Potentiometr. Untersuchg. a. Semichinonen; Am. Soc. 55, 1481; 1933.

S. 269, 2. Absatz: Originalarbeit v. H. S. Taylor u. Gould, Die durch H_2O_2 photosensibilis. Reaktion zwisch. Äthylalkohol u. Sauerstoff. Ein Beitr. z. d. Haber-Willstätterschen Mechanismus v. Enzymreaktionen; Jl phys. Chem. 37, 367; 1933.

S. 299, 2. Absatz v. u.: Zur Frage d. Bakterienwirkg. b. d. Versuchen Spoehrs vgl. E. J. Theriault, Butterfield u. McNamee, Die Katalyse v. Luftoxydationen mit Eisensalzen, Phosphaten u. Pyrophosphaten; Am. Soc. 55, 2012; 1933.

S. 302, Abschnitt e): Erweiterte Versuche von K. Meyer, Die Oxydation v. Benzaldehyd; Jl biol. Chem. 103, 25; 1933.

S. 307, 2. Absatz: O. Fürth u. Kaunitz, Zur Kenntnis d. Oxydation einiger physiolog. Substanzen durch Tierkohle; Soc. Chim. Biol. 12, 411; 1930.

S. 339, 2. Absatz: E. Negelein, Üb. d. Extraktion eines v. Bluthämin verschied. Hämins a. d. Herzmuskel; Biochem. Zs 266, 412; 1933.

S. 345, Abschnitt 7: Weitere Arbeiten v. Warburg u. Christian üb. d. gelbe Oxydationsferment; Biochem. Zs 263, 228; 1933; 266, 377; 1933. — Ferner T. Svedberg u. Eriksson, Das Molekulargewicht d. neuen Oxydationsferments; Naturwiss. 21, 330; 1933.

S. 347, 3. Absatz: W. Kempner u. Kubowitz, Wirkg. d. Lichts a. d. Kohlenoxydhemmung d. Buttersäuregärung; Biochem. Zs 256, 245; 1933.

S. 350, 2. Absatz: T. Svedberg, Sedimentationskonstanten, Molekulargewichte u. isoelektr. Punkte d. Respirationsproteine; Jl biol. Chem. 103, 311; 1933.

S. 352, 1. Absatz: H. Fink, Klassifizier. v. Kulturhefen mit Hilfe d. Cytochromspektrums; H. 210, 197; 1932.

S. 355, 1. Absatz: K. Zeile u. Reuter, Üb. Cytochrom c; H. 221, 101; 1933.

S. 356, 1. Absatz: D. E. Green, Das Oxydoreduktionspotential v. Cytochrom c; Proc. Roy. Soc. (B) 114, 423; 1934.

S. 391, Abschnitt δ): S. Blazsó, Üb. eine neue Mikrobrenzkatechinmeth. u. ihre Verwend. z. Phenolasebestimmung; Biochem. Zs 266, 281; 1933.

S. 400, 2. Absatz v. u.: R. W. Herbert, Hirst, Percival, Reynolds u. Smith, Die Konstitution d. Ascorbinsäure; Chem. Soc. 1933, 1270.

S. 408, 2. Absatz: K. Kiyohara u. Kagiyama, Stud. üb. d. Gewebsatmung u. d. Indophenoloxydasereaktion d. serös. Membranen; Jl Biochem. 19, 59; 1933.

S. 417, 2. Absatz v. u.: F. O. Schmitt u. Nicoll, Schwermetallkatalyse b. d. Kontraktur d. glatten Muskels; Am. Jl Physiol. 106, 225; 1933.

S. 496, letzter Absatz: J. Yudkin, Die Dehydrasen v. Bact. coli I. Der Effekt d. Verdünng.; Biochem. Jl 27, 1849; 1933.

S. 501, Abschnitt 2: B. Kisch, Beeinflussg. d. Gewebsatmung durch Salze organisch. Säuren; Biochem. Zs 253, 347; 1932. — B. Kisch, Weitere Versuche üb. d. Beeinflussg. d. Tumoratmung II. Salze organisch. Säuren; Biochem. Zs 253, 379; 1932. — J. H. Quastel u. Wheatley, Oxydation v. Fettsäuren i. d. Leber; Biochem. Jl 27, 1753; 1933.

S. 533, Abschnitt b): N. U. Meldrum u. Roughton, Kohlensäureanhydrase. Ihre Herstell. u. Eigenschaften; Jl Physiol. 80, 113; 1933.

S. 537, 1. Absatz: H. Wieland, Claren u. Pramanik, Die enzymatische Dehydrierung v. Milchsäure, Brenztraubensäure u. Methylglyoxal durch Hefe; A. 507, 203; 1933.

S. 537, 2. Absatz: W. B. Wendel, Oxydationen durch Erythrocyten u. d. katalyt. Einfluss v. Methylenblau I. Die Oxydation v. Lactat zu Pyruvat. Jl biol. Chem. 102, 373; 1933.

S. 620, Uricolyse: Schuler u. Reindel, H. 221, 209 u. 232; 1933, Harnsäuresynthese im Vogelorganismus.

S. 629, Glucose-Dehydrogenase: Über Zuckeroxydationen siehe auch die Monographie von K. Bernhauer: Grundzüge der Chemie und Biochemie der Zuckerarten. Berlin: Julius Springer 1933. Ferner: Ohle, Chemie der Monosaccharide und der Glykolyse. München: J. F. Bergmann 1931.

S. 631, B. Kisch, Chinone als Fermentmodell. Biochem. Zs 263, 98 u. 195; 1933.

Berichtigungen.

S. 83, Z. 8 v. u.; statt **Amidasen: Ammoniakasen.**
S. 95, Fussnote 5; statt Maier: Meier.
S. 108, Fussnote 3; statt —: ;
S. 113, Z. 18 v. o.; statt Bernsteinsäure: Ameisensäure.
S. 144, Zeile 16 u. 17 v. u.: Der Hinweis „Weiteres hierüber im späteren Kapitel über „reversible Oxydoreduktionssysteme" entfällt.
S. 221, Fussnote 1; statt Anderson: Andersson.
S. 223, Zeile 17; statt „Das gleiche Enzym soll auch...: Das gleiche Enzym soll nach der ursprünglichen Auffassung auch...
S. 223, Zeile 23; zu ergänzen: Doch ist nach neuesten Befunden die „Hydrogenlyase" von der „Hydrogenase" verschieden.
S. 224, Zeile 18 u. Fussnote 6; statt Mc K. W. Marriot: W. K. Marriott.
S. 232, Z. 2 v. o.; statt $\frac{m}{500}$ -: $\frac{m}{5000}$ -.
S. 242, Z. 13 v. o.; statt „in einem abschliessenden Kapitel: noch wiederholt in späteren Kapiteln (vgl. z. B. S. 356f., 359ff., 414ff., 513ff., 524 usw.).
S. 261, letzte Zeile; hinzuzufügen: Für Cytochrom im besonderen vgl. S. 356/57 und Literaturnachträge.
S. 360, Z. 15, 16 v. o.: Der eingeklammerte Hinweis entfällt.
S. 447, letzter Absatz, 1. Zeile: statt „Acetaldehyddismutation" lies „Methylglyoxaldismutation".

Namenverzeichnis.

Aaron, K. 575, 596.
Abderhalden, E. 290, 291, 294, 308, 368, 373, 559, 593, 611.
Abelous, J. 388, 397, 399.
Ackroyd, H. 626.
Adams, M. 570—572.
Adler, E. 637, 638, 640.
Adler, O. 424.
Adler, R. 424.
Agulhon, H. 51, 380, 397, 398.
Ahlgren, G. 95, 216, 222, 224, 451, 496, 501, 504, 505, 511, 513, 519—523, 529, 533, 537, 538, 542—544, 548, 552, 557—560, 562, 563, 566, 568, 571, 575, 586, 587, 591, 593, 596, 602, 611, 613, 614.
Ahlström, L. 299.
Ajou 21.
Akabori, Sh. 643.
Albers, H. 643.
Alcock 497, 498, 517, 522, 542, 548.
Alexejew 7, 16, 17, 59.
Allmand, A. J. 268, 270.
Almagia 623.
Alsberg, C. L. 389.
Alstyne 364.
Alt 608, 609.
Alt, H. L. 227, 320, 342.
Altai 613.
Altschuller, H. 17.
Alvall, N. 514, 531.
Alwall, N. 216, 521, 531, 586, 587, 591.
Alvarez 5.
Alyea, H. N. 260.
Amberg 10.
Amberson 641.
Andersson, B. 221, 474, 482, 500, 529, 536, 547, 561, 565, 573, 584, 585, 591, 596, 597, 600.
Andersson, N. 514.
Ando, K. 122, 197.
Angelucci, A. 407.
Anselmino 7.

Apitsch 72.
Arakawa 20.
Arinstein 105, 106, 557.
Arnold, C. 429.
Ascoli 623.
Aso, K. 276, 387, 399, 400, 442, 445.
Atkins 21.
Auhagen, E. 108, 450, 476, 477, 544, 614, 642.
Austin 623.
Avery, O. T. 248.
Awtonomowa 39.
Aykroyd 637.

Baas-Becking 21, 405.
Bach, A. 2, 6, 7, 12, 13, 21 bis 23, 25, 26, 37, 63, 67, 73, 110, 111, 116, 119—124, 126—128, 135, 165, 194, 195, 204—207, 209, 243, 247, 272—280, 282, 327, 369, 370, 371, 378, 381, 384, 386, 391—394, 398, 399, 401, 405, 411, 418—426, 428, 430, 432—434, 436, 437, 440—446, 485, 486, 512, 615.
Bach, Emerich 13.
Bach, Ernst 13.
Bäckström, H. L. J. 201, 258, 260, 303.
Baer 505.
Baer, E. 467, 468.
Baer, J. 85.
Baeyer, v. A. 109, 163, 164.
Bailey 24.
Ball, E. G. 643.
Balls 64, 74, 75.
Bamann 581.
Banga, J. 219, 221, 228, 416, 524, 536, 538, 544—548, 550, 566, 583, 633, 634, 637, 640.
Bansi, H. W. 391, 432, 433, 439—441, 445.
Banta, A. M. 367.
Barcroft 292, 370, 391.
Bardwell 541.

Barker 14.
Bärlund 585.
Barmore 379.
Báron, J. 148.
Barrenscheen, H. K. 470, 471, 474, 483, 589, 642.
Barron, E. S. G. 151, 153, 235, 237, 239, 293, 348, 537 bis 539, 541, 543, 547—549, 551, 552.
Bassalik, K. 509, 510.
Basu 578.
Bates, J. R. 159.
Battelli, F. 3, 4, 9, 11, 15, 27, 29, 48, 51, 53, 56, 57, 63, 64, 72, 75, 78, 110, 116, 124 bis 126, 358, 359, 362, 387, 393, 397, 402, 404, 405, 408 bis 415, 418—423, 429, 435, 442, 450, 496, 511—513, 515, 519—526, 529—534, 543, 560, 562, 563, 565 bis 573, 575—581, 584, 585, 587, 620, 622, 629, 642.
Baubigny, H. 257.
Baudisch, O. 273.
Baudran, G. 386.
Bauer 432.
Baumberger, J. P. 541, 542.
Baur, E. 169, 643.
Bayerle 596.
Beatty 260.
Beber 46.
Becht 15.
Beck 417.
Becker 632.
Begemann, O. H. K. 366, 386, 387, 427.
Behrens 368.
Beijerinck 18, 65.
Belkina 16.
Benedicenti 53.
Benedict, S. R. 621.
Beneschovsky 470, 471, 474, 589.
Benni 571.
Berend, N. 84, 85, 88, 505 bis 507.

Berg 151.
Berg, W. 67.
Bergel 93, 95, 96, 121, 138, 151, 153, 154, 168, 171, 172, 222, 307, 308, 594.
Bergel, F. 170, 364, 643.
Bergel, T. 643.
Bergengrün 8.
Berger 428.
Berglund 97, 626.
Bergman, Bengt. 70.
Bergmann, M. 170.
Bering, F. 444.
Bernard, Claude 225, 325.
Bernhauer, K. 106, 495, 501, 502, 533, 561, 575, 628.
Bernheim, F. 208, 218, 219, 241, 269, 504, 536—539, 542, 547, 550, 558, 563, 567 bis 569, 571, 572, 603, 619.
Bernheim-Hare, M. L. C. 241, 244, 250, 603—607.
Bernstein 7, 12, 13.
Bertalan, J. v. 179.
Bertho, A. 17, 18, 66, 128, 154, 208, 210, 212, 213, 227, 228, 231—234, 237, 238, 241, 249, 250, 252, 264, 303, 304, 322, 345, 348, 426, 484, 540, 574, 576—583, 585, 618.
Bertrand, G. 111, 243, 273 bis 277, 294, 365, 366, 373, 375, 379, 383, 384, 386, 388, 390, 392, 399, 410, 436, 604.
Best, C. H. 34, 607—609.
Bialaszewicz 10.
Biarnès 388, 397, 399.
Biéchy 22, 59.
Biedermann, W. 367, 388, 442.
Biehler 350.
Bielicki, J. 443.
Bierich, R. 642, 643.
Bierry, H. 559.
Bigelow, S. L. 301.
Biilmann, E. 129, 143, 151.
Biltz 622.
Bischoff 7, 67.
Blaschko, H. 300, 313.
Blazso, S. 644.
Bleyer 56.
Blix, G. 20, 57, 68, 96, 175, 198, 259, 298, 643.
Bloch, B. 368, 382, 383, 389, 408.

Bloomfield 572.
Bloor, W. R. 505.
Blum 85, 505, 554, 555.
Blum, J. 86.
Blumenthal 13.
Boas, F. 366.
Bockemüller, W. v. 643.
Böckl 533.
Bodendorf, K. 643.
Bodenstein, M. 32.
Bodine 11.
Boe, De 541, 542.
Böeseken, J. 189, 434, 509.
Böhm 255.
Bohnson, V. L. 180, 185.
Bolin, I. 243, 274, 385, 398, 430, 442, 446.
Bolz 170, 364, 643.
Bonhoeffer, R. F. 118, 159.
Borgenstam 20, 49, 58, 68.
Bork 622, 623.
Borrisow 272.
Borsook, H. 151, 517, 531.
Bossert 643.
Böttinger, C. 169.
Bouma, A. 443.
Bournett 59.
Bourquelot, E. 365, 366, 386, 388, 425, 427, 445, 446.
Boykin 643.
Boyland, E. 479, 537, 538, 545, 548, 552.
Boysen, Jensen 489.
Brahn, B. 13, 14, 375.
Brailowsky 14.
Brandenburg, K. 388.
Brandt, R. 404.
Brann 34, 281, 362, 363, 426, 428, 433, 434, 439.
Brathuhn 197.
Braun, H. 575, 596.
Braunstein 476.
Brecher, L. 367.
Bredig, G. 2, 32—34, 38, 72, 122, 126.
Brefeld 170, 186, 237, 286, 314—317.
Bridré 8.
Brinchmann 9.
Brinkmann 102.
Brocq-Rousseu 389, 429.
Broman, T. 514, 567, 570, 588, 590.
Brooks 273.
Brown 23, 59.

Brünig, H. 620, 622.
Brunius, E. 484, 485.
Buadze 611.
Buchner, E. 78, 108, 225, 346, 573, 576.
Buchner, H. 225, 346.
Buckner, G. D. 385.
Bugge 293, 313.
Bülow 632.
Bunge, G. 285.
Burge 5, 11—16, 24, 72.
Burge, W. E. 15.
Burian 616.
Burström, siehe Runehjelm.
Butkewitsch, Wl. S. 87, 502, 504, 512, 575, 593.
Butterfield 643.
Butterworth 567, 569.
Bunzell, H. H. 391, 398.

Callow 18.
Callow, A. B. 426, 446.
Cannan, R. K. 293.
Čapek 21.
Cario 118.
Carlson, C. E. 426.
Carnot, P. 388, 397.
Caro, De L. 643.
Case, E. M. 613.
Castagnas 17.
Cavazzani 389.
Cayla, V. 388, 428.
Ceranke 13.
Cerecedo, L. R. 97.
Césari 8.
Challenger 567.
Chang, T. H. 537.
Charmandarjan 2, 24, 55, 56.
Charrin 428.
Chen 643.
Cheraskowa 13.
Chiò, M. 367.
Choate 22.
Chodat, R. 2, 21, 73, 128, 275, 276, 279, 280, 282, 327, 365, 366, 368—371, 375, 378, 386, 390—392, 397, 398, 418, 425, 427, 428, 430, 432, 434, 440, 442, 443.
Chraszcz, T. 9, 106, 502, 512.
Christian 227, 228, 235, 241, 287, 331, 338, 339, 343 bis 345, 348, 488, 632, 635 bis 637, 639, 640, 644.

Christiansen, J. A. 32, 200, 270.
Chrometzka, F. 97, 179, 620.
Chrzaszcz, T. 575.
Claren 208, 236, 253, 502, 580, 644.
Clark, M. 143, 151, 214.
Clark, W. M. 501, 516, 562.
Clarke 587.
Clift, F. P. 643.
Clutterbuck, W. 85, 521, 529 bis 532.
Coffey, S. 90.
Cohen 151, 501.
Cohnheim 615.
Collatz 14, 642.
Collett, M. E. 523, 526, 527, 548, 562, 563, 566, 572, 573, 587, 590, 591, 611, 613.
Colwell 13.
Conant, J. B. 143, 261, 356, 642.
Cook 643.
Cook, R. P. 113, 267, 417, 497 bis 503, 508, 517–519, 522 bis 525, 528, 534, 536, 539, 542, 548, 550, 566, 575, 612.
Coolidge, T. B. 261, 356.
Coombs, H. J. 219, 615.
Coppock, P. D. 504, 505.
Cosma 527, 561.
Cossmann 13.
Cotte, J. 367.
Coulon, A. de 389.
Coulter 356.
Coupin, H. 427.
Cozic, M. 585.
Cremer, W. 330.
Creveld, van 555.
Crocker 22.
Cruz, da 529, 530.
Curme 177.
Czaki, L. 389.
Czuperski 623.
Czyhlarz, E. v. 362, 385, 426, 428, 443.

Daimer 25.
Dakin, H. D. 82, 85–87, 89, 91, 169, 171, 224, 225, 447, 505, 529–531, 553–555, 558.
Dam, van 443.
Damboviceanu 39, 42, 73.
Danckwortt, P. W. 388, 428.
Dann 570, 572.

Danzer 642.
Davidsson, H. 70.
Davies, D. R. 513, 519, 527, 537, 542, 551, 568, 571, 586, 591, 612.
Davis, J. G. 536, 574, 612.
Day 391, 395.
De Boe 144.
Degering, E. F. 299.
Deleano, N. T. 24, 427, 430, 442.
Delhougne 12.
Demoussy 387.
Denis 621.
Derick 97, 626.
Derrien 347.
Deuss, B. 387.
Deuticke, H. J. 100–102, 471, 472, 482, 589, 591.
Dewar, J. 327, 331.
Dewitz, J. 367.
Dey, B. B. 433, 439–441, 445.
Dietrich, A. 404.
Dimroth, O. 642.
Dirscherl, W. 254, 642.
Dixon, M. 113, 114, 153, 160, 209, 214, 215, 219, 227, 231, 241, 242, 292, 303, 320, 340, 342, 354, 362, 364, 415, 434, 501, 504, 519, 525, 539, 616 bis 619.
Dobrowolska 621.
Dobrowska, Z. 621.
Doebner, O. 385.
Dolin 643.
Donath 490, 508.
Dony-Hénault, O. 274.
Dorfmüller, G. 391, 432.
Dox 21.
Draganescu, A. 14.
Draganescu, St. 14.
Dresel, K. 290, 325.
Dubois 640, 641.
Duchoŭ 71.
Dudley 91, 225, 447.
Dufraisse 259.
Dulière, W. L. 373, 374.
Dunker 15.
Dunn, J. S. 419, 420.
Dupony, R. 446.
Durham, F. M. 367.
Dutscher 14.
Dye, I. A. 407, 409.
Dzierzgowsky 5.

Eck, J. J. van 443.
Edlbacher, E. 96, 175, 610, 611.
Ehrlich, F. 93, 94, 599.
Ehrlich, P. 401, 449.
Eichholtz, F. 58, 267, 347, 525.
Einbeck, H. 215, 512, 515, 529, 531.
Einecke 620.
Elema, B. 260.
Ellinger, Ph. 96, 228, 314, 511, 634, 643.
Elliott, K. A. C. 113, 227, 246, 294, 340, 342, 364, 423, 425, 432, 434, 435, 438, 440, 443, 445, 446, 642.
Elvehjem, C. A. 296, 299.
Embden, G. 85, 92, 100–102, 224, 455, 465, 471–474, 505, 553, 557, 586, 589, 599, 613.
Emerson, R. 229.
Engelhardt, W. 401.
Engler, C. 111, 127, 176, 272, 275, 322.
Eppinger, H. 382.
Erbsen 556.
Erdtman, H. 476.
Eriksson, Inga-B. 350, 635, 644.
Erlenmeyer, E. 101.
Ernest, A. 428.
Essen-Möller, E. 527, 587, 591.
Euler, A. v. 53.
Euler, U. v. 591.
Ewald, W. 26, 67, 249.
Evans 37.
Evard 366.
Ewart, A. J. 399, 428, 445.
Ewert, A. I. 386, 387.
Ewins, A. J. 604.

Faitelowitz 9, 37, 54.
Falk 21.
Faraday, M. 1.
Fasal, H. 382.
Favre 53, 54.
Fedoroff 87, 502, 504, 512, 575.
Felix, K. 620, 624.
Feng, T. P. 537.
Fenton, H. J. H. 189.
Fernàndez, O. 20, 434.
Fichter, F. 125.
Fiehl, K. 620.
Fieser, L. F. 151, 162.

Fiessinger, N. 406.
Filitti, S. 620, 642.
Fink 10.
Fink, Hermann 20, 22, 351, 352, 362, 363, 644.
Finkh 173.
Finkle 227.
Fischbach 537, 538, 544, 546.
Fischel, R. 429.
Fischer, E. 173.
Fischer, F. 118.
Fischer, F. G. 106, 187, 301, 512, 515, 520, 521, 530, 531.
Fischer, F. G. (mit Wieland) 160, 161, 176, 179, 187, 242, 243, 277, 391, 395.
Fischer, G. 123, 124.
Fischer, H. 467, 468.
Fischer, Hans 36, 333, 334, 336—339, 349, 351.
Fischer, Hans 36, 333, 334, 336, 337, 338, 339, 349, 351.
Fischler 336.
Fishberg, E. H. 643.
Fiske 546, 566.
Flatow, L. 92, 623, 626.
Fleisch, A. 242, 415, 512, 513, 515, 524, 529, 537, 596, 597.
Fleury, P. 384, 391, 394, 398 bis 400.
Florkin 90, 115, 246, 259, 363, 424, 438.
Foà, C. 391.
Fodor 308, 495, 500, 508, 509, 513, 529, 537, 561, 563, 565 bis 567, 573, 612.
Folin, O. 97, 621, 623, 626.
Folpmers, T. 370.
Fontès, G. 290.
Forssberg, Arne 70.
Fosse 626.
Fouassier 20, 21.
Frage 124, 208, 230, 234, 237, 389, 409, 412, 501, 518, 520, 521, 576, 629.
Franck 118.
Franck, J. 256, 257, 267.
Franke, W. 36, 44, 90, 117, 118, 145, 147, 152, 184, 185, 187—193, 195, 197, 198, 201, 230, 244, 258, 259, 270, 276, 303, 304, 318, 324, 364, 391, 395, 404, 556, 612.
Frankenburger, W. 159.

Frankenthal 495, 500, 508, 509, 561, 612.
Freedericksz 22.
Freifeld, H. 406.
Freundlich, H. 167, 306, 312, 440.
Friederich 52.
Friedheim, E. A. H. 175, 260, 373.
Friedmann, E. 85, 89, 92, 505, 533, 554, 557, 599.
Fromageot, Cl. 643.
Fromherz 92.
Fujise, Sh. 561.
Fujita 5, 19, 66, 67, 75.
Funk, C. 373.
Fürth, O. v. 170, 362, 367, 368, 374, 378, 381, 385, 426, 428, 443, 536, 643.

Gagarina 7, 15.
Gallagher, P. H. 246, 278, 400, 427, 436, 442.
Gard, M. 366.
Garmendia 20.
Gaunt 573.
Gavin 608—610.
Gazanjak 14.
Gebauer-Fuelnegg, E. 608, 609.
Geelmuyden, H. C. 554.
Genell, S. 571.
Generosow 120.
Gerard 537.
Gerard, R. W. 227.
Gerischer 467, 582.
Gertz, O. 386, 405.
Gerum 120.
Gerwe, E. G. 293, 296, 301.
Gessard, C. 6, 276, 367, 368, 370, 381, 388, 401, 446.
Getchell, R. W. 437, 439 bis 441, 443—446.
Getreuer 174.
Giard, A. 388.
Gibbs 151, 501.
Gibson, C. H. 271.
Gierke, E. v. 403, 406.
Gillespie, L. J. 128, 129.
Givens, M. H. 626.
Giwjorra 15.
Glinka 130.
Glover, E. C. 95, 597.
Glück 66, 227, 237, 241, 249, 250, 322, 345, 426, 540.

Goard, A. K. 183.
Gogolinska 621.
Gola, G. 436.
Goldfinger, P. 202, 258, 643.
Goldmann, J. 420.
Goldmanowska 623.
Goldschmidt, St. 192, 198, 291.
Golzow 7, 56.
Gonnermann, M. 366, 370.
Gordon 248.
Gordon, J. 404.
Gorr, G. 557, 561, 613.
Gortner, R. A. 367, 372, 381.
Gottschalk 579.
Gould 269, 643.
Goupil 428.
Gracanim 70.
Gračanin 21—23.
Gräff, E. 424.
Gräff, S. 393, 403, 406—408, 411, 418, 420, 421, 423.
Graham, G. S. 429.
Gramenitzki, M. J. 442.
Grassmann, W. 596.
Green, D. E. 644.
Greville 643.
Grey, E. C. 492.
Grimmer, W. 429.
Grohmann, H. 490.
Grönberg 34.
Grönvall, H. 514, 526, 575.
Gross, O. 92, 368.
Grünbaum 555.
Grüss, J. 383, 401, 405, 410, 427.
Grynberg, M. Z. 625.
Guggenheim, M. 375.
Guion, C. M. 626.
Guthrie, J. D. 405, 434, 440.
Gutmann 373.
Gutstein, M. 278, 404, 436.
Günther 4, 12.
Günther, G. 68.
György 228, 634, 635, 637.
Görne, J. 523.
Götz 643.
Gözsy, B. 546.

Haar, A. W. van der 397, 428, 430, 436, 437, 442.
Haarmann, W. 86, 240, 512, 513, 515, 531, 539, 544, 546, 548, 560, 562, 564—566, 569, 588, 589, 614.

Haas 332, 338, 341, 413, 582, 616.
Haber 22.
Haber, F. 31, 32, 34, 41, 159, 202, 256—259, 261—271, 282, 319, 643.
Häberli, E. 406.
Haehn, H. 174, 369, 371, 379, 380.
Hagan 18.
Hagihara 25.
Hahn, A. 86, 88, 98, 240, 504, 512, 513, 515, 528, 531, 536 bis 539, 544, 546—548, 560, 562—564, 566, 569, 570, 588, 589, 614.
Hahn, Martin 225, 346.
Haldane, J. B. S. 32, 113, 220, 267—269, 271, 325, 327, 391, 417, 442, 497, 498, 523, 525, 548, 549, 572.
Hale 64, 74, 75.
Hale, D. R. 183.
Haliff 3, 4.
Hall 129.
Hallheimer, S. 420, 421.
Hally 68.
Hamburger, R. J. 235, 415, 520.
Hammarsten, E. 59.
Hammerich, Th. 369, 370, 380.
Hampton 21.
Hampton, H. C. 405.
Hand 90, 115, 246, 259, 363, 424, 438, 439.
Händel 7, 13, 56.
Handovsky, H. 318, 544.
Happold, F. C. 175, 366, 370, 375, 386, 404, 405, 417.
Harada, T. 386.
Harada, Y. 513.
Harden, A. 405, 426, 448, 454, 455, 457, 463, 464, 468, 473, 492, 529, 536, 543.
Harpuder, R. 97, 556, 616, 626.
Harries, C. 154.
Harrison, D. C. 98, 198, 239, 247, 295, 296, 303, 304, 328, 359, 362, 363, 404, 435, 569, 627, 629—631.
Harrop 348.
Harvey, E. N. 641.
Harvey, R. B. 391.

Hastings 151, 237, 239, 537, bis 539, 541, 543, 547—549.
Haurowitz, F. 6, 36, 67, 226, 363.
Hausmann 249.
Hawk 11.
Heard, R. D. H. 374.
Hecht, G. 267, 347, 525.
Heider 382.
Heidt, L. 270.
Heiss 265, 384.
Hekma, E. 8.
Hellström, H. 28, 35, 44, 57, 60, 61, 68—70, 90, 115, 231, 248, 259, 268, 270, 351, 363, 637.
Henkel 9.
Hennichs 27, 28, 41, 43, 46, 49, 50, 56, 57, 61, 73.
Henseleit 599.
Hensinger 201.
Henze, M. 613.
Herbert, R. W. 644.
Herlitzka, A. 429.
Hertwig 255.
Hertzsch, W. 70.
Herwerden, M. A. v. 407.
Herzog, R. O. 182, 288, 385.
Hewitt, L. F. 249.
Hickling 641.
Hida 234, 584.
Hilbert 172.
Hill 616, 643.
Hill, A. V. 78, 158.
Hill, E. S. 175, 305, 354.
Himmelschein 376.
Hinsberg, O. 376.
Hinshelwood 271.
Hintzel 98.
Hirai, K. 535.
Hirsch 485.
Hirsch, J. 107, 574—576, 581.
Hirschfeld, F. 554.
Hirst 644.
Hizume, K. 389.
Hoagland 637.
Höber, R. 148.
Hofmann, K. A. 157, 158, 293, 313.
Hoffmann 7, 59.
Holden, H. F. 450, 536, 543.
Holleman, A. F. 181, 540.
Holmberg, C. G. 108, 474, 536, 542, 546—548, 552, 562 bis 566, 597, 600, 640.

Hoogerheide 642.
Hope 22.
Hopkins 616.
Hopkins, F. G. 90, 209, 215, 295, 333, 615, 642.
Hoppe-Seyler, F. 111, 118, 272, 274, 349, 492.
Horbaczewski 616.
Houget, J. 510, 511.
Huffman, H. M. 143, 146, 379, 517.
Hüfner, G. 346.
Hunter, A. 626.
Hunter, R. F. 642.
Hurtley, W. H. 173.
Huszák, S. 407.

Iglauer 8, 67.
Ikeda, J. 407.
Immerdorf, H. 490.
Ishikawa 495, 512.
Issajew, W. 21, 25, 37, 49, 53, 274, 386, 387, 399, 400, 405.
Itano 20.
Ivaniskij 12.
Iwanitzky-Wassilenko 7, 67.
Iwanow 12, 21, 22.

Jacobsen, J. 38.
Jacobsohn, K. P. 529—533.
Jacobson 55.
Jacoby 20, 25.
Jäger, A. 382, 389.
Jakoby 57.
Jamada, K. 444.
Jankowsky 7.
Jansson, B. 33, 453, 464, 482.
Jarowoj 16.
Jen, K. 260.
Jerlov, E. 571.
Jernakoff 442.
Jerusalem 368, 378, 381.
Joanovics, G. 505.
Job, A. 111, 273.
Jodlbauer 15, 51, 444.
Johnson 295.
Jolles, A. 4, 6, 7, 14, 73, 98.
Jollyman 492.
Jones 22, 24, 327, 331, 616, 622.
Jorns 18, 49, 65.
Josephson, K. 19, 27—30, 32, 35, 43, 45, 56, 57, 62, 73, 363.

Jung, A. 559.
Jürgensen 541.
Jusatz 72.
Justschenko, A. 5, 13, 14, 428.

Kagiyama 644.
Kagujama, S. 407.
Kahn 9, 382.
Kalb, L. 162.
Kalberlah 85.
Kamnitz 170.
Kanda 641.
Karczag, L. 447, 612.
Karrer, P. 611, 637.
Karström, H. 66, 73, 492.
Kaserer, H. 490.
Kastle, J. H. 37, 177, 276, 282, 383, 385, 387, 399, 400, 410, 436, 445, 446.
Katsunuma, S. 406, 407.
Kauffmann, F. 611.
Kauffmann, H. 266.
Kaunitz 643.
Keeble, F. 387.
Keilin, D. 112, 114, 139, 227, 238, 240, 242, 244, 282 bis 284, 287, 326, 333, 342, 349, 350, 352—362, 386, 390, 394—397, 403, 405, 409 bis 413, 415—421, 423, 426, 515, 525, 527, 583, 630.
Kelley, K. K. 143, 148, 151, 157.
Kempner, W. 644.
Kendall, A. J. 295, 495, 512, 609.
Kenner, J. 32, 259.
Kerb 447.
Khrennikoff, A. 442.
Kiessling 589.
King 458, 465.
Kirchner 18, 65, 73.
Kisch, B. 342, 375, 595, 597, 598, 602, 643, 644.
Kiyohara, K. 644.
Kjöllerfeldt, M. 424.
Klebermass 483.
Kleinmann 622, 623.
Klinkhart 159.
Klopfer, A. 421.
Klopstock, E. 389.
Kluyver 18, 65, 642.
Klussmann, E. 300.

Knoop. F. 84, 86, 92, 169, 504, 593, 595, 600.
Kobel, M. 101, 171, 225, 298, 447, 456, 469, 471, 589, 642.
Kobert 4.
Kodama 5, 19, 66, 75, 177, 617.
Koga, T. 388.
Koldajew 17.
Konishi, M. 599.
Kooper 9.
Korallus 7, 14.
Kornfeld, G. 201.
Koschara 228, 634, 643.
Kostytschew, S. 174.
Kotake, Y. 91, 92, 642.
Kraemer 34.
Kraft 100—102, 471, 472, 589.
Krah, E. 267, 347.
Kramer, G. 404.
Kramers 200, 270.
Kraus 611.
Krauss 96, 175.
Krebs, H. A. 95, 175, 186, 222, 224, 241, 244, 250, 290, 294, 296, 299, 314, 328, 329, 358, 360, 363, 364, 552, 595, 598 bis 605.
Krebs, Hans A. 290, 294.
Kreibich, C. 406, 424.
Krestownikoff, A. 522.
Krüger 7, 8, 11.
Kubowitz, F. 229, 269, 326, 332, 333, 341, 344, 348, 364, 413, 644.
Kucharowa 509.
Küchlin, A. Th. 189.
Kudo, T. 367.
Kuhn, R. 34, 90, 115, 196, 228, 246, 259, 264, 281, 282, 302, 362—364, 424, 426, 428, 432—435, 437—439, 445, 539, 581, 634, 635, 637, 642, 643.
Kühnau, J. 87, 89, 224, 553, bis 557, 559, 613.
Kultjugin 6, 49, 50, 59.
Kumagai, K. 407.
Kuntze 9.
Kurokawa, H. 8.
Kurssanow 400, 446.
Küster 349.
Kuyper, A. C. 571, 573.

Laer, van 21, 63.
Lagermark, L. v. 554.
Laidlaw 604.
Laki, K. 221, 545, 546, 639.
La Mer, V. K. 395, 642.
Landecker-Steinberg 397.
Landolt-Börnstein 149, 151, 379.
Landsteiner, K. 381.
Lang 593, 643.
Lange 160, 161.
Langenbeck, W. 172—175, 254, 362, 363.
Langer 327.
Langheld 154.
Langmuir 139.
Langstein 91.
Larsson, E. 642.
Larsson, H. 300.
Laskowski, J. 409.
Lätt, B. 402.
Launer, H. F. 201.
Laurin 20, 49, 52, 57, 572.
Lawson 231, 389, 399, 409, 412.
Leathes, J. B. 505.
Leavenworth 11.
Lebedeff 490.
Lebedew, v. 108, 576.
Lee, van der 642.
Leggatt 71.
Lehmann 541.
Lehmann, J. 144, 151, 179, 183, 198, 216, 224, 514, 516 bis 522, 531, 532.
Lehmann, K. B. 366, 381.
Lemay, P. 420, 444.
Lépinois, E. 428.
Lesser, E. J. 3, 4, 11, 12, 65, 362, 426.
Levine, V. E. 4.
Levinger 13.
Lewis, G. N. 13, 139, 143, 201.
Lewis, M. R. 513.
Lewitew 476.
Levy, H. 349.
Lieben, F. 174, 536.
Liebermann, L. 428.
Liebermann, v. 5, 21, 48, 72.
Liebig, J. 284.
Lindberg 447.
Lindemann 370.
Linossier, G. 63, 276, 445.
Lipmann, F. 347, 469, 548, 589.

Lipschitz, W. 135, 255, 364.
Lischkewitsch 22.
Liu 128.
Livada 642.
Löbisch, W. F. 336.
Lo Cascio, G. 368, 389, 407.
Lockemann 7, 37, 51, 52.
Loebel, R. O. 537.
Loele, W. 401.
Loevenhart 37, 177, 282, 399, 400, 436.
Loew, Oscar 1, 2, 21, 55, 203, 387.
Lohmann, R. 95, 101—103, 108, 298, 447, 449, 455, 457, 461, 465, 467, 469, 476 bis 480, 482, 537, 538, 547, 566, 594, 612.
Long, E. R. 616.
Lopriore 21.
Lövenhardt 276.
Lövenskiold 171, 180, 181.
Löw, O. 423.
Löwenstein 18.
Lücker 385.
Lüers 22.
Lund, E. J. 227.
Lundin, H. 575, 613.
Lundsgaard, E. 101, 488, 489, 552.
Lusk, B. G. 554.
Lyon 10.

Maase 89, 92, 533, 554.
Macfarlane 529.
MacInnes 34.
MacLeod, J. W. 18, 248.
MacMunn, C. A. 333, 349, 353.
Macrae 123, 177, 207, 220, 231, 304, 486, 615, 621, 643.
Madelung, W. 425, 436.
Madinaveitia 27.
Maeda, K. 389.
Magat 13, 67, 72.
Magnus-Levy, E. 553.
Måhlén, S. 527.
Maier 95.
Majima, R. 273.
Manchot, W. 111, 127, 179, 180, 182—185, 187, 191, 192, 198, 199, 258, 259, 273, 288, 291, 325, 327.
Mangold, E. 641.
Mann, P. J. G. 283, 440 bis 442, 531, 532, 630, 642.

Manskaja 427.
Mapson 113, 267, 417, 498, 523, 548, 549.
Maquenne, L. 387.
Marchadier 445, 446.
Marian, J. 559, 613.
Marinesco, G. 407, 408.
Marriott, W. K. 555.
Marriot, Mc K. W. 224.
Marschall 106.
Maryanowitsch 276, 393, 405, 411.
Martius, C. 300.
Mathews, A. P. 185, 288, 291, 292.
Matsujama 45—49.
Matsuoka 297, 298.
Mattei 24.
Mattill 571.
Maubert 52.
Maximowitsch 39.
May, G. 406.
Mayer 144, 510, 541, 562.
Mayer, P. 614.
Mazza, F. P. 175, 507.
McCance, R. A. 96, 375, 376, 378, 381.
McGavran, J. 518, 542, 565, 570, 587, 590.
McHargue, J. S. 387, 427.
McHargue, J. S. 387, 427.
McHenry, E. W. 607—610.
McKenzie, A. 555, 559.
McLeod 404.
McNamec 643.
Medigreceanu 294.
Meerwein, H. 205.
Meier 103, 594, 612.
Meirovsky, E. 382, 389.
Meisenheimer 573, 576.
Melczer 5.
Meldrum, N. U. 642, 644.
Meloy 14.
Mendel 11.
Mendel, L. B. 623.
Menten, M. L. 30, 213, 406, 429.
Merkenschlager 366.
Merl 25, 46, 48, 55, 57.
Messiner-Klebermass 347.
Mestrezat 429.
Metzger 632.
Meyer, E. 388, 432, 443.
Meyer, K. 90, 196, 612, 643.

Meyer, Karl 264, 302, 364.
Meyer-Wedell 505.
Meyerhof, O. 90, 95, 98, 100 bis 103, 151, 154, 158, 227, 254, 297, 298, 301, 307, 324, 450, 451, 455, 457, 461, 468, 469, 479, 480, 487, 511, 519, 523, 529, 536—538, 543, 546, 549, 552, 562, 563, 565 bis 568, 572, 575, 586—591, 594, 612.
Michaelis, L. 30, 38, 42, 54 bis 56, 72, 73, 78, 143, 145, 152, 213, 260, 293, 319, 643.
Micheel, F. 400.
Michlin 123, 124, 209, 486, 512, 617.
Mielke, H. 429.
Milas, N. A. 272.
Miller, E. R. 366.
Miller, J. R. 616, 622.
Millon, E. 186.
Minkowski, O. 553.
Miraglia 68.
Mirande, M. 387.
Mislowitzer 611.
Mitchell, Ph. H. 623.
Mitchell, W. 177, 204, 210, 211, 615, 618.
Mizusawa, H. 575—578, 580, 584, 585.
Móczár 612.
Möhlau, R. 402.
Moitessier, J. 6, 347, 362.
Moldenhauer 337.
Möllendorf, W. v. 406.
Möller 290, 294.
Mond, L. 327.
Moore, B. 277, 387, 427.
Moraczewski 11, 13, 16.
Morgan 209, 248, 616.
Morgulis, S. 4, 12, 16, 38—40, 42, 46, 48, 49, 51, 72.
Morinaga 70.
Moritz 70.
Morris, J. L. 623.
Morrison 641.
Moureu, Ch. 259.
Muggia, A. 429.
Mulzer, P. 368, 382.
Müller 489, 559.
Müller, D. 98, 244, 574, 576 bis 579, 581—585, 627—629, 644.
Müller, E. 126, 137, 139, 140.

Müller, F. 126, 140, 350.
Müller, Hans Paul 375.
Müller v. Berneck 2, 33.
Myrbäck, K. 2, 22, 23, 25, 39, 42, 53, 55, 71, 73, 103, 239, 254, 300, 453—456, 464, 477, 482—484.
Myrbäck, S. 22, 23, 25, 39, 53, 71, 73.

Nabokich 490.
Nagell 73.
Nakamura 47, 50, 63.
Narayanamurti, D. 377, 380.
Nathansohn, A. 125.
Neeb 21.
Needham-Moyle, D. M. 594, 595.
Neidig 21, 53.
Negelein, E. 96, 138, 168, 170, 225, 227, 286, 288, 307, 308, 319, 327 329—333 338 bis 341, 346, 347, 352, 354, 355, 364, 574, 582, 644.
Neill 5, 248.
Neilson 59.
Nelson, J. M. 572.
Němec 71, 623.
Neubauer, O. 91—93, 169, 554, 593, 595, 600.
Neuberg, C. 76, 82, 83, 91, 93, 98—101, 105—107, 155, 157, 158, 171, 181, 208, 223, 225, 252, 254, 298, 346, 382, 388, 389, 447, 448, 456, 462, 463, 469, 471, 475, 483 bis 485, 556, 557, 559, 561, 564, 570, 576, 578, 579, 586, 589, 594, 612—614.
Neumann 13.
Neumann, A. 403, 406, 432, 443.
Neumann, J. 389.
Neumann-Wender 20.
Newton, R. 23.
Nicoll 644.
Niemer 537, 538.
Niethammer, A. 23, 71.
Niklas, F. 368, 389.
Niklewski, B. 490.
Nikolajew, K. 121, 123, 124, 206, 207, 432, 443, 445, 486.
Nilsson, Harald 70.

Nilsson, R. 34, 36, 99—101, 216, 239, 298, 363, 447, 448, 452—461, 464—467, 469 bis 471, 473—478, 480 bis 483, 485, 487—489, 521, 529, 556, 589, 591.
Nishibe, M. 404, 417.
Nissen 7, 13.
Nitzescu, J. J. 527, 561.
Nord, F. F. 205, 576, 579.
Nordbö, R. 571.
Nordefeldt, E. 45.
Norgaard 5, 9.
Normark 14.
Nosaka 40, 41, 46—48, 50, 73.

Oberhauser, F. 201.
Oesterlin 92, 169.
Ölander, A. 636.
Örström, Å. 417.
Östberg, O. 567, 571—573.
Offermann, W. 420.
Ohle 462—465, 471.
Ohlsson, E. 216, 514, 518, 521, 522, 525, 556, 587.
Ohta, K. 626.
Ohtsubo 20.
Okey 48, 58.
Okuyama, D. 376, 378.
Onslow 392.
Onslow, H. 367, 368, 381.
Onslow, M. W. 244, 277—280, 376—379, 396.
Oparin, A. 22, 23, 71, 96, 174, 248, 387, 400, 446.
Opie 14.
Oppenheimer, C. 48, 76, 114, 242, 245, 277, 373, 382, 393, 394, 403, 404, 411, 426, 432, 437, 449, 450, 462, 495, 544, 557, 586, 594.
Orla-Jensen 18, 65, 429.
Orth 266.
Ostwald, W. 4, 5, 428.
Ostwald, Wo. 17, 37, 51, 437, 444.
Overton 422.
Oxford, A. E. 372.

Paal, C. 120, 128.
Pakes, W. Ch. C. 492.
Palladin, W. 134, 174, 387, 415, 427, 593.

Pappenheimer 356.
Parks, G. S. 143, 146, 379, 517.
Parnas 454, 484, 629.
Pascal, M. P. 293, 299.
Pasteur 345, 487.
Pearce 85.
Pechstein 38, 42, 54, 72, 73.
Peck, S. M. 382.
Pennington 10.
Pennycuik 34.
Percival 644.
Pereira 530, 532.
Perlmann 346.
Perrin, J. 271.
Peschka 373.
Peter 508.
Peters, F. 620.
Peters, R. A. 151, 227.
Peterson 148.
Pfau 388, 428.
Pfeffer, W. 203.
Pfeiffer, W. 623.
Pflaum 179, 183.
Phisalix, C. 367.
Phragmén, G. 33.
Piccard 260.
Pick 505.
Piéré 388.
Piéri 397.
Piloty, O. 173.
Pinck, L. A. 172.
Pincussen, L. 16, 17, 51, 87, 380, 449, 521.
Pinhey, K. G. 367, 381.
Pinus 15.
Piric, N. W. 295.
Piutti 354.
Plantefol 510.
Platt, B. S. 376, 378.
Pohl, J. 402, 405.
Pólány 148.
Pollinger 362, 426, 427, 429 bis 431, 437, 438.
Poret 446.
Portier 559.
Portier, P. 388, 397, 401.
Posener 346.
Pospelowa 71.
Pramanik 644.
Pratje 641.
Preisler, P. W. 153.
Preti, L. 618.
Pribram, B. O. 554.
Priess 118.
Priestley 249.

Primavera 9.
Pringsheim, H. 21, 427, 575.
Prizemina 22.
Przibram, H. 367, 375, 380.
Przyłęcki, S. T. 616, 621, 623 bis 626.
Pülz 174.
Pugh, C. E. M. 279, 280, 367, 376—381, 425, 434.
Pulkki, L. 66, 254.

Quagliariello, G. 84, 88, 506, 507.
Quastel, J. H. 145, 215—217, 222, 223, 347, 492, 495 bis 499, 503, 504, 508, 511 bis 515, 517—519, 521—523, 525, 527, 528, 530, 532, 533 bis 539, 542, 547—553, 560, 561, 563—568, 571, 575, 578, 586, 590, 591, 595, 597, 602, 603, 612, 614, 644.

Rabbeno 12.
Rabe, F. 421.
Rabel, R. 620.
Rabkin 46.
Raciborski, M. 427.
Racke 28.
Radeff 7, 16.
Raistrick, H. 535.
Ramaswami 377, 380.
Rammelt 13.
Rammstedt, O. 3, 24.
Randall 143.
Raper, H. S. 85, 175, 280, 365, 369—380, 425, 434, 505.
Rapkine, L. 144, 151.
Raubitschek, H. 421.
Raudnitz, R. 423.
Raymond, E. 196, 264.
Rebello-Alves, S. 53.
Reed, G. B. 386, 398, 405, 426.
Reid, A. 229, 234, 241, 303, 304, 348, 360, 581—583.
Reimann 15.
Reinbold 346.
Reinders 33.
Reinfurth 485, 556.
Reinhard 509.
Reinle, H. 444.
Reiss 9.
Reuter 266, 644.

Rey-Pailhade, J. de 383, 410.
Reynolds 644.
Rhein, M. 404.
Rheinberger 518, 542, 565, 570, 590.
Rhine 23, 70.
Richardson 293.
Richter, P. (mit Manchot) 184.
Richter, Derek (mit Wieland) 75, 163—165, 196, 197, 200, 270, 271, 302, 303.
Rideal, E. K. 183, 315, 317, 395.
Rieche, A. 132.
Ried 9.
Riedel 22.
Rigoni 17.
Ringer 93, 556, 594.
Rô, Kishun 623, 625, 626.
Robertson, A. C. 180, 185.
Robinson, M. E. 89, 90, 96, 195, 244, 278, 363, 375 bis 378, 396.
Robison 455, 457, 458, 465.
Rocasolano 34.
Roeder 9.
Röhmann, F. 401, 402, 410.
Roman, W. 518, 521.
Rona 39, 42, 53—55, 59, 60, 73.
Roscoe 637.
Rose, D. H. 399.
Rosell 410.
Rosenberg 21.
Rosenblatt 379.
Rosenbohm 642, 643.
Rosenfeld 123, 177, 206, 207, 209, 218, 231, 270, 486, 554, 615, 617, 618.
Rosenfeld, A. D. 400, 428, 436, 446.
Rosenthal 13, 295, 555.
Rosenthaler, L. 428.
Rosling, E. 496, 501, 504, 537, 558, 559, 562, 563, 568, 596, 597, 614.
Rothschild, P. 347.
Rotini 41.
Rouchelman 387.
Roughton 644.
Roussel 389.
Roux, G. 386, 643.
Rudolph 270.
Rudowska 406.
Rudy 634, 635.

Ruhland, W. 490.
Rullmann, W. 429.
Runehjelm, D. (Burström) 34, 36, 70, 216, 363, 456, 487, 521, 529.
Runnström, J. 407, 417.
Ruska, H. 69, 249, 515, 568, 636.
Russinowa 59.
Ryhiner 408.
Rywosch, D. 9, 18, 65.
Rywosch, M. 18, 65.

Sachs 14, 59.
Sachsse 257.
Sahlin, B. 522, 523.
Sakuma, F. 171.
Sakuma, S. 186, 292—296, 300.
Salley 159.
Sammartino 10, 14, 16.
Sandberg 447, 483.
Sanders 260, 409.
Saneyoshi 223.
Sano 381.
Santesson 37, 53—55, 72.
Sarthou, J. 274, 401.
Sasaki, T. 85.
Saveré, M. 428, 593.
Sawostianoff 16.
Sbarsky 243, 486, 617.
Schaaf, F. 368, 375, 382.
Schaer, E. 110.
Schaffnit, E. 397.
Schairer 373.
Schall, E. 407.
Schardinger, F. 204, 485.
Schauder 622.
Scheel, Fr. 620, 624.
Scheer, van der 381.
Scherstén, B. 571, 572.
Scheuer 502.
Scheunert, A. 429.
Schikorr, G. 161.
Schinz 420.
Schittenhelm, A. 97, 615, 616, 620, 621, 623, 626.
Schlenk, W. 425.
Schlenner, F. 406.
Schlunk 65.
Schmalfuss, H. 368, 370, 373, 375, 382.
Schmid 198.
Schmidt 6, 23, 205.

Schmiedeberg, O. 203.
Schmitt, F. O. 417, 644.
Schmitz 92.
Schneider 367, 524, 544, 583.
Schnell 21.
Schocher 12.
Schon, S. Å. 642.
Schormüller 201.
Schott 151, 517, 531.
Schrader 173.
Schreiner, O. 428.
Schubert, M. 293.
Schuhknecht 8.
Schuler, W. 620, 621, 624, 625.
Schultze, W. H. 401, 403 bis 406, 427.
Schumm, O. 351, 426.
Schüler, H. 261.
Schwab, G. M. 270.
Schwabe 137, 140.
Schwarz 52.
Schweinitz, v. 202, 258, 643.
Schweissheimer 575.
Schweizer 370.
Schwerdtel 333.
Schöberl, A. 295, 304.
Schönbein, C. F. 1, 2, 32, 60, 110, 116, 162, 182, 272, 273, 386, 423, 426, 428, 436.
Schöpf 632.
Scoz 507.
Segall 7, 13, 56.
Seligmann, E. 443, 446.
Seligsohn 16.
Sen, K. Ch. 24, 226, 237, 518, bis 520, 526, 615, 618, 642.
Senter 6, 26, 37, 41, 45, 46, 52—56, 59, 72, 73.
Sereni, E. 408.
Sevag 212, 536, 540, 549, 574, 581, 582.
Seymour, R. J. 5.
Shaffer, P. A. 613.
Shedd 385, 387.
Sherman 18, 66.
Shibata, K. 287, 355, 361, 362, 405, 413, 583, 642.
Shoup, Ch. S. 643.
Shull 22.
Sichel 373.
Siebenäuger 106, 561.
Sieg 159.
Simola, P. E. 20, 66, 474.
Simon, E. 483, 578.
Simons 610.

Sitharaman 433, 439, 440, 441, 445.
Sjöberg, K. 21, 58.
Slanina 495.
Slowtzoff, B. 274, 397, 401.
Slyke, D. D. van 534, 555.
Smedley-Maclean, I. 85.
Smirnow 55, 439, 444, 445.
Smirnow, J. 432.
Smith 299, 327, 644.
Smythe, C. V. 152, 194, 467.
Snapper, J. 555.
Snyder 637.
Sobotka 382.
Soehngen 46.
Somekawa, E. 368.
Sommer 122, 126.
Sonderhoff, A. 87, 106, 253, 495, 502, 512, 561, 567, 570.
Sörensen, S. P. L. 38.
Spanjer-Herford, R. 406.
Speakman 372.
Spence, D. 388, 428, 442.
Spiegler, E. 382.
Spindler 8.
Spiro, R. 55, 85.
Spitzer (mit Röhmann) 401, 402, 410.
Spitzer, W. 285, 414, 417, 418, 616.
Spoehr, H. A. 186, 191, 299, 643.
Staehelin, M. 509, 510.
Staemmler, H. 409, 410.
Staemmler, M. 404, 421, 434.
Staffe 9.
Staněk 22, 53.
Stapp, C. 18, 65, 366, 379, 380, 426.
Starkweather 5.
Stearn, A. E. 391, 395.
Steche 25—27, 37, 48, 51.
Stehle 12, 15, 16.
Stein 502.
Stent, H. B. 512, 561, 564.
Stephenson, M. 219, 223, 228, 235, 239, 490, 491—494, 496, 497, 500, 502, 536 bis 540, 542, 547—549, 575, 612.
Steppuhn 49, 63.
Stern, J. 369.
Stern, Kurt G. 8, 32, 46, 53 bis 55, 59, 62, 67, 73, 74, 266, 327, 369, 442, 643.

Stern, Lina 3, 4, 9, 11, 27, 29, 48, 51, 53, 56, 63, 64, 66, 72, 75, 78, 110, 116, 124, bis 126, 240, 250, 251, 358, 359, 362, 387, 393, 397, 402, 404, 405, 408—415, 418, bis 423, 429, 435, 436, 442, 450, 496, 511—515, 519 bis 526, 529—534, 543, 560, 562, 563, 565—573, 575 bis 581, 584, 585, 587, 620, 622, 629, 642.
Stewart 209, 616.
Stevens, 641.
Stickland, L. H. 223, 490 bis 494, 496, 500.
Stieglitz, J. 177.
Stoecklin, E. de 428, 434, 436.
Stoland 48, 50.
Stolfi 175, 507.
Stoll, A. 249, 336, 391, 430, 439.
Stone, F. M. 356.
Stransky, E. 642.
Strauss 13, 15.
Strecker, A. 93, 153, 171.
Struve, H. 384, 388, 428, 432.
Style 268, 270.
Stöcklin 27.
Subkowa 476.
Subramaniam 504, 512, 561, 564, 567.
Sugihara, N. 389, 397.
Sullivan 428.
Sumi 21.
Suminokura 392, 396—400.
Suminokura, K. 390, 391, 395.
Suminokura, R. 274, 279.
Sutter 243, 244, 247, 250, 278, 280, 281, 390, 392, 395, 397, bis 400, 424, 434, 437, 443, 445, 446.
Suzuki, U. 593.
Süss 337.
Svanberg, O. 68.
Svedberg, The 34, 350, 635, 644.
Svensson, D. 526.
Szent-Györgyi, A. v. 114, 152, 219, 221, 228, 235, 242, 279, 280, 300, 303, 376, 385, 389, 390, 392, 394, 400, 409, 410, 412, 414—416, 426, 436, 446, 512, 520, 523, 524, 536, 541, 544—546, 565, 566, 583, 633, 634, 637, 640.

Tadokoro 21.
Takayama 50, 53.
Takeda 59.
Tamiya, H. 114, 234, 238, 351, 355, 361, 405, 413, 417, 515, 580—585.
Tammann, G. 33, 137.
Tanaka, K. 159, 176, 234, 238, 250, 319, 322, 361, 580 bis 582 584.
Tangl, H. 84, 85, 88, 506, 507.
Taniguchi 642.
Tanino 17.
Tarnanen 534, 535.
Tateyama, R. 389.
Tausz, J. 490, 508.
Taylor, H. S. 118, 269, 643.
Temple 642.
Thannhauser, S. J. 554.
Thenard 1.
Theriault, E. J. 643.
Thienen, van 7, 13.
Thies 7, 37.
Thivolle 290.
Thomson, J. J. 120.
Thorén, F. 34.
Thunberg, T. 50, 87, 89, 95, 109, 112, 141, 144, 145, 153, 154, 172, 185, 215—218, 220, 222—224, 229, 230, 239, 241, 253, 288, 303, 321, 324, 343, 414, 449, 481, 482, 496, 499—501, 504, 505, 508, 509, 511—517, 521, bis 524, 526—528, 533, 536, 537, 541, 543, 546, 547, 553, 557, 560—572, 574, 575, 577, 584, 586, 590, 593, 594, 596, 600, 611, 614.
Thurlow, Sylva 177, 247, 250, 320, 362, 423, 429, 432, 435, 519, 605, 616—618.
Timofejewa 49.
Tir 559, 561, 570, 586.
Titoff, A. 301, 302.
Tiukow 106, 502, 512.
Tiutjunnikowa 55.
Toda, Shigeru 62, 186, 197, 237, 293, 295, 297, 301, 314.
Toennissen, E. 102, 613.
Tögel 13, 67.
Tolomei, G. 405.
Tongberg 642.
Torquati, T. 375.
Torrigiani, C. A. 406.

Traube, J. 309, 422.
Traube, M. 111, 115—119, 123, 124, 127, 135, 160, 175, 177, 184.
Traube, W. 93, 153, 160, 161, 171.
Trautwein, K. 101.
Treibs, A. 36, 334, 351.
Troszkowski 621.
True, R. H. 388.
Truszkowski 623, 624.
Tscherniack 430, 436.
Tschernorutzki 8.
Tschrnomtzkaia 7.
Tsubura, Sh. 515, 518, 521.
Tsuchihashi 27, 28, 48, 59, 529, 530.
Tunnicliffe 153, 292.

Uchida, S. 388, 397, 419 bis 421, 423.
Ucko 391, 432, 433, 439, 440, 441, 445.
Upson 299.
Ursum 485.
Usher, F. L. 249.
Utewski, A. 565, 642.

Vandervelde 64.
Vargha 219, 544, 634.
Vásárhelyi 575.
Vedder, A. 420.
Velden, van der 9.
Verkade, P. E. 86, 642.
Vernon, H. M. 402, 404, 407, 409, 410, 418—420, 422, 423, 525.
Viale 16.
Vigneaud, V. du 599.
Ville, J. 6, 347, 429.
Villiger 163, 164.
Viltorisz 390.
Vincent 63.
Virtanen, A. 18—20, 48, 58, 65, 66, 73, 254, 534, 535, 585.
Visser t'Hooft, F. 18, 574, 579.
Vitali, D. 388.
Voegtlin, C. 295.
Voss, H. 408.

Wähner 22.
Waele, de 64.
Waentig 25—27, 37, 48, 51, 63.
Waggener 407.

Wagner, C. 187, 301.
Wagner-Jauregg, T. 228, 515, 539, 568, 634—637.
Wakeman, A. J. 89, 553, 554.
Walker, T. K. 504, 512, 561, 564—567, 569.
Walker S. 185, 288, 291, 292.
Walling 48, 50.
Walton 72, 437, 439, 440, 441, 443—446.
Warburg, Emil 330.
Warburg, O. 61, 79, 96, 112, 113, 138, 139, 163, 167, 168, 170, 182, 185—187, 190, 191, 225—229, 231, 234, 235, 237, 238, 241, 244, 259, 269, 282, 284—297, 300 bis 303, 305—311, 313—334, 337—348, 352, 355, 357, 359—362, 364, 370, 391, 411, 415—418, 422, 437, 438, 487, 488, 524, 536, 538, 540, 574, 582, 583, 618, 632 bis 640, 644.
Wartenberg, H. v. 159.
Wassermann, A. 259, 296.
Watanabe, J. 643.
Weber, H. (mit Meyerhof) 307, (mit Willstätter) 431, 433, 440—442, 444.
Weber, Stefanie 8.
Weichardt 72.
Weindl, Th. 367, 381.
Weinmann 613.
Weiss 258, 613.
Weissberg 111, 127.
Weitz, E. 260.
Wells, H. G. 616, 622.
Wels 52, 273.
Wendel, W. B. 644.
Wender 24.
Wertheimer, E. 291, 404.
Westerlund, A. 518, 520.
Wetham 145.
Wheasley 528.
Wheatley 499, 514, 528, 551, 552, 565, 566, 603, 612, 644.
Wheeler-Johnson 545.
Wheldale-Onslow, M. 386, 387, 400, 427.
Whetham 492, 498, 512, 515, 517, 519, 521, 522, 536, 564, 567, 575, 586, 602.
Whitley 277, 387, 427.

Wichern 37.
Widmark, E. M. P. 519, 520, 522.
Wiechowski 620, 622.
Wieland, H. 17, 27, 31, 32, 36, 44, 45, 53, 61, 62, 65, 79, 87, 93, 95, 96, 106, 107, 110, 113—115, 117, 118, 120, 121, 123—126, 128—132, 136 bis 139, 141, 142, 149, 151, 153 bis 155, 158—169, 171 bis 182, 184, 185, 187—193, 195—212, 214, 215, 218, 220, 222, 226, 228—250, 252, 253, 255, 256, 258, 265, 266—268, 270, 276 bis 283, 285, 287, 291, 302 bis 304, 307, 308, 313, 315, 318, 319, 321—324, 343, 345, 348, 378, 389—392, 394, 395, 397—400, 404, 409, 412, 424, 434, 437, 443, 446, 484, 486, 495, 501, 502, 512, 518, 520, 521, 524, 527, 536, 537, 556, 561, 567, 569, 570, 574, 575 bis 583, 585, 594, 605, 611, 612, 614, 615, 617—619, 621, 629, 632, 643, 644.
Wiener, H. 620.
Wiesel 309.
Wigglesworth, V. B. 553.
Wilensky 443.
Wilhelmi 30.
Wilhelms 180, 183.
Willcock, E. G. 380.
Wille 253.
Willstädt, H. 266, 433.

Willstätter, R. 27, 28, 31, 32, 41, 245, 247, 256, 259, 260 bis 271, 278, 282, 319, 336, 347, 362, 384, 385, 391, 423, 424, 426, 427, 429, 430, 431 bis 433, 436—442, 444, 581, 643.
Wilson, P. W. 148.
Wind, F. 186, 298—300.
Windisch, F. 484.
Wingler 93, 120, 161, 166, 167.
Winter 66.
Winternitz, R. 10—16, 367.
Winterstein, H. 255.
Wishart, G. M. 496, 501, 504, 515, 519, 537, 556, 557, 568, 571, 597, 600, 614.
Wladimirow 12.
Wöhler 322.
Wördehoff 596.
Wohlgemuth, J. 389, 397.
Woker, G. 246, 278, 436.
Wolf, J. 513.
Wolff, A. 408.
Wolff, J. 27, 185, 380, 385 bis 387, 392, 393, 428, 434 bis 436.
Wood 118.
Woods, A. F. 442.
Wooldridge 497—499, 503, 515, 517, 521—523, 525, 528, 538, 539, 542, 547 bis 550, 563, 578, 590, 591, 603.
Woolf, B. 214, 218, 270, 283, 441, 517, 531—535.
Wootton 173.
Woringer 86.

Wormall 369—372, 376, 378, 379.
Wright, G. P. 315, 317, 364.
Wunderly 643.
Wurmser, R. 144, 151, 541, 542.
Wyss 371.

Yabusoe, M. 191, 290, 297.
Yaci, H. 114.
Yamasaki, Y. 40, 41, 46, 47, 53, 55, 56, 58, 59, 73, 389.
Yaoi, H. 351, 417, 515.
Yoshida, H. 383, 388.
Young 448, 463, 473, 497, 543.
Yudkin, J. 492, 644.

Zaleski, W. 509, 510, 575.
Zander 14, 59.
Zatti 68.
Zeile, K. 21, 27, 28, 35, 36, 44, 57, 60, 61, 69, 73, 74, 90, 115, 231, 248, 259, 268, 270, 282, 349, 354, 355, 363, 438, 489, 644.
Zelinsky, N. D. 128, 130, 155, 272.
Zeller 51.
Zender, J. 387.
Zeyneck, R. 226.
Zieger 4, 5, 9—12.
Ziegler, H. 266.
Zilva, S. S. 405, 426, 443, 536.
Zimmermann 455.
Zirm, K. L. 266, 433, 440.
Zubkowa 6, 63, 433.
Zuckerkandl, F. 347, 483.

Sachverzeichnis.

Abbau, enzymatischer,
— — der Acetessigsäure **86**.
— — der Aminosäuren **91, 94, 95**, 168.
— — der Bernsteinsäure 88.
— — der Buttersäure 89.
— — der Essigsäure 87.
— — der Fettsäuren 84.
— — der Glutaminsäure 93.
— — der Kohlehydrate **98** bis **107**.
— — des Leucins 94.
— — der Purine **91, 96**.
— — der Pyrimidine 96, 97, 98.
— — des Tyrosins 96.
— — der ungesättigten Fettsäuren 89, 90.
Acetaldehyd,
— anaerobe Dehydration von 263.
— Dismutation 264, 458, 459, **482, 483—485**.
— Reduktion in der Hefe 460, 466.
Acetessigsäure, Abbau der 86.
Acyloinsynthese 83, 104, 254.
Additionsverbindungstheorie (Woolf) **214**.
Adenosin-
— pyro-Phosphorsäure 108.
— tri-Phosphorsäure 108.
— tri-Phosphorsäure als Co-Zymase 449, **477—480**.
Adenylsäure 108.
— Aktivierung 477.
Adrenalin 96, 175, 248, 591.
— evtl. -bildung aus Tyrosin 374.
— als Inhibitor der Autoxydation 259.
Aktivator 82.
Aldehyd,
— Autoxydation der 163, 302.
— Dehydr. der 163, 267.
— Dehydrase 218.
— Mutase, — und Dehydrase 208.

Aldehydhydrat, Dehydr. von 155.
Aldimin 169.
Alkohol,
— aerobe Dehydr. von 253, 263.
— Gärung, s. „Gärung".
— Hemmung der Sulfitautoxydation 260.
Alkoholdehydrasen **573—586**.
Allantoin 97.
Allantoinase 97, **626**.
Alloxan 152, 153.
— Reaktion zu Murexid 172. 173.
— Streckersche Reaktion mit 171.
Ambokatalysatoren 122.
Ameisensäure, Zerlegung von — durch Pd 155.
Amidase 83.
Amidierung, hydrierende 169.
Amin,
— Decarboxylierung zu 94.
— Oxydase **401—422**.
Aminosäuren,
— Dehydr. der 153, 154, 224.
— Dehydrasen 95, 174, 222, **592—603**.
— enzymatischer Abbau der 91—95, 168, 169.
— Enzyme unsicherer Stellung im System **603—611**.
— Oxydasen 95.
— als Oxydationskatalysatoren 90.
— „-Oxydodesaminase" 250.
— Reaktion mit Chinon 173.
— reduktive Synthese von 92.
Angriffspunkt der Enzyme 108—114.
Antikatalasen 74, 75.
Antioxygene 259.
Arseniat, Aktivierung 475.
Arsenikhemmung bei Säureabbau 222.
Aspartase 214, 529, **533**.

Atmung,
— Energiewechsel bei 156.
— Giftempfindlichkeit der 227.
— Intensität und Katalasegehalt 249.
— Körper 450.
— lichtempfindliche CO-Hemmung der 327.
— Pflanzen- 174, 203.
Atmungsferment,
— in der Warburgschen Theorie 340.
Atmungspigment 134, 174.
Autoxydation 127, 140, 164, 291, 305, 191, 193, 195.
— der Aldehyde 163, 164.
— von Alkalisulfiten 256.
— Erscheinungen **291—305**.
— Hemmung der 200.
— kombinierte Autoxydationssysteme 195.
— von Polyphenolen 244.
— der unedlen Metalle 116.
— ungesättigter Systeme 165, 201.
— II-wertiger Metalle 183, 184.

Bakterien,
— Dehydrasen der 212, 496.
— Einwirkung auf Kohlenwasserstoffe 508.
— als H_2-Aktivatoren 223.
— Katalase 65.
Barcroft-Warburg-Apparat 292.
Bernsteinsäure 102.
— Abbau der 88, 251, 253.
— Dehydr. durch Muskulatur 234.
— Hemmung der Methylenblauentfärbung durch 218.
Biokatalysatoren 632.
Biolumineszenz 641.
Blackmansche Reaktion 347.

Blausäure 312.
— Einfluss auf Lactatdehydr. 549.
— Hemmung 222, 233, 236, 300.
— reversible Hemmung 300.
— Wirkung nach der Dehydr.-Theorie 225.
— Wirkung der Oxydationen 312.
— als Zellgift 112, 113, 230, 237.
Blutfarbstoff, peroxydative Wirkung von -derivaten 247.
Blutkohle,
— katalytische Wirkung von 186.
— Oxydationen an 306—317.
Brenztraubensäure 100—102.
Buttersäure,
— Abbau der 89.
— Bakterien, Dehydr. 212.
— Dehydrasen 504.
Butylgärung 105, 156.

Cannizzaro-Reaktion 82.
Carbohydrase 107.
Carboligase 83, 107, 108, 254.
Carboxylase 92, 100, 108.
— α- und β- 83, 88.
— Co- 450.
Chinon 153.
— Acceptorhemmung der Sauerstoffgärung 233.
— Acceptorwirkung von — 212, 232, 234, 238.
— — bei Dehydration 234.
— Reaktion zwischen — und Alkohol 121.
— — bei Dehydration von Aldehyde 204.
— — zwischen — und Alloxan 171.
Chlorocruorin 338.
Chlorogensäure 96.
Chlorophyll 336.
Citricodehydrase 239, 566 bis 573.
Citronensäure,
— Dehydrierung 222.
— Gärung 106.
— Synthese 104.
Co-Carboxylase 450.

Co-Ferment 82, 108, 221.
— beim Abbau der Zellstoffe 107.
— Beteiligung bei der Oxydoreduktion 449, 474, 475.
— der Oxydoreduktion, identisch mit Co-Zymase 453.
Co-Zymase 108, 216.
— Beteiligung bei der Phosphorylierung 453, 454, 456, 464.
Cystein,
— Autoxydation von 177, 186.
— — durch Alb. 198.
Cytochrom 107, 112, 114, 227, 229, 240, 326, 333, 349 bis 364.
— Absorptionsspektrum des 352.
— HCN- und CO-Wirkung auf 234, 238.
— Oxydase 238, 244, 417.
Cytoflav 633, 634, 638.
Cytosin, Abbau des 98.

Davy-Döbereinersche Reaktion 131.
Dehydrase 80, 81, 84, 107, 114, 495, 501.
— aerobe und anaerobe — (nach Dixon) 241.
— Aldehyd- 218.
— Alkohol- 573—586.
— Aminosäure- 95, 592—603.
— β-Oxybutyro- 553—560.
— Citrico- 219, 566—573.
— Donator- und Acceptorspezifität der 210.
— Formico- 223, 495—500.
— Glycerophosphat- 586 bis 592.
— — des Muskelgewebes 154, 204, 234, 557.
— Lactico- 219, 535—552.
— Malico- 88, 224, 560—566.
— Oxalo- 508.
— Spezifitätsgrad der 215.
— Stereochemische Spezifität der 223.
— Succino- 88, 511, 511 bis 528.
— — Kinetik 517.
— der Säuren $C_nH_{2n+1}CO_2H$ 501—508.

Dehydrase,
— Xanthin- 97, 250.
Dehydrierung 80, 81.
— ältere Form der — Theorie 210.
— biologische 202.
— direkte — der Hexose 101.
— Energetik der 141.
— Energieverhältnisse bei 147.
— gestufte 174, 247.
— Grundversuche Wielands 126.
— der Oxypurine 209.
— intermolekulare 179.
— der Ketosäuren 611—614.
— nichtbiologische 158—201.
— der Oxy- und Ketosäuren 166, 167.
— Theorie der 126—255.
Dehydrogenase 81.
— Glucose- 629.
Depolarisator 131.
Desaminierung,
— hydrolytische 91.
— oxydative 91.
Desmolasen 76.
Desmolyse 76, 77.
Diabetes 85, 86.
Diäthylperoxyd als H_2-Acceptor 197.
Dialursäure, Autoxydation der 304.
Dimerisierung, Stabilisierung durch 257.
Dimethylglykokoll, Abbau der N- 170.
Dioxymaleinsäure, Autoxydation der 304.
Dismutation 82, 208, 263, 264.
— Acetaldehyd- 458, 459, 482, 483, 484, 485.
— Aldehyd — durch Redukase 205.
— innere — der Hexose 99.
Disproportionierung 130, 208.
— durch Fe^{II}-Salz 179.
Disulfide 133.
Dopa 248.
Dopaoxydase 381.

Eisen 112, 122, 138, 139.
— HCN-Hemmung des 226.
— als Dehydrierungs-Katalysator 256.

Eisen,
— HCN-Hemmung des, an Peroxydase 247.
— Kohleaktivierung durch 314.
— — bei Autoxydation 195.
— — in Tierkohle 163.
— Oxydationskatalytische Wirkung des 290.
— — Katalyse in der Dehydrierungstheorie 179, 182, 198.
— — Sauerstoffübertragung durch 284—364.
Eisen-Porphyrine 89, 349 bis 351, 362.
— als Oxydationskatalysatoren 89.
Elektronen, Übertragungstheorie 214.
Energie,
— Ketten- 270.
— Verhältnisse bei Dehydrierung 147.
— Wechsel bei Atmung und Gärung 156.
Enzyme 79.
— Atmungs- 77.
— Oxydations- 77.
— Oxydoreduktions- 77.
Essigbakterien,
— Alkohol- und Aldehydumsatz durch 231.
— Dehydr.-Enzym der 203, 204, 208, 210, 213.
Essiggärung 252.
Essigsäure,
— Abbau der 87, 253.
— biologische Dehydrase von 141, 501.
— Dehydr. der — zu Bernsteinsäure 153.
— -gärung 203.

Farbstoffreduktion 449.
Fentonsche Reaktion 171.
Fermente 79.
— beim Abbau der Zellstoffe 107.
— „Gelbes Ferment" 241, 635, 639.
— häminhaltige 236.
— -schädigung 205, 207.

Fermente,
— als wirksame Ferriformen 259.
Fettsäure 84.
— enzymatischer Abbau der 84.
— — der ungesättigten 89.
Flavine 634.
Flavinenzyme 631—640.
Fluorid, Wirkung 457—459, 462.
Formicodehydrase 492, 493, 495—500.
Fumarase 88, 214, 216, 529.

Gärung,
— Butyl- 105.
— Citronensäure- 106.
— Energetik bei der alkoholischen 157.
— Energiewechsel bei 156.
— Enzymwirkung bei 104.
— Propionsäure- 105.
— Schema nach Embden 472—474.
— — von Euler und Myrbäck 456.
— — nach Neuberg 99, 447, 475.
— — nach Nilsson 462, 464, bis 467.
— Schwermetall bei 345.
„Gelbes Ferment" 635, 639.
Giftwirkung 218.
— bei aeroben Oxydationen 235.
— nach der Dehydr.-Theorie 225.
Glucosedehydrogenase 239, 629—631.
Glucoseoxydase 244, 250, 283, 627—629.
Glucuronsäure 98.
Glutaminsäure,
— Abbau der 93.
— als H_2-Donator 222.
Glutathion 102, 133.
— Autoxydation von 177.
Glycerinaldehyd 100.
Glycerinaldehyd-mono-phosphorsäure,
— Entstehung 466, 472.

Glycerinaldehyd-mono-phosphorsäure,
— Intermediärprodukt 466 bis 470.
— Kondensation zu Hexosediphosphorsäure 467 bis 470.
Glycerinphosphorsäure, Aktivierung von 216.
Glycerinsäure-mono-phosphorsäure,
— Entstehung 460, 466, 467, 471, 472.
— Intermediärprodukt 467, 471—473.
Glycerophosphatdehydrase 586—592.
Glykolyse 102, 104.
— Energetik bei 157.
Glyoxalase 82.
Glyoxylsäure 97.

Hälftige Teilung der Zucker 468, 469, 471.
Hallachrom 261.
— als reversibler Redoxkatalysator 175.
Hämatin 351.
Hämin 334.
— als Autoxydationskatalysator 170.
Hämochromogen 351.
Hardensche Gleichung 454, 468, 473.
Hermidin 261.
Hexokinase 107.
Hexose,
— direkte Dehydrierung der 101.
— Veresterungsform der 461.
Hexosediphosphat (Harden-Young-Ester) 100.
Hexosediphosphorsäure,
— Aktivierung von 216.
— als Intermediärprodukt 463, 468, 469, 471, 473.
Hexosemonophosphat 101.
— -dehydrase 239.
Hexosemonophosphorsäure,
— als Intermediärprodukt des Kohlehydratabbaues 455 bis 458.
— Stabilisierung der intermediären 465.

Histaminase 607—610.
Histidase 610—611.
Hydratase 83, 124, 533.
Hydrochinon,
— Autoxydation des 304.
— Dehydrierung des 129.
Hydrogenase 490.
Hydrolasen 124.
Hydro(gen)lyase 490, 491.
Hydroperoxyd,
— Einwirkung auf Formaldehyd 120.
— enzymzerstörende Wirkung des 230.
— als H_2-Acceptor 132, 250.
— katalytische Spaltung des 177.
— Nachweis 175.
— photochemische Zersetzung des 269, 270.
— Reaktionen des 264.
— Rolle des — in der Dehydrierungstheorie 175—182.
— -spaltung (nach Wieland) 248.
Hypophosphit,
— Autoxydation von (Kurve) 191.
— Autoxydationshemmung von 200.
— H_2-Abspaltung von 161.
— O_2-Aufnahme von (Kurve) 190.
— Oxydation 119.

Indigo, Reaktionsweise der Oxydation 162.
Indophenol, Oxydase 112, 238, 244, 281, 401—422.
Induktionsfaktor 189.
Inhibitoren 230, 259, 271.
— der Xanthindehydrase 219.

Katalase 1—75, 83, 125, 132, 203, 242, 266.
— Bildung 69—72.
— Darstellung 24—30.
— Einflüsse auf — in vitro 44 bis 65 (physikalische Einflüsse 44—51; Aktivatoren und Paralysatoren, Enzymdestruktor 52—65).
— aktive Gruppe der 231.

Katalase,
— und Atmung 248, 249.
— katalytische Wirkung in lebenden Zellen 65—69 (— in Bakterien 65; — in Erythrocyten und Leukocyten 66; — in Mikroorganismen 67).
— Kinetik 30—44.
— Methoden der Aktivitätsbestimmung 72—75.
— als Schutzferment 231, 248.
— Vorkommen 2—24 (Vorkommen im Tierreich 2 bis 17; Vorkommen im Pflanzenreich 17—24.
Katalyse,
— Eisen-, Mechanismus 182, 191.
— heterogene 160.
— Schwermetall- 182, 197.
Kat f 75.
Ketonaldehydmutase 82.
Ketosäuren, Dehydrierung der 611—614.
Kettenreaktion 200, 201.
Kettentheorie der enzymatischen Oxydation 256 bis 271.
Kohlehydrat,
— aerober -abbau 267.
— enzymatischer -abbau 251.
— Enzymwirkung beim Abbau der 98—107.
— Redoxase, Verbreitung 480.
— Veratmung in molekularem Sauerstoff 486, 487.
Kohlenoxyd,
— Effekt auf Bacterium coli 549.
— Hemmung der Sauerstoffgärung 234.
— — der Zellatmung 325.
— Verbindungen als H_2-Acceptoren 134.
— Verbrennung (nach M. Traube) 160.

Laccase 383—400.
— Luzernen- 243.
Lacticodehydrase 239, 535 bis 553.
Leucin, Abbau vom 94.

Leukobasen, Autoxydation der 303.
Luciferase 244, 641.
Lumiflavin 635.
Lyochrome 634.

Magnesiumaktivierung 108, 476, 477.
Malicodehydrase 88, 560—566
Maximale Arbeit,
— bei Glykolyse und Gärung 157.
— der Hydrierung 143—147, 149.
Melanin 96.
Methylenblau 133, 154, 172.
— Acceptorwirkung von 212, 232, 235.
— als O_2-Ersatz 255.
— als Sauerstoffüberträger 238.
— bei der Schardinger-Reaktion 204, 210.
Methylglyoxal 99, 100, 101, 157.
— Intermediärprodukt 251, 448, 467.
Meyerhof-Quotient 103.
Meyerhofsche Reaktion 102, 107.
— Mechanismus der 254.
Milch,
— Enzymsystem der 210, 247.
— Katalase in 8.
Milchsäure, Übergang in Brenztraubensäure 166.
Monojodessigsäure 101.
Monophenoloxydase 244, 365 bis 380.
Monophosphoglycerin,
— -aldehyd 100.
— -säure 100, 101.
Mutase 107, 204.
— Ketonaldehyd- 100, 225.

„Nadi"-Reagens 244.
Narkotica,
— Hemmungswirkung von 237.
— Wirkung der — bei Oxydationen 309.
Nitrobenzol,
— bei der Aldehyd-Dehydr. 204.
— als O_2-Ersatz 255.

Oberflächen-,
— -struktur, Bedeutung der 217.
— -verdrängung durch Narkotica 237.
Oxalodehydrase (und -„oxydase") 508.
Oxalsäure,
— -Aktivierung 201.
— Dehydr. der — an Tierkohle 138.
— β-oxydation der 222.
β-Oxybutyrodehydrase 553 bis 560.
Oxydase 78, 80, 204, 242, 247, 281, 365—422.
— Aminosäure- 95.
— Cytochrom- 417.
— Glucose- 627.
— und H_2O_2 265.
— Hemmbarkeit durch HCN 244.
— Indophenol- 112, 401.
— Phenol- 96.
— Polyphenol- 383.
— -wirkung nach Bertrand 273; nach Bach und Chodat 276.
— Wirkungsmechanismus der 244, 281.
Oxydation,
— α- 86.
— β- 84, 85, 86, 87.
— γ- 85.
— ω- 86.
— an Blutkohle (Modell der Zellatmung) 306—317.
— Enzyme der — (allgemeines) 76—83.
— -katalyse 162.
Oxydone 78.
Oxydonwirkung 251.
Oxydoredukasen 77, 82, 107, 124.
Oxydoreduktion,
— nach A. Bach 119.
— gemischte 448.
Oxygenase 128, 275—277.
Oxyperhydrid 119.
Oxypurine, Dehydrierung der 209.

Palladium,
— als Hydrierungskatalysator 136, 178.

Palladium,
— als „katalysierender Wasserstoffacceptor" 130.
Perhydridase 122.
Peroxydase 78, 82, 110, 122, 128, 133, 242, 245, 247, 281, 365, **423—446**.
— aktive Gruppe der 246.
— Bestimmung der 432.
— und H_2O_2 265.
— „intramolekulare -wirkung" 195.
— Kinetik 439.
— pflanzliche 429.
— Rolle der — im Organismus 247, 435.
— Verbreitung der 425.
— Wirkung, Kinetik der 439.
— Wirkungsmechanismus der 246, 281.
Peroxydtheorie 111, 191, 192, 198.
Persäure als H_2-Acceptor 164.
Phäohämin 228, 229.
Phenol-
— Oxydase 96, 204.
— Peroxydase 204.
Phenolase 243.
Philokatalase 75.
Phosphatase (Phosphatese) 99, 107.
Phosphit, Übergang in Orthophosphat 161.
Pigment, Bildung 96.
Platin, Metallkatalysen 125.
Pnein 450.
Polyphenoloxydase 244, **383 bis 400**.
Primärstoss 187, 188, 192, 258, 259, 270.
Prolindehydrase 603.
Propionsäure,
— Dehydrase 503.
— Gärung 105.
Purine, enzymatischer Abbau des 91, 96.
Purinstoffwechsel, Enzyme des **615—626**.
Pyocyamie 261.
Pyridin-Hämochromogen 351.
Pyrimidin,
— Abbau der -basen (Schema) 97, 98.
— enzymatischer Abbau des 96.

Radikalkettentheorie 256, 259, 267.
Redoxasen 77, 82, 107.
— Kohlehydrat-, Verbreitung 480.
Redoxpotential 149, 152, 193.
Redukase 204.
Reduktion, Enzyme der — (Allgemeines) 76—83.
Respirationsquotient $\dfrac{CO_2}{O_2}$ 103.

Salicylaldehyd, Dehydr. von 206, 207.
Sauerstoff,
Acceptorwirkung von 212, 232, 242.
aktivierter 152.
atomarer 111.
Dehydr. durch 263.
Ersetzbarkeit des — bei Zellfunktionen 254.
-hydrierung (zu H_2O_2) 152.
molekularer 110, 118, 132, 135, 152, 171, 256.
Reaktionswege des 228.
-übertragung der Warburgschen Theorie 284.
Sauerstoffaktivierung 114, 115, 131.
„durch Peroxydbildung" 127.
von Pt, Mn, Ce, Fe 111.
substratspezifische 113.
Theorie der 272—283.
Sauerstoffübertragung,
durch Schwermetall, insbesondere Fe **284—364**.
Warburgsche Theorie der 284.
Schardinger-Enzym 78, 123, 127, 135, 204, 205, 221, 250, 281, 485, 486.
Schardinger-Reaktion 122, 197.
HCN-Empfindlichkeit der 208, 226.
Schwermetall,
bei anaeroben Prozessen **345—348**.
Katalyse 182, 291.
Komplexbildner 548.
O_2- und H_2-aktivierende Wirkung von 198.

Schwermetall,
— Sauerstoffübertragung durch 284—364.
Spaltung der 6-C-Kette 466.
Spezifität,
— der Citricodehydr. 568.
— der Co-Zymasewirkung 474.
— der Dehydrasen 217, 240.
— der Energieübertragung 271.
— „Fixierungs-" 218.
— der Oxydasen 244.
— der Oxydoreduktions-Enzyme 268.
— Substrat- und Acceptor- 210, 245.
Spirographisporphyrin 338.
„Status nascendi" bei Dehydr. und anderen enzymatischen Reaktionen 251.
Streckersche Reaktion 121, 134, 153, 171.
Succinodehydrase 88, 214, 215, 259, **511—528**.
— Kinetik der 517.
Sulfhydrylverbindungen 291.
— als Oxydationskatalysatoren 90.
Sulfit,
— Autoxydation der 260, 301.
— induzierte Autoxydation der 200.

Tierkohle 138.
— dehydrierende Wirkung von 170, 178.
— Fe-Gehalt der 163.
Tyraminase 244, 250, 283, **604 bis 607**.
Tyrosin, Abbau des 96.
Tyrosinase 80, 244, 281, **365 bis 380**, 381.

Urikase 80, 97, 244, **620—626**.

Veratmung, Kohlehydrat-, in molekularem Sauerstoff 486, 487.
Vergärungsformen Neubergs 100, 104—105.

Wärmetönung
— bei Glykolyse und Gärung 157.
— der Hydrierungsreaktion 142, 149.
Wasserspaltung,
— Theorie der 115—125. (Versuch Traubes 116; nach A. Bach 119; nach Battelli und Stern 124.)
Wasserstoff,
— Abspaltung, elementare 179.
— aktivierter 137.
— atomarer 118.

Wasserstoff,
— donator 131.
— -Entwicklung starker Reduktionsmittel 161.
— molekularer 223.
— nascierender 118.
— prim. Lockerung des 139.
Wasserstoffacceptor 124, 130, 131, **132—135**.
Wasserstoffaktivierung 113. (Neuere elektronentheoretische Vorstellung 139); Theorie Wielands 136.
Wasserstoffdonator 132.

Xanthin 209, 211, 219.
Xanthindehydrase 97, 115, 209, 210, 250, **615—619**.
— der Milch 123, 204, 219.

Zellatmung,
— HCN-Hemmung der 230.
— Kohlenoxydhemmung der **325—342**.
— Modell der **306—317**.
Zellhämine **349—364**.
Zucker 98, 297.
— hälftige Teilung des 468, 469, 471.
— Veratmung des 109.
— Vergärung des 109.
Zuckerspaltprodukte als Oxydationskatalysatoren 90.

VERLAG VON JULIUS SPRINGER / BERLIN

Über die katalytischen Wirkungen der lebendigen Substanz. Arbeiten aus dem Kaiser Wilhelm-Institut für Biologie, Berlin-Dahlem. Herausgegeben von **Otto Warburg**. Mit 83 Abbildungen. VI, 528 Seiten. 1928. RM 36.—*

Die chemischen Vorgänge im Muskel und ihr Zusammenhang mit Arbeitsleistung und Wärmebildung. Von Professor **Otto Meyerhof**, Direktor des Instituts für Physiologie, Kaiser Wilhelm-Institut für Medizinische Forschung, Heidelberg. („Monographien aus dem Gesamtgebiet der Physiologie der Pflanzen und der Tiere", 22. Band.) Mit 66 Abbildungen. XIV, 350 Seiten. 1930. RM 28.—, gebunden RM 29.80*

Katalyse vom Standpunkt der chemischen Kinetik. Von **Georg-Maria Schwab**, Privatdozent für Chemie an der Universität München. Mit 39 Figuren. VIII, 249 Seiten. 1931. RM 18.60, gebunden RM 19.80*

Die Wasserstoffionenkonzentration. Ihre Bedeutung für die Biologie und die Methoden ihrer Messung. Von **Leonor Michaelis**, New York. Zweite, völlig umgearbeitete Auflage. Unveränderter Neudruck mit einem die neuere Forschung berücksichtigenden Anhang. Mit 32 Textabbildungen. XII, 271 Seiten. 1922. Unveränderter Neudruck 1927. Gebunden RM 16.50*

Als zweiter Teil der „Wasserstoffionenkonzentration" erschien:

Oxydations-Reductions-Potentiale mit besonderer Berücksichtigung ihrer physiologischen Bedeutung. Von **Leonor Michaelis**, New York. Zweite Auflage. Mit 35 Abbildungen. XI, 259 Seiten. 1933. RM 18.—, gebunden RM 19.60*

(Bilden Band I und XVII der „Monographien aus dem Gesamtgebiet der Physiologie der Pflanzen und der Tiere".)

Die Bestimmung der Wasserstoffionenkonzentration von Flüssigkeiten. Ein Lehrbuch der Theorie und Praxis der Wasserstoffzahlmessungen in elementarer Darstellung für Chemiker, Biologen und Mediziner. Von Dr. med. **Ernst Mislowitzer**, Privatdozent für Physiologische und Pathologische Chemie an der Universität Berlin. Mit 184 Abbildungen. X, 378 Seiten. 1928. RM 24.—, gebunden RM 25.50*

Säure-Basen-Indicatoren. Ihre Anwendung bei der colorimetrischen Bestimmung der Wasserstoffionenkonzentration. Von Dr. **I. M. Kolthoff**, o. Professor für Analytische Chemie an der Universität von Minnesota in Minneapolis (USA.). Unter Mitwirkung von Dr. Harry Fischgold, Berlin. Gleichzeitig vierte Auflage von „Der Gebrauch von Farbindicatoren". Mit 26 Abbildungen und einer Tafel. XI, 416 Seiten. 1932. RM 18.60, gebunden RM 19.80

Die Maßanalyse. Von Dr. **I. M. Kolthoff**, o. Professor für Analytische Chemie an der Universität von Minnesota in Minneapolis (USA.). Unter Mitwirkung von Dr.-Ing. H. Menzel, a. o. Professor an der Technischen Hochschule Dresden.

Erster Teil: **Die theoretischen Grundlagen der Maßanalyse.** Zweite Auflage. Mit 20 Abbildungen. XIII, 277 Seiten. 1930. RM 13.80, gebunden RM 15.—*

Zweiter Teil: **Die Praxis der Maßanalyse.** Zweite Auflage. Mit 21 Abbildungen. XI, 612 Seiten. 1931. RM 28.—, gebunden RM 29.40

Lehrbuch der organisch-chemischen Methodik. Von Dr. **Hans Meyer**, o. ö. Professor der Chemie an der Deutschen Universität zu Prag.

Erster Band: **Analyse und Konstitutionsermittlung organischer Verbindungen.** Fünfte, umgearbeitete Auflage. Mit 180 Abbildungen im Text. XX, 709 Seiten. 1931. RM 48.—, gebunden RM 51.—*

Zweiter Band: **Nachweis und Bestimmung organischer Verbindungen.** Mit 11 Abbildungen. XII, 426 Seiten. 1933. RM 32.—, gebunden RM 35.—

---

* *Auf die Preise der vor dem 1. Juli 1931 erschienenen Bücher wird ein Notnachlaß von 10% gewährt.*

MIX
Papier aus verantwortungsvollen Quellen
Paper from responsible sources
FSC® C105338

If you have any concerns about our products,
you can contact us on
ProductSafety@springernature.com

In case Publisher is established outside the EU,
the EU authorized representative is:
**Springer Nature Customer Service Center GmbH
Europaplatz 3, 69115 Heidelberg, Germany**

Printed by Libri Plureos GmbH
in Hamburg, Germany